판 례 로 본 건 설 분 쟁 사 례 의 쟁 점 과 해 법 지 침 서

개정3판

알기쉬운 건설분쟁 사례해설

초판

머리말

얼마 전 필자는 건설 실무에 종사하는 실무자들을 위하여 졸저 '판례로 보는 건설분쟁의 쟁점과 해법'(일빛)을 발간하였다.

당시 졸저를 출판하는 용기를 낸 것은 그동안 건설분쟁에 관한 상담과 소송을 진행하면서 실무자들을 위한 마땅한 참고 서적을 찾기 어렵다는 판단 때문이었다. 건설분야는 다른 어떤 분야보다도 많은 분쟁이 발생하고, 분쟁의 규모가 상대적으로 크고 복잡하며, 분쟁 해결에 많은 시간이 소요됨에도 불구하고, 분쟁의 당사자들이 쉽게 활용할 수 있는 실무용 참고서를 찾기 어렵다는 데 용기를 내서 감히 졸저를 세상에 내놓았던 것이다.

감히 용기를 내긴 했지만, 스스로에게 만족스럽지 못했고, 그 부족함을 필자 자신이 누구보다도 잘 알고 있던 터에 건설경제에서 집필을 제안하였다. 건설경제에서는 "건설실무자들을 위한, 사례위주의, 알기쉬운 건설분쟁의 해결을 위한 지침서"를 주문하였다. 필자는 흔쾌히 수락하고, 다시 실무자들을 위한 쉽고 유용한 실무서에 도전하였지만, 의욕만큼 쉽지는 않았다.

이 책은 건설 현장에 직접 종사하는 실무자들을 위한 실무서이다. 건설 현장에서 실제 발생한 갖가지 분쟁사례에 관한 대법원 판례에 근거하여 건설분쟁의 쟁점과 해법에 관하여 실무자의 입장에서 기술하였다. 그런 만큼 많은 부분에서 이미 출간된 졸저와 겹치는 부분이 많다는 점을 여기서 밝혀 둔다.

이 책은 전적으로 건설경제의 제안과 도움, 독촉에 힘입어 세상에 빛을 보게 되었다. 이 책을 엮으면서 건설현장의 실무자들에게 도움이 될 수 있는 책을 만들려는 건설경제의 충심을 느낄 수 있었다. 건설경제의 모든 분에게 감사의 마음을 전한다.

많은 분에게 감사를 표해야 마땅하겠지만, 지면을 통한 인사는 줄이고자 한다. 충분히 이해해주실 것으로 믿는다.

아무쪼록 이 책이 건설 현장에서 실무에 종사하는 많은 건설실무자에게 조금이나마 도움이 되기만을 바란다.

2009. 11.

저자 길기관

개정판

머리말

그 누구보다도 필자 자신이 부족함이 많다는 점을 잘 알면서도 만용을 부려 이 책을 세상에 내놓은 뒤 속속 발견되는 오자와 탈자, 부정확한 표현, 누락된 판례번호, 매끄럽지 못한 문장에 고개를 들 수 없었다.

그러한 실정에도 불구하고 일상적으로 부닥치는 건설분쟁의 해법을 찾는 실무가들이 이 책을 애용해준 덕분에 여러 오류를 수정할 기회를 얻게 되었다. 출판을 서두르는 바람에 미처 다루지 못했던 중요한 판례는 물론이고, 최근에 나온 중요한 건설 관련 판례를 망라하려고 노력하였다.

여전히 부족한 점이 많지만, 기회가 될 때마다 고쳐나갈 것을 다짐한다.

충분히 이해해주실 것으로 믿기 때문에 굳이 거명하진 않지만, 많은 분에게 감사의 마음을 표한다.

2010. 10.

저자 길기관

개정2판

머리말

2010년 개정판을 출간한 지 6년여 만에 다시 출판사의 연락을 받았다. 절판되었던 책을 다시 출판하자는 제안이었지만, 흔쾌히 수락하지 못하고 잠시 주저하였다.

“건설실무자들을 위한, 사례 위주의, 건설분쟁의 해결을 위한 알기쉬운 지침서”에 도전하는 것이 과욕이라는 것을 누구보다도 잘 알고 있었기 때문이다.

그렇지만 절판된 졸저를 찾는 실무가들의 요청이 있다는 출판사의 설득에 또다시 용기를 내서 원고를 다듬었다. 원고를 다듬으면서 그간 새로 나온 판례를 반영하고, 개정된 법령도 충실히 반영하려고 노력하였지만, 여전히 부족한 점이 너무도 많다.

많이 부족하지만, 이 책이 건설현장에서 실무에 종사하는 많은 건설실무자에게 조금이나 도움이 되기만을 바랄 뿐이다.

졸저의 출판에 도움을 주신 모든 분께 깊은 감사의 마음을 전한다.

2016. 12.

저자 길기관

개정3판

머리말

개정2판이 독자들의 과분한 사랑을 받아 조기에 절판되었다는 소식을 들은 것이 벌써 두 해 전이다. 그 즈음 출판사에서는 서둘러 개정3판을 내자며 원고를 독촉하였지만, 저자는 그러마고 철석같이 약속을 해놓곤 차일피일 미루기만 했다.

그러다가 저자는 2018년 하반기부터는 변호사업무를 잠시 접고 국토교통부 하자심사·분쟁조정위원회에서 위원장으로 상근하게 되었다. 이로 인해 집필 작업은 또다시 뒤로 밀리게 되었지만, 하자심사·분쟁조정위원회 사무국에 근무하는 신동철 변호사를 만난 덕분에 개정3판을 낼 수 있게 되었다. 건설분쟁에 대한 남다른 전문성과 통찰력을 갖춘 신동철 변호사를 만난 덕분에 저자는 하자심사·분쟁조정위원회 위원장의 직분을 수행하는 데에도 큰 도움을 받을 수 있었고, 졸저의 부족함도 많이 바로잡을 수 있었다.

개정3판에서는 많은 부분의 원고를 다듬고 고쳐 썼지만, 특히 [집합건물의 하자] 관련내용을 [집합건물]과 [공동주택]의 각 절로 나누고, 공동주택과 관련한 하자분쟁의 쟁점을 다뤘다. 2016. 8. 12. 시행된 공동주택관리법의 하자담보책임 관련규정은 집합건물법의 규정과 상이한 점이 많고 해석을 둘러싼 논란도 많아 집필에 어려움이 있었다. 이 책에서는 하자관련 법령과 현실을 종합적으로 고려하여 현실적인 해석과 법령 개정의 방향까지 제시하려고 노력하였다.

이번 개정3판을 출판할 수 있었던 것은 전적으로 신동철 변호사의 덕분이기에 저자는 신동철 변호사를 공저자로 모시기로 하였다. 앞으로 공저자인 신동철 변호사와 함께 더욱 정진하여 이 책이 건설분쟁의 일선에서 쉽게 참고할 수 있는 유용한 지침서가 될 수 있도록 노력하겠다.

졸저의 출판에 많은 분들의 도움이 있었다.

먼저 건설경제 박노일 부국장에게 고맙다는 인사를 전한다. 개정3판의 탄생에는 그의 제안과 독촉의 힘이 크다. 광운대 건설법무대학원 신만중 원장님과 한재경 교수님께도 감사드린다. 광운대 건설법무대학원에서 여러 교수님 및 원생, 동문님들을 만나 강의와 토론을 통하여 건설분쟁에 관한 이해를 높일 수 있었다.

마지막으로 훌륭한 편집으로 졸저를 빛나게 해주신 건설경제 출판부에도 감사하다는 말씀드린다.

2020. 2.

저자 길기관

일러두기

*** 인용한 판례는 원문 그대로 인용하는 것을 원칙으로 하였지만, 특별히 언급하지 않고, 원문의 뜻을 훼손하지 않는 범위에서 최소한으로 수정하여 표기 하였음**

*** 본문에서 인용한 법률명칭은 아래와 같이 약칭 하였습니다.**

- 국가를 당사자로 하는 계약에 관한 법률→국가계약법
- 국가를 당사자로 하는 계약에 관한 법률 시행령→국가계약법 시행령
- 지방자치단체를 당사자로 하는 계약에 관한 법률→지방계약법
- 지방자치단체를 당사자로 하는 계약에 관한 법률 시행령→지방계약법 시행령
- 집합건물의 소유 및 관리에 관한 법률→집합건물법
- 하도급거래 공정화에 관한 법률→하도급법
- 채무자회생 및 파산에 관한 법률→채무자회생법
- 표시·광고의 공정화에 관한 법률→표시광고법
- 약관의 규제에 관한 법률→약관규제법

CONTENTS

CHAPTER 01

도급계약의 이해

제1장 도급계약의 이해

1. 공사도급계약의 성립 여부

쟁점

甲은 건평 100㎡의 단독주택을 신축하려던 참이었는데 우연히 건축업자인 乙을 만났다. 乙은 甲에게 1억원을 주면 甲이 원하는 집을 지어주겠다고 하고, 甲은 乙에게 1억을 주겠다고 약속하였다. 서로 계약서는 작성하지 않았다. 甲과 乙 사이에 공사도급계약이 체결되었는가?

판단

甲과 乙 사이에는 공사도급계약이 성립되었다.

(1) 청약과 승낙

청약과 승낙이라는 서로 대립하는 의사표시가 합치되어야 계약이 성립한다. 청약이란 그에 응하는 상대방의 승낙만 있으면 곧 계약이 성립하는 확정적 의사표시를 말한다. 청약은 확정적 의사표시이기 때문에 철회하지 못한다(민법 제527조).

판례 "계약이 성립하기 위한 법률요건인 청약은 그에 응하는 승낙만 있으면 곧 계약이 성립하는 구체적, 확정적 의사표시여야 하므로 청약은 계약의 내용을 결정할 수 있을 정도의 사항을 포함시키는 것이 필요하다."(대법원 2005. 12. 8. 선고 2003다41463 판결)

대법원은 한국토지개발공사가 이주자택지 공급대상자에게 한 이주자택지 계약체결통보는 확정적인 의사표시가 아니어서 계약의 청약이 아닌 것으로 보았다.

판례 "한국토지개발공사는 택지개발예정지구 내의 이주자택지 공급대상자의 선정기준에 따라 대상가옥, 대상소유자, 거주사실 등을 조사 확인한 뒤 대상적격 여부를 가옥소유자에게 개별통지함과 동시에 공고, 이해관계인에 대한 열람, 이의 및 시정조치 등의 절차를 취한 뒤 이주자택지 공급대상자를 확정하여 그 대상자에게 통보하고 1개월 이상의 분양신청 기간을 정하여 분양신청할 것을 통지 및 공고하여 그 기간 내에 분양신청이 없으면 이를 포기한 것으로 처리하고 이주자택지 공급대상자로 확정된 후에도 관계법규 위반사항이나 제출서류의 위조, 변조 등 결격사유가 발견될 때에는 대상자에서 제외하며, 계약은 쌍방이 계약서에 서명날인함으로써 확정되는 것이라면 한국토지개발공사의 이주자택지 공급대상자에 대한 이주자택지 계약체결통보는 계약의 요소가 되는 내용을 명시하고 있어 구체적이기는 하나 공급대상자의 승낙에 의하여 계약이 바로 성립되는 확정적인 것이라고 볼 수 없으므로 이는 계약상 청약이 아니라고 볼 것이다."(대법원 1993. 10. 22. 선고 93다32507 판결).

이러한 청약에 응하여 청약의 상대방이 계약을 성립시킬 목적으로 청약자에 대하여 행하는 의사표시가 승낙이다.

건설공사 도급계약의 경우에는 '어느 일을 완성하겠다'는 의사표시와 '그 일의 결과에 대하여 보수를 지급하겠다'는 의사표시가 청약 또는 승낙에 해당한다.

(2) 당사자 사이 합의의 정도

대법원은 당사자의 의사표시의 합치가 당해 계약의 내용을 이루는 모든 사항에 관하여 있어야 하는 것은 아니지만 본질적 사항이나 중요 사항에 관하여는 구체적으로 의사의 합치가 있어야 한다고 본다.

판례 "계약이 성립하기 위해서는 당사자 사이에 의사의 합치가 있을 것이 요구되고 이러한 의사의 합치는 당해 계약의 내용을 이루는 모든 사항에 관하여 있어야 하는 것은 아니지만 그 본질적 사항이나 중요 사항에 관하여는 구체적으로 의사의 합치가 있거나 적어도 장래 구체적으로 특정할 수 있는 기준과 방법 등에 관한 합의는 있어야 하고, 그러한 정도의 의사의 합치나 합의가 이루어지지 아니한 경우에는 특별한 사정이 없는 한 계약은 성립하지 아니한 것으로 보는 것이 타당하다."(대법원 2017. 10. 26. 선고 2017다242867 판결).

그리고 대법원은 대규모 건설하도급공사의 경우에는 공사금액 외에 구체적인 공사시행 방법과 준비, 공사비 지급방법 등과 관련된 제반 조건 등 중요한 사항에 관한 합의까지 이루어져야 비로소 하도급계약이 체결된 것으로 볼 수 있다고 판시하였다.

판례 "문제가 된 건설하도급공사는 공사금액이 수백억에 달하는데다가 공사기간도 14개월이나 되는 장기간에 걸친 대규모의 공사이므로 특별한 사정이 없는 한 공사금액 외에 구체적인 공사시행 방법과 준비, 공사비 지급방법 등과 관련된 제반 조건 등 그 부분에 대한 합의가 없다면 계약을 체결하지 않았으리라고 보이는 중요한 사항에 관한 합의까지 이루어져야 비로소 그 합의에 구속되겠다는 의사의 합치가 있었다고 보는 것이 당사자의 실제의 의사와 부합하는 해석이라 할 것이고, 한편 하도급계약을 체결하려는 교섭당사자가 견적서를 제출하는 행위는 통상 주문자의 발주를 권유하는 영업행위의 수단으로서 계약체결의 준비·교섭행위 즉 청약의 유인에 해당한다고 할 것이고, 이 사건에서 피고 회사가 견적서와 함께 제출한 이행각서는 그 문면에 의하더라도 하도급계약이 성립될 경우 최초 견적서 기재 금액 범위 내에서 공사를 수행하겠다는 취지에 불과한 것이고, 하도급보증서 또한 앞으로 하도급계약이 성립되면 그 이행을 담보하려는 목적으로 청약 유인의 차원에서 교부된 것에 불과하므로, 피고 회사가 견적서, 이행각서 등의 서류를 제출하였다는 사정만으로 원고들과 피고 회사 사이에 하도급계약이 성립되었다고 볼 수 없다."(대법원 2001. 6. 15. 선고 99다40418 판결)[1]

(3) 청약의 유인

청약과 구분해야 할 개념으로 청약의 유인이 있다. 청약의 유인은 상대방에게 청약이라는 의사표시를 하도록 유인하는 것을 말한다. 청약의 유인에 의하여 유인을 받은 자가 청약의 유인에 부응하는 의사표시를 하더라도 그 의사표시는 청약에 불과하므로 계약은 성립하지 않으며, 다시 유인한 자가 승낙의 의사표시를 해야만 비로소 계약은 성립한다. 우리가 흔히 접하는 광고가 가장 전형적인 청약의 유인에 해당한다. 판례도 상가나 아파트의 분양광고의 내용은 청약의 유인으로서의 성질을 갖는 데 불과하다고 본다.

판례 "청약은 이에 대응하는 상대방의 승낙과 결합하여 일정한 내용의 계약을 성립시킬 것을 목적으로 하는 확정적인 의사표시인 반면 청약의 유인은 이와 달리 합의를 구성하는 의사표시가 되지 못하므로 피유인자가 그에 대응하여 의사표시를 하더라도 계약은 성립하지 않고 다시 유인한 자가 승낙의 의사표시를 함으로써 비로소 계약이 성립하는 것으로서 서로 구분되는 것이다. 그리고 위와 같은 구분기준에 따르자면, 상가나 아파트의 분양광고의 내용은 청약의 유인으로서의 성질을 갖는데 불과한 것이 일반적이라 할 수 있다."(대법원 2007. 6. 1. 선고 2005다5843 판결[2])

1) 입찰 과정에서 견적서와 이행각서, 그리고 하도급보증서까지 제출되었다고 하더라도 하도급계약이 확실하게 체결될 것이라는 상당하고도 정당한 기대나 신뢰가 부여된 것도 아니어서 계약무산에 따른 책임도 물을 수 없다고 판시하였다.

2) 다만, 대법원은 "분양광고의 내용, 모델하우스의 조건 또는 그 무렵 분양회사가 수분양자에게 행한 설명 등이 비록 청약의 유인에 불과하다 할지라도 그러한 광고 내용이나 조건 또는 설명 중 구체적 거래조건, 즉 아파트의 외형 · 재질 등에 관한 것으로서 사회통념에 비추어 수분양자가 분양자에게 계약 내용으로서 이행을 청구할 수 있다고 보여지는 사항에 관한 한 수분양자들은 이를 신뢰하고 분양계약을 체결하는 것이고 분양자들도 이를 알고 있었다고 보아야 할 것이므로, 분양계약시에 달리 이의를 유보하였다는 등의 특단의 사정이 없는 한, 분양자와 수분양자 사이에 이를 분양계약의 내용으로 하기로 하는 묵시적 합의가 있었다고 봄이 상당하다"고 보아 아파트 분양광고의 내용 중 아파트의 외형 · 재질 등에 관한 것과 부대시설에 준하는 것으로서 분양자가 이행 가능한 것은 분양계약의 내용이 된다고

(4) 계약서의 작성과 계약의 성립 여부

건설공사에 관한 도급계약의 당사자는 계약을 체결할 때 도급금액, 공사기간, 그 밖에 대통령령으로 정하는 사항을 계약서에 분명하게 적어야 하고, 서명 또는 기명날인한 계약서를 서로 주고받아 보관하여야 한다(건설산업기본법 제22조제2항). 건설산업기본법 시행령 제25조는 공사의 도급계약에 명시하여야 할 사항에 관하여 상세하게 규정하고 있다.

이를 위반하여 도급계약을 계약서로 체결하지 아니하거나 계약서를 교부하지 아니한 건설업자(하도급인 경우에는 하도급받은 건설업자는 제외한다)는 500만원 이하의 과태료에 처한다(건설산업기본법 제99조제2호).

건설공사를 하도급하는 경우에도 원사업자는 반드시 수급사업자에게 건설공사 하도급계약서를 발급해주고, 3년 동안 보존하여야 한다(하도급법 제3조, 하도급법 시행령 제6조 참조[3]). 이를 위반하면 공정거래위원회는 발주자·원사업자 또는 수급사업자에 대하여 하도급대금의 2배를 초과하지 아니하는 범위에서 과징금을 부과할 수 있고, 벌금형에 처한다(하도급법 제25조의3제1항제2호, 제30조제1항제1호).

그렇다면 건설공사에 관한 계약서를 작성하지 않으면 계약이 성립하지 않는가? 반드시 계약서를 작성하여야 공사도급계약이 성립하는가?

도급은 당사자 일방이 어느 일을 완성할 것을 약정하고 상대방이 그 일의 결과에 대하여 보수를 지급할 것을 약정함으로써 그 효력이 발생하는 계약이다(민법 제664조).

수급인은 도급인이 원하는 일을 완성할 것을 약속하고, 도급인은 수급인이 수행한 일의 결과에 대한 보수의 지급을 약속함으로써 성립하는 계약이 도급계약이다. 도급은 당사자의 약정만으로 성립하는 낙성계약이기 때문에 별도로 계약서를 작성하여야 계약이 성립하는 것이 아니다. 계약서의 작성 유무와는 상관없이 보수를 지급하겠다는 도급인의 의사표시와 그 보수의 대가로 어느 일을 완성하겠다는 수급인의 의사표시가 합치되는 즉시 계약은 성립한다. 따라서 공사도급계약에서 계약서는 계약의 성립요건이 아니며, 계약이 성립되었다는 증거에 불과하다.

건설산업기본법이 건설공사 도급계약의 당사자에게 계약서의 작성을 요구하고 있는 것은 도급계약 관계를 분명하게 하라는 훈시적인 규정에 불과하다. 건설산업기본법 규정에도 불구하고 계약서의 작성 여부는 도급계약의 성립 여부에 아무런 영향도 미치지 못한다.

판시하였다.

3) 다만, 원사업자가 정당한 사유를 입증하여 수급사업자의 기술자료를 본인 또는 제3자에게 제공하도록 요구한 경우(법 제12조의3제1항 단서)에는 기술자료 요구 시 서면 기재사항(시행령 제7조의3)을 적은 서면의 사본 서류를 7년간 보존하여야 한다(시행령 제6조제2항).

(5) 사전에 공사대금을 정하지 않은 계약의 가부

심지어 계약서도 작성하지 않고 공사대금을 사전에 구체적으로 정하지 않았더라도 수급인이 일의 완성을 약속하고 도급인이 그에 대하여 보수를 지급하기로 하는 명시적 또는 묵시적 의사표시를 한 경우에는 도급계약의 성립을 인정할 수 있다. 공사도급계약에서는 반드시 구체적인 공사대금을 사전에 정해야 하는 것은 아니고 실제 지출한 비용에 거래관행에 따른 상당한 이윤을 포함한 금액을 사후에 공사대금으로 정할 수도 있다(대법원 2013. 05. 24. 선고 2012다112138 판결).

(6) 반드시 계약서를 작성하여야 하는 계약

다만, 국가나 지방자치단체가 계약의 일방 당사자인 경우에는 반드시 국가계약법령이나 지방계약법령에서 요구하는 내용이 기재된 계약서를 반드시 작성하여야 계약이 성립한다. 법령이 요구하는 계약서를 작성하지 않은 계약은 무효이다(대법원 2010. 11. 11. 선고 2010다59646 판결 등).

2. 계약의 무산과 손해배상 책임

쟁점

전문건설회사 X는 종합건설회사 Y로부터 하도급받은 공사를 진행하던 중에 추가공사를 하도급 하겠다는 언질을 받고, 그 추가공사를 실행하기 위하여 상당한 비용을 들여 준비를 마쳤다. 그러나 Y가 약속을 깨고 하도급공사를 주지 않는 바람에 X는 상당한 손해를 입었다. X는 Y를 상대로 책임을 물을 수 있는가?

판단

계약체결을 위한 교섭을 진행하다가 계약이 성사되지 못하는 바람에 손해를 입은 X는 계약의 무산에 책임이 있는 Y에게 손해배상을 청구할 수 있다.

(1) 불법행위의 성립

대법원 판례는 계약체결을 위한 교섭을 부당하게 파기하는 것은 불법행위에 해당하는 것으로 본다. 어느 일방이 교섭단계에서 계약이 확실하게 체결되리라는 정당한 기대 내지 신뢰를 부여하여 상대방이 그 신뢰에 따라 행동하였음에도 상당한 이유 없이 계약체결을 거부하여 손해를 입게 하면 불법행위를 구성한다는 것이다(대법원 2013. 06. 13. 선고 2010다65757 판결).

판례 "어느 일방이 교섭단계에서 계약이 확실하게 체결되리라는 정당한 기대 내지 신뢰를 부여하여 상대방이 그 신뢰에 따라 행동하였음에도 상당한 이유 없이 계약의 체결을 거부하여 손해를 입혔다면 이는 신의성실의 원칙에 비추어 볼 때 계약자유 원칙의 한계를 넘는 위법한 행위로서 불법행위를 구성한다고 할 것이다."(대법원 2001. 6. 15. 선고 99다40418 판결)

---

(2) 손해배상의 범위

가. 신뢰손해

손해배상의 범위는 원칙적으로 신뢰손해에 한정된다. 신뢰손해란 계약의 성립을 기대하고 지출한 계약준비비용과 같이 그러한 신뢰가 없었더라면 통상 지출하지 아니하였을 비용 상당의 손해를 뜻한다. 계약교섭의 당사자가 계약체결이 좌절되더라도 어쩔 수 없다고 생각하고 지출한 비용, 예컨대 경쟁입찰에 참가하기 위하여 지출한 제안서, 견적서 작성비용 등은 신뢰손해에 포함되지 않는다.

판례 "계약교섭의 부당한 중도파기가 불법행위를 구성하는 경우 그러한 불법행위로 인한 손해는 일방이 신의에 반하여 상당한 이유 없이 계약교섭을 파기함으로써 계약체결을 신뢰한 상대방이 입게 된 상당인과관계 있는 손해로서 계약이 유효하게 체결된다고 믿었던 것에 의하여 입었던 손해 즉 신뢰손해에 한정된다고 할 것이고, 이러한 신뢰손해란 예컨대, 그 계약의 성립을 기대하고 지출한 계약준비비용과 같이 그러한 신뢰가 없었더라면 통상 지출하지 아니하였을 비용상당의 손해라고 할 것이며, 아직 계약체결에 관한 확고한 신뢰가 부여되기 이전 상태에서 계약교섭의 당사자가 계약체결이 좌절되더라도 어쩔 수 없다고 생각하고 지출한 비용, 예컨대 경쟁입찰에 참가하기 위하여 지출한 제안서, 견적서 작성비용 등은 여기에 포함되지 아니한다."(대법원 2003. 4. 11. 선고 2001다53059 판결)

나. 위자료 청구의 가능성

침해행위와 피해법익의 유형에 따라서는 계약교섭의 파기로 인한 불법행위가 인격적 법익을 침해함으로써 상대방에게 정신적 고통을 초래할 수도 있다. 상대방은 정신적 고통에 대한 손해에 대하여는 별도로 배상을 구할 수 있다(대법원 2003. 4. 11. 선고 2001다53059 판결[4]).

다. 이행이익의 청구 가능성

이행의 착수가 상대방의 적극적인 요구에 따른 것이고, 바로 위와 같은 이행에 들인 비용의 지급에 관하여 이미 계약교섭이 진행되고 있었다는 등의 특별한 사정이 있는 경우에는 당사자 중 일방이 계약의 성립을 기대하고 이행을 위하여 지출한 비용 상당의 손해가 상당인과관계 있는 손해에 해당할 수 있다.

4) 이 사건의 원심에서는 원고(대학교 조소과 교수)와 피고의 사회적 지위, 이 사건 조형물 건립사업의 추진 경위, 원고가 제출한 시안을 위 사업에 관한 시안으로 최종 선정하게 된 과정, 당초 위 사업에 배정되었던 예산의 액수(국고 611억원과 민자 690억원), 피고가 위 사업을 취소하게 된 경위(이 사건 조형물의 최종 시안으로 선정하여 원고에게 통보한 후 뚜렷한 이유 없이 원고와 사이에 위 조형물의 건립에 관하여 구체적인 계약을 체결하지 않고 있다가 2년 9개월이 경과한 후 일방적으로 그 건립사업을 취소하고 다른 작가로 하여금 상징조형물을 제작·설치하도록 함) 등 이 사건 변론에 나타난 제반 사정을 참작하여 보면 위자료의 액수는 금 30,000,000원으로 정함이 상당하다고 하였다(서울고등법원 2001. 7. 5. 선고 2001나9191 판결)

판례 "계약교섭의 부당한 중도파기가 불법행위를 구성하는 경우, 상대방에게 배상책임을 지는 것은 계약 체결을 신뢰한 상대방이 입게 된 상당인과관계 있는 손해이고, 한편 계약교섭 단계에서는 아직 계약이 성립된 것이 아니므로 당사자 중 일방이 계약의 이행행위를 준비하거나 이를 착수하는 것은 이례적이라고 할 것이므로 설령 이행에 착수하였다고 하더라도 이는 자기의 위험 판단과 책임에 의한 것이라고 평가할 수 있지만 만일 이행의 착수가 상대방의 적극적인 요구에 따른 것이고, 바로 위와 같은 이행에 들인 비용의 지급에 관하여 이미 계약교섭이 진행되고 있었다는 등의 특별한 사정이 있는 경우에는 당사자 중 일방이 계약의 성립을 기대하고 이행을 위하여 지출한 비용 상당의 손해가 상당인과관계 있는 손해에 해당한다고 할 것이다. 이 사건에서 피고는 원고에게 잔여 공사의 완성을 적극적으로 요구하는 한편, 잔여 공사의 완성을 위하여 원고가 추가로 지출할 수밖에 없게 된 공사비용을 지급해 줄 것이라는 정당한 기대 내지 신뢰를 부여하여 원고로 하여금 추가 공사비용의 지출 부담하에 잔여 공사를 완성하게 하였음에도 불구하고 상당한 이유 없이 추가비용 지급을 위한 계약교섭을 파기하였으므로, 피고가 원고에게 배상하여야 할 손해는 바로 원고가 잔여 공사를 완성하는 과정에서 추가로 지출하게 된 공사비용이라고 할 것이고, 그 수액은 적어도 계약교섭 과정의 마지막 단계에서 피고가 내부적으로 공사비 증액 금액으로 인정하였던 45억 8,500만 원을 초과하는 것으로 보아야 할 것이다."(대법원 2004. 5. 28. 선고 2002다32301 판결)

도급인이 추가공사비를 지급할 것을 약속하며 적극적으로 추가공사를 요구하여 수급인이 이를 믿고 추가공사를 완성하였음에도 불구하고 합리적인 이유 없이 추가 공사대금의 지급을 위한 계약교섭을 파기하였다면 도급인은 수급인에게 손해를 배상할 책임이 있다. 이때 도급인이 배상해야 할 손해액은 추가공사비 상당이라는 것이 대법원의 판단이다.

3. 무효인 계약을 체결한 책임

쟁점

지방자치단체가 민간투자사업을 BTO 방식으로 추진하면서 지방의회의 사전 의결 없이 실시협약을 체결하는 바람에 실시협약이 무효가 되었다.
이로 인하여 손해를 본 사업시행자가 지방자치단체에 손해배상책임을 물을 수 있는가?

판단

실시협약이 유효한 것으로 믿고 실시계획에 필요한 준비절차를 진행하며 지출한 비용 상당의 손해배상을 청구할 수 있다.

(1) 원시적 불능

원시적 불능으로 계약이 무효인 경우에는 그 불능한 급부를 이행하였어야 할 자는 계약이 무효이기 때문에 상대방이 받은 손해를 배상할 의무가 있다(민법 제535조).

법령에 따라 토지분할에 행정관청의 분할허가를 받아야 하는 토지 중 일부를 특정하여 매매계약이 체결되었으나, 그 부분의 면적이 법령상 분할허가가 제한되는 토지분할 제한면적에 해당하여 분할이 불가능하다면, 매도인이 그 부분을 분할하여 소유권이전등기절차를 이행할 수 없으므로, 특별한 사정이 없는 한 매도인의 소유권이전등기의무는 이행이 불가능하다고 보아야 한다(대법원 2017. 10. 12. 선고 2016다9643 판결[5]).

---

5) 甲이 乙 주식회사로부터 안동시에 소재한 1필지의 임야 중 특정 위치의 628㎡를 매수하는 내용의 매매계약을 체결하였는데, 당시 구 안동시 도시계획 조례에서 '녹지지역 · 계획관리지역 · 생산관리지역 안에서 관계법령에 따른 허가 · 인가 등을 받지 아니하고 지목이 임야인 토지를 분할하는 경우 분할 면적이 990㎡ 이상이어야 한다'고 규정한 사안에서, 위 토지가 녹지지역 · 계획관리지역 · 생산관리지역 안에 소재하는 경우, 특별한 사정이 없는 한 분할을 전제로 한 乙 회사의 소유권이전등기의무는 이행이 불가능하다고 한 사례이다.

다만, 도급계약의 목적이 실현가능한 것으로서 장차 확정할 수 있다면 도급계약의 성립에는 아무런 지장이 없다. 예컨대, 건축하도급계약 당시 그 건축공사에 대한 사업계획승인 등이 갖추어지지 않았더라도 그 계약의 목적이 실현불가능한 것이 아니므로 무효가 아니다.

판례 "하도급 당시 (아파트) 신축공사에 대한 건설부장관의 사업계획승인, 원도급인인 대한주택공사의 하도급에 대한 승인, 그 건축부지의 확보 등이 갖추어져 있지 않았다 하더라도, 그 계약의 목적이 된 토지 상에 아파트건축 등의 공사를 진행하는 것이 법률상 금지 내지 제한되어 있었다는 등의 특단의 사정이 없는 이상 계약후 이를 보완할 수 있는 것이므로 그와 같은 사유만으로는 하도급계약 당시 그 계약목적이 실현불가능한 것이었다고 할 수 없다."(대법원 1989. 11. 28. 선고 89다카11777 판결).

---

(2) 신뢰손해

원시적 · 객관적으로 전부 불능이어서 계약이 무효인 경우에 책임이 발생한다. 계약체결 당시 그 불능을 알았거나 알 수 있었던 당사자가 선의 · 무과실인 상대방에게 손해배상책임을 지게 된다. 일부 불능의 경우에는 매도인의 담보책임 규정으로 규율하고 민법 제535조의 계약체결상 과실책임이 발생할 여지가 없다.

손해배상의 범위는 상대방이 그 계약의 유효를 믿었음으로 인하여 받은 손해, 즉 신뢰손해이다. 그 배상액은 이행이익을 초과할 수 없다.

지방자치단체가 민간투자사업을 BTO 방식으로 추진하면서 지방의회의 사전 의결 없이 실시협약을 체결하여 실시협약이 무효로 된 사안에서 사업시행자가 실시협약이 유효한 것으로 믿고 실시계획에 필요한 준비절차를 진행하며 지출한 비용 상당의 손해를 지방자치단체가 배상할 책임이 있다고 판결한 사례가 있다.

판례 "지방자치단체가 민간투자사업을 '사회기반시설에 대한 민간투자법' 제4조제1호에서 정한 '사회기반시설의 준공과 동시에 당해 시설의 소유권이 국가 또는 지방자치단체에 귀속되며 사업시행자에게 일정기간의 시설관리운영권을 인정하는 방식[이른바 BTO(Build - Transfer - Operate) 방식]'으로 추진하면서 지방의회의 사전 의결 없이 실시협약을 체결하여 실시협약이 무효로 된 사안에서, 실시협약의 체결 당시 BTO 방식의 민간투자사업에 지방의회의 사전 의결이 필요하다는 해석론이 일반적으로 통용되고 있지 않았고 이와 관련되어 확립된 업무 관행이나 법령해석 기준도 존재하지 않았던 것으로 보이나, 실시협약 체결 이전 단계에서 행정자치부 장관의 질의답변에 따라 업무를 처리하는 것이 불가능하거나 지방자치단체 소속 공무원들에게 이를 기대할 수 없었다고 볼 수 없을 뿐만 아니라, 이미 지방의회의 의결로 민간투자사업이 중단된 경험까지 있음에도 기존 사업시행자 지정을 취소하고 얼마 되지 않아 서둘러 민간투자시설사업 기본계획을 다시 고시하고 지방의회의 의결 없이 만연히 후속절차를 진행하여 실시협약을 체결한 점에 비추어 볼 때, 위 사업에 지방의회의 사전 의결이 필요한지에 관하여 지방자치단체 소속 공무원들이 나름대로 신중을 다하여 합리적인 근거를 찾아 업무를 처리하였다고 볼 수는 없고, 따라서 지방의회의 의결 없이 실시계

약을 체결한 지방자치단체 소속 공무원들은 실시협약 체결시 특히 주의를 기울여 무효인 계약에 의하여 상대방인 사업시행자에게 불의의 손해를 주지 않도록 하여야 할 의무에 위반하였다고 할 것이므로, 지방자치단체는 국가배상법 제2조제1항 및 계약체결상의 과실 책임을 규정한 민법 제535조제1항에 따라 사업시행자가 실시협약이 유효한 것으로 믿고 실시계획에 필요한 준비절차를 진행하며 지출한 비용 상당 손해를 배상할 책임이 있다."(서울고등법원 2011. 9. 22. 선고 2009나96474 판결[6]), 대법원 2012. 6. 28. 선고 2011다88313 판결)

6) 이 사안에서는 실시협약이 유효한 것으로 믿고 실시협약을 준비하기 위하여 지출한 ① 이행보증보험증권 발급수수료, ② 설계용역 수행비용이 손해로 인정되었다. 다만, 실시계획에 대한 승인이 지연되고 있는 상황에서 지자체의 요청으로 실시한 여론조사 및 홍보활동 등의 용역료는 실시협약에 따라 지출이 예정된 비용으로 보지 않아 손해로 인정되지 않았다. 또한 민간투자사업이 갖는 특수성에 비추어 볼 때 원고로서도 사업실패로 인한 위험을 어느 정도는 감수하려 했던 것으로 보이는 등의 이유로 원고에 대한 손해배상책임은 손해액의 20%로 제한하였는데, 대법원은 이런 원심 판단을 수긍한 사례이다.

4. 불공정한 건설공사 도급계약의 무효

쟁점

A건설회사는 발주자로부터 수급한 공사의 일부를 B건설회사에 하도급하였다. A가 발주자로부터 설계변경이나 물가변동을 이유로 계약금액을 조정받더라도 B는 A에게 계약금액의 조정을 요구하지 않기로 약정하였다. A와 B 사이의 하도급계약은 유효한가?

판단

계약금액 조정을 배제하는 특약은 B에게 현저하게 불공정한 조항으로서 그 조항은 무효로 된다.

(1) 불공정한 법률행위의 무효

건설공사에 관한 도급계약의 당사자는 대등한 입장에서 합의에 따라 공정하게 계약을 체결하고 신의를 지켜 성실하게 계약을 이행하여야 하지만(건설산업기본법 제22조제1항), 현실에서는 어느 일방 당사자의 권리를 지나치게 제한하는 불공정한 계약이 횡행하고 있다.

어느 일방 당사자에게 일방적으로 불리한 계약이라도 유효한가?

특별한 사정이 없는 한 원칙적으로 계약은 지켜져야 한다. 사적 자치와 계약자유의 원칙에 따라 강행법규에 위반되거나 선량한 풍속이나 사회질서에 반하는 내용의 계약이 아닌 이상 계약은 유효하다(민법 제103조 참조). 또 당사자의 궁박, 경솔 또는 무경험으로 인하여 현저하게 공정을 잃은 법률행위도 무효로 된다(민법 제104조).

민법 제104조에 규정된 불공정한 법률행위는 객관적으로 급부와 반대급부 사이에 현저한 불균형이 존재하고, 주관적으로 위와 같이 균형을 잃은 거래가 피해당사자의 궁박, 경솔, 또는 무경험을 이용하여 이루어진 경우에 한하여 성립하는 것으로서 약자적 지위에 있는 자의 궁박, 경솔 또는 무경험을 이용한 폭리행위를 규제하려는 데에 그 목적이 있다(대법원 1994. 11. 08. 선고 94다

31969 판결).

민법 제104조의 불공정한 법률행위는 급부와 반대급부 사이에 현저한 불균형이 존재하고, 그와 같이 균형을 잃은 거래가 피해 당사자의 궁박, 경솔 또는 무경험을 이용하여 이루어진 경우에 성립하는 것이고, 피해 당사자가 궁박한 상태에 있었다고 하더라도 그 상대방 당사자에게 그와 같은 피해 당사자 측의 사정을 알면서 이를 이용하려는 의사, 즉 폭리행위의 악의가 없었다거나 또는 급부와 반대급부 사이에 현저한 불균형이 존재하지 아니한다면 민법 제104조의 불공정한 법률행위라고 할 수 없다. 그리고 어떠한 법률행위가 불공정한 법률행위에 해당하는지는 법률행위 당시를 기준으로 판단하여야 한다(대법원 2015. 01. 15. 선고 2014다216072 판결).

건설공사에 관한 도급계약이 불공정한 법률행위에 해당하여 무효로 된 사례는 극히 드물다. 대법원 판례도 공공기관이 계약상대방과 맺은 계약 특수조건의 내용이 관계 법령에 위반하거나 비례의 원칙에 반하여 계약상대방에게 지나치게 가혹한 것이거나 선량한 풍속 기타 사회질서에 반하는 결과를 초래할 것임이 분명하여 이를 무효로 하지 않으면 공공계약의 공공성과 공정성을 유지하기 어렵다고 할 만한 특별한 사정이 있는 경우에는 무효로 된다고 판시하였다(대법원 2014. 12. 24. 선고 2010다83182 판결[7]).

(2) 불공정한 건설공사 도급계약의 무효

건설산업기본법에 불공정한 건설공사에 관한 도급계약은 무효로 한다는 조항이 신설되었다. 2013. 8. 6. 법률 제12012호로 개정되어 2014. 2. 7. 시행된 건설산업기본법에 신설된 제22조제5항은 건설공사 도급계약의 내용이 당사자 일방에게 현저하게 불공정한 경우로서 다음 어느 하나에 해당하는 경우에는 그 부분에 한정하여 무효로 한다고 선언한 것이다. 대단히 중요한 변화라고 하지 않을 수 없다.

① 계약체결 이후 설계변경, 경제상황의 변동에 따라 발생하는 계약금액의 변경을 상당한 이유 없이 인정하지 아니하거나 그 부담을 상대방에게 전가하는 경우

② 계약체결 이후 공사내용의 변경에 따른 계약기간의 변경을 상당한 이유 없이 인정하지 아니하거나 그 부담을 상대방에게 전가하는 경우

7) 원고 주식회사와 피고 공사 사이에 계약을 체결하면서, "입찰 · 낙찰 · 계약체결 및 계약이행과 관련하여 관계직원에게 직 · 간접적으로 금품, 향응 등의 부당한 이익을 제공하지 않으며 이를 위반하였을 때에는 입찰참가자격 제한처분을 받은 날로부터 2년 동안 피고 공사에서 시행하는 입찰에 참가하지 못한다."는 내용의 청렴계약 특수조건을 부가하였다. 대법원은 이 특수조건이 뇌물액수 등에 관계없이 관계 법령에서 정하는 최상한의 기간으로 입찰참가자격 제한기간을 정하였다고 하여 이를 두고 당시 시행 중이던 관계 법령을 위반하였다거나 그 취지에 반한다고도 할 수 없는 점을 들어 무효라는 주장을 배척하였다.

③ 도급계약의 형태, 건설공사의 내용 등 관련된 모든 사정에 비추어 계약체결 당시 예상하기 어려운 내용에 대하여 상대방에게 책임을 전가하는 경우

④ 계약내용에 대하여 구체적인 정함이 없거나 당사자 간 이견이 있을 경우 계약내용을 일방의 의사에 따라 정함으로써 상대방의 정당한 이익을 침해한 경우

⑤ 계약불이행에 따른 당사자의 손해배상책임을 과도하게 경감하거나 가중하여 정함으로써 상대방의 정당한 이익을 침해한 경우

⑥ 「민법」 등 관계 법령에서 인정하고 있는 상대방의 권리를 상당한 이유 없이 배제하거나 제한하는 경우

위와 같은 내용이 포함된 건설공사 도급계약이 무효로 되려면 그 내용이 당사자 일방에게 현저하게 불공정하여야 한다. 현저하게 불공정하다는 것은 급부와 반대급부 사이에 현저한 불균형이 있다는 의미이다. 현저히 공정을 잃은 법률행위라 함은 자기의 급부에 비하여 현저하게 균형을 잃은 반대급부를 하게 하여 부당한 재산적 이익을 얻는 행위를 의미하는 것이다(대법원 1993.03.23. 선고 92다52238 판결).

객관적으로 급부와 반대급부 사이에 현저한 불균형이 존재하지 아니한다면 계약내용이 당사자 일방에게 현저하게 불공정하다고 볼 수 없을 것이다(대법원 2013. 09. 26. 선고 2013다40353 판결 참조).

(3) 일부 무효

이러한 불공정한 내용을 포함하고 있는 공사도급계약은 그 조항만 무효로 되고, 나머지 계약 내용의 효력에는 영향이 없다. 즉, 현저하게 불공정한 부분만 일부 무효로 되는 것이다. 일부 조항만 무효가 되기 때문에 당사자 일방에게 현저하게 불공정한 내용의 계약조항이 없는 계약만 남게 된다. 예컨대, 설계변경이나 물가변동으로 인한 계약금액 조정을 배제하는 조항이 무효로 된다면, 당사자는 설계변경이나 물가변동을 이유로 계약금액의 조정을 청구할 수 있게 될 것이다.

(4) 강행규정을 배제하는 특약의 무효

공사도급계약으로 인하여 불이익을 입는 당사자로 하여금 건설산업기본법 제22조제5항에 따라 무효가 되는 계약내용에 대하여 이의를 제기하지 않기로 하거나 소송에서 주장하지 않기로 하는 특약도 무효로 된다고 보아야 할 것이다. 대법원도 불공정한 법률행위에 해당하여 무효로 되는 계

약과 관련하여 그 계약으로 인하여 불이익을 입는 당사자로 하여금 위와 같은 불공정성을 소송 등 사법적 구제수단을 통하여 주장하지 못하도록 하는 부제소합의는 다른 특별한 사정이 없는 한 무효라고 판단한 바 있다(대법원 2010.07.15. 선고 2009다50308 판결).

표준계약서의 일반조건에는 설계변경이나 물가변동으로 인한 계약금액 조정에 관한 조항을 그대로 두고 특수조건에서 설계변경이나 물가변동으로 인한 계약금액 조정을 부인하는 특약을 강요당하는 수급인이나 하수급인에게 도움이 되는 조항이 될 것으로 보인다.

(5) 입증책임

입증책임은 무효를 주장하는 자에게 있다. 계약의 내용이 무효라고 주장하는 자는 건설공사 도급계약의 내용이 당사자 일방에게 현저하게 불공정하다는 사실, 건설산업기본법 제22조제5항 각 호의 어느 하나에 해당한다는 사실을 입증하여야 할 것이다.

5. 계약서를 작성하지 않은 공공공사 계약의 효력

쟁점

국가나 지방자치단체가 계약서를 작성하지 않고 체결한 계약의 효력은 어떻게 되는가?

판단

국가나 지방자치단체와 계약서를 작성하지 않고 체결한 계약은 무효이다.

(1) 공공공사 계약의 성립 요건

일반적으로 계약은 당사자의 의사의 합치만 있으면 성립한다. 즉, 계약서의 작성 유무와 상관없이 구두의 계약만으로도 계약은 성립한다.

국가나 지방자치단체가 계약의 일방당사자로서 체결하는 계약도 마찬가지일까?

법에서는 계약서의 작성을 요구하고 있다. 각 중앙관서의 장 또는 계약담당공무원은 계약을 체결할 때에는 계약의 목적, 계약금액, 이행기간, 계약보증금, 위험부담, 지체상금, 그 밖에 필요한 사항을 명백하게 기재한 계약서를 작성하여야 하고(다만, 대통령령으로 정하는 경우에는 계약서의 작성을 생략할 수 있다), 그 담당 공무원과 계약상대자가 계약서에 기명하고 날인하거나 서명함으로써 계약이 확정된다(국가계약법 제11조). 즉, 계약을 체결할 때에는 원칙적으로 담당공무원과 계약상대자가 계약서를 작성하고, 계약서에 기명 · 날인 또는 서명함으로써 계약이 성립한다.

국가가 계약의 일방 당사자인 경우라도 ① 계약금액이 3천만원 이하인 계약을 체결하는 경우, ② 경매에 부치는 경우, ③ 물품매각의 경우에 있어서 매수인이 즉시 대금을 납부하고 그 물품을 인수하는 경우, ④ 각 국가기관 및 지방자치단체 상호간에 계약을 체결하는 경우, ⑤ 전기 · 가스 · 수도의 공급계약 등 성질상 계약서의 작성이 필요하지 아니한 경우에는 계약서의 작성을 생략할 수 있다(국가계약법 시행령 제49조).

지방자치단체가 체결하는 계약도 국가가 일방 당사자인 경우와 비슷하다(지방계약법 제14조, 같은 법 시행령 제50조)[8].

그런데도 국가나 지방자치단체가 계약서를 작성하지 않고 체결한 계약의 효력은 어떻게 되는가?

국가나 지방자치단체가 계약의 일방 당사자인 경우에는 국가계약법령이나 지방계약법령에서 요구하는 내용이 기재된 계약서를 작성하여야 계약이 성립한다. 법령이 요구하는 계약서를 작성하지 않은 계약은 무효이다(대법원 2010. 11. 11. 선고 2010다59646 판결 등). 대법원은 일관되게 국가나 지방자치단체가 관계 법령에서 정하는 요건과 절차를 거치지 않고 체결한 계약은 무효라는 입장을 취하고 있다.

판례 "지방자치단체를 당사자로 하는 계약에 관한 법률 제14조제1항, 제2항은 지방자치단체의 장 또는 계약담당자가 계약을 체결하고자 하는 경우에는 계약의 목적·계약금액·이행기간·계약보증금·위험부담·지체상금 그 밖에 필요한 사항을 명백히 기재한 계약서를 작성하여야 하며, 그 지방자치단체의 장 또는 계약담당자와 계약상대자가 계약서에 기명·날인 또는 서명함으로써 계약이 확정된다고 규정하고 있다. 그러므로 지방자치단체가 사경제의 주체로서 사인과 사법상의 계약을 체결함에 있어서는 위 규정에 따른 계약서를 따로 작성하는 등 그 요건과 절차를 이행하여야 하고, 설사 지방자치단체와 사인 간에 사법상의 계약이 체결되었다 하더라도 위 규정상의 요건과 절차를 거치지 아니한 계약은 그 효력이 없다."(대법원 2010. 11. 11. 선고 2010다59646 판결)

---

(2) [사례] 법에서 정한 요건과 절차를 거치지 않고 체결한 지방자치단체와 사인 간의 사법상 계약 또는 예약의 효력(=무효)

지방자치단체 Y는 건설사 X가 한국 내에서 독점권을 가지고 있는 특정 독일 회사의 공법을 적용한 분뇨 및 폐수처리시설을 설치하기로 하였다. X와 Y는 시설공사계약은 추후에 체결하고, 공사기간 단축을 위하여 X가 기계장비를 독일에서 미리 주문제작하여 수입하되 Y의 사정으로 시설공사계약이 체결되지 아니하는 경우에는 선발주한 기계설비 대금 등 X의 손해를 Y가 배상하기로 하는 내용을 기재한 협약서로써 협약을 체결하였다.

이 협약에 따라 X는 기계장비를 국내에 수입하였지만, Y는 사업을 포기하고 X와 시설공사계약을 체결하지 못하였다.

이 경우 건설사 X는 Y와 사이에 체결한 '협약서'를 근거로 약정한 손해배상을 청구할 수 있는가?

이 사건의 쟁점은 X와 Y 사이에 계약이 체결되었는지 여부이다. 즉, X와 Y 사이에 작성한 '협약서'를 지방계약법 제14조가 요구하는 계약서로 볼 수 있는가 여부이다. 이 협약서가 지방계약법에서 요구하는 계약서로 인정된다면 X와 Y 사이에는 계약이 체결된 것이며, 그 계약에 따라 X는 Y에게 약정한 손해배상을 청구할 수 있을 것이다.

---

8) 지방자치단체는 계약금액이 5천만원 이하인 계약을 체결하는 경우에는 계약서의 작성을 생략할 수 있다.

대법원은 이 협약서를 지방계약법이 요구하는 계약서로 인정하지 않았다. 공사의 대금이나 이를 확정할 방법과 기준 등에 관한 아무런 규정이 없고, 지방자치단체 Y의 사정으로 시설공사계약이 체결되지 아니하는 경우에 Y가 배상하기로 한 기계설비 대금 등 Y의 손해액이 얼마인지 정해져 있지 않을 뿐 아니라 이를 특정할 기준이나 방법도 정해져 있지 않기 때문에 이 협약서는 지방계약법에서 정한 요건과 절차를 거치지 아니한 계약 또는 예약으로서 그 효력이 없다는 것이다(대법원 2009. 12. 24. 선고 2009다51288 판결).[9]

9) 그렇다고 Y가 X에게 손해를 배상할 책임이 부인되는 것은 아니다. X는 Y를 상대로 다시 계약체결을 부당하게 파기한 책임을 묻는 손해배상을 청구하여 승소하였다(대법원 2013. 6. 13. 선고 2010다65757 판결).

6. 낙찰자의 지위

쟁점

甲은 지방자치단체가 발주한 공사의 입찰에 참여하여 낙찰을 받았지만 지방자치단체가 본계약의 체결을 거부하고 있다. 甲은 어떤 대응을 할 수 있는가?

판단

지방자치단체를 상대로 본계약의 체결을 청구하거나 손해배상을 청구할 수 있다.

관급공사에서는 계약서가 작성되어야 비로소 계약이 성립하고, 계약서를 작성하지 않은 단계의 낙찰자는 아직 계약의 당사자가 아니다.

아직 계약의 당사자는 아니지만, 입찰시행자에 대하여 계약의 체결을 청구할 수 있는 예약자의 지위에 있는 것이다. 낙찰자의 지위는 계약상대자로 결정되어 계약을 체결할 수 있는 지위에 불과하고 계약을 체결하여 계약상의 권리의무가 발생한 계약당사자의 지위와는 다르다. 낙찰자는 단순히 유효한 낙찰자의 지위에 있음을 확인받아 그에 따른 계약을 체결하여 줄 것을 청구할 수 있는 권리를 취득하는 것이다(대법원 1994. 12. 2. 선고 94다41454 판결).

입찰시행자는 낙찰자의 계약체결 청구에 응해야 할 승낙의무를 부담한다. 낙찰자와 입찰시행자 사이에는 편무예약이 성립하고, 낙찰자는 입찰시행자에게 본계약체결청구권을 가진다.[10)]

낙찰자의 결정만으로 계약이 성립된 것이 아니고 낙찰자의 지위는 계약당사자의 지위가 아니기 때문에 낙찰자로서는 계약보증금을 포기하고 계약의 체결을 포기할 수 있다. 국가나 지방자치단체

10) 예약은 장차 본계약을 체결할 것을 약속하는 계약을 말하는데, 예약상의 권리자가 본계약의 체결을 위하여 청약을 하면 상대방이 승낙의무를 부담하는 경우 어느 일방만이 청약권을 보유한 경우를 편무예약, 쌍방 모두 청약의 권리를 가지고 있는 경우를 쌍무예약이라 한다. 상대방이 승낙하지 않을 때에는 승낙을 구하는 소를 제기하여야 한다.
본계약을 체결할 권리를 갖는 자가 상대방에 대하여 본계약을 성립시킨다는 예약완결의 의사표시만으로 상대방의 승낙을 기다리지 않고 본계약이 성립되는 경우에 예약완결권을 어느 일방만이 가지고 있는 경우는 일방예약, 양당사자 모두가 예약완결권을 가지고 있는 경우에는 쌍방예약이라고 한다.

도 입찰자격의 하자가 발견되면 낙찰을 취소할 수 있다.

판례 "구 지방재정법(2005. 8. 4. 법률 제7663호로 전문 개정되기 전의 것) 제63조가 준용하는 국가계약법 제11조는 지방자치단체가 당사자로서 계약을 체결하고자 할 때에는 계약서를 작성하여야 하고 그 경우 담당공무원과 계약당사자가 계약서에 기명날인 또는 서명함으로써 계약이 확정된다고 규정함으로써, 지방자치단체가 당사자가 되는 계약의 체결은 계약서의 작성을 성립요건으로 하는 요식행위로 정하고 있으므로, 이 경우 낙찰자의 결정으로 바로 계약이 성립된다고 볼 수는 없어 낙찰자는 지방자치단체에 대하여 계약을 체결하여 줄 것을 청구할 수 있는 권리를 갖는 데 그치고, 이러한 점에서 위 법률에 따른 낙찰자 결정의 법적 성질은 입찰과 낙찰행위가 있은 후에 더 나아가 본계약을 따로 체결한다는 취지로서 계약의 편무예약에 해당한다."(대법원 2006. 6. 29. 선고 2005다41603 판결).

입찰실시자가 본계약을 체결하지 않을 때에는 의사의 진술을 명하는 판결을 얻어 본계약의 체결을 강제할 수 있다. 입찰시행자를 상대로 낙찰자가 본계약체결을 청구하는 경우 청구취지는 '피고는 원고에게 **계약의 체결에 관한 원고의 청약에 대하여 승낙의 의사표시를 하라'와 같이 기재한다.

낙찰자는 입찰실시자를 상대로 본계약체결의무를 위반하였음을 이유로 곧바로 손해배상을 청구할 수도 있다.

7. 계약체결의무위반에 따른 손해배상책임

쟁점

계약체결을 거부하는 입찰실시자에 대하여 낙찰자는 입찰할 때 첨부한 원가계산서에 기재한 이윤 상당을 손해라고 주장할 수 있는가?

판단

낙찰자는 입찰실시자를 상대로 손해배상을 청구할 수는 있지만, 원가계산서에 기재된 이윤을 그대로 손해액이라고 단정할 수는 없다.

입찰실시자가 정당한 이유 없이 낙찰자의 계약체결 청구를 거절하는 경우에 낙찰자로서는 예약채무불이행을 이유로 손해배상을 청구할 수도 있다. 그 손해배상의 범위에 관하여 대법원은 낙찰자가 본계약의 체결 및 이행을 통하여 얻을 수 있었던 이익, 즉 이행이익 상실의 손해라고 보았다.

판례 "공사도급계약의 도급인이 될 자가 수급인을 선정하기 위해 입찰절차를 거쳐 낙찰자를 결정한 경우 입찰을 실시한 자와 낙찰자 사이에는 도급계약의 본계약체결의무를 내용으로 하는 예약의 계약관계가 성립하고, 어느 일방이 정당한 이유 없이 본계약의 체결을 거절하는 경우 상대방은 예약채무불이행을 이유로 한 손해배상을 청구할 수 있다. 이러한 손해배상의 범위는 원칙적으로 예약채무불이행으로 인한 통상의 손해를 한도로 하는데, 만일 입찰을 실시한 자가 정당한 이유 없이 낙찰자에 대하여 본계약의 체결을 거절하는 경우라면 낙찰자가 본계약의 체결 및 이행을 통하여 얻을 수 있었던 이익, 즉 이행이익 상실의 손해는 통상의 손해에 해당한다고 볼 것이므로 입찰을 실시한 자는 낙찰자에 대하여 이를 배상할 책임이 있다."(대법원 2011. 11. 10. 선고 2011다41659 판결).

그렇지만 대법원은 낙찰자가 입찰에 참가하기 위해 건축사사무소에 작성을 의뢰하여 받은 내역서의 일부인 공사원가계산서에 이윤으로 기재된 금액을 그대로 낙찰자가 본계약인 공사도급계약의 체결과 이행으로 얻을 수 있었던 이익으로 인정할 수는 없다고 한다.

판례 "낙찰자가 본계약의 체결 및 이행을 통하여 얻을 수 있었던 이익은 일단 본계약에 따라 타방 당사자로부터 지급받을 수 있었던 급부인 낙찰금액이라고 할 것이나, 본계약의 체결과 이행에 이르지 않음으로써 낙찰자가 지출을 면하게 된 직·간접적 비용은 그가 배상받을 손해액에서 당연히 공제되어야 하고, 나아가 손해의 공평·타당한 분담을 지도원리로 하는 손해배상제도의 취지상, 법원은 본계약 체결의 거절로 인하여 낙찰자가 그 이행과정에서 기울여야 할 노력이나 이에 수반하여 불가피하게 인수하여야 할 사업상 위험을 면하게 된 점 등 여러 사정을 두루 고려하여 객관적으로 수긍할 수 있는 손해액을 산정하여야 한다."는 것이다(대법원 2011. 11. 10. 선고 2011다41659 판결).[11]

11) 이 사건은 파기환송심에서 강제조정으로 종결되었다(서울고등법원 2011나94105).

8. 입찰공고와 다른 계약내용의 허부

쟁점

지방자치단체가 계약의 주요한 내용 내지 조건을 입찰공고와 다르게 변경하거나 새로운 조건을 추가하는 것이 허용되는가?

판단

계약의 세부사항을 조정하는 정도를 넘어서 계약의 주요한 내용 내지 조건을 입찰공고와 다르게 변경하거나 새로운 조건을 추가하는 것은 허용되지 않는다.

(1) 입찰실시자가 계약조건을 임의로 변경하는 것이 허용되는지 여부

입찰을 실시한 자가 낙찰자를 결정한 경우에는 낙찰자와 입찰을 실시한 자 사이에는 편무예약이 성립되고, 낙찰자는 입찰실시자에게 본계약의 체결을 청구할 수 있는 권리를 가진다.

그렇다면 입찰실시자는 입찰공고의 내용에 전혀 구속되지 않는가? 입찰공고의 내용을 무시하고 입찰공고의 내용보다 불리한 내용을 계약에 편입할 수 있는가?

계약의 내용과 조건은 일찰실시자가 임의대로 정할 수 있는 것이 아니라 이미 입찰공고와 입찰에 의하여 당사자의 의사가 합치됨으로써 정하여진 것이므로 입찰실시자가 그 내용이나 조건을 임의로 변경하거나 새로운 내용이나 조건을 부가하는 것은 이미 유효하게 성립된 예약에 대한 승낙의무에 반하는 것으로서 허용될 수 없다.

국가나 지방자치단체가 시행하는 입찰절차에서 계약은 낙찰로 성립하는 것이 아니라 별도로 계약서를 작성하여야 성립하지만, 낙찰자는 계약의 체결을 청구할 수 있는 권리를 가진다. 낙찰자는 국가나 지방자치단체에 대하여 입찰공고의 내용에 부합되는 계약의 체결을 청구할 수 있다.

(2) [사례] 지자체가 낙찰자 선정 후 계약의 주요 내용을 변경·추가한 경우

지방자치단체 A는 2필지의 토지와 지상건물을 '현상태대로 매각'한다는 취지의 입찰공고를 하였다. 2필지의 토지 중 한 필지인 배수지터 지상에는 건물이 있고, 다른 한 필지는 지목이 도로로 되어 있다. 이 입찰에서 B가 낙찰자로 결정되었다. A는 B로부터 낙찰대금 전액을 받은 뒤 계약서를 작성하는 시점에서 비로소 매각대상 토지 중 지목이 도로인 1필지를 일반인에게 무상으로 제공한다는 조항을 삽입할 것을 요구하였다. B가 A의 요구에 응하지 않자 A는 입찰공고에서 정한 10일 이내에 낙찰자가 계약을 체결하지 않았다는 이유로 입찰을 취소하였다.

A의 입찰취소가 정당한가?

대법원은 낙찰자는 국가나 지방자치단체에 대하여 입찰공고의 내용에 부합되는 계약의 체결을 청구할 수 있다는 전제에서 A의 요구는 '현상태대로 매각'한다는 입찰공고의 조건과 달리 '현상태대로 사용'할 것을 강제하는 셈이고, 나아가 일반인에게 무상으로 제공하라는 것은 단지 도로라는 현상태대로 이용하라는 것보다도 더 소유권을 제약하여 사실상 소유권을 행사하지 못하게 되는 결과가 되기 때문에 입찰취소는 무효라고 판단하였다.

판례 "국가계약법에 따른 입찰절차에서의 낙찰자의 결정으로는 예약이 성립한 단계에 머물고 아직 본계약이 성립한 것은 아니라고 하더라도, 그 계약의 목적물, 계약금액, 이행기 등 계약의 주요한 내용과 조건은 지방자치단체의 입찰공고와 최고가(또는 최저가) 입찰자의 입찰에 의하여 당사자의 의사가 합치됨으로써 지방자치단체가 낙찰자를 결정할 때에 이미 확정되었다고 할 것이므로, 지방자치단체가 계약의 세부사항을 조정하는 정도를 넘어서서 계약의 주요한 내용 내지 조건을 입찰공고와 달리 변경하거나 새로운 조건을 추가하는 것은 이미 성립된 예약에 대한 승낙의무에 반하는 것으로서 특별한 사정이 없는 한 허용될 수 없다."(대법원 2006. 6. 29. 선고 2005다41603 판결)

---

9. 입찰절차나 낙찰자 결정기준에 관한 규정의 성질

쟁점

지방자치단체가 입찰을 실시하여 낙찰자를 결정하면서 낙찰자결정기준을 위반하였다. 이 낙찰자 결정은 무효인가?

판단

특별한 사정이 없는 한 입찰절차나 낙찰자결정기준에 관한 규정을 위반하였다고 하여 곧바로 낙찰이 무효로 되지는 않는다.

(1) 입찰 진행·낙찰자 결정 기준을 정한 법령의 성질(=국가의 내부규정)

국가계약법령과 지방계약법령에는 입찰의 진행과 낙찰자의 결정에 관한 기준이 상세하게 규정되어 있다. 입찰에는 일정한 요건을 갖춘 자만 참여할 수 있는데, 추정가격 300억원 이상인 공사는 입찰참가자격 사전심사 제도를 적용한다(국가계약법 시행령 제13조제1항 단서, 제42조제4항제1호). 입찰참가자격 사전심사의 기준 · 방법 등에 관해서는 계약예규 입찰참가자격사전심사요령에 상세하게 규정되어 있다. 낙찰자 결정은 예정가격 이하로서 최저가격 순으로 계약이행능력을 심사하여 결정하는데, 계약이행능력심사는 이행실적, 기술능력, 재무상태 및 사회적 신인도 등을 종합적으로 고려한다. 그 심사기준에 관하여는 계약예규 적격심사기준이 있다.

이와 같은 절차와 기준에 관한 법령의 법적 성질은 무엇인가? 이에 위반된 행위는 무효가 되는 강행규정인가?

대법원은 이러한 규정은 국가와 사인 사이의 계약관계를 공정하고 합리적 · 효율적으로 처리할 수 있도록 관계 공무원이 지켜야 할 계약사무처리에 관하여 필요한 사항을 규정한 국가의 내부규정에 불과하다고 본다. 입찰절차와 기준에 관한 규정은 국가의 내부규정에 불과하기 때문에 강행규정으로 볼 수 없고, 따라서 이를 위반한 입찰의 효력은 무효로 단정할 수 없다는 것이다.

판례 "국가계약법 제10조제2항 및 같은 법 시행령 제42조에 따라, 국고의 부담이 되는 경쟁입찰에 있어서는 예정가격 이하로서 최저가격으로 입찰한 자의 순으로 계약이행능력을 심사하여 낙찰자를 결정하며, 계약이행능력심사는 입찰자의 이행실적, 기술능력, 재무상태, 과거 계약이행 성실도, 자재 및 인력조달가격의 적정성, 계약질서의 준수정도, 과거 공사의 품질정도 및 입찰가격 등을 종합적으로 고려하여 재정경제부장관이나 재정경제부장관과 협의를 거친 중앙관서의 장이 정하는 심사기준에 따라 세부심사기준을 정하여 적격 여부를 심사하여야 하는바, 이와 같은 국가를 당사자로 하는 계약에 관한 법률 및 같은 법 시행령의 적격심사제 관련 규정은 국가가 사인과의 사이의 계약관계를 합리적·효율적으로 처리할 수 있도록 관계 공무원이 지켜야 할 계약사무처리에 관한 필요한 사항을 규정한 것으로, 국가의 내부규정에 불과하다."(대법원 2006. 04. 28. 선고 2004다50129 판결)

(2) 국가와 사인 간 계약 체결 시 따라야 하는 요건·절차 규정의 성질(=강행규정)

반면 국가나 지방자치단체와 사인 사이의 계약을 체결할 때 따라야 할 요건과 절차에 관한 규정은 강행규정이고, 따라서 국가나 지방자치단체와 사인 간에 계약을 체결하면서 그에 관한 국가계약법령이나 지방계약법령상의 요건이나 절차를 거치지 아니하였다면 그 계약은 무효라는 것이 대법원의 입장이다(대법원 2004. 1. 27. 선고 2003다14812 판결[12]).

12) 대법원은 "지방자치단체가 사경제의 주체로 사인(私人)과의 사이에 사법(私法)상의 계약을 체결함에 있어서는 법령에 따른 계약서를 따로 작성해야 하는데, 이 사건의 원고와 피고 사이 에서는 아무런 계약서도 작성되지 않은 것"이어서 이는 강행규정에 위반된 계약으로써 무효라 판시하였다. 앞의 "5. 계약서를 작성하지 않은 공공공사 계약의 효력"에서 살펴본 사례와 유사한 것이다.

10. 입찰절차나 낙찰자 결정기준 위반의 효력

쟁점

계약담당공무원이 입찰절차에서 국가계약법 및 그 시행령이나 세부심사기준에 어긋나게 적격심사를 하였다면 그 효력은 어떻게 되는가?

판단

당연 무효는 아니고, 입찰절차나 낙찰자 결정기준에 위반하였더라도 그 하자가 중대할 뿐 아니라 상대방도 이러한 사정을 알았거나 알 수 있었을 경우 또는 무효로 하지 않으면 그 절차를 규정한 국가계약법의 취지를 몰각하는 결과가 되는 특별한 사정이 있는 경우에 한하여 무효가 된다.

계약담당공무원이 입찰절차에서 국가계약법 및 그 시행령이나 세부심사기준에 어긋나게 적격심사를 하였다면 그 효력은 어떻게 되는가?

공공계약의 입찰절차에 하자가 있는 경우, 그 하자로 인하여 당해 입찰에 따른 낙찰자의 결정 내지 그에 기하여 체결한 계약의 효력은 어떻게 되는가?

(1) 국가계약법령 상의 입찰무효 사유

국가계약법 시행령 제39조제4항 및 시행규칙 제44조[13])는 입찰참가자격이 없는 자가 한 입찰을

13) **시행령 제39조(입찰서의 제출 · 접수 및 입찰의 무효)** ④ 제12조 및 제21조의 규정에 의한 경쟁참가의 자격이 없는 자가 행한 입찰 기타 기획재정부령이 정하는 사유에 해당하는 입찰은 무효로 한다.
시행규칙 제44조(입찰무효) ① 영 제39조제4항에 따라 무효로 하는 입찰은 다음과 같다.
1. 입찰참가자격이 없는 자가 한 입찰
1의2. 영 제76조제5항에 따라 입찰참가자격 제한기간 내에 있는 대표자를 통한 입찰
2. 입찰보증금의 납부일시까지 소정의 입찰보증금을 납부하지 아니하고 한 입찰
3. 입찰서가 그 도착일시까지 소정의 입찰장소에 도착하지 아니한 입찰
4. 동일사항에 동일인(1인이 수개의 법인의 대표자인 경우 해당수개의 법인을 동일인으로 본다)이 2통 이상의 입찰서를 제출한 입찰
5. 삭제 〈2006. 5. 25.〉

비롯하여 입찰의 무효사유를 규정하고 있는데, 여기에 해당하는 사실을 간과하고 낙찰자로 결정된 경우 그 낙찰이 무효로 되는 것은 당연하다.

(2) 단순히 계약관련 법령을 위반한 경우(=원칙적 유효)

관급공사의 입찰에는 입찰참가자격이나 절차 등에 관한 법령의 제한이 있고, 이를 구체화한 입찰자격사전심사요령이나 적격심사기준과 같은 계약예규가 있다. 발주자가 입찰자격이나 절차 등을 무시하거나 잘못 해석하여 입찰참여를 제한한 상태로 낙찰이 이루어지면 어떻게 될까? 이러한 사정만으로 그 낙찰이 당연히 무효가 되는 것은 아니다.

예컨대, 낙찰자 결정의 세부심사기준에서 시공능력평가 요소를 그르친 사정만으로는 계약이 무효로 되지 않는다(대법원 2001. 12. 11. 선고 2001다33604 판결).

입찰자의 적격심사를 담당하는 국가의 계약담당공무원이 전년도에 하자보수를 지체한 자에 대하여 감점하도록 정한 심사기준의 특별신인도 항목을 해석 · 적용함에 있어서, 부정당업자에 대한 입찰참가자격을 제한한 국가계약법 시행령 제76조제4항, 제5항을 유추적용하여, 하자보수를 지체하였던 법인의 변경 전 상호를 사용하고 그 법인의 대표자를 대표이사로 선임하여 입찰한 법인에 대하여 하자보수를 지체하였던 법인과 마찬가지로 특별신인도 항목에 관한 심사기준을 적용하여 감점조치를 한 것은 같은 법상 적격심사 관련 규정의 해석 · 적용에 관한 정당한 결정 범위 내에서 이루어진 것으로서 위법하다고 할 수 없다(대법원 2006. 4. 28. 선고 2004다50129 판결).

입찰서류를 제출함에 있어 단지 지방자치단체가 공고한 제안요청서에 게시된 양식과 동일한 '입찰서'를 누락한 정도의 하자를 가지고 입찰무효의 사유로 정하고 있는 국가계약법 시행규칙 제44조제3호의 '입찰서가 입찰 장소에 도착하지 아니한' 것으로 볼만큼 중대한 하자라고 보기는 어렵다

---

6. 영 제14조제6항에 따른 입찰로서 입찰서와 함께 산출내역서를 제출하지 아니한 입찰 및 입찰서상의 금액과 산출내역서상의 금액이 일치하지 아니한 입찰과 그 밖에 기획재정부장관이 정하는 입찰무효사유에 해당하는 입찰

6의2. 삭제 〈2010. 7. 21.〉

6의3. 제15조제1항에 따라 등록된 사항중 다음 각 목의 어느 하나에 해당하는 등록사항을 변경등록하지 아니하고 입찰서를 제출한 입찰(가. 상호 또는 법인의 명칭, 나. 대표자(수인의 대표자가 있는 경우에는 대표자 전원)의 성명, 다. 삭제 〈2006. 12. 29.〉, 라. 삭제 〈2006. 12. 29.〉)

7. 삭제 〈2009. 3. 5.〉

7의2. 영 제39조제1항에 따라 전자조달시스템 또는 각 중앙관서의 장이 지정 · 고시한 정보처리장치를 이용하여 입찰서를 제출하는 경우 해당 규정에 따른 방식에 의하지 아니하고 입찰서를 제출한 입찰

7의3. 영 제43조제5항에 따라 제안요청서 등에 대한 설명(이하 이 호에서 "제안요청서설명"이라 한다)을 실시하면서 제안요청서설명에 참가한 자에 한하여 계약에 참가할 수 있다는 뜻을 입찰공고에 명시한 경우로서 입찰에 참가한 자 중 제안요청서설명에 참가하지 아니한 자의 입찰

8. 영 제44조제1항의 규정에 의한 입찰로서 제42조제6항의 규정에 의하여 입찰서와 함께 제출하여야 하는 품질등 표시서를 제출하지 아니한 입찰

9. 영 제72조제3항 또는 제4항에 따른 공동계약의 방법에 위반한 입찰

10. 영 제79조에 따른 대안입찰의 경우 원안을 설계한 자 또는 원안을 감리한 자가 공동으로 참여한 입찰

10의2. 영 제98조제2호에 따른 실시설계 기술제안입찰 또는 같은 조 제3호에 따른 기본설계 기술제안입찰의 경우 원안을 설계한 자 또는 원안을 감리한 자가 공동으로 참여한 입찰

11. 제1호부터 제10호까지 외에 기획재정부장관이 정하는 입찰유의서에 위반된 입찰

(대법원 2006. 6. 19. 자 2006마117 결정).

(3) 예외적으로 무효가 되는 경우

대법원 판례는 입찰절차나 낙찰자 결정기준에 위반하였더라도 그 하자가 중대할 뿐 아니라 상대방도 이러한 사정을 알았거나 알 수 있었을 경우 또는 무효로 하지 않으면 그 절차를 규정한 국가계약법의 취지를 몰각하는 결과가 되는 특별한 사정이 있는 경우에 한하여 무효가 된다는 입장이다.

판례 "계약담당공무원이 입찰절차에서 국가를 당사자로 하는 계약에 관한 법률 및 그 시행령이나 그 세부심사기준에 어긋나게 적격심사를 하였다 하더라도 그 사유만으로 당연히 낙찰자 결정이나 그에 기한 계약이 무효가 되는 것은 아니고, 이를 위배한 하자가 입찰절차의 공공성과 공정성이 현저히 침해될 정도로 중대할 뿐 아니라 상대방도 이러한 사정을 알았거나 알 수 있었을 경우 또는 누가 보더라도 낙찰자의 결정 및 계약체결이 선량한 풍속 기타 사회질서에 반하는 행위에 의하여 이루어진 것임이 분명한 경우 등 이를 무효로 하지 않으면 그 절차에 관하여 규정한 국가를 당사자로 하는 계약에 관한 법률의 취지를 몰각하는 결과가 되는 특별한 사정이 있는 경우에 한하여 무효가 된다고 해석함이 타당하다."(대법원 2001. 12. 11. 선고 2001다33604 판결[14])

국가 등의 공공계약에서의 무효사유는 다음과 같이 정리할 수 있다.

① 단순히 계약관련 법령에 위배되었다는 사유만으로는 그에 따른 사법상의 계약이 무효로 되지는 아니한다(원칙적 유효).

② 다만, 예외적으로 그 법령이나 절차의 위반으로 인하여 공공성과 공정성이 현저히 침해되어 이를 무효로 하지 않으면 정의에 반하는 경우에는 무효로 보아야 한다. 그러나 그 경우에도 상대방에게는 그에 대한 귀책사유, 즉 고의나 과실이 있어야 한다. 즉, 상대방이 그러한 사정을 알았거나 알 수 있었어야 한다.

③ 낙찰자 선정 및 그에 따른 계약체결이 사회적으로 허용될 수 없는 반사회적인 행위에 의한 것임이 누가 보더라도 명백한 경우에도 무효가 될 것이다.[15]

---

14) 세부심사기준에 따라 시공경험 평가를 하면서, OO백화점 내의 일반음식점, 관람집회시설 및 운동시설이 건축법시행령의 해석상 용도구분 중 판매시설에 해당하지 아니하여 이를 실적에서 제외하여야 할 것이나, 이를 입찰공고 및 설명서에서 기재한 실적 인정범위에 포함시킨 사안에서, ① 이는 판매시설에 부속된 소비자 편익시설로서 주된 용도인 판매시설과 일체를 이루어 1건의 단위구조물로서 유통산업발전법에 의한 대규모 소매점의 일종인 백화점을 구성하고 있는 한편, ② 이 사건 공사의 내용은 채소동, 청과동, 수산물동, 관리서비스동, 경비실, 쓰레기처리동을 신축하는 것인데, 관리서비스동에는 대회의실, 금융기관, 식당, 다방 등 편의시설, 관리시설 등 이용자 편익시설이 포함되어 있을 뿐 아니라, ③ 이 사건 공사 중 판매시설의 공사가 OO백화점 중 일반음식점, 관람집회시설 및 운동시설에 비하여 그 시행이 특히 어렵다고 단정할 자료도 없으므로, 적격심사에 있어 OO백화점을 위 소비자 편익시설까지 포함하여 공사실적으로 인정한 것을 가리켜 이 사건 입찰절차의 공공성과 공정성을 현저히 침해할 정도로 중대한 하자라고 보기 어렵다 할 것이고, 달리 이 사건 낙찰자의 결정 및 계약체결이 선량한 풍속 기타 사회질서에 반하는 행위에 의하여 이루어진 것이라고 인정할 자료도 기록상 찾아볼 수 없다고 한 사안이다.

15) 선재성, "공공계약에서 낙찰자결정과 계약이 무효가 되는 사유", 대법원판례해설 제38호, p63.

11. 예정가를 사전에 알고 낙찰을 받은 계약의 효력

쟁점

건설회사 임직원과 관계 공무원 간의 공모로 최종 낙찰 예정가를 사전에 알고 낙찰받은 계약이 유효한가?

판단

그러한 입찰은 무효이고, 그에 따른 계약도 무효이다.

입찰에 관한 관계법령을 위반하거나 무시한 채 진행된 입찰과 낙찰이라 하더라도 곧바로 무효가 되는 것은 아니고 그 하자가 입찰절차의 공공성과 공정성이 현저히 침해될 정도로 중대할 뿐 아니라 상대방도 이러한 사정을 알았거나 알 수 있었을 경우 또는 누가 보더라도 낙찰자의 결정 및 계약체결이 선량한 풍속 기타 사회질서에 반하는 행위에 의하여 이루어진 것임이 분명한 경우 등에 한하여 무효가 된다.

대법원은 건설회사 임직원과 관계 공무원 간의 공모로 최종 낙찰 예정가를 사전에 알고 한 입찰은 무효이고, 그에 터잡은 낙찰과 계약도 무효라고 본다.

판례 "건설회사 임직원과 관계 공무원 간의 공모로 최종 낙찰 예정가를 사전에 알아내어 그에 근접한 금액으로 낙찰을 받은 경우, 그 입찰은 구 예산회계법 시행령(1995. 7. 6. 대통령령 제14710호로 개정되기 전의 것) 제97조제3항, 구 계약사무처리규칙(1995. 7. 6. 폐지) 제25조제9호에 의하여 적용되는 입찰유의서(회계예규) 제10조제8호 소정의 '담합하거나 타인의 경쟁참가를 방해 또는 관계 공무원의 공무집행을 방해한 자의 입찰'에 해당하여 무효이고, 이에 터잡아 이루어진 공사도급계약 역시 무효이다."(대법원 1997. 7. 25. 선고 97다15852 판결).

12. 입찰탈락자의 구제 방법

쟁점

위법 또는 부당한 입찰절차에서 탈락한 자의 권리구제 방법은 무엇인가?

판단

우선 입찰시행자를 상대로 낙찰자지위확인의 소나 낙찰자선정 무효확인의 소 또는 적격심사절차 이행청구의 소를 제기하는 방법이 있다. 급박할 때에는 낙찰자지위확인의 가처분 또는 적격심사대상자확인의 가처분을 받을 수 있다.

(1) 낙찰자지위확인의 소 등

위법 또는 부당한 입찰절차에서 탈락한 자의 권리구제 방법은 입찰시행자를 상대로 낙찰자지위확인의 소나 낙찰자선정 무효확인의 소 또는 적격심사절차이행청구의 소를 제기하는 것이다. 낙찰자지위확인을 구하는 소는 재산권상의 소로서 그 소가를 산출할 수 없는 경우에 해당한다(대법원 1994. 12. 2. 선고 94다41454 판결).

급박할 때에는 낙찰자지위확인의 가처분 또는 적격심사대상자확인의 가처분을 받을 수 있다.

(2) 소송의 상대방

입찰의 효력을 다투는 원고 또는 채권자로서는 입찰시행자를 피고나 채무자로 소송을 제기하여야 하며 낙찰자나 다른 입찰참가자는 상대방이 아니다.

(3) 낙찰자지위확인의 소의 청구취지

낙찰자지위확인의 소의 청구취지는 "피고가 1993. 9. 14. 자 조달청 시설공고 제1993-568호로 공사입찰 공고하여 1993. 10. 22. 16:00 실시한 점촌-문경간 도로 4차선 확장 및 포장공사의 입찰에 있어서 원고가 낙찰자임을 확인한다"(서울고등법원 1994. 7. 13. 선고 94나19275 판결)와 같이 기재하면 된다.

이에 관한 가처분의 신청취지는 "신청인은 피신청인이 1998. 10. 1. 조달청 시설공고 제1998-645호로 긴급공사입찰공고하여 같은 해 11. 12. 실시한 '부산신항 준설토 투기장 호안(1공구) 및 기타공사'의 입찰에 있어서 낙찰자의 지위에 있음을 임시로 정한다"와 같이 기재하면 된다.

또는 "피신청인은 ***를 낙찰자로 결정하여서는 아니된다"거나 "피신청인은 ***와 공사계약을 체결하여서는 아니된다"와 같은 가처분신청을 할 수도 있을 것이다.

(4) 적격심사절차이행청구의 소의 청구취지

적격심사절차이행청구의 소의 청구취지는 "피고는 원고들에게, 피고가 1998. 10. 1. 조달청 시설공고 제1998-645호로 긴급공사입찰공고하여 같은 해 11. 12. 실시한 '부산신항 준설토 투기장 호안(1공구) 및 기타공사'의 입찰에 있어서 조달청 시설공사 적격심사 세부기준(조달청 공고 제1998-121호)에 따른 적격심사절차 등 낙찰자선정절차를 이행하라"(서울고등법원 1999. 11. 30. 선고 99나35432 판결)와 같이 기재한 예가 있다.

가처분신청취지는 "채무자가 2000. 11. 4. 광주광역시 공고 제2000-40호로 공고하여 2000. 12. 18. 실시한 '광주 제2농·수산물도매시장 건립공사입찰'에 있어서 채권자를 포함한 공동입찰자들이 지방자치단체적격심사기준(행정자치부 예규 제48호) 및 지방자치단체시설공사적격심사세부기준(행정자치부 예규 제60호)에 따른 적격심사대상자의 지위에 있음을 임시로 정한다"(광주고등법원 2001. 5. 11. 선고 2001라10 판결)와 같이 기재한다.

13. 공사완료 후 낙찰자지위확인 소송의 가부

쟁점

국가 등이 실시하는 입찰에서 낙찰자와 체결된 계약에 의하여 이미 그 이행이 완료된 경우, 낙찰자결정의 무효를 이유로 한 낙찰자지위에 대한 확인의 소를 제기할 수 있는가?

판단

확인의 이익이 없어 부적법한 소로서 각하될 수밖에 없다.

국가나 지방자치단체가 실시하는 공사입찰에서 적격심사 과정의 하자로 인하여 낙찰자결정이 무효이고, 따라서 하자 없는 적격심사에 따른다면 정당한 낙찰자가 된다고 주장하는 자는 자신이 정당한 낙찰자라고 주장하며 낙찰자지위 확인의 소를 제기할 수 있다. 계약이 체결되었다 하더라도 마찬가지이다.

그렇다면 이미 낙찰자결정에 따른 계약이 체결되어 그 이행이 완료된 경우에는 어떤가?

확인의 소에 있어서는 권리보호요건으로서 확인의 이익이 있어야 하고 그 확인의 이익은 원고의 권리 또는 법률상의 지위에 현존하는 불안, 위험이 있고 그 불안, 위험을 제거함에는 피고를 상대로 확인판결을 받는 것이 가장 유효적절한 수단일 때에만 인정된다(대법원 1991. 12. 10. 선고 91다14420 판결). 확인의 이익이 없는 확인의 소는 부적법한 소로써 각하를 면할 수 없다.

공사가 이미 완료된 단계라면, 누가 정당한 낙찰자지위에 있는가를 법원에서 확인한다 하여도 당사자 사이의 법률분쟁을 해결하는 유효, 적절한 수단이 되지 않기 때문에 확인의 이익이 인정되지 않는다. 그래서 국가나 지방자치단체가 실시하는 공사입찰에서 낙찰자와 체결된 계약에 의하여 이미 그 이행이 완료된 경우에는 낙찰자결정의 무효를 이유로 하여 낙찰자지위에 대한 확인의 소를 제기하더라도 확인의 이익이 없다(대법원 2004. 9. 13. 선고 2002다50057 판결).

이러한 사태를 방지하기 위해서 낙찰자지위확인의 소와 같은 본안 소송을 제기하기 이전에 부적법하게 낙찰받은 제3자를 상대로 공사금지가처분을 받아두어야 할 것이다.

14. 낙찰자의 장래 공사대금채권에 대한 압류의 가부

쟁점

낙찰자의 채권자는 낙찰자가 장래 국가나 지방자치단체에 대하여 취득하는 공사대금채권을 압류할 수 있는가?

판단

압류할 수 있다.

국가나 지방자치단체가 시행하는 입찰의 낙찰자는 상대방에 대하여 계약체결을 청구할 수 있는 권리를 가지는데 그치고 낙찰자인 단계에서는 아직 계약의 당사자가 아니다. 따라서 낙찰 단계에서는 아직 공사대금채권을 취득한 것도 아니다. 공사대금채권은 공사도급계약이 체결된 때에 비로소 성립한다.

채권이 성립되기 이전 단계, 낙찰자가 입찰실시자인 국가나 지방자치단체에 대하여 계약체결청구권을 가지는 데 그친 단계에서 낙찰자의 채권자는 낙찰자가 훗날 공사도급계약을 통하여 취득하는 공사대금채권을 압류할 수 있는가?

장래채권에 대한 강제집행은 가능하다. 강제집행의 대상인 채권이 압류 또는 가압류 당시 이미 변제기가 도래해 있어야 하는 것은 아니고 아직 변제기에 도달하기 전의 채권에 대해서도 강제집행할 수 있다.

장래의 채권이라도 채권 발생의 기초가 확정되어 있어 특정이 가능할 뿐 아니라 권면액이 있고, 가까운 장래에 채권이 발생할 것이 상당한 정도로 기대되는 경우에는 채권압류 및 전부명령의 대상이 될 수 있다.

가압류명령의 송달 이후에 채무자의 계좌에 입금될 예금채권도 그 발생의 기초가 되는 법률관계가 존재하여 현재 그 권리의 특정이 가능하고 가까운 장래에 발생할 것이 상당한 정도로 기대된다고 볼만한 예금계좌가 개설되어 있는 경우 등에는 가압류의 대상이 될 수 있다(대법원 2011.2.10. 선고 2008다9952 판결).

대법원은 채권이 성립되기 이전 단계이지만, 낙찰자가 장래 취득하는 공사대금채권에 대한 강제집행을 할 수 있다고 본다.

판례 "건설업자가 지방자치단체가 지방재정법과 그 시행령 및 그에 의하여 준용되는 국가계약법과 그 시행령에 의하여 시행하는 공사의 경쟁입찰에 참가하여 낙찰자로 결정된 후 낙찰자의 채권자가 낙찰자를 채무자로 하고, 지방자치단체를 제3채무자로 하여 낙찰자가 지방자치단체와 장차 공사도급계약을 체결하고 공사를 시공함에 따라 지방자치단체로부터 지급받게 될 공사대금채권에 대하여 채권압류 및 전부명령을 받은 경우, 피압류 및 전부채권인 공사대금채권은 그 발생의 기초가 확정되어 있어 채권의 특정이 가능할 뿐 아니라, 공사대금이 확정되어 있어 권면액도 있으며, 가까운 장래에 채권이 발생할 것이 상당한 정도로 확실시되므로 그 공사대금채권에 대한 채권압류 및 전부명령은 유효하다"(대법원 2002. 11. 8. 선고 2002다7527 판결)

반면 공사대금채권에 대한 압류의 효력은 그 송달후 체결된 추가공사계약으로 인한 추가공사대금채권에는 미치지 않는 것으로 본다(2001. 12. 24. 선고 2001다62640 판결).

15. 부정당업자의 제재

쟁점

국가가 발주한 용역계약의 직접당사자가 아닌 이행보증인도 부정당업자제재처분을 받을 수 있는가?

판단

계약의 이행보증인이 보증계약을 이행하지 않은 경우에는 입찰참가자격의 제한과 같은 제재처분을 받을 수 있다.

(1) 부정당업자의 제재

국가계약법 제27조는 부정당업자에 대하여 2년 이내의 범위에서 입찰참가자격을 제한하도록 하면서 입찰참가자격이 제한되는 사유를 열거하고 있다. 또한 시행령 제76조제1항은 법 제27조제1항제8호 각 목 에 해당하는 부정당업자의 대상을 구체적으로 열거하고 있다.[16]

---

16) **국가계약법 제27조(부정당업자의 입찰 참가자격 제한 등)** ① 각 중앙관서의 장은 다음 각 호의 어느 하나에 해당하는 자(이하 "부정당업자"라 한다)에게는 2년 이내의 범위에서 대통령령으로 정하는 바에 따라 입찰 참가자격을 제한하여야 하며, 그 제한사실을 즉시 다른 중앙관서의 장에게 통보하여야 한다. 이 경우 통보를 받은 다른 중앙관서의 장은 대통령령으로 정하는 바에 따라 해당 부정당업자의 입찰 참가자격을 제한하여야 한다.
1. 계약을 이행함에 있어서 부실 · 조잡 또는 부당하게 하거나 부정한 행위를 한 자
2. 경쟁입찰, 계약 체결 또는 이행 과정에서 입찰자 또는 계약상대자 간에 서로 상의하여 미리 입찰가격, 수주 물량 또는 계약의 내용 등을 협정하였거나 특정인의 낙찰 또는 납품대상자 선정을 위하여 담합한 자
3. 「건설산업기본법」, 「전기공사업법」, 「정보통신공사업법」, 「소프트웨어산업 진흥법」 및 그 밖의 다른 법률에 따른 하도급에 관한 제한규정을 위반(하도급통지의무위반의 경우는 제외한다)하여 하도급한 자 및 발주관서의 승인 없이 하도급을 하거나 발주관서의 승인을 얻은 하도급조건을 변경한 자
4. 사기, 그 밖의 부정한 행위로 입찰 · 낙찰 또는 계약의 체결 · 이행 과정에서 국가에 손해를 끼친 자
5. 「독점규제 및 공정거래에 관한 법률」 또는 「하도급거래 공정화에 관한 법률」을 위반하여 공정거래위원회로부터 입찰참가자격 제한의 요청이 있는 자
6. 「대 · 중소기업 상생협력 촉진에 관한 법률」 제27조제5항에 따라 중소벤처기업부장관으로부터 입찰참가자격 제한의 요청이 있는 자

지방자치단체를 당사자로 하는 계약에 관하여는 지방계약법 제31조, 시행령 제92조에 같은 취지의 규정이 있다.

(2) 부정당업자의 제재처분의 상대방

국가가 발주한 용역계약의 직접당사자가 아닌 이행보증인도 부정당업자제재처분을 받을 수 있는가?

국가계약법 제27조제1항, 시행령 제76조제2항은 "각 중앙관서의 장은 계약상대자, 입찰자 또는 제30조제2항에 따라 전자조달시스템을 이용하여 견적서를 제출하는 자(이하 이 조에서 "계약상대자등"이라 한다)로서 법 제27조제1항 각 호의 어느 하나에 해당하는자(이하 "부정당업자"라 한다)에 대해서는 즉시 1개월 이상 2년 이하의 범위에서 입찰참가자격을 제한하여야 한다. 다만, 계약상대자등의 대리인, 지배인 또는 그 밖의 사용인이 법 27조제1항 각 호의 어느 하나에 해당하는 행위를 하여 입찰참가자격의 제한 사유가 발생한 경우로서 계약상대자등이 대리인, 지배인, 또는 그 밖의 사용인의 그 행위를 방지하기 위하여 상당한 주의와 감독을 게을리하지 아니한 경우에는 계약상대자등에 대한 입찰참가자격을 제한하지 아니하다."고 규정하면서 국가계약법 제27조제1항 제8호에 따른 시행령 제76조제1항제2호 가목에서 정당한 이유 없이 계약을 체결 또는 이행하지 아니한 자를 들고 있다.

이처럼 정당한 이유 없이 계약을 체결 또는 이행하지 아니한 계약상대자를 입찰참가자격의 제한 대상자로 정하고 있는데, 여기서 '계약상대자'라 함은 계약의 상대방이라는 의미로서 그 계약에는 주계약자가 체결한 계약뿐만 아니라 주계약자를 위하여 체결한 이행보증계약도 포함된다.

따라서 주계약인 용역계약의 이행보증인도 '계약상대자'에 포함되므로 부정당업자제재처분의 상대방이 될 수 있다(대법원 2013. 5. 23, 선고 2011두19666 판결).

---

7. 입찰 · 낙찰 또는 계약의 체결 · 이행과 관련하여 관계 공무원(제27조의3제1항에 따른 과징금부과심의위원회, 제29조제1항에 따른 국가계약분쟁조정위원회, 「건설기술진흥법」에 따른 중앙건설기술심의위원회 · 특별건설기술심의위원회 및 기술자문위원회, 그 밖에 대통령령으로 정하는 위원회의 위원을 포함한다)에게 뇌물을 준 자
8. 그 밖에 다음 각 목의 어느 하나에 해당하는 자로서 대통령령으로 정하는 자
   가. 입찰 · 계약 관련 서류를 위조 또는 변조하거나 입찰 · 계약을 방해하는 등 경쟁의 공정한 집행을 저해할 염려가 있는 자
   나. 정당한 이유 없이 계약의 체결 또는 이행 관련 행위를 하지 아니하거나 방해하는 등 계약의 적정한 이행을 해칠 염려가 있는 자
   다. 다른 법령을 위반하는 등 입찰에 참가시키는 것이 적합하지 아니하다고 인정되는 자

(3) 요청조달계약의 경우에 조달청장이 부정당업자 제재 처분을 할 수 있는지 여부(=소극)

수요기관이 기타공공기관인 요청조달계약의 경우에 조달청장이 국가계약법 제27조제1항에 의한 입찰참가자격 제한 처분을 할 수 있는가?

요청조달계약에는 국가계약법이 적용되나 고권적 지위에서 국민에게 침익적 효과를 발생시키는 행정처분에 관한 규정까지 당연히 적용된다고 할 수 없고, 따라서 조달청장이 수요기관을 대신하여 국가계약법상 제재처분을 할 수 있기 위해서는 그에 관한 수권의 취지가 포함된 업무 위탁에 관한 근거가 법률에 별도로 마련되어 있어야 하는데, 수요기관이 기타공공기관인 요청조달계약의 경우에는 그러한 법적 근거가 없으므로 결과적으로 기타공공기관으로부터 계약 체결을 요청받아 입찰을 시행한 조달청장이 국가계약법 제27조제1항에 따라 계약상대방에게 입찰참가자격제한 처분을 한 것은 위법하다(대법원 2017. 6. 29. 선고 2014두14389 판결).

16. 입찰불참자에 대한 부정당업자 제재의 가부

쟁점

경쟁입찰의 성립 자체를 방해하기 위하여 아예 입찰에 참가하지 않은 자를 특정인의 낙찰을 위하여 담합한 자에 해당하는 것으로 보고 부정당업자의 제재를 할 수 있는가?

판단

입찰에 참여조차 하지 않은 자는 부정당업자의 제재를 받지는 않는다.

국가계약법 제27조제1항, 시행령 제76조제1항은 2년 이내의 범위에서 입찰참가자격이 제한되는 사유를 열거하고 있는데, 법 제27조제1항제2호에서 '경쟁입찰, 계약 체결 또는 이행 과정에서 입찰자 또는 계약상대자 간에 서로 상의하여 미리 입찰가격, 수주 물량 또는 계약의 내용 등을 협정하였거나 특정인의 낙찰 또는 납품대상자 선정을 위하여 담합한 자'를 들고 있다. 즉, 입찰에 참여하여 담합을 한 경우는 부정당업자로서 입찰참가자격이 제한된다.

그렇다면 특정인의 낙찰을 위하여 아예 입찰에 불참해버린 경우는 어떻게 되는가? 이러한 경우에도 미리 입찰자격을 협정하였거나 특정인의 낙찰을 위하여 담합한 자로 보고 부정당업자의 제재를 가할 수 있는가?

대법원은 실제 입찰에 참여조차 하지 않은 자는 여기에서 말하는 담합한 자로 볼 수 없다고 본다. 따라서 부정당업자의 제재를 가할 수 없다.

판례 "국가계약법 시행령 제76조제1항 본문이 입찰참가자격 제한의 대상을 '계약상대자 또는 입찰자'로 정하고 있는 점 등에 비추어 보면, 같은 항 제7호에 규정된 '특정인의 낙찰을 위하여 담합한 자'는 '당해 경쟁입찰에 참가한 사람'으로서 그 입찰에서 특정인이 낙찰되도록 하기 위한 목적으로 담합한 사람을 의미한다고 보아야 하고, 당해 경쟁입찰에 참가하지 아니함으로써 경쟁입찰의 성립 자체를 방해하는 담합행위자는 설사 그 경쟁입찰을 유찰시켜 수의계약이 체결되도록 하기 위한 목적에서 비롯된 것이라 하더라도 위 '계약상대자 또는 입찰자'에 해당한다고 할 수 없다."(대법원 2008. 2. 28. 선고 2007두13791, 13807 판결)

---

17. 허위서류의 제출과 부정당업자의 제재 대상 여부

쟁점

허위서류가 제출되었지만, 경쟁의 공정한 집행 또는 계약의 적정한 이행을 해할 염려가 없는 경우에도 부정당업자로서 제재를 받아야 하는가?

판단

허위서류의 제출이 경쟁의 공정한 집행 또는 계약의 적정한 이행을 해할 염려가 있거나 기타 입찰에 참가시키는 것이 부적절하다고 인정되지 않는 경우에는 허위서류를 제출한 자에 해당하지 않는다.

과거에는 자신의 명의로 허위의 내용을 기재한 서류를 작성하여 제출하는 행위를 한 자, 즉 무형위조를 행한 자에 대하여 '입찰 또는 계약에 관한 서류를 위조 또는 변조한 자'에 포함시켜 부정당업자로 제재할 수 있는지 여부가 논란이 되기도 하였지만, 현재는 허위서류를 제출한 자를 명시적으로 부정당업자로 포함하고 있다. 또한 허위서류를 제출하였다고 하여 곧바로 부정당업자의 제재를 받는 것이 아니라 경쟁의 공정한 집행을 저해할 염려가 있어야 제재를 받는다.

국가계약법 제27조제1항제8호, 같은 법 시행령 제76조제1항제1호 가목은 경쟁의 공정한 집행을 저해할 염려가 있는 자로서 "입찰 또는 계약에 관한 서류(시행령 제39조의 규정에 의하여 전자조달시스템에 의하여 입찰서를 제출하는 경우에 「전자서명법」 제2조제8호의 규정에 의한 공인인증서를 포함한다)를 위조·변조하거나 부정하게 행사한 자 또는 허위서류를 제출한 자"를 입찰참가자격이 제한되는 부정당업자로 규정하고 있다.

판례 "국가계약법 제27조제1항에서 부정당업자의 입찰참가자격을 제한하는 제도를 둔 취지는 국가를 당사자로 하는 계약에서 공정한 입찰 및 계약질서를 어지럽히는 행위를 하는 사람에 대하여 일정 기간 입찰참가를 배제함으로써 국가가 체결하는 계약의 성실한 이행을 확보함과 동시에 국가가 입게 될 불이익을 미연에 방지하기 위한 것이므로, 같은 법 시행령 제76조제1항제8호의 '허위서류를 제출한 자'에 해당하기 위해서는 구체적인 사안에서 계약체결의 경위와 그 내용, 허위서류의 작성 및 제출의 경위, 허위서류의 내용, 허위서류가 계약에서 차지하는 비중 등을 고려할 때 허위서류의 제출이 경쟁의 공정한 집행 또는 계약의 적정한 이행을 해할 염려가 있거나 기타 입찰에 참가시키는 것이 부적절하다고 인정되어야 한다."(대법원 2014. 12. 11. 선고 2013두26811 판결)

그러므로 발주자의 용인과 개산계약의 특성으로 인하여 작업일보 기재가 사실상 형식화되어 있는 상황에서 연구원들의 단순한 착오와 오기로 인하여 작업일보가 사실과 다르게 작성된 것이고 전체 계약에 미치는 영향이 경미한 사정이라면 작업일보의 중복 기재로 인하여 경쟁의 공정한 집행 또는 계약의 적정한 이행을 해칠 염려가 있거나 기타 입찰에 참가시키는 것이 부적법하다고 보기 어렵기 때문에 '허위서류를 제출한 자'에 해당하지 않는다.

18. 입찰금액의 착오 기재와 부정당업자 제재의 가부

쟁점

입찰금액을 잘못 기재한 사실을 뒤늦게 깨닫고 공사계약 체결에 불응한 자에 대하여 입찰참여자격을 제한하는 제재를 가할 수 있는가?

판단

정당한 이유 없이 계약체결을 거부한 것이 아니므로 제재처분은 부당하다.

국가계약법 제27조제1항제8호, 같은 법 시행령 제76조제1항제2호 가목은 '정당한 이유 없이 계약을 체결 또는 이행하지 아니한 자'에 대하여 입찰참가자격을 제한하는 부정당업자 제재를 규정하고 있다.

입찰서상 입찰금액을 잘못 기재한 것을 뒤늦게 발견하고, 이를 이유로 계약을 체결하지 않아도 정당한 이유 없이 계약을 체결하지 아니한 자로 인정되어 부정당업자의 제재를 받아야 하는가?

예컨대, 입찰서상 입찰금액난에 금 60,780,000원을 기재한다는 것이 착오로 금 6,078,000원으로 잘못 기재하여 투찰하였다가 낙찰자로 선언된 뒤에야 비로소 착오를 깨닫고 즉시 개찰현장에서 입찰을 실시하는 계약담당공무원에게 착오였음을 알리고 입찰취소의 의사표시를 하였지만 공무원이 착오를 인정하지 않았다면 어떻게 되는가? 그리고 이 경우 시설공사 입찰유의서(1979.9.10.자 회계예규 1201.04~102) 제10조제10호에 의하면 입찰서에 기재한 중요한 부분에 착오가 있음을 이유로 개찰현장에서 입찰자가 입찰의 취소의사를 표시한 것으로 계약담당공무원이 이를 인정한 입찰은 무효로 한다고 규정되어 있었다면 어떻게 되겠는가?

대법원은 이렇게 입찰서에 입찰금액을 착오로 잘못 기재한 것을 이유로 계약을 체결하지 않는 것은 '정당한 이유가 있는' 것이기 때문에 부정당업자의 제재를 받지 않아도 된다고 본다.

판례 "원고의 대리인이 입찰금액을 60,780,000원으로 기재한다는 것이 착오로 금 6,078,000원으로 잘못 기재한 것은 시설공사 입찰유의서(재무부회계예규 1201, 04-101) 제10조제10호 소정의 입찰서에 기재한 중요부분의 착오가 있는 경우에 해당되어 이를 이유로 즉시 입찰취소의 의사표시를 한 이상 피고(조달청장)는 본건 입찰을 무효로 선언함이 마땅하므로 원고가 이 사건 공사계약체결에 불응하였음에는 정당한 이유가 있다고 할 것이니 원고를 부정당업자로서 6월간 입찰참가자격을 정지한 피고의 처분은 재량권을 일탈하여 위법하다."(대법원 1983. 12. 27. 선고 81누366 판결)

한편, 국가나 지자체가 발주한 공사의 수급인이 하자보수의무를 이행하지 않는 경우에도 부정당업자의 제재처분을 받을 수 있을까?

대법원은 지자체가 발주한 공사의 하자보수의무를 이행하지 않는 수급인에 대하여 입찰참가자격을 제한한 처분이 정당하다고 판단하였다. 정당한 이유 없이 계약을 이행하지 아니한 자에 해당한다는 것이다(대법원 2012. 2. 23. 선고 2011두16117 판결[17]).

17) 원고는 2007. 11. 25. OO교육청 교육장으로부터 OO초등학교 인조잔디구장을 건설하는 내용의 도급을 받아 건설을 진행하였다. 그런데 OO교육청은 '잔디구장이 평탄하지 않다'는 이유로 보수를 요청하였고, 원고는 잔디구장 하자 원인이 무엇인지 규명하자며 1년 가까이 보수를 지체하였다.
이에 피고는 남해교육청의 의견을 받아 '원고가 하자 보수요청을 받았음에도 이를 거부하였음'을 이유로 「지방자치단체를 당사자로 하는 계약에 관한 법률」(이하 '지방계약법')에 근거하여 원고의 입찰참가자격을 6개월간 제한하는 입찰참가자격제한처분을 내렸다.

19. 현장소장의 뇌물공여와 부정당업자 제재

쟁점

수급인의 현장소장이 공사감독관에게 금원을 공여한 경우 부정당업자 제재를 받는가?

판단

입찰참가자격 제한사유로서의 증뢰에 해당하여 제재를 받는다.

국가계약법 제27조제1항제7호는 입찰·낙찰 또는 계약의 체결·이행과 관련하여 관계공무원에게 뇌물을 준 자에 대하여 입찰참가자격을 제한하는 제재를 가하도록 규정하고 있다.

뇌물을 공여한 자가 수급인 본인이 아니라 수급인의 현장소장인 경우는 어떤가? 이 경우에도 수급인 본인이 부정당업자의 제재를 받는가? 현장소장의 뇌물공여 행위가 그 공사의 하도급업자의 부탁을 받고 하도급업자를 위하여 하도급업자의 돈으로 수급인 몰래 증뢰한 것이라면 부정당업자의 제재를 피할 수 있는가?

제재를 피할 수 없다. 대법원은 수급인의 현장소장이 금원을 제공한 행위는 수급인의 지시가 없었다거나 그 돈을 수급인이 마련해주지 않았더라도 부정당업자의 제재를 피할 수 없다고 판단하였다.

판례 "원고 회사의 현장소장이 하도급업자와 공모하여 그 수급한 공사에 관련하여 편의를 보아 달라는 명목에서, 관계공무원(공사감독관)에게 금원을 제공하였다면 이는 하도급업자뿐 아니라 원고 회사를 위한 것으로도 보여지고 그 증뢰가 원고 회사의 자금 또는 동 회사 대표이사의 지시에 의하여 이루어진 것이 아니라 하더라도 위 증뢰행위는 공사계약 상대자인 원고 회사의 사용인이 그 계약이행에 관련하여 관계공무원에게 증뢰한 경우에 해당한다고 봄이 상당하다."(대법원 1984. 4. 24. 선고 83누574 판결)

판례 "건설회사의 현장감독이 수급한 공사와 관련하여 편의를 보아 달라는 명목에서 관계공무원에게 금원을 제공하였다면 이는 위 회사를 위한 것으로 보여지므로 그 증뢰가 회사의 자금 또는 회사 대표이사의 지시에 의하여 이루어진 것이 아니라 하더라도 위와 같은 증뢰행위는 지방재정법 시행령 제58조의2, 예산회계법 시행령 제89조제1항제9호 소정의 공사계약의 상대자인 위 회사의 사용인이 그 계약의 이행에 관련하여 관계공무원에게 증뢰한 경우에 해당한다."(대법원 1985. 7. 23. 선고 85누136 판결)

20. 입찰보증금 귀속을 둘러싼 분쟁의 쟁송 방법

쟁점

국가나 지방자치단체가 부당하게 입찰보증금이나 계약이행보증금을 귀속시켜 발생한 분쟁이 행정소송의 대상인가?

판단

국가나 지방자치단체가 당사자가 되어 체결하는 계약은 사법상의 계약일 뿐이므로, 이에 관한 분쟁은 행정소송의 대상이 될 수 없다.

국가나 지방자치단체와 계약을 체결할 때는 입찰보증금(국가계약법 제9조)이나 계약이행보증금(국가계약법 제12조)을 납부해야 한다. 이러한 입찰보증금이나 계약이행보증금은 손해배상 예정의 성격을 가지고 있다.

이러한 입찰보증금이나 계약이행보증금을 국가 또는 지방자치단체가 부당하게 국고나 지방자치단체에 귀속하는 경우에 어떻게 다퉈야 하는가? 국가나 지방자치단체를 상대로 행정소송을 제기하여야 하는가?

국가나 지방자치단체가 사경제의 주체로서 체결하는 계약은 사법상의 계약에 다름 아니다. 입찰보증금의 귀속은 국가나 지방자치단체가 사법상의 재산권의 주체로서 행위하는 것이지 공권력을 행사하는 것으로 볼 수 없으므로 이를 둘러싼 분쟁은 행정소송이 아닌 민사소송의 대상이 된다. 입찰보증금을 몰수당한 계약상대방은 국가나 지방자치단체를 상대로 부당이득반환청구소송을 제기하여 반환을 구할 수 있을 것이다.

판례 "예산회계법에 따라 체결되는 계약은 사법상의 계약이라고 할 것이고 동법 제70조의5의 입찰보증금은 낙찰자의 계약체결의무이행의 확보를 목적으로 하여 그 불이행시에 이를 국고에 귀속시켜 국가의 손해를 전보하는 사법상의 손해배상 예정으로서의 성질을 갖는 것이라고 할 것이므로 입찰보증금의 국고귀속조치는 국가가 사법상의 재산권의 주체로서 행위하는 것이지 공권력을 행사하는 것이거나 공권력작용과 일체성을 가진 것이 아니라 할 것이므로 이에 관한 분쟁은 행정소송이 아닌 민사소송의 대상이 될 수밖에 없다고 할 것이다."(대법원 1983. 12. 27. 선고 81누366 판결)

21. 공사원가계산서의 축소 조작과 손해배상

쟁점

축소 조작된 설계금액을 그대로 믿고 낙찰받은 공사수급인이 국가나 지자체를 상대로 손해배상을 청구할 수 있는가?

판단

손해배상청구를 긍정하는 대법원 판례가 있다.

국가나 지방자치단체에서 예산에 맞춰 설계금액을 축소하는 경우가 있다. 즉, 설계도면 및 시방서, 수량산출조서는 그대로 둔 채 예산에 맞춰 공사비내역서만 조작하여 설계금액을 예산의 범위에 맞추는 것이다.

이렇게 되면 입찰에 부치는 예정가격이 낮아지게 되고, 결과적으로 낙찰금액과 공사도급금액이 낮아질 수 있다. 공사비내역서가 축소, 조작되어 입찰이 진행되는 바람에 계약상대방이 손해를 볼 수 있는 것이다. 이 경우 계약상대방은 국가나 지방자치단체를 상대로 손해배상을 청구할 수 있는가?

국가 또는 지방자치단체를 상대로 손해배상을 청구하기 위해서는 공무원의 고의 또는 과실이 있어야 하는데, 수량산출조서와 공사비내역서가 불일치한다는 사실을 발견하지 못하고 그대로 입찰공고한 공무원에게 과실이 있다고 인정할 수 있는가가 문제이다.

이에 대하여 대법원은 공무원의 과실을 인정하고, 지방자치단체에 대한 손해배상청구가 가능하다는 취지로 판단하였다.

판례 "지방자치단체의 장은 경쟁입찰에 부칠 사항의 예정가격을 당해 사항에 관한 규격서, 설계서 등에 의하여 결정하고, 적정한 거래실례가격이 없는 공사계약의 경우 원가계산에 의한 가격을 예정가격으로 결정하며, 원가계산에 의한 가격은 계약의 목적이 되는 공사를 구성하는 재료비, 노무비, 경비, 일반관리비 및 이윤으로 이를 계산하도록 규정되어 있고, 설계금액이란 재료비, 노무비, 경비, 일반관리비 및 이윤 등 공사의 원가를 의미하며, 구 예산회계법 제81조제1항, 구 지방재정법 제63조에 의하면, 지방자치단체의 장 또는 그 위임을 받은 공무원은 계약상대자가 계약의 이행을 완료한 때에는 그 이행을 확인하기 위하여 계약서·설계서 기타 관계서류에 의하여 스스로 이를 검사하거나 소속 공무원에게 그 사무를 위임하여 필요한 검사를 하게 하도록 규정되어 있으므로, 설계에 대한 준공검사, 설계금액의 공고, 예정가격의 결정 등 사무를 담당한 피고 소속 공무원으로서는 건축사가 설계용역계약의 이행을 제대로 완료하였는지 검사, 확인하는 동시에 이 사건 공사부분의 실제 원가를 산정하기 위하여, 적어도 공사원가계산서는 공사비내역서 부분과, 공사비내역서 부분은 수량산출서 부분과 각각 대조하여 상호 상이함이 없이 일치되는지 여부를 확인하여야 할 주의의무가 있다고 할 것이고, 기록에 의하면, 이는 건축적산전문가 또는 건축사가 아니더라도 설계에 대한 준공검사 또는 공사입찰에 관한 사무를 처리할 능력이 있는 공무원이라면 쉽게 수행할 수 있는 것으로 보여지는바, 그럼에도 불구하고 피고 소속 공무원이 앞서 본 바와 같이 수량산출서 부분을 공사비내역서 부분과 전혀 대조하지 아니함으로써 공사원가계산서가 축소 조작되었음을 간과하여 이 사건 공사부분의 입찰공고를 함에 있어서 축소 조작된 공사원가계산서대로 설계금액을 공고하였다면, 위 담당공무원에게 사무집행상의 과실이 있다고 보지 않을 수 없다."(대법원 2003. 10. 9. 선고 2001다27722 판결)

대법원은 2016. 11. 10. 선고한 2013다23617 판결에서도 공사계약의 계약담당공무원이 계약예규를 준수하지 아니하고 표준품셈이 정한 기준에서 예측 가능한 합리적 조정의 범위를 벗어난 방식으로 기초예비가격을 산정하였음에도 그러한 사실을 알리지 않고 입찰에 부치는 바람에 손해를 입은 계약상대방에 대하여 국가의 손해배상책임을 인정하였다.

판례 "입찰에 참가하는 당사자로서도 입찰공고에서 따로 공지된 사항이 없는 이상 기초예비가격과 복수예비가격이 회계예규에서 정한 표준품셈 등의 기준에 따라 산정되었을 것으로 신뢰하고, 만약 가격이 회계예규 등의 기준을 현저히 벗어난 방식으로 산정된 것이면 그 내용을 명시적으로 공지하여 입찰참가자가 이를 고려할 수 있도록 할 것을 기대하는 것이 무리라고 할 수 없다. 따라서 계약담당공무원이 회계예규를 준수하지 아니하고 표준품셈이 정한 기준에서 예측 가능한 합리적 조정의 범위를 벗어난 방식으로 기초예비가격을 산정하였음에도 그 사정을 입찰공고에 전혀 표시하지 아니하였고, 낙찰자가 그러한 사정을 알았더라면 입찰에 참가할지를 결정하는 데 중요하게 고려하였을 것임이 경험칙상 명백한 경우에는, 국가는 신의성실의 원칙상 입찰공고 등을 통하여 입찰참가자들에게 미리 그와 같은 사정을 고지할 의무가 있다. 그럼에도 국가가 그러한 고지의무를 위반한 채로 계약조건을 제시하여 이를 통상의 경우와 다르지 않을 것으로 오인한 나머지 제시 조건대로 공사계약을 체결한 낙찰자가 불가피하게 계약금액을 초과하는 공사비를 지출하는 등으로 손해를 입었다면, 계약상대방이 그러한 사정을 인식하고 그 위험을 인수하여 계약을 체결하였다는 등의 특별한 사정이 없는 한, 국가는 고지의무 위반과 상당인과관계 있는 손해를 배상할 책임이 있다."(대법원 2016. 11. 10. 선고 2013다23617 판결)

참고로, 계약의 적정한 이행을 해칠 염려가 있는 자로서 조사설계용역계약 또는 원가계산용역계약에서 고의 또는 중대한 과실로 조사설계금액이나 원가계산금액을 적정하게 산정하지 않은 자는 입찰참가자격을 제한받게 된다(국가계약법 시행령 제76조제1항제2호나목).

CHAPTER 02

공동수급체

제2장 공동수급체

1. 공동수급체의 유형과 특징

쟁점

주계약자방식에 의한 공동수급협정을 체결하고 공사를 진행하던 중 한 구성원이 분담한 부분에 대하여 공사를 진행할 수 없게 되었다면 이에 대한 책임은 어떻게 되는가?

판단

구성원의 불이행시 그 구성원의 보증기관이 책임을 지며, 주계약자는 최종적으로 전체계약에 대하여 책임을 지되, 불이행시 주계약자의 보증기관이 책임을 지는 것이 원칙이다.

(1) 건설공동수급체

건설공사의 경우에는 하나의 공사를 여러 건설회사가 공동으로 도급받는 일이 흔한데, 이처럼 건설공사를 공동으로 도급받은 건설업자가 공동수급체이다.

기획재정부 계약예규 공동계약운용요령(제410호, 2018. 12. 31. 일부개정)에서는 공동수급체라 함은 구성원을 2인 이상으로 하여 수급인이 당해계약을 공동으로 수행하기 위하여 잠정적으로 결성한 실체를 말한다고 한다.

국가계약법령은 공동수급체를 장려하는 태도를 보이고 있다. 계약의 목적 및 성질상 공동계약에 의하는 것이 부적절하다고 인정되는 경우를 제외하고는 가능한 한 공동계약에 의하여야 하고, 추정가격이 고시금액 미만이고 건설업 등의 균형발전을 위하여 필요하다고 인정되는 경우 등에는 공사현장을 관할하는 특별시·광역시·도에 주된 영업소가 있는 자 중 1인 이상을 공동수급체의 구성원으로 하여야 한다(시행령 제72조). 지방계약법 시행령 제88조에도 같은 취지의 규정이 있다. 공동수급체에 대한 구체적인 규정은 기획재정부 계약예규 공동계약운용요령과 지방자치단체 입찰 및 계약 집행 기준(행정안전부 예규 제47호) 제7장 공동계약운영요령에 있다.

공동수급체의 유형은 과거에는 공동이행방식과 분담이행방식 2가지만 있었지만, 행정안전부 예규 제47호 공동계약운영요령은 다음 4가지의 공동수급체의 유형을 열거하고 있다.

가. **공동이행방식** : 계약이행에 필요한 자금 · 인력 등을 공동수급체의 구성원이 공동으로 출자하거나 파견하여 계약을 수행하고 이에 따른 이익 · 손실을 각 구성원의 출자비율에 따라 배당하거나 분담하는 공동계약을 말한다.

나. **분담이행방식** : 계약이행을 공동수급체의 구성원별로 분담하여 수행하는 공동계약을 말한다.

다. **주계약자 관리방식** : 건설산업기본법에 따른 건설공사를 시행하기 위한 공동수급체의 구성원 중 주계약자가 계약의 수행에 관하여 종합적인 계획 · 관리 및 조정을 하는 공동계약을 말한다. 이 경우 종합건설업자와 전문건설업자가 공동으로 도급받은 경우에는 종합건설업자가 주계약자가 된다.

라. **혼합방식** : 계약담당자는 공동이행방식과 분담이행방식을 혼합하지 아니하면 입찰진행이 곤란하거나 계약목적 달성이 사실상 곤란한 경우 공동이행방식과 분담이행방식을 혼합하여 공동수급체를 구성하게 할 수 있다.

공동계약운용요령(기획재정부 계약예규 제410호, 2018.12.31.)에서는 공동계약의 유형에 관하여 이렇게 설명한다.

1. "공동이행방식"이라 함은 공동수급체 구성원이 일정 출자비율에 따라 연대하여 공동으로 계약을 이행하는 공동계약을 말한다.
2. "분담이행방식"이라 함은 공동수급체 구성원이 일정 분담내용에 따라 나누어 공동으로 계약을 이행하는 공동계약을 말한다.
3. "주계약자관리방식"이라 함은 건설산업기본법에 따른 건설공사를 시행하기 위한 공동수급체의 구성원 중 주계약자를 선정하고, 주계약자가 전체 건설공사 계약의 수행에 관하여 종합적인 계획·관리 및 조정을 하는 공동계약을 말한다. 이 경우 종합건설업자(종합공사를 시공하는 업종의 등록을 한 건설업자를 말한다. 이하 같다)와 전문건설업자(전문공사를 시공하는 업종을 등록한 건설업자를 말한다. 이하 같다)가 공동으로 도급받은 경우에는 종합건설업자가 주계약자가 된다.

(2) 공동이행방식

공동이행방식 공동수급체의 구성원은 발주기관에 대한 계약상의 의무이행에 대하여 연대하여 책임을 지고(공동이행방식 공동수급표준협정서 제6조), 공동수급체 구성원 중 일부 구성원이 단독으로 하도급계약을 체결하고자 하는 경우에는 다른 구성원의 동의를 받아야 한다(제7조).

손익분배는 출자비율에 따르고(제10조), 구성원은 권리의무를 제3자에게 양도할 수 없다(제11조). 구성원은 하자에 대해 연대하여 담보책임을 진다(제13조).

계약이행을 위하여 발생한 하도급대금, 재료비, 노무비, 경비 등은 출자비율에 따라 각 구성원이 분담하고, 공동수급체 구성원이 분담금을 3회 이상 미납한 경우 나머지 구성원은 발주기관의 동의를 얻어 해당 구성원을 탈퇴시킬 수 있다. 다만, 탈퇴시킬 수 있는 미납 횟수에 대해서는 분담금 납부주기 등에 따라 발주기관의 동의를 얻어 다르게 정할 수 있다(10조의2). 분담 비용을 미납한 구성원을 탈퇴시킬 수 있도록 한 이 규정은 2012. 4. 2. 이후 계약체결한 분부터 적용된다.

공동수급체의 구성원은 ① 발주자 및 구성원 전원이 동의하는 경우, ② 파산, 해산, 부도 기타 정당한 이유없이 당해 계약을 이행하지 아니하거나 계약이행을 위한 분담 비용을 미납하여 해당구성원 외의 공동수급체의 구성원이 발주자의 동의를 얻어 탈퇴조치를 하는 경우, ③ 공동수급체 구성원중 파산, 해산, 부도 기타 정당한 이유없이 당해 계약을 이행하지 아니하여 시행령 제76조제1항제6호의 규정에 의거 입찰참가자격제한조치를 받은 경우 외에는 입찰 및 당해계약의 이행을 완료하는 날까지 탈퇴할 수 없다.

구성원 중 일부가 탈퇴한 경우에는 잔존 구성원이 공동연대하여 당해계약을 이행한다(제12조).

(3) 분담이행방식

분담이행방식의 경우에는 공동수급체의 구성원은 발주기관에 대한 계약상의 의무이행에 대하여 분담내용에 따라 각자 책임을 지고(분담이행방식 공동수급표준협정서 제6조), 공동수급체의 각 구성원은 자기 책임하에 분담부분의 일부를 하도급할 수 있다(제7조).

구성원은 각자 특정한 공사를 분담하고(제9조), 각 구성원이 분담한 공사와 관련하여 제3자에게 손해를 끼친 때에는 당해 구성원이 책임진다(제11조). 하자담보책임도 각 구성원은 자기 분담부분에 한하여 책임진다(제14조).

공동수급체의 구성원은 권리 · 의무를 제3자에게 양도할 수 없고(제12조), ① 발주자 및 구성원 전원이 동의하는 경우나 ② 파산, 해산, 부도 기타 정당한 이유없이 당해계약을 이행하지 아니하여 해당 구성원 외의 공동수급체의 구성원이 발주자의 동의를 얻어 탈퇴조치를 하는 외에는 입찰 및 당해 계약의 이행을 완료하는 날까지 탈퇴할 수 없다.

구성원 중 일부가 파산 또는 해산, 부도 등으로 계약을 이행할 수 없는 경우에는 잔존구성원이 이를 이행한다. 다만, 잔존구성원만으로는 면허, 실적, 시공능력공시액 등 잔여계약이행에 필요한 요건을 갖추지 못할 경우에는 발주자의 승인을 얻어 새로운 구성원을 추가할 수 있다(제13조).

(4) 주계약자관리방식

주계약자관리방식의 경우에는 공동수급체의 구성원은 발주자에 대한 계약상의 의무이행에 대하여 분담내용에 따라 각자 책임을 지며, 대표자는 발주자에 대해 전체계약이행의 책임을 진다(주계약자관리방식 공동수급표준협정서 제6조). 주계약자를 제외한 공동수급체의 구성원은 자신의 분담한 부분을 직접 시공하여야 한다. 다만, 공동수급체 구성원이 종합건설업자인 경우에는 다른 법령의 규정이나 시공품질의 향상 및 현장사정 등 불가피한 사유가 있는 경우에는 주계약자와 합의하고 계약담담공무원의 승인을 얻어 하도급할 수 있다(제7조). 구성원이 분담공사와 관련하여 제3자에게 끼친 손해는 당해 구성원이 분담한다(제11조). 구성원은 공동수급협정에 의한 권리 · 의무를 제3자에게 양도할 수 없다(제12조).

공동수급체의 구성원은 ① 발주자 및 구성원 전원이 동의하는 경우, ② 파산, 해산, 부도 기타 정당한 이유없이 당해계약을 이행하지 아니하여 해당 구성원 외의 공동수급체의 구성원이 발주자의 동의를 얻어 탈퇴조치를 하는 경우, ③ 공동수급체 구성원이 정당한 이유없이 계약을 이행하지 아니하거나 지체하여 이행하는 경우 또는 주계약자의 계획 · 관리 및 조정 등에 협조하지 않아 계약이행이 곤란하다고 판단되는 경우 외에는 입찰 및 당해 계약의 이행을 완료하는 날까지 탈퇴할 수 없다.

공동수급체 구성원 중 일부가 파산, 해산, 부도 등으로 계약을 이행할 수 없는 경우에는 해당 구성원의 분담부분을 주계약자가 이행할 수 있으며, 주계약자가 이행할 수 없는 경우에는 다른 구성원에게 재배분하거나 보증기관이 이행하여야 한다(제13조).

공동수급체가 해산한 후 당해 공사에 관하여 하자가 발행하였을 경우에는 해당 구성원이 분담내용에 따라 그 책임을 진다(제14조).

계약담당공무원은 종합심사 낙찰제 대상 공사중 추정가격 300억원 이상 공사에 한해 주계약자관리방식에 의한 공동계약에 의할 수 있다(공동계약운용요령 제2조의3).

주계약자관리방식에 의한 경우 구성원은 각자 자신이 분담한 부분에 대해서만 책임을 지되, 불이행시 그 구성원의 보증기관이 책임을 지며, 주계약자는 최종적으로 전체계약에 대하여 책임을 지되, 불이행시 주계약자의 보증기관이 책임을 진다(공동계약운용요령 제7조 제1항 제3호).

공사대금은 공동수급체구성원 각자에게 지급하되, 주계약자관리방식에 의한 공동계약일 경우에 선금은 공동수급체 대표자가 부도, 파산 등의 부득이한 사유가 있는 경우를 제외하고는 공동수급체 대표자에게 지급하여야 한다(공동계약운용요령 제11조).

(5) 민간건설공사의 공동도급

민간건설공사의 공동계약에 관하여는 건설공사 공동도급운영규정(국토교통부 고시 제2016-210호)에서 관급공사의 경우와 마찬가지로 공동이행방식, 분담이행방식, 주계약자관리방식으로 구분하고 있다. 이 공동도급운영규정 제15조(보칙)에서는 국가계약법의 규정에 의하여 기획재정부장관이 정한 공동도급계약운용요령에 의하여 공동도급계약을 체결하는 경우에는 이 기준을 적용하지 아니한다고 규정하고 있다.

그 특징을 요약하면 다음과 같다.

구분	공동이행방식	분담이행방식	주계약자관리방식
구성 방식	출자비율로 구성	분담내용으로 구성 (면허분담 가능)	• 주계약자 : 종합조정·관리 및 분담 시공 • 부계약자 : 분담내용에 따라 시공
하자	구성원 연대책임	구성원 각자 책임	• 원칙 : 구성원 각자 책임 • 예외 : 주계약자의 연대책임
하도급	구성원 전원 동의 필요	각자 책임으로 가능	• 원칙 : 구성원의 직접시공 의무 • 예외 : 주계약자의 동의 있는 경우 가능
실적	• 금액 : 출자비율 • 규모 : 실제시공부분	구성원별 분담시공 부분	• 주계약자 : 전체 실적 인정[1] • 부계약자 : 분담시공부분

1) 다만, 일반건설업자가 주계약자로서 다른 일반건설업자와 분담하여 시공하는 경우 다른 일반건설업자가 시공한 실적 금액의 2분의1에 해당하는 금액을 주계약자의 실적에 가산한다(건설공사 공동도급운영규정 제14조 제2호)

2. 공동수급체의 법적 성질

쟁점

공동이행방식 공동수급체의 법적 성질이 민법상 조합이라는 것은 어떤 의미인가?

판단

공동이행방식 공동수급체의 법률관계에 민법의 조합에 관한 규정이 적용된다는 의미이다.

공동수급체의 법적 성질에 관하여는 논란이 분분하고, 대법원 판례의 태도에 관하여도 논란이 있다.

(1) 분담이행방식

대법원 판례는 분담이행방식 공동수급체에 대하여는 민법상 조합으로 보지 않고, 도급인 - 수급인 사이의 개별적인 도급계약관계로 파악하는 것으로 보인다.

판례 "공동수급인이 분담이행방식에 의한 계약을 체결한 경우에는 공사의 성질상 어느 구성원의 분담 부분 공사가 지체됨으로써 타 구성원의 분담 부분 공사도 지체될 수밖에 없는 경우라도, 특별한 사정이 없는 한, 공사 지체를 직접 야기한 구성원만 분담 부분에 한하여 지체상금의 납부의무를 부담한다."(대법원 1998. 10. 2. 선고 98다33888 판결)

분담이행방식으로 공사를 공동으로 도급받는 것은 도급목적을 분할하여 수개의 도급계약을 체결한 경우와 크게 차이가 없다[2].

2) 이완수, "공동수급체의 법적 성질에 관한 판례 소고", [건설재판실무논단] p367, 서울중앙지방법원 건설실무연구회.

(2) 공동이행방식

대법원 판례는 공동이행방식 공동수급체의 법적 성질을 기본적으로 민법상 조합으로 보고 있다(2012. 5. 17. 선고 2009다501406 전원합의체 판결; 대법원 2018. 1. 24. 선고 2015다69990 판결).

판례 "공동수급체는 기본적으로 민법상의 조합의 성질을 가지는 것이므로 그 구성원의 일방이 공동수급체의 대표자로서 업무집행자의 지위에 있었다고 한다면 그 구성원들 사이에는 민법상의 조합에 있어서 조합의 업무집행자와 조합원의 관계에 있었다고 할 것이다."(대법원 2000. 12. 12. 선고 99다49620 판결)

수급인인 6개 회사가 공동협정서에 터잡아 상호출자하여 신축공사 관련사업을 공동으로 시행하기로 하는 내용을 약정한 경우, 그들 사이에는 민법상 조합이 성립한다(대법원 2001. 2. 23. 선고 2000다68924 판결).

민법상 조합이란 2인 이상이 상호출자하여 공동사업을 경영할 것을 약정함으로써 그 효력이 생기는 계약의 일종이다(민법 제703조). 조합의 재산은 조합원의 합유로 하고(민법 제704조), 합유물의 보존행위는 각자 할 수 있으나 합유물의 처분이나 변경은 합유자 전원의 동의가 있어야 한다(민법 제272조). 전원의 동의 없이는 합유물에 대한 지분을 처분하지 못한다(민법 제273조).

민법상 조합의 재산은 조합원의 합유에 속하는 것이지 각 조합원에게 지분별로 나누어지는 게 아니다. 조합의 채권은 조합의 재산으로서 조합원의 합유에 속하고, 개별 조합원이 채무자에 대하여 지분별로 이행을 청구할 수 없다.

한편 조합계약에도 계약자유의 원칙이 적용되므로, 공동이행방식의 공동수급체 구성원들 사이에 별도의 약정이 있는 경우 그들 사이의 권리와 의무는 그 약정에 따라 정해진다.

판례 "당사자들이 공동이행방식의 공동수급체를 구성하여 도급인으로부터 공사를 수급받는 경우 그러한 공동수급체는 원칙적으로 민법상 조합에 해당하지만, 조합계약에도 계약자유의 원칙이 적용되므로 그 구성원들은 자유로운 의사에 따라 조합계약의 내용을 정할 수 있다. 조합의 구성원들 사이에 내부적인 법률관계를 규율하기 위한 약정이 있는 경우에, 그들 사이의 권리와 의무는 원칙적으로 그 약정에 따라 정해진다. 이 경우 한쪽 당사자가 그 약정에 따른 의무를 이행하지 않아 상대방이 도급인에 대한 의무를 이행하기 위하여 손해가 발생하였다면, 그 상대방에게 채무불이행에 기한 손해배상책임을 진다"(대법원 2017. 1. 12. 선고 2014다11574, 11581 판결).

---

3. 공동수급체의 공사대금청구 소송

쟁점

甲, 乙, 丙 3개의 건설회사는 공동이행방식 공동수급체를 구성하여 공사를 마쳤다. 甲과 乙은 도급인을 상대로 추가공사대금을 청구하는 소송을 제기하려 하는데, 丙이 동의하지 않고 있다. 丙을 제외하고 甲과 乙, 두 회사만 원고로서 소송을 제기할 수 있는가?

판단

丙이 참여하지 않는 이상 소송을 제기하지 못하는 것이 원칙이지만, 예외가 있다.

(1) 필요적 공동소송

민법상 조합의 재산은 조합원의 합유에 속하는 것이지 각 조합원에게 지분별로 나누어지는 게 아니다. 조합의 채권은 조합의 재산으로서 조합원의 합유에 속하고, 개별 조합원이 채무자에 대하여 지분별로 이행을 청구할 수 없다.

판례 "공동이행방식의 공동수급체는 기본적으로 민법상의 조합의 성질을 가지는 것이므로, 공동수급체가 공사를 시행함으로 인하여 도급인에 대하여 가지는 채권은 원칙적으로 공동수급체의 구성원에게 합유적으로 귀속하는 것이어서 특별한 사정이 없는 한 구성원 중 1인이 임의로 도급인에 대하여 출자지분의 비율에 따른 급부를 청구할 수 없다."(대법원 2012. 5. 17. 선고 2009다105406 판결).

민법상 조합계약은 2인 이상이 상호 출자하여 공동으로 사업을 경영할 것을 약정하는 계약으로서, 조합재산은 조합의 합유에 속하므로 조합재산에 속하는 채권에 관한 소송은 합유물에 관한 소송으로서 특별한 사정이 없는 한 조합원들이 공동으로 제기하여야 하는 고유필수적 공동소송에 해당한다.

예컨대, 주택건설사업 등을 영위하는 건설회사와 재건축정비사업조합이 공동사업주체로서 기존의 연립주택을 철거하고 그 자리에 아파트를 건설하여 분양하는 내용의 시행 · 시공계약을 체결하고, 건설회사와 재건축조합이 공동으로 매도인이 되어 매수인과 아파트 분양계약을 체결하였다면, 매수인에 대한 분양대금 청구권은 건설회사와 재건축조합에 공동으로 귀속된다. 따라서 매수인을 상대로 하는 분양대금청구소송은 건설회사와 재건축조합이 공동으로 제기하여야 하는 고유필수적 공동소송에 해당한다(대법원 2012. 11. 29. 선고 2012다44471 판결).

민법상 조합은 소송상 당사자능력이 없기 때문에 조합원들이 소송의 당사자가 될 수밖에 없다. 공동수급체가 도급인을 상대로 공사대금을 청구하는 소송을 제기하기 위해서는 원칙적으로 공동수급체 구성원 전원이 원고가 되어야 하는 필요적 공동소송이 된다.

(2) 임의적 소송신탁

다만, 조합 업무를 집행할 권한을 수여받은 업무집행 조합원은 조합재산에 관하여 조합원으로부터 임의적 소송신탁을 받아 자기 이름으로 소송을 수행할 수 있다.

판례 "임의적 소송신탁은 탈법적인 방법에 의한 것이 아닌 한 극히 제한적인 경우에 합리적인 필요가 있다고 인정될 수 있는 것인 바, 민법상의 조합에 있어서 조합규약이나 조합결의에 의하여 자기 이름으로 조합재산을 관리하고 대외적 업무를 집행할 권한을 수여받은 업무집행 조합원은 조합재산에 관한 소송에 관하여 조합원으로부터 임의적 소송신탁을 받아 자기 이름으로 소송을 수행하는 것이 허용된다고 할 것이다."
(대법원 1984. 2. 14. 선고 83다카1815 판결)

공동수급인들에게 채무이행을 구하는 소송은 구성원 전원을 피고로 삼는 필요적 공동소송이 아니지만 조합재산을 그 목적으로 할 때는 구성원 전원을 피고로 삼아야 하는 필요적 공동소송이다(대법원 1996. 12. 10. 선고 96다23238 판결).

4. 공동수급체의 공사대금채권에 대하여 특정 구성원의 채권자가 한 압류의 효력

쟁점

공동수급체 구성원 중 어느 한 구성원의 채권자가 공사대금채권에 대하여 압류할 수 있을까?

판단

공동수급체의 공사대금채권은 조합인 공동수급체의 재산이지 각 구성원의 재산이 아니기 때문에 압류할 수 없다.

조합재산의 합유

공사대금채권은 조합인 공동수급체의 재산으로서 조합원의 준합유에 속하는 것이지 각 조합원에게 지분별로 나누어지는 게 아니다. 따라서 구성원 중 1인이 임의로 도급인에 대하여 출자지분의 비율에 따른 급부를 청구할 수 없고, 공동수급체의 각 구성원의 채권자는 공동수급체의 공사대금채권을 압류할 수 없다.

판례 "민법상 조합의 채권은 조합원 전원에게 합유적으로 귀속하는 것이어서 특별한 사정이 없는 한 조합원 중 1인에 대한 채권으로써 그 조합원 개인을 집행채무자로 하여 조합의 채권에 대하여 강제집행을 할 수 없다."(대법원 2001. 2. 23. 선고 2000다68924 판결)

어느 구성원의 채권자가 조합재산에 대하여 신청한 압류 또는 가압류결정이 이루어졌더라도 채무자의 책임재산에 대한 압류 또는 가압류가 아니라 채무자 아닌 제3자의 재산에 집행한 것이어서 당연무효이다.

어느 한 구성원의 채권자가 조합재산인 공사대금채권에 대하여 가압류나 압류 같은 강제집행을 한 경우에는 강제집행의 불허를 구하는 제3자이의의 소(민사집행법 제48조)를 제기할 수 있다.

판례 "조합의 채권은 조합원 전원에게 합유적으로 귀속하는 것이어서, 특별한 사정이 없는 한 조합원 중 1인이 임의로 조합의 채무자에 대하여 출자지분의 비율에 따른 급부를 청구할 수 없는 것이므로, 조합원 중 1인의 채권자가 그 조합원 개인을 집행채무자로 하여 조합의 채권에 대하여 강제집행하는 경우, 다른 조합원으로서는 보존행위로서 제3자이의의 소를 제기하여 그 강제집행의 불허를 구할 수 있다고 할 것이다."(대법원 1997. 8. 26. 선고 97다4401 판결)

5. 공동수급체의 구성원이 단독으로 공사대금을 청구할 수 있는 경우

쟁점

관급공사의 경우에는 발주자와 구성원 전원의 동의로 공사대금을 지분별로 나누어 지급받고 있다. 이러한 경우에도 소송을 하려면 구성원 전원이 소송에 참여해야 하는가?

판단

관급공사와 같이 특약이 있는 경우에는 각 구성원은 단독으로 자기 지분을 청구할 수 있다.

공동이행방식 공동수급체는 기본적으로 민법상 조합의 성질을 가지고 있고, 민법상 조합의 재산은 조합원의 합유로서 개별 조합원이 조합채무자에게 자신의 지분별로 채무이행을 구할 수 없다. 공동수급체의 경우에도 원칙적으로 개별 구성원이 자기 지분 상당의 공사대금을 청구할 수 없다(대법원 2012. 5. 17. 선고 2009다105406 전원합의체 판결).

그런데 공동계약운용요령 제11조에서는 공사대금의 지급에 관하여 다음과 같이 규정하고 있다.

① 계약담당공무원은 선금 · 대가 등을 지급함에 있어서는 공동수급체 구성원별로 구분 기재된 신청서를 공동수급체 대표자가 제출하도록 하여야 한다. 다만, 공동수급체 대표자가 부도, 파산 등의 부득이한 사유로 신청서를 제출할 수 없는 경우에는 공동수급체의 다른 모든 구성원의 연명으로 이를 제출하게 할 수 있다.

② 계약담당공무원은 제1항의 규정에 의한 신청이 있을 경우 신청된 금액을 공동수급체구성원 각자에게 지급하여야 한다. 다만, 선금은 주계약자관리방식에 의한 공동계약일 경우에는 제1항 단서의 경우를 제외하고는 공동수급체 대표자에게 지급하여야 한다.

③ 기성대가는 공동수급체의 대표자 및 각 구성원의 이행내용에 따라 지급하여야 한다. 이 경우 준공대가 지급시에는 구성원별 총 지급금액이 준공 당시 공동수급체구성원의 출자비율 또는 분담내용과 일치하여야 한다.

공동수급표준협정서(공동이행방식) 제8조에서는 각 구성원별로 공사대금을 수령할 은행계좌를 구분 기재하도록 하고, 그 은행계좌를 통해 각기 수령한다.

즉, 현재의 공동계약운용요령 제11조는 공사대금을 공동수급체 구성원 각자에게 구분하여 직접 지급하는 내용으로 되어 있다. 실제로도 공사대금을 공동수급체의 대표자가 수령하는 것이 아니라 각 구성원별로 각자 지급받는다.

이처럼 현실에서는 관급공사의 공동이행방식 공동수급체의 구성원이 개별적으로 각자의 지분에 따른 공사대금을 청구하여 수령하고 있다. 이는 일견 민법상 조합의 성질을 갖는 공동수급체의 재산은 구성원 전원의 합유에 속하고, 각자 이행을 청구할 수 없다는 이론과 모순되는 것처럼 보인다.

대법원은 2012. 5. 17. 전원합의체 판결로 이와 같은 문제를 정리하였다. 당사자의 약정으로 공사대금채권을 공동수급체의 구성원 각자에게 그 지분비율에 따라 구분하여 귀속할 수도 있다고 본 것이다.

판례 "공동이행방식의 공동수급체와 도급인이 공사도급계약에서 발생한 채권과 관련하여 공동수급체가 아닌 개별 구성원으로 하여금 그 지분비율에 따라 직접 도급인에 대하여 권리를 취득하게 하는 약정을 하는 경우와 같이 공사도급계약의 내용에 따라서는 공사도급계약과 관련하여 도급인에 대하여 가지는 채권이 공동수급체의 구성원 각자에게 그 지분비율에 따라 구분하여 귀속될 수도 있고, 위와 같은 약정은 명시적으로는 물론 묵시적으로도 이루어질 수 있다."(대법원 2012. 5. 17. 선고 2009다105406 전원합의체 판결)

공사대금을 공동수급체 구성원 각자에게 구분하여 직접 지급하는 내용으로 되어 있는 공동계약운용요령 제11조를 적용하는 공동수급체의 공사에서는 공동수급체와 도급인 사이에서 공동수급체의 개별 구성원으로 하여금 공사대금채권에 관하여 그 출자지분의 비율에 따라 직접 도급인에 대하여 권리를 취득하게 하는 묵시적인 약정이 이루어졌다고 본다.

판례 "공동이행방식의 공동수급체의 구성원들이 기성대가 등을 공동수급체의 구성원별로 직접 지급 받기로 하는 공동수급협정은 특별한 사정이 없는 한 도급인에 대한 관계에서 공사대금채권을 공동수급체의 구성원 각자가 그 출자지분의 비율에 따라 구분하여 취득하기로 하는 구성원 상호 간의 합의라고 보는 것이 타당하고, 나아가 공동수급체의 대표자가 개정된 공동도급계약운용요령 제11조에 따라 공동수급체 구성원 각자에게 공사대금채권을 지급할 것을 예정하고 있는 도급인에게 위와 같은 공사대금채권의 구분 귀속에 관한 공동수급체 구성원들의 합의가 담긴 공동수급협정서를 입찰 참가 신청서류와 함께 제출하고 도급인이 별다른 이의를 유보하지 않은 채 이를 수령한 다음 공동도급계약을 체결하게 되면 공동수급체와 도급인 사이에서 공동수급체의 개별 구성원으로 하여금 공사대금채권에 관하여 그 출자지분의 비율에 따라 직접 도급인에 대하여 권리를 취득하게 하는 묵시적인 약정이 이루어졌다고 보는 것이 타당하다."(대법원 2012. 5. 17. 선고 2009다105406 전원합의체 판결)

공동이행방식의 공동수급체가 공사도급계약을 체결하면서 개별 구성원이 각자의 지분비율에 따라 직접 도급인에게 공사대금을 청구할 수 있도록 하는 약정을 한 경우에는 도급인에 대한 채권이 구성원 각자에게 지분비율에 따라 구분하여 귀속되는 것이다(대법원 2013. 07. 11. 선고 2011다60759 판결).

대법원의 판례 변경으로 관급공사의 경우에는 공동이행방식의 공동수급체라 하더라도 각 구성원은 각자 발주자를 상대로 자기 지분 상당의 공사대금을 직접 청구할 수 있으며, 개별 구성원의 채권자는 공동수급체의 공사대금채권에 대하여 압류 또는 가압류할 수 있게 되었다.

6. 공동수급체 구성원 중 1인이 제기한 낙찰자 선정 무효확인의 소의 적법 여부

쟁점

甲, 乙, 丙 3개 건설회사는 공동이행방식 공동수급체를 결성하여 경쟁입찰에 참가하였으나 탈락하고 다른 경쟁업체가 낙찰자로 선정되었다. 甲 회사 단독으로 낙찰자를 선정하는 절차가 무효라는 확인소송을 제기할 수 있는가?

판단

합유재산의 보존행위에 해당하여 甲 회사 단독으로라도 소송을 제기할 수 있다.

공동이행방식 공동수급체의 법적 성질은 민법상 조합에 해당하고(대법원 2012. 5. 17. 선고 2009다501406 전원합의체 판결), 민법상 조합이 소송을 제기하기 위해서는 원칙적으로 조합원 전원이 소송에 참여해야 하는 고유필요적 공동소송에 해당한다(대법원 2012. 11. 29. 선고 2012다44471 판결). 다만, 조합 업무를 집행할 권한을 수여받은 업무집행 조합원은 조합재산에 관하여 조합원으로부터 임의적 소송신탁을 받아 자기 이름으로 소송을 수행할 수 있다(대법원 1984. 2. 14. 선고 83다카1815 판결).

합유재산의 처분은 합유자 전원의 동의가 있어야 하지만 합유재산의 보존행위는 각자 할 수 있으므로(민법 제272조) 합유재산의 보존행위를 이유로 공동수급체의 구성원중 1인이 낙찰자 선정 무효확인의 소를 제기하는 것이 가능한가?

이에 대하여 원심 법원은 공동수급체 구성원중 1인이 제기한 낙찰자 선정 무효확인의 소는 합유재산의 멸실 · 훼손을 방지하고, 그 현상을 유지하는 것에 그치는 것이 아니라 공동수급체의 목적 사업을 적극적으로 달성하기 위한 행위로서 고유필수적 공동소송에 해당하므로 부적법하다고 판단하였다.

그러나 대법원은 공동수급체 구성원중 1인이 제기한 소송이 보존행위에 해당하여 적법하다고 판시하였다.

판례 "민법상 조합인 공동수급체가 경쟁입찰에 참가하였다가 다른 경쟁업체가 낙찰자로 선정된 경우, 그 공동수급체의 구성원 중 1인이 그 낙찰자 선정이 무효임을 주장하며 무효확인의 소를 제기하는 것은 그 공동수급체가 경쟁입찰과 관련하여 갖는 법적 지위 내지 법률상 보호받는 이익이 침해될 우려가 있어 그 현상을 유지하기 위하여 하는 소송행위이므로 이는 합유재산의 보존행위에 해당한다."(대법원 2013. 11. 28. 선고 2011다80449 판결)

7. 분담이행방식과 이행지체의 책임

쟁점

약정기한 내에 공사를 완성하지 못해 도급인에게 지체상금을 납부할 의무가 발생한다면, 분담이행방식의 공동수급체 구성원들은 공동으로 책임을 져야 할까?

판단

분담이행방식은 각자 책임이 원칙이므로 지체를 직접 야기한 구성원만 책임을 진다.

분담이행방식의 경우에는 공동수급체의 구성원은 발주기관에 대한 계약상의 의무이행에 대하여 분담내용에 따라 각자 책임을 지고(분담이행방식 공동수급표준협정서 제6조), 공동수급체의 각 구성원은 자기 책임하에 분담부분의 일부를 하도급할 수 있다(제7조). 구성원은 각자 특정한 공사를 분담하고(제9조), 각 구성원이 분담한 공사와 관련하여 제3자에게 손해를 끼친 때에는 당해 구성원이 책임진다(제11조). 하자담보책임도 각 구성원은 자기 분담부분에 한하여 책임진다(제14조).

분담이행방식 공동수급체에서 약정기한 내에 공사를 완성하지 못해 도급인에게 지체상금을 납부할 의무가 발생한 경우에 공동수급체 구성원들은 연대하여 책임을 져야 하는가, 아니면 지체를 직접 야기한 구성원만 분담 부분에 한정하여 지제상금 납부의무를 지는가?

사례

甲과 乙은 분담이행방식 공동수급체를 구성하여 지방자치단체 丙으로부터 주택단지 조성사업을 도급받았다. 토목과 건축은 甲이, 조경공사는 乙이 도급받았다. 乙이 분담한 조경부문의 공사는 그 성질상 甲이 수급한 토목부문 공사를 마친 후에야 착공할 수 있는 것인데 甲이 자금사정으로 토목부문 공사를 지연한 탓에 乙이 맡은 조경부문 공사의 착공이 늦어졌다. 乙은 착공 후 통상의 공사기간에 해당하는 기간 내에 조경공사를 완공하였다.

이 사안에서 대법원은 공동수급인은 계약의 이행에 관하여 분담내용에 따라 각자 도급인에 대하여 책임을 부담하고, 乙에게는 아무런 귀책사유 없이 오로지 甲의 귀책사유로 공사의 준공이 지연되었으므로, 귀책사유가 없는 乙에게는 공사지연으로 인한 지체상금의 지급의무가 없다고 판단하였다.

대법원 판례는 지체를 직접 야기한 구성원만 자기 분담 부분에 한하여 책임을 진다고 본 것이다.

판례 "공동수급인이 분담이행방식에 의한 계약을 체결한 경우에는 공사의 성질상 어느 구성원의 분담 부분 공사가 지체됨으로써 타 구성원의 분담 부분 공사도 지체될 수밖에 없는 경우라도, 특별한 사정이 없는 한, 공사 지체를 직접 야기한 구성원만 분담 부분에 한하여 지체상금의 납부의무를 부담한다."(대법원 1998. 10. 2. 선고 98다33888 판결)

---

8. 공동이행방식 공동수급체의 이행지체 책임

쟁점

공동이행방식의 공동수급체에서 어느 공동수급인이 이행지체를 한 경우에 지체상금 부과의 기준 금액은 자신의 도급금액에 한정되는가, 아니면 다른 공동수급인의 도급금액까지 합친 금액인가?

판단

자기의 도급금액에 한정되는 것이 아니라 다른 공동수급인의 도급금액까지 포함한 전체도급금액이다.

공동이행방식의 경우에는 도급인에 대한 계약상의 의무이행에 관하여 연대하여 책임을 지기 때문에 공사 지체를 직접 야기한 구성원만 지체상금의 납부의무를 부담하는 것이 아니라 공동수급체의 다른 구성원까지도 지체의 책임을 진다. 지체상금 부과의 기준 금액도 직접 지체 책임이 있는 구성원의 도급금액에 한정되는 것이 아니라 다른 구성원의 도급금액까지 합친 전체 공동도급금액이 된다.

판례 "甲과 乙이 함께 지하차도 확장공사를 국가로부터 도급받아 甲은 포장을 제외한 전체 공사를, 乙은 포장공사를 각 나누어 받기로 한 경우 공사 중 甲 및 乙이 각 책임지기로 한 부분이 특정되어 있기는 하나, 공사이행에 관하여 상호연대보증을 하였으며 도급인의 입장에서 보면 甲 및 乙이 맡은 위 각 공사는 전체로서 지하차도 확장공사라는 하나의 시설공사를 이루고 있는 것이고, 또한 위 공사의 성질상 乙이 맡은 포장공사는 甲이 맡은 나머지 공사를 완공한 후에 할 수 있는 공사이어서, 甲이 자신이 맡은 공사를 완공하지 못하는 경우는 乙도 그가 맡은 포장공사를 준공기한 내에 하지 못하는 것이며, 위 도급계약에서 정한 준공기한도 甲이 맡은 공사만의 준공기한이 아니라 乙이 맡기로 한 포장공사까지 포함한 공사 전체의 준공기한이므로, 甲이 자신이 맡은 공사를 위 준공기한 내에 하지 못함으로써 지체상금을 부담하는 경우 그 지체상금의 기준이 되는 계약금액은 甲이 맡은 부분에 해당하는 공사대금뿐만 아니라 공사의 전체 공사대금으로 보아야 한다."(대법원 1994. 3. 25. 선고 93다42887 판결)

---

9. 공동수급체와 선급금반환채무

쟁점

공동이행방식 공동수급체의 구성원은 다른 구성원의 선급금반환채무에 대하여 연대책임을 부담하는가?

판단

분담이행방식이든 공동이행방식이든 다른 구성원의 선급금반환채무에 대하여는 연대책임을 부담하지 않는다.

공동수급체 구성원은 선급금반환채무에 관해서는 연대하여 책임을 지는 것이 아니고 각자 책임을 진다. 분담이행방식은 물론이고 공동이행방식의 경우에도 선급금반환 사유가 있는 구성원만이 개별로 반환채무를 부담하고, 다른 구성원의 반환채무에 대한 책임을 부담하지 않는다.

공동이행방식 공동수급체의 법적 성질을 민법상 조합으로 보면서도 관급공사의 경우 공사대금채권은 지분별로 각 구성원에게 귀속된다는 취지로 판례가 변경되기 이전에도 대법원은 선급금반환채무에 관하여는 공동이행방식의 경우에도 연대책임을 부정하였다.

판례 "정부나 지방자치단체의 공사도급계약에 있어서는 선급금과 공사대금은 각 구성원별로 따로 따로 정산되는 것으로 보이고, 이에 따라 공동수급체의 구성원은 다른 구성원이 반환하여야 할 선급금에 대하여 아무런 책임을 부담하지 아니하고, 다른 구성원의 지분비율에 해당하는 공사대금의 지급을 구할 아무런 권리가 없다 할 것이므로, 기성공사대금을 가지고 선급금을 반환하여야 할 구성원의 선급금을 충당함에 있어서는 그 공사대금 중 해당 구성원의 지분비율에 해당하는 금액에만 충당되는 것으로 볼 것이지 이와 달리 다른 구성원의 몫까지 포함한 총 공사대금에서 충당할 수 있는 것은 아니다."(대법원 2001. 7. 13. 선고 99다68584 판결)

판례 "공동수급체의 구성원이 발주자에 대한 계약상의 의무이행에 대하여 연대하여 책임을 진다고 규정되어 있다고 하더라도, 도급계약의 내용에 선급금 반환채무 등에 관한 다른 구성원의 의무에 관하여는 명시적인 규정이 없고, 선급금에 관하여는 별도의 규정을 두어 그 반환채무의 담보방법으로 수급인이 제출하여야 할 문서로서 보험사업자의 보증보험증권이나 건설공제조합의 지급보증서 등 그 담보력이 충분한 것으로 제한하고 있다면, 공동수급체의 각 구성원의 연대책임의 범위는 선급금 반환채무에까지는 미치지 아니한다고 봄이 상당하므로, 공동수급체의 구성원으로서는 특별한 사정이 없는 한 다른 구성원의 선급금 반환채무에 관하여는 책임을 부담하지 않는다."(대법원 2002. 1. 25. 선고 2001다61623 판결).

대법원이 선급금반환채무에 관하여 연대책임을 부정한 것은 공동계약운용요령의 개정과 관련이 있다. 과거 공동계약운용요령은 공사대금의 청구 및 수령권한이 공동수급체 대표자에게 있는 것으로 규정하였으나 현재는 분담이행방식은 물론이고 공동이행방식의 경우에도 공동수급체 구성원 각자에게 지급하는 것으로 규정하고 있다(주계약자관리방식은 선금에 한하여 주계약자에게 지급한다).

공동수급체의 공사대금은 구성원 각자에게 분할하여 지급하여서는 안 되고 과거처럼 공동수급체의 대표자에게 지급하는 것이 민법상 조합의 법리에 충실하겠지만, 대표자에 의한 공사대금의 유용 등의 사고를 막고 공동수급체 구성원을 보호하기 위해서 구성원 각자에게 직접 그 지분별로 지급하는 것으로 개정한 것이다.

10. 공동수급체와 하자보수책임

쟁점

공동수급체를 구성하여 시공한 건설공사에 하자가 발생한 경우 공동수급체의 구성원들은 자기가 시공하지 않은 부분에서 발생한 하자에 대하여도 보수할 의무를 지는가?

판단

공동이행방식에서는 연대책임을 지지만, 분담이행방식은 각자 분담부분에 대하여만 책임을 진다.

(1) 공동이행방식

공동이행방식 공동수급표준협정서는 공동수급체의 구성원들은 발주기관에 대한 계약상의 의무이행에 대하여 연대하여 책임을 지고(제6조), 하자에 대해 연대하여 담보책임을 진다(제13조)고 규정하고 있다. 따라서 공동이행방식 공동수급체의 구성원들은 연대하여 하자보수의무를 부담한다. 도급인은 하자보수청구나 이에 갈음하는 손해배상청구를 수급인 전체에 대해서 제기할 수 있으며, 구성원은 특별한 사정이 없는 한 그 부분이 자신의 시공부분이 아니라는 이유로 거부할 수 없다.

공동이행방식의 공동수급체는 민법상 조합의 성질을 가지는데, 조합의 채무는 조합원의 채무로서 특별한 사정이 없는 한 조합채권자는 각 조합원에 대하여 지분의 비율에 따라 또는 균일적으로 그 권리를 행사할 수 있지만, 조합채무가 조합원 전원을 위하여 상행위가 되는 행위로 인하여 부담하게 된 것이라면 상법 제57조 제1항을 적용하여 조합원들의 연대책임을 인정함이 상당하므로(대법원 1992. 11. 27. 선고 92다30405 판결), 공동수급체의 구성원들이 상인인 경우 공사도급계약에 따라 도급인에게 하자보수를 이행할 의무는 그 구성원 전원의 상행위에 의하여 부담한 채무로서 공동수급체의 구성원들은 연대하여 도급인에게 하자보수를 이행할 의무가 있다(대법원 2013. 5. 23. 선고 2012다57590 판결, 대법원 2015. 3. 26. 선고 2012다25432 판결).

(2) 분담이행방식

반면 분담이행방식의 경우에는 하자담보책임도 각 구성원은 자기 분담부분에 한하여 책임진다(분담이행방식 공동수급표준협정서 제14조).

11. 공동수급체 구성원 사이에 약정지분과 실제 시공비율이 다른 경우의 처리

쟁점

甲, 乙, 丙 3개 건설회사는 공동이행방식 공동수급체를 구성하여 지방자치단체 丁이 발주한 공사를 수행하였다. 공사를 마친 뒤 甲 회사는 실제 시공한 비율이 약정 지분율보다 많다는 이유로 丁을 상대로 실제 시공비율에 따른 공사대금을 달라고 주장한다. 甲의 주장이 타당한가?

판단

丁을 상대로는 약정 지분율만 청구할 수 있을 뿐이다.

공동이행방식의 공동수급체와 도급인 사이에 공동수급체의 개별 구성원이 지분비율에 따라 공사대금채권을 직접 취득하기로 하는 약정이 있었으나 일부 구성원만이 실제로 공사를 수행하거나 일부 구성원이 약정 지분비율을 넘어서 공사를 수행한 경우, 도급인을 상대로 실제의 공사비율에 따라 공사대금채권을 취득하였다고 할 수 있는가?

대법원의 태도는 부정적이다. 도급인에 대한 관계에서는 개별 구성원이 실제로 수행한 공사의 내용과 상관없이 당초에 계약한 비율에 따른 공사대금채권을 가지는 것으로 본다. 실제의 공사비율에 따른 정산은 공동수급체 구성원들 내부에서 해결해야 한다는 것이다.

판례 "공동이행방식의 공동수급체와 도급인 사이의 공사도급계약에서 공동수급체의 개별 구성원으로 하여금 공사대금채권에 관하여 지분비율에 따라 직접 도급인에 대하여 권리를 취득하게 하는 약정이 이루어진 경우, 공사도급계약 자체에서 개별 구성원의 실제 공사 수행 여부나 정도를 지분비율에 의한 공사대금채권 취득의 조건으로 약정하거나 일부 구성원의 공사 미이행을 이유로 공동수급체로부터 탈퇴·제명하도록 하여 그 구성원으로서의 자격이 아예 상실되는 것으로 약정하는 등의 특별한 사정이 없는 한, 개별 구성원들은 실제 공사를 누가 어느 정도 수행하였는지에 상관없이 도급인에 대한 관계에서 공사대금채권 중 각자의 지분비율에 해당하는 부분을 취득하고, 공사도급계약의 이행에 있어서의 실질적 기여비율에 따른 공사대금의 최종적 귀속 여부는 도급인과는 무관한 공동수급체 구성원들 내부의 정산문제일 뿐이라고 할 것이다. 따라

서 공동이행방식의 공동수급체와 도급인 사이에서 공동수급체의 개별 구성원으로 하여금 공사대금채권에 관하여 지분비율에 따라 직접 도급인에 대하여 권리를 취득하게 하는 약정이 이루어진 경우에 있어서는 일부 구성원만이 실제로 공사를 수행하거나 일부 구성원이 그 공사대금채권에 관한 자신의 지분비율을 넘어서 수행하였다고 하더라도 이를 이유로 도급인에 대한 공사대금채권 자체가 그 실제의 공사비율에 따라 그에게 귀속한다고 할 수는 없다."(대법원 2013. 2. 28. 선고 2012다107532 판결)

공동이행방식의 공동수급체와 도급인 사이의 공사도급계약에서 공동수급체의 개별 구성원으로 하여금 공사대금채권에 관하여 지분비율에 따라 직접 도급인에 대하여 권리를 취득하게 하는 약정이 이루어진 경우, 개별 구성원들이 실제 공사 수행 정도에 상관없이 도급인에 대한 관계에서 공사대금채권 중 각자의 지분비율에 해당하는 부분을 취득하고, 공사도급계약의 이행에서의 실질적 기여비율에 따른 공사대금의 최종적 귀속 여부는 도급인과는 무관한 공동수급체 구성원들 내부의 정산문제일 뿐이다(대법원은 2016. 8. 29. 선고 2015다5811 판결[3]).

3) 공동이행방식의 공동수급체 구성원인 甲, 乙 및 도급인 丙 간에 乙이 丙으로부터 공사대금을 지급받으면 그중 일정비율의 시공이익을 甲에게 지급하기로 합의한 경우라면 도급인인 丙에 대한 관계에서 공사대금채권은 각자의 지분비율이 아닌 乙만 단독으로 취득하고, 甲이 乙에게 시공이익 등 채권을 주장하는 것은 도급인과 무관한 공동수급체 구성원들 내부의 정산문제일 뿐이라고 한 사안이다.

13. 공동수급체의 채무

쟁점

공동수급체가 건설공사를 하면서 채무를 진 경우 그 채무를 변제할 책임은 누구에게 있는가? 특정 구성원이 단독으로 공사를 하도급한 경우에 하도급공사대금채무는 그 특정 구성원만의 책임인가, 아니면 구성원 모두의 책임인가?

판단

공동수급체의 채무로 인정되면 구성원 모두의 책임으로 된다.

(1) 공동수급체의 대표자를 정하지 않은 경우에 구성원의 대리권 유무

분담이행방식의 경우에는 각 구성원은 자기 책임하에 분담부분의 일부를 하도급할 수 있기 때문에 각자의 계산과 책임으로 분담부분의 공사를 하는 것이다. 각 구성원은 하도급계약이나 자재구매를 단독으로 하기 때문에 특별한 사정이 없는 한 다른 구성원이 책임질 일은 거의 없을 것이다. 문제는 공동이행방식이다.

공동수급체의 적법한 대표자 또는 대리인이 한 법률행위의 효력은 공동수급체에 미치게 된다. 공동수급체의 대표자가 조합을 대표하거나 대리하여 하도급계약을 체결한 경우에는 공동수급체가 하도급계약의 당사자로 된다.

공동수급체(조합)의 대표자를 정하지 않은 경우가 문제인데, 조합의 통상사무는 각 조합원 또는 각 업무집행자가 전행할 수 있으며(민법 제706조제3항), 조합의 업무를 집행하는 조합원은 대리권이 있는 것으로 추정된다(민법 제709조).

조합계약에서 업무집행자를 정하지 않았거나 선임하지 않은 경우에는 각 조합원은 각각 단독으로 조합의 목적을 달성하는 데 필요한 범위 내에서 모든 조합원을 대리할 권한이 있는 것으로 추정되고, 각 조합원이 조합의 통상사무에 관하여 제3자와 법률행위를 하는 경우에는 각 조합원이 단독으로 대리할 수 있다.

판례 "민법 제272조에 따르면 합유물을 처분 또는 변경함에는 합유자 전원의 동의가 있어야 하지만, 합유물 가운데서도 조합재산의 경우 그 처분·변경에 관한 행위는 조합의 특별사무에 해당하는 업무집행으로서, 이에 대하여는 특별한 사정이 없는 한 민법 제706조 제2항이 민법 제272조에 우선하여 적용되므로, 조합재산의 처분·변경은 업무집행자가 없는 경우에는 조합원의 과반수로 결정하고, 업무집행자가 수인 있는 경우에는 그 업무집행자의 과반수로써 결정하며, 업무집행자가 1인만 있는 경우에는 그 업무집행자가 단독으로 결정한다."(대법원 2010. 04. 29. 선고 2007다18911 판결)

---

(2) 공동수급체의 하도급계약을 구성원이 각자 체결할 수 있는지 여부

공동수급체의 하도급계약은 개별 구성원이 각자 체결할 수 있는 통상사무인가?

통상사무가 아닌 특별사무는 조합원 과반수의 찬성으로 결정해야 한다(민법 제706조). 통상사무란 특정한 조합에서 일상적으로 행해지는 경미한 사무를 말하는데, 하도급계약의 체결과 같은 행위는 통상사무로 보기 어렵다는 견해가 있다.

조합재산의 처분 · 변경에 관한 행위는 조합의 특별사무에 해당하고(대법원 2000. 10. 10. 선고 2000다28506, 28513 판결), 건물을 신축하여 분양 또는 임대사업을 경영하는 내용의 동업약정을 맺은 조합과 수급인 사이에 공사대금을 증액하기로 하는 합의는 통상사무가 아니다(대법원 1998. 3. 13. 선고 95다30345 판결).

14. 공동수급체의 채무에 대한 구성원의 책임

쟁점

공동수급체의 구성원들은 공동수급체의 채무를 변제할 책임이 있는가?

판단

공동수급체의 재산으로 변제하지 못하는 경우 구성원들이 변제할 책임이 있다.

(1) 공동이행방식 공동수급체의 채무에 대한 책임

공동이행방식 공동수급체의 법적 성질은 민법상 조합인데, 공동수급체(조합)의 채무에 대하여 공동수급체(조합)의 채권자는 채권 전액에 관해 공동수급체(조합)의 재산으로부터 변제를 청구할 수 있다. 조합재산을 목적으로 채무의 이행을 청구할 때에는 구성원 전원을 피고로 삼아야 하는 필요적 공동소송이다(대법원 1996. 12. 10. 선고 96다23238 판결).

공동이행방식 공동수급체의 채무에 대한 책임은 공동수급체의 재산에 한정되지 않고, 공동수급체의 각 구성원의 고유재산에까지 미친다. 공동수급체의 구성원은 공동수급체의 채무에 대해 손실부담의 비율에 따라 책임을 지게 된다. 즉, 하도급업체는 공동수급체의 각 구성원에게 그 구성원이 분담하는 손실비율에 따라서(분담비율을 알 수 없을 때에는 균등하게) 책임을 물을 수 있다(민법 제712조).

공동수급체 구성원들에게 분담비율에 따른 채무이행을 구하는 소송은 구성원 전원을 피고로 삼는 필요적 공동소송이 아니다(대법원 1996. 12. 10. 선고 96다23238 판결).

공동수급체 구성원 가운데 어느 한 구성원이 자기 부담부분을 변제할 수 없게 된 경우에는 그 변제할 수 없는 부분은 다른 구성원이 균분하여 변제할 책임이 있다(민법 제713조).

(2) 구성원 전원을 위하여 상행위가 되는 행위일 경우의 연대책임

공동수급체의 채무가 구성원 전원을 위하여 상행위가 되는 행위로 인하여 부담하게 된 것이라면 상법 제57조제1항에 따라 구성원들이 연대책임을 져야 한다. 요컨대, 공동수급체의 대표자에 의하여 공동수급체 명의로 공동수급체가 도급받은 공사를 위하여 하도급계약이 체결된 경우라면 공동수급체의 구성원들이 연대하여 하도급공사대금을 지급할 의무가 있다.

대법원도 조합채무가 조합원 전원을 위하여 상행위가 되는 행위로 인하여 부담하게 된 것이라면 상법 제57조제1항을 적용하여 조합원들이 연대책임을 져야 한다고 판단한 바 있다(1995. 8. 11. 선고 94다18638 판결).

판례 "조합의 채무는 조합원의 채무로서 특별한 사정이 없는 한 조합채권자는 각 조합원에 대하여 지분의 비율에 따라 또는 균일적으로 변제의 청구를 할 수 있을 뿐이나, 조합채무가 특히 조합원 전원을 위하여 상행위가 되는 행위로 인하여 부담하게 된 것이라면 상법 제57조 제1항을 적용하여 조합원들의 연대책임을 인정함이 상당하다."(대법원 2014. 08. 20. 선고 2014다26521 판결)

---

15. 공동수급체의 특정 구성원 단독 명의로 체결한 하도급계약의 효력

쟁점

Y건설과 Z건설은 아파트신축공사를 공동으로 도급받았는데 Y건설은 자금관리에만 관여하고 공사에는 실질적으로 관여하지 않았다. X는 Z건설로부터 내장공사를 하도급받아 공사를 모두 마쳤지만 공사대금을 전혀 지급받지 못했다. Z건설은 부도로 하도급대금을 지급할 능력이 없다. 이 경우 X건설은 Y건설을 상대로 하도급대금 전액의 지급을 구할 수 있는가?

판단

Y건설은 X건설에게 하도급공사대금을 지급할 의무가 있다.

(1) 공동수급체 구성원 단독 명의로 체결한 계약의 효력

공동수급체의 어느 한 구성원이 그 단독 명의로 하도급계약을 체결한 경우에 거래상대방은 직접 계약을 체결한 구성원만이 아니라 다른 구성원에게도 책임을 물을 수 있을까?

계약을 체결한 구성원이 조합을 대리하여 계약을 체결한 것이라면 당연히 그 효력이 조합에 미치게 될 것이다. 대리행위의 효력이 본인에게 미치려면 본인을 위한 것임을 표시하여야 한다(민법 제114조). 즉, 본인의 대리인으로서 대리행위를 하여야 한다.

그런데 조합은 법인격이 없으므로 조합 자체가 본인이 될 수는 없다. 따라서 조합의 경우에는 본인에 해당하는 모든 조합원의 이름으로 하여야 한다. 그러나 보통의 대리에서도 대리의사의 표시(현명주의)는 반드시 본인의 성명을 명시해서 해야 하는 것은 아니고, 모든 사정으로부터 그 뜻을 알 수 있으면 되는 만큼, 조합대리에서도 조합원 전원의 성명을 제시할 필요는 없다. 상대방이 알 수 있을 정도로(모 조합의 대표자 또는 업무집행자 등으로) 조합을 표시하는 것으로 충분하다.

판례도 마찬가지이다.

판례 "민법상 조합의 경우 법인격이 없어 조합 자체가 본인이 될 수 없으므로, 이른바 조합대리에 있어서는 본인에 해당하는 모든 조합원을 위한 것임을 표시하여야 하나, 반드시 조합원 전원의 성명을 제시할 필요는 없고, 상대방이 알 수 있을 정도로 조합을 표시하는 것으로 충분하다."(대법원 2009. 1. 30. 선고 2008다79340 판결)

한편 상행위를 대리할 때에는 본인을 위한 것임을 표시하지 아니하여도 대리행위의 효력은 본인에게 미친다(상법 제48조).

판례 "조합대리에 있어서도 그 법률행위가 조합에게 상행위가 되는 경우에는 조합을 위한 것임을 표시하지 않았다고 하더라도 그 법률행위의 효력은 본인인 조합원 전원에게 미친다."(대법원 2009. 1. 30. 선고 2008다79340 판결)

---

(2) 공동수급체 구성원이 단독 명의로 하도급계약을 체결한 경우

공동수급체의 특정 구성원의 단독 명의로 체결된 하도급계약에 대하여 공동수급체가 책임을 져야 한다는 취지의 판례가 있다.

판례 "공동수급체의 대표자와 공동수급체의 구성원들은 조달청이 실시한 공사입찰을 통하여 지방자치단체의 구청사 건립공사의 수급인으로 결정되었는데, 위 입찰시 특정 건설회사를 위 공동수급체가 선정한 하도급예정자로서 부대입찰자에 포함시켰고, 그 대표자와 구성원들은 조달청에 수급인으로 결정될 경우 하도급예정자에 대하여 기성고에 따라 하도급 부분에 대한 대금을 지체없이 현금으로 지급하기로 하는 내용의 확약서까지 제출하였으며, 그 후 공동수급체의 대표자와 위 하도급예정자인 특정 건설회사의 하도급계약 후에도 공동수급체의 구성원들은 구청사 건립공사 중 기계설비공사를 위 특정 건설회사가 시공하는 것에 대하여 동의한 경우 공동수급체의 대표자는 대표자의 자격에서 공동수급체를 위하여 위 하도급계약을 체결하였다고 봄이 상당하므로, 위 공동수급체의 구성원들은 상법 제57조제1항에 의하여 위 하도급계약에 기한 책임을 연대하여 부담한다."(대전고등법원 2003. 12. 18. 선고 2003나1388 판결).

대법원도 2006. 6. 16. 선고 2004다7019 판결에서 공동수급체의 구성원들이 하도급공사대금에 대하여 연대책임을 져야 한다는 위 대전고등법원 판결을 긍정하였다.

앞에 든 사례에서 대법원은 Y건설은 X에게 하도급대금 전액을 지급할 의무가 있다고 판단하였다. Z가 공동수급체의 대리인이라는 표시를 하지 않고 Z 명의로 하도급계약을 체결하였지만 그 법률행위의 효력은 본인인 조합원 전원에게 미친다고 보았다. Z건설이 하도급계약을 체결한 행위는 건설업 등을 영위하는 상인인 Y와 Z건설을 조합원으로 한 조합이 그 영업을 위하여 하는 행위로서 상법 제47조제1항 소정의 보조적 상행위에 해당하고, 따라서 Z건설이 X와 하도급계약을 체결함에 있어 조합을 위한 것임을 표시하지 아니하였다고 하더라도 상법 제48조에 따라 하도급계약의 효력은 본인인 조합원 전원에게 미친다고 할 것이므로, Y는 조합원으로서 하도급계약에 따른 채무를 부담한다는 것이다(대법원 2009. 10. 29. 선고 2009다46750 판결).

16. 공동수급체 채무에 대한 연대책임의 부인

쟁점

공동수급체가 하도급계약을 체결하면서 개별 구성원으로 하여금 지분비율에 따라 직접 하수급인에 대하여 채무를 부담하게 하는 약정을 할 수 있는가?

판단

공동이행방식 공동수급체가 체결한 하도급계약이 구성원들 전원을 위하여 상행위가 된다 하더라도 구성원들이 반드시 연대책임을 지는 것은 아니다.

공동수급체의 채무가 특히 공동수급체 구성원 전원을 위하여 상행위가 되는 행위로 인하여 부담하게 된 것이라면 상법 제57조제1항을 적용하여 공동수급체 구성원들이 연대책임을 져야 한다(대법원 2014. 08. 20. 선고 2014다26521 판결).

그렇다면 공동이행방식 공동수급체가 체결한 하도급계약이 구성원들 전원을 위하여 상행위가 되는 것이라면 공동수급체의 구성원들은 언제나 연대책임을 져야 하는가?

공동이행방식의 공동수급체는 기본적으로 민법상의 조합의 성질을 가지고, 조합채무가 특히 조합원 전원을 위하여 상행위가 되는 행위로 부담하게 되었다면 상법 제57조제1항에 따라 조합원들이 연대책임을 부담하는 것이 원칙이다.

그렇다고 공동이행방식 공동수급체가 체결한 하도급계약에 대하여 공동수급체의 구성원들이 언제나 연대책임을 져야 하는 것은 아니라는 것이 대법원의 판례이다.

공동수급체가 하도급계약을 체결할 때 공동수급체가 아닌 개별 구성원으로 하여금 그 지분비율에 따라 직접 하수급인에 대하여 채무를 부담하게 하는 약정을 한 경우와 같이 하도급계약의 내용에 따라서는 공동수급체의 개별 구성원이 하수급인에게 부담하는 채무가 공동수급체의 구성원 각자에게 그 지분비율에 따라 구분하여 귀속될 수도 있다.

따라서 공동수급체 구성원인 Y와 Z가 X와 하도급계약을 체결하면서 Y와 Z의 지분비율에 따른 하도급공사대금을 명백히 구분하여 특정함으로써 각자의 하도급공사대금 지급채무를 각 구성원별로 부담하기로 약정하였다면 Y와 Z는 각자의 부담분만 책임지면 된다(대법원 2013. 3. 28. 선고 2011다97898 판결).

과징금 산정의 기초가 되는 '하도급대금'의 범위가 문제된 사례에서도 대법원은 개별 구성원이 지분비율에 따라 직접 하수급인에 대하여 채무를 부담하게 하는 약정을 한 경우라면 상법 제57조 제1항에 따른 조합원들의 연대책임이 부정된다고 보았다(대법원 2018. 12. 13. 선고 2018두51485 판결).

판례 "공동이행방식의 공동수급체는 원칙적으로 민법상 조합의 성질을 가진다. 조합채무가 특히 조합원 전원을 위하여 상행위가 되는 행위로 부담하게 되었다면, 하도급계약을 체결할 때 공동수급체가 아닌 개별 구성원으로 하여금 지분비율에 따라 직접하수급인에 대하여 채무를 부담하게 하는 약정을 한 경우와 같은 특별한 사정이 없는 한 상법 제57조제1항에 따라 조합원들이 연대책임을 진다.
공동이행방식의 공동수급체 구성사업자 중 1인이 공동수급체 구성사업자 전원을 위한 하도급계약을 체결한 경우일지라도 개별 구성원으로 하여금 지분비율에 따라 직접 하수급인에 대하여 채무를 부담하도록 약정하는 경우 등과 같은 특별한 사정이 없다면, 그 구성사업자 1인의 하도급법 위반행위에 대한 과징금 산정의 기초가 되는 '하도급대금' 역시 '하도급계약에따라 수급사업자에게 지급하여야 할 대금'을 기준으로 함이 원칙이다. 이 경우 그 1인은 수급사업자에게 대금 전액을 지급할 책임이 있고, 그가 공동수급약정에 따라 최종적으로 부담하게 될 내부적 채무 비율은 공동수급체의 내부 사정에 불과하기 때문이다."(대법원 2018. 12. 13. 선고 2018두51485 판결)

---

17. 출자의무를 불이행한 구성원에 대한 이익분배 여부

쟁점

출자의무를 이행하지 않은 구성원은 이익분배를 청구하지 못하는가?

판단

출자의무를 이행하지 않았더라도 제명조치를 취하지 않아 조합원의 자격을 유지하는 이상 조합원의 이익분배청구권 자체를 부인할 수는 없다.

(1) 공동수급체 구성원의 출자의무와 이익분배청구권

건설공동수급체는 기본적으로 민법상의 조합의 성질을 가지는데, 조합의 조합원은 출자의무를 진다. 출자의무는 조합계약의 요소이며, 당사자 중에 출자의무를 부담하지 않는 자가 있는 경우에는 그 계약은 조합계약이 아니다.

조합이 사업을 경영함으로써 발생하는 손실과 이익은 조합원에게 귀속한다. 손실과 이익의 분담비율은 조합계약으로 정할 수 있다. 손실을 부담하지 않는 조합원이 있어도 상관없다. 이에 반하여 이익의 분배는 조합의 공동사업의 불가분의 내용을 이루는 것으로서 영리를 목적으로 하는 조합에 있어서는 모든 조합원이 이익의 분배를 받아야 한다. 이익을 분배하는 이상 모든 조합원이 이익의 분배를 받아야 하고, 일부 조합원만이 이익을 분배받는 관계는 조합이 아니다. 다른 약정이 없으면 이익은 각자의 출자비율에 따라 분배한다(민법 제711조).

조합원이 출자의무를 이행하지 않아도 이익분배를 요구할 수 있는가? 조합은 상호출자하여 공동사업을 경영할 것을 약정함으로써 성립한다(민법 제703조). 출자의무가 이행되기 이전이라도 조합계약 성립시에 조합은 이미 성립되고, 조합원 자격을 갖게 된다. 출자의무의 이행을 지체하더라도 조합원인 것은 변함이 없다. 출자의무를 지체한 데 따른 지연이자와 손해배상책임을 질뿐이다(민법 제705조).

출자의무를 지체하면 지연이자와 손해배상책임을 지고, 의무를 이행하지 않는 조합원에 대하여는 제명조치를 취할 수 있다. 그러나 출자의무를 이행하지 않았더라도 제명조치를 취하지 않아 조합원의 자격을 유지하는 이상 조합원의 이익분배청구권 자체를 부인할 수는 없다.

판례 "건설공동수급체는 기본적으로 민법상 조합의 성질을 가지는 것인데, 건설공동수급체의 구성원인 조합원이 그 출자의무를 불이행하였더라도 그 조합원을 조합에서 제명하지 않는 한 건설공동수급체는 조합원에 대한 출자금채권과 그 연체이자채권, 그 밖의 손해배상채권으로 조합원의 이익분배청구권과 직접 상계할 수 있을 뿐이고, 조합계약에서 출자의무의 이행과 이익분배를 직접 연계시키는 특약을 두지 않는 한 출자의무의 불이행을 이유로 이익분배 자체를 거부할 수는 없다."(대법원 2006. 8. 25. 선고 2005다16959 판결)

판례 "당사자들이 공동이행방식의 공동수급체를 구성하여 도급인으로부터 공사를 수급받는 경우 공동수급체는 원칙적으로 민법상 조합에 해당한다. 건설공동수급체 구성원은 공동수급체에 출자의무를 지는 반면 공동수급체에 대한 이익분배청구권을 가지는데, 이익분배청구권과 출자의무는 별개의 권리·의무이다. 따라서 공동수급체의 구성원이 출자의무를 이행하지 않더라도, 공동수급체가 출자의무의 불이행을 이유로 이익분배 자체를 거부할 수도 없고, 그 구성원에게 지급할 이익분배금에서 출자금이나 그 연체이자를 당연히 공제할 수도 없다. 다만 구성원에 대한 공동수급체의 출자금 채권과 공동수급체에 대한 구성원의 이익분배청구권이 상계적상에 있으면 상계에 관한 민법 규정에 따라 두 채권을 대등액에서 상계할 수 있을 따름이다." (대법원 2018. 1. 24. 선고 2015다69990 판결)

---

(2) 출자의무와 이익분배를 연계시키는 특약이 있는 경우

만일 공동수급체 구성원들 사이에 '출자의무와 이익분배를 직접 연계시키는 특약'을 한 경우라면 어떻게 되겠는가? 이 경우에도 이익분배를 거부할 수 있는가?

대법원은 2018. 1. 14. 선고 2015다69990 판결에서 계약자유의 원칙상 출자의무와 이익분배를 직접 연계시키는 특약이 허용되고, 이런 특약이 있다면 출자의무를 불이행한 구성원에 대한 이익분배를 거부할 수 있다고 보았다.

판례 "공동수급체의 구성원들 사이에 '출자의무와 이익분배를 직접 연계시키는 특약'을 하는 것도 계약자유의 원칙상 허용된다. 따라서 구성원들이 출자의무를 먼저 이행한 경우에 한하여 이익분배를 받을 수 있다고 약정하거나 출자의무의 불이행 정도에 따라 이익분배금을 전부 또는 일부 삭감하기로 약정할 수도 있다. 나아가 금전을 출자하기로 한 구성원이 출자를 지연하는 경우 그 구성원이 지급받을 이익분배금에서 출자금과 그 연체이자를 '공제'하기로 하는 약정을 할 수도 있다. 이러한 약정이 있으면 공동수급체는 그 특약에 따라 출자의무를 불이행한 구성원에 대한 이익분배를 거부하거나 구성원에게 지급할 이익분배금에서 출자금과 그 연체이자를 공제할 수 있다."(대법원 2018. 1. 24. 선고 2015다69990 판결)

---

18. 공동수급체 구성원 사이의 정산금채권의 소멸시효 기간

쟁점

공동수급체 구성원들 사이의 정산금채권의 소멸시효기간은 공사대금채권의 소멸시효기간과 같은가?

판단

정산금채권의 소멸시효기간은 공사대금채권의 소멸시효기간과 다르다.

(1) 공사대금채권의 소멸시효 기간

공사대금채권도 소멸시효의 적용을 받는다. 일반 민사채권은 10년, 상사채권은 5년 동안 권리를 행사하지 않으면 소멸시효가 완성된다. 도급받은 자의 공사에 관한 채권은 3년간 행사하지 않으면 소멸시효가 완성되므로(민법 제163조제3호) 수급인이 3년간 공사대금채권을 행사하지 않으면 소멸시효가 완성되어 더 이상 상대방에게 공사대금을 청구하지 못한다.

3년의 단기소멸시효에 걸리는 '도급받은 자의 공사에 관한 채권'은 도급받은 공사대금채권 뿐만 아니라 그 공사에 부수되는 채권도 포함한다(대법원 1987. 6. 23. 선고 86다카2549 판결).

(2) 공동수급체 구성원 사이의 정산금채권 소멸시효 기간

민법 제163조제3호에서 3년의 단기소멸시효에 걸리는 것으로 정한 '도급받은 자의 공사에 관한 채권'에 공동수급체 구성원들 상호 간의 정산금 채권도 포함되는가?

대법원은 공동수급체 구성원들 상호간의 정산금채권은 3년의 단기소멸시효가 적용되지 않는다는 점을 분명히 하였다(대법원 2013. 02. 28. 선고 2011다79838 판결, 대법원 2016. 8. 29. 선고 2015다5811 판결).

따라서 민법 제163조제3호에서 3년의 단기소멸시효에 걸리는 것으로 규정한 '도급받은 자의 공사에 관한 채권'은 수급인이 도급인에 대하여 갖는 공사에 관한 채권을 말하는 것이므로 공동수급체 구성원들 상호 간의 정산금 채권 등에 관하여는 위 규정이 적용될 수 없다.

19. 하자보수의무를 이행한 구성원의 보증사에 대한 보험금 청구

쟁점

도급인에 대하여 하자보수의무를 이행한 구성원은 다른 구성원의 하자보수의무를 보증한 보증사를 상대로 보험금을 청구할 수 있는가?

판단

도급인의 보증보험금 청구권을 대위할 수 있다.

공동이행방식 공동수급체의 구성원들은 도급인에 대한 하자보수의무를 연대하여 부담한다. 공동이행방식 공동수급표준협정서에서 그렇게 약정하였기 때문이다.

그러한 약정이 없더라도 공동수급체의 구성원들이 상인인 경우 공사도급계약에 따라 도급인에게 하자보수를 이행할 의무는 그 구성원 전원의 상행위에 의하여 부담한 채무로서 공동수급체의 구성원들은 연대하여 도급인에게 하자보수를 이행할 의무가 있다(대법원 2013. 5. 23. 선고 2012다57590 판결 등 참조).

그렇다면 공동수급체의 어느 구성원(Z)이 개별적으로 보증보험사와 출자비율에 따른 하자보수보증보험계약을 체결한 다음 도급인으로부터 하자보수를 요구받고도 하자보수의무를 이행하지 않자 공동수급체의 다른 구성원(X)이 하자보수의무를 이행하지 않고 있는 그 구성원(Z)의 하자보수의무를 전부 대신 이행한 경우에 X는 보증보험사(Y)를 상대로 도급인이 보증보험사에서 받을 수 있는 보험금을 청구할 수 있는가?

X가 민법 제425조제1항[4]에 따라 자신과 연대하여 하자보수의무를 부담하는 Z를 상대로 Z의

---

4) **제425조(출재채무자의 구상권)** ① 어느 연대채무자가 변제 기타 자기의 출재로 공동면책이 된 때에는 다른 연대채무자의 부담부분에 대하여 구상권을 행사할 수 있다.
② 전항의 구상권은 면책된 날 이후의 법정이자 및 피할 수 없는 비용 기타 손해배상을 포함한다.

부담부분에 대하여 구상권을 행사할 수 있음은 당연한데, 보증보험사를 상대로 보증금을 청구할 수 있는가?

결론부터 말하자면, 대법원은 2015. 3. 26. 선고 2012다25432 판결에서 X는 Y를 상대로 도급인이 받을 수 있는 보험금을 민법 제481조[5]에 따른 변제자대위의 법리에 의하여 받을 수 있다고 판단하였다.

공동수급체의 구성원 Z가 보증보험회사 Y와 하자보수보증보험계약을 체결한 다음 도급인으로부터 하자보수를 요청받고서도 하자를 보수하지 않으면 그 때 보증보험회사는 도급인에 대하여 보험금지급의무를 부담하고, 이후 공동수급체의 다른 구성원 X가 하자를 전부 보수하였다면 하자를 전부 보수한 구성원 X는 변제자대위의 법리에 기하여 보증보험회사에 대하여 보험금청구권을 행사할 수 있다고 본 것이다.

한편, 보험금청구권의 소멸시효 기산점은 특별한 사정이 없는 한 보험사고가 발생한 때이고, 하자보수보증보험계약의 보험사고는 보험계약자가 하자담보 책임기간 내에 발생한 하자에 대한 보수 또는 보완청구를 받고도 이를 이행하지 아니한 것을 의미하므로, 이 경우 보험금청구권의 소멸시효는 늦어도 보험기간의 종기부터 진행한다(대법원 2015. 3. 26. 선고 2012다25432 판결).

5) **제481조(변제자의 법정대위)** 변제할 정당한 이익이 있는 자는 변제로 당연히 채권자를 대위한다.

20. 공동수급체 구성원들 사이의 약정과 공동원가분담금

쟁점

甲, 乙, 丙 세 회사가 甲을 대표사로 하여 건설공동수급체로서 건설공사를 수행하던 중 丙회사가 회생절차에 들어가게 되어 무자력이 된 경우, 공동원가를 선집행하여 공사를 수행하여 오던 대표사인 甲이 乙에 대하여 丙이 부담하여야 할 공동원가 분담금 중 乙의 지분비율에 상당하는 공동원가 분담금을 청구할 수 있는가?

판단

甲, 乙, 丙 세 회사 사이에 공사대금채권을 지분율에 따른 구성원들의 개별채권으로 정한 경우에는 甲의 乙에 대한 청구는 받아들여질 수 없다.

(1) 공동수급체 구성원들 사이의 별도 약정과 손해배상 책임

X와 Y가 공동이행방식 공동수급체를 구성하여 발주자 Z로부터 공사를 공동으로 수급하면서 공동수급체 구성원들 사이의 구체적인 업무수행과 정산 방식 등을 정하기 위하여 공동도급운영협약을 체결하였는데, X가 위 협약에 따른 의무를 이행하지 않아 Y가 발주자에 대한 의무를 이행하는 과정에서 손해를 입었다면 X는 Y에게 채무불이행에 기한 손해배상책임을 지는가?

대법원은 2017. 1. 12. 선고 2014다11574 판결에서 공동이행방식의 공동수급체 구성원들 사이에 별도의 약정이 있는 경우 그들 사이의 권리와 의무는 원칙적으로 그 약정에 따라 정해지므로 한쪽 당사자가 그 약정에 따른 의무를 이행하지 않아 상대방이 도급인에 대한 의무를 이행하기 위하여 손해가 발생하였다면, 그 상대방에게 채무불이행에 기한 손해배상책임을 진다고 하였다.

판례 "당사자들이 공동이행방식의 공동수급체를 구성하여 도급인으로부터 공사를 수급받는 경우 그러한 공동수급체는 원칙적으로 민법상 조합에 해당하지만, 조합계약에도 계약자유의 원칙이 적용되므로 그 구성원들은 자유로운 의사에 따라 조합계약의 내용을 정할 수 있다. 조합의 구성원들 사이에 내부적인 법률관계를 규율하기 위한 약정이 있는 경우에, 그들 사이의 권리와 의무는 원칙적으로 그 약정에 따라 정해진다. 이 경우 한쪽 당사자가 그 약정에 따른 의무를 이행하지 않아 상대방이 도급인에 대한 의무를 이행하기 위하여 손해가 발생하였다면, 그 상대방에게 채무불이행에 기한 손해배상책임을 진다"(대법원 2017. 1. 12. 선고 2014다11574, 11581 판결).

(2) 공동수급체 구성원들 사이의 공동원가분담

공동이행방식의 공동수급체에서 구성원들은 공동수급협정을 통해 대표자나 구성원이 각자 공사를 하고, 나머지 구성원들이 이로 인하여 발생하는 공사원가를 나중에 지분율에 따라 분담하기로 약정하게 된다. 이 경우 공동원가분담금 채무는 조합채무인가? 이 경우에도 계약자유의 원칙이 적용되어 공사원가에 대한 책임은 각 구성원이 약정한 지분율에 따른 금액으로 한정되는가?

예를 들어 甲, 乙, 丙 세 회사가 甲을 대표사로 하여 건설공동수급체로서 건설공사를 수행하던 중 丙회사가 회생절차에 들어가게 되어 무자력이 된 경우, 공동원가를 선집행하여 공사를 수행하여 오던 대표사인 甲이 乙에 대하여 丙이 부담하여야 할 공동원가 분담금 중 乙의 지분비율에 상당하는 공동원가 분담금을 청구할 수 있는가의 문제이다.

대법원 2016. 6. 10. 선고 2013다31632 판결은 건설공동수급체가 공사대금채권을 지분율에 따른 구성원들의 개별채권으로 정하는 경우 공사대금채권은 지분율에 따라 구성원들에게 귀속될 뿐 건설공동수급체에게 귀속되지 않으므로 이러한 경우에는 공동원가에 대한 채무 또한 공사대금의 귀속주체인 구성원들의 지분율에 따른 개별채무로 봄이 타당하다는 취지로 판시하였다. 따라서 위 사안에서 甲은 丙이 부담하여야 하는 공동원가에 대해서 乙에게 청구할 수 없다.

판례 "이 사건 공동수급체와 같은 건설공동수급체의 공동경비인 공동원가는 공동수급체가 그 목적인 공동사업을 수행하여 얻는 수익인 공사대금을 창출하기 위하여 지출되는 비용이고, 공동수급체의 수익인 공사대금 외에 별도로 공동수급체의 재산으로 귀속될 수 있는 재산은 보이지 않으므로 공동원가는 공사대금으로 충당하는 것이 원칙이다. 따라서 공동수급체의 구성원들로서는 공동수급체의 공사대금채권과 공동원가 분담의무를 서로 연관 지워 약정함이 통상적이다.
즉, 건설공동수급체의 공사대금채권을 조합채권으로 정하는 취지는 공사대금을 건설 공동수급체에게 귀속시켜 공사대금이 건설 공동수급체 외부로 유출되지 않고 공동원가로 사용되도록 하는데 있으므로 공사대금채권이 조합채권인 건설공동수급체에 있어서는 공동원가 분담채무를 조합채무로 볼 수 있다.

그러나 건설공동수급체가 공사대금채권을 지분율에 따른 구성원들의 개별채권으로 정하는 경우 공사대금채권은 지분율에 따라 구성원들에게 귀속될 뿐 건설공동수급체에게 귀속되지 않으므로 이러한 경우에는 공동원가에 대한 채무 또한 공사대금의 귀속주체인 구성원들의 지분율에 따른 개별채무로 봄이 타당하다. 이와 달리 공사대금채권을 개별채권으로 보면서 공동원가채무를 조합채무라고 보게 되면, 개별채권을 모두 지급받은 구성원이 부도 등으로 공동원가를 지급하지 못할 경우 나머지 구성원이 그 책임을 지게 되는데 건설공동수급체 구성원이 그러 한 상황을 감수하면서까지 공동수급협정을 맺는다고 보기는 어렵다."(대구고등법원 2013. 4. 4. 선고 2012나1475 판결[6])

6) 대법원은 2016. 6. 10. 선고 2013다31632 판결에서 위 항소심 판결에 대한 甲사의 상고를 기각하면서 이러한 항소심 판단이 정당하고, 공동원가 분담금 채무가 개별채무에 해당한다는 취지로 판시하였다.

21. 회사의 합병과 공동수급체 구성원 지위의 승계 여부

쟁점

회사가 합병하는 경우 공동수급체의 구성원의 지위가 당연히 승계되는가?

판단

회사가 합병되더라도 공동수급체 구성원의 지위가 당연히 승계되는 것은 아니다.

甲 주식회사와 乙 주식회사가 공동수급체를 형성하여 한국전력공사와 송전선로 건설공사에 관한 공사도급계약을 체결하였다. 甲과 乙 사이에 작성된 공동수급협정서에는 협정서상 권리 · 의무를 제3자에게 양도할 수 없다고 기재되어 있다. 그 후 丙 주식회사는 甲의 전기공사업 부분과 전문소방시설공사업 부분을 분할합병하였으며, 乙은 甲을 공동수급체에서 탈퇴시켰다. 한국전력도 甲을 공동수급체에서 탈퇴시키는 것을 승인하였다.

이 사안에서 丙은 甲의 지위를 승계하였다고 주장하고 있는데, 丙의 주장이 타당한가?
결국 이 문제는 공동이행방식 공동수급체의 구성원의 지위가 포괄승계의 대상인지 여부의 문제이다.

상법 제530조의10은 분할 또는 분할합병으로 인하여 설립되는 회사 또는 존속하는 회사는 분할하는 회사의 권리와 의무를 분할계획서 또는 분할합병계약서가 정하는 바에 따라서 승계한다고 규정하고 있다. 즉, 회사의 분할합병이 있는 경우에는 분할합병계약서에 따라 피분할회사의 권리의무는 사법상 관계나 공법상 관계를 불문하고 성질상 이전을 허용하지 않는 것을 제외하고는 분할합병으로 인하여 존속하는 회사에게 포괄승계 된다.

그런데, 공동수급체는 기본적으로 민법상의 조합의 성질을 가지고, 공동수급체의 구성원 사이에서 구성원 지위를 제3자에게 양도할 수 있기로 약정하지 아니한 이상, 공동수급체의 구성원 지위는 상속이 되지 않고 다른 구성원들의 동의가 없으면 이전이 허용되지 않는 귀속상의 일신전속적인 권리의무에 해당하므로, 공동수급체의 구성원 지위는 원칙적으로 회사의 분할합병으로 인한 포괄승계의 대상이 되지 아니한다(대법원 2011. 8. 25. 선고 2010다44002 판결).

민법 제717조도 조합원이 사망한 경우 그 지위가 상속인에게 상속되는 것이 아니라 조합에서 당연히 탈퇴되는 사유로 규정하고 있다. 판례도 조합계약에서 사망한 조합원의 지위를 그 상속인이 승계하기로 약정한 바 없다면 사망한 조합원의 지위는 상속인에게 승계되지 않는 것으로 본다(대법원 1987. 6. 23. 선고 86다카2951 판결).

CHAPTER 03

건설업 명의대여의 문제

제3장 건설업 명의대여의 문제

1. 명의대여자의 책임

쟁점

명의차용자를 명의대여자로 오인하여 거래한 거래상대방은 명의대여자에게 책임을 물을 수 있는가?

판단

거래상대방은 명의대여자에게 상법 제24조의 명의대여자의 책임을 물을 수 있다.

(1) 명의사용의 허락

명의대여자는 명의차용자를 명의대여자로 오인하고 거래한 거래상대방에 대하여 명의차용자와 연대하여 변제할 책임이 있다(상법 제24조). 따라서 명의를 대여한 건설업자는 그의 명의를 빌려 실제로 공사를 실행한 자를 명의대여자 본인으로 알고 거래한 상대방에 대하여 연대책임이 있다(대법원 1973. 11. 27. 선고 73다642 판결).

하수급인이 현장소장이라는 명칭을 사용하도록 허락한 수급인은 명의대여의 책임을 져야 한다. 즉, 도급인으로부터 공사를 도급받은 수급인이 다른 사람에게 그 공사를 하도급주어 그 하수급인으로 하여금 공사를 시공하도록 하면서도 대외관계에서는 그 하수급인을 수급인의 공사현장에 파견한 현장소장인 것처럼 표시하여 행동하게 하였다면 수급인은 상법상의 명의대여자로서의 책임을 면할 수 없다(대법원 1985. 2. 26. 선고 83다카1018 판결).

명의대여에 따른 책임은 자기의 상호 또는 성명을 타인에게 사용하도록 허락한 데 따른 책임이다. 이 허락은 명시 또는 묵시적으로도 할 수 있다. 타인에게 자기의 상호 또는 성명을 사용하도록 묵시적으로 허락하였더라도 명의대여자의 책임은 발생한다. 대법원 1977. 7. 26. 선고 77다797 판결도 묵시적인 명의사용 허락의 경우에 본조의 적용을 인정하였다.

다만, 묵시적인 허락이 있었다고 보기 위해서는 타인이 자신의 명의를 사용함을 알면서 이를 그대로 방치하는 단순한 부작위만으로는 부족하다는 것이 판례이다.

판례 "묵시적 명의대여자의 책임을 인정하기 위하여는 영업주가 자기의 성명 또는 상호를 타인이 사용하는 것을 알고 이를 저지하지 아니하거나 자기의 성명 또는 상호를 타인이 사용함을 묵인한 사실 및 제3자가 타인의 성명 또는 상호를 사용하는 자를 영업주로 오인하여 거래를 한 사실이 인정되어야 할 것이다."(대법원 1982. 12. 28. 선고 82다카887 판결).

(2) 상대방의 악의 또는 중과실

상대방은 선의 또는 중대한 과실이 없어야 명의대여자의 책임을 물을 수 있다. 상대방이 명의대여 사실을 알고 거래했거나 조금만 주의를 귀울여도 명의대여 사실을 알 수 있었을 정도로 중대한 과실이 있는 때에는 명의대여자에게 책임을 물을 수 없다.

판례 "상법 제24조의 규정에 의한 명의대여자의 책임은 명의자를 영업주로 오인하여 거래한 제3자를 보호하기 위한 것이므로 거래 상대방이 명의대여 사실을 알았거나 모른 데에 대하여 중대한 과실이 있는 때에는 명의대여자는 책임을 지지 않는다."(대법원 1991. 11. 12. 선고 91다18309 판결)

(3) 악의 또는 중과실의 입증책임 부담자

상대방의 악의 또는 중대한 과실을 이유로 명의대여자의 책임을 면하기 위해서는 명의대여자가 이를 입증하여야 한다.

판례 "거래 상대방이 명의대여사실을 알았거나 모른 데 대하여 중대한 과실이 있는 때에는 책임을 지지 않는바, 이때 거래의 상대방이 명의대여사실을 알았거나 모른 데 대한 중대한 과실이 있었는지 여부에 대하여는 면책을 주장하는 명의대여자들이 입증책임을 부담한다."(대법원 2001. 4. 13. 선고 2000다10512 판결)

(4) 명의대여자와 명의차용자의 부진정연대채무

상법 제24조에 의한 명의대여자와 명의차용자의 책임은 부진정연대채무에 해당한다.

판례 "상법 제24조에 의한 명의대여자와 명의차용자의 책임은 동일한 경제적 목적을 가진 채무로서 서로 중첩되는 부분에 관하여 일방의 채무가 변제 등으로 소멸하면 타방의 채무도 소멸하는 이른바 부진정연대의 관계에 있다. 이와 같은 부진정연대채무에서는 채무자 1인에 대한 이행청구 또는 채무자 1인이 행한 채무의 승인 등 소멸시효의 중단사유나 시효이익의 포기가 다른 채무자에게 효력을 미치지 아니한다."(대법원 2011. 4. 14. 선고 2010다91886 판결)

2. 건설업 명의대여 약정의 효력

쟁점

甲 건설회사는 乙에게 자기의 건설업등록명의를 사용하여 건설공사를 시공하게 하였다. 甲은 乙이 약속한 대가를 지급하지 않자 법원에 약정금을 지급하라는 소송을 제기하였다. 甲은 승소할 수 있는가?

판단

명의대여료를 지급하기로 하는 약정은 무효이므로 甲의 청구는 허용되지 않는다.

건설사업자의 명의대여는 법이 엄격하게 금지하고 있다. 건설사업자는 다른 사람에게 자기의 성명 또는 상호를 사용하여 건설공사를 수급 또는 시공하게 하거나 그 건설업등록증 또는 건설업등록수첩을 빌려주어서는 아니 되고(건설산업기본법 제21조제1항), 누구든지 건설사업자로부터 그 성명이나 상호를 빌려 건설공사를 수급 또는 시공하거나 건설업 등록증 또는 건설업 등록수첩을 빌려서는 아니 된다(제21조 제2항). 또한 건축주도 이를 위반한 자와 공모하여 건설공사를 도급 또는 시공하게 하여서는 아니 되며(제21조 제4항)[1], 누구든지 이러한 행위를 알선하여서도 아니 된다(제21조 제3항).

이를 위반하여 ① 다른 사람에게 자기의 성명이나 상호를 사용하여 건설공사를 수급 또는 시공하게 한 건설사업자와 그 상대방 또는 이를 알선한 자, ② 건설업 등록증이나 건설업 등록수첩을 빌려준 건설사업자와 그 상대방 또는 이를 알선한 자, ③ 공모하여 위 건설사업자에게 건설공사를 도급 또는 시공하게 한 건축주는 5년 이하의 징역 또는 5천만원 이하의 벌금에 처한다(제95조의2).

1) 건설산업기본법 제21조제2항 및 제4항의 규정은 "건설업등록증 불법 대여 및 무등록 건설업자에 대한 처벌을 강화하고, 불법 대여 건설업체와 공모하여 건설공사를 시공한 건축주도 처벌" 할 목적으로 2017. 3. 21. 법률 제14708호로 개정된 건설산업기본법에 신설되었다.

또한 제21조를 위반하여 건설사업자가 다른 사람에게 자기의 성명이나 상호를 사용하여 건설공사를 수급 또는 시공하게 하거나 이를 알선한 경우 또는 건설업 등록증이나 건설업 등록수첩을 빌려주거나 이를 알선한 경우에는 건설업등록을 말소하여야 한다(제83조 단서, 제5호).

이렇게 건설업등록 명의의 대여를 법에서 엄격하게 금지하고 있기 때문에 명의대여 약정은 무효이다. 명의차용자는 대가를 지급하기로 하고 명의를 빌렸더라도 명의대여자에게 명의대여료나 명의대여에 대한 소개수수료를 지급하지 않아도 된다.

판례 "건설업면허를 받은 건설업자가 건설업면허 없는 사람에게 건설업면허를 대여하기로 하는 명의대여 계약은 구 건설업법(1984. 12. 31. 법률 제3765호로 개정되기 전의 것) 제5조, 제6조, 제7조의4 등의 각 규정에 비추어 무효라고 할 것이므로 그 명의대여에 대한 대가로 지급되는 명의대여료의 지급 약정이나 명의대여를 소개한데 대한 대가로 지급되는 소개수수료의 지급 약정은 모두 무효이다."(대법원 1988. 12. 27. 선고 86다카2452 판결).

---

3. 명의차용자의 피용자가 한 행위

쟁점

명의대여자는 명의를 빌린 사람의 피고용인이 한 행위에 대해서도 명의대여자의 책임을 져야 하는가?

판단

상법 제24조에 따른 명의대여자의 책임은 명의차용자가 한 행위에 한정된다.

(1) 명의대여자의 책임의 범위

명의대여자가 명의대여자로서 책임을 지는 것은 명의차용자와 거래한 상대방이 명의차용자를 명의대여자로 오인하도록 했기 때문이다. 명의를 대여함으로써 거래상대방에게 명의차용자를 명의대여자 자신으로 신뢰하도록 오해를 유발한 것에 대한 책임을 지라는 것이다. 그렇지만 그 책임은 명의차용자 자신의 행위에 한정되는 것이지 명의차용자의 피용자의 행위에 대해서까지 명의대여자가 책임지는 것은 아니다.

판례 "상법 제24조의 명의대여자의 책임규정은 거래상의 외관보호와 금반언의 원칙을 표현한 것으로서 명의대여자가 영업주(여기의 영업주는 상법 제4조 소정의 상인보다는 넓은 개념이다)로서 자기의 성명이나 상호를 사용하는 것을 허락했을 때에는 명의차용자가 그것을 사용하여 법률행위를 함으로써 지게된 거래상의 채무에 대하여 변제의 책임이 있다는 것을 밝히고 있는 것에 그치는 것이므로 여기에 근거한 명의대여자의 책임은 명의의 사용을 허락받은 자의 행위에 한하고 명의차용자의 피용자의 행위에 대해서까지 미칠 수는 없다."(대법원 1989. 9. 12. 판결 88다카26390 판결).

그렇다고 명의차용자의 피용자가 어떤 행위를 하더라도 명의대여자에게 책임이 미치지 않는 것은 아니다. 예외적으로 명의대여자가 명의차용자의 피용자에 대해서까지도 명의대여자의 명칭을 사용하도록 허용했다면 책임을 피하기 어려울 것이다.

(2) 관련 사례

乙 회사는 도급인으로부터 A상가 신축공사를 도급받았는데, 실제로는 공사대금의 10%를 명의대여료(이른바 부금)로 받기로 하고 丙에게 乙 회사의 이사로 행세할 수 있도록 해주었다. A상가 신축공사는 丙이 乙 회사의 명의를 빌려 자신의 계산과 책임으로 공사를 하기로 한 것이다. 丙은 乙 회사의 승낙하에 공사현장에 "乙회사 A상가신축공사 현장사무실" 간판을 내걸고 乙 회사의 공사본부장 행세를 하면서 丁을 현장소장으로 임명했다. 丁은 공사자금을 차용해오라는 丙의 지시를 받고 甲으로부터 돈을 빌렸다. 甲은 丁이 乙 회사의 현장소장인 것으로 알고 돈을 빌려줬다. 甲은 "차용인 : 乙 회사 A상가신축공사 현장소장 丁"이라고 기재된 차용증까지 받았다.

이 경우 甲은 丁에게 빌려준 돈을 乙 회사로부터 돌려받을 수 있을까?

돌려받기 어려울 것이다. 명의대여자의 책임은 명의차용자의 행위에 제한되기 때문이다.

4. 명의차용자의 불법행위에 대한 명의대여자의 책임

쟁점

건설업등록명의를 대여한 명의대여자는 건설업명의를 대여받은 명의차용자가 저지른 불법행위에 대한 책임을 지는가?

판단

명의대여자는 명의차용자의 불법행위 대하여 사용자로서의 책임을 진다.

명의차용자가 시공상의 과실로 제3자의 재산 또는 신체에 손해를 끼친 결과 불법행위로 인한 손해배상책임을 부담하게 될 경우 명의대여자에게도 책임이 있는가?

명의대여자는 명의차용자의 불법행위에 대하여 명의차용자와 연대하여 책임을 부담하게 된다. 다만, 일반적인 상거래에 관해서는 명의대여자의 책임을 규정한 상법 제24조에서 근거를 구하지만, 불법행위의 경우에는 사용자책임에 관해서 정하고 있는 민법 제756조[2]에 근거를 두고 있다(대법원 1998. 5. 15. 선고 97다58538 판결). 명의대여자와 명의차용자의 관계를 사용자 〈-〉 피용자의 관계로 보고, 명의대여자에게 명의차용자에 대한 지휘·감독의 책임을 묻는 셈이다.

명의대여자는 명의차용자에게 명의를 대여했다는 바로 그 사실로부터 명의차용자에 대한 관계에서 명의차용자가 불법행위를 저지르지 않도록 지휘·감독해야 할 의무가 인정되는 것이므로 단순히 명의를 빌려줬을 뿐 실질적으로 명의차용자의 불법행위에 관여하지 않았다는 사정은 아무런 문제가 되지 않는다.

2) **민법 제756조(사용자의 배상책임)** ① 타인을 사용하여 어느 사무에 종사하게 한 자는 피용자가 그 사무집행에 관하여 제삼자에게 가한 손해를 배상할 책임이 있다. 그러나 사용자가 피용자의 선임 및 그 사무감독에 상당한 주의를 한 때 또는 상당한 주의를 하여도 손해가 있을 경우에는 그러하지 아니하다.

판례 "타인에게 어떤 사업에 관하여 자기의 명의를 사용할 것을 허용한 경우에 그 사업이 내부관계에 있어서는 타인의 사업이고 명의자의 고용인이 아니라 하더라도 외부에 대한 관계에 있어서는 그 사업이 명의자의 사업이고 또 그 타인은 명의자의 종업원임을 표명한 것과 다름이 없으므로, 명의사용을 허용받은 사람이 업무수행을 함에 있어 고의 또는 과실로 다른 사람에게 손해를 끼쳤다면 명의사용을 허용한 사람은 민법 제756조에 의하여 그 손해를 배상할 책임이 있고, 또한 명의대여관계의 경우 민법 제756조가 규정하고 있는 사용자책임의 요건으로서의 사용관계가 있느냐 여부는 실제적으로 지휘·감독을 하였느냐의 여부에 관계없이 객관적·규범적으로 보아 사용자가 그 불법행위자를 지휘·감독해야 할 지위에 있었느냐의 여부를 기준으로 결정하여야 하는 것이다."(대법원 1997. 4. 11. 선고 97다386 판결)

대법원 2003. 7. 25. 선고 2003다9049 판결은 건설관계 사업의 명의대여자에게 명의차용자의 불법행위에 대한 사용자책임을 인정하였다.

판례 "일정한 수준의 기술인력과 장비 시설 등을 필요로 하는 건설관계사업의 명의를 타인에게 대여하였을 때에는 그에 따른 위험을 방지하기 위하여 명의를 대여한 자는 객관적·규범적으로 보아 명의차용자 또는 그의 피용자가 불법행위로 인해 타인에게 손해를 입게 하지 않도록 지휘·감독해야 할 의무와 책임을 부담하고 있다고 보아야 할 것이다."(대법원 2003. 7. 25. 선고 2003다9049 판결)

한편 사용자에 갈음하여 그 사무를 감독하는 자도 사용자책임을 져야 하기 때문에(민법 제756조 제2항), 회사의 명의를 대여한 회사의 대표이사에게도 명의대여에 따른 사용자책임이 인정된다.

회사의 대표이사가 타인에게 회사의 사장 직함을 사용하면서 회사 명의로 고철 관련 사업을 전담하되 사업 경비는 회사가 부담하고 이익금은 서로 분배하며 타인에게 급여는 따로 지급하지 아니하기로 하여 그 사무를 집행하도록 하는 한편, 업무에 관하여 타인으로부터 보고를 받고 이를 지휘한 경우, 대표이사는 회사에 갈음하여 현실적으로 타인을 선임 및 감독하는 지위에 있었던 자라 할 것이므로, 타인의 불법행위에 대하여 민법 제756조제2항 소정의 사용자책임이 있다(대법원 1998. 5. 15. 선고 97다58538 판결).

5. 명의차용자의 피용자가 저지른 불법행위에 대한 명의대여자의 책임

쟁점

명의차용자의 피용자가 고의 또는 과실로 제3자의 재산 또는 신체에 손해를 끼친 경우에 명의대여자에게도 책임을 물을 수 있는가?

판단

명의대여자는 명의차용자의 피용자가 저지른 불법행위에 대하여도 사용자책임을 진다.

명의대여자는 명의차용자의 피용자가 한 거래에 대해서까지 상법 제24조 소정의 명의대여자로서의 책임을 지는 것은 아니다. 거래라는 법률행위에 관한 한 명의대여자의 책임은 명의차용자의 행위에 그치는 것이 원칙이다.

그렇다면 명의대여자는 명의차용자의 피용자가 저지른 불법행위에 대해서도 책임을 면하는가?

명의차용자의 피용자가 고의 또는 과실로 제3자에게 손해를 끼쳐 불법행위로 인한 손해배상책임을 지게 될 경우에는 명의대여자도 책임을 면할 수 없다. 사용자 책임은 직접 피용자의 행위는 물론이고 그 피용자의 피용자의 행위에까지 미치게 된다(대법원 1964. 4. 7. 선고 63다638 판결).

6. 건설업 명의대여의 의미와 판단기준

쟁점

어떤 건설사업자가 자신이 도급받은 공사의 전부 또는 대부분을 하도급하고 자신의 명의를 사용하게 하였다면 곧바로 건설산업기본법 제21조 소정의 명의대여금지 조항을 위반하는 것인가?

판단

그 건설공사에 실질적으로 관여할 의사로 수급받아 시공 과정에 실질적으로 관여한다면 명의대여가 아니다.

(1) 건설산업기본법 제21조에서 금지하는 명의대여의 의미

건설산업기본법은 명의대여를 엄격하게 금지하고 있다. 건설사업자는 다른 사람에게 자기의 성명 또는 상호를 사용하여 건설공사를 수급 또는 시공하게 하거나 그 건설업등록증 또는 건설업등록수첩을 대여하여서는 아니 된다.

건설산업기본법 제21조가 금지하는 명의대여란 타인이 자신의 상호나 이름을 사용하여 자격을 갖춘 건설사업자로 행세하면서 건설공사를 수급·시공하리라는 것을 알면서도 그와 같은 목적에 자신의 상호나 이름을 사용하도록 승낙 내지 양해한 경우를 의미한다. 따라서 어떤 건설사업자가 도급받은 건설공사의 전부 또는 대부분을 다른 사람에게 맡겨 시공하였더라도 그 건설사업자 자신이 그 건설공사에 실질적으로 관여할 의사로 수급하였고, 또 그 시공 과정에 실질적으로 관여하였다면 명의대여로 볼 수 없다(대법원 2007. 5. 11. 선고 2005도6668 판결).

건설업 명의대여는, ① 다른 사람으로 하여금 자기의 이름이나 상호를 사용하도록 승낙 또는 양해하는 건설사업자의 행위와 ② 대여받은 명의를 사용하여 수급을 하거나 시공을 하는 다른 사람의 행위가 결합하여 이루어지는 것으로, 수급 또는 시공을 하는 주체는 어디까지나 명의를 빌린 다른 사람이고, 건설사업자는 그로 하여금 수급 또는 시공을 하도록 명의를 빌려주는 데 그쳐야 한다.

따라서 건설사업자가 명의를 빌린 사람이 발주자 · 하도급인이나 감독관청의 감시 · 제재를 피하고 기성공사대금을 수령하는 데 협조하는 수준을 넘어서 건설공사의 수급과 시공 과정에 실질적으로 관여한 경우 법 제21조 소정의 명의 대여가 성립할 수는 없다.

(2) 명의대여의 판단기준

명의대여를 금지하는 건설산업기본법 제21조를 위반한 건설사업자, 그 상대방 및 대여를 알선한 자는 5년 이하의 징역 또는 5천만원 이하의 벌금에 처하며(제95조의2제2호 및 제3호), 또 건설업등록 말소사유에 해당한다(제83조 단서, 제5호). 그런 만큼 명의대여 행위에 해당하는지 여부는 대단히 중요한 의미를 갖는다. 명의대여행위가 있는지 여부는 어떻게 판단하는가?

판례는 어떤 건설사업자가 도급받은 건설공사의 전부 또는 대부분을 다른 사람에게 맡겨 시공하였더라도 그 건설사업자 자신이 그 건설공사에 실질적으로 관여할 의사로 수급하였고, 또 그 시공과정에 실질적으로 관여하였다면 명의대여가 아닌 것으로 본다(대법원 2003. 12. 26. 선고 2003도5541 판결).

건설사업자가 시공에 실질적으로 관여하였는지 판단하는 기준에 관해서 대법원은, 건설공사의 수급·시공의 경위와 대가의 약속 및 수수 여부, 대가의 내용 및 수수 방법, 시공과 관련된 건설사업자와 시공자 간의 약정 내용, 시공 과정에서 건설사업자가 관여하였는지 여부, 관여하였다면 그 정도와 범위, 공사 자금의 조달·관리 및 기성금의 수령 방법, 시공에 따른 책임과 손익의 귀속 여하 등 드러난 사실 관계에 비추어 객관적으로 판단해야 한다고 설시한다.

그러므로 건설사업자나 시공자, 기타 관련자가 수사기관이나 법정에서 진술하면서 명의 대여 기타 그와 유사한 표현을 사용한 적이 있다 하여 그것만으로 가벼이 명의 대여 사실을 인정해서도 안 되고(대법원 2003. 5. 13. 선고 2002도7425 판결), 명의대여자와 실제 시공한 자 사이의 계약서 등 처분문서의 형식적 문구만을 가벼이 믿어 명의대여 사실을 부인해서도 안 된다(대법원 2003. 12. 26. 선고 2003도5541 판결).

(3) 명의대여 인정 사례

건설사업자가 수급자격에 관한 법령상 제한을 피하기 위하여 자신의 명의로 수급계약을 체결하려는 사람에게 그러한 사정을 알면서도 명의를 빌려준 것은 명의대여에 해당한다. 따라서 무등록자가 공사를 완료한 뒤 공사대금을 지급받기 위한 단계에서 명의를 대여하여도 건설산업기본법 제21조의 금지를 위반한 것이다.

판례 "건설산업기본법이 건설공사의 적정한 시공과 건설산업의 건전한 발전을 도모하는 데 그 목적을 두고, 이를 위하여 건설업 등록제도와 시공능력의 평가 및 공시제도를 토대로 무등록업자나 적정한 시공능력을 갖추지 못한 건설업자의 수급자격에 제한을 가함과 아울러 건설업자의 타인에 대한 명의대여를 금하고 있는 점에 비추어 보면, 건설업자가 다른 사람이 건설공사를 완료한 후 공사대금을 지급받는 과정에서, 수급자격에 관한 법령상의 제한을 피하기 위하여 자신의 명의를 사용하여 수급계약을 체결하려는 사정을 알면서도 그 명의를 빌려주어 수급계약을 체결하게 한 경우에도 건설산업기본법 제21조에서 금지하는 '명의대여'에 해당한다."(대법원 2008. 5. 8. 선고 2006도4284 판결)

정당하게 수급한 건설공사를 다른 사람에게 자기의 상호 등을 사용하여 시공만 하게 한 경우에도 건설산업기본법 제21조가 금지하는 명의대여에 해당한다(대법원 2010. 5. 27. 선고 2009도10778 판결).

7. 건설산업기본법 제21조 소정의 '시공'의 의미

쟁점

건설산업기본법 제21조는 건설사업자가 다른 사람에게 자기의 성명 또는 상호를 사용하여 건설공사를 수급 또는 시공하게 하는 행위를 금지하고 있는데, 여기서 말하는 '시공'이 어떤 의미인가?

판단

직접 또는 도급에 의하여 설계에 따라 건설공사를 완성하기 위하여 시행되는 일체의 행위를 뜻한다.

X는 건설사업자인 Y와 사이에 Y의 전무이사 명칭을 사용하여 Y가 수급한 금액의 92% 이내 비용으로 A건설공사를 완성하기로 약정하였고, Y로부터 공사현장의 산업재해 · 민원발생 등에 관한 책임과 시공에 관한 권한을 부여받아 자신의 자금으로 공사현장 직원들의 임금을 우선 지급하였으며, 독자적으로 A건설공사 중 토공사·가설공사 등에 관하여 하수급인인 Z건설사와 계약조건을 협의하고 Y 명의로 하도급계약을 체결하게 한 다음 하수급인으로 하여금 그 공사를 시행하게 하다가 Y와 사이에 분쟁이 발생하자 Y로부터 공사에 투입된 비용을 지급받고 공사현장에서 철수하였다.

이 사례가 법에서 금지하는 명의를 대여한 시공에 해당할까?

이와 같은 사안에 대하여 Y는 X에게 A건설공사의 시공을 관리하게 하였을 뿐이라고 주장하였지만, 대법원은 건설산업기본법 제21조 소정의 '시공'이라 함은 직접 또는 도급에 의하여 설계에 따라 건설공사를 완성하기 위하여 시행되는 일체의 행위를 의미하기 때문에 Y가 X에게 Y의 상호를 사용하여 A건설공사를 시공하게 한 것으로 판단하였다.

판례 "건설산업기본법 제21조 소정의 '시공'이라 함은 직접 또는 도급에 의하여 설계에 따라 건설공사를 완성하기 위하여 시행되는 일체의 행위를 의미한다."(대법원 2003. 7. 11. 선고 2001도1332 판결)

8. 법인대표자 명의대여의 금지 여부

쟁점

건설산업기본법 제21조가 금지하는 명의에 건설사업자인 법인의 대표자 명의도 포함되는가?

판단

단순히 대표이사 명의로 등록한 것은 명의대여가 아니다.

건설산업기본법 제21조에서 대여를 금지하고 있는 명의는 건설산업기본법에 의한 건설사업자의 성명 또는 상호 그 자체에 그치고 건설사업자인 그 법인의 대표자 명의에 관한 것은 아니다.

따라서 건설사업자로서의 등록요건을 구비하게 하기 위하여 어느 건설회사의 대표이사가 형식상 자신을 다른 건설회사의 대표이사로 등기하게 한 행위는 위 규정의 적용대상이 아니다.

판례 "건설산업기본법 제21조가 금지하고 있는 '건설업자가 다른 사람에게 자기의 성명 또는 상호를 사용하여 건설공사를 수급·시공하게 하는 행위'란 타인이 자신의 상호나 이름을 사용하여 자격을 갖춘 건설업자로 행세하면서 건설공사를 시공하리라는 것을 알면서도 그와 같은 목적에 자신의 상호나 이름을 사용하도록 승낙 내지 양해한 경우를 의미한다고 해석함이 상당하다 할 것이고, 건설공사의 적정한 시공과 건설산업의 건전한 발전을 도모하려는 위 법의 입법목적과 무면허 또는 무등록업자에 의한 부실시공을 예방하고 시공에 관한 책임의 소재를 분명히 하여 국민의 생활안전에 기여하려는 위 법 제21조의 취지 및 형벌법규는 엄격하게 해석하여야 한다는 죄형법정주의의 이념에 비추어 보면, 위 법 제21조에서 타인에게 그 대여를 금지하고 있는 명의는 건설산업기본법에 의한 건설업자의 성명 또는 상호 그 자체를 말하는 것일 뿐 건설업자인 그 법인의 대표자 명의에 관한 것은 아니라고 보아야 할 것이다."(대법원 2007. 1. 11. 선고 2005도9487 판결)

---

9. 명의대여금지를 위반한 건설산업기본법 위반죄의 기수 시기

쟁점

건설업 명의차용자가 공사에 착수한 뒤 7년이 경과되었다. 명의대여자를 처벌할 수 있는가?

판단

공소시효가 완성되었으므로 검찰에서는 불기소처분을 하고, 공소가 제기되면 법원에서는 면소판결을 한다.

건설산업기본법 제21조 소정의 건설업의 명의대여를 금지하는 규정을 위반한 건설사업자는 5년 이하의 징역 또는 5천만원 이하의 벌금에 처하게 된다(제95조의2제2호).

명의대여를 이유로 하는 건설산업기본법위반죄의 공소시효는 7년이고(형사소송법 제249조제1항제4호), 공소시효의 기산점은 범죄행위를 종료한 시점이다(형사소송법 제252조제1항). 공소시효가 완성되면 검사는 공소를 제기하지 않고 공소권없음의 불기소처분을 한다(검찰사건사무규칙 제69조제3항제4호). 공소가 제기되더라도 법원은 면소판결을 하여야 한다(형사소송법 제326조제3호).

그렇다면 명의대여금지를 위반한 건설산업기본법위반죄의 공소시효의 기산점은 언제인가?

대법원 판례는 명의대여자가 명의차용자로 하여금 공사를 수급하게 한 시점 또는 공사에 착수하게 한 시점을 기수 시점으로 본다. 명의대여금지를 위반한 건설산업기본법위반죄는 기수 시기와 범죄의 종료 시점이 일치하는 범죄로서 그 때부터 공소시효가 진행되는 것으로 본다. 명의대여금지를 위반한 건설산업기본법위반죄는 건설공사의 착수시기로부터 기산하여 7년이 경과하면 공소시효가 완성된다.

판례 "건설산업기본법 제96조제4호[3], 제21조에 규정된 '건설업자가 다른 사람에게 자기의 성명 또는 상호를 사용하여 건설공사를 수급 또는 시공하게 하는 행위'는 다른 사람에게 자기의 성명 또는 상호를 사용하여 건설공사를 수급하게 하거나 공사에 착수하게 한 때에 완성되어 기수가 되고 그 후 공사종료시까지는 그 법익침해의 상태가 남아있을 뿐이다.

위와 같은 취지에서 원심이 피고인에 대한 이 사건 공소사실에 대하여 건설공사의 착수시기로부터 기산하여 3년의 공소시효가 완성되었음을 이유로 면소를 선고한 제1심판결을 그대로 유지한 것은 정당하고, 거기에 상고이유의 주장과 같은 공소시효에 관한 법리오해 등의 위법이 없다."(대법원 2007. 4. 12. 선고 2007도883 판결)[4]

판례 "건설공사를 정당하게 수급한 다음 다른 사람에게 자기의 성명 또는 상호를 사용하여 시공만 하게 한 경우에도 명의대여 행위로서 금지되고, 이러한 경우 명의대여 행위는 시공자로 하여금 공사에 착수하게 한 때에 완성되어 같은 법 제96조제4호[5] 위반죄의 기수가 되고 그 후 공사 종료시까지는 그 법익 침해상태가 남아 있을 뿐이라고 할 것이므로, 공사착수 후 실제로 시공행위를 계속 담당한 것이 누구인지는 위 범죄의 성립을 좌우할 사유가 되지 못한다."(대법원 2010. 5. 27. 선고 2009도10778 판결)

3) 현행법으로는 제95조의2제2호.
4) 이 판결 시점에는 공소시효가 3년이었지만, 2007. 12. 21. 형사소송법 개정으로 공소시효가 5년으로 되었고, 2017. 3. 21. 건설산업기본법 개정으로 건설산업기본법 제21조 위반에 대한 벌칙이 강화(5년 이하의 징역) 되면서 현재는 공소시효가 7년이다.
5) 현행법에서는 제95조의2제2호.

10. 명의차용자의 하도급거래에 대한 명의대여자의 책임

쟁점

건설업 명의를 차용한 자를 대리 또는 대행한 자가 명의대여자의 명의로 하도급거래를 한 경우에 명의대여자도 책임을 부담하는가?

판단

명의대여자로서 책임을 져야 한다.

건설업 명의를 차용한 자를 대리 또는 대행한 자가 명의대여자의 명의로 하도급거래를 한 경우에 명의대여자도 책임을 부담하는가?

丙이 건설사업자 乙로부터 건설업등록 명의를 대여 받아 공사를 수주한 뒤 이중 일부를 甲에게 하도급 하였다. 이 경우 명의대여자 乙은 하수급인 甲에게 하도급공사대금을 지급할 의무를 부담하는가?

대법원은 건설업에서는 공정에 따라 하도급거래를 수반하는 것이 일반적이어서 건설업면허를 대여한 것은 명의차용자에게 공사의 일부를 하도급 할 것을 허락하였다고 봄이 상당하므로 면허대여자는 하도급거래에 대하여 명의대여자의 책임을 져야 한다고 본다. 또 명의차용자가 직접 거래행위를 하지 않고 명의차용자의 대리인이 하도급계약을 체결하였더라도 그 행위의 효력은 본인에게 귀속하기 때문에 명의대여자는 책임을 면할 수 없다.

판례 "상법 제24조는 명의를 대여한 자를 영업의 주체로 오인하고 거래한 거래상대방의 이익을 보호하기 위한 규정으로서 이에 따르면 명의대여자는 명의차용자가 영업거래를 수행하는 과정에서 부담하는 채무를 연대하여 변제할 책임이 있다. 그리고 건설업 면허를 대여한 자는 자기의 성명 또는 상호를 사용하여 건설업을 할 것을 허락하였다고 할 것인데, 건설업에서는 공정에 따라 하도급거래를 수반하는 것이 일반적이어서 특별한 사정이 없는 한 건설업 면허를 대여 받은 자가 그 면허를 사용하여 면허를 대여한 자의 명의로 하도급거래를 하는 것도 허락하였다고 봄이 상당하므로, 면허를 대여한 자를 영업의 주체로 오인한 하도급 받은 자에 대하여도 명의대여자로서의 책임을 진다고 할 것이고, 면허를 대여 받은 자를 대리 또는 대행한 자가 면허를 대여한 자의 명의로 하도급거래를 한 경우에도 이와 달리 볼 것은 아니다."(대법원 2008. 10. 23. 선고 2008다46555 판결)

11. 이사의 독단적 명의대여 행위에 대한 회사의 행정책임 여부

쟁점

이사가 명의대여를 한 사실을 뒤늦게 알게 된 회사에 대하여 행정제재를 가할 수 있는가?

판단

회사는 행정처분을 피할 수 없다.

건설업의 명의대여금지 조항을 위반하면 건설업등록의 필요적 말소사유인데(건설산업기본법 제83조제5호), 건설사업자 본인이 아니라 그 직원이 회사 모르게 명의대여를 한 경우에는 어떻게 되는가?

(1) 과실 없는 건설사업자에 대한 형사처벌의 가부

건설사업자가 직원으로 하여금 명의대여를 하지 않도록 감독하여야 할 주의의무를 위반한 과실이 없는 것으로 인정된다면, 양벌규정에 의하여 명의대여를 직접 실행한 행위자를 벌하는 외에 과실이 없는 건설사업자 본인까지도 형사처벌하는 것은 책임주의 원칙에 반하여 위헌이라는 취지의 헌법재판소의 결정(헌법재판소 2009. 7. 30. 선고 2008헌가14 결정)이 있었기 때문에 형사처벌은 받지 않을 것이다.

(2) 뒤늦게 명의대여 사실을 안 회사에 대한 행정제재 가부

이사가 명의를 대여하였다는 사실을 뒤늦게 알게 된 회사에 대하여 행정제재를 가할 수는 있는가?

대법원은 "행정법규 위반에 대하여 가하는 제재조치는 행정목적의 달성을 위하여 행정법규 위반이라는 객관적 사실에 착안하여 가하는 제재이므로 위반자의 의무 해태를 탓할 수 없는 정당한 사유가 있는 등의 특별한 사정이 없는 한 위반자에게 고의나 과실이 없다고 하더라도 부과될 수 있다"는 전제에서 건설사업자가 행정책임을 져야 하는 것으로 판단하였다.

판례 "공사수주나 공사계약의 체결 등에 관한 포괄적 권한을 위임받은 건설회사의 이사가 건설산업기본법 제21조 소정의 건설업등록증 등의 대여금지에 관한 위반행위를 한 경우, 회사가 뒤늦게 그 위반행위를 알았다고 하더라도 그에 대한 행정책임을 져야 한다."(대법원 2003. 9. 2. 선고 2002두5177 판결)는 것이다.

따라서 예컨대, A는 B 회사의 이사 직함을 사용하는 직원으로서 보수를 받았고, 공사수주나 공사계약의 체결 등에 관한 포괄적 권한을 위임받아 평소 B 회사의 인감 등을 가지고 다니면서 직접 B 회사 명의로 계약을 체결하여 왔으며, 나중에는 법인등기부에 B 회사의 이사로 등재되었다. A는 B 회사의 인감 등을 가지고 다님을 기화로 회사 몰래 공사이익금을 C와 반반씩 나누기로 하고 B 회사 명의의 공사관계서류를 위조하여 관할 행정청에 제출하였고, B 회사가 뒤늦게 이러한 사실을 알게 되었다 하더라도, B 회사가 A의 이러한 건설산업기본법 제21조 위반행위를 방지하지 못한 이상 B 회사로서는 A의 행위에 대하여 행정책임을 질 수밖에 없다. 결국 B회사는 건설업등록말소처분을 받을 수밖에 없다.

12. 명의대여자의 채권자가 한 공사대금채권 압류의 효력

쟁점

명의대여자의 채권자가 명의대여자와 도급인 사이의 공사도급계약이 존재하는 것으로 오인하고 한 가압류가 유효한가?

판단

가압류채권자가 명의대여자와 도급인 사이의 공사도급계약서가 허위라는 사실을 모르고 가압류를 하였다면 그 효력을 부정할 수 없다.

명의대여자의 채권자가 명의대여자와 도급인 사이의 공사도급계약이 존재하는 것으로 오인하고 한 가압류의 효력이 유효한가?

乙(수급인)은 丙(도급인)과 사이에 공사대금 3억원 상당의 건축공사 도급계약을 체결하였다. 그러나 乙(수급인)은 종합건설업자로 등록되어 있지 아니하여 건축허가를 받을 수 없자 丙(도급인)의 승낙을 받아 종합건설업자인 丁(명의대여자)을 수급인으로 하는 대금 2억원의 도급계약서를 작성하여 건축허가를 받은 다음 건물의 신축공사를 완공하였다. 그 공사 도중 이 도급계약서가 허위임을 알지 못한 丁(명의대여자)의 채권자인 甲이 이 도급계약서에 근거하여 丁(명의대여자)이 丙(도급인)에 대하여 가지는 공사대금채권을 가압류하였다.

이 경우 丁(명의대여자)과 丙(도급인) 사이의 공사도급계약서의 효력은 어떻게 되는가? 이 사안에서 도급인 丙과 공사도급계약을 체결한 당사자는 명의대여자 丁이 아니라 명의차용자 乙이다. 즉, 실제의 공사도급계약은 도급인 丙과 실제 수급인이자 명의를 빌린 乙 사이에 체결된 것이다.

명의대여자 丁과 도급인 丙 사이에 작성된 계약서는 명목상 작성한 것에 불과하고, 丁과 丙 사이에는 도급계약이 존재하지 않는다. 丁과 丙 사이에 허위로 체결된 도급계약은 통정허위표시에 해당하고, 상대방과 통정한 허위의 의사표시는 무효이다(민법 제108조 제1항). 따라서 丁은 丙에 대하여 어떤 공사대금채권도 갖고 있지 않다.

그렇다면 명의대여자 丁의 채권자가 한 공사대금채권에 대한 가압류도 무효인가? 丁과 丙 사이에는 공사도급계약도 체결된 바 없고, 공사대금채권 자체가 성립한 사실이 없으므로 丁의 채권자는 존재하지도 않는 채권을 가압류한 것이므로 당연히 무효가 아닌가?

통정허위표시의 무효는 선의의 제3자에게 대항할 수 없다(민법 제108조제2항). 따라서 도급인 丙은 가압류권자인 甲에게 이 도급계약서와 달리 건물의 신축공사의 수급인 내지는 그 공사에 의하여 발생된 공사대금채권의 채권자가 명의차용자인 乙이라고 주장할 수 없다.

다만, 가압류의 효력이 미치는 범위는 실제의 공사대금 3억원이 아니고 도급계약서에 기재된 2억원이 한도라는 것이 판례의 태도이다.

판례 "종합건설업자로 등록되어 있지 아니한 수급인이 도급인과 건축도급계약을 체결하면서, 당사자의 합의하에 계약상의 수급인 명의를 종합건설업자로 등록된 사업자로 표시하여 도급계약서를 작성한 후 공사를 시행하였다면, 위 사업자와 도급인 사이에 작성된 계약서에 의한 도급계약은 통정허위표시로서 무효라 할 것이다. 그러나 제3자가 선의로 위 통정허위표시에 의한 도급계약의 공사대금채권을 가압류한 경우 그 가압류권자는 허위표시에 기초하여 가압류 후에 새로운 법률상 이해관계를 가지게 된 선의의 제3자에 해당되어 민법 제108조제2항에 의해, 도급인은 가압류권자에게 그 통정허위표시에 의한 도급계약이 무효임을 주장할 수 없으므로, 수급인이 실제 공사를 이행하였다면 그 공사를 계약명의자인 위 사업자가 이행한 것이 아니라 하여도 도급인은 그 공사대금채권에 대한 가압류의 효력을 부정할 수 없다 할 것이다. 이 때 수급인 명의를 허위로 표시하면서 동시에 공사대금을 실제보다 줄여서 도급계약서를 작성하였다면 그 가압류 전에 수급인이나 위 사업자에게 지급되어 소멸된 부분을 공제한 나머지 공사대금 중 위 도급계약서에 기재된 공사대금액의 한도 안에서 가압류의 효력이 미친다고 봄이 상당하다."(대법원 2009. 7. 23. 선고 2006다45855 판결)

---

13. 명의대여의 경우 계약당사자의 확정

쟁점

건설업등록을 하지 못한 甲이 건설업등록을 한 乙로부터 명의를 빌려 건축주와 도급계약을 체결하고 직접 시공한 경우에 이 도급계약의 당사자를 누구로 보아야 하는가?
명의대여자 乙이 도급인에 대하여 자신이 공사도급계약에 따른 공사대금의 채권자라고 주장하면서 공사대금을 청구할 수 있는가, 아니면 명의차용자로서 실제 공사를 수행한 甲이 공사대금의 채권자인가?

판단

사안에 따라 달라질 수 있다.

(1) 당사자의 확정 방법

행위자가 타인의 이름으로 계약을 체결한 경우 계약당사자의 결정 방법에 관하여 판례는 이렇게 판시한다.

판례 "우선 행위자와 상대방의 의사가 일치한 경우에는 그 일치한 의사대로 행위자 또는 명의인을 계약의 당사자로 확정하여야 할 것이고, 행위자와 상대방의 의사가 일치하지 않는 경우에는 그 계약의 성질·내용·목적·체결경위 등 그 계약체결 전후의 구체적인 제반 사정을 토대로 상대방이 합리적인 사람이라면 행위자와 명의인 중 누구를 계약당사자로 이해할 것인가에 의하여 당사자를 결정하여야 할 것이고, 언제나 그 계약상의 명의인이 계약당사자가 되는 것은 아니라고 할 것이다."(1998. 5. 15. 선고 97다53045 판결)

(2) 명의차용자를 당사자로 인정한 사례

甲이 丙으로부터 건물신축공사를 도급받았으나 종합건설업면허가 없어 그 면허를 가진 乙로부터 명의를 빌려 丙과 사이에 계약서를 작성하고 이를 첨부하여 관할 행정청으로부터 공사허가를 받아 공사를 완료한 사안에서는 甲을 계약당사자로 보았다.

甲이 비록 乙의 명의를 빌리기는 하였으나 스스로 시공하고 공사대금도 자기의 계산으로 하려고 한 것으로서 스스로 계약당사자가 될 의사였다고 할 것이며, 丙으로서도 甲과 乙의 명의대여관계를 알고서 甲과 직접 계약관계를 형성할 의사로써 이 사건 도급계약을 체결한 것으로 봄이 상당하고, 이 사건 도급계약에서는 행위자인 甲과 상대방인 丙 사이에 甲을 계약당사자로 한다는 의사가 일치되었다고 할 것이므로 계약의 당사자는 甲이다(1998. 5. 15. 선고 97다53045 판결).

실제 수급인이 명목상 수급인의 명의로 자재납품계약이나 장비임대차계약을 체결하였고, 그 계약체결 당시 상대방이 그와 같은 사정을 모두 알고 있었던 경우, 공사도급계약의 법률상 수급주체 또는 시공자가 누구인지 여부와 상관없이 자재대금 지급채무나 장비임료 지급채무를 부담하는 자는 실제 수급인이다(대법원 2004. 7. 9. 선고 2004다23554 판결).

(3) 명의대여자를 당사자로 인정한 사례

X는 건축주 Y1으로부터 여관건물 신축공사를 도급받았으나 종합건설업면허가 없어 Z에게 면허대여료를 지급하고 면허를 빌려 공사를 시공하기로 하고 Y1과 사이에 도급계약을 체결하면서 수급인을 Z로 하되, X가 Z로부터 일괄 하도급을 받는 형식을 취하였다. 그 후 건축주가 Y2로 변경되자 Y2와 사이에 작성된 도급계약서에 수급인을 Z로 기재하고 X가 명의변경을 확인하였다. 공사 완공 후 잔대금을 지급받지 못한 X는 Z로 하여금 건축주에게 잔대금을 청구하여 달라거나 Z에게 잔대금의 지급을 요구하고, Y1과 Y2는 공사대금을 Z의 계좌에 입금하여 왔다. X가 직접 Y1이나 Y2로부터 공사대금을 지급받은 사실은 없다.

이 사례에서 대법원은 Y1과 Y2는 Z를 계약의 당사자로 이해하고 도급계약을 체결하였다고 봄이 상당하다고 하였다(대법원 2007. 9. 6. 선고 2007다31990 판결).

CHAPTER 04

현장소장의 법률행위

제4장 현장소장의 법률행위

1. 현장소장의 대리권
2. 현장소장이 체결한 채무보증 계약의 효력
3. 채권의 포기에 대한 현장소장의 권한 여부

1. 현장소장의 대리권

쟁점

현장소장과 하도급계약을 체결한 계약 상대방이 그 현장소장을 고용한 건설회사를 하도급계약의 당사자라고 주장하며 그 계약의 효력을 주장할 수 있는가?

판단

현장소장은 공사의 시공에 관한 부분적 포괄대리권을 가지고 있으므로 그 효력이 회사에 미친다.

(1) 현장소장이 체결한 계약의 효력이 건설회사에 미치는지 여부

건설공사의 경우 현장소장이 하도급계약을 체결하거나 시공에 필요한 자재를 구입하고 장비를 임차하는 경우가 흔히 있다. 이러한 경우 현장소장과 하도급계약을 체결하거나 장비임대차계약을 체결한 계약 상대방이 그 현장소장을 고용한 건설회사를 계약의 당사자라고 주장할 수 있는가?

건설회사가 명시적으로 현장소장에게 하도급계약의 체결이나 자재구입, 또는 장비를 임차할 수 있는 권한을 수여한 경우에는 현장소장이 회사의 대리인으로서 행위한 것이므로 당연히 그 효력이 회사에 미치게 될 것이다.

현장소장에게 명시적으로 대리권을 수여하지 않은 경우에는 어떻게 되는가? 현장소장을 고용하여 공사업무를 수행하고 있는 건설사업자는 현장소장이 책임지고 있는 현장의 공사시공과 관련하여 체결한 하도급계약상의 책임을 져야 한다.

현장소장이 공사시공과 관련하여 한 행위를 현장소장을 고용한 건설회사에서 책임져야 하는 근거는 현장소장이 상법 제15조에서 규정하고 있는 부분적 포괄대리권을 가지고 있는 사용인에 해당하기 때문이다(대법원 1994. 9. 30. 선고 94다20884 판결). 영업의 특정한 종류 또는 특정한 사항에 대한 위임을 받은 사용인은 이에 관한 재판 외의 모든 행위를 할 수 있으며, 대리권에 대한 제한은 선의의 제3자에게 대항하지 못한다(상법 제15조, 제11조제3항[1]).

부분적 포괄대리권을 가진 상업사용인이 특정된 영업이나 특정된 사항에 속하지 않는 행위를 한 경우 영업주는 원칙적으로 책임을 지지 않는다. 부분적 포괄대리권을 가진 상업사용인이 특정된 영업이나 특정된 사항에 속하지 않는 행위를 한 경우 영업주가 책임을 지기 위하여는 민법상의 표현대리의 법리에 의하여 그 상업사용인과 거래한 상대방이 그 상업사용인에게 그 권한이 있다고 믿을 만한 정당한 이유가 있어야 한다(대법원 2006. 6. 15. 선고 2006다13117 판결).

판례 "건설업을 목적으로 하는 건설회사의 업무는 공사의 수주와 공사의 시공이라는 두 가지로 크게 나눌 수 있는데, 건설회사 현장소장은 일반적으로 특정된 건설현장에서 공사의 시공에 관련한 업무만을 담당하는 자이므로 특별한 사정이 없는 한 상법 제14조 소정의 본점 또는 지점의 영업주임 기타 유사한 명칭을 가진 사용인 즉 이른바 표현지배인이라고 할 수는 없고, 단지 상법 제15조 소정의 영업의 특정한 종류 또는 특정한 사항에 대한 위임을 받은 사용인으로서 그 업무에 관하여 부분적 포괄대리권을 가지고 있다고 봄이 상당하다."(대법원 1994. 9. 30. 선고 94다20884 판결)

(2) 건설회사의 책임 범위

건설회사가 책임져야 하는 현장소장의 행위는 어느 범위까지인가? 현장소장이 공사시공과 관련하여 하는 모든 행위이다. 즉 하도급업체의 선정과 계약의 체결, 자재의 구매 등에 대해서는 비록 현장소장이 독단적으로 결정하였더라도 현장소장을 고용한 건설사업자가 책임을 져야 한다.

그러한 행위들은 부분적 포괄대리권을 가진 현장소장의 권한내에 있기 때문이다. 공사의 시공에 관련된 자재, 노무관리 외에 그에 관련된 하도급계약의 체결 및 그 공사대금의 지급, 공사에 투입되는 중기 등의 임대차계약의 체결 및 그 임대료의 지급 등에 관한 모든 행위는 건설공사 현장소장이 가지고 있는 대리권의 범위에 속하는 것이다.

판례 "건설현장의 현장소장의 통상적인 업무의 범위는 그 공사의 시공에 관련한 자재, 노무관리 외에 그에 관련된 하도급계약 계약체결 및 그 공사대금지급, 공사에 투입되는 중기 등의 임대차계약체결 및 그 임대료의 지급 등에 관한 모든 행위이고, 아무리 소규모라 하더라도 그와 관련 없는 새로운 수주활동을 하는 것과 같은 영업활동은 그의 업무범위에 속하지 아니한다."(대법원 1994. 9. 30. 선고 94다20884 판결)

1) **상법 제11조(지배인의 대리권)** ③ 지배인의 대리권에 대한 제한은 선의의 제3자에게 대항하지 못한다.
제15조(부분적 포괄대리권을 가진 사용인) ① 영업의 특정한 종류 또는 특정한 사항에 대한 위임을 받은 사용인은 이에 관한 재판외의 모든 행위를 할 수 있다.
② 제11조제3항의 규정은 전항의 경우에 준용한다.

2. 현장소장이 체결한 채무보증 계약의 효력

쟁점

甲 건설회사의 현장소장 乙은 하도급업체 丙에게 레미콘을 공급하는 丁의 요청으로 丙이 丁에게 부담하는 레미콘대금의 지급을 보증하였다. 그 보증채무의 효력이 甲 건설회사에 미치는가?

판단

甲 건설회사가 현장소장 乙에게 채무보증에 대한 대리권을 부여했다는 등의 사정이 없는 이상 보증책임을 지지 않는다.

(1) 현장소장이 체결한 채무보증 계약의 효력

현장소장이 가지고 있는 부분적 포괄대리권은 공사의 시공에 관련된 업무에 한정되고, 채무보증이나 채무인수와 같은 업무는 일반적으로 그의 대리권에 속하지 않는다. 소멸시효의 중단사유가 되는 채무승인 등과 같은 행위도 마찬가지이다.

판례 "도로공사를 도급받은 회사에서 그 공사의 시공에 관련한 업무를 총괄하는 현장소장의 지휘 아래 노무, 자재, 안전 및 경리업무를 담당하는 관리부서장은 그 업무에 관하여 상법 제15조 소정의 부분적 포괄대리권을 가지고 있다고 할 것이지만, 그 통상적인 업무가 공사의 시공에 관련된 노무, 자재, 안전 및 경리업무에 한정되어 있는 이상 일반적으로 회사의 부담으로 될 채무보증 또는 채무인수 등과 같은 행위를 할 권한이 있다고 볼 수는 없다."(대법원 1999. 5. 28. 선고 98다34515 판결)

(2) 현장소장이 한 채무보증행위의 효력이 인정된 사례

乙은 발주처로부터 도로포장공사를 도급받아 시공하면서 丙에게 배수구조물공사를 하도급하였으며, 丙은 甲에게 위 하도급공사에 필요한 레미콘을 외상으로 납품하여줄 것을 요청하였다.

甲은 납품을 거절하다가 乙의 현장소장의 지휘를 받으면서 노무, 자재, 안전 및 경리업무를 담당하는 관리부서장이 丙의 기성공사대금중에서 甲이 납품하는 레미콘대금을 공제하여 직접 지급해주겠다는 약속을 받고 레미콘을 丙에게 납품하였다.

이 경우 甲은 乙로부터 레미콘대금을 지급받을 수 있는가?

현장소장이나 현장소장의 지휘를 받는 현장 관리부서장은 부분적 포괄대리권을 가지고 있지만, 그 통상적인 업무가 공사의 시공에 관련된 노무, 자재, 안전 및 경리업무에 한정되어 있는 이상 일반적으로 회사의 부담으로 될 채무보증 또는 채무인수 등과 같은 행위를 할 권한이 있다고 볼 수는 없다. 결론적으로 甲은 乙로부터 레미콘대금을 받을 수 없다.

그러나 회사가 현장소장이 한 채무보증행위에 대해 책임을 져야 하는 경우도 있다. 여러 사정에 비춰 현장소장에게 채무보증을 할 권한이 부여되었다고 인정되는 경우에는 현장소장이 한 채무보증의 효력이 회사에 미친다.

더 나아가 표현대리의 법리에 따라 책임을 지는 경우도 있을 수 있을 것이다. "부분적 포괄대리권을 가진 상업사용인이 특정된 영업이나 특정된 사항에 속하지 아니하는 행위를 한 경우, 영업주가 책임을 지기 위하여는 민법상의 표현대리의 법리에 의하여 그 상업사용인과 거래한 상대방이 그 상업사용인에게 그 권한이 있다고 믿을 만한 정당한 이유가 있어야 한다."(대법원 2006. 6. 15. 선고 2006다13117 판결)

판례 "일반적으로 건설회사의 현장소장에게는 회사의 부담으로 될 채무보증 또는 채무인수 등과 같은 행위를 할 권한이 회사로부터 위임되어 있다고 볼 수는 없을 것이지만, 현장소장이 방대한 규모의 공사에 관한 하도급계약과 그 공사에 소요될 장비에 관한 임대차계약의 체결 및 그 대금 등의 지급 등 어느 정도 광범한 권한을 부여받고 있었고, 공사를 함에 있어서도 중기와 같은 장비를 구하기가 어렵고 장비가 투입이 되지 않으면 공사에 큰 지장이 초래될 우려가 있기 때문에 공사에 투입되는 중기를 임차하는 데 보증을 하게 되었으며, 그 보증의 내용도 그 공사의 일부를 하도급받은 중기임차인에게 지급할 공사대금 중에서 중기 임대료 등에 해당하는 만큼을 중기임대인에게 직접 지급하겠다는 것이어서 회사로서는 공사대금 중에서 중기임대료 등에 해당하는 만큼을 직접 중기임대인에게 지급하면 그에 상당하는 하도급 공사대금채무를 면하게 되고 그 보증행위로 인하여 별다른 금전적 손해를 입는 것도 아니었다면, 다른 특별한 사정이 없는 한 회사로서는 현장소장에게 위와 같은 보증행위를 스스로 할 수 있는 권한까지 위임하였다고 봄이 상당하고, 설사 그러한 권한이 위임되어 있지 않다고 하더라도 위 보증행위의 상대방으로서는 이러한 권한이 있다고 믿은 데 정당한 이유가 있다고 보아야 한다."(대법원 1994. 9. 30. 선고 94다20884 판결)

---

3. 채권의 포기에 대한 현장소장의 권한 여부

쟁점

도급인 甲과 수급인 乙은 운반거리의 변경과 같은 계약내용의 변경이 있는 경우 계약금액을 조정하기로 하였는데, 토취장의 변경으로 운반거리가 늘어나 계약금액 증액 사유가 발생하였다. 乙이 계약금액의 증액을 청구하자 甲은 乙의 현장소장 丙이 계약금액증액청구권을 포기하였다고 주장한다. 그 효력은?

판단

특단의 사정이 없는 이상 현장소장 丙에게 채권을 포기할 권한이 있다고 볼 수 없다.

상법 제15조 소정의 부분적 포괄대리권을 가지고 있는 건설회사의 현장소장의 통상적인 업무의 범위는 "그 공사의 시공에 관련한 자재, 노무관리 외에 그에 관련된 하도급계약 계약체결 및 그 공사대금지급, 공사에 투입되는 중기 등의 임대차계약체결 및 그 임대료의 지급 등에 관한 모든 행위이고, 아무리 소규모라 하더라도 그와 관련 없는 새로운 수주활동을 하는 것과 같은 영업활동은 그의 업무범위에 속하지 아니한다."(대법원 1994. 9. 30. 선고 94다20884 판결)

따라서 특별한 사정이 없는 한 현장소장이 채무보증이나 채무인수를 할 권한은 없다. 마찬가지로 건설회사 현장소장은 일반적으로 특정된 건설현장에서 공사의 시공과 관련된 업무만을 담당하는 자이어서 특별한 사정이 없는 한 회사가 공사와 관련하여 거래상대방에 대하여 취득한 채권을 대가 없이 일방적으로 포기할 권한이 회사로부터 위임되어 있다고 볼 수 없다(대법원 2013. 02. 28. 선고 2011다79838 판결).

CHAPTER 5

선급금과 기성고

제5장 선급금과 기성고

1. 선급금의 법적 성격

쟁점

선급금을 수령한 수급인이 지정된 용도 이외의 목적에 선급금을 사용하는 경우 횡령죄가 성립하는가?

판단

수급인이 수령한 선급금의 처분권한이 수급인에게 있는 이상 다른 용도에 사용하였다고 하더라도 횡령죄가 성립한다고 볼 수는 없다.

(1) 선급금의 성격

건설공사와 관련하여 수수되는 선급금은 막대한 자금이 필요한 건설공사계약에서 자금력이 부족한 수급인으로 하여금 자재비와 노임을 선지급하여 원활한 공사진행이 가능할 수 있도록 도급인이 수급인에게 미리 지급하는 공사대금을 말한다(대법원 2002. 9. 4. 선고 2001다1386 판결).

선급금은 공사대금의 일부이므로 하도급법 제17조제1항[1] 소정의 하도급대금에 해당한다(대법원 2003. 5. 16. 선고 2001다27470 판결).

선급금은 도급인이 수급인에게 미리 지급하는 공사대금의 일부로서 구체적인 기성고와 관련하여 지급하는 것이 아니라 전체 공사와 관련하여 지급하는 것이다(대법원 1999. 12. 7. 선고 99다55519 판결).

도급인이 선급금을 지급할 법적 의무가 있는 것은 아니고, 당사자의 약정에 의하여 지급된다. 국가공사의 경우에는 국고금관리법 제26조와 같은 법 시행령 제40조에서 공사계약금액의 100분의 70을 초과하지 아니하는 금액은 선금으로 지급할 수 있다고 규정하고 있다.

1) **하도급법 제17조** ① 원사업자는 수급사업자의 의사에 반하여 하도급대금을 물품으로 지급하여서는 아니 된다.

선급금의 지급에 관한 구체적인 내용은 '정부입찰 · 계약집행기준'(기획재정부 계약예규 제446호, 2019. 6. 1, 일부개정) 제12장에 규정되어 있다. 선금은 계약목적달성을 위한 용도, 수급인의 하수급인에 대한 선금배분 이외의 다른 목적에 사용할 수 없으며, 노임지급(공사계약은 제외) 및 자재확보에 우선 사용해야 한다(제36조). 선금지급조건을 위배한 경우 미정산 선금을 전액 반환해야 한다(제38조).

지방자치단체가 발주한 공사에서 선금을 지급하는 문제에 관해서는 지방회계법 제35조, 같은 법 시행령 제44조, 지방자치단체 입찰 및 계약집행기준(행정안전부예규 제47호) 제6장 선금 및 대가지급요령에 같은 취지의 규정이 있다.

민간공사에 관해서는 민간건설공사 표준도급계약서(국토교통부 고시 제2019-220호) 일반조건 제11조에 같은 내용이 기재되어 있다.

도급인은 수급인에게 선급금을 지급할 의무가 있는 것은 아니지만 원수급인이 도급인으로부터 선급금을 지급받았을 때에는 그 내용과 비율에 따라 하수급인에게 선급금을 지급하여야 한다(건설산업기본법 제34조4항). 원사업자 역시 수급사업자에게 선급금을 지급할 의무가 있는 것은 아니지만 발주자로부터 선급금을 지급받은 경우에는 그가 받은 선급금의 내용과 비율에 따라 선급금을 받은 날부터 15일 이내에 선급금을 수급사업자에게 지급하여야 한다(하도급법 제6조).

(2) 선급금의 목적 외 사용과 횡령죄의 성립여부

선금은 계약목적달성을 위한 용도, 수급인의 하수급인에 대한 선금배분 이외의 다른 목적에 사용할 수 없는데, 선급금을 수령한 수급인이 지정 용도 이외의 목적에 사용하는 경우 횡령죄가 성립하는가?

대법원은 일관되게 용도를 특정하여 위탁받은 금전을 임의소비하면 횡령죄가 성립한다고 인정하고 있다(대법원 1990. 12. 3. 선고 89도904 판결). 그렇지만 선급금의 용도를 당사자의 약정에 의해 제한하였다고 하더라도 수급인이 수령한 선급금의 처분권한이 수급인에게 있는 이상 이를 다른 용도에 사용하였다고 하더라도 횡령죄가 성립한다고 볼 수는 없을 것이다. 선급금을 지정 용도에 사용하지 않고 유용하였다는 이유로 횡령죄의 성립을 긍정한 판례(수원지방법원 2011. 11. 23. 선고 2011고합103 판결)도 있지만, 서울고등법원에서는 횡령죄를 인정하지 않았다(서울고등법원 2012. 3. 30. 선고 2011노3485 판결). 위 서울고등법원 판결은 대법원에서 상고기각으로 그대로 확정되었다(대법원 2012. 8. 30. 선고 2012도4227 판결).

2. 선급금의 정산방법

쟁점

선급금은 어떻게 정산하는가?

판단

당사자의 합의가 우선이지만, 일반적으로 기성고 비율에 따라 안분정산한다.

선급금은 공사대금을 미리 지급하는 것이기 때문에 선급금의 정산방법이 자주 문제된다.

선금을 수급인이 지급받을 기성대가의 최초분부터 전액 우선 충당하는 것으로 하게 되면 선금을 지급하는 취지가 무색해지게 된다.

정산방법에 관한 당사자의 특약이 있다면 당연히 그에 따라야 할 것이지만, 통상 도급인은 기성고 확정 당시의 전체 선급금액에서 기성고의 비율에 해당하는 선급금을 공제함으로써 공사대금의 지급에 갈음하고 수급인에게 선급금 공제액을 제외한 나머지 기성금만을 현실로 지급하는 방법이 많이 쓰인다.

정부공사에서는 선금은 기성부분 또는 기납부분의 대가 지급시마다 선금액×{기성(또는 기납)부분의 대가 상당액/계약금액} 방식에 의하여 산출한 선금정산액 이상을 정산하여야 한다(정부입찰 · 계약집행기준 제37조).

민간건설공사 표준도급계약서 일반조건 제11조제4항에서는 "선금은 기성부분에 대한 대가를 지급할 때마다 〈선금액×기성부분의 대가/계약금액〉의 방식으로 산출한 금액을 정산한다"고 정하여 마찬가지 방법으로 정산하도록 하고 있다.

판례도 선급금의 정산방법에 관하여 당사자 사이에 특약이 없는 경우에는 선급금을 지급한 취지에 맞게 기성고에 따라 안분정산해야 한다는 입장이다.

판례 "공사도급계약에서 지급되는 선금은 자금 사정이 좋지 않은 수급인으로 하여금 자재 확보, 노임 지급 등에 어려움이 없이 공사를 원활하게 진행할 수 있도록 하기 위하여, 도급인이 장차 지급할 공사대금을 수급인에게 미리 지급하여 주는 선급공사대금이라고 할 것인데, 만약 선금을 수급인이 지급받을 기성고 해당 중도금 중 최초분부터 전액 우선 충당하게 되면 위와 같은 선금 지급의 목적을 달성할 수 없는 점을 감안하면, 선금이 지급된 경우에는 특별한 사정이 없는 한 기성 부분 대가 지급시마다 계약금액에 대한 기성 부분 대가 상당액의 비율에 따라 안분 정산하여 그 금액 상당을 선금 중 일부로 충당하고 나머지 공사대금을 지급받도록 함이 상당하다."(대법원 2002. 9. 4. 선고 2001다1386 판결)

3. 계약해제와 선급금의 처리

쟁점

공사도급계약이 해제된 경우 도급인이 별도로 상계의 의사표시를 하여야만 정산되지 않고 남은 선급금이 미지급 공사대금에 충당되는가?

판단

도급인이 특별히 상계의 의사표시를 하지 않더라도 남은 선급금은 미지급 공사대금에 당연 충당된다.

선급금 정산방법이 특히 문제되는 것은 공사가 중도에 해제 또는 해지된 경우이다.

공사가 중도에 해제된 경우 정산되지 않고 남은 선급금이 있고 미지급 공사대금이 있을 때 이 미정산 선급금의 처리가 문제인데, 도급인이 별도의 의사표시를 해야 이 미정산 선급금을 미지급 공사대금에 충당할 수 있는가?

이렇게 새기게 되면 하수급인이나 수급인의 채권자는 도급인이 상계의 의사표시를 하기 전에 수급인이 도급인에 대하여 가지고 있는 공사대금채권을 압류 또는 가압류하여 자기 채권의 만족을 꾀할 수 있다.

반면 별도의 의사표시가 없더라도 미정산 선급금이 당연히 미지급공사대금에 충당된다고 해석하면 도급인은 미지급 공사대금에서 미정산 선급금액을 공제한 차액만 수급인에게 지급할 의무를 부담하게 된다.

판례는 도급인이 특별히 상계의 의사표시를 하지 않더라도 미정산 선급금은 당연히 미지급공사대금에 충당된다는 입장이다.

판례 "선급금을 지급한 후 도급계약이 해제 또는 해지되거나 선급금 지급조건을 위반하는 등의 사유로 수급인이 도중에 선급금을 반환하여야 할 사유가 발생하였다면, 특별한 사정이 없는 한 별도의 상계의 의사표시 없이도 그 때까지의 기성고에 해당하는 공사대금 중 미지급액은 당연히 선급금으로 충당되고 도급인은 나머지 공사대금이 있는 경우 그 금액에 한하여 지급할 의무를 부담하게 된다."(대법원 1999. 12. 7. 선고 99다55519 판결).

판례 "공사도급계약에 따라 주고받는 선급금은 일반적으로 구체적인 기성고와 관련하여 지급되는 것이 아니라 전체 공사와 관련하여 지급되는 공사대금의 일부이다. 도급인이 선급금을 지급한 후 도급계약이 해제되거나 해지된 경우에는 특별한 사정이 없는 한 별도의 상계 의사표시 없이 그때까지 기성고에 해당하는 공사대금 중 미지급액은 당연히 선급금으로 충당되고 공사대금이 남아 있으면 도급인은 그 금액에 한하여 지급의무가 있다. 거꾸로 선급금이 미지급 공사대금에 충당되고 남는다면 수급인이 남은 선급금을 반환할 의무가 있다."(대법원 2017. 1. 12. 선고 2014다11574, 11581 판결)

이때 선급금의 충당 대상이 되는 기성공사대금의 내역을 어떻게 정할 것인지는 도급계약 당사자의 약정에 따라야 한다(대법원 2004. 11. 26. 선고 2002다68362 판결).

4. 선급금반환채무의 소멸 여부

쟁점

미정산 선급금반환채권과 공사대금채권은 별도의 의사표시가 없더라도 당연히 상계되는가?

판단

상계의 의사표시가 없다면 당연히 상계되지 않는다.

(1) 선급금 반환채무

정부입찰 · 계약집행기준 제38조제1항은 계약담당공무원으로 하여금 선금을 지급한 후 ① 계약을 해제 또는 해지하는 경우, ② 선급지급조건을 위배한 경우, ③ 정당한 사유 없이 선금 수령일로부터 15일 이내에 하수급인에게 선금을 배분하지 않은 경우, ④ 계약변경으로 인해 계약금액이 감액되었을 경우에는 해당 선금잔액에 대해서 계약상대자에게 지체 없이 그 반환을 청구하여야 하되, 계약상대자의 귀책사유에 의하여 반환하는 경우에는 해당 선금잔액에 대한 약정이자상당액을 가산하여 청구하여야 한다고 규정하고 있다.

계약이 해제 또는 해지되는 때에 정산되지 않고 남은 선급금이 있는 경우에는 별도의 상계의 의사표시가 없더라도 미지급 공사대금에 당연히 충당되는데, 미지급 공사대금에 충당하고도 남는 선급금액이 있다면 도급인에게 반환되어야 한다.

(2) 관련사례

甲과 乙은 출자지분율을 각 50%로 한 공동수급체를 구성하여 도급받은 공사를 乙이 주관사가 되어 선급금을 지급받고 진행하다가 乙이 공사를 포기하고 탈퇴하였다. 이에 甲과 도급인 丙은 甲이 잔여공사를 시행하기로 약정하면서 乙의 丙에 대한 미정산선급금반환채무를 1억원으로 확인하고 甲이 위 채무를 승계하였다.

丙은 잔여 공사대금에서 미정산선급금 1억원을 공제한 나머지만을 甲에게 지급하여도 되는가? 丙에 대한 乙의 공사대금채권이 있는 경우 미정산선급금 1억원은 丙의 乙에 대한 미지급공사대금에 당연 충당되어 소멸되므로 丙이 甲의 잔여 공사대금에서 다시 공제할 수 없는가?

선급금의 충당 대상이 되는 기성공사대금의 내역을 어떻게 정할 것인지는 하도급계약 당사자의 약정에 따라야 한다.

그와 같이 정산하고 남은 선급금을 수급인이 도급인에게 반환하여야 할 채무는 선급금 그 자체와는 성질을 달리하는 것이다.

사례에서 甲과 丙이 乙의 丙에 대한 미정산선급금을 1억원으로 확정하고 그 반환채무를 甲이 승계하였다면, 丙의 甲에 대한 그 미정산선급금 반환채권과 甲의 丙에 대한 공사대금채권이 서로 상계적상에 있는 경우에 이를 상계, 공제하는 등으로 별도의 정산을 거쳐야 비로소 甲의 위 미정산선급금 반환채무가 소멸되고, 위 미정산선급금이 乙의 미수령공사대금에 당연 충당되는 것으로는 볼 수 없다. 따라서 丙은 잔여 공사대금에서 미정산선급금 1억원을 공제한 나머지만을 甲에게 지급하여도 된다(대법원 2010. 07. 08. 선고 2010다9597 판결).

선급금 반환의무는 수급인의 채무불이행에 따른 계약해제로 인하여 발생하는 원상회복의무의 일종이다(대법원 2012. 05. 24. 선고 2011다109586 판결).

5. 공동수급체의 경우 선급금반환에 충당되는 공사대금의 범위

쟁점

공동수급체의 일부 구성원이 선급금을 반환하지 않을 경우 다른 구성원이 지급받을 공사대금에서 공제할 수 있는가?

판단

선급금반환에 충당되는 공사대금은 해당 구성원의 지분 상당에 한정된다.

정부나 지방자치단체가 공동수급체에게 공사를 도급하고 선급금을 지급하였다가 선급금 반환사유가 발생하였는데 일부 구성원이 선급금을 반환하지 않는 경우에, 선급금의 반환에 충당되는 공사대금은 공동수급체의 공사대금 전부인가, 아니면 공사대금 중 해당 구성원의 지분비율에 해당하는 부분에 한정되는가?

이 경우는 해당 구성원의 지분비율에 해당하는 부분에 한정된다는 것이 대법원의 판례이다. 공동이행방식 공동수급체라 하더라도 선급금반환채무에 대하여 연대책임을 부담하지 않는 것과 같은 맥락이다.

판례 "정부나 지방자치단체의 공사도급계약에 있어서는 선급금과 공사대금은 각 구성원별로 따로 따로 정산되는 것으로 보이고, 이에 따라 공동수급체의 구성원은 다른 구성원이 반환하여야 할 선급금에 대하여 아무런 책임을 부담하지 아니하고, 다른 구성원의 지분비율에 해당하는 공사대금의 지급을 구할 아무런 권리가 없다 할 것이므로, 기성공사대금을 가지고 선급금을 반환하여야 할 구성원의 선급금을 충당함에 있어서는 그 공사대금 중 해당 구성원의 지분비율에 해당하는 금액에만 충당되는 것으로 볼 것이지 이와 달리 다른 구성원의 몫까지 포함한 총 공사대금에서 충당할 수 있는 것은 아니다"(대법원 2001. 7. 13. 선고 99다68584 판결).

6. 선급금 반환과 하도급대금 직접지급청구권의 관계

쟁점

하도급 직불 사유가 발생한 경우에도 미정산 선급금은 미지급 공사대금에 당연 충당되는가?

판단

미정산 선금은 별도의 상계의 의사표시가 없더라도 미지급 공사대금에 당연 충당되는 것이 원칙지만, 하도급대금에 우선 충당하기로 하는 특약이 있는 경우도 있다.

(1) 미지급공사대금에 당연 충당

수급인의 부도나 파산과 같은 사유로 계약이 해제 또는 해지되어 선급금을 정산할 사유가 생긴 경우에는 동시에 도급인이 하수급에게 하도급대금을 직접 지급하여야 하는 사유에 해당할 수도 있다.

이렇게 선급금을 정산할 사유와 하도급대금 직불 사유가 동시에 발생하였을 경우 그 우선순위는 어떻게 되는가?

선급금을 정산할 사유가 생긴 경우에 미정산 선급금은 별도의 상계의 의사표시가 없더라도 당연히 미지급 공사대금에 충당되고, 도급인은 미정산 선급금으로 충당되지 않는 공사대금만을 수급인에게 지급할 의무가 있으므로, 도급인은 그 범위에서만 하수급인에게 직접 지급하면 된다는 것이 판례의 태도이다.

대법원은 공사도급계약에서 수수되는 선급금이 선급 공사대금의 성질을 갖는 점에 비추어 선급금을 지급한 후 계약이 해제 또는 해지되는 등의 사유로 중도에 선급금을 반환하게 된 경우에는, 선급금은 별도의 상계 의사표시 없이 그때까지의 기성고에 해당하는 공사대금에 당연히 충당된다고 본다. 그래서 기지급된 선급금이 기성공사대금에 미치지 못하면 그 차액만 지급하면 되고, 거꾸로 선급금이 미지급 공사대금에 충당되고 남는다면 그 남은 선급금을 반환받으면 된다는 것이다.

판례 "선금을 지급한 후 계약이 해제 또는 해지되거나 선금급 조건을 위반하는 등의 사유로 중도에 선금을 반환하게 되었다면 선금이 공사대금의 일부로 지급된 것인 이상, 하도급을 주었는지 여부를 불문하고 선금은 별도의 상계 의사표시 없이 그 때까지의 기성고에 해당하는 공사대금에 당연 충당되고 그래도 공사대금이 남는다면 그 금액만을 지급하면 되는 것이고, 거꾸로 선금이 미지급 공사대금에 충당되고 남는다면 그 남은 선금에 관하여 도급인이 반환채권을 가지게 된다고 보는 것이 선금급의 성질에 비추어 타당하고, 하도급대금 직불에 관한 조항이 하수급인이 시공한 부분에 상당하는 금액에 대하여 계약자가 하수급인에게 대가 지급을 의뢰한 것으로 보아 당해 수급인에게 직접 지급하여야 한다고 규정하고 있는 것은 선금급으로써 기성고에 대한 공사대금에 충당하고 남은 공사대금이 있을 경우에 그 중 하도급대금을 하수급인에게 직접 지급하여야 함을 규정한 것으로 봄이 타당하다."(대법원 1997. 12. 12. 선고 97다5060 판결)

대법원은 미정산 선급금 충당에 관하여 별다른 약정을 두고 있지 않은 경우에는 '선급금의 기성공사대금 당연충당의 원칙이 하도급대금 직접지급조항에 우선한다'는 것을 명확히 확인하고 있다.

또한, 수급인이 일부공사를 하도급한 경우에 하수급인은 수급인의 이행보조자에 불과하므로 수급인의 기성공사금액에는 그 이행보조자인 하수급인의 기성공사부분이 당연히 포함된다. 따라서 선급금을 지급한 후 계약의 해제 또는 해지 등의 사유가 발생한 경우에는 하수급인의 기성공사부분에 대한 공사대금도 포함한 수급인의 기성고를 선급금에서 공제하여야 하고, 그래도 남는 공사대금이 있는 경우에 한하여 하도급대금을 하수급인에게 직접 지급하여야 한다고 보아야 할 것이다.

판례 "건설산업기본법 제35조제1항, 하도급법 제14조제1항 등에서 하도급대금의 직접지급에 관하여 규정을 두고 있는 것은 수급인이 파산하거나 그 외 사유로 하도급업자들에게 하도급대금을 지급하지 않거나 지급할 수 없는 사유가 생길 경우 약자의 지위에 있는 하도급업자들을 보호하고 공사 수행에 대한 대가를 실질적으로 보장하기 위함에 그 취지와 목적이 있는 것일 뿐이지 도급인과 하수급인과의 직접적인 도급계약 관계의 설정을 전제로 한 것은 아니므로, 결국 하수급인이 시공한 부분은 수급인의 기성고로 볼 수밖에 없다. 또한, 하수급인은 수급인의 이행보조자에 불과하므로 수급인의 기성공사금액에는 그 이행보조자인 하수급인의 기성공사부분이 당연히 포함된다고 보아야 한다. 따라서 선급금을 지급한 후 계약의 해제 또는 해지 등의 사유가 발생한 경우에는 하수급인의 기성공사부분에 대한 공사대금도 포함한 수급인의 기성고를 선급금에서 공제하여야 하고, 그래도 남는 공사대금이 있는 경우에 한하여 하도급대금을 하수급인에게 직접 지급하여야 한다."(대법원 2007. 9. 20. 선고 2007다40109 판결)

(2) 선급금 충당에 관한 별도의 약정이 존재하는 경우

대법원은 "선급금을 지급한 후 계약이 해제 또는 해지되는 등의 사유로 수급인이 도중에 선급금을 반환하여야 할 사유가 발생하였다면 특별한 사정이 없는 한 별도의 상계 의사표시 없이도 그 때까지의 기성고에 해당하는 공사대금 중 미지급액은 선급금으로 충당되고 도급인은 나머지 공사대금이 있는 경우 그 금액에 한하여 지급할 의무를 부담하게 되지만, 이때 선급금의 충당 대상이 되는 기성공사대금의 내역을 어떻게 정할 것인지는 도급계약 당사자의 약정에 따라야 한다."(대법원 2004. 11. 26. 선고 2002다68362 판결)고 판시하고 있다.

또한 대법원은 "도급인이 하수급인에게 하도급대금을 직접 지급하는 사유가 발생한 경우에 이에 해당하는 금원을 선급금 충당의 대상이 되는 기성공사대금의 내역에서 제외하기로 하는 예외적 정산약정을 한 때에는 도급인은 미정산 선급금이 기성공사대금에 충당되었음을 이유로 하수급인에게 부담하는 하도급대금 지급의무를 면할 수 없을 것이나, 이러한 정산약정 역시 특별한 사정이 없는 한 도급인에게 도급대금채무를 넘는 새로운 부담을 지우지 않는 범위 내에서 하수급인을 수급인에 우선하여 보호하려는 약정이라고 보아야 하므로, 도급인이 하도급대금을 직접 지급하는 사유가 발생하기 전에 선급금이 기성공사대금에 충당되어 도급대금채무가 모두 소멸한 경우에는 도급인은 더 이상 하수급인에 대한 하도급대금 지급의무를 부담하지 않게 된다"(대법원 2014. 1. 23. 선고 2013다214437 판결)고 하였다.

(3) 관급공사의 경우

정부입찰 · 계약집행기준(기획재정부 계약예규 제446호, 2019. 6. 1., 일부개정) 제38조제4항은 선금반환을 청구할 때 기성부분에 대한 미지급액이 있는 경우에는 선금잔액을 그 미지급액에 우선적으로 충당하여야 하지만, 건설산업기본법 및 하도급법에 의하여 하도급대금 지급보증이 되어 있지 않은 경우로서 계약예규 공사계약일반조건 제43조제1항의 규정에 의하여 하도급대가를 직접 지급하는 때에는 우선적으로 하도급대가를 지급한 후 기성부분에 대한 미지급액의 잔액이 있을 경우 선금잔액과 상계할 수 있다고 규정하고 있다. 공사계약일반조건(기획재정부계약예규 제441호, 2019. 6. 1., 일부개정) 제44조제6항 단서도 같은 내용을 규정하고 있다.

공사계약일반조건 제43조제1항의 하도급대금의 직접 지급사유는 ① 하수급인이 계약상대자를 상대로 하여 받은 판결로서 그가 시공한 부분에 대한 하도급대금지급을 명하는 확정판결이 있는 경우, ② 계약상대자가 파산, 부도, 영업정지 및 면허취소 등으로 하도급대금을 하수급인에게 지급할 수 없게 된 경우, ③ 하도급대금 지급보증서를 제출하여야 할 대상 중 그 지급보증서를 제출하지 않은 경우이다.

정부입찰 · 계약집행기준은 위 3가지 하도급대금 직접지급 사유가 있는 때에는 남은 선금으로 미지급 기성대가와 상계하기에 앞서 하도급대가를 먼저 지급한 뒤 그래도 미지급 기성대가가 있다면 선금 잔액과 상계하라는 취지인 것이다. 지방자치단체 입찰 및 계약집행기준에도 똑같은 규정이 있다.

대법원은 이를 '미정산 선급금 충당의 예외적 정산약정'으로 보아 당연충당의 법리에 대한 예외를 인정하고 있다. 따라서 관급공사에서 도급인이 하도급대금을 직접 지급해야 할 사유가 발생한 경우에는 이에 해당하는 금원은 선급금 충당의 대상이 되는 기성공사대금의 내역에서 제외하기로 하는 예외적 정산약정을 한 것으로 보아야 하고, 하도급법 제14조에 의하여 하수급인에게 하도급대금을 직접 지급할 사유가 인정되는 범위 안에서는 도급인으로 하여금 미정산 선급금이 기성공사대금에 충당되었음을 이유로 하수급인에게 부담하는 하도급대금 지급의무를 면할 수 없다(대법원 2010. 5. 13. 선고 2007다31211 판결).

7. 노임의 직불과 선급금 정산

쟁점

하수급인의 파산으로 하수급인의 근로자가 임금을 지급받지 못하는 경우 미정산 선급금은 별도의 상계의 의사표시가 없더라도 미지급공사대금에 당연 충당되는가?

판단

미정산 선급금은 미지급 공사대금에 당연 충당되지만, 다른 약정이 있다면 그에 따라야 한다.

(1) 공사도급에 있어서의 임금의 특례

근로기준법 제44조의3제1항은 공사도급이 이루어진 경우로서 다음 각 호의 어느 하나에 해당하는 때에는 직상수급인은 하수급인에게 지급하여야 하는 하도급 대금 채무의 부담 범위에서 그 하수급인이 사용한 근로자가 청구하면 하수급인이 지급하여야 하는 임금(해당 건설공사에서 발생한 임금으로 한정한다)에 해당하는 금액을 근로자에게 직접 지급하여야 한다고 규정하고 있다.

1. 직상 수급인이 하수급인을 대신하여 하수급인이 사용한 근로자에게 지급하여야 하는 임금을 직접 지급할 수 있다는 뜻과 그 지급방법 및 절차에 관하여 직상 수급인과 하수급인이 합의한 경우

2. 「민사집행법」 제56조제3호에 따른 확정된 지급명령, 하수급인의 근로자에게 하수급인에 대하여 임금채권이 있음을 증명하는 같은 법 제56조제4호에 따른 집행증서, 「소액사건심판법」 제5조의7에 따라 확정된 이행권고결정, 그 밖에 이에 준하는 집행권원이 있는 경우

3. 하수급인이 그가 사용한 근로자에 대하여 지급하여야 할 임금채무가 있음을 직상 수급인에게 알려주고, 직상 수급인이 파산 등의 사유로 하수급인이 임금을 지급할 수 없는 명백한 사유

가 있다고 인정하는 경우

근로기준법 제44조의3제3항은 직상 수급인이 하수급인이 사용한 근로자에게 임금에 해당하는 금액을 지급한 경우에는 하수급인에 대한 하도급대금 채무는 그 범위에서 각 소멸한 것으로 본다고 규정하고 있다.

이와 같이 근로기준법은 직상 수급인에게 하도급 대금 채무를 넘는 새로운 부담을 지우지 않는 범위 내에서 일정한 경우 하수급인이 사용한 근로자에게 임금에 해당하는 금액에 대한 직접지급의무를 부담하게 함으로써 건설공사에서의 하수급인 근로자를 하수급인 및 그 일반채권자에 우선하여 보호하고자 하는 것이다.

(2) 노임의 직불과 선급금의 정산

한편, 공사도급계약에서 수수되는 선급금은 자금 사정이 좋지 않은 수급인으로 하여금 자재 확보 · 노임 지급 등에 어려움이 없이 공사를 원활하게 진행할 수 있도록 하기 위하여 도급인이 장차 지급할 공사대금을 수급인에게 미리 지급하여 주는 것으로서 구체적인 기성고와 관련하여 지급된 공사대금이 아니라 전체 공사와 관련하여 미리 지급된 공사대금이다.

선급금을 지급한 후 계약이 해제 또는 해지되는 등의 사유로 수급인이 도중에 선급금을 반환하여야 할 사유가 발생하면, 특별한 사정이 없는 한 별도의 상계 의사표시 없이도 그때까지의 기성고에 해당하는 공사대금 중 미지급액은 선급금으로 충당되고 도급인은 나머지 공사대금이 있는 경우 그 금액에 한하여 지급할 의무를 부담한다(대법원 1999. 12. 7. 선고 99다55519 판결). 그리고 이때 선급금의 충당 대상이 되는 기성공사대금의 내역을 어떻게 정할 것인지는 하도급계약 당사자의 약정에 따라야 할 것이다(대법원 2010. 5. 13. 선고 2007다31211 판결).

그렇다면 하수급인의 파산 등의 사유가 발생하였을 때 정산되지 않고 남은 선급금은 별도의 상계의 의사표시가 없더라도 하수급인의 미지급 공사대금에 당연 충당되는가, 아니면 근로자의 임금이 우선하는가?

근로기준법 제44조의3 규정만으로 당연히 근로자의 임금이 우선한다고 단정할 수는 없다.

하도급계약에서 하수급인의 부도나 회사정리절차개시신청 등이 제기되는 경우에는 하도급대금 중 노임(또는 노무비)의 지급을 유보하고, 하수급인이 고용한 근로자에 대한 노임을 직접 지급한다는 특약이 있는 경우에는 직상 수급인이 하수급인이 사용한 근로자에 대한 노임을 직접 지급하는 사유가 발생한 경우에는 그에 해당하는 금원은 선급금 충당의 대상이 되는 기성공사대금의 내역에서 제외하기로 하는 약정을 한 것으로 보아야 한다.

요컨대, 직상 수급인이 하수급인의 부도 등으로 하도급공사가 불가능하게 되자 하도급계약을 해지하고 선급금을 정산할 사유가 발생한 경우라도 하도급계약에 직상수급인이 하수급인의 근로자들에게 직불한 체불노임은 선급금의 충당 대상이 되는 기성공사대금에서 제외된다(대법원 2013. 8. 22. 선고 2012다94278 판결[2]).

2) 甲 주식회사가 하수급인 乙 주식회사의 부도 등으로 하도급공사가 불가능하게 되자 하도급계약을 해지하고 선급금 보증서를 발급해 준 전문건설공제조합을 상대로 미정산 선급금의 지급을 구한 사안에서, 공제조합은 하도급계약의 해지 시점을 기준으로 미정산 선급금에서 미지급 기성금 등을 충당한 나머지 선급금을 지급할 의무가 있는데, 다만 하도급계약에 편입된 '공사계약 특수조건(OO건설의 귀책사유로 이 계약이 해제 또는 해지되어 공사대금을 정산한 결과, 甲가 주식회사가 OO건설에게 지급하여야 할 기성금액이 있을 때에는 그 기성금액 중 노무비를 제외한 잔여 금액은 甲 주식회사가 OO건설에 대하여 가지는 선급금반환청구채권, 계약이행보증금채권, 기타 금전채권과 대등액에서 상계할 수 있다)'의 규정에 따라 甲 회사가 乙 회사의 근로자들에게 직불한 체불노임은 선급금의 충당 대상이 되는 기성공사대금에서 제외된다고 한 사례이다.

8. 선급금반환채무에 대한 연대보증인의 보증책임 여부

쟁점

수급인의 연대보증인은 수급인의 선급금반환채무에 대하여도 보증책임을 부담하는가?

판단

민간건설공사의 연대보증인은 선급금반환채무에 대하여 보증책임을 부담한다.

(1) 관급공사

관급 공사도급계약에서 수급인의 계약이행의무를 연대보증한 보증인[3]은 선급금 반환채무에 대해서 보증인으로서 책임을 져야 하는가? 보증인의 보증책임의 범위는 구체적인 보증계약의 내용에 따라 결론이 달라질 수 있겠지만, 국가계약법이나 지방계약법이 적용되는 경우는 어떤가?

대법원 판례는 공사도급계약상의 연대보증인의 의무는 선급금반환채무에는 미치지 않기 때문에 선급금반환채무에 대해서는 보증책임을 지지 않는다고 본다. 관급공사의 연대보증인의 보증책임은 시공보증에 한정되고, 선급금반환채무에 대한 보증책임은 없다는 것이다.

판례 "국가계약법 시행령 및 시행규칙의 관계 규정이 연대보증의 자격을 당해 공사에 관하여 입찰참가 자격이 있는 자로 제한하고 있고, 보증의무를 이행한 연대보증인에게 대금청구권이 있음을 전제로 하고 있으며, 공사도급계약과 그에 관한 연대보증계약 내용의 일부로 된 공사계약 일반조건 및 공사계약 특수조건도 계약 상대자가 불이행한 공사의 완성을 연대보증인에게 청구할 수 있고 연대보증인은 그에 대한 대금을 청구할 수 있다고 규정하고 있을 뿐 선급금 반환채무 등에 관한 연대보증인의 의무에 관하여는 아무런 규정이 없고, 선급금에 관하여는 별도의 규정을 두어 그 반환채무의 담보방법으로서 금융기관의 보증 등 그 담보력이 충분한 것으로 제한하고 있는 점 등에 비추어 볼 때, 지방자치단체와 건설업체 사이에 체결된 공사

---

3) 국가계약법 시행령 제52조, 시행규칙 제66조에서 연대보증인 규정은 2010. 7. 21. 삭제되었다.

도급계약에 관하여 수급인과 연대하여 도급계약상의 의무를 이행하기로 한 연대보증인의 보증책임의 범위는 수급인의 공사 시행에 관한 의무의 보증에 한정되고, 수급인의 선급금 반환채무에까지는 미치지 아니한다고 봄이 상당하다."(대법원 1999. 10. 8. 선고 99다20773 판결).

위 판결에서 대법원은 연대보증인의 보증책임의 범위에 계약이행보증금의 지급채무도 포함되지 않는다고 판시하였다.

판례 "공사도급계약 체결시 수급인이 도급인에게 계약이행보증금을 현금으로 납부하거나 동액 상당의 보증보험증권을 교부할 것을 약정한 경우, 이와 같이 특정한 담보방법인 보증보험증권을 계약이행보증금의 지급방법으로서 현금과 선택적으로 규정한 점에 비추어 볼 때, 당사자의 의사는 보증보험증권의 교부를 계약이행보증금의 현금 지급과 동등하게 보아 그로써 계약이행보증금은 확실하게 담보된 것으로 취급하고자 하는 취지로 봄이 상당하므로, 그 공사도급계약에 관한 연대보증계약의 체결에 앞서 수급인이 보증보험증권을 도급인에게 교부한 이상, 그 공사도급계약에 관하여 수급인과 연대하여 도급계약상의 의무를 이행하기로 한 연대보증인으로서는 더 이상 계약이행보증금에 관하여는 보증채무를 부담하지 않는다고 봄이 상당하다."(대법원 1999. 10. 8. 선고 99다20773 판결)

관급공사의 공사보증인은 피보증인이 완료하지 못한 공사를 마무리할 의무가 있는 것이지 피보증인의 선급금 반환채무까지 부담하는 것은 아니므로 피보증인인 수급인의 공사중단 후에 도급인이 공사보증인과 사이에 미시공 부분에 대한 공사도급계약을 체결하고 공사를 시행함으로써 결국 공사를 완성하였더라도 선급금반환채무를 보증한 보증사의 계약보증책임이 소멸하거나 변경되는 것은 아니다(대법원 2000. 6. 13. 선고 2000다13016 판결).

(2) 민간공사 연대보증인의 책임 범위

관급 공사도급계약의 연대보증인의 보증책임은 특별한 사정이 없는 한 시공보증에 한정되지만, 민간공사도급계약의 연대보증인의 보증책임은 사정이 다를 수 있다.

대법원 판례도 민간공사도급계약의 경우에는 관급 공사도급계약과 달리 선급금 반환채무에 대한 연대보증책임을 질 수도 있다는 점을 판시하였다.

판례 "민간공사도급계약의 연대보증인의 보증책임은 각종 보증서의 구비 여부, 도급계약의 내용, 보증경위 등을 참작하여 개별적으로 구체적인 사안에 따라 법률행위의 해석에 의하여 판단되어야 하는 것이지만, 특별한 약정이 없다면 수급인의 책임과 마찬가지로 금전채무보증과 시공보증을 포함한다고 보아야 할 것이다."(대법원 2005. 3. 25. 선고 2003다55134 판결).

(3) 민간공사 연대보증인의 보증책임 범위와 관련된 사례

甲 보증보험회사가 도급인 乙로부터 일부 공사를 도급받은 丙과 피보험자를 乙로 하는 내용의 선급금 보증보험계약을 체결하였는데, 이후 丙의 부도로 공사가 중단되자 乙에게 보험금을 지급하였다. 甲은 도급계약서에 수급인 丙의 보증인으로 기명 · 날인한 정을 상대로 구상권을 행사할 수 있는가?

대법원 2012. 5. 24. 선고 2011다109586 판결에서는 선급금반환채무에 대한 보증책임 면제의 특약이 없는 이상 민간공사도급계약의 보증인은 선급금 반환채무에 대한 보증책임을 져야 한다는 점을 분명히 했다.

선급금 반환의무는 수급인의 채무불이행에 따른 계약해제로 인하여 발생하는 원상회복의무의 일종이고, 보증인은 특별한 사정이 없는 한 채무자가 채무불이행으로 인하여 부담하여야 할 손해배상채무와 원상회복의무에 관하여도 보증책임을 지므로, 민간공사 도급계약에서 수급인의 보증인은 특별한 사정이 없다면 선급금 반환의무에 대하여도 보증책임을 진다는 것이다. 또한 민간공사 도급계약의 연대보증인의 보증책임은 특별한 약정이 없다면 수급인의 책임과 마찬가지로 금전채무보증과 시공보증을 포함한다고 보아야 한다고 밝혔다.

따라서 위 사례에서 수급인 丙의 보증인 丁은 선급금 반환채무까지 포함하여 연대보증한 것으로 보아야 하고, 甲과 丁은 선급금 반환채무에 관하여 공동보증인 관계에 있으므로 甲은 丁에게 구상권을 행사할 수 있다(대법원 2012. 05. 24. 선고 2011다109586 판결).

9. 기성고 산정방법

쟁점

공사가 완성되지 못한 채 도중에 중단되어 기성고를 둘러싸고 분쟁이 발생하였다. 기성고는 어떻게 산정하여야 하는가?

판단

약정 공사대금에 기성고율을 곱하여 산출하고, 기성고율은 전체 공사비 가운데 이미 완성된 부분에 소요된 비용이 차지하는 비율을 산정하여 확정한다.

약정 공사를 완성하지 못한 채 중도에 공사계약이 해제되면(흔히 '중간타절'이라고 한다) 기성고를 둘러싸고 도급인과 수급인 사이에 분쟁이 발생하기 쉽다. 공사대금을 기성고에 따라 여러 차례 나누어 지급하기로 약정한 경우에도 기성고의 확정이 문제된다.

기성고란 완성된 부분의 공사비를 의미하고, 기성고율은 이미 완성된 부분에 투입된 공사비와 아직 시공하지 못한 부분을 완성하는 데 필요한 공사비를 합친 전체 공사비 중에서 이미 완성된 부분에 투입된 공사비의 비율을 의미한다. 그런데 실제 현장에서는 기성고와 기성고율이라는 용어를 엄격하게 구분하지 않고 사용하는 것으로 보인다.

그렇다면 기성고의 산정 방법은 어떤가? 당연한 얘기지만, 당사자 사이에 약정된 산정방법이 있다면 그에 따르면 된다.

이론상으로는 3가지 방법을 생각할 수 있다. 첫째는 기시공 부분에 실제로 투입한 비용을 기성고로 보는 방법, 둘째는 약정 총공사비에서 미시공한 부분의 완성에 실제로 소요될 공사비를 공제한 금액을 기성고로 보는 방법, 셋째는 약정 총공사비에 기성고 비율을 곱하여 산정하는 방법이다.

대개 수급인은 기성고를 첫 번째 방법으로 생각하기 쉽다. 자기가 실제로 투입한 비용을 기성고라고 생각하고, 타절 정산금액은 자기가 투입한 비용이 되어야 한다고 생각하는 것이다. 그러나 이 방법은 수급인에게는 유리한 반면 도급인에게 불리할 수 있기 때문에 공정하지 못하다. 따라서 "건축공사도급계약이 중도해제된 경우 도급인이 지급하여야 할 미완성 건물에 대한 보수는 특별한 사정이 없는 한 당사자 사이에 약정한 총 공사비를 기준으로 하여 그 금액에서 수급인이 공사를 중단할 당시의 공사기성고 비율에 의한 금액이 되는 것이지 수급인이 실제로 지출한 비용을 기준으로 할 것은 아니다"(대법원 1992. 3. 31. 선고 91다42630 판결).

두 번째 방법은 거꾸로 도급인에게 유리하고 수급인에게 불리할 수 있기 때문에 마찬가지로 공정하지 못하다. 대법원은 약정 총공사비에서 막바로 미시공부분의 완성에 실제로 소요될 공사비를 공제하여 기성고를 산정해서는 안된다고 분명히 밝히고 있다(대법원 1991. 4. 23. 선고 90다카26232 판결). 또한 "정액 도급계약에 있어서는 통상 수급인이 추산한 실공사비에 적당한 이윤을 더하여 공사대금이 정하여진다는 점에 비추어 보면, 약정 공사대금에서 기시공 부분에 대한 객관적 공사비용을 공제하는 방법으로 미시공 부분의 공사비를 산정하여 기성고 비율을 정하는 것은 부당하게 미시공 공사비가 다액으로 되어 수급인에게 불리한 결과를 초래"하기 때문에 부당하다(대법원 1996. 10. 25. 선고 96다21393, 21409 판결).

그래서 대법원 판례는 일관되게 세 번째 방법을 채택하고 있다. 알기 쉽게 정리하면 이렇게 된다.

기 성 고 = 약정 총공사비 × 기성고율

기성고율 = 기시공 부분에 소요된 공사비/(기시공 부분에 소요된 공사비 + 미시공 부분에 소요될 공사비)

판례 "도급인이 수급인(또는 하수급인)에게 약정된 공사도급금액 중 기성고의 비율에 따라 공사대금을 지급하기로 하였다면, 도급인이 지급하여야 할 공사대금은 약정된 도급금액을 기준으로 하여 여기에 기성고 비율을 곱하는 방식으로 산정하여야 하고, 그 기성고 비율은 우선 약정된 공사의 내역과 그 중 이미 완성된 부분의 공사 내용과 아직 완성되지 아니한 공사 내용을 확정한 뒤, 공사대금 지급의무가 발생한 시점을 기준으로 이미 완성된 부분에 관한 공사비와 미완성된 부분을 완성하는 데 소요될 공사비를 평가하여 그 전체 공사비 가운데 이미 완성된 부분에 소요된 비용이 차지하는 비율을 산정하여 확정하여야 한다."(대법원 1996. 1. 23. 선고 94다31631, 31648 판결).

이와 관련된 사례에서 대법원 2017. 12. 28. 선고 2014다83890 판결은 "甲 건설회사가 乙에게서 노인복지타운 신축 공사 중 토공사와 부대토목공사를 도급받아 가시설공사를 진행하다가 중단하였고, 공사 중단 당시 가시설공사 중 터파기 공사에 해당하는 부분은 대체로 마무리된 반면 흙

막이 공사 부분은 이루어지지 않았으나, 암발파 방법에 의한 오픈컷(Open Cut) 공사가 이루어진 것과 유사한 외관을 띄고 있어 이에 따라 굳이 흙막이 공사를 하지 않아도 되는 상태인데, 甲 회사가 乙을 상대로 제기한 공사대금청구소송에서 공사중단 당시의 기성고 비율이 문제 된 사안에서, 가시설공사 중 흙막이 공사 부분은 현장의 지반여건 변화에 따라 설계도면에 따른 터파기 공사와 흙막이 공사의 방법이 아닌 암발파 오픈컷 방법으로 시공된 것으로 보이는데, 甲 회사의 암발파 방법에 의한 오픈컷 공사가 이루어져서 굳이 흙막이 공사를 하지 않아도 되는 상태이고, 이와 같은 상황에서 흙막이 공사가 없더라도 가시설 공사가 예정한 목적과 기능이 달성될 수 있어 후속 공정을 진행하는 데 별다른 문제나 장애가 없다면, 흙막이 공사 부분이 미완성 부분으로서 공정률에서 제외되어야 한다고 보기 어려우므로, 이와 같은 경우 공사의 시공 부분과 미시공 부분을 구별하여 이미 완성된 부분에 든 공사비와 미완성 부분을 완성하는 데 들어갈 공사비를 각각 산출한 다음 기성고를 산정하여야 하는데도, 공사 중단 당시 물리적으로 흙막이 공사가 이루어지지 않았다는 이유만으로 흙막이 공사 부분을 기성고 산정의 공정률에서 제외하고, 가시설 공사의 공사계약금액에서 단순히 흙막이 공사에 해당하는 공사계약금액을 뺀 나머지 공사금액을 기준으로 기성고를 산정한 원심판단에 법리오해의 잘못이 있다"고 판시하였다.

10. 설계변경의 경우 기성고 산정방법

쟁점

설계변경이 이루어진 경우에는 기성고를 어떻게 산정하는가?

판단

설계변경으로 조정된 공사대금에 기성고율을 곱하여 산출한다.

기성고는 공사대금에 기성고율을 곱하여 산출하는데, 설계변경에 따른 공사대금의 변경이 있는 경우에도 기성고를 산출하는 방법은 변함이 없다. 다만, 설계변경에 따라 공사대금이 변경되었으므로 그 변경된 공사대금에 기성고율을 곱하면 되는 것이다. 판례 역시 변경된 설계 및 사양에 따라 시공이 이루어진 경우에는 변경된 공사대금에 기성고율을 곱하여 기성고를 산정해야 한다고 판단한다.

판례 "수급인이 공사를 완공하지 못한 채 공사도급계약이 해제되어 기성고에 따른 공사비를 정산하여야 할 경우, 기성 부분과 미시공 부분에 실제로 소요되거나 소요될 공사비를 기초로 산출한 기성고 비율을 약정 공사비에 적용하여 그 공사비를 산정하여야 하고, 기성고 비율은 이미 완성된 부분에 소요된 공사비에다가 미시공 부분을 완성하는 데 소요될 공사비를 합친 전체 공사비 가운데 이미 완성된 부분에 소요된 공사비가 차지하는 비율이라고 할 것이고, 만약 공사도급계약에서 설계 및 사양의 변경이 있는 때에는 그 설계 및 사양의 변경에 따라 공사대금이 변경되는 것으로 특약하고, 그 변경된 설계 및 사양에 따라 공사가 진행되다가 중단되었다면 설계 및 사양의 변경에 따라 변경된 공사대금에 기성고 비율을 적용하는 방법으로 기성고에 따른 공사비를 산정하여야 한다"(대법원 2003. 2. 26. 선고 2000다40995 판결).

---

11. 기성고 산정에 관한 약정 우선

쟁점

미완성 건물에 대한 공사대금을 정산하는 방법에 관한 당사자의 합의가 있는 경우 따로 기성고를 확정하지 않아도 되는가?

판단

당사자의 합의가 우선한다.

당사자 사이에 기성고 산정방법에 관한 합의가 있다면 그 합의가 무엇보다 우선한다. 기성고의 산정방법에 관한 판례는 당사자 사이에 그에 관한 특약이 없었을 경우에 대한 것이다. 이와 같은 내용은 대법원 판례도 확인하는데, 기성고의 산정방법에 관해서 당사자 사이에 약정이 있으면 그대로 따르면 된다는 취지로 판시하고 있다.

판례 "...도급인이 지급하여야 할 미완성건물에 대한 보수는 특별한 사정이 없는 한 당사자 사이에 약정한 총공사비를 기준으로 하여 그 금액에서 수급인이 공사를 중단할 당시의 공사기성고 비율에 의한 금액이 되는 것이나, 이 사건과 같이 공사를 중단할 당시 당사자 사이에 미완성건물에 대한 미시공 공사비를 예정하여 정한 경우에 있어서는, 도급인이 지급하여야 할 미완성건물(기성부분)에 대한 보수는 다른 특별한 사정이 없으면 당초의 약정 총공사비에서 예정한 미시공 공사비를 공제한 금액이 된다고 봄이 상당하다고 할 것이다."(대법원 1993. 11. 23. 선고 93다25080 판결)

또한 대법원은 공사 기성고 비율과 그 대금에 관하여 분쟁이 있는 경우에 당사자들이 공사규모, 기성고 등을 참작하여 사후에 약정으로 그 비율과 대금을 정산할 수도 있다고 하였다(대법원 2017. 1. 12 선고 2014다11574, 11581 판결).

판례 "건축공사도급계약이 중도해제된 경우 도급인이 지급하여야 할 보수는 특별한 사정이 없는 한 당사자 사이에 약정한 총 공사비에 기성고 비율을 적용한 금액이지 수급인이 실제로 지출한 비용을 기준으로 할 것은 아니다. 기성고 비율은 공사대금 지급의무가 발생한 시점, 즉 수급인이 공사를 중단할 당시를 기준으로 이미 완성된 부분에 들어간 공사비에다 미시공 부분을 완성하는 데 들어갈 공사비를 합친 전체 공사비 가운데 완성된 부분에 들어간 비용이 차지하는 비율을 산정하여 확정하여야 한다. 그러나 공사 기성고 비율과 대금에 관하여 분쟁이 있는 경우에 당사자들이 공사규모, 기성고 등을 참작하여 약정으로 비율과 대금을 정산할 수 있다."(대법원 2017. 1. 12 선고 2014다11574, 11581 판결)

12. 기성고 산정의 기준 시점과 기성고의 확정 시점

쟁점

기성고를 감정할 때 기성고를 산정하는 기준 시점은 언제인가?

판단

기성대가를 지급할 의무가 발생한 시점이다. 그리고 기성부분의 공사비와 미시공 부분의 공사비는 동일한 기준 시점으로 산정하여야 한다.

기성고를 산정하는 기준 시점은 언제로 하는가? 공사대금 분쟁에서 기성고를 감정할 때 분명히 해야 할 사항이다. 공사비는 공사대금의 약정지급일 또는 계약해제시, 즉, 대금지급의무가 발생한 때의 공사단가(자재비, 노임 등)를 기준으로 하여 산정한다. 이 때 기성 부분의 공사비와 미시공 부분의 공사비는 반드시 동일한 시점을 기준으로 하여야 한다. 그렇지 않고 공사비를 산정하는 기준 시점이 달라지면 어느 한쪽에게 부당하게 유리하거나 불리한 결과를 초래하게 된다.

기성고를 확정하는 시점은 기성대가를 지급할 의무가 발생한 시점이다. 공사도급계약의 내용에 따라 공사가 완성되지 못하고 수급인의 귀책사유로 공사도중에 계약이 해제되어 그 당시까지의 기성고에 대한 공사대금 상당액을 수급인에게 지급하여야 할 경우에 이에 대한 지연손해금은 위 계약이 해제된 다음날부터 발생한다(대법원 1991. 7. 9. 선고 91다11490 판결).

CHAPTER 06

지체상금

제6장 지체상금

1. 부당하게 과다한 지체상금의 감액
2. 지체상금 청구의 요건
3. 수급인의 이행지체
4. 수급인의 면책 여부
5. 면책사유의 입증책임
6. 도급계약의 해제와 지체상금 약정의 효력
7. 지체상금의 시기와 종기
8. 지체상금의 종기인 공사완성의 의미
9. 공사 목적물의 일부에 대한 인수·사용과 지체책임
10. 지체상금의 과다 여부를 판단하는 기준
11. 관급공사에서 지체상금의 감액 가능성
12. 지체상금 감액과 과실상계의 적용 여부
13. 지체상금 부과가 부당한 경우
14. 지체상금과 함께 규정된 계약이행보증금의 성격
15. 지체상금약정과 함께 규정된 손해배상약정의 의미
16. 도급인의 지연손해배상 청구권의 포기 여부
17. 보증시공을 선택한 보증사의 지체상금 납부 의무 여부

1. 부당하게 과다한 지체상금의 감액

쟁점

법원은 직권으로 약정한 지체상금이 부당하게 과다하다는 이유로 적당히 감액할 수 있는가?

판단

지체상금 약정은 손해배상액 예정의 성질을 지니기 때문에 법원은 직권으로 감액할 수 있다.

(1) 지체상금 약정

대부분의 공사도급계약에는 지체상금 약정이 있다. 민간건설공사 표준도급계약 일반조건은 제30조에 지체상금 규정을 두고 있다. 국가계약법 제26조와 지방계약법 제30조는 지체상금에 관한 규정을 두도록 하고 있다. 이에 따라 기획재정부 계약예규 공사계약일반조건 제25조와 지방자치단체 공사계약일반조건(행정안전부예규) 제31조에는 지체상금에 관한 상세한 규정이 있다.

(2) 지체상금 법적 성질

이와 같은 지체상금 약정의 법적 성격은 무엇인가? 지체상금 약정은 손해배상액 예정의 성질을 가진 것도 있을 수 있고 위약벌의 성질을 가진 경우도 있다. 어느 쪽인가는 중요한 의미가 있다. 손해배상액 예정이라면 부당하게 과다하다고 인정되는 경우에 법원은 적당히 감액할 수 있지만(민법 제398조제2항), 위약벌로 인정되면 약정된 금액이 과다하더라도 법원에서 감액할 수 없기 때문이다. 위약벌이란 계약위반에 따른 손해배상책임과는 별개로 계약위반에 대한 제재의 성질을 갖는 것을 말한다.

우리 대법원은 이러한 지체상금 약정의 법적 성격은 손해배상액 예정이라고 일관되게 해석하고 있다. 따라서 법원은 지체상금 약정이 부당하게 과다하다고 인정하는 경우 적당하게 감액할 수 있다.

판례 "지체상금에 관한 약정은 수급인이 그와 같은 일의 완성을 지체한 데 대한 손해배상액의 예정이므로, 수급인이 약정된 기간 내에 그 일을 완성하여 도급인에게 인도하지 아니하여 지체상금을 지급할 의무가 있는 경우, 법원은 민법 제398조제2항의 규정에 따라 계약 당사자의 지위, 계약의 목적과 내용, 지체상금을 예정한 동기, 실제의 손해와 그 지체상금액의 대비, 그 당시의 거래관행 및 경제상태 등 제반 사정을 참작하여 약정에 따라 산정한 지체상금액이 일반 사회인이 납득할 수 있는 범위를 넘어 부당하게 과다하다고 인정하는 경우에 이를 적당히 감액할 수 있다"(대법원 2002. 9. 4. 선고 2001다1386 판결).

2. 지체상금 청구의 요건

쟁점

수급인이 약정 준공기한을 넘겨 공사를 완료하였다. 도급인은 수급인에 대하여 지체상금을 청구할 수 있는가?

판단

지체상금을 청구하려면 지체상금 약정이 있어야 하며, 그러한 약정이 없는 경우에는 공사지연에 따른 손해배상을 청구하여야 한다.

(1) 약정의 존재

수급인이 약정 준공기한을 어겨 공사를 마쳤음을 이유로 지체상금을 청구하기 위해서는 당사자 사이에 지체상금에 관한 약정이 존재하여야 한다. 지체상금은 손해배상액의 예정이기 때문에 사전에 그 약정이 없는 이상 설령 수급인이 약정한 준공기한을 넘겨 공사를 완성하였다 하여도 도급인으로서는 지체상금을 청구할 수는 없다.

공사도급계약에 지체상금 약정이 없다면 준공이 지연되더라도 지체상금을 청구할 수는 없지만, 공사지연에 따른 손해가 없다고 할 수는 없다. 도급인은 공사지연으로 인한 실제의 손해를 입증하여 수급인에게 손해배상을 청구할 수밖에 없는데, 건물 신축공사가 지연된 경우에는 그 지연된 기간 동안의 임료 상당을 손해로 볼 수 있다.

판례 "원래 물건의 인도의무의 이행지체를 이유로 한 손해배상의 경우에는 일반적으로 그 물건을 사용수익함으로써 얻을 수 있는 이익, 즉 그 물건의 임료 상당액을 통상의 손해라고 볼 것이므로, 건물건축공사에 관한 도급계약에 있어서도 그 수급인이 목적물인 건물의 건축공사를 지체하여 약정기한까지 이를 완성, 인도하지 않은 때에는 적어도 당해 건물에 대한 임료 상당의 손해액을 배상하여야 한다고 보아야 한다."(대법원 1995. 2. 10. 선고 94다44774, 447781 판결)

---

(2) 손해의 발생 여부

손해배상액을 예정한 약정이 있다면 채무불이행으로 인한 손해의 발생 여부는 따지지 않는다. 즉, 지체상금 약정이 있다면 공사완성이 지연됨으로 인하여 도급인에게 실제로 손해가 발생하였는지를 따지지 않고 도급인은 약정한 지체상금을 청구할 수 있다. 수급인은 도급인에게 실제 손해가 발생하지 않았다는 이유로 약정한 예정 손해배상액의 지급을 거절할 수 없다.

따라서 채무불이행을 원인으로 한 손해배상액을 예정한 경우에는 손해발생 및 손해액에 대한 입증은 필요없다(대법원 1991. 1. 11. 선고 90다8053 판결).

(3) 초과손해·특별손해의 청구 여부

판례는 손해배상액을 예정한 이상 약정한 손해배상액 이외에 초과손해나 특별손해는 청구하지 못한다고 본다. 계약 당시 손해배상액을 예정한 경우에는 다른 특약이 없는 한 채무불이행으로 인하여 입은 통상손해는 물론 특별손해까지도 예정액에 포함되고 채권자의 손해가 예정액을 초과한다 하더라도 초과부분을 따로 청구할 수 없다(대법원 1993. 4. 23. 선고 92다41719 판결).

당사자 사이의 채무불이행에 관하여 손해배상액을 예정한 경우에 채권자는 통상의 손해뿐만 아니라 특별한 사정으로 인한 손해에 관하여도 예정된 배상액만을 청구할 수 있고 특약이 없는 한 예정액을 초과한 배상액을 청구할 수는 없다(대법원 1988. 9. 27. 선고 86다카2375(본소), 2376(반소) 판결).

(4) 귀책사유의 필요

손해배상액을 예정한 경우 채무자에게 채무불이행에 관한 귀책사유가 없더라도 예정한 손해를 배상해야 한다는 견해도 있지만, 판례는 귀책사유가 필요하다고 본다. 다만, 채권자는 채무자의 채무불이행 사실만 입증하면 족하고, 채무자가 자신에게 귀책사유 없다는 점을 입증해야 책임을 면할 수 있다.

판례 "채무불이행으로 인한 손해배상액이 예정되어 있는 경우에는 채권자는 채무불이행 사실만 증명하면 손해의 발생 및 그 액을 증명하지 아니하고 예정배상액을 청구할 수 있고, 채무자는 채권자와 채무불이행에 있어 채무자의 귀책사유를 묻지 아니한다는 약정을 하지 아니한 이상 자신의 귀책사유가 없음을 주장·입증함으로써 예정배상액의 지급책임을 면할 수 있다. 그리고 채무자의 귀책사유를 묻지 아니한다는 약정의 존재 여부는 근본적으로 당사자 사이의 의사해석의 문제로서, 당사자 사이의 약정 내용과 그 약정이 이루어지게 된 동기 및 경위, 당사자가 그 약정에 의하여 달성하려고 하는 목적과 진정한 의사, 거래의 관행 등을 종합적으로 고찰하여 합리적으로 해석하여야 하지만, 당사자의 통상의 의사는 채무자의 귀책사유로 인한 채무불이행에 대해서만 손해배상액을 예정한 것으로 봄이 상당하므로, 채무자의 귀책사유를 묻지 않기로 하는 약정의 존재는 엄격하게 제한하여 인정하여야 한다."(대법원 2007. 12. 27. 선고 2006다9408 판결)

---

3. 수급인의 이행지체

쟁점

불가항력이나 수급인의 책임으로 돌릴 수 없는 사유로 준공기한을 넘긴 경우에도 수급인은 지체상금을 지급하여야 하는가?

판단

귀책사유가 없다면 수급인은 책임을 면할 수 있지만, 귀책사유가 없다는 점을 입증할 책임은 수급인에게 있다.

수급인이 약정 준공기한을 넘겨 공사를 마쳐야 지체상금이 발생한다. 수급인이 이행을 지체한 사실은 지체상금 발생의 요건이다. 공사도급계약에서 수급인은 약속한 공사의 완성 및 완성한 목적물을 도급인에게 인도해줄 의무가 있다. 물론 인도를 요하지 않는 경우에는 공사의 완성으로 족하다. 따라서 수급인이 약정한 준공기한내에 공사를 완성하지 못하거나 공사를 완성했더라도 인도를 지체하면 지체상금이 발생한다.

공사를 준공기한 내에 마치지 못한 데 대해 수급인에게 귀책사유가 있어야 한다. 수급인의 귀책사유가 없다면 지체상금은 발생하지 않는다. 다만, 그 입증책임은 책임을 면하려는 수급인에게 있다.

한편, 도급인의 준공대가 지급의무와 수급인의 완성된 공사목적물의 인도의무는 동시이행관계에 있다(민법 제665조제2항). 따라서 도급인이 공사대금을 지급하지 않는 동안은 수급인이 목적물을 인도하지 않더라도 이행지체에 해당되지 않으므로 지체상금이 발생하지 않는다.

판례 "공사현장을 인도받은 날까지의 지체상금을 구하는 피고의 주장에 목적물의 인도 지연으로 인한 손해배상을 구하는 취지가 포함되어 있다고 하더라도, 원고도 미지급공사대금을 수령할 때까지는 이 사건 건물의 인도를 거절할 수 있다고 할 것이므로, 원고에게 인도 지연으로 인한 손해배상책임이 발생한다고 보기 어렵다."(대법원 1998. 2. 24. 선고 95다38066, 38073 판결)

---

4. 수급인의 면책 여부

쟁점

이례적으로 잦은 강우와 혹한 등과 같은 날씨 탓에 약정한 준공기한을 넘겼다는 사유로 지체상금을 면할 수 있는가?

판단

날씨가 예년과 달랐다는 사유는 지체상금을 면할 수 있는 사유로 인정받지 못한다.

(1) 수급인의 귀책사유가 없는 경우의 지체상금 지급의무

수급인이 책임질 수 없는 사유로 인하여 준공기한을 넘긴 경우에도 지체상금이 발생하는가? 민간공사 표준도급계약 일반조건이나 공사계약일반조건 등에는 불가항력이나 수급인의 귀책사유가 없는 경우에는 수급인에게 지체상금을 지급할 의무가 없다고 정하고 있어 크게 문제되지는 않는다.

그렇지만 이러한 면제사유를 정하지 않은 경우에는 어떤가? 수급인이 약정 준공기한 내에 공사를 완성하지 못한 이상 수급인에게 귀책사유가 없더라도 지체상금을 지급할 의무가 있다고 해석하는 견해도 있지만, 대법원 판례의 취지는 특별히 수급인의 귀책사유를 지체상금의 발생요건으로 규정하고 있지 않았더라도 수급인의 귀책사유가 필요하다는 것이다.

따라서 불가항력이나 준공기한을 넘긴 데 수급인의 귀책사유가 없다면 지체상금은 발생하지 않는 것으로 해석된다. 수급인이 약정 준공기한을 넘겼다고 해서 언제나 지체상금을 지급할 의무가 있는 것은 아니다. 약정 준공기한을 넘겼더라도 수급인이 책임질 수 없는 사유로 인하여 준공기한을 맞추지 못했다면 지체상금을 지급할 이유가 없다. 즉, 천재지변이나 이에 준하는 경제사정의 급격한 변동 등 불가항력으로 인하여 목적물의 준공이 지연된 경우에는 수급인은 지체상금을 지급할 의무가 없다.

국가계약에서는 수급인(=계약상대자)의 책임없는 사유로 계약이행이 지체되었다고 인정될 때에는 그 해당일수를 지체일수에 산입하지 않는다(국가계약법 시행령 제74조제1항 후문).

(2) 천재지변이나 불가항력적인 사유

그래서 약정준공기한을 지키지 못한 수급인은 지체상금 지급의무를 면하기 위하여 수급인이 책임질 수 없는 불가항력적인 사유로 인하여 준공기한을 지키지 못했다고 항변하곤 하는데, 어떤 사유로 준공기한을 맞추지 못한 경우에 천재지변이나 기타 불가항력으로 인하여 준공이 지연된 것으로 볼 것인가?

흔히 수급인은 잦은 우천으로 인하여 실제 공사할 수 있는 날짜가 예상보다 훨씬 적었다거나 철근과 같은 원자재 파동으로 인하여 자재를 수급하지 못해 공사를 못한 경우까지도 지체상금을 면제받을 수 있는 것으로 생각한다. 지체상금을 둘러싼 분쟁에서 흔히 수급인은 이례적으로 비가 내렸다거나 이례적인 폭설과 혹한으로 공사가 불가능했다는 이유로 면책을 주장하지만, 법원에서는 이러한 주장을 거의 받아들이지 않는다.

판례 "천재지변이나 이에 준하는 경제사정의 급격한 변동 등 불가항력으로 인하여 목적물의 준공이 지연된 경우에는 수급인은 지체상금을 지급할 의무가 없다고 할 것이지만, ① 상고이유에서 주장하는 이른바, IMF 사태 및 그로 인한 자재 수급의 차질 등은 그와 같은 불가항력적인 사정이라고 볼 수 없고, ② 일반적으로 수급인이 공사도급계약상 공사기간을 약정함에 있어서는 통상 비가 와서 정상적으로 작업을 하지 못하는 것까지 감안하고 이를 계약에 반영하는 점에 비추어 볼 때 천재지변에 준하는 이례적인 강우가 아니라면 지체상금의 면책사유로 삼을 수 없다고 할 것인데, 기록에 의하여 살펴보면, 동절기의 이상 강우로 인하여 이 사건 공사가 어느 정도 지연되었을 것으로 보이지만, 그것이 공사기간 내에 공사 진행을 도저히 할 수 없는 천재지변에 준하는 불가항력적인 이상 강우라고 볼 만한 자료는 찾기 어려우므로, 그것을 가지고 지체상금의 감액사유로 삼을 수 있을지언정 지체상금의 면책사유로 삼을 수는 없다고 할 것이고, ③ 그 밖에 피고들의 부당한 시공요구 및 공사 수행의 간섭 등으로 인하여 이 사건 공사가 중단되거나 지연되었다는 원고의 주장에 대하여는 원심이 적법하게 배척한 증거들 외에는 기록상 이를 인정할 만한 자료를 찾아볼 수 없다"(대법원 2002. 9. 4. 선고 2001다1386 판결).

법원은 유적발굴로 인하여 준공이 지연되는 경우도 불가항력에 의한 것이라고 볼 수 없다고 하였다.

판례 "▽△재단이 2002. 4. 17.경 유적 발굴 조사기간을 조사 착수일로부터 90일로 예정한 조사계획서를 제출하자 피고가 이 사건 분양계약을 체결하였는데, 그 분양계약 체결 이전인 2002. 4. 3. 토지박물관의 긴급 유적발견신고로 인하여 용인시에서 이 ㅇㅇ아파트 신축공사에 대한 공사 중지명령을 내렸고, 피고가 이 ㅇㅇ아파트의 건축설계변경허가를 받았으나 그 허가조건으로 사업부지 일대에 삼국시대에서 조선시대로 추정되는 다량의 자기편과 도기편이 발견됨에 따라 전문조사기관의 지표(시굴, 발굴) 조사 후 문화재청장의 지시에 따라 공사를 착공해야 한다는 조건이 부가되어 있었으며, ▽△재단의 유적 발굴 조사기간은 이 사건 사업부지 일부를 조사대상으로 하여 정한 예상기간에 불과하여 이 사건 사업부지 중 나머지 부분을

대상으로 한 유적 발굴 조사도 당연히 예상되는데다가 유적 발굴 상황에 따라 정밀조사 등의 필요로 조사기간이 연장될 수 있는데도, 피고는 이러한 사정을 고려하지 않고 입주예정일을 정하여 분양한 것이고, 당초 예정한 유적 발굴 조사기간이 나머지 사업부지에 대한 발굴조사 및 정밀조사 등의 사정으로 연장됨에 ○○아파트 신축공사의 착공이 지연되고 입주도 지연된 것이어서 그 지연이 피고의 과실 없이 발생한 것이라거나 불가항력에 의한 것이라고도 볼 수 없다."(대법원 2008. 7. 10. 선고 2008다15940 판결)

(3) 도급인이 약정한 선급금의 지급을 지체한 경우

도급계약의 보수 일부를 선급하기로 하는 특약이 있는 경우, 수급인은 그 제공이 있을 때까지 일의 착수를 거절할 수 있고 이로 말미암아 일의 완성이 지연되더라도 채무불이행책임을 지지 않으므로, 도급인이 수급인에 대하여 약정한 선급금의 지급을 지체하였다는 사정은 일의 완성이 지연된 데 대하여 수급인이 책임질 수 없는 사유에 해당한다. 따라서 도급인이 선급금 지급을 지체한 기간만큼은 수급인이 지급하여야 하는 지체상금의 발생기간에서 공제되어야 한다(대법원 2016. 12. 15. 선고 2014다14429, 14436 판결).

5. 면책사유의 입증책임

쟁점

지체상금을 청구하기 위해서는 도급인이 수급인에게 면책사유가 없다는 점을 입증하여야 하는가?

판단

도급인은 수급인이 약정준공기한을 넘겼다는 사실만 주장·입증하면 족하고, 수급인이 귀책사유 없음을 입증하여야 책임을 면할 수 있다.

수급인이 책임질 수 없는 사유로 인하여 공사가 지연된 경우에는 그 기간에 해당하는 일수에 대해서는 지체상금을 납부하지 않아도 되는데(국가계약법 시행령 제74조제1항 후문), 이러한 이유로 수급인이 지체 책임을 면하기 위해서는 단순히 불가항력적인 사유로 공사가 지연되었다는 주장만으로는 부족하다. 수급인 자신이 불가항력적인 사유로 공사가 지연되었다는 점을 입증해야 한다.

대법원 판례도 수급인에게 귀책사유가 인정되어야 지체상금이 발생하지만, 도급인은 수급인이 약정 준공기한 내에 공사를 완성하지 못했다는 사실만 입증하면 지체상금을 청구할 수 있고, 수급인이 자신에게 귀책사유가 없다는 점을 입증하여야 지체상금을 면할 수 있다고 본다. 즉, 귀책사유가 부존재한다는 사실에 대한 입증책임은 채무자인 수급인에게 있다.

판례 "채무불이행으로 인한 손해배상액이 예정되어 있는 경우 채권자는 채무불이행 사실만 증명하면 손해의 발생 및 그 액수를 증명하지 아니하고 예정배상액을 청구할 수 있으나, 반면 채무자는 채권자와 채무불이행에 있어 채무자의 귀책사유를 묻지 아니한다는 약정을 하지 아니한 이상 자신의 귀책사유가 없음을 주장·증명함으로써 위 예정배상액의 지급책임을 면할 수 있다."(대법원 2010. 2. 25. 선고 2009다83797 판결)

수급인이 책임질 수 없는 사유로 인하여 공사가 지연된 경우에는 그 기간만큼 지체일수에서 제외되어야 할 것이나, 지체일수가 공제되는 수급인에게 책임지울 수 없는 사유란 "공사도급계약에서 예상하지 못하였던 사정이 발생하였고, 그 사정으로 인하여 일정한 기간 동안 예정된 공사를 진행할 수 없어 공사의 지연이 불가피하였음을 입증하였어야 하는 것이지 단지 어떤 사유가 수급인의 귀책사유와 경합하여 공사기간이 연장될 가능성만 있는 때에는 배상예정액의 감액에서 고려할 수 있을 뿐이다."(대법원 2005. 11. 25. 선고 2003다60136 판결)

6. 도급계약의 해제와 지체상금 약정의 효력

쟁점

약정준공기한이 도래하기 전에 수급인의 귀책사유를 이유로 도급인이 공사도급계약을 해제한 경우에 수급인은 지체상금을 지급할 의무를 면하는가?

판단

준공기한 전에 도급계약이 해제되더라도 수급인이 지체상금을 지급할 의무가 당연히 면제되는 것은 아니다.

(1) 지체상금 약정의 적용범위를 결정하는 기준

판례 "도급계약에 있어서 지체상금 약정의 적용범위를 정하는 것은 도급계약에 나타난 당사자 의사의 해석 문제로서, 당사자 의사가 명확하지 아니한 경우, 그 약정의 내용과 약정이 이루어지게 된 동기 및 경위, 당사자가 이로써 달성하려는 목적, 거래의 관행 등을 종합적으로 고려하여 보고, 특히 건설공사 도급계약의 경우 지체상금 약정을 하는 것은 공사가 비교적 장기간에 걸쳐 시행되기 때문에 그 사이에 공사의 완성에 장애가 되는 사정이 발생할 가능성이 많으므로 이러한 경우에 대비하여 도급인의 손해액에 대한 입증 곤란을 덜고 손해배상에 관한 법률관계를 간이화할 목적에서라는 점을 감안하여 당사자의 의사를 합리적으로 해석한 다음 그 적용 여부를 결정하여야 한다."(대법원 1999. 1. 26. 선고 96다6158 판결)

(2) 법정해제

1) 준공기한 경과 후 해제

수급인의 채무불이행으로 약정 준공기한을 넘겨 공사도급계약이 해제되었다 하여도 수급인은 지체상금을 면할 수 없다.

> 판례 "건물신축의 도급계약은 그 건물의 준공이라는 일의 완성을 목적으로 하는 계약으로서 그 지체상금에 관한 약정은 수급인이 이와 같은 일의 완성을 지체한 데 대한 손해배상액의 예정이므로 수급인이 약정된 기간내에 그 일을 완성하여 도급인에게 인도하지 않는 한 특별한 사정이 있는 경우를 제외하고는 지체상금을 지급할 의무가 있고, 약정된 기일 이전에 그 공사의 일부만을 완료한 후 공사가 중단된 상태에서 약정기일을 넘기고 그 후에 도급인이 계약을 해제함으로써 일을 완성하지 못한 것이라고 하여 지체상금에 관한 약정이 적용되지 않는다고 할 수는 없다."(대법원 1989. 7. 25. 선고 88다카6273, 88다카6280(반소) 판결)

또한 지체상금 약정은 수급인이 약정한 기간 내에 공사를 완공하지 아니할 경우는 물론이고 수급인의 귀책사유로 인하여 도급계약이 해제되고 그에 따라 도급인이 수급인을 다시 선정하여 공사를 완공하느라 완공이 지체된 경우에도 적용된다(대법원 2006. 4. 28. 선고 2004다39511 판결).

2) 준공기한 내 해제

수급인의 채무불이행을 이유로 준공기한 내에 해제한 경우에는 어떤가?

지체상금약정이 적용될 수 없다는 취지의 판결이 있지만, 매우 이례적인 판례이다.

> 판례 "건축도급계약시 도급인과 수급인 사이에 준공기한내에 공사를 완성하지 아니한 때에는 매 지체일수마다 계약에서 정한 지체상금율을 계약금액에 곱하여 산출한 금액을 지체상금으로 지급하도록 약정한 경우 이는 수급인이 완공예정일을 지나서 공사를 완료하였을 경우에 그 지체일수에 따른 손해배상의 예정을 약정한 것이지 공사도중에 도급계약이 해제되어 수급인이 공사를 완료하지 아니한 경우에는 지체상금을 논할 여지가 없다."(대법원 1989. 9. 12. 선고 88다카15901, 15918(반소) 판결)

준공기한 내에 해제한 경우에 지체상금약정이 적용되지 않는 것으로 해석하게 되면, 도급인이 언제 해제를 하느냐 하는 우연한 사정에 따라서 지체상금약정의 적용 여부가 달라지기 때문에 부당하다. 따라서 계약이 준공기한 전에 해제된 경우에도 준공기일 도과가 객관적으로 인정되는 한, 손해배상액의 예정으로서의 지체상금 약정은 적용된다고 보는 것이 타당할 것이다.

(3) 약정해제

약정해제의 경우에는 원칙적으로 손해배상청구권이 발생하지 않지만, 법정해제 사유와 동일한 이유로 해제를 한 것이라면 해제와 동시에 손해배상 청구를 할 수 있다(대법원 1994. 12. 22. 선고 93다60632, 93다60649(반소) 판결).

따라서 도급인이 약정해제권 조항에 의하여 계약을 해제하였더라도 그것이 실질적으로 법정해제권을 행사한 것과 다름없다면 수급인은 지체상금을 면할 수 없다.

(4) 도급인의 귀책사유에 의한 해제

지체상금 약정은 수급인의 귀책사유로 도급인이 도급계약을 해제한 경우만이 아니라 도급인의 귀책사유로 해제된 경우에도 적용된다(대법원 2012. 10. 11. 선고 2010다34043(본소), 2010다34050(반소) 판결).

도급인의 귀책사유로 도급계약이 해제된 경우에는 도급인의 귀책사유가 발생하지 아니하여 수급인이 공사를 계속하였더라면 완성할 수 있었을 때까지의 기간을 기준으로 하여 당초의 준공예정일로부터 지체된 기간을 산정하는 방법으로 지체일수를 적용해야 한다.

7. 지체상금의 시기와 종기

쟁점

공사를 마치지 못하고 공사가 중단된 상태에서 약정 준공기한을 넘긴 뒤에 공사도급계약이 해제되고, 새로운 수급인이 비로소 공사를 완성한 경우 지체일수는 언제까지로 보아야 하는가?

판단

준공기한 다음날부터 당초의 공사도급계약을 해제하고 새로운 수급인을 선정하여 공사를 완성할 수 있었을 것으로 인정되는 날까지의 일수이다.

(1) 지체상금의 시기

수급인이 지체상금을 지급할 의무가 있는 경우, 지체상금을 지급해야 하는 일수는 어떻게 계산하는가? 그 시기와 종기의 문제이다.

지체상금의 시기, 즉, 지체상금이 부과되기 시작하는 일자는 당연히 약정준공기일 다음날이 된다. 수급인이 준공기한을 넘겨 일을 완성한 경우는 물론, 수급인이 완공기한 내에 공사를 완성하지 못한 채 완공기한을 넘긴 상태에서 도급계약이 해제된 경우에도 그 지체상금 발생의 시기(始期)는 완공기한 다음날인 것이다.

대법원도 수급인이 완공기한 내에 공사를 완성하지 못한 채 완공기한을 넘겨 도급계약이 해제된 경우에 그 지체상금 발생의 시기는 완공기한 다음날이라는 점을 분명하게 밝히고 있다.

판례 "수급인이 완공기한 내에 공사를 완성하지 못한 채 완공기한을 넘겨 도급계약이 해제된 경우에 있어서 그 지체상금 발생의 시기는 완공기한 다음날이다."(대법원 2002. 9. 4. 선고 2001다1386 판결)

(2) 지체상금의 종기

1) 도급계약이 중도에 해제되지 않은 경우

그렇다면 종기(終期)는 어떤가? 공사완공일이다. 당초의 도급계약이 해제되지 않은 채 수급인이 약정기한을 넘겨 공사를 완성한 경우라면 원칙적으로 실제로 일을 완성한 날이 종기가 되는 것이 당연하다.

2) 도급계약이 해제된 경우

공사도급계약이 중도에 해제된 경우는 어떤가? 수급인이 완공기한 내에 공사를 완성하지 못한 채 완공기한을 넘긴 상태에서 도급계약이 해제되어 다른 수급인이 나서 공사를 완성한 경우에도 실제로 공사가 완료된 날까지를 지체일수로 보아야 하는가?

만약 이렇게 해석한다면 수급인에게 지나치게 불리한 결과가 발생할 수 있다. 도급인이 수급인과의 계약을 뒤늦게 해제하여 공사완공을 늦게 할 수도 있기 때문이다. 이러한 불합리한 점을 없애기 위해서 대법원은 그 종기는 수급인이나 도급인이 건물을 준공할 때까지 무한히 계속되는 것이라고 할 수 없다고 해석한다. 즉, "종기는 수급인이 공사를 중단하거나 기타 해제사유가 있어 도급인이 이를 해제할 수 있었을 때(현실로 도급계약을 해제한 때가 아니다)를 기준으로 하여 도급인이 다른 업자에게 의뢰하여 같은 건물을 완공할 수 있었던 시점이다."(대법원 2000. 12. 8. 선고 2000다19410 판결).

수급인이 공사의 일부만을 완성한 후 공사가 중단된 상태에서 약정 준공기한을 넘긴 경우에 도급인이 적시에 다른 업자에게 의뢰하여 공사를 완공하게 하는 등 적절한 조치를 취하지 아니하고 상당한 기간이 지나서 조치를 취한 경우, 예를 들면 적절한 조치를 취하는 것이 늦었기 때문에 1년 또는 2년 그 공사의 완공이 지체된 경우, 그 실제로 지체된 기간 전부에 대하여 수급인에게 예정된 손해배상액인 지체상금을 청구할 수 있다고 하는 것은 형평을 잃은 것이다. 왜냐하면 도급인으로서도 공사 완성의 지연에 따라 자신의 손해가 확대되기 때문에 이를 피하려는 노력을 하여야 함에도 이를 태만히 하여 공사완성이 지연됨으로써 그 손해가 확대된 경우 그 확대된 손해는 수급인의 책임에 속하지 아니한다고 보아야 하기 때문이다.

(3) 지체일수 산정의 예

판례 "수급인이 완공기한 내에 공사를 완성하지 못한 채 완공기한을 넘겨 도급계약이 해제된 경우에 있어서 그 지체상금 발생의 시기(始期)는 완공기한 다음날이고, 종기(終期)는 수급인이 공사를 중단하거나 기타 해제사유가 있어 도급인이 이를 해제할 수 있었을 때를 기준으로 하여 도급인이 다른 업자에게 의뢰하여 같은 건물을 완공할 수 있었던 시점이므로, 이 사건에서 원고의 귀책사유로 인하여 공사가 지체된 기간은 완공기한 다음날부터 원고가 공사를 중단할 때까지의 기왕에 원고에 의하여 지체된 기간(1997. 10. 16. 부터 1997. 10. 25.까지)과 원고의 공사중단에 따라 피고가 원고에 대하여 상당한 기간을 정하여 공사도급계약의 이행을 최고하여 원고의 공사거절의사를 확인하고 다른 공사업자에게 공사를 맡길 때까지의 상당한 기간(1997. 10. 26.부터 1997. 10. 31.까지) 및 다른 공사업자가 적절하게 공사를 완공함에 소요된 기간(1997. 11. 1.부터 1997. 12. 5.까지)을 모두 포함하여 1997. 10. 16.부터 1997. 12. 5. 까지의 51일로 봄이 옳다."(대법원2001. 1. 30. 선고 2000다56112 판결)

(4) 도급인이 다른 업자에게 의뢰하여 공사를 완공할 수 없는 사정이 있었던 경우

도급인이 해제 · 해지할 수 있었던 때를 기준으로 하여 종기를 제한하는 것은 그때부터 도급인이 다른 업자에게 의뢰하여 공사를 완공할 수 있음을 전제로 하는 것이므로, 수급인의 귀책사유로 인하여 도급인이 다른 업자에게 의뢰하여 공사를 완공할 수 없는 사정이 있었던 경우에는 그 종기는 도급인이 계약을 해제 · 해지할 수 있었던 때가 아니라 도급인이 다른 업자에게 의뢰하여 공사를 시작할 수 있었던 때를 기준으로 하여 같은 건물을 완공할 수 있었던 시점까지를 산정하여야 할 것이다(대법원 2016. 12. 27. 선고 2015다231672, 231689 판결).

예컨대, 도급계약이 수급인의 공사 지연 및 공사 중단을 이유로 적법하게 해지되어 유치권을 행사할 수 없음에도 수급인이 공사현장에 대하여 부당하게 유치권을 주장하면서 점유하다가 약 1년이 지난 후에야 그 점유를 반환한 경우, 수급인이 스스로 공사현장의 점유를 반환하지 아니하면 도급인으로서는 소송으로 이를 소구하지 아니하는 이상 이를 반환받을 아무런 방도가 없으므로, 도급인 스스로 공사도급계약을 해제하고 공사를 완성시킬 수 있음을 전제로 지체상금의 대상기간을 제한하는 일반 공사도급계약의 경우와는 달리 보아야 한다는 것이다.

대법원은 수급인이 자기 소유의 증축부분을 철거하기로 약정해놓고 스스로 철거하지 않는 경우에도 도급인으로서는 소송을 통하여 철거할 수밖에 없으므로 도급인 스스로 공사도급계약을 해제하고 공사를 완성시킬 수 있음을 전제로 지체상금의 종기를 제한하는 공사도급계약의 경우와는 달리 보아야 할 것이라고 판시하였다(대법원 1996. 4. 9. 선고 95다43143 판결).

(5) 실제준공기일까지 산입하는 경우

수급인을 보호할 필요가 없는 경우나 다른 업자의 시공이 불가능한 경우에는 지체상금이 부과되는 종기를 실제 준공기일까지로 보아야 한다.

국가가 발주한 지하차도 확장공사를 도급받은 수급인이 도중에 공사를 중단하였다가 국가가 수급인의 이행보증인에게 보증시공을 요구하자 보증인의 공사를 방해하다가 뒤늦게 스스로 공사를 맡아 완공한 사안에서 대법원은 보증시공을 방해하면서까지 스스로 공사를 완공한 수급인으로서는 도급인이 계약을 해제하여 다른 업자로 하여금 공사를 완성하게 하였다면 지체일수가 줄어든다는 주장은 할 수 없다고 보아 실제 수급인이 완공한 시점을 종기로 삼아 지체일수를 계산하여야 한다고 판시하였다(대법원 1994. 3. 25. 선고 93다42887 판결).

대법원은 수급인이 보증인의 공사를 방해하면서까지 스스로 나머지 공사를 완공하려고 한 것은 지체상금을 부과받더라도 부정당업자제재나 계약이행보증금의 국고귀속과 같은 불이익을 회피하기 위한 수단이었으므로 실제 준공기일까지 지체상금을 부과하여야 한다고 본 것이다.

(6) 미산입되는 지체일수

수급인이 책임질 수 없는 사유로 공사가 지연된 기간은 당연히 지체상금을 계산하는 지체일수에 산입되지 않는다. 수급인에게 귀책사유가 있어야 지체상금이 발생하는 이상 당연하다.

대법원도 수급인이 책임질 수 없는 사유로 인하여 공사가 지연된 경우에는 그 기간만큼 지체일수에서 공제되어야 한다고 판시하였다(대법원 1995. 9. 5. 선고 95다18376 판결).

8. 지체상금의 종기인 공사완성의 의미

쟁점

약정준공기한을 넘기면 공사를 완성한 날까지 지체상금을 물어야 하는 경우, 공사의 완성 여부를 판단하는 기준은 무엇인가?

판단

당초 예정된 최후의 공정까지 일응 종료하고, 그 주요구조 부분이 약정된 대로 시공되어 사회통념상 일이 완성되었다고 보아야 한다.

(1) 공사의 완성

지체상금은 계약서에 정한 준공기한 내에 공사를 완성하지 못했을 때 발생한다. 결국 지체상금의 발생 여부는 공사의 완성 여부에 달려 있다.

공사가 미완성인 상태에서는 수급인의 공사대금채권은 변제기에 도달하지 않은 것이고, 수급인은 도급인에게 공사대금을 청구하지 못한다. 반면 공사가 완성되었다면 일부 미시공 사항이 있더라도 그것은 하자에 불과하여 수급인이 하자보수 의무를 지기는 하지만 공사대금채권은 변제기에 도달한 것이다.

지체상금이 부과되는 지체 기간은 약정준공기한을 넘긴 날부터 공사를 완료한 날까지이다. 그러므로 지체상금의 종기는 공사가 완성된 날이다. 공사의 완성 여부는 원칙적으로 사회통념에 따라 판단할 수밖에 없다.

그렇다면 미완성과 완성을 구분하는 기준은 무엇인가? 판례는 미완성과 하자를 구분하는 기준이 지체상금의 종기인 공사의 완성 시점을 판단하는 데에도 그대로 타당하다고 본다.

판례 "공사가 도중에 중단되어 예정된 최후의 공정을 종료하지 못한 경우에는 공사가 미완성된 것으로 볼 것이지만, 공사가 당초 예정된 최후의 공정까지 일응 종료하고 그 주요 구조 부분이 약정된 대로 시공되어 사회통념상 일이 완성되었고 다만 그것이 불완전하여 보수를 하여야 할 경우에는 공사가 완성되었으나 목적물에 하자가 있는 것에 지나지 아니한다고 해석함이 상당하고, 예정된 최후의 공정을 종료하였는지 여부는 수급인의 주장이나 도급인이 실시하는 준공검사 여부에 구애됨이 없이 당해 공사 도급계약의 구체적 내용과 신의성실의 원칙에 비추어 객관적으로 판단할 수밖에 없고, 이와 같은 기준은 공사 도급계약의 수급인이 공사의 준공이라는 일의 완성을 지체한 데 대한 손해배상액의 예정으로서의 성질을 가지는 지체상금에 관한 약정에 있어서도 그대로 적용된다."(대법원 1997. 10. 10. 선고 97다23150 판결)

건물신축도급계약상 건물의 공사가 불완전한 때 이를 미완성으로 볼 것인가, 아니면 공사의 완성으로 보되 다만 목적물에 하자가 있는 경우에 해당한다고 볼 것인가는 실제상 중요한 문제점을 내포하고 있다.

건물공사가 미완성인 때에는 채무불이행의 문제로 되며 수급인은 원칙적으로 공사금의 지급을 청구할 수 없고(보수후불의 원칙) 이에 반하여 목적물인 건물에 하자가 있는 경우에는 수급인은 도급인에게 공사금의 지급을 청구할 수 있으나, 도급인은 수급인의 하자담보책임을 물어 동시이행의 항변권을 행사함으로써 수급인이 하자부분의 보수 또는 그에 갈음하는 손해배상의 제공이 있을 때까지 공사금의 지급을 거절할 수 있을 뿐이다.

민법이 그 하자가 수급인의 과실에 의하여 발생한 것임을 필요로 하지 아니함은 물론 그것이 숨은 하자인가 아닌가를 묻지 아니하고 하자보수청구권을 인정하는 등 수급인에게 엄격한 하자담보책임을 지우고 있는 것은 한편으로는 도급인으로 하여금 하자 없는 완전한 목적물을 취득케 함을 목적으로 하고, 다른 한편으로는 수급인에게 보수청구권을 쉽게 확보할 수 있도록 하기 위한 것이기도 하다.

즉, 목적물이 완성되지 않는 한 수급인은 보수를 청구할 수 없으므로, 민법은 수급인에게 중한 담보책임을 지워 도급인을 보호하는 한편, 그와 균형을 취하기 위하여 목적물의 완성여부에 대한 판단기준을 가능한 한 완화시켜 수급인의 보수청구권을 일단 인정하되, 도급인이 인도받은 목적물에 하자가 있다면 하자담보책임에 관한 규정에 의하여 처리하도록 하려는 것이 그 입법취지라고 해석함이 상당하다 할 것이다.

따라서 건물신축 공사의 미완성과 하자를 구별하는 기준은 공사가 도중에 중단되어 예정된 최후의 공정을 종료하지 못한 경우에는 공사가 미완성된 것으로 볼 것이지만, 그것이 당초 예정된 최후의 공정까지 일응 종료하고 그 주요구조부분이 약정된 대로 시공되어 사회통념상 건물로서 완성되고 다만 그것이 불완전하여 보수를 하여야 할 경우에는 공사가 완성되었으나 목적물에 하자가 있는 것에 지나지 않는다고 해석함이 상당하고, 개별적 사건에 있어서 예정된 최후의 공정이 일응 종료하였는지 여부는 수급인의 주장에 구애됨이 없이 당해 건물신축도급계약의 구체적 내용과 신의성실의 원칙에 비추어 객관적으로 판단할 수밖에 없다할 것인바, 이와 같은 기준은 건물신축도급계약의 수급인이 건물의 준공이라는 일의 완성을 지체한 데 대한 손해배상액의 예정으로서의 성질을 가지는 지체상금에 관한 약정에 있어서도 그대로 적용된다고 할 것이다."(대법원 1994. 9. 30. 선고 94다32986 판결)

(2) 준공검사의 통과 여부

판례는 당사자가 특별히 준공검사의 통과 여부를 지체상금의 기준으로 삼았다면 그에 따라야 한다고 본다.

판례 "당사자 사이에 건축공사의 완공 후 부실공사와 하자보수를 둘러싼 분쟁이 일어날 소지가 많음이 예상됨에 따라 그러한 분쟁을 사전에 방지할 의도로 통상의 건축공사 도급계약과는 달리 도급인의 준공검사 통과를 대금지급의 요건으로 삼음과 동시에 하자보수 공사 후 다시 합격을 받을 때까지 지체상금까지 부담하게 함으로써 공사의 완전한 이행을 담보하기 위해 지체상금의 종기를 도급인의 준공검사 통과일로 정하였다고 볼 만한 특별한 사정이 있다면 그에 따라야 할 것이다."(대법원 2010. 1. 14. 선고 2009다7212, 7229 판결)

---

(3) 준공검사의 통과일을 공사완료일로 하는 특약을 부정한 사례

X(시행사)와 Y(시공사)는 Y가 모든 공사비를 투자하여 건물을 완성한 후 각 2:8의 지분으로 신축건물을 배분하기로 약정하였다. Y는 Y의 지분에 해당하는 호실을 분양하여 그 투자금을 회수하기로 하여 공사완공 후 X가 Y에게 공사대금을 지급할 필요는 없었다.

X와 Y 사이의 공사도급계약서에는 지체상금약정이 기재되어 있고, 공사계약 일반조건 제27조 제2항은 Y가 공사기간 내에 공사를 완성하지 아니한 때에는 Y는 지체한 일수에 지체상금률을 곱한 금액을 도급인 X에게 지급해야 한다고 규정하고 있다. 공사계약 일반조건 제28조 제1항은 이 사건 공사의 준공 전 사용승인의 필요가 있을 때에는 Y가 관계기관으로부터 사용승인을 받은 후 이를 X에게 통지해야 한다고 규정하고, 제2항 내지 제5항은 Y는 공사를 완료하고 관계기관의 준공승인을 필하는 데 있어서 시공자로서 구비해야 할 서류를 사전준비하고 준공검사원을 제출하여 관계기관으로부터 검사필증을 영수한 뒤 이를 X에게 제출하면, X는 15일 이내에 준공검사를 해야 하고, X의 준공검사에서 지적되는 사항에 대하여 Y는 지체없이 재시공 또는 보수하여 재검사를 받아야 함을 규정하고 있다.

또한 제28조제6항에서 X의 준공검사 통과일을 본건공사 완료일로 한다고 규정하고 있으며, 제29조제2항은 공사완료일을 기준으로 그 이전에 발생한 일반관리비, 전기료, 수도료 등 제비용은 Y가 부담하고, 그 이후의 제비용은 입주여부에 관계 없이 X와 Y가 협약에서 정한 투입지분비율에 의하여 부담하도록 규정하고 있다.

이러한 사안에 대해 대법원은 이 사건 공사계약 일반조건 제28조, 제29조는 이 사건 공사의 완공 전의 사용승인의 절차 및 이 사건 공사의 완공 이후 관할관청으로부터 준공인가를 받는 데 있어서의 업무분담 원칙, 이 사건 공사완료일을 기준으로 한 일반관리비, 전기료 등의 비용분담의 원칙 등을 정한 것에 지나지 아니할 뿐, 통상의 건축공사 도급계약과는 달리 원고와 피고 사이에 이 사건 공사에 따른 지체상금의 종기를 원고의 준공검사 통과일로 정하기 위한 특별한 약정이라고 보기는 어렵다고 판단하였다(대법원 2010. 1. 14. 선고 2009다7212, 7229 판결)

(4) 준공검사의 통과일을 공사완료일로 하는 특약을 인정한 사례

국가공사에 적용되는 공사계약일반조건 제25조제6항은 지체일수의 산정과 관련하여

① 준공기한내에 준공신고서를 제출한 때에는 준공검사에 소요된 기간은 지체일수에 산입하지 않지만, 준공기한 이후에 시정조치를 한 때에는 시정조치를 한 날부터 최종 준공검사에 합격한 날까지의 기간을 지체일수에 산입한다.
② 준공기한을 경과하여 준공신고서를 제출한 때에는 준공기한 익일부터 준공검사(시정조치를 한 때에는 최종 준공검사)에 합격한 날까지의 기간을 지체일수에 산입한다.
③ 준공기한의 말일이 공휴일(관련 법령의 규정에 의하여 발주기관의 휴무일인 경우를 포함한다)인 경우 지체일수는 공휴일의 익일 다음날부터 기산한다고 정하고 있다.

이와 같이 지체상금의 종기를 준공검사의 합격일로 정한 것은 유효하다는 판례가 있다(대법원 1996. 7. 12. 선고 94다58230 판결). 이 판결에서 대법원은 공사도급계약에서 수급인이 공사를 완성하였을 때에는 그 사실을 준공검사원 등 서면으로 도급인에게 통지하고 필요한 검사를 받아야 하고, 도급인은 위 통지를 받은 때에는 10일 이내에 수급인의 입회하에 그 검사를 하여야 하며, 만일 수급인이 위 검사에 합격하지 못한 때에는 지체 없이 이를 보수 또는 개조하여 다시 검사를 받아야 하며 이 경우 계약기간이 연장될 때에는 지체상금을 납부하여야 한다고 약정한 경우 수급인이 약정 준공일까지 공사를 완성하지 못한 경우에는 그 약정 준공일로부터 실제 공사 완성일까지 지체상금을 도급인에게 납부하여야 한다고 판시하였다.

9. 공사 목적물의 일부에 대한 인수·사용과 지체책임

쟁점

수급인이 약정준공기한을 넘겨 공사를 완성하였지만, 일부는 준공기한 내에 완성하였을 뿐만 아니라 도급인이 인수하여 사용하고 있다. 이 경우에도 전체 계약금액을 기준으로 지체상금을 납부하여야 하는가?

판단

관급공사의 경우, 성질상 분할 가능한 부분을 인수하여 사용한 때에는 그만큼 감액하여야 한다.

(1) 공사 목적물의 일부에 대한 인수와 지체책임

약정 준공기한을 지키지 못하면 지체상금은 반드시 전체 계약금액에 지체일수와 지체상금률을 곱하여 계산해야 할까? 예컨대, 3개 동으로 이루어진 건축물 공사에 대한 도급계약이 있는데, 그 중 1개동만 준공기한을 지키지 못하고 나머지 동은 기한 내에 준공을 하여 건축주에게 넘겨주었다면 어떻게 될까?

지체상금을 약정할 때 지체상금을 산정하는 기준금액에 대하여 보통은 약정한 공사대금 전액을 기준으로 한다. 그런데 그렇지 않은 경우가 있는데, 특히 관급공사의 경우에 이에 대한 규정이 있다.

관급공사의 경우는 이러한 경우에 대한 명시적인 규정이 있다. 국가계약법 시행령 제74조제2항이 그 규정이다. 즉, 기성부분에 대하여 검사를 거쳐 이를 인수하는 경우(인수하지 아니하고 관리 · 사용하는 경우를 포함한다)에는 그 부분에 상당하는 금액을 계약금액에서 공제한 금액을 기준으로 지체상금을 계산하도록 하되, 인수는 성질상 분할할 수 있는 공사에 대한 완성부분에 한정한다. 같은 내용이 공사계약일반조건 제25조제2항에도 규정되어 있다. 지방계약법 시행령 제90조제2항과 행정자치부 예규인 공사계약일반조건에도 있다.

(2) 인도를 완료한 공사 목적물 부분에 대한 지체책임을 부정한 사례

이 규정을 좀 더 알기 쉽게 앞의 예를 가지고 설명한다면, 3개동 가운데 2개동은 도급인이 인수하여 본래의 용도에 맞게 사용하고, 나머지 1개동만 약정 준공기한을 지키지 못했다면 전체 계약금액이 아니라 1개동의 계약금액이 지체상금을 계산하는 기준이 된다는 것이다.

이 조항이 실제로 문제가 된 사례가 있다. S건설은 N교육청으로부터 초등학교 교실 및 운동장 신축공사를 도급받아 준공기한 내에 교실과 운동장을 인도해주고, N교육청은 이를 인도받아 초등학교를 개교하였다. 다만, 진입로 공사가 약정 준공기한보다 10일 정도 늦어졌다. 이에 대하여 N교육청이 전체 계약금액을 기준으로 지체상금을 부과하자 S건설은 위 조항을 근거로 진입로공사 부분에 해당하는 계약금액을 기준으로 지체상금을 계산해야 한다며 소송을 냈다. 교실과 운동장은 실제로 인수하여 사용하고 있으므로 쟁점은 진입로 부분의 공사가 성질상 분할 가능한 것인가 하는 점이었다.

법원은 N교육청이 교실 및 운동장을 인수하여 사용·관리하였으며, 위 부분과 미시공된 나머지 진입로 부분은 성질상 분할할 수 있다고 판단하며 S건설의 손을 들어주었다(의정부지방법원 2003. 6. 2. 선고 2002가단57256 판결).

비슷한 사례가 또 하나 있다. B건설은 A시로부터 상수도관 교체공사를 도급받아 약정준공기한 이내에 통수시험까지 마쳤다. A시는 교체된 상수도관을 이용하여 수돗물을 공급하고 있다. 그런데 A시 공무원은 B건설이 상수도관 교체공사에 부수된 공사인 도로포장 등의 마무리공사를 기한 내에 마치지 못했다며 전체 공사금액에 대하여 지체상금을 부과하였다.

이에 대해서도 법원은 건설회사의 손을 들어주었다. 통수시험까지 마치고 교체된 상수도관을 이용하여 수돗물을 공급하는 이상 실제로 기성부분을 인수하여 사용·관리하고 있으므로 인수한 부분에 대하여 지체상금을 부과해서는 안된다고 판단한 것이다(이 사례는 1심에서는 건설사가 패소했지만 항소심에서는 건설사의 항소를 인용하는 취지로 조정이 성립된 사안이다).

정리하면, 성질상 분할 가능한 공사 부분을 기성부분으로 인수한 경우, 수급인이 약정 준공 기한을 지키지 못했더라도 지체상금은 인수한 부분을 제외한 나머지 공사부분에 대해서만 부과하여야 한다는 것이다.

10. 지체상금의 과다 여부를 판단하는 기준

쟁점

지체상금이 부당하게 과다하다고 인정되는 경우 법원은 적당히 감액할 수 있다. 이때 과다 여부를 판단하는 기준은 지체상금율 자체인가, 지체상금율을 적용하여 산출한 지체상금 총액인가?

판단

과다 여부는 지체상금율을 곱하여 산출된 총액을 기준으로 판단한다.

(1) 총액 기준

지체상금을 계약 총액에 지체상금률을 곱하여 산출하기로 정한 경우, 지체상금의 과다 여부는 지체상금률 그 자체를 가지고 판단하는가, 아니면 계약 총액에 지체상금률을 곱하고 다시 지체일수를 곱하여 산출된 지체상금 총액을 기준으로 하여 판단하여야 하는가?

대법원 판례는 지체상금 총액을 기준으로 하여 지체상금이 과다한지 여부를 판단해야 한다고 본다.

판례 "지체상금을 계약 총액에서 지체상금률을 곱하여 산출하기로 정한 경우, 민법 제398조제2항에 의하면 손해배상액의 예정액이 부당히 과다한 경우에는 법원은 적당히 감액할 수 있다고 규정되어 있고 여기의 손해배상의 예정액이란 문언상 그 예정한 손해배상액의 총액을 의미한다고 해석되므로, 손해배상의 예정에 해당하는 지체상금의 과다 여부는 지체상금 총액을 기준으로 하여 판단하여야 한다."(대법원 1996. 4. 26. 선고 95다11436 판결)

(2) 부당하게 과다한지 여부를 판단하는 기준

손해배상액의 예정에 해당되는 지체상금이 부당히 과다한 경우란 어떤 의미이고, 부당하게 과다한지 여부는 어떻게 판단하는가?

이에 관하여 대법원은 지체상금이 ① 당사자의 지위, ② 계약의 목적과 내용, ③ 지체상금을 예정한 동기, 공사도급액에 대한 지체상금의 비율, ④ 지체상금의 액수, ⑤ 지체의 사유, ⑥ 당시의 거래관행 등 여러 사정에 비추어 부당히 과다하다고 인정되는 경우에는 법원이 이를 감액할 수 있다(대법원 2018. 10. 12. 선고 2015다256794 판결)고 판시하였다.

(3) 법원의 직권에 의한 감액

민사소송에서는 일반적으로 자신에게 유리한 사실은 소송당사자가 주장하지 않으면 법원에서 인정받지 못하는데, 지체상금이 부당하게 과다하다는 사실도 당사자가 적극적으로 주장해야만 감액될 수 있을까?

그렇지 않다. 지체상금액이 부당하게 과다한 것으로 인정될 경우 법원은 소송당사자가 적극적으로 그 사실을 주장하지 않더라도 직권으로 감액할 수 있다(대법원 2000. 7. 28. 선고 99다38637 판결).

그렇다고 지체상금이 부당하게 과다하다고 인정되지 아니하는 경우에는 이에 대하여 당사자의 주장이 없다면 법원이 직권으로 지체상금이 부당하게 과다하지 않다는 것을 판단할 필요까지는 없다(대법원 2002. 12. 24. 선고 2000다54536 판결).

(4) 지체상금 과다 여부를 판단하는 시점

지체상금의 과다 여부를 판단하는 기준시점은 언제인가? 사실심 변론종결시이다. "손해배상의 예정액이 부당하게 과다한지 및 그에 대한 적당한 감액의 범위를 판단하는 데 있어서는 법원이 구체적으로 그 판단을 하는 때 즉, 사실심의 변론종결 당시를 기준"으로 할 것이다(대법원 1999. 4. 23. 선고 98다45546 판결).

(5) 감액 부분의 효력

법원이 손해배상의 예정액이 부당히 과다하다고 하여 감액을 한 경우에는 손해배상액의 예정에 관한 약정 중 감액 부분에 해당하는 부분은 처음부터 무효가 된다(대법원 2004. 12. 10. 선고 2002다73852 판결).

11. 관급공사에서 지체상금의 감액 가능성

쟁점

지체상금이 부당하게 과다한 경우 법원은 적당히 감액할 수 있는바, 관급공사의 경우에도 감액할 수 있는가?

판단

법원은 당연히 감액할 수 있다고 본다.

지체상금 약정에 따라 산정한 지체상금액이 부당하게 과다하다고 인정되는 경우에 법원은 적당히 감액할 수 있다. 그것은 지체상금약정의 성격을 손해배상액 예정으로 보고 민법 제398조제2항을 적용하기 때문이다.

관급공사의 경우에도 지체상금 약정을 손해배상액 예정으로 보고 민법 제398조2항을 근거로 적당하게 감액할 수 있을까? 국가계약법이나 지방계약법이 적용되는 관급공사의 경우에는 사인간의 도급계약과는 달리 지체상금이 부당하게 과다한 경우에도 법원이 적당하게 감액할 수 없는가?

대법원은 국가계약법이 적용되는 계약도 그 본질은 사인 간의 계약과 다를 바가 없다는 점을 분명히 하고 있다. 대법원은 "국가를 당사자로 하는 계약에 관한 법률의 규정은 국가와 사인 간의 계약관계에서 관계 공무원이 지켜야 할 계약사무 처리에 관한 필요한 사항을 정한 국가의 내부규정에 불과할 뿐만 아니라 위 법이 적용되는 계약도 그 본질은 사인 간의 계약과 다를 바가 없으므로, 그 법령에 특별한 규정이 있는 경우를 제외하고는 사법의 규정 내지 법 원리가 그대로 적용된다고 할 것(대법원 2004. 12. 10. 선고 2002다73852 판결)"이라고 판시한 바 있다.

그래서 관급공사에 관한 도급계약에 대해서도 사법의 규정 내지 법 원리가 그대로 적용되므로 국가계약법령 소정의 지체상금에 관한 규정이 손해배상액의 예정으로 인정되는 이상 그 예정액이 부당히 과다한 경우에는 민법 제398조 제2항에 의하여 법원은 적당히 감액할 수 있다고 보는 것이다(대법원 1996. 4. 26. 선고 95다11436 판결).

12. 지체상금 감액과 과실상계의 적용 여부

쟁점

지체상금 약정은 손해배상액 예정으로 추정되므로 법원은 지체상금 약정이 부당하게 과다하다고 인정하는 경우 적당하게 감액할 수 있다.
공사의 지연에 도급인의 과실이 개입되어 있는 경우 법원은 지체상금의 감액과는 별도로 도급인의 과실을 참작하여 감액할 수 있는가?

판단

대법원은 약정 지체상금을 적당하게 감액하는 이상 별도로 과실상계를 할 필요는 없다고 판단한다.

대법원은 "당사자 사이의 계약에서 채무자의 채무불이행으로 인한 손해배상액이 예정되어 있는 경우, 채무불이행으로 인한 손해의 발생 및 확대에 채권자에게도 과실이 있더라도 민법 제398조 제2항에 따라 채권자의 과실을 비롯하여 채무자가 계약을 위반한 경위 등 제반 사정을 참작하여 손해배상 예정액을 감액할 수는 있을지언정 채권자의 과실을 들어 과실상계를 할 수는 없다(대법원 2016. 6. 10 선고 2014다200763, 200770 판결)"고 판시하였다.

판례 "조달청이 체결하는 물품구매계약의 일반조건 및 특수조건에서, 정부측 사정으로 인하여 납품이 지연된 경우에는 그 해당 일수의 지체상금은 면제된다는 취지의 규정이 있고, 구 예산회계법 시행령 제129조 제1항 후문(현 국가계약법 시행령 제74조제1항 후문)에서도 수급인이 책임을 질 수 없는 사유로 이행이 지연된 경우에는 그 해당일수만큼 지체상금을 공제할 수 없다는 취지의 규정을 두고 있다 할지라도 그 지체상금이 손해배상의 예정으로 인정되어 이를 감액함에 있어서는 채무자가 계약을 위반한 경위 등 제반사정이 참작되므로 손해배상액의 감경에 앞서 채권자의 과실 등을 들어 따로 감경할 필요는 없다."(대법원 2002. 1. 25. 선고 99다57126 판결)

---

13. 지체상금 부과가 부당한 경우

쟁점

공사의 완공이 불가능할 정도로 공기 단축을 요구하는 도급인의 요구에 응하여 돌관작업까지 하였으나 끝내 단축한 준공기한 내에 공사를 완성하지 못했다. 이런 경우까지 지체상금을 물어야 하는가?

판단

준공기한을 앞당기기로 하는 합의는 준공에 절대적으로 필요한 최소한의 기간에 해당하는 지체상금 부분에 한하여 무효이다.

(1) 지체상금 부과가 부당한 경우

도급인이 우월적 지위를 이용하여 아예 공사의 준공이 불가능한 기일을 준공기한으로 약정한 경우에도 지체상금을 물어야 한다면 부당하다고 하지 않을 수 없다.

대법원은 애초에 불가능한 공사기간을 강요했다가 준공기한을 어겼다고 지체상금을 부과하는 것은 선량한 풍속 기타 사회질서에 위반되어 무효라고 본다(대법원 1997. 6. 24. 선고 97다2221 판결).

(2) 지체상금 부과가 부당하여 무효로 본 사례

X는 지방자치단체인 Y가 발주한 공사를 수주하였는데, 당초 준공기한은 착공 후 300일이 되는 1993. 10. 25.이었다. 공사 도중 Y의 일방적 요구로 준공기한을 1993. 7. 31.로 변경하여 공사기간은 210일로 되었다. Y가 행사에 지장이 없도록 준공되어야 한다는 이유로 일방적으로 공기를 단축하여 X에게 통보한 것이다.

그러나 감정인의 감정결과 등에 의하면 적정 공사기간은 공사기간이 동절기와 겹치는 점 등을 참작할 때 약 279일 내지 298일 정도이다. 공사기간을 단축할 당시 기성공정률은 67.1%에 불과했다.

X는 1993. 9. 28. 이 사건 공사를 완공하였고, 같은 해 10. 11. 준공검사를 마쳤다.

이러한 사안에서 원심 법원은 X가 지체상금을 납부하여야 한다고 보았다. X가 전문건설회사로서 이 사건 공사가 조기에 완공되어야 한다는 사실을 잘 알고 있었고, 공사기한의 변경에 맞추어 모든 서류를 작성하고 공사대금을 청구·수령해 온 점 등을 참작해 볼 때, 당초의 준공기한을 3개월 정도 앞당긴 합의가 선량한 풍속 기타 사회질서에 반하는 무효의 법률행위라고는 하기 어렵다고 판단한 것이다.

그러나 대법원의 판단은 달랐다. 대법원은 우선 이 사건 공사가 단축된 준공기한내에 준공될 수 있는 것인지가 심히 의심스럽다고 보았다. 나아가 그 준공이 물리적으로 가능하다고 할지라도 총체적으로 부실공사를 강요하는 것이 되지 않는다고 단정하기도 어렵다고 보았다.

그러면서 대법원은 애초에 불가능한 공사기간을 강요했다가 준공기한을 어겼다고 지체상금을 부과하는 것은 선량한 풍속 기타 사회질서에 위반된다고 판단한 뒤, 준공에 절대적으로 필요한 최소한의 기간에 해당하는 지체상금 부분에 한하여 무효라고 판시하였다.

판례 "도급인의 지위에 있는 행정기관인 피고가 당초의 입찰이나 계약체결시에 약정한 공사기간을 그 후 행정상의 이유로 일방적으로, 수급인이 당초 전혀 예상하지 못했을 정도로 상당한 기간의 단축을 요구하여 수급인인 원고로 하여금 이에 부득이 응하게 한 경우에, 그와 같이 공사기간을 단축할 당시에 있어서의 기성공정률에다가 그 공사의 완공에 필요한 총기간 및 남은 공사기간 등을 참작하여 그 단축된 기간 내에 공사를 준공하는 것이 물리적으로 불가능하거나 총체적으로 부실공사를 강요하는 것이 될 수밖에 없는 사정이라면, 당초의 지체상금에 관한 약정을 그대로 적용하여 위와 같이 준공이 불가능할 정도로 단축된 준공기한을 기준으로 일률적으로 계산한 지체일수 전부에 대하여 당초의 약정에 의한 지체상금의 배상을 그대로 물게 하는 것은 선량한 풍속 기타 사회질서에 비추어 허용할 수 없는 것이라고 할 것이고, 따라서 준공기한을 앞당기기로 하는 위 합의는 준공에 절대적으로 필요한 최소한의 기간에 해당하는 지체상금 부분에 한하여 무효라고 할 것이다."(대법원 1997. 6. 24. 선고 97다2221 판결)

---

14. 지체상금과 함께 규정된 계약이행보증금의 성격

쟁점

공사도급계약에 지체상금과 별도로 계약이행보증금에 관한 약정이 있는 경우 수급인의 채무불이행이 있는 경우 계약이행보증금은 전액 몰취할 수 있는가?

판단

위약벌로 인정되는 예외적인 경우 이외에는 손해배상 예정액으로 해석되어 몰취하기 어렵다.

(1) 지체상금과 함께 약정된 계약이행보증금의 성격

대부분의 공사도급계약에서는 계약이행보증금과 지체상금을 함께 규정하고 있다. 민간건설공사 표준도급계약서도 그렇고, 공공공사에 적용되는 공사계약일반조건의 경우도 그렇다.

이처럼 공사도급계약서에 지체상금 규정뿐만 아니라 계약이행보증금의 규정도 함께 있는 경우에 수급인이 제때에 공사를 완료하지 아니한 상태에서 수급인의 귀책사유로 계약이 해제되었을 때 도급인은 계약이행보증금은 위약벌로서 무조건 몰취할 수 있는가?

과거 대법원 판례는 도급계약에 있어 계약이행보증금과 지체상금의 약정이 있는 경우에는 특별한 사정이 없는 한 계약이행보증금은 위약벌의 성격이고, 지체상금은 손해배상의 예정으로 보았다. 예컨대 대법원 1997. 10. 28. 선고 97다21932 판결이 그런데, "도급계약에 있어 계약이행보증금과 지체상금의 약정이 있는 경우에는 특별한 사정이 없는 한 계약이행보증금은 위약벌 또는 제재금의 성질을 가지고, 지체상금은 손해배상의 예정으로 봄이 상당하다."고 판시한 것이다.

계약이행보증금을 위약벌로 본다면 도급인으로서는 계약이행보증금은 위약벌로서 전액 몰취하고 이와 별도로 지체상금을 손해배상으로서 주장할 수 있을 것이다.

그러나 근래의 판례는 그렇게 기계적으로 보지 않고 있다. 오히려 도급계약서상 계약이행보증금과 지체상금이 함께 규정되어 있는 것만으로 계약이행보증금을 위약벌로 볼 수는 없다는 태도를 보인다.

판례 "도급계약서 및 그 계약내용에 편입된 약관에 수급인의 귀책사유로 인하여 계약이 해제된 경우에는 계약보증금이 도급인에게 귀속한다는 조항이 있을 때 이 계약보증금이 손해배상액의 예정인지 위약벌인지는 도급계약서 및 위 약관 등을 종합하여 구체적 사건에서 개별적으로 결정할 의사해석의 문제이고, 위약금은 민법 제398조 제4항에 의하여 손해배상액의 예정으로 추정되므로 위약금이 위약벌로 해석되기 위하여는 특별한 사정이 주장·입증되어야 하는바, 당사자 사이의 도급계약서에 계약보증금 외에 지체상금도 규정되어 있다는 점만을 이유로 하여 계약보증금을 위약벌로 보기는 어렵다."(대법원 2000. 12. 8. 선고 2000다35771 판결)

계약보증금이 손해배상액의 예정인지 위약벌인지는 구체적 사건에서 개별적으로 결정할 의사해석의 문제이고, 계약보증금이 위약벌로 해석되기 위해서는 특별한 사정이 주장 · 입증되어야 한다는 것이다.

판례 "도급계약서 및 그 계약내용에 편입된 약관에 수급인의 귀책사유로 인하여 계약이 해제된 경우에는 계약보증금이 도급인에게 귀속한다는 조항이 있는 경우, 그 계약보증금이 손해배상액의 예정인지 위약벌인지는 도급계약서 및 위 약관 등을 종합하여 개별적으로 결정할 의사해석의 문제이고, 위약금은 민법 제398조 제4항에 의하여 손해배상액의 예정으로 추정되므로 위약금이 위약벌로 해석되기 위하여는 특별한 사정이 주장·입증되어야 하는바, 도급계약서에 계약보증금 외에 지체상금도 규정되어 있다는 점만을 이유로 하여 계약보증금을 위약벌이라고 보기는 어렵다 할 것이다."(대법원 2005. 11. 10. 선고 2004다40597 판결)

대법원 판례는 도급계약에 계약보증금 외에 지체상금도 규정되어 있다는 점만으로 계약보증금을 위약벌로 볼 수 없다는 태도를 확고히 하고 있다(대법원 2009. 12. 10. 선고 2007다13992 판결).

(2) 지체상금과 계약이행보증금의 관계

건설공제조합이 하는 '계약이행보증'은 건설공사도급계약의 수급인이 도급계약을 약정대로 이행하는 것을 보증하고, 만약 수급인의 귀책사유로 도급계약을 불이행하는 경우에는 그로 인한 수급인의 도급인에 대한 손해배상채무의 이행을 계약보증금의 한도에서 보증하는 것이다(대법원 1997. 8. 26. 선고 97다18813 판결).

따라서 수급인의 귀책사유로 도급계약의 목적이 된 공사의 완공이 지연되는 경우에 그 지연으로 인한 손해배상채무도 당연히 계약보증의 대상이 되는 것이고, 이 경우 만일 도급인과 수급인 사이에 공사완공의 지연에 대비한 지체상금의 약정이 있다면 그 약정에 따라 산정되는 지체상금액이 계약보증의 대상이 되는 것이다(대법원 2006. 4. 28. 선고 2004다39511 판결).

15. 지체상금약정과 함께 규정된 손해배상약정의 의미

쟁점

도급인은 수급인의 공사 지연으로 인한 손해 이외의 손해를 수급인에게 청구할 수 있는가?

판단

공사 지연 이외의 원인으로 인한 손해에 대해서는 지체상금 약정과 무관하세 손해배상을 청구할 수 있다.

민간건설공사 표준도급계약 일반조건에는 지체상금약정과 별도로 손해배상 약정 조항이 있다. 위 일반조건의 제36조제2항은 제34조 및 제35조의 규정에 의한 계약의 해제 또는 해지로 인하여 손해가 발생한 때에는 상대방에게 그에 대한 배상을 청구할 수 있다고 규정하고 있다. 제34조는 계약의 해제 · 해지사유로서 수급인의 책임 있는 사유로 인하여 준공기일 내에 공사를 완성할 가능성이 없음이 명백한 경우 등의 개별적 사유와 아울러 "기타 수급인의 계약조건 위반으로 인하여 계약의 목적을 달성할 수 없다고 인정되는 경우"(제4호)를 규정하고 있다.

판례는, 지체상금약정은 수급인이 기한 내에 공사를 완성하지 못한 경우에 완공의 지체로 인한 손해배상액의 예정이고, 수급인이 완공의 지체가 아니라 그 공사를 부실하게 한 것과 같은 불완전급부 등으로 인하여 발생한 손해에 대해서는 일반조건 제35조제2항에 기하여 별도로 그 배상을 청구할 수 있다고 해석한다.

이 경우 손해배상의 범위는 민법 제393조 등과 같은 그 범위획정에 관한 일반 법리에 의하여 정하여지고, 약정된 지체상금액에 한정되지 않는다는 것이 판례이다.

판례 "공사도급계약을 체결하면서 건설교통부 고시 '민간건설공사 표준도급계약 일반조건'을 계약의 일부로 편입하기로 합의하였고, 위 일반조건에서 지체상금에 관한 규정과 별도로 계약의 해제·해지로 인한 손해배상청구에 관한 규정을 두고 있는 경우, 채무불이행에 관한 손해배상액의 예정은 당사자의 합의로 행하여지는 것으로서, 그 내용이 어떠한가, 특히 어떠한 유형의 채무불이행에 관한 손해배상을 예정한 것인가는 무엇보다도 당해 약정의 해석에 의하여 정하여지는바, 위 일반조건의 지체상금약정은 수급인이 공사완성의 기한 내에 공사를 완성하지 못한 경우에 완공의 지체로 인한 손해배상책임에 관하여 손해배상액을 예정하였다고 해석할 것이고, 수급인이 완공의 지체가 아니라 그 공사를 부실하게 한 것과 같은 불완전급부 등으로 인하여 발생한 손해는 그것이 그 부실공사 등과 상당인과관계가 있는 완공의 지체로 인하여 발생한 것이 아닌 한 위 지체상금약정에 의하여 처리되지 아니하고 도급인은 위 일반조건의 손해배상약정에 기하여 별도로 그 배상을 청구할 수 있다. 이 경우 손해배상의 범위는 민법 제393조 등과 같은 그 범위확정에 관한 일반 법리에 의하여 정하여지고, 그것이 위 지체상금약정에 기하여 산정되는 지체상금액에 제한되어 이를 넘지 못한다고 볼 것이 아니다."(대법원 2010. 1. 28. 선고 2009다41137, 41144 판결)

16. 도급인의 지연손해배상 청구권의 포기 여부

쟁점

도급인은 지체상금에 대한 청구권을 포기할 수 있는가?

판단

청구권의 포기나 채무의 면제가 가능하다.

도급인은 수급인의 공사지연으로 인한 손해배상청구권을 포기할 수 있다. 약정한 손해배상예정액인 지체상금에 대한 청구권도 포기하거나 면제할 수 있다. 청구권의 포기나 채무의 면제 여부는 어떻게 판단하는가. 도급인이 공사의 완공지연으로 인하여 입게 된 통상의 손해에 관하여 배상받을 권리를 포기하거나 수급인의 채무를 면제하였다고 인정하기 위한 요건에 관하여 대법원은 이렇게 판시한다.

판례 "'본인은 건물건축공사의 수급인으로서 당 공사의 하자, 지연으로 인하여 도급인에게 임대차 등에 따른 민·형사 및 행정상의 문제가 발생할 때에는 전적으로 책임을 부담하겠다'는 내용의 각서를 수급인이 작성하여 도급인에게 제출한 경우, 이러한 각서의 기재내용만으로 도급인이 공사의 완공지연으로 인하여 입게 된 통상의 손해에 관하여 그 배상받을 권리를 스스로 포기하거나 수급인의 당해 채무를 면제하였다고 볼 수는 없다 할 것이고, 그 밖에 채권자인 도급인의 어떠한 행위나 의사표시의 해석에 의하여 그것이 채권의 포기 또는 채무의 면제라고 볼 수 있는 사정이 있어야 건축공사의 지연에 따른 수급인의 도급인에 대한 손해배상책임 문제가 이로써 종결되었다고 볼 것이고, 이와 같이 인정하기 위하여서는 도급인의 행위 내지 의사표시의 해석을 엄격히 하여 그 적용 여부를 결정하여야 한다."(대법원 1995. 2. 10. 선고 94다44774(본소), 44781(반소) 판결)

당초 원심에서는 도급인이 수급인으로부터 이 사건 건물의 임차인들에 대한 손해배상책임을 수급인이 전적으로 부담하겠다는 내용의 각서를 교부받은 사실에 터잡아 건물공사의 지연에 따른 수급인의 도급인에 대한 일체의 책임문제가 종결된 것으로 보았다. 그러나 대법원은 이러한 각서의 기재내용만으로 도급인의 지체상금 청구권 포기나 채무의 면제가 있었다고 볼 수는 없다고 한 사례이다.

17. 보증시공을 선택한 보증사의 지체상금 납부 의무 여부

쟁점

甲 공사가 乙 주식회사와 공사도급계약을 체결하고, 丙 공제조합이 乙 회사와 보증채권자를 甲 공사로 하는 공사이행보증계약을 체결하였는데, 공사가 계속 지연되자 甲 공사가 보증채무 이행을 청구하였고, 丙 조합이 준공기한을 도과하여 공사를 완료하였다. 이 경우 丙 조합이 지체상금 채무를 부담하는가?

판단

丙 조합이 지체상금 등의 채무를 부담할 의무가 있다.

도급인 甲과 건설회사 乙은 준공기한을 지키지 못하는 경우에는 지체상금을 지급하기로 하는 공사도급계약을 체결하고, 건설공제조합은 乙 회사와 보증채권자를 甲으로 하는 공사이행보증계약을 체결하였다. 乙의 공사지연으로 인하여 甲은 건설공제조합에 보증채무 이행을 청구하였고, 건설공제조합이 보증시공을 이행하여 공사를 완성한 것은 준공기한을 넘긴 시점이어서 지체상금이 발생하였다.

지체상금이 건설공제조합의 공사이행보증의 범위에 포함되는가? 도급인 甲은 건설공제조합을 상대로 지체상금 상당을 청구할 수 있는가?

대법원은 2015. 10. 29. 선고 2013다200469 판결에서 이를 긍정하였다.

건설공제조합이 공사이행보증 중 보증시공을 선택한 경우에 건설공제조합이 대신 이행하여야 하는 채무자의 도급계약상 의무는 '약정된 기간 내에 공사를 완성할 의무'인 점 등을 들어 채무자와 보증채권자 사이의 도급계약에서 공사완공의 지연에 대비하여 지체상금의 지급을 약정하고 있는 경우 건설공제조합이 보증시공을 선택하여 의무를 이행하였더라도 약정된 기간 내에 공사를 완공하지 못하였다면 그로 인한 지체상금 채무도 도급계약상 의무로서 보증채무에 포함된다고 본 것이다.

CHAPTER 07

추가공사대금과 계약금액조정

제7장 추가공사대금과 계약금액조정

1. 추가공사대금청구의 요건
2. 공사대금의 감액 여부
3. 추가공사대금과 압류의 효력
4. 물가변동으로 인한 계약금액 조정을 배제하는 특약의 효력
5. 계약금액 조정청구의 권원
6. 당사자의 신청에 의한 조정
7. 기지급대가의 조정 대상 여부
8. 조정기준일 이후에 한 압류의 효력이 증액 공사대금에 미치는지 여부
9. 설계변경과 계약금액의 조정
10. 기타 계약내용의 변경으로 인한 계약금액의 조정
11. 장기계속공사에서 계약금액의 조정
12. 설계·시공일괄계약과 계약금액 조정
13. 계약금액 조정과 손해배상의 범위
14. 공사착공의 지연에 따른 손해배상 책임

1. 추가공사대금청구의 요건

쟁점

정액도급계약에서 수급인이 추가공사대금을 청구할 수 있는 요건은 무엇인가?

판단

① 수급인의 추가공사 사실과 ② 추가공사비 지급에 관한 약정이 있어야 추가공사대금을 청구할 수 있다.

단가계약이나 실비정산계약의 경우에는 실제로 추가공사가 있었다면 증가된 물량만큼 당연히 도급인은 수급인에게 추가공사대금을 지급해야 할 것이다.

그러나 공사도급계약은 대부분 정액도급계약으로서 총공사대금을 정해둔 총액계약인 것이다. 이러한 정액도급계약의 경우 언제 추가공사대금을 청구할 수 있고 지급할 의무가 발생하는가?

정액도급계약에서는 원칙적으로 추가공사대금을 청구할 수 없다. 정액도급계약에서는 미리 정한 금액에 공사를 완성하기로 약정한 것이다. 수급인이 예상치 못한 사정으로 공사물량이 많아졌더라도, 공사비가 증가했더라도 추가공사대금을 요구할 수는 없는 게 당연하다.

대법원 역시 "총공사대금을 정하여 한 공사도급계약의 경우 도급인은 특별한 사정이 없는 한 수급인에게 당초의 공사대금을 초과하는 금원을 공사대금으로 지급할 의무는 없고, 재료비 등으로 당초 예상보다 많은 공사비용을 들였다고 하여도 특별한 사정이 없는 한 도급인으로서는 수급인에게 계약상의 공사대금을 초과하는 금원을 공사대금으로 지급할 의무는 없다."(대법원 2006. 4. 27. 선고 2005다63870 판결)고 판시하였다.

대법원은 1998. 2. 24. 선고 95다38066, 38073 판결에서도 "추가공사에 관하여 원·피고 사이의 사전합의가 없었던 이상 일부 변경시공으로 공사비가 증가되었다고 하더라도 그 증가분을 당연히 공사대금으로 청구할 수 있는 것은 아니라 할 것"이라고 판시하고 있다.

그것은 계약을 잘못한 수급인이 감수할 수밖에 없는 것이다. 정액도급계약에서는 수급인이 선의로 추가공사를 시공하였더라도 추가공사대금을 청구할 수는 없다.

그렇다고 언제나 추가공사대금을 청구할 수 없는 것은 아니다. 대법원 판례는 ① 수급인이 당초의 약정을 초과하는 추가공사를 실제로 했다는 사실과 ② 도급인이 추가공사비를 지급하기로 약정했다는 사실이 인정되면 추가공사대금을 청구할 수 있다고 본다.

판례 "원고가 실제로 추가공사를 한 사실이 있는지 여부, 추가공사를 한 것이 사실이라면 추가공사비를 지급하기로 원·피고 사이에 합의가 이루어진 것인지 여부에 관하여 추가로 심리, 확정한 후 피고에게 추가공사비 지급의무가 있는지 여부를 판단하여야 한다."(대법원 2006. 4. 27. 선고 2005다63870 판결)[1]

---

1) 수급인인 원고가 도급인인 피고를 상대로 추가공사대금을 청구하는 사건이었다.

2. 공사대금의 감액 여부

쟁점

정액도급계약에서, 공사를 마친 뒤 실제 공사비가 당초의 계약금액보다 적게 소요되었다는 이유로 도급인은 수급인에게 도급금액의 감액을 주장할 수 있는가?

판단

변경계약을 체결하지 않은 이상 도급인이나 수급인이나 당초의 도급계약에 구속된다.

정액도급계약에서 공사를 완성한 뒤 뒤늦게 정산한 결과를 근거로 당초 약정한 공사대금이 과대 계상되었다거나 실제 공사비가 당초 약정한 공사비보다 적게 소요되었다는 이유로 도급인은 수급인에게 도급금액의 감액을 주장할 수 있는가? 또는 그 차액 상당을 수급인의 부당이득이라고 주장하며 반환을 청구할 수 있을까?

정액도급계약에서는 당초 예상보다 공사물량이 증가했다거나 공사비가 증가했다는 이유로 수급인이 도급인을 상대로 추가공사대금을 청구할 수 없는 것과 마찬가지로 당초 예상보다 공사물량이 감소했다거나 공사비가 감소했다는 이유로 도급인이 수급인을 상대로 공사대금의 감액을 주장할 수 없다.

판례 "계약 체결 당시에 미리 실공사비를 추산하여 그 견적액에 이윤을 더하여 공사대금을 확정하는 이른바 정액도급에 의한 공사도급계약의 경우에 있어서는 수급인으로서는 그의 신용, 자력, 기술 등을 이용하여 가능한 적은 비용으로 수주한 공사를 완성함으로써 도급금액과의 차액분을 이득하려고 꾀할 것임은 당연한 이치이므로, 공사의 완성 결과 실공사비가 당초의 공사도급금액의 견적 당시 예상하였던 것보다 적게 소요되었다고 하여 도급인이 그 도급금액의 감액을 주장할 수 없고 나아가 그 차액분이 수급인의 부당이득이 된다고 볼 수도 없다."(대법원 1995.2.10. 선고 94다44774(본소),44781(반소) 판결)

마찬가지로 설계변경 사유가 있더라도 설계변경절차를 거쳐 물량의 감소에 따른 감액계약을 체결하지 않았다면 도급인이 일방적으로 공사대금을 감액하여 지급할 수는 없다(서울남부지방법원 2011. 9. 8. 선고 2011나3478 판결).

3. 추가공사대금과 압류의 효력

쟁점

공사대금 채권에 대한 가압류나 압류의 효력은 추가공사대금채권에 미치는가?

판단

판례는 당초의 공사대금채권에 대한 압류의 효력은 추가공사대금채권에는 미치지 않는 것으로 본다.

수급인 A건설사는 도급인 B와 사이에 공사도급계약을 체결하여 공사를 하던중 공사대금을 증액하는 변경계약을 체결하였다. 그 변경전에 A건설사의 채권자들이 A건설사를 채무자로 도급인 B를 제3채무자로 하여 그 공사대금채권에 채권압류 또는 가압류를 하였다. 이 경우 채권자들이 한 압류 또는 가압류는 변경계약으로 증액된 공사대금채권에도 미치는가?

대법원은 당초의 공사대금에 대한 압류의 효력은 물가변동으로 인하여 증액되는 계약금액에는 미친다고 보지만, 당초의 공사대금에 대해 집행한 압류의 효력은 추가공사대금에는 미치지 않는 것으로 본다.

"채권에 대한 압류명령은 압류목적채권이 현실로 존재하는 경우에 그 한도에서 효력을 발생할 수 있는 것이고, 그 효력이 발생된 후 새로 발생한 채권에 대하여는 압류의 효력이 미치지 아니한다."(대법원 1989. 2. 28. 선고 88다카13394판결)는 이유로 변경계약을 체결하기 전에 채권자들이 한 압류 또는 가압류의 효력은 변경전의 공사대금청구권에만 미친다고 판단하였다.

판례 "채권에 대한 압류명령은 압류 목적 채권이 현실로 존재하는 경우에 그 한도에서 효력을 발생할 수 있는 것이고 그 효력이 발생된 후 새로 발생한 채권에 대하여는 압류의 효력이 미치지 아니하고, 따라서 공사금채권에 대한 압류 및 전부명령은 그 송달 후 체결된 추가공사계약으로 인한 추가공사금 채권에는 미치지 아니한다."(대법원 2001. 12. 24. 선고 2001다62640 판결)

---

4. 물가변동으로 인한 계약금액 조정을 배제하는 특약의 효력

쟁점

물가변동이 있더라도 계약금액을 조정하지 않는다고 하는 당사자 사이의 특약은 유효한가?

판단

대법원 판례는 물가변동으로 인한 계약금액의 조정을 배제하는 특약은 유효하다는 입장이다.

(1) 국가계약법에서 물가변동으로 인한 계약금액 조정

국가가 계약의 당사자인 계약에서 계약금액을 조정하는 사유는 3가지가 있다. ① 물가변동(국가계약법 시행령 제64조) ② 설계변경(시행령 제65조) ③ 기타 계약내용의 변경(시행령 제66조)이 그것이다.

물가변동에 관하여는 계약을 체결(장기계속공사의 경우에는 제1차 계약의 체결)한 날부터 90일 이상 경과하고 동시에 입찰일(2차 이후의 계약금액 조정에 있어서는 직전 조정기준일) 기준 품목조정율이나 지수조정율이 3/100 이상 증감된 때 계약금액을 조정한다. 조정기준일부터 90일 이내에는 다시 조정하지 못하지만, 천재 · 지변 또는 원자재의 가격급등의 경우에는 90일 이내에도 조정가능하다. 특정자재의 가격증감률이 15/100이상인 때에는 그 자재에 한하여 계약금액을 조정한다.

조정금액은 조정기준일 이후에 이행되는 부분의 대가(물가변동적용대가)에 품목조정율이나 지수조정율을 곱하여 산출하되, 계약상 조정기준일 이전에 이행이 완료되어야 할 부분은 제외한다.

계약금액의 증액은 계약상대방의 청구에 의하여야 하고, 계약상대자는 준공대가(장기계속계약의 경우에는 각 차수별 준공대가) 수령전까지 조정신청을 해야 한다(공사계약일반조건 제22조제3항). 청구일부터 30일 이내에 조정한다(국가계약법 제19조, 시행령 제64조, 시행규칙 제74조, 공사계약일반조건 제22조, 정부입찰 · 계약집행기준 제67조 내지 제70조의2; 지방자치단체를 당사자로 하는 계약에 관해서는 지방계약법에 같은 내용의 규정이 있다).

(2) 물가변동으로 인한 계약금액 조정을 배제하는 특약의 효력

위와 같은 물가변동으로 인한 계약금액의 조정을 배제하는 당사자 사이의 특약이 가능한가?

물가변동에 관한 국가계약법령의 규정은 당사자의 의사로 그 적용을 배제할 수 없는 강행규정이고, 물가변동으로 인한 계약금액조정은 발주기관의 의무이기 때문에 계약당사자간에 물가변동으로 인한 계약금액조정을 배제하는 특약은 무효라는 견해도 있다. 이러한 견해를 지지하는 중재판정도 있었다. "국가기관이 체결하는 계약에 있어서 국가계약법의 규정에 의한 물가변동으로 인한 계약금 조정은 의무사항으로써 계약당사자 사이에 동 계약금액 조정을 배제하는 특약 등을 규정할 수 없다고 한 점에 비추어 보면 신청인 및 피신청인 사이의 이 사건 물품공급계약이 국가계약법이 정한 계약금액조정요건을 구비한 경우에는 계약금액을 조정하는 것이 공평의 원칙에 따라 타당하다고 할 것이다(사건번호 : 제99111-0061호). 같은 판정에서 대한상사중재원은 더 나아가 당사자 사이에 '입찰자가 견적한 가격은 입찰자의 계약수행기간 동안 고정되어야 하며 어떠한 사유로도 변동되어서는 안된다'는 특약이 국가계약법령이 정한 물가변동에 따른 계약금액조정 규정까지 배제하는 것으로는 볼 수 없다고 판단했다.

그런데 똑같은 사안에 대하여 법원은 전혀 다르게 판단하였다. 대법원은 '입찰자가 견적한 가격은 입찰자의 계약수행기간 동안 고정되어야 하며 어떠한 사유로도 변동되어서는 안된다'는 특약은 물가변동이 있더라도 계약금액을 조정하지 않기로 하는 계약금액 고정의 특약이라고 판단하였다. 그리고 당사자 사이에 '물가변동으로 인한 계약금액 조정은 없다'는 특약은 무효가 아니라고 판단하였다. 사적 자치의 영역에 속하는 대등한 당사자 사이의 계약이기 때문에 계약금액 고정특약은 유효한 계약조항이라는 것이다.

대법원은 국가계약법령상 계약금액조정에 관한 조항은 강행규정이 아니라 임의규정으로 보는 것이다. 따라서 계약금액 조정 조항에 반하는 당사자 사이의 약정도 유효하다고 보는 것이다.

판례 "국가계약법 등 관계 법령의 내용, 외자물품계약의 특성, 이 사건 물품공급계약체결 및 계약금액 고정특약의 내용과 그 특약의 설정경위 등을 종합하여 보면, 이 사건 계약금액 고정 특약은 국제입찰에 의한 외자물품계약의 당사자 사이에 합의에 따른 것으로서 유효하다고 할 것이고 그것이 물가변동 등에 의한 계약금액 조정을 규정하고 있는 국가계약법 제19조에 위반되어 무효라고 볼 수는 없다."(대법원 2003. 8. 22. 선고 2003다318 판결)

위 대법원 판례와 달리 서울고등법원은 2014. 10. 30. 선고한 2014나2006945 판결에서 물가변동 등에 의한 계약금액 조정을 규정하고 있는 국가계약법 제19조는 강행법규에 해당한다는 이유로 물가변동으로 인한 계약금액 조정을 배제하는 특약에도 불구하고 물가변동에 따른 계약금액 조정금을 청구할 수 있다고 판단하였다. 물가변동으로 인한 계약금액의 조정을 배제하는 특약은 국가계약법 시행령 제4조 등을 위반하여 '계약상대자의 계약상 이익을 부당하게 제한하는 특약 또는 조건'이므로 효력이 없으므로 물가변동으로 인한 계약금액의 증액분을 지급해야 한다고 판결한 것이다.

그러나 최근 대법원은 "국가를 당사자로 하는 계약에 관한 법률에서 정한 '물가의 변동으로 인한 계약금액 조정' 규정이 국가 등이 계약상대자와의 합의에 기초하여 계약당사자 사이에만 효력이 있는 특수조건 등을 부가하는 것을 금지하거나 제한하지 않는다"고 판시하여 기존의 입장을 재확인하였다(대법원 2017. 12. 21. 선고 2012다74076 전원합의체 판결).

판례 "국가계약법상 물가의 변동으로 인한 계약금액 조정 규정은 계약상대자가 계약 당시에 예측하지 못한 물가의 변동으로 계약이행을 포기하거나 그 내용에 따른 의무를 제대로 이행하지 못하여 공공계약의 목적 달성에 지장이 초래되는 것을 막기 위한 것이다. 이와 더불어 세금을 재원으로 하는 공공계약의 특성상 계약 체결 후 일정 기간이 지난 시점에서 계약금액을 구성하는 각종 품목 또는 비목의 가격이 급격하게 상승하거나 하락한 경우 계약담당자 등으로 하여금 계약금액을 조정하는 내용을 공공계약에 반영하게 함으로써 예산 낭비를 방지하고 계약상대자에게 부당하게 이익이나 불이익을 주지 않으려는 뜻도 있다.

따라서 계약담당자 등은 위 규정의 취지에 배치되지 않는 한 개별 계약의 구체적 특성, 계약이행에 필요한 물품의 가격 추이 및 수급 상황, 환율 변동의 위험성, 정책적 필요성, 경제적 변동에 따른 위험의 합리적 분배 등을 고려하여 계약상대자와 물가변동에 따른 계약금액 조정 조항의 적용을 배제하는 합의를 할 수 있다. 계약금액을 구성하는 각종 품목 등의 가격은 상승할 수도 있지만 하락할 수도 있는데, 공공계약에서 위 조항의 적용을 배제하는 특약을 한 후 계약상대자가 이를 신뢰하고 환 헤징(hedging) 등 물가변동의 위험을 회피하려고 조치하였음에도 이후 물가 하락을 이유로 국가 등이 계약금액의 감액조정을 요구한다면 오히려 계약상대자가 예상하지 못한 손실을 입을 수 있는 점에 비추어도 그러하다.

위와 같은 공공계약의 성격, 국가계약법령상 물가변동으로 인한 계약금액 조정 규정의 내용과 입법 취지 등을 고려할 때, 위 규정은 국가 등이 사인과의 계약관계를 공정하고 합리적·효율적으로 처리할 수 있도록 계약담당자 등이 지켜야 할 사항을 규정한 데에 그칠 뿐이고, 국가 등이 계약상대자와의 합의에 기초하여 계약당사자 사이에만 효력이 있는 특수조건 등을 부가하는 것을 금지하거나 제한하는 것이라고 할 수 없으며, 사적 자치와 계약자유의 원칙상 그러한 계약 내용이나 조치의 효력을 함부로 부인할 것이 아니다.

다만 국가를 당사자로 하는 계약에 관한 법률 시행령(이하 '국가계약법 시행령'이라 한다) 제4조는 '계약담당공무원은 계약을 체결함에 있어서 국가계약법령 및 관계 법령에 규정된 계약상대자의 계약상 이익을 부당

하게 제한하는 특약 또는 조건을 정하여서는 아니 된다'고 규정하고 있으므로, 공공계약에서 계약상대자의 계약상 이익을 부당하게 제한하는 특약은 효력이 없다. 여기서 어떠한 특약이 계약상대자의 계약상 이익을 부당하게 제한하는 것으로서 국가계약법 시행령 제4조에 위배되어 효력이 없다고 하기 위해서는 그 특약이 계약상대자에게 다소 불이익하다는 점만으로는 부족하고, 국가 등이 계약상대자의 정당한 이익과 합리적인 기대에 반하여 형평에 어긋나는 특약을 정함으로써 계약상대자에게 부당하게 불이익을 주었다는 점이 인정되어야 한다.

그리고 계약상대자의 계약상 이익을 부당하게 제한하는 특약인지는 그 특약에 의하여 계약상대자에게 생길 수 있는 불이익의 내용과 정도, 불이익 발생의 가능성, 전체 계약에 미치는 영향, 당사자들 사이의 계약체결과정, 관계 법령의 규정 등 모든 사정을 종합하여 판단하여야 한다."(대법원 2017. 12. 21. 선고 2012다74076 전원합의체 판결)

한편, 건설산업기본법 제22조제5항은 건설공사 도급계약의 내용이 당사자 일방에게 현저하게 불공정한 경우로서 계약체결 이후 경제상황의 변동에 따라 발생하는 계약금액의 변경을 상당한 이유 없이 인정하지 아니하거나 그 부담을 상대방에게 전가하는 경우에는 그 부분을 무효로 한다고 규정하고 있다.

5. 계약금액 조정청구의 권원

쟁점

물가변동으로 인한 계약금액 조정에 관한 당사자 사이의 약정이 없더라도 국가계약법령만을 근거로 계약금액의 조정을 청구할 수 있는가?

판단

대법원 판례는 당사자 사이의 약정이 없다면 청구할 수 없다고 본다.

국가계약법 제19조, 시행령 제64조, 시행규칙 제74조에는 물가변동으로 인한 계약금액 조정에 관한 규정이 있다. 이에 근거하여 대부분의 관급공사에는 일정한 물가변동이 있는 경우에는 계약금액을 조정하기로 하는 계약조항을 두고 있다. 관급공사의 계약서로 첨부되는 공사계약일반조건에도 물가변동으로 인한 계약금액 조정에 관한 계약조항이 포함되어 있다.

그렇다면 당사자 사이에 물가변동으로 인한 계약금액 조정에 관한 특약을 맺지 않더라도 국가계약법령만을 근거로 계약금액의 조정을 청구할 수 있을까?

대법원은 부정적으로 본다. 대법원 판례는 물가변동으로 인한 계약금액의 조정을 배제하는 특약이 있는 이상 국가계약법령에 물가변동으로 인한 계약금액 조정의 근거가 있다고 하더라도 그 법령을 근거로 곧바로 계약금액의 조정을 요구할 수 없다고 본다. 국가계약법령상 계약금액 조정에 관한 규정은 국가와 사인간의 계약관계에서 관계공무원이 지켜야 할 계약사무 처리에 관한 필요한 사항을 규정한 것으로 국가의 내부규정에 불과한 것이므로 강행규정도 아니다.

한편 물가변동으로 인한 계약금액 조정을 배제하는 특약은 약관의 규제에 관한 법률에 위반되어 무효라는 주장도 있지만, 대법원은 이러한 주장도 받아들이지 않았다(대법원 2003. 8. 22. 선고 2003다318 판결).국가계약법 제19조와 시행령 제64조 및 시행규칙 제74조에 물가변동으로 인한 계약금액 조정의 근거조항이 있더라도 그 법령에 근거하여 곧바로 계약금액의 조정을 요구할 수는 없고, 물가변동으로 인한 계약금액의 조정을 요구하기 위해서는 당사자가 체결한 계약에 그 근거가 있어야 된다는 것이다. 물가변동으로 인한 계약금액 조정에 관한 특약을 두지 않거나 물가변동으로 인한 계약금액 조정을 배제하는 특약은 무효가 아니며 오히려 대등한 당사자 사이의 계약으로서 그 계약내용은 유효하다. "이 사건 계약금액 고정 특약이 유효한 이상 피고에게 위 규정에 기하여 계약금액의 조정을 요구할 수 있는 권리가 있다고는 볼 수 없다"(대법원 2003. 8. 22. 선고 2003다318 판결)

판례 "국가를 당사자로 하는 계약에 관한 법률 제19조는 '각 중앙관서의 장 또는 계약담당공무원은 공사·제조·용역 기타 국고의 부담이 되는 계약을 체결한 다음 물가의 변동, 설계변경 기타 계약내용의 변경으로 인하여 계약금액을 조정할 필요가 있을 때에는 대통령령이 정하는 바에 의하여 그 계약금액을 조정한다'고 규정하고 있으나, 이 규정은 국가와 사인간의 계약관계에서 관계공무원이 지켜야 할 계약사무 처리에 관한 필요한 사항을 규정한 것으로 국가의 내부규정에 불과한 것이어서, 서로간에 계약금액을 조정하지 않기로 하는 특약을 하였다고 하여 그 특약이 무효가 되는 것이 아니고, 위 규정이 계약 상대방에게 계약금액 조정 요구권을 부여하는 것도 아니며, 오히려 위 법률에 기한 국가와 사인간의 계약도 그 본질적인 내용은 사인간의 계약과 다를 바가 없어 특별한 규정이 있는 경우를 제외하고는 사법의 규정 내지 법원리가 적용되는 것인데, 원고와 피고간의 이 사건 물품공급계약에서 계약기간 동안 계약금액을 조정하지 않기로 하는 계약금액 고정특약이 있었던 사실은 앞서 인정한 바와 같으므로, 이 사건 물품공급계약상 계약금액 고정특약은 당사자의 합의에 의한 것으로서 사법의 일반원칙에 따라 유효하다."(서울고등법원 2002. 11. 28. 선고 2001나73093 판결)[2)]

다만, 국가나 지방자치단체와 체결하는 공사도급계약의 경우에는 표준계약서를 통하여 계약금액조정에 관한 내용이 포함된 공사계약일반조건을 계약에 편입하고 있으므로 관급공사에서 계약금액조정을 청구하지 못하는 일은 거의 없다.

---

2) 이 판결은 앞에서 인용한 대법원 2003다318 판결의 원심 판결로서 대법원에서 그대로 유지되었다.

6. 당사자의 신청에 의한 조정

쟁점

국가는 계약상대방이 신청하지 않더라도 계약금액을 조정할 의무가 있는가?

판단

당사자가 계약금액의 조정을 신청하지 않으면 발주자는 계약금액을 조정할 의무가 없다.

물가변동으로 인하여 계약금액 조정사유가 발생하였다 하더라도 그 자체로 자동적으로 계약금액의 조정이 이루어지는 것이 아니라, 계약의 상대방(수급인)이 발주자에게 적법한 계약금액조정 신청을 해야 한다.

공사계약일반조건은 계약금액의 증액은 계약상대방(수급인)의 청구에 의하여야 하고, 계약상대자(수급인)는 준공대가(장기계속계약의 경우에는 각 차수별 준공대가) 수령전까지 조정신청을 해야 한다(제22조 제3항)고 규정하고 있다. 따라서 준공대가를 수령한 뒤에는 물가변동으로 인한 계약금액 조정신청을 할 수 없다.

대법원도 같은 태도를 취하고 있다. 즉, 당사자가 계약금액의 조정을 신청하지 않으면 발주자는 계약금액을 조정할 의무가 없다는 것이다.

판례 "국가계약법 제19조와 같은 법 시행령 제64조, 같은 법 시행규칙 제74조에 의한 물가변동으로 인한 계약금액조정에 있어, 계약금액조정은 계약체결일부터 일정한 기간이 경과함과 동시에 품목조정률이 일정한 비율 이상 증감함으로써 조정사유가 발생하였다 하더라도 그 자체로 자동적으로 이루어지는 것이 아니라, 계약당사자의 상대방에 대한 적법한 계약금액조정신청에 의하여 비로소 이루어진다고 할 것이다."(대법원 2006. 9. 14. 선고 2004다28825 판결).

7. 기지급대가의 조정 대상 여부

쟁점

물가변동으로 인한 계약금액조정 요건이 갖추어진 사실을 모르고 이미 지급받은 기성대가도 물가변동적용대가에 포함되는가?

판단

이의를 유보하지 않은 채 지급받은 기성대가는 물가변동적용대가에서 제외된다.

(1) 이미 대가가 지급된 경우 계약금액조정의 대상이 되는지

계약금액의 조정사유가 발생한 최초의 날인 조정기준일 이후에 이행된 부분의 대가(기성대가)라 할지라도 계약금액이 조정되기에 앞서 이미 대가가 지급된 경우에는 물가변동적용대가에서 공제되어 계약금액조정의 대상이 되지 않는다. 이는 계약금액의 증액사유에 해당되건 감액사유에 해당하건 모두 적용되는 얘기이다.

그러므로 계약금액 조정사유에 해당되는지 여부가 불분명한 경우에는 불이익을 피하기 위하여 대가를 개산급(槪算給)으로 지급받거나 우선 계약금액의 조정을 신청한 이후에 대가를 지급받음으로써 차후 계약금액조정을 신청하겠다는 의사를 분명히 해두는 것이 필요할 것이다.

판례 "조정사유가 발생한 최초의 날인 조정기준일 이후에 이행된 부분의 대가(기성대가)라 할지라도 그 대가가 조정에 앞서 이미 지급된 경우에는, 증액조정이나 감액조정을 불문하고 그것이 개산급(槪算給)으로 지급되었거나 계약당사자가 계약금액조정을 신청한 이후에 지급된 것이라면 이는 차후 계약금액의 조정을 염두에 두고 일단 종전의 계약내용에 따라 잠정적으로 지급된 것으로서 물가변동적용대가(계약금액 중 조정기준일 이후에 이행되는 부분의 대가)에 포함되어 계약금액조정의 대상이 된다고 할 것이나, 이와 달리 당사자 사이에 계약금액조정을 염두에 두지 않고 확정적으로 지급을 마친 기성대가는 당사자의 신뢰보호 견지에서 물가변동적용대가에서 공제되어 계약금액조정의 대상이 되지 않는다고 보아야 할 것이다"(대법원 2006. 9. 14. 선고 2004다28825 판결).

---

(2) 개산급의 청구와 지급

개산급에 대한 근거는 국고금관리법 시행규칙 제72조, 기획재정부 계약예규 공사계약일반조건 제39조의2에 있다. 이에 근거하여 기성대가를 개산급으로 청구하고, 지급할 수 있다. 즉, 물가변동 등으로 인하여 계약금액의 증감이 예상되는 경우 당초의 산출내역서를 기준으로 산출한 기성대가를 개산급으로 지급할 수 있으며, 계약상대자가 기성대가를 개산급으로 지급받고자 할 경우 개산급신청사유를 서면으로 작성하여 첨부해야 한다.

개산급 제도를 둔 것은 계약상대자를 보호하고자 하는 취지로 보인다. 국가계약법령 및 공사계약일반조건 등에서는 계약공무원으로 하여금 계약상대방에게 기성대가와 준공대가를 신속하게 지급하도록 하고, 정당한 이유 없이 대가의 지급을 지연할 경우 지연이자를 부과하도록 규정하고 있다. 그러나 물가변동, 설계변경 등으로 인하여 계약금액의 증감이 예상되는 경우 그 증감액을 신속하게 확정하지 못하여 대가의 지급이 지연되어 오히려 계약상대방의 불이익이 되지 않도록 하기 위하여 기성대가의 정확한 확정은 추후로 유보하고 당초의 산출내역서에 근거하여 대가를 지급할 수 있도록 하는 제도인 것이다.

기성대가의 지급을 신청하거나 계약금액의 조정을 청구할 때 청구금액을 확정할 근거가 있다면 굳이 개산급으로 청구할 이유가 없지만, 물가변동 등으로 인하여 계약금액의 증가가 예상되는데 증액 금액을 확정할 수 없을 때에는 우선 개산급으로 청구하여 불이익이 없도록 해야 할 것이다.

기성대가를 개산급으로 청구하여 지급받지 않았다면 물가변동으로 인하여 계약금액이 증액될 사유가 발생했더라도 아무런 이의 없이 기성대가를 지급받은 것으로 인정되어 계약금액의 조정을 청구할 수 없다는 것이다. 그래서 앞의 판결은 계약금액의 조정사유가 발생한 최초의 날인 조정기준일 이후에 이행된 부분의 대가(기성대가)라 할지라도 계약금액이 조정되기에 앞서 이미 대가가 지급된 경우에는 물가변동적용대가에서 공제되어 계약금액조정의 대상이 되지 않는다고 한 것이다. 위와 같은 사정으로 기성대가를 개산급으로 지급받았는지 여부가 첨예하게 다투어지기도 한다. 개산급으로 지급받았다면 계약금액의 증액을 청구할 수 있지만, 아무런 이의 없이 기성대가를 받았다면 계약금액의 증액을 청구할 수 없는 것이다.

특히, 기성신청서에는 개산급을 신청한다는 취지의 기재를 하였지만 개산급 신청사유를 별개의 서면으로 제출하지 않은 경우에는 어떻게 될까? 계약상대방은 기성대가를 개산급으로 지급받고자 할 경우에 개산급 신청사유를 서면으로 작성하여 첨부해야 하는데도 기성대가를 신청하면서 별도로 개산급신청 사유서를 제출하지는 않고 단지 기성대가를 청구하는 신청서에 개산급으로 청구한다는 취지만을 기재하였다면 개산급으로 지급받은 것으로 인정받을 수 있을까?

강제조정으로 종결된 사안이긴 하지만 개산급신청사유서가 없더라도 개산급으로 청구한 것으로 해석하여야 한다는 취지로 판단한 사례가 있다(의정부지방법원 2004가합718).

8. 조정기준일 이후에 한 압류의 효력이 증액 공사대금에 미치는지 여부

쟁점

조정기준일 이후에 공사대금채권에 대한 압류가 집행되었다면 그 압류의 효력은 물가변동으로 인하여 증액되는 공사대금에도 미치는가?

판단

압류의 효력은 증액된 부분에도 미친다.

조정기준일 이후에 공사대금채권에 대한 압류가 집행되었다면 그 압류의 효력은 물가변동으로 인하여 증액되는 공사대금에도 미치는가?

예컨대, 조정기준일이 1996. 9. 1.이고, 같은 달 16. 공사대금의 조정(증액)을 신청했다. 그 사이인 같은 달 11. 채권자가 공사대금채권에 대하여 압류하였다. 이 경우 채권자가 한 압류의 효력은 증액된 공사대금에도 미치는가?

대법원은 당초의 공사대금에 대하여 한 압류의 효력은 추가공사대금채권에는 미치지 않는 것으로 보지만(대법원 2001. 12. 24. 선고 2001다62640 판결), 물가변동으로 인하여 증액되는 공사대금채권에는 미치는 것으로 본다.

판례 "계약금액조정에 있어서 조정기준일 이후에 채권자가 공사대금에 대하여 압류 및 전부명령을 받은 후 회사의 공사대금조정신청에 따라 공사대금이 증액된 경우, 그 증액된 부분은 채권자가 전부받은 공사대금에 포함되므로 그 일부를 수령하였더라도 양도할 수 있다."(대법원 2003. 12. 11. 선고 2001다3771 판결)

9. 설계변경과 계약금액의 조정

쟁점

준공대가 수령 이후 설계변경에 따른 물량증가를 이유로 계약금액의 조정을 청구할 수 있는가?

판단

준공대가 수령 전까지 청구하여야 한다.

설계변경으로 인하여 공사량의 증감이 발생한 때에는 당해 계약금액을 조정한다(국가계약법 제19조, 시행령 제65조).

증감된 공사량의 단가는 계약단가(산출내역서상의 단가)로 하고, 계약단가가 없는 신규비목의 단가는 설계변경 당시를 기준으로 산정한 단가에 낙찰율을 곱한 금액이다(시행령 제65조제3항).

계약상대자의 책임 없는 사유 또는 발주자의 요구에 의한 설계변경의 경우는 증가된 물량 또는 신규비목의 단가는 설계변경 당시를 기준으로 산정한 단가와 동단가에 낙찰율을 곱한 금액의 범위에서 협의하되 협의가 안 되면 위 두 금액을 합한 금액의 50/100으로 한다(공사계약일반조건 제20조).

설계변경은 그 설계변경이 필요한 부분의 시공 전에 완료하여야 한다(국가계약법 시행규칙 제74조의2). 계약금액 조정 청구는 준공대가(장기계속계약의 경우에는 각 차수별 준공대가) 수령 전까지 하여야 조정금액을 지급받을 수 있다(공사계약일반조건 제20조제10항). 따라서 아무런 이의도 유보하지 않은 채 준공대가를 수령한 다음에는 설계변경에 따른 물량의 증가를 원인으로 한 계약금액 증액 청구는 어려울 것으로 보인다.

설계변경으로 인한 계약금액 조정 기준을 잘못 적용하는 바람에 부당하게 감액된 공사대금에 대해서는 당초의 지급기일 다음날부터 지연이자를 지급하여야 한다.

판례 "터널굴착방법의 변경으로 인한 설계변경이 공사계약일반조건에 정한 '신규비목'에 해당하지 않음에도 공사도급계약의 변경계약에서 이를 '신규비목'으로 보아 계약금액을 감액한 것은 부당하므로 도급인은 수급인에게 감액한 금전을 지급할 의무가 있고, 그 금전지급채무는 부당이득반환채무가 아니라 공사대금채무이므로 그 공사대금의 당초 지급기한이 도래한 다음날부터 약정 지연손해금을 지급하여야 한다."(대법원 2009. 9. 10. 선고 2009다34665 판결)

10. 기타 계약내용의 변경으로 인한 계약금액의 조정

쟁점

이행에 착수한 이후에는 계약금액의 조정을 청구할 수 없는가?

판단

계약내용의 변경은 이행에 착수하기 전까지 하여야 하지만, 계약금액의 조정 청구는 준공대가 수령 전까지만 하면 된다.

공사기간·운반거리의 변경 등 물가변동과 설계변경 이외의 계약내용의 변경으로 계약금액을 조정하여야 할 필요가 있는 경우에는 그 변경된 내용에 따라 실비를 초과하지 아니하는 범위 안에서 조정한다(국가계약법 시행령 제66조).

계약내용의 변경은 그 계약의 이행에 착수하기 전에 완료하여야 한다(시행규칙 제74조의3). 설계변경은 그 설계변경이 필요한 부분의 시공전에 완료하여야 하는 것과 마찬가지이다. 이행에 착수하기 전에 완료하여야 하는 것은 공사기간이나 운반거리와 같은 계약내용의 변경이지 그 계약내용의 변경으로 인하여 조정되는 계약금액이 아니다.

계약금액의 증액 조정은 상대방의 신청에 의거 조정하여야 하고(공사계약일반조건 제23조제4항), 운반거리의 변경이나 공사기간의 연장에 따른 계약금액조정 청구는 준공대가(장기계속계약의 경우에는 각 차수별 준공대가) 수령 전까지 하여야 조정금액을 지급받을 수 있다(공사계약일반조건 제26조제5항).

특히 "당사자 사이에 계약금액조정을 염두에 두지 않고 확정적으로 지급을 마친 기성대가는 당사자의 신뢰보호 견지에서 물가변동적용대가에서 공제되어 계약금액조정의 대상이 되지 않는다고 보아야 할 것이다"라거나 "계약금액조정은 계약체결일부터 일정한 기간이 경과함과 동시에 품목조정률이 일정한 비율 이상 증감함으로써 조정사유가 발생하였다 하더라도 그 자체로 자동적으로 이루어지는 것이 아니라, 계약당사자의 상대방에 대한 적법한 계약금액조정신청에 의하여 비로소 이루어진다"는 대법원 2004다28825 판결로 볼 때, 공사기간이나 운반거리와 같은 계약내용을 변경하는 변경계약을 체결하였더라도 이를 원인으로 하는 계약금액의 조정을 청구하지 않은 채 아무런 의사표시도 없이 준공대가를 수령하였다면 계약금액의 증액 청구를 하지 못할 것으로 보인다.

실비의 산정 기준에 관하여는 정부입찰 · 계약집행기준 제71조 내지 제76조에 상세하게 규정되어 있다.

판례 "H와 피고 사이의 이 사건 도급계약 당시 단지 내 잔토운반 및 되메우기 토량운반 등의 운반거리는 계약의 내용에 편입된 사실, 한편 위 도급계약서에 첨부된 공사계약 일반조건 제23조제1항은 '공사(公社)는 공사계약에 있어서 제20조 및 제22조의 규정(설계변경 내지 물가변동으로 인한 계약금액의 조정에 관한 규정이다.)에 의한 경우 외에 공사기간·운반거리의 변경 등 계약 내용의 변경으로 계약금액을 조정하여야 할 필요가 있는 경우에는 그 변경된 내용에 따라 실비를 초과하지 아니하는 범위 안에서 이를 조정한다.'고 규정하고 있는 사실을 알 수 있는바, 사정이 이러하다면 앞서 본 바와 같은 단지 내 잔토운반 및 되메우기 토량운반의 운반거리 증가는 위 일반조건 제23조 제1항 소정의 계약금액의 조정이 필요한 계약 내용의 변경사항에 해당한다고 할 것이므로, 이러한 상황을 용인한 피고는 운반거리의 증가에 상응하는 만큼 증액된 공사대금을 지급하여야 할 것이다."(대법원 2005. 7. 28. 선고 2004다64050 판결)

부가가치세법령이 변경된 경우까지 기타 계약내용의 변경으로 해석하여 계약금액을 조정할 수는 없다.

판례 "국가계약법 제19조, 시행령 제66조제1항, 시행규칙 제74조의3제1항 본문 등의 내용을 종합하면, '기타 계약 내용의 변경'에 의한 계약금액조정은 '공사기간 · 운반거리와 같은 계약의 구체적인 내용이 변경되고, 계약 내용의 변경이 계약의 이행 전에 당사자 간에 합의될 것'을 요건으로 한다고 해석된다. 그렇다면 '기타 계약 내용의 변경'에 의한 계약금액조정에 관한 국가계약법 제19조, 같은 법 시행령 제66조는 이를 신의칙 또는 사정변경의 원칙에 의한 계약금액조정을 일반화한 규정이라고 할 수 없다. 따라서 위 규정을 내용 및 성질이 전혀 다른 '계약 체결 후 부가가치세법령이 변경된 경우'에까지 유추적용할 수는 없다."(대법원 2014. 11. 13. 선고 2009다91811 판결)

---

11. 장기계속공사에서 계약금액의 조정

(1) 장기계속공사에서 계약금액의 조정을 청구할 수 있는 시한

쟁점

장기계속공사의 경우에 계약금액의 조정을 청구할 수 있는 시한은 언제까지인가?

판단

장기계속계약의 경우에는 각 차수별 준공대가의 수령 전까지 계약금액의 조정을 청구하여야 한다.

낙찰 등에 의하여 결정된 총공사금액을 부기하고 당해 연도의 예산의 범위 안에서 각 차수별 계약을 하는 장기계속공사의 경우에는 계약금액의 조정을 청구할 수 있는 시한이 언제까지인가? 장기계속공사에서도 공기연장으로 인한 계약금액의 조정은 차수별 계약을 기준으로 할 것이 아니라 전체분 계약을 기준으로 그 총 준공대가의 수령 전까지만 청구하면 되는가?

설계변경이든 기타 계약내용의 변경이든 장기계속계약의 경우에는 각 차수별 준공대가의 수령 전까지 계약금액의 조정을 청구하여야 한다.

계약금액의 증액 조정은 상대방의 신청에 의거 조정하여야 하고(공사계약일반조건 제23조제4항), 계약금액조정 청구는 준공대가(장기계속계약의 경우에는 각 차수별 준공대가) 수령 전까지 하여야 조정금액을 지급받을 수 있다(공사계약일반조건 제23조제5항, 제20조제10항).

(2) 장기계속공사계약의 총공사기간이 연장된 경우의 계약금액 조정

쟁점

장기계속공사의 경우에 총공사기간이 연장된 경우에도 계약금액 조정을 할 수 있는가?

판단

총공사기간이 연장된 경우에는 별도로 계약금액의 조정을 할 수 없다.

장기계속공사계약에서 총공사기간이 최초로 부기한 공사기간보다 연장된 경우, 공사기간이 변경된 것으로 보아 계약금액 조정을 인정할 수 있을까?

이에 대해서 차수별 계약기간의 연장으로 인한 계약금액 조정만이 가능하다는 견해와, 차수별 계약기간 연장과 별도로 총공사기간 연장으로 인한 계약금액 조정이 가능하므로 최종 준공대가 수령 전까지만 계약금액 조정을 신청하면 된다는 견해의 대립이 있다.

대법원은 "총괄계약은 그 자체로 총공사금액이나 총공사기간에 대한 확정적인 의사의 합치에 따른 것이 아니라 각 연차별 계약의 체결에 따라 연동되는 것이어서 그 구속력을 인정할 수 없고, 이를 초과하였다고 하여 추가공사비를 청구할 수 없다"(2018. 10. 30. 선고 2014다235189 판결)고 하였다.

판례 "장기계속공사계약은 총공사금액 및 총공사기간에 관하여 별도의 계약을 체결하고 다시 개개의 사업연도별로 계약을 체결하는 형태가 아니라, 우선 1차년도의 제1차공사에 관한 계약을 체결하면서 총공사금액과 총공사기간을 부기하는 형태로 이루어진다. 제1차공사에 관한 계약 체결 당시 부기된 총공사금액 및 총공사기간에 관한합의를 통상 '총괄계약'이라 칭하고 있는데, 이러한 총괄계약에서 정한 총공사금액 및 총공사기간은 국가 등이 입찰 당시 예정하였던 사업의 규모에 따른 것이다. 사업연도가 경과함에 따라 총공사기간이 연장되는 경우 추가로 연차별 계약을 체결하면서 그에 부기하는 총공사금액과 총공사기간이 같이 변경되는 것일 뿐 연차별 계약과 별도로 총괄계약(총공사금액과 총공사기간)의 내용을 변경하는 계약이 따로 체결되는 것은 아니다.

따라서 위와 같은 총괄계약은 그 자체로 총공사금액이나 총공사기간에 대한 확정적인 의사의 합치에 따른 것이 아니라 각 연차별 계약의 체결에 따라 연동되는 것이다. 일반적으로 장기계속공사계약의 당사자들은 총괄계약의 총공사금액 및 총공사기간을 각 연차별 계약을 체결하는 데 잠정적 기준으로 활용할 의사를 가지고 있을 뿐이라고 보이고, 각 연차별 계약에 부기된 총공사금액 및 총공사기간 그 자체를 근거로 하여 공사금액과 공사기간에 관하여 확정적인 권리의무를 발생시키거나 구속력을 갖게 하려는 의사를 갖고 있다고 보기 어렵다.

즉, 장기계속공사계약에서 이른바 총괄계약은 전체적인 사업의 규모나 공사금액, 공사기간 등에 관하여 잠정적으로 활용하는 기준으로서 구체적으로는 계약상대방이 각연차별 계약을 체결할 지위에 있다는 점과 계약의 전체 규모는 총괄계약을 기준으로한다는 점에 관한 합의라고 보아야 한다. 따라서 총괄계약의 효력은 계약상대방의 결정(연차별 계약마다 경쟁입찰 등 계약상대방 결정 절차를 다시 밟을 필요가 없다), 계약이행의사의 확정(정당한 사유 없이 연차별 계약의 체결을 거절할 수 없고, 총공사내역에 포함된 것을 별도로 분리발주할 수 없다), 계약단가(연차별 계약금액을 정할 때총공사의 계약단가에 의해 결정한다) 등에만 미칠 뿐이고, 계약상대방이 이행할 급부의 구체적인 내용, 계약상대방에게 지급할 공사대금의 범위, 계약의 이행기간 등은 모두 연차별 계약을 통하여 구체적으로 확정된다고 보아야 한다."(대법원 2018. 10. 30. 선고 2014다235189 전원합의체 판결)

이에 대하여 "다수의견은 결국 장기계속공사계약이 예산 집행의 경직성 및 국회의 예산심사권 침해 등 계속비계약이 지닌 단점을 보완하는 제도로 활용되는 것을 넘어 국가의 예산 부족으로 인한 공사지연의 위험을 공사업체에 전가하고 정당한 대가 지급을 회피하는 수단으로 활용되는 것을 허용하는 결과가 된다"는 강력한 소수의견이 제기 되었다.

12. 설계·시공일괄계약과 계약금액 조정

쟁점

설계·시공일괄계약에서 설계변경으로 추가공사대금을 지출한 수급인은 도급인에게 그 손해배상을 청구할 수 있는가?

판단

수급인에게 설계책임이 있으므로 손해배상을 청구할 수 없다.

(1) 설계·시공일괄계약의 의의

설계시공일괄입찰(Turn-Key Base) 방식에 의한 도급계약이라 함은 수급인이 도급인이 의욕하는 공사 목적물의 설치목적을 이해한 후 그 설치목적에 맞는 설계도서를 작성하고 이를 토대로 스스로 공사를 시행하며 그 성능을 보장하여 결과적으로 도급인이 의욕한 공사목적을 이루게 하여야 하는 계약을 의미한다(대법원 1996. 8. 23. 선고 96다16650 판결)

국가계약법 시행령에서는 설계시공일괄입찰을 일괄입찰로 표현하고 있다. 정부가 제시하는 공사일괄입찰 기본계획 및 지침에 따라 입찰시에 그 공사의 설계서 기타 시공에 필요한 도면 및 서류를 작성하여 입찰서와 함께 제출하는 설계·시공일괄입찰을 일괄입찰로 정의하고 있다(시행령 제79조제1항제5호).

설계시공일괄입찰방식에 의한 도급계약은 수급인이 기본설계부터 시운전에 이르기까지 모든 과정을 책임지고 시공하고 공사대금은 세부적인 시공과정이나 공사내역으로 정하여지는 것이 아니고 전체적인 금액으로 정하여져 실제 공사비가 이를 초과하거나 미달하더라도 정산하지 아니한다. 그럼으로써 수급인으로서는 공사비를 절감하기 위하여 신기술을 개발하는 등 경제발전에 도움이 되고 도급인으로서는 세부공정에 일일이 신경을 쓸 필요 없이 완성된 공사의 결과만 인수하면 되는 장점이 있다.

설계 · 시공일괄입찰방식에 의한 도급계약의 형태로 체결하였으나, 실질적으로는 설계요소의 변경뿐만 아니라 공사기간의 변경, 운반거리 변경 등 계약내용에 변경이 있을 경우 계약금액을 조정할 수 있다는 공사대금에 관한 조정 유보 규정을 둔 계약은 계약이 체결된 후 공사기간 등의 변경이 있다 하더라도 공사대금의 조정을 할 수 없는 원래 의미의 설계 · 시공일괄입찰방식에 의한 계약이라기보다는 내역입찰방식에 의한 계약의 요소를 혼합하고 있는 중간적인 형태의 계약이라고 보아야 한다(대법원 2002. 8. 23. 선고 99다52879 판결).

(2) 설계변경으로 인한 계약금액 조정의 제한

설계 · 시공일괄계약에서는 수급인 자신이 설계도서를 작성하고 이를 토대로 공사를 시행할 책임을 지기 때문에 원칙적으로 설계변경으로 인한 계약금액의 조정을 제한한다.

일괄입찰의 경우에는 정부에 책임있는 사유 또는 천재·지변 등 불가항력의 사유로 인한 경우를 제외하고는 설계변경으로 계약내용을 변경하는 경우에도 계약금액을 증액할 수 없다. 그러나 계약체결 이전에 실시설계적격자에게 책임이 없는 다음과 같은 사유로 실시설계를 변경한 경우에는 계약체결 이후 즉시 설계변경에 의한 계약금액 조정을 하여야 한다.

1. 민원이나 환경 · 교통영향평가 또는 관련 법령에 따른 인허가 조건 등과 관련하여 실시설계의 변경이 필요한 경우
2. 발주기관이 제시한 기본계획서 · 입찰안내서 또는 기본설계서에 명시 또는 반영되어 있지 아니한 사항에 대하여 해당 발주기관이 변경을 요구한 경우
3. 중앙건설기술심의위원회 또는 설계자문위원회가 실시설계 심의과정에서 변경을 요구한 경우(시행령 제91조).

계약금액을 조정할 수 있는 정부에 책임 있는 사유 또는 천재·지변 등 불가항력의 사유로 인한 경우에 관하여는 공사계약일반조건 제21조제5항에 상세하게 규정되어 있다.

(3) 추가공사대금 상당의 손해배상 청구 여부

설계 · 시공일괄계약에서 설계변경에 따른 물량의 증가로 인하여 추가 공사비를 지출했음을 이유로 발주자에게 손해배상을 청구할 수 있는가? 설계 · 시공일괄입찰에서도 발주자에게 미리 적정한 공사비용을 산출하여 공사예산을 책정할 의무가 있으며, 발주자가 실제보다 적은 공사예산을 책정하는 바람에 결과적으로 설계 · 시공일괄계약의 상대방이 손해를 입었다며 손해배상을 청구한 사안에서 대법원은 발주자의 손해배상책임을 부정한다.

설계 · 시공일괄입찰에서 발주자에게 적정한 공사예산을 밝힐 의무가 있는 것도 아니고, 입찰자가 발주자가 밝힌 공사예산에 구속될 이유도 없기 때문에 수급인이 결과적으로 손해를 보았다 하더라도 발주자에게 위법행위가 있다고 인정할 수 없다는 것이다.

판례 "설계·시공일괄입찰 방식에 의하여 체결된 이 사건 공사도급계약에 있어서도 수급인인 원고로서는 입찰단계에서부터 도급인인 피고가 제시하는 공사일괄입찰기본계획 및 지침에 따라 그 공사의 설계서 기타 시공에 필요한 도면 및 서류를 작성하여 입찰에 참가한 후, 낙찰자로 선정된 다음에는 자신이 작성한 설계도서를 토대로 스스로의 책임과 위험부담으로 공사완공에 필요한 비용을 산정하여 이 사건 공사를 시행하고, 그 결과로서 피고가 의도한 공사목적물을 조달하여야 하는 것이므로, 이 사건 공사의 발주자인 피고에게 공사입찰자들을 위하여 미리 적정한 공사비용을 산출하여 공사예산을 책정할 의무가 있다고 볼 수 없으며, 입찰자도 공고된 공사예산의 범위 내에서 이 사건 입찰을 하여야 하는 제한이나 법적 구속력은 없고, 따라서 이 사건 입찰 당시 공고된 공사예산이 피고의 잘못으로 인하여 과소하게 책정되었음에도 원고가 위 공사예산이 적정 공사비인 것으로 믿고 이를 기준으로 피고와 공사도급계약을 체결하였다가 공사금액보다 추가로 비용을 들여 이 사건 공사를 시공함으로써 결과적으로 손해를 보게 되었다고 하더라도, 여기에 피고의 어떠한 위법행위가 있었다고 볼 수 없을 뿐더러, 그와 같은 손해가 피고의 위법행위로 말미암아 발생된 손해라고 볼 수도 없다"(대법원 2003. 5. 30. 선고 2002다7824 판결)

---

13. 계약금액 조정과 손해배상의 범위

쟁점

건설공사 수급인의 공사 지연으로 인하여 재료비와 인건비 등이 상승함으로써 발생한 손해에 대하여 수급인에게 배상책임이 있는가?

판단

당연히 손해배상의 범위에 포함되지만, 당초 물가변동으로 인한 계약금액 조정이 예정된 범위만큼은 공제되어야 한다.

수급인이 공사를 지연하는 바람에 재료비나 노무비 등의 인상으로 공사비가 증가하게 되면 수급인은 그 증가된 공사비용 상당의 손해를 도급인에게 배상하여야 한다.

그러나 당초의 공사도급계약에 물가변동으로 인한 계약금액 조정 조항이 있는 경우에는 당연히 재료비와 노무비의 인상에 따른 계약금액의 증액을 예정한 것이다. 수급인이 공사를 중단하지 않고 계속 시공하였더라도 계약금액은 똑같이 증액할 수밖에 없으므로 물가변동에 따른 계약금액 조정분만큼은 손해라 할 수 없다.

판례 "당초의 시공 회사가 공사를 중단함으로 인하여 도급인이 그 미시공 부분에 대하여 비용을 들여 다른 방법으로 공사를 시행할 수밖에 없고 그 비용이 당초 시공 회사와 약정한 공사대금보다 증가되는 경우라면 증가된 공사비용 중 합리적인 범위 내의 비용은 시공 회사의 공사도급계약위반으로 인한 손해라고 할 것이고, 당초의 시공 회사가 공사를 중단하여 도급인이 제3의 시공자로 하여금 같은 규모의 공사를 하게 하였으나 그 비용이 당초의 시공 회사와 약정한 공사대금보다 증가하게 되어 도급인의 자금사정상 부득이 공사규모를 축소하게 됨으로써 건축하지 못하게 된 부분에 관한 공사비용 중 합리적인 범위 내의 비용도 시공 회사의 채무불이행으로 인한 손해라고 볼 수 있을 것이지만, 당초의 도급계약에서 공사가 진행되는 과정에서 물가변동 등의 사유가 있으면 처음에 정하여진 공사대금의 증액이 예정되어 있어서 비록 수급인의 귀책사유 때문에 공사가 중단되었다고 하더라도 그러한 공사중단과는 무관하게 물가변동으로 인한 공사대금의

증액사유가 발생하여 도급인으로서는 어차피 당초 약정된 공사대금을 증액 지급할 것을 회피할 수 없었던 경우라면, 그러한 공사대금의 증액으로 인하여 도급인에게 추가적인 경제적인 부담이 초래되었다고 하더라도 다른 특별한 사정이 없는 한 이를 가리켜 수급인의 귀책사유와 상당인과관계가 있는 손해라고 보기는 어렵다고 할 것이다."(대법원 2002. 11. 26. 선고 2000다31885 판결)

14. 공사착공의 지연에 따른 손해배상 책임

쟁점

도급인의 귀책사유로 공사착공이 지연되었다면, 수급인은 도급인에게 그에 대한 손해의 배상을 청구할 수 있는가?

판단

도급인은 공사의 착공이 지연됨으로 인하여 발생한 손해를 수급인에게 배상하여야 한다.

공사도급계약을 체결한 뒤 도급인의 사정으로 공사의 착공이 늦어지는 경우가 있다. 공사의 착공이 지연되어 공사기간이 늘어나면 수급인은 비용의 증가로 손해를 볼 수도 있다. 수급인은 도급인을 상대로 이러한 손해의 배상을 청구할 수 있을 것이다.

특정일에 공사에 착공하는 것으로 약정하였다면 도급인으로서는 수급인이 약정한 날짜에 실제로 공사에 착수할 수 있도록 자신이 맡은 업무를 완료하여 줄 의무가 있다. 도급인의 잘못으로 행정청이 공사의 사업계획승인에서 착공 전 이행사항으로 명시한 조건을 이행하지 못하는 바람에 착공신고가 반려되어 공사의 착공이 상당 기간 지연되었다면 그로 인한 손해를 도급인은 수급인에게 배상할 책임이 있다.

도급인이 배상하여야 할 손해의 범위는 어떻게 될까?

착공이 지연된 기간 공사현장을 유지 · 관리하는데 필요한 비용은 당연히 도급인이 배상해야 할 손해에 포함될 것이다.

그렇다면, 공사의 착공이 지연된 기간의 물가 상승으로 인하여 실제로 공사가 진행된 기간 투입된 공사비와 도급계약에서 정해진 공사기간에 공사를 하였더라면 합리적으로 투입되었을 공사비 차액도 도급인이 배상해야 할 손해에 포함되는가?

일반적으로는 자재비나 노무비가 상승하기 때문에 물가상승으로 인한 공사비 증액분도 도급인이 배상해야 할 손해에 포함된다고 볼 수도 있다. 그러나 판례는 물가상승으로 인하여 증액되는 공사비로 인한 손해는 특별손해에 해당한다고 본다.

민법 제393조제1항은 "채무불이행으로 인한 손해배상은 통상의 손해를 그 한도로 한다"고 규정하고 있고, 제2항은 "특별한 사정으로 인한 손해는 채무자가 이를 알았거나 알 수 있었을 때에 한하여 배상의 책임이 있다"고 규정하고 있다. 제1항의 통상손해는 특별한 사정이 없는 한 그 종류의 채무불이행이 있으면 사회일반의 거래관념 또는 사회일반의 경험칙에 비추어 통상 발생하는 것으로 생각되는 범위의 손해를 말하고, 제2항의 특별한 사정으로 인한 손해는 당사자들의 개별적, 구체적 사정에 따른 손해를 말한다(대법원 2008. 12. 24. 선고 2006다25745 판결, 대법원 2009. 7. 9. 선고 2009다24842 판결 등 참조).

물가상승으로 인한 전체 공사비 증가분 상당의 손해는 일반적 · 객관적으로 당연히 피고의 채무불이행으로부터 발생하리라고 인정되는 손해, 즉 통상손해라고 보기는 어렵고, 특별손해에 해당한다. 따라서 물가상승으로 인한 공사비 증가분의 손해는 도급인이 수급인에게 물가상승으로 인한 손해가 발생하리라는 사정을 알았거나 알 수 있었을 때에 한하여 손해를 배상할 책임을 진다(대법원 2014. 02. 27. 선고 2013다66904 판결)[3].

3) 수급인인 甲 주식회사가 도급인인 乙을 상대로 乙의 채무불이행으로 공사의 착공이 지연되었는데, 착공이 지연된 기간의 물가 상승으로 실제로 공사가 진행된 기간 투입되었을 공사비와 도급계약에서 정해진 공사기간에 공사를 하였더라면 합리적으로 투입되었을 공사비 차액을 손해로서 배상하여야 한다고 주장한 사안에서, 건축자재나 노무비는 시간이 지남에 따라 상승할 수도 있지만 오히려 경제사정으로 인해 하락할 수도 있어 건축전문가의 입장에서도 위 비용이 항상 상승한다고 단정하기는 어려운 점 등 판시 사정에 비추어 착공이 지연된 기간 공사현장을 유지 · 관리하는데 필요한 비용을 넘어 물가상승으로 인한 전체 공사비 증가분 상당의 손해는 일반적 · 객관적으로 당연히 乙의 채무불이행으로부터 발생하리라고 인정되는 손해, 즉 통상손해라고 보기는 어렵고, 특별손해에 해당한다고 할 것인데, 甲 회사가 이 사건 실공사기간 중 乙에게 물가 상승으로 인한 손해의 보전을 구하였다고 하더라도 이 점만으로 도급인인 乙이 당초 채무를 이행할 것으로 정하였던 시점에 물가상승을 예측할 수 있었다고 보기 어려워 甲 회사의 주장을 배척한 원심판결을 수긍한 사례

CHAPTER 08

공사대금채권의 변제, 양도, 인수, 소멸시효

제8장 공사대금채권의 변제, 양도, 인수, 소멸시효

1. 공사대금채권의 성립과 변제기

쟁점

공사대금채권의 지급시기의 약정이 없는 경우, 변제기는 언제로 보아야 하는가?

판단

특약이 없으면 관습에 의하고, 특약이나 관습이 없으면 공사를 마친 때로 보아야 한다.

(1) 공사대금채권의 성립

공사도급계약은 수급인이 공사를 완성할 것을 약정하고 도급인이 수급인에게 공사대금을 지급하기로 약정하면 그 효력이 있다(민법 제664조). 따라서 공사대금채권은 공사도급계약의 성립과 동시에 성립한다.

(2) 변제기

공사대금채권의 변제기는 당사자 사이의 특약이 있다면 그에 따르고, 특약이 없으면 관습에 의하며(민법 제665조 제2항, 제656조 제2항), 특약이나 관습이 없으면 공사를 마친 때로 보아야 한다(대법원 2017. 4. 7. 선고 2016다35451 판결)[1].

---

1) 피고가 원고에게 이 사건 증축공사 중 전기·소방공사를 공사대금 33,880,000원에 하도급하는 내용의 계약을 체결하였다. 당시 이 사건 공사를 마치면 피고는 원고로부터 전기·소방공사필증을 수령한 후 대금을 지급하기로 약정하였다.
원고는 2012. 1. 6. 이 사건 전기공사를 마친 후 피고에게 인도하고 피고로부터 전기공사실적증명서를 교부받았고, 이 사건 소방공사를 마친 다음 2012. 3. 13. OO소방서장으로부터 소방시설완공검사필증을 교부받아 피고에게 이를 제공하였다. 이 사건 증축공사는 2012. 4. 6. 완공되었다.
그렇다면 소멸시효의 기산점이 되는 이 사건 공사대금의 지급시기는 이 사건 하도급계약에서 정한 약정에 따라 원고가 이 사건 공사를 마치고 피고에게 소방시설완공검사필증을 교부한 2012. 3. 13.이라고 보아야 한다고 판시한 사례이다.

도급계약의 보수는 특약이 없는 한 완성된 목적물의 인도를 요하지 아니하는 경우에는 그 일을 완성한 때에 그리고 완성된 목적물의 인도를 요하는 경우에는 그 인도와 동시에 지급함을 요한다(대법원 1968. 5. 21. 선고 67다639 판결).

도급인의 공사대금채무와 수급인이 완성한 공사목적물을 인도할 채무는 서로 동시이행관계에 있다. 따라서 도급인이 약정한 공사대금을 지급하지 않는 동안은 수급인은 목적물의 인도를 거부할 수 있다.

판례 "쌍무계약에서 쌍방의 채무가 동시이행 관계에 있는 경우 일방의 채무의 이행기가 도래하더라도 상대방 채무의 이행제공이 있을 때까지는 그 채무를 이행하지 않아도 이행지체의 책임을 지지 않는 것인바, 사실심 변론종결일까지 수급인이 도급인에게 건물의 인도를 위한 이행제공 또는 이행을 하였다고 볼 수 없는 경우 건물의 인도의무와 동시이행관계에 있는 공사대금 지급의무에 관하여 도급인에게 이행지체의 책임이 있다고 할 수 없으므로 위 공사대금에 대한 위 건물 인도일 이후의 지연손해금을 인정함에 있어서는 소송촉진등에관한특례법 제3조제1항 단서에 의하여 같은 조항 본문에 정한 이율이 적용되지 아니한다." (대법원 2002. 10. 25. 선고 2002다43370 판결)

---

2. 수급인의 공사완성의 거부

쟁점

건축공사도급계약에서 공사를 완성하더라도 도급인이 공사대금을 지급하지 않을 우려가 명백하여, 수급인이 약정 준공기한까지 공사를 완료하지 못했다. 수급인이 공사의 지체책임을 져야 하는가?

판단

공사를 완성하더라도 대금을 지급받지 못할 가능성이 객관적으로 명백한 경우라면 공사의 완성을 거부할 수 있으므로 수급인은 공사의 완료가 지연된 책임을 지지 않는다.

(1) 도급인의 공사대금 채무이행이 곤란할 현저한 사유가 있는 때

공사대금의 지급시기는 특약이 없으면 후급이 원칙이다. 따라서 수급인의 공사 완공 의무와 도급인의 공사대금 지급 의무가 동시이행관계에 있는 것은 아니다.

그러나 만약 수급인이 공사를 완료하더라도 도급인이 공사대금을 지급하지 않을 것이 거의 확실한 데에도 수급인은 약정한 준공기한까지 공사를 완성해야 하는가?

공사대금을 지급받을 가능성이 없는데도 약정한 준공기한을 넘기면 지체상금을 부과받게 된다면 부당하지 않을 수 없다. 이러한 경우에는 수급인이 약정한 준공기한까지 공사를 완료하지 못하더라도 지체책임을 지지 않는다. 선이행의무자라도 상대방의 이행이 곤란할 현저한 사유가 있는 경우에는 자기 의무의 이행을 거절할 수 있기 때문이다(민법 제536조 제2항).

'상대방의 채무이행이 곤란할 현저한 사유'라 함은 계약 성립 후 상대방의 신용불안이나 재산상태의 악화 등 사정으로 반대급부를 이행받을 수 없게 될지도 모를 사정변경이 생기고 이로 인하여 당초의 계약 내용에 따른 선이행의무를 이행하게 하는 것이 공평의 관념과 신의칙에 반하게 되는 경우를 말한다(대법원 1990. 11. 23. 선고 90다카24335 판결).

그러므로 도급계약에서 일정 기간마다 이미 행하여진 공사부분에 대하여 기성공사금 등의 대가를 지급하기로 약정되어 있는데도 도급인이 정당한 이유 없이 이를 지급하지 않아 수급인에게 당초 계약내용에 따른 선이행의무의 이행을 요구하는 것이 공평에 반하게 되는 경우, 수급인이 민법 제536조제2항에 의하여 계속공사의무의 이행을 거절할 수 있다(대법원 2012. 3. 29. 선고 2011다93025 판결)[2).

판례 "일반적으로 건축공사도급계약에서 공사대금의 지급의무와 공사의 완공의무가 반드시 동시이행관계에 있는 것은 아니지만, 도급인이 계약상 의무를 부담하는 공사 기성부분에 대한 공사대금 지급의무를 지체하고 있고, 수급인이 공사를 완공하더라도 도급인이 공사대금의 지급채무를 이행하기 곤란한 현저한 사유가 있는 경우에는 수급인은 그러한 사유가 해소될 때까지 자신의 공사 완공의무를 거절할 수 있다."(대법원 2005. 11. 25. 선고 2003다60136 판결)

---

(2) 지급채무 이행이 곤란할 현저한 사유가 인정되지 않는 경우

그러나 공사를 완공하더라도 도급인이 공사대금의 지급채무를 이행하기 곤란한 현저한 사유가 인정되지 않는 경우에는 도급인이 기성대가의 일부의 지급을 지연하였다는 사정만 가지고 곧바로 수급인이 일을 완성할 의무 자체를 거절할 수는 없다(대법원 2002. 9. 4. 선고 2001다1386 판결).

---

2) 상당한 기간에 걸쳐 공사를 수행하는 도급계약에서 일정 기간마다 이미 행하여진 공사부분에 대하여 기성공사금 등의 이름으로 그 대가를 지급하기로 약정되어 있는 경우에는, 수급인의 일회적인 급부가 통상 선이행 되어야 하는 일반적인 도급계약에서와는 달리 위와 같은 공사대금의 축차적인 지급이 수급인의 장래의 원만한 이행을 보장하는 것으로 전제된 측면도 있다고 할 것이어서, 도급인이 계약 체결 후에 위와 같은 약정을 위반하여 정당한 이유 없이 기성공사금을 지급하지 아니하고 이로 인하여 수급인이 공사를 계속해서 진행하더라도 그 공사내용에 따르는 공사금의 상당 부분을 약정대로 지급받을 것을 합리적으로 기대할 수 없게 되어서 수급인으로 하여금 당초의 계약내용에 따른 선이행의무의 이행을 요구하는 것이 공평에 반하게 되었다면, 비록 도급인에게 신용불안 등과 같은 사정이 없다고 하여도 수급인은 민법 제536조제2항에 의하여 계속공사의무의 이행을 거절할 수 있다고 판시한 사례이다.

3. 불확정 기한의 변제기

쟁점

철근콘크리트건물의 신축공사에서 기성대가를 '1층 골조공사 완료시'로 정한 경우 그 의미는?

판단

1층 지붕이자 2층 바닥을 만들기 위한 콘크리트 타설 작업을 마친 후 통상적인 양생기간까지 경과한 시점을 의미한다.

공사대금채권의 변제기에 관한 약정이 있긴 하지만 그 시기가 확정되어 있지 않고 불확정 기한으로 정하는 경우가 있다. 미래의 불확정한 사실이 발생한 때를 기한으로 정한 것이다. 이렇게 공사대금채권의 변제기를 불확정기한으로 정하게 되면 종종 기한의 도래 여부에 관한 다툼이 발생한다.

예컨대, 신축중인 건물의 제3회 기성대가의 지급기일을 '1층 골조공사 완료시'로 정하였다면 그 중도금지급의무에 관한 이행기를 불확정기한으로 정한 것이다.

이 경우 1층 골조공사를 완료한 때로서 제3회 기성대가의 지급기일은 어떻게 판단할 것인가? 특히 각 층별 지붕 슬라브 작업과 그 위층의 바닥 슬라브 작업이 분리된 별도의 공정이 아니라 하나의 공정인 경우에 1층 지붕의 콘크리트 타설을 마친 날을 1층 골조공사를 완료한 날로 보면 되는가? 2층 바닥 슬라브공사가 시작되기 이전에 이미 1층 골조공사를 완료했다고 볼 수 있는가?

이에 대하여 대법원은 1층 지붕이자 2층 바닥의 슬라브 작업이 완료되었을 때를 1층 골조공사가 완료한 때로 보아야 한다고 판단하고, 더 나아가 철근콘크리트건물의 신축공사에서는 타설한 콘크리트의 양생기간이 필요하기 때문에 1층 지붕이자 2층 바닥을 만들기 위한 콘크리트 타설 작업을 마친 후 통상적인 양생기간까지 경과한 시점을 1층 골조공사가 완료된 때라고 판단하였다.

판례 "원심은, 앞서 본 바와 같이 이 사건 분양계약의 중도금 지급기일로 약정한 '1층 골조공사 완료시'를 1층 지붕의 콘크리트 타설을 마친 날로 보고 그것이 늦어도 2층 바닥의 슬라브 작업에 들어간 2001. 12. 15. 이전이라고 판단하였는바, 원심의 위와 같은 판단은 우선 1층 지붕의 슬라브 작업과 2층 바닥의 슬라브 작업이 별도의 공정에 해당하여 1층 지붕의 콘크리트 타설이 끝나야 비로소 2층 바닥의 슬라브 작업이 시작될 수 있다는 것이 전제가 되어야 할 것이나, 작업일지(을 제5호증의 1 내지 9, 기록 51 내지 59쪽), 판매리포트(을 제5호증의 10, 기록 60쪽)의 기재 등에 의하면, 위 **타운 신축공사의 각 층별 지붕 슬라브 작업과 그 위층의 바닥 슬라브 작업(예컨대, 1층 지붕 및 2층 바닥 슬라브공사)은 분리된 별도의 공정으로 진행된 것이 아니라 하나의 공정으로 한꺼번에 이루어진 것으로 보이고, 그렇다면 1층 골조공사 완료시는 1층 지붕 콘크리트 타설이 끝난 후 2층 바닥 슬라브 작업이 시작되기 직전이 아니라 1층 지붕이자 2층 바닥의 슬라브 작업이 완료되었을 때라고 보아야 한다.
또한, 이 사건 중도금 지급기일은 1층 골조공사 '완료시'라고 되어 있으므로 중도금 지급기일이 도래했다고 하기 위해서는 일단 1층 골조공사가 모두 마무리되어 다음 단계로 예정된 공사를 언제든지 시작할 수 있는 상태가 되어야 할 것이고, 이 사건과 같은 철근콘크리트건물의 신축공사에 있어서 콘크리트 타설 작업에 이어 다음 단계의 작업을 시작하기 위해서는 타설한 콘크리트가 굳기 위해 통상적으로 얼마간의 양생기간이 필요하다고 할 것이므로, 1층 골조공사가 완료되었다고 하기 위해서는 1층 지붕이자 2층 바닥을 만들기 위한 콘크리트 타설 작업을 마친 후 통상적인 양생기간까지 경과하여야 한다고 보는 것이 상당하다."(대법원 2005. 10. 7. 선고 2005다38546 판결)

한편, 당사자가 불확정한 사실이 발생한 때를 이행기한으로 정한 경우에는 그 사실이 발생한 때는 물론 그 사실의 발생이 불가능하게 된 때에도 이행기한은 도래한 것으로 보아야 한다(대법원 2002. 3. 29. 선고 2001다41766 판결).

4. 변제기의 도래 여부

쟁점

Y는 1층 상가와 2층 주택으로 이루어진 건물을 신축하는 공사도급계약을 X와 체결하였다. 공사대금은 1층 상가를 분양하거나 임대하여 지급하기로 하였다. 그런데 1년이 지나도록 이 상가가 분양되지도 않고 임대조차 되지 않고 있다. X는 Y에게 공사대금의 지급을 요구할 수 있는가?

판단

X의 공사대금채권은 상가가 분양되거나 임대되는 시점 또는 분양이나 임대가 불가능하게 된 시점에 변제기에 도달하게 된다.

(1) 약정이 조건인지 기한인지의 여부

이 사례에서는 먼저 X와 Y 사이에 공사대금의 지급에 관한 약정이 조건인지 기한인지 여부를 따져야 한다.

조건이란 법률행위의 효력의 발생 또는 소멸을 장래의 불확실한 사실의 성부에 의존케 하는 법률행위의 부관이다. 법률행위의 효력의 발생을 장래의 불확실한 사실에 의존케 하는 조건은 정지조건이고, 장래의 불확실한 사실의 발생에 따라 법률행위의 효력이 소멸하게 하는 조건은 해제조건이다.

기한이란 법률행위의 당사자가 그 효력의 발생·소멸 또는 채무의 이행을 장래에 발생하는 것이 확실한 사실에 의존케 하는 부관을 말한다. 발생하는 시기가 확정되어 있는 기한을 확정기한, 발생시기가 확정되어 있지 않은 것을 불확정기한이라 한다.

X와 Y가 공사대금의 지급 여부를 상가의 분양 또는 임대라는 사실에 따르려는 의사였다면, 조건이 성취되었을 때 공사대금채권의 변제기에 도달한다고 보아야 할 것이다. 즉, Y는 상가의 분양이나 임대가 이루어져야만 X에게 공사대금을 지급할 의무가 있으며, 분양이나 임대가 이루어지지 않는다면 아예 공사대금의 지급의무를 면하는 것이다.

반면 Y가 X에게 공사대금을 지급할 의무를 부담하는 데에는 이견이 없고, 단지 그 지급 시기만을 상가의 분양 또는 임대시로 정한 것이라면 불확정기한을 정한 것이라고 보아야 할 것이다.

판례 "부관이 붙은 법률행위에 있어서 부관에 표시된 사실이 발생하지 아니하면 채무를 이행하지 아니하여도 된다고 보는 것이 상당한 경우에는 조건으로 보아야 하고, 표시된 사실이 발생한 때에는 물론이고 반대로 발생하지 아니하는 것이 확정된 때에도 그 채무를 이행하여야 한다고 보는 것이 상당한 경우에는 표시된 사실의 발생 여부가 확정되는 것을 불확정기한으로 정한 것으로 보아야 한다."(대법원 2003. 8. 19. 선고 2003다24215 판결)

---

(2) 불확정기한을 정한 것으로 해석하는 경우

공사대금의 지급 여부를 미래의 불확실한 사실의 발생 여부에 따른다는 것은 극히 이례적인 일이므로 '상가를 분양 또는 임대하여 그 돈으로 공사대금을 지급한다'는 약정은 불확정기한을 정한 것으로 해석해야 할 것이다.

도급계약의 당사자가 불확정한 사실이 발생한 때를 이행기한으로 정한 경우에는 그 사실이 발생한 때는 물론 그 사실의 발생이 불가능하게 된 때에도 이행기한은 도래한 것으로 보아야 하므로 X의 공사대금채권은 상가가 분양되거나 임대되는 시점 또는 분양이나 임대가 불가능하게 된 시점에 변제기에 도달하게 된다[3].

건축설계계약을 하면서 잔금은 공사착공시 지급하고 다만 공사착공이 건축허가일로부터 6개월을 초과하는 경우에는 허가일로부터 6개월 내에 지급하기로 약정한 경우, 잔금지급 약정의 경위와 계약의 목적 등에 비추어 볼 때, 계약체결 당시 계약이나 잔금지급채무의 효력을 공사착공 또는 건축허가의 성부에 의존케 할 의사로 위와 같이 약정하였다고 볼 수는 없고, 단지 잔금지급채무를 장래 도래할 시기가 확정되지 아니한 때로 유예 또는 연기한 것으로서 잔금지급채무의 시기에 관하여 불확정기한을 정한 것이다(대법원 1999. 7. 27. 선고 98다23447 판결).

---

3) 대법원 1989. 6. 27. 선고 88다카10579 판결은 소유자인 피고가 상가의 점포가 임대되면 금원을 지급하기로 하였는데 1년 5개월이 지나도록 임대가 이루어지지 아니한 사안에서 "피고들이 점포를 다른 사람에게 분양 또는 임대하지 아니하고 소외 김OO에게 이를 사용하도록 하여 피고들이 금원의 반환을 약정한 1986.10.5.부터 1년5개월이 지난 원심변론종결당시까지도 위 소외인이 위 점포를 점유사용 하고 있는 것이라면 특별한 사정이 없는 한 위 점포가 다른 사람에게 분양 또는 임대된다는 사실의 발생은 불가능하게 된 것이라 할 것이고 피고들이 원고에게 반환하기로 한 금원의 지급채무의 이행기한은 도래한 것으로 보아야할 것이다"라고 판시하였다.

제작물공급계약의 당사자들이 보수의 지급시기에 관하여 “수급인이 공급한 목적물을 도급인이 검사하여 합격하면, 도급인은 수급인에게 그 보수를 지급한다”는 내용으로 한 약정은 도급인의 수급인에 대한 보수지급의무와 동시이행관계에 있는 수급인의 목적물 인도의무를 확인한 것에 불과하므로, 법률행위의 효력 발생을 장래의 불확실한 사실의 성부에 의존하게 하는 법률행위의 부관인 조건에 해당하지 아니할 뿐만 아니라, 조건에 해당한다 하더라도 검사에의 합격 여부는 도급인의 일방적인 의사에만 의존하지 않고 그 목적물이 계약내용대로 제작된 것인지 여부에 따라 객관적으로 결정되므로 순수수의조건에 해당하지 않는다(대법원 2006. 10. 13. 선고 2004다21862 판결).

5. 공공공사 대가의 지급 지연에 따른 이자의 발생 여부

(1) 국가계약법령의 대가지급 지연이자 규정의 법적 성격(=효력규정)

쟁점

甲은 국가가 발주한 공사계약을 체결하면서 국가계약법 시행령이 개정된 것을 간과한 채 종전의 서식을 그대로 사용하는 바람에 지연이자의 비율에 관해 개정 시행령과 다른 약정을 하였다. 이 경우에도 甲은 개정된 시행령에 따라 지연이자를 청구할 수 있는가?

판단

甲은 개정된 국가계약법 시행령 내용에 따라 지연이자를 청구할 수 있다.

국가는 30일마다 기성대가를 지급하고, 준공검사후 상대방의 청구를 받은 날부터 5일 이내에 준공대가를 지급하여야 한다(국가계약법 시행령 제58조). 국가가 기성대가 또는 준공대가의 지급을 지연한 경우에는 지급기한의 다음날부터 지급하는 날까지의 일수, 즉 대가지급지연일수에 당해 미지급금액 및 지연발생 시점의 금융기관 대출평균금리(한국은행 통계월보상의 대출평균금리를 말한다)를 곱하여 산출한 금액을 이자로 지급하여야 한다(국가계약법 제15조, 시행령 제59조, 공사계약일반조건 제41조).

대가지급지연에 대한 이자에 관한 국가계약법 제15조 및 시행령 제59조는 모든 공공계약에 적용되는 효력규정이다(대법원 2018. 10. 12. 선고 2015다256794 판결). 따라서 국가나 공기업 등이 공공계약을 체결하면서 계약내용이나 조건에 개정된 지연이자율에 관한 국가계약법 시행령을 반영하지 않았더라도 계약 내용은 개정 시행령 내용에 따라 해석 적용돼야 한다.

판례 "국가계약법은 국가를 당사자로 하는 계약이나 공공기관의 운영에 관한 법률의 적용 대상인 공기업이 일방당사자가 되는 계약(이하 편의상 '공공계약'이라 한다)에 관한 기본적인 사항을 정함으로써 계약업무를 원활하게 수행할 수 있도록 하기 위한 목적으로 제정된 것으로(제1조), 공공계약이 공정하고 효율적으로 체결·시행되도록 공공계약의 기본적 내용에 관한 주요한 규정을 두고 있다.

국가계약법 제15조제2항은 국고의 부담이 되는 계약에 따른 대가를 기한까지 지급할 수 없는 경우에는 대통령령이 정하는 바에 따라 그 지연일수에 따른 이자를 지급하여야 한다고 정하고 있다. 그 위임에 따라 국가계약법 시행령 제59조는 대가지급지연에 대한 이자의 비율을 구체적으로 정하고 있는데, 원래 '금융기관의 일반자금 대출 시 적용되는 연체이자율'을 적용한 이자를 지급하여야 한다고 되어 있었으나, 2006. 5. 25. 대통령령 제19483호로 개정할 당시 '금융기관 대출평균금리(한국은행 통계월보상의 대출평균금리)'를 적용한 이자를 지급하여야 한다고 변경되었다. 특히 2006. 5. 25. 개정된 국가계약법 시행령 부칙 제4조는 "이 영 시행 전에 체결된 계약에 대한 대가지급지연에 대한이자의 지급에 관하여는 제59조의 개정규정에 불구하고 종전의 규정에 의한다."라고정하고 있다. 위와 같은 국가계약법 제15조와 그 시행령 제59조 개정 전후의 문언과 내용, 공공계약의 성격, 국가계약법령의 체계와 목적 등을 종합하면 대가지급지연에 대한 이자에 관한 위 규정은 모든 공공계약에 적용되는 효력규정으로 보아야 한다. 위 제59조가 계약의 효력에 영향을 미치는 규정이 아니라면 위 시행령의 부칙 규정이 무의미하게 될 것이라는 점에서도 위와 같은 해석이 타당하다."(대법원 2018. 10. 12. 선고 2015다256794 판결)

(2) 그 지급의무의 존부 자체가 불명확하여 다툼이 있는 경우

쟁점

甲이 공사를 마친 뒤 약정한 준공대가를 모두 수령하였지만, 추가공사대금의 지급 여부를 두고 다툼이 있다. 이 경우 甲은 추가공사대금에 대하여도 지연이자를 청구할 수 있는가?

판단

추가공사대금의 지급의무 여부가 불분명하여 다툼이 있는 경우에는 지연이자의 적용이 없다.

지연이자율은 공사가 완성되어 목적물이 인도되었음에도 국가가 지급하기로 확정된 기성대가나 준공대가의 지급을 지체할 경우에만 적용되고, 국가와 계약상대방 사이에 당초 약정한 계약상의 공사대금 이외에 그 지급의무의 존부 자체가 불명확하여 다툼이 있는 추가비용에 대하여서까지도 일률적으로 적용되는 것은 아니다(대법원 2009. 11. 12. 선고 2008다41451 판결).

6. 일의 완성에 관한 주장·입증책임의 부담자

쟁점

공사대금청구 소송에서 일을 완성하였다는 사실은 누가 주장·입증하여야 하는가?

판단

일을 완성하였다는 사실은 공사대금의 지급을 구하는 수급인이 하여야 한다.

공사대금채무의 변제기는 수급인이 일을 완성한 때 또는 일을 완성하여 목적물을 인도하는 때이다. 공사대금청구 소송에서 수급인은 공사를 완료하였다는 사실을 주장·입증하여 공사대금채권이 변제기에 도달했음을 밝혀야 한다.

판례 "도급계약에 있어 일의 완성에 관한 주장·입증책임은 일의 결과에 대한 보수의 지급을 구하는 수급인에게 있으므로, 도급인이 도급계약상의 공사 중 미시공 부분이 있다고 주장한 바가 없다고 하더라도 그 공사의 완성에 따른 보수금의 지급을 구하는 수급인으로서는 공사의 완성에 관한 주장·입증을 하여야 한다."(대법원 1994. 11. 22. 선고 94다26684, 94다26691 판결)

그러므로 수급인이 공사대금을 청구하는 소송에서 법원은 도급인인 피고가 미시공 부분이 있다는 주장을 하지 않았더라도 수급인으로서 도급계약상의 공사의 완성에 따른 보수금의 지급을 구하는 원고에게 위 공사의 완성에 관한 주장, 입증책임이 있음을 전제로 하여 원고가 위 부분 공사를 완성하지 아니하였다고 인정할 수 있다.

판례 "도급계약에 있어 일의 완성에 관한 주장·입증책임은 일의 결과에 대한 보수의 지급을 청구하는 수급인에게 있고, 제작물공급계약에서 일이 완성되었다고 하려면 당초 예정된 최후의 공정까지 일단 종료하였다는 점만으로는 부족하고 목적물의 주요구조 부분이 약정된 대로 시공되어 사회통념상 일반적으로 요구되는 성능을 갖추고 있어야 하므로, 제작물공급에 대한 보수의 지급을 청구하는 수급인으로서는 그 목적물 제작에 관하여 계약에서 정해진 최후 공정을 일단 종료하였다는 점뿐만 아니라 그 목적물의 주요구조 부분이 약정된 대로 시공되어 사회통념상 일반적으로 요구되는 성능을 갖추고 있다는 점까지 주장·입증하여야 한다."(대법원 2006. 10. 13. 선고 2004다21862 판결)

7. 제3자의 변제

쟁점

甲은 乙이 신축분양하는 상가 한 호실을 분양받았지만, 그 신축공사의 수급인 丙이 유치권을 행사하는 바람에 상가에 입주하지 못하고 있다. 甲은 분양 잔대금을 丙에게 지급하여 유치권을 소멸시킬 수 있는가?

판단

甲은 乙의 의사에 상관없이 丙에 대한 乙의 채무를 대위변제할 수 있다.

(1) 이해관계 있는 제3자의 채무변제

채무의 내용인 급부가 실현됨으로써 채권이 만족을 얻어 소멸하는 것이 변제이다.

변제는 채무의 내용에 좇은 현실제공으로 하여야 하지만, 채권자가 미리 변제받기를 거절하거나 채무의 이행에 채권자의 행위를 요하는 경우에는 변제준비의 완료를 통지하고 그 수령을 통지하면 된다(민법 제460조).

변제는 반드시 채무자 본인이 하여야 하는 것은 아니다. 채무의 변제는 원칙적으로 채무자뿐만 아니라 제3자도 할 수 있고, 채무의 성질상 반드시 변제자 본인의 행위에 의해서만 가능한 것이 아닌 이상 제3자를 이행보조자 내지 이행대행자로 사용하여 변제할 수도 있다(대법원 2001. 6. 15. 선고 99다13515 판결)

제3자에 의한 변제도 가능하지만, 채무의 성질이나 반대의 의사표시가 있는 경우에는 이해관계가 없는 제3자의 변제는 허용되지 않는다(민법 제469조).

채무자의 의사에 반하여 변제할 수 없는 것은 이해관계 없는 제3자이다. 이해관계 있는 제3자는 채무자의 의사에 반하여도 변제할 수 있다. 여기서 이해관계 있는 제3자란 법률상 이해관계 있는 제3자를 말한다{대법원 1991. 7. 12. 선고 90다17774, 90다17781(반소) 판결}. 예컨대, 부동산의 매수인은 그 권리실현에 장애가 되는 그 부동산에 대한 담보권 등의 권리를 소멸시키기 위하여 매도인의 채무를 대신 변제할 법률상 이해관계 있는 제3자에 해당한다(대법원 1995. 3. 24. 선고 94다44620 판결).

또한 신축건물의 매수인은 매도인의 의사와 상관없이 신축건물 공사수급인에게 공사대금채무를 변제할 수 있다.

판례 "건물을 신축한 자가 건물을 매도함과 동시에 소유권이전등기 전까지 그 건물을 매수인에게 임대하기로 하였는데 그 건물의 건축공사수급인이 공사금 일부를 지급받지 못하였다는 이유로 건물의 매수인 겸 임차인의 입주를 저지하자 건물의 매수인 겸 임차인이 매도인에게 지급할 매매대금의 일부를 건축공사수급인에게 공사금채무 변제조로 지급한 경우, 건물의 매수인 겸 임차인은 그 권리실현에 장애가 되는 위 수급인의 건물에 대한 유치권 등의 권리를 소멸시키기 위하여 매도인의 공사금채무를 대신 변제할 법률상 이해관계 있는 제3자이자 변제할 정당한 이익이 있는 자라고 볼 것이므로 위 변제는 공사금채무의 범위 내에서는 매도인의 의사에 반하여도 효력이 있다."(대법원 1993. 10. 12. 선고 93다9903, 93다9910 판결)

이해관계 없는 제3자라도 채무자의 의사에 반하지 않는 이상 변제할 수 있는데, 함부로 채무자의 반대의사를 추정하여 제3자의 변제효과를 부인해서는 안 된다고 한다.

판례 "이해관계 없는 제3자의 대위변제가 채무자의 의사에 반하는지의 여부를 가림에 있어서 채무자의 의사는 제3자가 변제할 당시의 객관적인 제반사정에 비추어 명확하게 인식될 수 있는 것이어야 하며 함부로 채무자의 반대의사를 추정함으로써 제3자의 변제효과를 무효화시키는 일은 피하여야 한다."(대법원 1988. 10. 24. 선고 87다카1644 판결)

---

(2) 수급인 채무를 도급인이 대위변제하는 경우

수급인의 채무를 도급인이 대위변제하는 경우가 있다. 예컨대, 수급인의 채권자들에 대한 채무인 자재대금이나 노임 등을 도급인이 직접 지급하는 것이다. 도급인과 수급인 사이의 합의에 따라 지급하는 경우에는 도급인이 자신의 채무를 변제한 것이나 다름없다.

수급인의 요청이나 동의가 없는 경우에도 도급인은 이해관계 있는 제3자로서 수급인의 채무를 변제할 수 있을 것이다.

도급인이 수급인의 채권자에게 수급인의 채무를 대위변제한 경우 도급인은 수급인에 대하여 구상권과 변제자대위권을 취득한다.

판례 "채무를 변제할 이익이 있는 자가 채무를 대위변제한 경우에 통상 채무자에 대하여 구상권을 가짐과 동시에 민법 제481조에 의하여 당연히 채권자를 대위하나, 위 구상권과 변제자 대위권은 그 원본, 변제기, 이자, 지연손해금의 유무 등에 있어서 그 내용이 다른 별개의 권리이므로, 대위변제자와 채무자 사이에 구상금에 관한 지연손해금 약정이 있더라도 이 약정은 구상금을 청구하는 경우에 적용될 뿐, 변제자대위권을 행사하는 경우에는 적용될 수 없다."(대법원 2009. 02. 26. 선고 2005다32418 판결)

도급인은 수급인에 대한 구상권 또는 변제자대위채권을 자동채권으로 하여 수급인의 공사대금채권과 상계함으로써 수급인에 대한 채무를 면할 수 있다.

8. 이행보조자에 의한 대위변제

쟁점

제3자를 이행보조로 사용하여 대위변제할 수 있는가?

판단

채무의 변제는 원칙적으로 채무자뿐만 아니라 제3자도 할 수 있고, 채무의 성질상 반드시 변제자 본인의 행위에 의해서만 가능한 것이 아닌 이상 제3자를 이행보조자 내지 이행대행자로 사용하여 대위변제할 수도 있다.

도급인 甲은 수급인 乙의 부도 후 乙이 시공하던 나머지 공사를 또 다른 수급인 丙에게 공사대금 10억원으로 정하여 도급주었다. 甲과 丙은 도급계약에서 그 공사대금에 甲의 乙에 대한 미지급 공사금액을 포함시키기로 하였고, 그에 따라 丙도 하도급계약을 체결하면서 그 하수급인들이 乙에 대하여 가지고 있는 공사대금채권을 자신의 공사대금에 포함시켰다.

즉, 甲이 乙에게 지급해야 할 미지급 공사대금을 丙에게 지급할 공사금액에 포함시킨 것은, 이로써 乙의 공사대금 채무를 대위변제하도록 하기 위한 것이었다.

이러한 약정에 따라 실제로 甲이 乙에 대한 미지급 공사대금을 丙에게 지급하고, 丙이 이를 乙에 대한 공사대금채권을 가지고 있는 하수급인들에게 지급하였다면, 甲은 乙의 채무를 대위변제하였다고 주장할 수 있는가?

대법원은 이행보조자나 이행대행자를 사용하여 대위변제를 할 수 있기 때문에, 甲이 乙의 하수급인들에 대해 부담하고 있는 乙의 하도급공사대금채무를 이행보조자 丙을 사용하여 대위변제한 것으로 판단하였다.

판례 "채무의 변제는 원칙적으로 채무자뿐만 아니라 제3자도 할 수 있고, 채무의 성질상 반드시 변제자 본인의 행위에 의해서만 가능한 것이 아닌 이상 제3자를 이행보조자 내지 이행대행자로 사용하여 대위변제할 수도 있다."(대법원 2001. 6. 15. 선고 99다13515 판결)

---

9. 공사대금채무의 대물변제

쟁점

도급인 甲과 수급인 乙은 공사대금을 신축한 오피스텔 1채로 갈음하기로 하였다. 甲은 乙의 요청에 따라 乙 소속 직원 명의로 소유권이전등기를 마쳐주었다. 甲은 공사대금채무를 변제하였는가?

판단

유효한 대물변제가 아니다.

(1) 공사대금채무를 부동산으로 대물변제 하는 경우

채무자가 채권자의 승낙을 얻어 본래의 채무이행에 갈음하여 다른 급여를 한 때에는 변제와 같은 효력이 있다(민법 제466조). 본래의 채무에 갈음하여 다른 급여를 현실적으로 하면 변제와 같은 효력이 있다. 따라서 본래의 채무는 소멸한다.

공사대금채무를 부동산으로 대물변제하기로 약정한 경우에는 도급인이 소유한 부동산의 등기명의를 수급인에게 넘겨주어야 대물변제가 이행되어 공사대금채무가 소멸된다.

판례 "대물변제가 채무소멸의 효력을 발생하려면 채무자가 본래의 이행에 갈음하여 행하는 다른 급여가 현실적인 것이어야 하며 그 경우 다른 급여가 부동산소유권의 이전인 때에는 당사자의 의사표시 또는 인감증명서의 교부만으로는 부족하고 그 부동산에 관한 물권변동의 효력이 발생하는 등기를 경료하여야 한다." (대법원 1984. 6. 26. 선고 82다카1758 판결)

대물변제를 마치기 이전에 채무자가 본래 채무를 변제하였다면 채권자로서는 대물변제계약에 따른 이행청구를 할 수 없게 된다.

판례 "대물변제는 본래의 채무에 갈음하여 다른 급여를 현실적으로 하는 때에 성립되는 요물계약이므로, 다른 급여가 부동산의 소유권이전인 때에는 등기를 완료하여야만 대물변제가 성립되어 기존채무가 소멸되는 것이므로 대물변제계약이 효력을 발생하기 전에 채무의 본지에 따른 이행으로 기존채무가 소멸되고 난 뒤에는 대물변제예약 당사자간에 예약된 대물변제 계약으로서는 부동산소유권이전등기청구를 할 수 없다."(대법원 1987. 10. 26. 선고 86다카1755 판결)

편의에 따라 수급인이 아니라 수급인의 임직원 앞으로 소유권이전등기를 하더라도 공사대금채무가 소멸되는 효과가 있는가?

수급인의 임직원 앞으로 소유권이전등기를 한 것은 도급인과 수급인, 등기명의인 3자간 합의에 따른 명의신탁에 해당하는데, 부동산실권리자명의등기에관한법률에 따라 그 등기는 무효로 된다. 대물을 변제한 것으로 되지 않고, 공사대금채무가 소멸되었다고 볼 수 없다.

판례 "대물변제가 채무소멸의 효력을 발생하려면 채무자가 본래의 이행에 갈음하여 행하는 다른 급여가 현실적인 것이어야 하며 그 경우 다른 급여가 부동산소유권의 이전인 때에는 그 부동산에 관한 물권변동의 효력이 발생하는 등기를 경료하여야 하는바, 부동산실권리자명의등기에관한법률에 의하면 이른바 3자간 등기명의신탁의 경우 같은 법에서 정한 유예기간 경과에 의하여 기존 명의신탁약정과 그에 의한 등기가 무효로 되고, 이 경우 수탁자가 제3자에게 신탁부동산에 대한 처분행위를 한 경우 3자간 등기명의신탁에 의한 소유권이전등기의 무효로써 제3자에게 대항할 수 없다고 하더라도(부동산실권리자명의등기에관한법률 제4조제3항), 당초의 약정에 따른 신탁자에 대한 소유권이전등기의무가 이행된 것으로는 볼 수 없다."(대법원 2003. 5. 16. 선고 2001다27470 판결)

(2) 대물변제가 채권양도 방식으로 이루어지는 경우

채무자가 채권자에게 채무변제와 관련하여 다른 채권을 양도하는 것은 특단의 사정이 없는 한 채무변제를 위한 담보 또는 변제의 방법으로 양도되는 것으로 추정할 것이지 채무변제에 갈음한 것으로 볼 것은 아니어서, 채권양도만 있으면 바로 원래의 채권이 소멸한다고 볼 수는 없다는 것이 판례이다(대법원 1995.9.15. 선고 95다13371 판결).

판례 "채무자가 채권자에게 채무변제와 관련하여 다른 채권을 양도하는 것은 특단의 사정이 없는 한 채무변제를 위한 담보 또는 변제의 방법으로 양도되는 것으로 추정할 것이지 채무변제에 갈음한 것으로 볼 것은 아니어서, 채권양도만 있으면 바로 원래의 채권이 소멸한다고 볼 수는 없는 것이고 채권자가 양도받은 채권을 변제받음으로써 그 범위 내에서 채무자가 면책되는 것이므로, 양도 채권의 변제에 관하여는 기존채무의 채무자에게 주장·입증책임이 있다."(대법원 1995. 12. 22. 선고 95다16660 판결)

도급인이 공사대금채무와 관련하여 약속어음을 발행하였더라도 현금수수와 같은 효과가 있는 것으로 볼 수 없다(대법원 1970. 6. 30. 선고 70다517 판결). 즉, 공사대금채무 자체를 변제한 것은 아니다.

채무자가 공사대금채무의 변제와 관련하여 약속어음을 지급한 경우에도 본래 채무에 갈음한 대물변제로 해석되기보다는 본래 채무의 지급을 담보하거나 지급의 방법으로 교부되었다고 해석되는 경우가 많다. 대물변제로 약속어음이 교부되면 본래 채무가 소멸하고 약속어음채무만 남게 되지만, 담보나 지급의 방법으로 교부된 경우에는 본래 채무가 소멸하지 않고 어음채무와 병존하게 된다.

판례 "기존 채무의 이행에 관하여 채무자가 채권자에게 어음을 교부할 때의 당사자의 의사는 기존 원인채무의 '지급에 갈음하여', 즉 기존 원인채무를 소멸시키고 새로운 어음채무만을 존속시키려고 하는 경우와, 기존 원인채무를 존속시키면서 그에 대한 지급방법으로서 이른바 '지급을 위하여' 교부하는 경우 및 단지 기존 채무의 지급 담보의 목적으로 이루어지는 이른바 '담보를 위하여' 교부하는 경우로 나누어 볼 수 있는데, 당사자 사이에 특별한 의사표시가 없으면 어음의 교부가 있다고 하더라도 이는 기존 원인채무는 여전히 존속하고 단지 그 '지급을 위하여' 또는 그 '담보를 위하여' 교부된 것으로 추정할 것이며, 따라서 특별한 사정이 없는 한 기존의 원인채무는 소멸하지 아니하고 어음상의 채무와 병존한다."(대법원 1996. 11. 8. 선고 95다25060 판결)

대물변제의 예약은 채권자와 채무자가 본래의 급부에 갈음하여 대물변제를 할 것을 이행기 전에 미리 약정하는 것을 말한다. 대물변제는 본래의 채무이행에 갈음하는 것, 즉 변제의 목적을 가지고 한 때에 적용되고, 대물변제의 예약은 변제의 목적보다는 본래의 채무에 대한 담보의 목적으로 기능한다.

판례 "도급계약과 관련된 대물변제예약에 있어서와 같이 공사대금의 지급에 갈음하여 부동산을 대물변제 받기로 하는 약정은 채권보전을 위한 담보방법으로 행하여진 것으로 보아야 할 것이므로, 채무자가 채무의 본지에 따른 이행을 함으로써 기존의 채무가 소멸되고 난 뒤에는 채권자는 그와 같은 약정에 기한 부동산소유권이전등기를 청구할 수 없다."(대법원 1997. 4. 25. 선고 96다32133 판결)

---

10. 대물변제와 압류의 효력

쟁점

공사대금채권에 대한 압류 이전에 도급인과 수급인 사이에 공사대금을 도급인 소유의 부동산으로 지급하기로 하는 약정이 이루어진 경우, 이 압류의 효력은 어떻게 되는가?

판단

대물변제 약정인 경우에는 이 압류는 효력이 없다.

(1) 대물변제 약정의 판단기준

공사대금채무를 부동산으로 지급하기로 약정하는 경우가 있다. 이러한 약정은 공사대금채무의 지급에 갈음하여 부동산소유권을 이전하기로 하는 대물변제약정인 경우도 있지만, 공사대금채무의 지급방법 또는 공사대금채무의 지급을 담보하는 약정일 수도 있다. 대물변제약정인 경우는 기존의 공사대금채무는 소멸하고 수급인은 새로운 부동산소유권이전등기청구권을 갖게 되고, 공사대금채무의 담보방법으로 부동산을 양도하기로 약정한 경우에는 기존 공사대금채무와 부동산소유권이전등기청구권이 병존하게 된다.

채권자 앞으로 경료된 소유권이전등기가 대물변제조인가 종전채무의 담보조인가의 구별기준에 관하여 판례는 다음과 같이 판시한다.

판례 "채무와 관련하여 채무자 소유의 부동산이 채권자 앞으로 소유권이전등기가 경료된 경우, 그것이 대물변제조로 이전된 것인가, 아니면 종전채무의 담보를 위하여 이전된 것인가의 문제는 소유권이전 당시의 당사자 의사해석에 관한 문제인 것이고, 이 점에 관하여 명확한 증명이 없는 경우에는(담보목적임을 주장하는 측에 그 입증책임이 있다) 소유권이전 당시의 채무액과 부동산의 가액, 채무를 지게 된 경위와 그 후의 과정(가등기의 경료관계), 소유권이전 당시의 상황, 그 이후에 있어서의 부동산의 지배 및 처분관계 등 제반 사정을 종합하여 담보목적인지 여부를 가려야 할 것이다."(대법원 1993. 6. 8. 선고 92다19880 판결)

---

(2) 공사대금의 지급에 갈음하여 부동산을 이전하기로 약정한 경우

공사대금 채권에 대한 압류 이전에 도급인과 수급인 사이에 공사대금을 도급인 소유의 부동산으로 지급하기로 하는 대물변제약정이 이루어진 경우에는 압류는 효력이 없게 된다. 기존의 공사대금채권은 소멸하여 더 이상 존재하지 않기 때문이다.

판례 "수급인의 공사대금 채권을 압류대상으로 한 국세 체납처분의 압류가 있기 전에 도급인과 수급인 사이에 공사대금에 관하여 현금 지급 대신에 도급인 소유의 부동산 소유권을 수급인에게 이전함으로써 그 충당에 갈음하기로 하는 약정이 이루어진 경우, 그 약정이 공사대금 채권은 그대로 존속시키되 다만 공사대금을 지급하는 한 가지 방법으로 이루어진 경우라면, 도급인이 압류 전에 있었던 수급인과의 사이의 약정을 이유로 공사대금의 지급에 갈음하여 부동산을 이전할 것을 압류채권자에게 주장하는 것은 별론으로 하고 그 약정이 있음을 이유로 압류 후에 곧바로 수급인에게 공사대금의 지급에 갈음하여 부동산으로 대물변제를 하는 것은 압류된 공사대금 채권 그 자체를 변제하는 것으로서 압류의 효력에 반하는 것이 되므로 허용될 수 없으나, 만약 그 약정이 공사대금의 지급에 갈음하여 공사대금 채권을 소멸시키고 해당 부동산에 대한 소유권이전등기청구권만을 남기기로 하여 이루어진 경우라면, 도급인과 수급인 사이에는 해당 부동산에 대한 소유권이전등기청구권만이 있게 되고 공사대금의 채권·채무는 있을 수 없는 것이어서 공사대금 채권에 대한 압류 자체가 효력이 없다고 보아야 한다."(대법원 1998. 2. 13. 선고 97다43543 판결)

---

11. 공사대금채무의 대물변제와 사해행위

쟁점

건설업자 A는 상가 신축공사를 하고 공사대금을 지급받지 못하다가 건축주 B로부터 상가를 대물로 받았는데, 건축주 B의 다른 채권자들이 사해행위라고 주장하며 소유권이전등기를 말소하라고 주장한다. 사해행위에 해당하는가?

판단

공사대금을 현금으로 지급받는 대신 대물로 지급받는 경우 사해행위가 될 수 있다.

(1) 채무초과 상태에 있는 채무자의 대물변제 행위

채권자를 해하는 채무자의 법률행위는 취소할 수 있다(민법 제406조제1항). 채무자가 채무 초과 상태에 있더라도 공사대금채무 자체를 변제받은 것은 사해행위가 될 수 없으나(대법원 2001. 4. 10. 선고 2000다66034 판결), 대물변제는 사해행위로 인정될 수 있다. 채무자가 그의 유일한 재산을 채권자들 가운데 어느 한 사람에게 대물변제로 제공하는 행위는 다른 특별한 사정이 없는 한 다른 채권자들에 대한 관계에서 사해행위가 되고(대법원 2005. 11. 10. 선고 2004다7873 판결), 대물변제한 재산이 유일한 재산이 아니라고 하더라도 사해행위에 해당할 수 있다(대법원 2007. 7. 12. 선고 2007다18218 판결).

채무초과 상태에 있는 채무자가 그 소유의 부동산을 채권자 중의 어느 한 사람에게 채권담보로 제공하는 행위는 특별한 사정이 없는 한 다른 채권자들에 대한 관계에서 사해행위에 해당한다(대법원 1997. 9. 9. 선고 97다10864 판결).

판례 "채무자의 재산이 채무의 전부를 변제하기에 부족한 경우에 채무자가 그의 재산을 어느 특정 채권자에게 대물변제나 담보조로 제공하였다면 특별한 사정이 없는 한 이는 곧 다른 채권자의 이익을 해하는 것으로서 다른 채권자들에 대한 관계에서 사해행위가 되는 것이고, 위와 같이 대물변제나 담보조로 제공된 재산이 채무자의 유일한 재산이 아니라거나 그 가치가 채권액에 미달한다고 하여도 마찬가지라고 할 것이다."(대법원 2007. 7. 12. 선고 2007다18218 판결)

(2) 대물변제가 사해행위에 해당하지 않는 경우

그러나 자금난으로 사업을 계속 추진하기 어려운 상황에 처한 채무자가 자금을 융통하여 사업을 계속 추진하는 것이 채무 변제력을 갖게 되는 최선의 방법이라고 생각하고 자금을 융통하거나 사업을 계속하기 위하여 부득이 부동산을 특정 채권자에게 담보로 제공하는 행위는 사해행위가 아니다(대법원 2001. 5. 8. 선고 2000다50015 판결). 따라서 도급인의 자금난으로 공정률 60~70% 정도 진행된 상태에서 공장신축공사가 중단되자 도급인의 위임을 받은 채권자단이 수급인으로 하여금 수급인의 부담하에 공사를 계속하게 하기 위하여 공사대금의 담보조로 신축공장의 건축주 명의를 수급인으로 변경하여 준 것은 사해행위에 해당하지 않는다.

판례 "채무초과 상태에 있는 채무자가 그 소유의 부동산을 채권자 중의 어느 한 사람에게 채권담보로 제공하는 행위는 특별한 사정이 없는 한 다른 채권자들에 대한 관계에서 사해행위에 해당한다고 할 것이나, 이 사건과 같이 자금난으로 사업을 계속 추진하기 어려운 상황에 처한 채무자가 자금을 융통하여 사업을 계속 추진하는 것이 채무 변제력을 갖게 되는 최선의 방법이라고 생각하고 자금을 융통하거나 사업을 계속하기 위하여 부득이 부동산을 특정 채권자에게 담보로 제공하였다면 달리 특별한 사정이 없는 한 채무자의 담보권 설정행위는 사해행위에 해당하지 않는다고 할 것이다."(대법원 2001. 5. 8. 선고 2000다66089 판결).

수급인이 유치권을 포기하는 대신 대물변제를 받은 것도 사행행위라고 할 수 없다.

판례 "공사대금을 지급받지 못한 아파트 공사 수급인이 신축 아파트에 대한 유치권을 포기하는 대신 수분양자들로부터 미납입 분양대금을 직접 지급받기로 하고, 그 담보를 위해 도급인과의 사이에 당해 아파트를 대상으로 수익자를 수급인으로 하는 신탁계약을 체결하고 수급인이 지정하는 자 앞으로 소유권이전등기를 경료하게 한 경우, 수급인의 지위가 유치권을 행사할 수 있는 지위보다 강화된 것이 아니고, 도급인의 일반채권자들 입장에서도 수급인이 유치권을 행사하여 도급인의 분양사업 수행이 불가능해지는 경우와 비교할 때 더 불리해지는 것은 아니므로 위 신탁계약이 사해행위에 해당하지 않는다."(대법원 2001. 7. 27. 선고 2001다13709 판결)

12. 공사대금채무의 인수

쟁점

도급인 甲은 수급인 乙이 하수급인 丙에 대하여 부담하는 하도급공사대금채무를 인수하였다. 이 경우 乙은 丙에 대한 공사대금채무를 면하는가?

판단

도급인 甲이 하수급인 丙에게 하도급공사대금을 실제 변제할 때까지는 수급인 乙의 공사대금채무도 존속한다.

(1) 면책적 채무인수와 병존적 채무인수의 판단기준

도급인과 수급인 사이에 수급인이 하수급인이나 기타 채권자에게 부담하는 채무를 변제하기로 하는 약정은 도급인이 수급인의 하도급공사대금채무를 인수한 것이다.

채무인수에는 구채무자가 채무에서 벗어나게 되는 면책적 채무인수와 구채무자의 채무가 신채무자의 채무와 병존하는 병존적(또는 중첩적) 채무인수가 있다.

대법원 판례는 채무인수가 면책적인가 병존적인가 하는 것은 채무인수계약에 나타난 당사자 의사의 해석에 관한 문제이고, 면책적 인수인지 병존적 인수인지 분명하지 아니한 때에는 병존적으로 인수한 것으로 보아야 한다는 입장이다(대법원 2002. 9. 24. 선고 2002다36228 판결).

수급인 乙에 대해 공사대금채무를 부담하고 있는 도급인 甲이 丙 주식회사를 설립하여 대표이사로 재직하면서 乙에 대한 甲의 공사대금채무를 丙 주식회사가 변제하기로 하는 내용의 금전소비대차계약 공정증서를 작성해주었다면 丙 주식회사가 甲의 공사대금 채무를 병존적으로 인수한 것으로 볼 수 있다(대법원 2010. 11. 11. 선고 2010다46657 판결).

공장건물 및 대지의 분양계약자로서의 지위를 포괄적으로 인수하면서 그 공장운영과 관련하여 발생된 채무도 함께 인수하여 직접 채권자에게 변제하기로 약정하였다면 병존적 채무인수에 해당하고 채권자는 인수인에 대하여 직접 청구할 수 있다.

판례 "제3자가 공장 소유자로부터 공장건물과 공장대지의 분양계약자로서의 지위를 포괄적으로 인수하면서 그 공장건물에 의하여 담보된 공장운영과 관련하여 발생된 채무도 함께 인수하여 직접 채권자에게 변제하기로 약정하는 경우에 있어서, 공장 양도인과 양수인 간의 채무인수에 관한 합의에는, 다른 특별한 사정이 없는 한 채권자로 하여금 인수인에 대하여 직접 채권을 취득하게 하는 의사도 내포되어 있다고 봄이 상당하므로, 양수인이 양도인에 대하여만 채무를 변제할 의무를 부담하는 단순한 이행인수가 아니라 양수인이 채무자인 양도인과 나란히 채권자에 대하여도 채무를 부담하게 되는 병존적 채무인수라고 보아야 하고, 이와 같이 채무자와 인수인의 합의에 의한 병존적 채무인수는 일종의 제3자를 위한 계약이므로, 채권자는 인수인에 대하여 채무이행을 청구하거나 기타 채권자로서의 권리를 행사하는 방법으로 수익의 의사표시를 함으로써 인수인에 대하여 직접 청구할 권리를 갖게 된다."(대법원 1995. 5. 9. 선고 94다47469 판결)

---

(2) 수급인의 의사에 반하여 도급인이 하도급공사대금을 변제한 경우의 효력

채무인수는 채권자와 채무자, 그리고 인수인 3자의 합의로 할 수도 있고, 인수인과 채무자 또는 인수인과 채권자의 계약으로도 할 수 있다. 병존적 채무인수는 채무자가 반대하더라도 인수인과 채권자의 계약으로 할 수 있다는 것이 통설이다. 따라서 도급인은 수급인이 반대하더라도 하수급인과의 계약으로 수급인의 하도급공사대금채무를 인수하여 하수급인에게 변제할 수 있다.

채무자와 인수인의 계약으로 체결되는 병존적 채무인수는 채권자로 하여금 인수인에 대하여 새로운 권리를 취득하게 하는 것으로 제3자를 위한 계약의 하나로 볼 수 있다(대법원 1997. 10. 24. 선고 97다28698 판결).

도급인이 수급인의 하수급인에 대한 하도급공사대금채무를 인수하였더라도 일반적으로 병존적 채무인수이기 때문에 수급인의 하수급인에 대한 하도급공사대금채무는 그대로 존속하게 된다.

(3) 채무인수와 이행인수의 구별

채무인수와 이행인수는 구별된다. 채무인수의 경우에는 인수인은 채권자에 대하여 직접 채무를 부담하지만, 이행인수의 경우에는 인수인이 채권자에게 직접 채무를 부담하는 것이 아니다.

판례 "채무자와 인수인의 계약으로 체결되는 병존적 채무인수는 채권자로 하여금 인수인에 대하여 새로운 권리를 취득하게 하는 것으로 제3자를 위한 계약의 하나로 볼 수 있는바, 이와 비교하여 이행인수는 채무자와 인수인 사이의 계약으로 인수인이 변제 등에 의하여 채무를 소멸하게 하여 채무자의 책임을 면하게 할 것을 약정하는 것으로 인수인이 채무자에 대한 관계에서 채무자를 면책하게 하는 채무를 부담하게 될 뿐 채권자로 하여금 직접 인수인에 대한 채권을 취득하게 하는 것이 아니므로, 결국 제3자를 위한 계약과 이행인수의 판별 기준은 계약 당사자에게 제3자 또는 채권자가 계약 당사자 일방 또는 인수인에 대하여 직접 채권을 취득하게 할 의사가 있는지 여부에 달려 있다 할 것이고, 구체적으로는 계약 체결의 동기·경위 및 목적, 계약에 있어서의 당사자의 지위, 당사자 사이 및 당사자와 제3자 사이의 이해관계, 거래 관행 등을 종합적으로 고려하여 그 의사를 해석하여야 한다."(대법원 2008. 3. 27. 선고 2006다40515 판결)

13. 공사대금채권의 양도

쟁점

공사도급계약을 체결하면서 도급인 甲과 수급인 乙, 하수급인 丙은 하도급공사대금의 지급을 담보하기 위하여 丙이 시공한 하도급공사대금은 甲이 직접 丙에게 지급하기로 하였다. 乙의 채권자 丁은 乙의 공사대금채권을 압류하지 못하는가?

판단

乙이 장래의 공사대금채권을 확정일자 있는 증서에 의하여 丙에게 양도하였다면, 丙에 대한 채권양도가 丁의 압류보다 우선한다.

공사대금채권도 양도할 수 있다(민법 제449조). 도급인이 수급인을 대신하여 하수급인에게 하도급대금을 직접 지급하기로 하는 3자 사이의 합의는 수급인이 도급인에 대하여 가지고 있는 공사대금채권을 하수급인에게 양도하고, 도급인은 이 채권양도를 승낙한 것으로 해석되는 경우가 있다.

판례 "건축공사가 수급인의 부도로 중단된 후 도급인, 수급인 및 하수급인 3자 사이에 하수급인이 시공한 부분의 공사대금 채권에 대하여 도급인이 이를 하수급인에게 직접 지급하기로 하고 이에 대하여 수급인이 아무런 이의를 제기하지 않기로 합의한 경우, 그 실질은 수급인이 도급인에 대한 공사대금 채권을 하수급인에게 양도하고 그 채무자인 도급인이 이를 승낙한 것이라고 봄이 상당하다."(대법원 2000. 6. 23. 선고 98다34812 판결)

이러한 채권양도는 확정일자 있는 증서에 의하여 양도인이 채무자에게 통지하거나 채무자가 승낙하여야 제3자에게 대항할 수 있다(민법 제450조).

도급인과 수급인, 하수급인 3자 사이에 도급인이 하수급인에게 하도급대금을 직접 지급하기로 하는 내용의 합의가 있는 경우에 그것이 채권양도인지 아니면 하도급법 제14조에서 정하는 하도급대금의 직접지급에 관한 합의인지 구분하여야 한다.

판례 "공사도급계약 및 하도급계약을 함께 체결하면서 도급인, 원수급인과 하수급인이 '공사대금은 도급인이 원수급인의 입회하에 하수급인에게 직접 지급하고, 원수급인에게는 지급하지 않는 것'으로 약정한 경우, 당사자들의 의사가 위 도급계약 및 하도급계약에 따른 공사가 실제로 시행 내지 완료되었는지 여부와 상관없이 원수급인의 도급인에 대한 공사대금채권 자체를 하수급인에게 이전하여 하수급인이 도급인에게 직접 그 공사대금을 청구하고 원수급인은 공사대금 청구를 하지 않기로 하는 취지라면 이는 실질적으로 원수급인이 도급인에 대한 공사대금채권을 하수급인에게 양도하고 그 채무자인 도급인이 이를 승낙한 것이라고 봄이 상당하다. 이러한 경우 위와 같은 채권양도에 대한 도급인의 승낙이 확정일자 있는 증서에 의하여 이루어지지 않는 이상, 도급인은 위와 같은 채권양도와 그에 기한 채무의 변제를 들어서 원수급인의 위 공사대금채권에 대한 압류채권자에게 대항할 수 없다. 반면, 당사자들의 의사가 하수급인이 위 각 하도급계약에 기하여 실제로 공사를 시행 내지 완료한 범위 내에서는 도급인은 하수급인에게 그 공사대금을 직접 지급하기로 하고 원수급인에게 그 공사대금을 지급하지 않기로 하는 취지라면, 압류명령의 통지가 도급인에게 도달하기 전에 하수급인이 위 공사를 실제로 시행 내지 완료하였는지 여부나 그 기성고 정도 등에 따라 도급인이 원수급인의 위 공사대금채권에 대한 압류채권자에게 하수급인의 시공 부분에 상당하는 하도급대금의 범위 내에서 대항할 수 있는지 여부 및 그 범위가 달라진다."(대법원 2008. 2. 29. 선고 2007다54108 판결)

채권의 양도는 채권의 동일성을 유지한 채 양도인으로부터 양수인에게 이전하는 것이다. 따라서 채권에 대한 압류명령의 효력이 발생하기 전에 제3채무자가 채무자에 대하여 가지고 있던 항변사유는 채권이 양도되더라도 그대로 유지된다.

14. 공사대금채권의 소멸시효기간

쟁점

수급인 甲은 공사대금을 지급받기 위하여 신축한 건물을 3년이 넘게 점유하며 유치권을 행사하고 있는데, 신축건물의 매수인 乙이 나가달라고 요구한다. 甲은 계속하여 유치권을 행사할 수 있는가?

판단

유치권을 행사하더라도 소멸시효는 중단되지 않고, 공사대금채권은 3년간 행사하지 않으면 소멸시효가 완성된다. 따라서 다른 사정이 없다면 공사대금채권이 소멸하여 유치권도 행사할 수 없게 된다.

(1) 공사대금 채권의 소멸시효기간(=3년)

공사대금채권도 소멸시효의 적용을 받는다. 일반 민사채권은 10년, 상사채권은 5년 동안 권리를 행사하지 않으면 소멸시효가 완성된다. 도급받은 자의 공사에 관한 채권은 3년간 행사하지 않으면 소멸시효가 완성되므로(민법 제163조제3호) 수급인이 3년간 공사대금채권을 행사하지 않으면 소멸시효가 완성되어 더 이상 상대방에게 공사대금을 청구하지 못한다.

3년의 단기소멸시효에 걸리는 '도급받은 자의 공사에 관한 채권'은 도급받은 공사대금채권 뿐만 아니라 그 공사에 부수되는 채권도 포함한다.

판례 "3년의 단기소멸시효에 관하여 민법 제163조제3호는 '도급을 받은 자의 공사에 관한 채권'이라고 규정하여 도급받은 공사채권 뿐만 아니라 그 공사에 부수되는 채권도 포함하고 있고 원래 도급은 도급계약의 거래관행상 위임적인 요소를 포함시키는 경우가 많음에 비추어 반드시 민법상의 계약유형의 하나인 도급계약만을 뜻하는 것이 아니고 광범위하게 공사의 완성을 맡은 것으로 볼 수 있는 경우까지도 포함되는 것이라고 할 것이므로 계약중에 택지조성공사 이외에 부수적으로 토지형질변경허가신청과 준공허가 및 환지예정지지정신청 등의 사무가 포함되어 있다고 하여 위 공사완성후의 계약에 따른 보수청구가 도급받은 자의 공사에 관한 채권이 아니라고 할 수는 없다."(대법원 1987. 6. 23. 선고 86다카2549 판결)

판례 "도급계약상 도급인에게 수급인으로 하여금 공사를 이행할 수 있도록 협력하여야 할 의무가 인정된다고 하더라도 이러한 협력의무는 계약에 따른 부수적 내지는 종된 채무로서 민법 제163조 제3호에 정한 '공사에 관한 채무'에 해당하고, 주된 채무인 공사대금채무가 시효로 소멸하였다는 도급인의 주장에는 종된 채무인 위 공사 협력의무의 시효소멸 주장도 들어 있는 것으로 볼 수 있다."(대법원 2010. 11. 25. 선고 2010다56685 판결)

참고로, 민법 제666조[4]에 따른 저당권설정청구권은 공사대금채권을 담보하기 위하여 저당권설정등기절차의 이행을 구하는 채권적 청구권으로서 공사에 부수되는 채권에 해당하므로 소멸시효기간 역시 3년이다(대법원 2016. 10. 27. 선고 2014다211978 판결).

(2) 당사자가 공사에 관한 채권을 약정에 기한 채권이라 주장하는 경우

당사자가 공사에 관한 채권을 약정에 기한 채권이라고 주장한다고 하더라도 그 채권의 성질이 변경되지 아니한 이상 단기소멸시효에 관한 민법 제163조제3호의 적용을 배제할 수는 없다. 따라서 당사자가 하도급받은 공사를 시행하던 도중에 폭우로 인하여 침수된 지하 공사장과 붕괴된 토류벽을 복구하는 데 소요된 복구공사대금채권을 공사대금채권이 아니라 약정금으로 청구하면서 일반 민사채권이라고 주장하여도 3년의 단기소멸시효가 적용된다.

판례 "민법 제163조제3호가 3년의 단기소멸시효에 걸리는 채권으로 들고 있는 '도급을 받은 자의 공사에 관한 채권'에서, 그 '채권'이라 함은 도급받은 공사의 공사대금채권뿐만 아니라 그 공사에 부수되는 채권도 포함하는 것이다.
당사자가 공사에 관한 채권을 약정에 기한 채권이라고 주장한다고 하더라도 그 채권의 성질이 변경되지 아니한 이상 단기소멸시효에 관한 민법 제163조제3호의 적용을 배제할 수는 없다."(대법원 1994. 10. 14. 선고 94다17185 판결)

4) **민법 제666조(수급인의 목적부동산에 대한 저당권설정청구권)** 부동산공사의 수급인은 전조의 보수에 관한 채권을 담보하기 위하여 그 부동산을 목적으로 한 저당권의 설정을 청구할 수 있다.

15. 소멸시효의 기산점

쟁점

지하철공사 도중에 집중호우로 인한 피해가 발생하여 홍수피해 복구공사를 시행하였다면, 그 복구공사비 채권의 소멸시효 기산점은 언제인가?

판단

홍수피해로 인한 복구공사를 완료한 시점부터 진행한다.

소멸시효는 권리를 행사할 수 있는 때로부터 진행하는데(민법 제166조제1항), 여기서 권리를 행사할 수 있는 때란 권리를 행사함에 있어 이행기의 미도래 라든지 정지조건부 권리에 있어서의 조건의 미성취와 같은 법률상의 장애가 없는 경우를 말하는 것이다(대법원 2006. 12. 7. 선고 2005다21029 판결).

약정한 지하철공사 도중에 집중호우로 인한 피해가 발생하여 홍수피해 복구공사를 시행하였다면, 그 복구공사비 채권의 소멸시효 기산점은 언제인가? 홍수피해로 인한 복구공사를 완료한 시점부터 소멸시효가 진행되는가, 아니면 당초 약정한 지하철공사를 모두 완료한 시점부터 소멸시효가 진행되는가?

대법원은 복구공사가 완료한 때부터 그 채권을 행사할 수 있었고, 그 채권의 행사에 법률상의 장애가 있었다고 볼 수 없으므로 복구공사비채권의 소멸시효는 복구공사가 완료된 시점부터 진행된다고 판단하였다(대법원 2009. 11. 12. 선고 2008다41451 판결).

채권이 채무불이행으로 인하여 손해배상청구권으로 바뀐 경우 그 손해배상청구권의 소멸시효기간은 원채권의 시효기간과 동일하고(대법원 2010. 9. 9. 선고 2010다28031 판결), 시효기간의 기산점은 채무불이행시이다(대법원 2005. 1. 14. 선고 2002다57119 판결).

16. 소멸시효의 완성 여부

쟁점

건설자재 판매업을 하는 甲이 건설회사 乙을 상대로 물품대금 청구소송을 제기하여 승소하였고, 그 판결은 확정되었다. 甲은 판결이 확정된 뒤 乙의 채무를 연대보증한 丙을 상대로 보증채무의 이행을 청구하였다. 丙은 乙의 채무를 연대보증한 날부터 5년이 경과하여 소멸시효가 완성되었다고 주장한다. 소멸시효가 완성하였는가?

판단

연대보증인의 채무는 5년의 상사 소멸시효가 완성되었다.

공사대금채권의 소멸시효가 완성되면 수급인은 더 이상 도급인을 상대로 공사대금을 청구하지 못한다. 채권이 소멸된 이상 수급인은 도급인을 상대로 이행불능을 원인으로 손해배상을 청구할 수도 없다.

판례 "본래의 공사비채권이 시효소멸 되었다면 그 채권이 이행불능이 되었음을 이유로 하는 손해배상청구권 역시 허용될 수 없다."(대법원 1987. 6. 23. 선고 86다카2549 판결)

채권자와 주채무자 사이의 확정판결에 의하여 주채무가 확정되어 그 소멸시효기간이 10년으로 연장되었다 할지라도 그 보증채무까지 당연히 단기소멸시효의 적용이 배제되어 10년의 소멸시효기간이 적용되는 것은 아니고, 채권자와 연대보증인 사이에 있는 연대보증채무의 소멸시효기간은 여전히 종전의 소멸시효기간에 따른다(대법원 2006. 08. 24. 선고 2004다26287 판결).

보증채무는 주채무와는 별개의 독립한 채무이므로 보증채무와 주채무의 소멸시효기간은 채무의 성질에 따라 각각 별개로 정해진다. 甲에 대한 乙의 물품대금채무는 확정판결로 인하여 소멸시효가 10년으로 되었지만, 상인인 甲의 물품대금채권에 대하여 丙이 연대보증한 행위는 상행위로서 5년의 상사소멸시효가 적용된다(대법원 2014. 06. 12. 선고 2011다76105 판결). 따라서 丙의 보증채무는 소멸시효가 완성되었다.

참고로, 연대보증채무에 대한 소멸시효가 중단되었다고 하더라도 주채무의 소멸시효가 중단되는 것은 아니지만, 주채무가 소멸시효 완성으로 소멸된 경우에는 연대보증채무도 그 채무 자체의 시효중단 여부와 무관하게 부종성에 따라 당연히 소멸한다(대법원 2012. 01. 12. 선고 2011다78606 판결).

17. 소멸시효의 중단 여부

쟁점

채무자가 검찰 조사를 받으면서 채권자에 대한 채무를 승인하는 진술을 하여 그 내용이 피의자신문조서에 기재되었다. 소멸시효가 중단되었는가?

판단

채무의 승인은 소멸시효의 중단사유이지만, 그 승인은 소멸시효의 완성으로 권리를 상실하게 될 자나 그 대리인에게 하여야 효력이 있다. 따라서 소멸시효가 중단되지 않는다.

(1) 채무의 승인과 소멸시효의 중단

채무의 승인은 청구, 압류 또는 가압류나 가처분과 함께 소멸시효의 중단사유이다(민법 제168조).

소멸시효 중단사유로서의 승인은 시효이익을 받을 당사자인 채무자가 소멸시효의 완성으로 권리를 상실하게 될 자 또는 그 대리인에 대하여 그 권리가 존재함을 인식하고 있다는 뜻을 표시하는 것이다. 그 표시의 방법은 아무런 형식을 요구하지 아니하고 또한 명시적이건 묵시적이건 불문하며, 묵시적인 승인의 표시는 채무자가 그 채무의 존재 및 액수에 대하여 인식하고 있음을 전제로 하여 그 표시를 대하는 상대방으로 하여금 채무자가 그 채무를 인식하고 있음을 그 표시를 통해 추단하게 할 수 있는 방법으로 행해지면 족하다(대법원 2010. 4. 29. 선고 2009다99105 판결).

소멸시효를 중단시키는 채무의 승인은 채무자 본인이나 그 대리인이 하여야 효력이 있으며, 회사의 경리과장이나 총무과장 또는 출장소장은 다른 특별한 사정이 없는 한 회사가 부담하고 있는 채무에 관하여 소멸시효의 중단사유가 되는 승인을 할 수 없다(대법원 1965. 12. 28. 선고 65다2133 판결).

(2) 채무승인에 의해 소멸시효가 중단되었다고 인정한 사례

채권자인 건설업자 甲은 채무자 丙과의 공사도급계약에 따라 건물신축공사를 2005. 6.경 완성하였지만 공사대금 3억원을 지급받지 못하여 2008. 12. 31. 현재 신축건물을 점유한 채 유치권을 행사하고 있는데, 丙은 3년의 소멸시효가 완성되었다고 주장한다. 2006. 6.경 공사대금채권을 담보하기 위하여 채무자 丙이 대표이사로 있는 乙 주식회사가 금전소비대차계약 공정증서를 甲에게 작성하여주었다. 2008. 12. 31. 현재 丙에 대한 甲의 공사대금채권은 소멸시효가 완성된 것으로 보아야 하는가?

甲의 공사대금채권은 시효가 중단되지 않았다면 3년의 소멸시효가 완성되었다고 보아야 한다. 그런데 채무자인 丙 자신이 대표이사로 있는 乙 회사가 甲에게 공정증서를 작성해 준 행위는 丙이 자신의 공사대금채무에 대한 담보를 제공할 목적으로 乙 회사로 하여금 丙의 공사대금채무를 병존적으로 인수하게 한 것으로 보아야 할 것이므로 丙이 자신의 공사대금채무의 존재 및 액수에 대하여 인식하고 있음을 묵시적이나마 甲에게 표시한 것으로 볼 수 있고, 甲의 丙에 대한 위 공사대금채권은 채무자인 丙의 위와 같은 乙 회사 명의의 공정증서 작성 · 교부를 통한 채무승인에 의하여 그 소멸시효가 중단되었다(대법원 2010. 11. 11. 선고 2010다46657 판결).

(3) 소멸시효 중단의 효력

한편 시효의 중단은 당사자 및 그 승계인간에만 효력이 있다(민법 제169조). 여기서 당사자라 함은 중단행위에 관여한 당사자를 가리키고 시효의 대상인 권리 또는 청구권의 당사자는 아니며, 승계인이라 함은 시효중단에 관여한 당사자로부터 중단의 효과를 받는 권리 또는 의무를 그 중단효과 발생 이후에 승계한 자를 뜻하고 포괄승계인은 물론 특정승계인도 이에 포함된다(대법원 1997. 4. 25. 선고 96다46484 판결).

주채무자에 대한 시효중단의 효력은 보증인에게도 효력이 있다(민법 제440조).

판례 "보증채무가 주채무에 부종한다 할지라도 보증채무는 주채무와는 별개의 독립된 채무의 성질이 있고, 민법 제440조가 주채무자에 대한 시효의 중단은 보증인에 대하여 그 효력이 있다라고 규정하고 있으나 이는 보증채무의 부종성에 기한 것이라기 보다는 채권자보호 내지 채권담보의 확보를 위한 특별규정으로서 이 규정은 주채무자에 대한 시효중단의 사유가 발생하였을 때는 그 보증인에 대한 별도의 중단조치가 이루어지지 아니하여도 동시에 시효중단의 효력이 생기도록 한 것에 불과하고 중단된 이후의 시효기간까지가 당연히 보증인에게도 그 효력을 미친다고 하는 취지라고는 풀이되지 아니한다."(대법원 1986.11.25. 선고 86다카1569 판결)

---

18. 가압류에 의한 소멸시효의 중단

쟁점

가압류에 의하여 소멸시효가 중단되는 시점은 언제인가? 가압류 신청을 한 때인가, 아니면 법원의 가압류명령의 송달을 통해서 채무자에게 고지가 이루어진 때인가?

판단

가압류 신청을 한 때에 소멸시효가 중단된다.

(1) 가압류에 의한 소멸시효 중단의 시점

甲은 乙로부터 도급받은 증축공사를 마치고 그 대금 3억원을 지급받지 못하여 애를 태우다가 뒤늦게 법원에 공사대금청구소송을 제기하였더니 乙은 소멸시효가 완성되어 공사대금을 지급할 의무가 없다고 주장한다. 甲이 공사를 마친 시점은 2012. 3. 13.이고, 소송을 제기한 것은 2015. 4. 1.이다. 甲은 공사대금을 받을 수 있을까?

공사대금채권의 소멸시효 기간은 3년이고, 소멸시효는 공사대금을 청구할 수 있는 시점부터 진행한다. 다른 특약이 없으면 공사를 마친 때 공사대금을 청구할 수 있으므로 소멸시효는 2012. 3. 13.부터 진행한다. 따라서 다른 사정이 없다면 甲의 공사대금청구권은 소멸시효가 완성되었다고 보아야 한다.

甲은 소송을 제기하기 전인 2015. 2. 9. 乙이 건설공제조합에 갖는 출자증권인도청구권에 대한 가압류를 신청하였고, 법원에서 2015. 3. 24. 가압류명령을 발령하여 2015. 3. 26. 건설공제조합에 송달되었다. 甲은 이 가압류로 소멸시효가 중단되었다고 주장한다.

그렇다면 언제 소멸시효가 중단되었는가? 가압류는 소멸시효를 중단시키는 사유이지만(민법 제168조), 가압류에 의해 소멸시효가 중단되는 시점에 관하여는 아무런 규정이 없다. 甲의 공사대금채권의 소멸시효는 2015. 3. 13. 완성되므로 이 사건에서는 소멸시효가 중단된 시점이 중요하다.

甲이 가압류를 신청한 2015. 2. 9. 소멸시효가 중단되었어야 甲은 공사대금을 받을 수 있다. 대법원은 甲의 손을 들어줬다. 가압류를 신청한 2015. 2. 9. 소멸시효가 중단되었다고 판단한 것이다.

판례 "민사소송법 제265조에 의하면, 시효중단사유 중 하나인 '재판상의 청구'(민법 제168조 제1호, 제170조)는 소를 제기한 때 시효중단의 효력이 발생한다. 이는 소장 송달 등으로 채무자가 소 제기 사실을 알기 전에 시효중단의 효력을 인정한 것이다. 가압류에 관해서도 위 민사소송법 규정을 유추적용하여 '재판상의 청구'와 유사하게 가압류를 신청한 때 시효중단의 효력이 생긴다고 보아야 한다."(대법원 2017. 4. 7. 선고 2016다35451 판결)

---

(2) 가압류에 의해 중단된 시효의 효력

건설업자 甲은 乙이 발주한 건축공사를 마쳤지만 남은 공사대금 1억원을 지급받지 못해 애를 태우다가 그 공사대금을 피보전채권으로 하여 乙 소유의 한 건물을 가압류하였다. 甲이 공사를 마친 것은 2010. 4. 30.이고, 乙 소유 건물에 가압류등기가 된 것은 2012. 6. 5.이다.

甲은 乙 소유의 건물에 가압류까지 마쳤기 때문에 안심하고 乙이 공사대금을 줄 때까지 마냥 기다리다가 더 이상 기다리지 못하고 2015. 8.경 乙에게 공사대금을 갚으라고 독촉하였더니 소멸시효가 완성되어서 지급할 의무가 없다고 주장한다. 甲은 공사대금을 지급받을 수 있을까?

가압류로 인해 중단된 시효도 가압류 시점부터 다시 소멸시효가 진행된다면 甲의 공사대금채권의 소멸시효는 완성되었다고 보아야 할 것이다.

그러나 가압류로 인한 소멸시효 중단의 효력은 가압류가 존속하는 한 계속된다. 가압류가 말소되지 않는 이상 소멸시효는 진행하지 않고 계속 중단된 채로 남아있게 된다. 그러므로 甲의 공사대금채권은 시효로 소멸하지 않았다.

민법 제168조에서 가압류를 소멸시효의 중단사유로 정하고 있는 것은 가압류에 의하여 채권자가 권리를 행사하였다고 할 수 있기 때문이고 가압류에 의한 집행보전의 효력이 존속하는 동안은 가압류채권자에 의한 권리행사가 계속되고 있다고 보아야 할 것이므로 가압류에 의한 시효중단의 효력은 가압류의 집행보전의 효력이 존속하는 동안 계속된다고 보아야 한다(대법원 2013. 11. 14. 선고 2013다18622 판결).

가압류에 의해 중단된 시효도 본안의 재판이 확정된 때부터 다시 진행하는가?

아니다. 가압류에 의해 중단된 소멸시효는 다시 진행하는 것이 아니라 그대로 계속 중단된 상태로 있게 된다. 즉, 가압류에 의한 소멸시효 중단의 효력은 가압류가 존속하는 한 계속되는 것이고, 본안의 재판이 확정되었더라도 가압류가 말소되지 않는 이상 소멸시효 중단의 효력은 그대로 이어진다(대법원 2000. 4. 25. 선고 2000다11102 판결).

예컨대, X가 Y에게 공사대금채권을 가지고 있는데, 그 채권의 보전을 위하여 Y 소유의 부동산에 가압류를 한 뒤 Y를 상대로 공사대금청구소송을 제기하여 승소하였고 그 판결이 확정된 뒤 10년이 경과하였다면, Y에 대한 X의 공사대금채권은 소멸시효가 완성되었는가? 판결로 확정된 채권의 소멸시효 기간은 10년이다(민법 제165조). 판결이 확정된 뒤 10년이 지나도록 다시 권리를 행사하지 않으면 소멸시효가 완성되지만, 가압류가 말소되지 않고 그대로 남아 있는 경우에는 소멸시효가 진행하지 않고 중단되어 있기 때문에 소멸시효가 완성하지 않는다.

따라서 X의 공사대금채권은 여전히 소멸하지 않고 살아 있다.

가압류에 의한 시효중단의 효력은 가압류가 존속하는 한 계속되지만(대법원 2000. 4. 25. 선고 2000다11102 판결), 당연 무효인 가압류에 의한 시효중단은 효력이 없다.

19. 제작물공급계약과 소멸시효

쟁점

甲은 乙의 주문에 따라 성형압출기를 제작하여 공급하였는데, 그 대금을 3년이 지나도록 지급받지 못하고 있다. 乙은 이제는 아예 소멸시효가 완성되어 지급하지 못하겠다고 버틴다. 소멸시효기간은 얼마인가?

판단

성형압출기가 부대체물이라면 소멸시효 기간은 3년이다.

상대방의 주문에 따라 자기 소유의 재료를 사용하여 만든 물건을 공급하고 상대방으로부터 대가를 지급받기로 약정하는 제작물공급계약은 매매와 도급의 성질을 모두 가지고 있는데, 소멸시효 기간을 어떻게 보아야 하는가?

공급하는 목적물이 부대체물인 경우에는 도급의 성질을 갖고, 대체물인 경우에는 매매의 성질을 갖는 것으로 해석한다. 따라서 적용 법률도 목적물의 성격이 대체물인지 부대체물인지에 따라 달라진다.

판례 "당사자의 일방이 상대방의 주문에 따라 자기 소유의 재료를 사용하여 만든 물건을 공급하기로 하고 상대방이 대가를 지급하기로 약정하는 이른바 제작물공급계약은 그 제작의 측면에서는 도급의 성질이 있고 공급의 측면에서는 매매의 성질이 있어 대체로 매매와 도급의 성질을 함께 가지고 있으므로, 그 적용 법률은 계약에 의하여 제작 공급하여야 할 물건이 대체물인 경우에는 매매에 관한 규정이 적용되지만, 물건이 특정의 주문자의 수요를 만족시키기 위한 부대체물인 경우에는 당해 물건의 공급과 함께 그 제작이 계약의 주목적이 되어 도급의 성질을 띠게 된다."(대법원 2006. 10. 13. 선고 2004다21862 판결).

소멸시효기간도 대체물의 제작물공급계약은 매매에 관한 10년이 적용되고, 부대체물의 제작물 공급계약은 도급으로 보아 3년의 단기소멸시효가 적용된다(대법원 2010. 11. 25. 선고 2010다56685 판결).

甲 회사가 乙 회사와 승강기 제작 및 설치에 관한 공사계약을 체결하고 제작 · 설치한 승강기가 乙 회사가 신축하는 건물에 맞추어 일정한 사양으로 특정되어 있다면 그 계약은 대체가 어렵거나 불가능한 제작물의 공급을 목적으로 하는 계약으로서 도급의 성질을 갖는다. 따라서 승강기 제작 및 설치에 따른 대금의 소멸시효기간은 3년으로 해석하여야 한다(대법원 2010. 11. 25. 선고 2010다56685 판결).

20. 저당권설정청구권의 소멸시효 기간

쟁점

수급인의 공사대금채권을 담보하기 위한 저당권설정등기청구권의 소멸시효기간은 몇 년 인가?

판단

공사대금채권의 소멸시효와 마찬가지로 3년이다.

건물신축공사에 관한 도급계약에서 수급인이 자기의 노력과 출재로 건물을 완성하여 소유권이 수급인에게 귀속된 경우에는 수급인으로부터 건물신축공사 중 일부를 도급받은 하수급인도 수급인에 대하여 민법 제666조[5]에 따른 저당권설정청구권을 행사할 수 있다.

민법 제666조에 따른 저당권설정청구권은 공사대금채권을 담보하기 위하여 저당권설정등기절차의 이행을 구하는 채권적 청구권으로서 공사에 부수되는 채권에 해당하므로 그 소멸시효기간은 3년이다.

건물신축공사에서 하수급인의 수급인에 대한 민법 제666조에 따른 저당권설정청구권은 수급인이 건물의 소유권을 취득하면 성립하고 특별한 사정이 없는 한 그때부터 권리를 행사할 수 있지만, 건물 소유권의 귀속 주체는 하수급인의 관여 없이 도급인과 수급인 사이에 체결된 도급계약의 내용에 따라 결정되고, 더구나 건물이 완성된 이후 소유권 귀속에 관한 법적 분쟁이 계속되는 등으로 하수급인이 수급인을 상대로 저당권설정청구권을 행사할 수 있는지를 객관적으로 알기 어려운 상황에 있어 과실 없이 이를 알지 못한 경우에도 청구권이 성립한 때부터 소멸시효가 진행한다고 보는 것은 정의와 형평에 맞지 않을 뿐만 아니라 소멸시효 제도의 존재이유에도 부합한다고 볼 수 없다. 그러므로 이러한 경우에는 객관적으로 하수급인이 저당권설정청구권을 행사할 수 있음을 알 수 있게 된 때부터 소멸시효가 진행한다(대법원 2016. 10. 27. 선고 2014다211978 판결).

---

5) **민법 제666조(수급인의 목적부동산에 대한 저당권설정청구권)** 부동산공사의 수급인은 전조의 보수에 관한 채권을 담보하기 위하여 그 부동산을 목적으로 한 저당권의 설정을 청구할 수 있다.

CHAPTER 09

공사대금채권과 강제집행

제9장 공사대금채권과 강제집행

1. 장래 공사대금채권에 대한 강제집행
2. 가압류된 공사대금채권에 대한 이행청구의 가부
3. 압류 또는 가압류 이후 공사도급 계약의 해제
4. 채권가압류와 제3채무자의 지체 책임
5. 임금에 대한 압류 금지
6. 압류가 금지되는 임금채권의 범위
7. 임금 부분에 대한 양도의 금지 여부
8. 건설 근로자의 임금채권에 대한 보호
9. 미등기건물에 대한 강제집행
10. 저당권설정청구권

1. 장래 공사대금채권에 대한 강제집행

쟁점

도급인 丙과 수급인 乙은 추후 공사금액을 확정하기로 하고 공사를 시작하였다. 乙의 채권자 甲은 乙의 채권을 가압류할 수 있는가?

판단

장래의 미확정채권도 압류의 대상이 되고, 채권의 액수를 압류 당시 현실적으로 확정할 수 없어도 가능하다.

장래 발생할 채권이나 조건부 채권 또는 기한부 채권이라도 압류할 수 있다. 다만, 현재 그 권리의 특정이 가능하고 가까운 장래에 발생할 것임이 상당 정도 기대되어야 한다.

판례 "채권에 대한 압류 및 전부명령이 유효하기 위하여 채권압류 및 전부명령이 제3채무자에게 송달될 당시 반드시 피압류 및 전부채권이 현실적으로 존재하고 있어야 하는 것은 아니고, 장래의 채권이라도 채권 발생의 기초가 확정되어 있어 특정이 가능할 뿐 아니라 권면액이 있고, 가까운 장래에 채권이 발생할 것이 상당한 정도로 기대되는 경우에는 채권압류 및 전부명령의 대상이 될 수 있다."(대법원 2002. 11. 8. 선고 2002다7527 판결)[1)]

1) 건설사업자가 지방자치단체가 지방재정법과 그 시행령 및 그에 의하여 준용되는 국가계약법과 그 시행령에 의하여 시행하는 공사의 경쟁입찰에 참가하여 낙찰자로 결정된 후 낙찰자의 채권자가 낙찰자를 채무자로 하고, 지방자치단체를 제3채무자로 하여 낙찰자가 지방자치단체와 장차 공사도급계약을 체결하고 공사를 시공함에 따라 지방자치단체로부터 지급받게 될 공사대금채권에 대하여 채권압류 및 전부명령을 받은 경우, 피압류 및 전부채권인 공사대금채권은 그 발생의 기초가 확정되어 있어 채권의 특정이 가능할 뿐 아니라, 공사대금이 확정되어 있어 권면액도 있으며, 가까운 장래에 채권이 발생할 것이 상당한 정도로 확실시되므로 그 공사대금채권에 대한 채권압류 및 전부명령은 유효하다고 한 사례이다.

판례 "도급 계약에 의한 공사금 청구 채권은 전부 명령의 대상이 될 수 있으나 공사가 완료되기 전에 전부 명령이 있었을 경우에는 수급인의 도급인에 대한 공사금 채권은 공사의 정도 기타에 의하여 상호 결산시에 확정적으로 결정되는 것이므로 그 결산에 의하여 구체적으로 확정되었을 경우에 그 공사금 채권을 표준으로 하여 전부의 효력도 확정된다 할 것이다."(대법원 1964. 4. 4. 선고 62다63 판결)

장래의 미확정채권도 압류의 대상이 될 수 있고, 채권의 액수를 압류 당시 현실적으로 확정할 수 없더라도 무방하다(대법원 1990. 12. 26. 선고 90다카24816 판결).

그러나 매매계약 해제에 따라 장래 발생할 원상회복청구채권은 그 권리를 특정하기 어렵고 가까운 장래에 그 발생이 상당 정도 기대된다고 하기도 어려워서 미리 가압류할 수 없다(대법원 1982. 10. 26. 선고 82다카508 판결).

추가공사에 관한 도급계약이 성립되기 전에 한 추가공사금채권의 압류는 무효이다(대법원 2001. 12. 24. 선고 2001다62640 판결).

2. 가압류된 공사대금채권에 대한 이행청구의 가부

쟁점

건축업자 甲은 건축주 乙로부터 지급받을 공사대금채권이 있는데, 甲의 채권자 丙이 공사대금채권을 가압류하였다. 甲은 乙을 상대로 공사대금을 청구하지 못하는가?

판단

丙의 가압류에 불구하고 甲은 乙을 상대로 이행을 청구할 수 있다.

채권이 가압류된 경우 가압류채무자인 수급인은 공사대금채권을 처분하거나 지급받는 것이 금지되고, 제3채무자(도급인)는 채무자(수급인)에게 가압류된 채권을 변제하여서는 아니 된다.

그렇다면 공사대금채권이 가압류된 경우 수급인은 도급인을 상대로 이행을 청구할 수도 없는가?

그렇지 않다. 공사대금채권이 가압류되었더라도 수급인은 도급인을 상대로 공사대금채권의 지급을 구하는 소송을 제기할 수 있다. 법원에서도 가압류는 고려하지 않고 실체적인 판단을 통하여 원고(수급인)의 청구가 이유 있다고 인정된다면 피고(도급인)에게 무조건적인 지급을 명하는 판결을 한다.

수급인으로서는 공사대금채권이 가압류되었더라도 3년의 단기소멸시효는 그대로 진행되고 있으므로 이행청구의 소 등으로 시효를 중단시키는 조치가 필요할 것이다.

판례 "일반적으로 채권에 대한 가압류가 있더라도 이는 채무자가 제3채무자로부터 현실로 급부를 추심하는 것만을 금지하는 것일 뿐 채무자는 제3채무자를 상대로 그 이행을 구하는 소송을 제기할 수 있고 법원은 가압류가 되어 있음을 이유로 이를 배척할 수는 없는 것이 원칙이다. 왜냐하면 채무자로서는 제3채무자에 대한 그의 채권이 가압류되어 있다 하더라도 채무명의를 취득할 필요가 있고 또는 시효를 중단할 필요도 있는 경우도 있을 것이며 또한 소송 계속 중에 가압류가 행하여진 경우에 이를 이유로 청구가 배척된다면 장차 가압류가 취소된 후 다시 소를 제기하여야 하는 불편함이 있는데 반하여 제3채무자로서는 이행을 명하는 판결이 있더라도 집행단계에서 이를 저지하면 될 것이기 때문이다."(대법원 2002. 4. 26. 선고 2001다59033 판결)

피압류채권의 소멸시효는 중단되지 않고 그대로 진행되지만, 채권자가 확정판결에 기한 채권의 실현을 위하여 채무자의 제3채무자에 대한 채권에 관하여 압류 및 추심명령을 받아 그 결정이 제3채무자에게 송달되었다면 거기에 소멸시효 중단사유인 최고로서의 효력은 인정된다(대법원 2003. 05. 13. 선고 2003다16238 판결).

압류된 공사대금채권의 제3채무자로서는 지급이 금지되므로 압류채무자에게 변제할 수 없고, 압류채무자로서도 변제를 받는 것이 금지되지만(민사집행법 제227조제1항), 제3채무자가 착오로 집행공탁이 아니라 변제공탁하는 바람에 압류채무자가 공탁금을 수령하여 반환을 거부하더라도 횡령죄로 처벌할 수 없다(대법원 2012. 1. 12. 선고 2011도12604 판결)[2].

2) 대법원은 "제3채무자가 피압류채무를 스스로 변제하였거나 또는 그에 관하여 민법 제487조에 기한 변제공탁을 하였다면, 집행채무자가 그로써 수령한 금전은 자기 채권에 관한 원래의 이행으로 또는 변제공탁 등과 같이 변제에 갈음하는 방법을 통하여 취득한 것으로서 역시 그의 소유에 속한다고 할 것이고, 그가 단지 집행채권자 또는 제3채무자의 금전을 '보관'하는 관계에 있다고 할 수 없으므로 집행채무자가 그 금전을 집행채권자에게 반환하는 것을 거부하였다고 하여 그에게 횡령의 죄책을 물을 수는 없다"고 판시하였다.

3. 압류 또는 가압류 이후 공사도급 계약의 해제

쟁점

공사대금채권이 가압류된다면 공사도급계약을 해제할 수 없는가?

판단

해제사유가 있는 경우에는 도급인은 물론 수급인도 계약을 해제할 수 있으며, 합의해제도 가능하다.

(1) 공사대금 채권의 가압류와 공사계약의 해제

공사대금채권이 가압류되었더라도 도급인과 수급인은 공사도급계약을 해제할 수 있다. 채권가 압류가 채권의 발생원인인 법률관계에 대한 채무자의 처분을 구속하지는 못하므로 해제사유가 있는 경우에는 도급인은 물론 수급인도 계약을 해제할 수 있으며, 합의해제도 가능하다.

판례 "채권에 대한 가압류는 제3채무자에 대하여 채무자에게의 지급 금지를 명하는 것이므로 채권을 소멸 또는 감소시키는 등의 행위는 할 수 없고 그와 같은 행위로 채권자에게 대항할 수 없는 것이지만, 채권의 발생원인인 법률관계에 대한 채무자의 처분까지도 구속하는 효력은 없다 할 것이므로 채무자와 제3채무자가 아무런 합리적 이유 없이 채권의 소멸만을 목적으로 계약관계를 합의해제한다는 등의 특별한 경우를 제외하고는, 제3채무자는 채권에 대한 가압류가 있은 후라고 하더라도 채권의 발생원인인 법률관계를 합의해제하고 이로 인하여 가압류채권이 소멸되었다는 사유를 들어 가압류채권자에 대항할 수 있다."(대법원 2001. 6. 1. 선고 98다17930 판결)

공사도급계약이 해제된 시점에 공사대금채권이 존재하지 않는다면 그 가압류는 존재하지 않는 채권에 대하여 한 가압류로서 효력이 없게 된다.

(2) 공사대금 채권의 압류와 공사계약의 해제

압류의 경우에도 마찬가지이다. 수급인의 공사대금채권에 대한 압류가 피압류채권의 발생원인인 도급계약관계에 대한 채무자나 제3채무자의 처분을 구속하지 못하고, 그 압류 후에 도급계약이 해지된 경우에는 그 도급계약에 의하여 발생한 공사대금채권을 대상으로 한 압류명령의 효력은 실효된다.

판례 "수급인의 보수채권에 대한 압류가 행하여지면 그 효력으로 채무자가 압류된 채권을 처분하더라도 채권자에게 대항할 수 없고, 제3채무자도 채권을 소멸 또는 감소시키는 등의 행위는 할 수 없으며, 그와 같은 행위로 채권자에게 대항할 수 없는 것이지만, 그 압류로써 위 압류채권의 발생원인인 도급계약관계에 대한 채무자나 제3채무자의 처분까지도 구속하는 효력은 없으므로 채무자나 제3채무자는 기본적 계약관계인 도급계약 자체를 해지할 수 있고, 채무자와 제3채무자 사이의 기본적 계약관계인 도급계약이 해지된 이상 그 계약에 의하여 발생한 보수채권은 소멸하게 되므로 이를 대상으로 한 압류명령 또한 실효될 수밖에 없다."(대법원 2006. 1. 26. 선고 2003다29456 판결)

따라서 수급인의 공사대금채권에 대한 압류의 효력은 피압류채권의 기초가 된 도급계약이 해제되기 전에 발생한 공사대금채권에 미칠 뿐 그 계약이 해제된 후 제3채무자와 제3자 사이에 새로 체결된 공사계약에서 발생한 공사대금채권에는 미칠 수 없다.

4. 채권가압류와 제3채무자의 지체 책임

쟁점

A 건설회사는 하수급인 B의 채권자가 하도급공사대금채권을 가압류하는 바람에 하도급공사대금의 지급을 보류하고 있다. 가압류 탓에 하도급공사대금을 지급하지 못하는 동안은 지연이자를 지급하지 않아도 되는가?

판단

지연이자를 지급하여야 한다.

공사대금채권이 가압류되었더라도 가압류채무자인 동시에 제3채무자에 대한 채권자인 수급인은 제3채무자인 도급인을 상대로 공사대금의 이행을 청구하는 소를 제기할 수 있다. 도급인은 지급을 금지하는 가압류명령이 있다는 이유로 그 이행청구를 거절할 수 없다(대법원 1999. 2. 9. 선고 98다42615 판결).

또한 지급을 금지하는 가압류명령이 있다 하더라도 변제기를 경과하면 이행을 지체한 것이 되어 도급인은 지체책임을 면할 수 없다(대법원 2004. 7. 9. 선고 2004다16181 판결). 채권의 가압류는 제3채무자에 대하여 채무자에게 지급하는 것을 금지하는 데 그칠 뿐 채무 그 자체를 면하게 하는 것이 아니기 때문이다.

그렇다면, 제3채무자인 도급인은 가압류명령으로 인하여 수급인에게 변제하지도 못하면서 지체책임을 져야 하는가? 이 경우 도급인으로서는 공탁을 통하여 지체책임에서 벗어날 수 있다(민사집행법 제248조제1항, 제291조).

판례 "금전채권에 대한 가압류를 원인으로 제3채무자가 민사집행법 제291조, 제248조제1항에 따라 공탁을 하면 공탁에 따른 채무변제 효과로 당초의 피압류채권인 채무자의 제3채무자에 대한 금전채권은 소멸하고, 대신 채무자는 공탁금출급청구권을 취득하며, 가압류의 효력은 그 청구채권액에 해당하는 공탁금액에 대한 채무자의 공탁금출급청구권에 대하여 존속한다(민사집행법 제297조)."(대법원 2014. 12. 24. 선고 2012다118785 판결)

5. 임금에 대한 압류 금지

쟁점

임금이 포함된 공사대금채권이 압류된 경우 임금에 대한 압류의 효력은 어떻게 되는가?

판단

압류가 금지된 임금에 대한 압류는 실체법상 효력을 발생시키지 않는다.

건설산업기본법 제88조[3][4]는 임금에 대한 압류를 금지하고 있다. 즉, 건설사업자가 도급받은 건설공사의 도급금액 중 그 공사(하도급한 공사를 포함한다)의 근로자에게 지급하여야 할 임금에 상당하는 금액에 대하여는 압류할 수 없다. 압류가 금지되는 임금에 상당하는 금액은 당해 건설공사의 도급금액 중 산출내역서에 기재된 임금을 합산하여 이를 산정한다. 또한 압류가 금지되는 임금을 도급계약서나 하도급계약서에 기재하여야 한다. 전기공사업법 제34조[5]에도 같은 취지의 규정이 있다.

그럼에도 불구하고 수급인의 채권자가 공사대금에 포함된 임금 상당액에 대하여까지 강제집행한다면 그 효력은 어떻게 되는가?

---

3) **건설산업기본법 제88조(임금에 대한 압류의 금지)** ① 건설사업자가 도급받은 건설공사의 도급금액 중 그 공사(하도급한 공사를 포함한다)의 근로자에게 지급하여야 할 임금에 상당하는 금액은 압류할 수 없다.
② 제1항의 임금에 상당하는 금액의 범위와 산정방법은 대통령령으로 정한다.

4) 2011. 5. 24. 법률 제10719호로 건설산업기본법이 일부개정 되면서 제88조의 '노임'이 '임금'으로 개정되었다. 그리고 법 개정문에서는 "어려운 용어를 쉬운 용어로 바꾸고자 한 것"라고 하여 그 개정 취지를 밝히고 있다. 따라서 이하 내용에서는 과거 노임 대신 임금이라는 용어를 사용하고자 한다. 다만, 기존 판례나 시행령의 규정을 직접 인용하는 부분에서는 노임이라는 용어를 그대로 사용한다(시행령은 아직도 노임이라는 용어를 사용하고 있다. 법의 개정 취지에 따라 시행령의 개정 또한 필요해 보인다).

5) **전기공사업법 제34조(노임에 대한 압류의 금지)** ① 공사업자가 도급받은 전기공사의 도급금액 중 그 공사의 근로자에게 지급하여야 할 노임(勞賃)에 해당하는 금액은 압류할 수 없다.

건설산업기본법에서 임금에 대한 압류를 금지하고 있지만, 공사대금 채권의 일부를 구성하는 임금에 대한 가압류나 압류가 원천적으로 불가능한 것은 아니다.

법원으로서는 채권자의 압류신청이 있을 때 압류가 금지된 채권인지 여부를 직권으로 조사하여 압류가 금지된 채권이라면 그 압류신청을 각하해야 하지만, 채무자나 제3채무자를 심문함이 없이 압류채권자의 신청만을 가지고 조사하여 판단할 수밖에 없으므로 압류가 금지된 채권에 대해서도 압류명령이 내려질 수 있다.

그러나 압류가 금지된 채권에 대한 강제집행은 무효이다. 따라서 수급인의 채권자가 공사대금채권 전부를 압류 또는 가압류했더라도 건설산업기본법 제88조에 의하여 압류가 금지되는 임금 부분에 관한 한 그 압류 또는 가압류는 무효이다. 다만, 이 무효는 당연무효는 아니고 실체법상의 효과를 발생시키지 않는 의미에서 무효라는 것이다.

판례 "구 건설산업기본법(1999. 4. 15. 법률 제5965호로 개정되기 전의 것) 제88조 및 구 건설산업기본법시행령(1999. 8. 6. 대통령령 제16512호로 개정되기 전의 것) 제84조에서 건설업자가 도급받은 건설공사의 도급금액 중 당해 공사의 근로자에게 지급하여야 할 노임에 상당하는 금액에 대하여 압류를 금지한 것은 근로자의 생존권을 최소한도로 보장하려는 헌법상의 사회보장적 요구에서 비롯된 것으로서, 근로자의 임금 등 채권에 대한 우선변제권을 인정하고 있는 근로기준법 규정과 함께 근로자의 생활안정을 실질적으로 보장하기 위한 또 다른 규정이라고 할 것이므로, 이와 같은 압류가 금지된 채권에 대한 압류명령은 강행법규에 위반되어 무효라 할 것이며, 또 전부명령은 압류채권의 지급에 갈음하여 피전부채권을 채무자로부터 압류채권자에게로 이전하는 효력을 갖는 것이므로 전부명령의 전제가 되는 압류가 무효인 경우 그 압류에 기한 전부명령은 절차법상으로는 당연무효라고 할 수 없다 하더라도 실체법상으로는 그 효력을 발생하지 아니하는 의미의 무효라고 할 것이고, 따라서 제3채무자는 압류채권자의 전부금 지급청구에 대하여 위와 같은 실체법상의 무효를 들어 항변할 수 있다."(대법원 2000. 7. 4. 선고 2000다21048 판결)

---

6. 압류가 금지되는 임금채권의 범위

쟁점

도급계약서에 압류가 금지되는 임금 부분을 명기하지 않았는데 수급인의 채권자가 공사대금채권을 전부 압류하였다. 임금부분의 압류는 무효인가?

판단

도급계약서에 압류가 금지되는 임금부분이 명시되어 있지 않으면 임금부분에 대한 압류도 유효하다.

건설산업기본법에서는 임금채권에 대한 압류를 금지하고 있다. 임금채권에 대한 압류는 금지되지만 집행법원에서 압류가 금지된 채권이라는 사실을 모른 채 압류명령을 발하는 경우가 있지만, 이는 무효로서 실체법상의 효과가 발생하지 않는다.

그렇다면 압류가 금지되는 임금채권의 범위는 어떻게 결정하는가? 건설산업기본법 시행령 제84조[6]는 압류가 금지되는 노임채권의 범위를 당해 건설공사의 도급금액 중 산출내역서에 기재된 노임을 합산하여 산정하고, 위 건설공사의 발주자(하도급의 경우에는 수급인을 포함)가 그 산정된 노임을 도급계약서 또는 하도급계약서에 명시하여야 한다고 규정하고 있다. 즉, 법에서는 압류가 금지되는 임금 부분을 도급계약서 또는 하도급계약서에 명확하게 명시하도록 하고 있는 것이다.

시행령 규정에 맞게 도급계약서 또는 하도급계약서에 압류가 금지되는 임금액이 명시적으로 기재된 경우는 그렇다고 하고, 압류가 금지되는 임금액을 명시하지 않은 경우에는 어떻게 되는가?

---

6) **건설산업기본법 시행령 제84조(압류대상에서 제외되는 노임의 산정방법 등)** ① 법 제88조제2항의 규정에 의한 노임에 상당하는 금액은 당해 건설공사의 도급금액중 산출내역서에 기재된 노임을 합산하여 이를 산정한다.
② 건설공사의 발주자(하도급의 경우에는 수급인을 포함한다)는 제1항의 규정에 의한 노임을 도급계약서 또는 하도급계약서에 명시하여야 한다.

압류명령의 발령 당시 압류의 대상인 공사대금채권 중에서 압류금지채권액이 얼마인지를 도급계약서 또는 하도급계약서 그 자체의 기재에 의하여 형식적·획일적으로 구분할 수 없는 경우에도 임금채권에 대한 압류금지의 효력은 그대로 유효한가?

대법원은 압류가 금지되는 임금액을 명시하지 않았다면 전체 공사대금에 대하여 압류금지의 효력이 미치지 않는다고 판단하였다. 거꾸로 말하자면, 공사도급계약서에 압류가 금지되는 임금액을 명시하지 않았다면 임금을 포함한 공사대금 전액에 대하여 압류가 가능하다고 본다.

도급계약서 또는 하도급계약서에서 임금액 부분과 그 밖의 공사비 부분을 구분하지 아니함으로써 압류명령의 발령 당시 압류의 대상인 당해 공사대금채권 중에서 압류금지채권액이 얼마인지를 도급계약서 그 자체의 기재에 의하여 형식적·획일적으로 구분할 수 없는 경우에는 위 공사대금채권 전부에 대하여 압류금지의 효력이 미치지 아니한다고 보아야 한다는 것이다.

판례 "건설산업기본법 제88조 및 같은법 시행령 제84조에서 건설업자가 도급받은 건설공사의 도급금액 중 당해 공사의 근로자에게 지급하여야 할 노임에 상당하는 금액에 대하여 압류를 금지한 것은 근로자의 생존권을 최소한도로 보장하려는 헌법상의 사회보장적 요구에서 비롯된 것으로서 이에 대한 압류명령은 강행법규에 위반되어 무효라 할 것이지만, 같은 법 시행령 제84조제1항, 제2항에서 압류가 금지되는 노임채권의 범위를 같은 법 소정의 건설공사의 도급금액 중 산출내역서에 기재된 노임을 합산한 것으로서 위 건설공사의 발주자(하도급의 경우에는 수급인을 포함)가 그 산정된 노임을 도급계약서 또는 하도급계약서에 명시한 금액에 국한됨을 분명히 하고 있는 이상 도급계약서 또는 하도급계약서에서 노임액 부분과 그 밖의 공사비 부분을 구분하지 아니함으로써 압류명령의 발령 당시 압류의 대상인 당해 공사대금채권 중에서 압류금지채권액이 얼마인지를 도급계약서 그 자체의 기재에 의하여 형식적·획일적으로 구분할 수 없는 경우에는 위 공사대금채권 전부에 대하여 압류금지의 효력이 미치지 아니한다."(대법원 2005. 6. 24. 선고 2005다10173 판결)

건설공사계약이 중도 해지되어 공사대금 정산합의가 이루어졌고 그때까지 기성금으로 수령한 공사대금이 있는 경우, 정산합의에 따른 잔여 공사대금 중 압류가 금지되는 임금채권의 범위를 산정하는 방법에 관해서 대법원은 다음과 같이 판시하였다.

판례 "건설공사계약이 중도에 해지되어 공사대금의 정산합의가 이루어지는 경우 정산된 공사대금 중 압류가 금지되는 노임채권액은, 특별한 사정이 없는 한 (하)도급금액 산출내역서에 기재된 노임채권 중 정산합의 시까지 발생한 노임채권액을 합산하는 방식으로 산정하여야 하고, 정산 시까지 기성금으로 수령한 공사대금이 있는 경우 잔여 공사대금 중 압류가 금지되는 노임채권액은 정산합의된 공사대금 중 (하)도급금액 산출내역서에 기하여 산출한 노임채권액에서 기지급된 공사대금 중 (하)도급금액 산출내역서에 기하여 산출한 노임채권액을 공제하는 방식으로 산정하여야 한다."(대법원 2012. 3. 15. 선고 2011다73441 판결)

---

7. 임금 부분에 대한 양도의 금지 여부

쟁점

임금 상당 공사대금의 양도가 금지되는가?

판단

판례에 따르면, 임금 부분에 대한 양도는 금지되지 않는다.

건설산업기본법 제88조는 근로자의 임금채권의 확보를 위하여 공사대금 채권 중 임금 부분에 대한 압류는 금지하면서도 명시적으로 양도를 금지하는 규정은 두고 있지 않다.

근로자의 임금채권을 보장하려는 법규정의 취지를 살려서 임금 상당액에 대한 양도까지 금지하는 것으로 해석할 수 있을까?

이에 대하여 대법원은 건설산업기본법 제88조가 임금상당 공사대금의 압류를 금지하는 것을 넘어 그 양도까지 금지하는 취지라고는 볼 수 없다고 본다.

판례 "구 건설업법(1984.12.31. 법률 제3765호로 개정되기 전의 것) 제36조의8의 규정이 노임상당 공사대금의 압류를 금지하는 것을 넘어 그 양도까지 금지하는 취지라고는 볼 수 없다."(대법원 1990. 2. 13. 선고 88다카8132 판결)[7)]

---

7) * 구 건설업법 제36조의8은 현행 건설산업기본법 제88조와 같다.

8. 건설 근로자의 임금채권에 대한 보호

쟁점

하수급인의 귀책사유로 근로자에게 임금을 지급하지 못하는 경우, 귀책사유 없는 직상수급인도 그 하수급인과 연대하여 근로자의 임금을 지급하여야 하는가?

판단

귀책사유가 없는 직상수급인은 임금채권에 대한 연대책임이 없다.

(1) 임금 지급 연대책임

근로기준법은 건설근로자의 임금채권의 확보를 위한 규정을 두고 있다. 하수급인이 고용한 건설근로자의 임금을 상수급인이 하수급인과 연대하여 지급할 책임을 지우는 규정과 상수급인이 임금을 하수급인의 근로자에게 직접 지급할 의무를 지우는 규정이 있다.

제44조제1항[8]은 하수급인의 근로자에 대한 임금에 대하여 직상수급인이 하수급인과 연대하여 책임을 지도록 규정하고 있다. 사업이 여러 차례의 도급에 따라 행하여지는 경우에 하수급인이 직상 수급인의 귀책사유로 근로자에게 임금을 지급하지 못한 경우에는 그 직상 수급인은 그 하수급인과 연대하여 책임을 져야 한다. 또한 직상 수급인의 귀책사유가 그 상위 수급인의 귀책사유에 의하여 발생한 경우에는 그 상위 수급인도 연대하여 책임을 진다.

여기의 귀책사유란,

8) **근로기준법 44조(도급 사업에 대한 임금 지급)** ① 사업이 여러 차례의 도급에 따라 행하여지는 경우에 하수급인(下受給人)이 직상(直上) 수급인의 귀책사유로 근로자에게 임금을 지급하지 못한 경우에는 그 직상 수급인은 그 하수급인과 연대하여 책임을 진다. 다만, 직상 수급인의 귀책사유가 그 상위 수급인의 귀책사유에 의하여 발생한 경우에는 그 상위 수급인도 연대하여 책임을 진다

① 정당한 사유 없이 도급계약에서 정한 도급 금액 지급일에 도급 금액을 지급하지 아니한 경우
② 정당한 사유 없이 도급계약에서 정한 원자재 공급을 늦게 하거나 공급을 하지 아니한 경우
③ 정당한 사유 없이 도급계약의 조건을 이행하지 아니하여 하수급인이 도급사업을 정상적으로 수행하지 못한 경우를 말한다(법 제44조제2항, 시행령 제24조).

등록건설사업자가 아닌 하수급인에게 건설공사를 하도급준 경우에도 직상 수급인은 그 하수급인과 연대하여 임금을 지급할 책임을 져야 한다.

건설업에서 사업이 2차례 이상 공사도급이 이루어진 경우에 건설산업기본법 제2조제7호에 따른 건설사업자가 아닌 하수급인이 그가 사용한 근로자에게 임금(해당 건설공사에서 발생한 임금으로 한정)을 지급하지 못한 경우에는 그 직상 수급인은 하수급인과 연대하여 하수급인이 사용한 근로자의 임금을 지급할 책임을 진다.

직상 수급인도 등록한 건설사업자가 아닌 때에는 그 상위 수급인 중에서 최하위에 있는 등록한 건설사업자를 직상 수급인으로 간주한다(제44조의2).

(2) 임금의 직불

임금의 직불에 관하여는 제44조의3에서 규정하고 있다.

공사도급이 이루어진 경우로서 다음 어느 하나에 해당하는 때에는 직상 수급인은 하수급인에게 지급하여야 하는 하도급 대금 채무의 부담 범위에서 그 하수급인이 사용한 근로자가 청구하면 하수급인이 지급하여야 하는 임금(해당 건설공사에서 발생한 임금으로 한정)에 해당하는 금액을 근로자에게 직접 지급하여야 한다(제44조의3 제1항).

① 직상 수급인이 하수급인을 대신하여 하수급인이 사용한 근로자에게 지급하여야 하는 임금을 직접 지급할 수 있다는 뜻과 그 지급방법 및 절차에 관하여 직상 수급인과 하수급인이 합의한 경우

② 「민사집행법」 제56조제3호에 따른 확정된 지급명령, 하수급인의 근로자에게 하수급인에 대하여 임금채권이 있음을 증명하는 같은 법 제56조제4호에 따른 집행증서,「소액사건심판법」 제5조의7에 따라 확정된 이행권고결정, 그 밖에 이에 준하는 집행권원이 있는 경우

③ 하수급인이 그가 사용한 근로자에 대하여 지급하여야 할 임금채무가 있음을 직상 수급인에게 알려주고, 직상 수급인이 파산 등의 사유로 하수급인이 임금을 지급할 수 없는 명백한 사유가 있다고 인정하는 경우

원수급인으로부터 공사도급이 2차례 이상 이루어진 경우로서 하수급인(도급받은 하수급인으로부터 재하도급 받은 하수급인을 포함)이 사용한 근로자에게 그 하수급인에 대한 제1항제2호에 따른 집행권원이 있는 경우에는 근로자는 하수급인이 지급하여야 하는 임금(해당 건설공사에서 발생한 임금으로 한정)에 해당하는 금액을 원수급인에게 직접 지급할 것을 요구할 수 있다. 원수급인은 근로자가 자신에 대하여 「민법」 제404조에 따른 채권자대위권을 행사할 수 있는 금액의 범위에서 이에 따라야 한다(제44조의3제2항).

대법원은 임금의 직불에 관하여 규정하고 있는 근로기준법 제44조의3과 관련하여 근로기준법은 직상 수급인에게 하도급 대금 채무를 넘는 새로운 부담을 지우지 않는 범위 내에서 일정한 경우 하수급인이 사용한 근로자에게 임금에 해당하는 금액에 대한 직접지급의무를 부담하게 함으로써 건설공사에서의 하수급인 근로자를 하수급인 및 그 일반채권자에 우선하여 보호하고 있다(대법원 2013. 8. 22. 선고 2012다94278 판결)고 판시한 바 있다.

9. 미등기건물에 대한 강제집행

쟁점

미등기건물에 대하여 강제집행을 할 수 있는가?

판단

미등기건물이라도 사회통념상 독립한 건물로 인정된다면 강제집행이 가능하다.

(1) 미등기건물에 대한 강제집행

건물신축공사에 따른 공사대금을 확보하는 유력한 방법은 아직 등기를 마치지 않은 미등기건물을 압류 또는 가압류하는 것이다.

건물은 원칙적으로 소유권보존등기를 마쳐야 독립한 부동산으로 인정되어 강제집행의 대상이 될 수 있지만, 미등기건물이라도 강제집행의 대상으로 삼을 수 있는 경우가 있다. 미등기건물이라도 사회통념상 이미 건물의 실체를 갖춘 상태에 이르렀다면 채무자가 소유권보존등기를 하기 전에도 압류나 가압류를 할 수 있는 것이다.

공사가 완성되어 소유권보존등기가 된 뒤에는 채무자가 건물의 소유권명의를 이전해버리는 바람에 강제집행을 하지 못하는 경우가 많다. 수급인 입장에서는 공사대금채권의 확보를 위하여 이 미등기부동산에 대한 압류나 가압류를 유용하게 활용할 수 있을 것으로 생각한다.

그렇다고 모든 미등기건물에 대한 강제집행이 가능한 것은 아니다. 강제집행이 가능한 것은 적법하게 건축허가나 건축신고를 마친 건물로서 아직 사용승인을 받지 못한 건물만이다. 그 건물은 사회통념상 건물로서 인정될 수 있는 단계에 이르렀어야 하며, 아예 독립한 건물로서 인정받지 못할 정도의 구조물이라면 대상이 되지 않는다. 또한 무허가건물은 대상이 되지 않고, 미등기건물이 건축신고 또는 건축허가된 것과 사회통념상 동일하다고 인정되는 경우에만 강제집행이 허용된다.

미등기부동산에 대한 가압류를 신청하기 위해서는 채권에 대한 소명방법(공사도급계약서, 기성고, 기수령액, 미지급대금액, 기타 등등) 외에 가압류대상물건이 채무자의 소유임을 증명할 서류와 그 건물의 지번, 구조, 면적을 증명할 서류 및 그 건물에 관한 건축허가 또는 건축신고를 증명할 서류를 첨부해야 한다(민사집행법 제81조제1항제2호 단서[9]). 통상 건축허가서와 건설공사도급계약서에 위와 같은 내용이 기재되어 있다. 건축허가도면과 준공도면으로 보충하면 더욱 좋다. 또한 사회통념상 완성된 건물로 인정될 수 있다는 것을 나타내는 건물의 현황사진 등을 첨부하면 된다.

그 건물의 지번, 구조, 면적을 증명할 서류는 집행관의 조사를 신청하는 방법으로 가름해야 할 것이다.

(2) 미완성 건물에 대한 강제집행

미등기건물이지만 이미 공사가 완공된 건물은 당연히 강제집행의 대상이 된다. 미완성된 건물은 어떤가? 사회통념상 건물로 인정된다면 그 공사의 완공에 이르지 않았더라도 강제집행의 대상이 될 수 있다.

그래서 건물이 위생설비 · 전기설비 · 냉난방설비 등의 부대설비는 전혀 설치되지 아니하였고 창호공사 · 타일공사 등도 이루어지지 아니하였으나, 외벽, 내벽, 천장, 바닥 등 골조공사 등은 종료된 상태로서 건축허가의 내역과 같이 지하 1층, 지상 4층 건물로서의 외관을 갖추고 있다면, 이 건물의 현상은 건축허가서에 나타난 지번 · 구조 · 면적과 별 차이가 없을 수도 있어 보이고 공사진행 정도도 상당하여 현재의 상태로도 부동산경매의 대상이 될 여지가 있다.

판례 "완공이 된 건물뿐 아니라 완공되지 아니하여 보존등기가 경료 되지 아니하였거나 사용승인 되지 아니한 건물이라고 하더라도 채무자의 소유로서 건물로서의 실질과 외관을 갖추고 그의 지번·구조·면적 등이 건축허가 또는 건축신고의 내용과 사회통념상 동일하다고 인정되는 경우에는 이를 부동산경매의 대상으로 삼을 수 있다고 할 것이다."(대법원 2005. 9. 9.자 2004마696 결정)

---

9) **민사집행법 제81조(첨부서류)** ① 강제경매신청서에는 집행력 있는 정본 외에 다음 각호 가운데 어느 하나에 해당하는 서류를 붙여야 한다.
1. 채무자의 소유로 등기된 부동산에 대하여는 등기사항증명서
2. 채무자의 소유로 등기되지 아니한 부동산에 대하여는 즉시 채무자명의로 등기할 수 있다는 것을 증명할 서류. 다만, 그 부동산이 등기되지 아니한 건물인 경우에는 그 건물이 채무자의 소유임을 증명할 서류, 그 건물의 지번 · 구조 · 면적을 증명할 서류 및 그 건물에 관한 건축허가 또는 건축신고를 증명할 서류

10. 저당권설정청구권

쟁점

채무초과 상태에 있는 도급인이 수급인의 저당권설정청구권 행사에 따라 목적물에 저당권을 설정해준 행위가 사행행위에 해당하는가? 수급인으로부터 공사대금채권을 양수받은 자에게 저당권을 설정해준 경우는 어떠한가?

판단

특별한 사정이 없는 위와 같은 저당권설정행위는 사해행위에 해당하지 않는다.

(1) 저당권설정청구권의 의의와 법적 성질

부동산공사의 수급인은 공사대금채권을 담보하기 위하여 그 부동산을 목적으로 한 저당권의 설정을 청구할 수 있다(민법 제666조).

판례 "수급인의 저당권설정청구권을 규정하는 민법 제666조는 부동산공사에서 그 목적물이 보통 수급인의 자재와 노력으로 완성되는 점을 감안하여 그 목적물의 소유권이 원시적으로 도급인에게 귀속되는 경우 수급인에게 목적물에 대한 저당권설정청구권을 부여함으로써 수급인이 사실상 목적물로부터 공사대금을 우선적으로 변제받을 수 있도록 하는 데 그 취지가 있다."(대법원 2008. 03. 27. 선고 2007다78616, 78623 판결)

수급인의 도급인에 대한 저당권설정청구권은 채권적 청구권으로서 도급인이 수급인의 청구를 승낙하여야 저당권등기를 할 수 있다.

도급계약서에 저당권설정에 관한 약정이 있는 경우에는 도급인이 저당권설정등기에 협조하지 않더라도 가등기를 명하는 가처분명령(부동산등기법 제90조)을 받아 저당권설정등기의 가등기를 하여 가등기를 한 시점에 저당권설정등기의 순위를 보전할 수 있다(제91조).

판례 "저당권설정등기청구권을 보전하기 위한 처분금지가처분의 등기가 이미 되어 있는 부동산에 관하여 그 후 소유권이전등기나 처분제한의 등기 등이 이루어지고, 그 뒤 가처분채권자가 본안소송의 승소확정으로 그 피보전권리 실현을 위한 저당권설정등기를 하는 경우에, 가처분등기 후에 이루어진 위와 같은 소유권이전등기나 처분제한의 등기 등 자체가 가처분채권자의 저당권 취득에 장애가 되는 것은 아니어서 그 등기가 말소되지는 않지만, 가처분채권자의 저당권 취득과 저촉되는 범위에서는 가처분등기 후에 등기된 권리의 취득이나 처분의 제한으로 가처분채권자에게 대항할 수 없게 된다."(대법원 2015. 7. 9. 선고 2015다202360 판결)

(2) 공사대금 채권을 양도하는 경우 저당권설정청구권도 양도되는지 여부

민법 제666조에서 정한 수급인의 저당권설정청구권은 공사대금채권을 담보하기 위하여 인정되는 채권적 청구권으로서 공사대금채권에 부수하여 인정되는 권리이므로, 당사자 사이에 공사대금채권만을 양도하고 저당권설정청구권은 이와 함께 양도하지 않기로 약정하였다는 등의 특별한 사정이 없는 한, 공사대금채권이 양도되는 경우 저당권설정청구권도 이에 수반하여 함께 이전된다(대법원 2018. 11. 29. 선고 2015다19827 판결).

(3) 하수급인이 수급인에 대하여 저당권설정청구권을 행사할 수 있는지 여부

건물신축공사에 관한 도급계약에서 수급인이 자기의 노력과 출재로 건물을 완성하여 소유권이 수급인에게 귀속된 경우에는 수급인으로부터 건물신축공사 중 일부를 도급받은 하수급인도 수급인에 대하여 민법 제666조에 따른 저당권설정청구권을 가진다(대법원 2016. 10. 27. 선고 2014다211978 판결).

(4) 도급인의 저당권설정과 사해행위 여부

채무초과 상태에 있는 도급인이 수급인의 저당권설정청구에 따라 공사대금채무를 담보하기 위하여 목적물에 저당권을 설정해주는 것은 사해행위에 해당하지 않는다.

판례 "수급인의 저당권설정청구권을 규정하는 민법 제666조는 부동산공사에서 그 목적물이 보통 수급인의 자재와 노력으로 완성되는 점을 감안하여 그 목적물의 소유권이 원시적으로 도급인에게 귀속되는 경우 수급인에게 목적물에 대한 저당권설정청구권을 부여함으로써 수급인이 사실상 목적물로부터 공사대금을 우선적으로 변제받을 수 있도록 하는 데 그 취지가 있고, 이러한 수급인의 지위가 목적물에 대하여 유치권을 행사하는 지위보다 더 강화되는 것은 아니어서 도급인의 일반 채권자들에게 부당하게 불리해지는 것도 아닌 점 등에 비추어, 신축건물의 도급인이 민법 제666조가 정한 수급인의 저당권설정청구권의 행사에 따라 공사대금채무의 담보로 그 건물에 저당권을 설정하는 행위는 특별한 사정이 없는 한 사해행위에 해당하지 아니한다."(대법원 2008. 03. 27. 선고 2007다78616, 78623 판결)

또한 신축건물의 수급인으로부터 공사대금채권을 양수받은 자의 저당권설정청구에 의하여 신축건물의 도급인이 그 건물에 저당권을 설정하는 행위도 특별한 사정이 없는 한 사해행위에 해당하지 않는다(대법원 2018. 11. 29. 선고 2015다19827 판결).

CHAPTER 10

유치권

제10장 유치권

1. 유치권의 의의
2. 유치권의 성립
3. 유치권의 대상
4. 유치권을 행사하는 점유 여부
5. 가압류 후에 성립한 유치권으로 낙찰자에게 대항할 수 있는지 여부
6. 압류의 효력 발생 이후 공사를 완공한 수급인의 유치권
7. 유치권이 권리남용으로서 불허되는 경우
8. 철거 대상 건물에 대하여 유치권을 주장할 수 있는지 여부
9. 체납처분 압류와 유치권의 성립 여부
10. 부동산에 대한 상사유치권의 행사
11. 선행 저당권이 있는 부동산에 성립한 상사유치권으로 저당권자에게 대항할 수 있는지 여부
12. 하수급인의 유치권 행사의 가부
13. 유치권자의 유치 방법
14. 유치권의 효력
15. 유치권 포기의 특약
16. 유치권의 소멸 청구
17. 점유 상실로 인한 유치권의 소멸
18. 유치권 부존재 확인소송

1. 유치권의 의의

쟁점

건물 신축공사를 마친 뒤에도 공사대금을 지급받지 못하고 있는 수급인은 변제받을 때까지 공사 목적물을 점유할 수 있는가?

판단

유치권 포기의 특약이 없다면, 변제받을 때까지 공사 목적물에 대하여 유치권을 행사할 수 있다.

공사대금을 확보하기 위해서 수급인이 행사할 수 있는 유력한 권리 중 하나가 유치권이다. 유치권은 법률상 당연히 성립하는 법정담보물권으로서 당사자 사이에 합의를 요하는 것도 아니고, 점유만으로 성립하기 때문에 등기와 같은 별도의 조치를 취할 필요도 없다.

유치권이란 타인의 물건 또는 유가증권을 점유하는 자가 그 물건이나 유가증권에 관하여 생긴 채권이 변제기에 있는 경우에 변제받을 때까지 그 물건 또는 유가증권을 넘겨주지 않고 점유를 계속하여 유치할 권리를 말하는 것이다(민법 제320조).

판례 "우리 법에서 유치권제도는 무엇보다도 권리자에게 그 목적인 물건을 유치하여 계속 점유할 수 있는 대세적 권능을 인정한다(민법 제320조제1항, 민사집행법 제91조제5항 등 참조). 그리하여 소유권 등에 기하여 목적물을 인도받고자 하는 사람(물건의 점유는 대부분의 경우에 그 사용수익가치를 실현하는 전제가 된다)은 유치권자가 가지는 그 피담보채권을 만족시키는 등으로 유치권이 소멸하지 아니하는 한 그 인도를 받을 수 없으므로 실제로는 그 변제를 강요당하는 셈이 된다. 그와 같이 하여 유치권은 유치권자의 그 채권의 만족을 간접적으로 확보하려는 것이다."(대법원 2011. 12. 22. 선고 2011다84298 판결)

2. 유치권의 성립

(1) 변제기에 있는 채권

쟁점

甲은 乙과 乙 소유 오피스텔에 대한 인테리어 공사도급계약을 체결하였다. 甲이 인테리어 공사를 한창 진행하던 중 乙의 채권자가 오피스텔에 강제경매를 신청하였다. 甲이 공사를 마친 뒤 경매개시결정의 기입등기가 되었다. 甲은 유치권을 행사할 수 있는가?

판단

압류의 효력이 발생하기 이전에 변제기에 도달한 채권을 취득하였으므로 유치권을 주장할 수 있다.

유치권을 행사하기 위해서는 채권이 변제기에 있어야 한다. 유치권은 그 목적물에 관하여 생긴 채권이 변제기에 있는 경우에 성립하는 것이므로 아직 변제기에 이르지 아니한 채권에 기하여 유치권을 행사할 수는 없다(대법원 2007. 9. 21. 선고 2005다41740 판결).

공사대금채권의 변제기는 다른 약정이 없으면 공사완공시 또는 공사를 완료한 목적물 인도시이다. 따라서 공사를 완료한 뒤에도 대금을 받지 못하는 경우라면 당연히 채권이 변제기에 있기 때문에 유치권을 행사할 수 있지만, 만약에 공사대금채권의 변제기를 유예해주었다면 유예기간이 끝날 때까지는 유치권을 행사할 수 없다.

유치권은 채권이 변제기에 있어야 성립하기 때문에 "채무자 소유의 건물에 관하여 증·개축 등 공사를 도급받은 수급인이 경매개시결정의 기입등기가 마쳐지기 전에 채무자에게서 건물의 점유를 이전받았다 하더라도 경매개시결정의 기입등기가 마쳐져 압류의 효력이 발생한 후에 공사를 완공하여 공사대금채권을 취득함으로써 그때 비로소 유치권이 성립한 경우에는, 수급인은 유치권을 내세워 경매절차의 매수인에게 대항할 수 없다."(대법원 2011. 10. 13. 선고 2011다55214 판결)

(2) 견련성

쟁점

건물 신축공사의 수급인과의 약정에 따라 그 공사현장에 건축자재를 납품한 자재상이 자재대금을 피담보채권으로 하여 그 신축건물에 유치권을 주장할 수 있을까?

판단

물품대금채권은 신축건물에 관하여 생긴 채권이 아니어서 유치권이 성립하지 않는다.

유치권은 점유하는 물건에 관한 채권을 가지고 있을 때 성립한다. 이른바 견련성이라는 것인데, 유치권을 행사하는 채권이 유치권을 행사하는 목적물에서 발생했어야 한다는 것이다.

물건과 채권 사이의 견련성을 어느 범위까지 인정할 것인가를 놓고는 논란이 분분하지만, 채권이 목적물 자체로부터 발생한 경우에는 당연히 유치권이 성립한다. 그래서 "기초공사 벽체공사 옥상스라브공사만이 완공된 건물에 전세금을 지급하고 입주한 후 소유자와 간에 위 건물을 매수하기로 합의하여 자기 자금으로 미완성 부분을 완성한 자는 위 건물에 들인 금액 상당의 변제를 받을 때까지 위 건물의 제3취득자에 대하여 유치권을 행사할 수 있다."(대법원 1967. 11. 28. 선고 66다2111 판결)

더 나아가 대법원은 "채권이 목적물의 반환청구권과 동일한 법률관계나 사실관계로부터 발생한 경우"에도 유치권이 성립하는 것으로 본다(대법원 2007. 9. 7. 선고 2005다16942 판결).

공사도급계약에 따른 수급인의 공사대금채권 뿐만 아니라 그 지연손해금채권과 도급인의 건물인도청구권은 동일한 법률관계로부터 발생한 것이다. 판례도 공사대금채권의 지연손해금채권을 가지고 유치권을 행사할 수 있다고 본다.

판례 "수급인인 피고의 본건 공사잔금채권이나 그 지연손해금청구권과 도급인인 원고의 건물인도청구권은 모두 원, 피고 사이의 건물신축도급계약이라고 하는 동일한 법률관계로부터 생긴 것임이 인정될 수 있으므로 피고의 본건 손해배상채권 역시 본건 건물에 관하여 생긴 채권이라 할 것이며 채무불이행에 의한 손해배상청구권은 원채권의 연장으로 보아야 할 것이므로 물건과 원채권과 사이에 견련관계가 있는 경우에는 그 손해배상채권과 그 물건과의 사이에도 견련관계가 있는 법리라 할 것이다."(대법원 1976. 9. 28. 선고 76다582 판결)

그러나 건물 신축공사의 수급인과의 약정에 따라 그 공사현장에 건축자재를 납품한 자재상은 그 신축건물에 유치권을 주장할 수 없다. 건축자재대금채권은 그 건축자재를 공급받은 수급인과의 매매계약에 따른 매매대금채권에 불과한 것이고, 자재상이 공급한 건축자재가 수급인 등에 의해 위 건물의 신축공사에 사용됨으로써 결과적으로 위 건물에 부합되었다고 하여도 건축자재의 공급으로 인한 매매대금채권이 위 건물 자체에 관하여 생긴 채권이라고 할 수는 없다(대법원 2012. 1. 26. 선고 2011다96208 판결)[1].

사례

<견련성이 부정되어 유치권의 성립이 부정된 사례>

S건설은 건축주 H로부터 호텔 신축공사를 수급하여 그 중 토목 공사 및 내부 공사를 대금 10억원에 X1에게 하도급주었다. X1은 하도급 받은 공사를 완료하였지만 5억원 상당의 하도급 공사대금을 아직 받지 못하고 있다. X2는 S건설로부터 호텔 건물의 외부 간판의 설치공사를 하도급받아 완료하였는데 1억원 상당의 공사대금 채권을 받지 못하고 있다. X1과 X2는 유치권을 취득하는가?

X1은 어렵지 않게 유치권을 인정받을 수 있겠지만, X2의 경우는 사정이 다르다. 건물의 옥탑, 외벽 등에 설치된 간판의 경우 일반적으로 건물의 일부가 아니라 독립된 물건으로 남아 있으면서 과다한 비용을 들이지 않고 건물로부터 분리할 수 있는 것이 충분히 있을 수 있고, 그러한 경우에는 특별한 사정이 없는 한 간판 설치공사 대금채권을 그 건물 자체에 관하여 생긴 채권이라고 할 수 없다.

따라서 X2가 설치한 간판이 이 사건 호텔 건물의 일부가 아니라 별도의 독립한 물건으로 인정된다면 호텔에 관한 유치권의 피담보채권이 될 수 없다(대법원 2013. 10. 24. 선고 2011다44788 판결).

1) 甲이 건물 신축공사 수급인인 乙 주식회사와 체결한 약정에 따라 공사현장에 시멘트와 모래 등의 건축자재를 공급한 사안에서, 甲의 건축자재대금채권이 건물에 관한 유치권의 피담보채권이 된다고 본 원심판결에 법리오해의 위법이 있다고 한 사례이다.

(3) 점유

쟁점

甲은 건축주 丙이 수급인 乙에게 도급준 건물신축공사 중 창호공사를 하도급받아 공사를 마친 뒤 현장에서 철수하였다가 乙이 약속과 달리 공사를 마칠 때까지 하도급대금을 지급하지 않자 丙이 인도받은 신축건물에 야간에 몰래 들어가 점유를 시작한 뒤 유치권을 주장하고 있다. 甲은 유치권을 인정받을 수 있는가?

판단

점유를 불법으로 개시하였기 때문에 유치권을 인정받지 못한다.

유치권은 물건을 점유하고 있기 때문에 주어지는 권리이다. 따라서 반드시 물건을 점유하고 있어야 한다.

유치권자 자신이 직접점유하여야 하는 것은 아니며 간접점유라도 무방하다. 그러나 채무자를 직접점유자로 하여 채권자가 간접점유하는 경우에는 유치권이 성립하지 않는다. 유치권은 목적물을 유치함으로써 채무자의 변제를 간접적으로 강제하는 것을 본체적 효력으로 하는 권리인 점에 비추어, 점유자가 채무자인 경우에는 유치권의 요건으로서의 점유에 해당하지 않는다고 보아야 한다(대법원 2008. 4. 11. 선고 2007다27236 판결).

점유가 있느냐 여부는 유치권의 성립과 직결되는 중요한 문제인데, 유치권을 주장하는 자가 유치권을 행사하고 있다는 표시를 하고, 유치권의 목적물에 대한 입출입을 통제하는 등의 조치를 하고 있다면, 점유를 하고 있는 것으로 인정받을 수 있을 것이다.

유치권의 성립에는 점유가 필수적이지만, 점유가 불법행위로 인한 경우에는 유치권이 성립하지 않는다(민법 제320조제2항).

그러므로 수급인이 시공한 건물의 점유를 일단 도급인에게 넘겼다가 불법적으로 점유를 취득했다면 유치권을 주장하지 못한다.

판례 "물건의 점유자는 소유의 의사로 선의, 평온 및 공연하게 점유한 것으로 추정되고 점유자가 점유물에 대하여 행사하는 권리는 적법하게 보유하는 것으로 추정된다(민법 제197조제1항, 제200조). 따라서 점유물에 대한 필요비와 유익비 상환청구권을 기초로 하는 유치권 주장을 배척하려면 적어도 점유가 불법행위로 인하여 개시되었거나 점유자가 필요비와 유익비를 지출할 당시 점유권원이 없음을 알았거나 중대한 과실로 알지 못하였다고 인정할만한 사유에 대한 상대방 당사자의 주장·증명이 있어야 한다."(대법원 2011. 12. 13. 선고 2009다5162 판결)

물건의 점유를 상실하면 유치권도 소멸하게 된다(민법 제328조). 점유를 상실하였더라도 점유회수의 소를 제기하여 승소판결을 받아 점유를 회복하면 점유를 상실하지 않았던 것으로 되어 유치권이 되살아난다(대법원 2004. 2. 27. 선고 2003다46215).

3. 유치권의 대상

(1) 타인의 소유

쟁점

유치물의 소유자가 변동되면 유치권은 소멸하는가?

판단

소유자가 변동되더라도 유치권을 행사할 수 있다.

유치권의 대상은 타인의 물건 또는 유가증권이다. 그 물건이 타인의 소유이면 족하고, 반드시 채무자의 소유여야 하는 것은 아니다. 따라서 채무자가 소유권을 타인에게 넘기더라도 유치권의 행사에는 지장이 없다.

판례 "유치권자의 점유하에 있는 유치물의 소유자가 변동하더라도 유치권자의 점유는 유치물에 대한 보존행위로서 하는 것이므로 적법하고 그 소유자 변동후 유치권자가 유치물에 관하여 새로이 유익비를 지급하여 그 가격의 증가가 현존하는 경우에는 이 유익비에 대하여도 유치권을 행사할 수 있다."(대법원 1972. 1. 31. 선고 71다2414 판결)

다만, 상인간의 상행위로 인한 채권의 변제를 받기 위해 행사할 수 있는 상사유치권은 채무자 소유의 물건 또는 유가증권에 대하여만 행사할 수 있다(상법 제58조).

(2) 신축 건물에 대한 수급인의 유치권 행사의 가부

쟁점

수급인 자신의 비용과 노력을 들여 신축한 건물에 대한 유치권의 행사가 가능한가?

판단

수급인의 비용과 노력으로 신축한 건물의 소유권은 원시적으로 수급인에게 귀속하므로 유치권의 대상이 될 수 없다.

민법 제320조가 규정하는 유치권은 타인의 물건이나 유가증권에 대하여 행사할 수 있다. 자기 소유의 물건에 대하여 행사할 수는 없다.

도급인이 재료의 전부 또는 주요부분을 공급하는 경우에는 완성된 건축물의 소유권이 도급인에게 귀속한다. 따라서 수급인은 유치권을 행사할 수 있다.

반면, 수급인이 재료의 전부 또는 주요부분을 제공한 경우에는 그 건물의 소유권은 원시적으로 수급인에게 귀속한다.

판례 "수급인이 자기의 재료와 노력으로 건물을 건축한 경우에 특별한 의사표시가 없는 한 도급인이 도급대금을 지급하고 건물의 인도를 받기까지는 그 소유권은 수급인에게 있다."(대법원 1980. 7. 8. 선고 80다1014 판결)

이렇게 소유권이 원시적으로 수급인에게 귀속되는 건물에 대해서는 유치권을 행사할 수 없다. 유치권은 타인의 물건에 성립하기 때문이다.

판례 "유치권은 타물권인 점에 비추어 볼 때 수급인의 재료와 노력으로 건축되었고 독립한 건물에 해당되는 기성부분은 수급인의 소유라 할 것이므로 수급인은 공사대금을 지급받을 때까지 이에 대하여 유치권을 가질 수 없다."(대법원 1993. 3. 26. 선고 91다14116 판결)

그러나 수급인의 비용과 노력을 들여 건축하였더라도 당사자의 약정으로 도급인에게 귀속하기로 했다면 도급인이 소유권을 원시취득하게 된다.

판례 "일반적으로 자기의 노력과 재료를 들여 건물을 건축한 사람이 그 건물의 소유권을 원시취득하는 것이지만, 도급계약에 있어서는 수급인이 자기의 노력과 재료를 들여 건물을 완성하더라도 도급인과 수급인 사이에 도급인 명의로 건축허가를 받아 소유권보존등기를 하기로 하는 등 완성된 건물의 소유권을 도급인에게 귀속시키기로 합의한 것으로 보일 경우에는 그 건물의 소유권은 도급인에게 원시적으로 귀속된다."(대법원 2003. 12. 18. 선고 98다43601 전원합의체 판결)2)

신축건물의 소유권이 도급인에게 원시적으로 귀속되는 경우에는 수급인은 신축건물을 대상으로 유치권을 행사할 수 있다(대법원 1995. 9. 15. 선고 95다16202, 95다16219 판결).

(3) 물건 또는 유가증권

쟁점

토지소유자와의 사이에 그 토지 위에 공장을 신축하기로 하는 내용의 도급계약을 체결하고 기초공사를 진행하다가 구조물만 설치한 상태에서 그 토지에 대한 경매절차가 진행되는 바람에 공사가 중단되었을 경우 수급인은 유치권을 행사할 수 있는가?

판단

아직 건물로 인정되지 않는 토지의 정착물에 대하여는 유치권을 행사할 수 없다.

유치권은 타인의 물건 또는 유가증권을 대상으로 한다. 유가증권이나 물건이 아니면 유치권을 행사할 수 없다.

물건에는 동산과 부동산이 있으며, 부동산에는 토지와 건물이 있다. 신축공사를 한 수급인이 신축한 건물을 점유하고 있고 또 그 건물에 관하여 생긴 공사대금채권이 있다면, 수급인은 그 채권을 변제받을 때까지 건물을 유치할 권리가 있는데, 독립한 건물에 이르지 못한 상태에서 공사가 중단된 토지의 정착물은 유치권 행사의 대상이 되지 않는다.

2) 도급인이 수급인에게 건물의 신축공사를 도급함에 있어, 건물완공 후 이를 임대하여 얻는 수입으로 먼저 공사대금에 충당하고 나머지는 도급인이 가지기로 하고 그 중개비용 및 세금은 도급인이 부담하기로 약정하였고, 건물완공 직후인 1992. 7. 8.에는 도급인과 수급인 사이에서, 이 사건 신축건물에 관하여 도급인의 이름으로 준공검사를 받아 준공하고 도급인은 소유권보존등기를 필한 후 융자금 1억 원을 받아 수급인에게 지급하기로 약정하였다. 이러한 각 약정은 이 사건 신축건물의 소유권을 도급인에게 귀속시키는 것을 당연한 전제로 하고 있는 것이라고 보아야 할 것이므로 이 사건 신축건물은 도급인이 원시취득한 것으로 볼 여지가 충분하다고 한 사례이다.

예컨대, 토지소유자와의 사이에 그 토지 위에 공장을 신축하기로 하는 내용의 도급계약을 체결하고 기초공사를 진행하면서 사회통념상 독립한 건물이라고 볼 수 없는 구조물을 설치한 상태에서 그 토지에 대한 경매절차가 진행되는 바람에 공사가 중단되었을 경우 수급인은 유치권을 행사할 수 있는가?

토지가 공사대금채권을 담보하는 유치권의 대상이 되지 않는 것은 분명하다. 공사대금채권이 토지에 관하여 생긴 것은 아니기 때문이다.

공사가 중단된 상태의 정착물은 어떤가? 독립된 물건이 아니라 토지의 부합물에 불과하여 유치권을 행사할 수 없다.

판례 "건물의 신축공사를 도급받은 수급인이 사회통념상 독립한 건물이라고 볼 수 없는 정착물을 토지에 설치한 상태에서 공사가 중단된 경우에 위 정착물은 토지의 부합물에 불과하여 이러한 정착물에 대하여 유치권을 행사할 수 없는 것이고, 또한 공사 중단시까지 발생한 공사금 채권은 토지에 관하여 생긴 것이 아니므로 위 공사금 채권에 기하여 토지에 대하여 유치권을 행사할 수도 없는 것이다."(대법원 2008. 5. 30. 자 2007마98 결정)

대법원은 오피스텔 신축공사 중 토공사 및 흙막이 공사를 하도급 받아 각 토지를 지표면으로부터 지하 4층 규모인 14m 깊이까지 굴착한 뒤 흙막이 벽체를 설치하고 굴착된 부분의 벽면 부위를 지탱하기 위한 철골구조물을 설치한 상태로 공사가 중단된 사안에서도 "이 사건 하도급공사는 이 사건 오피스텔 신축을 위한 초기공사로 보아야 할 것이지, 그것이 이 사건 각 토지에 대한 공사의 성질을 지닌다고 볼 수는 없다. 따라서 그 공사대금 채권을 이 사건 각 토지에 관하여 생긴 채권으로 볼 수 없으므로, 그에 기하여 이 사건 각 토지에 대한 유치권을 행사할 수는 없다"고 판시하였다(대법원 2013. 5. 9. 선고 2013다2474 판결).

4. 유치권을 행사하는 점유 여부

쟁점

甲이 乙 소유의 건물 정문과 후문 입구 등에 '甲이 점유, 유치 중인 건물임. 관계자 외 출입을 금함'이라는 경고문을 부착하고 유치권을 행사하고 있다. 甲은 건물 일부는 직접점유하고, 나머지 일부는 乙과 임대차계약을 체결한 임차인 丙이 직접점유하고 있다. 임차인 丙이 직접점유하고 있는 부분에 대해 甲의 유치권이 인정되는가?

판단

丙이 점유하는 부분은 甲이 점유하고 있지 않기 때문에 유치권이 인정되지 않는다.

유치권은 물건을 점유하고 있기 때문에 주어지는 권리이다. 따라서 반드시 물건을 점유하고 있어야 하며, 물건의 점유를 상실하면 유치권도 소멸하게 된다(민법 제328조).

점유는 유치권자 자신이 직접 점유하여야 하는 것은 아니며 간접점유라도 무방하다. 그러나 채무자를 직접점유자로 하여 채권자가 간접 점유하는 경우에는 유치권이 성립하는지 않는다.

판례 "유치권은 목적물을 유치함으로써 채무자의 변제를 간접적으로 강제하는 것을 본체적 효력으로 하는 권리인 점 등에 비추어, 그 직접점유자가 채무자인 경우에는 유치권의 요건으로서의 점유에 해당하지 않는다."(대법원 2008. 4. 11. 선고 2007다27236 판결)

반드시 물건을 물리적, 현실적으로 지배하는 것만을 의미하는 것이 아니고 물건과 사람과의 시간적, 공간적 관계와 본권관계, 타인지배의 배제가능성 등을 고려하여 사회관념에 따라 합목적적으로 판단하여야 한다. 유치권자가 부도난 공장에 직원을 보내 유치권을 행사한다는 안내문을 게시하고 고용한 경비원을 배치하여 공장 출입을 통제하였다면 유치권을 행사하고 있는 것으로 인정할 수 있다.

판례 "점유라고 함은 물건이 사회통념상 그 사람의 사실적 지배에 속한다고 보여지는 객관적 관계에 있는 것을 말하고 사실상의 지배가 있다고 하기 위하여는 반드시 물건을 물리적, 현실적으로 지배하는 것만을 의미하는 것이 아니고 물건과 사람과의 시간적, 공간적 관계와 본권관계, 타인지배의 배제가능성 등을 고려하여 사회관념에 따라 합목적적으로 판단하여야 한다.
공장 신축공사 공사잔대금채권에 기한 공장 건물의 유치권자가 공장 건물의 소유 회사가 부도가 난 다음에 그 공장에 직원을 보내 그 정문 등에 유치권자가 공장을 유치·점유한다는 안내문을 게시하고 경비용역회사와 경비용역계약을 체결하여 용역경비원으로 하여금 주야 교대로 2인씩 그 공장에 대한 경비·수호를 하도록 하는 한편 공장의 건물 등에 자물쇠를 채우고 공장 출입구 정면에 대형 컨테이너로 가로막아 차량은 물론 사람들의 공장 출입을 통제하기 시작하고 그 공장이 경락된 다음에도 유치권자의 직원 10여 명을 보내 그 공장 주변을 경비·수호하게 하고 있었다면, 유치권자가 그 공장을 점유하고 있었다고 볼 여지가 충분하다."
(대법원 1996. 8. 23. 선고 95다8713 판결)

甲이 乙 소유의 건물 정문과 후문 입구 등에 '甲이 점유, 유치 중인 건물임. 관계자 외 출입을 금함'이라는 내용의 경고문을 부착하였는데, 그 중 건물 2층 일부는 직접점유하고 나머지 부분은 乙과 임대차계약을 체결한 임차인 丙이 직접점유하고 있다면, 임차인 丙이 직접점유하고 있는 부분에 대해서는 甲의 점유가 인정되지 않는다. 임차 부분의 직접점유자인 丙에게 반환청구권을 갖는 자는 丙과 임대차계약을 체결하였던 乙뿐이므로 위 임대차계약은 甲과 丙 사이의 점유매개관계를 인정할 기초가 될 수 없으므로 甲의 점유는 인정되지 않는다(대법원 2012. 2. 23. 선고 2011다61424, 61431 판결). 임차인을 직접점유자로서 유치권자가 간접점유 할 경우 해당 임차인과의 임대차 계약은 유치권자가 체결하여야 적법한 간접점유가 인정될 수 있을 것이다.

5. 가압류 후에 성립한 유치권으로 낙찰자에게 대항할 수 있는지 여부

쟁점

乙 소유 건물에 가압류등기가 경료된 뒤에 甲은 乙을 부탁으로 인테리어공사를 마쳤지만 공사대금을 지급받지 못하고 있다. 이 건물은 강제경매가 개시되어 丙이 낙찰받았다. 甲은 丙에게 유치권을 주장할 수 있는가?

판단

甲은 공사대금채권을 변제받을 때까지 유치권을 행사하여 건물을 점유·유치할 수 있다.

(1) 가압류 후에 유치권을 취득한 경우

부동산에 가압류등기가 경료된 후에 가압류 채무자로부터 그 부동산의 점유를 이전받아 유치권을 취득한 유치권자가 그 부동산의 낙찰자를 상대로 유치권을 주장할 수 있는가?

채무자가 가압류등기가 경료된 부동산의 점유를 이전하는 것이 가압류의 처분금지효에 저촉되어 유치권을 주장할 수 없는 것은 아닌지 의문이 드는데, 대법원은 점유의 이전과 같은 사실행위는 처분행위에 해당하지 않는다는 전제에서 부동산에 가압류등기가 경료된 이후에 점유를 취득한 유치권자라도 부동산의 낙찰자에게 유치권을 주장할 수 있다고 판시하였다.

예컨대, 건물에 가압류등기가 경료된 뒤에 甲이 채무자 乙로부터 위 건물 점유를 이전받아 그 건물에 관한 공사대금채권을 피담보채권으로 한 유치권을 행사하는 중에 위 건물에 대한 강제경매가 개시되어 丙이 낙찰받은 사안에서 甲은 丙에게 유치권을 주장할 수 있다고 판단한 것이다.

판례 "부동산에 가압류등기가 경료되면 채무자가 당해 부동산에 관한 처분행위를 하더라도 이로써 가압류채권자에게 대항할 수 없게 되는데, 여기서 처분행위란 당해 부동산을 양도하거나 이에 대해 용익물권, 담보물권 등을 설정하는 행위를 말하고 특별한 사정이 없는 한 점유의 이전과 같은 사실행위는 이에 해당하지 않는다. 다만 부동산에 경매개시결정의 기입등기가 경료되어 압류의 효력이 발생한 후에 채무자가 제3자에게 당해 부동산의 점유를 이전함으로써 그로 하여금 유치권을 취득하게 하는 경우 그와 같은 점유의 이전은 처분행위에 해당한다는 것이 당원의 판례이나, 이는 어디까지나 경매개시결정의 기입등기가 경료되어 압류의 효력이 발생한 후에 채무자가 당해 부동산의 점유를 이전함으로써 제3자가 취득한 유치권으로 압류채권자에게 대항할 수 있다고 한다면 경매절차에서의 매수인이 매수가격 결정의 기초로 삼은 현황조사보고서나 매각물건명세서 등에서 드러나지 않는 유치권의 부담을 그대로 인수하게 되어 경매절차의 공정성과 신뢰를 현저히 훼손하게 될 뿐만 아니라, 유치권신고 등을 통해 매수신청인이 위와 같은 유치권의 존재를 알게 되는 경우에는 매수가격의 즉각적인 하락이 초래되어 책임재산을 신속하고 적정하게 환가하여 채권자의 만족을 얻게 하려는 민사집행제도의 운영에 심각한 지장을 줄 수 있으므로, 위와 같은 상황하에서는 채무자의 제3자에 대한 점유이전을 압류의 처분금지효에 저촉되는 처분행위로 봄이 타당하다는 취지이다.
따라서 이와 달리 부동산에 가압류등기가 경료되어 있을 뿐 현실적인 매각절차가 이루어지지 않고 있는 상황하에서는 채무자의 점유이전으로 인하여 제3자가 유치권을 취득하게 된다고 하더라도 이를 처분행위로 볼 수는 없다."(대법원 2011. 11. 24. 선고 2009다19246 판결)

(2) 압류의 효력이 발생한 후에 유치권을 취득한 경우

위에서 인용한 판례에서도 알 수 있듯이 부동산에 경매개시결정의 기입등기가 경료되어 압류의 효력이 발생한 이후에 점유를 취득한 자는 유치권을 주장할 수 없다.

판례 "채무자 소유의 건물 등 부동산에 강제경매개시결정의 기입등기가 경료되어 압류의 효력이 발생한 이후에 채무자가 위 부동산에 관한 공사대금 채권자에게 그 점유를 이전함으로써 그로 하여금 유치권을 취득하게 한 경우, 그와 같은 점유의 이전은 목적물의 교환가치를 감소시킬 우려가 있는 처분행위에 해당하여 민사집행법 제92조제1항, 제83조제4항에 따른 압류의 처분금지효에 저촉되므로 점유자로서는 위 유치권을 내세워 그 부동산에 관한 경매절차의 매수인에게 대항할 수 없다."(대법원 2005. 8. 19. 선고 2005다22688 판결)

6. 압류의 효력 발생 이후 공사를 완공한 수급인의 유치권

쟁점

건물의 증·개축 공사를 도급받은 수급인이 경매개시결정의 기입등기가 마쳐지기 전에 채무자로부터 건물의 점유를 이전받아 공사를 시작했지만 경매개시결정의 기입등기가 경료된 이후에 공사를 마쳤다. 낙찰자에게 유치권을 주장할 수 있는가?

판단

압류의 효력이 발생한 이후에야 채권이 변제기에 도달하였기 때문에 유치권을 주장하지 못한다.

(1) 경매개시결정의 기입등기가 경료된 이후 유치권을 취득한 경우

근저당권 설정 등기 이후에 목적물의 점유를 취득하였더라도 경매개시결정의 기입등기가 경료되어 압류의 효력이 발생하기 이전에 유치권이 성립한 경우에는 부동산경매절차의 매수인에게 유치권으로 대항할 수 있다.

그러나 경매개시결정의 기입등기가 경료되어 압류의 효력이 발생한 이후에 유치권을 취득하였다면 매수인에게 대항할 수 없다.

판례 "부동산 경매절차에서의 매수인은 민사집행법 제91조제5항에 따라 유치권자에게 그 유치권으로 담보하는 채권을 변제할 책임이 있는 것이 원칙이나, 채무자 소유의 건물 등 부동산에 경매개시결정의 기입등기가 경료되어 압류의 효력이 발생한 후에 채무자가 위 부동산에 관한 공사대금 채권자에게 그 점유를 이전함으로써 그로 하여금 유치권을 취득하게 한 경우, 그와 같은 점유의 이전은 목적물의 교환가치를 감소시킬 우려가 있는 처분행위에 해당하여 민사집행법 제92조제1항, 제83조제4항에 따른 압류의 처분금지효에 저촉되므로 점유자로서는 위 유치권을 내세워 그 부동산에 관한 경매절차의 매수인에게 대항할 수 없다.

그러나 이러한 법리는 경매로 인한 압류의 효력이 발생하기 전에 유치권을 취득한 경우에는 적용되지 아니하고, 유치권 취득시기가 근저당권설정 후라거나 유치권 취득 전에 설정된 근저당권에 기하여 경매절차가 개시되었다고 하여 달리 볼 것은 아니다."(대법원 2009. 1. 15. 선고 2008다70763 판결)

(2) 경매개시결정의 기입등기가 경료된 이후 공사를 마친 경우

채무자 소유의 건물에 관하여 공사를 도급받은 수급인이 경매개시결정의 기입등기가 마쳐지기 전에 채무자로부터 건물의 점유를 이전받아 공사를 시작했지만 경매개시결정의 기입등기가 경료된 이후에 공사를 마친 경우에는 어떻게 되는가?

비록 수급인이 점유를 개시한 시점에는 압류의 효력이 발생하기 전이지만, 공사를 완성하여 공사대금채권을 취득한 것은 압류의 효력이 발생한 이후이다. 따라서 유치권이 성립한 시점도 압류의 효력이 발생한 이후가 된다. 유치권은 채권이 변제기에 이른 경우에 성립하는데, 공사대금채권의 변제기는 별도의 특약이 없는 한 공사를 완성한 시점으로 보아야 하기 때문이다. 그러므로 이 경우 수급인은 유치권을 내세워 경매절차의 매수인에게 대항할 수 없다.

판례 "유치권은 목적물에 관하여 생긴 채권이 변제기에 있는 경우에 비로소 성립하고(민법 제320조), 한편 채무자 소유의 부동산에 경매개시결정의 기입등기가 마쳐져 압류의 효력이 발생한 후에 유치권을 취득한 경우에는 그로써 부동산에 관한 경매절차의 매수인에게 대항할 수 없는데, 채무자 소유의 건물에 관하여 증·개축 등 공사를 도급받은 수급인이 경매개시결정의 기입등기가 마쳐지기 전에 채무자에게서 건물의 점유를 이전받았다 하더라도 경매개시결정의 기입등기가 마쳐져 압류의 효력이 발생한 후에 공사를 완공하여 공사대금채권을 취득함으로써 그때 비로소 유치권이 성립한 경우에는, 수급인은 유치권을 내세워 경매절차의 매수인에게 대항할 수 없다."(대법원 2011.10.13. 선고 2011다55214 판결)

채무자 소유의 건물에 관하여 증 · 개축 등 공사를 도급받은 수급인이 경매개시결정의 기입등기가 마쳐지기 전에 채무자로부터 건물의 점유를 이전받았다 하더라도 경매개시결정의 기입등기가 마쳐져 압류의 효력이 발생한 후에 공사를 완공하여 공사대금채권을 취득함으로써 그때 비로소 유치권이 성립한 경우에는, 수급인은 유치권을 내세워 경매절차의 매수인에게 대항할 수 없다(대법원 2013. 06. 27. 선고 2011다50165 판결).

7. 유치권이 권리남용으로서 불허되는 경우

쟁점

채무자 甲 소유의 건물에 채권자 乙이 1순위 근저당권을 설정받고, 채권자 丙이 2순위 근저당권을 설정받았다. 甲과 丙은 이 건물의 일부에 관하여 임대차계약을 체결한 뒤 丙이 상사유치권을 취득하였다. 이 경우 丙은 상사유치권으로서 1순위 근저당권에 대항할 수 있는가?

판단

판례는 丙의 유치권은 선순위 근저당권자 乙에 대한 관계에서 신의칙에 반하는 권리행사로서 허용되지 않는다고 본다.

(1) 신의칙 위반이라고 판단한 사례

저당권 등의 설정 후에 유치권이 성립한 경우에도 유치권자는 그 저당권의 실행절차에서 목적물을 매수한 사람을 포함하여 목적물의 소유자 기타 권리자에 대하여 위와 같은 대세적인 인도거절 권능을 행사할 수 있지만(대법원 2009. 1. 15. 선고 2008다70763 판결), 채무자 소유의 목적물에 이미 저당권 기타 담보물권이 설정되어 있는데 채권자가 자기 채권의 우선적 만족을 위하여 채무자와 의도적으로 유치권의 성립요건을 충족하는 내용의 거래를 하고 목적물을 점유함으로써 유치권을 성립시킨 경우 이 유치권을 저당권자 등에게 주장하는 것이 허용되는지 여부가 문제되는 사안이다.

대법원은 신의성실의 원칙에 반한다고 평가될 정도로 유치권제도를 남용하는 유치권 행사는 허용되지 않는다고 본다.

판례 "채무자가 채무초과의 상태에 이미 빠졌거나 그러한 상태가 임박함으로써 채권자가 원래라면 자기 채권의 충분한 만족을 얻을 가능성이 현저히 낮아진 상태에서 이미 채무자 소유의 목적물에 저당권 기타 담보물권이 설정되어 있어서 유치권의 성립에 의하여 저당권자 등이 그 채권 만족상의 불이익을 입을 것을 잘 알면서 자기 채권의 우선적 만족을 위하여 위와 같이 취약한 재정적 지위에 있는 채무자와의 사이에 의도적으로 유치권의 성립요건을 충족하는 내용의 거래를 일으키고 그에 기하여 목적물을 점유하게 됨으로써 유치권이 성립하였다면, 유치권자가 그 유치권을 저당권자 등에 대하여 주장하는 것은 다른 특별한 사정이 없는 한 신의칙에 반하는 권리행사 또는 권리남용으로서 허용되지 아니한다."(대법원 2011. 12. 22. 선고 2011다84298 판결)

(2) 신의칙 위반에 해당하지 않는다고 판단한 사례

그러나 대법원은 "甲 주식회사 등이 乙과 호텔신축 공사계약을 체결하고 공사를 완료하였으나 乙이 공사대금을 완제하지 못하고 있는 상황에서 丙 주식회사가 乙에게 금전을 대여하면서 위 호텔에 관하여 근저당권설정등기를 마쳤고, 그 후 甲 회사 등이 乙로부터 호텔을 인도받아 점유하고 있던 중 丙 회사가 신청한 임의경매절차에서 유치권 행사를 주장한 사안에서, 甲 회사 등이 丙 회사의 신청에 의하여 임의경매절차가 곧 개시되리라는 점을 인식하면서 乙로부터 호텔을 인도받았다는 사정만으로 甲 회사 등의 유치권 행사가 신의칙 위반에 해당한다고 본 원심판결에 법리오해 등의 위법이 있다"고 하였다(대법원 2014. 12. 11 선고 2014다53462 판결).

목적물에 관하여 채권이 발생하였으나 채권자가 목적물에 관한 점유를 취득하기 전에 그에 관하여 저당권 등 담보물권이 설정되고 이후에 채권자가 목적물에 관한 점유를 취득한 경우 채권자는 다른 사정이 없는 한 그와 같이 취득한 민사유치권을 저당권자 등에게 주장할 수 있는 것이므로, 이러한 경우의 유치권 행사가 신의칙에 반하여 유치권제도를 남용한 것이라고 속단하기는 어렵다는 것이다.

그리고 대법원은 앞의 2011다84298 판결의 사안에서는 후순위근저당권자가 상사유치권의 성립요건을 충족하는 내용의 거래를 일으킨 후 그에 기하여 근저당부동산에 대한 유치권을 취득하고 이를 선순위근저당권자에게 주장함으로써 고의적으로 유치권을 작출하여 그 지위를 부당하게 이용하였다고 평가할 수 있는 사정이 있어 신의칙 위반이라 본 것이라고 하였다(대법원 2014. 12. 11 선고 2014다53462 판결).

8. 철거 대상 건물에 대하여 유치권을 주장할 수 있는지 여부

쟁점

Y는 Z로부터 도급받은 건물의 신축공사를 마쳤지만 Z로부터 공사대금을 지급받지 못하고 있다. Y는 이 건물을 점유한 채 유치권을 행사하고 있다. 이 건물은 X가 소유한 토지 위에 Z가 무단으로 건축한 불법 건축물로서 소유권보존등기를 하지 못하고 있다. X는 이 건물을 점유하고 있는 Y를 상대로 건물철거를 요구하고 있는데, Y는 Z로부터 공사대금을 받을 때까지 이 건물을 점유하면서 유치권을 행사할 수 있는가?

판단

Y는 X에게 유치권을 주장하지 못한다.

Y의 공사대금채권은 이 건물의 신축에 관련한 채권이고, Y는 이 건물을 점유하고 있으므로 일응 유치권이 성립하는 것처럼 보인다.

그러나 이 건물은 Z가 X의 토지 위에 무단으로 건축한 것이기 때문에 X의 토지소유권을 방해하고 있는 불법건축물로서 철거를 면할 수 없다.

X는 이 미등기건물의 소유자인 Z를 상대로 건물의 철거를 구할 수 있지만, Y를 상대로도 건물철거를 구할 수 있다. 즉, "건물철거는 그 소유권의 종국적 처분에 해당하는 사실행위이므로 원칙으로는 그 소유자에게만 그 철거처분권이 있으나 미등기건물을 그 소유권의 원시취득자로부터 양도받아 점유 중에 있는 자는 비록 소유권취득등기를 하지 못하였다고 하더라도 그 권리의 범위 내에서는 점유 중인 건물을 법률상 또는 사실상 처분할 수 있는 지위에 있으므로 그 건물의 존재로 불법점유를 당하고 있는 토지소유자는 위와 같은 건물점유자에게 그 철거를 구할 수 있다."

또한 Y가 이 건물을 점유하는 것이 X에게 불법행위가 되기 때문에 유치권이 성립하지 못한다. 점유가 불법행위로 인한 것이면 유치권이 성립하지 않기 때문이다.

판례 "건물점유자가 건물의 원시취득자에게 그 건물에 관한 유치권이 있다고 하더라도 그 건물의 존재와 점유가 토지소유자에게 불법행위가 되고 있다면 그 유치권으로 토지소유자에게 대항할 수 없다."(대법원 1989. 2. 14. 선고 87다카3073 판결)

9. 체납처분 압류와 유치권의 성립 여부

쟁점

체납처분에 의한 압류등기가 된 이후에도 유치권은 성립할 수 없는가?

판단

체납처분에 따른 압류는 유치권의 성립을 방해하지 않는다.

압류의 기입등기가 된 부동산에 대하여는 압류의 효력에 저촉되어 유치권이 성립하지 못한다. 그렇다면 체납처분에 의한 압류등기가 된 이후에도 유치권은 성립할 수 없는가? 부동산에 체납처분에 의한 압류등기가 된 뒤, 그 부동산에 대한 경매절차에서 압류등기가 경료되기 전에 유치권을 취득하였다면 경매절차의 매수인에게 유치권을 행사할 수 있다.

예를 들어, ① A점포에 관하여 2005. 4. 1. 가압류채권자 OO의 가압류등기가, 2005. 7. 27. 대한민국(처분청 ▽▽▼세무서)의 체납처분압류등기가 마쳐지고, ② 2006. 9. 14. A점포에 관한 공사대금 채권자인 Y에게 점유가 이전되어 Y가 유치권을 취득하였는데, ③ 근저당권자인 △△중앙회의 신청에 의하여 2006. 12. 15. A점포에 관한 부동산임의경매절차가 개시되어 2006. 12. 19. 경매개시결정등기가 이루어졌고, ④ 위 임의경매절차에서 X는 A사건 점포를 매수하여 2008. 7. 16. 대금을 납부하고 소유권을 취득하였다. 이 경우 유치권자인Y는 X에게 유치권을 행사할 수 있을까?

대법원은 A점포에 관하여 가압류등기와 체납처분압류등기가 되어 있는 상태에서 Y에게 그 점유가 이전되었다고 하여도 그 점유 이전이 경매개시결정등기 전에 이루어진 이상, Y는 위 경매절차에서 A점포를 매수한 X에게 유치권을 행사할 수 있다고 하였다(대법원 2014. 4. 10 선고 2010다84932 판결)

판례 "부동산에 관한 민사집행절차에서는 경매개시결정과 함께 압류를 명하므로 압류가 행하여짐과 동시에 매각절차인 경매절차가 개시되는 반면, 국세징수법에 의한 체납처분절차에서는 그와 달리 체납처분에 의한 압류(이하 '체납처분압류'라고 한다)와 동시에 매각절차인 공매절차가 개시되는 것이 아닐 뿐만 아니라, 체납처분압류가 반드시 공매절차로 이어지는 것도 아니다.

또한 체납처분절차와 민사집행절차는 서로 별개의 절차로서 공매절차와 경매절차가 별도로 진행되는 것이므로, 부동산에 관하여 체납처분압류가 되어 있다고 하여 경매절차에서 이를 그 부동산에 관하여 경매개시결정에 따른 압류가 행하여진 경우와 마찬가지로 볼 수는 없다.

따라서 체납처분압류가 되어 있는 부동산이라고 하더라도 그러한 사정만으로 경매절차가 개시되어 경매개시결정등기가 되기 전에 부동산에 관하여 민사유치권을 취득한 유치권자가 경매절차의 매수인에게 유치권을 행사할 수 없다고 볼 것은 아니다."(대법원 2014. 03. 20. 선고 2009다60336 전원합의체 판결)

10. 부동산에 대한 상사유치권의 행사

쟁점

채무자 소유의 부동산을 점유하고 있는 채권자는 그 부동산에 대하여 상사유치권을 행사할 수 있는가?

판단

판례는 부동산에 대해서도 상사유치권을 행사할 수 있다고 본다.

상사유치권이란 상인간의 상행위로 인한 채권이 변제기에 있는 때에 채권자가 변제를 받을 때까지 그 채무자에 대한 상행위로 인하여 자기가 점유하고 있는 채무자 소유의 물건 또는 유가증권을 유치할 수 있는 권리이다(상법 제58조).

이러한 상사유치권을 행사할 수 있는 채권은 상인간의 상행위로 인한 채권이어야 한다. 상인간의 상행위로 인한 채권이 아니면 상사유치권은 성립하지 않는다.

채권이 그 물건이나 유가증권에 관하여 생긴 채권일 필요는 없다. 즉, 민사유치권에서 요구하는 견련성은 요건이 아니다.

상사유치권은 채무자 소유의 물건이나 유가증권에 행사할 수 있다. 민사유치권은 채무자 소유로 한정하지 않지만, 상사유치권은 채무자 소유로 한정된다.

상사유치권을 행사하여 점유할 수 있는 대상은 물건 또는 유가증권인데, 여기의 물건에 동산이 포함된다는 데에는 이론이 없으나 부동산이 포함되지 여부를 두고 견해가 갈린다.

그러나 대법원 판례는 부동산도 포함된다고 본다.

판례 "상사유치권은 민사유치권의 성립요건을 변경·완화하여 채권자보호를 강화함으로써 계속적 신용거래를 원활·안전하게 하기 위하여 당사자 사이의 합리적인 담보설정의사를 배경으로 하여 추인된 법정담보물권으로, 민사유치권과 달리 목적물과 피담보채권 사이의 개별적인 견련관계를 요구하지 않는 대신 유치권의 대상이 되는 물건을 '채무자 소유의 물건'으로 한정하고 있어 이러한 제한이 없는 민사유치권과는 차이가 있으나(대법원 2013. 2. 28. 선고 2010다57350 판결 참조), 민사유치권과 마찬가지로 그 목적물을 동산에 한정하지 않고 '물건 또는 유가증권'으로 규정하고 있는 점에 비추어 보면 상사유치권의 대상이 되는 '물건'에는 부동산도 포함된다고 보아야 한다."(대법원 2013. 05. 24. 선고 2012다39769, 39776 판결)

11. 선행 저당권이 있는 부동산에 성립한 상사유치권으로 저당권자에게 대항할 수 있는지 여부

쟁점

채무자 소유의 부동산에 저당권이 설정되어 있는 상태에서 채권자의 상사유치권이 성립한 경우, 상사유치권자가 선행저당권자 또는 선행저당권에 기한 임의경매절차에서 부동산을 취득한 매수인에 대한 관계에서 상사유치권으로 대항할 수 있는가?

판단

대법원 판례는 부정한다.

대법원 판례는 유치권 성립 당시에 이미 목적물에 대하여 제3자가 권리자인 제한물권이 설정되어 있다면, 상사유치권은 그와 같이 제한된 채무자의 소유권에 기초하여 성립할 뿐이고, 기존의 제한물권이 확보하고 있는 담보가치를 사후적으로 침탈하지는 못한다고 보아야 한다는 전제에서 상사유치권자는 채무자 및 그 이후 채무자로부터 부동산을 양수하거나 제한물권을 설정받는 자에게는 대항할 수 있으나 선행하는 저당권자에게는 대항할 수 없다고 본다.

판례 "상사유치권은 민사유치권과 달리 피담보채권이 '목적물에 관하여' 생긴 것일 필요는 없지만 유치권의 대상이 되는 물건은 '채무자 소유'일 것으로 제한되어 있다(상법 제58조, 민법 제320조제1항 참조). 이와 같이 상사유치권의 대상이 되는 목적물을 '채무자 소유의 물건'에 한정하는 취지는, 상사유치권의 경우에는 목적물과 피담보채권 사이의 견련관계가 완화됨으로써 피담보채권이 목적물에 대한 공익비용적 성질을 가지지 않아도 되므로 피담보채권이 유치권자와 채무자 사이에 발생하는 모든 상사채권으로 무한정 확장될 수 있고, 그로 인하여 이미 제3자가 목적물에 관하여 확보한 권리를 침해할 우려가 있어 상사유치권의 성립 범위 또는 상사유치권으로 대항할 수 있는 범위를 제한한 것으로 볼 수 있다.
즉 상사유치권이 채무자 소유의 물건에 대해서만 성립한다는 것은, 상사유치권은 성립 당시 채무자가 목적물에 대하여 보유하고 있는 담보가치만을 대상으로 하는 제한물권이라는 의미를 담고 있다 할 것이고, 따라서 유치권 성립 당시에 이미 목적물에 대하여 제3자가 권리자인 제한물권이 설정되어 있다면, 상사유치권은 그와 같이 제한된 채무자의 소유권에 기초하여 성립할 뿐이고, 기존의 제한물권이 확보하고 있는 담보가치를 사후적으로 침탈하지는 못한다고 보아야 한다.
그러므로 채무자 소유의 부동산에 관하여 이미 선행 저당권이 설정되어 있는 상태에서 채권자의 상사유치권이 성립한 경우, 상사유치권자는 채무자 및 그 이후 채무자로부터 부동산을 양수하거나 제한물권을 설정받는 자에 대해서는 대항할 수 있지만, 선행저당권자 또는 선행저당권에 기한 임의경매절차에서 부동산을 취득한 매수인에 대한 관계에서는 상사유치권으로 대항할 수 없다."(대법원 2013. 02. 28. 선고 2010다57350 판결)

12. 하수급인의 유치권 행사의 가부

쟁점

하수급인이 하도급공사대금을 피보전채권으로 하여 공사 목적물에 유치권을 행사할 수 있는가?

판단

수급인이나 소유자의 승낙을 받아 점유하고 있는 경우에는 유치권이 인정될 수 있다.

(1) 하수급인의 유치권이 문제되는 사례

도급인은 수급인에게 다세대주택 12세대 신축공사를 도급하고, 수급인은 하수급인에게 골조공사 부분을 하도급하였다.

하수급인은 골조공사 부분을 마쳤지만 하도급공사대금을 지급받지 못한 상태에서 공사의 계속을 위하여 수급인에게 골조공사 부분의 점유를 넘겨주었다.

수급인은 공사를 마치고 도급인 명의로 다세대주택의 소유권보존등기를 마쳤다.

소유권보존등기를 마친 뒤로도 하도급공사대금을 지급받지 못한 하수급인은 하도급공사대금을 담보하기 위하여 도급인으로부터 다세대주택 2세대를 넘겨받아 점유하고 있다.

이 경우, 하수급인은 유치권을 행사할 수 있는가?

(2) 하수급인의 유치권 성립여부

1) 견련성

먼저 하도급공사대금채권과 점유하고 있는 주택 사이에 견련성이 있는지 문제인데, 공사대금채권이 점유하고 있는 주택의 골조공사로부터 발생한 것이므로 견련성을 인정해야 할 것이다.

하수급인이 독립하여 하도급공사대금을 피보전채권으로 하여 공사목적물에 유치권을 행사할 수 있는지 여부에 관하여 긍정설과 부정설의 대립이 있을 수 있는데, 원칙적으로 하수급인이 채무자나 수급인과 관련 없이 주택의 1세대를 점유·사용하면서 독립한 유치권을 주장하는 경우에는 인정하기 어렵다는 견해가 있다.

2) 채무자 또는 소유자의 승낙

그렇다고 하수급인의 독립한 유치권의 행사가 원천적으로 부정되는 것은 아니다. 특히 채무자 또는 소유자의 승낙을 받아 수급인으로부터 점유·사용권한을 이전받아 독립한 점유를 행사하는 단계에 이르렀다면 하수급인도 수급인과 마찬가지로 독립한 유치권을 행사할 수 있다. 판례는 하수급인이 공사 직후부터 채무자 또는 소유자의 승낙없이 점유, 사용하면서 유치권을 주장하는 경우에 독립한 유치권을 인정하지 않는다.

3) 수급인의 유치권 원용

하수급인은 수급인의 유치권을 원용하여 주장할 수 있는가?

수급인에 대하여 채권을 가지고 있는 하수급인은 채무자 또는 소유자의 승낙을 받아 점유하는 경우 수급인의 유치권을 원용하여 주장할 수 있지만, 채무자 또는 소유자의 승낙을 필요로 한다는 점에서 하수급인이 자신의 유치권을 독립적으로 행사하는 경우나 수급인의 유치권을 원용하여 행사하는 경우 모두 실제로는 큰 차이가 없다.

판례는 채무자의 승낙없이 하수급인이 수급인으로부터 점유를 넘겨받은 경우 수급인의 유치권을 원용하여 주장하는 것도 적법한 권원에 기한 것이 아니라는 이유로 인정하지 않지만, 수급인으로부터 일부 공사를 하도급받은 하수급인들이 수급인의 유치권을 원용할 수 있다고 긍정하였다(대법원 2005. 8. 19. 선고 2004다8197, 8203 판결).

앞의 사례로 돌아가서, 하수급인이 주택신축공사 중 골조공사를 마침에 따라 공사대금채권과 함께 유치권을 취득한 다음 나머지 공사의 진행을 위하여 수급인에게 골조공사 부분을 인도함으로써 그 점유를 상실하였다가 주택이 완공된 후 소유자 또는 수급인으로부터 담보조로 주택을 인도받아 점유를 개시하게 된 경우, 하수급인은 자신의 공사대금채권을 위한 독립한 유치권을 다시 취득한 것이거나 수급인의 유치권을 원용하여 행사하는 것으로 볼 여지가 있다는 것이 대법원의 판단이다(대법원 2007. 5. 15. 자 2007마128 결정).

13. 유치권자의 유치 방법

쟁점

甲은 乙 소유의 주택에 거주하며 유치권을 행사하고 있다. 주택에 거주하며 사용하는 것이 정당한 유치권의 행사인가?

판단

유치권자가 주택에 거주하며 사용하는 것은 유치물의 보존에 필요한 사용이므로 유치권의 행사로 인정된다. 다만, 유치권자가 유치물을 사용한 이상 차임에 상당한 이득은 부당이득으로 소유자에게 반환할 의무가 있다.

유치권자는 선량한 관리자의 주의로 유치물을 점유하여야 하고, 채무자의 승낙없이 유치물의 사용, 대여 또는 담보제공을 하지 못한다. 그러나 보존에 필요한 범위에서 유치물을 사용할 수 있다(민법 제324조). 유치권자가 이를 위반한 때에는 채무자는 유치권의 소멸을 청구할 수 있다.

유치권자는 채권담보를 위하여 목적물을 점유하는 데 불과하므로 채무자나 소유자의 승낙이 없는 한 원칙적으로 유치물을 사용하거나 대여 또는 담보에 제공할 수 없다. 소유자의 승낙 없이 유치권자로부터 유치권의 목적물을 임차한 자의 점유는 소유자에게 대항할 수 있는 적법한 권원에 기한 것이라고 볼 수 없다(대법원 2011. 2. 10. 선고 2010다94700 판결)[3].

그러나 유치권자는 보존에 필요한 범위에서 유치물을 사용할 수 있기 때문에 유치권자가 유치물에 대한 보존행위로서 목적물을 사용하는 것은 적법한 행위이다(대법원 1972. 1. 31. 선고 71다2414 판결)

3) 유치권의 목적물인 건물의 소유자가 유치권자에게서 그 건물을 임차한 자를 상대로 건물의 인도청구를 한 사안에서, 유치권자에 대한 채무자의 동의만으로는 민법 제324조제2항에 따른 동의가 있었다고 볼 수 없어 임차인은 위 건물 인도청구를 거절할 수 없다고 본 원심판단을 정당하다고 한 사례이다.

유치권자가 유치물인 주택에 거주하며 사용하는 것이 정당한 유치권의 행사로 인정될 수 있을까? 유치권자가 스스로 주택에 거주하며 사용하는 것은 유치물의 보존에 필요한 사용에 해당하지만, 유치권자가 유치물을 사용한 이상 차임에 상당한 이득은 부당이득으로 소유자에게 반환할 의무가 있다.

판례 "민법 제324조에 의하면, 유치권자는 선량한 관리자의 주의로 유치물을 점유하여야 하고, 소유자의 승낙 없이 유치물을 보존에 필요한 범위를 넘어 사용하거나 대여 또는 담보제공을 할 수 없으며, 소유자는 유치권자가 위 의무를 위반한 때에는 유치권의 소멸을 청구할 수 있다고 할 것인바, 공사대금채권에 기하여 유치권을 행사하는 자가 스스로 유치물인 주택에 거주하며 사용하는 것은 특별한 사정이 없는 한 유치물인 주택의 보존에 도움이 되는 행위로서 유치물의 보존에 필요한 사용에 해당한다고 할 것이다. 그리고 유치권자가 유치물의 보존에 필요한 사용을 한 경우에도 특별한 사정이 없는 한 차임에 상당한 이득을 소유자에게 반환할 의무가 있다."(대법원 2009. 9. 24. 선고 2009다40684 판결)

---

10 유치권

14. 유치권의 효력

쟁점

유치권자는 경락인에 대하여 피담보채권의 변제를 청구할 수 있는가?

판단

유치권자는 경락인에게 변제를 청구할 수 없다.

민사유치권을 행사하든 상사유치권을 행사하든 유치권자는 채권을 변제받을 때까지 물건을 점유, 유치하여 인도를 거절할 수 있다. 또 채권 전부의 변제를 받을 때까지 유치물 전부를 유치할 수 있다. 민사유치권이나 상사유치권이나 그 효력은 똑같다.

(1) 인도 거절

유치권은 채권을 변제받을 때까지 물건을 점유하고 넘겨주지 않는 것이다. 즉, 유치할 수 있는 권능인 것이다. 만약 유치권을 행사하고 있는 목적물에 대하여 강제집행이 진행되더라도 유치권자는 집행관에게까지 인도를 거절하고 끝까지 유치할 권능을 가지고 있다. 경매가 진행되어 소유자가 바뀌더라도 채권을 변제받을 때까지는 계속해서 인도를 거절하고 유치할 수 있다. 유치권의 목적이 된 부동산에 대한 경매가 진행되더라도 매수인은 유치권자에게 그 유치권으로 담보하는 채권을 변제할 책임이 있다(민사집행법 제268조, 제91조제5항).

채무자가 파산하더라도 유치권자는 별제권자로서 파산절차에 의하지 않고 유치권을 행사할 수 있다(채무자회생법 제411조, 제412조).

이러한 권능이 있기 때문에 유치권자는 사실상 우선변제를 받게 된다.

유치권자로부터 유치물을 유치하기 위한 방법으로 유치물의 점유 내지 보관을 위탁받은 자는 특별한 사정이 없는 한 점유할 권리가 있으므로 소유자의 소유물반환청구를 거부할 수 있다(대법원 2014. 12. 24. 선고 2011다62618 판결).

(2) 유치권의 불가분성

유치권자는 채권 전부의 변제를 받을 때까지 유치물 전부에 대하여 권리를 행사할 수 있다(민법 제321조). 따라서 유치권자는 채무를 일부 변제받더라도 점유하고 있는 물건의 일부에 대한 점유를 풀 필요가 없고, 종전과 마찬가지로 전부에 대하여 그대로 유치권을 행사할 수 있다.

사례

하수급인 X는 다세대주택을 재건축하는 공사를 도급받은 원수급인으로부터 창호, 기타 잡철 부분 공사를 하도급받아 공사를 완료하였지만 총 공사대금 3억원 중 1억원만을 지급받고 나머지 2억원을 지급받지 못하자 다세대주택 중 한 세대를 점유하여 유치권을 행사하였다. X가 점유하고 있는 한 세대에 대한 공사대금은 300만원이다.

이 경우 하수급인 X는 직접 점유하고 있는 세대에 대한 공사대금 300만원에 대해서만 유치권을 행사할 수 있는가, 아니면 점유하지 않고 있는 나머지 세대에 대한 공사대금까지 포함하여 남은 공사대금 전부인 2억원에 대하여 유치권을 행사할 수 있는가?

대법원은 X가 유치하고 있는 한 세대가 남은 공사대금채권 2억원 전부를 담보한다고 판단하였다.

판례 "민법 제320조제1항에서 '그 물건에 관하여 생긴 채권'은 유치권 제도 본래의 취지인 공평의 원칙에 특별히 반하지 않는 한 채권이 목적물 자체로부터 발생한 경우는 물론이고 채권이 목적물의 반환청구권과 동일한 법률관계나 사실관계로부터 발생한 경우도 포함하고, 한편 민법 제321조는 '유치권자는 채권 전부의 변제를 받을 때까지 유치물 전부에 대하여 그 권리를 행사할 수 있다'고 규정하고 있으므로, 유치물은 그 각 부분으로써 피담보채권의 전부를 담보하며, 이와 같은 유치권의 불가분성은 그 목적물이 분할 가능하거나 수개의 물건인 경우에도 적용된다.

다세대주택의 창호 등의 공사를 완성한 하수급인이 공사대금채권 잔액을 변제받기 위하여 위 다세대주택 중 한 세대를 점유하여 유치권을 행사하는 경우, 그 유치권은 위 한 세대에 대하여 시행한 공사대금만이 아니라 다세대주택 전체에 대하여 시행한 공사대금채권의 잔액 전부를 피담보채권으로 하여 성립한다."(대법원 2007. 9. 7. 선고 2005다16942 판결)

---

(3) 유치권자가 경락인에 대하여 변제를 청구할 수 있는지 여부

유치권자가 경매절차의 매수인에 대하여 피담보채권의 변제를 청구할 수 있을까? 유치권자가 매수인에게 직접 그 피담보채권의 변제를 청구할 수는 없고, 그 피담보채권의 변제가 있을 때까지 유치목적물인 부동산의 인도를 거절할 수 있을 뿐이다.

판례 "민사소송법 제728조에 의하여 담보권의 실행을 위한 경매절차에 준용되는 같은 법 제608조제3항은 경락인은 유치권자에게 그 유치권으로 담보하는 채권을 변제할 책임이 있다고 규정하고 있는바, 여기에서 '변제할 책임이 있다'는 의미는 부동산상의 부담을 승계한다는 취지로서 인적 채무까지 인수한다는 취지는 아니므로, 유치권자는 경락인에 대하여 그 피담보채권의 변제가 있을 때까지 유치목적물인 부동산의 인도를 거절할 수 있을 뿐이고 그 피담보채권의 변제를 청구할 수는 없다."(대법원 1996. 8. 23. 선고 95다8713 판결)

---

15. 유치권 포기의 특약

쟁점

甲은 신축건물을 점유하며 유치권을 행사하고 있는데, 신축건물의 매수인 乙이 甲을 상대로 건물의 인도를 구한다. 乙은 甲이 공사도급계약에서 유치권을 행사하지 않기로 한 약정을 근거로 들고 있다. 乙의 주장이 타당한가?

판단

甲이 도급계약에서 유치권 포기의 특약을 하였다면 유치권이 성립하지 않으므로 건물을 인도하여야 한다.

유치권은 포기할 수 있다. 유치권이 성립한 뒤에 포기할 수도 있고 유치권이 성립하기 이전에 미리 포기할 수도 있다. 유치권을 사전에 포기한 경우 다른 법정요건이 모두 충족되더라도 유치권이 발생하지 않는 것과 마찬가지로 유치권을 사후에 포기한 경우 곧바로 유치권은 소멸한다. 그리고 유치권 포기로 인한 유치권의 소멸은 유치권 포기의 의사표시의 상대방뿐 아니라 그 이외의 사람도 주장할 수 있다(대법원 2016. 5. 12. 선고 2014다52087 판결). 또한 유치권 배제 특약에 조건을 붙일 수도 있다(대법원 2018. 1. 24. 선고 2016다234043 판결). 따라서 공사도급계약을 체결하면서 당사자 사이에 유치권을 포기하기로 하는 특약을 맺었다면 유치권을 행사할 수 없다.

판례 "유치권은 법정담보물권이기는 하나 채권자의 이익보호를 위한 채권담보의 수단에 불과하므로 이를 포기하는 특약은 유효하고, 유치권을 사전에 포기한 경우 다른 법정요건이 모두 충족되더라도 유치권이 발생하지 않는 것과 마찬가지로 유치권을 사후에 포기한 경우 곧바로 유치권은 소멸한다고 보아야 하며, 채권자가 유치권의 소멸 후에 그 목적물을 계속하여 점유한다고 하여 여기에 적법한 유치의 의사나 효력이 있다고 인정할 수 없고 다른 법률상 권원이 없는 한 무단점유에 지나지 않는다."(대법원 2011. 05. 13. 자 2010마1544 결정)

판례 "제한물권은 이해관계인의 이익을 부당하게 침해하지 않는 한 자유로이 포기할 수 있는 것이 원칙이다. 유치권은 채권자의 이익을 보호하기 위한 법정담보물권으로서, 당사자는 미리 유치권의 발생을 막는 특약을 할 수 있고 이러한 특약은 유효하다. 유치권 배제 특약이 있는 경우 다른 법정요건이 모두 충족되더라도 유치권은 발생하지 않는데, 특약에 따른 효력은 특약의 상대방뿐 아니라 그 밖의 사람도 주장할 수 있다."(대법원 2018. 1. 24. 선고 2016다234043 판결)

따라서 수급인이 건물 신축공사를 하기 전에 은행에 유치권 포기각서를 제출한 경우 수급인으로서는 그 신축건물에 대하여 은행을 상대로 유치권을 행사할 수 없으며, 은행이 신청한 경매절차에서 그 신축건물을 매수한 매수인에게도 행사하지 못한다.

16. 유치권의 소멸 청구

쟁점

유치권자가 채무자의 승낙을 받지 않고 임의로 유치권을 행사하는 상가를 제3자에게 임대하여 받은 임대료를 변제에 충당할 수 있는가?

판단

유치권자는 채무자의 승낙 없이 대여하지 못하므로 임대료를 변제에 충당하지 못한다. 오히려 채무자는 유치권자가 선관주의의무를 위반하였다는 이유로 유치권의 소멸을 청구할 수 있다.

(1) 유치권의 소멸

점유를 상실하면 유치권도 행사할 수 없다는 것은 유치권의 속성상 당연하다. 또한 유치권이 담보하는 채권이 없어지면 유치권이 없어지는 것도 당연하다.

이와 관련해서 주의할 것이 하나 있다. 유치권을 행사하더라도 채권의 소멸시효가 중단되는 것은 아니다(민법 제326조)는 것이다. 공사대금채권의 소멸시효를 중단하기 위한 소송의 제기나 가압류 등을 하지 않은 채 막연히 유치권만 행사하고 있다가는 3년의 공사대금채권의 소멸시효를 경과할 수도 있으므로 주의해야 한다. 채권의 소멸시효가 경과하면 유치권도 소멸하게 될 것이다.

채무자가 유치권을 소멸시킬 수 있는 방법도 있다. 채무자는 상당한 담보를 제공하고 유치권의 소멸을 청구할 수 있다(민법 제327조). 본래 채권의 액수가 많건 적건 채권자는 유치권을 행사할 수 있다. 공사도급계약금 10억원 상당을 투입한 공사에서 미수 공사금이 1,000만원에 불과해도 유치권을 행사할 수 있다. 이와 같은 경우에는 건물의 소유자 입장에서는 다른 담보를 제공하고 유치권의 소멸을 청구할 수 있는 것이다.

유치권자가 선관주의의무를 위반한 때에도 채무자는 유치권의 소멸을 청구할 수 있다. 유치권자는 선량한 관리자의 주의로 유치물을 점유하여야 하고, 채무자의 승낙없이 유치물의 사용, 대여 또는 담보제공을 하지 못한다. 유치권자가 이를 위반한 때에는 채무자는 유치권의 소멸을 청구할 수 있다(민법 제324조).

(2) 부동산에 관한 주의의무 위반에 따른 유치권의 소멸 사례

A 건설회사는 B와 사이에 B가 소유하고 있는 토지 위에 건물을 신축하는 공사도급계약을 체결하고 공사를 하였지만 공사대금을 받지 못하자 공사대금채권을 피담보채권으로 하여 위 건물에 유치권을 행사하던 중 이를 C에게 임대하였다. 위 건물의 임의경매에서 소유권을 취득한 D는 유치권자 A를 상대로 유치권이 소멸하였다고 주장하고 있다. 과연 A의 유치권은 소멸하였는가?

유치권자는 유치물의 보존에 필요한 한도에서 유치물을 사용할 수 있다(민법 제324조 제2항 단서). 공사대금채권을 가지고 유치권을 행사하는 자가 스스로 유치물인 주택에 거주하며 사용하는 것은 특별한 사정이 없는 한 유치물인 주택의 보존에 도움이 되는 행위로서 유치물의 보존에 필요한 사용에 해당한다(대법원 2009. 09. 24. 선고 2009다40684 판결).

주택을 신축한 공사대금을 받지 못한 건축업자가 그 주택에 유치권을 행사하면서 주택에 거주하며 사용하는 것은 특별한 사정이 없는 한 유치물인 주택의 보존에 도움이 되는 행위로서 유치물의 보존에 필요한 사용에 해당하므로, 그러한 경우에는 유치권의 소멸을 청구할 수 없다(대법원 2013. 04. 11. 선고 2011다107009 판결).

사례의 경우 유치권자는 채무자의 승낙을 얻지 않고 유치물을 대여할 수 없고, 승낙 없이 대여한 때에는 채무자는 유치권의 소멸을 청구할 수 있으므로 A가 B의 승낙 없이 위 건물을 C에게 임대한 것은 유치물의 보존에 필요한 범위를 넘은 것으로 유치권자의 선량한 관리자의 주의의무를 위반한 것이다. B는 유치권의 소멸을 청구할 수 있다(서울고등법원 2014. 7. 2. 선고 2014나12050 판결).

17. 점유 상실로 인한 유치권의 소멸

쟁점

불법적으로 점유를 침탈당한 유치권자는 유치권을 상실하는가?

판단

불법으로 침탈당하였더라도 점유를 상실한 이상 더 이상 유치권을 행사할 수는 없다.

점유를 상실하면 유치권도 소멸하게 된다(민법 제328조). 정당한 권리자라 하더라도 어떤 이유에서든 점유를 상실하게 되면 그 즉시 유치권을 행사할 수 없게 된다. 유치권자가 적법하게 점유를 상실한 경우는 물론이고, 불법적으로 점유를 상실하였더라도 더 이상 유치권을 주장할 수는 없다.

다만, 점유를 상실하였더라도 점유회수의 소를 제기하여 승소판결을 받아 점유를 회복하면 점유를 상실하지 않았던 것으로 되어 유치권이 되살아난다(대법원 2004. 2. 27. 선고 2003다46215).

점유를 침탈당한 때에는 점유회수의 소를 통하여 점유를 회복할 수 있지만, 사기 또는 착오로 인하여 점유를 상실한 때에는 점유회수의 소를 통하여 점유를 회복할 수 없다(대법원 1993. 3. 9. 선고 91다17443 판결).

또한 점유회수의 소는 침탈자의 특별승계인이 선의인 경우에는 제기할 수 없으며, 점유를 침탈당한 날부터 1년 이내에 제기하여야 한다(민법 제204조).

점유를 침탈당한 경우에 점유자가 점유회수의 소를 제기하여 승소판결을 받아 점유를 회복하면 유치권이 되살아날 수 있지만, 승소판결을 받아 점유를 회복하기 전에는 유치권이 되살아나지 않는다.

그러므로 甲이 건물신축 공사대금 일부를 지급받지 못하자 건물을 점유하면서 유치권을 행사해 왔는데, 그 후 乙이 경매절차에서 건물 중 일부 상가를 매수하여 소유권이전등기를 마친 다음 甲의 점유를 침탈하여 丙에게 임대하였다면 乙의 점유침탈로 甲이 점유를 상실한 이상 유치권은 소멸하였다. "점유를 회복하지 못한 상태에서 점유회수의 소를 제기하여 점유를 회복할 수 있다는 사정만으로 점유를 침탈당한 자의 유치권이 소멸하지 않았다고 볼 수는 없기"(대법원 2012. 2. 9. 선고 2011다72189 판결) 때문이다.

18. 유치권 부존재 확인소송

쟁점

근저당권자가 유치권 신고를 한 사람을 상대로 경매절차에서 유치권을 내세워 대항할 수 있는 범위를 초과하는 유치권의 부존재 확인을 구할 법률상 이익이 있는가?

판단

유치권 전부의 부존재뿐만 아니라 범위를 초과하는 유치권의 부존재 확인을 구할 수 있다.

(1) 유치권 부존재 확인소송

선순위 근저당권자인 甲의 신청에 의한 임의경매절차에서 乙이 약 36억원의 공사대금채권을 피담보채권으로 하는 유치권을 신고하였다. 이에 甲은 乙의 유치권이 존재하지 않고, 설령 유치권이 있더라도 약 2억 원을 초과하여서는 존재하지 아니한다고 주장하면서 유치권부존재확인의 소를 제기하였다[4].

이 경우 근저당권자 甲이 유치권 신고를 한 乙을 상대로 경매절차에서 유치권을 내세워 대항할 수 있는 범위를 초과하는 유치권의 부존재확인을 구할 법률상 이익이 있는가?

대법원 2016. 3. 10. 선고 2013다99409 판결은 "근저당권자는 유치권 신고를 한 사람을 상대로 경매절차에서 유치권을 내세워 대항할 수 있는 범위를 초과하는 유치권의 부존재 확인을 구할 법률상 이익이 있고, 심리 결과 유치권 신고를 한 사람이 유치권의 피담보채권으로 주장하는 금액의 일부만이 경매절차에서 유치권으로 대항할 수 있는 것으로 인정되는 경우에는 법원은 특별한 사정이 없는 한 그 유치권 부분에 대하여 일부패소의 판결을 하여야 한다"고 판시하였다.

---

4) 참고로 위 경매목적물에 대한 총 감정평가액은 약 48억원, 甲의 청구금액은 약 41억원이었는데, 乙이 약 36억원에 이르는 유치권을 신고하자, 위 경매절차는 수회에 걸친 매각기일에도 불구하고 입찰자가 없어 유찰된 상태였다.

또한 유치권 부존재 확인소송에서 유치권의 요건사실인 유치권의 목적물과 견련관계 있는 채권의 존재에 대해서는 피고가 주장 · 증명하여야 한다고 하였다.

판례 "민사집행법 제268조에 의하여 담보권의 실행을 위한 경매절차에 준용되는 같은 법 제91조제5항에 의하면 유치권자는 경락인에 대하여 피담보채권의 변제를 청구할 수는 없지만 자신의 피담보채권이 변제될 때까지 유치목적물인 부동산의 인도를 거절할 수 있어 경매절차의 입찰인들은 낙찰 후 유치권자로부터 경매목적물을 쉽게 인도받을 수 없다는 점을 고려하여 입찰하게 되고 그에 따라 경매목적 부동산이 그만큼 낮은 가격에 낙찰될 우려가 있다. 이와 같이 저가낙찰로 인해 경매를 신청한 근저당권자의 배당액이 줄어들거나 경매목적물 가액과 비교하여 거액의 유치권 신고로 매각 자체가 불가능하게 될 위험은 경매절차에서 근저당권자의 법률상 지위를 불안정하게 하는 것이므로 위 불안을 제거하는 근저당권자의 이익을 단순한 사실상·경제상의 이익이라고 볼 수는 없다.
따라서 근저당권자는 유치권 신고를 한 사람을 상대로 유치권 전부의 부존재뿐만 아니라 경매절차에서 유치권을 내세워 대항할 수 있는 범위를 초과하는 유치권의 부존재 확인을 구할 법률상 이익이 있고, 심리 결과 유치권 신고를 한 사람이 유치권의 피담보채권으로 주장하는 금액의 일부만이 경매절차에서 유치권으로 대항할 수 있는 것으로 인정되는 경우에는 법원은 특별한 사정이 없는 한 그 유치권 부분에 대하여 일부패소의 판결을 하여야 한다."(대법원 2016. 3. 10. 선고 2013다99409 판결)

(2) 유치권부존재확인을 구하는 것이 권리남용에 해당한다고 본 사례

점유를 침탈하여 유치권을 소멸시킨 자가 적극적으로 유치권부존재확인을 구하는 것은 권리남용에 해당하여 허용되지 않는다는 판례가 있다.

판례 "공매절차에서 점유자의 유치권 신고 사실을 알고 부동산을 매수한 자가 그 점유를 침탈하여 유치권을 소멸시키고 나아가 고의적인 점유이전으로 유치권자의 확정판결에 기한 점유회복조차 곤란하게 하였음에도 유치권자가 현재까지 점유회복을 하지 못한 사실을 내세워 유치권자를 상대로 적극적으로 유치권부존재확인을 구하는 것은, 자신의 불법행위로 초래된 상황을 자기의 이익으로 원용하면서 피해자에 대하여는 불법행위로 인한 권리침해의 결과를 수용할 것을 요구하고, 나아가 법원으로부터는 위와 같은 불법적 권리침해의 결과를 승인받으려는 것으로서, 이는 명백히 정의 관념에 반하여 사회생활상 도저히 용인될 수 없는 것으로 권리남용에 해당하여 허용되지 않는다."(대법원 2010. 4. 15. 선고 2009다96953 판결)

CHAPTER 11

공사도급계약의 해제

제11장 공사도급계약의 해제

1. 공사완료전 도급인의 해제권
2. 공사도급계약 해제와 소급효의 제한
3. 해제의 소급효가 인정되는 경우
4. 공사도급계약의 해제와 최고의 필요성
5. 기한 내 공사완성의 불능과 최고의 요부
6. 합의해제와 기성대가의 지급의무
7. 합의해제와 손해배상 여부
8. 수급인의 귀책사유로 인한 법정 해제의 효과
9. 약정해제권 행사와 손해배상
10. 집합건물의 하자와 분양계약의 해제
11. 턴키도급계약에서 하자와 계약의 해제
12. 공사도급계약의 해제와 회사의 손해액

1. 공사완료전 도급인의 해제권

쟁점

甲은 건축주 乙과 건물신축공사에 관한 도급계약을 체결한 뒤 한창 공사를 진행하고 있는데, 느닷없이 乙이 공사도급계약의 해제를 통보하였다. 乙과 새롭게 공사도급계약을 체결하였다고 주장하는 丙이 현장을 장악한 뒤 甲의 공사를 방해하자 甲은 丙을 상대로 법원에 공사방해금지가처분을 신청하려고 한다. 甲의 신청이 인용될 수 있는가?

판단

도급인은 수급인이 일을 완성하기 전까지는 공사도급계약을 해제할 수 있으므로 乙이 공사도급계약을 해제한 이상 甲은 더 이상 공사도급계약에 따른 권리가 있다고 주장할 수 없으므로 甲의 신청은 인용되기 어려울 것이다.

(1) 도급인의 계약해제권

일단 계약이 체결되면 당사자는 계약에서 임의로 벗어나지 못하는 것이 원칙이다. 계약의 구속력에서 벗어나기 위해서는 상호 합의하여 계약을 해제하거나(합의해제), 약정 또는 법정의 해제사유가 발생하여 계약을 해제해야 한다. 계약의 당사자는 자기의 책임하에 계약의 구속력을 받아들인 이상 그 구속력에서 함부로 벗어날 수 없다.

그런데 도급계약의 경우에는 다른 계약과 달리 특유한 해제사유가 인정되고 있다. 즉, 수급인이 일을 완성하기 전까지는 도급인에게 일방적인 계약해제권을 인정한다(민법 제673조[1]). 계약은 어느 일방이 임의로 해제할 수 없는 것이 원칙이지만, 도급계약은 특별한 이유가 없더라도 도급인이 일방적으로 계약을 해제할 수 있다.

1) 민법 제673조(완성전의 도급인의 해제권) 수급인이 일을 완성하기 전에는 도급인은 손해를 배상하고 계약을 해제할 수 있다.

이렇게 도급인에게 일방적인 해제권을 인정한 것은 계약 성립 후에 도급인이 일의 완성을 원하지 않는 경우에 굳이 계약을 강제하여 일을 완성하는 것은 도급인에게 무의미하고 사회경제적으로도 낭비가 될 수 있기 때문이다.

도급인의 일방적인 계약 해제는 일의 완성 전까지만 인정된다. 건축공사의 도급계약에서 해제의 의사표시를 할 당시에 이미 공사가 완성되었다면, 특별한 사정이 있는 경우를 제외하고는 이제 더 이상 공사도급계약을 해제할 수는 없다(대법원 1995. 8. 22. 선고 95다1521 판결).

(2) 수급인이 입은 손해의 배상

도급인이 일방적으로 계약을 해제하는 때에는 수급인의 손해를 배상해야 한다. 도급인이 배상해야 할 손해는 무엇인가? 도급계약의 해제와 상당인관관계에 있는 모든 손해이다. 손해배상의 범위는 수급인이 이미 지출한 비용과 일을 완성하였더라면 얻었을 이익을 합한 금액이다.

판례 "민법 제673조에서 도급인으로 하여금 자유로운 해제권을 행사할 수 있도록 하는 대신 수급인이 입은 손해를 배상하도록 규정하고 있는 것은 도급인의 일방적인 의사에 기한 도급계약 해제를 인정하는 대신, 도급인의 일방적인 계약해제로 인하여 수급인이 입게 될 손해, 즉 수급인이 이미 지출한 비용과 일을 완성하였더라면 얻었을 이익을 합한 금액을 배상하게 하는 것이라 할 것이다."(대법원 2013. 05. 24. 선고 2012다39769 판결)

도급인이 먼저 손해를 배상해야 계약을 해제할 수 있는가? 법문은 마치 도급인이 먼저 손해를 배상한 뒤에야 계약을 해제할 수 있는 것처럼 규정되어 있지만, 그 손해배상을 제공해야 하는 것으로 해석하지 않는다. 도급인이 먼저 손해를 배상한 뒤에야 계약을 해제할 수 있는 것으로 해석한다면 도급인에게 해제권을 인정한 의미가 없기 때문이다.

(3) 도급인의 과실상계나 손해배상예정액 감액 주장

민법 제673조를 근거로 도급계약을 해제한 도급인은 수급인에 대한 손해배상에 있어서 과실상계나 손해배상예정액 감액을 주장할 수 있을까?

판례는 특별한 사정이 없는 한 도급인은 수급인에 대한 손해배상에 있어서 과실상계나 손해배상예정액 감액을 주장할 수는 없다고 본다. 도급계약의 특수성으로 인하여 도급인에게 일방적 계약해제권을 부여한 것에 더하여 과실상계까지 인정한다면 아무런 귀책사유도 없는 수급인에게 심히 균형을 잃은 가혹한 처사가 될 것이다.

손익상계는 어떻게 될까? 수급인의 손해액을 산정할 때 손익상계는 적용해야 하는가?

채무불이행이나 불법행위 등이 채권자 또는 피해자에게 손해를 생기게 하는 동시에 이익을 가져다 준 경우에는 공평의 관념상 그 이익은 당사자의 주장을 기다리지 아니하고 손해를 산정함에 있어서 공제되어야만 하는 것이므로 민법 제673조에 의하여 도급계약이 해제된 경우에도 손익상계는 적용되어야 한다.

판례 "민법 제673조에서 도급인으로 하여금 자유로운 해제권을 행사할 수 있도록 하는 대신 수급인이 입은 손해를 배상하도록 규정하고 있는 것은 도급인의 일방적인 의사에 기한 도급계약 해제를 인정하는 대신, 도급인의 일방적인 계약해제로 인하여 수급인이 입게 될 손해, 즉 수급인이 이미 지출한 비용과 일을 완성하였더라면 얻었을 이익을 합한 금액을 전부 배상하게 하는 것이라 할 것이므로, 위 규정에 의하여 도급계약을 해제한 이상은 특별한 사정이 없는 한 도급인은 수급인에 대한 손해배상에 있어서 과실상계나 손해배상예정액 감액을 주장할 수는 없다.
채무불이행이나 불법행위 등이 채권자 또는 피해자에게 손해를 생기게 하는 동시에 이익을 가져다 준 경우에는 공평의 관념상 그 이익은 당사자의 주장을 기다리지 아니하고 손해를 산정함에 있어서 공제되어야만 하는 것이므로, 민법 제673조에 의하여 도급계약이 해제된 경우에도, 그 해제로 인하여 수급인이 그 일의 완성을 위하여 들이지 않게 된 자신의 노력을 타에 사용하여 소득을 얻었거나 또는 얻을 수 있었음에도 불구하고, 태만이나 과실로 인하여 얻지 못한 소득 및 일의 완성을 위하여 준비하여 둔 재료를 사용하지 아니하게 되어 타에 사용 또는 처분하여 얻을 수 있는 대가 상당액은 당연히 손해액을 산정함에 있어서 공제되어야 한다."(대법원 2002. 5. 10. 선고 2000다37296, 37302 판결).

---

2. 공사도급계약 해제와 소급효의 제한

쟁점

甲은 乙에게 건물신축공사를 도급주었는데 공정율 60% 정도에서 乙이 공사를 포기하였다. 甲은 乙의 채무불이행을 이유로 공사도급계약을 해제하였다. 甲은 乙에게 공사대금을 지급하지 않아도 되는가?

판단

甲은 乙을 상대로 채무불이행에 따른 손해배상을 청구할 수는 있지만, 그것과는 별개로 미지급 공사대금은 乙에게 지급하여야 한다.

공사도급계약도 계약인 이상 약정해제 사유 또는 법정해제 사유가 발생하면 해제할 수 있다. 계약이 해제되는 때에는 계약관계가 소급적으로 해소되고 계약의 당사자는 상대방에 대하여 원상회복 의무를 부담하게 된다(민법 제548조). 즉, 계약이 해제되면 소급적으로 계약이 없었던 것과 같은 상태로 복귀하게 되는 것이다. 그러므로 매매계약이 해제된 경우에는 매수인은 인도받은 물건을 매도인에게 반환해야 하고 매도인은 매수인으로부터 받은 매매대금을 반환해야 한다.

그렇다면 건축공사 도중 도급인이 수급인의 채무불이행을 이유로 도급계약을 해제한 경우의 법률관계도 일반적인 계약의 해제와 같을까? 만약 공사도급계약이 해제된 효과가 일반 계약의 해제와 같다면 해제의 소급효로 인하여 수급인은 해제 시점까지 시공된 부분을 철거해야 하는 것은 물론이고 기수령한 공사대금을 도급인에게 반환해야 할 것이다.

이미 시공된 공사부분을 철거하는 것은 사회경제적으로 커다란 낭비일 뿐만 아니라 수급인에게 지나치게 가혹한 처사가 아닐 수 없다. 이런 이유로 공사도급계약이 해제되는 경우의 법률관계는 일반 계약의 해제와 다르다.

공사도급계약은 해제되더라도 소급효가 제한되고, 계약은 해제의 시점부터 실효되게 된다. 그래서 수급인의 채무불이행을 이유로 도급인이 그 도급계약을 해제한 때는 그 미완성부분에 대하여서만 도급계약이 실효되고, 결과적으로 기성 부분에 대한 계약의 효력은 유지된다. 따라서 이 경우 수급인은 해제한 때의 상태 그대로 그 건물을 도급인에게 인도하면 되고 기시공 부분을 철거할 의무에서 벗어날 수 있다. 도급인은 기시공 부분을 인수받아야 하고, 그 건물의 완성도 등을 참작하여 인도받은 건물에 상당한 보수를 지급하여야 할 의무가 있다.

판례 "건축도급계약에 있어서 미완성부분이 있는 경우라도 공사가 상당한 정도로 진척되어 그 원상회복이 중대한 사회적, 경제적 손실을 초래하게 되고 완성된 부분이 도급인에게 이익이 되는 경우에, 수급인의 채무불이행을 이유로 도급인이 그 도급계약을 해제한 때는 그 미완성부분에 대하여서만 도급계약이 실효된다고 보아야 할 것이고, 따라서 이 경우 수급인은 해제한 때의 상태 그대로 그 건물을 도급인에게 인도하고 도급인은 그 건물의 완성도 등을 참작하여 인도받은 건물에 상당한 보수를 지급하여야 할 의무가 있다."(대법원 1986. 9. 9. 선고 85다카1751 판결)

해제의 사유에 따라 소급효가 제한되는 것은 아니다. 해제의 종류가 무엇이든 소급효는 제한될 수 있다(대법원 1997. 2. 25. 선고 96다43454 판결). 수급인의 채무불이행을 이유로 한 법정해제(대법원 1993. 11. 23. 선고 93다25080 판결)이든 합의해제이든(대법원 1994. 8. 12. 선고 93다42320 판결), 약정해제사유에 따른 해제이든 소급효가 제한된다.

도급인의 귀책사유로 공사도급계약이 해제되는 경우에도 소급효가 제한된다.

판례 "건축공사도급계약에 있어서 수급인이 공사를 완성하지 못한 상태에서 도급인의 채무불이행을 이유로 계약을 해제한 경우에 공사가 상당한 정도로 진척되어 그 원상회복이 중대한 사회적, 경제적 손실을 초래하게 되고 완성된 부분이 도급인에게 이익이 되는 때에는 도급계약은 미완성부분에 대하여서만 실효된다고 보아야 할 것이고 따라서 이 경우 수급인은 해제한 상태 그대로 그 건물을 도급인에게 인도하고 도급인은 인도받은 건물에 대한 보수를 지급하여야 할 의무가 있으며 그 보수의 액수는 다른 특별한 사정이 없는 한 당사자 사이에 약정된 총공사비를 기준으로 하여 그 금액에서 수급인이 공사를 중단할 당시의 공사기성고비율에 의한 금액이라 할 것이고 기성고비율은 이미 완성된 부분에 소요된 공사비에다가 미시공부분을 완성하는데 소요될 공사비를 합친 전체공사비 가운데 이미 완성된 부분에 소요된 비용이 차지하는 비율이라 할 것이다."(대법원 1989. 12. 26. 선고 88다카32470, 32487 판결)

---

3. 해제의 소급효가 인정되는 경우

쟁점

甲은 乙에게 호텔 외벽수선공사를 도급주었는데, 乙이 적정한 인력을 적기에 투입하지 못하여 약정준공기한을 한참 넘긴 뒤에도 공정율이 30% 정도에 불과했다. 이에 甲은 공사도급계약을 해제하고, 丙과 새로이 계약을 체결하였다. 甲과 丙은 乙이 한 공사가 조잡하여 그대로 사용할 수 없어 철거 후 전면 재시공하기로 하였다. 乙에게 기존 시공분을 철거할 의무가 인정되는가?

판단

건물의 완성부분이 도급인에게 이익이 되지 아니하고 원상회복이 중대한 사회적, 경제적 손실을 초래하지 않는 경우에는 계약해제의 소급효가 인정된다.

공사도급계약이 중도에 해제된 경우 언제나 소급효가 제한되는 것은 아니다.

만약 기시공한 부분의 공사가 조잡하여 이미 완성된 부분이 도급인에게 이익이 되기는커녕 철거가 불가피한 경우에도 소급효가 제한된다면 오히려 도급인에게 불공평한 결과가 초래될 것이다. 도급인은 자기에게 아무런 이익도 되지 않기 때문에 기시공 부분의 철거비용까지 떠맡으면서 수급인에게는 기성대가를 지급해야 하는 모순이 발생할 것이다.

그렇기 때문에 소급효가 제한되는 것은 예외적인 경우에 한정된다. 대법원 판례도 공사도급계약의 소급효가 제한되는 것은 공사가 상당한 정도로 진척되어 그 원상회복이 중대한 사회적, 경제적 손실을 초래하게 되고 완성된 부분이 도급인에게 이익이 되는 경우에 한정된다는 취지로 판시하고 있다. 완성된 부분이 도급인에게 이익이 되지 않는 경우에는 공사도급계약은 장래를 향해서만 실효되는 것이 아니라 해제의 소급효로 인하여 소급적으로 실효된다고 판시하였다.

판례 "건축공사가 상당한 정도로 진척되어 그 원상회복이 중대한 사회적, 경제적 손실을 초래하게 되고 완성된 부분이 도급인에게 이익이 되는 경우에는, 도급인이 그 도급계약을 해제하는 경우에도 그 계약은 미완성부분에 대하여서만 실효되고 수급인은 해제한 때의 상태 그대로 그 건물을 도급인에게 인도하고 도급인은 완성부분에 상당한 보수를 지급하여야 한다는 것은 당원의 견해이다.
그러므로 완성된 부분이 도급인에게 이익이 되지 않는 경우에는 위의 견해가 그대로는 적용될 수 없다고 할 것이고, 도급인이 완성된 부분을 바탕으로 하여 다른 제3자에게 공사를 속행시킬 수 없는 상황이라면 완성부분이 도급인에게 이익이 된다고 볼 수 없을 것이므로, 건물외벽의 수선을 내용으로 하는 이 사건 공사계약에 무조건 소급효를 제한하는 위의 견해의 결론만을 적용할 수는 없다 할 것이다."(대법원 1992. 12. 22. 선고 92다30160 판결)

4. 공사도급계약의 해제와 최고의 필요성

쟁점

수급인의 이행지체를 이유로 공사도급계약을 해제하려는 도급인은 수급인에게 이행을 최고할 의무가 있는가?

판단

판례는 이행지체를 이유로 공사도급계약을 해제할 때에도 최고가 필요하다고 본다.

도급계약도 계약인 이상 계약 일반의 해제 사유가 적용된다. 따라서 이행지체나 이행불능과 같은 채무불이행은 도급계약을 해제할 수 있는 사유이다. 즉, 채무불이행이 있으면 당사자 사이에 특별히 약정한 해제사유가 없더라도 계약을 해제할 수 있는데, 법정해제인 것이다.

이행지체를 이유로 계약을 해제하기 위해서는 상대방에게 상당한 기간을 정하여 이행을 최고해야 하는데(민법 제544조[2] 본문), 공사도급계약의 해제를 위해서도 최고가 필요한가? 대법원 판례는 공사도급계약의 해제를 위해서도 최고가 필요하다고 본다.

판례 "수급인이 이행지체를 이유로 한 도급계약의 해제도 다른 계약의 해제와 마찬가지로 도급인이 상당한 기간을 정하여 이행을 최고하였음에도 불구하고 수급인이 그 이행을 하지 아니하거나 수급인이 미리 이행하지 아니할 것을 표시한 경우라야 적법하다."(대법원 1994. 4. 12. 선고 93다45480, 45497 판결)

2) **민법 제544조(이행지체와 해제)** 당사자 일방이 그 채무를 이행하지 아니하는 때에는 상대방은 상당한 기간을 정하여 그 이행을 최고하고 그 기간내에 이행하지 아니한 때에는 계약을 해제할 수 있다. 그러나 채무자가 미리 이행하지 아니할 의사를 표시한 경우에는 최고를 요하지 아니한다.

그래서 수급인이 약정공사 기한을 경과하고도 공사완공을 지체할 경우 도급인은 수급인에 대하여 상당한 기간을 정하여 이행을 최고하고 그 기간 내에 이행이 없으면 이행지체를 이유로 공사도급계약을 해제할 수 있다. 즉, 수급인이 준공기한을 넘긴 경우에는 도급인은 일정 기간 내에 공사를 마치도록 독촉하고 그 기간 내에 공사를 마치지 못하면 공사도급계약을 해제할 수 있는 것이다.

도급인의 채무불이행을 이유로 수급인이 공사도급계약을 해제하기 위해서도 마찬가지로 최고가 필요하다.

5. 기한 내 공사완성의 불능과 최고의 요부

쟁점

수급인 乙이 약정한 준공기한까지 공사를 완성하는 것이 불가능하다는 것이 명백하여 도급인 甲은 계약을 해제하려고 한다. 甲은 乙에게 이행을 최고하여야 하는가?

판단

乙이 미리 이행하지 않겠다는 의사를 밝힌 것이 아니라면 최고하여야 한다.

수급인이 공사를 완료할 능력이 명백하게 없거나(이행불능) 아예 공사를 포기하겠다는(이행거절) 의사를 분명히 한 경우에도 도급인은 공사도급계약을 해제할 수 있다.

이행지체를 이유로 계약을 해제하기 위해서는 상대방에게 상당한 기간을 정하여 이행을 최고하여야 하지만(민법 제544조), 이행거절의 경우에는 최고없이 막바로 해제할 수 있다(민법 제544조 단서).

이행불능을 이유로 계약을 해제할 때에는 최고가 필요없다는 것이 통설인데, 공사도급계약의 경우에도 최고없이 이행불능을 이유로 계약을 해제할 수 있는가?

대법원은 수급인이 미리 이행하지 아니할 의사를 표시한 때에는 최고 없이도 계약을 해제할 수 있지만, 수급인의 공사중단이나 공사지연으로 인하여 약정된 공사기한 내의 공사완공이 불가능하다는 것이 명백하여진 경우에는 최고가 필요하다고 본다.

도급인은 수급인에 대하여 약정 준공기한으로부터 상당한 기간 내에 완공할 것을 최고하고, 그래도 공사를 이행하지 않으면 공사도급계약을 해제할 수 있다.

판례 "공사도급계약에 있어서 수급인의 공사중단이나 공사지연으로 인하여 약정된 공사기한 내의 공사완공이 불가능하다는 것이 명백하여진 경우에는 도급인은 그 공사기한이 도래하기 전이라도 계약을 해제할 수 있지만, 그에 앞서 수급인에 대하여 위 공사기한으로부터 상당한 기간 내에 완공할 것을 최고하여야 하고, 다만 예외적으로 수급인이 미리 이행하지 아니할 의사를 표시한 때에는 위와 같은 최고 없이도 계약을 해제할 수 있다."(대법원 1996. 10. 25. 선고 96다21393, 21409 판결)

---

6. 합의해제와 기성대가의 지급의무

쟁점

보수지급에 관한 아무런 약정 없이 공사를 합의해제 하였다. 이 경우에 수급인은 당연히 도급인에게 공사대금을 지급받을 수 있는가?

판단

그렇게 볼 수 없다.

(1) 합의해제와 기성대가 지급의무의 인정여부

보수지급에 관한 약정 없이 공사를 합의 해제한 경우에 도급인은 수급인에게 보수를 지급할 의무가 있는가?

대법원은 기시공 공사비를 지급하기로 하는 약정 없이 공사도급계약을 상호 합의하여 해제한 이상 원칙적으로는 기성 공사대금을 지급할 의무가 없다고 본다. 다만, 계약을 합의하여 해제하였더라도 소급효가 제한되는 경우에는 기성 공사대금 상당을 지급하여야 한다고 본다.

구체적 사례를 보자. 건물 신축공사 중 건물외부의 석공사에 관하여 공사대금은 1억으로 하고 석종(石種)은 운천석으로 하여 광택이 나도록 시공하기로 하는 공사도급계약을 체결하였다. 수급인이 도급받은 석공사에 착공하여 공정이 약 55%에 이르렀을 무렵 도급인은 수급인에게 기시공된 외부석의 색상이 균일하지 못하다면서 공사포기를 요구하고, 기성 공사대금도 주지 못하겠다고 주장하였다.

수급인은 공사대금은 포기하지 못하겠다고 버티다가 도급인에게 "본인은 공사를 계약하고 시공하는 도중 석종은 동일한 운천석이나 색상을 균일하게 시공할 수 없으므로(원석조달불능) 본 공사를 포기합니다"라는 내용의 공사포기서를 작성하여 제출하였다. 기성 공사대금에 관하여는 당사자 사이에 특별히 합의한 바 없는 상태에서 수급인은 공사를 중단하였다.

그 이후 도급인은 수급인이 시공한 부분을 모두 철거하고 새로이 재시공하였다. 이 경우 도급인은 수급인에게 기성대가를 지급할 의무가 있는가?

공사도급계약이 도급인과 수급인 쌍방의 합의에 의하여 해제된 사안인데, 원심법원은 도급인에게 공사대금을 지급할 의무가 있다고 판단하였다. 당사자 사이의 공사도급계약은 공사포기서의 작성교부 또는 이의 없는 중단으로 합의해지 되었으므로 도급인은 수급인에게 약정공사대금중 기성고 비율에 상당한 금원을 지급할 의무가 있다고 판단하였다.

원심 법원과 달리 대법원은 도급인에게는 기성 공사대금을 지급할 의무가 없다고 판단하였다. 공사대금에 관한 특별한 약정 없이 공사도급계약이 해제된 이상 기성 공사대금을 지급할 의무는 없다는 것이다.

(2) 도급인의 기성대가 지급의무가 인정되는 경우

그렇다고 합의해제의 경우 도급인이 언제나 공사대금 지급의무를 면하는 것은 아니다. 공사도급계약의 특수성으로 인하여 기시공 공사내용이 도급인에게 이익되는 한편 그 철거가 사회경제적인 손실을 초래하는 경우에는 수급인의 귀책사유로 인하여 공사도급계약이 중도에 해제되는 경우에도 해제의 소급효가 제한된다. 합의해제의 경우에도 마찬가지이다. 따라서 수급인이 공사중단 당시까지 기시공한 공사가 상당한 정도로 진척되어 이를 철거하여 원상회복하는 것이 상당한 경제적 손실을 초래하게 되고 또한 이미 완성한 공사부분이 도급인에게 이익이 된다면 도급인은 그 기성고에 상응하는 보수지급의무가 있다.

판례 "공사 중단 당시 수급인과 도급인이 공사 중단 전에 시행된 공사에 대한 공사비를 지급하기로 약정하였다는 등 특별한 사정이 없는 한, 기성고 대금에 관하여는 언급치 아니한 채 이후의 공사만을 포기하기로 수급인과 도급인이 상호 합의한 후 수급인이 도급인에게 공사포기서를 작성교부하고 공사를 중단하였다는 사정만으로는 도급인이 수급인에게 공사중단 이전에 이미 시공된 공사에 대한 보수를 지급할 의무가 있다고 할 수 없고, 다만 공사중단 당시 공사가 상당한 정도로 진척되어 이를 철거하여 원상회복하는 것이 상당한 경제적 손실을 초래하게 되고 또한 이미 완성한 공사부분이 도급인에게 이익이 된다면, 민법 제668조 단서의 취지나 신의칙에 비추어 도급인은 수급인에게 그 기성고에 상응하는 보수지급의무가 있다."(대법원 1994. 8. 12. 선고 93다42320 판결)

---

7. 합의해제와 손해배상 여부

쟁점

계약을 합의해제한 경우에라도 귀책사유가 있는 당사자에게 채무불이행을 이유로 손해배상을 청구할 수 있는가?

판단

당사자 일방이 상대방에게 손해배상을 하기로 특약하거나 손해배상청구를 유보하는 의사표시를 하는 등의 사정이 있어야 손해배상을 청구할 수 있다는 판례가 있다.

(1) 묵시적 합의에 의한 계약해제

공사도급계약은 당사자의 합의로 해제할 수 있다. 공사도급계약을 해제하기로 하는 별도의 계약에 의해 기존 계약의 구속력에서 서로 벗어나는 것이다. 해제에 관한 합의는 당사자의 의사가 명시적으로 합치되는 경우뿐만 아니라 묵시적인 의사의 합치를 통해서도 성립할 수 있다. 명시적으로 당사자가 계약을 해제하기로 합의한 경우야 문제없지만, 묵시적인 합의에 의한 해제 여부를 판단하는 것은 쉽지 않다.

어떤 경우에 계약이 묵시적 합의에 의하여 해제된 것으로 볼 수 있는가? 이에 대하여 대법원이 제시하는 기준은 이렇다.

판례 "계약당사자 쌍방이 합의에 의하여 기존의 계약의 효력을 소멸시켜 당초부터 계약이 체결되지 않았던 것과 같은 상태로 복귀시킬 것을 내용으로 하는 계약의 합의해제는 당사자 쌍방의 묵시적인 의사표시에 의하여도 성립될 수 있는 것이지만, 당사자 쌍방이 계약을 이행하지 아니한 채 장기간 방치하였다고 하더라도 그와 같은 사유만으로 당사자 쌍방의 계약을 실현하지 아니할 의사의 합치로 계약이 묵시적으로 합의해제 되었다고 볼 수는 없고 당사자 쌍방이 계약을 실현할 의사가 있었는지의 여부는 계약이 체결된 후의 여러 가지 사정을 종합적으로 고려하여 판단하여야 한다."(대법원 1993. 7. 27. 선고 93다19030 판결)

그래서 매매계약 후 대금 일부가 지급된 상태에서 당사자 쌍방이 장기간에 걸쳐 잔대금지급의무나 소유권이전등기의무를 이행하지 않고 이를 방치하였다 하더라도 그 계약이 묵시적으로 합의해제 되었다고 할 수 없다.

판례 "매매계약을 체결한 후 그 대금의 일부가 지급된 상태에서 당사자 쌍방이 장기간에 걸쳐 잔대금을 지급하지 아니하거나 소유권이전등기절차를 이행하지 아니함으로써 이를 방치하였다고 하여도 그와 같은 사유만으로는 그 계약이 당사자 쌍방의 계약을 실현하지 아니할 의사의 일치로 묵시적으로 합의해제 되었다고 할 수 없고 계약당사자 쌍방이 계약을 실현할 의사가 있었는지 여부는 계약 후의 여러 가지 정황을 종합적으로 고찰하여 판단하여야 한다."(대법원 1992. 7. 28. 선고 92다10197, 92다10203 판결)

그러므로 단순히 장기간 동안 당사자 쌍방이 계약이행을 방치했다는 사정만으로는 계약이 합의해제 되었다고 인정되지 않는다. 장기간 계약이 이행되지 않는 것이 당사자 쌍방 모두에게 계약을 불이행하려는 의사에 기인한 것으로 인정되어야 하는 것이다.

(2) 공사도급계약의 합의해제와 손해배상 여부

명시적이든 묵시적이든 합의에 의해 계약을 해제하는 경우에는 계약을 지속시킬 수 없는 사정이 있을 수밖에 없는데, 어느 일방의 잘못이 개재되어 있는 경우가 흔하다. 공사수행능력이 부족하여 공기를 맞추지 못한다거나 계약조건을 어기고 품질이 떨어지는 자재를 사용하는 경우 등등 계약관계를 지속하기 어려운 사정이 있는 것이다. 이런 경우라면 합의해제가 아니라도 채무불이행을 이유로 해제할 수도 있는 것이다.

이렇게 어느 당사자 일방의 채무불이행이 있는 경우에는 계약을 합의해제하더라도 귀책사유 있는 상대방에게 채무불이행을 이유로 손해배상을 청구할 수 있는가?

대법원은 원칙적으로 부정한다. 당사자 일방이 상대방에게 손해배상을 하기로 특약하거나 손해배상청구를 유보하는 의사표시를 하는 등 특별한 사정이 있어야 손해배상을 청구할 수 있다는 것이다.

그러므로 공사도급계약을 해제하더라도 어떤 사유로 해제하는 것인지 분명히 해야 한다. 상대방의 책임을 추궁하여 손해배상을 청구하기 위해서는 채무불이행을 이유로 해제한다는 뜻을 분명히 하거나 합의에 따라 해제하더라도 손해배상청구권은 포기하지 않겠다는 뜻을 분명히 해두어야 한다.

판례 "계약이 합의해제된 경우에는 그 해제시에 당사자 일방이 상대방에게 손해배상을 하기로 특약하거나 손해배상청구를 유보하는 의사표시를 하는 등 다른 사정이 없는 한 채무불이행으로 인한 손해배상을 청구할 수 없다."(대법원 1989. 4. 25. 선고 86다카1147, 86다카1148 판결)

---

8. 수급인의 귀책사유로 인한 법정 해제의 효과

쟁점

수급인의 채무불이행을 이유로 공사도급계약이 해제된 경우 수급인은 도급인에게 손해배상의 책임이 있는가?

판단

상당인과관계에 있는 도급인의 모든 손해를 배상하여야 한다.

수급인의 귀책사유로 도급계약이 해제되더라도 해제의 소급효가 제한되어 수급인은 해제 당시의 기성고율 상당의 공사대금을 지급받을 수 있다. 그렇다고 채무불이행책임까지 면제되는 것은 아니다. 계약의 해지 또는 해제는 손해배상의 청구에 영향을 미치지 않기 때문에(민법 제551조) 수급인은 공사중단으로 인하여 도급인이 입은 손해를 배상하여야 한다. 수급인은 채무불이행과 상당인과관계가 있는 도급인의 모든 손해를 배상하여야 한다.

대법원은 수급인이 공사를 중단함으로 인하여 도급인이 그 미시공 부분에 대하여 비용을 들여 다른 방법으로 공사를 시행할 수밖에 없고 그 비용이 수급인과 약정한 공사대금보다 증가되는 경우라면 증가된 공사비용 중 합리적인 범위 내의 비용은 수급인의 공사도급계약위반으로 인한 손해라고 한다. 또 수급인이 공사를 중단하여 도급인이 제3의 시공자로 하여금 같은 규모의 공사를 하게 하였으나 그 비용이 수급인과 약정한 공사대금보다 증가하게 되어 도급인의 자금사정상 부득이 공사 규모를 축소하게 됨으로써 건축하지 못하게 된 부분에 관한 공사비용 중 합리적인 범위 내의 비용도 수급인의 채무불이행으로 인한 손해라고 한다.

그러나 물가상승으로 인하여 공사대금이 증액된 경우라도 도급계약상 물가변동으로 인하여 증액되는 금액까지는 손해가 아니라고 본다.

판례 "당초의 시공 회사가 공사를 중단함으로 인하여 도급인이 그 미시공 부분에 대하여 비용을 들여 다른 방법으로 공사를 시행할 수밖에 없고 그 비용이 당초 시공 회사와 약정한 공사대금보다 증가되는 경우라면 증가된 공사비용 중 합리적인 범위 내의 비용은 시공 회사의 공사도급계약위반으로 인한 손해라고 할 것이고, 당초의 시공 회사가 공사를 중단하여 도급인이 제3의 시공자로 하여금 같은 규모의 공사를 하게 하였으나 그 비용이 당초의 시공 회사와 약정한 공사대금보다 증가하게 되어 도급인의 자금사정상 부득이 공사규모를 축소하게 됨으로써 건축하지 못하게 된 부분에 관한 공사비용 중 합리적인 범위 내의 비용도 시공 회사의 채무불이행으로 인한 손해라고 볼 수 있을 것이지만, 당초의 도급계약에서 공사가 진행되는 과정에서 물가변동 등의 사유가 있으면 처음에 정하여진 공사대금의 증액이 예정되어 있어서 비록 수급인의 귀책사유 때문에 공사가 중단되었다고 하더라도 그러한 공사중단과는 무관하게 물가변동으로 인한 공사대금의 증액사유가 발생하여 도급인으로서는 어차피 당초 약정된 공사대금을 증액 지급할 것을 회피할 수 없었던 경우라면, 그러한 공사대금의 증액으로 인하여 도급인에게 추가적인 경제적인 부담이 초래되었다고 하더라도 다른 특별한 사정이 없는 한 이를 가리켜 수급인의 귀책사유와 상당인과관계가 있는 손해라고 보기는 어렵다고 할 것이다."(대법원 2002. 11. 26. 선고 2000다31885 판결)

9. 약정해제권 행사와 손해배상

(1) 공사도급계약의 약정해제권 행사와 손해배상

쟁점

일정한 사유가 발생하면 계약을 해지 또는 해제할 수 있도록 하는 약정해지·해제권을 유보한 경우에 상대방의 책임 유무와 관계없이 손해배상책임을 물을 수 있는가?

판단

고의 또는 과실이 없으면 손해배상책임을 지지 않는다.

공사도급계약에서는 계약의 해제사유를 명기하고 그와 같은 사유가 발생하면 어느 일방의 의사표시에 의하여 계약을 해제할 수 있다는 약정해제권 조항이 있다. 약정해제권을 행사하여 계약을 해제하는 때에는 상대방의 귀책사유에 따른 해제가 아니므로 채무불이행을 원인으로 하는 손해배상청구권은 발생하지 않는다.

판례 "계약 상대방의 채무불이행을 이유로 한 계약의 해지 또는 해제는 손해배상의 청구에 영향을 미치지 아니하지만(민법 제551조), 다른 특별한 사정이 없는 한 그 손해배상책임 역시 채무불이행으로 인한 손해배상책임과 다를 것이 없으므로, 상대방에게 고의 또는 과실이 없을 때에는 배상책임을 지지 아니한다(민법 제390조). 이는 상대방의 채무불이행과 상관없이 일정한 사유가 발생하면 계약을 해지 또는 해제할 수 있도록 하는 약정해지·해제권을 유보한 경우에도 마찬가지이고 그것이 자기책임의 원칙에 부합한다."(대법원 2016. 4. 15. 선고 2015다59115 판결)

공사계약일반조건(기획재정부계약예규 제441호, 2019. 6. 1. 일부개정) 제44조는 국가가 계약을 해제할 수 있는 사유로

① 정당한 이유없이 약정한 착공시일을 경과하고도 공사에 착수하지 아니할 경우
② 계약상대자의 책임있는 사유로 인하여 준공기한까지 공사를 완공하지 못하거나 완성할 가능성이 없다고 인정될 경우
③ 지체상금이 당해 계약(장기계속공사계약인 경우에는 차수별 계약)의 계약보증금상당액에 달한 경우
④ 장기계속공사의 계약에 있어서 제2차공사 이후의 계약을 체결하지 아니하는 경우
⑤ 계약의 수행중 뇌물수수 또는 정상적인 계약관리를 방해하는 불법·부정행위가 있는 경우
⑥ 제47조의3의 규정에 따른 시공계획서를 제출 또는 보완하지 않거나 정당한 이유 없이 계획서대로 이행하지 않을 경우
⑦ 기타 계약조건을 위반하고 그 위반으로 인하여 계약의 목적을 달성할 수 없다고 인정될 경우를 규정하고 있다.

민간건설공사 표준도급계약(국토교통부 고시 제2019-220호) 일반조건 제34조는 도급인이 계약을 해제할 수 있는 사유로

① 수급인이 정당한 이유없이 약정한 착공기일을 경과하고도 공사에 착수하지 아니한 경우
② 수급인의 책임있는 사유로 인하여 준공기일내에 공사를 완성할 가능성이 없음이 명백한 경우
③ 지체상금이 계약보증금 상당액에 도달한 경우로서 계약기간을 연장하여도 공사를 완공할 가능성이 없다고 판단되는 경우
④ 기타 수급인의 계약조건 위반으로 인하여 계약의 목적을 달성할 수 없다고 인정되는 경우를 들고 있다.

(2) 약정해제 사유가 법정해제 사유에도 해당하는 경우

쟁점

약정해제권을 행사하여 도급계약을 해제하였지만, 수급인의 귀책사유로 인한 법정해제권을 행사한 취지라면 손해배상을 청구할 수 있는가?

판단

도급인이 법정해제권을 행사한 것으로 보아 해제와 동시에 손해배상을 청구할 수 있다.

위 일반조건에서 약정해제권을 행사할 수 있는 사유가 동시에 법정해제사유에 해당하는 경우도 있다.

① 수급인 또는 계약상대자가 정당한 이유없이 약정한 착공기일을 경과하고도 공사에 착수하지 아니한 경우

② 수급인 또는 계약상대자의 책임있는 사유로 인하여 준공기일내에 공사를 완성할 가능성이 없음이 명백한 경우는 법정해제사유인 이행지체를 구체화한 것에 불과하므로 위 사유가 발생한 경우에는 이 해제사유조항에도 불구하고 법정해제권이 발생한 것으로 보아야 한다.

이때에도 손해배상책임이 발생하지 않는가?

약정해제권을 행사하여 도급계약을 해제하였지만, 수급인의 귀책사유로 인한 법정해제권을 행사한 취지라면 손해배상을 청구할 수 있다. 민간건설공사 표준도급계약 일반조건 제36조 제2항에서는 제34조의 규정에 의한 계약의 해제 또는 해지로 인하여 손해가 발생한 때에는 상대방에게 그에 대한 배상을 청구할 수 있다고 규정하고 있다.

대법원은 해제권유보조항이 채무불이행 이외의 별도의 해제권을 유보하는 특약이 아니라 법정해제권 발생조항을 구체화한 것에 불과하고, 해제의 의사표시에서 법정해제권을 행사하는 것으로 해석되는 경우에는 손해배상을 청구할 수 있다고 판시하였다.

판례 "기계제작 및 설치계약의 조항에 도급인의 해제권 발생요건을 규정하고 있지만 이는 모두 수급인의 귀책사유로 인한 채무불이행의 경우에 도급인에게 해제권이 있다는 규정으로서 실질에 있어서는 채무불이행 이외의 별도의 해제권을 유보하는 특약을 한 것이 아니라 채무불이행으로 인한 법정해제권이 발생할 중요한 경우를 구체화한 것에 불과하고, 비록 도급인이 계약해제시에 수급인에게 보낸 기계설치공사 해약 및 철거 통보서에 위 계약조항을 들고 있기는 하지만 그 전체적인 의미는 수급인의 귀책사유로 인하여 계약목적을 달성할 수 없어 계약을 해제한다는 취지로 볼 수 있으므로, 도급인의 계약해제는 기계제작 및 설치계약에 별도로 특별히 유보된 약정해제권의 행사에 의한 것이 아니라 채무불이행을 이유로 한 법정해제권의 행사라고 보아야 할 것이고, 따라서 도급인은 해제와 동시에 채무불이행으로 인한 손해배상을 청구할 수 있다." (대법원 1994. 12. 22. 선고 93다60632, 93다60649(반소) 판결)

대법원 1983. 1. 18. 선고 81다89, 90 판결도 같은 취지이다. "본건 도급 계약의 해제는, 수급인인 피고의 귀책사유에 의하여 본건 도급의 목적인 건물의 완성을 그 이행기를 도과하여 지연하였거나 또 피고가 중도에 공사를 포기하여 거래의 통념에 비추어서 약정한 준공기한까지 도저히 그 공사를 완성시킬 수 없다는 사실이 명확하게 된 경우 등 법정해제 사유인 채무불이행에 기한 것이 아니라 이는 원, 피고 사이의 본 건 도급계약에서 정한 위 계약서 제8조[3] 소정의 약정해제권의 행사에 의한 것이라고 보는 것이 타당하다 할 것이고, 따라서 이와 같은 약정해제에 있어서는 법정해제의 경우와는 달리 그 해제의 효과로서 손해배상의 청구는 할 수 없다 할 것이다."

3) 계약서 제8조는 "을이 공사를 시공중이라고 할지라도 공사에 대한 자재는 건축통례상 저질자재를 사용하였거나 무단히 3일 이상 중단하거나 준공할 가망이 없다고 甲이 인정하거나 본 계약 각 조항 중 어느 1조항이라도 위반하였거나 공정표와 차질이 생겼을 경우에는 甲은 공사중단을 명할 수 있으며 이 경우 을은 甲이 취하는 여하한 조치에도 이의없이 차에 순응할 의무를 진다" 라는 규정하고 있었다. 대법원은 이 조항은 "원.피고 사이에 본건 도급계약을 체결함에 있어 합의에 의하여 수급인에게 계약조항상의 부수적 의무위반이 있는 등의 경우에 도급인인 원고에게 해제권을 부여하고 그 자의 단독의 의사표시에 의하여 본건 도급계약을 해제할 수 있도록 하는 약정으로서 이른바 약정해제권 유보에 관한 규정이다"라고 하였다.

10. 집합건물의 하자와 분양계약의 해제

쟁점

건물의 경우에는 완성된 목적물의 하자로 인하여 계약의 목적을 달성할 수 없더라도 계약을 해제할 수 없다. 집합건물의 수분양자도 건물이 완성된 때에는 하자를 이유로 계약을 해제할 수 없는가?

판단

집합건물의 수분양자는 집합건물의 완공 후에도 분양목적물의 하자로 인하여 계약의 목적을 달성할 수 없는 때에는 분양계약을 해제할 수 있다.

(1) 민법 제668조 단서의 법적 성격

도급인은 완성된 목적물의 하자로 인하여 계약의 목적을 달성할 수 없는 때에는 계약을 해제할 수 있지만, 건물 기타 토지의 공작물의 경우에는 하자로 인하여 계약의 목적을 달성할 수 없더라도 계약을 해제할 수 없다(민법 제668조).

만약 도급계약을 해제할 수 있다면 많은 비용을 들여 완성된 건물을 또 다시 비용을 들여 철거해야 할 것이다. 그렇게 되면 사회경제적 비용이 지나치게 커질 수 있고 수급인에게 감당할 수 없는 타격이 될 수 있기 때문에, 완성된 건물 및 토지의 공작물에 대하여는 하자로 인하여 계약의 목적을 달성할 수 없더라도 계약을 해제할 수 없다. 도급인은 손해배상만을 청구할 수 있을 뿐이다. 건물 기타 토지의 공작물에 대한 해제권을 배제한 민법 제668조 단서 규정은 강행규정으로 해석된다.

이에 반하여 하자의 중요성, 보수의 가능성, 경제성, 하자 있는 건물의 위험성 등을 종합적으로 고려하여 해제 여부를 결정하여야 한다고 보는 비판적인 견해가 있다. 건물의 주요 구조부분에 중대한 하자 때문에 이를 허물고 다시 건축할 수밖에 없는 경우, 하자가 중대하여 객관적으로 어느 누구도 건물의 사용목적을 달성할 수 없는 경우, 보수비용이 철거 및 신축비용보다 많이 소요되는 경우에는 해제를 허용해야 한다는 것이다.

대법원 판례는 "난지도 쓰레기처리장 건설공사가 완공된 후 도급계약이 해제된 경우에 토목, 건축공사의 기성고 부분에 대하여도 계약의 해제를 인정한다면 수급인에게 과대한 손실을 주게 될 뿐만 아니라 해제의 결과 원상회복을 하게 되면 사회경제적 손실도 크므로, 민법 제668조 단서 규정의 취지나 신의칙에 비추어 도급계약해제의 효력은 기계, 전기공사부분에 한하여 미칠 뿐이고 토목, 건축공사의 기성고 부분에 대하여는 미치지 아니한다."고 본다(대법원 1994. 8. 12. 선고 92다41559 판결).

요컨대, 민법에서는 건물 기타 토지의 공작물에 대하여는 비록 하자로 인하여 계약의 목적을 달성할 수 없더라도 도급인에게 계약해제권을 인정하지 않고 있다. 건물 기타 토지의 공작물의 경우에는 아무리 큰 하자가 있더라도, 그래서 심지어 계약의 목적을 달성할 수 없더라도 도급인은 계약을 해제하고 원상회복을 청구할 수는 없고, 하자보수청구 혹은 하자보수에 갈음한 손해배상청구권만을 행사할 수 있을 뿐이다.

(2) 집합건물 분양계약 해제의 경우

이러한 민법상 수급인의 하자담보책임의 법리가 집합건물에도 그대로 적용될까? 아파트와 같은 집합건물에 존재하는 하자로 인하여 계약의 목적을 달성할 수 없는 경우에도 수분양자는 민법상 도급인과 동일시되어 집합건물인 아파트를 분양한 분양자에 대하여 분양계약의 해제를 주장할 수 없는가?

집합건물의 분양계약에 있어서는 민법 제668조 단서가 준용되지 않고, 따라서 수분양자는 집합건물의 완공 후에도 분양목적물의 하자로 인하여 계약의 목적을 달성할 수 없는 때에는 분양계약을 해제할 수 있다.

판례 "집합건물법 제9조제1항이 위 법 소정의 건물을 건축하여 분양한 자의 담보책임에 관하여 수급인에 관한 민법 제667조 내지 제671조의 규정을 준용하도록 규정한 취지는 건축업자 내지 분양자로 하여금 견고한 건물을 짓도록 유도하고 부실하게 건축된 집합건물의 소유자를 두텁게 보호하기 위하여 집합건물의 분양자의 담보책임에 관하여 민법상 수급인의 담보책임에 관한 규정을 준용하도록 함으로써 분양자의 담보책임의 내용을 명확히 하는 한편 이를 강행규정화한 것으로서 분양자가 부담하는 책임의 내용이 민법상 수급인의 담보책임이라는 것이지 그 책임이 분양계약에 기한 것이라거나 아니면 분양계약의 법률적 성격이 도급이라는 취지는 아니며, 통상 대단위 집합건물의 경우 분양자는 대규모 건설업체임에 비하여 수분양자는 경제적 약자로서 수분양자를 보호할 필요성이 높다는 점, 집합건물이 완공된 후 개별분양계약이 해제되더라도 분양자가 집합건물의 부지사용권을 보유하고 있으므로 계약해제에 의하여 건물을 철거하여야 하는 문제가 발생하지 않을 뿐 아니라 분양자는 제3자와 새로 분양계약을 체결함으로써 그 집합건물 건축의 목적을 충분히 달성할 수 있는 점 등에 비추어 볼 때 집합건물의 소유 및 관리에 관한 법률 제9조제1항이 적용되는 집합건물의 분양계약에 있어서는 민법 제668조 단서가 준용되지 않고 따라서 수분양자는 집합건물의 완공 후에도 분양목적물의 하자로 인하여 계약의 목적을 달성할 수 없는 때에는 분양계약을 해제할 수 있다"(대법원 2003. 11. 14. 선고 2002다2485 판결).

---

11. 턴키도급계약에서 하자와 계약의 해제

쟁점

턴키 방식의 자동화설비 도급계약에서 계약의 목적을 달성할 수 없는 경우, 중도금지급의무의 이행을 거부하고 바로 계약을 해제할 수 있는가?

판단

바로 계약을 해제할 수 있다.

이른바 설계시공일괄입찰(Turn-Key Base) 방식에 의한 도급계약이라 함은 수급인이 도급인이 의욕하는 공사 목적물의 설치목적을 이해한 후 그 설치목적에 맞는 설계도서를 작성하고 이를 토대로 스스로 공사를 시행하며 그 성능을 보장하여 결과적으로 도급인이 의욕한 공사목적을 이루게 하여야 하는 계약을 의미한다(대법원 1994. 8. 12. 선고 92다41559 판결).

이러한 턴키도급계약에서 도급계약의 목적물에 중대한 하자가 발생하여 보수가 불가능하거나 적어도 상당기간 내에는 상호 보완 및 수정작업으로 해결할 수 없는 것으로 밝혀져 도급계약의 목적을 달성할 수 없다면 곧바로 계약을 해제할 수 있다는 것이 판례이다.

판례 "설계시공일괄입찰 방식의 자동화설비 도급계약에서 도급인의 중도금 지급채무가 일시 이행지체의 상태에 빠졌다 하더라도, 당해 자동화설비에 중대한 하자가 있어 시운전 성공 여부가 불투명하게 된 때에는 도급인으로서는 자신의 대금지급의무와 대가관계에 있는 시운전 성공시까지는 중도금지급의무의 이행을 거부할 수 있고, 그 하자가 중대하고 보수가 불가능하거나 보수가 가능하더라도 장기간을 요하여 계약의 본래의 목적을 달성할 수 없는 경우에는 중도금채무의 이행을 제공하지 않고 바로 계약을 해제할 수 있으며, 그 계약해제가 신의칙에 반하지 아니한다."(대법원 1996. 8. 23. 선고 96다16650 판결)

그러나 설계시공일괄입찰(Turn-Key Base) 방식에 의한 도급계약이라도 건물 기타 토지의 공작물의 경우에는 하자로 인하여 계약목적을 달성할 수 없더라도 계약해제는 인정되지 않는다. 대법원은 난지도 쓰레기처리장 건설공사가 완공된 후 도급계약해제의 효력은 기계, 전기공사 부분에 한하여 미칠 뿐이고 토목, 건축공사의 기성고 부분에 대하여는 미치지 않는다고 판시한 바 있다(대법원 1994. 8. 12. 선고 92다41559 판결).

12. 공사도급계약의 해제와 회사의 손해액

쟁점

시공사 乙과 건축주 甲이 공사도급계약을 체결하여 乙이 공사를 진행하던 중에 甲이 일방적으로 계약을 해제하였다. 乙이 잔여공사대금 전부를 손해로 하여 甲에게 청구할 수 있가?

판단

통상적인 소요경비 등을 공제한 나머지 금액만이 손해에 해당한다.

乙 건설회사는 아파트 진입도로개설공사를 5억원에 도급받아 공사에 착수했는데, 대표이사 甲은 공사이익을 모두 개인적으로 챙기려고 작정했다. 甲은 별다른 사정변경이 없었고 공사도 정상적으로 진행중이던 도중에 乙 건설회사와 도급인 사이의 공사도급계약을 타절하였다. 甲은 공사이익을 개인적으로 취득하기 위해서 인수한 丙 건설회사를 내세워 도급인과 사이에 잔여공사에 관하여 2억5천만원에 공사도급계약을 체결하였다. 대표이사 甲에게 어떤 책임을 물을 수 있는가?

타인의 업무를 처리하는 자가 그 임무에 위배하는 행위로써 재산상의 이익을 취득하거나 제3자로 하여금 이를 취득하게 하여 본인에게 손해를 가한 때에는 배임죄로 처벌받는다(형법 제355조 제2항).

회사의 대표이사는 회사에 대하여 법령과 정관의 규정에 따라 성실하게 회사에 최선의 이익이 되도록 직무를 수행하여야 할 선관주의의무 내지 충실의무를 부담한다. 따라서 자신이 대표이사로 있는 회사가 도급받은 공사를 정상적으로 진행하고 있었고 별다른 사정변경이 없었음에도 피해자 회사의 대표이사가 위 공사 진행 도중에 피해자 회사와 도급인 사이의 공사계약관계를 종료시키고 제3의 회사로 하여금 잔여공사에 관하여 새로이 공사계약을 체결하게 하였다면, 이는 피해자 회사와의 신임관계를 저버리는 행위로서 임무에 위배되는 행위라고 할 것이다.

배임죄는 배임행위로 인하여 본인에게 재산상의 손해를 가하여야 한다.

판례 "배임죄나 업무상배임죄에 있어 재산상의 손해를 가한 때라 함은 현실적인 손해를 가한 경우뿐만 아니라 재산상 실해 발생의 위험을 초래한 경우도 포함되고, 재산상 손해의 유무에 대한 판단은 법률적 판단에 의하지 아니하고 경제적 관점에서 파악하여야 하지만, 여기서 재산상의 손해를 가한다 함은 총체적으로 보아 본인의 재산상태에 손해를 가하는 경우, 즉 본인의 전체적 재산가치의 감소를 가져오는 것을 말하므로 재산상의 손실을 야기한 임무위배행위가 동시에 그 손실을 보상할 만한 재산상의 이익을 준 경우, 예컨대 그 배임행위로 인한 급부와 반대급부가 상응하고 다른 재산상 손해(현실적인 손해 또는 재산상 실해 발생의 위험)도 없는 때에는 전체적 재산가치의 감소, 즉 재산상 손해가 있다고 할 수 없다"(대법원 2005. 4. 15. 선고 2004도7053 판결).

사례에서 대표이사 甲이 공사이익을 독식할 목적으로 乙 회사의 도급계약을 도중에 타절한 것은 임무에 위배하여 본인인 회사에 손해를 가하고, 제3자인 丙에게는 같은 금액 상당의 이익을 취득하게 하여 업무상 배임죄를 범한 것으로 보인다.

그렇다면 乙 회사의 손해는 얼마인가? 건설회사 丙이 도급인과 사이에 잔여공사에 관하여 2억5천만의 공사도급계약을 체결하였으므로 2억5천만원 전부가 손해인가?

丙이 도급인과 체결한 공사계약금액 전부를 乙 회사의 재산상 손해로 볼 수는 없다. 丙과 도급인 사이의 공사도급계약 2억5천만원에는 통상적인 소요경비 등이 포함되어 있으므로 이를 공제한 나머지 금액만이 피해자 회사가 입게 된 손해에 해당한다.

대법원은 2010. 8. 19. 선고 2009도13682 판결에서 대표이사 甲이 임의로 피해자인 乙 회사와 도급인 사이의 공사계약을 종료시키고 丙과 새로이 공사계약을 체결한 사안에서 그 공사계약금액 전부를 피해자 회사의 손해라고 볼 수는 없고, 통상적인 소요경비 등을 공제한 나머지 금액만이 피해자 회사가 입게 된 손해에 해당한다고 판시하였다.

위 사안은 건설회사 대표이사의 배임죄에 관하여 심리한 형사판결이지만, 공사도급계약이 도중에 부당하게 해제된 경우에 피해자 회사의 손해배상액을 산정할 때에도 같은 논리가 적용될 수 있을 것으로 본다. 배임죄에서의 손해는 경제적 관점에서 파악된 손해이기 때문이다.

CHAPTER 12

건설공사와 하자

제12장 건설공사와 하자

1. 하자의 개념
2. 하자담보책임의 법적 성질
3. 하자담보책임과 채무불이행책임의 경합 여부
4. 미완성과 하자의 구분
5. 하자담보책임의 구조
6. 과다한 보수비가 드는 경미한 하자
7. 중요한 하자
8. 도급인의 지시에 따른 시공
9. 감리의 승인을 얻은 시공의 하자 여부
10. 하자보수에 갈음하는 손해배상
11. 하자보수비 산정의 기준시점
12. 위자료의 인정 여부
13. 하자로 인한 손해
14. 확대손해의 배상책임
15. 확대손해와 귀책사유
16. 수급인의 배상책임 여부
17. 수급인의 책임제한
18. 공사대금채권과 하자보수에 갈음한 손해배상채권의 동시이행
19. 하자를 이유로 지급을 거절할 수 있는 공사대금채무의 범위
20. 분할급 약정과 동시이행의 범위
21. 확대손해로 인한 손해배상채무와 공사대금채무의 동시이행
22. 하수급인에 대한 도급인의 동시이행항변권 행사
23. 수급인의 연대보증인과 하수급인 사이의 관계
24. 하자와 계약의 해제
25. 하자담보책임기간의 법적 성질
26. 건설산업기본법상 하자담보책임기간의 법적 성질
27. 담보책임 면제 또는 기간 단축 약정의 유효성
28. 담보책임기간 단축 약정과 수급인이 알고 고지하지 않은 하자
29. 하자보수에 갈음하는 손해배상청구권의 소멸시효
30. 하자보수보증금의 법적 성질
31. 하자보수보증금을 초과하는 실손해의 청구
32. 하자보수보증금 청구권의 발생 여부

1. 하자의 개념

쟁점

미관상의 기준을 충족하지 못하는 경우 하자에 해당할 수 있는가?

판단

안전·기능·미관 중 어느 하나의 기준을 충족하지 못하는 경우 하자에 해당할 수 있다.

하자란 흠이 있다는 의미이다. 즉, 그 물건이 본래 갖추고 있어야 할 성질이나 기능 또는 성능을 갖추지 못하고 있는 상태를 뜻하는 것이다. 또는 그 물건이 통상 갖추고 있을 것으로 기대하는 일정한 품질기준에 미달하는 상태도 하자라 할 수 있을 것이다.

통상 법률 또는 당사자가 예상하는 정상적인 상태를 충족하지 못하는 흠이나 결함이 있는 경우에 쓰이는 말이다. 사전적 정의는 "법률 또는 당사자가 예기한 상태나 성질이 결여되어 있는 일"로 되어 있다.

민법이나 건설산업기본법, 집합건물법, 공동주택관리법, 국가계약법, 지방계약법 등 각종 법령에도 '하자'라는 용어가 많이 쓰이고 있는데, 공동주택관리법 시행령에서는 하자의 개념에 대하여 구체적으로 정의하고 있다. 하자보수대상 하자의 범위를 "공사상의 잘못으로 인한 균열 · 처짐 · 비틀림 · 들뜸 · 침하 · 파손 · 붕괴 · 누수 · 누출, 작동 또는 기능불량, 부착 · 접지 또는 결선불량, 고사 및 입상불량 등이 발생하여 건축물 또는 시설물의 안전상 · 기능상 또는 미관상의 지장을 초래할 정도의 결함"(제37조 제2호)으로 규정하고 있다. 즉, 3가지의 기준을 충족하지 못하면 하자를 보수할 의무가 있는 하자에 해당하는데, 기능만이 아니라 미관이나 안전상의 기준을 충족하지 못하더라도 하자에 해당하는 것이다.

판례 "건축물의 하자라고 함은 일반적으로 완성된 건축물에 공사계약에서 정한 내용과 다른 구조적·기능적 결함이 있거나, 거래관념상 통상 갖추어야 할 품질을 제대로 갖추고 있지 아니한 것을 말하는 것으로, 하자 여부는 당사자 사이의 계약 내용, 해당 건축물이 설계도대로 건축되었는지 여부, 건축 관련 법령에서 정한 기준에 적합한지 여부 등 여러 사정을 종합적으로 고려하여 판단되어야 한다."(대법원 2008. 6. 26. 선고 2005다56193, 2005다56209 판결).

2. 하자담보책임의 법적 성질

쟁점

수급인은 자신에게 과실이 없다는 이유로 하자담보책임의 면책을 주장할 수 있는가?

판단

수급인의 하자담보책임은 법정무과실 책임이므로 과실이 없다는 이유로 하자담보책임을 면할 수 없다.

공사도급계약의 목적물에 하자가 있는 경우 수급인은 하자담보책임을 지게 되는데, 이 하자담보책임은 채무자인 수급인에게 채무이행 과정에서 과실이 있어야 인정되는 채무불이행책임인가, 아니면 수급인에게 특별한 과실이 없더라도 하자에 대하여 법에서 정하는 책임을 지는 법정무과실책임인가?

채무불이행을 이유로 하는 손해배상책임은 원칙적으로 채무자에게 고의나 과실이 있어야 한다(민법 제390조).

학설은 채무불이행책임설과 법정무과실책임설이 대립하고 있지만, 판례는 법정무과실책임으로 본다. 수급인의 하자담보책임은 법률의 규정에 의하여 특별히 인정되는 법정 무과실 책임이라는 것이다(대법원 1980. 11. 11. 선고 80다923, 924 판결). 그렇기 때문에 수급인은 자신의 과실이 없다는 이유로 하자담보책임의 면책을 주장할 수 없다.

판례 "민법이 그 하자가 수급인의 과실에 의하여 발생한 것임을 필요로 하지 아니함은 물론 그것이 숨은 하자인가 아닌가를 묻지 아니하고 하자보수청구권을 인정하는 등 수급인에게 엄격한 하자담보책임을 지우고 있는 것은 한편으로는 도급인으로 하여금 하자 없는 완전한 목적물을 취득케 함을 목적으로 하고, 다른 한편으로는 수급인에게 보수청구권을 쉽게 확보할 수 있도록 하기 위한 것이기도 하다."(대법원 1994. 9. 30. 선고 94다32986 판결)

---

3. 하자담보책임과 채무불이행책임의 경합 여부

쟁점

하자가 수급인의 귀책사유로 발생한 경우에 법정 무과실책임인 하자담보책임 이외에 채무불이행책임도 경합적으로 성립할 수 있는가?

판단

매도인의 담보책임과 관련하여 대법원은 채무불이행책임과 담보책임의 경합을 명시적으로 인정한 바 있다.

판례 "토지 매도인이 성토작업을 기화로 다량의 폐기물을 은밀히 매립하고 그 위에 토사를 덮은 다음 도시계획사업을 시행하는 공공사업시행자와 사이에서 정상적인 토지임을 전제로 협의취득절차를 진행하여 이를 매도함으로써 매수자로 하여금 그 토지의 폐기물처리비용 상당의 손해를 입게 하였다면 매도인은 이른바 불완전이행으로서 채무불이행으로 인한 손해배상책임을 부담하고, 이는 하자 있는 토지의 매매로 인한 민법 제580조 소정의 하자담보책임과 경합적으로 인정된다."(대법원 2004. 7. 22. 선고 2002다51586 판결)[1)]

판례 "타인의 권리를 매매의 목적으로 한 경우에 있어서 그 권리를 취득하여 매수인에게 이전하여야 할 매도인의 의무가 매도인의 귀책사유로 인하여 이행불능이 되었다면 매수인이 매도인의 담보책임에 관한 민법 제570조 단서의 규정에 의해 손해배상을 청구할 수 없다 하더라도 채무불이행 일반의 규정(민법 제546조, 제390조)에 좇아서 계약을 해제하고 손해배상을 청구할 수 있다."(대법원 1993. 11. 23. 선고 93다37328 판결)

1) 상인간 매매에는 상법 제69조제1항이 민법상 매도인의 담보책임에 대한 특칙인데, 채무불이행에 해당하는 이른바 불완전이행으로 인한 손해배상책임을 묻는 청구에는 적용되지 않는다(2015. 6. 24. 선고 2013다522 판결).

판례는 수급인의 하자담보책임과 관련하여서도 법정무과실책임과 채무불이행책임이 경합적으로 성립될 수 있는 것으로 본다. 액젓 저장탱크를 제작 · 설치하는 도급계약에 따라 완성된 액젓 저장탱크 자체에서 발생한 하자에 대해서는 수급인의 하자담보책임을 묻고 액젓 저장탱크에 보관된 액젓의 변질로 인한 손해에 대해서는 채무불이행책임을 물어야 하는 것으로 보았다. 즉, 도급계약의 목적물 자체에서 발생한 하자에 대해서는 수급인에게 법정무과실책임인 하자담보책임을 묻고, 하자로 인한 확대손해에 대해서는 채무자의 고의 또는 과실을 요하는 채무불이행책임을 물어야 한다는 것이다.

판례 "액젓 저장탱크의 제작·설치공사 도급계약에 의하여 완성된 저장탱크에 균열이 발생한 경우, 보수비용은 민법 제667조제2항에 의한 수급인의 하자담보책임 중 하자보수에 갈음하는 손해배상이고, 액젓 변질로 인한 손해배상은 위 하자담보책임을 넘어서 수급인이 도급계약의 내용에 따른 의무를 제대로 이행하지 못함으로 인하여 도급인의 신체·재산에 발생한 손해에 대한 배상으로서 양자는 별개의 권원에 의하여 경합적으로 인정된다."(대법원 2004. 8. 20. 선고 2001다70337 판결).

대법원 2013. 11. 28. 선고 2012다202383 판결도 법정무과실책임인 수급인의 하자담보책임과 공사도급계약상의 채무불이행책임이 경합적으로 인정된다고 보았다.

4. 미완성과 하자의 구분

쟁점

공사 목적물의 일부 공종의 시공이 누락된 상태로 준공기한을 넘겼다. 공사의 미완성인가, 미시공 하자인가?

판단

예정된 최후의 공정을 마치지 못한 것이면 미완성이고, 당초 예정된 최후의 공정까지 일응 종료되고 주요구조부분까지 마쳤다면 미시공 하자로 본다.

12 건설공사와 하자

(1) 미완성의 의의

하자담보책임에서 하자란 원칙적으로 완성된 목적물에 존재하는 하자를 대상(민법 제667조제1항)으로 하기 때문에 일의 결과가 발생하지 않은 단계, 노무의 제공 자체가 끝나지 않은 상태, 즉 미완성과 하자는 다르다. 미완성이란 예정된 최후의 공정이 종료되지 못한 상태를 말한다.

(2) 미완성과 하자의 구별 실익

하자가 발생한 경우는 일단 공사가 완공되었으므로 수급인에게 공사대금청구권이 발생하고, 이에 대하여 도급인이 하자보수청구권 또는 하자보수에 갈음하는 손해배상청구권 등을 가지고 동시이행항변권을 행사할 수 있으나(대법원 1991. 12. 10. 선고 91다33056 판결), 미완성인 경우에는 수급인이 공사대금청구권을 갖지 못한다. 공사대금채권의 변제기는 수급인이 일을 완성하여 목적물을 인도한 때 또는 목적물의 인도를 요하지 않는 경우에는 일을 완성한 때이기 때문이다(민법 제665조제1항).

소송실무상으로는 하자보수청구 또는 하자보수에 갈음한 손해배상청구 사건에서는 하자 여부 및 하자보수비 상당을 감정해야 하지만, 미완성인 상태로 공사가 중도에 타절된 경우에는 기성고를 감정해야 한다. 하자의 존재와 하자보수비에 대한 감정은 도급인측이, 기성고에 대한 감정은 수급인측이 신청하는 것이 일반적이다.

특히 건물 기타 토지의 공작물이 완성된 경우에는 목적물에 존재하는 하자로 인하여 계약의 목적을 달성할 수 없더라도 더 이상 계약을 해제할 수 없다(민법 제668조 단서).

하자와 미완성의 구별이 가장 의미가 있는 때는 지체상금의 발생 여부와 그 종기를 결정할 때이다. 아무리 큰 하자가 존재하더라도 목적물이 완성된 이상 지체상금은 발생하지 않거나 그 종기에 이르게 되지만, 미완성인 때에는 지체상금이 문제되는 것이다.

(3) 미완성과 하자의 구분 기준

그렇다면 미완성과 하자는 어떻게 구분하는가. 판례는 ① 예정된 최후의 공정을 종료하지 못한 경우는 미완성이고, ② 당초 예정된 최후의 공정까지 일응 종료하고 불완전하지만 그 주요구조부분이 시공되어 사회통념상 건물로서 완성된 경우는 하자로 구분한다. 나아가 ③ 개별적 사건에 있어서 예정된 최후의 공정이 일응 종료하였는지 여부는 수급인의 주장이나 도급인이 실시하는 준공검사 여부에 구애됨이 없이 당해 건물신축도급계약의 구체적 내용과 신의성실의 원칙에 비추어 객관적으로 판단할 수밖에 없다는 입장이다.

판례 "건물신축공사의 미완성과 하자를 구별하는 기준은 공사가 도중에 중단되어 예정된 최후의 공정을 종료하지 못한 경우에는 공사가 미완성된 것으로 볼 것이지만, 그것이 당초 예정된 최후의 공정까지 일응 종료하고 그 주요구조부분이 약정된 대로 시공되어 사회통념상 건물로서 완성되고 다만 그것이 불완전하여 보수를 하여야 할 경우에는 공사가 완성되었으나 목적물에 하자가 있는 것에 지나지 않는다고 해석함이 상당하고, 개별적 사건에 있어서 예정된 최후의 공정이 일응 종료하였는지 여부는 수급인의 주장에 구애됨이 없이 당해 건물신축도급계약의 구체적 내용과 신의성실의 원칙에 비추어 객관적으로 판단할 수밖에 없고, 이와 같은 기준은 건물신축도급계약의 수급인이 건물의 준공이라는 일의 완성을 지체한 데 대한 손해배상액의 예정으로서의 성질을 가지는 지체상금에 관한 약정에 있어서도 그대로 적용된다."(대법원 1994. 9. 30. 선고 94다32986 판결)

---

(4) 준공검사 통과 여부가 공사 완성의 기준이 되는지

도급인이 실시하는 준공검사의 통과 여부는 공사의 완성과 미완성을 구분하는 기준이 되지 않는 것이 원칙이지만, 다만 당사자 사이에 건축공사의 완공 후 부실공사와 하자보수를 둘러싼 분쟁이 일어날 소지가 많음이 예상됨에 따라 그러한 분쟁을 사전에 방지할 의도로 통상의 건축공사 도급계약과는 달리 도급인의 준공검사 통과를 대금지급의 요건으로 삼음과 동시에 하자보수 공사 후 다시 합격을 받을 때까지 지체상금까지 부담하게 함으로써 공사의 완전한 이행을 담보하기 위해 지체상금의 종기를 도급인의 준공검사 통과일로 정하였다고 볼 만한 특별한 사정이 있다면 그에 따라야 할 것이다(대법원 2010. 1. 14. 선고 2009다7212, 7229 판결).

(5) 완성 전 성취된 부분과 하자보수책임 성립 여부

도급계약에 따른 수급인의 하자보수책임은 완성 전의 성취된 부분에 관하여도 성립된다. 완성 전의 성취된 부분이라 함은 도급계약에 따른 일이 전부 완성되지는 않았지만 하자가 발생한 부분의 작업이 완료된 상태를 말하는 것이다(대법원 2001. 9. 18. 선고 2001다9304 판결).

사례

<사례1: 전기 및 설비 일부분의 작동이 불량한 경우>

① 수급인 甲과 도급인 乙은 1991. 8. 10.까지 건물신축공사를 완성하기로 약정하였다. 甲이 약정준공기한을 지키지 못하면 乙에게 지체상금을 지급하기로 하였다.

② 甲과 乙은 1992. 1. 17. 당초의 건물신축공사 및 제1, 2차 설계 변경에 따른 공사에 대한 준공정산을 하면서 당초 설계에 포함되지 않았던 현관채양공사, 소방지적사항공사, 외곽도로포장공사 등에 관한 공사대금 증액 약정을 한 후 추가공사를 실시하기로 하였다.

③ 甲은 1992. 1. 28. 乙에게 도급계약에 따라 추가공사를 포함한 건물신축공사의 준공일을 같은 달 27.자로 기재한 준공계를 제출하면서 서면으로 준공검사를 요청하였으나 乙은 일부 공사의 미완성과 준공검사에 필요한 제반 서류도 갖추어져 있지 아니하였다는 이유로 준공검사를 거부하였다. 그 당시 乙이 甲에게 제시한 미비된 공사의 내역은 전기 및 설비 부문에 관한 것으로 주로 이미 설치 완료된 시설이 설치가 불량하거나 그 작동이 불량하다는 정도에 불과하였다. 전기 및 설비부문 이외에 당초 예정된 공정 중 구체적으로 진행되지 아니한 부분이나 건물의 주요구조부분이 당초 약정과 같이 시공되지 않은 부분은 없다.

④ 같은 해 2. 15. 乙은 신축한 건물 중 6층 부분을 우선 인도받아 입주하였다.

⑤ 甲과 乙은 서로 공사의 완성 여부와 공사잔대금의 지급 문제로 다툼을 벌이다가 같은 해 4. 16. 甲은 乙로부터 공사잔대금을 지급받고 乙에게 준공검사에 필요한 제반 서류와 함께 신축건물을 인도하였다.

이 사례에서 건물신축공사가 언제 완성된 것으로 볼 것인가? 준공검사에 필요한 서류와 함께 건물을 인도한 1992. 4. 16.인가, 아니면 1992. 1. 27.에 완성되었다고 볼 것인가? 지체상금의 종기는 1992. 1. 27.인가, 아니면 1992. 4. 16.인가?

이 사안에서 대법원은 건물신축 공사의 미완성과 하자를 구별하는 기준은 "공사가 도중에 중단되어 예정된 최후의 공정을 종료하지 못한 경우에는 공사가 미완성된 것으로 볼 것이지만, 그것이 당초 예정된 최후의 공정까지 일응 종료하고 그 주요구조부분이 약정된 대로 시공되어 사회통념상 건물로서 완성되고 다만 그것이 불완전하여 보수를 하여야 할 경우에는 공사가 완성되었으나 목적물에 하자가 있는 것에 지나지 않는다고 해석함이 상당하다"고 제시한 뒤, 이 건물신축공사는 1992. 1. 27. 현재 그 목적물에 일부 하자가 있었다 하더라도, 그 주요구조부분이 약정대로 시공되어 당초 예정된 최후의 공정까지 일응 종료됨으로써 완성되었다고 봄이 상당하고, 따라서 수급인 甲이 도급인 乙에게 준공계를 제출하면서 준공검사를 요청한 1992. 1. 28. 이후에는 지체상금이 발생하지 않는다고 보았다(대법원 1994. 9. 30. 선고 94다32986 판결).

<사례2: 예정된 최후 공종까지 종료한 경우>

① 甲(수급인)과 乙(도급인)은 1990. 3. 23. 사우나 건물의 증축 및 대수선 공사에 관한 도급계약을 체결하였다. 당시 甲이 시공하는 부분은 乙이 발주한 공사의 일부였기 때문에 위 건물의 외부 적벽돌공사를 마치는 날을 甲이 맡은 공사를 완공한 날로 간주하기로 약정하였다.

② 甲은 1990. 12. 17.경 위 건물의 외부 적벽돌공사를 마쳤다.

③ 甲은 공사내역 중 일부 공사를 미시공하였으나, 이는 乙이 직영하거나 다른 공사업자에게 도급을 주어 시공하고 있는 내부공사와 동시에 또는 그 공사 완료 후에 비로소 시공할 수 있는 것인데 위 내부공사 등이 제대로 되지 않아 甲이 공사준비를 마쳤으나, 그 공사를 하지 못하고 부득이 나머지 부분의 공사만 완료한 것이다.

이 사안에 대해서 대법원은 수급인 甲이 외부 적벽돌공사를 마침으로써 이 사건 공사는 당초 예정된 최후의 공정까지 일응 종료한 것으로 봄이 상당하다고 판단하였다(대법원 1996. 2. 23. 선고 94다42822,42839 판결).

<사례3: 공사 후 검사를 마치고 기성금을 지급한 경우>

① 골프장 진입도로의 법면이 급경사로 시공되는 관계로 절토면의 붕괴를 막기 위하여 설계도상 7m마다 소단을 두기로 되어 있는데도 수급인이 이를 시공하지 아니하였다.

② 그 소단의 설치에는 상당한 비용이 소요된다.

③ 공사대금은 공사 부분별로 기성고에 따라 지급하기로 약정하였기 때문에 법면 시공이 포함된 진입도로 공사 부분에 대하여도 기성고에 따라 공사비를 모두 정산하여 지급하였다.

④ 법면시공이 포함된 진입도로 공사의 주요 구조 부분은 임야를 절토하여 진입도로를 만들고 절토 부분에 법면을 시공하는 것이다.

⑤ 수급인은 법면 부분의 소단은 법면의 급경사로 인하여 기술적으로 설치가 불가능하여 설치하지 아니한 것이라고 주장하고 있다.

이러한 사안에서 대법원은 공사가 여러 개의 부분 공사 또는 공정으로 구분되어 있고 도급인과 수급인 사이에서 부분 공사 또는 공정의 종료에 따라 그 공사비용의 적합 여부에 대한 검사를 하고 기성 공사금을 지급하는 것으로 되어 있는 경우에는 그 부분 공사 또는 공정의 종료와 검사의 완료로써 일단 해당 공사는 종료된 것으로 보고 그 후에 발견된 시공상의 흠결은 하자보수의 대상이 되는 하자로 봄이 상당하다면서 위 법면 부분에 대하여는 수급인이 소단 공사를 더 이상 시공할 의사가 없이 일단 완공한 것으로 하여 원고에게 인계하고 그 공사대금을 전부 지급받음으로써 위 법면 부분의 공사는 사회통념상 당초 예정된 최후의 공정까지 일응 종료한 것으로 보는 것이 상당하다고 판단하였다. 따라서 위 소단 미설치는 시공상의 흠결에 해당되어 하자보수의 대상이 된다고 판단하였다(대법원 2006. 4. 28. 선고 2004다39511 판결).

<사례4: 사회통념상 건물이 완성되었으나 사용승인이 나지 않은 경우>

① 원고(수급인)와 피고(도급인)는 1993. 7. 1. 피고 소유의 대지 위에 지하 1층 지상 2층의 주택을 신축하는 공사도급계약을 체결하였다. 공사기간은 같은 해 8. 1.부터 3개월로 정하였다.

② 원고는 공사착공일 이전인 1993. 7. 26. 피고의 양해를 얻어 다음날인 27.부터 공사를 시작하여 기존 건물을 철거한 후 위 대지에 연접한 대지와의 경계 담장 바로 밑으로부터 터파기를 시작하여 같은 달 30. 바닥 콘크리트 공사까지 완공하였다.

③ 공사도중 지적공사에서 경계를 측량하여 본 결과 당초 원고가 알고 있던 대지의 경계선은 이 사건 대지와의 구 경계담장으로부터 약 45센티미터 후퇴되었고, 연접 대지에 그만큼 들어간 것으로 되었다.

④ 원고는 1993. 10. 25. 계단, 난간, 수도, 보일러 설비 등 공사를 하지 않은 상태에서 위 공사를 중단하였다.

⑤ 피고는 신축건물 2층의 수도, 세면기, 양변기, 보일러 설비를 직접 시공하고, 1993. 12. 31. 신축건물 2층에 입주하였다.

⑥ 신축건물은 대지 경계점으로부터 1층 계단까지의 이격거리 미확보로 준공허가를 받지 못하고 있으며, 신축건물은 제대로 측량한 경계기점을 기준으로 보면 전체적으로 삐뚤어져 건축된 상태이다.

⑦ 원고는 공사의 완공을 이유로 공사대금을 청구하였다.

이 사안에 대해 대법원은 이렇게 판단하였다.

이 사건 건물의 남측 2층 계단, 발코니, 처마와 인접 대지 경계로부터 두어야 할 거리가 30cm 모자란다는 이유로 사용승인이 나지 않고 있다고 하여도, 원고가 인접 대지 경계와 두어야 할 거리를 확보하기 위하여 1층 계단과 발코니 부분을 절단하였으나, 2층 계단과 발코니 부분은 피고가 더 이상 절단 작업을 못하게 하여 그 거리를 확보하지 못하였고, 보일러, 2층의 수도, 세면기, 양변기 등 설치 공사를 남겨 둔 상태에서 피고가 원고로 하여금 더 이상 공사를 못하게 한 후 직접 그 공사를 하여 입주하였으며, 원고가 이 사건 건물의 신축공사를 금 101,696,720원에 도급받았는데, 수도 등의 공사비로는 금 1,168,000원이, 보일러 설치비로는 금 2,860,000원이 소요될 뿐이라면, 사회통념상 이 사건 건물은 완성되었다고 보아야 할 것이다(대법원 1997. 12. 23. 선고 97다44768 판결).

5. 하자담보책임의 구조

쟁점

중요하지 않은 하자인데 보수에 과다한 비용이 드는 경우 도급인은 보수를 받을 수 있는가?

판단

도급인은 하자보수를 청구할 수는 없고, 하자보수에 갈음한 손해배상도 청구할 수 없다. 다만, 하자로 인한 손해배상은 청구할 수 있다.

(1) 하자보수청구권

완성된 목적물 또는 완성전의 성취된 부분에 하자가 있는 때에는 도급인은 수급인에 대하여 상당한 기간을 정하여 그 하자의 보수를 청구할 수 있다(민법 제667조).

하자의 보수는 수급인이 부담하는 가장 기본적인 하자담보책임의 내용이다.

하자보수의 내용과 방법은 하자의 내용과 정도에 따라 다르다. 목적물에 존재하는 흠을 보완하는 것으로 족한 경우가 있는가 하면 완성된 목적물을 철거하고 하자없는 완전한 것으로 재시공하는 것일 수도 있다. 수급인에게 하자보수의무가 인정되는 것은 하자가 중요한 것이거나 중요하지 않은 하자일 경우에는 보수비가 과다하게 들지 않아야 한다. 즉, 중요하지 않은 하자로서 과다한 보수비가 드는 경우라면 수급인에게 하자보수의무가 인정되지 않는다.

하자보수가 불가능한 경우라면 하자보수를 청구할 수 없는 것이 당연하다.

(2) 손해배상청구권과 계약의 해제

수급인은 도급인에 대하여 하자담보책임을 지지만, 그 담보책임의 내용은 하자가 중요한 하자인지 여부 및 보수비의 과다 여부에 따라 달라진다.

도급인은 하자의 보수에 갈음하여 또는 하자보수와 함께 손해배상을 청구할 수 있다(민법 제667조제2항).

그러나 하자가 중요하지 아니한 경우에 그 보수에 과다한 비용을 요할 때에는 하자보수를 청구할 수 없다(민법 제667조제1항 단서). 하자보수를 청구할 수 없기 때문에 하자보수에 갈음하는 손해배상을 청구할 수도 없다.

그렇다면, 중요하지 않은 하자로서 보수에 과다한 비용이 드는 경우에 도급인은 어떻게 해야 하는가? 보수에 과다한 비용이 소요되는 경미한 하자에 대해서 도급인은 하자보수를 청구할 수는 없고, 하자보수를 청구할 수 없으므로 하자보수에 갈음한 손해배상도 청구할 수 없다. 단지 하자로 인한 손해배상만을 청구할 수 있다. 하자보수에 갈음한 손해배상은 하자보수가 중요한 하자이거나 경미한 하자이지만 보수비가 과다하지 않을 때에만 청구할 수 있다.

따라서 도급인이 하자보수를 주장하는 경우 법원은 하자가 중요한 것인지 아닌지, 중요하지 않은 하자로서 보수에 과다한 비용을 요하는 것인지 여부 등을 판단하여야 한다.

판례 "도급인이 하자보수를 주장하는 경우 법원은 보수하여야 할 하자의 종류와 정도를 특정함과 아울러 그 하자를 보수하는 적당한 방법과 그 보수에 요할 비용 등에 관하여 심리하여 봄으로써, 그 하자가 중요한 것인지 또는 그 하자가 중요한 것은 아니더라도 그 보수에 과다한 비용을 요하지 않는 것인지를 가려보아 수급인의 하자보수책임을 인정할 수 있는지 여부를 판단하여야 할 것이다."(대법원 2001. 9. 18. 선고 2001다9304 판결)

하자가 중요한지 여부가 다투어질 경우에는 법원은 하자의 정도를 특정함과 아울러 그 하자를 보수하는 적당한 방법과 그 보수에 요할 비용 등에 관하여 심리하여 봄으로써 그 하자가 중요한 것인지 또는 그 하자가 중요한 것은 아니더라도 그 보수에 과다한 비용을 요하지 않는 것인지를 가려보아 손해액을 산정하여야 한다.

그러므로 지하외벽 방수공사와 복도벽 차음재 공사와 관련한 손해배상액을 산정하면서 하자가 중요한지 여부에 관하여 전혀 심리하지 않은 채 바로 재시공비용을 손해배상액이라고 판단한 것은 잘못이다(대법원 2009. 6. 25. 선고 2008다18932, 18949 판결).

한편 도급인은 완성된 목적물의 하자로 계약의 목적을 달성할 수 없는 때에는 계약을 해제할 수 있지만, 완성된 건물 기타 토지의 공작물의 경우에는 해제할 수 없다(민법 제668조)

도급인이 수급인에게 추급할 수 있는 하자담보책임의 내용은 ① 하자보수청구권 ② 하자보수에 갈음한 또는 하자보수와 병행한 손해배상청구권 ③ 하자로 인한 손해배상청구권 ④ 계약해제권(단, 완성된 건물 기타 토지의 공작물의 경우에는 불가능)의 4가지이다.

하자담보책임의 도해

* 중요한 하자 : 보수비의 많고 적음은 불문한다
→ 하자보수청구권
→ 하자보수에 갈음한 손해배상청구권
→ 하자보수와 병행한 손해배상청구권

* 경미한 하자
→ 보수비 과다 → 하자로 인한 손해배상청구권
→ 보수비 과다하지 않음 → 하자보수청구권
→ 하자보수에 갈음한 손해배상청구권
→ 하자보수와 병행한 손해배상청구권

* 계약목적을 달성할 수 없는 하자
→ 계약의 해제(단, 건물 기타 토지의 공작물 제외)
→ 하자보수청구권
→ 손해배상 청구권

* 계약목적을 달성할 수 없는 건물 기타 토지의 공작물의 하자
→ 하자보수청구권
→ 손해배상청구권

6. 과다한 보수비가 드는 경미한 하자

쟁점

공장 건물의 계단실 내부벽면을 습식공법으로 시공하기로 약정했는데, 실제 시공은 모르타르를 사용하지 아니하고 강력한 에폭시 접착제를 사용하여 돌을 벽제에 고정시키는 이른바 반건식공법으로 시공하였다. 그렇지만 습식공법으로 시공한 것과 비교하여 그 벽면의 사용상의 기능과 역할이나 외부로부터의 충격으로 오는 피해 등에 별다른 차이는 없다. 이 경우 도급인은 수급인에게 하자보수를 청구할 수 있는가?

판단

경미한 하자로서 과다한 보수비가 들 때에는 하자보수를 청구하지 못하고, 하자로 인한 손해배상만 청구할 수 있다.

(1) 하자로 인한 손해배상

하자가 중요하지 아니하면서 동시에 보수에 과다한 비용을 요할 때에는 도급인은 수급인에게 하자의 보수나 하자의 보수에 갈음하는 손해배상을 청구할 수는 없고 하자로 인하여 입은 손해의 배상만을 청구할 수 있다.

판례 "도급계약에 있어서 완성된 목적물에 하자가 있을 경우에 도급인은 수급인에게 그 하자의 보수나 하자의 보수에 갈음한 손해배상을 청구할 수 있으나, 다만 하자가 중요하지 아니하면서 동시에 보수에 과다한 비용을 요할 때에는 하자의 보수나 하자의 보수에 갈음하는 손해배상을 청구할 수는 없고 하자로 인하여 입은 손해의 배상만을 청구할 수 있다."(대법원 1998. 3. 13. 선고 97다54376 판결)

(2) 경미한 하자의 사례

습식공법으로 시공하기로 한 내부벽을 반건식공법으로 시공한 하자는 중요한 하자가 아닌데 그 하자를 보수하는 데에는 과다한 비용을 요하는 하자이다(대법원 1998. 3. 13. 선고 97다54376 판결).

판례 "화강석물갈기로 시공하도록 되어 있는 계단을 실제로는 인조석물갈기로 시공한 후 그 위에 바닥콘크리트를 타설하였고, 창호공사도 설계도상의 규격에 미달하는 알루미늄 새시와 유리를 사용하여 시공한 것도 경미한 하자로 보았다. 계단과 창호를 설계도대로 시공하였을 경우의 건물의 교환가치와 현재의 상태대로의 교환가치와의 차액은 미미함에 반하여, 계단과 창호를 철거한 후 설계도대로 재시공하는 데 소요되는 비용은 지나치게 과다한 경우에는 하자로 인한 손해만 청구할 수 있고, 그 손해액은 교환가치의 차액으로 인정함이 상당하다"(대법원 1997. 2. 25. 선고 96다45436 판결).

판례 "피고가 분양계약과 달리 제포디움 101호(당초 실내정원과 보행광장을 설치하기로 한 장소)에 실내정원과 보행광장을 시공하지 아니한 것은 분양계약에서 정한 내용과 다른 구조적·기능적 결함이 있는 건축물의 하자에 해당한다고 할 것이다.
그러나 실내정원과 보행광장은 입주민의 편의시설로서 건물의 중요 구조부나 건물의 기능에 관한 것이 아닌 점, 제포디움 101호에 설치된 판매시설은 유리벽으로 시공되어 전체적으로 깨끗이 정돈된 분위기이고 판매시설 때문에 미관을 해치거나 불쾌감을 조성할 정도는 아닌 점 등의 사정에 비추어 보면, 제포디움 101호에 실내정원과 보행광장이 아닌 판매시설을 설치한 것은, 이것을 철거하여야 할 정도로 중요한 하자라고 볼 수 없고 그 하자를 보수하는 데 과다한 비용[2]을 요하는 것이므로, 원고들은 그러한 방법의 하자보수청구를 할 수 없다고 할 것이다."(대법원 2015. 4. 23. 선고 2011다63383 판결)

---

① 교회건물신축공사에 시공된 건물의 총 높이가 20㎝ 낮게 시공된 하자(서울고등법원 1998. 2. 10. 선고 96나16096 판결)
② 3층 규모의 다가구주택 신축공사에서 3,300㎜로 설계된 1층 층고가 2,900㎜ 시공된 하자(서울고등법원 2001. 8. 22. 선고 2000나54071 판결)
③ 아파트의 지하 대피소 바닥의 몰탈 두께가 미달하는 하자(서울고등법원 2002. 8. 13. 선고 2001나45906 판결)
④ 단독주택 신축공사에서 설계도면과 달리 중도리보를 설치하지 않고 테두리보를 콘크리트보가 아닌 목재보로 시공한 하자(서울고등법원 2001. 1. 12. 선고 2000나4014, 2000나4021 판결)
⑤ 4층 근린생활시설 및 다가구주택 1동의 신축공사에서 설계도면과 다르게 건물을 서쪽으로 치우쳐 건축하는 바람에 주차장의 입구의 폭이 2.325m에서 2m로 좁아져 중형차 이상의 진

2) 현재 설치된 판매시설을 철거하고 분양안내 책자에 실린 실내정원과 보행광장을 조감도대로 시공하려면 831,379,021원의 비용이 필요한 것으로 보았다.

출입이 불가능한 하자(대법원 1996. 7. 12. 선고 96다7250, 7267 판결)

⑥ 아파트 지하주차장의 유효천정고를 설계도면상의 2.3m보다 낮은 2.0m-2.1m로 시공한 하자(대법원 2006. 10. 26. 선고 2004다17993 판결)

⑦ 창문을 규격과 다르게 변경시공한 하자(대법원 2002. 6. 14. 선고 2000다26470 판결)

⑧ 설계도상 130㎜ 알루미늄바 대신 100㎜ 알루미늄바를 시공하여 규격 미달의 알루미늄창틀이 시공된 하자(대법원 2002. 5. 10. 선고 2001다85025 판결)

⑨ 모델하우스에 A회사의 보일러로 설치해놓고 실제 시공은 B회사의 보일러로 임의로 변경 시공한 하자(대법원 2003다4198, 2003다4204(반소) 판결)

⑩ 발코니 및 욕실바닥 높이 부족의 하자(서울고등법원 2000. 7. 27. 선고 99나49363 판결)

⑪ 이태리제로 시공하기로 한 욕실타일을 국산품으로 변경시공한 하자(대법원 2000. 6. 29. 선고 2000다17858, 17865(반소) 판결) 등은 중요하지 않은 하자로서 보수에 과다한 비용이 드는 것으로 인정하였다.

7. 중요한 하자

쟁점

수급인이 임의로 설계도서의 기재와 다른 제품의 승강기를 시공하였다. 도급인은 수급인에게 이미 설치된 승강기를 철거하고 설계도서에 기재된 제품으로 재시공할 것을 요구할 수 있는가?

판단

승강기를 설계도서와 달리 임의로 변경시공한 것을 중요한 하자로 보고 재시공을 인정한 판례가 있다.

(1) 중요한 하자

중요한 하자에 대해서는 도급인은 보수비의 다과를 묻지 않고 수급인에게 하자보수를 청구할 수 있고, 하자보수에 갈음한 손해배상을 청구할 수 있다. 하자보수와 함께 손해배상을 청구할 수도 있다.

(2) 문제 사례

특정 회사의 승강기를 설치하기로 한 약정에 위배하여 다른 회사의 승강기를 설치한 것은 중요한 하자일까? 사실관계를 먼저 보자.

시방서에는 甲 회사가 제작한 6인승(450㎏) 규격의 승강기를 설치하도록 되어 있는데, 수급인이 임의로 위 제품과 규격은 동일하지만 가격은 저렴한 乙 회사의 승강기를 설치하였다. 乙 회사는 위 승강기 설치공사 후 도산하였다.

설치된 승강기는 재단법인 한국승강기안전센터로부터 전반적으로 안전 상태가 양호한 것으로 판정받아 안전검사필증까지 교부받은 바 있고, 설치 후 2년이 넘는 기간 동안 승강기를 사용하면서 4회에 걸쳐 142만원을 들여 수리한 것 이외에 다른 하자는 없었다.

위 수리비는 같은 기간 동안 승강기 제조업체 또는 승강기의 유지 · 보수를 전문으로 하는 업체와 승강기 관리계약을 체결하여 유지 · 보수를 하도록 하는 경우에 드는 통상의 관리비용보다도 적다. 또한 乙 회사는 도산하였으나 乙 회사에서 생산한 엘리베이터를 유지·보수하는 업체는 여전히 존속하면서 乙 회사가 설치한 승강기에 관한 유지 · 보수업무를 계속하고 있고, 이 건물에 설치된 승강기도 바로 이 업체가 보수한 바 있다.

이 사례에서 甲 회사의 승강기가 아닌 乙 회사의 승강기를 설치한 것이 하자인가? 하자라면 중요한 하자인가?

(3) 임의적 변경시공의 하자 여부

건축 도급계약의 수급인이 설계도면의 기재대로 시공한 경우, 이는 도급인의 지시에 따른 것과 같아서 수급인이 그 설계도면이 부적당함을 알고 도급인에게 고지하지 아니한 것이 아닌 이상, 그로 인하여 목적물에 하자가 생겼다 하더라도 수급인에게 하자담보책임을 지울 수는 없다.

반면 수급인이 당초의 도급계약에서 정한 제품을 임의로 가격이 저렴한 다른 제품으로 변경하여 설치한 것은 도급계약을 위반하여 이 사건 건물 전체의 경제적 가치를 저하시키는 것으로서 시공상의 하자로 보아야 할 것이다.

(4) 승강기의 임의적 변경시공은 중요한 하자

그렇다면 당초의 약정한 甲 회사의 제품이 아니라 을 회사의 제품으로 시공한 것은 중요한 하자인가, 아니면 중요하지 않은 하자인가?

원심 법원은 이 하자는 중요하지 않은 하자이면서 보수에 과다한 비용이 드는 하자로 판단하였다. 그래서 도급인으로서는 수급인에 대하여 그 부분에 관한 하자보수로서의 교체시공이나 그에 갈음하는 손해배상을 청구할 수는 없고, 다만 당초에 예정한 대로 시공하였을 경우에 소요되는 공사비와 실제로 위와 같은 변경 시공에 소요된 공사비의 차액 및 위 승강기의 수리비용으로 지출한 금액의 합계 상당만을 손해배상으로 청구할 수 있다고 판단하였다.

그러나 대법원은 당초의 계약과 다른 제품을 시공한 하자는 중요하지 않은 하자로 단정할 수 없다고 판단하였다. 그렇다면 손해배상액은 교체시공비 상당이 될 것이다.

판례 "건축 도급계약시 특별히 甲 회사의 승강기를 설치하기로 약정했으나 수급인이 이를 위반하여 乙 회사의 승강기를 설치하였고 그 후 乙 회사가 도산한 경우, 다른 개인업체가 乙 회사의 승강기 부품을 확보하고 있고 또한 약 2년간의 운행기간 동안 그 승강기가 큰 고장을 일으키지 아니하였다 할지라도, 그 승강기의 내구연한에 이르기까지 그 유지·보수에 필요한 부품이 제대로 공급되리라는 보장이 없게 되었다고 봄이 상당하고, 이는 수급인이 도급인과의 특약을 무시하고 가격이 저렴한 타사 제작의 승강기를 설치한 탓에 생긴 하자로서 승객의 안전과 직결되는 승강기의 설치에 있어서 그와 같은 하자가 중요하지 않다고 단정지을 수는 없다"(대법원 1996. 5. 14. 선고 95다24975 판결).

위 판결에서는 설계도면상 24㎜ 규격의 파스텔 복층유리를 사용하도록 되어 있는 설계도면과 달리 임의로 22㎜ 규격의 일반 컬러 복층유리로서 유리와 유리 사이의 내부공간에 결로현상이 생기고, 내부에 물이 차는 등 단열의 기능을 제대로 발휘하지 못하는 불량품을 시공한 하자는 중요한 하자로서 정상적인 품질을 갖춘 24㎜ 규격의 파스텔 복층유리로 교체 설치하여야 한다고 인정하였다.

8. 도급인의 지시에 따른 시공

쟁점

설계도서에 기재된 대로 시공하였는데도 하자가 발생한 경우 수급인의 하자담보책임을 지는가?

판단

수급인이 설계도면이 부적당함을 알고도 도급인에게 알리지 않고 그대로 시공하였다면 담보책임을 질 수 있다.

(1) 수급인이 설계도면에 맞게 시공한 경우

하자가 도급인이 제공한 재료의 성질이나 도급인의 지시 탓에 발생했다면 수급인에게 하자담보책임을 물을 수 없다(민법 제669조 본문). 도급인의 지시를 따른 결과 하자가 발생했는데도 수급인에게 담보책임을 묻는 것은 불공평하기 때문이다. 따라서 수급인이 설계도면에 맞게 시공한 이상 도급인의 지시에 따른 시공이므로 하자담보책임을 물을 수 없다.

건설산업기본법 제28조제2항도 ① 발주자가 제공한 재료의 품질이나 규격 등이 기준미달로 인한 경우, ② 발주자의 지시에 따라 시공한 경우, ③ 발주자가 건설공사의 목적물을 관계 법령에 따른 내구연한(耐久年限) 또는 설계상의 구조내력(構造耐力)을 초과하여 사용한 경우에는 수급인에게 하자담보책임이 없다고 규정하고 있다.

판례 "건축 도급계약의 수급인이 설계도면의 기재대로 시공한 경우, 이는 도급인의 지시에 따른 것과 같아서 수급인이 그 설계도면이 부적당함을 알고 도급인에게 고지하지 아니한 것이 아닌 이상, 그로 인하여 목적물에 하자가 생겼다 하더라도 수급인에게 하자담보책임을 지울 수는 없다."(대법원 1996. 5. 14. 선고 95다24975 판결)

판례 "도급인이 원래의 설계를 변경하는 데에 동의하고 그 변경된 설계에 기한 건축 설계변경 허가절차까지 마친 이상, 나중에 그 동의를 적법하게 철회 또는 취소하였다거나 혹은 위 동의를 함에 있어 오로지 어느 특정 범위를 한정하여 동의하였다는 등의 다른 특별한 사정이 없는 한, 그 동의의 효력은 변경된 설계 전체에 미칠 터이고, 그 결과 적어도 설계변경 이후의 유효한 설계는 원래의 설계가 아니라 나중의 변경된 설계라 하겠으며, 따라서 수급인이 그 변경된 설계에 맞게 시공을 하였다면 도급인으로서는 그 시공 부분을 원래의 설계와 다르다는 이유만을 들어 하자라고 주장하거나 혹은 그 부분 시공비용과 원래의 설계에 따른 시공비용의 차액을 손해라 하여 그 배상을 구할 수는 없다."(대법원 1999. 7. 13. 선고 99다12888 판결).

(2) 수급인이 재료 또는 지시의 부적당함을 알고도 고지하지 않은 경우

그렇지만 수급인이 그 재료 또는 지시의 부적당함을 알고도 도급인에게 그 사실을 고지하지 않은 경우에는 담보책임을 져야 한다(민법 제669조 단서). 즉, 도급인의 지시에 따라 건축공사를 하는 수급인은 그 지시가 부적당함을 알면서도 이를 도급인에게 고지하지 아니한 경우에는 완성된 건물의 하자가 도급인의 지시에 기인한 것이라 하더라도 그에 대한 담보책임을 면할 수 없는 것이다.

판례 "수급인인 원고는 토목 및 건축 공사의 전문가로서 이 사건 공동도급업체들의 요구와 상관없이 비탈면 공사를 위한 석축의 안전성, 견고성, 적합성 등을 판단하여야 할 기본적인 의무가 있고, 설령 이 사건 공동도급업체들이 원고에게 이 사건 공사구간에 전석 쌓기 방식의 석축을 시공해 달라고 요구하였다 하더라도, 원고는 이를 그대로 수용하여 계약을 체결할 것이 아니라 그 타당성 여부를 검토하여 A, F구간의 비탈면 공사에 콘크리트옹벽 또는 보강토 옹벽이 아닌 전석 쌓기 방식의 석축을 시공하는 것이 부적당하다고 판단되었다면, 피고들에게 알려 이를 바로잡았어야 한다. 그런데 원고는 A, F구간의 비탈면에 콘크리트 옹벽 또는 보강토 옹벽이 아닌 전석 쌓기 방식의 석축을 시공하는 경우에 토압 및 하중지지가 불가능하여 석축의 안전성을 신뢰할 수 없어서 위 석축 시공이 매우 부적당함을 알면서도, 피고들에게 이를 고지하지 아니한채 전석 쌓기로 석축을 시공하였다고 보이므로, 이에 대하여 하자담보책임을 진다고 봄이 타당하다."(대법원 2016. 8. 18. 선고 2014다31691, 31707 판결)

9. 감리의 승인을 얻은 시공의 하자 여부

쟁점

수급인은 공사 도중 지하수가 분출하여 감리인에게 알린 후 그의 지시에 따라 배수 조치만 취한 채 공사를 계속하였다. 이 경우 수급인에게 하자담보책임을 물을 수 있는가?

판단

감리의 승인을 얻은 시공은 도급인의 지시에 따른 시공과 마찬가지여서 담보책임을 물을 수 없다.

도급인의 지시에 따라 건축공사를 하는 수급인은 그 지시가 부적당함을 알면서도 이를 도급인에게 고지하지 아니한 경우에는 완성된 건물의 하자가 도급인의 지시에 기인한 것이라 하더라도 그에 대한 담보책임을 면할 수 없다(민법 제669조 단서).

건물 신축공사 중 지하수가 솟아나오는 것을 발견한 수급인이 그 사실을 감리원에게 알렸지만 수급인의 보고를 받은 감리원은 지하수의 분출은 설계변경을 할 정도의 것이 아니므로 그냥 공사를 진행하여도 별 일이 없을 것이라고 말하였다. 수급인은 감리원의 말을 믿고 그의 지시에 따라 솟아난 지하수를 밖으로 빼내는 조치만 취한 채 그대로 공사를 진행하였다. 이 경우 수급인에게 설계도의 결함으로 인한 하자담보 책임을 물을 수 있을까?

이런 사정이라면 수급인은 도급인의 지시에 해당하는 설계도의 결함을 알았다고도 볼 수 있을 것이므로 도급인에게 그러한 사실을 고지할 의무가 발생하였다고 볼 여지가 있다.

그러나 수급인이 감리원에게 지하수가 용출된다는 사실을 알린 이상 고지의무를 위반하였다고도 할 수 없을 것이다. 감리원은 건축주의 지정과 의뢰에 따라 건축주를 위하여 건축시공자가 하자 없는 건축물을 완성할 수 있도록 자신의 전문지식을 동원한 재량으로 공사가 설계도서대로 시공되는지 여부를 확인하고 공사시공자를 지도하는 사무를 처리하는 자이므로 수급인이 공사 도중에 발생한 사정을 감리에게 고하고 그의 지시에 따라 원래의 설계도서대로 공사를 계속한 것이라면 설령 완성된 건물에 설계도서의 결함으로 인한 하자가 발생하였다 하더라도 수급인이 설계도서의 부적당함을 알면서 이를 고지하지 아니한 것이라고는 할 수 없을 것이기 때문이다.

따라서 공사 도중 지하수가 분출하여 감리인에게 알린 후 그의 지시에 따라 배수 조치만 취한 채 공사를 계속한 경우, 그 수급인에게 설계도의 결함으로 인한 하자담보 책임이 없다(대법원 1995. 10. 13. 선고 94다31747, 31754(반소) 판결).

10. 하자보수에 갈음하는 손해배상

쟁점

완성된 공사 목적물에 중요한 하자가 발생하여 손해배상을 청구할 때, 그 손해는 얼마인가?

판단

하자보수에 갈음하는 손해인만큼 하자보수에 소요되는 비용 상당이다.

(1) 하자보수에 갈음하는 손해배상의 범위

도급인은 하자보수에 갈음하여 또는 하자보수와 함께 손해배상을 청구할 수 있다(민법 제667조제2항). 도급인은 수급인에 대하여 하자보수를 청구하거나 하자보수에 갈음한 손해배상청구를 선택적으로 할 수 있다. 그러나 하자보수가 불가능하거나 중요하지 않은 하자로서 보수에 과다한 비용이 드는 경우에는 이 손해배상을 청구할 수 없다.

민법 제667조제2항이 정하는 하자보수에 갈음하는 손해배상은 그것이 민법 제667조제1항의 하자보수청구에 '갈음하는' 것인 이상 하자보수에 드는 비용 상당액이다. 대법원 판례도 하자보수에 갈음한 손해배상의 액수는 하자보수비라고 판시하고 있다. 하자가 중요한 경우에는 그 보수에 갈음하는, 즉 실제로 보수에 필요한 비용이 손해배상에 포함되는 것이다(대법원 1998. 3. 13. 선고 95다30345 판결).

하자있는 기존 공사 목적물을 철거하고 재시공하여야 하자가 제거되는 경우의 하자보수비는 철거 및 재시공비 상당이다. 대법원도 1996. 9. 20. 선고 96다4442 판결에서 "수급인은 목적물이 하자로 인하여 훼손된 경우 그 훼손된 부분을 철거하고 재시공하는 등 복구하는 데 드는 비용 상당액의 손해를 배상할 의무가 있는 것이다."라고 판시하였다. 보완공사로 족한 하자의 보수비는 보완공사비로 족할 것이다.

판례 "원고가 A, F구간의 비탈면에 콘크리트옹벽 또는 보강토 옹벽이 아닌 전석 쌓기 방식의 석축을 시공한 것은 처음부터 공법 선정을 잘못한 것으로서 하자가 중대하여 그 보수가 불가능하므로, 위 석축을 철거하고 콘크리트 옹벽으로 재시공하는 방법 외에는 안전성을 갖출 다른 방법이 없다. 따라서 도급인인 피고들은 특별한 사정이 없는 한 수급인인 원고에게 위 석축을 철거하는 비용과 아울러 비탈면 공사를 제대로 된 공법에 의하여 다시 시공하는 데 드는 비용 상당액을 하자로 인한 손해배상으로서 청구할 수 있다. 다만 이 사건 공사계약에서는 콘크리트 옹벽이 아닌 석축을 시공하기로 약정하고 그 전제에서 공사대금이 약정되었다고 보이므로, 비록 수급인인 원고가 위 약정 시에 A, F구간의 비탈면 시공에 적합한 방식을 피고들에게 고지하여 잘못된 석축 시공 방식을 바로잡을 의무를 진다고 하더라도, 특별한 사정이 없는 한 석축 시공을 전제로 약정된 비탈면 공사대금을 초과하는 공사비용까지 부담하여 시공할 공사계약상의 의무가 있다고 할 수 없다."(대법원 2016. 8. 18. 선고 2014다31691, 31707 판결)

(2) 하자보수비 산정과 관련된 문제

하자보수비는 도급인 또는 수급인이 개인적으로 조달할 수 있는 공사비용이 아니라 건설물가, 정부노임단가 등에 의하여 객관적으로 인정되는 금액에 한한다. 통상 감정인이 제출하는 하자보수비에 대한 감정가는 공사원가계산서 방식에 의하기 때문에 수급인이 실제 보수공사를 시행하는 경우보다 높다. 더군다나 산출된 공사원가 100%를 그대로 하자보수비 상당으로 인정하고 예정가격의 85% 전후에 그치는 낙찰율을 적용하지 않기 때문에 현실과 괴리가 있을 수 있다.

그렇다고 정부표준품셈 등의 적용을 배척할 수 있는가? 정부노임단가는 법령에 따라 작성되고, 정부에 의하여 공인된 가격으로서 그 객관성과 보편성이 담보되어 있다. 반면에 정부노임단가와 다른 가격을 기준으로 하여 하자보수비를 주장하기 위하여는 그 조사기관, 조사의 대상과 범위, 조사의 방법, 산출 기준 등에 관하여 객관성과 보편성을 담보할 만한 자료를 제시하여 그것이 정부노임단가에 손색이 없는 객관적인 가격으로서 이를 하자보수비 산정의 기준으로 삼기에 충분하다는 점을 입증하여야 한다(대법원 1996. 5. 14. 선고 95다24975 판결).

도급인이 직접 하자보수를 시행하고 그에 소요된 비용을 손해배상액으로 청구하는 경우에도 통상의 하자보수비를 초과하는 금액을 인정받을 수 없다.

반대로 도급인과 수급인 사이에 하자보수비를 둘러싼 소송이 진행중인 와중에 도급인이 직접 하자보수공사를 실시하고, 그 하자보수비가 법원 감정인이 산출한 하자보수비보다 적은 경우에는 어떻게 될까? 특별한 사정이 없는 한 도급인이 실제 지출한 하자보수비를 도급인의 손해로 인정해야 할 것이다(부산지방법원 2015. 8. 20. 선고 2011가합18867 판결).

11. 하자보수비 산정의 기준시점

쟁점

하자보수에 갈음하는 손해가 하자보수비 상당이라면, 하자보수비를 산정하는 기준시점은 언제인가?

판단

하자보수비를 산정하는 기준시점은 하자의 보수를 청구한 시점이다.

손해배상을 청구할 때 물가가 변동하기 때문에 하자보수비는 산정하는 시점에 따라 달라질 수 있다. 통상 도급인은 감정시를 기준 시점으로 주장하고, 수급인은 공사의 완성 시점을 기준 시점으로 주장한다.

이는 하자보수채권의 변제기를 언제로 볼 것인가와 같은 문제인데, 하자보수채권의 변제기는 도급인이 하자보수를 청구한 바로 그 때이고, 하자보수에 갈음한 손해배상채권의 변제기는 도급인이 손해배상을 청구한 시점이다.

판례 "원고의 공사비채권의 변제기는 이 사건 건물의 준공, 인도일인 1985. 4. 26.이라고 할 것이나 피고의 하자보수채권의 변제기는 피고가 그 권리를 행사한 때라고 보아야 할 것이고, 피고가 이 하자보수나 손해배상청구권을 보유하고 이를 행사하는 한에 있어서는 도급인의 공사비지급채무는 이행지체에 빠지지 아니하며, 피고가 이 손해배상채권을 자동채권으로 하고 원고의 공사비잔대금채권을 수동채권으로 하여 상계의 의사표시를 한 다음날 비로소 지체에 빠진다고 보아야 할 것이다."(대법원 1989. 12. 12. 선고 88다카18788 판결)[3]

3) 위 판결에서 원고는 수급인, 피고는 도급인이다.

같은 맥락에서 대법원은 하자보수비를 도급인이 건물을 인수한 때 또는 하자를 발견한 때를 기준으로 해야 한다는 논지는 독자적인 것이고 오히려 하자보수청구시 또는 하자보수에 갈음한 손해배상청구시를 기준으로 산정함이 사리에 합당하다(대법원 1980. 11. 11. 선고 80다923, 924 판결)고 설시하였다.

손해배상액을 산정하는 기준 시점은 하자보수를 청구하는 시점이다. 하자보수를 청구하지 않고 처음부터 이에 갈음하는 손해배상청구를 하는 경우에는 손해배상을 청구한 때가 기준시점이다.

판례 "하자가 중요한 경우의 그 손해배상의 액수 즉 하자보수비는 목적물의 완성시가 아니라 하자보수청구시 또는 손해배상 청구시를 기준으로 산정함이 상당하다."(대법원 1998. 3. 13. 선고 95다30345 판결)

---

12. 위자료의 인정 여부

쟁점

도급인은 건물의 하자로 인하여 정신적 고통을 받았다는 이유로 위자료를 청구할 수 있는가?

판단

위자료는 특별사정으로 인한 손해로서 수급인이 그 사정을 알았거나 알 수 있었다면 위자료도 청구할 수 있다.

(1) 특별사정으로 인한 손해

하자담보책임으로서의 손해배상의 범위는 통상의 손해를 그 한도로 하며, 하자보수에 갈음한 손해배상은 하자보수비 상당액에 해당한다. 위와 같은 통상적 손해로서의 하자보수비 이외에 하자로 인하여 입은 정신적 피해에 대한 손해배상도 인정되는가?

대법원은 하자로 인한 도급인의 정신적 피해는 하자가 보수되거나 하자보수에 갈음한 손해배상을 받으면 회복되는 것으로 보고, 그래도 회복이 되지 않는 정신적 피해에 대한 손해배상은 특별사정으로 인한 손해로서 수급인이 그 사정을 알았거나 알 수 있었을 때에 한하여 인정된다는 입장이다.

판례 "일반적으로 건물신축도급계약에 있어서 수급인이 신축한 건물에 하자가 있는 경우 이로 인하여 도급인이 받은 정신적 고통은 하자가 보수되거나 하자보수에 갈음한 손해배상이 이루어짐으로써 회복된다고 보아야 할 것이므로 도급인이 하자의 보수나 손해배상만으로는 회복될 수 없는 정신적 고통을 입었다는 특별한 사정이 있고 수급인이 이와 같은 사정을 알거나 알 수 있었을 경우에 한하여 정신적 고통에 대한 위자료를 인정할 수 있다."(대법원 1993. 11. 9. 선고 93다19115 판결).

---

(2) 위자료를 인정한 사례

주방바닥에 설치된 온수배관의 이음새 탈락으로 누수가 발생하여 주방과 거실이 침수되는 사고가 발생한 탓에 원고들(부부 및 어린 자녀 3명)을 같은 공동주택 중 ○○호에 약 2개월간 이주시키고 누수부분의 하자보수공사와 침수된 가구 및 바닥재에 대한 교체공사를 시행하였고, 그 기간 중 위 ○○호의 소유자가 입주를 하는 바람에, 원고들이 다시 수일간 호텔에서 거주하게 된 사안에서, 원고들이 2차례나 거주지를 옮기며 생활하는 불편으로 인한 고통은 급수배관 및 마루판의 수리 등으로는 회복될 수 없는 손해로서, 피고로서도 이를 충분히 예상할 수 있었던 사정이라 할 것이므로 피고는 원고들이 이로 인하여 입은 위와 같은 고통에 대하여 금전으로나마 위자할 의무가 있다고 하였다.(울산지방법원 2006. 2. 3 선고 2004가단23805 판결)

(3) 위자료를 인정하지 않은 사례

대법원은 건물의 콘크리트 강도가 부족하고 시공에 하자가 있으며, 미시공 등으로 인하여 정신적 고통을 입었다고 하더라도, 공사의 경위와 하자 및 미시공의 정도, 건물의 콘크리트 강도 미달이 건물의 안전성에 미치는 영향은 구조적으로 크게 문제되지 않고 수명에 영향을 미친다고 인정되지 않을 때에는 그 하자로 인하여 정신적 고통을 받았음을 이유로 위자료를 청구할 수는 없다고 하였다.(대법원 1996. 6. 11. 선고 95다12798 판결).

기초판을 시공하지 아니하거나 설계와 다르게 불완전 시공을 하는 등 부실공사를 함으로써 주택 전부에 균열이 발생하는 등 건물을 재시공해야 할 정도인 경우에도 수분양자들의 정신적 손해는 주택의 현시가에 상당하는 재산상 손해배상에 의하여 전보될 수 있다고 보여지므로 위자료 청구를 배척한 사례가 있다.(제주지방법원 1996. 1. 18 선고 93가합2199 판결)

아파트의 소유자인 원고가 피고들이 제1차 하자보수공사를 완료하였음을 확인하고 이의를 제기하지 않겠다는 내용의 확인서를 작성하고, 피고들은 제1차 보수공사 후 원고들의 요청에 따라 제2차 보수공사를 실시하여 이를 모두 완료한 사안에서는, 보수공사의 규모와 정도 등에 비추어 보면 정신적 손해가 경험칙상 당연히 인정된다고 할 수 없어 위자료 청구를 인정하지 않았다.(울산지방법원 2007. 9. 7. 선고 2006가단38146 판결)

13. 하자로 인한 손해

쟁점

경미한 하자로서 보수에 과다한 비용이 드는 때에는 하자로 인한 손해만을 청구할 수 있는데, 이 때의 손해는 어떻게 산출하는가?

판단

하자 없는 상태와 하자 있는 상태의 교환가치의 차액, 또는 그 시공비의 차액 상당이다.

하자가 중요하지 아니하면서 동시에 그 보수에 과다한 비용을 요하는 경우에는 도급인은 하자보수나 하자보수에 갈음하는 손해배상을 청구할 수 없고 그 하자로 인하여 입은 손해의 배상만을 청구할 수 있다. 또한 하자보수가 불가능한 하자의 경우에도 하자보수에 갈음한 손해배상이 아니라 하자로 인한 손해를 청구하여야 한다.

이러한 경우 그 하자로 인하여 입은 통상의 손해는 특별한 사정이 없는 한 도급인이 하자 없이 시공하였을 경우의 목적물의 교환가치와 하자가 있는 현재의 상태대로의 교환가치와의 차액이 된다(대법원 1997. 2. 25. 선고 96다45436 판결).

판례 "하자가 중요하지 아니하면서 그 보수에 과다한 비용을 요하는 경우의 그 하자로 인한 손해인 교환가치의 평가는 재조달원가에 감가수정을 하는 복성식평가법에 의하는 것이 합리적이고(감정평가에관한규칙 제4조, 제18조 등 참조), 감가수정을 하는 것이 적당하지 않은 경우에는 건물 완공시의 재조달원가를 산정 비교하는 방법에 의하여 평가하는 것이 합리적이다."(대법원 1998. 3. 13. 선고 95다30345 판결).

교환가치의 차액을 산정하기가 현실적으로 불가능한 경우에는 하자없는 상태로 시공할 경우의 시공비와 하자있는 현재 상태의 시공비의 차액 상당이 손해에 해당한다(대법원 1998. 3. 13. 선고 97다54376 판결).

14. 확대손해의 배상책임

쟁점

甲은 乙에게 액젓 저장 탱크를 제작하여 설치하는 공사를 맡겼는데, 탱크에 발생한 균열로 인하여 탱크에 보관한 액젓이 변질되는 손해가 발생하였다. 乙은 甲에게 액젓 변질에 대한 손해를 배상할 책임이 있는가?

판단

수급인 乙은 공사 목적물에 발생한 하자 이외에 확대손해에 대해서도 손해배상책임을 진다. 다만 이 손해배상책임은 하자담보책임과 별개의 채무불이행책임에 해당한다.

목적물에 존재하는 하자로 인하여 확대손해가 발생하는 경우가 있다. 예컨대, 주택신축 공사를 하면서 전기공사를 부실하게 하는 바람에 전기합선으로 인하여 화재가 발생하여 도급계약의 목적물이 아닌 가구 또는 가전제품이 손상되는 재산상의 손해가 발생할 수도 있다. 혹은 부실시공으로 인하여 안전사고가 발생하여 사람이 다치는 사고가 발생할 수도 있다.

이러한 확대손해에 대해서도 수급인은 손해배상책임을 진다. 다만, 그 하자가 원인이 되어 도급계약의 목적물 이외에 재산 또는 신체에 발생한 확대손해에 대해서는 하자담보책임과는 별개의 채무불이행책임을 물어야 한다는 것이 대법원의 판단이다.

액젓 저장탱크를 제작하여 설치하는 공사도급계약에 따라 수급인이 제작하여 설치한 액젓 저장탱크에 균열이 발생하였다. 이 균열은 철근·콘크리트의 부족이라는 구조적 결함으로 인한 것으로서 보수공사가 필요한 하자였다. 이 하자로 인하여 액젓이 변질되는 사고가 발생하였다. 이 경우 수급인에게 액젓 저장탱크의 제작·설치를 의뢰한 도급인은 액젓 변질로 인한 손해배상까지 청구할 수 있는가?

대법원은 이 같은 경우 수급인이 액젓 변질로 인한 손해까지도 도급인에게 배상해야 한다고 판단하였다. 다만, 액젓 변질로 인한 손해배상은 하자담보책임이 아니라 별개의 권원에 의해서 인정되는 채무불이행책임이라는 취지로 판시하고 있다. 즉, 액젓 변질로 인한 손해배상은 하자담보책임을 넘어서 수급인이 도급계약의 내용에 따른 의무를 제대로 이행하지 못함으로 인하여 도급인의 신체 · 재산에 발생한 손해에 대한 배상이라는 것이다.

결국 하자담보책임은 액젓 저장탱크 자체의 하자를 보수하는 데 드는 비용 상당에 한정되는 것이고, 그 하자가 원인이 되어 도급계약의 목적물 이외에 재산 또는 신체에 발생한 하자에 대해서는 하자담보책임과는 별개의 채무불이행책임을 물어야 한다는 것이다.

판례 "액젓 저장탱크의 제작·설치공사 도급계약에 의하여 완성된 저장탱크에 균열이 발생한 경우, 보수비용은 민법 제667조 제2항에 의한 수급인의 하자담보책임 중 하자보수에 갈음하는 손해배상이고, 액젓 변질로 인한 손해배상은 위 하자담보책임을 넘어서 수급인이 도급계약의 내용에 따른 의무를 제대로 이행하지 못함으로 인하여 도급인의 신체·재산에 발생한 손해에 대한 배상으로서 양자는 별개의 권원에 의하여 경합적으로 인정된다."(대법원 2004. 8. 20. 선고 2001다70337 판결).

---

15. 확대손해와 귀책사유

쟁점

집합건물에 발생한 하자로 인하여 수분양자에게 손해를 배상한 분양자는 공사 수급인을 상대로 선행소송의 소송비용을 청구할 수 있는가?

판단

분양자는 공사 수급인을 상대로 하자담보책임과 함께 공사도급계약의 위반에 따른 채무불이행책임을 물을 수 있으므로 선행소송의 소송비용을 청구할 수 있다.

하자담보책임은 법정 무과실책임이다. 따라서 하자가 발생한 이상 수급인은 그에게 과실이 없더라도 하자보수의무 또는 하자보수에 갈음하는 손해배상의무를 진다.

그렇다면 수급인은 귀책사유가 없더라도 확대손해에 대한 손해배상책임을 부담하는가?

확대손해에 따른 손해배상책임이 채무불이행책임이라면 수급인에게 귀책사유가 있어야 책임을 물을 수 있을 것이다. 대법원은 이에 대해서 "수급인이 도급계약에 따른 의무를 제대로 이행하지 못함으로 말미암아 도급인의 신체 또는 재산에 손해가 발생한 경우 수급인에게 귀책사유가 없었다는 점을 스스로 입증하지 못하는 한 도급인에게 그 손해를 배상할 의무가 있다."(대법원 2005. 11. 10. 선고 2004다37676 판결)고 판단하였다.

즉, 하자확대로 인한 책임을 묻기 위해서는 수급인의 귀책사유가 필요하지만, 그 귀책사유에 대한 입증책임은 채무자인 수급인에게 있다는 것이다. 따라서 수급인은 자신에게 귀책사유가 없다는 점을 입증하지 못하면 하자확대로 인한 손해배상책임도 면할 수 없다.

집합건물의 하자로 인하여 수분양자들로부터 분양자의 담보책임을 묻는 소송을 제기당하여 그 하자보수비를 지급한 경우 분양자가 이 소송에 들인 비용은 도급계약에 따른 채무불이행과 상당인과관계에 있는 손해이다. 분양자는 이와 별도로 도급인으로서 수급인에 대하여 하자담보책임을 물을 수 있으므로 선행소송에서 인정된 하자보수비를 하자보수에 갈음하는 손해로 주장할 수 있을 것이다[4](대법원 2013. 11. 28. 선고 2012다202383 판결).

판례 "원단의 가공에 관한 도급계약에 의하여 납품된 물건에 하자가 발생함으로 말미암아 도급인이 외국에 수출하여 지급받기로 한 물품대금을 지급받지 못한 데 대한 손해배상은, 민법 제667조제2항 소정의 하자담보책임을 넘어서 수급인이 도급계약의 내용에 따른 의무를 제대로 이행하지 못함으로 인하여 도급인의 신체·재산에 발생한 이른바 '하자확대손해'에 대한 배상으로서, 수급인에게 귀책사유가 없었다는 점을 스스로 입증하지 못하는 한 도급인에게 그 손해를 배상할 의무가 있다."(대법원 2007. 8. 23. 선고 2007다26455, 26462 판결)

---

4) 다만 선행소송 결과 지급하게 된 지연손해금은 도급계약에 따른 채무불이행과 상당인과관계가 없다고 본다. "도급인이 그가 ○○아파트의 하자와 관련하여 구분소유자들로부터 손해배상청구를 당하여 그 하자에 대한 손해배상금 및 이에 대한 지연손해금을 지급한 경우, 그 지연손해금은 도급인이 자신의 채무의 이행을 지체함에 따라 발생한 것에 불과하므로 특별한 사정이 없는 한 수급인의 도급계약상의 채무불이행과 상당인과관계가 있는 손해라고 볼 수는 없다. 이러한 경우 도급인으로서는 구분소유자들의 손해배상청구와 상관없이 수급인을 상대로 위 하자에 대한 손해배상금(원금)의 지급을 청구하여 그 이행지체에 따른 지연손해금을 청구할 수 있을 뿐이다.(대법원 2013. 11. 28. 선고 2012다202383 판결)"

16. 수급인의 배상책임 여부

쟁점

설계도와 달리 전등선과 전열선을 별도로 하지 않고 하나의 선으로 설치하는 바람에 단일 전선에 과부하가 걸려 누전이 되었고, 이로 인하여 화재가 발생하였다. 그리고 이 화재를 진압하는 과정에서 물이 유입되어 주택이 훼손되었다. 결국 이 화재의 원인은 하자로 밝혀진 경우 수급인의 손해배상의 범위는 어디까지인가?

판단

수급인은 전열선을 별도의 선으로 재시공하는 비용과 화재로 인해 훼손된 부분을 복구하는 데 드는 비용 모두를 배상해야 한다.

하자없는 상태로 재시공하는 비용 상당액은 통상의 손해라 할 것이므로 설계도에 맞게 각실 전등의 전원공급을 담당하는 전등선과 가전제품의 전원공급을 담당하는 전열선을 별도의 선으로 재시공하는 데 소요되는 비용 상당이 손해라는 점은 의심의 여지가 없다.

거기에서 더 나아가 화재를 진압하는 과정에서 유입된 물로 인하여 훼손된 부분을 원상복구하는 비용까지도 손해배상의 범위에 포함되는가? 대법원은 그 화재 진압시 사용한 물이 유입됨으로써 훼손된 부분을 복구하는 데 드는 비용 상당액도 그 하자와 상당인과관계가 있는 손해에 해당한다고 본다.

판례 "수급인은 목적물이 하자로 인하여 훼손된 경우 그 훼손된 부분을 철거하고 재시공하는 등 복구하는 데 드는 비용 상당액의 손해를 배상할 의무가 있고, 공사도급계약의 목적물인 건물에 하자가 있어 이로부터 화재가 발생한 경우 그 화재 진압시 사용한 물이 유입됨으로써 훼손된 부분을 복구하는 데 드는 비용 상당액도 그 하자와 상당인과관계가 있는 손해에 해당한다."(대법원 1996. 9. 20. 선고 96다4442 판결).

17. 수급인의 책임제한

쟁점

하자의 발생 및 하자로 인한 손해의 확대에 도급인의 책임이 개입되었다면 이러한 사정을 참작하여 수급인의 책임을 제한할 수 있을까?

판단

손해액을 산정할 때 도급인 측의 사정도 참작하여 수급인의 책임을 제한한다.

(1) 하자담보책임의 범위를 정할 때 도급인의 잘못을 참작할 수 있는지

과실상계 규정은 채무불이행 및 불법행위에 기한 손해배상책임을 정할 때 적용된다. 채무불이행에 관하여 채권자에게 과실이 있을 때 손해배상의 책임과 배상액을 산정할 때 반드시 참작해야 하고(민법 제396조), 불법행위에 기한 손해배상책임과 범위를 정할 때에도 채권자의 과실을 반드시 참작해야 한다(민법 제763조).

불법행위에 있어서 과실상계는 공평 내지 신의칙의 견지에서 손해배상액을 정함에 있어 피해자의 과실을 참작하는 것으로서, 그 적용에 있어서는 가해자와 피해자의 고의 과실의 정도, 위법행위의 발생 및 손해의 확대에 관하여 어느 정도의 원인이 되어 있는가 등의 제반 사정을 고려하여 배상액의 범위를 정하는 것이며, 불법행위에 있어서의 가해자의 과실이 의무위반의 강력한 과실임에 반하여 과실상계에 있어서 과실이란 사회통념상, 신의성실의 원칙상, 공동생활상 요구되는 약한 부주의까지를 가리키는 것이라 할 것이다(대법원 2001. 3. 23. 선고 99다33397 판결).

수급인의 하자담보책임은 법정무과실 책임으로서 수급인의 과실을 요하지 않기 때문에 형식논리적으로 보면 과실상계의 여지가 없어 보인다. 그런데도 하자보수에 갈음한 손해배상책임의 범위를 정할 때 도급인측의 사정을 참작할 수 있을까? 하자의 발생 및 하자로 인한 손해의 확대에 도급인의 책임이 개입되어 있다면 수급인의 하자담보책임을 산정할 때 이러한 사정을 참작할 수 있을까? 판례는 도급인측의 사정을 참작할 수 있다는 입장이다.

판례 "수급인의 하자담보책임에 관한 민법 제667조는 법이 특별히 인정한 무과실책임으로서 여기에 민법 제396조의 과실상계 규정이 준용될 수는 없다 하더라도 담보책임이 민법의 지도이념인 공평의 원칙에 입각한 것인 이상 하자발생 및 그 확대에 가공한 도급인의 잘못을 참작하여 손해배상의 범위를 정함이 상당하다."(대법원 1990. 3. 9. 선고 88다카31866 판결)

더 나아가 판례는 법원이 도급인의 과실을 직권으로 반드시 참작하여야 한다는 입장이다.

판례 "하자담보책임으로 인한 손해배상 사건에 있어서는 배상 권리자에게 그 하자를 발견하지 못한 잘못으로 손해를 확대시킨 과실이 인정된다면 법원은 손해배상의 범위를 정함에 있어서 이를 참작하여야 하며, 이 경우 손해배상책임을 다투는 배상 의무자가 배상 권리자의 과실에 따른 상계항변을 하지 아니하더라도 소송에 나타난 자료에 의하여 그 과실이 인정되면 법원은 직권으로 이를 심리·판단하여야 한다."(대법원 1999. 7. 13. 선고 99다12888 판결)

(2) 수급인의 책임제한을 인정한 사례

이 사건 건물의 건축주는 ① 증축을 하기 위해서는 기초공사의 견고성을 알아보고 견고성에 문제가 있으면 증축을 하지 말아야 하는데도 처음 공사도급한 내용을 변경하여 1층 골조공사가 끝날 무렵에야 3층 및 탑층의 증축을 요구하였다. ② 1976. 2. 건물을 인도받아 누수, 균열 등의 하자를 발견했으면 즉시 수급인에게 보수를 요청하는 등 하자 확대를 방지할 신의칙상 의무가 있는데, 이를 게을리 했다. ③ 오히려 건물을 인수한지 2개월도 안되어 수급인 등과 상의도 없이 3층 옥상에 7.3톤의 철제선전탑을 건립하면서 바닥에 구멍을 뚫는 등 설치과정에서의 진동, 건립 후 중압에 의한 피해 등으로 그 하자가 확대되었다.

이러한 사정을 참작하여 25% 가량을 손해액에서 감액산정한 원심의 판단에 대하여 대법원은 민법 제667조 소정의 수급인의 하자 담보책임이 법이 특별히 인정한 무과실 책임으로서 여기에 동법 제396조의 과실상계 규정이 준용될 수 없다 하더라도, 위 담보책임이 민법의 지도이념인 공평의 원칙에 입각한 것일진대 원심이 본건 하자 정도 확대에 가공한 원고의 잘못을 그 손해액 산정에서 참작하였음에 아무런 법리오해가 있다 할 수 없다고 판단했다(대법원 1980. 11. 11. 선고 80다923, 924 판결).

(3) 수급인의 책임제한을 부정한 사례

그렇다고 언제나 수급인의 책임제한이 인정되는 것만은 아니다. 도급인이 외국에 거주한다는 핑계로 공사비를 제때에 지급하지 아니하였거나 수급인에게 공사를 일임한 채 건축주 본인으로서 최소한의 현장 확인, 감독조치를 게을리 하였다면 참작 사유가 될까?

대법원은 이와 같은 사정만으로는 채권자측의 과실로 참작할 수 있는 것이 아니라고 본다. 대법원은 건축 문외한으로 보이는 도급인이 공사를 직영한 것이 아니라 십 수억 대의 공사대금을 주고 목욕탕 건설 및 설비 전문가라고 자처하는 수급인에게 공사 전체를 도급주어 시공하게 한 사정 및 일반적으로 건축공사 도급계약에 있어 수급인은 당연히 계약 내용에 좇아 아무런 하자 없는 건물을 완성하여 도급인에게 인도하여 줄 의무가 있는 점 등에 비추어 볼 때, 도급인이 미국에 거주한다는 핑계로 공사비를 제때에 지급하지 아니하였고, 공사의 진행도 수급인에게 일임한 채 건축주 본인으로서 최소한의 현장 확인, 감독조치를 게을리 하였다는 등의 사유는 이 사건 하자의 발생이나 확대에 영향을 미친 도급인측의 과실이라고 말하기 어렵다고 판단했다(대법원 1999. 7. 13. 선고 99다12888 판결).

그리고 대법원은 액젓 저장탱크의 균열로 인한 하자보수비용을 인정함에 있어 도급인의 과실을 80%로 참작한 원심의 조치는 형평의 원칙에 비추어 현저히 불합리하다고 한 사례(대법원 2004. 8. 20. 선고 2001다70337 판결)가 있다.

판례 "지반보강공사나 철근·콘크리트의 사용량은 수급인이 전문적인 지식에 기초하여 결정·시공할 사항이므로 이에 대한 원고 도급인의 과실을 참작하려면 통상 공사도급계약 과정에서 가격을 결정하기 위하여 당사자가 벌이는 협상의 정도를 벗어나 피고가 원고의 무리한 요구를 받아들일 수밖에 없는 특별한 사정이 인정되어야 할 것인데, 피고가 홍성군 직원을 통하여 원고를 접촉하여 공사계약을 체결한 경위에 비추어 볼 때 달리 피고가 원고의 무리한 요구를 받아들였어야 할 특별한 사정이 엿보이지도 아니한다. 다음으로 원·피고 사이의 계약상 도급금액이 하자 없는 시공을 위한 공사금액에 비하여 현저히 낮은 금액이라고 인정하기도 어렵다.

기록에 의하면, 이 사건 도급금액은 지반공사와 저장탱크설치공사를 합하여 1억 7,000만원이고 제1심의 감정 결과에 의하여 밝혀진 하자보수비용(표면방수공사비용 제외)은 293,991,363원이지만 위 공사금액의 상당 부분을 차지하는 인건비가 도급계약 당시에 비하여 감정일 무렵 47% 상승하였고 이러한 요인이 하자보수비용의 산정에 영향을 미친 것으로 보이고, 이 사건 하자보수비용은 앞서 본 바와 같이 시공상의 하자로 인한 균열에 대한 것으로서 표면방수공사비용은 제외되었을 뿐 아니라 표면방수공사의 미비가 균열에 영향을 미친다고 볼 사정도 인정되지 아니한다.

나아가 앞서 본 것처럼 수급인의 담보책임은 법정의 무과실책임이되 도급인과 수급인 사이의 형평을 실현하기 위하여 도급인측의 과실을 참작할 수 있는 것인데, 각종 공사를 영업목적으로 하는 법인체인 피고와 어민인 원고 사이에서 피고를 더 보호하여야 할 합리적 근거가 있다고 보기도 어렵다.

결국, 원심이 위 하자보수비손해에 대하여 원고의 과실을 80%나 참작한 것은 형평의 원칙에 비추어 현저히 불합리한 조치라고 할 것인바, 따라서 이 부분 원심의 인정 및 판단은 채증법칙 위배로 인한 사실오인, 수급인의 담보책임과 도급인의 과실참작에 대한 법리 오해로 판결에 영향을 미친 위법이 있고, 이를 지적하는 원고의 상고이유의 주장은 이유 있어 이를 받아들인다.(대법원 2004. 8. 20. 선고 2001다70337 판결)"

---

18. 공사대금채권과 하자보수에 갈음한 손해배상채권의 동시이행

쟁점

도급인은 하자의 존재를 이유로 공사대금채무의 지급을 거절할 수 있는가?

판단

동시이행관계에 있는 손해배상채권 상당액에 대하여는 지급을 거절할 수 있다.

도급인의 공사대금지급채무와 수급인의 하자보수채무 또는 하자보수에 갈음하는 손해배상채무는 동시이행관계에 있다(민법 제667조제3항, 제536조).

완성된 목적물에 하자가 있는 때에는 도급인은 수급인에 대하여 하자의 보수를 청구할 수 있고, 그 하자의 보수에 갈음하여 또는 보수와 함께 손해배상을 청구할 수 있는데, 이들 청구권은 특별한 사정이 없는 한 수급인의 보수지급청구권과 동시이행의 관계에 있는 것이다. 따라서 도급인은 수급인이 하자보수를 이행하거나 하자보수에 갈음한 손해배상채무를 이행할 때까지 공사대금채무의 이행을 거절할 수 있고, 이 권리를 행사하는 한에서는 도급인이 공사대금채무를 지급하지 않더라도 이행지체에 빠지지 않는다.

그렇다고 도급인은 하자보수청구나 하자보수에 갈음한 손해배상청구권을 행사하지도 않은 채 하자가 존재한다는 이유만으로 공사대금채무의 지급을 거절할 수 없다. 도급인이 완성된 목적물에 하자가 있는 것을 이유로 삼아 보수의 지급을 거절하기 위하여서는 먼저, 그 하자의 보수를 청구하는 것인지, 아니면 하자의 보수에 갈음하여 손해배상을 청구하는 것인지, 또는 하자의 보수와 함께 손해배상을 아울러 청구하는 것인지를 명료하게 하지 않으면 안된다(대법원 1991. 12. 10. 선고 91다33056 판결).

판례 "도급계약에 있어서 완성된 목적물 또는 완성전의 성취된 부분에 하자가 있는 경우에는 도급인은 수급인에게 하자의 보수를 청구할 수 있고 하자보수에 갈음하거나 하자보수와 함께 손해배상을 청구할 수 있으며 이들 청구권은 특별한 사정이 없는 한 수급인의 공사대금채권과 동시이행의 관계에 있는 것이므로 이와 같은 하자가 있어 도급인이 하자보수나 손해배상청구권을 보유하고 이를 행사하는 한에 있어서는 도급인의 공사비지급채무는 이행지체에 빠지지 아니한다."(대법원 1989. 12. 12. 선고 88다카18788 판결).

다만 도급인이 동시이행관계에 있는 보수지급채무에 대한 이행거절 의사까지 밝힐 필요는 없다. 대법원은 이행거절권능의 존재 자체로 도급인의 공사대금지급채무는 이행지체에 빠지지 않는다고 본다.

판례 "도급인이 하자로 인한 손해배상청구권을 보유하고 이를 행사하는 한에 있어서는, 그와 동시이행관계에 있는 보수지급채무에 대한 이행거절의사를 밝히지 않더라도 수급인이 그 손해배상청구에 관하여 채무이행을 제공할 때까지 그러한 이행거절권능의 존재 자체로 도급인의 이행지체책임은 발생하지 아니하고, 이와 같은 관계는 동일한 도급계약에서 보수채권을 보유하고 행사하는 수급인이 도급인에게 부담하는 손해배상채무에 대한 이행지체책임의 발생 여부에 관하여도 마찬가지로 적용된다."(대법원 2007. 8. 23. 선고 2007다26455 판결)

19. 하자를 이유로 지급을 거절할 수 있는 공사대금채무의 범위

쟁점

도급인은 하자를 이유로 전체 공사대금의 지급을 거절할 수 있는가?

판단

하자를 이유로 지급을 거절할 수 있는 채무는 동시이행관계에 있는 하자보수채무 상당액이다.

완성된 목적물에 하자가 있는 때에는 도급인은 수급인에 대하여 하자의 보수를 청구할 수 있고, 그 하자의 보수에 갈음하여 또는 보수와 함께 손해배상을 청구할 수 있는데, 이들 청구권은 특별한 사정이 없는 한 수급인의 보수지급청구권과 동시이행의 관계에 있다.

그럼 도급인은 공사대금지급채무와 하자보수채무 또는 하자보수에 갈음한 손해배상채무가 서로 동시이행관계에 있다는 이유로 액수를 불문하고 공사대금채무의 지급을 거절할 수 있는가? 그럴 수는 없다. 서로 대등액에서 이행을 거절할 수 있을 뿐이다.

판례 "도급인이 하자의 보수에 갈음하여 손해배상을 청구한 경우 도급인은 그 손해배상의 제공을 받을 때까지 손해배상액에 상당하는 보수액의 지급만을 거절할 수 있는 것이고 그 나머지 보수액의 지급은 이를 거절할 수 없는 것이라고 보아야 할 것이므로 도급인의 손해배상채권과 동시이행관계에 있는 수급인의 공사금채권은 공사잔대금채권 중 위 손해배상채권액과 동액의 금원뿐이고 그 나머지 공사잔대금채권은 위 손해배상채권과 동시이행관계에 있다고 할 수 없다."(대법원 1990. 5. 22. 선고 90다카230 판결 등)

사례

이 사건 건물에는 슬라브, 보, 기둥 부분에 광범위하게 하자가 발생하여 보수하지 않으면 사용할 수 없는데, 6억원의 보수비가 소요된다. 도급인은 선급금만 지급하고 약정에 따른 기성공사대금을 전혀 지급하지 않아 현재 미지급 기성공사대금이 54억원에 이른다. 도급인은 현재 자력이 없고 앞으로 하자보수공사가 완성되어도 공사대금을 지급할지 여부가 불확실하다.

사정이 이런데도 도급인은 기성공사대금 전액에 대하여 동시이행의 항변을 할 수 있는가?

자기 채무의 이행을 회피하기 위한 수단으로서 동시이행의 항변권을 행사하는 경우에는 권리남용에 해당한다. 그래서 미지급 공사대금에 비해 하자보수비 등이 매우 적은 편이고 하자보수공사가 완성되어도 공사대금이 지급될지 여부가 불확실한 경우, 도급인이 하자보수청구권을 행사하여 동시이행의 항변을 할 수 있는 기성공사대금의 범위는 하자 및 손해에 상응하는 금액으로 한정하는 것이 공평과 신의칙에 부합한다.

사례처럼 6억원 상당의 하자보수비채무를 가지고 미지급 공사대금 54억원 전액에 대하여 동시이행의 항변권을 행사하여 지급을 거절할 수는 없다. 도급인이 지급을 거절할 수 있는 공사대금채무는 하자보수비 상당액에 한정된다고 보아야 할 것이다(대법원 2001. 9. 18. 선고 2001다9304 판결).

판례 "일반적으로 동시이행의 관계가 인정되는 경우에 그러한 항변권을 행사하는 자의 상대방이 그 동시이행의 의무를 이행하기 위하여 과다한 비용이 소요되거나 또는 그 의무의 이행이 실제적으로 어려운 반면 그 의무의 이행으로 인하여 항변권자가 얻는 이득은 별달리 크지 아니하여 동시이행의 항변권의 행사가 주로 자기 채무의 이행만을 회피하기 위한 수단이라고 보여지는 경우에는 그 항변권의 행사는 권리남용으로서 배척되어야 할 것이다."(대법원 2001. 9. 18. 선고 2001다9304 판결)

---

20. 분할급 약정과 동시이행의 범위

쟁점

기성고에 따라 공사대금을 분할하여 지급하기로 약정한 경우에 수급인의 하자보수채무와 동시이행관계에 있는 도급인의 공사대금지급채무는 당해 하자가 발생한 부분의 기성공사대금에 한정되는가?

판단

하자가 발생한 부분의 기성공사대금에 한정되는 것은 아니다.

기성고에 따라 공사대금을 분할하여 지급하기로 약정한 경우라도, 특별한 사정이 없는 한 하자보수의무와 동시이행관계에 있는 공사대금지급채무는 당해 하자가 발생한 부분의 기성공사대금에 한정되는 것은 아니다.

판례 "기성고에 따라 공사대금을 분할하여 지급하기로 약정한 경우라도, 특별한 사정이 없는 한 하자보수의무와 동시이행관계에 있는 공사대금지급채무는 당해 하자가 발생한 부분의 기성공사대금에 한정되는 것은 아니라고 할 것이다. 왜냐하면 이와 달리 본다면 도급인이 하자발생사실을 모른 채 하자가 발생한 부분에 해당하는 기성공사의 대금을 지급하고 난 후 뒤늦게 하자를 발견한 경우에는 동시이행의 항변권을 행사하지 못하게 되어 공평에 반하기 때문이다."(대법원 2001. 9. 18. 선고 2001다9304 판결)

21. 확대손해로 인한 손해배상채무와 공사대금채무의 동시이행

쟁점

도급인은 하자확대손해로 인한 손해배상채권을 지급받을 때까지 공사대금채무의 지급을 거절할 수 있는가?

판단

공사대금채무와 하자확대손해로 인한 손해배상채무는 동시이행관계에 있기 때문에 지급을 거절할 수 있다.

도급인은 동시이행항변권을 행사하여 수급인이 하자보수채무 또는 하자보수에 갈음한 손해배상채무를 이행하지 않는 한 공사대금채무의 지급을 거절할 수 있다. 하자로 인하여 확대손해가 발생했을 때 도급인은 확대손해로 인한 손해배상채권을 지급받을 때까지 공사대금채무의 지급을 거절할 수 있을까?

대법원은 하자확대손해로 인한 수급인의 손해배상채무와 도급인의 공사대금채무도 동시이행관계에 있다고 본다.

판례 "수급인이 도급계약에 따른 의무를 제대로 이행하지 못함으로 말미암아 도급인의 신체 또는 재산에 손해가 발생한 경우 수급인에게 귀책사유가 없었다는 점을 스스로 입증하지 못하는 한 도급인에게 그 손해를 배상할 의무가 있다고 보아야 할 것이고, 원래 동시이행의 항변권은 공평의 관념과 신의칙에 입각하여 각 당사자가 부담하는 채무가 서로 대가적 의미를 가지고 관련되어 있을 때 그 이행과정에서의 견련관계를 인정하여 당사자 일방은 상대방이 채무를 이행하거나 이행의 제공을 하지 아니한 채 당사자 일방의 채무의 이행을 청구할 때에는 자기의 채무이행을 거절할 수 있도록 하는 제도인데, 이러한 제도의 취지로 볼 때... 하자확대손해로 인한 수급인의 손해배상채무와 도급인의 공사대금채무도 동시이행관계에 있는 것으로 보아야 한다."(대법원 2005. 11. 10. 선고 2004다37676 판결).

판례 "도급계약에 있어서 완성된 목적물에 하자가 있는 때에 민법 제667조제2항에 의하여 도급인이 수급인에 대하여 그 하자의 보수에 갈음하여 또는 보수와 함께 손해배상을 청구할 수 있는 권리는 민법 제667조제3항에 의하여 민법 제536조가 준용되는 결과 특별한 사정이 없는 한 수급인이 가지는 보수채권과 동시이행관계에 있는 것이고, 나아가 동시이행항변권 제도의 취지로 볼 때 비록 당사자가 부담하는 각 채무가 쌍무계약관계에서 고유의 대가관계가 있는 채무가 아니라고 하더라도 구체적인 계약관계에서 각 당사자가 부담하는 채무에 관한 약정내용에 따라 그것이 대가적 의미가 있어 이행상의 견련관계를 인정하여야 할 사정이 있는 경우에는 동시이행의 항변권이 인정되어야 하는 점에 비추어 보면, 수급인이 도급계약에 따른 의무를 제대로 이행하지 못함으로 말미암아 도급인에게 손해가 발생한 경우 그와 같은 하자확대손해로 인한 수급인의 손해배상채무와 도급인의 보수지급채무 역시 동시이행관계에 있는 것으로 보아야 한다."(대법원 2007. 8. 23. 선고 2007다26455, 26462 판결)

22. 하수급인에 대한 도급인의 동시이행항변권 행사

쟁점

하도급 공사대금의 직불합의를 근거로 직접 하도급공사대금을 청구하는 하수급인에게 도급인은 하자보수청구권 내지 하자보수에 갈음한 손해배상채권에 기한 동시이행의 항변으로 대항할 수 있는가?

판단

도급인은 하수급인에게도 동시이행의 항변을 할 수 있다.

하도급 공사대금의 직불합의를 근거로 직접 하도급공사대금을 청구하는 하수급인에게 도급인은 하자보수청구권 내지 하자보수에 갈음한 손해배상채권에 기한 동시이행의 항변으로 대항할 수 있는가?

도급인과 수급인의 각 채무는 동시이행의 관계에 있다. 수급인(하도급인)의 하도급공사대금채무와 하수급인의 하자보수채무 또는 하자보수에 갈음한 손해배상채무 사이에도 하도급계약상 동시이행의 관계에 있다.

대법원은 하수급인에 대한 하도급공사대금채무를 인수한 도급인은 수급인이 하수급인에 대하여 가지는 하자보수청구권 내지 하자에 갈음한 손해배상채권 등에 기한 동시이행의 항변을 행사할 수 있다고 본다.

판례 "도급계약에 있어서 완성된 목적물에 하자가 있는 때에는 도급인은 수급인에 대하여 하자의 보수를 청구할 수 있고 그 하자의 보수에 갈음하여 또는 보수와 함께 손해배상을 청구할 수 있는바, 이들 청구권은 수급인의 공사대금채권과 동시이행관계에 있으므로 수급인의 하수급인에 대한 하도급 공사대금채무를 인수한 도급인은 수급인이 하수급인과 사이의 하도급계약상 동시이행의 관계에 있는 수급인의 하수급인에 대한 하자보수청구권 내지 하자에 갈음한 손해배상채권 등에 기한 동시이행의 항변으로써 하수급인에게 대항할 수 있다."(대법원 2007. 10. 11. 선고 2007다31914 판결)

도급인이 하수급인에 대한 수급인의 채무를 인수하였더라도 도급인과 하수급인이 서로 쌍무계약관계를 맺은 것은 아니지만, 하수급인은 도급인에 대하여 직접 하자담보책임을 부담한다. 건설산업기본법 제32조제1항에 하수급인은 그가 하도급받은 건설공사의 시공에 있어서는 발주자에 대하여 수급인과 동일한 의무를 진다는 규정이 있기 때문이다. 이 규정에 근거하여서도 하수급인의 공사대금채권과 도급인의 하자보수채권 또는 하자보수에 갈음한 손해배상채권 사이에 동시이행관계가 인정될 수 있을 것이다.

또한 하도급대금의 직불합의를 근거로 직접 하도급공사대금을 청구하는 하수급인에게 도급인은 하자보수청구권 내지 하자보수에 갈음한 손해배상채권에 기한 동시이행의 항변으로 대항할 수 있다고 보아야 할 것이다.

23. 수급인의 연대보증인과 하수급인 사이의 관계

쟁점

수급인의 연대보증인이 도급인에게 하자보수에 갈음한 손해배상채무를 변제한 경우 그 공사의 하수급인에게 구상권을 행사할 수 있는가?

판단

연대보증인은 그 공사의 하수급인에게 구상권을 행사할 수 있다.

(1) 수급인의 하자보수에 갈음하는 손해배상채무와 하수급인의 손해배상채무의 관계

甲은 수급인 乙이 도급인 丙으로부터 도급받은 건물 신축공사와 관련하여 도급계약상 부담하는 채무를 연대보증하였다. 하수급인 丁은 수급인 乙로부터 철근콘크리트 공사를 하도급받았다. 연대보증인 甲은 이 공사로 인하여 발생한 하자의 보수에 갈음하는 손해배상금을 도급인 丙에게 모두 지급하여 연대보증채무를 이행하였다.

수급인의 연대보증인 甲은 하수급인 丁에게 구상권을 행사할 수 있는가?

건설산업기본법 제32조제1항은 하수급인은 그가 하도급받은 건설공사의 시공에 있어서는 발주자에 대하여 수급인과 동일한 의무를 진다고 규정하고 있는데, 이 조항에 따라 하수급인 丁은 도급인 丙에 대하여 수급인 乙과 동일한 의무를 지게 되고, 하수급인 자신이 시공한 부분에 관해서는 수급인과 똑같은 하자담보책임을 지는 것으로 보아야 하는가?

도급인에 대하여 부담하는 수급인의 하자보수에 갈음하는 손해배상채무와 하수급인의 손해배상채무는 부진정연대채무라는 것이 대법원의 판단이다. 수급인은 도급인에게 이 사건 건물신축공사 전체에 대하여 시공상 잘못으로 말미암아 발생하는 하자의 보수에 갈음하는 손해배상채무를 부담한다. 이 책임은 공사도급계약에 따른 계약책임이다. 물론 그 법적 성질이 계약책임이라는 것은 아니다. 수급인의 담보책임이 발생하는 근거가 도급계약에 있다는 것 이외에 다른 의미가 아니다.

수급인이 도급인에 대하여 부담하는 담보책임의 법적 성질은 법정무과실책임이라는 것이 확고한 대법원의 판례이다. "민법 제667조 소정의 수급인의 하자 담보책임은 법이 특별히 인정한 무과실 책임"이다(대법원 1980. 11. 11. 선고 80다923, 924 판결).

하수급인 丁은 건설산업기본법 제32조제1항에 따라 하도급받은 철근콘크리트 공사에 대하여 도급인 丙에게 수급인 乙과 동일한 채무를 부담한다. 이것은 법률에 의하여 특별히 인정되는 책임이다. 수급인 乙의 채무와 하수급인 丁의 채무는 서로 별개의 원인으로 발생한 독립한 채무이기는 하지만, 어느 것이나 도급인 丙에 대하여 시공상 잘못으로 말미암아 발생한 하자의 보수에 갈음하는 손해를 배상하려는 것으로서 서로 동일한 경제적 목적을 가지고 있다.

수급인 乙의 연대보증인 甲이 도급인 丙에게 이 사건 공사의 하자보수에 갈음하는 손해배상채무를 이행함으로써 그와 중첩되는 부분인 하수급인 丁의 도급인 丙에 대한 이 사건 공사중 철근콘크리트 공사의 하자보수에 갈음하는 손해배상채무도 함께 소멸되는 관계에 있으므로 양 채무는 서로 중첩되는 부분에 관하여 부진정연대채무 관계에 있다.

판례 "수급인이 도급인에게 건물신축공사 전체에 대하여 시공상 잘못으로 말미암아 발생한 하자의 보수에 갈음하는 손해배상채무를 부담하는 경우, 이는 공사도급계약에 따른 계약책임이며, 하수급인은 구 건설업법(1996. 12. 30. 법률 제5230호 건설산업기본법으로 전부 개정되기 전의 것) 제25조제1항 및 건설산업기본법 제32조제1항에 따라 하도급받은 공사에 대하여 도급인에게 수급인과 동일한 채무를 부담하는데, 이는 법률에 의하여 특별히 인정되는 책임이므로, 수급인과 하수급인의 채무는 서로 별개의 원인으로 발생한 독립된 채무이기는 하지만, 어느 것이나 도급인에 대하여 시공상 잘못으로 말미암아 발생한 하자의 보수에 갈음하는 손해를 배상하려는 것으로서 서로 동일한 경제적 목적을 가지고 있어, 수급인이 도급인에게 위 하자보수에 갈음하는 손해배상채무를 이행함으로써 그와 중첩되는 부분인, 하수급인의 도급인에 대한 하자보수에 갈음하는 손해배상채무도 함께 소멸되는 관계에 있으므로, 양 채무는 서로 중첩되는 부분에 관하여 부진정연대채무 관계에 있다."(대법원 2010. 5. 27. 선고 2009다85861 판결)

---

(2) 수급인의 보증인이 하수급인에 대하여 구상권을 청구할 수 있는지

부진정연대채무 관계는 서로 별개의 원인으로 발생한 독립된 채무라 하더라도 동일한 경제적 목적을 가지고 있고 서로 중첩되는 부분에 관하여 일방의 채무가 변제 등으로 소멸할 경우 타방의 채무도 소멸하는 관계에 있으면 성립할 수 있고, 반드시 양 채무의 발생원인, 채무의 액수 등이 서로 동일할 것을 요한다고 할 수는 없다(대법원 2009. 3. 26. 선고 2006다47677 판결).

부진정연대채무자 중 1인을 위하여 보증인이 된 자가 피보증인을 위하여 그 채무를 변제한 경우에는 그 보증인은 피보증인이 아닌 다른 부진정연대채무자들에 대하여는 그 부담 부분에 한하여 구상권을 행사할 수 있다(대법원 2008. 7. 24. 선고 2007다37530).

또 어느 부진정연대채무자를 위하여 보증인이 된 자가 채무를 이행한 경우에는 다른 부진정연대채무자에 대하여도 직접 구상권을 취득하게 되고, 그와 같은 구상권을 확보하기 위하여 채권자를 대위하여 채권자의 다른 부진정연대채무자에 대한 채권 및 그 담보에 관한 권리를 구상권의 범위 내에서 행사할 수 있다.

도급인 丙은 도급계약에 근거하여 수급인 乙에게 철근콘크리트 공사에서 발생한 하자의 보수를 청구하거나 하자보수에 갈음한 손해배상을 청구할 수 있지만, 건설산업기본법 제32조제1항에 따라 직접 하수급인 丁에게 하자의 보수 또는 하자보수에 갈음한 손해배상을 청구할 수도 있다. 만약 도급인이 건설산업기본법에 근거하여 직접 하수급인에게 하자담보책임을 묻지 않고 수급인에 대하여만 책임을 물어 수급인이 하자담보책임을 이행한 경우에는 수급인은 하수급인에게 구상권을 행사할 수 있다.

수급인 乙의 연대보증인 甲은 수급인 乙의 연대보증인으로서 도급인 丙에 대하여 이 사건 공사로 인한 손해를 변제함으로써 수급인 乙과 부진정연대채무 관계에 있는 하수급인 丁에 대하여 그 부담 부분에 한하여 직접 구상권을 행사할 수 있고, 하수급인 丁의 이 사건 공사중 철근콘크리트 공사의 하자보수에 갈음하는 손해배상채무는 수급인 乙과 하수급인 丁 사이의 내부 관계에서는 하수급인 丁이 수급인 乙에게 하도급계약상 부담하여야 하는 하수급인 丁의 채무이므로 그 손해배상채무가 소멸함에 따른 구상의무는 하수급인 丁이 전부 부담하여야 한다(대법원 2010. 5. 27. 선고 2009다85861 판결).

따라서 보증인 甲은 직접 하수급인 丁에 대하여 가지는 구상권을 확보하기 위하여 채권자인 도급인 丙을 대위하여 丙의 하수급인 丁에 대한 채권 및 그 담보에 관한 권리를 구상권의 범위 내에서 행사할 수 있다.

24. 하자와 계약의 해제

쟁점

도급인은 완공된 건물에 존재하는 하자를 이유로 도급계약을 해제할 수 있는가?

판단

건물이 완성되면 하자로 인하여 계약의 목적을 달성할 수 없더라도 도급계약을 해제할 수 없다.

도급인은 완성된 목적물의 하자로 인하여 계약의 목적을 달성할 수 없는 때에는 계약을 해제할 수 있다. 그렇다면 완공된 건물에 발생한 하자로 인하여 계약의 목적을 달성할 수 없다면, 도급인은 이를 이유로 계약을 해제할 수 있는가?

만약 도급계약을 해제할 수 있다면 많은 비용을 들여 완성된 건물을 또 다시 비용을 들여 철거해야 할 것이다. 그렇게 되면 사회경제적 비용이 지나치게 커질 수 있고 수급인에게 감당할 수 없는 타격이 될 수 있기 때문에, 완성된 건물 및 토지의 공작물에 대하여는 하자로 인하여 계약의 목적을 달성할 수 없더라도 계약을 해제할 수 없다(민법 제668조 단서).

요컨대, 민법에서는 건물 기타 토지의 공작물에 대하여는 비록 하자로 인하여 계약의 목적을 달성할 수 없더라도 도급인에게 계약해제권을 인정하지 않고 있다. 건물 기타 토지의 공작물의 경우에는 아무리 큰 하자가 있더라도, 그래서 심지어 계약의 목적을 달성할 수 없더라도 도급인은 계약을 해제하고 원상회복을 청구할 수는 없고, 하자보수청구 혹은 하자보수에 갈음한 손해배상청구권만을 행사할 수 있을 뿐이다. 그래서 예컨대, 난지도 쓰레기처리장 건설공사가 완공된 후 도급계약이 해제된 경우, 해제의 효력은 기계, 전기공사부분에 한하여 미치고 토목, 건축공사부분에는 미치지 않는다.

판례 "난지도 쓰레기처리장 건설공사가 완공된 후 도급계약이 해제된 경우, 토목, 건축공사의 기성고부분에 대하여도 계약의 해제를 인정한다면 수급인에게 과대한 손실을 주게 될 뿐만 아니라 해제의 결과 원상회복을 하게 되면 사회경제적 손실도 크므로, 민법 제668조 단서 규정의 취지나 신의칙에 비추어 도급계약 해제의 효력은 기계, 전기공사부분에 한하여 미칠 뿐이고 토목, 건축공사의 기성고 부분에 대하여는 미치지 아니한다."(대법원 1994. 8. 12. 선고 92다41559 판결).

반면, 집합건물의 수분양자는 집합건물의 완공 후에도 분양목적물의 하자로 인하여 계약의 목적을 달성할 수 없는 때에는 분양계약을 해제할 수 있다.(대법원 2003. 11. 14. 선고 2002다2485 판결).

25. 하자담보책임기간의 법적 성질

쟁점

철근콘크리트 건물에 균열이 발생하여 누수가 발생하는 하자를 발견한 도급인 甲은 수급인 乙을 상대로 하자담보책임을 물으려고 한다. 甲은 10년이 넘도록 乙에게 하자보수를 요청한 사실은 없다. 甲은 乙에게 하자담보책임을 물을 수 있는가?

판단

제척기간이 만료되기 이전에 권리를 행사하지 않으면 수급인에게 하자담보책임을 묻지 못한다.

수급인의 하자담보책임 기간에 대해서는 민법에 상세하게 규정되어 있다. 수급인의 하자담보책임의 존속기간은 목적물의 인도를 받은 날로부터 1년이고, 목적물의 인도를 요하지 아니하는 경우에는 일의 종료시부터 1년이다(민법 제670조). 토지, 건물 기타 공작물은 5년이며, 석조, 석회조, 연와조, 금속 기타 이와 유사한 재료로 조성된 것인 때에는 10년간 담보책임이 있다(민법 제671조제1항). 토지, 건물 기타 공작물이더라도 하자로 인하여 멸실 또는 훼손된 때에는 멸실 또는 훼손된 때로부터 1년 내에 권리를 행사해야 한다(민법 제671조제2항).

민법에서 규정하고 있는 하자담보책임 기간은 어떤 의미가 있는가?

민법상 하자담보책임 기간은 제척기간에 해당한다. 제척기간이라는 것은 그 기간 내에 권리를 행사하지 않으면 권리를 행사하지 못하게 된다는 의미이다. 소멸시효는 중단이나 정지가 있지만 제척기간은 중단이나 정지되지 않는다.

그렇다면 권리행사의 방법은 어떤가? 그 기간내에 법원에 재판을 청구하여야 하는가?

그렇지는 않다. 민법상 하자담보책임 기간은 제척기간에 해당하되, 이는 재판상 또는 재판외의 권리행사기간이며 재판상 청구를 위한 출소기간은 아니다(대법원 1990. 3. 9. 선고 88다카31886

판결). 대법원은 2004. 1. 27. 선고 2001다24891 판결에서도 민법상 수급인의 하자담보책임에 관한 기간은 제척기간으로서 재판상 또는 재판외의 권리행사기간이며 재판상 청구를 위한 출소기간이 아니라고 판시하였다.

즉, 도급인은 하자담보책임기간 내에 법원에 소송을 제기하지 않더라도 소송 외에서 하자보수를 청구하거나 하자보수에 갈음하는 손해배상을 청구했으면 적법하게 권리를 행사한 것이다. 예컨대, 도급인이 담보책임기간이 경과하기 전에 수급인에게 내용증명우편을 발송하여 공사의 하자 및 미시공 부분에 대한 하자를 통지하고 그 보수를 요구하였다면 그 기간 경과 이후에 재판상 청구를 하였더라도 수급인으로서는 하자담보책임을 면할 수 없다.

한편 견고한 건축물 수급인의 하자담보책임기간은 10년이며, 수급인의 담보책임의 제척기간을 1년으로 정한 민법 제670조는 적용되지 않는다. "민법 제671조에 의하면 토지, 건물 기타 공작물 수급인의 담보책임에 대하여는 같은 법 제670조의 제척기간에 대한 특칙으로 그 제척기간을 공작물의 종류에 따라 5년 또는 10년으로 규정하고 있어 건물수급인에 대하여 담보책임을 묻는 하자보수청구권에 대하여는 1년간의 제척기간을 규정한 민법 제670조가 적용되지 않는다."(대법원 1988. 3. 8. 선고 87다카2083, 2084(반소) 판결)

판례 "민법 제671조에 의하면 토지, 건물 기타 공작물 수급인의 담보책임에 대하여는 같은 법 제670조의 제척기간에 대한 특칙으로 그 제척기간을 공작물의 종류에 따라 5년 또는 10년을 규정하고 있어 건물수급인에 대하여 담보책임을 묻는 하자보수청구권에 대하여는 1년간의 제척기간을 규정한 민법 제670조가 적용되지 않는다."(대법원 1997. 2. 14. 선고 96다44242, 44259 판결)

---

26. 건설산업기본법상 하자담보책임기간의 법적 성질

쟁점

건설산업기본법의 담보책임기간은 제척기간인가, 하자의 발생기간인가?

판단

견해의 대립이 있으나, 제척기간이라고 봄이 타당할 것이다.

건설공사 수급인의 담보책임에 관하여는 건설산업기본법에도 관련 규정이 있다. 건설업자인 수급인은 발주자에 대하여 공사의 종류별로 정하는 기간에 발생한 하자에 대하여 담보책임을 져야 한다.

건설산업기본법의 적용을 받는 건설공사에 대한 하자담보책임기간은 건설산업기본법 제28조제1항, 제3항의 규정에 따라 다른 법령에 특별한 규정이 있거나 도급계약에서 따로 정한 경우 이외에는 건설산업기본법의 규정이 적용되고 민법 제670조 및 제671조가 적용되지 않는다.

결국 건설산업기본법의 적용을 받지 않는 건설공사의 경우에만 민법의 제척기간 규정을 적용받게 된다.

제28조(건설공사 수급인 등의 하자담보책임) ① 수급인은 발주자에 대하여 다음 각 호의 범위에서 공사의 종류별로 대통령령으로 정하는 기간에 발생한 하자에 대하여 담보책임이 있다.

1. 건설공사의 목적물이 벽돌쌓기식구조, 철근콘크리트구조, 철골구조, 철골철근콘크리트구조, 그 밖에 이와 유사한 구조로 된 것인 경우: 건설공사의 완공일과 목적물의 관리·사용을 개시한 날 중에서 먼저 도래한 날로부터 10년
2. 제1호 이외의 구조로 된 것인 경우: 건설공사 완공일과 목적물의 관리·사용을 개시한 날 중에서 먼저 도래한 날로부터 5년

② 수급인은 다음 각 호의 어느 하나의 사유로 발생한 하자에 대하여는 제1항에도 불구하고 담보책임이 없다.

1. 발주자가 제공한 재료의 품질이나 규격 등이 기준미달로 인한 경우
2. 발주자의 지시에 따라 시공한 경우
3. 발주자가 건설공사의 목적물을 관계 법령에 따른 내구연한(耐久年限) 또는 설계상의 구조내력(構造耐力)을 초과하여 사용한 경우

③ 건설공사의 하자담보책임기간에 관하여 다른 법령(「민법」 제670조 및 제671조는 제외한다)에 특별하게 규정되어 있는 경우에는 그 법령에서 정한 바에 따른다. 다만, 공사 목적물의 성능, 특성 등을 고려하여 대통령령으로 정하는 바에 따라 도급계약에서 특별히 따로 정한 경우에는 도급계약에서 정한 바에 따른다.

④ 하수급인의 하자담보책임에 대하여는 제1항부터 제3항까지를 준용한다. 이 경우 "수급인"은 "하수급인"으로, "발주자"는 "수급인"으로, "건설공사의 완공일과 목적물의 관리·사용을 개시한 날 중에서 먼저 도래한 날"은 "하수급인이 시공한 건설공사의 완공일과 목적물의 관리·사용을 개시한 날 중에서 먼저 도래한 날"로 본다.

건설산업기본법에서 정하고 있는 하자담보책임기간은 어떻게 해석하여야 하는가? 제척기간인가, 하자의 발생기간인가?

제척기간이라고 해석하는 견해(대법원 2007. 5. 31. 선고 2006다60236 판결[5])와 하자의 발생기간으로 새기는 견해가 갈리고 있다.

하자의 발생기간으로 해석하는 견해는 '수급인은 발주자에 대하여 ...정하는 기간에 발생한 하자에 대하여 담보책임이 있다'는 건설산업기본법 제28조제1항 문언의 규정형식에 비춰 주택법 및 공동주택관리법상의 하자담보책임과 마찬가지로 하자의 발생기간으로 해석해야 한다는 것이다.

반면, 제척기간으로 해석하는 견해는 건설산업기본법 제28조의 입법취지가 건설산업기본법의 적용을 받는 건설공사에 대한 하자담보책임기간을 민법 제670조 및 제671조에 정한 하자담보책임기간 범위 내에서 공사의 종류에 따라 합리적으로 세분하여 정하려는 것으로 보일 뿐, 하자담보책임에 관하여 제척기간을 두지 않음으로써 민법상 수급인의 하자담보책임보다 책임을 가중하려는 것은 아니라고 본다.

따라서 건설산업기본법 제28조제1항에 규정된 하자담보책임기간은 민법 제670조 및 제671조의 특별규정으로서 하자담보책임이 발생하기 위한 요건이 되는 하자발생기간일 뿐만 아니라 제척기간이라고 봄이 타당할 것이다(서울고등법원 2016. 4. 21. 선고 2014나45609 판결).

5) "송풍기 공급자의 하자담보책임은 특별한 사정이 없는 한 '제척기간'의 도과로 소멸하였다"고 판시

27. 담보책임 면제 또는 기간 단축 약정의 유효성

12 건설공사와 하자

쟁점

당사자 사이의 약정으로 수급인의 하자담보책임기간을 민법에서 정한 기간보다 단축할 수 있는가?

판단

당사자 사이의 약정으로 수급인의 하자담보책임기간을 단축하거나 면제할 수 있다.

계약자유의 원칙상 도급인과 수급인은 당사자의 약정으로 수급인의 하자담보책임을 면제하거나 경감할 수 있음은 당연하다[6]. 다만 하자담보책임 면제의 특약을 했더라도 수급인이 알고 고지하지 아니한 사실에 대하여는 그 책임을 면하지 못하는(민법 제672조) 제약이 있을 뿐이다.

당사자 사이의 약정으로 수급인의 하자담보책임 기간을 민법에서 정하는 기간보다 단축할 수는 있지만, 제척기간을 늘리는 것은 허용되지 않는다.

판례 "민법 제670조의 담보책임의 존속기간은 당사자의 특약으로서 이를 단축할 수 있다 할 것이고, 피고가 위 법조의 규정을 모르고 담보책임의 존속기간을 2개월로 단축하는 특약을 한 것이라 하여, 그 특약이 무효한 것이라고 볼 아무런 법적 근거가 없다."(대법원 1967. 6. 27. 선고 66다1436 판결).

따라서 당사자의 특약으로 정한 하자담보책임기간을 경과하여 하자보수를 청구하거나 손해배상을 청구하는 것은 원칙적으로 허용되지 않는다.

6) 다만, 집합건물 분양자와 수분양자 간의 하자담보추급권의 포기 내지 면책 약정은 특별한 사정이 없는 한 집합건물법상의 분양자의 하자담보책임 규정보다 수분양자를 불리하게 한 특약으로써 무효(집합건물법 제2조의2 참조)가 될 수 있음에 주의를 요한다.

28. 담보책임기간 단축 약정과 수급인이 알고 고지하지 않은 하자

쟁점

수급인이 하자를 알고도 고지하지 않았더라도 담보책임기간 경과 이후라면 수급인은 하자에 대해서 책임이 없는가?

판단

수급인은 담보책임을 면할 수 없다.

(1) 담보책임기간 단축 약정과 민법 제672조의 유추적용

민법 제672조는 수급인이 담보책임이 없음을 약정한 경우에도 알고 고지하지 아니한 사실에 대하여는 그 책임을 면하지 못한다고 규정하고 있을 뿐 담보책임기간을 감경하는 약정에 대해서는 그 책임을 제한하는 규정이 특별히 없다. 그래서 민법 제672조는 담보책임을 면제하는 약정을 한 경우에만 적용되고, 담보책임기간을 단축하는 약정을 한 경우에까지 적용 또는 준용된다고 볼 수 없다는 견해도 있다.

그렇지만 대법원은 민법 제672조가 수급인의 담보책임기간을 단축하는 등 법에 규정된 담보책임을 제한하는 약정을 한 경우에도 유추적용되는 것으로 해석하였다. 담보책임을 면제하는 약정을 한 경우뿐만 아니라 담보책임기간을 단축하는 등 법에 규정된 담보책임을 제한하는 약정을 한 경우에도, 수급인이 알고 고지하지 아니한 사실에 대하여 그 책임을 제한하는 것이 신의성실의 원칙에 위배된다면 민법 제672조 규정의 취지를 유추하여 그 사실에 대하여는 담보책임이 제한되지 않는다고 판단하였다.

판례 "민법 제672조가 수급인이 담보책임이 없음을 약정한 경우에도 알고 고지하지 아니한 사실에 대하여는 그 책임을 면하지 못한다고 규정한 취지는 그와 같은 경우에도 담보책임을 면하게 하는 것은 신의성실의 원칙에 위배된다는 데 있으므로, 담보책임을 면제하는 약정을 한 경우뿐만 아니라 담보책임기간을 단축하는 등 법에 규정된 담보책임을 제한하는 약정을 한 경우에도, 수급인이 알고 고지하지 아니한 사실에 대하여 그 책임을 제한하는 것이 신의성실의 원칙에 위배된다면 그 규정의 취지를 유추하여 그 사실에 대하여는 담보책임이 제한되지 않는다."(대법원 1999. 9. 21. 선고 99다19032 판결)

(2) 민법 제672조를 유추 적용하여 수급인의 담보책임을 인정한 사례

도급인 甲과 수급인 乙은 아파트 300세대의 건축공사에 관한 도급계약을 체결하면서 하자담보책임기간을 준공검사일로부터 2년간으로 약정하였다. 乙이 아파트의 건축공사를 완공하고 준공검사를 마친 뒤 2년 이상 경과된 시점에 아파트 각 동 지붕 위의 기와가 함몰되고 파손되는 현상이 발생하였다. 원인을 조사해 본 결과 乙이 아파트 지붕 배수로 상부를 시공하면서 설계도에 PC판으로 시공하도록 되어 있는데도 합판으로 시공하였기 때문에 합판이 부식되면서 기와가 함몰되었고, 또 기와도 KS인증을 받지 않은 것을 사용하는 바람에 많이 파손되었음이 밝혀졌다. 이와 같은 사례에서 수급인 乙은 하자담보책임을 져야 하는가?

이 사건 하자는 당사자 사이에 약정한 하자담보책임 기간 2년이 경과된 이후에 발생하였는데, 을이 수급인의 담보책임을 져야 하는지 문제이다.

대법원은 이 사례의 시공상 하자는 외부에서 쉽게 발견할 수 없는 것이고, 하자로 인한 손해가 약정담보책임기간이 경과한 후에 발생하였다는 점을 감안하면, 도급인과 수급인 사이에 하자담보책임기간을 준공검사일부터 2년간으로 약정하였다 하더라도 수급인이 그와 같은 시공상의 하자를 알고 도급인에게 고지하지 않은 이상, 민법 제672조를 유추적용하여 수급인은 그 하자로 인한 손해에 대하여 담보책임을 면하지 못한다고 판단하였다(대법원 1999. 9. 21. 선고 99다19032 판결).

29. 하자보수에 갈음하는 손해배상청구권의 소멸시효

쟁점

하자보수에 갈음하는 손해배상청구권이 소멸시효가 적용 되는가?

판단

소멸시효가 적용되며, 수급인이 상인인 경우 그 기간은 5년이다.

(1) 하자보수에 갈음하는 손해배상청구권에 소멸시효가 적용되는지 여부

수급인의 담보책임에 기한 하자보수에 갈음하는 손해배상청구권도 채권으로서 소멸시효 규정이 적용된다.

판례 "수급인의 담보책임에 기한 하자보수에 갈음하는 손해배상청구권에 대하여는 민법 제670조 또는 제671조의 제척기간이 적용되고, 이는 법률관계의 조속한 안정을 도모하고자 하는 취지이다. 그런데 이러한 도급인의 손해배상청구권에 대하여는 권리의 내용·성질 및 취지에 비추어 민법 제162조제1항의 채권 소멸시효의 규정 또는 도급계약이 상행위에 해당하는 경우에는 상법 제64조의 상사시효의 규정이 적용되고, 민법 제670조 또는 제671조의 제척기간 규정으로 인하여 위 각 소멸시효 규정의 적용이 배제되지 않는다."(대법원 2012. 11. 15. 선고 2011다56491 판결)

---

(2) 소멸시효기간의 기산일

수급인의 하자담보책임에 적용되는 소멸시효기간은 각 하자가 발생한 시점부터 별도로 진행한다.

판례 "건설공사에 관한 도급계약이 상행위에 해당하는 경우 그 도급계약에 기한 수급인의 하자담보책임은 상법 제64조 본문에 의하여 원칙적으로 5년의 소멸시효에 걸리고, 이때 신축건물의 하자보수에 갈음한 손해배상청구권의 소멸시효기간은 그 권리를 행사할 수 있는 때라고 볼 수 있는 시점, 즉 그 건물에 하자가 발생한 시점부터 진행한다"(대법원 2013. 11. 28. 선고 2012다202383 판결).

30. 하자보수보증금의 법적 성질

쟁점

수급인의 하자보수의무 불이행시 도급인에게 귀속하는 것으로 약정한 하자보수보증금의 성질은 무엇인가?

판단

손해배상액의 예정이다.

공사도급계약에서는 통상 수급인의 하자담보책임의 이행을 담보하기 위하여 수급인에게 하자보수보증금을 예치하도록 요구하고 있다. 하자보수보증금을 예치하는 대신 건설공제조합이나 보증보험사로부터 하자이행보증증권을 발급받아 제출하기도 한다.

국가공사의 경우에는 계약상대자는 원칙적으로 계약금액의 2/100 이상 10/100 이하의 하자보수보증금을 납부하고 하자보수의무를 이행하지 아니한 때에는 하자보수보증금을 국고에 귀속한다(국가계약법 제18조, 시행령 제62조).

민간건설공사 표준도급계약 일반조건 제31조도 수급인이 하자보수보증금의 납부하고 수급인이 하자보수의무를 불이행하는 때에는 하자보수보증금을 도급인에게 귀속하는 것으로 규정하고 있다.

이와 같은 하자보수보증금의 성격은 어떤 것인가? 도급인에게 귀속되는 하자보수보증금액은 하자보수에 실제로 소요되는 실손해액에 한정되는가, 아니면 실손해액을 따질 것도 없이 약정한 하자보수보증금 전액을 보증채권자에게 귀속시켜야 하는가?

(1) 손해담보 약정

하자보수보증금 액수만 약정하고 수급인이 하자보수의무를 불이행하더라도 도급인이 하자보수보증금을 몰취할 수 있도록 하는 특별한 약정이 없다면 하자보수보증금은 하자로 인하여 보증채권자가 입게 되는 실제 손해를 전보해주는 약정으로 해석된다. 도급인과 수급인 사이에 보증금의 한도에 관한 약정만 있는 경우에는 도급인으로서는 실제 손해액을 입증하여 그 실제 손해액만을 배상받을 수 있을 뿐이다. 즉, 몰취규정이 없는 경우는 손해담보약정인 것이다. 그러므로 하자보수보증채권자가 하자로 인한 실제 손해액을 입증할 책임이 있으며, 하자보수보증금의 한도내에서 그 실제 손해액만을 배상받을 수 있을 뿐이다.

판례 "도급계약에 그 도급계약을 계약보증한 보증서의 보증금액을 위약벌 내지 제재금이나 손해배상액의 예정으로 하는 특약이 없는 경우, 수급인의 채무불이행으로 인하여 도급계약이 해제되었다고 하여 곧 보증서의 계약보증금을 위약벌이나 손해배상예정액으로 보아 계약보증을 한 건설공제조합에 대하여 곧바로 그 보증금액의 전액을 청구할 수는 없고, 도급인은 수급인의 구체적인 손해배상채무의 존재와 그 채무액을 입증하여 그 범위 안에서 위 보증서의 보증금액을 청구할 수 있을 뿐이다."(대법원 2000. 10. 27. 선고 99다17357 판결)

건설공제조합의 하자보수보증약관 제3조제2항은 "조합이 제1항의 보증금을 지급할 때에는 이 보증서에 기재된 보증금액을 한도로 하여 당해 공사 등의 하자보수에 실제로 소요되는 비용으로써 일반적으로 타당하다고 인정되는 금액으로 합니다. 다만, 관계법령 등에 보증금 귀속조항이 있는 경우에는 실제 비용과 관계없이 보증금액 범위내에서 보증채권자가 귀속시켜야 할 금액을 지급합니다."고 되어 있다.

(2) 손해배상액 예정

하자보수보증금을 몰취하는 규정이 있는 경우에는 손해배상액의 예정으로 해석되기 쉽다.

판례 "도급계약서 및 그 계약내용에 편입된 약관에 수급인이 하자담보책임 기간 중 도급인으로부터 하자보수 요구를 받고 이에 불응한 경우 하자보수보증금은 도급인에게 귀속한다는 조항이 있을 때 이 하자보수보증금이 손해배상액의 예정인지 위약벌인지는 도급계약서 및 위 약관 등을 종합하여 구체적 사건에서 개별적으로 결정할 의사해석의 문제이고, 위약금은 민법 제398조제4항에 의하여 손해배상액의 예정으로 추정되므로, 위약금이 위약벌로 해석되기 위하여는 특별한 사정이 주장·입증되어야 한다."(대법원 2001. 9. 28. 선고 2001다14689 판결)

수급인이 하자보수의무를 이행하지 않을시 하자보수보증금을 도급인에게 귀속시킨다는 약정이 있는 경우로서 손해배상액의 예정에 해당하는 때에는 도급인은 하자보수보증금액 전부를 취할 수 있다. 또한 손해배상액의 예정이기 때문에 보증채권자는 하자로 인하여 자신이 입은 실제 손해액을 입증할 필요도 없이 약정한 하자보수보증금을 청구할 수 있다. 입증책임의 부담을 피하기 위하여 미리 손해배상액을 약정한 셈이기 때문에 입증이 필요없는 것이다.

하자보수보증채권자의 실제 손해가 약정한 하자보수보증금액에 미치지 못하다더라도 하자보수보증채무자는 보수보증금액 전액을 보증채권자에게 지급하여야 한다.

판례 "도급계약의 내용으로 되어 있는 공사계약일반조건에 수급인이 하자보수의무를 이행하지 아니하는 경우 하자보수보증금이 도급인에게 귀속한다고만 규정되어 있을 뿐 이와 별도로 도급인이 입은 손해에 대하여는 따로이 배상하여야 한다는 취지의 규정이 있지도 아니하고, 오히려 도급계약상 도급인이 하자보수를 위하여 실제로 지출한 비용이 수급인이 예치한 하자보수보증금을 초과하더라도 그 이상의 책임을 수급인에게 물을 수 없다면, 위 하자보수보증금의 귀속규정은 수급인이 하자보수의무를 이행하지 아니하는 경우 그 보증금의 몰취로써 손해의 배상에 갈음한다는 취지로서, 하자보수보증금은 손해배상액의 예정으로서의 성질을 가진다."(대법원 2001. 9. 28. 선고 2001다14689 판결).

(3) 위약벌

하자보수보증금의 몰취 규정이 있는 경우 위약벌로 해석될 수도 있다. 위약벌에 해당하는 때에는 하자보수보증금을 전액 몰취할 수 있으며, 감액이 인정되지 않는다. 그러나 위약금 약정은 손해배상액의 예정으로 추정되기 때문에(민법 제398조제4항) 하자보수보증금 약정이 위약벌이라는 점에 관한 주장과 입증책임은 도급인에게 있다.

판례 "건설회사가 지방자치단체와 체결한 공사도급계약에서 약정한 하자보수보증금은 위 도급계약상의 수급인의 하자보수책임의 이행을 간접적으로 강제하고 수급인이 동 책임을 이행하지 아니하는 경우에는 그에 대한 제재로서 동 금원을 지방자치단체의 소유로 귀속시키기로 하는 이른바 위약벌 내지 제재금에 해당하므로, 수급인의 하자보증금 반환채권은 하자담보책임기간 내에 하자가 발생하지 아니하거나 혹은 그 기간 내에 하자가 발생한 경우에도 수급인이 위 계약에 따른 하자보수의무를 이행하는 조건으로 하여 발생한다."(대법원 1998. 1. 23. 선고 97다38329 판결[7])

7) 이 사건 공사도급계약에 적용되는 공사계약일반조건 제18조제1항은 "계약자는 공사의 하자보수를 보증하기 위하여 계약에서 정한 하자보수보증금률을 계약금액에 곱하여 산출한 금액(이하 하자보수보증금이라 한다)을 준공검사 후 그 공사의 대가를 지급할 때까지 현금 또는 동 조건 제3조제1항 소정의 보증서 또는 증권 등으로 납부 또는 제출하여야 한다.", 제3항은 "계약자는 준공검사를 필한 날로부터 계약서에서 정하는 하자담보책임기간 중 당해 공사의 하자보수를 보증하여야 한다.", 제4항은 "계약자 또는 연대보증인이 제3항의 규정에 의한 하자담보책임기간 중 계약 담당 공무원으로부터 하자보수 요구를 받고, 이에 불응한 경우에는 제1항의 규정에 의한 하자보수보증금을 국고에 귀속한다.", 제5항은 "제1항의 규정에 의한 하자보수보증금은 하자담보책임기간이 종료한 후 계약자의 청구에 의하여 반환한다."라고 각 규정하고 있었다.

31. 하자보수보증금을 초과하는 실손해의 청구

쟁점

하자보수비가 약정한 하자보수보증금을 초과하는 경우 도급인은 그 초과 금액을 수급인에게 청구할 수 있는가?

판단

하자보수비에 소요되는 손해 전부를 청구할 수 있다.

(1) 보증금을 초과하는 손해에 대한 특약이 있는 경우

하자보수의무 불이행시 도급인에게 귀속하는 것으로 약정된 하자보수보증금은 손해배상액의 예정으로 해석되기 쉽다. 손해배상액의 예정으로 해석되면 도급인은 수급인이 하자보수의무를 불이행한 사실만 있다면 실제 손해를 따질 것도 없이 약정한 보증금을 몰취할 수 있다.

하자보수보증금 약정이 손해배상액의 예정으로 해석되는 경우 실제 손해액이 약정 보증금액을 초과하는 때에는 어떻게 되는가? 실제 손해가 약정한 하자보수보증금액을 초과하더라도 당초 약정한 하자보수보증금만을 청구하여야 하는가?

계약 당시 손해배상액을 예정한 경우에는 다른 특약이 없는 한 채무불이행으로 인하여 입은 통상손해는 물론 특별손해까지도 예정액에 포함되고 채권자의 손해가 예정액을 초과한다 하더라도 초과부분을 따로 청구할 수 없다(대법원 1993. 4. 23. 선고 92다41719 판결).

계약보증금을 도급인에게 귀속시키되, 보증금을 초과하는 손해가 있으면 초과액을 배상하도록 하는 특약이 있다면 실손해가 하자보수보증금을 초과하는 경우에는 당연히 그 초과액의 배상을 구할 수 있다.

(2) 보증금을 초과하는 손해에 대한 특약이 없는 경우

약정한 하자보수보증금을 초과하는 손해를 청구할 수 있다는 별도의 특약이 없는 경우는 어떤가? 판례에 따르면(대법원 2002. 7. 12. 선고 2000다17810 판결), 하자보수보증금의 특성상 명문의 규정이 없더라도 보증금을 초과하는 실손해를 전보받을 수 있다.

그러므로 하자담보책임을 묻는 도급인은 보증채무자에 대해서는 하자보수보증금을 한도로 보증금을 청구하고, 이를 초과하는 실제 손해에 대해서는 수급인을 상대로 하자보수에 갈음한 손해배상을 청구할 수 있다.

판례 "공사도급계약서 또는 그 계약내용에 편입된 약관에 수급인이 하자담보책임 기간 중 도급인으로부터 하자보수요구를 받고 이에 불응한 경우 하자보수보증금은 도급인에게 귀속한다는 조항이 있을 때 이 하자보수보증금은 특별한 사정이 없는 한 손해배상액의 예정으로 볼 것이고, 다만 하자보수보증금의 특성상 실손해가 하자보수보증금을 초과하는 경우에는 그 초과액의 손해배상을 구할 수 있다는 명시 규정이 없다고 하더라도 도급인은 수급인의 하자보수의무 불이행을 이유로 하자보수보증금의 몰취 외에 그 실손해액을 입증하여 수급인으로부터 그 초과액 상당의 손해배상을 받을 수도 있는 특수한 손해배상액의 예정으로 봄이 상당하다."(대법원 2002. 7. 12. 선고 99다68652 판결)

---

32. 하자보수보증금 청구권의 발생 여부

쟁점

수급인의 연대보증인이 하자를 보수한 경우에 도급인은 하자보수보증금을 청구할 수 있는가?

판단

청구할 수 없다.

하자보수보증금을 청구하기 위해서는 하자보수의무자의 채무불이행이 전제되어야 한다. 하자보수의무자로서 하자보수보증계약을 체결한 보험계약자인 수급인 자신이 하자를 보수하였거나 수급인의 하자보수의무를 연대보증한 시공보증인이 하자보수를 이행하면 하자보수 불이행을 원인으로 하는 도급인의 손해가 발생하지 않으므로 하자보수보증금 청구권이 발생할 여지가 없다.

보험계약자 또는 연대보증인이 도급계약에 따라 피보험자로부터 하자보수의 요청을 받고 이를 이행하는 경우에 이는 모두 도급계약에 따라 이행한 것이므로 도급인은 하자보수의무의 불이행으로 인한 손해를 입지 아니하게 된다고 할 것이고, 그 결과 보증보험계약에 기한 보험금청구권은 발생하지 않는다.

판례 "하자보수이행보증보험은 보험계약자가 하자담보 책임기간 안에 하자보수요구를 받고 도급계약에 따라 이를 이행하지 아니하는 경우에 생기는 도급인의 손해를 보상하는 것인바, 공사도급계약상의 연대보증인의 보증책임 범위에 하자보수의무가 포함되어 있음이 명백하므로 보험계약자는 피보험자로부터 하자보수 이행청구를 받은 경우 자신이 직접 하자보수를 이행하거나 연대보증인으로 하여금 하자보수를 이행하도록 할 수 있고 또한 피보험자도 직접 연대보증인에게 하자보수의 이행을 청구할 수 있으며, 이처럼 보험계약자 또는 연대보증인이 도급계약에 따라 피보험자로부터 하자보수의 요청을 받고 이를 이행하는 경우에 이는 모두 도급계약에 따라 이행한 것이므로 도급인은 하자보수의무의 불이행으로 인한 손해를 입지 아니하게 된다고 할 것이고, 그 결과 보증보험계약에 기한 보험금청구권은 발생하지 아니한다."(대법원 2003. 9. 26. 선고 2001다68914 판결)

CHAPTER 13

집합건물 및 공동주택의 하자

제13장 집합건물 및 공동주택의 하자

제1절 집합건물의 하자

1. 집합건물의 개념

쟁점

상가건물 내의 점포들도 구분소유의 대상이 될 수 있는가?

판단

판매시설이나 운수시설인 경우에는 이용상의 독립성이 인정되는 경우 구분소유권의 객체가 될 수 있다.

(1) 집합건물의 개념

집합건물은 상가건물과 상가건물 이외의 집합건물로 구분할 수 있다. 1동의 건물 중 구조상 구분된 여러 개의 부분이 독립한 건물로서 사용될 수 있을 때에는 그 각 부분은 구분소유권의 목적으로 할 수 있고(집합건물법 제1조), 이처럼 구분소유권의 목적으로 할 수 있는 1동의 건물을 집합건물이라고 한다.

2003. 7. 18. 상가건물의 구분소유에 관한 제1조의2가 신설되기 전까지는 건물의 일부분이 구분소유의 객체로 되기 위하여는 ① 그 부분이 구조상 구분되어야 한다는『구조상의 독립성』및 ② 그 부분이 독립한 건물로서 사용될 수 있어야 한다는『이용상의 독립성』을 엄격하게 요구하였다.

판례 "1동의 건물의 일부분이 구분소유권의 객체가 될 수 있으려면 그 부분이 구조상으로나 이용상으로 다른 부분과 구분되는 독립성이 있어야 하고, 그 이용 상황 내지 이용 형태에 따라 구조상의 독립성 판단의 엄격성에 차이가 있을 수 있으나, 구조상의 독립성은 주로 소유권의 목적이 되는 객체에 대한 물적 지배의 범위를 명확히 할 필요성 때문에 요구된다고 할 것이므로 구조상의 구분에 의하여 구분소유권의 객체 범위를 확정할 수 없는 경우에는 구조상의 독립성이 있다고 할 수 없다."(대법원 1999. 11. 9. 선고 99다46096 판결)

판례 "구분소유권의 객체로서 적합한 물리적 요건을 갖추지 못한 건물의 일부는 그에 관한 구분소유권이 성립할 수 없는 것이어서, 건축물관리대장상 독립한 별개의 구분건물로 등재되고 등기부상에도 구분소유권의 목적으로 등기되어 있어 이러한 등기에 기초하여 경매절차가 진행되어 매각허가를 받고 매수대금을 납부하였다 하더라도, 그 등기는 그 자체로 무효이므로 매수인은 소유권을 취득할 수 없다."(대법원 2010. 1. 14. 자 2009마1449 결정)

이처럼 과거에는 이용상의 독립성은 인정되더라도 구조상의 독립성을 갖추지 못한 1동의 건물에 대하여 구분소유권을 인정하지 않았다. 그래서 벽과 문 등으로 구조적인 구획시설을 설치하지 않은 대형 상가나 시장건물은 구분소유권의 객체인 집합건물이 되지 못하고 다수의 소유자가 각 지분을 가지고 공유하는 단일한 건물로 취급되었다.

판례 "건물의 일부분이 구분소유권의 객체로 될 수 있으려면 그 부분이 구조상으로나 이용상으로 다른 부분과 구분되는 독립성이 있어야 하기 때문에 바닥만이 콘크리트로 포장되어 있을 뿐 각 점포의 경계나 특정을 위한 칸막이나 차단시설 등이 설치되어 있지 않고 다만 건물의 내부 바닥에 페인트로 선을 그어 장방형으로 된 500개의 점포와 통로로 구획되어 있는 어시장건물 내의 각 점포는 어시장으로 사용되고 있다는 이용상의 특성을 감안하여도 구조상의 독립성을 갖추었다고 볼 수 없으므로 독립한 소유권의 객체로 인정할 수 없다."(대법원 1995. 6. 9. 선고 94다40239 판결)

(2) 상가건물의 구분소유

현재는 집합건물법 제1조의2가 신설되어 판매시설이나 운수시설인 경우에는 이용상의 독립성이 인정되는 경우 구조상의 독립성이 없더라도 구분소유권의 객체로 할 수 있게 되었다. 그 내용은 다음과 같다.

"1동의 건물 중 다음 각 호에 해당하는 방식으로 수개의 건물부분이 이용상 구분된 경우에 그 건물부분(이하 "구분점포"라고 한다)은 이 법이 정하는 바에 따라 각각 소유권의 목적으로 할 수 있다.

1. 구분점포의 용도가 건축법 제2조제2항제7호의 판매시설 및 같은 항 제8호의 운수시설(집배송시설은 제외한다)일 것
2. 1동의 건물 중 구분점포를 포함한 제1호의 판매시설 및 운수시설의 용도에 해당하는 바닥면적의 합계가 1천제곱미터 이상일 것

3. 경계를 명확하게 식별할 수 있는 표지를 바닥에 견고하게 설치할 것
4. 구분점포별로 부여된 건물번호표지를 견고하게 붙일 것”

이 조항의 신설로 구조상의 독립성의 확보를 위한 구획시설을 하지 않은 채 다수에게 분양하는 대규모 상가건물에 대해서도 집합건물법이 적용되게 되었다.

2. 분양자의 담보책임의 법적 성격

쟁점

집합건물의 분양자는 분양계약의 당사자에 대해서만 집합건물법에 따른 분양자의 담보책임을 지는가?

판단

집합건물의 분양자의 담보책임은 집합건물법에 의한 법정책임으로서, 분양자는 직접 분양계약을 체결하지 않은 구분소유자에 대하여도 담보책임을 진다.

(1) 집합건물법 제9조의 법적 성격(=법정 책임)

집합건물법 제9조에 의한 분양자의 담보책임은 분양계약에 따른 담보책임인가? 그래서 분양자는 직접 분양계약의 당사자인 수분양자에 대해서만 집합건물법 제9조 소정의 담보책임을 지는가?

대법원은 그렇게 보지 않는다. 대법원은 집합건물법 제9조에서 정하는 집합건물 분양자의 담보책임은 분양계약에 기한 책임이 아니라 집합건물의 분양자가 집합건물의 현재 구분소유자에 대하여 부담하는 법정 책임이라고 본다(대법원 2008. 12. 11. 선고 2008다12439 판결).

따라서 집합건물법 제9조에 의한 하자담보추급권은 집합건물의 수분양자가 집합건물을 양도한 경우라도 양도 당시 양도인이 이를 행사하기 위하여 유보하였다는 등의 특별한 사정이 없는 한 현재의 집합건물의 구분소유자에게 귀속한다(대법원 2003. 2. 11. 선고 2001다47733 판결).

(2) 집합건물법 제9조의 강행규정성

집합건물법 제9조는 집합건물을 건축하여 분양한 분양자의 담보책임에 관하여 수급인의 담보책임에 관한 민법 제667조 및 668조를 준용하도록 하고, 분양자의 담보책임에 관하여는 민법이 규정하는 것보다 매수인에게 불리한 특약은 효력이 없다고 규정하고 있다.

이 집합건물법 제9조의 성격을 대법원은 강행규정으로 보고, 분양자의 담보책임이 민법에 규정된 것보다 수분양자에게 불리한 약정은 효력이 없는 것으로 본다.

판례 "집합건물법 제9조는 건축업자 내지 분양자로 하여금 견고한 건물을 짓도록 유도하고 부실하게 건축된 집합건물의 소유자를 두텁게 보호하기 위하여 집합건물 분양자의 담보책임에 관하여 민법상 도급인의 담보책임에 관한 규정을 준용하도록 함으로써 분양자의 담보책임의 내용을 명확히 하는 한편 이를 강행규정화한 것이다."(대법원 2008. 12. 11. 선고 2008다12439 판결)

따라서 아파트의 하자보수에 관하여 공동주택관리령이 정한 바에 따르기로 약정하였다고 하더라도 이는 민법 제671조에서 정한 수급인의 담보책임보다 하자담보책임의 범위와 기간을 제한하는 것으로서 집합건물법 제9조제2항에 의하여 무효이다(대법원 2006. 10. 26. 선고 2004다17993, 18002, 18019 판결).

판례 "구 주택건설촉진법 등의 관련 규정은 집합건물법 제9조에 의한 분양자의 구분소유자에 대한 하자보수의무의 제척기간에는 영향을 미칠 수 없다."(대법원 2004. 1. 27. 선고 2001다24891 판결).

---

3. 하자보수청구권자와 하자담보추급권자

쟁점

관리단이 하자담보추급권을 행사할 수 있는가?

판단

하자담보추급권은 각 구분소유자에게 귀속하는 것으로서 관리단은 하자담보추급권이 없다.

(1) 하자보수청구권자

집합건물에 발생한 하자의 보수를 청구할 수 있는 자로는 먼저 구분소유자가 있다. 전유부분에 대해서는 각 구분소유자가 하자보수를 청구할 수 있음은 당연하다. 공유부분에 관해서도 각 구분소유자는 보존행위(집합건물법 제16조1항 단서)로서 하자보수를 청구할 수 있다.

건물에 대하여 구분소유관계가 성립되면 구분소유자는 전원으로서 건물 및 그 대지와 부속시설의 관리에 관한 사업의 시행을 목적으로 하는 관리단을 구성하는데, 관리단은 특별한 설립행위가 없더라도 구분소유권의 성립으로 당연 설립된다(대법원 2002. 12. 27. 선고 2002다45284 판결).

또 구분소유자가 10인 이상일 때에는 반드시 관리인을 선임하여야 하고, 관리인이 공용부분의 보존·관리 및 변경을 위한 행위와 관리단의 사업시행에 관련하여 관리단을 대표하여 행하는 재판상 또는 재판 외의 행위 등을 할 권한과 의무가 있다(집합건물법 제23조 내지 25조). 따라서 공유부분에 관한 하자보수 청구는 관리단이 할 수 있다.

(2) 전유부분에 대한 하자담보추급권자(=각 구분소유자)

전유부분에 대한 하자보수에 갈음한 또는 하자보수와 동시에 구하는 손해배상청구권은 각 구분소유권자에게 귀속된다. 공용부분에 관한 손해배상청구권은 각 지분별로 각 구분소유자에게 귀속되므로 각 구분소유자가 청구할 수 있다(대법원 2003. 2. 11. 선고 2001다4773 판결).

집합건물법 제9조도 분양자는 구분소유자에 대하여 담보책임을 진다고 규정하고 있다.

(3) 관리단의 하자담보추급권 여부

관리단이 집합건물법 제9조에서 정하는 하자담보추급권[1]을 행사할 수 있는지 여부에 관하여 논란이 있지만, 대법원은 집합건물법 제9조 소정의 하자담보추급권은 각 구분소유자에게 귀속하는 것으로서 관리단은 하자담보추급권이 없다고 본다.

판례 "구 집합건물의 소유 및 관리에 관한 법률(2003. 7. 18. 법률 제6925호로 개정되기 전의 것, 이하 '구 집합건물법'이라 한다) 제9조에 의한 하자보수를 갈음한 손해배상청구권, 즉 하자담보추급권은 특별한 사정이 없는 한 집합건물의 수분양자 내지는 현재의 구분소유자에게 귀속하는 것이므로, 구 집합건물법 제23조 제1항에 따라 건물과 그 대지 및 부속시설의 관리에 관한 사업의 시행을 목적으로 설립되는 관리단은 구분소유자들로부터 그 권리를 양수하였다는 등의 특별한 사정이 없는 한 하자담보추급권을 가진다고 할 수 없다."(대법원 2011. 12. 13. 선고 2011다80531 판결).

---

1) 하자담보책임을 추궁할 수 있는 권리를 줄여서 '하자담보추급권'이라 부르는데, 이 용어는 하자보수청구권도 포함하여 집합건물법 제9조의 하자담보책임에 따른 모든 권리를 포괄적으로 지칭하는 광의의 개념으로 사용하는 외에 단순히 집합건물법 제9조에 의한 손해배상청구권만을 지칭하는 협의의 의미로 사용되기도 한다. 김미리, "입주자대표회의의 하자보수요구와 집합건물법상 하자보수청구권의 행사", [대법원판례해설] 제87호(2011년 상), p377, 각주 12.

4. 집합건물의 양도와 하자담보추급권자

쟁점

분양자의 담보책임을 묻는 손해배상청구 소송을 제기한 구분소유자가 소유권을 양도한 경우 손해배상청구권도 양수인에게 양도되는가?

판단

당사자의 의사에 따라야 하는 문제이지만, 양도 당시 양도인이 이를 행사하기 위하여 유보하였다는 등의 특별한 사정이 없는 한 현재의 집합건물의 구분소유자에게 귀속한다.

13 집합건물 및 공동주택의 하자

(1) 집합건물의 하자담보추급권자(=현재의 구분소유자)

집합건물법 제9조에서 정하는 집합건물 분양자의 담보책임은 분양계약에 기한 책임이 아니라 집합건물법에 따른 법정책임이다. 집합건물법에 따른 분양자의 담보책임에서 나오는 하자담보추급권은 분양계약상의 권리가 아닌 것이다. 따라서 언제나 분양계약을 직접 체결한 최초의 수분양자에게 하자담보추급권이 속한다고 할 것은 아니다.

집합건물법 제9조에 의한 하자담보추급권은 집합건물의 수분양자가 집합건물을 양도한 경우 양도 당시 양도인이 이를 행사하기 위하여 유보하였다는 등의 특별한 사정이 없는 한 현재의 집합건물의 구분소유자에게 귀속하게 된다.

판례 "집합건물법 제9조는 건축업자 내지 분양자로 하여금 견고한 건물을 짓도록 유도하고 부실하게 건축된 집합건물의 소유자를 두텁게 보호하기 위하여 집합건물의 분양자의 담보책임에 관하여 민법상의 도급인의 담보책임에 관한 규정을 준용하도록 함으로써 분양자의 담보책임의 내용을 명확히 하는 한편 이를 강행규정화한 것으로서, 이는 분양자가 부담하는 책임의 내용이 민법상의 수급인의 담보책임이라는 것이지 그 책임이 분양계약에 기한 책임이라는 것은 아니므로, 집합건물법 제9조의 담보책임에 따른 권리가 반드시 분양계약을 직접 체결한 수분양자에게 속한다고 할 것은 아니고, 오히려 집합건물법이 집합건물의 구분소유관계와 그 관리에 관한 법률관계를 규율하는 법으로서 집합건물의 구분소유 및 관리에 관한 권리·의무는 구분소유자에게 귀속하는 것을 전제로 하여 규정되어 있는 점, 집합건물의 하자보수에 관한 행위는 집합건물의 보존행위에 해당하므로 구분소유자가 당연히 보존행위의 일환으로 하자보수청구를 할 수 있어야 한다는 점, 집합건물법 제25조가 관리인으로 하여금 공용부분의 보존을 위한 행위를 할 수 있도록 하고 있어 관리인이 공용부분의 보존을 위한 행위로서 분양자에게 하자보수 요구 등 담보책임을 추급할 경우 구체적인 하자담보추급권의 내용은 집합건물법 제9조에 의하여 정하여지게 될 것인바, 집합건물의 구분소유자가 할 수 있는 전유부분의 보존을 위한 행위에도 마찬가지로 하자담보추급권의 행사가 포함된다고 보아야 하고 그 내용은 역시 집합건물법 제9조에 의하여 정하여지게 될 것이라는 점 등에 비추어 보면, 집합건물법 제9조에 의한 하자담보추급권은 집합건물의 수분양자가 집합건물을 양도한 경우 양도 당시 양도인이 이를 행사하기 위하여 유보하였다는 등의 특별한 사정이 없는 한 현재의 집합건물의 구분소유자에게 귀속한다고 보아야 할 것이다(이러한 해석이 집합건물에 관한 수분양권 또는 소유권이 양도된 경우 일반적으로 양수인이 하자담보추급권을 가지고 있다고 여기는 거래관행 및 거래현실에도 부합한다)."(대법원 2003. 2. 11. 선고 2001다47733 판결)

5. 시공자의 손해배상책임 여부

쟁점

아파트를 분양한 시행사가 무자력인 경우 구분소유자는 아파트 시공사를 상대로 하자담보책임을 물을 수 있는가?

판단

수급인으로서 단순히 시공만 한 시공사를 상대로 직접 하자담보책임을 물을 수는 없다.

(1) 집합건물법 제9조에 따른 시공자의 손해배상책임

집합건물법 제9조에 따른 담보책임을 지는 자는 집합건물의 분양자이다. 집합건물법 제9조 소정의 담보책임은 분양자의 담보책임인 것이다. 집합건물의 분양자가 아니고 집합건물을 시공한 수급인에게 집합건물법 제9조 소정의 하자담보책임을 물을 수 있는가?

시공자가 공동주택의 구분소유자에게 직접 하자보수에 갈음한 손해배상책임까지 부담하는가? 공동주택의 구분소유권자는 직접 아파트 건축을 도급받아 시공한 시공자에 대하여 하자보수에 갈음한 손해배상을 청구할 수 있는가?

아파트 건축을 도급받아 시공한 시공자로서는 도급인인 시행자에게 수급인의 담보책임을 부담하지만, 아파트의 수분양자에게 직접 하자담보책임을 부담하지는 않는다. 따라서 구분소유권자는 직접 시공자에게 하자보수에 갈음한 손해배상을 청구할 수 없다. 대법원 판례도 이 점을 확인하고 있다.

판례 "주택법 제46조제1항은 시공자를 포함한 사업주체의 '하자보수의무'만을 규정하고 있고, 같은 조 제3항은 내력구조부에 중대한 하자가 발생한 경우 시공자를 포함한 사업주체의 손해배상의무를 규정하고 있으며, 한편 집합건물법 제9조는 '공동주택을 건축하여 분양한 자'의 하자담보책임에 관하여 규정하고 있을 뿐이므로, 위 각 조항을 근거로 시공자에게도 하자보수에 갈음한 손해배상의무가 있다고 보기는 어렵다."(대법원 2009. 1. 30. 선고 2008다12507 판결)

그러나 시공자가 분양자와 함께 수분양자와의 분양계약에 참여하여 분양대상인 구분건물에 대하여 분양에 따른 소유권이전의무를 부담하는 분양계약의 일방당사자로 해석될 수 있는 사정이 있다면 손해배상책임을 질 수 있다.

판례 "구 집합건물법(2003. 7. 18. 법률 제6925호로 개정되기 전의 것) 제9조는 집합건물 '분양자'의 하자담보책임에 관하여 규정하고 있을 뿐이므로, 집합건물의 시공자는 그가 분양계약에도 참여하여 분양대상인 구분건물에 대하여 분양에 따른 소유권이전의무를 부담하는 분양계약의 일방 당사자로 해석된다는 등 특별한 사정이 없는 한, 구 집합건물법 제9조에 의한 하자담보책임을 부담하는 것으로 볼 수 없다."(대법원 2011. 12. 8. 선고 2009다25111 판결)

(2) 분양자의 무자력과 시공자에 대한 채권자대위소송

그렇다면 분양자가 무자력인 경우는 어떻게 되는가? 수분양자가 시공자에게 하자담보추급권을 행사할 방법은 없는가?

구분소유권자가 수급인에 대한 도급인의 하자보수에 갈음한 손해배상청구권을 대위행사하는 것은 가능하다. 수분양자는 무자력 상태인 시행사를 대위하여 자력이 있는 시공사에 대하여 하자보수에 갈음한 손해배상을 청구할 수 있다.

(3) 2013. 6. 19. 이후 분양된 집합건물의 경우

집합건물법 제9조의 개정(2012. 12. 18.)으로 시공자가 직접 구분소유자에게 담보책임을 지는 경우가 생겼다.

시공자는 분양자와 함께 구분소유자에 대하여 담보책임을 지는데(집합건물법 제9조제1항), 시공자가 분양자에게 부담하는 담보책임에 관하여 다른 법률에 특별한 규정이 있으면 시공자는 그 법률에서 정하는 담보책임의 범위에서 구분소유자에게 담보책임을 지도록 하였다(집합건물법 제9조제2항). 특히 시공자는 구분소유자에 대한 하자보수에 갈음하는 손해배상이나 하자보수와 함께 하는 손해배상책임은 분양자에게 회생절차개시 신청, 파산 신청, 해산, 무자력(無資力) 또는 그 밖에 이에 준하는 사유가 있는 경우에만 지며, 시공자가 이미 분양자에게 손해배상을 한 경우에는 그 범위에서 구분소유자에 대한 책임을 면한다(집합건물법 제9조제3항).

이 개정법은 2013. 6. 19. 시행되었는데, 개정법이 시행되기 전에 분양된 건물의 담보책임에 관하여는 종전 규정을 적용한다(부칙 제3조).

6. 집합건물법 제9조의2에 의한 담보책임기간의 법적 성격

쟁점

담보책임기간은 재판상 청구를 위한 출소기간인가?

판단

하자보수에 갈음하는 손해배상청구권은 담보책임기간 이내에 행사하지 않으면 소멸하나, 이 행사는 재판상 또는 재판외의 권리행사기간이고 재판상 청구를 위한 출소기간은 아니다.

(1) 담보책임의 존속기간

집합건물법에 발생한 하자에 대한 담보책임기간을 일률적으로 10년으로 보아야 하는지를 둘러싸고 논란이 많았는데, 집합건물법 제9조의2를 신설하여 담보책임의 존속기간을 세분화하였다. 2013. 6. 19. 이후 분양된 집합건물에 관하여는 하자의 내용과 종류에 따라 제척기간이 달라질 수 있다.

건축법 제2조제1항제7호에 따른 건물의 주요구조부 및 지반공사의 하자는 10년이다.

그 밖의 하자에 대해서는 하자의 중대성, 내구연한, 교체가능성 등을 고려하여 5년의 범위에서 대통령령으로 담보책임기간을 정하고 있는데, 구분소유자에게 인도하기 전에 전유부분에 발생한 하자나 사용검사일 또는 사용승인일 이전에 공용부분에 발생한 하자의 담보책임기간은 5년이다.

구분소유자에게 인도한 날 이후 전유부분과 사용검사일 또는 사용승인일 이후 공용부분에 발생한 하자 중 ① 대지조성공사, 철근콘크리트공사, 철골공사, 조적공사, 지붕 및 방수공사의 하자 등 건물의 구조상 또는 안전상의 하자는 담보책임기간이 5년, ② 건축법 제2조제1항제4호에 다른 건축설비 공사(이와 유사한 설비공사를 포함한다), 목공사, 창호공사 및 조경공사의 하자 등 건물의 기능상 또는 미관상의 하자는 3년, ③ 마감공사의 하자 등 하자의 발견 · 교체 및 보수가 용이한 하자는 2년이다.

담보책임의 기간은 전유부분은 구분소유자에게 인도한 날부터, 공용부분은 주택법 제49조에 따른 사용검사일(집합건물 전부에 대하여 임시 사용승인을 받은 경우에는 그 임시 사용승인일을 말하고, 주택법 제49조제1항 단서에 따라 분할 사용검사나 동별 사용검사를 받은 경우에는 분할 사용검사일 또는 동별 사용검사일을 말한다) 또는 건축법 제22조에 따른 사용승인일부터 기산한다.

하자로 인하여 건물이 멸실되거나 훼손된 경우에는 그 멸실되거나 훼손된 날부터 1년 이내에 권리를 행사하여야 한다.

(2) 담보책임기간의 법적 성격(=제척기간)

집합건물 제9조에 따른 담보책임에 관한 구분소유자의 권리는 집합건물법 제9조의2, 같은 법 시행령 제5조에 의한 담보책임의 존속기간 내에 행사하여야 한다. 여기서 규정하고 있는 담보책임기간의 법적 성격은 무엇인가?

수급인의 담보책임기간은 제척기간이긴 하지만 재판상 출소기간은 아닌 것으로 해석되는데, 분양자의 담보책임도 마찬가지로 해석된다. 수분양자 또는 구분소유자는 분양자에 대하여 집합건물법 제9조의2, 같은 법 시행령 제5조에서 정하고 있는 담보책임기간 동안 하자보수청구권이나 하자보수에 갈음한 손해배상청구권을 행사할 수 있고, 그 기간은 제척기간이므로 그 기간이 경과하면 권리를 행사할 수 없다. 권리행사는 재판 외에서도 할 수 있다.

판례 "집합건물법 제9조에 의하여 준용되는 민법 제671조에서 정한 하자보수 및 그에 갈음한 손해배상청구권은 10년의 기간이 경과하기 전에 행사하면 되는데, 민법상 수급인의 하자담보책임에 관한 기간은 제척기간으로서 재판상 또는 재판외의 권리행사기간이며 재판상 청구를 위한 출소기간이 아니다."(대법원 2004. 1. 27. 선고 2001다24891 판결)

대법원은 2009. 5. 28. 선고한 2008다86232 판결에서 수분양자에 대한 분양자의 담보책임기간은 10년의 제척기간 안에 행사하여야 하며, 그 기간 안에 행사하지 않으면 당연히 소멸한다는 점을 분명히 하였다. 따라서 분양자에 대한 하자보수에 갈음한 손해배상청구권 역시 제척기간인 담보책임기간 이내에 재판상이든 재판 외에서든 행사하여야 하며, 그 기간 안에 행사하지 않으면 당연히 소멸한다.

7. 제척기간의 준수 여부

쟁점

A 아파트 입주자대표회의는 각 구분소유자들로부터 손해배상청구권을 양수하지 않은 상태에서 분양자에 대하여 손해배상을 청구하였다가 사용승인일로부터 10년이 경과한 시점에서 구분소유자들로부터 손해배상청구권을 양수받았다. 이 청구는 어떻게 되는가?

판단

입주자대표회의에 의한 하자보수청구 또는 하자보수에 갈음한 손해배상청구는 구분소유자가 분양자에 대하여 담보책임을 묻는 권리행사라 볼 수 없어 이 청구는 기각될 수밖에 없다. 입주자대표회의가 소송계속 중에 구분소유자들로부터 손해배상채권을 양도받은 경우, 제척기간 준수를 위해서는 제척기간 내에 채권을 양도받고 청구취지를 변경하여야 한다.

(1) 제척기간의 준수 여부

집합건물 분양자에 대한 하자담보추급권은 구분소유자에게 귀속되며, 입주자대표회의는 하자담보추급권자가 아니다.

그런데 입주자대표회의에 의한 하자보수청구 또는 하자보수에 갈음한 손해배상청구를 집합건물법 제9조의 분양자에 대한 담보책임을 묻는 권리행사로 인정할 수 있는가? 입주자대표회의가 각 구분소유자들로부터 손해배상청구권을 양수하지 않은 상태에서 분양자에 대하여 손해배상을 청구한 뒤 구분소유자들로부터 손해배상청구권을 양수받은 경우는 어떻게 되는가?

예컨대, 사용승인일부터 10년이 경과하기 전에 아파트입주자대표회의가 분양자를 상대로 하자보수에 갈음한 손해배상청구소송을 제기하고 10년이 경과한 시점에 구분소유자들로부터 손해배상청구권을 양수받은 경우에 제척기간을 준수한 것으로 볼 것인가?

이와 같은 사례에 대하여 과거 제척기간을 준수한 것으로 보는 판례가 있었다. 그 근거로는 입주자대표회의가 사실상 관리단으로 기능하고 있다든가 하자보수에 관하여 사실상 구분소유자의 대리인으로 기능하고 있는 실정 등을 들었다.

그러나 대법원은 하자담보추급권이 구분소유자에게 귀속되어 있고 입주자대표회의는 집합건물법 제9조에 의한 하자담보추급권인 손해배상청구권을 가지지 않기 때문에 제척기간을 준수한 것으로 볼 수 없다고 판단하였다. 즉, 제척기간의 준수여부를 가르는 기준 시점은 하자담보추급권자인 구분소유자들로부터 채권을 양도받아 청구취지를 양수금청구로 변경한 시점이라는 것이다. 하자담보추급권을 행사한 시점은 채권을 양도받아 청구취지를 변경한 시점이고, 그 시점이 사용승인일로부터 10년이 경과하였다면 제척기간이 도과되어 권리가 소멸한 것으로 판단해야 한다는 것이다.

입주자대표회의가 공동주택을 건축·분양한 사업주체에 대하여 하자보수청구를 한 경우, 이를 입주자대표회의가 구분소유자들을 대신하여 하자보수에 갈음한 손해배상청구권을 행사한 것으로 볼 수 없다는 것이다(대법원 2011. 3. 24. 선고 2009다34405 판결).

판례 "입주자대표회의가 그 자신의 이름으로 사업주체에 대하여 하자보수청구를 한 경우에는, 특별한 사정이 없는 한 입주자대표회의가 자신의 권리를 행사한 것으로 보아야지, 이를 입주자대표회의가 구분소유자들을 대신하여 하자보수를 청구하였다거나 구분소유자들이 그들의 하자보수청구권을 입주자대표회의를 통하여 행사하였다고 볼 수 없다."(대법원 2011. 5. 13. 선고 2010다29454 판결)

(2) 채권양도 통지와 제척기간의 준수 여부

채권양도의 통지는 사용승인일부터 10년이 경과하기 이전에 이루어졌으나 입주자대표회의가 구분소유자로부터 하자보수에 갈음한 손해배상채권을 양도받았음을 이유로 청구취지를 변경한 시점은 사용승인일부터 10년을 경과한 이후에 이루어진 경우에 제척기간내에 권리행사를 했다고 볼 수 있는가?

이러한 사안에 대하여 대법원은 채권양도의 통지는 채권이 양도되었다는 관념의 통지에 불과할 뿐 권리행사가 아니고, 특별한 사정이 없는 한 채권양도를 이유로 청구취지를 변경한 시점이 권리를 행사한 시점이라고 판시하였다.

판례 "채권양도의 통지는 그 양도인이 채권이 양도되었다는 사실을 채무자에게 알리는 것에 그치는 행위이므로, 그것만으로 제척기간의 준수에 필요한 권리의 재판외 행사에 해당한다고 할 수 없다.
따라서 집합건물인 아파트의 입주자대표회의가 스스로 하자담보추급에 의한 손해배상청구권을 가짐을 전제로 하여 직접 아파트의 분양자를 상대로 손해배상청구 소송을 제기하였다가, 그 소송 계속 중에 정당한 권리자인 구분소유자들로부터 그 손해배상채권을 양도받고 분양자에게 그 통지가 마쳐진 후 그에 따라 소를 변경한 경우에는, 그 채권양도통지에 채권양도의 사실을 알리는 것 외에 그 이행을 청구하는 뜻이 별도로

덧붙여지거나 그 밖에 구분소유자들이 재판외에서 그 권리를 행사하였다는 등의 특별한 사정이 없는 한, 위 손해배상청구권은 입주자대표회의가 위와 같이 소를 변경한 시점에 비로소 행사된 것으로 보아야 할 것이다."(대법원 2012. 3. 22. 선고 2010다28840 전원합의체 판결)

이 판결에는 반대의견이 있다. 채권양도의 통지는 채무자에 대하여 권리의 존재와 권리를 행사하고자 하는 의사를 분명하게 표명하는 행위를 한 것으로 평가하기에 충분하고, 제척기간 준수의 효과가 부여될 수 있는 권리행사의 객관적 행위 태양이라고 인정하는 데는 부족함이 없다는 것이다. 이 견해는 채권양도통지가 하자보수에 갈음한 손해배상청구권에 대한 제척기간 경과 전에 이루어졌다면, 양수인이 양수금 청구로 소를 변경하는 신청서를 제척기간 경과 후에 제출하였더라도 그 권리가 제척기간에 의하여 소멸된 것이 아니라고 본다.

한편, 채권양도 통지는 민법상 최고로서의 효력이 있다. 따라서 채권양도 통지일로부터 6월 이내에 청구취지를 변경하였다면 채권양도를 통지한 시점부터 소멸시효가 중단된다(대법원 2009. 2. 26. 선고 2007다83908 판결).

8. 분양자에 대한 손해배상청구권의 소멸시효 기간

쟁점

집합건물을 분양한 분양자가 상인인 경우 그 분양자의 담보책임에 따른 손해배상채권의 소멸시효는 상사소멸시효가 적용되는가?

판단

집합건물 분양자의 담보책임은 법정책임으로서 10년간 행사하지 않으면 소멸시효가 완성한다.

(1) 분양자의 하자담보책임의 소멸시효 기간(=10년)

수분양자 또는 구분소유자가 집합건물법 제9조에 따라 분양자에게 행사할 수 있는 하자보수에 갈음한 손해배상청구권의 소멸시효기간이 몇 년인지 논란이 있다.

분양자의 손해배상채무는 분양계약이라는 상행위에서 발생한 채무이므로 5년의 상사소멸시효가 적용된다는 견해도 있었지만, 대법원은 집합건물법 제9조의 담보책임은 법정책임이므로 그에 따른 하자보수에 갈음한 손해배상청구권의 소멸시효기간은 10년이라고 판시하였다.

판례 "집합건물법 제9조는 건축업자 내지 분양자로 하여금 견고한 건물을 짓도록 유도하고 부실하게 건축된 집합건물의 소유자를 두텁게 보호하기 위하여 집합건물 분양자의 담보책임에 관하여 민법상 도급인의 담보책임에 관한 규정을 준용하도록 함으로써 분양자의 담보책임의 내용을 명확히 하는 한편 이를 강행규정화한 것으로서, 같은 조에 의한 책임은 분양계약에 기한 책임이 아니라 집합건물의 분양자가 집합건물의 현재의 구분소유자에 대하여 부담하는 법정책임이므로 이에 따른 손해배상청구권에 대하여는 민법 제162조 제1항에 따라 10년의 소멸시효기간이 적용된다."(대법원 2008. 12. 11. 선고 2008다12439 판결)

---

(2) 시공자의 하자담보책임의 소멸시효 기간(=5년)

그러나 분양자가 시공자인 수급인에 대하여 가지는 하자보수에 갈음한 손해배상청구권의 소멸시효기간은 상사시효로서 5년이다.

판례 "건설공사에 관한 도급계약이 상행위에 해당하는 경우 그 도급계약에 기한 수급인의 하자담보책임은 상법 제64조 본문에 의하여 원칙적으로 5년의 소멸시효에 걸리는 것으로 보아야 한다."(대법원 2011. 12. 8. 선고 2009다25111 판결)

---

13 집합건물 및 공동주택의 하자

9. 소멸시효의 기산점

쟁점

소멸시효는 권리를 행사할 수 있는 때부터 진행하는데, 하자보수에 갈음하는 손해배상청구권의 소멸시효는 언제부터 진행하는가?

판단

각 하자가 발생한 시점부터 소멸시효가 진행하는 것이 원칙이다. 다만, 그 하자가 집합건물의 인도 당시부터 이미 존재하는 경우에는 구분소유자들이 해당 세대를 인도받은 날부터 진행한다.

(1) 소멸시효의 기산점

분양자에 대한 하자보수에 갈음한 손해배상청구권의 소멸시효는 언제부터 진행되는가? 집합건물법 또는 주택법 시행령 소정의 하자담보책임기간이 경과한 날로부터 기산하여야 하는가? 예컨대, 2년차 하자의 경우는 사용검사일로부터 담보책임기간인 2년이 경과한 날의 다음날부터 소멸시효가 진행되는가? 아니면 각 하자의 발생일 부터 진행되는가?

소멸시효는 채권자가 권리를 행사할 수 있는 때로부터 진행하는데(민법 제166조제1항), 권리를 행사할 수 있는 때란 권리행사에 법률적 장애사유가 없는 경우를 말한다.

대법원은 공동주택의 하자보수에 갈음한 손해배상청구권의 소멸시효 기간은 각 하자가 발생한 시점부터 별도로 진행되는 것으로 판시하였다. 즉, 소멸시효는 하자담보책임기간이 경과한 날부터 진행되는 것이 아니라 각 하자가 발생한 시점부터 별도로 진행된다고 판단한 것이다. 소멸시효의 기산점은 하자가 발생한 시점이라는 것이다.

판례 "하자보수에 갈음한 손해배상청구권의 소멸시효기간은 각 하자가 발생한 시점부터 별도로 진행되는 것이다."(대법원 2009. 2. 26. 선고 2007다83908 판결)

---

(2) 하자가 인도 당시부터 이미 존재하는 경우

집합건물의 하자보수에 갈음하는 손해배상청구권의 소멸시효는 각 하자가 발생한 시점부터 진행하지만, 그 하자가 집합건물의 인도 당시부터 이미 존재하는 경우에는 이에 대한 하자담보추급권의 소멸시효기간은 집합건물의 수분양자인 구분소유자들이 해당 세대를 인도받은 날부터 진행한다고 보아야 한다(대법원 2012. 4. 26. 선고 2009다65515 판결).

따라서 미시공 하자나 변경시공 하자와 같은 사용승인 전 하자는 사용승인일로부터 10년간 권리를 행사하지 않으면 소멸시효가 완성한다.

10. 제척기간과 소멸시효의 관계

쟁점

제척기간 내에 하자보수를 청구하여 제척기간의 제한에서 벗어난 이후라도 그 후 소멸시효가 완성되면 권리가 소멸되는가?

판단

제척기간 외에 별도로 소멸시효 기간도 병렬적으로 진행하므로, 소멸시효가 완성되면 권리가 소멸된다.

집합건물법 제9조에 따른 하자담보추급권은 같은 법 제9조의2에 따른 담보책임기간 내에 행사하여야 하는데, 이 담보책임기간은 권리행사의 기간으로서 제척기간이다.

한편, 분양자의 하자담보책임에 따른 손해배상청구권은 10년간 권리를 행사하지 않으면 소멸시효가 완성한다. 권리행사가 이루어지지 않은 상태에 있는 채권적 청구권에 대하여 제척기간 외에 별도로 소멸시효기간도 병렬적으로 진행한다.

집합건물의 하자보수에 갈음한 손해배상채권의 소멸시효기간은 각 하자가 발생한 시점부터 별도로 진행하고, 집합건물법 제9조의2에 따른 제척기간은 전유부분은 구분소유자에게 인도한 날, 공용부분은 사용검사일 또는 사용승인부터 진행한다. 따라서 하자보수에 갈음한 손해배상채권이 행사된 시점을 기준으로 역산하여 10년 내에 발생한 하자가 없는 경우 소멸시효가 완성된 것이며, 집합건물을 인도받은 날로부터 10년을 경과하여 권리를 행사한 경우에는 제척기간이 도과한 것이다(대법원 2009. 6. 11. 선고 2008다92466 판결).

즉, 권리행사 시점을 기준으로 역산하여 10년 내에 각 하자가 발생하고 목적물이 인도된 것이 아니라면 하자보수에 갈음한 손해배상채권은 소멸시효의 완성 또는 제척기간의 도과로 소멸하게 된다.

하자가 발생하였음에도 하자보수청구와 같은 권리행사를 하지 않은 채 제척기간을 도과하면 소멸시효가 완성되기 전이라도 권리를 행사할 수 없게 된다.

11. 입주자대표회의에 의한 소멸시효의 중단 여부

쟁점

입주자대표회의가 사업주체에게 하자보수를 청구한 경우 집합건물 분양자에 대한 손해배상청구권의 소멸시효가 중단되는가?

판단

입주자대표회의는 권리자가 아니라서 소멸시효의 중단효과가 없다.

(1) 입주자대표회의의 손해배상청구와 소멸시효 중단

아파트입주자대표회의는 사업주체에게 하자보수를 요구하거나 하자보수보증금을 청구할 수는 있지만, 집합건물법 제9조에 의한 하자보수에 갈음한 손해배상청구권은 없다. 손해배상청구권은 없지만, 아파트입주자대표회의가 손해배상청구권의 소멸시효의 진행을 중단시킬 수는 있는가?

대법원은 부정한다. 입주자대표회의가 그 자신 또는 관리사무소의 이름으로 사업주체에 대하여 하자보수청구를 하였더라도 입주자대표회의가 구분소유자들을 대신하여 하자보수를 요구하였다거나 구분소유자들이 그들의 하자보수청구권을 입주자대표회의를 통하여 행사하였다고 볼 수는 없으므로 시효중단의 효과는 없다.

(2) 입주자대표회의의 채권양도 통지와 소멸시효 중단

입주자대표회의가 원고로서 분양자를 상대로 하자보수에 갈음하는 손해배상청구소송을 제기하였다가 각 구분소유자들로부터 채권을 양수받았다면, 그 채권양도가 있기 전까지는 하자보수에 갈음하는 손해배상청구권을 갖고 있지 아니하므로 특별한 사정이 없는 한 무권리자인 입주자대표회의에 의한 소송의 제기로 법률상 시효중단의 효력이 생길 수는 없다.

그러므로 입주자대표회의 명의로 손해배상청구 소송을 제기하였다가 공동주택 구분소유자들로부터 하자보수에 갈음하는 손해배상청구권을 양수받아 양수금 청구로 청구원인을 변경하였다면 양수금 청구로 변경한 그 시점에 비로소 소멸시효가 중단된다(대법원 2008. 12. 24. 선고 2008다48490 판결).

다만, 양수금 청구로 변경하기 전에 채권양도통지를 하고 그 통지일로부터 6개월 이내에 양수금 청구소송을 제기하였다면 그 통지일에 시효중단의 효력이 생긴다.

판례 "입주자대표회의가 자신의 권원에 기한 손해배상청구 소송 계속 중에 양수금청구로 청구원인을 변경하면 이는 소의 추가적 혹은 교환적 변경으로서 위 변경신청서를 법원에 제출한 시점에 소제기의 효과가 발생하여 양수금청구의 소멸시효가 중단된다고 할 것이다(민법 제168조제1호 참조). 한편, 최고는 6월 내에 재판상의 청구 등을 하면 시효중단의 효력이 있으므로(민법 제174조 참조), 소송 계속 중 입주자대표회의가 구분소유자들로부터 손해배상청구권을 양수하고 채권양도통지를 함으로써 최고의 효력이 생기고 그 통지 시점으로부터 6월 이내에 청구취지 및 원인변경신청서가 법원에 제출된 경우라면 위 채권양도통지 시점에 시효중단의 효력이 생겼다고 볼 수 있을 것이다."(대법원 2009. 2. 26. 선고 2007다83908 판결)

---

12. 입주자대표회의가 한 하자담보추급권 포기의 효력

쟁점

입주자대표회의가 하자담보추급권을 포기하면 구분소유자는 권리를 행사할 수 없는가?

판단

입주자대표회의가 더 이상 하자보수청구를 하지 않기로 하는 합의서를 작성하였다고 하더라도 구분소유자는 하자담보추급권을 행사할 수 있다.

입주자대표회의가 분양자이자 사업주체인 건설회사에 대하여 하자보수를 청구하고, 건설회사가 이에 응하여 하자보수를 시행한 뒤에 더 이상 하자보수청구를 하지 않기로 하는 합의서를 작성하였다 하여도 구분소유자는 집합건물법 제9조에 의한 하자담보추급권을 행사할 수 있다. 입주자대표회의는 집합건물법 제9조에 의한 하자담보추급권자가 아니어서 하자담보추급권을 포기할 수도 없기 때문이다.

분양자가 아파트에 대한 하자보수공사를 한 뒤 입주자대표회의와 '본 완료확인서 날인 후 원고는 추가 하자사항 등의 주장이나 이의 제기를 하지 않기로 하며 분양자가 건설공제조합에 대하여 하자보증 해제요청을 하여도 이의하지 않을 것을 확약한다'고 기재한 최종 하자보수 완료확인서를 작성하였다고 하여도 입주자대표회의가 하자담보추급권을 포기할 당시 구분소유자들로부터 그 손해배상청구권에 관한 처분권한을 위임받았다는 등의 특별한 사정이 없는 한 아파트의 하자로 인하여 취득한 손해배상청구권을 포기할 수는 없다(대법원 2009. 5. 28. 선고 2009다9539 판결).

13. 재건축조합의 하자담보추급권

쟁점

구분소유권등기를 마친 재건축아파트에 발생한 하자를 이유로 재건축조합이 하자담보추급권을 행사할 수 있는가?

판단

도급인으로서 수급인을 상대로 하자담보책임을 물을 수 있다.

구분소유권등기까지 마친 재건축아파트에 하자가 발생한 경우에 도급인인 재건축조합이 재건축공사를 도급받아 시공한 시공사를 상대로 수급인의 담보책임을 물을 수 있는가를 두고는 그간 견해가 엇갈렸다.

서울고등법원 2010. 7. 7. 선고 2010나6507 판결은 재건축조합이 체결한 도급계약에 따라 집합건물이 완공되어 구분소유권에 관한 등기가 마쳐진 후에는 수급인을 상대로 하는 도급계약에 기한 하자담보추급권은 특별한 사정이 없는 한 집합건물의 현재 구분소유자에게 귀속되고, 재건축조합은 더 이상 수급인에 대하여 도급계약에 기한 하자담보추급권을 행사할 수 없다고 판시하였다.

반면, 대법원은 2010. 12. 9. 선고 2008다16851 판결에서 시공사에 대한 재개발조합의 하자담보추급권을 긍정하였다. 또한 이 판결에서는 시공사의 주장만으로는 재개발조합, 시공사, 아파트 입주자 사이에 시공사가 아파트 입주자에게 직접 하자보수의무를 이행하고 재개발조합의 시공사에 대한 하자담보추급권을 배제하기로 하는 의사의 합치가 있었다는 점을 인정하지 않은 것은 사실심의 전권에 속하고, 시공사에 대한 재개발조합의 하자보수에 갈음한 손해배상청구가 제3자인 아파트 입주자의 권리를 침해하는 것도 아니라고 판시하였다.

14. 분양자의 수급인에 대한 손해배상채권의 법적 성격

쟁점

아파트를 건축하여 분양한 A는 아파트에 발생한 하자에 대하여 구분소유자에게 손해를 배상한 뒤 시공사 B를 상대로 구상권을 청구할 수 있는가?

판단

수급인이 분양자에 대하여 지는 담보책임은 공사도급계약에 따른 수급인의 담보책임으로서 집합건물법 제9조에 따른 법정책임과는 별개의 책임이다. 따라서 A는 B를 상대로 구상권을 행사할 수는 없고, 수급인의 담보책임을 물을 수 있을 뿐이다. 이 때 그 소멸시효는 5년의 상사시효 기간이 적용된다.

(1) 수급인에 대한 손해배상채권의 소멸시효기간

상사채권의 소멸시효 기간은 5년인데, 건설공사에 관한 도급계약이 상행위에 해당하는 경우 그 도급계약에 기한 수급인의 하자담보책임은 상법 제64조 본문에 의하여 원칙적으로 5년의 소멸시효에 걸리는 것으로 보아야 한다. 따라서 아파트를 시공한 건설회사와 이를 분양한 회사 사이의 건설공사 도급계약에 기한 하자보수에 갈음한 손해배상채권의 소멸시효는 5년의 상사시효에 걸린다(대법원 2011. 12. 8. 선고 2009다25111 판결).

공동주택 구분소유자들이 분양자를 대위하여 분양자가 상인인 수급인에 대하여 갖는 손해배상청구권을 행사하는 경우에도 소멸시효는 5년의 상사시효가 적용되므로 분양자에 대한 10년의 제척기간 이내에 권리를 행사하더라도 수급인에 대해서는 손해배상을 청구하지 못하는 경우가 발생할 수 있다.

(2) 집합건물법에 따른 담보책임과 수급인의 담보책임의 관계

집합건물의 분양자가 구분소유자에 대하여 분양자의 담보책임으로서 손해배상책임을 이행한 뒤 시공자를 상대로 '구상권'을 청구하는 경우가 있는데, 분양자가 구분소유자에 대하여 담보책임을 지는 것은 집합건물법 제9조에 따른 법정책임이고, 수급인이 분양자에 대하여 지는 담보책임은 공사도급계약에 따른 수급인의 담보책임으로서 전혀 별개의 책임이기 때문에 구상권의 대상이 아니다. 이 때 분양자가 건설업자인 수급인에 대하여 수급인의 담보책임으로서 물을 수 있는 손해배상청구권의 소멸시효는 5년이다(대법원 2013. 11. 28. 선고 2012다202383 판결).

그러므로 도급인이 분양한 아파트의 하자와 관련하여 구분소유자들로부터 손해배상청구를 당하여 그 하자에 대한 손해배상금 및 이에 대한 지연손해금을 지급하였더라도 그 지연손해금은 도급인이 자신의 채무의 이행을 지체함에 따라 발생한 것에 불과하므로 특별한 사정이 없는 한 수급인의 도급계약상의 채무불이행과 상당인과관계가 있는 손해라고 볼 수는 없다. 이러한 경우 도급인으로서는 구분소유자들의 손해배상청구와 상관없이 수급인을 상대로 위 하자에 대한 손해배상금(원금)의 지급을 청구하여 그 이행지체에 따른 지연손해금을 청구할 수 있을 뿐이다(대법원 2013. 11. 28. 선고 2011다67323 판결).

15. 집합건물의 하자와 계약의 해제

쟁점

분양받은 집합건물의 하자로 인하여 계약의 목적을 달성할 수 없다는 이유로 분양계약을 해제할 수 있는가?

판단

수분양자는 하자로 인하여 계약의 목적을 달성할 수 없는 때 분양계약을 해제할 수 있다.

13 집합건물 및 공동주택의 하자

(1) 민법상 수급인의 하자담보책임 법리

도급인은 완성된 목적물의 하자로 인하여 계약의 목적을 달성할 수 없는 때에는 계약을 해제할 수 있지만(민법 제668조 본문), 완성된 건물 및 토지의 공작물에 대하여는 하자로 인하여 계약의 목적을 달성할 수 없더라도 계약을 해제할 수 없다(민법 제668조 단서).

민법에서는 건물 기타 토지의 공작물에 대하여는 비록 하자로 인하여 계약의 목적을 달성할 수 없더라도 도급인에게 계약해제권을 인정하지 않고 있다. 건물 기타 토지의 공작물의 경우에는 아무리 큰 하자가 있더라도, 그래서 심지어 계약의 목적을 달성할 수 없더라도 도급인은 계약을 해제하고 원상회복을 청구할 수는 없고, 하자보수청구 혹은 하자보수에 갈음한 손해배상청구권만을 행사할 수 있을 뿐이다.

(2) 집합건물의 하자로 인한 분양계약 해제의 가능성

이러한 민법상 수급인의 하자담보책임의 법리가 집합건물에도 그대로 적용될까? 아파트와 같은 집합건물에 존재하는 하자로 인하여 계약의 목적을 달성할 수 없는 경우에도 수분양자는 민법상 도급인과 동일시되어 집합건물인 아파트를 분양한 분양자에 대하여 분양계약의 해제를 주장할 수 없는가?

집합건물의 분양계약에 있어서는 민법 제668조 단서가 준용되지 않고, 따라서 수분양자는 집합건물의 완공 후에도 분양목적물의 하자로 인하여 계약의 목적을 달성할 수 없는 때에는 분양계약을 해제할 수 있다.

판례 "집합건물법 제9조제1항이 위 법 소정의 건물을 건축하여 분양한 자의 담보책임에 관하여 수급인에 관한 민법 제667조 내지 제671조의 규정을 준용하도록 규정한 취지는 건축업자 내지 분양자로 하여금 견고한 건물을 짓도록 유도하고 부실하게 건축된 집합건물의 소유자를 두텁게 보호하기 위하여 집합건물의 분양자의 담보책임에 관하여 민법상 수급인의 담보책임에 관한 규정을 준용하도록 함으로써 분양자의 담보책임의 내용을 명확히 하는 한편 이를 강행규정화한 것으로서 분양자가 부담하는 책임의 내용이 민법상 수급인의 담보책임이라는 것이지 그 책임이 분양계약에 기한 것이라거나 아니면 분양계약의 법률적 성격이 도급이라는 취지는 아니며, 통상 대단위 집합건물의 경우 분양자는 대규모 건설업체임에 비하여 수분양자는 경제적 약자로서 수분양자를 보호할 필요성이 높다는 점, 집합건물이 완공된 후 개별분양계약이 해제되더라도 분양자가 집합건물의 부지사용권을 보유하고 있으므로 계약해제에 의하여 건물을 철거하여야 하는 문제가 발생하지 않을 뿐 아니라 분양자는 제3자와 새로 분양계약을 체결함으로써 그 집합건물 건축의 목적을 충분히 달성할 수 있는 점 등에 비추어 볼 때 집합건물의 소유 및 관리에 관한 법률 제9조제1항이 적용되는 집합건물의 분양계약에 있어서는 민법 제668조 단서가 준용되지 않고 따라서 수분양자는 집합건물의 완공 후에도 분양목적물의 하자로 인하여 계약의 목적을 달성할 수 없는 때에는 분양계약을 해제할 수 있다"(대법원 2003. 11. 14. 선고 2002다2485 판결).

위 판결에서 대법원은 분양받은 아파트 상가의 1층을 당초의 설계도면과는 달리 임의로 설계변경하여 반지하 상태로 건축함으로써 상가 1층은 도로에서 볼 때 점포 상단의 간판만 보이고, 진열된 상품이 보이지 않는 상태가 되었고, 건물 우측 측면은 도로에 직접 닿아 있어 거의 지하층과 마찬가지가 된 사례에서 계약해제를 인정하였다.

16. 분양자의 담보책임 면제 특약의 무효

쟁점

주상복합건물의 분양계약서에 '최종 건축허가 시 계약면적이 변경될 수 있으며, 분양가에 포함되지 않은 지하주차장 면적의 증감에 대하여는 분양자와 수분양자 상호 간에 정산하지 않기로 한다'는 내용의 특약은 유효한가?

판단

약관규제법에 위반하여 무효이다.

(1) 분양계약서의 내용이 약관에 해당한다고 볼 수 있는지

"약관"이란 그 명칭이나 형태 또는 범위에 상관없이 계약의 한쪽 당사자가 여러 명의 상대방과 계약을 체결하기 위하여 일정한 형식으로 미리 마련한 계약의 내용을 말한다(약관법 제2조제1호).

대법원은 1998. 12. 22 선고 97다15715 판결에서 상가임대분양계약서의 "기부채납에 대한 부가가치세액은 별도" 규정과 관련, 이 분양계약 내용은 대량성이나 계약서의 작성 방식과 계약체결 경위 등에 비추어 약관의규제에관한법률 제2조제1항 소정의 '약관'에 해당한다고 판시한 바 있다.

그렇다면 주상복합건물의 분양계약서에 '최종 건축허가 시 계약면적이 변경될 수 있으며, 분양가에 포함되지 않은 지하주차장 면적의 증감에 대하여는 분양자와 수분양자 상호 간에 정산하지 않기로 한다'는 조항이 있는 경우, 이 조항은 사업자의 하자담보책임을 면제하는 약관조항이라 볼 수 있다.

(2) 약관규제법에 반하는 담보책임 면제 특약의 효력

약관의 규제에 관한 법률에 따르면 신의성실의 원칙을 위반하여 공정성을 잃은 약관 조항은 무효이고(약관규제법 제6조제1항), 고객에게 부당하게 불리한 조항은 공정성을 잃은 것으로 추정된다(제6조제2항제1호). 또한 상당한 이유 없이 사업자의 담보책임을 배제 또는 제한하거나 그 담보책임에 따르는 고객의 권리행사의 요건을 가중하는 조항도 무효이다(제7조제3호).

분양자가 수분양자들에게 공급하기로 한 지하주차장 면적의 표시와 달리 실제 지하주차장 면적이 감소하더라도 그에 대한 담보책임을 부담하지 않기로 하는 내용의 계약 조항은 하자담보책임 면제의 특약으로 볼 수 있다.

그리고 이 사건 하자담보책임 면제약정은 상당한 이유 없이 사업자의 담보책임을 배제하고, 고객에 대하여 부당하게 불리하여 공정을 잃은 것으로 추정되는 약관에 해당하여 약관의 규제에 관한 법률 제7조제3호, 제6조제2항제1호에 의하여 무효로 볼 여지가 있다.

대법원은 2013. 06. 14. 선고 2011다23040 판결에서 이 약관조항은 약관규제법에 따라 무효이고, 따라서 수분양자들은 분양자에게 면적 감소분에 대한 하자담보책임을 물을 수 있다는 취지로 판단하였다.

제2절 공동주택의 하자

1. 공동주택의 개념

쟁점

주거 목적으로 사용하는 오피스텔의 경우 공동주택에 해당하는가?

판단

오피스텔은 공동주택에 해당하지 않는다.

13 집합건물 및 공동주택의 하자

(1) 공동주택의 정의

주택이란 세대(世帶)의 구성원이 장기간 독립된 주거생활을 할 수 있는 구조로 된 건축물의 전부 또는 일부 및 그 부속토지를 말하며, 단독주택과 공동주택으로 구분한다(주택법[2] 제2조제1호).

공동주택이란 건축물의 벽 · 복도 · 계단이나 그 밖의 설비 등의 전부 또는 일부를 공동으로 사용하는 각 세대가 하나의 건축물 안에서 각각 독립된 주거생활을 할 수 있는 구조로 된 주택을 말한다(주택법 제2조제3호).

(2) 공동주택의 종류와 범위

구체적으로 공동주택에는 ① 아파트(주택으로 쓰는 층수가 5개 층 이상인 주택), ② 연립주택(주택으로 쓰는 1개 동의 바닥면적의 합계가 660㎡를 초과하고, 층수가 4개 층 이하인 주택), ③ 다세대주택(주택으로 쓰는 바닥면적의 합계가 660㎡ 이하이고 층수가 4개층 이하인 주택)이 포함

2) 앞으로 인용하는 주택법은 2016. 1. 19., 법률 제13805호로 전부개정되고 2016. 8. 12. 시행되는 법을 말한다.

된다(공동주택관리법 제1항제1호가목, 주택법 시행령 제3조제1항, 건축법 시행령 별표 1 제2호 가목 내지 다목[3]).

그리고 ④「건축법」 제11조에 따른 건축허가를 받아 주택 외의 시설과 주택을 동일 건축물로 건축하는 건축물(주상복합건축물), ⑤「주택법」 제2조제13호에 따른 부대시설(주차장, 관리사무소 등) 및 같은 조 제14호에 따른 복리시설(놀이터, 근린생활시설, 유치원 등)도 공동주택에 포함되나 이 중 일반인에게 분양되는 복리시설은 제외된다(공동주택관리법 제2조제1항제1호 나목 내지 다목).

아파트 등의 공동주택은 구분소유관계를 전제로 하기 때문에 당연히 집합건물에도 속한다. 그러나 주택이 아닌 상가나 아파트형 공장 등은 집합건물에 해당할 뿐 공동주택에는 속하지 않는다.

건축법상 업무시설에 속하는 오피스텔의 경우에도 공동주택에 해당하지 않는다. 따라서 주거용으로 사용하는 오피스텔은 그 기능이나 거주의 모습이 아파트와 별반 다를 것 없는 경우가 있음에도 공동주택관리법에 따른 관리 등의 규정이 적용되지 않아 입주자대표회의를 구성할 수 없고, 집합건물법의 관리단 관련 규정에 따라 건물을 관리하여야 한다.

3) 건축법 시행령 별표1 제2호 라목의 기숙사는 공동주택이지만, 주택법에서는 공동주택이 아니라 준주택으로 분류된다(주택법 제2조제4호).

2. 집합건물법과 공동주택관리법의 관계 (사용검사전 하자의 문제)

쟁점

공동주택관리법에서 규정하지 않는 변경시공・미시공 등의 하자에 대하여 공동주택관리법 시행령의 담보책임기간과 관계없이 집합건물법에 따라 손해배상청구가 가능한가?

판단

집합건물법 제9조에 따라 하자보수에 갈음하는 손해배상을 청구할 수 있다.

(1) 아파트의 하자담보책임을 규율하는 법률

앞 절에서 살펴본 바와 같이 아파트는 집합건물법에 따른 집합건물인 동시에 공동주택관리법에 따른 공동주택에 해당한다. 그리고 집합건물법과 공동주택관리법은 각각 아파트의 하자관계를 직접 규율하는 규정을 두고 있다.

공동주택관리법은 공동주택을 체계적・효율적으로 관리할 목적으로 2015. 8. 11. 제정 되어 2016. 8. 12.부터 시행되고 있는데, 주택법 중 공동주택의 관리방법과 하자담보책임에 관한 규정이 분리된 내용을 담고 있다. 공동주택관리법의 시행과 동시에 주택법에서는 공동주택의 관리방법과 하자담보책임에 관한 규정이 삭제되었다. 따라서 2016. 8. 12. 이후 사용검사를 받은 아파트의 경우 공동주택관리법, 그 이전에 사용검사 받은 아파트의 경우 구 주택법의 하자담보책임 관련 규정이 적용될 것이다.

그런데 집합건물법과 구 주택법과의 관계는 집합건물법과 현행 공동주택관리법의 관계에 그대로 적용될 논의여서 이하의 내용에서는 집합건물법과 구 주택법의 관계에 대한 논란을 중심으로 살펴본다.

(2) 2005. 5. 26. 집합건물법 개정 전의 경우

하자담보책임과 관련한 집합건물법과 주택법의 관계를 두고 논란이 있었다. 집합건물법 제9조는 '분양자'의 담보책임에 관하여 민법 제667조 내지 제671조 소정의 수급인의 담보책임 규정을 준용하도록 하고, 2005. 5. 26. 개정전 같은 법 부칙 제6조는 집합주택의 관리방법과 기준에 관한 주택법의 특별한 규정은 그것이 집합건물법에 저촉하여 구분소유자의 기본적인 권리를 해하지 않는 한 효력이 있다고 규정하고 있었다.

그래서 양자의 관계에 관하여 견해가 나뉘었는데, ① 집합건물법상의 하자담보책임에 관해서도 주택법 시행령상의 하자담보책임기간을 우선 적용해야 한다는 견해(주택법 우선설), ② 주택법 시행령상의 하자담보책임기간은 집합건물법 부칙 제6조에 위반되어 무효라는 견해(집합건물법 우선설), ③ 양책임은 근거와 당사자가 모두 다른 별개의 권리로서 모두 성립한다는 견해(병립설)가 대립되었다.

대법원은 병립설을 취한 것으로 해석되었다.

판례 "구 주택건설촉진법(1999. 2. 8. 법률 제5914호로 개정되기 전의 것), 구 공동주택관리령(1998. 12. 31. 대통령령 제16069로 개정되기 전의 것), 구 공동주택관리규칙(1999. 12. 7. 건설교통부령 제219호로 개정되기 전의 것)의 관련 규정에 의하면, 공동주택의 입주자·입주자대표회의 또는 관리주체는 공사의 내용과 하자의 종류 등에 따라 1년 내지 3년(다만, 내력구조부의 결함으로 인하여 공동주택이 무너지거나 무너질 우려가 있는 경우에는 5년 또는 10년)의 범위에서 정하여진 기간 내에 발생한 하자에 대하여 사업주체에게 하자의 보수를 요구할 수 있는바, 이는 행정적인 차원에서 공동주택의 하자보수 절차방법 및 기간 등을 정하고 하자보수보증금으로 신속하게 하자를 보수할 수 있도록 하는 기준을 정한 것으로서 위 법령에서 정하여진 기간 내에 발생한 하자에 대하여 입주자뿐만 아니라 사업주체와 별다른 법률관계를 맺지 않은 공동주택의 관리주체나 입주자대표회의도 보수를 요구할 수 있다는 취지라고 보아야 할 것이고, 아울러 집합건물법 부칙 제6조가 집합건물의 관리방법과 기준에 관한 구 주택건설촉진법의 특별한 규정은 그것이 집합건물법에 저촉하여 구분소유자의 기본적인 권리를 해하지 않는 한도에서만 효력이 있다고 규정한 점까지 고려할 때 구 주택건설촉진법 등의 관련 규정은 집합건물법 제9조에 의한 분양자의 구분소유자에 대한 하자보수의무의 제척기간에는 영향을 미칠 수 없다."(대법원 2006. 10. 26. 선고 2004다17993, 18002, 18019 판결).

---

(3) 2005. 5. 26. 개정법 시행 이후, 2013. 6. 19. 개정법 시행 이전

2005. 5. 26. 주택법 및 집합건물법의 개정으로 양자의 관계에 대한 기존 견해를 그대로 유지할 수 있을지 많은 의문이 제기되고, 논란이 분분하였다.

집합건물법 부칙 제6조 단서에서는 '공동주택'의 담보책임 및 하자보수에 관하여는 주택법 제46조의 규정이 정하는 바에 따르도록 하였다. 주택법 제46조제1항은 사업주체에게 건축물의 분양에 따른 담보책임에 관하여 집합건물법 제9조의 규정에 불구하고 공동주택의 사용검사일 또는 사용승인일부터 공동주택의 내력구조부별 및 시설공사별로 10년 이내의 범위에서 대통령령으로 정하는 담보책임기간 안에 공사상 잘못으로 인한 균열 · 침하 · 파손 등 대통령령으로 정하는 하자가 발생한 때에는 하자보수의무를, 같은 조 제3항은 제1항의 규정에 의한 담보책임기간 안에 공동주택의 내력구조부에 중대한 하자가 발생한 때에는 하자발생으로 인한 손해배상의무를 부과하였다.

주택법 제46조제1항, 제3항, 부칙 제3항 및 집합건물법 부칙 제6조 단서의 문언으로 볼 때 공동주택에 발생한 하자담보책임에 관하여는 집합건물법의 적용이 배제되고 주택법이 우선 적용되는 것처럼 보인다.

그런데 주택법이 우선 적용되는 것으로 해석하면, 사용승인 이전에 발생한 하자이거나 내력구조부가 아닌 다른 곳에서 발생한 하자, 내력구조부에 발생한 하자라도 중요하지 않은 하자에 대하여는 주택법에서 하자담보책임을 물을 수 있는 근거규정이 모호해지는 문제가 발생한다. 내력구조부에 발생한 중대한 하자가 아닌 하자에 대하여는 하자담보책임(특히 손해배상책임)을 묻지 못한다는 것인가?

대법원은 2005. 5. 26. 개정 주택법과 집합건물법에도 불구하고 여전히 공동주택의 하자담보책임에 관하여 집합건물법을 적용할 수 있다는 취지로 판시하였다. 그래서 개정 주택법 제46조에서 규정하지 않는 사용검사일 전에 발생한 하자나 오시공 • 미시공 등의 하자에 대하여는 주택법 시행령이 정하는 담보책임기간의 제한 없이 개정 집합건물법 제9조에 따라 하자보수에 갈음하는 손해배상을 청구할 수 있다는 것이다.

판례 "개정 집합건물법과 개정 주택법은 입법목적, 하자담보책임의 내용, 하자담보책임의 대상이 되는 하자의 종류와 범위, 하자담보책임을 추급할 수 있는 권리자와 그 의무자, 하자담보책임을 추급할 수 있는 권리의 행사기간 등을 서로 달리하고 있다. 따라서 개정 집합건물법 제9조에 따른 하자보수청구권 및 하자보수에 갈음하는 손해배상청구권과 개정 주택법 제46조에 따른 하자보수청구권 및 하자발생으로 인한 손해배상청구권은 독립적으로 행사할 수 있다고 할 것이다.

다만 위에서 본 바와 같이 개정 집합건물법 부칙 제6조 단서가 '공동주택의 담보책임에 관하여는 개정 주택법 제46조의 규정이 정하는 바에 따른다'고 규정하고 있고, 개정 주택법 제46조는 공동주택의 사용검사일 또는 사용승인일(이하 '사용검사일'이라고만 한다)부터 대통령령이 정하는 담보책임기간 안에 대통령령으로 정하는 하자가 발생한 때에 한하여 담보책임을 인정하고 있으므로, 개정 주택법 제46조에서 규정하는 하자에 대하여는 위 대통령령이 정하는 담보책임기간 안에 그 하자가 발생한 때에 한하여 개정 집합건물법 제9조에 따라 하자보수에 갈음하는 손해배상을 청구할 수 있고, 그 밖에 개정 주택법 제46조에서 규정하지 않는 사용검사일 전에 발생한 하자나 오시공 • 미시공 등의 하자에 대하여는 위 대통령령이 정하는 담보책임기간의 제한 없이 개정 집합건물법 제9조에 따라 하자보수에 갈음하는 손해배상을 청구할 수 있다고 할 것이다."(대법원 2012. 7. 12. 선고 2010다108234 판결)

---

(4) 2013. 6. 19. 개정 법 시행 이후

2012. 12. 18. 법률 제11555호로 개정되어 2013. 6. 19. 시행된 집합건물법은 이전의 부칙 제6조(주택법과의 관계) 규정을 삭제하고, 제2조의2를 신설하여 집합주택의 관리방법과 기준, 하자담보책임에 관한 주택법의 특별한 규정은 집합건물법에 저촉되어 구분소유자의 기본적인 권리를 해치지 않는 범위에서 효력이 있다고 규정하고 있다.

2016. 8. 12. 시행된 개정 집합건물법 제2조의2는 집합주택의 관리 방법과 기준, 하자담보책임에 관한 주택법 및 공동주택관리법의 특별한 규정은 이 법에 저촉되어 구분소유자의 기본적인 권리를 해치지 아니하는 범위에서 효력이 있다고 규정하고 있다.

그리고 2016. 8. 12. 시행된 공동주택관리법령은 시설공사별 담보책임기간을 집합건물법과 일치시켜 법 적용 상의 혼란은 다소 줄어들 것으로 보인다. 다만, 공동주택관리법에서는 여전히 미시공·변경시공 등의 사용검사전 하자에 대한 규정을 두고 있지 않다. 따라서 위의 판례들에서 살펴본 바와 같이 아파트의 사용검사전 하자에 대하여는 공동주택관리법의 담보책임기간이 아니라 집합건물법의 담보책임기간[4]이 적용된다고 보는 것이 타당할 것이다. 향후 법령개정을 통하여 집합건물법과 공동주택관리법 사이의 해석을 둘러싼 논란이 해소될 수 있게 되기를 기대해 본다.

---

4) 집합건물법 시행령 제5조(2013. 6. 17. 대통령령 제24605호로 개정된 시행령에 신설)에서는 담보책임기간 기산일전에 발생한 하자의 담보책임기간을 5년으로 규정하고 있다.

3. 공동주택의 하자보수청구권자와 하자담보추급권자

쟁점

입주자대표회의가 직접 분양자에게 하자보수에 갈음하는 손해배상청구를 할 수 있는가?

판단

입주자대표회의가 직접 손해배상청구를 할 수는 없다.

(1) 공동주택의 하자보수청구권자

공동주택관리법에서는 하자보수청구권자를 집합건물법보다 구체적으로 세분화하여 규정하고 있다. 공동주택관리법 시행령에 따르면 전유부분은 입주자 또는 공공임대주택의 임차인[5]이 하자보수청구를 하여야 하고, 공용부분은 ① 입주자대표회의(의무관리대상 공동주택이 아닌 경우 집합건물법에 따른 관리단) 또는 임차인대표회의, ② 관리주체에 해당하는 자가 하자보수청구를 하여야 한다(시행령 제38조제2항). 다만 입주자는 전유부분에 대한 청구를 관리주체가 대행하도록 할 수 있고, 공용부분에 대한 하자보수청구는 입주자대표회의나 관리주체에게 요청할 수 있을 뿐이다.

이처럼 공동주택관리법은 전유부분과 공용부분에 대한 하자보수청구권자를 각 입주자와 입주자대표회의로 구분하여 규정하고 있다. 이는 공용부분 하자보수청구도 각 구분소유권자가 할 수 있도록 하고 있는 집합건물법과 차이가 있는 부분이다.

5) 2017. 4. 18. 일부개정되어 2017. 10. 19. 시행된 공동주택관리법 제36조제2항에서는 「공공주택 특별법」 제2조제1호 가목에 따라 임대한 후 분양전환을 할 목적으로 공급하는 공동주택을 공급한 사업주체는 분양전환이 되기 전까지는 임차인에 대하여 하자보수에 대한 담보책임을 진다고 규정하고 있다. 이 규정은 이 개정법 시행 후 사용검사를 받은 공공임대주택부터 적용된다(부칙 제1조).

(2) 공동주택의 하자담보추급권자

구 주택법 및 공동주택관리법에서는 담보책임기간에 공동주택의 내력구조부에 중대한 하자가 발생한 경우에는 사업주체가 하자 발생으로 인한 손해를 배상할 책임이 있다(공동주택관리법 제37조제2항)고 규정하고 있었다. 그런데 이 규정은 2017. 4. 18. 개정 되어, 사업주체는 담보책임기간에 공동주택에 하자가 발생한 경우에는 하자 발생으로 인한 손해를 배상할 책임이 있고 이 경우 손해배상책임에 관하여는「민법」제667조를 준용한다고 규정하게 되었다. 다만, 이 규정은 분양전환을 할 목적으로 공급하는 공공임대주택에는 적용되지 않는다(공동주택관리법 제36조제2항).

개정법은 주요구조부의 중대한 하자 뿐 아니라 모든 하자에 대한 손해배상책임을 인정하고 있고, 민법 제667조를 준용하고 있다는 점에서 집합건물법 제9조제1항의 담보책임 규정과 유사한 것처럼 보인다. 그런데 이 규정에 따라서 입주자대표회의(의무관리대상 공동주택이 아닌 경우에는 집합건물법에 따른 관리단)도 직접 분양자에 대하여 손해배상청구를 할 수 있는 것일까? 집합건물법 제9조 소정의 하자담보추급권은 각 구분소유자에게 귀속하는 것이어서 관리단은 하자담보추급권이 없다(대법원 2011. 12. 13. 선고 2011다80531 판결)는 점을 앞의 절에서 이미 살펴본 바 있어 의문이 커진다.

(3) 입주자대표회의의 하자보수에 갈음한 손해배상청구권 여부

우선, 입주자대표회의가 하자담보추급권을 행사할 수 있는지 여부에 대한 기존 판례의 태도를 살펴본다. 입주자대표회의가 집합건물법 제9조에서 정하는 하자담보추급권을 행사할 수 있는지와 관련하여 그간 견해가 엇갈렸다. 하급심의 판례도 통일되지 못하여 입주자대표회의의 손해배상청구권을 부인하는 판결이 있는가 하면 긍정하는 판결도 있었다.

대법원은 그간의 논란을 정리하고 입주자대표회의는 집합건물법 제9조에서 정하는 하자담보추급권을 가지지 못한다고 판시하였다(대법원 2006. 8. 24. 선고 2004다20807 판결).

공동주택에 하자가 있는 경우 입주자대표회의로서는 사업주체에 대하여 하자보수를 청구할 수 있을 뿐이며, 그에 갈음한 손해배상청구권을 가진다고 할 수 없다는 것이다.

판례 "'집합건물법' 제9조에 의한 하자담보추급권은 특별한 사정이 없는 한 집합건물 구분소유자에게 귀속하는 것이고, 비록 '주택법' 제46조 및 '주택법 시행령' 제59조제2항이 구 '주택건설촉진법'(2003. 5. 29. 법률 제6916호로 전문 개정되기 전의 것)에서 정한 입주자대표회의에게 공동주택의 사업주체에 대한 하자보수청구권을 부여하고 있으나, 이는 행정적인 차원에서 공동주택 하자보수의 절차방법 및 기간 등을 정하고 하자보수보증금으로 신속하게 하자를 보수할 수 있도록 하는 기준을 정하는 데 그 취지가 있을 뿐, 입주자대표회의에게 하자보수청구권 외에 하자담보추급권까지 부여하는 것이라고 볼 수는 없으므로, 공동주택에 하자가 있는 경우 입주자대표회의로서는 사업주체에 대하여 하자보수를 청구할 수 있을 뿐, 그에 갈음한 손해배상청구권을 가지지 못한다."(대법원 2009. 2. 12. 선고 2008다84229 판결)

입주자대표회의가 분양자를 상대로 하자담보추급권을 행사할 수 없다는 대법원 판결로 그간의 혼란이 정리되면서 하자관계 소송실무에도 커다란 영향을 미쳤다. 소송 편의상 입주자대표회의가 원고로서 분양자를 상대로 하자보수에 갈음한 손해배상을 청구하는 것이 더 이상 허용되지 않게 되었기 때문에 입주자대표회의가 각 구분소유자들로부터 손해배상채권을 양도받아 양수금청구소송으로 제기하는 방식이 일반화 된 것이다.

위 판례의 태도에 비추어 볼 때, 개정된 공동주택관리법 제37조제2항에도 불구하고 입주자대표회의는 직접 분양자에게 하자보수에 갈음하는 손해배상청구권을 갖지 못한다고 보는 것이 타당해 보인다. 공동주택관리법 제37조제2항은 "사업주체는 담보책임기간에 공동주택에 하자가 발생한 경우에는 하자 발생으로 인한 손해를 배상할 책임이 있다"고 할 뿐 구체적으로 사업주체가 누구에게 배상할 책임이 있는지는 규정하고 있지 않다. 또한 개정 규정은 이전 공동주택관리법 및 구 주택법에서 내력구조부에 중대한 하자가 발생한 경우 하자 발생으로 인한 손해를 배상할 책임이 있다고 규정하던 것에서 하자의 범위만 확대하였을 뿐이어서 개정법으로 인하여 기존 법원의 태도가 달라질 가능성도 적다.

그렇다면 개정된 공동주택관리법 제37조제2항은 단지 입주자의 손해배상청구권을 두텁게 보호하고자 하는 선언적 의미에 그치게 되는 것인데, 과연 이 법의 개정 취지가 그러했던 것인지, 의문과 함께 아쉬움이 남는다.

4. 공동주택관리법령상 하자담보책임기간의 성격

쟁점

2016. 8. 12. 이후 사용검사 받은 공동주택에서 하자가 발생한 경우 담보책임기간 내에 보수청구를 하여야 보수를 받을 수 있는가?

판단

담보책임기간 내에 보수청구를 하여야 한다.

(1) 주택법령상 하자담보책임기간의 성격(하자의 발생기간)

주택법 제46조제1항은 사업주체는 내력구조부별 및 시설공사별로 10년 이내의 범위에서 대통령령이 정하는 담보책임기간 안에 공사상 잘못으로 인한 균열 · 침하 · 파손 등 대통령령이 정하는 하자가 발생한 때에는 공동주택의 입주자 등 대통령령이 정하는 자의 청구에 따라 그 하자를 보수하여야 한다고 규정하고, 시행령 제59조제1항 별표6과 별표7은 사업주체가 보수책임을 부담하는 하자의 범위, 내력구조부별 및 시설공사별 하자담보책임기간을 정하고 있다.

주택법령상의 담보책임기간은 그 기간 안에 발생한 하자에 대한 하자보수의무를 정함으로써 하자의 발생기간을 의미하는 것으로 해석하였다. 그 기간은 제척기간이 아니다. 대법원은 이 하자보수기간을 하자보수청구권 행사의 제척기간으로 해석할 수는 없고, 하자의 발생기간으로 해석하였다(대법원 2002. 2. 8. 선고 99다69662 판결). 또한 이 기간은 하자의 발생기간을 의미하는 것일 뿐 하자보수의무의 존속기간은 아니다.

판례 "구 공동주택관리령(1998. 12. 31. 대통령령 제16069호로 개정되기 전의 것) 제16조는, 제1항에서 공동주택 등에 대한 하자보수기간은 그 사용검사일부터 주요시설인 경우에는 2년 이상으로 하고 그 외의 시설인 경우에는 1년 이상으로 하되 하자보수대상인 주요시설 및 그 외의 시설의 구분 및 범위에 따른 기간은 건설교통부령으로 정한다고 한 다음, 제2항에서 '제1항의 규정에 의한 기간 내에 공동주택 등의 하자가 발생한 때'에는 입주자대표회의 등이 사업주체에 대하여 그 하자의 보수를 요구할 수 있다고 규정하고 있을 뿐, 그 기간 내에 하자보수를 요구하여야 한다거나 그 기간 동안 담보책임이 있다고 규정하고 있지는 않으므로, 위 하자보수기간을 하자보수청구권 행사의 제척기간으로 해석할 수는 없다."(대법원 2006. 6. 16. 선고 2005다25632 판결)

(2) 공동주택관리법령상 하자담보책임기간의 성격 (하자의 발생기간 겸 권리행사기간)

공동주택관리법 제37조제1항은 "사업주체는 담보책임기간에 하자가 발생한 경우에는 입주자대표회의등의 청구에 따라 그 하자를 보수하여야 한다"고 규정하고 있으므로 공동주택관리법상의 하자담보책임기간은 주택법상의 하자담보책임과 같이 하자발생기간인 것으로 볼 수 있다.

그런데 공동주택관리법 시행령 제38조제1항은 "법 제37조제1항에 따라 입주자대표회의등은 공동주택에 하자가 발생한 경우에는 담보책임기간 내에 사업주체에게 하자보수를 청구하여야 한다"고 규정하고 있다. 또한 시행령 제39조제1항에서 사업주체는 담보책임기간이 만료되기 30일 전까지 그 만료 예정일을 해당 공동주택의 입주자대표회의에 서면으로 통보하도록 하고 있는데, 이 때 "담보책임기간 내에 하자보수를 신청하지 아니하면 하자보수를 청구할 수 있는 권리가 없어진다는 사실"을 함께 알려야 한다고 규정하고 있다.

이는 공동주택관리법령상의 하자담보책임기간을 집합건물법상의 담보책임기간 성격과 마찬가지로 권리행사기간으로 하려 한 것으로 보인다. 다만, 공동주택관리법은 담보책임기간을 여전히 하자발생기간으로 규정하고 있는 반면 같은 법 시행령은 담보책임기간을 권리행사기간으로 규정하고 있는데, 이는 위임입법의 한계를 벗어나는 것이라 볼 수 있어 향후 이를 둘러싼 논란이 예상된다.

5. 하자보수청구권 행사방법(증명책임의 완화)

쟁점

입주자는 아파트에 발생한 모든 하자를 구체적으로 특정하여 그에 대한 보수를 요구하였어야 하는가?

판단

입주자가 사업주체에게 발생한 전반적인 하자를 지적하고 그 대책을 요구하였다면 포괄적으로 권리를 행사한 것이다.

하자보수보증금을 청구하기 위해서는 하자보수청구가 전제되어야 하는데, 각 하자를 구체적으로 특정하여야 보수를 요구하여야만 하자보수를 청구한 것으로 인정되는가? 하자를 개별적, 구체적으로 특정하지 않고 하자가 발생하였음을 이유로 포괄적으로 하자보수 대책을 요구하였다면 하자보수를 청구한 것으로 보아야 하는가?

대법원은 건축의 전문가가 아닌 입주자대표회의가 사업주체에게 이미 발생되어 있는 전반적인 하자를 지적하고 대책을 요구한 이상 적법하게 하자보수청구권을 행사한 것으로 본다.

판례 "입주자대표회의는 건축에 관한 전문가가 아니기 때문에 공동주택에 발생한 모든 하자를 특정하고 그 구체적인 내용을 밝혀 하자보수청구권을 행사할 것을 요구하는 것은 합리성이 없다고 할 것이므로 입주자대표회의가 사업주체에게 이미 발생한 전반적인 하자를 지적하고 그 대책을 요구하였다면 각 하자 부분에 대한 포괄적인 권리행사를 한 것으로 봄이 상당하다고 할 것이다."(대법원 2007. 1. 26. 선고 2002다73333 판결)

서울중앙지방법원 2017. 6. 28. 선고 2016가합542930 판결도 하자가 그 하자담보기간 내에 발생하였음은 원칙적으로 원고가 증명하여야 하나, 건축에 관한 전문지식이 없는 원고가 이 사건 아파트에 존재하는 개개의 하자를 일일이 특정하여 그 발생 시기를 증명하기를 기대하기는 어려우므로, 당해 하자가 하자담보책임기간 내에 발생하였음을 추단할 수 있는 여러 가지 간접사실들을 통해 그 발생 시기를 추정할 수 있을 정도로 증명하면 된다고 판시하였다.

다만 공동주택관리법 시행령은 담보책임기간 내에 하자보수를 청구하여야 한다고 하여 담보책임기간을 권리행사 기간으로 보고 있으므로, 공동주택관리법이 적용되는 공동주택에 해당한다면 입주자 및 입주자대표회의가 담보책임기간 내에 하자보수청구 한 사실을 함께 증명하여야 할 것이므로 앞으로 공동주택의 입주자 등은 하자보수이력을 더 체계적으로 관리할 필요가 있을 것으로 보인다.

6. 시공자의 손해배상책임 여부

쟁점

아파트 입주자는 아파트 시공사(사업주체)를 상대로 하자담보책임을 물을 수 있는가?

판단

공동주택관리법 제37조제2항에 따라 시공사를 상대로 직접 하자담보책임을 물을 수 있다.

(1) 공동주택관리법 제37조제2항에 따른 손해배상책임

사업주체는 하자보수의무와 하자보수보증금을 예치할 의무[6]를 지고, 더 나아가 담보책임기간에 공동주택에 하자가 발생한 경우에는 하자발생으로 인한 손해를 배상할 책임이 있다(공동주택관리법 제37조제2항).

공동주택 하자에 담보책임을 지는 사업주체란 ① 주택법 제2조제10호에 따른 자(주택건설사업계획의 승인을 받아 그 사업을 시행하는 국가, 지자체, LH, 지방공사, 주택건설사업자 등), ② 건축법 제11조에 따른 건축허가를 받아 분양을 목적으로 하는 공동주택을 건축한 건축주, ③ 공동주택을 증축·개축·대수선하는 행위를 한 시공자, ④ 주택법 제66조에 따른 리모델링을 수행한 시공자를 말한다(공동주택관리법 제36조제1항). 또한 건설산업기본법 제28조에 따라 하자담보책임이 있는 자로서 위의 사업주체로부터 건설공사를 일괄 도급받아 건설공사를 수행한 자도 사업주체에 포함된다(공동주택관리법 제37조제1항).

---

6) 국가·지방자치단체·한국토지주택공사 및 지방공사인 사업주체의 경우에는 하자보수보증금 예치 의무를 부담하지 않는다(공동주택관리법 제38조제1항 후단)

(2) 구 주택법 제46조제3항에 따른 시공자의 손해배상책임

2016년 개정 이전의 주택법에서는 사업주체는 담보책임기간에 공동주택의 내력구조부에 중대한 하자가 발생한 경우에는 하자발생으로 인한 손해를 배상할 책임이 있다(주택법 제46조)고 규정하고 있었다. 우선 구 주택법에 따른 시공자의 손해배상의무가 인정될 수 있는지 살펴본다.

구 주택법 제46조에 따른 하자보수청구권 및 하자발생으로 인한 손해배상청구권은 집합건물법 제9조에 따른 하자보수청구권 및 하자보수에 갈음한 손해배상청구권과 독립적으로 행사할 수 있으므로(대법원 2012. 7. 12. 선고 2010다108234 판결), 담보책임기간 안에 내력구조부에 발생한 중대한 하자에 한하여 시공자의 손해배상의무가 인정되는 것으로 해석해야 되지 않을까?

대법원도 내력구조부에 발생한 중대한 하자에 대하여는 주택법 제46조제3항에 따라 사업주체에게 손해배상을 청구할 수 있음을 인정하고 있다.

판례 "구 주택건설촉진법 제38조제16항은 같은 조 제14항의 규정에 의한 사업주체와 건축주는 공동주택의 내력구조부에 중대한 하자가 발생한 때에는 10년의 범위 내에서 이를 보수하고, 그로 인한 손해를 배상할 책임이 있다고 규정하고 있다. 한편 구 공동주택관리령 제16조의2는 구 주택건설촉진법 제38조제16항의 규정에 의한 내력구조별 하자보수기간과 하자의 범위에 관하여 규정하는데, 그 내력구조별 하자보수기간으로 기둥·내력벽(힘을 받지 아니하는 조적벽 등 제외)은 10년, 보·바닥·지붕은 5년으로 각 정하고, 그 하자의 범위는 내력구조부에 발생한 결함으로 인하여 당해 공동주택이 무너진 경우와 구 공동주택관리령 제16조의3제1항의 규정에 의한 안전진단 실시 결과 당해 공동주택이 무너질 우려가 있다고 판정된 경우로 정하고 있다.

따라서, 구 주택건설촉진법 제38조제16항에 의하여 사업주체와 건축주가 부담하는 손해배상책임은 공동주택의 내력구조부에 구 공동주택관리령 제16조의2에서 정한 하자보수기간 내에 그 하자의 범위에서 정한 중대한 하자가 발생한 경우에 인정될 수 있다.

원심판결의 이유를 기록에 비추어 살펴보면, 원심은 이 사건 아파트에 구 주택건설촉진법 제38조제16항, 구 공동주택관리령 제16조의2에서 정한 5년차 및 10년차 하자가 발생하였고, 이 사건 아파트의 구분소유자들에게 그 하자에 따른 구 주택건설촉진법 제38조 제16항의 손해배상청구권이 발생하였으며, 원고가 구분소유자들로부터 그 손해배상청구권을 양수하였다는 취지의 원고의 주장을 배척하였음을 알 수 있다.

원심이, 이 사건 아파트에 발생한 하자는 구 공동주택관리령 제16조의2에서 정한 중대한 하자가 아니어서 이 사건 아파트의 구분소유자들은 구 주택건설촉진법 제38조제16항에서 정한 손해배상청구권을 가지지 않음을 전제로 한 위와 같은 판단은 앞서 본 법리에 따른 것으로서 정당하고, 거기에 구 주택건설촉진법 제38조제16항의 손해배상책임에 관한 법리오해의 위법이 없다."(대법원 2011. 5. 13. 선고 2010다29454 판결)

---

(3) 공동주택관리법 제37조제2항에 따른 시공자의 손해배상책임

이후 공동주택관리법의 제정 및 개정을 거쳐 현재 공동주택관리법 제37조제2항에서 "사업주체는 담보책임기간에 공동주택에 하자가 발생한 경우에는 하자 발생으로 인한 손해를 배상할 책임이 있다. 이 경우 손해배상책임에 관하여는 「민법」 제667조를 준용한다"고 규정하고 있다. 그렇다면 이 규정에 따라 시공자의 손해배상의무가 인정될 수 있을가?

위에서 살펴본 판례의 태도에 따를 경우 입주자는 사업주체인 시공자에게 직접 하자발생으로 인한 손해의 배상을 청구할 수 있다고 볼 수 있다. 다만 이사업주체인 시공자란 "건설산업기본법에 제28조에 따라 하자담보책임이 있는 자로서 분양자인 사업주체로부터 건설공사를 일괄 도급받은 시공자"를 의미한다는 점에 유의할 필요가 있다.

그런데 공동주택관리법에 따라 시공자에게 직접 손해배상청구를 할 수 있게 된다면 이는 분양자에게 회생절차개시 신청, 파산 신청, 해산, 무자력(無資力) 또는 그 밖에 이에 준하는 사유가 있는 경우에만 시공자의 손해배상책임을 인정하고 있는 집합건물법 제9조제3항과 일치하지 않는 문제점이 있다. 때문에 향후 공동주택관리법 제37조제2항의 적용과 해석을 둘러싸고 논란이 있을 것으로 예상된다.

7. 사용검사전 임의 입주자에 대한 담보책임 여부

쟁점

분양잔대금을 납부하지 않고 사용검사 전에 임의로 입주한 수분양자에 대하여도 분양자는 사용검사 전의 하자에 대해서까지 담보책임을 부담하는가?

판단

사용검사 후 입주한 수분양자와 다르게 취급할 이유가 없다.

분양잔대금을 납부하지 않고 사용검사 전에 임의로 입주한 수분양자라도 분양자에게 사용검사 전의 하자에 대해서까지 담보책임을 물을 수 있다.

판례 "집합건물법 제9조제1항은 집합건물을 건축하여 분양한 자는 수급인의 담보책임에 관한 민법 제667조 내지 제671조의 규정에 따라 담보책임을 지도록 규정하고 있는바, 분양잔대금을 지급하지 않은 채 수분양 아파트의 사용승인 전에 임의로 입주한 자가 구 공동주택관리령의 규정에 따라 분양자에 대하여 하자보수를 청구할 입주자의 지위에 있지 않다고 하더라도 위 공동주택관리령의 하자보수에 관한 규정은 입주자를 보호하기 위하여 입주자가 사업주체에 대하여 하자보수를 청구하는 절차를 규정하는 것에 불과하고 집합건물법에 따른 담보책임을 배제하는 취지로는 보이지 않으므로, 위 입주자는 수분양자의 지위에서 같은 법의 규정에 따라 분양자에 대하여 하자의 보수에 갈음하는 손해배상을 청구할 수 있다"(대법원 2004. 12. 9. 선고 2004다37461 판결).

---

8. 내력구조부의 하자

쟁점

사업주체는 내력구조부에 발생한 하자에 대해서 공동주택이 무너지거나 무너질 우려가 있는 경우에만 담보책임을 부담하는가?

판단

내력구조부의 모든 하자에 대하여 담보책임을 부담한다.

(1) 2016년 개정 전 주택법 시행령의 내력구조부 담보책임기간

주택법 시행령 제59조제1항 별표7에 의한 내력구조부별 하자보수대상 하자의 범위는 내력구조부에 발생한 결함으로 인하여 당해 공동주택이 무너진 경우 또는 안전진단 실시결과 당해 공동주택이 무너질 우려가 있다고 판정된 경우이며, 하자담보책임기간은 기둥 · 내력벽(힘을 받지 않는 조적벽 등은 제외한다)은 10년, 보 · 바닥 및 지붕은 5년이다.

사업주체에게 5년 또는 10년의 담보책임을 물을 수 있는 내력구조부에 발생한 하자의 범위는 '내력구조부에 발생한 결함으로 인하여 당해 공동주택이 무너진 경우 또는 안전진단 실시 결과 당해 공동주택이 무너질 우려가 있다고 판정된 경우'로 제한하고 있는 것이다. 그렇다면 내력구조부에 발생한 하자에 대해서는 공동주택이 무너지거나 무너질 우려가 있다고 판정된 경우에만 담보책임을 지는가?

2005. 5. 26. 법률 제7520호로 개정된 주택법 시행 전에 사용승인된 공동주택의 하자에 대해 집합건물법 제9조에 따른 분양자의 담보책임을 물을 때에는 주택법의 위 제한을 고려할 필요가 없다. 이때는 하자의 발생 부위에 따라 책임이 달라지는 것이 아니고, 하자의 발생 부위가 어디든 10년의 담보책임을 지게 된다.

대법원은 보증책임에 대해서도 마찬가지로 본다. 내력구조의 하자에 대한 보증책임은 무너지거나 무너질 우려가 있는 경우로 제한되는 것이 아니라고 보는 것이다.

판례 "주택건설촉진법 시행령 제43조의5제1항제1호 (가)목에서는, 공제조합이 행할 수 있는 하자보수보증을 의무하자보수보증과 장기하자보수보증으로 구분하고, 의무하자보수보증을 '공동주택관리령 제16조'의 규정에 의한 하자보수의무기간 중 발생한 하자의 보수에 대한 보증이라고 규정하고 있을 뿐, 주택건설촉진법 제38조제16항 및 그에 따른 공동주택관리령 제16조의2의 규정에 의한 하자의 보수에 대한 보증으로 되어 있지 아니하고, 공동주택관리령 제16조와 그에 따른 시행규칙에서는 보증기간을 10년 내지 5년이라고만 규정하고 있을 뿐, 그 범위를 주택이 무너졌거나 무너질 우려가 있는 경우로 한정하고 있지 아니하므로, 보증기간을 10년으로 하여 이루어진 공제조합의 의무하자보수보증의 보증대상은 결국 내력구조부에 발생한 모든 하자라고 봄이 상당하다 하겠고, 비록 하자보수의무에 관한 주택건설촉진법 제38조제14항 내지 제16항, 공동주택관리령 제16조의2에서 주택건설사업주체는 공동주택의 하자를 보수할 책임이 있고, 이를 담보하기 위하여 하자보수보증금을 예치하여야 할 의무가 있으며, 특히 공동주택의 내력구조부에 발생한 결함으로 인하여 당해 공동주택이 무너지거나, 혹은 안전진단 실시 결과 당해 공동주택이 무너질 우려가 있다고 판정된 경우와 같은 중대한 하자가 발생한 때에는 10년의 범위 내(기둥, 내력벽은 10년, 보, 바닥, 지붕은 5년)에서 이를 보수하고 그로 인한 손해를 배상할 책임이 있다고 규정하고 있으나, 그와 같은 규정을 둔 취지는 내력구조부의 결함과 같은 중대한 하자에 대하여는 그 위험성과 주요성에 비추어 특히 가중책임을 지게 하려는 것이지, 내력구조부에 대해서는 공동주택이 무너지거나 무너질 우려가 있는 경우와 같은 중대한 하자에 대해서만 보증책임을 부담하는 것으로 제한하려는 취지는 아니라고 해석된다."(대법원 2002. 2. 8. 선고 99다69662 판결).

대법원은 같은 취지에서 보증기간을 10년으로 한 공동주택의 내력구조부에 대한 의무하자보수보증계약에 있어 보증대상의 범위는 내력구조부에 발생한 모든 하자라고 판시하고 있다(대법원 2009. 2. 26. 선고 2007다83908 판결)

2005. 5. 26. 법률 제7520호로 개정된 주택법 시행 이후에 사용승인된 공동주택의 내력구조부에 발생한 하자는 어떤가? 집합건물법 부칙 제6조 단서는 공동주택의 담보책임 및 하자보수에 관하여는 주택법 제46조를 따르도록 하고 있고, 주택법 제46조제1항은 집합건물법 제9조의 적용을 배제하면서 공동주택의 내력구조부별 및 시설공사별로 정해진 기간 안에 정해진 하자에 대한 보수의무를 규정하고, 같은 조 제3항은 사업주체에게 내력구조부에 발생한 중대한 하자에 대한 손해배상책임을 지우고 있다. 같은 법 시행령 제59조 별표7에서는 하자보수대상 하자의 범위를 내력구조부에 발생한 결함으로 인하여 당해 공동주택이 무너진 경우와 안전진단 실시결과 당해 공동주택이 무너질 우려가 있다고 판정된 경우를 들고 있다.

문언상으로만 보면 공동주택에 관해서는 집합건물법 제9조에 의한 분양자의 담보책임을 물을 수 없고, 사업주체에 대해 주택법 시행령 제59조 별표6과 별표7에 규정된 하자가 정해진 기간내에 발생한 때에만 하자보수를 요구할 수 있고, 손해배상책임은 내력구조에 중대한 하자가 발생한 때에만 있는 것처럼 되어 있다. 이 때문에 해석이 분분하다.

개정법 하에서도 여전히 위 대법원 판결과 같은 이유로 내력구조부에 발생한 하자는 모두 5년 또는 10년의 담보책임을 부담한다는 판결(대전지방법원 2007. 4. 18. 선고 2004가합8825판결)이 있는가 하면, 법문에 충실하게 공동주택이 무너지거나 무너질 우려가 있는 경우와 같은 중대한 하자에 대해서만 5년 또는 10년의 하자담보책임을 진다는 판결(청주지방법원 2006. 3. 17. 선고 2003가합3079 판결, 서울남부지방법원 2006. 11. 16. 선고 2005가합22269 판결)도 있다.

2005. 5. 26. 이후에 사용검사가 이루어진 아파트에서 하자가 발생했음을 이유로 손해배상을 청구한 사건에서 대법원은 개정 주택법 46조에서 규정하지 않은 하자에 대하여는 집합건물법 제9조에 따라 하자보수에 갈음하는 손해배상을 청구할 수 있다고 판시하였다(대법원 2012. 7. 12. 선고 2010다108234 판결).

따라서 여전히 내력구조부에서 발생한 하자로 인하여 당해 공동주택이 무너진 경우나 무너질 우려가 있는 경우만 아니라 모든 하자에 대하여 분양자의 담보책임을 물을 수 있다고 해석된다.

대법원 2014. 11. 13. 선고 2013다15531 판결도 내력구조부에서 발생한 하자로 공동주택이 무너지거나 무너질 우려가 없는 경우에도 분양자의 담보책임을 물을 수 있다고 판시하였다.

(2) 공동주택관리법 시행령의 내력구조부 담보책임기간

2016. 8. 12. 대통령령 제27445호로 제정된 공동주택관리법 시행령 제36조제1항제1호에서는 내력구조부별(「건축법」 제2조제1항제7호에 따른 건물의 주요구조부[7]) 하자에 대한 담보책임기간을 10년으로 규정하여 공동주택관리법과 집합건물법의 담보책임기간(집합건물법 제9조의2제1항)을 일치시켰다.

그리고 공동주택관리법 시행령에서는 내력구조부의 하자란 ① 공동주택 구조체의 일부 또는 전부가 붕괴된 경우 또는 ② 공동주택의 구조안전상 위험을 초래하거나 그 위험을 초래할 우려가 있는 정도의 균열 · 침하 등의 결함이 발생한 경우를 의미한다(공동주택관리법 시행령 제37조제1호)고 규정하였다.

---

7) 건축법 제2조제1항제7호, "주요구조부"란 내력벽(耐力壁), 기둥, 바닥, 보, 지붕틀 및 주계단(主階段)을 말한다. 다만, 사이 기둥, 최하층 바닥, 작은 보, 차양, 옥외 계단, 그 밖에 이와 유사한 것으로 건축물의 구조상 중요하지 아니한 부분은 제외한다.

9. 층간소음 하자

쟁점

공동주택 층간(바닥)소음 하자의 판단 기준이 되는 법령은 무엇인가?

판단

주택건설기준 등에 관한 규정에 따라 하자여부 판단이 가능하다.

(1) 공동주택 층간소음의 범위와 기준

근래 갖가지 소음으로 인한 분쟁이 급증하고 있다. 도로나 철도에서 발생하는 소음은 물론이고, 공동주택의 이웃 또는 층간에서 발생하는 소음으로 인한 분쟁도 끊이지 않고 있다.

그래서 법에서도 각종 소음의 발생에 대한 규제를 강화하고 있다. 소음 · 진동관리법은 소음을 기계 · 기구 · 시설, 그 밖의 물체의 사용 또는 공동주택(주택법 제2조제3호에 따른 공동주택) 등 환경부령으로 정하는 장소에서 사람의 활동으로 인하여 발생하는 강한 소리(제2조 제1호)라고 정의하면서, 공장 소음과 생활 소음, 교통 소음, 항공기 소음에 대해 규제하고 있는데, 아파트 층간 소음의 기준은 어떨까?

소음 · 진동관리법 제21조의2제1항은 환경부장관과 국토교통부장관은 공동으로 공동주택에서 발생되는 층간소음(인접한 세대 간 소음을 포함한다. 이하 같다)으로 인한 입주자 및 사용자의 피해를 최소화하고 발생된 피해에 관한 분쟁을 해결하기 위하여 층간소음기준을 정하도록 하고, 제3항은 제1항에 따른 층간소음의 범위와 기준은 환경부와 국토교통부의 공동부령으로 정한다고 규정하고 있다.

공동주택관리법 제20조도 층간소음의 방지 등에 관한 규정이 있다.

이에 따라 공동주택 층간소음의 범위와 기준에 관한 규칙이 환경부령 제559호로 2014. 6. 3. 제정되어 2014. 6. 3.부터 시행되고 있다.

공동주택 층간소음의 범위는 입주자 또는 사용자의 활동으로 인하여 발생하는 소음으로서 다른 입주자 또는 사용자에게 피해를 주는 직접충격 소음(뛰거나 걷는 동작 등으로 인하여 발생하는 소음)과 공기전달 소음(텔레비전, 음향기기 등의 사용으로 인하여 발생하는 소음)이다. 다만, 욕실, 화장실 및 다용도실 등에서 급수·배수로 인하여 발생하는 소음은 제외한다(규칙 제2조).

층간소음의 기준은 별표와 같다.

[별표]

층간소음의 기준(제3조 관련)

층간소음의 구분		층간소음의 기준[단위: dB(A)]	
		주간 (06:00 ~ 22:00)	야간 (22:00 ~ 06:00)
1. 제2조제1호에 따른 직접충격 소음	1분간 등가소음도 (Leq)	43	38
	최고소음도 (Lmax)	57	52
2. 제2조제2호에 따른 공기전달 소음	5분간 등가소음도 (Leq)	45	40

비고

1. 직접충격 소음은 1분간 등가소음도(Leq) 및 최고소음도(Lmax)로 평가하고, 공기전달 소음은 5분간 등가소음도(Leq)로 평가한다.
2. 위 표의 기준에도 불구하고 「주택법」 제2조제2호에 따른 공동주택으로서 「건축법」 제11조에 따라 건축허가를 받은 공동주택과 2005년 6월 30일 이전에 「주택법」 제16조에 따라 사업승인을 받은 공동주택의 직접충격 소음 기준에 대해서는 위 표 제1호에 따른 기준에 5dB(A)을 더한 값을 적용한다.
3. 층간소음의 측정방법은 「환경분야 시험·검사 등에 관한 법률」 제6조제1항제2호에 따라 환경부장관이 정하여 고시하는 소음·진동 관련 공정시험기준 중 동일 건물 내에서 사업장 소음을 측정하는 방법을 따르되, 1개 지점 이상에서 1시간 이상 측정하여야 한다.
4. 1분간 등가소음도(Leq) 및 5분간 등가소음도(Leq)는 비고 제3호에 따라 측정한 값 중 가장 높은 값으로 한다.
5. 최고소음도(Lmax)는 1시간에 3회 이상 초과할 경우 그 기준을 초과한 것으로 본다.

(2) 공동주택 층간소음 하자의 판단기준

'주택건설기준 등에 관한 규정' 제14조의2는 공동주택의 세대 내의 층간바닥(화장실의 바닥은 제외한다)은 다음 각 호의 기준을 모두 충족하여야 한다고 규정하고 있다.

1. 콘크리트 슬래브 두께는 210밀리미터{라멘구조(보와 기둥을 통해서 내력이 전달되는 구조를 말한다)의 공동주택은 150밀리미터} 이상으로 할 것
2. 각 층간 바닥충격음이 경량충격음(비교적 가볍고 딱딱한 충격에 의한 바닥충격음을 말한다)은 58데시벨 이하, 중량충격음(무겁고 부드러운 충격에 의한 바닥충격음을 말한다)은 50데시벨 이하의 구조가 되도록 할 것(다만, 라멘구조의 공동주택과 그 외의 공동주택 중 발코니, 현관 등 국토교통부령으로 정하는 부분의 바닥은 그러하지 아니하다).

그러므로 이 규정 제14조의2가 요구하는 기준을 모두 충족하지 못하는 공동주택의 층간바닥은 하자라고 보아야 할 것이다. 2013. 5. 6. 대통령령 제24529호로 신설된 제14조의2의 개정규정은 2014. 5. 7. 이후 주택법 제16조제1항 또는 제3항 따른 사업계획 승인을 신청하는 경우부터 적용한다(부칙 제2조).

제14조의2 개정 규정이 신설되기 전에는 제14조제3항에서 공동주택의 바닥에 관해서 각 층간 바닥충격음이 경량충격음(비교적 가볍고 딱딱한 충격에 의한 바닥충격음을 말한다)은 58데시벨 이하, 중량충격음(무겁고 부드러운 충격에 의한 바닥충격음을 말한다)은 50데시벨 이하의 구조가 되도록 해야 한다고 규정하고 있었다.

[주택건설기준 등에 관한 규정]

층간소음의 기준

사업계획승인일	조항	내용	비고
2004. 4. 23.전	제14조제3항	각 층간의 바닥충격음을 충분히 차단할 수 있는 구조	선언적 기준
2004. 4. 23. 후	제14조제3항 및 제4항	1. 각 층 바닥경량충격음 58데시벨, 중량 충격음 50데시벨 이하의 구조 2. 표준바닥구조(경량충격음)	1 또는 2 기준 만족
2005. 7. 1. 후	제14조제3항	1. 각 층 바닥 경량충격음 58데시벨, 중량 충격음 50데시벨 이하의 구조 2. 표준바닥구조	1 또는 2 기준 만족
2014. 5. 7. 후	제14조의2	1. 콘크리트 슬래브 두께(210mm) 2. 각 층 바닥 경량충격음 58데시벨, 중량 충격음 50데시벨 이하의 구조 (발코니, 현관, 세탁실 등 제외)	1, 2 기준 모두 만족

판례 "공동주택의 바닥충격음에 관한 규제에 관하여 2003. 4. 22. 개정되기 전의 주택건설기준 등에 관한 규정(이하 '개정 전 규정'이라고 한다) 제14조제3항에서는 공동주택의 바닥은 각 층간의 바닥충격음을 충분히 차단할 수 있는 구조로 하여야 한다고 규정하고 있었는데, 2003. 4. 22. 개정된 주택건설기준 등에 관한 규정(이하 '개정 규정'이라고 한다) 제14조제3항에서는 공동주택의 바닥은 각 층간의 바닥충격음이 경량충격음(비교적 가볍고 딱딱한 충격에 의한 바닥충격음을 말한다)은 58데시벨 이하, 중량충격음(비교적 무겁고 부드러운 충격에 의한 바닥충격음을 말한다)은 50데시벨 이하가 되도록 하여야 한다고 규정하고 있다.

그런데, 개정 전 규정에서 말하는 '각 층간의 바닥충격음을 충분히 차단할 수 있는 구조'를 판단함에 있어서 개정 규정의 기준이 그 판단자료가 될 수 있는지 여부에 관하여 보건대, 개정 규정 부칙 제1조 단서에서는 제14조의 개정 규정 중 경량충격음에 관한 규정은 공포 후 1년이 경과한 날부터 시행하고, 중량충격음에 관한 규정은 2005. 7. 1.부터 시행한다고 규정하고 있으며, 부칙 제2조에서는 제14조의 개정 규정은 동 규정의 시행 후 주택법 제33조에 의한 사업계획의 승인을 신청하는 주택건설사업부터 이를 적용한다고 하여 개정 규정의 적용시기를 분명히 하고 있는 점, 2005. 6. 30. 대통령령 제18929호로 개정된 주택건설기준 등에 관한 규정에서는 개정 규정과 같은 기준에 따르거나 건설교통부장관이 정하여 고시하는 표준바닥구조가 되도록 하는 것 중 어느 하나를 선택할 수 있도록 규정하고 있는 점, 이 사건 아파트 건축 당시의 건축 현황이나 기술 수준이 개정 규정의 시행 당시의 그것과 동일하다고 볼 수 없는 점 등에 비추어 보면, 개정 규정이 개정 규정 시행 전에 사업승인을 받은 공동주택에 그대로 적용될 수는 없다 할 것이다.

그러므로 개정 전 규정의 기준에 부합하는 여부를 판단함에 있어서도 개정 규정이 일응 참작사유가 될 수 있을 뿐 개정 규정에 의하여서만 판단될 수는 없는 것이고, 개정 규정과 아울러 이 사건 아파트 건축 당시의 공동주택들의 건축현황이나 바닥충격음의 정도, 당시의 기술 수준, 개정 규정의 기준설정 경위 등 여러 사정들이 종합적으로 고려되어 판단되어야 할 것이다."(대법원 2008. 6. 26. 선고 2005다56193, 2005다56209 판결).

서울고등법원 2011. 11. 3. 선고 2010나96579 판결도 2003. 4. 22. 개정된 주택건설기준 등에 관한 규정이 시행되기 전에 사업계획승인을 받아 신축한 아파트의 소유자이거나 소유자였던 사람들이 시공회사를 상대로 층간소음이 평균 60.5dB로 개정 규정에서 정한 기준인 58dB을 초과하여 수인한도를 넘으므로 아파트 바닥에 층간소음을 충분히 차단할 수 없는 흠이 있다는 이유로 하자보수를 위한 차음공사비와 층간소음으로 인한 위자료를 청구한 사안에서, 위 아파트에 대하여 개정 규정의 바닥충격음에 관한 기준이 직접 적용되지 않는 점, 아파트 바닥구조가 시공 당시 일반적인 바닥구조 또는 그 당시 개선되던 바닥구조와 별 차이가 없는 점, 아파트에서 측정된 바닥의 경량충격음 56 내지 61dB은 대한주택공사가 1990. 12.경 공동주택 설계기준안으로 제시한 '공동주택 내부소음 기준설정 연구 I'의 L 지수로 변환할 경우 모두 70dB 이하여서 위 연구에서 제시한 차음성기준을 충족하는 점 등 여러 사정에 비추어 아파트 바닥이 충격음을 차단하기 부족한 구조로서 흠이 있다고 단정할 수 없다고 판시하였다.

10. 도로에서 발생하는 소음에 대한 분양자의 책임 여부

쟁점

도로에서 유입되는 소음의 피해자가 주택의 분양자에게 소음으로 인한 손해배상책임을 물을 수 있는가?

판단

도로에서 발생하는 소음으로 인한 피해는 도로의 설치·관리자에게 우선적으로 그 책임을 물어야 한다.

공작물의 설치 또는 보존의 하자로 인하여 타인에게 손해를 가한 공작물 점유자는 손해를 배상할 책임이 있다(민법 제758조). 따라서 도로에서 발생하는 소음에 대한 손해배상의무자는 원칙적으로 도로의 설치 · 관리자이다.

차량이 통행하는 도로에서 유입되는 소음으로 인하여 인근 공동주택의 거주자에게 사회통념상 일반적으로 수인할 정도를 넘어서는 침해가 있는지 여부는 주택법 등에서 제시하는 주택건설기준보다는 환경정책기본법 등에서 설정하고 있는 환경기준을 우선적으로 고려하여 판단하여야 한다(대법원 2008. 8. 21. 선고 2008다9358, 9365 판결).

환경정책기본법 제12조, 동 시행령 제2조 별표는 소음에 관한 환경기준을 정하고 있는데, 도로변지역의 전용주거지역, 일반주거지역, 준주거지역은 06:00~22:00는 65 LeqdB(A), 22:00~06:00는 55 LeqdB(A)이다.

소음 · 진동관리법 제26조, 소음 · 진동관리법 시행규칙 제25조 별표12 교통소음 · 진동관리기준은 도로에서 발생하는 주거지역 소음 한도를 주간 68 LeqdB(A), 야간 58 LeqdB(A)으로 정하고 있다.

아파트에 이웃한 도로의 하루 통행 차량이 약 86,361대에 이르고, 입주자들이 거주하는 세대의 야간 등가소음도가 65dB 이상으로 환경정책기본법이 요구하는 도로변 주거지역의 야간 소음기준

(55dB)을 훨씬 초과함으로써 입주자들에게 통상의 수인한도를 넘는 피해를 발생하게 하였다면 입주자가 도로가 개통된 이후에 건축된 아파트에 입주하였더라도 도로의 관리자인 지방자치단체에게 도로의 설치 · 관리상의 하자가 있다고 인정된다(대법원 2008. 8. 21. 선고 2008다9358, 9365 판결).

그렇다고 도로변 지역의 소음에 관한 환경정책기본법의 환경기준을 위반하는 도로소음이 있다고 하여 바로 민사상 참을 한도를 넘는 위법한 침해행위가 있다고 단정할 수는 없고, 도로소음으로 인한 생활방해를 원인으로 제기된 사건에서 공동주택에 거주하는 사람들이 생활방해를 받고 있는지는 특별한 사정이 없는 한 일상생활이 실제 주로 이루어지는 장소인 거실에서 도로 등 해당 소음원에 면한 방향의 모든 창호를 개방한 상태로 측정한 소음도를 기준으로 환경정책기본법상 소음환경기준 등을 초과하였는지에 따라 판단하는 것이 타당하다(대법원 2015. 9. 24. 선고 2011다91784 판결).

도로에서 유입되는 소음으로 피해를 입는 도로 인근의 주택을 건축하여 분양한 자는 원칙적으로 이 소음에 대한 손해배상의무자가 아니다. 다만, 분양자에게 집합건물법 제9조에 의한 담보책임이 인정되거나 분양계약상 소음 방지 시설이나 조치에 관한 특약을 위반한 경우, 또는 소음피해에 대한 고지의무를 위반한 경우에는 손해배상책임을 질 수 있다.

판례 "도로에서 유입되는 소음 때문에 인근 주택의 거주자에게 사회통념상 수인한도를 넘는 생활이익의 침해가 발생하였다고 하더라도, 그 주택을 건축하여 분양한 분양회사는 도로의 설치·관리자가 아니고 그 주택의 건축으로 인하여 소음이 발생하였다고 볼 수도 없으므로, 주택의 거주자들이 분양회사를 상대로 소음 때문에 발생한 생활이익의 침해를 원인으로 하는 불법행위책임을 물을 수는 없다. 다만 분양회사는 주택의 공급 당시에 주택법상의 주택건설기준 등 그 주택이 거래상 통상 소음 방지를 위하여 갖추어야 할 시설이나 품질을 갖추지 못한 경우에 집합건물의 소유 및 관리에 관한 법률 제9조 또는 민법 제580조의 담보책임을 부담하거나, 수분양자와의 분양계약에서 소음 방지 시설이나 조치에 관하여 특약이 있는 경우에 그에 따른 책임을 부담하거나, 또는 분양회사가 수분양자에게 분양하는 주택의 소음 상황 등에 관한 정보를 은폐하거나 부정확한 정보를 제공하는 등 신의칙상의 부수의무를 게을리 한 경우에 그 책임을 부담할 뿐이다."(대법원 2008. 8. 21. 선고 2008다9358, 9365 판결)

따라서 아파트 분양자가 아파트에 대한 사용승인을 받을 당시 아파트의 소음도는 64.7㏈로서 주택법상의 주택건설기준 등에서 규정하고 있는 소음기준을 충족하고 있었고, 아파트의 사용승인 또는 분양 당시 아파트의 방음시설이 통상 갖추어야 할 수준에 이르지 못하였다고 인정되지 않으며, 분양자가 수분양자들과 사이에 소음 방지 시설이나 조치에 관한 별도의 특약을 체결하였다거나 수분양자들에게 아파트의 소음 상황 등에 관하여 부정확한 정보를 제공하였다고 인정되지 않는 경우에는 도로에서 유입되는 소음으로 인하여 수분양자들에게 사회통념상 수인한도를 넘는 생활이익의 침해가 발생하였다고 하더라도 분양자가 담보책임이나 특약에 의한 책임, 또는 신의칙상 의무 위반으로 인한 책임을 부담하지 아니한다(위 대법원 판결).

11. 방음벽의 하자

쟁점

주택건설기준 등에 관한 규정에서 정한 방음시설 기준을 충족하지 못하는 경우 하자담보책임을 부담하는가?

판단

기준에 미달하는 경우 하자담보책임을 부담한다.

(1) 방음시설의 정의

소음 · 진동관리법은 공장 · 건설공사장 · 도로 · 철도 등으로부터 발생하는 소음 · 진동으로 인한 피해를 방지하고 소음 · 진동을 적정하게 관리하여 모든 국민이 조용하고 평온한 환경에서 생활할 수 있게 함을 목적으로 한다.

소음 · 진동관리법 제26조, 소음 · 진동관리법 시행규칙 제25조 별표12 교통소음 · 진동관리기준은 도로에서 발생하는 주거지역 소음 한도를 주간 68 LeqdB(A), 야간 58 LeqdB(A)으로 정하고 있다.

소음 · 진동관리법 제40조제1항은 소음을 방지하기 위하여 방음벽 · 방음림(防音林) · 방음둑 등의 방음시설을 설치하는 자는 충분한 소리의 차단 효과를 얻을 수 있도록 설계 · 시공하여야 한다고 규정하고, 제2항은 방음시설의 성능 · 설치기준 및 성능평가 등 사후관리에 필요한 사항은 환경부장관이 정하여 고시할 수 있되, 다만, 다른 법률이 방음시설의 설치기준 등을 달리 정하고 있으면 그 설치기준 등에 따른다고 규정하고 있다.

이에 따라 방음시설의 성능 및 설치기준에 관한 환경부고시가 있다.

"방음시설"이란 소음 · 진동배출시설이 아닌 물체로부터 발생하는 소음을 없애거나 줄이는 시설로서 환경부령으로 정하는 것을 말하는데(소음 · 진동관리법 제22조제5호), 방음시설의 성능 및 설치기준[환경부고시 제2014-196호] 제3조제1호는 방음시설을 교통소음을 저감하기 위하여 충분한 소리의 흡음 또는 차단효과를 얻을 수 있도록 설치하는 시설로 정의하고, 방음벽 · 방음터널 · 방음둑 등으로 구분한다.

(2) 사업주체의 소음방지대책 수립 의무

주택법 제42조제1항은 사업계획승인권자로 하여금 주택의 건설에 따른 소음의 피해를 방지하고 주택건설 지역주민의 평온한 생활을 유지하기 위하여 주택건설사업을 시행하려는 사업주체에게 대통령령으로 정하는 바에 따라 소음방지대책을 수립하도록 하여야 한다고 규정하고 있다.

이를 받아 주택건설기준 등에 관한 규정 제9조제1항은 이렇게 규정하고 있다.

공동주택을 건설하는 지점의 소음도(이하 "실외소음도" 한다)가 65데시벨 이상인 경우에는 방음벽 · 수림대 등의 방음시설을 설치하여 해당 공동주택의 건설지점의 소음도가 65데시벨 미만이 되도록 소음방지대책을 수립하여야 한다. 다만, 공동주택이 국토계획법 제36조에 따른 도시지역(주택단지 면적이 30만제곱미터 미만인 경우로 한정한다) 또는 소음 · 진동관리법 제27조에 따라 지정된 지역에 건축되는 경우로서 다음 각 호의 기준을 모두 충족하는 경우에는 그 공동주택의 6층 이상인 부분에 대하여 본문을 적용하지 아니한다.

1. 세대 안에 설치된 모든 창호(窓戶)를 닫은 상태에서 거실에서 측정한 소음도(이하 "실내소음도"라 한다)가 45데시벨 이하일 것
2. 공동주택의 세대 안에 건축법 시행령 제87조제2항에 따라 정하는 기준에 적합한 환기설비를 갖출 것

주택법 제42조제1항, 주택건설기준 등에 관한 규정 제9조제1항에 따른 소음방지대책을 수립하여야 하는 의무자는 주택건설사업을 시행하려는 사업주체에 한정되고, 대지조성사업자에게 적용되지 않는다(대법원 2015. 10. 29. 선고 2008다47558 판결).

그리고 고속국도로부터 300미터 이내에 주택건설지역이 있는 경우와 일반국도(자동차 전용도로 또는 왕복 6차로 이상인 도로만 해당한다)와 특별시도 · 광역시도(자동차 전용도로만 해당한다)로부터 150미터 이내에 주택건설지역이 있는 경우에는 사업계획승인권자는 해당 도로의 관리청과 소음방지대책을 미리 협의하여야 한다(주택법 제42조제2항, 주택건설기준 등에 관한 규정 제9조제5항).

위 기준을 충족하지 못하는 방음벽 시설은 하자가 있는 시설이라 할 것이다. 대법원 판결도 위와 같은 기준의 충족 여부를 가지고 방음벽의 하자 여부를 판단하고 있다.

한편, 소음은 측정하는 지점에 따라 소음도가 높거나 낮게 나올 수 있다. 고층 아파트의 경우라면 측정하는 지점이 저층일 경우와 고층일 경우의 소음도가 크게 달라질 수 있다.

실외소음도와 실내소음의 소음측정기준에 관하여는 공동주택의 소음측정기준[국토교통부고시 제2017-558호]에서 상세히 정하고 있다.

판례 "건축물의 하자라고 함은 일반적으로 완성된 건축물에 공사계약에서 정한 내용과 다른 구조적·기능적 결함이 있거나, 거래관념상 통상 갖추어야 할 품질을 제대로 갖추고 있지 아니한 것을 말하는 것으로, 하자 여부는 당사자 사이의 계약 내용, 해당 건축물이 설계도대로 건축되었는지 여부, 건축 관련 법령에서 정한 기준에 적합한지 여부 등 여러 사정을 종합적으로 고려하여 판단되어야 한다...주택건설기준 등에 관한 규정 제9조제1항은 공동주택을 건설하는 지점의 소음도가 건설부장관이 환경처장관과 협의하여 고시하는 소음측정기준에 의하여 65데시벨 이상인 경우에는 공동주택을 철도·고속도로·자동차전용도로·폭 20미터 이상인 일반도로 기타 소음발생시설(설치계획이 확정된 시설을 포함한다)로부터 수평거리 50미터 이상 떨어진 곳에 배치하거나 방음벽·수림대 등의 방음시설을 설치하여 당해 공동주택의 건설지점의 소음도가 65데시벨 미만이 되도록 하여야 한다고 규정하고 있으며, 위 주택건설기준 등에 관한 규정 제9조제1항에 의한 공동주택의 소음측정기준(1986. 10. 15. 건설부고시 제463호)에 의하면, 5층 이상의 공동주택인 경우에는 1층의 실측소음도와 5층의 예측소음도를 합하여 평균한 소음도를 측정소음도로 하여야 한다고 규정하고 있고, 개발예정지구·도시계획예정도로 등의 경우 실측에 의하여 대상 소음도를 구할 수 없는 경우에는 예측방법에 의할 수 있다고 규정하면서 공동주택단지 인접에 도로 또는 철도가 신설되어 환경영향평가를 시행하는 경우에는 환경영향평가를 본 기준에 의한 평가로 한다고 규정하고 있으므로, 5층 이상의 공동주택의 경우에 있어서는 1층과 5층의 소음도를 합하여 평균한 소음도를 기준으로 하여 위 관련 법령의 위반 여부를 판단하여야 할 것이다."(대법원 2008. 6. 26. 선고 2005다56193, 2005다56209 판결).

---

12. 일조권 침해와 분양자의 담보책임

쟁점

아파트 수분양자가 분양회사를 상대로 일조권 침해에 따른 손해배상을 청구할 수 있는가?

판단

건축관계법령 및 주택건설기준에 맞고, 분양계약 체결 당시의 설계도면에 따라 시공하였다면, 일조권을 방해받더라도 아파트의 수분양자들은 분양자를 상대로 손해배상을 청구할 수 없다.

(1) 일조권 침해

분양받은 아파트가 당사자의 특약에 의하여 보유하여야 하거나 주택법상의 주택건설기준 등 거래상 통상 갖추어야 할 품질이나 성질을 갖추지 못한 경우라면 수분양자들은 분양자의 담보책임을 묻거나 채무불이행을 이유로 손해배상을 청구할 수 있다(대법원 2010. 4. 29. 선고 2007다9139 판결).

아파트를 분양받은 세대가 수인한도를 초과하는 일조와 조망, 그리고 사생활의 침해를 받고 있고 분양자가 분양 당시 이에 대한 구체적인 정보를 고지하지 않은 경우에 분양자에게 분양계약에 따른 신의칙상 채무를 이행하지 아니한 손해배상책임을 인정한 사례가 있다(서울지방법원 2003. 4. 29. 선고 2001가합43521 판결).

(2) 분양자의 담보책임 여부

그러나 분양받은 아파트가 건축관계법령 및 주택법상의 주택건설기준 등에 부합되게 건축되었고, 문제가 되는 일조권 침해가 아파트 분양계약 당시 수분양자에게 제공된 기본적인 건축 계획대로 아파트를 건축한 데에서 비롯된 것이라면, 일조권 침해가 발생한다는 사실만으로서 곧바로 분양받은 아파트 각 세대가 그 분양계약 당시 수분양자에게 제공된 기본적인 건축 계획에 관한 정보에 의하여 예상할 수 있었던 범위를 벗어나 분양계약의 목적물로서 통상 갖추어야 하거나 당사자의 특약에 의하여 보유하여야 할 품질이나 성질을 갖추지 못한 경우에 해당된다고 할 수 없다(대법원 2010. 4. 29. 선고 2007다9139 판결).

요컨대, 건축관계법령 및 주택건설기준에 맞고, 분양계약 체결 당시의 설계도면에 따라 시공하였다면, 일조권을 방해받더라도 아파트의 수분양자들은 분양자를 상대로 손해배상을 청구할 수 없다.

13. 외벽균열 도장의 범위

공동주택의 콘크리트 외벽에 발생한 균열의 보수방법과 관련하여 전면도장을 하여야 하는지 부분도장으로 족한지 심한 다툼이 있다. 하자보수비의 차이가 적지 않기 때문에 분양자와 수분양자가 첨예하게 대립하는 항목 가운데 하나이다.

대법원은 2009. 6. 11. 선고한 2008다92466 판결에서 문제가 된 아파트 외벽에서 발생한 균열의 양에 비추어 부분도장으로 미관의 손상을 방지하기에 족하다고 판단한 원심 판결을 긍정하였다. 대법원은 원심의 판단이 사실심의 전권사항에 속하는 외벽의 균열 양상 등에 관한 사실인정을 토대로 시공회사가 이전에 전면도장을 시행한 사실이 있었던 점 등의 제반 사정을 참작하여 적정한 외벽 도장 방법을 선택한 것으로서 수긍이 간다고 판시하였다.

반면 대법원 2009. 2. 26. 선고 2007다83908 판결은 전면도장이 필요하다고 본 원심 판결을 긍정하였다.

근래의 하급심 판결들은 대부분 부분 도장을 인정하는 추세인 것으로 보인다.

14. 분양전환 임대아파트의 하자담보책임 기간

쟁점

분양전환 임대아파트의 하자담보책임 기간은 언제부터 기산하는가?

판단

분양전환 임대아파트의 하자담보책임 기간은 최초 임차인들에게 인도된 때부터 기산한다. 다만, 공동주택관리법 제36조제2항에 따른 공공임대주택의 하자보수 담보책임기간은 ① 전유부분은 각 임차인에게 인도한 날, ② 공용부분은 사용검사일부터 기산한다.

13 집합건물 및 공동주택의 하자

(1) 분양전환 임대아파트의 하자담보책임기간 기산일

임대아파트가 분양전환된 경우에도 집합건물법 제9조에 따라 분양자는 수분양자에게 담보책임을 져야 한다.

임대아파트의 분양전환은 선분양 후시공 아파트의 분양계약과 달리 이미 존재하는 아파트를 대상으로 한다. 따라서 임대아파트가 분양전환되는 경우에는 집합건물법 제9조가 적용되지 않고 매도인의 담보책임에 관한 민법의 규정이 적용되어야 한다는 견해가 있지만, 대법원은 임대아파트가 분양전환된 경우에도 집합건물법 제9조의 적용을 긍정한다.

집합건물법 제9조가 적용된다 하더라도 제척기간의 기산점은 언제부터로 볼 것인가?

대법원은 하자담보책임기간은 최초 임차인들에게 인도된 때부터 10년간이라고 판시하였다.

판례 "구 집합건물법(2005. 5. 26. 법률 제7502호로 개정되기 전의 것, 이하 '구 집합건물법'이라 한다) 제9조는 집합건물을 건축하여 분양한 자로 하여금 견고한 건물을 짓도록 유도하고 부실하게 건축된 집합건물의 소유자를 두텁게 보호하기 위하여 집합건물을 건축하여 분양한 자의 담보책임에 관하여 민법상 수급인의 담보책임에 관한 규정을 준용하도록 함으로써 담보책임의 내용을 명확히 하는 한편 이를 강행규정으로 하였고, 위 규정에 의한 하자담보추급권은 현재의 집합건물 소유자에게 귀속하는 점, 분양전환가격은 결정할 때 아파트의 노후 정도는 이미 평가에 반영되었다고 하더라도 부실시공으로 인한 아파트 하자까지 모두 반영하여 가격을 결정하였다고 보기는 어려운 점, 분양전환 전의 임차기간 동안 입주자들이 임대차계약에 기해 하자보수를 요구할 수 있다고는 하나 임차인의 지위에서 인정되는 하자보수청구권과 분양받은 소유자의 지위에서 인정되는 하자담보추급권은 법적 성질과 기능이 동일하다고 볼 수 없는 점 등에 비추어 볼 때, 분양전환된 임대아파트의 경우에도 구 집합건물법 제9조제1항 및 그에 의하여 준용되는 민법 제667조 내지 제671조가 적용되고 하자담보책임기간은 민법 제671조제1항 단서에 의하여 최초 임차인들에게 인도된 때부터 10년간이라고 보아야 한다.[8]"(대법원 2012. 4. 13. 선고 2011다72301, 72318 판결)

(2) 공동주택관리법에 따른 공공임대주택의 경우

2017. 4. 18. 법률 제14793호로 개정된 공동주택관리법은 분양전환을 할 목적으로 공급하는 공공임대주택에 대한 사업주체의 담보책임규정을 신설하였다. 이 규정에 따르면 공공임대주택을 공급한 사업주체는 분양전환이 되기 전까지는 임차인에 대하여 하자보수에 대한 담보책임을 진다(제36조제2항)[9]. 그리고 이 담보책임기간은 ① 전유부분은 임차인에게 인도한 날, ② 공용부분은 사용검사일부터 각 기산하도록 하고 있다.

(3) 2013. 6. 19. 전후 준공한 임대아파트의 담보책임 기산일의 문제

2013. 6. 19. 이후 준공한 임대아파트의 경우(공동주택관리법에서 정한 공공임대주택 제외) 담보책임기간의 기산일을 어느 날로 하여야 할 것인가?

2012. 12. 18. 법률 제11555호로 개정된 집합건물법부터 담보책임기간의 기산일을 전유부분과 공용부분으로 각 나누어 규정(제9조의2제2항)하기 시작하였다. 그리고 이 개정법은 부칙에서 이 법 시행 전에 분양된 건물의 담보책임에 관하여는 종전의 규정에 따른다고 하고 있다. 그렇다면 ① 법 시행일인 2013. 6. 19. 이후 분양전환하는 아파트의 담보책임 기산일부터 개정 법의 규정을 따라야 하는지, ② 2013. 6. 19. 이후 사용검사받은 임대아파트부터 개정 법의 규정을 따라야 하는지, ③ 2013. 6. 19. 이후 최초 임대차계약을 체결한 임대아파트부터 개정 법의 규정을 따라야 하는지 명확하지 않은 실정이다.

8) 이 판결은 구 집합건물법(2011. 4. 12. 법률 제10580호로 개정된 법)이 적용되는 아파트에 관한 것으로써, 구 집합건물법에서는 담보책임기간일을 별도로 규정하고 있지 않았다.

9) 이 담보책임은 손해배생책임을 제외한 하자보수에 대한 담보책임이라 규정하고 있다. 또한 신설 규정은 개정 법이 시행일인 2017. 10. 19. 이후 사용검사를 받은 임대주택부터 적용된다.

15. 하자보수보증금청구권의 발생 여부

쟁점

하자가 발생하였다는 사유만으로 보증사고가 발생한 것으로 인정하여 보증금을 청구할 수 있는가?

판단

하자보수보증계약의 보증채권자가 시공자에게 하자의 보수를 청구하였다거나 시공자가 이에 불응하였다는 점에 관한 입증이 없는 이상, 하자가 발생하였다는 사유만으로는 보증사고가 발생한 것이라고 할 수 없다.

(1) 보증금의 지급 사유가 되는 보증사고의 의미

전문건설공제조합이 건설산업기본법에 따라 하는 각종 보증에 있어서의 보증사고라 함은 보증인인 전문건설공제조합의 보증책임을 구체화하여 정하는 불확정한 사고를 의미하는 것이므로, 하자보수보증에서 보증사고가 무엇인지는 당사자 사이의 약정으로 계약내용에 편입된 보증약관과 보증서 및 주계약의 구체적 내용 등을 종합하여 결정하여야 한다(대법원 2003. 1. 24. 선고 2002다55199 판결).

(2) 보증사고가 발생한 것이라 볼 수 있는 경우

전문건설공제조합의 하자보수보증약관은 제1조에서 그 보증사고에 관하여, '전문건설공제조합은 계약자가 시공 중 설계도서 기타 지시서에 위배된 사실로 발생한 하자에 대한 보수이행의무를 이행하지 아니함으로써(보증사고) 그 상대방(보증채권자)에게 부담하는 채무를 이 보증서에 기재된 사항과 약관에 따라, 하자보수에 실제로 소요되는 비용으로 일반적으로 타당하다고 인정되는 금액 또는 관계 법령에서 정한 금액으로 보증금액 범위 내에서 청구하는 금액을 지급하여 드립니다.'라고 정하고 있다.

그렇다면 전문건설공제조합의 보증채권자에 대한 하자보수보증금채무가 구체적으로 발생하는 사유가 되는 보증사고는, '계약자의 공사 시공상의 잘못으로 인하여 하자가 발생하고, 그 하자의 보수의무를 계약자가 불이행하는 것'을 의미한다. 보증채권자가 계약자에게 발생한 하자의 보수를 청구하였다거나, 계약자가 이러한 청구를 받고서도 불응하였다는 점에 관한 입증이 없는 이상, 계약자의 공사 시공상의 잘못으로 하자가 발생하였다는 사유만으로는, 계약자가 미리 하자보수를 하지 않겠다는 태도를 표시하였다는 등의 특별한 사정이 없는 한 보증사고가 발생한 것이라고 할 수 없고, 따라서 보증채권자의 전문건설공제조합에 대한 하자보수보증금채권이 성립했다고 할 수는 없다.

판례 "하자보수보증계약의 보증채권자가 시공자에게 하자의 보수를 청구하였다거나 시공자가 이에 불응하였다는 점에 관한 입증이 없는 이상, 시공자의 공사 시공상의 잘못으로 하자가 발생하였다는 사유만으로는 보증사고가 발생한 것이라고 할 수 없다."(대법원 2007. 8. 23. 선고 2006다87880 판결)

---

16. 하자보수보증금 청구와 사용

쟁점

입주자는 공동주택의 하자보수보증금을 청구할 수 있는가?

판단

입주자는 개별적으로 하자보수보증금을 청구할 수 없다. 하자보수보증금을 청구할 수 있는 권리자는 입주자대표회의 또는 관리단이다.

13 집합건물 및 공동주택의 하자

(1) 하자보수보증금의 예치와 관리

사업주체는 하자보수보증금을 예치하여야 한다[10](공동주택관리법 제38조제1항). 사업주체는 하자보수보증금을 은행에 현금으로 예치하거나 주택도시보증공사나 건설공제조합과 같은 보증기관의 하자보수보증금 지급 보증에 가입하여야 하는데 이 경우 예치명의 또는 가입명의는 사용검사권자로 한다. 그리고 사업주체는 사용검사 또는 사용승인을 신청할 때 현금 예치증서 또는 보증서를 함께 제출하여야 한다. 사용검사권자는 입주자대표회의(의무관리대상 공동주택이 아닌 경우에는 「집합건물의 소유 및 관리에 관한 법률」에 따른 관리단)가 구성된 때에는 지체없이 하자보수보증금의 예치명의를 당해 입주자대표회의의 명의로 변경하여야 하며, 입주자대표회의는 인계받은 현금 예치증서 또는 보증서를 해당 공동주택의 관리주체(의무관리대상 공동주택이 아닌 경우에는 「집합건물의 소유 및 관리에 관한 법률」에 따른 관리인)로 하여금 보관하게 하여야 한다.(시행령 제41조).

10) 다만, 국가 · 지방자치단체 · 한국토지주택공사 및 지방공사인 사업주체의 경우에는 하자보수보증금 예치 의무가 없다(공동주택관리법 제38조제1항 후단).

(2) 하자보수보증금의 청구

입주자, 입주자대표회의, 관리주체, 관리단은 하자담보책임기간 내에 공동주택의 하자가 발생한 경우에는 사업주체에 대하여 그 보수를 청구할 수 있다. 사업주체는 보수를 청구받은 날부터 15일 이내에 그 하자를 보수하거나 보수일정 등을 명시한 하자보수계획을 통보하여야 한다(시행령 제38조제3항). 입주자대표회의는 사업주체가 하자보수를 이행하지 않는 경우에는 하자보수보증서 발급기관에 하자보수보증금의 지급을 청구할 수 있다(시행령 제44조제1항).

이처럼 예치된 하자보수보증금이나 하자보수보증서의 명의자는 입주자대표회의나 관리단이므로(시행령 제41조제3항) 하자보수보증금을 청구할 수 있는 권리자는 입주자대표회의와 관리단이다.

(3) 하자보수보증금의 사용 시 유의점

입주자대표회의등은 하자보수보증금을 하자심사 · 분쟁조정위원회의 하자 여부 판정 등에 따른 하자보수비용 등 대통령령으로 정하는 용도로만 사용하여야 한다(공동주택관리법 제38조제2항). 대통령령으로 정하는 용도란 ① 하자심사 · 분쟁조정위원회의 하자 여부 판정서에 따라 하자로 판정된 시설공사 등에 대한 하자보수비용, ② 하자심사 · 분쟁조정위원회의 조정서 정본에 따른 하자보수비용, ③ 법원의 재판 결과에 따른 하자보수비용, ④ 공동주택관리법 제48조제1항에 따라 실시한 하자진단의 결과에 따른 하자보수비용을 말한다(시행령 제43조). 만일 하자보수보증금을 하자보수비용 등 대통령령으로 정하는 용도로 사용하지 않을 경우 2천만원 이하의 과태료 처분을 받을 수 있다(공동주택관리법 제102조제1항).

17. 입주자대표회의의 하자보수청구권 포기

쟁점

입주자대표회의가 사업주체와 하자보수종결합의를 하면서 사업주체에 대한 하자보수이행청구권의 포기를 한 경우 하자보수보증금청구권이 소멸한 것인가?

판단

입주자대표회의는 구성원 총회의 결의에 의하여 사업주체에 대한 하자보수청구권을 포기할 수 있고, 이 경우 하자보수보증금 보증인의 보증책임도 소멸한다.

A 아파트는 관리규약에 공용부분의 수선 및 개량은 입주자대표회의의 의결사항으로 정하고 있는데, 하자 보수의 시기와 방법에 관하여 협의를 거듭하다가 A 아파트 입주자대표회의 회장과 분양회사 사이에 하자보수종결합의를 하였다. 합의사실을 고지받은 입주자대표회의에서는 한 사람의 동대표도 이의하지 않고 합의내용과 같이 하자보수문제를 처리하기로 결의하였다. 분양회사는 합의 내용에 따라 하자보수공사를 하였다. 이어 입주자대표회의 회장은 합의 내용대로 하자보수가 완료되었다는 확인서를 작성하여 분양회사에게 교부하였고, 입주자들은 전유부분에 발생한 세대별 하자가 모두 보수되었다는 내용의 확인서에 서명하였다.

이 경우 하자보수종결합의가 입주자대표회의의 관리 · 처분행위로서 유효하다고 볼 수 있는가?

입주자대표회의에 의한 적법한 관리 · 처분행위로서 유효하다고 보아야 한다.

판례 "구 주택건설촉진법(1995. 1. 5. 법률 제4919호로 개정되기 전의 것) 및 구 공동주택관리령(1994. 12. 13. 대통령령 제14447호로 개정되기 전의 것)의 규정에 의하여 구성한 공동주택의 입주자대표회의는 법인 아닌 사단으로 보아야 하므로(대법원 1991. 4. 23. 선고 91다4478 판결) 입주자대표회의가 사업주체에 대하여 갖는 하자보수청구권은 입주자대표회의 구성원들의 준총유에 속하는 재산권이라고 할 것이다. 따라서 입주자대표회의가 사업주체에 대한 하자보수청구권을 관리·처분하려면 입주자대표회의의 정관 기타 규약에 따르거나 그러한 규약이 없는 경우에는 민법 제275조의 규정에 따라 입주자대표회의의 구성원 총회의 결의에 의하여야 한다."(대법원 2007. 1. 26. 선고 2002다73333 판결)

---

18. 사용검사전 발생한 하자에 대한 보증책임

쟁점

입주자대표회의는 하자보수보증의무를 보증한 보증사에 대하여 미시공 및 변경시공에 따른 하자에 대하여 보증책임을 물을 수 있는가?

판단

보증사는 사용검사후 하자만을 보증대상으로 하고 있다.

(1) 보증대상 하자

하자는 그 발생 시점을 기준으로 할 때 사용검사전 하자와 사용검사후 하자로 나눌 수 있다. 공사상 잘못으로 인한 하자는 사용검사 이후에 발생하는 것이지만, 미시공이나 임의적 변경시공의 하자는 사용검사 이전부터 존재하는 하자다.

공동주택의 하자보수의무를 보증한 보증사는 이러한 사용검사전 하자에 대한 보증책임을 지지 않는다. 공동주택관리법은 10년 이내의 범위에서 대통령령이 정하는 담보책임기간 안에 발생한 하자에 대하여 보수의무를 지우고 있고, 보증기간은 공용부분을 기준으로 기산한다(제38조제1항)고 하고 있으므로 하자보수보증금은 공용부분의 담보책임기간 기산일인 사용검사일 이후에 발생한 하자를 그 보증대상으로 하고 있다.

대법원 판례는 보증 대상이 되는 하자는 보증기간 동안 즉 사용검사일 익일 이후부터 보증기간 만료일까지 사이에 발생한 하자에 한정되고, 사용검사 전에 발생한 하자는 제외되는 것이라고 밝히고 있다. 따라서 사용검사 이전에 나타난 균열 등은 그 상태가 사용검사 이후까지 지속되어 주택의 기능상 · 미관상 또는 안전상 지장을 초래한다 할지라도 이는 위 의무하자보수보증계약의 보증대상이 되지 못한다.

판례 "구 주택건설촉진법(1999. 12. 31. 법률 제6075호로 개정되기 전의 것) 제38조제15항, 구 공동주택관리령(1999. 10. 30. 대통령령 제16590호로 개정되기 전의 것) 제17조에 따른 하자보수보증금 예치의무를 이행하기 위하여, 주택사업공제조합(이하 '조합'이라 한다)과 사이에 아파트 신축공사에 관하여 보증기간을 정하여 구 주택건설촉진법 시행령(1999. 12. 7. 대통령령 제16611호로 개정되기 전의 것) 제43조의5제1항제2호 소정의 하자보수보증계약이 체결되었는데, 그 보증계약의 약관에 "조합은 보증기간 동안 발생한 하자에 대하여 공동주택관리령에서 정한 절차에 따라 그 보수이행청구를 받았음에도 조합원이 이를 이행하지 아니함으로써 입주자대표회의가 입은 손해를 보상한다."고 규정되어 있는 경우에, 보증대상이 되는 하자는 보증기간 동안 즉 사용검사일 익일 이후부터 보증기간 만료일까지 사이에 발생한 하자에 한정되는 것이고 사용검사 이전에 발생한 손해는 보상대상에서 제외되는 것임이 분명하나, (1) 그 보증대상이 되는 손해는 공동주택관리령에 따라 하자보수를 청구할 수 있는 하자로 인한 손해이어야 할 것이므로, 그 보증대상이 되는 하자는 공동주택관리령 제16조제1항 및 공동주택관리규칙 제11조제1항 [별표 3]에서 규정하고 있는 하자이어야 하고, 한편 위 관리령 및 관리규칙에서는 하자보수대상인 시설공사의 구분 및 하자의 범위와 그 하자보수책임기간을 규정하면서, 하자의 범위를 '공사상의 잘못으로 인한 균열·처짐·비틀림·들뜸·침하·파손·붕괴·누수·누출, 작동 또는 기능불량, 부착 또는 접지불량 및 결선불량, 고사 및 입상불량 등으로 건축물 또는 시설물 등의 기능상·미관상 또는 안전상 지장을 초래할 정도의 하자'라고 규정하고 있으므로, 결국 보증대상이 되는 하자는 미시공, 변경시공 그 자체가 아니라, '공사상의 잘못으로 인하여 건축물 또는 시설물 등의 기능상·미관상 또는 안전상 지장을 초래할 수 있는 균열·처짐 등의 현상이 발생한 것'을 의미한다고 보아야 할 것이고, 그 공사상의 잘못이 미시공이나 변경시공이라 할지라도 달리 볼 것은 아니라 할 것이어서, 비록 미시공이나 변경시공으로 인하여 건축물 자체에 위와 같은 균열 등이 발생할 가능성이 내재되어 있었다고 할지라도 그 자체만으로 보증대상이 되는 하자가 사용검사 이전에 발생한 것이라고 볼 것은 아니라 할 것이며, 그와 같은 균열 등이 실제로 나타나서 기능상·미관상 또는 안전상 지장을 초래하게 되었을 때 하자가 발생하였다고 보아야 할 것이고, (2) 한편, 그 보증대상이 되는 하자가 되기 위해서는 보증계약에서 정한 보증기간 동안에 발생한 하자로서 사용검사일 이후에 발생한 하자이어야 하므로, 공사상의 잘못으로 주택의 기능상·미관상 또는 안전상 지장을 초래하는 균열 등이 사용검사 후에 비로소 나타나야만 한다 할 것이고, 사용검사 이전에 나타난 균열 등은 그 상태가 사용검사 이후까지 지속되어 주택의 기능상·미관상 또는 안전상 지장을 초래한다 할지라도 이는 위 의무하자보수보증계약의 보증대상이 되지 못한다." (대법원 2006. 5. 25. 선고 2005다77848 판결)

(2) 사용검사전 하자 여부

건설공제조합과 같은 하자보수보증사의 보증대상이 되는 하자는 사용검사일 이후 하자보수책임기간이 종료되기 이전에 발생한 하자에 한정된다. 사용검사가 완료되기 전에 이미 발생한 하자는 그것이 사용검사일 이후까지 존속한다고 할지라도 보증대상이 아니다. 즉, 미시공이나 임의적 변경시공과 같은 사용검사 전 하자는 보증대상이 아닌 것이다. 그렇다면 원인이 되는 공사상 잘못은 사용검사 전에 있었지만 그 원인에 기한 장애가 사용검사 후에 발생한 하자는 사용검사전 하자인가, 아니면 사용검사후 하자인가?

예컨대, 공동주택 지하주차장 및 지하대피소 방수층 두께 부족으로 인한 방수 불량의 하자는 시공사가 설계도면에 따라 시공하여야 할 부분을 시공하지 아니하였거나 부실하게 시공하여 사용검사 개시 이전에 이미 위와 같은 기능상 하자가 발생할 가능성이 내재되어 있었으나 그로 인한 작동 또는 기능의 불량 등은 사용검사 이후, 하자보수책임기간이 종료되기 이전에 나타났다면, 위 하자는 하자보수보증사의 보증대상에 해당하는가?

대법원은 이러한 하자는 사용검사 후 하자로서 보증대상이 된다고 판단하였다.

판례 "사용검사 전에 발생한 하자란 건설회사가 설계도면에 따라 시공하여야 할 부분을 시공하지 아니하였거나 부실시공 또는 설계도면과 다르게 변경 시공하는 등의 공사상 잘못으로 사용검사 이전에 이미 주택에 나타난 균열, 처짐, 비틀림, 들뜸, 침하, 파손, 붕괴, 누수, 누출, 작동 또는 기능불량, 부착 또는 접지불량 및 결선불량, 조경수의 고사 및 입상불량 등을 지칭하는 것이고, 미시공, 부실시공 또는 변경시공 등의 공사상 잘못이 사용검사 이전에 이미 있었다고 하더라도 그로 인한 균열 등이나 작동 또는 기능불량 등으로 인한 주택의 기능상, 미관상 또는 안전상 지장이 사용검사 후에 나타나는 경우는 사용검사가 완료되기 전에 발생한 하자에 해당하지 아니한다."(대법원 2007. 1. 26. 선고 2002다73333 판결)

---

19. 하자보수보증서에 기재된 보증기간의 효력

쟁점

하자보수보증서에 기재된 보증기간과 법령상의 담보책임기간이 일치하지 않는 경우에는 어느 것이 우선하는가?

판단

보증서 기재 보증기간이 법령상의 담보책임기간보다 장기라 하더라도 보증사의 보증책임은 법령상의 담보책임기간으로 한정된다는 판례가 있다.

사업주체가 보수의무를 부담하는 담보책임기간은 공동주택의 내력구조부별 및 시설공사별로 다르게 규정되어 있다. 공동주택관리법 시행령 제36조제1항 별표4는 하자담보책임기간을 2년, 3년, 5년, 10년으로 구분하고 있다.

사업주체는 하자보수의무를 담보하기 위하여 하자보수보증금을 예치하여야 하는데, 건설공제조합이나 주택도시보증공사가 발행하는 보증서로 갈음할 수도 있다.

이 보증서에 기재된 보증기간과 법령상의 담보책임기간이 일치하지 않는 경우에는 보증사의 보증책임은 법령상의 담보책임기간으로 제한된다는 취지의 대법원 판례가 있다. 대법원은 당사자 사이에 법령상의 기간과 다른 보증기간을 약정하는 것은 허용되지만, 보증서에 법령상 기간과 다르게 기재되었다는 사정만으로는 당사자 사이에 특약이 성립된 것은 아니라고 판단한다. 더 나아가 보증인의 책임이 주채무자의 책임보다 무거울 수는 없다는 전제에서 보증서에 기재된 책임기간이 법령상의 기간보다 장기라 하더라도 보증인은 법령상의 기간만 보증책임을 진다고 본다.

사업주체의 하자보수책임기간은 공동주택관리법 시행령 제36조제1항 별표4에 정해진 대로 각 세부항목별로 사용검사일로부터 2년, 3년, 5년 또는 10년으로 한정[11]되는 것이므로 보증인의 보증대상이 되는 하자도 사용검사일로부터 2년, 3년, 5년 또는 10년의 해당 항목별 기간에 발생한 것에 한정되고 그 기간이 경과한 후에 발생한 하자는 비록 위 보증서에 보증기간으로 기재된 기간 내에 발생한 것이더라도 보증대상에서 제외된다는 것이다.

판례 "사업주체가 공동주택의 사용검사권자에게 사용검사신청서를 제출하면서 위 규정에 따라 건설공제조합(피고)이나 주택사업공제조합으로부터 하자보수보증서를 발급받아 이를 예치한 경우, 그 하자보수보증서에 의하여 보증대상이 되는 하자의 보수책임기간도 사용검사일로부터 구 공동주택관리규칙 제11조제1항 [별표 3]에 규정된 바와 같이 각 세부항목별로 1년 또는 2년, 3년으로 한정된다고 보아야 하며, 설령 그 하자보수보증서에 구 공동주택관리규칙 [별표 3]에 정해진 1년 또는 2년, 3년의 하자보수책임기간에 관계없이 모든 하자에 대한 보증기간이 3년으로 기재되어 있다고 하더라도 보증대상이 되는 하자는 구 공동주택관리규칙 [별표 3]에 정해진 하자보수책임기간을 도과하기 전에 발생한 것이어야 하고 그 이후에 발생한 하자는 비록 그것이 하자보수보증서에 기재된 보증기간 내에 발생하였다 할지라도 그 보증대상이 되지 않는다고 보아야 한다(대법원 2002. 2. 8. 선고 99다69662 판결 등 참조). 왜냐하면 보증인인 건설공제조합이나 주택사업공제조합의 채무범위가 주채무자인 사업주체의 채무범위를 넘을 수는 없기 때문이다.
한편, 구 공동주택관리규칙 제11조제1항 [별표 3]에 정해진 하자보수책임기간에 불구하고 사업주체가 스스로 그 기간보다 장기간의 하자보수책임기간을 약정하는 것이 금지되는 것은 아니라고 할 것이지만, 사업주체가 사용검사권자에게 사용검사신청서를 제출하면서 그에 필요한 구비서류로 건설공제조합으로부터 하자보수보증기간 및 하자담보책임기간이 3년으로 기재된 하자보수보증서를 발급받아 이를 제출하였다는 사정만으로는 사업주체와 하자보수청구권자 사이에 구 공동주택관리규칙 제11조제1항 [별표 3]에 정해진 단기간의 하자보수책임기간에 관계없이 모든 하자에 대한 보수책임기간을 3년으로 연장하기로 약정한 것이라고 볼 수는 없다."(대법원 2007. 1. 26. 선고 2002다73333 판결)

공동주택의 하자가 주택법령이 정한 하자보수 기간이 도과한 뒤에 발생하였지만 보증계약 약관에 정한 보증기간을 도과하지 아니한 경우라도 하자보수의무를 보증한 보증사가 하자보수보증책임을 지지 않는다. 대법원은 공동주택의 하자가 주택법 시행령에서 정한 하자보수 기간이 도과한 뒤에 발생하였다면 하자보수보증책임도 지지 않는다고 본다(대법원 2003. 8. 22. 선고 2002다4290 판결).

11) 주택법이 적용되는 경우, 시행령 제59조제1항 별표6과 별표7에 정해진대로 각 세부항목별로 사용검사일로부터 1년 또는 2년, 3년으로 한정

20. 중복 보증대상 여부

쟁점

보증기간이나 보증대상을 특정하여 각 하자보수보증계약을 체결하더라도 하나의 하자가 2개 이상의 각 하자보수보증계약의 보증대상에 중복적으로 해당하는 경우가 발생할 수 있는가?

판단

하나의 하자가 2개 이상의 각 하자보수보증계약의 보증대상에 중복적으로 해당할 수 있다.

(1) 중복 보증의 가능성

하자보수책임기간이 10년인 내력벽이나 기둥, 5년인 보·바닥 및 지붕에 하자보수책임기간이 1년이나 2년 또는 3년인 하자가 발생할 수 있다. 예컨대, 아파트의 주동 외벽 건식균열이나 지하주차장 천장 건식균열의 하자가 그런 경우이다.

내력벽이나 기둥, 바닥이나 지붕과 같은 부위에서 발생한 콘크리트 균열은 그 하자보수책임기간이 10년 또는 5년에 해당하는 하자인 동시에 그 공사의 성격상 하자보수책임기간이 3년인 콘크리트공사에도 해당할 수 있다. 이 경우 보증기간 10년 또는 5년에 해당하는 위 하자를 보증기간 3년에 해당하는 콘크리트공사 하자로 전용하여 그에 따른 하자보수보증금을 구할 수 있는가?

(2) 하나의 하자가 2개 이상의 보증대상에 중복적으로 해당 되는 경우

대법원 판례는 중복보증의 가능성을 긍정한다. 즉, 아파트의 주동 외벽 건식균열의 하자는 하자보수책임기간이 5년인 철근콘크리트공사의 하자를 보증 대상으로 하고 있는 보증계약의 보증 대상에 해당함과 동시에 하자보수책임기간이 10년인 기둥·내력벽의 하자를 보증 대상으로 하고 있는 보증계약의 보증 대상에도 해당되고, 아파트의 지하주차장 천장 건식균열의 하자는 하자보수책임기간이 5년인 철근콘크리트공사의 하자를 보증 대상으로 하고 있는 보증계약의 보증 대상에 해당함과 동시에 하자보수책임기간이 5년인 보·바닥·지붕의 하자를 보증 대상으로 하고 있는 보증계약의 보증 대상에도 해당된다는 것이다.

판례 "구 공동주택관리령 제16조제1항 [별표 7]에서 정하고 있는 '하자보수책임기간 1년, 2년, 또는 3년에 해당하는 각 공사별 하자'와 '하자보수책임기간 5년 또는 10년에 해당하는 공동주택의 내력구조부의 하자'는 상호간에 중복되는 경우가 발생할 가능성이 있다. 즉, '하자보수책임기간 1년, 2년, 또는 3년에 해당하는 각 공사별 하자'가 공동주택의 내력구조부(기둥·내력벽 또는 보·바닥·지붕)에 발생한 경우 그러한 하자는 '하자보수책임기간 5년 또는 10년에 해당하는 내력구조부의 하자'에도 동시에 해당한다고 볼 수 있을 것이다.

그렇다면 사업주체와 보증사가 보증기간이나 보증 대상을 특정하여 각 보증계약을 체결하더라도, 각 보증계약 사이에서 보증기간이나 보증 대상이 중복되는 것을 배제하기로 하는 등의 특별한 약정을 하지 않는 한, 하나의 하자가 2개 이상의 각 보증계약의 보증 대상에 중복적으로 해당되는 경우도 발생할 수 있다고 할 것이다."(대법원 2008. 9. 11. 선고 2008다27356 판결)

---

21. 하자보수보증계약간 전용

쟁점

보증기간이 각기 다른 하자보수보증금의 전용이 가능한가?

판단

전용이 인정된다.

(1) 단위 계약별 하자보수보증금의 전용 가능성

대개 보증계약에서 시설공사별 및 구조부별로 각기 1년, 2년, 3년, 4년, 5년, 10년[12]으로 나누어 하자보수보증계약이 체결된다. 특히 주택법령에 의거 아파트입주자대표회의를 채권자로 하는 하자보수보증계약의 경우에는 보증대상 공사를 특정하지 않고 단지 보증기간만을 단기와 장기로 구분하여 그에 따라 보증계약을 별도로 체결한 경우가 많다. 이 경우 보증계약간의 전용이 허용되는가?

전체 공사에 대한 하자보수보증을 편의상 보증기간에 따라 나눠놓은 것에 불과하다고 보고 개별 보증계약의 한도에 구애받지 않고 전체 하자보수금에 대하여 전체 보증한도액 내에서 보증책임을 지울 수 있는가 하는 문제이다.

각 보증대상 공사를 구체적으로 특정하지 않고, 단지 보증기간만을 단기와 장기로 구분하여 그에 따라 보증계약을 별도로 체결한 경우에는 전용을 허용할 수 있다고 본다. 이러한 경우에는 단기 보증계약의 보증기간은 장기 보증계약의 보증기간과 병존하게 되는데, 장기 보증계약은 단기 보증계약의 보증기간까지도 보증하게 된다. 결국 보증기간 1년짜리 하자보수보증서는 1년차 하자를 보증하지만, 2년짜리 보증서는 2년차 하자만이 아니라 1년차 하자를 포함해서 보증하는 것이

12) 공동주택관리법령의 적용을 받는(2016. 8. 12. 이후 사용검사받은) 공동주택의 경우 2년, 3년, 5년, 10년으로 나누어진다.

며, 3년짜리 하자보수보증서는 2년차 하자만이 아니라 1년차와 2년차 하자도 포함해서 보증하는 것이다.

그러므로 하자가 하자보증기간 3년 내에 발생한 하자라 하더라도 하자보증기간이 3년인 보증서의 보증금액으로는 하자를 보수하는 데 필요한 보수비에 부족하다면 하자보증기간이 10년인 보증서에 기하여서도 이에 대한 하자보증금을 청구할 수 있는 것이다.

판례 "주택공제조합과 사업주체가 보증계약 체결시 정하는 보증기간이 공동주택관리령 제16조에서 정한 하자보수책임기간에 의하여 제한된다고 볼 것은 아니므로 사업주체와 주택공제조합 사이에 특별히 보증계약으로 보증하고자 하는 하자의 내용을 정하지 않고 단지 보증기간만을 정하는 경우에는 그 보증계약상의 보증금액에 의하여 보증되는 하자는 그의 보증기간 내에 발생한 하자보수책임기간내의 모든 하자를 의미한다고 볼 것이고, 당해 보증계약이 보증기간으로 정한 기간내에 속하는 단기인 다른 보증계약의 보증기간을 제외한 나머지 기간중의 하자만을 보증하는 것은 아니라고 할 것이다."(대법원 2009. 3. 12. 선고 2008다76020 판결)

---

(2) 전용이 불가능 한 경우

하자보증계약을 각 단위공종별로 체결하는 경우도 있다. 예컨대, 미장이나 타일 공사의 경우에는 보증기간 1년으로, 토공이나 조적은 2년으로, 철근콘크리트공사는 10년으로 각 별개의 보증계약을 체결하는 경우가 있다. 이와 같은 경우에도 개별 보증계약상 보증한도액을 초과하는 하자가 발생한 경우에 다른 보증계약상의 보증금액을 전용할 수 있는가?

명시적으로 하자보수보증계약을 시설공사별 및 구조부별로 구분하여 보증대상을 한정한 경우에는 보증계약의 전용은 허용되지 않는다.

판례 "사업주체와 건설공제조합 사이에 관련 법령의 규정에 위배되지 않는 범위 내에서 특별히 하자보수보증계약으로 보증하고자 하는 하자의 내용(보증대상)을 정하는 것은 가능하고, 이러한 경우에는 당해 하자보수보증계약에 의하여 보증되는 하자는 그와 같이 보증대상으로 특정된 하자만이 그 대상이 된다."(대법원 2008. 9. 11. 선고 2008다27356 판결)

---

22. 하자보수보증금 채권의 소멸시효

쟁점

1999. 3. 1.부터 발생한 주택도시보증공사에 대한 하자보수보증금채권의 소멸시효기간은?

판단

주택도시보증공사에 대한 하자보수보증금 채권의 소멸시효는 하자의 발생일부터 진행되며, 하자발생일로부터 5년 동안 권리를 행사하지 않으면 하자보수보증채권은 소멸시효가 완성된다.

(1) 건설공제조합

건설공제조합에 대한 하자보수보증금 채권의 소멸시효는 2011. 11. 24.까지 발생한 것은 보증기간 만료일로부터 5년이었지만, 2011. 11. 25.부터 발생한 하자보수보증금채권의 시효기간은 보증기간 만료일로부터 2년으로 단축되었다(건설산업기본법 제67조제4항[13]).

하자보수보증서에 기재된 하자담보책임기간이 법령상의 담보책임기간보다 장기로 기재된 경우라도 보증은 법령상의 담보책임기간으로 제한되므로 이와 같은 경우 시효의 기산점은 하자보수보증서에 기재된 보증기간만료일이 아니라 수택법 시행령 제59조제1항 별표6과 별표7에 정해진 하자보수책임기간 만료일이다.

13) **건설산업기본법 제67조** ③ 공제조합은 보증한 사항에 관하여 법령이나 그 밖의 계약서 등에서 정하는 바에 따라 보증금을 지급할 사유가 발생하였을 때에는 그 보증금을 보증채권자에게 지급하여야 한다.
④ 제3항에 따라 보증채권자가 공제조합에 대하여 가지는 보증금에 관한 권리는 보증기간 만료일부터 2년간 행사하지 아니하면 시효로 인하여 소멸한다.

판례 "구 건설공제조합법(1995. 1. 5. 법률 제4922호로 개정되기 전의 것) 제39조 제3항은 '보증채권자가 조합에 대하여 가지는 보증금에 관한 권리는 보증기간 만료일로부터 5년간 행사하지 아니하면 시효로 인하여 소멸한다.'고 규정하고 있는바, 이 사건 제1보증서에 보증기간이 3년으로 기재되어 있음에도 불구하고 구 공동주택관리규칙 제11조제1항 [별표 3]에 정해진 하자보수책임기간 안에 발생한 하자의 보수만이 보증의 대상이 된다고 함은 앞서 본 바와 같으므로 위 규정에서 정한 보증기간 만료일도 구 공동주택관리규칙 제11조제1항 [별표 3]에 정해진 하자보수책임기간 만료일과 같은 의미로 해석하여야 한다.
그런데 이 사건 제1보증서에 의하여 그 보수가 보증되는 하자 중 구 공동주택관리규칙 제11조제1항 [별표 3]에 하자보수책임기간이 1년으로 정해진 하자의 보수책임기간은 이 사건 아파트의 사용검사일인 1994. 10. 29.로부터 1년이 경과된 1995. 10. 28.로 종료되었다고 할 것이고, 따라서 그로부터 5년이 경과한 2000. 10. 28.에 그 하자보수보증금 청구채권도 시효로 인하여 소멸하였다고 할 것이다."(대법원 2007. 1. 26. 선고 2002다73333 판결)

(2) 주택도시보증공사

대한주택보증주식회사[14]에 대한 하자보수보증금 채권의 소멸시효에 관하여는 1999. 2. 28.까지 발생한 보증채권의 소멸시효 기간은 보증기간만료일부터 5년간이라고 규정되어 있었으나 그 이후부터 현재는 관련 규정이 없다. 따라서 1999. 3. 1.부터 발생한 보증채권은 5년의 상사소멸시효가 적용된다. 소멸시효의 기산점은 보증기간 만료일이 아니라 하자의 발생일이다. 따라서 대한주택보증에 대한 하자보수보증금 채권의 소멸시효는 하자의 발생일부터 진행되며, 하자발생일로부터 5년 동안 권리를 행사하지 않으면 하자보수보증채권은 소멸시효가 완성된다.

판례 "1999. 3. 1. 이후에 발생한 보증채권의 경우에는 이 사건 규정[15]에 따라 소멸시효기간 및 기산일을 정할 수는 없으므로 일반원칙에 따라 소멸시효기간 및 기산일을 정하여야 할 것이고, 이 사건 보증채권은 상행위로 인한 채권에 해당하여 5년의 상사소멸시효가 적용되므로, 1999. 3. 1. 이후에 발생한 보증채권은, 특별한 사정이 없는 한, 그 채권을 행사할 수 있는 때부터 5년간 권리를 행사하지 아니하면 시효로 소멸한다고 보아야 한다."(대법원 2009. 2. 26. 선고 2007다83908 판결)

서울보증보험에 대한 하자보수보증금채권에 대하여도 같이 해석해야 할 것이다.

14) 2015. 1. 6. 법률 제12989호로 제정된 주택도시기금법에 따라 대한주택보증주식회사의 명칭은 주택도시보증공사로 변경되었다.
15) 대한주택보증의 전신인 주택사업공제조합의 소멸시효에 관하여 규정한 구 주택건설촉진법 제47조의12 제2항(보증채권자가 하자보수보증계약에 따라 가지는 보증금에 관한 권리에 대하여 보증기간 만료일부터 5년간 행사하지 아니하면 시효로 인하여 소멸한다)을 말한다.

23. 집합건물의 하자를 가르는 기준도면

쟁점

아파트가 사업승인도면이나 착공도면과 달리 시공되었으나 준공도면에 따라 시공된 경우 이를 하자라고 볼 수 있는가?

판단

원칙적으로 하자로 볼 수 없다.

13 집합건물 및 공동주택의 하자

(1) 하자를 판정하는 기준도면(=사용검사도면)

공동주택 하자소송에서 하자를 판정하는 기준도면이 사업승인도면 또는 착공도면인지, 아니면 준공도면인지를 놓고 그 동안 논란이 분분하였다.

대법원은 마침내 그간의 논란을 정리하고 준공도면을 기준으로 하자 여부를 가려야 한다는 입장을 내놨다.

판례 "사업승인도면은 사업주체가 주택건설사업계획의 승인을 받기 위하여 사업계획승인권자에게 제출하는 기본설계도서에 불과하고 대외적으로 공시되는 것이 아니어서 별도의 약정이 없는 한 사업주체와 수분양자 사이에 사업승인도면을 기준으로 분양계약이 체결되었다고 보기 어려운 점, 실제 건축과정에서 공사의 개별적 특성이나 시공 현장의 여건을 감안하여 공사 항목 간의 대체시공이나 가감시공 등 설계변경이 빈번하게 이루어지고 있는 점, 이러한 설계변경의 경우 원칙적으로 사업주체는 주택 관련 법령에 따라 사업계획승인권자로부터 사업계획의 변경승인을 받아야 하고, 경미한 설계변경에 해당하는 경우에는 사업계획승인권자에 대한 통보절차를 거치도록 하고 있는 점, 이처럼 설계변경이 이루어지면 변경된 내용이 모두 반영된 최종설계도서에 의하여 사용검사를 받게 되는 점, 사용검사 이후의 하자보수는 준공도면을 기준으로 실시하게 되는 점, 아파트 분양계약서에 통상적으로 목적물의 설계변경 등에 관한 조항을 두고 있고, 주택 관련 법령이 이러한 설계변경절차를 예정하고 있어 아파트 분양계약에서의 수분양자는 당해 아파트가 사업승인도면에서 변경이 가능한 범위 내에서 설계변경이 이루어진 최종설계도서에 따라 하자 없이 시공될 것을 신뢰하고 분양계약을 체결하고, 사업주체도 이를 계약의 전제로 삼아 분양계약을 체결하였다고 볼 수 있는 점 등을 종합하여 보면, 사업주체가 아파트 분양계약 당시 사업승인도면이나 착공도면에 기재된 특정한 시공내역과 시공방법대로 시공할 것을 수분양자에게 제시 내지 설명하거나 분양안내서 등 분양광고나 견본주택 등을 통하여 그러한 내용을 별도로 표시하여 분양계약의 내용으로 편입하였다고 볼 수 있는 등 특별한 사정이 없는 한 아파트에 하자가 발생하였는지는 원칙적으로 준공도면을 기준으로 판단함이 타당하다. 따라서 아파트가 사업승인도면이나 착공도면과 달리 시공되었더라도 준공도면에 따라 시공되었다면 특별한 사정이 없는 한 이를 하자라고 볼 수 없다."(대법원 2014. 10. 15. 선고 2012다18762 판결)

대법원 2014. 10. 27. 선고 2014다22772 판결은 이 점을 더욱 명백하게 설시하고 있다.

"① 사업승인도면은 사업주체가 주택건설사업계획의 승인을 받기 위해 사업계획승인권자에게 제출하는 기본설계도서에 불과하고 대외적으로 공시되는 것이 아니어서 별도의 약정이 없는 한 사업주체와 수분양자 사이에 사업승인도면을 기준으로 분양계약이 체결되었다고 볼 수는 없는 점, ② 실제 건축과정에서 공사의 개별적 특성 및 시공 현장의 여건을 감안하여 공사 항목 간의 대체시공이나 가감시공 등 설계변경이 자주 이루어지고 있는 점, ③ 이러한 설계변경의 경우 사업주체는 주택 관련 법령에 따라 사업계획승인권자로부터 사업계획의 변경승인을 받아야 하고, 경미한 설계변경에 해당하는 경우에는 사업계획승인권자에 대한 통보절차를 거치도록 하고 있는 점, ④ 이처럼 설계변경이 이루어지면 변경된 내용이 모두 반영된 최종설계도서에 의하여 사용검사를 받게 되는 점, ⑤ 사용검사 이후의 하자보수는 준공도면을 기준으로 실시하게 되는 점, ⑥ 아파트 분양계약서에 통상적으로 목적물의 설계변경 등에 대한 조항을 두고 있고, 주택 관련 법령이 이러한 설계변경절차를 예정하고 있어 아파트 분양계약에서의 수분양자는 당해 아파트가 사업승인도면에서 변경이 가능한 범위 내에서 설계변경이 이루어진 최종설계도서에 따라 하자 없이 시공될 것을 신뢰하고 분양계약을 체결하고, 사업주체도 이를 계약의 전제로 삼아 분양계약을 체결하였다고 볼 수 있는 점 등을 종합하여 보면, 사업주체가 아파트 분양계약 당시 사업승인도면이나 착공도면에 기재된 특정한 시공내역 및 시공방법대로 시공할 것을 수분양자에게 제시 또는 설명하였다거나 분양안내서 등 분양광고나 견본주택 등을 통하여 그러한 내용을 별도로 표시하여 분양계약의 내용으로 편입하였다고 볼 수 있는 특별한 사정이 없는 한 아파트에 하자가 발생하였는지 여부는 원칙적으로 준공도면을 기준으로 판단함이 상당하다고 할 것이다. 따라서 아파트가 사업승인도면이나 착공도면과 달리 시공되었다고 하더라도 준공도면에 따라 시공되었다면 특별한 사정이 없는 한 이를 하자라고 볼 수 없다."

판례 "신축건물에 하자가 발생하였는지 여부는 공사시공자가 건축법 및 위 법에 따른 명령이나 처분, 그 밖의 관계 법령에 맞지 아니하거나 공사의 여건상 불합리하다고 인정되는 사항이 아님에도 건축주나 공사감리자의 동의도 받지 않은 채 임의로 설계도서를 변경한 것이라는 등의 특별한 사정이 없는 한 공사시공자와 건축주 사이의 명시적 또는 묵시적 합의에 의한 설계변경을 거쳐 최종적으로 확정된 도면을 기준으로 판단하여야 한다."(대법원 2014. 12. 11. 선고 2013다92866 판결).

(2) 하자판정기준

공동주택 하자의 조사, 보수비용 산정 및 하자판정기준[16]에서는 위 판례의 태도를 반영하여 하자판정을 위한 설계도서의 적용 기준을 아래와 같이 정하고 있다.

제4조(설계도서 적용기준) ① 건축물 또는 시설물의 하자 여부는 사용검사를 받은 설계도서를 기준으로 판정한다.

② 제1항에도 불구하고 내장재료 및 외장재료 등 마감자재의 품질은 입주자 모집공고 및 주택공급계약 체결 당시의 기준으로 하자 여부를 판정한다. 다만, 사업주체가 내장재료 및 외장재료의 변경사항을 명시하여 해당 사업계획승인권자(감리자지정권자를 포함한다)로부터 변경승인을 받았거나, 입주예정자의 동의나 이를 사전에 고지하고 입주예정자가 이의를 제기하지 아니한 경우에는 그러하지 아니하다.

③ 제1항 및 제2항에도 불구하고 「주택법」제15조에 따른 사업계획승인 또는 「건축법」제11조에 따른 건축허가를 받은 설계도서대로 시공하기로 입주자에게 광고한 경우, 분양안내서 등을 제공한 경우 또는 특별히 약정한 경우에는 그에 따른다.

16) 이 기준(시행 2016. 12. 30. 국토교통부고시 제2016-1048호)은 「공동주택관리법」제39조제4항, 같은 법 시행령 제47조에 따라 국토교통부 하자심사·분쟁조정위원회에서 공동주택의 내력구조부별 및 시설공사별로 발생하는 하자에 관한 분쟁을 신속하고 공정하게 심사 및 조정하기 위하여 '하자 여부 판정', '하자조사 방법' 및 '하자보수비용 산정'에 관한 기준을 정함을 목적으로 한다.

24. 소송비용을 대납한 아파트관리업체의 반환청구

쟁점

아파트 하자소송에 드는 비용을 대납한 사람은 그 비용의 반환을 청구할 수 있는가?

판단

변호사법을 위반한 것이 되어 반환청구가 허용되지 않을 수 있다.

아파트의 관리를 위탁받은 업체(X)가 무이자로 소송비용 일체를 대납하는 방법으로 아파트입주자대표회의(Y)가 아파트의 분양자를 상대로 하자보수에 갈음하는 손해배상청구소송을 진행하기로 하였다.

당시 아파트관리업체 X와 입주자대표회의 Y는 X의 요청에 따라 X가 제시한 변호사 성공보수비를 인정하고 X가 알선한 변호사를 선임하고, X가 대납하는 소송비용은 승소한 판결금이 Y에게 입금되면 Y가 지급하되 Y가 패소할 때에는 소송비용을 X가 부담하기로 하였다. 또한 소송이 종결되면 Y가 X 에게 하자보수시공권, 시공사 선정 계약권 및 관리위수탁 재계약을 보장하여 주되, 이러한 사항들을 위반할 경우 판결금의 35%를 위약금으로 지급하기로 약정하였다. 이러한 약정에 따라 X가 소송비용 일체를 대납하여 소송을 진행하여 분양자로부터 Y가 일부 승소하였다.

Y가 X에게 하자보수시공권을 주지도 않고 X가 대납한 소송비용도 지급하지 않자 X는 Y를 상대로 대납한 소송비용을 대여금이라고 주장하며 반환을 청구하고 있다. X는 대납한 소송비용을 반환받을 수 있는가? 승소할 경우 X에게 하자보수시공권 및 하자보수업체를 선정할 수 있는 권리도 부여하기로 한 약정을 근거로 X는 그 권리를 주장할 수 있는가?

X가 소송비용을 부담하고 사실상 변호사를 선임하여 하자보수보증금 청구소송을 제기하고 그 진행을 주도한 이러한 행위는 X가 Y의 하자보수보증금 청구소송에 관여한 행위로서 변호사법 제109조제1호에서 금지하는 '대리'에 해당한다고 판단하였다. 즉, X는 변호사법을 위반한 것이다.

변호사법 제109조제1호는 강행법규로서 같은 법조에서 규정하고 있는 이익취득을 목적으로 하는 법률행위는 그 자체가 반사회적 성질을 띠게 되어 사법적 효력도 부정된다 할 것이다. 즉, X와 Y의 계약은 변호사법에 위반되어 무효이므로 X는 Y를 상대로 대납한 소송비용의 반환을 청구할 수 없다. 마찬가지로 하자보수시공권이나 하보수업체를 선정할 수 있는 권리를 주장할 수 없다(대법원 2014. 07. 24. 선고 2013다28728 판결)

CHAPTER 14

건설공사로 인한 제3자의 손해

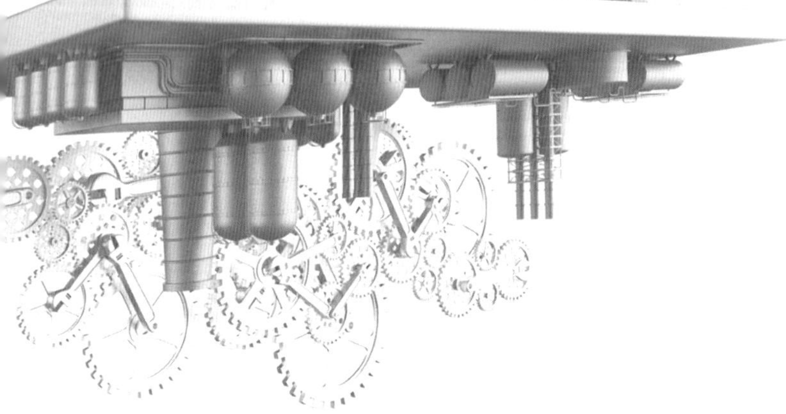

제14장 건설공사로 인한 제3자의 손해

1. 제3자의 손해에 대한 도급인의 책임 여부
2. 도급인의 중대한 과실 여부
3. 수급인에 대한 도급인의 사용자 관계
4. 도급인의 사용자책임 인정 사례
5. 노무도급인의 책임
6. 노무도급인의 책임과 사무집행 관련성
7. 노무도급에서 사용자책임의 확장
8. 하도급관계에 민법 제757조가 적용되는지 여부
9. 하수급인의 조잡한 시공에 대한 수급인의 연대책임
10. 자재회수 지연에 대한 도급인의 책임
11. 부동산에 부합된 동산 소유자의 부당이득반환청구권
12. 건설공사 피해자의 위자료
13. 불법행위로 훼손된 건물의 손해액
14. 공작물 점유자의 책임

1. 제3자의 손해에 대한 도급인의 책임 여부

쟁점

수급인이나 수급인의 피용자가 저지른 불법행위에 대하여 도급인도 손해배상책임을 지는가?

판단

도급인은 도급 또는 지시에 관하여 중대한 과실이 없는 한 제3자의 손해를 배상할 책임이 없다.

(1) 도급인의 면책(민법 제757조 본문)

건설공사 과정에서 뜻하지 않게 도급인이나 수급인이 아닌 제3자가 신체 또는 재산상의 손해를 입게 되는 일이 허다한데, 피해를 본 제3자는 누구에게 손해배상을 청구해야 하는가?

공사과정에서 피해자에게 직접 손해를 끼친 가해자가 손해배상의무자인 것은 당연하다. 통상 직접 시공에 관여한 수급인이나 시공상의 주의의무를 준수하지 않은 시공기술자 등이 손해배상의무자가 될 것이다.

그런데 도급인도 제3자에 대한 손해배상의무를 지게 될까? 이에 대하여 민법 제757조[1]는 도급인은 원칙적으로 수급인의 시공상 불법행위에 관하여 손해배상책임을 지지 않는다고 규정하고 있다. 즉, 도급인은 도급 또는 지시에 관하여 중대한 과실이 없는 한 수급인이 그 일에 관하여 제3자에게 가한 손해를 배상할 책임이 없다. 도급인은 수급인의 일에 관하여 지휘 · 감독권이 없고, 수급인 자신이 독립해서 자유재량으로 그의 사무를 처리하기 때문에 책임을 물을 수 없는 것이다.

1) **민법 제757조(도급인의 책임)** 도급인은 수급인이 그 일에 관하여 제3자에게 가한 손해를 배상할 책임이 없다. 그러나 도급 또는 지시에 관하여 도급인에게 중대한 과실이 있는 때에는 그러하지 아니하다.

판례 "도급인의 면책을 규정한 민법 제757조 본문은, 수급인은 도급인으로부터 독립하여 사무를 처리하기 때문에 민법 제756조 소정의 피용자에 해당되지 아니하므로 예외적으로 도급인이 수급인의 일의 진행 및 방법에 관하여 구체적인 지휘·감독권을 유보한 경우가 아닌 한 도급인이 수급인의 행위에 대하여 사용자책임을 부담하지 않는다는 것을 주의적으로 규정한 것"(대법원 2006. 4. 27. 선고 2006다4564 판결)이다.

(2) 도급인의 책임을 인정하지 않은 사례

예컨대, 건물 신축공사를 위한 지하굴착공사 과정에서 야기된 인근 건물 균열사고에 있어 도급인이 그 건축자재 중 일부를 제공하고 제3자를 시켜 지하굴착공사시에 지주방책설비를 철저히 하라고 요청하고, 동인의 처가 공사현장에 수시로 나와 설계도에 없는 내부장치, 옥상계단 등의 설치를 요구한 사실만으로 위 공사의 도급 또는 지시에 관하여 중대한 과실이 있다고 볼 수 없다(대법원 1991. 2. 8. 선고 90다12915 판결).

2. 도급인의 중대한 과실 여부

쟁점

수급인이 건설업등록을 하지 아니하였다는 사정을 알고도 공사도급계약을 체결한 도급인은 수급인이 제3자에 대하여 부담하는 손해배상책임에 연대책임을 지는가?

판단

도급에 관한 중대한 과실이 인정되어 제3자에 대한 손해배상책임을 질 수 있다.

(1) 도급인의 중대한 과실 여부(민법 제757조 단서)

도급인은 수급인이 그 업무의 수행과 관련하여 제3자에게 가한 손해를 배상할 책임이 없지만, 도급 또는 지시에 관하여 도급인에게 중대한 과실이 있는 때에는 수급인과 함께 연대하여 손해배상책임을 져야 한다(민법 제757조).

그렇다면 언제 도급에 관하여 도급인에게 중대한 과실이 있다고 인정될 것인가?

'중대한 과실'이라 함은 도급인이 약간의 주의만 기울이면 위법·유해한 결과를 예견할 수 있음에도 불구하고 만연히 이를 간과하는 등 현저히 주의를 결여한 상태를 뜻하는데(대법원 1996. 10. 25. 선고 96다30113 판결), 수급인이 법령을 위반하고 있다는 사실을 알고도 도급계약을 체결한 것은 '중대한 과실'이 있는 것으로 인정되기 쉬울 것이다.

(2) 도급인의 중대한 과실이 인정된 사례

그래서 수급인이 법령에 위반하여 건설업등록을 하지 않고 명의를 차용하여 건설공사를 시공한다는 사실을 알고도 도급계약을 체결한 도급인에 대하여 중대한 과실을 인정하고 제3자에 대한 손해배상책임을 인정한 사례가 있다.

판례 "도급인인 건축주가 수급인이 일반건설업등록을 갖추지 못한 자임을 알면서도 건설산업기본법 제41조에 위반하여 수급인에게 건물의 시공을 맡긴 것은 건축주로서 지켜야 하는 가장 기본적인 법률을 위반한 명백한 범죄행위로서 도급에 관하여 중대한 과실이 있는 때에 해당한다 할 것이고, 또한 일반건설업등록의 요건을 갖추지 못한 수급인이 일정 규모 이상의 건물을 시공할 경우, 시공능력의 부족으로 인하여 안전사고가 발생할 위험성이 매우 크다고 할 것이므로 도급인의 도급에 관한 중대한 과실과 사고 사이에는 상당인과관계가 있다고 할 것이어서 도급인은 피해자 등에게 공사 중 안전사고로 인한 손해배상책임을 져야 한다."(수원지방법원 2003. 6. 18. 선고 2002가합14016 판결)

반면, 도급인으로부터 아파트 신축공사 중 승강기의 제작 · 설치공사를 수급받은 원수급인이 전문건설업면허가 없는 하수급인에게 승강기의 양중작업을 하도급주어 하수급인이 그 양중작업 중 타인에게 손해를 가한 사안에서, 원수급인이 하수급인의 양중작업을 구체적으로 지휘·감독하였다고 할 수 없으며 양중업은 전문건설업면허 대상이 아니어서 그 양중작업을 전문건설업면허가 없는 자에게 맡겼다는 것만으로 원수급인에게 도급 또는 지시에 관하여 중대한 과실이 있다고 할 수 없다(대법원 2000. 7. 7. 선고 97다29264 판결)는 판례가 있다.

3. 수급인에 대한 도급인의 사용자 관계

쟁점

도급인은 수급인에 대하여 사용자책임을 질 수 있는가?

판단

도급인이 수급인의 일의 진행 및 방법을 구체적으로 지휘감독하는 경우 도급인은 수급인의 불법행위로 인한 손해에 대하여 사용자 책임을 질 수 있다.

(1) 감독과 감리의 구분

도급인이 수급인의 일의 진행 및 방법에 관하여 구체적인 지휘·감독권을 행사한 것으로 인정되는 경우에는 도급인은 민법 제756조에 의한 사용자책임을 질 수 있다.

사용자 및 피용자 관계를 인정하는 기초가 되는 도급인의 수급인에 대한 지휘감독은 건설공사의 경우에는 현장에서 구체적인 공사의 운영 및 시행을 직접 지시, 지도하고 감시, 독려함으로써 시공 자체를 관리하는 것을 말하며, 단순히 공사의 운영 및 시공의 정도가 설계도 또는 시방서대로 시행되고 있는가를 확인하여 공정을 감독하는 데에 불과한 이른바 감리는 여기에 해당하지 않는다고 할 것이므로 도급인이 수급인의 공사에 대하여 감리적인 감독을 함에 지나지 않을 때에는 양자의 관계를 사용자 및 피용자의 관계와 같이 볼 수 없다.

(2) 도급인의 사용자 책임을 부정한 사례

그래서 수급인(=하도급인)이 도급받은 공사 중 일부를 하수급인에게 하도급주고 하수급인(=재하도급인)은 다시 그 중 일부를 재하수급인에게 재하도급주었으며, 하도급인은 그 직원을 공사현장의 대리인으로 파견하여 공사의 공정을 조정하고 공사내용이 시방서대로 잘되고 있는가에 관하여 점검하는 정도의 감독을 하였는데, 재하수급인에게 고용된 미장조공 및 잡부가 지상 4미터 높이의 발판위에서 미장공사를 하다가 발판을 떠받친 재목이 부러져 발판이 내려앉는 바람에 추락하여 부상을 당한 경우에는 수급인(=하도급인)에게 사용자책임을 물어 손해배상을 지울 수는 없다.

하도급인이 행사한 감독권은 공정을 감독하는 이른바 감리에 불과하고 구체적인 공사의 운영과 시행을 직접 지휘감독한 것이라고는 볼 수 없기 때문이다.

판례 "도급인이 수급인의 일의 진행 및 방법에 관하여 구체적인 지휘감독권을 유보한 경우에는 도급인과 수급인의 관계는 실질적으로 사용자 및 피용자의 관계와 다를 바 없으므로 수급인이나 하수급인이 고용한 제3자의 불법행위로 인한 손해에 대하여 도급인은 사용자 책임을 면할 수 없다.
사용자 및 피용자 관계인정의 기초가 되는 도급인의 수급인에 대한 지휘감독은 건설공사의 경우에는 현장에서 구체적인 공사의 운영 및 시행을 직접 지시, 지도하고 감시 독려함으로써 시공자체를 관리함을 말하고 단순히 공사의 공정을 조정하고 공사의 운영 및 시공의 정도가 설계도 또는 시방서대로 시행되고 있는가를 점검하는 정도의 것이라면 이는 공정을 감독하는 감리에 불과하고 여기에 해당한다고 볼 수 없으므로 도급인이 수급인의 공사에 대하여 감리적인 감독을 함에 지나지 않을 때에는 양자의 관계를 사용자 및 피용자의 관계에 있다고 볼 수 없으니 사용자 책임이 없다."(대법원 1983. 11. 22. 선고 83다카1153 판결)

요컨대, 도급인의 행위가 구체적인 공사의 운영과 시행을 직접 지휘 · 감독했는가, 그러지 않고 단순한 감리에 불과했느냐에 따라 책임여부가 갈린다.

4. 도급인의 사용자책임 인정 사례

쟁점

도급인이 공사현장에 자신의 현장감독관을 두어 수급인이 행하는 구체적인 공사의 운영 및 시행을 직접 지휘, 감독하였는데, 그 공사로 재산상 손해를 입은 피해자는 도급인에게 손해배상을 청구할 수 있는가?

판단

도급인은 수급인의 사용자로서 제3자에게 손해배상책임을 진다.

사례

타인의 건물에 인접한 대지 위에서 빌딩 신축을 위한 지하굴착공사를 하다가 상수도관이 파열되고 공사장 주위의 흙이 내려앉으면서 지반이 약해져서 위 건물 전체에 균열이 생기게 하는 등 손해를 가한 사건이 있었다.

수급인의 현장대리인은 공사현장에서 도급인이 파견한 현장감독관의 감독 또는 지시에 따라 공사에 관한 모든 사항을 처리하기로 하였다. 현장감독관은 공사의 시행을 지휘 · 감독하고, 공사에 사용할 재료는 사용 전에 도급인 또는 현장감독관의 검사를 받아야 하고, 수급인은 재해 방지를 위하여 필요하다고 인정할 때에는 미리 도급인의 현장감독관의 의견을 들어 임시의 조치를 취하기로 하는 등의 약정을 하였다.

위 약정에 따라 도급인의 현장감독관이 공사현장에 상주하면서 구체적인 공사를 직접 지휘 · 감독하였다면, 도급인도 인접한 빌딩 소유자의 손해를 배상할 책임을 질까?

위 사실관계를 보면, 도급인은 공사현장에 자신의 현장감독관을 두어 수급인이 행하는 구체적인 공사의 운영 및 시행을 직접 지휘 감독하기로 약정한 것이고 단순히 공사의 운영 및 시공의 정도가 설계도나 시방서대로 시행되고 있는 가를 확인하는 이른바 감리에 그친 것으로 보기 어렵다. 더구나 이 사건과 같이 기존건물에 인접하여 지하굴착공사를 하는 경우에는 그 공사과정에서 생기는 진동이나 토압붕괴로 인하여 인접건물에 피해를 줄 우려가 많음은 도급인으로서는 능히 예견할 수 있는 일이므로 그 사고방지를 위한 조치는 당연히 도급인이 지정한 현장감독관의 지휘 · 감독 업무에 속한다고 할 것이다.

또한 도급인은 위와 같은 도급계약에서 정한 도급인의 수급인에 대한 지휘 · 감독 권한을 특별한 사정이 없는 한 그 하수급인이나 노무수급인에게도 미치기로 한 것이라고 보아야 할 것이다. 따라서 수급인 자신은 물론 수급인의 피용자나 그 하수급인, 노무수급인 등의 불법행위로 사고가 발생하고, 그 사고로 인하여 손해를 입은 피해자는 도급인에게 사용자책임을 물어 손해배상을 청구할 수 있다.

판례 "도급인은 도급 또는 지시에 관하여 중대한 과실이 없는 한 수급인이 그 일에 관하여 제3자에게 가한 손해를 배상할 책임이 없으나(민법 제757조), 다만 도급인이 수급인의 일의 진행 및 방법에 관하여 구체적인 지휘 감독권을 유보한 경우에는 도급인과 수급인의 관계는 실질적으로 사용자 및 피용자의 관계와 다를 바 없으므로 수급인 또는 그 피용인의 불법행위로 인한 손해에 대하여 도급인은 민법 제756조에 의한 사용자책임을 면할 수 없고 이러한 이치는 하도급의 경우에도 마찬가지인바, 사용자 및 피용자 관계 인정의 기초가 되는 도급인의 수급인에 대한 지휘 감독은 건설공사의 경우에는 현장에서 구체적인 공사의 운영 및 시행을 직접 지시 지도하고 감시 독려함으로써 시공 자체를 관리함을 말하는 것이고, 단순히 공사의 운영 및 시공의 정도가 설계도 또는 시방서대로 시행되고 있는가를 확인하여 공정을 감독하는 데에 불과한 이른바 감리는 여기에 해당하지 않는다."(대법원 1992. 6. 23. 선고 92다2615 판결)

---

5. 노무도급인의 책임

쟁점

노무도급인은 노무수급인의 신체 또는 재산상 손해에 대하여 배상책임을 지는가?

판단

노무도급의 경우에는 도급인이 수급인에 대하여 사용자 지위에 있는 것으로 인정되기 때문에 손해배상책임을 면할 수 없다.

(1) 노무도급의 의미

도급인과 수급인은 고용관계에 있지 않기 때문에 도급인은 수급인에 대하여 사용자책임을 지지 않는다. 그러나 노무도급의 경우에는 도급인이 수급인에 대하여 사용자 지위에 있는 것으로 인정된다.

노무도급이란 도급인이 수급인에 대하여 특정한 행위를 지휘하거나 특정한 사업을 도급시키는 경우(대법원 2005. 11. 10. 선고 2004다37676 판결), 건축공사의 일부분을 하도급받은 자가 구체적인 지휘·감독권을 유보한 채, 재료와 설비는 자신이 공급하면서 시공 부분만을 시공기술자에게 재하도급하는 경우(대법원 1997. 4. 25. 선고 96다53086 판결) 등을 말한다.

도급인과 수급인의 관계가 실질적으로 사용자와 피용자의 지위에 있는 노무도급의 경우에는 도급인은 수급인이 노무를 제공하는 과정에서 생명 · 신체 · 건강을 해치는 일이 없도록 물적 환경을 정비하고 필요한 조치를 강구할 보호의무를 부담한다.

(2) 노무도급인의 책임을 인정한 사례

Y는 Z로부터 3층 상가건물의 신축공사중 천장석고보드공사를 하도급받았다. Y는 하도급받은 위 천장석고보드공사에 필요한 자재를 자신이 공급하되, 그 현장에서의 시공은 전문기술자인 X에

게 재하도급하였다.

Y는 Z와 상의도 없이 임의로 당초 예정되었던 천장석고보드공사의 시공일자를 하루 앞당겨 X로 하여금 시작하도록 지시하고 자신은 공사현장에 나가보지도 아니하였다. X는 자신이 고용한 인부 2명을 데리고 위 신축공사 현장에 임하여 고장난 전기드릴을 점검한 후 이를 위 공사장 입구에 임시로 가설된 콘센트에 연결시켜 시험가동을 하다가 전기누전에 의한 감전으로 그 자리에서 사망하였다. 사고 당시 X가 작업을 하였던 위 상가 건물 1층 바닥은 그 전날 바닥갈기작업을 실시한 탓으로 물기가 많이 남아 있었고 철구조물 등이 공사장 바닥 곳곳에 널려 있어 전기를 이용한 공사를 할 경우 전기누전으로 인한 감전사고가 발생할 위험이 있었다. 위 공사현장에 임시로 가설된 전선은 원래 계량기에서 누전차단기를 통하여 콘센트에 연결되도록 설치되었음에도 사고 당시 그 전기선이 계량기로부터 누전차단기를 통하지 않고 곧바로 콘센트에 연결된 상태로 이용되었다.

이와 같은 사안에서 X의 상속인들은 Y에게 손해배상을 청구할 수 있을까?

도급인과 수급인의 관계가 실질적으로 사용자와 피용자의 지위에 있는 노무도급의 경우에는 도급인은 수급인이 노무를 제공하는 과정에서 생명 · 신체 · 건강을 해치는 일이 없도록 물적 환경을 정비하고 필요한 조치를 강구할 보호의무를 부담하기 때문에 Y는 손해배상책임을 면할 수 없다.

Y로서는 공사를 시작하기 전에 마땅히 공사현장에 나가 전체적인 공정의 진척 정도, 작업현장 및 그 주변 상황 등을 고려하여 X에게 작업을 시켜도 안전한지 여부를 확인했어야 하는데도 이를 해태한 것은 안전배려의무를 위반한 것이기 때문이다.

판례 "건축공사의 일부분을 하도급받은 자가 구체적인 지휘·감독권을 유보한 채, 재료와 설비는 자신이 공급하면서 시공 부분만을 시공기술자에게 재하도급하는 경우와 같은 노무도급의 경우, 그 노무도급의 도급인과 수급인은 실질적으로 사용자와 피용자의 관계에 있다.

이 경우 도급인은 수급인이 노무를 제공하는 과정에서 생명·신체·건강을 해치는 일이 없도록 물적 환경을 정비하고 필요한 조치를 강구할 보호의무를 부담하며, 이러한 보호의무는 실질적인 고용계약의 특수성을 고려하여 신의칙상 인정되는 부수적 의무로서 구 산업안전보건법시행령(1995. 10. 19. 대통령령 제14787호로 개정되기 전의 것) 제3조제1항에 의하여 사업주의 안전상 조치의무를 규정한 산업안전보건법 제23조가 적용되지 아니하는 사용자일지라도 마찬가지로 인정된다고 할 것이고, 만일 실질적인 사용관계에 있는 노무도급인이 고의 또는 과실로 이러한 보호의무를 위반함으로써 노무수급인의 생명·신체·건강을 침해하여 손해를 입힌 경우 노무도급인은 노무도급계약상의 채무불이행책임과 경합하여 불법행위로 인한 손해배상책임을 부담한다."(대법원 1997. 4. 25. 선고 96다53086 판결)

---

6. 노무도급인의 책임과 사무집행 관련성

쟁점

노무도급인은 노무수급인이 도급과 무관하게 저지른 불법행위에 대해서도 책임을 지는가?

판단

사무집행 관련성이 인정되지 않으면 사용자책임을 지지 않는다.

(1) 민법 제756조에 따른 사무집행 관련 행위

도급인이 수급인에 대하여 특정한 행위를 지휘하거나 특정한 사업을 도급시키는 경우와 같은 이른바 노무도급의 경우에는 도급인이라고 하더라도 민법 제756조[2]가 규정하고 있는 사용자책임의 요건으로서의 사용관계가 인정되어 수급인의 불법행위에 대한 책임을 지게 되지만, 그렇다고 노무도급관계만 인정되면 언제나 노무도급인에게 책임이 인정되는 것은 아니다.

피용자의 행위가 사무집행과 관련되어 있어야 사용자책임이 인정된다. 즉, 사용관계에 있다면 도급인은 사용자로서 '그 사무집행에 관하여' 피용자인 수급인이 저지른 불법행위에 대하여 사용자책임을 지게 되는 것이다.

사무집행 관련성은 피용자의 불법행위가 외형상 객관적으로 사용자의 사업활동 내지 사무집행행위 또는 그와 관련된 것이라고 보일 때에는 주관적 사정을 고려하지 않고 인정된다.

2) **민법 제756조(사용자의 배상책임)** ① 타인을 사용하여 어느 사무에 종사하게 한 자는 피용자가 그 사무집행에 관하여 제삼자에게 가한 손해를 배상할 책임이 있다. 그러나 사용자가 피용자의 선임 및 그 사무감독에 상당한 주의를 한 때 또는 상당한 주의를 하여도 손해가 있을 경우에는 그러하지 아니하다.
② 사용자에 갈음하여 그 사무를 감독하는 자도 전항의 책임이 있다.
③ 전2항의 경우에 사용자 또는 감독자는 피용자에 대하여 구상권을 행사할 수 있다.

(2) 사무집행 관련성이 문제되는 사례

Y는 선박수리업체를 경영하는 자인데, Y는 Z와 사이에 Y가 수리작업을 도급받은 선박 3대의 발전기 부분의 수리에 관하여 도급계약을 체결하였다. Y와 Z의 도급은 실질적으로는 노무도급이었다. Z는 Y의 지시를 받고 위 선박의 수리작업을 시행하던 도중 X로부터 직접 오징어채낚기 어선의 고장난 발전기의 수리를 의뢰받았다. X는 Y에게 선박수리를 의뢰한 것이 아니라 Y를 거치지 않고 직접 Z에게 선박수리를 의뢰한 것이다.

Z의 과실로 X가 수리를 의뢰한 선박에 문제가 생겨 손해가 발생하였다면, Y는 노무수급인 Z의 불법행위에 대한 손해배상책임을 져야 하는가?

Z가 Y로부터 하도급받아 그의 지시 · 감독 하에 인근에 있는 다른 선박에 대한 수리작업을 수행하고 있어 일단 Z와 Y 사이에 민법 제756조가 규정하고 있는 사용자책임의 요건으로서의 사용관계가 성립되었다는 점은 인정될 수 있다.

사용관계에 있다 해서 사용자가 피용자의 모든 불법행위에 대하여 사용자책임을 지는 것은 물론 아니다. 민법 제756조에 의하면, 타인을 사용하여 어느 사무에 종사하게 한 자는 피용자가 그 사무집행에 관하여 제3자에게 가한 손해를 배상할 책임이 있다. 즉, 사용관계에 있다면 도급인은 사용자로서 '그 사무집행에 관하여' 피용자인 수급인의 불법행위에 대한 사용자책임을 지게 되는 것이다.

다시 말하면, 사용자책임이 인정되기 위해서는 이 사건 사고가 외형상 객관적으로 Z가 Y의 사무집행으로 행한 위 수리작업과 관련된 것이라고 볼 수 있어야 한다. 민법 제756조 소정의 '사무집행에 관하여'라는 뜻은 피용자의 불법행위가 외형상 객관적으로 사용자의 사업 활동 내지 사무집행 행위 또는 그와 관련된 것이라고 보일 때에는 행위자의 주관적 사정을 고려함이 없이 이를 사무집행에 관하여 한 행위로 본다는 것이고, 외형상 객관적으로 사용자의 사무집행에 관련된 것인지 여부는 피용자의 본래의 직무와 불법행위의 관련 정도 및 사용자에게 손해 발생에 대한 위험 창출과 방지조치 결여의 책임이 어느 정도 있는지를 고려하여 판단하여야 한다.

예컨대, 회사 소속 중기기사가 회사의 작업지시를 받고 회사의 굴삭기로 작업을 하다가 덤프트럭에 돌을 싣는 과정에서 덤프트럭 운전사와 시비가 되어 싸우던 중 흥분하여 굴삭기로 현장사무실 막사와 식당, 기물들을 부수어 버렸다면 이는 외형상 객관적으로 회사의 사무집행과 밀접하게 관련된 것이므로 회사는 중기기사의 사용자로서 불법행위로 인한 손해를 배상할 책임이 있다(대법원 1992. 9. 22. 선고 92다25939 판결).

그런데 Z가 X의 선박을 수리한 것은 Y의 의무이행에 필요하거나 그에 부수하는 행위가 아니라 Y의 사무와는 무관하게 Z가 독자적으로 X로부터 수리를 의뢰받아 그 고유의 업무를 수행한 것이고, 그 당시 Z가 Y를 대리하여 수리계약을 체결할 권한이 있는 것과 같은 외관을 보였다거나 Y와 사이에 명의대여의 관계에 있었던 것도 아닌 이상, Z가 행한 이 사건 선박에 관한 수리작업이 외형으로 관찰할 때 Y의 직무 범위 내에 속하는 것 같이 보이는 행위라고 할 수 없다.

판례 "도급인의 지시·감독 하에 선박의 수리작업을 수행하던 노무수급인이 인근에 있는 다른 선박에 대한 수리를 독자적으로 의뢰받아 그 수리작업중 사고를 낸 경우, 그 당시 노무수급인이 도급인을 대리하여 수리계약을 체결할 권한이 있는 것과 같은 외관을 보였다거나 도급인과 사이에 명의대여의 관계에 있었던 것이 아닌 이상, 그 수리작업이 외형으로 관찰할 때 도급인의 직무 범위 내에 속하는 것으로 볼 수 없어 도급인의 사용자책임이 부인된다."(대법원 1998. 6. 26. 선고 97다58170 판결).

(3) 피해자의 악의 또는 중과실과 사용자책임의 부인

사용자가 피용자의 선임 및 그 사무감독에 상당한 주의를 한 때 또는 상당한 주의를 하여도 손해가 있을 경우에는 피용자의 불법행위에 대하여 손해배상책임을 지지 않는다(민법 제756조제1항 후단).

판례 "피용자의 불법행위가 외관상 사무집행의 범위 내에 속하는 것으로 보이는 경우에도, 피용자의 행위가 사용자나 사용자에 갈음하여 그 사무를 감독하는 자의 사무집행 행위에 해당하지 않음을 피해자 자신이 알았거나 중대한 과실로 인하여 알지 못한 경우에는 사용자책임을 물을 수 없고, 이 경우 사용자책임이 면책되는 피해자의 중대한 과실이란 거래의 상대방이 조금만 주의를 기울였더라면 피용자의 행위가 그 직무권한 내에서 적법하게 행하여진 것이 아니라는 사정을 알 수 있었음에도 만연히 이를 직무권한 내의 행위라고 믿음으로써 일반인에게 요구되는 주의의무에 현저히 위반하는 것으로 거의 고의에 가까운 정도의 주의를 결여하고, 공평의 관점에서 상대방을 구태여 보호할 필요가 없다고 봄이 상당하다고 인정되는 상태를 말한다."(대법원 2003. 2. 11. 선고 2002다62029 판결[3] 등 참조).

3) 소외인이 피고 회사의 경리업무 부서장이면서도 피고 회사와는 무관하게 설립한 무한건설을 운영하고 있음을 알고도 무한건설의 이사로 행세하면서 소외인을 도와 융통어음의 할인을 통하여 무한건설의 운영자금을 조달하여 오면서 소외인이 운영하는 무한건설의 자금사정 등을 잘 알고 있었을 터이고, 자금 마련을 위하여 소외인의 부탁에 따라 허위의 대출서류를 작성하는 위법한 방법까지 사용한 바 있는 원고로서는 피고 회사 명의가 위조되었음을 알지 못하였다 하더라도, 위와 같이 피고 회사의 어음발행이나 배서가 정당한 권한이 있는 자에 의하여 이루어진 것이 아니라고 볼 만한 현저한 사정이 있었으므로, 피고 회사에게 확인하는 등 조금만 주의를 기울였더라면 소외인의 행위가 그 직무권한 내에서 적법하게 행하여진 것이 아니라는 사정을 알 수 있었음에도, 이 사건 어음 할인 뿐만 아니라 그 이전 20 차례에 가깝게 어음할인을 하는 동안에도 전혀 이를 확인하지 아니하고 만연히 직무권한 내의 행위라고 믿은 데에는 비록 외형상으로는 소외인의 위조 행위가 그 직무와 밀접하게 관련된 행위라 하더라도 원고로서는 소외인의 행위가 정당한 사무집행의 범위에 속하지 아니함을 중대한 과실로 알지 못하였다고 봄이 상당하다고 판단한 사안이다.

7. 노무도급에서 사용자책임의 확장

쟁점

도급인은 수급인의 피용자가 저지른 불법행위에 대하여도 책임을 지는가?

판단

수급인에 대하여 사용자관계가 인정되면 수급인의 피용자에 대하여도 사용자책임을 질 수 있다.

(1) 수급인의 피용자가 저지른 불법행위에 대한 도급인의 사용자 책임

도급인은 수급인이나 수급인의 피용자가 행한 불법행위에 대하여 손해배상책임을 지지 않는 것이 원칙이지만 노무도급으로 인정될 경우에는 수급인은 물론이고 수급인의 피용자가 행한 불법행위에 대해서까지 사용자로서 손해배상책임을 질 수 있다.

판례 "도급인이 수급인의 일의 진행 및 방법에 관하여 구체적인 지휘감독권을 보유한 경우에는 도급인과 수급인의 관계는 실질적으로 사용자 및 피용자의 관계와 다를 바 없으므로 수급인이 고용한 제3자의 불법행위로 인한 손해에 대하여 도급인은 민법 제756조에 의한 사용자책임을 면할 수 없다."(대법원 1988. 6. 14. 선고 88다카102 판결)

---

(2) 구체적인 지휘·감독관계가 인정되지 않는 경우

그러나 구체적인 지휘 · 감독관계가 인정되지 않는 경우에는 사용자책임이 발생하지 않는다.

사용자 및 피용자관계 인정의 기초가 되는 도급인의 수급인에 대한 지휘감독은 건설공사의 경우에는 현장에서 구체적인 공사의 운영 및 시행을 직접 지시 · 지도하고, 감시 · 독려함으로써 시공 자체를 관리함을 말하며, 단순히 공사의 운영 및 시공의 정도가 설계도 또는 시방서대로 시행되고 있는가를 확인하여 공정을 감독하는 데에 불과한 이른바 감리는 여기에 해당하지 않는다고 할 것이므로 도급인이 수급인의 공사에 대하여 감리적인 감독을 함에 지나지 않을 때에는 양자의 관계를 사용자 및 피용자의 관계와 같이 볼 수 없다.

이러한 맥락에서 대법원은 도급인이 지명한 감독기사는 일체의 계약된 서류에 기초하여 공사의 수행을 지휘 · 감독하며 수급인은 위 감독기사의 시공상의 감독지시에 따라야 하는 것으로 되어 있고, 또 수급인이 위 감독기사의 감독 및 지시에 불응할 때는 도급인은 언제든지 수급인에 대한 서면통지로 공사도급계약의 전부 또는 일부를 중지 또는 해제할 수 있는 것으로 되어 있더라도 공사의 규모 · 도급인과 수급인과의 관계 등 여러 사정에 비추어 도급공사계약에 위에 든 조항이 있다 하여 이것만으로 도급인이 수급인의 공사의 진행 및 방법에 관하여 구체적인 지휘 · 감독권을 유보하고 있다고 볼 수 없다고 판단하였다(대법원 1989. 8. 8. 선고 88다카27249 판결).

8. 하도급관계에 민법 제757조가 적용되는지 여부

쟁점

수급인은 하도급에 관한 중대한 과실이 없으면 하수급인이 제3자에게 가한 손해를 배상할 책임이 없는가?

판단

책임지지 않는다.

(1) 하도급관계에 민법 제757조를 적용할 수 있는지 여부

도급인은 수급인이 그 업무의 수행과 관련하여 제3자에게 가한 손해를 배상할 책임이 없다. 그러나 도급 또는 지시에 관하여 도급인에게 중대한 과실이 있는 때에는 그러하지 아니하다(민법 제757조).

도급인은 도급 또는 지시에 관하여 중대한 과실이 없는 한 수급인의 불법행위에 대한 책임을 지지 않는다는 민법 제757조가 하도급관계에도 적용되는가? 하도급 또는 지시에 관하여 수급인에게 중대한 과실이 없으면 수급인은 하수급인이 제3자에게 가한 손해를 배상할 책임이 없는가?

하도급은 원도급의 수급인이 하도급인으로서 하수급인에게 완성된 일의 결과에 대하여 보수의 지급을 약정하고 하수급인은 일의 완성을 약정함으로써 성립하는 계약이다. 따라서 하도급계약은 당연히 도급으로서의 성질을 가지고 있으며, 하도급인과 하수급인 사이의 법률관계는 도급인과 수급인 사이의 법률관계와 다를 것이 없다. 하도급에도 민법의 도급에 관한 규정이 그대로 적용되므로 하도급관계에도 민법 제757조가 당연히 적용된다.

(2) 하도급관계에 민법 제757조의 적용을 긍정한 사례

대법원도 하도급관계에 민법 제757조의 적용을 긍정한다.

판례 "도급인은 도급 또는 지시에 관하여 중대한 과실이 없는 한 수급인이 그 일에 관하여 제3자에게 가한 손해를 배상할 책임이 없으나 도급인이 수급인의 일의 진행 및 방법에 관하여 구체적인 지휘 감독권을 유보한 경우에는 도급인과 수급인의 관계는 실질적으로 사용자 및 피용자의 관계와 다를 바 없으므로 수급인이 고용한 제3자의 불법행위로 인한 손해에 대하여 도급인은 민법 제756조에 의한 사용자책임을 면할 수 없고, 이러한 이치는 하도급의 경우에도 마찬가지이다."(대법원 1993. 5. 27. 선고 92다48109 판결[4])

---

4) 피고회사가 남부순환도로 서부연계도로 개설공사를 하면서 공사의 부속공사인 상수도관 이설공사를 소외 A회사에게 하도급을 주어 A회사의 현장인부인 소외 ×▼, ×@ 등이 상수도관매설작업을 하던 중, 포크레인으로 1지점을 굴착하다가 가로등용 전선이 나오자 피고회사의 현장사무실에 보고만을 한 채 만연히 사용하지 아니하는 폐선으로 알고 위 1지점을 절단한 뒤 포크레인삽날에 위 전선을 연결시켜 잡아 당겨 끊어 낸 다음, 그 끊어진 부분을 찾아내어 다시 같은 방법으로 끊어내는 행위를 반복하여 이 사건 사고지점 도로상에 전선이 절단된 채 노출 된 사건에서, 피고회사와 A회사 사이의 하도급계약에 관하여 그 약정에 따라 피고 회사의 서부연계도로 개설공사의 현장소장이 공사감독원으로 A회사의 공사를 구체적으로 지시 감독하였다는 것이므로, 피고 회사에 대하여 A회사의 피용자인 소외 ×▼, ×@ 등의 전선절취행위로 인하여 발생한 손해에 대하여 배상책임을 인정한 사인이다.

9. 하수급인의 조잡한 시공에 대한 수급인의 연대책임

쟁점

하수급인이 공사를 조잡하게 하는 바람에 손해를 입은 피해자는 수급인에게도 손해배상책임을 물을 수 있는가?

판단

건설산업기본법 제44조제3항을 근거로 수급인에 대하여 연대책임을 물을 수 있다.

(1) 건설산업기본법 제44조제3항

제3자에 대한 건설업자의 손해배상책임에 관하여 건설산업기본법 제44조에 특별규정이 있다.[5)] 이 조문이 아니더라도 건설업자가 고의 또는 과실로 제3자의 신체 또는 재산에 손해를 끼쳤을 때는 불법행위법에 따라 당연히 손해를 배상하여야 한다.

중요한 것은 수급인과 하수급인의 연대책임을 규정한 제3항이다. 하도급관계에도 민법 제757조가 적용되어 수급인은 하도급에 관하여 중대한 과실이 없는 한 하수급인이 제3자에게 가한 손해를 배상할 책임이 없지만, 건설산업기본법 제44조제3항에 의하여 수급인의 책임범위가 확장되어 있다. 이 조항은 수급인은 하도급 또는 지시에 관하여 중대한 과실이 없는 한 하수급인이 그 일에 관하여 제3자에게 가한 손해를 배상할 책임이 없다는 민법의 특칙이라고 할 수 있다.

---

5) **건설산업기본법 제44조(건설사업자의 손해배상책임)** ① 건설사업자가 고의 또는 과실로 건설공사의 시공을 조잡하게 하여 타인에게 손해를 가한 때에는 그 손해를 배상할 책임이 있다.
② 건설사업자는 제1항의 규정에 의한 손해가 발주자의 중대한 과실에 의하여 발생한 것인 때에는 발주자에 대하여 구상권을 행사할 수 있다.
③ 수급인은 하수급인이 고의 또는 과실로 하도급받은 건설공사의 시공을 조잡하게 하여 타인에게 손해를 가한 때에는 하수급인과 연대하여 그 손해를 배상할 책임이 있다.

(2) 시공을 조잡하게 하는 경우의 의미

수급인이 하수급인과 연대하여 제3자에 대한 손해배상책임을 지는 것은 '하수급인이 고의 또는 과실로 하도급받은 건설공사의 시공을 조잡하게 하여 손해를 가한 때'이다. '시공을 조잡하게 한다'는 것은 건축법 등 각종 법령 · 설계도서 · 건설관행 · 건설업자로서의 일반 상식 등에 반하여 공사를 시공함으로써 건축물 자체 또는 그 건설공사의 안전성을 훼손하거나 다른 사람의 신체나 재산에 위험을 초래하는 것을 뜻한다(대법원 2005. 11. 10. 선고 2004다37676 판결[6]).

그러므로 건설산업기본법이 적용되는 건설공사의 하도급계약관계에서 하수급인이 고의 또는 과실로 그 공사의 시공을 조잡하게 하여 타인에게 손해를 가한 때에는 귀책사유가 없는 수급인도 하수급인과 연대하여 그 손해를 배상할 책임이 있다(대법원 2005. 11. 10. 선고 2004다37676 판결).

예컨대, 하수급인이 건물신축공사장에서 지하 터파기 및 흙막이 공사를 하면서 인근 토지에 지반침하가 발생하지 않도록 공사를 진행하여야 함에도 불구하고 그러한 조치를 다하지 않은 채 공사를 진행하여 인근 토지에 지반침하가 발생하여 인근 토지 지상 건물에 재산상 피해가 발생하였다면 건설산업기본법 제44조 제3항에 의하여 수급인은 하수급인과 연대하여 피해자에게 손해를 배상하여야 한다(대법원 2008. 9. 11. 선고 2006다50338 판결).

---

6) 하수급인인 A가 도로의 미끄럼방지용 골재를 도로 표면에 도포하는 공사를 하면서 차로에 도포한 골재가 완전히 양생되지도 아니한 상태에서 청소를 대강 마친 뒤 교통을 개통하고 현장에서 철수하였으며, 이 때문에 불완전하게 양생된 노면 위로 차량의 통행이 이어짐에 따라 많은 양의 잔류 골재가 이탈되어 노면에 산재하게 되었는데, 포장공사 다음날 공사현장 부근을 운전하던 자가 노면에 산재하여 있던 잔류 골재 때문에 사고를 일으켜 사망자가 발생하는 등 손해가 발생한 사건에서 하수급인인 A가 고의 또는 과실로 위 사고현장에 대한 미끄럼방지 포장공사의 시공을 조잡하게 한 것도 하나의 중요한 원인이 되어 이 사건 교통사고가 발생하였던 것으로 보이므로 건설산업기본법 제44조 제3항에 따라 그 수급인인 X도 A와 연대하여 그 피해자측에게 그로 인한 손해를 배상할 책임이 있다고 한 사안이다.

10. 자재회수 지연에 대한 도급인의 책임

쟁점

공사현장의 붕괴를 막기 위해 사용한 공사자재를 도급인의 귀책사유로 회수하지 못한 경우 수급인은 도급인에게 어떤 책임을 물을 수 있는가?

판단

도급인의 귀책사유가 인정되면 손해배상청구 또는 부당이득반환청구를 할 수 있다.

가설재의 회수 지연에 대한 도급인의 책임

지하터파기 및 흙막이 공사는 가시설공사가 수반되고, 가시설공사에 사용된 가설재 등은 회수하여 다른 공사현장에 다시 사용하는 것이 일반적이다. 도급인측 사정으로 가설재의 회수가 지연된다면 수급인은 그 기간만큼 가설재를 사용하지 못하는 손해, 즉, 임대료 상당의 손해를 볼 수밖에 없다.

도급인의 귀책사유로 인하여 가설재의 회수가 지연된 때에는 수급인은 당연히 그 지연기간에 상응하는 가설재의 임대료 상당을 부당이득반환청구 또는 손해배상청구를 할 수 있을 것이다.

판례 "공사자재가 후속공사의 완료시까지 잠정적으로 공사현장의 붕괴를 막는 용도로 사용되지만, 후속공사가 완료되면 수급인이 이를 공사현장에서 회수해 갈 수 있도록 되어 있는 경우, 도급인이 도급계약 해지 후 후속공사를 속행하지 아니한 채 공사현장을 그대로 방치하여 수급인이 위 용도로 사용되고 있는 공사자재를 회수해 갈 수 없게 되었다면 도급인은 법률상 원인 없이 공사자재를 점유사용하여 그 임료 상당의 이득을 얻고 있다."(대법원 2001. 12. 11. 선고 2001다53806 판결)

11. 부동산에 부합된 동산 소유자의 부당이득반환청구권

쟁점

소유권이 매도인에게 유보된 철강 제품이 사용된 건물이 완성된 경우, 철강 제품을 매도한 자는 건물 소유자에게 부당이득의 반환을 청구할 수 있는가?

판단

건물 소유자에게 부당이득반환을 청구할 수 있을 것이나, 만일 건물 소유자가 철강 제품의 소유권이 유보되어 있었다는 사정을 과실 없이 알지 못한 때에는 부당이득이 인정되지 않는다.

(1) 동산이 부동산에 부합된 경우 동산의 소유권

甲은 乙과의 철강제품 공급계약에 따라 2억원 상당의 철근과 H빔 등을 공급하였다. 甲과 乙은 대금이 완제될 때까지 철강제품의 소유권은 매도인인 甲에게 있다는 내용의 소유권유보에 관한 특약을 하였는데, 甲은 아직까지 乙로부터 위 대금 2억을 지급받지 못하고 있다.

乙은 도급인 丙과 건물 신축공사도급계약을 맺고 공사를 수행하다가 기성고 80% 상태에서 중단하였다. 乙이 공사를 중단하자 丙은 나머지 공사를 직접 마쳤다. 甲이 공급한 철강제품은 모두 위 건물의 골조공사 자재로 투입되었다.

이 경우 건물의 소유자인 丙은 철강제품의 소유권을 취득할 수 있는가? 甲은 丙에게 철강제품 대금 2억원 상당에 대하여 부당이득반환을 청구할 수 있는가?

소유권유보부 매매의 경우 매매대금이 모두 지급될 때까지는 소유권이 매도인에게 남아 있다. 따라서 사례에서 철강제품의 소유권은 여전히 甲에게 남아 있지만, 이 철강제품은 丙 소유의 신축 건물의 골조공사에 투입되었다.

이 철강제품은 부동산인 건물의 일부가 되어 분리하려면 건물을 훼손하거나 과다한 비용이 들 수밖에 없다. 이렇게 그 동산을 훼손하거나 과다한 비용을 지출하지 않고서는 분리할 수 없을 정도로 부착합체되어버린 경우는 동산이 부동산에 부합되었다고 보아야 한다. 동산이 부동산에 부합한 경우 부동산의 소유자가 부합한 물건의 소유권을 취득하게 된다(민법 제256조). 그러므로 이 사안에서 부동산의 소유자 丙은 부합의 법리에 의하여 동산인 철강제품의 소유권을 취득하게 된다.

(2) 부동산에 부합된 동산 소유자의 부당이득반환청구

부동산의 소유자 丙은 자신의 부동산에 부합된 타인 소유 동산의 소유권을 취득하게 되어 결과적으로 경제적 이득을 얻게 되고, 동산의 소유자는 소유권을 잃고 손실을 보게 된다. 이러한 경우를 대비하여 민법은 첨부로 인하여 손해를 받은 자는 부당이득에 관한 규정에 의하여 보상을 청구할 수 있다고 규정하고 있는데(제261조), 甲은 丙에게 철강제품 대금 2억원의 부당이득반환을 청구할 수 있는가?

대법원은 민법 제261조에서 정하는 보상청구는 민법 제261조 자체의 요건만이 아니라 부당이득 법리에 따른 판단에 의하여 부당이득의 요건이 모두 충족된 경우에 인정된다고 본다. 부당이득반환을 청구하는 상대방은 법률상 원인 없이 이득을 보았어야 한다. 법률상 원인에 따라 이득을 보았다면 그 이득을 반환할 의무가 없는 것이다.

소유권유보 매매의 경우 대금이 완납되지 않은 이상 매매 목적물에 대한 소유권은 이전되지 않고 점유의 이전만 있게 되어 매수인이 이를 다시 매도하여 인도하더라도 제3자는 유효하게 소유권을 취득하지 못하므로, 부합 등의 사유로 제3자가 소유권을 유효하게 취득하였다면 그 가액을 소유자에게 부당이득으로 반환해야 한다.

(3) 제3자의 선의취득이 인정되는 경우의 문제

그러나 매매 목적물에 대한 소유권이 유보된 경우라 하더라도 이를 다시 매수한 제3자의 선의취득이 인정되는 때에는, 그 선의취득이 이익을 보유할 수 있는 법률상 원인이 되므로 제3자는 그러한 반환의무를 부담하지 않는다. 매도인에 의하여 소유권이 유보된 자재를 매수인이 제3자와 사이의 도급계약에 의하여 제3자 소유의 건물 건축에 사용하여 부합됨에 따라 매도인이 소유권을 상실하는 경우에, 비록 그 자재가 직접 매수인으로부터 제3자에게 교부된 것은 아니지만 도급계약에 따른 이행에 의하여 제3자에게 제공된 것으로서 거래에 의한 동산 양도와 유사한 실질을 가지므로, 그 부합에 의한 보상청구에 대하여도 선의취득에서의 이익보유에 관한 법리가 유추적용된다.

따라서 매도인에게 소유권이 유보된 자재가 제3자와 매수인 사이에 이루어진 도급계약의 이행에 의하여 부합된 경우 보상청구를 거부할 법률상 원인이 있다고 할 수 없지만, 제3자가 도급계약에 의하여 제공된 자재의 소유권이 유보된 사실에 관하여 과실 없이 알지 못한 경우라면 선의취득의 경우와 마찬가지로 제3자가 그 자재의 귀속으로 인한 이익을 보유할 수 있는 법률상 원인이 있다고 봄이 상당하므로 매도인으로서는 그에 관한 보상청구를 할 수 없다(대법원 2009. 9. 24. 선고 2009다15602 판결).

요컨대, 丙의 건물에 부합된 철강제품의 소유권이 甲에게 유보되어 있다는 사정을 丙이 과실 없이 알지 못하였음이 인정되는 경우에는 丙이 철강제품에 관한 이익을 보유할 법률상의 원인이 있다고 보아 부당이득에 의한 보상청구를 부정하여야 할 것이다.

대법원 2012. 11. 29. 선고 2010다8624 판결도 건물 건축공사의 도급인이 공사에 사용되어 건물에 부합된 건축자재의 소유권이 원래 수급인 이외의 제3자에게 유보되어 있었다는 사정을 과실 없이 알지 못한 때에는 선의취득의 경우와 마찬가지로 도급인이 그 자재에 관한 이익을 보유할 법률상의 원인이 있다고 봄이 상당하므로 민법 제261조에 의한 보상청구에 응할 의무가 없다고 판시하였다.

또한 그 무과실에 대한 증명책임은 도급인에게 있지만, 도급인이 건축공사에 사용되는 건축자재에 관하여 소유권유보약정이 부가되어 있는지를 조사 · 확인하는 일반적인 거래 관행이 정립되어 있지 않다면 도급인으로 하여금 그 소유권유보약정의 존재를 의심하게 하는 객관적 정황이 존재하지 아니하는 이상, 도급인이 그 소유권유보약정의 존재 여부를 조사·확인하지 아니하였다는 사실만으로 그 존재를 알지 못한 것에 대한 무과실이 부정되어야 한다고 보기는 어렵다고 보았다.

12. 건설공사 피해자의 위자료

쟁점

건설공사로 인한 재산권의 피해자는 재산적 손해 이외에 정신적 손해의 배상을 청구할 수 있는가?

판단

특별한 사정으로 인한 손해로서 가해자가 그 사정을 알았거나 알 수 있었을 때에 한하여 배상 책임이 있다.

(1) 재산권 침해에 대하여 위자료를 인정하기 위한 요건

일반적으로 타인의 불법행위에 의하여 재산권이 침해된 경우에는 그 재산적 손해의 배상에 의하여 정신적 고통도 회복된다고 보아야 하므로 재산적 손해의 배상에 의하여 회복할 수 없는 정신적 손해가 발생하였다면 이는 특별한 사정으로 인한 손해로서 가해자가 그러한 사정을 알았거나 알 수 있었을 경우에 한하여 그 손해에 대한 위자료를 인정할 수 있다(대법원 1989. 8. 8. 선고 88다카27249 판결).

(2) 건설공사 피해자의 위자료를 인정한 사례

건물을 신축하면서 인근 토지의 지반붕괴에 대비한 예방조치 등을 하지 않은 채 공사를 함으로써 인근 주택의 지반이 붕괴되고 벽에 균열이 생기고 지붕이 파손되었다면 피해자로서는 재산상 손해 외에 일상생활의 안온상태가 파괴되고 언제 어떠한 손해가 발생할지 모르는 불안에 떨어야 하는 정신적 고통에 대한 위자료청구도 할 수 있다(대법원 1992. 12. 8. 선고 92다34162 판결).

또 건물신축공사로 인하여 공사기간 동안 임차인이 거주하는 피해자 소유의 주택이 2차에 걸쳐 파손되다가 급기야 신축건물의 5층 옥탑이 무너져내려 그 벽돌이 피해자의 주택을 덮쳐 지붕과 거실, 천정까지 파손되는 사고를 입는 등 계속적인 손해를 입는 상황이었다면 피해자가 거주하지 않고 있어도 가옥파괴와 세입자의 생명, 신체, 재산침해에 대한 불안으로 인하여 정신적 고통이 있었을 것임은 경험칙상 능히 인정된다(대법원 1993. 12. 24. 선고 93다45213 판결).

거주하고 있던 주택이 지하굴착공사로 인하여 훼손되었다면 그 충격과 주거생활의 불안 등으로 상당한 정신적 고통을 받았을 것임은 경험칙상 인정된다(대법원 1990. 1. 12. 선고 88다카28518 판결)고 한 사례도 있다.

13. 불법행위로 훼손된 건물의 손해액

쟁점

공사로 건물이 훼손되었을 때 보수공사비 이외에 그 보수 후 건물의 교환가치 감소액 상당의 손해를 구할 수 있는가?

판단

보수 후 건물의 교환가치 감소액 상당의 손해는 특별사정으로 인한 손해이다.

(1) 불법행위로 건물이 훼손된 경우 통상의 손해

불법행위로 인하여 물건이 훼손된 경우 그 손해는 수리가 가능하면 그 수리비가 통상의 손해이고, 수리가 불가능하면 그 교환가치의 감소가 통상의 손해에 해당한다(대법원 1991. 6. 11. 선고 90다20206 판결). 또한 수리를 한 후에도 일부 수리 불가능한 부분이 남아 있는 경우에는 수리비 외에 수리불능으로 인한 교환가치의 감소액도 통상의 손해에 해당한다(대법원 1992. 2. 11. 선고 91다28719 판결).

따라서 이웃의 공사로 인하여 건물이 훼손되었을 때에는 수리가 가능한 경우에는 그 수리에 소요되는 비용, 즉 수리비가 통상의 손해이고, 수리가 불가능하다면 감소된 교환가치 상당을 통상의 손해액으로 보아야 한다.

(2) 보수 후 건물의 교환가치 감소액 상당의 손해

공사로 건물이 훼손되었을 때 보수공사비 이외에 그 보수 후 건물의 교환가치 감소액 상당의 손해를 구할 수 있는가?

보수가 가능한 경우에 보수비 이외에 보수 후의 교환가치 감소액 상당의 재산상 손해는 특별사정으로 인한 손해이다. 지하굴착공사로 건물이 파손, 균열됨에 따른 재산상 손해로 보수 등 공사비와 아울러 구하는 그 보수 후 건물의 교환가치 감소액 상당의 손해는 특별사정으로 인한 손해이다(대법원 1991. 6. 11. 선고 90다20206 판결).

따라서 보수가 가능한 경우에 보수비 이외에 보수 이후에도 남는 교환가치 감소액 상당의 손해는 특별사정으로 인한 손해이므로 불법행위자가 그 사정을 알았거나 알 수 있었다는 점이 인정되어야 한다.

14. 공작물 점유자의 책임

쟁점

인테리어공사를 하는 과정에서 인테리어업자의 실수로 아래층이 침수되는 피해를 입었다면 위층 점유자가 피해자에게 손해배상책임을 지는가?

판단

위층 점유자가 공작물 점유자로써 필요한 조치를 취하지 않은 경우라면 손해배상책임을 질 수 있다.

(1) 공작물의 설치 또는 보존의 하자

공작물의 설치 또는 보존의 하자로 인하여 타인에게 손해를 가한 때에는 공작물 점유자가 손해를 배상할 책임이 있다. 그러나 점유자가 손해의 방지에 필요한 주의를 해태하지 아니한 때에는 그 소유자가 손해를 배상할 책임이 있다(민법 제758조제1항).

판례 "민법 제758조제1항에 규정된 공작물의 설치·보존상의 하자라 함은 공작물이 그 용도에 따라 통상 갖추어야 할 안전성을 갖추지 못한 상태에 있음을 말하는 것으로서, 이와 같은 안전성의 구비 여부를 판단함에 있어서는 당해 공작물의 설치·보존자가 그 공작물의 위험성에 비례하여 사회통념상 일반적으로 요구되는 정도의 방호조치 의무를 다하였는지의 여부를 기준으로 삼아야 할 것이므로, 공작물에서 발생한 사고라도 그것이 공작물의 통상의 용법에 따르지 아니한 이례적인 행동의 결과 발생한 사고라면, 특별한 사정이 없는 한 공작물의 설치·보존자에게 그러한 사고에까지 대비하여야 할 방호조치 의무가 있다고 할 수는 없다."(대법원 1996. 2. 13. 선고 95다22351 판결)

특히 공작물의 설치 후 제3자의 행위에 의하여 본래에 갖추어야 할 안전성에 결함이 발생된 경우에는 공작물에 그와 같은 결함이 있다는 것만으로 성급하게 공작물의 보존상의 하자를 인정하여서는 안 되고, 당해 공작물의 구조, 장소적 환경과 이용상황 등 제반 사정을 종합하여 그와 같은 결함을 제거하여 원상으로 복구할 수 있는데도 이를 방치한 것인지 여부를 개별적 · 구체적으로 심리하여 하자의 유무를 판단하여야 할 것이다.(대법원 1992. 9. 14. 선고 92다3243 판결).

그러므로 인접 토지에서의 건축공사로 인하여 그 공사현장과 경계를 이루는 담장에 발생한 균열 등에 대하여 공사현장을 점유하며 공사를 시행하고 있는 자에게 수차례 보수를 요구한 경우, 공작물인 담장의 위험성에 비례하여 사회통념상 일반적으로 요구되는 정도의 방호조치 의무를 다하였다고 보아야 하므로 담장 소유자에게 담장의 설치 · 보존상의 하자로 인한 책임을 물을 수 없다(대법원 2005. 1. 14. 선고 2003다24499 판결).

공작물의 설치 또는 보존상의 하자로 인한 사고는 공작물의 설치 또는 보존상의 하자만이 손해발생의 원인이 되는 경우만을 말하는 것이 아니고, 공작물의 설치 또는 보존상의 하자가 사고의 공동원인의 하나가 되는 이상 사고로 인한 손해는 공작물의 설치 또는 보존상의 하자에 의하여 발생한 것이라고 보아야 한다. 그리고 화재가 공작물의 설치 또는 보존상의 하자가 아닌 다른 원인으로 발생하였거나 화재의 발생 원인이 밝혀지지 않은 경우에도 공작물의 설치 또는 보존상의 하자로 인하여 화재가 확산되어 손해가 발생하였다면 공작물의 설치 또는 보존상의 하자는 화재사고의 공동원인의 하나가 되었다고 볼 수 있다(대법원 2015. 2. 12. 선고 2013다61602 판결).

(2) 건물 점유자의 공작물 책임

X는 건물 2층에서 정형외과 의원을 개원하기 위해 인테리어 공사를 마친 상태인데, 같은 건물 3층의 구분소유자인 Y도 치과의원을 개원하려고 인테리어 공사를 인테리어업자에게 맡겼다. Y는 이 건물의 난방시설 시험가동이 있을 것이라는 점을 알고 있었지만 이를 인테리어업자에게 고지하지 않고, 난방용 팬 코일의 추가설치를 요구하였다. 인테리어업자는 난방시설의 시험가동을 알지 못한 채 팬 코일과 냉 · 온밸브 연결배관을 분리한 채 방치하였다. 이런 사실을 모르고 건물의 난방시설을 점검하기 위하여 용역업체가 난방시설을 시험가동하면서 배관에 통수하는 바람에 배관에서 물이 흘러나와 2층 천장, 벽, 전기배선이 침수되는 피해가 발생하였다.

이 경우 X는 Y에게 공작물인 배관시설의 점유자로서 그 설치 · 보존상의 하자를 이유로 손해배상책임을 물을 수 있는가?

이 사건 누수사고 당시 Y는 이 사건 건물 3층을 사실상 지배하는 자로서 위 3층에 설치된 시설의 설치 또는 보존상의 하자로 발생할 수 있는 각종 사고를 방지할 책임이 있으므로 Y는 미리 인테리어업자에게 난방시설 시험가동이 있다는 사정을 알려서 그로 하여금 누수사고가 없도록 중간 밸브를 잠그거나 배관이 분리된 채 방치되지 않도록 점검케 하는 등 공작물의 점유자로서 필요한 조치를 취하여야 할 의무가 있다. 이를 게을리 하여 누수사고를 방지하기 위한 아무런 조치를 취하지 않음으로써 결국 위 3층에 있던 배관시설이 분리된 채 그대로 방치되었던 것이므로, 위 배관시설은 그 용도에 따라 통상 갖추어야 할 안전성을 갖추지 못한 상태에 있었다고 할 것이어서 그 설치 · 보존상의 하자가 인정된다(대법원 2006. 4. 27. 선고 2006다4564 판결).

(3) 건물을 임대한 소유자의 공작물 책임

甲 회사는 그 소유의 상가건물 중 1층을 '상점-백화점, 창고형 할인매장' 용도로 임대하였는데, 1층 천장 겸 2층 바닥으로 사용되는 콘크리트 슬래브에 매설된 상수도 배관이 부식되어 파열되면서 누수가 발생하여 1층에 입점한 점포의 시설과 재고자산 등이 침수피해를 입었다. 이 경우 1층에 입점한 임차인은 임대인인 甲 회사에게 공작물 책임을 물을 수 있는가?

구 건축법(2016. 2. 3. 법률 제14016호로 개정되기 전의 것) 제35조제1항은 '건축물의 소유자나 관리자는 건축물, 대지 및 건축설비를 관련 규정에 적합하도록 유지 · 관리하여야 한다.'고 정하고 있고, 민법 제623조는 '임대인은 계약존속 중 그 사용, 수익에 필요한 상태를 유지하게 할 의무를 부담한다.'고 정하고 있다. 따라서 건물을 타인에게 임대한 소유자가 건물을 적합하게 유지 · 관리할 의무를 위반하여 임대목적물에 필요한 안전성을 갖추지 못한 설치 · 보존상의 하자가 생기고 그 하자로 인하여 임차인에게 손해를 입힌 경우, 건물의 소유자 겸 임대인은 임차인에게 공작물책임과 수선의무 위반에 따른 채무불이행 책임을 진다.

대법원은 위 사안에서, 위 콘크리트 슬래브는 상가건물이 특정한 층에 배타적으로 귀속된 것이 아니라 건물 전체에 공동으로 제공되거나 인접한 층들에 공동으로 제공 · 사용되는 부분이어서 위 건물 1층의 소유에도 필요한 부분이므로, 1층의 소유자는 이를 유지 · 관리할 의무가 있고, 1층의 소유자 겸 임대인으로서 위 콘크리트 슬래브에 존재하는 설치 · 보존상 하자와 관련된 사고가 발생하는 경우 1층의 점유자나 임차인이 입은 손해를 배상할 책임이 있다고 보았다(대법원 2017. 8. 29 선고 2017다227103 판결).

CHAPTER **15**

건설공사와 부가가치세

제15장 건설공사와 부가가치세

1. 공사도급계약과 부가세의 부담
2. 수급인의 부가세 미납과 도급인의 손해배상청구
3. 공사대금채권의 양도와 부가세
4. 지체상금과 부가세
5. 하자보수에 갈음한 손해배상청구권과 부가가치세

1. 공사도급계약과 부가세의 부담

쟁점

공사도급계약에 부가세를 도급인이 별도로 부담하기로 하는 약정이 없는 경우 수급인은 도급인에게 약정 공사대금 외에 부가세를 청구할 수 있는가?

판단

별도의 특약이 없다면 청구하지 못한다.

(1) 부가세 부담에 관한 분쟁

통상 공사도급계약에서는 부가가치세를 누가 부담할 것인가를 정하게 된다. 공사도급금액란에 부가하여 부가가치세는 별도 부담이라든가 부가가치세는 포함된다고 기재되어 있는 것이다[1].

그런데 간혹 공사도급계약서에 부가가치세를 누가 부담할 것인가에 관해 명확한 기재를 해두지 않았다가 뒤늦게 분쟁이 발생하는 경우가 있다. 이 경우 누가 부가가치세를 부담하게 되는가?

부가가치세법에는 사업자로 하여금 재화 또는 용역의 공급시에 공급받는 자로부터 공급대가 외에 별도로 부가가치세를 징수하도록 규정하고 있다(부가가치세법 제31조).

(2) 별도의 약정이 있는 경우

부가가치세 부담에 관한 약정이 있는 경우에는 특별한 문제는 없다. 공사도급계약을 체결하면서 공사대금과 별도로 도급인이 부가가치세를 지급하기로 약정한 경우에는 사적 자치의 원칙상 수급인은 그 약정에 따라 도급인에게 부가가치세 상당액의 지급을 직접 청구할 수 있다(대법원 1997. 3. 28. 선고 96다48930, 48947 판결).

---

1) 민간건설공사 표준도급계약서(국토교통부고시 제2019-220호)에서는 계약금액에 부가하여 "부가가치세 포함"이라고 기재하고 있다.

그렇다면 부가가치세 부담에 관한 약정은 반드시 공사도급계약을 체결할 당시에 있어야 하는가? 또한 서면 약정만 유효한가?

부가가치세 부담에 관한 위와 같은 약정은 반드시 재화 또는 용역의 공급 당시에 있어야 하는 것은 아니고 공급 후에 한 경우에도 유효하며, 또한 반드시 명시적이어야 하는 것은 아니고 묵시적인 형태로 이루어질 수도 있다(대법원 2002. 11. 22. 선고 2002다38828 판결).

대법원은 계약의 일부로 첨부된 견적서에서 '세액은 별도'라고 기재하고 있었고, 계약의 내용이 부가가치세 과세대상 거래로써 원고가 공급가액과 세액을 구분하여 전자세금계산서를 발급하였음에도 이에 대하여 피고(공급자)가 뚜렷하게 이의를 제기하지 않은 사건에서 원고와 피고 사이에 부가가치세를 부담하기로 하는 약정이 있었다고 보았다(대법원 2016. 9. 28 선고 2016다20671 판결).

(3) 별도의 약정이 없는 경우

부가가치세 관련 분쟁은 분명한 약정이 없는 경우에 발생한다. 부가가치세의 부담에 관한 별도의 약정이 없을 때는 어떻게 되는가? 별도의 약정이 없더라도 사업자인 수급인은 부가가치세법을 근거로 하여 도급인에게 약정한 공사대금 이외에 부가가치세를 청구할 수 있을까?

그렇지 않다. 대법원 판례는 사업자인 수급인이 부가가치세법을 근거로 도급인에게 부가가치세를 징수할 사법상의 권리는 없다고 본다(대법원 2002. 11. 22. 선고 2002다38828 판결).

또한 용역이나 재화를 공급받는 자도 거래상대방이나 국가에 대하여 직접 부가가치세를 지급하거나 납부할 의무가 있는 것은 아니다. 따라서 건축공사의 수급인이 부가가치세를 납부했더라도 별도의 약정이 없다면 도급인에 대하여 부가가치세 상당액을 구상할 수는 없다. 건축공사의 수급인이 공사를 완성한 후에 공사도급거래에 따른 부가가치세를 납부하였다 하더라도 이는 위 건축용역의 공급자로서 자기의 납세의무를 이행한 것일 뿐 거래 상대방인 도급인이 납부하여야 할 부가가치세를 대위납부한 것으로는 볼 수 없기 때문에 도급인에 대하여 위 부가가치세 상당액을 구상할 수 없다(대법원 1993. 8. 13. 선고 93다13780 판결).

대법원 판례에 따르면 공사도급계약을 체결하면서 공사대금과 별도로 도급인이 수급인에게 부가가치세를 추가지급하기로 하는 특약이 없다면 특별한 사정이 없는 한 약정공사대금에는 부가가치세가 포함된 것으로 본다. 그렇기 때문에 도급인은 수급인에게 별도로 부가가치세를 지급할 의무는 없다. 따라서 도급인이 공사대금과는 별도로 부가가치세를 부담하기로 하는 약정이 없다면 수급인이 부가가치세를 납부하였다고 하더라도 도급인에게 이를 구상할 수 없게 된다.

다시 정리하면, 공사도급계약을 체결하면서 부가가치세의 부담에 관한 특별한 약정이 없는 경우 수급인은 도급인에 대하여 부가가치세를 별도로 청구할 수 없다. 도급인이 부가가치세를 별도로 부담하기로 하는 명시 또는 묵시의 특약이 있는 경우에만 수급인은 도급인에 대하여 공사대금과 별도로 부가가치세 상당액을 청구할 수 있는 것이다. 또한 공사도급계약서에 공사계약금액만 기재되어 있고 특별히 '부가가체세 별도'와 같은 기재가 없다면 이는 공사계약금액에 부가가치세가 포함된 것으로 해석될 가능성이 높다.

판례 "무면허 건설업자와 공사대금을 평당 일정액으로 정하고 공사도급계약을 체결하면서 그 공사대금과 별도로 도급인이 수급인에게 부가가치세를 추가 지급하기로 약정한 바 없다면, 특별한 사정이 없는 한 약정 공사대금에는 부가가치세가 포함된 것으로 보아야 하고, 수급인이 도급받은 공사의 전부를 직접 시공하지 아니하고 그 일부를 하도급주어 하수급인에게 그에 따른 부가가치세를 포함한 하도급공사비를 지급하였다고 하더라도 도급계약상의 약정공사대금이 지급된 부가가치세 금액만큼 추가된다고 볼 수는 없으므로, 수급인이 무면허 건설업자로서 부가가치세를 환급받을 처지가 되지 못하여 도급인이 임대사업자로서 임대건물의 신축공사와 관련하여 하수급인에게 지급된 부가가치세를 매입세액으로 하여 환급받았다 하여 약정공사비와 별도로 그 환급받은 금원을 수급인에게 반환해야 할 의무는 없다."(대법원 2000. 2. 22. 선고 99다62821 판결)

---

2. 수급인의 부가세 미납과 도급인의 손해배상청구

쟁점

도급인으로부터 부가가치세를 징수한 수급인이 이를 국가에 납부하지 않는 경우에 도급인이 이를 문제 삼아 수급인에게 부가가치세를 돌려달라고 할 수 있는가?

판단

부가세의 반환을 청구할 수는 없고, 손해배상을 청구할 수는 있다.

(1) 수급인에 대한 부당이득 반환 청구

수급인이 도급인으로부터 부가세 명목의 금원을 수령하고도 이를 납부하지 않은 경우 도급인은 수급인에게 부가세 명목의 금원의 반환을 청구할 수 없다.

부가가치세의 납세의무는 국가에 대한 의무이지 공사도급계약상의 의무는 아니다. 수급인이 도급인으로부터 부가세를 수령한 것은 부가세 부담에 관한 약정에 따른 것이므로 법률상 원인이 없는 것도 아니므로 부당이득도 아니다. 따라서 도급인의 입장에서는 수급인이 부가가치세를 납부하지 않았다고 하더라도 수급인에게 이의 반환을 청구할 수는 없는 것이다. 하지만 손해배상청구권은 도급인이 사업자인 경우와 비사업자인 경우가 다르다.

(2) 수급인에 대한 손해배상청구(도급인이 사업자인 경우)

수급인이 부가가치세를 납부하지 않는 바람에 도급인이 부가가치세 상당액의 공제를 받지 못해 손해를 보았다면 사정이 다르다. 도급인이 사업자인 경우에는 환급받지 못한 부가세 상당액의 손해배상을 수급인에게 청구할 수 있기 때문이다.

15
건설공사와 부가가치세

수급인이 도급인으로부터 부가가치세 상당액을 지급받았음에도 수급인의 귀책사유로 적시에 세금계산서를 작성 · 교부하지 아니함으로써 사업자인 도급인이 매입세액 공제를 받지 못한 경우 수급인은 도급인의 손해를 배상하여야 한다.

판례 "수급인이 도급받은 공사 전체가 아니라 일부분에 대한 부가가치세만을 신고하고 세무공무원의 사실조사 과정에서도 나머지 공사 부분에 대한 도급계약 체결 사실을 부인하는 허위 진술을 한 결과 그 부분에 대한 세금계산서가 가공계산서로 인정되어 매출세액에서 공제받지 못함으로써 도급인이 부당하게 부가가치세를 납부하게 된 경우, 수급인은 그와 같은 고의의 불법행위로 인하여 도급인이 입은 손해를 배상할 책임이 있다."(대법원 1997. 11. 14. 선고 97다26531 판결)

---

3. 공사대금채권의 양도와 부가세

쟁점

수급인이 공사대금채권을 양도한 경우 도급인은 부가가치세 상당액에 대해서는 양수인에게 지급을 거부할 수 있는가?

판단

부가세액 상당액도 양도되었으므로 도급인은 지급을 거절할 수 없다.

부가세액의 양도 가능성

수급인이 공사대금채권을 양도할 경우 도급인은 부가가치세 상당액에 대해서는 양수인에게 지급을 거부할 수 있을까?

공사수급인이 공사대금채권을 양도할 경우 부가가치세액도 같이 양도할 수 있는가 하는 문제이다. 수급인이 이를 양도하더라도 수급인의 부가세 납세의무에는 아무런 변함이 없고, 이의 양도를 금지할 이유도 없다. 수급인이 공사대금채권과 이에 따른 부가가치세를 양도한 경우 도급인은 부가가치세액 상당도 양수인에게 지급하여야 할 것이다.

판례 "부가가치세 납세의무자인 공사수급자가 공사대금채권과 함께 이에 따른 부가가치세 상당액을 양도한다 하더라도 공사수급자의 부가가치세 납세의무 그 자체의 존속에 대하여는 아무런 영향도 없다 할 것이어서 그 세액 상당금액의 양도성을 부정할 이유는 없다."(대법원 1988. 2. 9. 선고 87다카1338 판결).

---

4. 지체상금과 부가세

쟁점

지체상금에 대하여도 부가세를 부담하는가?

판단

지체상금은 부가세의 부과대상이 아니다.

부가세의 과세대상

부가가치세의 과세대상은 재화 · 용역의 공급과 재화의 수입이다. 그러므로 재화나 용역의 공급 대가가 아닌 위약금이나 손해배상금은 공급가액이 될 수 없어 부가세의 과세대상이 아니다(대법원 1984. 3. 13. 선고 81누412 판결).

아파트 분양대금에 대한 연체료는 "아파트의 공급과 대가관계에 있는 금전이라고 볼 수 없어서 부가가치세의 과세표준에 포함되지 않는다."(대법원 1997. 12. 9. 선고 97누15722 판결)

공사대금에 대한 약정연체료도 공사용역과 대가관계에 있는 금전이라고 볼 수 없어 부가가치세의 과세표준에 포함되지 않는다(대법원 2001. 6. 29. 선고 99두12229 판결).

판례 "부가가치세법 제13조제1항에서 말하는 공급가액이란 금전으로 받는 경우 재화나 용역의 공급에 관계있는 가액 곧 그 대가를 말한다 할 것이므로 재화나 용역의 공급대가가 아닌 위약금이나 손해배상금 등은 공급가액이 될 수 없다 할 것이니, 원고가 연강선재를 국내업자들에게 팔면서 기일내에 국내신용장을 개설하면 그들이 찾아가고 기일내에 내국신용장을 개설하지 못하면 원고가 임의처리한다는 약정 아래 원고에게 예치하였던 계약 보증금은 그 명목 여하에도 불구하고 연강선재의 공급과 대가관계에 있는 대금의 일부라 할 수 없으므로 공급가액이 될 수 없다."(대법원 1984. 3. 13. 선고 81누412 판결)

---

5. 하자보수에 갈음한 손해배상청구권과 부가가치세

쟁점

하자보수에 갈음한 손해배상청구권에 매입세액의 공제 대상이 되는 부가가치세 상당액이 포함되는가?

판단

매입세액에 해당되어 도급인이 공제 또는 환급받을 수 있는 부가가치세 상당은 수급인에게 손해배상을 청구할 수 없다.

(1) 하자보수비와 부가세

일반적으로 도급인은 수급인에 대하여 하자보수에 갈음하는 손해배상으로 하자보수비 및 그에 따른 부가가치세의 지급을 구할 수 있지만, 하자보수에 소요되는 부가가치세가 도급인이 사업자로서 공제 또는 환급받을 수 있는 경우에는 도급인은 수급인에게 부가가치세 상당의 손해배상을 청구할 수 없다.

골프장 진입도로 법면 소단 미설치의 하자로 인한 하자보수비에 대한 부가가치세는 부가가치세법상의 납세의무자인 사업자에 해당하는 도급인이 매출세액에서 공제받거나 환급받을 수 있으므로 수급인에게 손해배상을 청구할 수 없다.

(2) 부가세를 공제 또는 환급받을 수 없는 경우

반면, 골프장의 그린 모래 규격의 하자로 인한 하자보수비에 대한 부가가치세는 부가가치세법 제17조제2항제4호[2] 및 부가가치세법 시행령 제60조제6항에서 규정하는 '토지의 조성 등을 위한

2) 2013. 6. 7. 전부개정된 부가가치세법 부터는 제39조제1항제7호에 관련 내용을 규정하고 있다.

15 부가가치세 건설공사와

자본적 지출에 관련된 매입세액'으로서 매출세액에서 공제될 수 없으므로 수급인에게 부가가치세 상당의 손해배상을 청구할 수 있다.

대법원은 도급인이 부가가치세 면세사업자로서 하자보수에 소요되는 부가가치세를 매출세액에서 공제하거나 환급받을 수 없는 때에도 수급인에게 부가가치세 상당의 손해배상을 청구할 수 있다고 보았다(대법원 2015. 12. 10. 선고 2015다218570 판결).

판례 "수급자의 도급공사상 하자로 인하여 그 하자보수를 요하는 경우에 도급자가 부가가치세법상의 납세의무자인 사업자로서 그 하자보수가 자기의 사업을 위하여 사용되었거나 사용될 용역의 공급에 해당하는 때에는 그 하자보수에 소요되는 부가가치세는 부가가치세법 제17조제1항제1호 소정의 매입세액에 해당되는 것이어서 도급자가 자기의 매출세액에서 공제하거나 환급받을 수 있으므로 위 부가가치세는 실질적으로는 도급자의 부담으로 돌아가지 않게 되어, 이러한 경우에는 다른 특별한 사정이 없는 한 도급자가 수급자에게 위 부가가치세 상당의 손해배상을 청구할 수 없다고 할 것이나, 한편 부가가치세법 제17조제2항은 매출세액에서 공제하지 아니하는 매입세액의 하나로 제4호에서 '부가가치세가 면제되는 재화 또는 용역을 공급하는 사업에 관련된 매입세액(투자에 관련된 매입세액을 포함한다)과 대통령령이 정하는 토지관련 매입세액'을 들고 있고, 구 부가가치세법 시행령(2001. 12. 31. 대통령령 제17460호로 개정되기 전의 것, 이하 같다) 제60조제6항은 위 규정에서 '대통령령이 정하는 토지관련 매입세액'이라 함은 '토지의 조성 등을 위한 자본적 지출에 관련된 매입세액'을 말한다고 규정하고 있으며, 여기서 말하는 토지의 조성 등을 위한 자본적 지출이란 토지의 가치를 현실적으로 증가시키는 데에 소요된 비용을 말하는 것으로 해석된다.
그렇다면 도급공사상의 하자보수비가 토지의 가치를 현실적으로 증가시키는 데에 소요된 비용이어서 그에 대한 부가가치세가 토지의 조성 등을 위한 자본적 지출에 관련된 매입세액에 해당하는 경우에는 매출세액에서 이를 공제하지 아니하게 되어 위 하자보수비는 실질적으로 도급자의 부담이 되므로, 도급자는 수급자에게 위 부가가치세 상당의 손해배상을 청구할 수 있다고 할 것이다."(대법원 2006. 4. 28. 선고 2004다39511 판결).

CHAPTER 16

도산과 공사도급계약

제16장 도산과 공사도급계약

1. 도급인의 파산과 공사도급계약의 해제
2. 수급인의 파산과 공사도급계약
3. 도급인의 회생절차개시와 기성공사대금 채권
4. 수급인의 파산과 하자보수에 갈음한 손해배상청구권
5. 수급인의 회생절차 개시와 하자보수에 갈음하는 손해배상청구권
6. 분양자의 회생절차개시와 소유권이전등기청구권
7. 임대주택 임대사업자의 파산과 특별수선충당금 지급청구권
8. 공동수급체 구성원의 파산과 탈퇴 여부
9. 회생채권 신고를 하지 않은 구상권자의 변제자 대위
10. 도산해지조항의 효력

1. 도급인의 파산과 공사도급계약의 해제

쟁점

공사 도중 도급인이 파산한 경우 수급인은 계약을 해제할 수 있는가?

판단

도급인이 파산선고를 받으면 파산관재인뿐만 아니라 수급인도 계약을 해제할 수 있다.

(1) 도급인의 파산과 채무자회생법 제335조의 적용 여부

공사도급계약의 이행 도중 당사자 일방이 파산선고를 받는 경우가 있다. 이러한 때를 위하여 민법 제674조는 특별히 도급인이 파산한 경우의 법률관계에 관하여 규정하고 있는데, 도급인이 파산선고를 받은 때에는 수급인 또는 파산관재인은 계약을 해제할 수 있도록 허용하고 있다. 즉, 도급인이 파산한 경우에는 파산관재인은 물론 수급인에게도 해제권을 부여하였다. 도급인의 파산선고로 수급인이 계약을 해제하면 수급인은 일의 완성된 부분에 대한 보수 및 보수에 포함되지 아니한 비용에 대하여 파산재단의 배당에 가입할 수 있다(민법 제674조제1항).

도급인의 파산선고를 이유로 계약을 해제하는 하는 경우에는 수급인이나 도급인 어느 누구도 상대방에 대하여 계약해제로 인한 손해의 배상을 청구할 수 없다(민법 제674조제2항).

한편 채무자회생법 제335조에서는 쌍무계약의 당사자 일방이 파산선고를 받은 경우에 대하여 규정하고 있는데[1], 쌍무계약에 관하여 채무자 및 그 상대방이 모두 파산선고 당시 아직 이행을 완료하지 아니한 때에는 파산관재인은 계약을 해제 또는 해지하거나 채무자의 채무를 이행하고 상대방의 채무이행을 청구할 수 있다고 규정하고 있다.

공사도급계약도 쌍무계약에 속한다. 쌍무계약이란 자기 채무의 이행과 상대방 채무의 이행이 견련관계에 있는 것을 말하는데, 대부분의 유상계약은 서로의 의무가 맞물려 있는 쌍무계약이다.

---

1) 이 법률이 제정되기 전에는 같은 내용이 파산법 제50조에 있었다.

채무자회생법이 그대로 공사도급계약에도 적용된다면 공사가 아직 완성되지 않은 상태에서 도급인이 파산선고를 받으면 파산관재인의 선택으로 계약을 해제하거나 계약을 해제하지 아니하고 수급인에게 공사를 계속하도록 요구할 수 있게 된다. 반면 민법의 규정에 따르면 도급인이 파산선고를 받게 되면 파산관재인 뿐만 아니라 수급인도 계약을 해제할 수 있다. 그러므로 민법과 채무자회생법의 관련 규정이 서로 충돌하게 된다. 채무자회생법에 따르면 파산관재인이 수급인에게 계약이행을 요구할 수 있기 때문에 수급인은 계약을 해제할 수 없는 것이 된다.

(2) 민법 제674조 특칙

판례는 도급인이나 위임의 당사자 일방이 파산선고를 받은 경우에는 당사자 쌍방이 이행을 완료하지 아니한 쌍무계약의 해제 또는 이행에 관한 채무자회생법 제335조제1항이 적용될 여지가 없다고 한다. 판례는 민법 제674조제1항을 채무자회생법 제335조제1항의 특칙으로 보고 도급인이 파산선고를 받은 경우에는 민법 제674조제1항만이 적용된다고 한다. 그러므로 도급인이 파산선고를 받게 되면 파산관재인만이 아니라 수급인도 계약을 해제할 수 있다. 도급계약의 해제는 장래에 향하여 도급의 효력을 소멸시킨다.

요컨대, 공사도중 공사도급인이 파산선고를 받게 되면 수급인은 공사도급계약을 해제할 수 있으며, 이 경우 수급인은 그때까지의 기성대가를 파산채권으로 받을 수 있다는 것이다.

판례 "도급인이나 위임의 당사자 일방이 파산선고를 받은 경우에는 당사자 쌍방이 이행을 완료하지 아니한 쌍무계약의 해제 또는 이행에 관한 파산법 제50조제1항이 적용될 여지가 없고, 도급인이 파산선고를 받은 경우에는 민법 제674조제1항에 의하여 수급인 또는 파산관재인이 계약을 해제할 수 있고, 위임의 당사자 일방이 파산선고를 받은 경우에는 민법 제690조에 의하여 위임계약이 당연히 종료된다고 할 것이며, 위와 같은 도급계약의 해제 및 위임계약의 종료는 그 각 조문의 해석상 장래에 향하여 도급 및 위임의 효력을 소멸시키는 것을 의미한다."(대법원 2002. 8. 27. 선고 2001다13624 판결)

---

(3) 회생절차개시의 경우

회생절차에서도 민법 제674조가 적용될 수 있을까? 도급인에 대하여 회생절차가 개시된 경우에는 민법 제674조와 같은 특칙이 없으므로 채무자회생법 제119조[2]에 따라 관리인만이 도급계약을 해제하거나 채무이행을 선택할 수 있고, 수급인은 도급계약을 해제할 수 없다는 부정설이 다수였다. 그러나 최근 대법원은 긍정설을 취한 것으로 보인다.

2) **제119조(쌍방미이행 쌍무계약에 관한 선택)** ① 쌍무계약에 관하여 채무자와 그 상대방이 모두 회생절차개시 당시에 아직 그 이행을 완료하지 아니한 때에는 관리인은 계약을 해제 또는 해지하거나 채무자의 채무를 이행하고 상대방의 채무이행을 청구 할 수 있다. 다만, 관리인은 회생계획안 심리를 위한 관계인집회가 끝난 후 또는 제240조의 규정에 의한 서면결의에 부치는 결정이 있은 후에는 계약을 해제 또는 해지할 수 없다.

대법원은 공사도급계약의 도급인에 대하여 회생절차가 개시되어 관리인이 도급계약을 미이행 쌍무계약으로 해제한 사건에서 "파산절차에 관한 특칙인 민법 제674조제1항은 공사도급계약의 도급인에 대하여 회생절차가 개시된 경우에도 유추 적용할 수 있다(대법원 2017. 6. 29. 선고 2016다221887 판결)"고 하였다. 다만 이는 도급인의 회생절차가 개시되는 경우 수급인이 민법 제674조 제1항에 따라 계약을 해제할 수 있는지 여부에 대하여 구체적으로 판단한 것은 아니므로 향후 법원의 태도를 더 지켜볼 필요가 있겠다.

2. 수급인의 파산과 공사도급계약

쟁점

공사 도중 수급인이 파산선고를 받은 경우 공사도급계약은 어떻게 되는가?

판단

파산관재인은 계약을 유지할 수도 있고 해제할 수도 있다. 다만, 파산한 수급인 이외의 다른 사람이 파산한 수급인의 채무를 대신 이행할 수 없는 예외적인 경우에는 계약을 유지할 수 없다.

수급인이 파산한 경우의 공사도급계약

쌍무계약에 관하여 파산자 및 그 상대방이 모두 파산선고 당시에 아직 그 이행을 완료하지 아니한 때에는 파산관재인은 그 선택에 따라 계약을 해제하거나 파산자의 채무를 이행하고 상대방의 채무이행을 청구할 수 있다는 채무자회생법 제335조제1항(구 파산법 제50조제1항)의 규정은 수급인이 파산한 경우에도 적용되는가?

이 규정이 수급인이 파산한 경우에도 적용된다면 공사를 아직 완성하지 못하고 파산한 수급인의 파산관재인은 공사도급계약을 해제할 수도 있지만, 계약을 해제하지 않고 공사를 계속하겠다고 주장할 수 있게 된다.

도급인이 파산한 경우에 관해서는 민법 제674조가 있어서 파산한 도급인의 파산관재인이 공사도급계약을 해제하지 않고 계약의 지속을 원하더라도 도급인의 파산을 이유로 수급인이 계약을 해제할 수 있지만, 수급인이 파산한 경우에 관해서는 민법에 특별한 규정이 없다.

판례는 수급인이 파산한 경우에는 채무자회생법 제335조의 적용을 부정하는 특별한 규정이 없는 이상 채무자회생법 제335조가 적용될 수밖에 없다고 한다. 따라서 수급인의 파산관재인은 파산선고를 받더라도 계약을 해제하지 않고 자기채무를 계속 이행하면서 상대방의 채무이행을 요구할 수 있다. 수급인은 공사를 계속하면서 공사대금을 청구할 수 있는 것이다.

그렇다고 수급인이 파산선고를 받은 경우에는 언제나 채무자회생법 제335조가 적용되는 것은 또 아니다. 당해 도급계약의 목적인 일의 성질상 파산관재인이 파산자의 채무의 이행을 선택할 여지가 없는 때에는 적용될 수 없다. 당해 도급계약의 목적인 일이 파산자 이외의 사람이 완성할 수 없는 성질의 것이기 때문에 파산관재인이 파산자의 채무이행을 선택할 여지가 없는 때에는 채무자회생법 제335조는 적용이 없다.

다시 말해서 오직 파산한 수급인만이 채무를 이행할 수 있고 파산한 수급인 이외의 다른 사람이 파산한 수급인의 채무를 대신 이행할 수 없는 예외적인 경우에는 파산관재인은 파산한 수급인의 채무이행을 선택하여 도급계약을 이행하겠다며 상대방인 도급인에게 보수지급채무의 이행을 구할 수 없는 것이다.

판례 "파산법 제50조제1항은 쌍무계약에 관하여 파산자 및 그 상대방이 모두 파산선고 당시에 아직 그 이행을 완료하지 아니한 때에는 파산관재인은 그 선택에 따라 계약을 해제하거나 파산자의 채무를 이행하고 상대방의 채무이행을 청구할 수 있다고 규정하고 있는데, 이 규정은 쌍무계약에서 쌍방의 채무가 법률적·경제적으로 상호 관련성을 가지고, 원칙적으로 서로 담보의 기능을 하고 있는데 비추어 쌍방 미이행의 쌍무계약의 당사자의 일방이 파산한 경우에 파산법 제51조와 함께 파산관재인에게 그 계약을 해제하거나 또는 상대방의 채무의 이행을 청구하는 선택권을 인정함으로써 파산재단의 이익을 지키고 동시에 파산관재인이 한 선택에 대응한 상대방을 보호하기 위한 취지에서 만들어진 쌍무계약의 통칙인바, 수급인이 파산선고를 받은 경우에 도급계약에 관하여 파산법 제50조의 적용을 제외하는 취지의 규정이 없는 이상, 당해 도급계약의 목적인 일의 성질상 파산관재인이 파산자의 채무의 이행을 선택할 여지가 없는 때가 아닌 한 파산법 제50조의 적용을 제외하여야 할 실질적인 이유가 없다.

따라서 파산법 제50조는 수급인이 파산선고를 받은 경우에도 당해 도급계약의 목적인 일이 파산자 이외의 사람이 완성할 수 없는 성질의 것이기 때문에 파산관재인이 파산자의 채무이행을 선택할 여지가 없는 때가 아닌 한 도급계약에도 적용된다고 할 것이다."(대법원 2001. 10. 9. 선고 2001다24174, 24181 판결)

---

3. 도급인의 회생절차개시와 기성공사대금 채권

쟁점

공사 도중에 도급인에 대하여 회생절차가 개시되어 관리인이 도급계약을 해제하지 않고 수급인에게 공사를 계속하도록 요구하였다. 기성공사대금채권은 회생채권인가, 공익채권인가?

판단

미지급 기성공사대금채권도 장래 공사대금채권과 마찬가지로 공익채권에 해당한다.

(1) 도급인에 대한 회생절차 개시와 이행의 선택

도급인에 대하여 회생절차가 개시된 경우에는 민법에 별다른 규정이 없고, 채무자회생법에만 관련 규정이 있다. 도급인에게 회생절차가 개시되면 관리인만이 도급계약을 해제 또는 해지하거나 자기 채무를 이행하고 상대방의 채무이행을 청구할 수 있다(채무자회생법 제119조).

관리인이 이행을 선택한 경우에는 수급인의 공사대금채권은 공익채권이 되어(채무자회생법 제179조제7호), 회생절차에 의하지 아니하고 회생채권에 우선하여 수시로 변제받을 수 있다(채무자회생법 제180조).

관리인이 이행을 선택하여 회생절차 개시 이후에 취득하는 수급인의 공사대금채권은 공익채권이 된다.

그러나 도급인에 대하여 회생절차 개시 전의 원인으로 생긴 재산상의 청구권은 회생채권이다(채무자회생법 제118조제1호). 회생채권은 회생절차에 의하지 않고는 변제받지 못하게 된다.

(2) 쌍방미이행 쌍무계약에서 이행의 선택

수급인이 약정한 공사를 일부 수행하였지만, 아직 기성대가를 지급받지 못한 상태에서 도급인에게 회생절차가 개시된 경우에 관리인이 공사도급계약을 해제하지 않고 이행을 선택하면 기성공사대금채권은 어떻게 되는가? 회생채권인가, 공익채권인가?

대법원 판례는 관리인이 이행을 선택한 경우에 회생절차개시 전의 공사기성금까지도 공익채권에 해당한다고 본다.

판례 "일반적으로 도급계약에 있어서 수급인이 완성하여야 하는 일은 불가분이므로 그 대금채권이 회사정리절차개시 전의 원인으로 발생한 것과 그러하지 아니한 것으로 분리될 수 없는 것이 원칙이고, 공사대금의 지급방법에 관하여 매월 1회씩 그 기성고에 따라 지급하기로 한 것은 중간공정마다 기성고를 확정하고 그에 대한 공사대금을 지급하기로 한 것과는 다를 뿐 아니라, 도급인인 정리회사의 관리인들이 단순히 수급인에 대하여 도급계약에 따른 채무이행의 청구를 한 것을 넘어서서 수급인과 사이에 당초의 도급계약의 내용을 변경하기로 하는 새로운 계약을 체결하기까지 하였다면, 정리개시결정 이전에 완성된 공사 부분에 관한 대금채권이라는 이유로 공익채권이 아니라 일반 정리채권에 불과한 것으로 취급될 수 없다."(대법원 2003. 2. 11. 선고 2002다65691 판결)

---

(3) 해제를 선택한 경우

도급인에 대하여 회생절차가 개시되어 관리인이 도급계약을 미이행 쌍무계약으로 해제한 경우, 수급인은 채무자회생법 제121조제2항에 따른 급부의 반환 또는 가액의 상환을 구할 수 있는가? 아니면 민법 제674조제1항에 따라 완성된 부분에 대한 보수청구만 할 수 있는가?

만약 채무자회생법 제121조제2항이 적용된다면 수급인은 자신이 한 급부가 회생회사의 재산 중에 그대로 있는 경우 그것의 반환을 바로 청구할 수 있고, 만약 그대로 있지 않는 경우에는 그 가액의 상환을 청구할 수 있는데, 그 상환청구권은 공익채권이어서 회생절차의 제한을 받지 않고 행사할 수 있게 된다.

대법원은 파산절차에 관한 특칙인 민법 제674조제1항은 공사도급계약의 도급인에 대하여 회생절차가 개시된 경우에도 유추 적용할 수 있는 것이므로 수급인은 채무자회생법 제121조제2항에 따른 급부의 반환 또는 그 가액의 상환을 구할 수 없다고 보았다.

판례 "도급인이 파산선고를 받은 경우에는 민법 제674조제1항에 의하여 수급인 또는 파산관재인이 계약을 해제할 수 있고, 이 경우 수급인은 일의 완성된 부분에 대한 보수와 보수에 포함되지 아니한 비용에 대하여 파산재단의 배당에 가입할 수 있다. 위와 같은 도급계약의 해제는 해석상 장래에 향하여 도급의 효력을 소멸시키는 것을 의미하고 원상회복은 허용되지 아니하므로, 당사자 쌍방이 이행을 완료하지 아니한 쌍무계약의 해제 또는 이행에 관한 채무자회생법 제337조가 적용될 여지가 없다.

한편 회생절차는 재정적 어려움으로 파탄에 직면해 있는 채무자에 대하여 채권자 등 이해관계인의 법률관계를 조정하여 채무자 또는 사업의 효율적인 회생을 도모하는 것을 목적으로 하는 반면, 파산절차는 회생이 어려운 채무자의 재산을 공정하게 환가·배당하는 것을 목적으로 한다는 점에서 차이가 있기는 하다.

그러나 이러한 목적을 달성하기 위하여 절차개시 전부터 채무자의 법률관계를 합리적으로 조정·처리하여야 한다는 점에서는 공통되고, 미이행계약의 해제와 이행에 관한 규정인 채무자회생법 제121조와 제337조의 규율 내용도 동일하므로, 파산절차에 관한 특칙인 민법 제674조제1항은 공사도급계약의 도급인에 대하여 회생절차가 개시된 경우에도 유추 적용할 수 있다.

따라서 도급인의 관리인이 도급계약을 미이행쌍무계약으로 해제한 경우 그때까지 일의 완성된 부분은 도급인에게 귀속되고, 수급인은 채무자회생법 제121조제2항에 따른 급부의 반환 또는 그 가액의 상환을 구할 수 없고 일의 완성된 부분에 대한 보수청구만 할 수 있다.

이때 수급인이 갖는 보수청구권은 특별한 사정이 없는 한 기성비율 등에 따른 도급계약상의 보수에 관한 것으로서 주요한 발생원인이 회생절차개시 전에 이미 갖추어져 있다고 봄이 타당하므로, 이는 채무자회생법 제118조제1호의 회생채권에 해당한다."(대법원 2017. 6. 29. 선고 2016다221887 판결)

4. 수급인의 파산과 하자보수에 갈음한 손해배상청구권

쟁점

파산한 수급인에 대한 하자보수에 갈음한 손해배상청구권은 재단채권으로서 개별적인 추심이 가능한가?

판단

하자보수에 갈음하는 손해배상청구권은 파산채권으로서 파산재단에 가입하여 배당받을 수밖에 없다.

(1) 파산채권과 재단채권

파산선고가 되면 파산자의 채권자는, 그 채권이 파산채권에 해당하면 직접 파산관재인에게 그 변제를 청구할 수 없고 파산절차에 따라 그 절차 내에서 변제를 받을 수 있을 뿐이다(채무자회생법 제424조). 채무자에 대하여 파산선고 전의 원인으로 생긴 재산상의 청구권은 파산채권이다(채무자회생법 제423조).

재단채권은 파산절차에 의하지 아니하고 수시로 변제하고(채무자회생법 제475조), 재단채권은 파산채권보다 먼저 변제한다(채무자회생법 제476조). 그 채권이 재단채권이면 파산절차에 의하지 아니하고 직접 파산관재인을 상대로 그 변제를 구할 수 있다.

쌍무계약에 관하여 채무자 및 그 상대방이 모두 파산선고 당시 아직 이행을 완료하지 아니한 때에는 파산관재인은 계약을 해제 또는 해지하거나 채무자의 채무를 이행하고 상대방의 채무이행을 청구할 수 있는데(채무자회생법 제335조제1항), 이 규정에 의하여 파산관재인이 채무를 이행하는 경우에 상대방이 가지는 청구권은 재단채권이다(채무자회생법 제473조제7호).

(2) [사례] 수급인의 파산과 도급인의 하자보수에 갈음한 손해배상 청구

A건설사(=수급인)는 도급인 B와 사이에 B가 발주한 건축공사에 관한 도급계약을 체결하였다. A건설사는 도급받은 건물 및 옹벽공사를 완공하여 준공검사까지 마치고 도급인에게 건물을 인도해준 상태에서 법원에서 파산선고를 받았다. A건설사의 파산선고로 선임된 A건설사의 파산관재인이 도급인 B를 상대로 공사대금을 청구하자 도급인 B는 파산관재인을 상대로 건물에 하자가 존재한다며 하자보수에 갈음하는 손해의 배상을 반소로 청구하고 있다. 이 반소청구가 타당한가?

사례에서 도급인 B는 하자보수비 상당의 손해배상채권을 파산채권으로 파산재단에 가입한 뒤 청구하는 것이 아니라 파산절차 외에서 직접 파산관재인에게 손해배상을 청구하고 있다.

파산관재인은 도급인 B에게 하자보수비 상당의 손해배상의무가 있는가? 쌍무계약에 관하여 파산자 및 그 상대방이 모두 파산선고 당시에 아직 그 이행을 완료하지 아니한 때에는 파산관재인은 그 선택에 따라 계약을 해제하거나 파산자의 채무를 이행하고 상대방의 채무이행을 청구할 수 있다는 채무자회생법 제335조제1항의 규정은 수급인이 파산한 경우에도 적용된다.

그렇다면, 건축공사 도급계약에 있어서 수급인이 건물을 완공하여 인도한 후 파산선고를 받은 경우에도 쌍방 미이행의 쌍무계약으로서 채무자회생법 제335조제1항이 적용되는가? 건축도급계약에 있어서 동시이행의 관계에 있는 도급인의 공사대금지급의무와 수급인의 하자보수의무가 각각 이행되지 못하고 있는 동안 계약당사자의 일방이 파산선고를 받은 경우, 그 도급계약은 채무자회생법 제335조제1항의 쌍방 미이행 쌍무계약에 해당하는가?

채무자회생법 제335조제1항이 적용되면, 도급인의 하자보수에 갈음한 손해배상청구권은 채무자회생법 제473조제7호에 의해 재단채권이 된다.

그러나 건축공사의 수급인인 A건설사는 도급받은 건물을 완공하여 인도함으로써 이미 건축공사 도급계약을 해제할 수 없게 되었으며, 도급인인 B에 대한 건축공사 도급계약상의 채무를 전부 이행한 것으로 보아야 한다. A건설사가 수급인으로서의 채무를 모두 이행한 것이라면 건축공사 도급계약은 파산선고 당시에 쌍방 미이행의 쌍무계약이라고 할 수 없으므로 채무자회생법 제335조를 적용할 수 없다고 할 것이다.

요컨대, 건축공사 도급계약에서 수급인이 건물을 완공하여 인도까지 마친 뒤 파산선고를 받았다면, 수급인은 도급인에 대한 도급계약상의 채무를 전부 이행한 것이다. 수급인측에서 이미 자기 채무를 모두 이행한 상태에 도달되었으므로 채무자회생법 제335조에서 말하는 아직 이행을 마치지 못한 쌍무계약이 아닌 것이다. 도급인으로서는 파산관재인의 공사대금청구에 응한 뒤, 하자보수에 갈음하는 손해배상청구권에 관해서는 파산채권으로서 파산재단에 가입하여 배당받을 수밖에 없다.

수급인이 공사를 완료하여 도급인에게 인도한 후 파산선고를 받았거나 회사정리절차가 개시되었다면 쌍방 미이행의 쌍무계약에 관한 채무자회생법의 규정이 적용될 여지는 없으므로 수급인이 도급인에 대하여 공사대금을 청구하는 경우에도 도급인이 수급인에 대하여 가지는 하자보수에 갈음하는 손해배상청구권은 재단채권, 공익채권이 아니라 파산채권, 회생채권이 된다.

판례 "건축공사의 도급계약에 있어서는 이미 그 공사가 완성되었다면 특별한 사정이 있는 경우를 제외하고는 이제 더 이상 공사도급계약을 해제할 수는 없다고 할 것인바, 수급인이 파산선고를 받기 전에 이미 건물을 완공하여 인도함으로써 건축공사 도급계약을 해제할 수 없게 되었다면 도급인에 대한 도급계약상의 채무를 전부 이행한 것으로 보아야 하고, 그 도급계약은 파산선고 당시에 쌍방 미이행의 쌍무계약이라고 할 수 없으므로 파산법 제50조를 적용할 수 없다고 할 것이다."(대법원 2001. 10. 9. 선고 2001다24174, 24181 판결)

---

5. 수급인의 회생절차 개시와 하자보수에 갈음하는 손해배상청구권

쟁점

수급인이 공사를 완료하고 신축한 건물을 인도한 뒤 수급인에게 회생절차가 개시되었다. 건물을 인도받은 도급인이 완성된 목적물에 존재하는 하자를 이유로 하자보수에 갈음하는 손해배상청구권을 행사하려고 한다. 이 손해배상청구권은 회생채권인가?

판단

회생채권이므로 회생채권으로 신고하여 회생절차에서 변제받아야 한다.

(1) 하자보수에 갈음하는 손해배상청구권이 회생채권인지 여부

건축공사의 도급계약에서는 이미 그 공사가 완성되었다면 특별한 사정이 있는 경우를 제외하고는 이제 더 이상 공사도급계약을 해제할 수는 없고, 회생절차개시 전에 이미 건물을 완공하여 인도하는 등으로 건축공사 도급계약을 해제할 수 없게 되었다면 수급인은 회생절차개시 전에 도급계약에 관하여 그 이행을 완료한 것으로 보아야 한다.

이러한 경우 수급인에 대한 회생절차개시 후에 완성된 목적물의 하자로 인한 손해가 현실적으로 발생하였더라도, 특별한 사정이 없는 한 하자보수에 갈음하는 손해배상청구권의 주요한 발생원인은 회생절차개시 전에 갖추어져 있다고 봄이 타당하므로, 위와 같은 도급인의 하자보수에 갈음하는 손해배상청구권은 회생채권에 해당한다고 보아야 한다(대법원 2015. 3. 20. 선고 2011다109388 판결).

(2) 확대손해에 대한 손해배상청구권의 회생채권인지 여부

나아가 하자담보책임을 넘어서 수급인이 도급계약에 따른 의무를 제대로 이행하지 못함으로 말미암아 도급인의 신체 또는 재산에 확대손해가 발생하여 수급인이 도급인에게 그 손해를 배상할 의무가 있다고 하더라도, 특별한 사정이 없는 한 도급인의 위와 같은 채무불이행으로 인한 손해배상청구권 역시 회생절차개시 전에 주요한 발생원인을 갖춘 것으로서 회생채권에 해당한다. 따라서 공동주택의 분양자가 하자를 이유로 구분소유자들로부터 손해배상청구소송을 당하여 손해를 배상한 경우, 변호사보수와 같은 소송비용 역시 회생채권에 해당한다(대법원 2015.06.24. 선고 2014다220484 판결[3]).

3) "피고에 대한 회생절차개시 후에 이 사건 선행소송의 소송비용 지출 등의 재산상 손해가 원고에게 발생함으로써 피고가 원고에게 이 사건 도급계약에 따른 의무를 제대로 이행하지 못함으로 말미암아 발생한 원고의 위 손해를 배상할 의무가 있다고 하더라도, 원고의 위와 같은 채무불이행으로 인한 손해배상청구권 역시 피고에 대한 회생절차개시 전에 그 주요한 발생 원인을 갖춘 것으로서 회생채권에 해당한다고 할 것이다.
그런데 기록상 원고가 피고에 대한 회생절차에서 위와 같은 하자보수에 갈음하는 손해배상청구권과 채무불이행으로 인한 손해배상청구권을 회생채권으로 신고하였거나, 위 각 손해배상청구권이 피고의 관리인이 제출한 회생채권자 등의 목록에 회생채권으로 기재되었다는 자료를 찾아볼 수 없으므로, 피고에 대한 회생절차에서 회생계획인가의 결정이 있었다면, 회생계획에 별도의 정함이 없는 이상 피고는 회생채권인 원고의 하자보수에 갈음하는 손해배상청구권과 채무불이행으로 인한 손해배상청구권에 관하여 채무자회생법 제251조에 따라 그 책임을 면하였다고 볼 여지가 충분하다"고 한 사안이다.

6. 분양자의 회생절차개시와 소유권이전등기청구권

쟁점

아파트를 분양한 회사에 대하여 회생절차가 개시된 경우 수분양자의 소유권이전등기청구권은 회생채권인가, 공익채권인가?

판단

쌍방 미이행채무에서 관리인이 채무의 이행을 선택함으써 상대방이 갖게 되는 청구권으로서 공익채권에 해당한다.

(1) 쌍방미이행 쌍무계약에서 채무의 이행 선택

채무자회생법은 쌍방 미이행의 쌍무계약에서 채무자에 대해 회생절차가 개시된 경우, 관리인에게 계약을 해제할 것인가 또는 상대방 채무의 이행을 청구할 것인가의 선택권을 부여함으로써 회생절차의 원활한 진행을 도모함과 아울러 관리인이 상대방의 채무이행을 선택한 경우 이에 상응한 채무자의 채무도 이행하도록 함으로써 양 당사자 사이에 형평을 유지하기 위하여, 쌍무계약에 관하여 채무자와 그 상대방이 모두 회생절차개시 당시에 아직 그 이행을 완료하지 아니한 때에는 관리인은 계약을 해제 또는 해지하거나 채무자의 채무를 이행하고 상대방의 채무이행을 청구할 수 있다(제119조제1항)고 규정하는 한편 이 규정에 의하여 관리인이 채무의 이행을 하는 때에 상대방이 갖는 청구권을 공익채권으로 규정하고 있다(제179조제7호).

(2) [사례] 관리인이 수분양자들로부터 잔금을 지급받고 입주시킨 경우

X는 1994. 5. 무렵 Y 회사가 분양하는 아파트를 분양받았는데, Y 회사는 아파트를 건축중이던 1997. 12. 23. 회생계획인가결정을 받은 회생회사이다. X는 회생회사의 관리인의 입주통보에 따라 분양잔대금을 지급히고 1996. 9.경 입주하였으나 회생회사가 1998. 6. 23.에 이르러서야 사용

승인을 받는 바람에 X는 입주일로부터 2년 이상 경과한 같은 해 11. 25. 무렵에야 소유권이전등기를 경료하였다.

X가 회생회사 Y에 대하여 갖는 소유권이전등기청구권은 회생채권인가, 공익채권인가? 소유권이전등기의무를 지연한 데 따른 손해배상채권은 어떤가?

X와 회생회사 사이에 회생절차개시결정 이전에 체결된 분양계약상 계약금, 중도금, 잔금으로 나누어 분양대금을 납부할 X의 의무와 아파트를 완공하여 X를 입주시키고 소유권을 이전하여 줄 회생회사의 의무가 서로 대등한 대가관계에 있어 분양계약은 쌍무계약에 해당한다.

회생절차개시결정일인 1996. 2. 6. 무렵에는 X의 잔금납부의무 및 분양자인 회생회사의 인도 및 소유권이전의무가 모두 미이행 상태였으며, 회생회사의 관리인이 1996. 9.경 X로부터 잔금 전액을 지급받고 X를 입주시킴으로써 분양계약의 해제가 아닌 이행을 선택하였으므로 회생회사의 분양대금 청구권과 대가관계에 있는 X의 소유권이전등기청구권은 회생채권이 아니라 공익채권에 해당한다. X의 소유권이전등기청구권이 공익채권에 해당하는 이상, 그 이행지체로 인한 손해배상청구권 역시 공익채권에 해당한다(대법원 2004. 11. 12. 선고 2002다53865 판결).

요컨대, 회생회사의 관리인이 회생절차개시결정 이전에 아파트 분양계약을 체결한 수분양자로부터 분양잔대금을 지급받고 그를 입주시킨 경우, 아파트 수분양자의 회생회사에 대한 소유권이전등기청구권은 채무자회생법 제179조제7호에 정한 공익채권에 해당하고, 그 이행지체로 인한 손해배상청구권 역시 공익채권에 해당한다.

7. 임대주택 임대사업자의 파산과 특별수선충당금 지급청구권

쟁점

임대주택의 임대사업자가 파산한 경우 분양전환한 임대아파트입주자대표회의가 임대사업자에게 갖는 특별수선충당금 지급청구권은 파산채권인가?

판단

입주자대표회의의 특별수선충당금 지급청구권은 파산채권이 아니라 재단채권에 해당한다.

(1) 특별수선충당금의 적립과 인계 의무

임대주택의 임대사업자가 임대주택법에 의하여 적립할 의무를 부담하는 특별수선충당금은 주요 시설의 적기교체 및 보수에 필요한 비용의 성질을 가지는 것으로서, 그 임대사업자는 사업주체로서 실제로 특별수선충당금을 적립하였는지 여부와 상관없이 임대주택법령에서 정한 기준에 따라 산정된 금액을 분양 전환 후 주택법 제43조[4]에 따라 최초로 구성되는 입주자대표회의에 인계하여야 한다(대법원 2014. 9. 4. 선고 2013다216150 판결, 대법원 2013. 3. 28. 선고 2012다1573 판결).

(2) 파산재단에 관하여 파산관재인이 한 행위

파산재단에 관하여 파산관재인이 한 행위로 인하여 생긴 청구권은 재단채권에 해당한다.

---

4) 현재는 「민간임대주택에 관한 특별법」에서 규정하고 있다.
제53조(특별수선충당금의 적립 등) ① 제51조제2항에 따른 민간임대주택의 임대사업자는 주요 시설을 교체하고 보수하는 데에 필요한 특별수선충당금을 적립하여야 한다.
② 임대사업자가 제51조제2항에 따른 민간임대주택을 양도하는 경우에는 특별수선충당금을 「공동주택관리법」 제11조에 따라 최초로 구성되는 입주자대표회의에 넘겨주어야 한다.

판례 "채무자회생법 제473조제4호에서 '파산재단에 관하여 파산관재인이 한 행위로 인하여 생긴 청구권'을 재단채권으로 규정하고 있는 취지는 파산관재인이 파산재단의 관리처분권에 기초하여 직무를 행하면서 생긴 상대방의 청구권을 수시로 변제하도록 하여 이해관계인을 보호함으로써 공정하고 원활하게 파산절차를 진행하기 위한 것이므로, '파산재단에 관하여 파산관재인이 한 행위'에는 파산관재인이 직무를 행하는 과정에서 한 법률행위뿐만 아니라 직무와 관련하여 행한 불법행위가 포함되고, 나아가 파산관재인이 직무와 관련하여 부담하는 채무의 불이행도 포함된다."(대법원 2014. 11. 20. 선고 2013다64908 전원합의체 판결)

(3) 파산관재인의 특별수선충당금 인계 의무

파산채무자가 파산선고 당시에 가진 모든 재산은 파산재단에 속하고 파산재단을 관리 및 처분하는 권한은 파산관재인에게 속한다(채무자회생법 제382조제1항, 제384조).

특별수선충당금 적립 및 인계 의무를 부담하는 임대사업자의 파산선고로 임대사업자의 파산관재인이 파산선고 후에 파산재단에 속하게 된 임대주택을 관리하다가 임대주택의 임차인 등에게 파산재단의 환가방법으로 위 임대주택을 분양 전환하게 된 것이라면, 특별한 사정이 없는 한 임대사업자의 파산관재인은 분양 전환 후 공동주택관리법에 따라 최초로 구성되는 입주자대표회의에 파산선고 전후로 특별수선충당금이 실제로 적립되었는지 여부와 상관없이 파산재단의 관리 · 환가에 관한 업무의 일환으로 임대주택법령에서 정한 기준에 따라 산정된 특별수선충당금을 인계할 의무를 부담한다.

그렇다면 입주자대표회의의 특별수선충당금 지급 청구권은 파산관재인이 한 파산재단인 임대아파트의 관리 · 환가에 관한 업무의 수행으로 인하여 생긴 것으로서 채무자회생법 제473조제4호에서 정한 '파산재단에 관하여 파산관재인이 한 행위로 인하여 생긴 청구권'에 해당하여 재단채권이다(대법원 2015. 6. 24. 선고 2014다29704 판결).

8. 공동수급체 구성원의 파산과 탈퇴 여부

쟁점

파산한 구성원이 공동수급체에서 탈퇴하지 않고 잔류할 수 있는가?

판단

파산한 구성원의 채권자들의 이익을 해하지 아니하는 경우에는 허용된다.

(1) 조합원의 파산과 당연탈퇴

민법상 조합에서 조합원의 파산은 조합원의 사망과 같은 당연한 탈퇴사유이다(민법 제717조제2호). 조합원이 파산하면 그의 의무이행을 기대할 수 없고, 파산 조합원의 채권자의 입장에서도 그 조합원의 지분을 파산재단에 편입시켜 변제에 충당하여야 할 것이므로 당연한 탈퇴사유로 규정하고 있다.

(2) 공동수급체의 경우

반면, 공동수급표준협정서(공동이행방식) 제12조는 구성원이 파산한 경우 다른 구성원들이 발주자의 동의를 얻어 해당 구성원을 탈퇴조치를 할 수 있고, 파산으로 인하여 입찰참가자격제한 처분을 받은 경우에는 반드시 탈퇴조치하여야 한다고 규정하고 있다.

그렇다면 파산한 구성원이 공동수급체에서 탈퇴하지 않고 잔류할 수 있는가? 가능하다.

조합원들이 조합계약 당시 민법 제717조의 규정과 달리 차후 조합원 중에 파산하는 자가 발생하더라도 조합에서 탈퇴하지 않기로 약정한다면 이는 장래의 불특정 다수의 파산채권자의 이해에 관련된 것을 임의로 위 법 규정과 달리 정하는 것이어서 원칙적으로는 허용되지 않는다(대법원 2004. 9. 13. 선고 2003다26020 판결).

그러나 파산한 조합원이 제3자와의 공동사업을 계속하기 위하여 그 조합에 잔류하는 것이 파산한 조합원의 채권자들에게 불리하지 아니하여 파산한 조합원의 채권자들의 동의를 얻어 파산관재인이 조합에 잔류할 것을 선택한 경우까지 조합원이 파산하여도 조합으로부터 탈퇴하지 않는다고 하는 조합원들 사이의 탈퇴금지의 약정은 무효가 아니다.

그러므로 공동수급체의 구성원 중 1인이 파산하였으나 파산관재인이 법원의 허가와 파산채권자의 동의를 얻어 파산 이후에도 계속적으로 공동사업을 수행하여 왔다면, 입찰참가자격제한조치를 받기 전까지는 탈퇴할 수 없다고 한 탈퇴금지의 약정은 파산한 조합원의 채권자의 이익을 해하지 아니하므로 유효하다(대법원 2004. 9. 13. 선고 2003다26020 판결[5]).

더 나아가 이러한 법리는 파산으로 인하여 일단 탈퇴하였던 조합원의 파산관재인이 파산 직후에 종전의 공동사업을 계속하는 것이 유리하다는 판단에 따라 기존의 조합 구성원이었던 다른 조합원과 종전과 동일한 내용의 공동사업관계를 다시 창설함으로써 파산 전후의 조합이 사실상 동일한 사업체로 유지되고 있다고 평가될 수 있는 경우에도 마찬가지로 적용된다(대법원 2013. 10. 24. 선고 2012다51912 판결).

5) 원심판결(서울고등법원 2003. 4. 11. 선고 2002나42782 판결) 에서는
① OO건설과 같은 대규모 건설회사의 경우 파산선고만으로 즉시 모든 공동사업에서 탈퇴하고 지분계산을 하여야 한다면, 공동사업 수행에 막대한 지장을 초래할 경우가 허다할 것이고 남은 조합원인 원고만으로는 이 사건 공사를 수행하여 완공하기도 어려우며, 그에 따라 파산한 조합원의 지분이 현저히 줄어드는 결과가 될 것이 쉽게 예상되므로, 오히려 파산한 조합원의 채권자 보호에 미흡하게 되며, ② OO건설이 가지는 재산은 결국 발주자로부터 지급받는 공사대금이라 할 것인데, 공동수급체가 유지되더라도 기성고에 따라 수시로 공사대금을 지급받는 것이 파산재단의 재산의 환가에 유리하고, ③ 더구나 이 사건에서는 'OO건설이 파산한 후에도 탈퇴하지 않고 공사를 계속하여 수익을 남기는 것이 파산한 조합원의 채권자나 조합 자체에도 이익이 된다'고 판단하였다.

9. 회생채권 신고를 하지 않은 구상권자의 변제자 대위

쟁점

다른 공동수급체 구성원의 하자보수의무를 이행하여 구상권을 취득하였음에도 이에 대한 회생채권신고를 하지 않은 자는 하자보수의무를 보증한 보증사를 상대로 하자보수보증금을 청구할 수 있는가?

판단

변제자대위의 법리에 따라 하자보수의무를 보증한 보증사에 하자보수보증금을 청구할 수 있다.

(1) 하자보수의무를 대신 이행한 자의 하자보증금 청구권 대위 행사

甲, 乙, 丙 3개의 건설회사는 공동이행방식 공동수급체를 결성하여 지방자치단체 丁이 발주한 체육관공사를 2006. 11. 30. 준공하였다. 甲, 乙, 丙은 하자담보책임을 연대하여 부담하기로 약정하였으며, 甲과 乙, 丙은 각자 발주자 丁을 보증채권자로 하여 건설공제조합과 사이에 하자보수보증계약을 체결하였다. 발주자 丁은 丙에게 하자의 보수를 요청하였으나 丙은 하자보수의무를 이행하지 아니하던 중 2010. 7. 27. 회생절차가 개시되었고, 이후에도 丙은 하자보수의무를 이행하지 아니하였다.

甲은 2011. 2.경 丁으로부터 丙의 부담 부분에 대한 하자보수 요청을 받았으나 하자보수 의무를 이행할 경우 丙에 대하여 가지게 되는 장래의 구상권을 회생채권으로 신고하지 아니하였고, 2011. 3. 28. 위 구상권이 회생계획서에서 변제의 대상으로 규정되지 않은 채 회생계획인가결정이 내려졌으며 2012. 1. 19. 병에 대한 회생절차가 종결되었다.

甲은 丁의 하자보수요청을 받고 2012. 6. 이후에서야 丙의 부담 부분에 대한 하자보수의무를 이행하였다.

甲은 건설공제조합에 대하여 丙이 하자보수의무를 이행하지 않음으로써 丁이 취득한 하자보수보증금청구권을 대위하여 행사할 수 있는가?

이 경우, ① 공동이행방식의 공동수급체 구성원들인 甲과 乙, 丙은 연대하여 하자담보책임을 부담하고 있으므로, 공동수급체의 일원인 甲이 도급인인 丁에게 丙의 부담 부분까지도 하자보수의무를 이행함으로써 甲은 丙에 대하여 구상권을 취득하게 된다.

또한 동시에 ② 민법 제481조, 제482조제1항의 규정에 의한 변제자대위에 의하여 보증채권자인 丁을 대위하여 丁이 건설공제조합에 대하여 가지는 보증금청구권을 행사할 수 있다.

(2) 구상권과 변제자대위권이 별개의 권리인지 여부

그런데 甲이 丙에 대하여 취득하게 되는 장래의 구상채권을 회생채권으로 신고하지 않는 바람에 丙이 채무자회생법 제251조 본문에 의하여 甲이 丙에 대하여 가지는 구상권에 대한 책임을 면하게 되었는데도, 甲이 보증채권자인 丁을 대위하여 건설공제조합을 상대로 하자보증금청구권을 행사할 수 있는 것인가?

항소심 재판부는 하자보수의무의 이행을 원인으로 한 甲의 회생채무자에 대한 구상권은 회생채무자에 대한 회생절차에서 회생채권으로 신고되지 아니하여 그 소구력을 상실하였고, 실현가능성이 없는 구상권의 확보를 위하여 변제자대위를 인정할 것은 아니므로, 이와 같은 경우 민법상 변제자대위의 요건을 갖추고 있다고 할 수 없다는 이유로 甲이 하자보증금청구권을 행사할 수 없다고 보았다.(서울고등법원 2013. 10. 11 선고 2013나2006177 판결)

그러나 대법원은 다음과 같은 이유로 甲이 변제자대위의 법리에 의하여 건설공제조합을 상대로 하자보수보증금을 청구할 수 있다고 긍정하였다.

판례 "어느 연대채무자가 자기의 출재로 공동면책이 된 때에는 민법 제425조제1항에 따라 다른 연대채무자의 부담 부분에 대하여 구상권을 가짐과 동시에 민법 제481조, 제482조제1항에 따른 변제자대위에 의하여 당연히 채권자를 대위하여 채권자의 채권 및 그 담보에 관한 권리를 행사할 수 있는데, 구상권과 변제자대위권은 원본, 변제기, 이자, 지연손해금의 유무 등에서 내용이 다른 별개의 권리이다.
그리고 채무자에 대하여 회생절차가 개시된 경우에 회생채권자가 자신의 구상권을 회생채권으로 신고하지 아니하여 채무자가 채무자 회생 및 파산에 관한 법률 제251조 본문에 따라 구상권에 관하여 책임을 면한다 하더라도 회생채권자가 채무자에 대하여 이행을 강제할 수 없을 뿐 구상권 자체는 그대로 존속하므로, 회생채권자가 민법 제481조, 제482조제1항의 규정에 의한 변제자대위에 의하여 채권자를 대위하여 채권자의 채권 및 그 담보에 관한 권리를 행사하는 데에는 영향이 없다."(대법원 2015. 11. 12. 선고 2013다214970 판결)

---

10. 도산해지조항의 효력

쟁점

계약의 일방 당사자에 대한 회사정리절차 개시신청 등을 계약해지권의 발생원인 내지 계약의 당연 해지사유로 정한 도산해지조항이 유효한가?

판단

원칙적으로 유효하다.

계약의 당사자들 사이에 채무자인 회사의 재산상태가 장래 악화될 때에 대비하여 지급정지, 회사정리절차의 개시신청, 회사정리절차의 개시와 같이 도산에 이르는 과정상의 일정한 사실이 그 회사에 발생하는 것을 당해 계약의 해지권의 발생원인으로 정하거나 또는 계약의 당연 해지사유로 정하는 특약, 이른바 '도산해지조항'을 두는 경우가 있다.

민법은 몇 가지 계약 유형에 관하여 일방 당사자에게 선고된 파산이 계약에 미치는 영향에 관한 규정을 두고 있지만, 도산해지조항의 효력과 관련하여서는 별다른 규정을 두고 있지 않다. 채무자 회생법도 도산해지조항을 일반적으로 금지하는 규정은 없다.

따라서 도산해지조항은 어느 경우에나 회생절차의 목적과 취지에 반한다고 하여 일률적으로 무효로 보는 것은 계약자유의 원칙을 심각하게 침해하는 결과를 낳을 수 있을 뿐만 아니라 상대방 당사자가 채권자의 입장에서 채무자의 도산으로 초래될 법적 불안정에 대비할 보호가치 있는 정당한 이익을 무시하는 것이 될 수 있다.

이와 같은 사정과 아울러 채무자회생법상 관리인은 회생절차개시 당시에 존재하는 회사 재산에 대한 관리처분권을 취득하는 데에 불과하므로 채무자인 회사가 사전에 지급정지 등을 정지조건으로 하여 처분한 재산에 대하여는 처음부터 관리처분권이 미치지 아니한다는 점을 생각해 보면, 도산해지조항이 채무자회생법에서 규정한 부인권의 대상이 되거나 공서양속에 위반된다는 등의 이유로 효력이 부정되어야 할 경우를 제외하고, 도산해지조항으로 인하여 회생절차개시 후 회생회사에 영향을 미칠 수 있다는 사정만으로는 그 조항이 무효라고 할 수는 없다(대법원 2007. 9. 6. 선고 2005다38263 판결).

CHAPTER 17

설계와 감리

제17장 설계와 감리

제1절 건축설계와 건축사

1. 설계계약의 법적 성질
2. 건축사가 아닌 자와 체결한 설계계약의 취소 가능성
3. 설계계약의 무산과 손해배상청구
4. 설계대금 청구권의 소멸시효 기간
5. 설계계약의 중도 종료와 대금의 지급 여부
6. 설계대금 잔금 지급 약정의 해석
7. 설계계약의 해제와 설계도서의 이용 관계
8. 설계도서와 저작권
9. 건축사의 성실의무와 손해배상책임

제2절 건설감리와 감리자

1. 감리계약의 법적 성질
2. 공사감리의 중단과 감리비의 정산 방법
3. 공사의 중단과 감리비의 감액 여부
4. 위임인의 파산과 감리계약의 종료 여부
5. 감리자의 책임
6. 제3자에 대한 감리자의 책임
7. 감리자의 사용자책임의 유무
8. 감리자의 주의의무 여부
9. 설계도서의 검토와 보고 의무

제1절 건축설계와 건축사

1. 설계계약의 법적 성질

쟁점

설계계약의 법적 성질은 무엇인가?

판단

위임계약으로 해석한 하급심 판례가 있으나, 설계계약의 내용을 실질적으로 검토하여 결정되어야 할 문제이다.

(1) 설계의 의의

설계란 건축사가 자기 책임 아래(보조자의 도움을 받는 경우를 포함) 건축물의 건축, 대수선, 용도변경, 리모델링, 건축설비의 설치 또는 공작물의 축조를 위하여 ① 건축물, 건축설비, 공작물 및 공간환경을 조사하고 건축 등을 기획하는 행위, ② 도면, 구조계획서, 공사 설계설명서와 같은 설계도서를 작성하는 행위, ③ 설계도서에서 의도한 바를 해설 · 조언하는 행위를 말한다(건축사법 제2조제3호).

(2) 법적 성질

설계계약의 법적 성질을 도급으로 보아야 하는지 아니면 위임으로 보아야 하는지 논의가 있다.

도급으로 해석하면, 설계자는 수급인으로서 무과실의 담보책임을 져야 한다(민법 제667조제1항). 설계자가 지는 담보책임의 존속기간은 설계계약이 종료된 때로부터 1년으로 해석된다(민법 제670조제2항).

그리고 건축주는 완성된 목적물의 하자로 인하여 도급의 목적을 달성할 수 없을 때 계약을 해제할 수 있다[1](민법 제668조).

위임으로 해석하면, 설계자는 수임인으로서 선관주의의무를 부담하고(민법 제681조) 선관주의를 다하지 못한 과실로 건축주에게 손해를 입힌 경우 채무불이행에 의한 손해배상책임을 져야 한다. 설계자의 손해배상책임은 5년의 상사시효에 걸린다(상법 제64조).

그러나 현실적으로 설계계약의 법적 성질을 순수한 의미에서의 도급계약이나 위임계약으로 보아야 할 경우는 드물고, 건축설계계약이 도급인지 위임인지 여부는 기본적으로 그 계약에서 건축사에게 맡겨진 업무가 어떠한 내용의 것이냐 등 구체적인 계약의 내용을 실질적으로 검토하여 결정되어야 할 문제이지 일률적으로 결정할 것은 아니라는 견해가 유력하다.

설계계약의 법적 성질에 관하여 위임계약으로 해석한 하급심 판례는 있지만(서울고등법원 1999. 11. 3.자 결정), 대법원의 명시적 판례는 없는 것으로 보인다. 설계자가 설계계약을 해제한 경우에 건축주가 그 설계도서에 따라 건축공사를 계속하는 것이 설계자의 저작권을 침해하는 것인지 문제가 된 사안에서 앞의 서울고등법원 판결은 설계계약의 법적 성질을 위임으로 해석하여 해제의 소급효를 제한한 반면, 상고심인 대법원은 2000. 6. 13.자 99마7466 결정에서 설계계약의 법적 성질은 판단하지 않았지만 소급효를 제한하는 결론은 원심과 마찬가지였다.

1) 민법 제668조 단서는 건물 기타 토지의 공작물에 대하여는 계약을 해제할 수 없다고 하고 있는데, 건축설계는 건물 기타 토지의 공작물에 해당한다고 보기 어려우므로 설계계약에 있어 위 단서의 적용은 없다고 보는 것이 타당하다.

2. 건축사가 아닌 자와 체결한 설계계약의 취소 가능성

쟁점

재건축조합이 착오로 건축사가 아닌 자와 설계계약을 체결한 후에 이 계약을 취소할 수 있는가?

판단

건축사의 자격 유무는 법률행위 중요한 내용에 관한 착오에 해당하여 취소할 수 있다는 판례가 있다.

(1) 건축사의 자격

건축물의 건축 등을 위한 설계는 원칙적으로 건축사만 할 수 있다.

건축허가를 받아야 하거나 건축신고를 하여야 하는 건축물 또는 사용승인을 받은 후 20년 이상이 지난 건축물로서 주택법 제66조제1항 또는 제2항에 따른 리모델링을 하는 건축물의 건축 등을 위한 설계는 건축사가 아니면 할 수 없다. 다만, 바닥면적의 합계가 85㎡ 미만인 증축 · 개축 또는 재축, 연면적이 200㎡ 미만이고 층수가 3층 미만인 건축물의 대수선, 읍면 지역에서 건축하는 200㎡의 이하인 창고 및 농막과 연면적 400㎡ 이하인 축사 및 작물 재배사, 일정한 가설건축물 등은 건축사가 설계하지 않아도 된다(건축사법 제4조제1항, 건축법 제23조제1항, 건축법 시행령 제18조). 그리고 위 내용을 위반하여 건축사가 아님에도 건축물의 건축 등을 위한 설계를 하는 경우 1년 이하의 징역이나 1천만원 이하의 벌금에 처해질 수 있다(건축사법 제39조의2제2호).

건축사란 국토교통부장관이 시행하는 자격시험[2)]에 합격한 자로서 건축물의 설계와 공사감리 등의 업무를 행하는 자를 말하는데, 건축사의 자격과 그 업무에 관하여는 건축사법에서 규정하고 있다.

---

2) 건축사 자격시험에 응시하기 위하여는 ① 5년 이상의 건축학 학위과정이 개설된 대학(교육부장관으로부터 인정받은 기관이 인증한 건축학 학위과정이 개설된 대학만 해당한다)에서 해당 과정을 8학기 이상 이수, ② 인증받은 건축학 학위과정이 개설된 대학원에서 대통령령으로 정하는 학기 이상 이수, 또는 ③ 대통령령으로 정하는 교육과정을 이수한 후에 건축사사무소에서 3년 이상 실무수련을 받아야 한다(건축사법 제13조).

실무에서는 건축사 외에 건축가라는 용어를 함께 사용하는 경우가 자주 있다. 그런데 법령에서 건축가에 대한 정의는 하고 있지 않다. 다만, 일반적으로 건축가는 건축사 뿐만 아니라 건축학을 전공하고 있는 자 및 건축설계 분야에 종사하고 있는 자를 함께 칭하는 것으로 보인다[3]. 따라서 설계계약을 체결할 때에는 계약의 상대방이 건축사인지 여부를 확인하고, 관련 문서를 작성할 때에도 건축사라는 용어가 사용될 수 있도록 주의할 필요가 있다.

(2) 건축사 자격에 관한 착오의 중요성과 계약의 취소

중대한 과실로 인한 착오가 아닌 한 법률행위의 내용의 중요부분에 착오가 있는 때에는 의사표시를 취소할 수 있다(민법 제109조제1항). 따라서 계약의 일방 당사자가 중대한 과실 없이 계약내용의 주요부분에 관하여 착오에 빠져 계약을 체결하였다면 그 계약을 취소할 수 있다.

착오를 이유로 한 취소는 법률행위의 내용의 중요부분에 관한 착오여야 하는데, 재건축아파트 설계용역계약에서 건축사 자격의 보유 여부는 법률행위내용의 중요 부분에 해당하는가?

대법원은 "재건축조합이 건축사 자격이 없이 건축연구소를 개설한 건축학 교수에게 건축사 자격이 없다는 것을 알았더라면 재건축조합만이 아니라 객관적으로 볼 때 일반인으로서도 이와 같은 설계용역계약을 체결하지 않았을 것으로 보이므로, 재건축조합측의 착오는 중요 부분의 착오에 해당한다"고 판시하였다.

중요부분의 착오가 있더라도 표의자에게 중대한 과실이 있다면 착오를 이유로 법률행위를 취소하지 못하지만, 대법원은 위 판결에서 "설계용역계약 체결을 전후하여 건축사 자격이 없다는 것을 묵비한 채 자신이 미국에서 공부한 건축학교수이고 'xx건축연구소'라는 상호로 사업자등록까지 마치고 건축설계업을 하며 상당한 실적까지 올린 사람이라고 소개한 경우, 일반인의 입장에서는 그에게 당연히 건축사 자격이 있는 것으로 믿을 수밖에 없었을 것이므로, 재건축조합이 무자격자로 의심하여 건축사자격증의 제시를 요구한다거나 건축사단체에 자격 유무를 조회하여 이를 확인하여야 할 주의의무가 있다고 볼 수는 없고, 원고가 건축사의 자격을 기재함이 없이 'xx건축연구소 대표 xx'라고 계약당사자 표시를 하여 이 사건 계약서를 작성하고 건축사의 표시가 없는 'xx건축연구소'의 사업자등록을 재건축조합측에게 교부하였다고 하더라도 이는 원고의 무자격을 알리기 위하여 한 행위가 아니므로, 재건축조합측이 주의를 현저히 결여하여 원고의 무자격을 알지 못하였던 것으로 볼 수는 없다"는 이유로 재건축조합에게 중대한 과실이 있다고 볼 수 없다고 판시하였다.

---

3) 사단법인 한국건축가협회의 정관에 따르면 '① 건축창작업무를 수행할 수 있는 국내·외 법적 자격을 취득한 자 및 ② 건축설계 및 교육 기타 건축관련 분야에서 충분한 지식과 경험을 소유하고 건축가로서의 인격을 갖춘 자'는 정회원이 될 수 있고, '건축설계 및 건축관련 분야에서 수습 과정에 있는 자'는 준회원이 될 수 있도록 하고 있다. 또한 이 정관에서 학생회원의 자격도 정하고 있다.

판례 "법률행위 내용의 중요 부분에 착오가 있다고 하기 위하여는 표의자에 의하여 추구된 목적을 고려하여 합리적으로 판단하여 볼 때 표시와 의사의 불일치가 객관적으로 현저하여야 하는바, 재건축아파트 설계용역에서 건축사 자격이 가지는 중요성에 비추어 볼 때, 재건축조합이 건축사 자격이 없이 건축연구소를 개설한 건축학 교수에게 건축사 자격이 없다는 것을 알았더라면 재건축조합만이 아니라 객관적으로 볼 때 일반인으로서도 이와 같은 설계용역계약을 체결하지 않았을 것으로 보이므로, 재건축조합측의 착오는 중요 부분의 착오에 해당한다."(대법원 2003. 4. 11. 선고 2002다70884 판결)

3. 설계계약의 무산과 손해배상청구

쟁점

최우수작으로 선정된 자에게 공사에 관한 '기본 및 실시설계권'을 부여하기로 하는 건축설계 우수현상광고를 광고한 자가 최우수작 당선자와 설계계약의 체결을 거부하고 있다. 기본 및 실시설계까지 마친 당선자는 계약체결을 거부하는 광고자에게 손해배상을 청구할 수 있는가?

판단

당선자는 광고자에 설계계약의 체결을 청구할 수 있으며, 광고자가 설계계약의 체결을 거부하는 때에는 손해배상을 청구할 수 있다.

(1) 건축설계 우수현상광고 당선자의 권리

최우수작으로 선정된 자에게 공사에 관한 '기본 및 실시설계권'을 부여하기로 하는 건축설계 우수현상광고의 당선자는 아직은 건축설계약의 당사자가 아니다. 별도의 설계계약이 체결되지 않은 단계에서는 당선자로서는 '기본 및 실시설계권'만 취득한 것이다.

건축설계 우수현상광고에서 당선자가 보수로서 받는 '기본 및 실시설계권'이란 당선자가 광고자에게 우수작으로 판정된 계획설계에 기초하여 기본 및 실시설계계약의 체결을 청구할 수 있는 권리를 말하는 것이다(대법원 2002. 1. 25. 선고 99다63169 판결). 즉, 우수현상광고에 당선된 것만으로 곧바로 당선자와 광고자 사이에 설계계약이 체결된 것은 아니다.

당선자는 광고자에게 설계계약의 체결을 청구할 수 있을 뿐이며, 광고자로서는 계약체결 청구에 응해야 하는 의무를 부담하게 된다. 광고자로서는 당선자와 설계계약을 체결하기 위하여 성실하게 교섭에 응해야 한다.

(2) 손해배상 청구권

우수현상광고의 광고자로서 당선자에게 일정한 계약을 체결할 의무가 있는 자가 그 의무를 위반함으로써 계약의 종국적인 체결에 이르지 못하게 되었다면 채무불이행에 따른 손해배상책임을 지게 된다.

판례 "광고자로서는 특별한 사정이 없는 한 이에 응할 의무를 지게 되어 당선자 이외의 제3자와 설계계약을 체결하여서는 아니됨은 물론이고, 당사자 모두 계약의 체결을 위하여 성실하게 협의하여야 할 의무가 있다고 할 것이며, 만약 광고자가 일반 거래실정이나 사회통념에 비추어 현저히 부당하다고 보여지는 사항을 계약내용으로 주장하거나 경제적 어려움으로 공사를 추진할 수 없는 등으로 인하여 계약이 체결되지 못하였다면 당선자는 이를 이유로 한 손해배상책임을 물을 수 있다."(대법원 2002. 1. 25. 선고 99다63169 판결[4])

한편 계약체결을 위한 교섭을 시작한 당사자들은 계약의 체결을 위한 교섭에 성실하게 임해야 할 신의칙상의 의무를 지게 되며, 계약체결을 위한 교섭을 부당하게 파기하는 것은 불법행위를 구성한다는 것이 대법원 판례이다.

판례 "어느 일방이 교섭단계에서 계약이 확실하게 체결되리라는 정당한 기대 내지 신뢰를 부여하여 상대방이 그 신뢰에 따라 행동하였음에도 상당한 이유 없이 계약의 체결을 거부하여 손해를 입혔다면 이는 신의성실의 원칙에 비추어 볼 때 계약자유 원칙의 한계를 넘는 위법한 행위로서 불법행위를 구성한다고 할 것이다."(대법원 2001. 6. 15. 선고 99다40418 판결)

따라서 계약체결을 거절하는 광고자는 채무불이행에 따른 손해배상책임 뿐만 아니라 불법행위에 따른 손해배상책임도 면할 수 없을 것으로 보인다.

4) 원고(건축사)는 그가 응모한 설계가 ◇ 교회로부터 최우수판정을 받은 후 ◇ 교회의 요청에 따라 일부 설계변경에 따른 설계도면을 작성하는 등 구체적인 설계에 나아간 사실, ◇ 교회는 설계대금에 대한 교섭과정에서 원고와의 그 금액 차이가 1,100여만 원에 불과함에도 합의의 도출을 위한 별다른 노력을 하지 아니한 채 교섭 2달 만에 교회의 안을 수용할 것을 원고에게 일방적으로 통보하고 그 교섭을 포기한 사실, 그러는 사이에 청담교회의 주임사제 인사이동과 건축자금의 염출이 용이하지 않게 된 사정 등으로 이 사건 공사계획 자체가 현재까지 수년간 유보되기에 이른 사실을 인정할 수 있는바, 그렇다면 원고와 피고 재단 사이에 설계계약이 체결되지 못한 것은 피고가 광고자로서 계약체결을 위한 성실한 노력을 별다른 이유 없이 중단하였고, 경제적 어려움으로 공사를 제대로 수행할 자력이 없었던 점에 기인한 것임을 엿볼 수 있다고 한 사안이다.

4. 설계대금 청구권의 소멸시효 기간

쟁점

최우수작으로 선정된 자에게 공사에 관한 '기본 및 실시설계권'을 부여하기로 광고한 자가 최우수작 당선자와 설계계약을 체결하지 않는 경우 취득하는 손해배상청구권의 소멸시효 기간은 얼마인가?

판단

설계대금 청구권과 마찬가지로 3년의 소멸시효에 걸린다.

(1) 설계대금청구권의 소멸시효 기간

설계자가 설계계약에 따른 의무를 이행하고 취득하는 설계대금청구권의 소멸시효기간은 3년이다(민법 제163조제3호). 즉, '설계에 종사하는 자의 공사에 관한 채권'은 3년의 단기소멸시효가 적용된다.

(2) 채무불이행에 따른 손해배상청구권의 소멸시효 기간

우수현상광고의 당선자와 설계계약을 체결할 의무가 있는 광고자가 이 의무를 이행하지 않으면 당선자로서는 광고자를 상대로 손해배상청구권을 취득하게 되는데, 손해배상청구권의 소멸시효기간은 어떻게 되는가?

판례에 따르면, 채무불이행을 원인으로 하는 손해배상청구권의 소멸시효기간은 계약이 체결되었을 때 취득하게 될 이행청구권에 적용되는 소멸시효기간과 같다. 따라서 설계계약 체결의무를 위반한 자에 대한 손해배상청구권의 소멸시효기간은 설계대금청구권의 소멸시효기간과 마찬가지로 3년이다.

판례 "채무불이행을 원인으로 하는 손해배상을 청구한 경우 그 손해배상청구권은 계약이 체결되었을 경우에 취득하게 될 계약상의 이행청구권과 실질적이고 경제적으로 밀접한 관계가 형성되어 있기 때문에, 그 손해배상청구권의 소멸시효기간은 계약이 체결되었을 때 취득하게 될 이행청구권에 적용되는 소멸시효기간에 따른다.
우수현상광고의 당선자가 광고주에 대하여 우수작으로 판정된 계획설계에 기초하여 기본 및 실시설계계약의 체결을 청구할 수 있는 권리를 가지고 있는 경우, 이러한 청구권에 기하여 계약이 체결되었을 경우에 취득하게 될 계약상의 이행청구권은 '설계에 종사하는 자의 공사에 관한 채권'으로서 이에 관하여는 민법 제163조제3호 소정의 3년의 단기소멸시효가 적용되므로, 위의 기본 및 실시설계계약의 체결의무의 불이행으로 인한 손해배상청구권의 소멸시효 역시 3년의 단기소멸시효가 적용된다."(대법원 2005. 1. 14. 선고 2002다57119 판결)

(3) 소멸시효의 기산점

소멸시효는 권리를 행사할 수 있을 때부터 진행하는데, 채무불이행으로 인한 손해배상청구권의 소멸시효는 채무불이행시로부터 진행한다(대법원 1995. 6. 30. 선고 94다54269 판결).

예컨대, 매매로 인한 부동산소유권이전채무가 이행불능 됨으로써 매수인이 매도인에 대하여 갖게 되는 손해배상채권은 그 부동산소유권의 이전채무가 이행불능 된 때에 발생하는 것이고 그 계약체결일에 생기는 것은 아니므로 위 손해배상채권의 소멸시효는 계약체결일 아닌 소유권이전채무가 이행불능 된 때부터 진행한다(대법원 1990. 11. 9. 선고 90다카22513 판결).

대법원은 건축설계 우수현상광고에서 최우수작으로 당선되었는데 이후 광고자와 협의가 이루어지지 못한 사안에서, "피고 교회는 1993. 11. 11. 제시한 8,000만 원의 설계보수에 관하여 원고가 같은 달 15. 위 제의를 수용할 수 없다는 의사를 표시하였는데도 불구하고, 다시 같은 달 17. 원고에게 같은 달 20.까지 교회의 안을 수용하지 아니하면, 원고가 이 사건 공사에 관한 설계계약을 체결할 의사가 없는 것으로 간주한다는 뜻을 일방적으로 통보하였고, 그 후 원고와의 사이에는 공사를 계속함을 전제로 한 구체적인 협의조차 없었으므로 이 경우 그 이행거절의 의사를 표시한 다음날(1993. 11. 18.)부터 또는 그 통보에서 정한 원고의 회신 시한 다음날인 1993. 11. 21.부터 소멸시효 기산일이 진행한다(대법원 2005. 1. 14. 선고 2002다57119 판결)"고 판단하였다.

5. 설계계약의 중도 종료와 대금의 지급 여부

쟁점

설계계약이 완료되지 않은 상태에서 중도에 해제 또는 해지된 경우에 설계자는 설계대금을 지급받지 못하는가?

판단

특별한 사정이 없는 한, 공사도급계약과 마찬가지로 설계계약이 중도에 종료되더라도 기성 설계대금은 지급받을 수 있다.

(1) 중도 종료의 경우

설계계약이 완료되지 않은 상태에서 중도에 종료된 경우에 설계비는 어떻게 되는가?

건축설계 표준계약서(국토해양부고시 제2009-1092호) 제17조[5]는 설계업무의 전부 또는 일부가 중단된 경우에도 이미 수행한 설계업무에 대하여 대가를 지불하도록 정하고 있다.

따라서 설계계약이 중도에 종료된 경우에는 공사도급계약과 마찬가지로 이미 수행한 설계의 결과물을 전혀 이용하지 못하는 것과 같은 특별한 사정이 있는 경우 외에는 설계자는 이미 수행한 설계의 대가를 지급받을 수 있을 것이다.

다만, 실무에서는 중도 종료 시 ① '이미 수행한 설계업무'를 어디까지로 볼 것인지, ② 이미 수행한 업무의 대가 산정은 무엇을 기준으로 할 것인지를 두고 다툼이 발생할 수 있다.

---

5) **제17조(설계업무 중단시의 대가지불)** ① 제13조 및 제14조에 따라 설계업무의 전부 또는 일부가 중단된 경우에는 "甲"과 "乙"은 이미 수행한 설계업무에 대하여 대가를 지불하여야 한다.
② "乙"의 귀책사유로 인하여 설계업무의 전부 또는 일부가 중단된 경우에는 "甲"이 "乙"에게 이미 지불한 대가에 대하여 이를 정산환불한다.
③ 제1항 및 제2항에 따른 대가 지불 및 정산·환불은 제15조의 손해배상과는 별도로 적용한다.

이러한 다툼을 예방하기 위하여 건축설계 표준계약서 제4조에 따른 대가의 산출방법을 최대한 구체적으로 작성하고, 중도 종료 시 이미 수행한 설계업무의 대가는 이 산출방법에 따르기로 하는 등의 약정을 계약에 별도로 명시해 두는 것이 좋을 것이다.

(2) 설계대금의 감액 가능성

대법원은 설계자가 약정한 설계계약을 모두 이행하였더라도 발주자와의 협의로 설계의 속행 여부를 결정하여야 할 사정이 있음에도 설계를 강행한 경우에는 설계대금을 감액할 수 있다고 한다.

판례 "발주자가 건설회사와 신축공사도급 및 분양위임계약을 체결함에 따라 설계비부담을 면할 수 있다는 사정을 기초로 설계자와 설계계약을 체결하였는데 그 후 건설회사와의 공사도급계약의 체결이 확정적으로 결렬되었고 건축부지 중 타인소유부분의 건축부지 제공이 불분명한 사정을 설계자가 알게 된 이상 설계자로서는 발주자와의 협의로 설계의 속행 여부를 결정하여야 함에도 설계를 강행한 경우 설계보수 전액을 발주자에게 지급책임을 지우는 것이 신의성실의 원칙이나 형평의 원칙에 비추어 불합리하므로 위와 같은 여러 사정을 참작하여 계약상의 보수액을 30퍼센트 정도 감액한 조치는 정당하다."(대법원 1993. 9. 24. 선고 93다33272 판결)

---

6. 설계대금 잔금 지급 약정의 해석

쟁점

설계대금 잔금을 건축허가시에 지급하기로 하는 약정은 정지조건인가 불확정기한가?

판단

당사자의 의사 해석의 문제이지만, 정지조건으로 해석하는 것은 신중해야 할 것이다.

17 설계와 감리

(1) 정지조건인지 불확정기한인지 여부

설계대금의 지급에 관한 약정을 하면서 그 일부 또는 잔금을 '건축허가시'에 지급하기로 정하는 경우가 있다.

이러한 약정은 건축허가를 득하여야만 설계대금을 지급하겠다는 정지조건부 약정인가? 정지조건부 약정으로 해석된다면 건축허가를 받지 못하는 이상 설계대금을 지급할 의무가 없게 된다. 설계대금을 지급하기는 하겠지만 그 지급 시기가 특정일로 확정되지 않은 불확정기한에 불과한 것인가? 불확정기한으로 정한 것이라면 설계대금의 지급시기만 특정되지 않았을 뿐이고, 설계대금을 지급해야 하는 의무는 확정적이다.

건축허가를 받지 못하는 바람에 제출받은 설계도서가 무용지물이 되었을 때 설계대금의 지급을 둘러싸고 다툼이 벌어질 수밖에 없는데, 발주자는 정지조건임을 주장하고 납품자는 불확정기한임을 주장한다.

정지조건부 약정이라면 건축허가라는 조건이 성취되지 않은 이상 약정한 대금을 지급할 의무가 발생하지 않게 된다. 반면 불확정한 기한의 약정이라면 건축허가라는 사실이 발생한 때는 물론 건축허가라는 사실의 발생이 불가능하게 된 때에도 이행기한은 도래한 것으로 보아야 한다(대법원 1989. 6. 27. 선고 88다카10579 판결).

(2) 불확정기한으로 해석한 사례

대법원은 설계대금 잔금의 지급에 관하여 공사를 착공할 때 지급하되 공사의 착공이 건축허가일로부터 6개월을 초과하는 경우에는 허가일로부터 6개월 내에 지급하기로 한 약정과 관련하여, 잔금지급채무를 장래 도래할 시기가 확정되지 아니한 때로 유예 또는 연기한 것으로서 잔금지급채무의 시기에 관하여 불확정기한을 정한 것이라고 해석한 바 있다.

판례 "건축설계계약시 잔금은 공사착공시 지급하고 다만 공사착공이 건축허가일로부터 6개월을 초과하는 경우에는 허가일로부터 6개월 내에 지급하기로 약정한 경우, 잔금지급 약정의 경위와 계약의 목적 등에 비추어 볼 때, 계약체결 당시 계약이나 잔금지급채무의 효력을 공사착공 또는 건축허가의 성부에 의존케 할 의사로 위와 같이 약정하였다고 볼 수는 없고, 단지 잔금지급채무를 장래 도래할 시기가 확정되지 아니한 때로 유예 또는 연기한 것으로서 잔금지급채무의 시기에 관하여 불확정기한을 정한 것이다."(대법원 1999. 7. 27. 선고 98다23447 판결).

---

(3) 정지조건으로 해석 가능한 사례

건축허가 완료시에 용역대금 잔금을 지급하기로 합의하고 건물 설계 완성 후 건축허가까지 받은 사례에서 도급계약 내용의 해석 상 '실제 건축이 바로 가능할 정도의 실시설계 완수 후 건축허가를 받는 것'이 계약의 목적이었음에도 불구하고 일부 실시설계도가 완성되지 않은 채 건축허가를 받은 것이어서 이는 도급계약에서 정한 일을 완성하였다고 볼 수 없어 건축사의 잔금지급 청구를 기각한 판례가 있다. 이 판례에 따르면 실시설계도가 완성되었다고 하더라도 계약내용에서 정한 건축허가가 이뤄지지 않았다면 도급계약에서 정한 일을 완성하지 못한 것이므로 잔금지급청구가 인용되지 않을 가능성이 높다.

따라서 설계계약서 작성 시 '설계업무의 범위' 및 '대금지급시기'에 대한 구체적이고 명확한 기재가 중요하다고 할 것이다.

판례 "원고(건축사)가 제시한 계약서 내용에도 이 사건 도급계약에 따른 용역의 범위가 실시설계를 포함하고 있는 점, 피고(건축주)는 다른 설계업체에서 이미 이 사건 건물 기본설계 용역을 진행하였으며 그 결과를 원고에게 제공하여 참고할 수 있도록 하였던 점, 피고는 원고와의 도급계약 해제 후 또 다른 설계업체를 찾아 건축허가를 포함하여 처음부터 설계를 새로 해 줄 것을 요청한 점 등을 종합하면, 원고와 피고가 건축허가 완료시에 용역대금 잔금을 모두 지급하기로 합의하였다고 하더라도 이 사건 도급계약의 목적은 단순히 빠른 시일 내에 건축허가를 받는 것이 아니고 실제 건축이 바로 가능할 정도의 실시설계를 완수한 뒤 건축허가를 받는 것이었다고 봄이 상당하다.

이 법원의 마포구에 대한 사실조회 회신 결과에 의하면 원고가 이 사건 건물 중 출입구 및 로비 등의 주요부 상세도, 계단 및 엘리베이터·난간 등 상세도, 진입로 등 포장 상세도, 마감 상세도 등 실시설계까지 완성하지 아니한 사실을 인정할 수 있고, 원고는 자신이 설계한 도면만으로 실제 건축을 할 수는 없고 공사를 하면서 건축주, 시공사와 협의하여 상세한 부분을 정하여야 하는 사실을 자인하고 있다. 위 인정사실을 종합하면 원고가 이 사건 도급계약에서 정한 일을 완성하였다고 볼 수 없고 달리 이를 인정할 증거가 없다."
(서울서부지방법원 2016. 7. 19 선고 2015가단20219 판결)

7. 설계계약의 해제와 설계도서의 이용 관계

쟁점

설계도서가 완성되고 이에 따른 건축공사가 진행 되는 중에 건축설계계약이 해제된 경우 설계를 의뢰한 사람이 납품받은 설계도서를 계속 사용할 수 있는가?

판단

설계도서 인도 당시에 철회권을 유보하였다는 등의 특별한 사정아 없는 한 설계계약이 해제되더라도 설계자로부터 교부받은 설계도서를 계속 이용할 수 있다.

(1) 설계계약 해제 후 건축주의 설계도서 이용

설계자는 건축주와의 설계계약에 따라 아파트의 신축공사에 필요한 설계도서를 작성하여 건축주에게 교부하였으며, 건축주는 설계자가 작성한 설계도서에 따라서 지하층의 공사를 마친 뒤 골조공사를 진행하고 있다. 건축주는 설계자에게 설계용역에 대한 보수로 약정한 대금의 일부를 지급한 시점에서 설계자가 설계한 도면의 하자 여부와 설계용역의 보수지급을 둘러싸고 분쟁이 발생하자 설계계약을 해제하였다.

이 경우 설계자는 설계계약이 해제되었다는 이유로 건축주에게 설계도서를 이용하지 못하도록 막을 수 있는가?

대법원은 "이 사건과 같이 가분적인 내용들로 이루어진 건축설계계약에 있어서, 설계도서 등이 완성되어 건축주에게 교부되고 그에 따라 설계비 중 상당 부분이 지급되었으며 그 설계도서 등에 따른 건축공사가 상당한 정도로 진척되어 이를 중단할 경우 중대한 사회적 · 경제적 손실을 초래하게 되고 완성된 부분이 건축주에게 이익이 되는 경우에는 건축사와 건축주와의 사이에 건축설계관계가 해소되더라도 일단 건축주에게 허여된 설계도서 등에 관한 이용권은 의연 건축주에게 유보된다."(대법원 2000. 6. 13. 자 99마7466 결정)는 입장이다.

대법원은 설계계약이 해제되더라도 설계계약이 소급적으로 해소되는 것이 아니라고 본 것이다. 건축주는 설계계약이 해제되었더라도 설계자로부터 교부받은 설계도서를 계속 이용할 수 있다는 것이다.

(2) 설계계약 해제와 소급효의 제한

당초 위 대법원 사건의 원심에서는 "건축설계계약은 피신청인이 건축설계라는 사무의 처리를 신청인에게 위임하고 신청인이 이를 승낙한 위임계약이라고 할 것이고, 이는 계속적인 계약으로서 신청인이 설계도서를 작성하여 이를 피신청인에게 인도함으로써 신청인은 피신청인에게 건축에 관한 설계도서에 관한 지적재산권 중 적어도 복제권을 양도한 것이라고 보아야 할 것이고, 일단 저작재산권(복제권)을 양도한 이상 신청인의 주장과 같이 피신청인의 귀책사유로 건축설계계약을 해제하였다고 하더라도 그 해제는 소급효가 없어 수임인인 신청인이 작성하여 피신청인에게 인도한 설계도서에 관한 저작재산권(복제권)자로서의 지위를 회복하는 것은 아니"(서울고등법원 1999. 11. 3. 자 99라208 결정)라고 하여 설계계약의 법적 성질을 위임으로 해석하고 해제의 소급효를 제한하였다. 그러나 대법원은 이미 상당부분 건축이 진행된 건축공사를 중단시키는 것이 사회 · 경제적으로 부당하다는 취지에서 건축도급계약에서 도급인이 계약을 해제한 경우와 유사한 판시를 한 것이다(이 부분은 앞의 '1. 설계계약의 법적 성질'에서도 살펴본 것이다).

그런데 위 사례는 ① 설계도서가 완성되어 건축주에게 교부되고, ② 설계비 상당부분이 지급되었으며, ③ 설계도서에 따른 지하층 공사를 마치고 골조공사를 진행하고 있는 등 공사가 상당 부분 진척된 상태로써 이를 중단할 경우 사회적 · 경제적으로 부당하다는 점이 인정되는 사안임에 주의할 필요가 있다. 만일 설계도서가 완성되지 않았거나, 설계도서에 따른 공사가 진척되지 않은 상황이라면 설계계약 해제의 소급효 인정여부 및 설계도서의 이용관계에 대한 법원의 태도가 달라질 수도 있을 것으로 보인다.

8. 설계도서와 저작권

쟁점

다른 건설회사에서 작성한 아파트의 평면도 및 배치도를 복사하여 이용하는 경우 저작권을 침해한 것인가?

판단

설계도서는 기능적 저작물로서 아파트의 평면도 및 배치도는 저작권의 보호 대상이 되기 쉽지 않다.

저작물인 설계도서

설계도서도 저작권의 보호를 받는다. 저작권법은 제4조제1항제5호에서 '건축물 · 건축을 위한 모형 및 설계도서 그 밖의 건축저작물'을, 같은 항 제8호에서 '지도 · 도표 · 설계도 · 약도 · 모형 그 밖의 도형저작물'을 저작물로 예시하고 있다.

설계도서와 같은 건축저작물이나 도형저작물은 예술성의 표현보다는 기능이나 실용적인 사상의 표현을 주된 목적으로 하는 저작물로써 이는 기능적 저작물에 해당하는데, "기능적 저작물은 그 표현하고자 하는 기능 또는 실용적인 사상이 속하는 분야에서의 일반적인 표현방법, 규격 또는 그 용도나 기능 자체, 저작물 이용자의 이해의 편의성 등에 의하여 그 표현이 제한되는 경우가 많으므로 작성자의 창조적 개성이 드러나지 않을 가능성이 크다."(대법원 2005. 1. 27. 선고 2002도965 판결).

이러한 기능적 저작물이 저작권법의 보호대상이 되기 위해서는 작성자의 창조적 개성이 나타나 있어야 하며, 저작권법은 기능적 저작물이 담고 있는 기술사상을 보호하는 것이 아니라, 그 기능적 저작물의 창작성 있는 표현을 보호하는 것이다.

그러므로 무단으로 타인이 작성한 아파트 평면도 및 배치도를 복사하여 이용하였더라도 저작권을 침해한 것으로 인정되기 쉽지 않고, 다른 건설회사에서 작성한 설계도면을 단순히 변용한 정도의 아파트 평면도 및 배치도라면 창작성을 인정하기 어려워 저작물로서 보호받지 못한다.

판례 "아파트의 경우 해당 건축관계 법령에 따라 건축조건이 이미 결정되어 있는 부분이 많고 각 세대전용면적은 법령상 인정되는 세제상 혜택이나 그 당시 유행하는 선호 평형이 있어 건축이 가능한 각 세대별 전용면적의 선택에서는 제약이 따를 수밖에 없고, 그 결과 아파트의 경우 공간적 제약, 필요한 방 숫자의 제약, 건축관계 법령의 제약 등으로 평면도, 배치도 등의 작성에 있어서 서로 유사점이 많은 점, 이 사건 평면도 및 배치도는 기본적으로 건설회사에서 작성한 설계도면을 단순화하여 일반인들이 보기 쉽게 만든 것으로서, 발코니 바닥무늬, 식탁과 주방가구 및 숫자 등 일부 표현방식이 독특하게 되어 있기는 하지만 이는 이미 존재하는 아파트 평면도 및 배치도 형식을 다소 변용한 것에 불과한 것으로 보이는 점 등에 비추어 보면, 이 사건 각 평면도 및 배치도에 저작물로서의 창작성이 있다고 보기 어렵다."(대법원 2009. 01. 30. 선고 2008도29 판결)

그런데 최근에는 아파트의 고급화 경향에 따라 건설사가 유명 건축가와 협업하여 특별한 외관의 아파트를 분양하는 사례가 늘고 있고, 조경 및 공간구조의 특화설계를 도입하여 평면도와 배치도 등이 각 단지별로 큰 차이를 보일 수 있는 경우도 증가하고 있다. 따라서 아파트 설계도서가 저작권의 보호대상이 되지 않는다고 단정할 것은 아니고, 아파트의 평면도 및 배치도를 사안별로 검토하여 창작성 여부를 판단하여야 할 필요가 있다.

9. 건축사의 성실의무와 손해배상책임

쟁점

설계계약의 당사자가 아닌 건축사에게 건축법 제24조제3항 소정의 설계변경의무가 있는가?

판단

설계계약의 당사자가 아닌 건축사는 건축법 제24조 제3항에 따른 설계변경의무가 없다.

(1) 건축사의 성실의무 및 손해배상책임

건축사는 업무상의 성실의무가 있으며, 이를 위반한 때에는 손해배상책임을 진다. 건축사는 건축사법, 건축법 또는 그 밖의 관계 법령의 규정을 지키고, 건축물의 안전 · 기능 및 미관에 지장이 없도록 업무를 성실하게 수행하여야 하고, 건축사가 업무를 수행할 때 고의 또는 과실로 건축주에게 재산상의 손해를 입힌 경우에는 그 손해를 배상할 책임이 있다(건축사법 제20조).

(2) 설계자의 설계변경의무

공사시공자는 설계도서가 건축법과 건축법에 따른 명령이나 처분, 그 밖의 관계 법령에 맞지 아니하거나 공사의 여건상 불합리하다고 인정되면 건축주와 공사감리자의 동의를 받아 서면으로 설계자에게 설계를 변경하도록 요청할 수 있다. 이 경우 설계자는 정당한 사유가 없으면 요청에 따라야 한다(건축법 제24조제3항). 설계 변경을 요청받고도 정당한 사유 없이 따르지 아니한 설계자는 5천만원 이하의 벌금에 처한다(같은 법 제111조).

(3) 설계변경의무를 부담하는 자

건축법 제24조제3항을 근거로 건축주는 설계계약의 당사자가 아닌, 실제 설계를 수행한 건축사에게 설계변경을 요구할 수 있는가?

우선 건축법 제24조제3항에서 설계변경요구에 응할 의무를 부담하는 '설계자'가 설계를 직접 수행한 건축사를 의미하는지가 문제이다. 즉, 건축법상 '설계자'와 건축사법상 '건축사'는 동일한 개념인가?

건축법 소정의 '설계자'란 자기의 책임(보조자의 도움을 받는 경우를 포함한다)으로 설계도서를 작성하고 그 설계도서에서 의도하는 바를 해설하며, 지도하고 자문에 응하는 자(제2조제1항제13호)인데, 건축사법에서 말하는 '건축사'는 국토해양부장관이 시행하는 자격시험에 합격한 자로서 건축물의 설계와 공사감리 등 건축사법 제19조에 따른 업무를 수행하는 사람을 말한다(제2조제1호).

건축법상 '설계자'는 반드시 '건축사'이어야 하는 것은 아니다. 오히려 "건축관계자 간의 책임에 관한 내용과 그 범위는 건축법에서 규정한 것 외에는 건축주와 설계자, 건축주와 공사시공자, 건축주와 공사감리자 간의 계약으로 정한다"는 건축법 제15조제2항에 비추어보면 설계자는 설계계약의 당사자로 해석하여야 할 것이다.

그래서 대법원은 건축법상 설계자는 시공자 및 건축주 등과의 계약 기타의 방법으로 독립한 법인격을 지닌 업무주로서의 설계자를 의미하고, 건축법 제24조제3항의 설계변경의무를 부담하는 설계자의 경우도 마찬가지라고 해석한다(대법원 2009. 4. 9. 선고 2008다72776 판결).

(4) 건축사의 손해배상책임

설계계약의 당사자가 아닌 건축사가 설계변경요청을 거부하면 건축주는 건축사의 성실의무 및 그 위반에 대한 손해배상책임을 규정한 건축사법 제20조를 근거로 건축사에게 손해배상을 청구할 수 있는가?

대법원은 앞에서 인용한 판결에서 건축사법 제20조에 의거 업무상 성실의무 및 그 위반에 대한 손해배상책임을 지는 건축사는 설계계약의 당사자인 건축사에 한정되지는 않지만, 설계계약의 당사자가 아닌 건축사는 건축법 제24조제3항에 따른 설계변경의무가 인정되지 않기 때문에 설계변경 요구에 불응하였더라도 손해배상책임을 질 이유는 없다고 판시하였다.

이 사안은 건축주인 원고가 건물 증축공사의 설계 등에 관한 업무를 A주식회사에 도급을 주었으나 건축사 면허를 보유하지 않은 A주식회사 가 B건축사에게 위 설계에 관한 용역을 주어 B건축사가 이 설계업무를 맡아 완성하고, 공사의 착공신고를 위해 설계 건축사의 면허 번호 등이 필요하자 A주식회사의 주선으로 B건축사와 원고 사이에 계약일자와 대금을 사실과 달리하여 하도급계약서를 작성한 사건이다. 대법원은 원고 건축주와 B건축사 사이에 작성된 하도급계약서는 단지 착공신고의 편의상 작성된 것이어서 원고와 B건축사 사이에 직접적인 계약관계는 성립되지 않는다고 보았다.

판례 "건축법은 건축물의 대지·구조 및 설비의 기준과 건축물의 용도 등을 정하여 건축물의 안전·기능·환경 및 미관을 향상시킴으로써 공공복리의 증진에 이바지함을 목적으로, 건축주, 설계자, 시공자 및 감리자 등 업무주인 각 건축관계자를 적용대상으로 하여 상호간의 책임에 관한 내용과 범위를 규정한 법률이라 할 것이므로...계약 당사자 아닌 개인인 건축사를 적용대상으로 하고 있는 건축사법상 건축사 개념과 달리 건축법상 설계자는 시공자 및 건축주 등과의 계약 기타의 방법으로 독립한 법인격을 지닌 업무주로서의 설계자를 의미한다고 보아야 할 것이고(건축법 제2조제1항, 제5조제1항, 제9조의2 등 참조), 이는 후발적 사유에 의한 건축설계 변경의 필요성을 예정한 규정으로서 그 설계변경에 따르는 추가설계대금이나 하자보수, 손해배상 기타 권리관계의 정산이 요구되는 건축법 제19조의2제3항의 해석에 있어서도 마찬가지라고 보아야 할 것이다."(대법원 2009. 4. 9. 선고 2008다72776 판결)[6]

6) 이 판례에서 인용한 건축법은 2008. 3. 21. 전부개정되기 전의 것이다. 판례의 건축법 제9조의2와 제19조의2제3항은 각각 현행 제15조와 제24조제3항과 같다.

제2절 건설감리와 감리자

1. 감리계약의 법적 성질

쟁점

감리계약의 법적 성질은 무엇인가?

판단

대법원은 위임계약의 일종으로 본다.

(1) 감리제도

건축법상 감리란 '자기 책임 아래(보조자의 도움을 받는 경우를 포함) 건축법에서 정하는 바에 따라 건축물, 건축설비 또는 공작물이 설계도서의 내용대로 시공되는지 확인하고 품질관리, 공사관리 및 안전관리 등에 대하여 지도 · 감독하는 행위'를 말한다(건축법 제2조제1항, 제15호, 건축사법 제2조제4호). 건설기술진흥법상 감리는 '건설공사가 관계 법령이나 기준, 설계도서 또는 그 밖의 관계 서류 등에 따라 적정하게 시행될 수 있도록 관리하거나 시공관리 · 품질관리 · 안전관리 등에 대한 기술지도를 하는 건설사업관리 업무'를 말한다(건설기술진흥법 제2조제5호).

현행 감리제도는 ① 민간 건축공사에 적용되는 건축법에 의한 공사감리, ② 주택법 제15조에 따른 사업계획 승인 대상 주택공사에 적용되는 주택법에 의한 감리, ③ 공공기관에서 발주하는 건축공사에 적용되는 건설기술진흥법에 의한 건설사업관리가 병존하고 있다.

그리고 '주택법 제15조에 따른 사업계획 승인 대상'과 '건설기술진흥법 제39조제2항에 따라 건설사업관리'를 하게 하는 건축물의 공사감리는 각 해당 법령에서 정하는 내용에 따라 감리를 하도록 하고 있다(건축법 제25조 제10항)

한편 종전에는 건설기술관리법에서 국가 등이 발주하는 대규모 건설공사에 대한 설계감리·책임감리·검측감리 및 시공감리를 규정하고 있었다. 그런데 2014년 '건설기술관리법'이 '건설기술진흥법'으로 전부개정 되면서 감리제도가 건설사업관리로 통합되었다. 다만, 건설기술진흥법 제39조의 각 항에서 설계·시공단계 및 감독 권한대행(종전 책임감리) 건설사업관리의 내용을 구분하여 규정하고 있다.

종전 건설기술관리법과 현행 건설기술진흥법 비교

법령	건설기술관리법(종전)	건설기술진흥법(현행)
감리제도 구분	설계감리	설계단계 건설사업관리(법 제39조제3항)
	검측감리	시공 단계 건설사업관리(법 제39조제1항)
	시공감리	
	책임감리	감독 권한대행 등 건설사업관리(법 제39조제2항)

(2) 감리자와 건설기술용역업자

공사감리자란 자기의 책임(보조자의 도움을 받는 경우를 포함)으로 건축법이 정하는 바에 따라 건축물, 건축설비 또는 공작물이 설계도서의 내용대로 시공되는지를 확인하고, 품질관리 · 공사관리 · 안전관리 등에 대하여 지도 · 감독하는 자를 말한다(건축법 제2조제15호).

종전 건설기술관리법에서는 건설기술 업무 영역을 설계, 감리, 건설사업관리 등으로 세분화 하고 있었는데, 현행 건설기술진흥법에서 이를 '건설기술용역업'으로 통합하였다. 그리고 건축법 및 주택법 등에서는 일정 규모 이상의 공사의 경우에 건설기술진흥법에 따른 '건설기술용역업자'를 공사감리자로 지정하도록 규정하고 있다[7].

7) ① (건축법 제25조, 같은 법 시행령 제19조)다중이용건축물, ② (주택법 제43조, 같은 법 시행령 제47조)300세대 이상의 주택건설공사, ③ (건설기술진흥법 제39조, 같은 법 시행령 제55조)국가지자체와 출연기관이 공사하는 총공사비 200억원 이상의 공사 중 공항, 철도, 항만 등의 공사

(3) 위임계약으로서의 감리계약

감리계약의 법적 성질에 관하여 판례는 건설공사감리계약은 그 감리의 대상이 된 공사의 완성 여부, 진척 정도와는 독립된 별도의 용역을 제공하는 것을 본질적 내용으로 하는 위임계약의 성격을 갖고 있는 것으로 본다.

위임이란 위임인이 수임인에게 사무의 처리를 위탁하고 수임인이 이를 승낙함으로써 성립하는 계약의 일종이다(민법 제680조).

판례 "주택 등 건설공사감리계약의 성격은 그 감리의 대상이 된 공사의 완성 여부, 진척 정도와는 독립된 별도의 용역을 제공하는 것을 본질적 내용으로 하는 위임계약의 성격을 갖고 있다고 봄이 상당하다."(대법원 2000. 8. 22. 선고 2000다19342 판결)

다만, 대법원은 민법 제690조가 위임계약의 일방 당사자의 파산을 위임계약 종료사유로 하고 있는 것은 위임계약이 당사자 사이의 신뢰관계를 바탕으로 하고 있으므로 당사자의 일방이 파산한 경우에는 그 신뢰관계를 유지하기 어렵게 된다는 데 그 기초를 두고 있다고 할 것인데, 건축공사 감리계약은 그 법률적 성질이 기본적으로 민법상의 위임계약이라고 하더라도 감리계약의 특수성에 비추어 위임계약에 관한 민법 규정을 그대로 적용할 수는 없다(대법원 2003. 1. 10. 선고 2002다11236 판결)고 하여, 구체적인 사안에 따라서 민법상 위임계약과 다른 감리계약의 특수성이 고려될 수 있는 것으로 보았다.

2. 공사감리의 중단과 감리비의 정산 방법

쟁점

건설공사가 도중에 종료된 경우 감리사무에 대한 보수도 기성고율 상당만 지급하면 되는가?

판단

기성고율과는 별개로 사무처리비율을 산정하여야 한다.

(1) 공사중단과 동시에 중단되지 않는 감리사무

감리계약은 위임계약의 성질을 지니고, 감리비는 위임사무를 처리한 데 대한 대가이다. 위임사무 처리에 대한 대가를 선급하기로 하는 당사자 사이의 특약이 없다면 위임사무를 완료한 후에 청구하여야 한다. 그러나 기간으로 보수를 정한 때에는 그 기간이 경과한 후에 청구할 수 있다(민법 제686조제2항).

건설공사가 도중에 종료되는 바람에 감리자의 귀책사유 없이 감리업무가 중단된 경우 감리사무에 대한 보수는 어떻게 지급하여야 하는가? 약정한 수임료에 기성고율을 곱한 금액만큼만 지급하면 되는가?

이러한 경우를 위하여 민법은 제696조제3항에서 "수임인이 위임사무를 처리하는 중에 수임인의 책임없는 사유로 인하여 위임이 종료된 때에는 수임인은 이미 처리한 사무의 비율에 따른 보수를 청구할 수 있다"고 규정하고 있지만, 이미 처리한 사무의 비율을 기성고율과 동일시할 수 있는가?

공사가 중단되었다고 해서 바로 감리를 중단할 수 있는 것이 아니고 현장을 계속 보존하면서 감리활동을 수행하여야 하는 등 감리의 대상이 된 공사의 진행 정도와 수행할 감리업무의 내용이 반드시 비례하여 일치할 수는 없기 때문에 공사 기성고율을 그대로 적용할 수 없다.

판례 "건설기술관리법 제2조 제9호, 주택건설촉진법 제33조의6제2항 내지 제5항, 제8항, 같은법 시행

령 제34조의6제3항, 제34조의7, 제34조의9, 제34조의10 등 제반 공사관계 법규의 규정들에 의하면 건설공사의 감리자는 제3자적인 독립된 지위에서 부실공사를 방지할 목적으로 정기적으로 당해 공사의 품질검사, 안전검사를 실시하여 만일 부적합한 공사가 시행되고 있는 경우라면 당해 공사에 대한 시정, 재시공, 중지 요청까지도 하여야 하는 등 공사의 진행에 제동을 걸어야 할 필요도 있고, 공정이 계획대로 진행되고 있는가를 면밀히 살펴 예정된 공기를 준수하지 못할 우려가 있는 경우에는 그 원인을 분석하고 그 결과를 보고하는 사무도 담당하고 있는 것이기 때문에 공사의 진척이 부진하거나 공정이 예정대로 진행되지 않는다고 하여 그에 병행하여 아무런 감리업무를 수행하지 아니한 채 이를 그대로 방치하거나 나아가 적법한 절차를 거치지 아니한 채 함부로 감리원을 공사현장에서 철수시켜서는 아니 되는 것을 그 기본적 사무의 내용으로 하고 있으므로, 감리의 대상이 된 공사의 진행 정도와 수행할 감리업무의 내용이 반드시 비례하여 일치할 수 없는 것은 그 업무의 속성상 당연하다 할 것이고, 따라서 주택 등 건설공사감리계약의 성격은 그 감리의 대상이 된 공사의 완성 여부, 진척 정도와는 독립된 별도의 용역을 제공하는 것을 본질적 내용으로 하는 위임계약의 성격을 갖고 있다고 봄이 상당하다."(대법원 2001. 5. 29. 선고 2000다40001 판결)

그렇다고 감리사무의 처리비율을 총감리계약기간에 대한 실질적인 공사착공일로부터 공사중단일까지의 감리일수 비율만을 기준으로 하는 것도 불합리하다(대법원 2000. 8. 22. 선고 2000다19342 판결).

(2) 감리 중단 시 감리비 정산방법

사무처리비율을 정하는 방법에 관한 당사자의 특약이 있는 경우에는 특약에 따르고, 특약이 없다면 관련 법규상의 감리업무에 관한 규정 내용, 전체 감리기간 중 실제 감리업무가 수행된 기간이 차지하는 비율, 실제 감리업무에 투여된 감리인의 등급별 인원수 및 투여기간, 감리비를 산정한 기준, 업계의 관행 및 감리의 대상이 된 공사의 진척 정도 등을 종합적으로 고려하여 이를 정해야 한다(대법원 2006. 11. 23. 선고 2004다3925 판결).

판례 "감리계약이 도중에 종료된 경우 그 사무에 대한 보수의 범위는 수행한 감리업무의 사무처리 내용을 중심으로 정하여야 할 것이고, 그 보수를 정함에 있어서는 민법 제686조제2항 단서, 제3항의 규정에 따라 기간으로 보수가 정해진 경우에는 감리업무가 실제 수행되어 온 시점에 이르기까지 그 이행기가 도래한 부분에 해당하는 약정 보수금을 청구할 수 있고, 후불의 일시불 보수약정을 하였거나 또는 기간보수를 정한 경우에도 아직 이행기가 도래하지 아니한 부분에 관하여는 감리인에게 귀책사유 없이 감리가 종료한 경우에 한하여 이미 처리한 사무의 비율에 따른 보수를 청구할 수 있으며, 이때 감리사무의 처리비율을 정함에 있어서는 이러한 경우에 대비한 당사자의 특약이 적용될 수 있으면 그에 따르되, 그러하지 아니한 경우라면 관련 법규상의 감리업무에 관한 규정 내용, 전체 감리기간 중 실제 감리업무가 수행된 기간이 차지하는 비율, 실제 감리업무에 투여된 감리인의 등급별 인원수 및 투여기간, 감리비를 산정한 기준, 업계의 관행 및 감리의 대상이 된 공사의 진척 정도 등을 종합적으로 고려하여 이를 정하는 것이 타당하다."(대법원 2000. 8. 22. 선고 2000다19342 판결)

3. 공사의 중단과 감리비의 감액 여부

쟁점

공사가 도중에 중단되어 감리인의 귀책사유 없이 감리계약이 종료되는 경우 약정 감리비를 감액할 수 있는가?

판단

신의칙 또는 형평의 원칙에 따라 감액될 수 있다.

공사가 중도에 중단된 경우 중단 시점까지의 공사기성고에 비하여 이미 지급한 감리비 총액이 상당한 액수에 이르고 감리비를 지급받지 못한 기간 동안 실제 수행한 감리업무의 내용도 미미한 경우, 감리회사에게 귀책사유가 없다 하더라도 감리비 액수가 지나치게 과다한 때에는 감리비의 감액을 인정할 수 있는가?

위임에 따른 보수는 신의칙이나 형평의 원칙에 따라 상당한 범위로 감액될 수 있다.

판례 "위임계약에서 보수액에 관하여 약정한 경우에 수임인은 원칙적으로 약정보수액을 전부 청구할 수 있는 것이 원칙이지만, 위임의 경위, 위임업무 처리의 경과와 난이도, 투입한 노력의 정도, 위임인이 업무처리로 인하여 얻게 되는 구체적 이익, 기타 변론에 나타난 제반 사정을 고려할 때 약정보수액이 부당하게 과다하여 신의성실의 원칙이나 형평의 원칙에 반한다고 볼 만한 특별한 사정이 있는 때에는 예외적으로 상당하다고 인정되는 범위 내의 보수액만을 청구할 수 있다."(대법원 2016. 02. 18. 선고 2015다35560 판결).

감리계약의 경우에도 감리계약의 본질이 위임계약인 점을 감안하여 신의칙 또는 형평의 원칙에 근거하여 감액할 수 있을 것이다. 대법원은 2000. 7. 4. 선고 2000다16824 판결에서 신의칙 또는 형평의 원칙에 근거한 감리비의 감액을 긍정하였다.

당초 2년으로 예정된 공사가 1년 3개월이 지날 무렵 중단되었고, 그때까지 공사기성고는 10.1%에 불과한데 이미 223,125,500원의 감리비를 지급한 상태에서 약정 감리비중 미지급금인 114,750,000원을 지급하게 되면 약정한 총감리비 5억1천만원의 50%를 훨씬 초과하게 되는 사안에서 신의칙 또는 형평의 원칙을 들어 감리비 미지급액을 5,500만원으로 감액한 원심의 판단을 긍정한 것이다.

4. 위임인의 파산과 감리계약의 종료 여부

쟁점

감리를 위탁한 건축주가 파산하면 감리계약이 당연히 종료되는가?

판단

건축주의 파산으로 감리계약이 당연히 종료되는 것은 아니다.

(1) 위임계약의 종료 사유

위임계약은 당사자 일방이 사망하거나 파산하면 당연히 종료한다(민법 제690조). 위임은 그 본질상 당사자 사이의 인적 신뢰관계를 기초로 하는 것이기 때문에 그 신뢰관계가 유지될 수 없는 사정이 발생하면 계약관계를 종료시키는 것이다.

(2) 사업주체의 파산과 감리계약의 종료 여부

감리계약의 법적 성질은 위임계약으로 이해되는데, 감리사무를 위탁한 위임인이 파산한 경우에도 민법 제690조가 적용되어 감리계약은 당연히 종료되는가?

대법원은 감리계약의 법적 성질이 위임계약이라 하더라도 위임계약에 관한 민법의 규정이 그대로 적용되는 것은 아니라고 전제한 뒤, 주택법에 따른 공동주택건설사업계획 승인을 얻은 사업주체가 사업계획 승인권자가 지정한 감리자와 체결한 감리계약은 사업주체가 파산하였다고 하여 당연히 종료하는 것으로 볼 이유가 없다고 판시하였다.

판례 "민법 제690조가 위임계약의 일방 당사자의 파산을 위임계약 종료사유로 하고 있는 것은 위임계약이 당사자 사이의 신뢰관계를 바탕으로 하고 있으므로 당사자의 일방이 파산한 경우에는 그 신뢰관계를 유지하기 어렵게 된다는 데 그 기초를 두고 있다고 할 것인데, 건축공사 감리계약은 그 법률적 성질이 기본적으로 민법상의 위임계약이라고 하더라도 감리계약의 특수성에 비추어 위임계약에 관한 민법 규정을 그대로 적용할 수는 없는 것이라 할 것이다.

주택건설촉진법 제33조의6제1항, 제8항, 같은 법 시행령 제34조의9의 규정에 의하여 주택건설촉진법에 따른 공동주택건설사업계획 승인을 얻은 사업주체는 사업계획 승인권자가 지정한 감리자와 감리계약을 체결하도록 되어 있고, 그 지정된 감리자에게 업무상 부정행위 등이 있는 경우에 한하여 사업계획 승인권자가 감리자를 교체할 수 있을 뿐 사업주체가 함부로 감리자를 교체할 수도 없도록 되어 있는 점 등에 비추어 보면, 위 법령에 따라 체결된 감리계약은 당사자 사이의 신뢰관계를 기초로 하는 것이라기보다는 공동주택건설사업의 원활하고도 확실한 시공을 고려한 사업계획 승인권자의 감리자 지정에 기초하고 있는 것이어서 사업주체가 파산하였다고 하여 당연히 감리계약이 종료하는 것으로 볼 이유는 없는 것이며, 또한 민법 제690조의 위임계약 종료사유는 계약 당사자 중 일방이 그 파산 등으로 신뢰를 상실하게 된 경우에 그 계약이 종료되는 것으로 한 것이어서 위임계약의 일방 당사자가 수인인 경우에 그 중 1인에게 파산 등 위 법조가 정하는 사유가 있다고 하여 위임계약이 당연히 종료되는 것이라 할 수도 없으므로, 주택건설촉진법상의 공동사업주체가 사업계획 승인권자의 감리자 지정에 따라 공동으로 감리계약을 체결한 경우 그 공동사업주체의 1인이 파산선고를 받은 것만으로 민법 제690조에 따라 감리계약이 당연히 종료된다고 볼 수 없다."(대법원 2003. 1. 10. 선고 2002다11236 판결)[8)]

8) 판례의 주택건설촉진법 조항과 같은 내용을 현재는 주택법 제43조, 시행령 제47조에서 규정하고 있다.

5. 감리자의 책임

쟁점

감리자의 업무상 과실을 이유로 건축주는 감리자에게 손해배상을 청구할 수 있는가?

판단

감리상의 잘못으로 건축주에게 손해를 끼친 경우에는 채무불이행 또는 불법행위에 따른 손해배상 책임을 질 수 있다.

(1) 감리업무를 수행하는 건축사의 성실의무와 손해배상책임

감리업무를 수행하는 건축사는 성실의무를 지고, 고의 또는 과실로 건축주에게 손해를 입힌 때에는 그 손해를 배상할 책임이 있다. 건축사는 건축사법, 건축법 또는 그 밖의 관계 법령의 규정을 지키고, 건축물의 안전 · 기능 및 미관에 지장이 없도록 업무를 성실하게 수행하여야 하고, 건축사가 업무를 수행할 때 고의 또는 과실로 건축주에게 재산상의 손해를 입힌 경우에는 그 손해를 배상할 책임이 있다(건축사법 제20조제1항, 제2항).

(2) 수임인의 선관주의의무

수임인은 위임의 본지에 따라 선량한 관리자의 주의로써 위임사무를 처리하여야 하므로(민법 제681조) 건축주로부터 감리 사무를 위탁받은 수임인인 감리자는 선관주의의무를 다하여야 한다. 선관주의의무를 다하지 못하여 위임인에게 손해를 초래한 때에는 그 손해를 배상할 책임이 있다.

(3) 감리자의 책임을 인정한 사례

감리업무를 처리하는데 고의 또는 과실로 감리를 위탁한 건축주에게 손해를 초래한 때에는 채무불이행 또는 불법행위에 따른 손해배상책임을 져야 할 것이다.

1) 법령에 위반되는 시공을 지적하지 않은 사례

건물의 굴뚝을 외벽에 설치하지 아니하고 내벽과 외벽 사이에 굴뚝대용의 파이프를 설치하는 시공은 연탄가스 누출의 위험성이 커서 위생에 지장이 있으므로 건축법 제2조, 동법시행령 제49조에 저촉되는 시공에 해당한다 할 것이니 공사감리자 또는 그 보조자가 이를 지적하여 시정토록 하지 아니하였다면 감리상의 잘못이 있다. 그러므로 보일러 연통과 굴뚝 사이를 단단히 연결하지 않았기 때문에 연탄가스가 누출되어 건축주의 아들이 사망한 사건에서 감리자에게도 건축주에 대한 손해배상책임이 인정된다(대법원 1989. 3. 14. 선고 86다카2237 판결).

2) 미시공·변경시공 하자를 건축주에게 통지하지 않은 사례

5층의 기존 건물에 접하여 지상 5층의 증축 건물을 건축한 후 기존건물과 연결하는 공사에서 1) 기존 건물과 증축 건물의 5층 옥상 바닥 연결이음부분을 설계도면에는 두께 0.8mm의 동판으로 시공하도록 되어 있으나, 시공자가 임의로 두께 0.6mm의 칼라강판으로 시공하고, 2) 증축 건물의 바닥 아래 분뇨하수관을 설계도면에는 지름 150mm의 PVC관으로 시공하도록 되어 있으나, 시공자가 임의로 지름 100mm의 PVC관으로 시공한 사건에서 미시공 또는 변경시공 하자를 확인하여 건축주에게 통지하거나 공사시공자에게 시정 또는 재시공을 요청하지 않은 감리자의 책임이 인정되었다(대법원 2017. 12. 28. 선고 2014다229023 판결).

판례 "구 건축법(2008. 2. 29. 법률 제8852호로 개정되기 전의 것, 이하 같다) 제21조제7항, 구 건축법 시행령(2008. 2. 29. 대통령령 제20722호로 개정되기 전의 것) 제19조제6항제1호에 의하면, 공사감리자가 수행하여야 할 감리업무에는 '공사시공자가설계도서에 따라 적합하게 시공하는지 여부의 확인'이 포함되어 있다.

그리고 구 건축법 제21조 제2항은, 공사감리자는 공사시공자가 설계도서대로 공사를 하지 아니하는 경우 이를 건축주에게 통지한 후 공사시공자로 하여금 시정 또는 재시공하도록 요청하여야 한다고 규정하고 있다.

이러한 규정의 내용에 비추어 보면, 공사감리자는 감리계약을 체결한 건축주에 대하여 공사시공자가 설계도서대로 시공하는지 여부를 확인하고 그 과정에서 공사시공자가 설계도서대로 시공 자체를 하지 아니한 하자(미시공 하자) 또는 임의로 설계도서의 내용을 변경하여 시공한 하자(변경시공 하자)를 발견한 경우 건축주가 그러한 하자로 인하여 손해를 입지않도록 건축주에게 이를 통지하고 공사시공자에게 시정 또는 재시공을 요청하여야 할 채무를 부담한다.

공사감리자가 위와 같은 감리계약상의 채무를 이행하지 아니하였는지는 당시 일반적인 공사감리자의 기술

수준과 경험, 미시공 또는 변경시공 하자의 위치와 내용, 공사의 규모 등에 비추어 그러한 하자의 발견을 기대할 수 있었는지 여부에 따라 판단하여야 한다.
한편 동일한 공사에서 공사감리자의 감리계약에 따른 채무불이행으로 인한 손해배상채무와 공사시공자의 도급계약에 따른 채무불이행으로 인한 손해배상채무는 서로 별개의 원인으로 발생한 독립된 채무이나 동일한 경제적 목적을 가진 채무이므로 서로 중첩되는 부분에 관하여 부진정연대채무의 관계에 있다."(대법원 2017. 12. 28. 선고 2014다229023 판결)

6. 제3자에 대한 감리자의 책임

쟁점

감리상의 잘못으로 제3자에게 손해를 끼친 경우에 감리자는 제3자에게 손해배상책임을 지는가?

판단

감리상의 과실과 손해 사이의 인과관계가 인정된다면 손해배상책임을 면할 수 없다.

(1) 제3자에 대한 손해배상책임

감리상의 잘못으로 제3자의 재산 또는 신체에 손상을 가하여 손해를 끼친 것은 불법행위에 해당한다. 따라서 감리상의 과오로 말미암아 제3자의 재산 또는 신체에 손상을 가하여 손해를 끼쳤다면 손해배상책임을 질 수밖에 없다.

판례 "건축법 제2조제1항제15호, 건설기술관리법 제2조제9호, 주택건설촉진법 제33조의6제1항 내지 제4항, 제8항, 같은법 시행령 제34조의6, 제34조의7, 제34조의9, 제34조의10 등 제반 공사관계 법규의 규정들에 의하면, 건설공사의 감리자는 제3자적인 독립된 지위에서 부실공사를 방지할 목적으로 당해 공사가 설계도서 기타 관계 서류의 내용에 따라 적합하게 시공되는지, 시공자가 사용하는 건축자재가 관계 법령에 의한 기준에 적합한 건축자재인지 여부를 확인하는 이외에도, 설계도서가 당해 지형 등에 적합한지를 검토하고, 시공계획이 재해의 예방, 시공상의 안전관리를 위하여 문제가 없는지 여부를 검토, 확인하여 설계변경 등의 필요 여부를 판단한 다음, 만약 그 위반사항이나 문제점을 발견한 때에는 지체 없이 시공자 및 발주자에게 이를 시정하도록 통지함으로써, 품질관리·공사관리 및 안전관리 등에 대한 기술지도를 하고, 발주자의 위탁에 의하여 관계 법령에 따라 발주자로서의 감독권한을 대행하여야 할 책임과 의무가 있으므로, 만약 이에 위반하여 제3자에게 손해를 입혔다면 이를 배상할 책임이 있다."(대법원 2001. 9. 7. 선고 99다70365 판결)

---

(2) 감리자의 제3자에 대한 손해배상책임을 인정한 사례

1) 설계와 다른 터파기공법으로 시공하는 것을 알고도 묵인한 사례

대법원은 시공비용을 절감하기 위하여 시공사가 설계와 다른 터파기 공법으로 시공한다는 사정을 알면서도 이를 묵인한 감리자에게 제3자에 대한 손해배상책임을 인정하였다.

교회 건물 신축공사중 터파기작업의 설계는 C.I.P.공법을 채택하였는데 비용 절감을 위하여 감리자와 협의를 거쳐 설계와는 달리 목재토류벽 흙막이공법으로 시공하는 바람에 인접한 건물의 지반이 침하되고 기울어져 사람이 거주할 수 없는 상황에 이르게 되었다. 공사 현장은 매립지로서 터파기작업으로 인하여 인근 지반의 침하가 충분히 예상되는 곳인데도 공사감리자는 터파기작업의 잘못된 시공으로 주변 건물들이 균열되고 인근 주민들이 공사 현장에 몰려와 공사를 방해하며 감독관청에 공사 중지를 요구하는 등의 민원을 제기하고 나서야 처음으로 공사 현장에 가 보고, 비로소 시공사에게 터파기작업의 공사 방법을 변경할 것을 요구하였다. 법원은 공사감리자에게 터파기작업시에 감리업무를 게을리한 잘못이 있다고 하여 시공사와 함께 인접한 건물의 소유자에 대한 손해배상책임을 인정한 것이다(대법원 1997. 8. 22. 선고 97다19670 판결).

2) 인근 건물에 위험이 생길 가능성을 예상하고도 방치한 사례

아파트 신축공사의 감리자가 어스앵커공법의 시행으로 인하여 공사현장에 연접한 인근 기존 아파트 옹벽에 위험이 생길 가능성을 예상하고도 토목전문건설회사로 하여금 토목공사를 시공하도록 지시만 하였을 뿐 그 지시가 제대로 이행되는지 확인하지 않고, 나아가 시공자가 아무런 조치도 취하지 아니한 채 어스앵커공법을 시행하는 것을 방치하고 어스앵커 시공일 당일 인근 아파트 균열이 발생한 것을 확인하고도 공사중단명령을 내리지 않고 오히려 조속히 공사를 완료할 것을 지시한 감리자는 이웃 아파트소유자에게 손해를 배상하여야 한다(대법원 2001. 9. 7. 선고 99다70365 판결).

7. 감리자의 사용자책임의 유무

쟁점

수급인이 공사 시공 중에 저지른 불법행위의 피해자가 감리를 상대로 불법행위에 대한 사용자책임을 물을 수 있는가?

판단

단순히 공사의 운영 및 시공의 정도가 설계도 또는 시방서대로 시행되고 있는가를 확인하여 공정을 감독하는 데에 불과한 감리를 불법행위자의 사용자로 보기는 어렵기 때문에 손해배상책임을 물을 수 없다.

도급의 경우라도 도급인이 수급인의 일에 적극 관여하여 구체적으로 지휘·감독한 때에는 도급인은 수급인의 사용자로서의 책임을 져야 한다. 그러나 구체적인 지휘·감독 관계가 인정되지 않고, 단순히 감리적 감독에 그친 때에는 사용자 책임이 인정되지 않는다.

따라서 공사 시공자의 불법행위에 대하여 감리자에게 사용자책임이 인정되기는 쉽지 않을 것이다.

판례 "사용자 및 피용자 관계 인정의 기초가 되는 도급인의 수급인에 대한 지휘감독은 건설공사의 경우에는 현장에서 구체적인 공사의 운영 및 시행을 직접 지시, 지도하고 감시, 독려함으로써 시공자체를 관리함을 말하며, 단순히 공사의 운영 및 시공의 정도가 설계도 또는 시방서대로 시행되고 있는가를 확인하여 공정을 감독하는 데에 불과한 이른바 감리는 여기에 해당하지 않는다고 할 것이므로 도급인이 수급인의 공사에 대하여 감리적인 감독을 함에 지나지 않을 때에는 양자의 관계를 사용자 및 피용자의 관계와 같이 볼 수 없다."(대법원 1987. 10. 28. 선고 87다카1185 판결)

---

8. 감리자의 주의의무 여부

쟁점

감리업무를 수행하는 감리자에게 설계도서에 기술적인 문제가 있는지 여부를 검토하여 발주청이 손해를 입지 않도록 하여야 할 주의의무가 있는가?

판단

주의의무가 인정된다.

대법원은 2015. 2. 26. 선고 2012다89320 판결에서 책임감리업무를 수행하는 감리자는 시공 전에 설계도서에 기술적인 문제가 있는지 검토하여 문제가 있다고 판단되면 발주청에 이를 보고하고 설계자와 협의함으로써 이러한 기술적인 문제가 있는 설계로 인하여 발주청이 손해를 입지 않도록 하여야 할 주의의무가 있다는 점을 분명히 하였다.

나아가 대법원은 위 판결에서 감리자가 주의의무를 위반하였는지 여부를 판단하는 기준에 관하여 감리업무를 수행하는 당시의 일반적인 감리자의 기술수준과 경험에 비추어 설계도서의 검토에 의해 설계상의 기술적인 문제를 발견하는 것이 기대 가능한 것이었는지 여부에 따라 판단되어야 한다고 설시하였다.[9)]

판례 "구 건설기술관리법(2009. 12. 29. 법률 제9848호로 개정되기 전의 것, 이하 같다) 제27조제4항, 구 건설기술관리법 시행령(2010. 12. 13. 대통령령 제22525호로 개정되기 전의 것) 제52조제1항 제14호, 구 건설기술관리법 시행규칙(2010. 12. 20. 국토해양부령 제315호로 개정되기 전의 것) 제34조제1항제4호에 의하면, 책임감리업무를 수행하는 비상주감리원의 업무에 '설계도서의 검토'가 포함되어 있고, 구 건설기술관리법 제23조의2제2항은 감리전문회사로 하여금 당해 건설공사를 시공하기 전에 설계 등

9) '책임감리'라는 용어는 건설기술관리법이 2013. 5. 22. 법률 제11794호로 건설기술진흥법으로 전부 개정되면서 없어졌지만, 감리 관련 내용은 건설기술용역업자의 건설사업관리 업무에 규정되어 있다.

> 용역업자가 작성하여 제출한 설계도서를 사전에 검토하고 그 결과를 설계 등 용역을 발주한 발주청에 보고하여야 한다고 규정하고 있다.
> 이러한 규정 내용에 비추어 보면, 책임감리업무를 수행하는 감리자는 시공 전에 설계도서에 기술적인 문제가 있는지 검토하여 문제가 있다고 판단되면 발주청에 이를 보고하고 설계자와 협의함으로써 이러한 기술적인 문제가 있는 설계로 인하여 발주청이 손해를 입지 않도록 하여야 할 주의의무가 있다.
> 그리고 책임감리업무를 수행하는 감리자가 위와 같은 주의의무를 위반하였는지는 당시의 일반적인 감리자의 기술수준과 경험에 비추어 설계도서의 검토에 의해 설계상의 기술적인 문제를 발견하는 것이 기대 가능한 것이었는지 여부에 따라 판단되어야 한다."(대법원은 2015. 2. 26. 선고 2012다89320 판결)

이 사건에서 대법원은 분뇨 처리시설 및 음식물쓰레기 처리시설의 착공 당시 국내에 인분(人糞) 처리시설과 음식물쓰레기 처리시설을 병합하여 하나의 시설로 설계한 사례가 없었던 점, 위 처리시설에 적용된 공법이 소외 회사가 특허권을 가지고 있는 신공법인 점, 위 처리시설의 정상 가동 불능 이후에 그 원인에 대한 전문가들의 진단내용이 일치하지 않았던 점 등의 사정과 일반적인 감리자의 기술수준 및 경험에 비추어 보면, 책임감리업무를 수행하는 감리자에게 신공법에 따라 작성된 이 사건 설계도서에 핵심공정과 노하우가 누락되어 있음을 발견하고 그 설계 오류를 구체적으로 지적할 수 있었다고 단정하기 어렵다는 이유로 감리가 설계의 오류를 발견하지 못한 것이 주의의무를 위반한 것이라고 인정하지 않았다.

9. 설계도서의 검토와 보고 의무

쟁점

감리자가 설계상의 오류가 있는지 검토하고 문제가 있다면 건축주에게 보고할 의무가 있는가?

판단

설계 오류를 확인하여 건축주에게 보고할 의무가 있다.

건축법 시행령 제19조제6항제3호, 시행규칙 제19조의2제5호는 공사감리자의 업무에 '상세시공도면의 검토 · 확인'을 포함하고 있다. 그리고 건설기술진흥법 시행령 제59조제3항제13호, 시행규칙 제34조는 감독 권한대행 등 건설사업관리의 기술지원기술인이 수행하는 업무에 '설계도서의 검토' 업무를 포함하고 있다.

따라서 감리자는 설계도서를 검토할 의무가 있고, 만일 일반적인 감리자의 기술 수준과 경험에 비추어 설계상의 문제를 발견하는 것이 기대 가능한 것이었음에도 감리자가 설계상 오류를 간과하여 손해가 발생한 경우 감리자는 손해배상책임을 지게 될 것이다.

대법원도 책임감리자의 주의의무와 관련된 사안에서 "감리자는 시공 전에 설계도서에 기술적인 문제가 있는지 검토하여 문제가 있다고 판단되면 건축주에게 이를 보고하고 설계자와 협의함으로써 이러한 기술적인 문제가 있는 설계로 인하여 건축주가 손해를 입지 않도록 하여야 할 주의의무가 있다(대법원 2015. 02. 26. 선고 2012다89320 판결)"고 판시하였다.

또한 대법원은 2001. 9. 7. 선고 99다70365 판결에서 감리자에게 설계오류를 발견하지 못한 과실책임을 인정하는 원심의 판단을 긍정하였다. "위 건물이 소규모 건물이어서 설계 당시 토목에 관한 구조도면을 작성해야 하는 경우에 해당하지 아니하였다 하더라도 피고는 단순히 건물 설계에 그친 것이 아니라 동시에 감리자로 지정되었으므로 이 사건 공사현장의 지형에 비추어 보아 그 설계가 시공 과정에서 뒤편 옹벽 위에 건설된 아파트의 기초에 영향을 미쳐 위험을 초래할 염려는 없는지 여부를 검토하여 설계 또는 시공방법을 변경할 필요는 없는지 여부를 판단하고 이를 시공자와 발주자에게 통지할 책임과 의무가 있었다고 할 것인데, 피고는 이에 위반하여 그 위험발생 가능성을 예견하였음에도 불구하고 시공을 강행하도록 조치한 잘못이 있다."고 한 것이다.

CHAPTER **18**

아파트와 상가의 법률문제

제18장 아파트와 상가의 법률문제

제1절 분양계약과 광고

1. 아파트분양계약이 수량을 지정한 매매인지 여부

쟁점

분양받은 아파트의 실제 면적이 계약 면적보다 적다면 수분양자는 분양자에게 어떤 책임을 물을 수 있는가?

판단

아파트 분양계약은 수량을 지정한 매매이므로 분양대금의 감액 등을 주장할 수 있다.

(1) 수량을 지정한 매매의 의미

당사자가 매매의 목적인 특정물이 일정한 수량을 가지고 있다는 데 주안을 두고 대금도 이 수량을 기준으로 정한 경우를 수량을 지정한 매매라 한다.

토지 매매에서 면적을 기재하였더라도 매매 목적물을 특정하기 위한 보조적인 표시에 불과한 경우는 수량을 지정한 매매가 아니다.

판례 "민법 제574조에서 규정하는 '수량을 지정한 매매'라 함은 당사자가 매매의 목적인 특정물이 일정한 수량을 가지고 있다는 데 주안을 두고 대금도 그 수량을 기준으로 하여 정한 경우를 말하는 것이므로, 토지의 매매에 있어 목적물을 등기부상의 면적에 따라 특정한 경우라도 당사자가 그 지정된 구획을 전체로서 평가하였고 면적에 의한 계산이 하나의 표준에 지나지 아니하여 그것이 당사자들 사이에 대상토지를 특정하고 그 대금을 결정하기 위한 방편이었다고 보일 때에는 이를 가리켜 수량을 지정한 매매라 할 수 없다."(대법원 2003. 1. 24. 선고 2002다65189 판결)

목적물이 일정한 면적(수량)을 가지고 있다는 데 주안을 두고 대금도 면적을 기준으로 하여 정하여지는 아파트분양계약은 수량을 지정한 매매에 해당한다(대법원 2002. 11. 8. 선고 99다58136 판결).

(2) 수량이 부족한 경우의 대금감액, 계약해제, 손해배상

수량을 지정한 매매에서 수량이 부족한 경우 매수인은 선의이든 악의이든 묻지 않고 수량이 부족한 비율만큼 대금감액을 청구할 수 있다. 따라서 아파트 분양계약상의 공유대지면적보다 부족하게 이전받은 수분양자는 분양대금의 감액을 청구할 수 있다(대법원 2002. 11. 8. 선고 99다58136 판결).

대금감액청구권은 매수인이 선의인 경우에는 사실을 안 날로부터, 악의인 경우에는 계약한 날로부터 1년 이내에 행사하여야 하는데, 여기서 매수인이 사실을 안 날이라 함은 단순히 수량이 부족한 사실을 안 날이 아니라 그 때문에 매도인이 이를 취득하여 매수인에게 이전할 수 없게 되었음이 확실하게 된 사실을 안 날을 말한다(대법원 2002. 11. 08. 선고 99다58136 판결).

선의의 매수인은 잔존 부분만이라면 계약을 체결하지 않았을 것으로 인정되는 때에는 계약 전부를 해제할 수 있다.

선의의 매수인은 대금감액청구권이나 계약해제권을 행사하는 외에도 손해배상을 청구할 수 있다. 다만, 매수인이 그 사실을 안 날로부터 1년 이내에 권리를 행사하여야 한다.

(3) 매매계약 후에 수량부족이 발생한 경우

수분양자가 이전등기받은 아파트의 공유대지지분이 부족하게 된 원인이 분양계약 당시 분양계약자들과 주택건설사업자가 공유지분 산정의 기초가 되는 아파트 대지를 실제와 다르게 잘못 알고 있었기 때문이 아니라, 주택건설사업자가 분양계약 당시 공유지분 산정의 기초가 된 아파트 대지 중 일부를 분양계약 후에 비로소 공용시설용 대지에 편입하여 시에 기부채납하였기 때문이라면 주택건설사업자에 대하여 민법 제574조에 의한 담보책임을 물을 수는 없다.

다만, 아파트 분양계약에 따른 공유대지지분 이전의무는 감소된 지분 범위 내에서 이행불능이 된 것이므로, 분양계약자들은 감소된 공유지분 범위 내에서 분양계약의 일부 해제가 가능하고, 주택건설사업자는 원상회복으로써 분양계약자들에게 감소된 공유지분에 상당하는 대금을 반환할 의무가 있다(대법원 1996. 12. 10. 선고 94다56098 판결[1]).

---

1) 이 사건 아파트 분양계약 체결 당시에 작성된 계약서상에는 "공유대지에 대한 공부 정리 결과 공유대지의 증가나 감소가 있을 경우 그에 상당한 금액을 서로 청구하지 않기로 한다."는 면책조항이 있었는데, 이에 대하여 대법원은 "그 조항의 '공유대지에 대한 공부 정리 결과 공유대지의 증가나 감소가 있을 경우'라 함은 바로 분양계약 당시 계획된 아파트 단지의 대지에 대하여 지적법에 따른 순수한 지적공부 정리 결과 객관적으로 불가피하게 발생하는 증감만을 뜻하는 것으로 보아야 하고 그와 같이 해석하는 한 그 면책조항이 형평의 원칙이나 신의칙에 반하는 것은 아니지만, 그 공유대지의 감소가 주택건설사업자가 분양계약 당시 공유지분 산정의 기초가 된 아파트 대지 중 일부를 분양계약 후 다른 용도로 사용함으로써 생겨난 것이라면 당해 면책조항에 의해 면책될 수 없다"고 하였다.

2. 공사대금의 담보를 위한 아파트분양계약의 성질

쟁점

아파트 시행사는 공사대금을 담보하기 위하여 수급인을 수분양자로 하는 아파트분양계약서를 작성하였다. 약속과 달리 수급인이 공사를 이행하지 않은 경우 분양계약의 효력은 어떻게 되는가?

판단

공사대금이 발생하지 않은 이상 분양계약의 효력도 발생하지 않는다.

정지조건부 분양계약

아파트를 건축하여 분양하는 甲은 전기공사업자 乙에게 전기공사를 맡겼다. 전기공사 기성고율 60% 정도 진척된 시점에서 甲과 乙은 아파트 한 채에 관한 분양계약을 체결하였다. 기성 공사대금의 지급을 담보하는 한편 남은 전기공사를 乙이 모두 완성하는 조건이었다. 그런데 을이 남은 공사를 마치지 않자 甲은 그 아파트를 담보로 잡혔다. 甲을 배임죄로 처벌할 수 있는가?

도급인이 수급인에게 잔여공사를 완공할 것을 정지조건으로 하여 그 공사비에 대한 대물변제로 부동산의 소유권을 이전키로 하였으나 수급인이 약속한 공사를 완성하지 않았다면 수급인으로서는 도급인에게 위 대물변제예약의 이행을 청구할 수 있는 지위에 있지 않다 할 것이므로 도급인이 위 부동산을 다시 다른 채권자에게 담보로 제공하였다 하여도 배임행위라 할 수 없다(대법원 1985. 3. 26. 선고 85도124 판결).

공사가 일부 진행된 상태에서 이미 공사를 마친 기성대금과 남은 공사의 대금의 지급을 담보하기 위하여 대물변제예약의 형식으로 체결한 아파트분양계약은 수급인이 잔여 공사에 관한 의무를 이행하지 않는 경우에도 도급인은 무조건 아파트의 소유권을 수급인에게 넘겨주기로 한 약정이었다고 볼 수 없다. 오히려 수급인이 잔여공사를 완성할 것을 조건으로 도급인의 공사대금의 지급을 담보하는 것으로 해석할 여지가 있다.

이러한 경우 수급인이 잔여공사를 전혀 하지 않다가 이를 포기하였다면 위 분양계약은 조건불성취로 효력이 발생하지 아니하며 도급인이 아파트를 보존등기 후 수급인에게 소유권이전등기하여 주지 않고 제3자에게 처분하였다 하여도 배임죄를 구성한다고 할 수 없다(대법원 1984. 7. 24. 선고 84도815 판결).

3. 분양자의 고지의무

쟁점

분양받은 아파트 인근에 고가도로가 개설될 예정이라는 사실을 뒤늦게 안 수분양자는 분양계약을 취소할 수 있는가?

판단

고가도로가 개설된다는 사실을 알았더라면 분양계약을 체결하지 않았을 것으로 인정되고, 그러한 사실을 분양자가 고지하지 않았다면 분양계약을 취소할 수 있다.

(1) 분양자의 고지의무

대법원 판례에 의하면, 부동산 거래에서 거래 상대방이 일정한 사정에 관한 고지를 받았더라면 그 거래를 하지 않았을 것임이 경험칙상 명백한 경우에는 신의성실의 원칙상 사전에 상대방에게 그와 같은 사정을 고지할 의무가 있으며, 그와 같은 고지의무의 대상이 되는 것은 직접적인 법령의 규정뿐 아니라 널리 계약상, 관습상 또는 조리상의 일반원칙에 의하여도 인정될 수 있다(대법원 2006. 10. 12. 선고 2004다48515 판결).

아파트를 분양할 때 분양자는 아파트단지 인근에 쓰레기 매립장이 건설될 예정이라는 사실을 분양계약자들에게 고지할 의무가 있으며(대법원 2006. 10. 12. 선고 2004다48515 판결), 아파트 분양자는 아파트단지 인근에 공동묘지가 조성되어 있는 사실을 수분양자에게 고지할 신의칙상의 의무를 부담한다(대법원 2005다5812, 2005다5829, 2005다5836 판결). 분양중인 아파트 인근에 고가도로가 개설될 예정이라는 사실에 대해서도 고지의무가 인정된다(2011. 1. 27. 선고 2009다98775 판결).

판례 "일단 고지의무의 대상이 되는 사실이라고 판단되는 경우 이미 알고 있는 자에 대하여는 고지할 의무가 별도로 인정될 여지가 없지만, 상대방에게 스스로 확인할 의무가 인정되거나 거래관행상 상대방이 당연히 알고 있을 것으로 예상되는 예외적인 경우가 아닌 한, 실제 그 대상이 되는 사실을 알지 못하였던 상대방에 대하여는 비록 알 수 있었음에도 알지 못한 과실이 있다 하더라도 그 점을 들어 추후 책임을 일부 제한할 여지가 있음은 별론으로 하고 고지할 의무 자체를 면하게 된다고 할 수는 없다."(대법원 2007. 6. 1. 선고 2005다5812, 5829, 5836 판결)

아파트 단지 안에 있는 공원을 외부인에게 개방한다는 내용도 고지의무의 대상이다. 즉, 아파트 안 공공 보행통로나 공원 등의 24시간 개방은 분양사 등이 입주자들에게 고지해야 할 의무의 대상이 되는 사실에 해당한다.

그러나 아파트 단지 안에 있는 공원을 외부인에게 개방한다는 내용이 분양계약서에는 없더라도 공급안내서에 기재돼 있다면 아파트 분양회사는 고지의무를 이행한 것으로 보아야 한다(대법원 2012. 9. 27. 선고 2012다41304 판결).

(2) 고지의무 위반의 효과

고지의무를 위반하는 것은 부작위에 의한 기망행위의 일종이므로 매수인은 민법 제110조의 규정에 의하여 계약을 취소할 수 있고, 취소하게 되면 계약은 민법 제141조의 규정에 의하여 소급적으로 무효가 된다.

기망행위는 민법 제110조에 의한 취소권 외에 불법행위로 인한 손해배상청구권을 발생시킬 수 있고, 그러한 경우에는 피기망자는 두 가지 권리를 자유롭게 행사할 수 있다. 취소권을 행사하면서 동시에 손해배상을 청구할 수도 있다.

고지의무 위반은 부작위에 의한 기망행위에 해당하므로 분양계약자로서는 기망을 이유로 분양계약을 취소하고 분양대금의 반환을 구할 수도 있고 분양계약의 취소를 원하지 않을 경우 그로 인한 손해배상만을 청구할 수도 있다(대법원 2006. 10. 12. 선고 2004다48515 판결).

판례 "우리 사회의 통념상으로는 공동묘지가 주거환경과 친한 시설이 아니어서 분양계약의 체결 여부 및 가격에 상당한 영향을 미치는 요인일 뿐만 아니라 대규모 공동묘지를 가까이에서 조망할 수 있는 곳에 아파트단지가 들어선다는 것은 통상 예상하기 어렵다는 점 등을 감안할 때 아파트 분양자는 아파트단지 인근에 공동묘지가 조성되어 있는 사실을 수분양자에게 고지할 신의칙상의 의무를 부담한다."(대법원 2005다5812, 2005다5829, 2005다5836 판결)

오피스텔의 분양광고를 하면서 모노레일 설치에 관한 정확하고도 충분한 정보를 구체적으로 고지하거나 설명하지 않고 완공 가능성에 대해 확인해 보려는 별다른 노력도 기울이지 않고 오피스텔 인근에 모노레일이 특정 시점에 완공 예정이라는 식으로 광고한 것은 허위, 과장광고에 해당하고, 신의칙상 고지의무를 위반하여 불법행위책임을 져야 한다(대법원 2009. 8. 20. 선고 2008다19355 판결).

(3) 고지의무 위반 여부

그러나 분양자와 분양대행계약을 체결한 회사의 분양담당직원이 분양계약을 체결할 당시 수분양자에게 "대지면적 등의 문제로 인해 이 사건 인접토지에 5층 이상 건물이 들어서기는 어려울 것이다"라는 취지로 말하였지만, 분양받은 주상복합건물 주위에 고층건물이 들어섰다고 해서 고지의무를 위반하였다고 할 수 없다.

이와 같은 사항은 그 내용이 불확실하고 분양자의 노력만으로는 이루어질 수 없는 것으로서 분양담당직원의 주관적 예상이나 희망을 진술한 것에 불과하다. 분양자가 거래의 중요한 사항에 관한 구체적 사실을 신의성실의 의무에 비추어 비난받을 정도의 방법으로 허위로 고지한 경우에 해당한다고 볼 수는 없고, 분양담당직원이 이 사건 인접토지 지상에 고층건물이 신축될 수 있는데 그러한 사실을 확실하게 알지도 못하면서 객관적으로 확실하게 아는 것인 양 수분양자를 기망한 것이라고 볼 수도 없다(대법원 2010. 4. 29. 선고 2009다97864 판결).

최초 분양자로부터 상가를 분양받은 수분양자가 마치 최초 분양자인 것처럼 제2의 수분양자와 상가분양계약을 체결하면서 전매한다는 사실을 알리지 않았고, 전매차익을 남겼다하여도 고지의무를 위반한 것으로 볼 수 없다. 부동산 분양계약에서 분양자가 수분양자의 전매이익에 영향을 미칠 가능성이 있는 사항들에 관하여 분양자가 가지고 있는 정보를 밝혀야 할 신의칙상 의무는 없으며, 그러한 정보를 고지하지 아니한 것이 부작위에 의한 기망행위에 해당하는 것도 아니기 때문이다.

판례 "상가를 포함한 부동산의 분양계약은 기본적으로 매매계약의 성질을 가진다. 분양계약에서 분양자의 주된 의무는 통상의 매도인과 마찬가지로 분양목적물에 대한 완전한 소유권 및 그 점유를 수분양자에게 이전하여 매수인으로 하여금 분양목적물로부터 나오는 모든 이익을 누릴 수 있도록 하는 데 있고, 수분양자의 주된 관심사도 일반적으로 거기에 있다고 할 것이다.
이에서 나아가 수분양자가 분양자로부터 취득한 분양목적물을 다시 제3자에게 매도하여 전매이익을 얻는 것, 나아가 그 전매이익을 극대화하기 위하여 애초의 분양자에게 지급할 대가를 가능하면 저가로 분양을 받는 것 등은 수분양자가 제반 사정을 고려하여 스스로 판단·결정할 사항이고, 이에 영향을 미치는 사정에 관한 정보는 원칙적으로 수분양자가 스스로 수집하여 평가하여야 한다. 분양자도 일반적으로 분양목적물의 약정대가를 가능한 한 높여서 보다 많은 이익을 얻고자 한다는 점을 고려하면 더욱 그러하다.
따라서 분양자가 수분양자가 전매이익을 노리고 분양을 받으려는 것을 알면서 수분양자로 하여금 전매이익의 발생 여부나 그 액에 관하여 거래관념상 용납될 수 없는 방법으로 잘못 판단하게 함으로써 분양계약에

이르게 하였다는 등의 특별한 사정이 없는 한, 분양자에게 그 대립당사자로서 스스로 이익을 추구하여 행위하는 수분양자에 대하여 최초분양인지, 전매분양인지를 포함하여 수분양자의 전매이익에 영향을 미칠 가능성이 있는 사항들에 관하여 분양자가 가지는 정보를 밝혀야 할 신의칙상의 의무가 있다거나, 나아가 그러한 정보를 밝혀 고지하지 아니하면 그것이 부작위에 의한 기망에 해당하여 민법 제110조제1항에서 정하는 사기가 된다고 쉽사리 말할 수 없다."(대법원 2010. 2. 25. 선고 2009다86000 판결)

지역주택조합 방식으로 추진하는 아파트개발사업의 시공권을 따내기 위하여 지역주택조합의 설립을 인가받기 전에 관여한 시공사에게 지역주택조합 방식의 사업추진이 불가능하다는 사실을 알려야 할 고지의무가 있다고 볼 수 없다고 부인한 사례가 있다(대법원 2012. 4. 26. 2010다8709 판결).

지역주택조합이 조합설립인가를 받고 시공사와 공동으로 주택건설사업을 시행하기 위하여 관할 관청으로부터 사업계획승인을 받은 경우에는 지역주택조합과 시공사가 공동사업주체로서 주택법령에 따라 대외적인 손해배상책임 등을 공동으로 부담하게 될 수 있고(주택법 제10조제2항, 제32조 등), 나아가 동업약정 관계에 의한 민법상 조합 구성원으로서 책임을 지게 될 수 있으며, 이러한 경우에는 지역주택조합이 조합원들에게 부담하는 고지의무를 시공사도 함께 부담한다고 볼 수 있다.

그러나 지역주택조합이 설립인가를 받기 전 단계에서 시공사와 공사도급가계약 등을 체결하면서, 조합원의 모집 · 홍보 · 관리, 조합의 설립인가, 사업부지 매입 및 조합원 납부금 관리업무 등은 지역주택조합의 권한과 책임으로 하고, 시공사는 조합설립인가 후 시공업무를 권한과 책임으로 하되 지역주택조합의 전문성 및 재정적 능력 부족을 보완하기 위하여 시공사가 지원 · 협조하기로 한 경우에는, 지역주택조합과 시공사는 주택법상 공동사업주체에 해당하지 않을 뿐 아니라 민법상 조합관계에 의한 공동책임도 지지 않는다(대법원 2014. 06. 12. 선고 2013다75892 판결).

4. 분양광고의 법적 성질

쟁점

아파트 분양자는 광고내용에 대하여 수분양자에게 분양계약상의 책임을 부담하는가?

판단

아파트 분양광고의 내용 중 아파트의 외형·재질 등에 관한 것과 부대시설에 준하는 것으로서 분양자가 이행 가능한 것은 분양계약의 내용이 되어 계약책임을 지게 된다.

(1) 분양 광고의 법적 성질(=원칙적으로 청약의 유인)

광고는 원칙적으로 청약의 유인에 불과하여 광고자는 광고의 내용에 그대로 구속되지 않는다. 청약은 이에 대응하는 상대방의 승낙과 결합하여 일정한 내용의 계약을 성립시킬 것을 목적으로 하는 확정적인 의사표시인 반면 청약의 유인은 이와 달리 합의를 구성하는 의사표시가 되지 못하므로 피유인자가 그에 대응하여 의사표시를 하더라도 계약은 성립하지 않고 다시 유인한 자가 승낙의 의사표시를 함으로써 비로소 계약이 성립하는 것으로서 서로 구분되는 것이다.

상가나 아파트의 분양에 관한 광고의 내용은 일반적으로 청약의 유인에 불과하므로(대법원 2007. 6. 1. 선고 2005다5843 판결) 상가분양자가 오락타운을 조성하겠다거나 일정액 이상의 수익을 보장한다는 따위의 광고를 하였더라도 체결된 분양계약서에는 이러한 내용이 기재되지 않았다면 분양자는 광고내용에 따른 계약상의 책임을 부담하지는 않는다.

판례 "상가를 분양하면서 그 곳에 첨단 오락타운을 조성·운영하고 전문경영인에 의한 위탁경영을 통하여 분양계약자들에게 일정액 이상의 수익을 보장한다는 광고를 하고, 분양계약 체결시 이러한 광고내용을 계약상대방에게 설명하였더라도, 체결된 분양계약서에는 이러한 내용이 기재되지 않은 점과, 그 후의 위 상가 임대운영경위 등에 비추어 볼 때, 위와 같은 광고 및 분양계약 체결시의 설명은 청약의 유인에 불과할 뿐 상가 분양계약의 내용으로 되었다고 볼 수 없고, 따라서 분양 회사는 위 상가를 첨단 오락타운으로 조성·

운영하거나 일정한 수익을 보장할 의무를 부담하지 않는다.
상품의 선전 광고에 있어서 거래의 중요한 사항에 관하여 구체적 사실을 신의성실의 의무에 비추어 비난받을 정도의 방법으로 허위로 고지한 경우에는 기망행위에 해당한다고 할 것이나, 그 선전 광고에 다소의 과장 허위가 수반되는 것은 그것이 일반 상거래의 관행과 신의칙에 비추어 시인될 수 있는 한 기망성이 결여된다고 할 것이고, 또한 용도가 특정된 특수시설을 분양받을 경우 그 운영을 어떻게 하고, 그 수익은 얼마나 될 것인지와 같은 사항은 투자자들의 책임과 판단하에 결정될 성질의 것이므로, 상가를 분양하면서 그 곳에 첨단 오락타운을 조성하고 전문경영인에 의한 위탁경영을 통하여 일정 수익을 보장한다는 취지의 광고를 하였다고 하여 이로써 상대방을 기망하여 분양계약을 체결하게 하였다거나 상대방이 계약의 중요부분에 관하여 착오를 일으켜 분양계약을 체결하게 된 것이라 볼 수 없다."(대법원 2001. 5. 29. 선고 99다55601, 55618 판결)

(2) 다소 과장된 분양광고가 기망행위에 해당하는지 여부

그렇다고 이와 같은 내용의 광고가 불법행위를 구성하는 것도 아니다. 상품의 선전, 광고에서 거래의 중요한 사항에 관하여 구체적 사실을 신의성실의 의무에 비추어 비난받을 정도의 방법으로 허위로 고지한 경우에는 기망행위에 해당한다고 할 것이나, 다소의 과장이나 허위가 포함되더라도 그것이 일반 상거래의 관행과 신의칙에 비추어 시인될 수 있는 한 기망행위는 아니기 때문이다.

분양광고나 분양상담에서 '점포의 전용면적 약 1.6평 내지 2평, 상가 7, 8, 9층에 영화아카데미 학원 입점, 상가의 통로 폭 2.1m, 상가의 각 층에 대형 고객휴식시설 설치'등의 내용이 언급되었지만, 상가분양계약을 체결하면서 수분양자들이 '분양계약서의 내용 외 분양상담 시 분양요원과 구두 또는 서면상으로 이루어진 특약은 어떠한 내용이라도 효력을 주장할 수 없음을 인정한다'는 내용이 포함된 서면을 서명 날인하여 분양자에게 제출하였다면, 그 내용은 계약내용으로 주장할 수 없다(대법원 2009. 3. 16. 선고 2008다1842 판결).

5. 불법행위를 구성하는 분양 광고

쟁점

외벽의 내부선이 아닌 중심선 치수에 따라 전용면적을 산정하여 입주자모집공고나 주택공급계약서에 전용면적으로 표시한 주상복합아파트의 분양자는 수분양자에게 손해배상책임을 져야 하는가?

판단

표시광고법에서 금지하는 부당한 표시광고에 해당하지 않고, 손해배상책임을 지지 않는다.

(1) 부당한 표시·광고 행위의 금지

상품의 선전 · 광고에서는 어느 정도의 과장이나 허위가 수반되는 것이 오히려 통례이기 때문에 일반 상거래의 관행과 신의칙에서 크게 벗어나지 않는 한 그것을 기망이라고 할 수 없다. 그렇기 때문에 대법원도 "상품의 선전 · 광고에 있어 다소의 과장이나 허위가 수반되는 것은 그것이 일반 상거래의 관행과 신의칙에 비추어 시인될 수 있는 한 기망성이 결여된다."고 본다.

그러나 허위 또는 과장된 광고에는 한계가 있다. 표시광고법에서도 소비자를 속이거나 소비자로 하여금 잘못 알게 할 우려가 있는 부당한 표시 · 광고행위를 금지하고 있다[2]. 표시광고법 제3조제1항에서 금지하는 부당한 표시 · 광고 행위를 한 사업자는 피해자에 대하여 손해배상책임을 지고(제10조), 2년 이하의 징역 또는 1억5천만원 이하의 벌금형에 처한다(제17조).

---

2) **표시광고법 제3조(부당한 표시 · 광고 행위의 금지)** ① 사업자등은 소비자를 속이거나 소비자로 하여금 잘못 알게 할 우려가 있는 표시 · 광고 행위로서 공정한 거래질서를 해칠 우려가 있는 다음 각 호의 행위를 하거나 다른 사업자등으로 하여금 하게 하여서는 아니 된다.

1. 거짓 · 과장의 표시 · 광고
2. 기만적인 표시 · 광고
3. 부당하게 비교하는 표시 · 광고
4. 비방적인 표시 · 광고

② 제1항 각 호의 행위의 구체적인 내용은 대통령령으로 정한다.

표시광고법 제3조제1항제1호에서 말하는 거짓 · 과장의 광고는 사실과 다르게 광고하거나 사실을 지나치게 부풀려 광고하여 소비자를 속이거나 소비자로 하여금 잘못 알게 할 우려가 있는 광고행위로서 공정한 거래질서를 저해할 우려가 있는 광고를 말하고, 광고가 소비자를 속이거나 소비자로 하여금 잘못 알게 할 우려가 있는지는 보통의 주의력을 가진 일반 소비자가 당해 광고를 받아들이는 전체적 · 궁극적 인상을 기준으로 하여 객관적으로 판단되어야 한다. 따라서 아파트의 설계도와 모델하우스에는 온돌마루로 되어있는 거실 바닥을 카달로그에 '수입 원목마루'라고 기재한 분양광고는 허위 · 과장 광고에 해당한다(대법원 2008. 11. 3. 선고 2008두6646 판결).

(2) 광고의 기망행위 여부가 문제된 사례

① 다른 동일평형 아파트보다 전용면적이 더 넓어질 것이라 광고한 경우

광고를 통하여 "거래에 있어서 중요한 사항에 관하여 구체적 사실을 신의성실의 의무에 비추어 비난받을 정도의 방법으로 허위로 고지한 경우에는 기망행위에 해당"하여 계약의 취소사유가 되거나 불법행위책임이 발생한다. 예컨대 아파트 43평형의 수분양자들로 하여금 다른 일반 아파트의 43평형보다 전용면적이 더 넓어질 것이라고 오인하게끔 광고한 것은 거래에 있어 중요한 사항에 관하여 구체적 사실을 신의성실의 의무에 비추어 비난받을 정도의 방법으로 허위로 고지한 경우로서 기망행위에 해당하여 불법행위에 따른 손해배상책임을 져야 한다."(대법원 2008. 10. 23. 선고 2007다44194 판결)

② 오피스텔 인근에 모노레일이 특정 시점에 완공 예정이라 광고한 경우

오피스텔의 분양광고를 하면서 모노레일 설치에 관한 정확하고도 충분한 정보를 구체적으로 고지하거나 설명하지 않고 완공 가능성에 대해 확인해 보려는 별다른 노력도 기울이지 않고 오피스텔 인근에 모노레일이 특정 시점에 완공 예정이라는 식으로 광고한 것은 허위, 과장광고에 해당한다(대법원 2009. 8. 20. 선고 2008다19355 판결).

③ 아파트 단지 맞은편에 전철역이 신설될 예정이라 광고한 경우

지방자치단체의 추상적 · 일방적 개발계획에 근거하여 그 시행이 확정되지 않았음에도, 건설회사가 아파트 단지 맞은편에 경의선 복선전철화와 관련하여 역사가 신설될 예정이라는 취지로 아파트 분양광고를 한 것은 사실과 다르거나 사실을 지나치게 부풀려 소비자를 속이거나 소비자로 하여금 잘못 알게 할 우려가 있는 광고를 한 것으로서, 공정한 거래질서를 저해할 우려가 있는 광고에 해당하므로 위 건설회사는 수분양자들에 대하여 표시광고법이 정한 허위 · 과장 광고로 인한 손해배상책임을 부담한다(대법원 2010. 7. 22. 선고 2007다59066 판결).

④ **고시된 기본계획 내용과 달리 아파트 단지 전면이 대형할인매장예정부지라 광고한 경우**

아파트분양자가 지자체로부터 분양중인 아파트 지구 내 단지 전면의 상업용지 4필지, 주차장용지 및 경관녹지를 대형할인매장부지로 변경을 검토해달라는 요청만을 받고 그 계획변경 승인을 득하지 않은 상태에서 만연히 계획변경이 가능하리라고 믿고 실제 고시된 기본계획의 내용과 달리 위 부지를 대형할인매장예정부지라고 광고한 것은 소비자를 속이거나 잘못 알게 할 우려가 있는 표시 · 광고행위로서 공정한 거래질서를 저해할 우려가 있는 허위 · 과장광고에 해당한다(대법원 2010. 8. 26. 선고 2009다67979, 2009다67986 판결).

⑤ **도시기본계획에 포함되어 있으나 아직 구체적인 건설 계획이 없는 다리가 특정 시기에 완공될 것이라고 광고한 경우**

영종하늘도시 아파트의 분양광고를 하면서 영종도와 청라지구를 연결하는 제3연륙교가 2014년까지 완공될 것이라고 광고한 것이 허위 · 과장광고에 해당하는가?

아파트 분양광고 당시 제3연륙교가 인천시의 도시기본계획 등에 포함되어 있기는 하였으나 건설시기 · 사업비 부담주체 등에 관한 구체적인 계획은 수립되어 있지 않았고, 아파트 분양광고 당시 제3연륙교를 2014년까지 완공하겠다는 인천시의 발표가 있었지만 국토해양부는 영종대교와 인천대교의 손실보전금 부담 문제 때문에 제3연륙교의 건설을 반대하고 있었고 단기간 내에 이에 관한 해법을 찾기 어려웠으며 국토해양부가 찬성을 하더라도 설계와 시공에는 수년의 시간이 소요되고, 달리 제3연륙교가 2014년까지 완공될 수 있다고 볼 만한 사정이 없었음에도 영종도와 청라지구를 연결하는 제3연륙교가 2014년까지 완공될 것이라고 광고한 것은 2014년까지 제3연륙교 이용이 가능할 것처럼 그 실현가능성과 완공시기를 부풀려 소비자에게 오인가능성을 야기한 표시광고법상의 허위 · 과장광고에 해당한다.

그러나 제3연륙교 이외에 제2공항철도 · 영종역, 영종브로드웨이 · 밀라노디자인시티를 포함한 대규모 문화 · 레저시설, 학교 · 중심상업지구 · 공원 등의 설치사업에 관한 광고에 대해서는 허위 · 과장 광고로 인정되지 않았다.

이 사건에서 법원은 허위 · 과장 광고를 한 분양사에 대하여 분양대금의 5% 상당액의 위자료를 손해배상액으로 인정하였다(대법원 2015. 5. 28. 선고 2014다24327 판결).

⑥ **주상복합아파트 전용면적을 외벽의 내부선 기준이 아닌 중심선 치수를 기준으로 산정하여 표시한 경우**

입주자모집공고나 주택공급계약서에 주상복합아파트의 전용면적을 외벽의 내부선 기준이 아니라 중심선 치수를 기준으로 산정하여 표시하였더라도 법집행기관인 관할 구청장의 해석을 좇아 표시하였다면 표시광고법 제3조제1항제1호의 거짓 · 과장에 의한 부당한 표시 · 광고행위에 해당한다고 할 수 없다(대법원 2014. 04. 10. 선고 2011다72011 판결).

6. 부당한 허위·과장 광고에 대한 시공사의 책임

쟁점

기망행위로 평가될 정도의 분양 광고에 대하여 분양자 이외에 시공사에 대해서도 손해배상책임을 물을 수 있는가?

판단

분양자의 불법행위를 방지해야 할 주의의무가 있음에도 이를 방지하지 않은 과실이 있는 때에는 공동불법행위자의 책임을 물을 수 있다.

(1) 공동불법행위자의 책임

수인이 공동의 불법행위로 타인에게 손해를 가한 때에는 연대하여 그 손해를 배상할 책임이 있고, 방조자는 공동행위자로 본다(민법 제760조).

공동불법행위에서 방조란 불법행위를 용이하게 하는 직접 · 간접의 모든 행위를 가리키는 것으로서 형법과 달리 손해의 전보를 목적으로 하여 과실을 원칙적으로 고의와 동일시하는 민법의 해석으로서는 과실에 의한 방조도 가능하다.

불법행위에 도움을 주지 말아야 할 주의의무가 있음에도 이 의무를 위반하는 사람은 과실에 의하여 타인의 불법행위에 방조한 것이므로 공동불법행위자의 책임을 지게 된다(대법원 2000. 4. 11. 선고 99다41749 판결).

(2) 공사 수급인의 공동불법행위 책임을 인정한 사례

A는 기준층에 비하여 더 많은 돈을 지급하고 아파트의 최상층을 분양받았는데, 주된 이유는 최상층의 경우 바닥과 천정 사이에 다락을 설치함으로써 바닥 면적에 포함되지 아니하는 별도의 공간을 마치 복층과 같이 활용할 수 있다고 기대하였기 때문이다.

분양안내책자에 수록된 최상층의 조감도에 따르면 다락의 지붕은 수평으로 되어 있고, 다락에 책상과 의자가 설치되어 있으며, 다락의 벽에는 벽걸이 텔레비전과 비슷한 크기의 액자가 걸려 있고, '수납공간 및 개인 취미생활 공간을 활용할 수 있는 다락방을 설치하였습니다'라는 문구가 기재되어 있었는데, 분양광고의 내용도 그와 같았고, 견본주택에 설치된 최상층의 모형 다락 내부에는 책상과 의자 등이 배치되어 있었고 그 안에서 일상적 주거생활이 가능한 것처럼 보였다.

그러나 실제로 입주한 아파트 최상층 다락의 경우 천장은 약 30° 정도 경사지고, 천장의 높이는 낮은 곳이 46㎝~55㎝, 높은 곳이 140㎝~152㎝ 정도로서 일상생활이 곤란한 형상(구조나 크기)이었다.

분양광고는 시행사가 주관하기로 하였지만, 시공사는 시행사와 정기적으로 분양대책회의까지 개최하였고, 분양계약상 아파트 분양대금도 시행사가 아닌 시공사의 계좌로 바로 입금받았다.

분양안내책자의 뒷부분에는 시공사의 이미지광고, 기업연혁과 상호가 기재되어 있는데, 시공사는 분양광고에 자신의 상호 등이 사용됨을 용인하고 분양안내책자를 사전에 검토하여 승인한 바 있다.

A는 시행사보다는 시공사의 브랜드 가치를 믿고 분양계약을 체결하였다.

위의 사례에서 A는 시행사뿐만 아니라 시공사에 대해서도 공동불법행위자의 책임을 물을 수 있는가?

사례에서 시행사가 한 광고가 부당한 허위 · 과장 광고로서 불법행위를 구성하는 것은 쉽게 인정할 수 있다. 분양에서 중요한 사항인 다락의 형상에 관하여 한 이 사건 분양광고는 신의성실의 의무에 비추어 비난받을 정도의 허위 · 과장된 내용이 존재하여 불법행위를 구성한다고 볼 수 있는 것이다.

대법원은 위와 같은 사정이라면 시공사도 시행사와 공모하거나 적어도 방조한 공동불법행위자로서의 책임을 질 여지가 있다고 보았다(대법원 2009. 4. 23. 선고 2009다1313 판결[3]).

3) 원심판결은 시행사의 하자담보책임은 있으나 공사수급인의 공동불법행위 책임은 인정하지 않았는데, 원고는 공사 수급인의 공동불법행위에 대한 판결 부분에 대하여 대법원에 상고하였다. "앞서 인정한 사실관계에 의하면, 이 사건 아파트 최상층 분양가격이 기준층에 비해 높게 책정되었음에도 불구하고 원고들이 최상층을 분양받은 이유는 개인 취미생활 등 일상 생활공간으로 활용할 수 있는 다락이 설치되리라 믿었기 때문이고, 분양자인 피고 1 주식회사도 이를 알고 있었다고 보아야 하므로, 다른 특별한 사정이 없는 한 원고들과 피고 1 주식회사 사이에 분양안내책자 등에서 광고 · 설명한 바와 같은 다락의 형상(벽면에 책상과 의자를 배치하여 일상 생활공간으로 사용할 수 있을 정도의 구조와 크기를 가진 것)을 분양계약의 내용으로 하기로 하는 묵시적 합의가 있었다고 봄이 상당하다. 그런데 실제 피고 1 주식회사가 완공한 **이 사건 아파트 최상층의 다락은 위 기초사실 '차.'항 기재와 같이 시공되어 있어서, 벽면에 책상과 의자를 배치하여 일상적으로 사용할 수 있는 공간으로서는 기능하기 어려운 상태이다. 따라서 피고 1 주식회사는 위와 같은 다락의 변경시공으로 인한 하자에 대하여 분양자로서의 담보책임이 있다.**"(서울고등법원 2008. 12. 2. 선고 2008나37706 판결)

7. 불법 증축공사를 한 시공사의 책임

쟁점

불법으로 아파트를 복층으로 증측하는 공사를 시공한 시공사가 수분양자에 대하여 손해배상책임을 지는가?

판단

시공사는 불법행위에 관하여 분양자와 공모하거나 방조한 것으로 보아 공동불법행위자 책임을 질 수 있다.

(1) 불법증축으로 인한 불법행위 또는 분양계약의 불완전이행

아파트를 복층구조로 사용할 수 있다는 내용으로 수분양자들과 분양계약을 체결한 분양자가 건축법상 행정절차를 거치지 않은 채 수분양자들에게 아파트를 인도하였다. 이 아파트는 복층구조가 가능하게 층고를 높게 시공하고, 아파트 상층부에 복층구조의 바닥으로 사용할 수 있는 슬래브 및 급수배관시설을 설치한 상태였다. 아파트를 인도받은 수분양자들은 복층구조로 사용하는 데 필요한 인테리어공사를 하였다.

위와 같은 사정이라면 분양자는 불법행위 또는 분양계약의 불완전이행에 따른 책임을 져야 한다. 따라서 분양자는 아파트의 수분양자들에게 아파트를 단층구조로 원상회복하는 데 필요한 공사대금과 건축법 위반을 이유로 부과받은 이행강제금 상당의 손해를 배상할 책임이 있다.

(2) 시공사의 공동불법행위

시공사는 분양자와 함께 ① 아파트의 층고를 복층구조가 가능하도록 높게 시공하고, 아파트의 상층부에 복층구조의 바닥으로 사용할 수 있는 슬래브 및 급수배관시설을 설치하였다.

② 분양자와 시공사 사이의 공사도급계약에는 '인 · 허가 업무 협조, 공사와 관련된 행정처리 및 민원해결' 등을 시공사의 업무로 정하고 있다.

③ 분양계약서에는 시공사의 기명날인이 있고, 일부 분양계약서에는 분양대금의 입금계좌로 시공사 명의의 예금계좌가 기재되어 있다.

대법원은 위와 같은 사정을 들어 시공사는 분양자가 건축법상 행정절차를 거치지 않은 채 아파트의 복층구조 공사를 시행한 후 수분양자들에게 인도한 불법행위에 관하여 분양자와 공모하거나 적어도 방조함으로써 공동불법행위자로서의 책임을 부담한다고 볼 여지가 있다고 보았다(대법원 2012. 06. 14. 선고 2012다15060 판결).

8. 수분양자 지위 양도에 따른 손해배상채권 이전 여부

쟁점

허위·과장광고로 인한 손해배상청구권을 가지고 있던 수분양자가 수분양자의 지위를 제3자에게 양도한 경우 손해배상청구권도 당연히 양도되는가?

판단

손해배상청구권이 당연히 부수하여 양도되는 것은 아니다.

계약상 지위의 양도와 손해배상청권의 양도 여부

아파트의 수분양자가 그 지위를 양도하는 경우 수분양자 지위의 양도로 표시광고법상 허위 · 과장광고로 인한 손해배상청구권도 당연히 양수인에게 이전되는가?

대법원은 양수인이 수분양자 지위를 양도받으면서 허위 · 과장광고로 인한 손해를 입었다는 등의 특별한 사정이 없는 한 양수인에게 허위 · 과장광고로 인한 손해배상청구권이 당연히 이전되는 것은 아니라고 보았다.

판례 "표시광고법상 허위· 과장광고로 인한 손해배상청구권은 불법행위에 기한 손해배상청구권의 성격을 가진다고 할 것인데, 계약상 지위의 양도에 의하여 계약당사자로서의 지위가 제3자에게 이전되는 경우 계약상의 지위를 전제로 한 권리관계만이 이전될 뿐 불법행위에 기한 손해배상청구권은 별도의 채권양도절차 없이 제3자에게 당연히 이전되는 것이 아니므로, 표시광고법상 허위· 과장광고로 인한 손해배상청구권을 가지고 있던 아파트 수분양자가 수분양자의 지위를 제3자에게 양도하였다는 사정만으로 그 양수인이 당연히 위 손해배상청구권을 행사할 수 있다고 볼 수는 없고, 다만 허위·과장광고를 그대로 믿고 허위·과장광고로 높아진 가격에 수분양자 지위를 양수하는 등으로 양수인이 수분양자 지위를 양도받으면서 허위·과장광고로 인한 손해를 입었다는 등의 특별한 사정이 있는 경우에만 양수인이 그 손해배상청구권을 행사할 수 있다고 할 것이다."(대법원 2015. 7. 23. 선고 2012다15336, 15343, 15350, 15367, 15374, 15381, 15398, 15404 판결)

9. 계약에 편입된 아파트 분양광고

쟁점

(선분양·후시공 방식) 아파트의 외형·재질과 관련된 사항을 견본주택에서 광고 하였으나 관련 내용이 분양계약서에는 기재되어 있지 않은 경우 분양자는 이에 따른 책임을 부담하는가?

판단

분양자가 이행 가능한 것에 대하여는 분양계약에 따른 책임을 진다.

(1) 계약서에 내용이 없는 사항을 분양광고에서 제시한 사례

모 건설회사는 아파트를 시공 · 분양하면서 분양계약서에 분양의 목적물이 건물과 대지의 면적 및 그 동과 호수를 표시한 아파트 1동과 이에 따른 전기, 도로, 상수도시설 기타 부대시설(공용)로 되어 있고, 기타 사항으로 견본주택 내에 시공된 제품은 특별한 사정없이 타사 제품으로 변경될 수 없고 견본주택 및 각종 인쇄물과 모형도상의 구획선 및 시설물의 위치, 설계도면 등의 표시가 계약체결일 이후 사업계획 변경승인 및 신고 등에 따라 일부 변경될 경우에는 건설회사가 수분양자들에게 이를 통보하기로 하였다.

위 건설회사는 각종 분양광고에서 마치 ① 아파트 단지 내에 온천, 유실수단지, 테마공원이 있고, ② 바닥재는 원목마루로 시공하고, ③ 콘도이용권을 제공하는 것처럼 광고하였다. 또한 ④ 서울대학교의 이전, 일산과 금촌을 연결하는 도로의 확장, 전철복선화가 예정된 것처럼 광고하였다. 물론 이러한 내용은 분양계약서에는 기재되어 있지 않았다.

이와 같은 사례에서 이 사건 아파트를 분양한 건설회사가 광고에 표시된 온천, 유실수단지, 테마공원, 원목마루(바닥재)를 시공하지 않고, 콘도이용권을 제공하지 않았다면 그에 대한 분양계약상의 책임을 져야 할까? 서울대학교의 이전, 일산과 금촌을 연결하는 도로의 확장, 전철복선화 예정이라는 광고에 대하여는 어떤 책임을 부담하는가?

과거 분양계약서에는 기재하지 않은 채 아파트 분양광고에만 각종 혜택을 광고하는 허위 · 과장 광고의 사례가 많이 있었지만, 이러한 광고의 내용에 대해서는 분양사의 책임을 거의 인정하지 않았다. 단순히 청약의 유인에 불과하고, 계약내용을 이루지 않는다는 이유였다.

(2) (선분양·후시공) 아파트 분양계약 내용의 해석 방법

대법원은 아파트분양 광고에 대해서는 선분양 · 후시공하는 아파트 분양계약의 특성을 분석하면서 조금 다르게 판단했다. 분양계약서에 명시적으로 기재되어 있지 않고, 광고에만 포함되어 있지만, 광고 내용이나 조건 또는 설명 중 구체적 거래조건, 즉 아파트의 외형 · 재질 등에 관한 것으로서 사회통념에 비추어 수분양자가 분양자에게 계약내용으로서 이행을 청구할 수 있다고 보이는 사항에 관한 한 분양계약의 내용을 이루는 것으로 판단하였다.

분양계약의 목적물인 아파트의 외형 · 재질에 관하여 별다른 내용이 없는 분양계약서는 그 자체로서 완결된 것이라고 보기 어려우므로 위 아파트 분양계약은 목적물의 외형 · 재질 등이 견본주택(모델하우스) 및 각종 인쇄물에 의하여 구체화될 것을 전제로 하는 것이라고 해석된다는 것이다. 따라서 아파트 분양광고의 내용 중 아파트의 외형 · 재질 등에 관한 것(① 온천, 유실수단지, 테마공원, ② 원목마루)과 부대시설에 준하는 것(③콘도이용권)으로서 분양자가 이행 가능한 것에 대하여는 분양계약에 따른 책임을 져야한다고 보았다.

판례 "청약은 이에 대응하는 상대방의 승낙과 결합하여 일정한 내용의 계약을 성립시킬 것을 목적으로 하는 확정적인 의사표시인 반면 청약의 유인은 이와 달리 합의를 구성하는 의사표시가 되지 못하므로 피유인자가 그에 대응하여 의사표시를 하더라도 계약은 성립하지 않고 다시 유인한 자가 승낙의 의사표시를 함으로써 비로소 계약이 성립하는 것으로 서로 구분되는 것이다.

그리고 위와 같은 구분기준에 따르자면, 상가나 아파트의 분양광고의 내용은 청약의 유인으로서의 성질을 갖는데 불과한 것이 일반적이라 할 수 있다. 그런데, 선분양·후시공의 방식으로 분양되는 대규모 아파트단지의 거래사례에 있어서 분양계약서에는 동·호수·평형·입주예정일·대금지급방법과 시기 정도만이 기재되어 있고 분양계약의 목적물인 아파트 및 그 부대시설의 외형·재질·구조 및 실내장식 등에 대하여 구체적인 내용이 기재되어 있지 아니한 경우가 있으나, 분양계약의 목적물인 아파트에 관한 외형·재질 등이 제대로 특정되지 아니한 상태에서 체결된 분양계약은 그 자체로서 완결된 것이라고 보기 어렵다 할 것이므로, 비록 분양광고의 내용, 모델하우스의 조건 또는 그 무렵 분양회사가 수분양자에게 행한 설명 등이 청약의 유인에 불과하다 할지라도 그러한 광고 내용이나 조건 또는 설명 중 구체적 거래조건, 즉 아파트의 외형·재질 등에 관한 것으로서 사회통념에 비추어 수분양자가 분양자에게 계약내용으로서 이행을 청구할 수 있다고 보여지는 사항에 관한 한 수분양자들은 이를 신뢰하고 분양계약을 체결하는 것이고 분양자들도 이를 알고 있었다고 보아야 할 것이므로, 분양계약서에 달리 이의를 유보하였다는 등의 특단의 사정이 없는 한, 분양자와 수분양자 사이에 이를 분양계약의 내용으로 하기로 하는 묵시적 합의가 있었다고 봄이 상당하다.

분양계약의 목적물인 아파트의 외형·재질에 관하여 별다른 내용이 없는 분양계약서는 그 자체로서 완결된 것이라고 보기 어려우므로 위 아파트 분양계약은 목적물의 외형·재질 등이 견본주택(모델하우스) 및 각종 인쇄물에 의하여 구체화될 것을 전제로 하는 것이라고 보아, 광고 내용 중 도로확장 등 아파트의 외형·재질과 관계가 없을 뿐만 아니라 사회통념에 비추어 보더라도 수분양자들 입장에서 분양자가 그 광고 내용을 이행한다고 기대할 수 없는 것은 그 광고 내용이 그대로 분양계약의 내용을 이룬다고 볼 수 없지만, 이와 달리 온천 광고, 바닥재(원목마루) 광고, 유실수단지 광고 및 테마공원 광고는 아파트의 외형·재질 등에 관한 것으로서, 콘도회원권 광고는 아파트에 관한 것은 아니지만 부대시설에 준하는 것이고 또한 이행 가능하다는 점에서, 각 분양계약의 내용이 된다."(대법원 2007. 5. 1. 선고 2005다5812, 2005다5829, 2005다5836 판결

반면, 아파트의 외형 · 재질 등과 같은 구체적 거래조건이나 부대시설에 관한 사항이 아닌 아파트 분양광고의 내용은 일반적으로 청약의 유인으로서의 성질을 가지는 데 불과하므로 이를 이행하지 아니하였다고 하여 분양자에게 계약불이행의 책임을 물을 수는 없다(대법원 2015. 05. 28. 선고 2014다24327 판결).

(3) 분양자가 이행할 것이라 기대하기 어려운 광고내용에 대한 책임

광고내용 중 아예 허위 · 과장 광고로서 애당초 분양자가 그 광고내용을 책임질 것으로 기대하기 어려운 것들, 위 사례의 ④서울대학교의 이전, 일산과 금촌을 연결하는 도로의 확장, 전철복선화에 관한 광고는 아파트의 외형 · 재질과 관계가 없을 뿐만 아니라 사회통념에 비추어보더라도 수분양자들 입장에서 분양회사가 그 광고내용을 이행할 것으로 기대할 수 없는 것들이므로 그 광고내용이 그대로 분양계약의 내용이 될 수는 없다. 다만, 허위 · 과장 광고라는 점에서 불법행위에 따른 손해배상책임은 져야 할 것이다.

10. 선시공·후분양 아파트의 분양광고와 계약책임 여부

쟁점

시공이 완료된 아파트형 공장을 분양 받아 입주해 보니 분양카탈로그에 기재되어 있었던 옥상휴게공원과 퍼팅공원이 시공되지 않은 경우, 하자를 이유로 분양자에게 손해배상을 청구할 수 있는가?

판단

분양자가 우선 시공한 뒤 사후에 분양하는 경우, 카탈로그의 기재된 광고 내용은 분양계약에 편입된다고 보기 어렵다.

(1) 선시공·후분양 아파트의 분양광고

아파트 분양광고의 내용 중 아파트의 외형 · 재질 등에 관한 것과 부대시설에 준하는 것으로서 분양자가 이행 가능한 것에 대하여는 분양계약에 편입되어 계약에 따른 책임을 져야 하는데, 일반적인 아파트와 달리 선분양 · 후시공이 아닌 경우에도 마찬가지인가? 선시공 · 후분양 아파트의 경우에도 아파트의 외형 · 재질 등에 관한 것과 부대시설에 준하는 것에 대한 광고는 당연히 계약내용에 편입된다고 보아야 하는가?

선시공 · 후분양의 방식으로 분양되는 아파트 등의 경우에는 수분양자는 실제로 완공된 아파트 등의 외형 · 재질 등에 관한 시공 상태를 직접 확인하고 분양계약 체결 여부를 결정할 수 있으므로 완공된 아파트 등 그 자체가 분양계약의 목적물로 된다고 보아야 한다. 따라서 분양광고의 내용이 그대로 계약내용에 편입되었다고 단정할 수 없다.

대법원은 2014. 11. 13. 선고 2012다29601 판결에서 아파트형 공장을 분양받은 수분양자들이 옥상휴게공원과 퍼팅공원 등이 분양카탈로그에 표시된 내용과 다르게 시공되었다는 이유로 하자보수에 갈음한 손해배상을 청구한 사안에서 선시공 · 후분양 아파트는 선분양 · 후시공 아파트와 달리 아파트의 외형, 재질 등에 관한 내용이더라도 분양광고의 내용이 그대로 계약에 편입되는 것이 아니라는 취지로 판시하였다.

(2) 선분양·후시공 아파트이나 아파트 완공 후 분양계약을 체결한 경우

당초 선분양 · 후시공의 방식으로 분양하기로 계획되었으나 계획과 달리 준공 전에 분양이 이루어지지 아니하여 준공후에 분양이 되는 아파트의 경우에도 아파트가 완공된 이후에 실물을 보고 계약을 체결한 경우에는 선시공 · 후분양 아파트를 분양받은 것과 마찬가지여서 완공된 아파트 등 그 자체가 분양계약의 목적물로 된다고 보아야 한다.

따라서 선분양 · 후시공의 방식으로 분양하기로 한 아파트 등의 단지 중 일부는 준공 전에, 일부는 준공 후에 분양된 경우에는 각 수분양자마다 분양계약 체결의 시기 및 아파트 등의 외형 · 재질 등에 관한 구체적 거래조건이 분양계약에 편입되었다고 볼 수 있는 사정이 있는지 여부 등을 개별적으로 살펴 분양회사와 각 수분양자 사이에 이를 분양계약의 내용으로 하기로 하는 묵시적 합의가 있었는지 여부를 판단하여야 한다.

판례 "원심판결 이유 및 원심이 배척하지 아니한 각 분양계약서등 기록에 의하면, 이 사건 건물은 2004. 12. 30. 사용승인을 받았고, 위 구분소유자 60명 중 일부는 위 사용승인일 이후에 피고와 분양계약을 체결하였음을 알 수 있다.

그렇다면 앞서 본 법리에 비추어, 비록 이 사건 건물의 공용부분 중 A동 퍼팅공원, B동옥상 휴게공원, B동 복도 휴게공간이 피고가 준공 전에 분양을 위해 제작한 분양카탈로그에 나타나 있는 내용과 달리 시공되었다고 하더라도, 원심이 이를 이 사건 건물의 사용승인일 이후 분양받은 구분소유자들에게까지 하자라고 인정하기 위해서는 피고가 위 각 수분양자와 분양계약을 체결할 당시 분양카탈로그에서 표시한 위 각 부대시설에 관한 내용대로 별도로 다시 시공해 주기로 약정하였다는 등의 특별한 사정이 있는지 여부를 심리하여 보았어야 한다.

그런데도 원심은 이와 같은 특별한 사정이 있는지 여부를 심리하여 보지 아니한 채, 이 사건 건물의 사용승인일 이후 분양받은 구분소유자들에게까지도 위와 같이 분양카탈로그와 달리 시공된 부분을 모두 하자로 인정하였으니, 이러한 원심판결에는 분양광고의 계약 편입 등에 관한 법리를 오해하여 필요한 심리를 다하지 아니함으로써 판결 결과에 영향을 미친 위법이 있다."(대법원 2014. 11. 13. 선고 2012다29601 판결)

---

11. 분양계약해제와 원상회복의 범위

쟁점

甲은 분양받은 아파트에 입주하여 살면서 하자를 이유로 분양계약을 해제하였다. 甲은 거주한 기간의 차임 상당을 분양자에게 반환할 의무가 있는가?

판단

甲은 분양대금 및 그에 대한 이자를 돌려받고, 거주 기간에 대한 차임 상당을 반환하여야 한다.

(1) 계약해제와 소급적 실효

계약을 해제한 때에는 각 당사자는 그 상대방에 대하여 원상회복의 의무가 있다(민법 제548조 제1항 본문). 계약을 해제하면 계약은 소급하여 실효되므로 이미 이행한 급부는 법률상 원인 없이 수령한 것이 되므로 부당이득으로서 반환되어야 한다.

부당이득에서는 현존이익을 반환하는 것이 원칙이지만(민법 제748조제1항), 계약해제의 경우에는 민법 제548조가 특칙으로 적용되어 이득의 현존 여부나 상대방이 선의인지 악의인지를 묻지 않고 받은 급부 전부를 상대방에게 반환하여야 한다.

계약해제에 따른 원상회복은 원물반환이 원칙이다. 따라서 아파트분양계약이 해제되는 경우 수분양자는 분양자에게 분양받은 아파트를 명도하고 소유권이전등기를 이전해야 한다. 분양자는 수분양자에게 분양대금 및 그 받은 날로부터 이자를 가산하여 지급하여야 할 것이다(민법 제548조 제2항).

(2) 수분양자가 분양자에게 반환하여야 하는 금액

한편 급부받은 물건으로부터 과실을 취득하거나 사용을 하여 이득을 얻은 때에는 그 과실 및 사용이익도 함께 반환하여야 한다.

대법원 1991. 08. 09. 선고 91다13267 판결은 계약해제로 인하여 계약당사자가 원상회복의무를 부담함에 있어서 계약당사자 일방이 목적물을 이용한 경우에는 그 사용에 의한 이익을 상대방에게 반환하여야 하므로 매수인이 건설기계를 인도받아 사용하던 중 그 매매계약이 해제된 경우에 매수인은 매도인에게 그 건설기계의 사용으로 인한 이익을 반환해야 한다는 취지로 판시한 바 있다. 대법원 2006. 09. 08. 선고 2006다26328 판결은 계약해제로 인하여 계약 당사자가 원상회복의무를 부담함에 있어서 매도인의 반환하는 금액에 법정이자를 부가하는 법의 취지에 비추어 볼 때 매수인이 목적물을 이용한 경우에는 그 사용에 의한 이익을 상대방에게 반환하여야 한다고 명시적으로 밝히고 있다. 대법원 1976. 3. 23. 선고 74다1383, 1384 판결 및 2000. 2. 25. 선고 97다30066 판결 등도 마찬가지이다.

요컨대, 분양계약이 해제되는 경우 분양자는 수분양자로부터 수령한 분양대금에 이자를 가산하여 반환하여야 한다. 수분양자는 분양자에게 아파트를 명도하고 소유권이전등기를 넘겨주어야 하며, 더 나아가 아파트를 법률상 원인 없이 사용한 기간 동안의 차임 상당의 부당이득을 반환하여야 할 것이다.

12. 분양대금 반환을 위한 채권자대위권 행사의 가부

쟁점

분양계약을 해제한 수분양자가 분양대금을 돌려받기 위해서 분양자를 대위하여 분양수입금 등의 자금관리를 위탁받은 수탁자를 상대로 사업비 지출을 요청할 수 있는가?

판단

분양자의 자력 여부와는 상관없이 채권자대위권을 행사하여 분양자를 대위하여 청구할 수 있다.

(1) 채권자대위권 행사요건

채권자는 자기의 채권을 보전하기 위하여 채무자의 권리를 행사할 수 있다(민법 제404조). 채권이 금전채권인 경우에는 원칙적으로 채무자가 무자력인 때에만 채권자가 채무자를 대위하여 채무자의 제3채무자에 대한 권리를 행사할 수 있다(대법원 2009. 02. 26. 선고 2008다76556 판결).

그러나 금전채권인 경우라도 그것이 채무자의 제3채무자에 대한 채권과 밀접한 관련이 있고, 채무자이 권리를 대위하여 행사하는 것이 자기 채권의 현실적 이행을 유효 · 적절하게 확보하기 위하여 필요한 때에는 채무자가 자력이 있더라도 채권자대위권을 행사할 수 있다(대법원 1989. 4. 25. 선고 88다카4253, 4260 판결).

(2) 분양대금 반환을 위한 채권자대위권 행사의 경우

대법원은 분양계약을 해제한 수분양자가 분양대금 반환채권을 보전하기 위해 분양자를 대위하여 그로부터 분양수입금 등의 자금관리를 위탁받은 수탁자를 상대로 사업비 지출 요청권을 행사한 사안에서, 분양계약을 해제한 수분양자로서는 분양자에 대한 분양대금 반환채권을 보전하기 위하여 분양자를 대위하여 수탁자에게 분양대금 상당의 사업비 지출 요청권을 행사할 수 있다(대법원 2014. 12. 11. 선고 2013다71784 판결)고 판단하였다.

① 분양자가 대리사무 약정에 따라 분양대금 등의 자금관리를 위탁받은 수탁자에 대하여 갖는 사업비 지출 요청권은 수분양자가 보전하려는 권리인 분양대금 반환채권과 밀접하게 관련되어 있고, ② 수분양자가 사업비 지출 요청권을 대위하여 행사하는 것이 분양대금 반환채권의 현실적 이행을 유효 · 적절하게 확보하기 위하여 필요한 경우이며, ③ 수분양자가 분양자의 사업비 지출 요청권과 같은 대리사무 약정상 권리를 대위하여 행사하는 것이 채무자의 자유로운 재산관리행위에 대한 부당한 간섭이 된다고 보이지도 않는다고 보았기 때문이다.

13. 상가개발비의 반환 청구

쟁점

대규모 상가의 분양자가 분양대금과 별도로 수수한 상가개발비를 분양계약이 해제되더라도 반환하지 않기로 한 계약은 유효한가?

판단

약관법에 위반되는 무효의 조항이다.

(1) 상가개발비의 법적 성질

영업용 상가의 분양계약에서 수분양자가 분양대금과는 별도로 분양자에게 상가개발비라는 명목의 금원을 지급하기로 한 경우, 그 금원의 법적 성질이 무엇인지는 분양계약의 내용, 상가개발비를 지급하게 된 동기와 경위, 당사자가 그 거래행위에 의하여 달성하려는 목적, 거래의 관행 등을 종합적으로 고찰하여 판단하여야 할 당사자 사이의 의사해석의 문제이다.

신축상가의 분양계약에서 분양대금과 별도로 상가개발비 항목을 두어 수분양자에게 이를 지급할 의무를 부담하도록 하면서, 분양자에게는 상가홍보, 상가 공통의 인테리어 설치 등 기본적인 영업환경을 조성하고 상권이 형성되도록 할 의무를 부담하게 하고 있는 경우라면, 그러한 상가개발비 약정은 수분양자가 분양자에게 상가 홍보, 인테리어 시공 등 상가의 활성화를 위한 사무 처리를 위임하고 그 위임사무의 처리를 위한 비용 및 보수를 상가개발비라는 명목으로 지급하며, 분양자는 지급받은 상가개발비 금액 한도에서 상가 활성화 사무를 처리하기로 한 약정으로 해석함이 상당하다.

이와 같이 상가개발비 약정을 위임약정이라고 볼 경우, 분양자는 위임의 본지에 따라 선량한 관리자의 주의로써 상가개발비를 관리하고 상가 활성화 사무를 위하여 집행하여야 할 의무를 부담하는 것이므로, 상가개발비를 원래 분양자 자신이 부담하여야 할 분양대행수수료, 중개수수료 등으로 사용할 수는 없다.

(2) 분양계약해제와 상가개발비의 반환

상가개발비 약정이 분양계약에 편입된 경우, 분양계약이 해제 또는 해지되면 상가개발비 약정 역시 종료된다고 할 것이고, 이때 상가개발비를 반환하여야 하는지 여부는 원칙적으로 분양계약 당사자 사이의 약정에 따라야 하지만, 약관의 형식으로 분양계약이 체결된 경우에는 그 약관의 내용이 사적자치의 영역에 속하는 것이라고 하더라도 이는 약관법의 규율 대상이 된다.

약관법 제9조는 계약의 해제 · 해지의 경우 사업자의 원상회복의무나 손해배상의무를 부당하게 경감하는 조항은 무효라고 규정하고 있으므로, 분양계약이 종료된 경우에 상가개발비를 어떠한 경우에도 반환하지 않는다는 약관 조항은 수분양자에게 일방적으로 불리한 조항으로서 무효이다.

상가 분양계약서에 '개발비는 소멸되므로 계약해지 시 반환하지 않는다'는 조항을 두고 있는 경우에, 이 조항이 분양자의 귀책사유로 계약이 해제 · 해지되는 경우에도 개발비 반환의무를 인정하지 않는 취지라면 약관법 제9조에 의하여 무효이다(대법원 2014. 03. 13. 선고 2010다97051 판결).

(3) 반환의 범위

상가개발비 약정의 성격이 위임약정이라고 볼 경우 분양자의 책임 없는 사유로 분양계약이 해제되었을 때에는 분양계약 종료 당시까지 분양자가 처리한 사무의 정도와 난이도, 노력의 정도, 처리된 사무에 대하여 가지는 쌍방 당사자의 이익 등 제반 사정을 참작하여 상당하다고 인정되는 보수 금액 및 상당하다고 인정되는 사무처리 비용 등을 공제하고 남은 나머지 상가개발비만을 반환받을 수 있다. 이 경우 처리한 사무의 정도, 사용된 사무처리 비용 등은 공제를 주장하는 분양자가 그 증명책임을 부담한다(대법원 2013. 10. 24. 선고 2010다22415 판결).

14. 입주기간에 부과된 재산세의 납세의무자

쟁점

아파트공급계약서에서 '입주지정일 이후에 발생하는 제세공과금에 대하여는 입주 및 잔금완납이나 소유권이전 유무에 관계없이 수분양자가 부담한다'고 정한 경우에 수분양자가 입주하기 이전, 입주기간 중에 발생한 재산세는 누가 부담하여야 하는가?

판단

분양자의 부담이라는 판례가 있다.

재산세 납세의무는 과세기준일 당시 소유자에게 귀속하는데, 과세기준일 당시의 소유자는 분양자이므로 납세의무자는 당연히 분양자이다. 그럼에도 불구하고 위 특약을 근거로 재산세 납세의무를 수분양자에게 전가할 수 있는가?

X는 건설회사인 Y가 공급한 이 사건 아파트의 수분양자로서, 2004. 7. 19.경 이 사건 아파트공급계약을 체결하였다. 이 사건 아파트공급계약을 체결하면서 사용한 아파트공급계약서의 ① 제1조에는 잔금납부일자가 입주지정일로 기재되어 있고, ② 제6조에는 수분양자가 약정납부일 이전에 중도금이나 잔금을 납입한 때에는 납입일로부터 약정납부일 전일까지의 기간에 대하여 납입금에 연 6%의 할인율을 적용한 금액을 할인하여 주기로 하는데, 잔금에 대한 할인은 입주지정 최초일을 기준으로 하여 할인하고, 입주지정 최초일로부터 종료일까지 기간에 대하여는 할인료 및 연체료 규정을 적용하지 아니하며, 수분양자가 잔금의 납부를 지연하여 입주기간 만료일이 경과하였을 때에는 그 경과일수(연체기간)에 대하여 일정 이율의 연체료를 가산 납부하여야 하는 취지로 기재되어 있으며, ③ 제15조에는 "수분양자는 분양자가 통보한 입주기간 내에 입주하여야 하며, 그 이후는 입주 여부에 관계없이 관리비를 부담하여야 한다."라고 기재되어 있고, ④ 제9조에는 "입주지정일 이후 발생하는 제세공과금에 대하여는 입주 및 잔금완납이나 소유권이전 유무에 관계없이

수분양자가 부담한다. 단, 수분양자의 불이행으로 인하여 분양자들이 입은 손해는 수분양자가 배상한다."라고 기재되어 있다.

Y는 이 사건 아파트 건설공사를 마치고, 2007년 4월경에 X에게 입주기간을 2007. 5. 31.부터 2007. 7. 9.까지(40일간)로 정하여 통지하였다. Y가 X에게 보낸 입주안내문에는 2007. 5. 31. 이전에 분양잔금을 선납한 경우에는 선납일수만큼 할인되며, 2007. 7. 9. 이후 분양잔금을 납부할 경우에는 입주만료일을 기준으로 연체료를 추가 납부한다는 점, 입주기간 중 입주자에 대하여는 입주일(열쇠인수일)로부터 공동관리비를 부과하고, 입주기간 경과 후에 입주하는 수분양자에 대하여는 2007. 7. 9. 이후부터 입주 여부와 관계없이 공동관리비를 부과한다고 기재되어 있었다.

X는 2007. 6. 5.경 분양잔금을 납부하고 분양받은 이 사건 아파트에 입주하였는데, 이 사건 아파트에 대한 재산세 과세관청에서 2007. 7. 8.경 지방세법 제190조에 따라 2007. 6. 1.을 기준시점으로 하여 그 시점에 위 아파트를 소유하고 있었던 Y를 대상으로 재산세납부고지서를 발급하자, Y는 2007. 7. 30.경 재산세를 모두 납부한 후, 아파트공급계약서 제9조의 제세공과금 부담조항에 근거하여 X에게 재산세액 상당액의 지급을 구하는 사안이다. 누구의 주장이 옳은가?

이에 대하여 대법원은 X가 재산세 과세기준일인 2007. 6. 1.이 경과한 후에야 분양잔금을 납부하고 실제 입주를 마침에 따라 재산세의 납세의무는 과세기준일인 2007. 6. 1. 당시의 소유자인 Y에게 귀속하고, 아파트공급계약서상의 제세공과금 부담조항에 근거하여서 X에게 재산세 납세의무를 전가할 수 없다는 취지로 판단하였다(대법원 2011. 5. 13. 선고 2010다7133 판결).

판례 "아파트공급계약서에서 "입주지정일 이후에 발생하는 제세공과금에 대하여는 입주 및 잔금완납이나 소유권이전 유무에 관계없이 수분양자가 부담한다."고 정한 제세공과금 부담조항은 지정된 입주기간 내에 입주하지 아니한 수분양자에 대하여 입주 여부와 상관없이 입주기간이 경과한 후 발생한 제세공과금을 부담시키는 방법으로 입주기간 준수의무를 위반한 수분양자들을 제재하고자 하는 조항으로 볼 수 있을 뿐, 분양자와 수분양자 사이에 입주기간 중 발생한 제세공과금의 부담관계를 정한 조항으로는 볼 수 없으므로, 위 제세공과금 부담조항에 근거하여서는 입주기간 중에 발생한 제세공과금이라는 이유로 수분양자가 실제 입주하기 전에 발생한 제세공과금을 수분양자에게 전가시킬 수는 없다고 보는 것이 합리적 해석이다."(대법원 2011. 5. 13. 선고 2010다7133 판결)

---

15. 입주자예정자의 사용검사처분 취소소송

쟁점

입주자나 입주예정자가 아파트의 사용검사처분의 취소를 구할 수 있는가?

판단

입주자나 입주예정자는 아파트 사용검사처분의 취소를 구할 법률상 이익이 없어 원고 적격이 없다.

아파트를 분양받은 수분양자들이 시공상 하자 등을 이유로 관할관청에 사용검사를 내주지 말도록 요구하는 일이 종종 있다. 사용검사 처분이 있는 때는 사용검사 처분에 대한 무효확인소송이나 취소소송까지 불사하기도 한다.

과연 가능할까? 입주예정자가 사용검사처분의 무효확인소송이나 취소소송을 제기하더라도 직접적이고 구체적인 법률상 이익이 없어 부적법한 소라는 이유로 각하될 것이다(대법원 2014. 07. 24. 선고 2011두30465 판결).

대법원 2015. 1. 29. 선고 2013두24976 판결도 다음과 같이 설시하며 주택법상 입주자나 입주예정자는 사용검사처분의 무효확인 또는 취소를 구할 법률상 이익이 없다고 판단하였다.

건물의 사용검사처분은 건축허가를 받아 건축된 건물이 건축허가 사항 대로 건축행정 목적에 적합한지 여부를 확인하고 사용검사필증을 교부하여 줌으로써 허가받은 사람으로 하여금 건축한 건물을 사용·수익할 수 있게 하는 법률효과를 발생시키는 것이다.

이러한 사용검사처분은 건축물을 사용·수익할 수 있게 하는 데 그치므로 건축물에 대하여 사용검사처분이 이루어졌다고 하더라도 그 사정만으로는 건축물에 있는 하자나 건축법 등 관계 법령에 위배되는 사실이 정당화되지는 아니하며, 또한 건축물에 대한 사용검사처분의 무효확인을 받거나 처분이 취소된다고 하더라도 사용검사 전의 상태로 돌아가 건축물을 사용할 수 없게 되는 것에 그칠 뿐 곧바로 건축물의 하자 상태 등이 제거되거나 보완되는 것도 아니다.

그리고 입주자나 입주예정자들은 사용검사처분의 무효확인을 받거나 처분을 취소하지 않고도 민사소송 등을 통하여 분양계약에 따른 법률관계 및 하자 등을 주장 · 증명함으로써 사업주체 등으로부터 하자의 제거 · 보완 등에 관한 권리구제를 받을 수 있으므로, 사용검사처분의 무효확인 또는 취소 여부에 의하여 법률적인 지위가 달라진다고 할 수 없다.

오히려 주택에 대한 사용검사처분이 있으면, 그에 따라 입주예정자들이 주택에 입주하여 이를 사용할 수 있게 되므로 일반적으로 입주예정자들에게 이익이 되고, 다수의 입주자들이 사용검사권자의 사용검사처분을 신뢰하여 입주를 마치고 제3자에게 주택을 매매 내지 임대하거나 담보로 제공하는 등 사용검사처분을 기초로 다수의 법률관계가 형성되는데, 일부 입주자나 입주예정자가 사업주체와의 개별적 분쟁 등을 이유로 사용검사처분의 무효확인 또는 취소를 구하게 되면, 처분을 신뢰한 다수의 이익에 반하게 되는 상황이 발생할 수 있다.

위와 같은 사정들을 종합하여 볼 때, 주택법상 입주자나 입주예정자는 사용검사처분의 무효확인 또는 취소를 구할 법률상 이익이 없다.

제2절 업종제한분양

1. 업종을 제한한 상가 분양계약의 효력

쟁점

영업할 수 있는 업종을 제한하는 특약이 있는 상가를 분양받은 수분양자는 그 계약에 구속되는가?

판단

업종을 제한하여 상가를 분양하는 계약은 유효하다.

(1) 업종을 제한하는 상가분양계약의 효력

대규모 상가를 분양할 경우에 분양자가 수분양자들에게 특정 영업을 정하여 분양하는 이유는 수분양자들이 해당 업종을 독점적으로 운영하도록 보장하는 한편 상가 내의 업종 분포와 업종별 점포 위치를 고려하여 상가를 구성함으로써 적절한 상권이 형성되도록 하고 이를 통하여 분양을 활성화하기 위한 것이다(대법원 2008. 5. 29. 선고 2005다25151 판결).

분양계약서 또는 집합건물법 제28조의 관리단규약 등에서 업종제한조항을 두는 경우에 어떠한 범위의 업종변경을 제한할 것인가, 업종변경을 절대적으로 금지할 것인가 아니면 일정한 범위에서 변경을 허용할 것인가는 사적 자치의 원칙에 따라 당사자가 자유로이 정할 수 있는 것이고, 분양회사가 수분양자에게 특정 영업을 정하여 분양하거나 구분소유자들 사이에서 각 구분소유의 대상인 점포에서 영위할 영업의 종류를 정하는 것은 기본적으로 수분양자 또는 구분소유자에게 그 업종을 독점적으로 운영하도록 보장하는 의미가 내포되어 있다고 할 것이다(대법원 2005. 11. 10. 선고 2003다45496 판결).

따라서 상가분양계약이나 관리규약을 통해 특정 점포에서 영업할 수 있는 업종을 제한한 경우에 그 효력을 부정할 수 없다. 업종을 제한한 분양계약은 유효하고, 업종 제한 약정이 헌법상 직업선택의 자유를 침해하는 것이라거나 불공정거래행위로서 무효라고 볼 수 없다(대법원 1997. 12. 26. 선고 97다42540 판결).

(2) 일부 점포에 대해서만 업종이 지정된 경우

전체 점포가 아닌 일부 점포에만 업종을 제한한 경우에도 업종제한약정은 유효하다. 전체 점포 중 일부 점포에 대해서만 업종이 지정된 경우라고 하더라도, 특별한 사정이 없는 한 적어도 업종이 지정된 점포의 수분양자나 그 지위를 양수한 자들 사이에서는 여전히 업종제한 약정이 유효하다(대법원 2010. 05. 27. 선고 2007다8044 판결).

2. 업종 제한을 받는 당사자

쟁점

특정 업종으로 영업을 제한한 상가를 수분양자로부터 양수한 양수인도 업종제한의 효력이 미치는가?

판단

업종을 제한한 분양계약의 효력은 양수인에게도 미친다.

(1) 수분양자로부터 소유권을 양수한 구분소유자와 그 점포의 임차인

업종을 제한한 분양계약의 효력은 분양자와 수분양자 사이에만 한정되는 것이 아니라 수분양자로부터 특정 점포의 소유권을 양수한 구분소유권자는 물론이고 그 점포의 임차인에게도 미친다.

따라서 "건축주가 상가를 건축하여 각 점포별로 업종을 정하여 분양한 후에 점포에 관한 수분양자의 지위를 양수한 자 또는 그 점포를 임차한 자는 특별한 사정이 없는 한 상가의 점포 입점자들에 대한 관계에서 상호 묵시적으로 분양계약에서 약정한 업종 제한 등의 의무를 수인하기로 동의하였다고 봄이 상당하므로, 상호간의 업종 제한에 관한 약정을 준수할 의무가 있다."(대법원 2009. 12. 24. 선고 2009다61179 판결)

건축회사가 상가를 건축하여 각 점포별로 개설업종을 정하여 분양하는 경우에 그 수분양자 및 수분양자로부터 임차한 점포 입점자가 위와 같은 업종 제한의 제약을 받아야 한다는 것이 판례이다.

(2) 분양자의 경업금지의무

업종제한의 효력은 분양자 자신에게도 미친다.

판례 "상가 분양회사가 수분양자에게 특정영업을 정하여 분양한 이유는 수분양자에게 그 업종을 독점적으로 운영하도록 보장함으로써 이를 통하여 분양을 활성화하기 위한 것이고, 수분양자들 역시 지정품목이 보장된다는 전제 아래 분양회사와 계약을 체결한 것이므로, 지정업종에 관한 경업금지의무는 수분양자들에게만 적용되는 것이 아니라 분양회사에도 적용된다."(대법원 2006. 7. 4. 자 2006마164, 165 결정)

지정업종에 관한 경업금지의무는 수분양자들에게만 적용되는 것이 아니라 분양자에게도 적용되지만, 분양자의 수분양자에 대한 의무는 수분양자의 영업권을 실질적으로 보호하기 위한 것이므로, 비록 분양자가 상가의 활성화를 위하여 업종의 일부를 변경하고 매장의 위치를 재조정하여 상가의 구성을 변경한다고 하더라도 이로 인하여 기존의 영업상 이익을 침해받을 처지에 있지 아니한 수분양자에 대하여는 의무 위반이 있다고 할 수 없다(대법원 2008. 5. 29. 선고 2005다25151 판결[4]).

4) 피고가 이 사건 상가를 3층 점포의 업종은 남성복으로, 5층 점포의 업종은 아동복 등으로 각 지정하여 임대분양한 사실, 원고 1과 피고 사이에 체결된 임대분양협약서 제8조제1, 2항은 지정된 업종의 준수의무를 규정하고 있는 사실, 이 사건 상가 입점 상인들의 자치조직인 상인운영이사회는 3층 남성복 매장의 매출이 저조하여 그 점포수를 축소하고, 5층에는 상가활성화 시설을 유치하여 달라고 피고에게 건의한 사실, 피고는 위 건의에 따라 5층 아동복 점포 수분양자들의 동의를 얻어 그 중 일부인 24.1구좌에 해당하는 점포를 3층 한쪽 구석으로 옮기고, 3층 점포 중 22구좌에 해당하는 점포를 없애면서 3층 내에 추가 통로를 설치한 사실, 3층으로 옮긴 아동복 점포들과 위 원고의 점포는 몇 개의 점포를 사이에 두고 다소 떨어져 있는 사실을 각 인정한 후, ① 위와 같은 매장의 이동은 상인들의 자치조직인 상인운영위원회의 요청에 의한 것으로서 이 사건 상가의 활성화를 위한 것이었던 점, ② 위와 같이 아동복 점포가 옮겨 온 만큼 3층 내 기존 남성복 점포가 없어지는 데다가 통로 설치를 위해 기존 점포가 추가로 없어지는 데 따라 경쟁이 줄어들게 되어 결과적으로 위 원고의 매출에 도움이 되었을 것으로 보이는 점, ③ 위와 같은 점포 이동은 새로운 점포의 개점이 아니라 다른 층에 있던 기존 점포를 위 원고의 점포와 같은 층으로 옮긴 것에 불과한 점 등에 비추어 피고의 위와 같은 점포 이동이 위 임대분양협약서상의 지정업종 변경제한에 따른 의무를 위배한 것으로 보이지 않는다고 판단한 사안이다.

3. 업종을 제한한 약정이 미치는 범위

쟁점

업종제한약정의 효력은 같은 건물 내의 다른 점포에도 미치는가?

판단

특별한 사정이 없는 한 동일 상권을 이루는 같은 건물 내에 소재하고 있는 모든 상가 점포에 약정의 효력이 있다.

업종제한약정의 효력은 동일상권에 속한 같은 건물 내의 모든 점포에 미친다.

판례 "업종제한약정 위반을 이유로 한 동종영업금지청구권은 분양계약이나 관리단규약 등에 특별히 달리 정한 것이 있거나 기타 특별한 사정이 없는 한 통상적으로 동일 상권을 이루는 같은 건물 내에 소재하고 있는 모든 상가 점포들에 대하여 주장할 수 있다."(대법원 2006. 7. 4. 자 2006마164, 165 결정)

전체 점포가 아닌 일부 점포에만 업종을 제한한 경우에도 업종제한약정은 유효하다. 전체 점포 중 일부 점포에 대해서만 업종이 지정된 경우라고 하더라도, 특별한 사정이 없는 한 적어도 업종이 지정된 점포의 수분양자나 그 지위를 양수한 자들 사이에서는 여전히 업종제한약정은 유효한 것이다(대법원 2010. 5. 27. 선고 2007다8044 판결). 그런데 이러한 약정의 효력이 상가분양자와 그로부터 독점적인 운영을 보장받는 수분양자 이외에 다른 수분양자 등에게 미치기 위해서는, 상가분양자와 모든 수분양자 사이에 체결된 분양계약서에 업종지정 또는 권장업종에 관한 지정이 있거나 업종제한 약정이 체결되어야 한다(수원지방법원 2017. 9. 15 선고 2016가합76271 판결[5]).

5) 분양계약 당시 원고 점포에 관하여 이 사건 건물의 독점적인 약국 영업점포로 분양을 받았고, 타 점포 수분양자들이 상호 묵시적으로 업종 제한 등의 의무를 수인하기로 동의하였으므로 업종제한약정을 위반한 피고에게 손해배상을 청구한 이 사건에서, 법원은 ① 점포 분양계약서에서 '수분양자는 생활편의시설 용도로 사용하여야 한다'고 기재되어 있는 사실 등 만으로 원고에게 약국 영업을 독점적으로 인정하였다고 보기 어렵고, ② 설령 원고 점포에 대하여만 약국

4. 분양자의 경업금지의무의 존속 기간

쟁점

분양회사의 경업금지의무는 언제까지 지속되는가?

판단

분양회사의 경업금지의무는 수분양자들이 관리단을 구성하여 스스로 집합건물의 관리를 행하게 될 때까지 지속된다.

지정업종 및 품목을 위반하여 영업하는 수분양자가 없도록 하여 기존의 수분양자의 기득권을 보호해 주어야 할 분양회사의 경업금지의무는 수분양자들이 관리단을 구성하여 스스로 집합건물의 관리를 행하게 될 때까지 지속되고, 소유권이전등기의무를 이행함으로써 경업금지의무가 소멸되는 것은 아니다.

대법원은 집합건물을 건축·분양하여 구분소유관계가 성립하면 집합건물법 제23조제1항에 의하여 구분소유자 전원으로써 건물 및 대지와 부속시설의 관리에 관한 사업의 시행을 목적으로 하는 관리단을 구성하게 되므로, 점포를 분양받은 상인들의 영업권을 실질적으로 보호하고 상가활성화 및 영업질서 유지를 위하여 인정되는 분양회사의 경업금지의무는 수분양자의 입주가 이루어져 공동관리의 필요가 생기고 관리단이 구성되어 관리규약을 정하고 집합건물의 공동관리가 이루어짐과 동시에 소멸한다고 봄이 상당하다고 보았다(대법원 2005. 7. 14. 선고 2004다67011 판결[6]).

업종을 독점적으로 보장한 것이라고 보더라도, 업종제한 등 수인의무는 상가 수분양자들 사이에서 이를 수인하기로 하는 동의를 기초로 발생하는 것인바 전체 수분양자들과의 분양계약 과정에서 일부 점포에 대한 업종지정 사항을 계약의 내용으로 편입시키거나 일부 점포에 대해서 업종 지정이 있었다는 사정이 수분양자들 모두에게 충분히 공시되어 있어야 할 것인데, 원고 점포 이외 점포의 약국영업 제한에 관하여 묵시적으로나마 수인하기로 동의하였다고 인정할 근거가 없어 원구의 청구를 기각한 사건이다.

6) 피고가 분양계약 당시 지정업종을 제한하여 분양을 하면서 이 사건 상가의 관리를 맡기로 하였고, 일부 상가의 경우에는 분양대금의 충당을 위하여 임대까지 위임을 받아 사실상 피고와 동일업체로 볼 수 있는 주식회사 명동OO 또는 주식회사 OO넷을 이행보조자로 하여 이 사건 상가를 관리해온 것으로 인정되는 이상, 지정업종 및 품목을 위반하여 영업하는 수분양자가 없도록 하여 기존의 수분양자들의 기득권을 보호해 주어야 할 피고의 경업금지의무는 수분양자들이 관리단을 구성하고 적법절차에 의하여 공동관리규약을 설정하는 등 스스로 집합건물의 관리를 행하게 되어 구분소유자의 내부적 경업금지의무 위반을 자체적으로 규율할 수 있을 때까지 지속된다고 봄이 상당하고, 소유권이전등기의무를 이행함으로써 이러한 경업금지의무가 소멸되는 것은 아니라고 판단한 사안이다.

5. 업종제한 약정의 위반 여부를 판단하는 방법

쟁점

'치킨판매' 영업으로 지정받은 점포에서 '호프판매' 영업을 하면 업종제한 약정을 위반한 것인가?

판단

업종제한 약정을 위반한 것으로 인정한 판례가 있다.

(1) 업종제한 약정에서 업종의 범위

아파트상가분양계약상 업종제한 약정이 있기는 하지만 그 업종의 의미 및 영업범위에 관하여 따로 정함이 없을 때에는 제한되는 영업에 해당하는지 여부를 어떻게 판단해야 하는가?

문제되는 업종의 사전적 의미, 일반적으로 행해지는 그 업종의 영업내용, 한국표준산업분류표의 분류기준 등을 모두 종합하여 결정하되, 획일적 · 절대적으로 결정할 것이 아니라 상가가 위치한 도시와 아파트단지의 규모, 그 상가의 크기와 상권형성 정도, 인근 동종업종의 상황 등도 고려하여 판단하여야 한다.

대법원은 '치킨판매영업'으로 지정받은 점포에서 실질적으로 '호프판매 영업'을 한 것은 업종제한에 관한 약정을 위반한 것이라고 하였다. 지정 업종인 '치킨판매 영업'은 '규모가 비교적 작은 접객시설 및 조리시설을 갖추고 닭을 여러가지 방법으로 조리하여 판매하되, 이에 부수하여 음료수와 맥주 등의 주류도 판매하는 영업으로서 한국표준산업분류표상 기타음식점업의 일종'이라 할 것인데, 점포의 임차인이 코브라(생맥주를 일정 온도와 압력으로 유지시켰다가 병 등의 용기에 따를 수 있도록 하는 장치) 등과 같은 생맥주판매 시설을 구비하여 실질적으로 호프판매 영업을 하는 것은 점포에 지정된 업종인 치킨판매 영업에 일반적으로 수반되는 맥주판매로서 호프판매 영업을 지정받은 점포를 소유한 자가 거래관념상 통상적으로 수인하여야 할 정도를 넘은 것이기 때문이다(대법원 2007. 9. 21. 선고 2006다63747 판결).

(2) 약정의 위반여부를 판단하는 기준

또한 대법원은 점포의 업종변경 허부를 규율할 수 있는 규약과 관련하여, ① 분양계약서와 ② 당사자의 확약서 그리고 ③ 상가관리 규정은 업종 변경을 위한 해석의 기준이 될 수 있으나 아파트 관리규약은 업종 변경을 결정하는 규범으로 삼을 수 없다고 보았다(대법원 2007. 9. 21. 선고 2006다63747 판결[7]). 업종제한 약정의 위반여부 판단 시 이 점을 고려하여야 할 것이다.

---

7) 개발회사가 상가를 분양함에 있어 각 점포별로 지정업종 또는 권장업종을 정하여 분양한 사례에서, ① 각 점포에 대한 분양계약 체결시 작성된 '분양계약서'에는 업종이 지정·명시되어 있고, 점포의 용도와 관련하여 지정된 업종대로 분양 및 개점되어야 하며, 업종변경을 원할 경우 입점 전에는 분양자와 협의하고 입점 후에는 상가자치관리규정 등에서 정하는 바에 따라야 한다고 기재되어 있고, ② 수분양자들이 서명·날인하여 개발회사에 제출한 '서약서'에는 수분양자는 입점시 분양계약서에 지정된 용도에 따라 입점 및 개점하고, ③ 지정하는 입점 지정 개시일 이후 점포용도 변경시 지정업종의 경우 단지내 상가 분양계약자로 구성되는 '(가칭)상가자치관리위원회'에서 만장일치의 동의를 받아야 하고 권장업종의 경우 '(가칭)상가자치관리규정'에 따라야 하며, 개발회사에서 통보한 상가관리규정 확정을 위한 모임에서 수분양자 과반수 이상의 출석과 출석자 과반수 이상의 동의를 얻은 '상가관리규정'에 본인의 출석 여부와 관계없이 이의하지 않고 따른다고 기재되어 있는 사실을 인정한 후 업종이 '치킨판매 영업'으로 지정된 점포를 업종인 '호프판매 영업'으로 업종을 변경하기 위해서는 상가자치관리규정 등에서 정하는 바에 따라야 할 것이라고 하였다. 그런데 주거부분의 관리를 위해 마련된 생활지원센터 관리규약은 주거부분의 관리 등을 위해 마련된 것일 뿐이어서 상가의 업종변경에 관한 규정을 두고 있지도 않는 등 위 분양계약서 및 서약서에서 규정한 '상가자치관리규정 등'에 속하지 않는 것이 명백하여 점포의 업종변경 허부를 규율할 수 있는 규약이 될 수 없다고 보았다.

6. 영업금지의 청구

쟁점

업종제한약정의 위반으로 인하여 영업상의 이익을 침해당할 처지에 있는 자는 어떠한 권리를 행사할 수 있는가?

판단

침해배제를 위하여 동종업종의 영업금지를 청구할 권리가 있다.

건축회사가 상가를 건축하여 각 점포별로 업종을 정하여 분양한 후에 점포에 관한 수분양자의 지위를 양수한 자 또는 그 점포를 임차한 자는 특별한 사정이 없는 한 상가의 점포 입점자들에 대한 관계에서 상호 묵시적으로 분양계약에서 약정한 업종 제한 등의 의무를 수인하기로 동의하였다고 봄이 상당하므로, 상호간의 업종 제한에 관한 약정을 준수할 의무가 있다고 보아야 하고, 따라서 점포 수분양자의 지위를 양수한 자 등이 분양계약 등에 정하여진 업종제한약정을 위반할 경우, 이로 인하여 영업상의 이익을 침해당할 처지에 있는 자는 침해배제를 위하여 동종업종의 영업금지를 청구할 권리가 있다(대법원 2004. 9. 24. 선고 2004다20081 판결).

업종이 지정된 점포의 소유자가 제3자에게 점포를 임대하여 고정적인 임대수익을 얻고 있다고 하여도 업종제한 약정을 위반한 동종의 점포를 상대로 영업금지를 청구할 수 있으며, 급박한 보전의 필요성이 있을 때에는 영업금지가처분을 구할 수도 있다. 다만, 동종영업의 금지를 구하는 가처분은 민사집행법 제300조제2항에서 규정하고 있는 임시의 지위를 정하기 위한 가처분의 일종으로서, 이러한 가처분은 그 다툼 있는 권리관계가 본안소송에 의하여 확정되기 전까지 가처분권리자에게 끼칠 현저한 손해를 피하거나 급박한 위험을 막기 위하여 또는 기타 필요한 이유가 있을 경우에 한하여 응급적 · 잠정적 처분으로 허용되는 것인바, 본안판결 전에 채권자에게 만족을 주는 경우도 있어 채무자의 고통이 크다고 볼 수 있으므로 그 필요성의 인정에 신중을 기해야 한다(대법원 2006. 7. 4. 자 2006마164, 165 결정[8]).

7. 업종 변경을 위한 동의의 주체

쟁점

임차인들로 구성된 상가번영회의 동의로 분양계약상 정해진 제한업종의 변경이 가능한가?

판단

구분소유자가 아닌 임차인의 합의로 제한업종을 변경할 수는 없다.

(1) 제한업종 변경을 위한 동의의 주체

분양계약서 또는 관리단규약으로 업종제한조항을 두는 경우에 어떠한 범위의 업종변경을 제한할 것인가, 업종변경을 절대적으로 금지할 것인가 아니면 일정한 범위에서 변경을 허용할 것인가는 사적 자치의 원칙에 따라 당사자가 자유로이 정할 수 있는 것이고, 업종변경의 허부, 범위 및 절차 등은 분양계약서 또는 관리단규약 등의 합리적 해석을 통하여 판단하여야 할 것이다(대법원 2005. 11. 10. 선고 2003다45496 판결).

이 경우에도 분양회사가 수분양자에게 특정 영업을 정하여 분양하거나 구분소유자들 사이에서 각 구분소유의 대상인 점포에서 영위할 영업의 종류를 정하는 것은 기본적으로 수분양자 또는 구분소유자에게 그 업종을 독점적으로 운영하도록 보장하는 의미가 내포되어 있다고 할 것이므로,

---

8) 신청인은 자신의 점포에 관하여 지정업종을 '커피숍'으로 지정받은 자인데, 이 사건 건물 내 상가동의 현황, 신청인이 운영하는 점포의 위치와 영업 형태 및 영업 상황, 이 사건 점포에서 피신청인 스타벅스가 운영하였던 커피숍 영업의 형태 및 영업 상황, 피신청인 스타벅스가 운영하는 커피숍의 인지도, 기타 제반 사정 등에 비추어 볼 때, 피신청인 스타벅스가 이 사건 점포에서 '스타벅스'라는 상호로 커피숍을 계속 운영할 경우 ① 그로 인하여 신청인의 점포에는 상당한 매출 감소와 고정 고객의 이탈, 인지도 하락 등의 구체적이고 즉각적인 손해가 지속될 것으로 보이고, ② 이러한 손해는 피신청인 스타벅스가 이 사건 점포에서의 영업을 중단함으로 인하여 피신청인들이 입게 되는 손해에 비하여 미미하다거나 ③ 추후 금전적 보상에 의하여 모두 만족을 얻을 수 있는 것으로 단정할 수도 없다고 할 것이므로, 신청인은 이 사건 피보전권리에 관한 본안소송이 확정되기까지 사이에 이 사건 점포에서 피신청인들이 커피숍 영업을 계속함으로써 현저한 손해나 급박한 위험이 발생할 가능성이 커 보전의 필요성에 대하여 그 소명이 충분하다고 판단한 사안이다.

소유권을 분양받은 수분양자들이나 구분소유자들의 독점적 지위는 수분양자들이나 구분소유자들 스스로의 합의가 아닌 임차인 등의 제3자 사이의 합의에 기하여 변경될 수는 없다. 그러므로 분양 당시 지정된 제한업종을 변경하면서 구분소유자들로 구성된 관리단에 해당하는 단체의 동의나 기존의 경쟁업종을 영업할 수 있는 점포소유자의 동의가 아니라 임차인들로 구성된 상가번영회에서 동의를 얻은 경우에는 당초 분양계약상 정해진 제한업종에 대한 적법한 변경절차를 거쳤다고 볼 수 없다(대법원 2005. 11. 10. 선고 2003다45496 판결).

(2) 업종 제한의 변경에 관한 의결권을 위임하여 행사할 수 있는지 여부

그러나 관리단 규약의 제·개정을 위한 구분소유자의 의결권 행사는 대리인을 통하여서도 할 수 있고(집합건물법 제38조제2항), 업종 제한의 변경에 관한 구분소유자나 수분양자의 동의의 의사표시도 마찬가지라고 보아야 할 것이므로 구분소유자나 수분양자가 임차인 등에게 사전적·포괄적으로 상가건물의 관리에 관한 의결권을 위임하거나 업종 제한 변경의 동의에 관한 대리권을 수여한 경우에는 위 임차인 등이 참여한 결의나 합의를 통한 업종 제한의 설정이나 변경도 가능하다(대법원 2012. 11. 29. 선고 2011다79258 판결).

8. 동종 영업에 대한 승낙

쟁점

지정 업종을 영업하는 수분양자가 다른 수분양자에게 동종영업에 대한 승낙을 한 경우, 그 승낙의 상대방 외의 자에게 업종제한약정의 효력을 주장할 수 없는가?

판단

승낙의 상대방이 아닌 자에 대하여는 여전히 업종제한약정의 효력을 주장할 수 있다.

업종이 지정된 상가 내 점포를 분양받아 기존 업종을 영업하는 수분양자나 구분소유자가 다른 수분양자 등에게 동종영업을 승낙한 경우에 동종영업을 승낙받은 자로부터 구분소유권을 양수한 자나 임차인에게도 그 효력이 미치게 된다. 승낙의 상대방은 물론 그 승계인이 특정 점포에서 동종영업을 하는 것도 묵시적으로 승낙한 것으로 해석된다.

기존 업종의 영업자인 수분양자나 구분소유자의 다른 수분양자 등에 대한 동종영업에 대한 승낙은 자신의 영업금지청구권을 상대방에게 행사하지 않겠다는 의사표시로서 업종제한의무의 상대적 면제에 해당하기 때문에 승낙의 상대방이나 그 승계인 이외의 자에 대하여는 여전히 업종제한약정의 효력을 주장할 수 있다(대법원 2004. 9. 24. 선고 2004다20081 판결).

제3절 집합건물의 관리

1. 공용부분과 전유부분의 구분

쟁점

지상 10층의 근린생활시설중 대형 유리벽으로 되어 있는 1층 앞면에 구분소유자들이 출입문을 개설하였다. 이 부분은 공용부분인가, 전유부분인가?

판단

1층 앞면 유리벽이 건물 전체와 1층 부분의 구조, 외관, 용도 등에 비추어 당해 건물의 안전이나 외관을 유지하기 위하여 필요한 외벽으로서 공용부분에 해당한다.

(1) 구분의 필요성

집합건물에서는 어느 부분이 전유부분인지 공용부분인지에 관한 다툼이 종종 벌어진다.

전유부분은 구분소유권의 목적인 건물부분으로서 구분소유권자가 배타적으로 사용·수익할 수 있지만, 공용부분은 구분소유자 전원의 공유에 속하고, 각 공유자는 공용부분을 그 용도에 따라 사용할 수 있다. 즉, 공용부분은 어느 구분소유자가 배타적으로 사용·수익할 수 없다. 그렇기 때문에 어느 구분소유자가 배타적으로 사용하는 집합건물의 어느 부분이 공용부분이라면 당연히 문제가 발생한다.

공용부분은 공유자 누구나 사용할 수 있으며, 공용부분을 변경하기 위해서는 구분소유자 및 의결권의 각 4분의 3 이상의 다수에 의한 집회결의로써 의결해야 한다(집합건물법 제15조). 공용부분의 관리는 구분소유자 및 의결권의 각 과반수로써 하되, 보존행위는 각 공유자 누구나 할 수 있다(집합건물법 제16조).

(2) 구분의 기준

이처럼 집합건물에서 공용부분과 전유부분의 구분이 대단히 중요한 의미가 있는데, 어떻게 구분할까?

법에서는 전유부분이란 구분소유권의 목적인 건물부분이고, 공용부분이란 ① 전유부분 외의 건물부분, ② 전유부분에 속하지 아니하는 건물의 부속물(집합건물법 제2조) 및 ③ 규약이나 공정증서에서 공용부분으로 삼은 부속건물(집합건물법 제3조제2항 및 제3항)이라고 정의하고 있다. 또한 수개의 전유부분으로 통하는 복도, 계단 기타 구조상 구분소유자의 전원 또는 그 일부의 공용에 제공되는 건물부분은 구분소유권의 목적으로 할 수 없다(집합건물법 제3조). 즉, 집합건물법에서는 공용부분과 전유부분을 구분하는 첫 번째 기준으로 건물의 구조를 들고 있는 것이다.

대법원 판례 역시 집합건물의 공용부분인지 여부의 판단기준에 관하여 "집합건물에 있어서 수개의 전유부분으로 통하는 복도, 계단 기타 이 사건에서와 같은 일층 현관, 수위실, 화장실 등 구조상 구분소유자 전원 또는 그 일부의 공용에 제공되는 건물부분은 공용부분으로서 구분소유권의 목적이 되지 않으며, 건물의 어느 부분이 구분소유권자 전원 또는 일부의 공용에 제공되는지의 여부는 소유자들간에 특단의 합의가 없는 한 그 건물의 구조에 따른 객관적인 용도에 의하여 결정되어야 한다."(대법원 1989. 10. 27. 선고 89다카1497 판결)고 판시한 바 있다.

그래서 "집합건물에 있어서 건물의 안전이나 외관을 유지하기 위하여 필요한 지주, 지붕, 외벽, 기초공작물 등은 구조상 구분소유자의 전원 또는 일부의 공용에 제공되는 부분으로서 구분소유권의 목적이 되지 않으며 건물의 골격을 이루는 외벽이 구분소유권자의 전원 또는 일부의 공용에 제공되는지의 여부는 그것이 1동 건물 전체의 안전이나 외관을 유지하기 위하여 필요한 부분인지의 여부에 의하여 결정되어야 할 것이고 외벽의 바깥쪽면도 외벽과 일체를 이루는 공용부분이라고 할 것이다."(대법원 1993. 6. 8. 선고 92다32272 판결)

집합건물인 오피스텔 옥상에 조성된 조경시설과 옥외휴게공간은 공용부분에 해당하고, 어느 특정 구분소유자가 이를 배타적 · 독점적으로 사용할 수는 없다(서울서부지방법원 2008. 8. 29. 선고 2007가합6161, 10078 판결).

참고로 「공동주택 하자의 조사, 보수비용 산정 및 하자판정기준(국토부 고시 제2016-1048호)[9)]」에서는 전유부분과 공용부분의 판단기준을 구체적으로 제시하고 있다. 이 규정에서는 전유부분으로 볼 수 있는 배관 및 배선 등의 범위를 명확히 하고 있고, 스크링클러는 안전상의 이유로 전유부분에 설치된 부분까지 공용부분으로 정하고 있다[10)].

9) 이 기준은 국토교통부 하자심사 · 분쟁조정위원회에서 진행하는 하자심사 및 분쟁조정과 관련하여 하자의 조사, 보수비용의 산정, 하자여부 판정기준을 정하고 있다.

10) 공동주택관리법 제30조, 동법 시행규칙 제9조 및 [별표1]의 장기수선계획의 수립기준에 따르면 공동주택의 관리주체는 스프링클러 헤드의 교체비용을 장기수선계획에 반영하여야 한다. 이처럼 공동주택관리법령에서는 스크링클러 전체를 공용부분으로 정하고 있는 것으로 보인다.

제6조의2(전유부분과 공용부분의 판단기준) 하자여부 판정을 위한 전유부분 및 공용부분의 판단기준은 다음 각 호와 같다.

1. 전유부분 : 구분소유권의 목적인 건물부분으로서 외벽 · 다른 세대 등과의 경계벽 및 바닥의 안쪽에 설치된 각종 시설물 및 창호(외벽에 설치된 창호를 포함한다)를 말한다. 다만, 개별 세대에서 단독으로 사용하는 부분과 세대에 속하는 부속물을 포함하고, 배관 및 배선 등은 다음 각 목의 기준에 따른다.

가. 계량기가 설치된 배관·배선 : 전기, 가스, 난방 및 온수 등은 세대 계량기 전까지의 부분

나. 오수관·배수관·우수관 등 : Y자관 및 T자관 등 2세대 이상이 공용으로 사용하는 시설 전까지의 부분

2. 공용부분 : 제1호 외의 부분으로서 2세대 이상이 공용으로 사용하는 시설물. 다만, 건축물의 구조부(내력벽, 기둥, 바닥, 보, 지붕틀을 말한다)와 건물 및 입주자의 안전을 위하여 전유부분에 설치된 스프링클러는 공용부분으로 본다.

(3) 구분의 기준 시점

집합건물의 어느 부분이 전유부분인지 공용부분인지 여부를 판단하는 기준시점은 언제인가? 구분소유가 성립한 시점이다.

판례 "집합건물의 어느 부분이 전유부분인지 공용부분인지의 여부는 구분소유가 성립한 시점, 즉 원칙적으로 건물 전체가 완성되어 당해 건물에 관한 건축물대장에 집합건물로 등록된 시점을 기준으로 판단하여야 하고, 그 후의 건물 개조나 이용상황의 변화 등은 전유부분인지 공용부분인지 여부에 영향을 미칠 수 없으며, 집합건물의 어느 부분이 구분소유자의 전원 또는 일부의 공용에 제공되는지의 여부는 소유자들 간에 특단의 합의가 없는 한 그 건물의 구조에 따른 객관적인 용도에 의하여 결정되어야 한다."(대법원 2005. 6. 24. 선고 2004다30279 판결).

그러므로 공동주택의 공용부분인 공동대피소로 건축된 부분을 주거용 방으로 개조하여 주거용으로 사용케 하였다 하더라도 구분소유의 목적이 될 수는 없다(대법원 1992. 4. 10. 선고 91다46151 판결).

그러나 집합건물인 상가건물의 지하주차장이 그 건물을 신축함에 있어서 건축법규에 따른 부속주차장으로 설치되기는 하였으나, 분양계약상의 특약에 의하여 그 건물을 분양받은 구분소유자들의 동의 아래 공용부분에서 제외되어 따로 분양되었고, 그 구조상으로나 이용상으로도 상가건물의 지상 및 지하실의 점포, 기관실 등과는 독립된 것으로서, 이와 분리하여 구분소유의 대상이 될 수 있다(대법원 1995. 12. 26. 선고 94다44675 판결).

사례

이 사건 건물은 지하 3층, 지상 10층의 근린생활시설로서 1층에는 슈퍼 및 소매점이 있고, 건물의 앞면은 모두 대형 유리벽으로 되어 있으며 건물 1층의 유리벽 부분을 통하여 1층 상가 전체를 투시할 수 있도록 되어 있다. 원래 이 사건 건물의 건축업자는 건물 1층의 양 모서리쪽에 건물 전체의 출입구를 두고 건물 1층의 전면 중 기둥을 제외한 외벽은 점포별로 1개의 유리를 사용하되 그 곳에는 출입문을 내지 않으며, 1층 내부에 통로 및 점포별 칸막이도 없이 1층 전체가 트인 공간으로 설계 및 시공하여 그에 따라 준공검사까지 받았는데, 건물의 분양과정에서는 분양대행회사가 중간통로와 전열점포 및 후열점포로 구획하여 분양하면서 그 직원들이 전열점포를 분양받은 자들에게 전열점포의 앞유리벽에 개별적으로 출입문을 개설할 수 있다고 하여 건물 1층 중 전열점포의 소유자 또는 그 임차인들이 각 점포의 전면 유리벽을 개조하여 개별적인 출입문을 개설하였다. 출입문을 개설한 이 사건 각 점포의 앞유리벽은 공용부분일까?

전열점포의 소유자들이 개별적으로 출입문을 개설한 각 점포의 앞 유리벽은 비록 그것이 쇼 윈도로서의 역할을 겸하고 있다 하더라도 집합건물의 안전이나 외관을 유지하기 위하여 필요한 외벽으로서 공용부분이다(대법원 1996. 9. 10. 선고 94다50380 판결).

그러므로 전열 점포의 소유자들이 건물의 공용부분인 유리벽에 출입문을 개설하는 행위는 공용부분의 변경에 해당하는데도 구분소유자 및 의결권의 각 4분의 3 이상의 다수에 의한 집회결의를 거치지 않고 개설하였다면 집합건물의 1층 부분의 구분소유자들인 후열점포의 소유자들은 보존행위로서 그 변경된 공용부분의 원상회복으로서 출입문의 폐쇄를 구할 수 있다.

판례 "집합건물에 있어서 건물의 안전이나 외관을 유지하기 위하여 필요한 지주, 지붕, 외벽, 기초공작물 등은 구조상 구분소유자의 전원 또는 그 일부의 공용에 제공되는 부분으로서 구분소유권의 목적이 되지 않으며, 건물의 외벽인 이상 그것이 콘크리트나 벽돌로 되었느냐 유리로 되었느냐 등 그 재질에 따라 달리 볼 것은 아니므로, 상가건물 전체와 1층 부분의 구조, 외관, 용도 등에 비추어 볼 때 전열점포의 소유자들이 개별적으로 출입문을 개설한 각 점포의 앞 유리벽은 비록 그것이 쇼 윈도로서의 역할을 겸하고 있다 하더라도 집합건물의 안전이나 외관을 유지하기 위하여 필요한 외벽으로서 공용부분이다."(대법원 1996. 9. 10. 선고 94다50380 판결).

---

2. 집합건물 외벽 바깥쪽 면의 공용부분 해당 여부

쟁점

지하4층, 지상12층의 상가건물의 1층 중 102, 103, 104호의 구분소유자가 1층 외벽 바깥쪽 면에 간판을 설치하여 다른 구분소유자가 그 간판이 설치된 외벽을 사용할 수 없게 하고 그곳을 배타적으로 점유·사용하는 경우 이 상가건물의 구분소유자 중 한 사람이 간판을 설치한 구분소유자를 상대로 간판의 철거를 구할 수 있을까?

판단

간판이 설치된 상가건물의 1층 외벽 바깥쪽 면은 공용부분에 해당하므로 철거를 구할 수 있을 것이다.

(1) 외벽 바깥쪽 면이 공용부분에 해당하는지 여부

전유부분은 구분소유권의 목적인 건물부분으로서 구분소유권자가 배타적으로 사용 · 수익할 수 있지만, 공용부분은 구분소유자 전원의 공유에 속하고, 각 공유자는 공용부분을 그 용도에 따라 사용할 수 있다. 즉, 공용부분은 어느 구분소유자가 배타적으로 사용 · 수익할 수 없다.

집합건물에서 건물의 안전이나 외관을 유지하기 위하여 필요한 지주, 지붕, 외벽, 기초공작물 등은 구조상 구분 소유자의 전원 또는 일부의 공용에 제공되는 부분으로서 구분소유권의 목적이 되지 않으며 건물의 골격을 이루는 외벽이 구분소유권자의 전원 또는 일부의 공용에 제공되는지 여부는 그것이 1동 건물 전체의 안전이나 외관을 유지하기 위하여 필요한 부분인지 여부에 의하여 결정되어야 할 것이고 그 외벽의 바깥쪽 면도 외벽과 일체를 이루는 공용 부분이라고 할 것이다(대법원 1993. 6. 8. 선고 92다32272 판결).

요컨대, 간판이 설치된 상가건물의 1층 외벽 바깥쪽 면은 건물의 안전이나 외관을 유지하기 위하여 필요한 부분으로서 구조상 구분 소유자 전원의 공용에 제공되고 있으므로 공용부분에 해당한다고 보아야 할 것이다.

(2) 공용부분의 관리 또는 보존행위

구분소유자는 건물의 보존에 해로운 행위나 그 밖에 건물의 관리 및 사용에 관하여 구분소유자의 공동의 이익에 어긋나는 행위를 하여서는 아니 된다(집합건물법 제5조제1항). 각 공유자는 공용부분을 그 용도에 따라 사용할 수 있고(집합건물법 제11조), 공용부분의 변경에 관한 사항은 구분소유자 및 의결권의 각 4분의 3 이상의 다수에 의한 집회결의로써 결정한다(집합건물법 제15조제1항). 공용부분의 관리에 관한 사항은 제15조제1항 본문의 경우를 제외하고는 통상의 집회결의로써 결정한다(집합건물법 제16조제1항 본문).

따라서 공용부분에 간판을 설치하는 행위는 공용부분의 변경 내지 관리에 관한 사항에 해당하여 집합건물법 제15조제1항 또는 제16조제1항의 규정에 의한 집합건물 구분소유자들의 적법한 집회결의에 의한 동의가 필요하다. 또한 공용부분의 관리에 관한 사항은 통상의 집회결의로써 결정하지만, 보존행위는 각 공유자가 할 수 있다. 즉, 공용부분의 관리는 구분소유자 및 의결권의 각 과반수로써 하되, 보존행위는 각 공유자 누구나 할 수 있다(집합건물법 제16조).

판례 "집합건물법 제16조제1항 단서, 제2항 규정의 취지는 규약에 달리 정함이 없는 한 집합건물의 공용부분의 현상을 유지하기 위한 보존행위는 관리행위와 구별하여 공유자인 구분소유자가 단독으로 행할 수 있도록 한 것으로, 그 보존행위의 내용은 통상의 공유관계처럼 사실상의 보존행위 뿐 아니라 지분권에 기한 방해배제청구권과 공유물의 반환청구권도 포함하여 공유자인 구분소유권자가 이를 단독으로 행할 수 있다고 풀이되는 것이고, 공유자의 위 보존행위의 권한은 관리인의 선임이 있고 없고에 관계없이 이를 행사할 수 있는 것이다."(대법원 1995. 2. 28. 선고 94다9269 판결)

---

(3) 상가 구분소유자가 건물외벽 바깥쪽 면에 설치한 간판의 철거를 구할 수 있는지

공용부분인 이 상가건물 1층 외벽 바깥쪽 면에 간판을 설치하여 그곳을 배타적으로 점유·사용한 것은 집합건물법 제5조제1항 소정의 구분소유자 공동의 이익에 어긋나는 행위에 해당하고, 구분소유자는 공유지분권자로서 공용부분에 대한 보존행위로서 단독으로 간판의 철거를 구할 수 있다(대법원 2011. 4. 28. 선고 2011다12163 판결).

3. 입주자대표회의의 방해배제 청구권 유무

쟁점

입주자대표회의가 공동주택의 공용부분이나 구분소유자들의 공유에 속하는 대지 부분을 불법적으로 점유하고 있는 제3자에 대하여 시설물의 철거를 구할 수 있는가?

판단

입주자대표회의에게는 방해배제청구권이 없다.

(1) 공용부분에 대한 방해배제 청구권의 행사

집합건물의 공용부분이나 구분소유자의 공유에 속하는 건물의 대지 또는 부속시설을 제3자가 불법으로 점유하는 경우에 그 제3자에 대하여 방해배제와 부당이득의 반환 등을 청구할 수 있는 주체와 그 방법은 어떻게 되는가?

집합건물인 공동주택의 공용부분 등에 관한 방해배제를 청구하는 법률관계는 구분소유자에게 단체적으로 귀속되는 법률관계가 아니고 공용부분 등의 공유지분권에 기초한 것이므로 그 소송은 각 구분소유자가 할 수 있고, 구분소유자 전원의 이름으로 할 수 있는 것은 당연하다. 한편, 공용부분 등의 관리는 구분소유자 전원에 관한 사항이므로 관리인이 선임되어 있는 때에는 그 관리인이 전원을 위하여 소송을 수행할 수 있다.

집합건물법 제25조제1항제3호는 관리인은 관리단의 사업집행에 관련하여 관리단을 대표하여 행하는 재판상 또는 재판외의 행위를 할 수 있다고 규정하고 있다. 공용부분 등을 제3자가 침해한 경우에 관리인은 그 직무(공용부분 등의 보존행위)로서 원고가 되어 제3자에 대하여 방해배제를 청구할 수 있다.

(2) 입주자대표회의의 방해배제청구권 유무

그렇다면 공동주택의 입주자대표회의도 공동주택의 공용부분이나 구분소유자들의 공유에 속하는 대지 부분을 불법적으로 점유하고 있는 제3자에 대하여 시설물의 철거를 구할 수 있을까?

입주자대표회의는 공동주택의 관리에 관한 주요 사항을 결정하는 의사결정권 및 자치관리기구를 통하여 이를 집행하는 집행권 등이 부여되어 있어 이에 따라 공동주택의 입주자들로부터 관리비를 징수하여 공동주택의 유지, 보수 업무를 수행하고, 공동주택의 입주자들 상호간에 이해가 상반되는 문제가 발생하는 경우 그 분쟁을 조정하는 등 공동주택의 입주자 내부관계에 있어 발생하는 문제에 관한 사항을 해결하는 것을 주된 업무로 하고, 입주자대표회의는 원칙적으로 공동주택의 관리자로서의 관리권한만을 가지고 있을 뿐이다.

그렇기 때문에 입주자대표회의는 공동주택의 관리에 관한 사항을 결정하여 시행하는 등의 관리권한만을 가질 뿐으로 구분소유자에게 고유하게 귀속하는 공용부분 등의 불법 점유자에 대한 방해배제청구 등의 권리를 재판상 행사할 수 없고, 입주자대표회의가 공동주택의 구분소유자를 대리하여 공용부분 등의 구분소유권에 기초한 방해배제청구 등의 권리를 행사할 수 있다고 규정한 공동주택관리규약은 효력이 없다.

판례 "집합건물에 있어서 공용부분이나 구분소유자의 공유에 속하는 건물의 대지 또는 부속시설을 제3자가 불법으로 점유하는 경우에 그 제3자에 대하여 방해배제와 부당이득의 반환 또는 손해배상을 청구하는 법률관계는 구분소유자에게 단체적으로 귀속되는 법률관계가 아니고 공용부분 등의 공유지분권에 기초한 것이어서 그와 같은 소송은 1차적으로 구분소유자가 각각 또는 전원의 이름으로 할 수 있고, 나아가 집합건물에 관하여 구분소유관계가 성립하면 동시에 법률상 당연하게 구분소유자의 전원으로 건물 및 그 대지와 부속시설의 관리에 관한 사항의 시행을 목적으로 하는 단체인 관리단이 구성되고, 관리단집회의 결의에서 관리인이 선임되면 관리인이 사업집행에 관련하여 관리단을 대표하여 그와 같은 재판상 또는 재판외의 행위를 할 수 있다.

한편, 주택건설촉진법 제38조, 공동주택관리령 제10조의 규정에 따라 성립된 입주자대표회의는 공동주택의 관리에 관한 사항을 결정하여 시행하는 등의 관리권한만을 가질 뿐으로 구분소유자에게 고유하게 귀속하는 위와 같은 권리를 재판상 행사할 수 없고, 또 집합건물의소유및관리에관한법률 부칙 제6조에 따라서 집합주택의 관리방법과 기준에 관한 주택건설촉진법의 특별한 규정은 그것이 위 법률에 저촉하여 구분소유자의 기본적인 권리를 해하면 효력이 없으므로 공동주택관리규약에서 입주자대표회의가 공동주택의 구분소유자를 대리하여 공용부분 등의 구분소유권에 기초한 방해배제청구 등의 권리를 행사할 수 있다고 규정하고 있다고 하더라도 이러한 규약내용은 효력이 없다."(대법원 2003. 6. 24. 선고 2003다17774 판결)

---

(3) 구분소유자들이 입주자대표회의에 공용부분 변경에 관한 업무를 포괄적으로 위임할 수 있는지 여부

다만 최근 대법원에서는 입주자대표회의와 관련 사건에서 기존의 법리와는 다소 다른 판결을 선고하였다. 원고인 아파트 입주자대표회의가 공용부분 변경과 관련하여 입주민 4/5 서면동의를 받아 공사를 진행한 이후 공사비를 분담하지 아니한 피고에게 공사비를 청구한 사건에서, 입주자대표회의가 공용부분 변경에 관한 업무를 포괄적으로 위임받은 것으로 보아 입주자대표회의가 직접 구본소유자들을 상대로 소를 제기하여 공용부분 변경에 따른 비용을 청구할 수 있다고 본 것이다. 그렇다면 집합건물의 관리단은 공용부분 변경에 관한 업무를 직접 수행할 수 있음은 물론, 타인에게 위임하여 처리할 수 있고, 공동주택에 입주자대표회의가 구성되어 있는 경우라면 그 입주자대표회의에 위임하여 처리할 수도 있다는 것이어서 결국 입주자대표회의가 일정한 경우 관리단을 대신할 수 있다고 볼 여지가 생긴 것이다.

판례 "집합건물의 공용부분 변경에 관한 업무는 구분소유자 전원으로 법률상 당연하게 성립하는 관리단에 귀속되고, 변경에 관한 사항은 관리단집회에서의 구분소유자 및 의결권의 각 4분의 3 이상의 결의(집합건물법 제15조제1항) 또는 구분소유자 및 의결권의 각 5분의 4 이상의 서면이나 전자적 방법 등에 의한 합의(집합건물법 제41조제1항)로써 결정하는 것이므로, 집합건물의 관리단은 위와 같은 방법에 의한 결정으로 구분소유자들의 비용 부담 아래 공용부분 변경에 관한 업무를 직접 수행할 수 있음은 물론, 타인에게 위임하여 처리할 수 있고, 집합건물이 일정 규모 이상의 공동주택에 해당하여 입주자대표회의가 구성되어 있는 경우라면 입주자대표회의에 위임하여 처리할 수도 있다.

따라서 집합건물의 구분소유자 및 의결권의 각 5분의 4 이상이 난방방식의 변경과 같이 공용부분 변경에 해당하는 공사에 동의한다는 내용의 서면동의서를 입주자대표회의 앞으로 제출하고 이에 따라 입주자대표회의가 업무를 처리한 경우에는 특별한 사정이 없는 한 집합건물의 관리단이 집합건물법 제41조제1항에서 정한 구분소유자들의 서면동의로써 입주자대표회의에 공용부분 변경에 관한 업무를 포괄적으로 위임한 것으로 보아야 한다.

집합건물의 관리단이 집합건물법 제15조제1항에서 정한 특별결의나 집합건물법 제41조제1항에서 정한 서면이나 전자적 방법 등에 의한 합의의 방법으로 입주자대표회의에 공용부분 변경에 관한 업무를 포괄적으로 위임한 경우에는, 공용부분 변경에 관한 업무처리로 인하여 발생하는 비용을 최종적으로 부담하는 사람이 구분소유자들이라는 점을 고려해 보면 통상적으로 비용에 관한 재판상 또는 재판외 청구를 할 수 있는 권한도 함께 수여한 것으로 볼 수 있다. 이 경우 입주자대표회의가 공용부분 변경에 관한 업무를 수행하는 과정에서 체납된 비용을 추심하기 위하여 직접 자기 이름으로 비용에 관한 재판상 청구를 하는 것은 임의적 소송신탁에 해당한다.

임의적 소송신탁은 원칙적으로는 허용되지 않지만, 민사소송법 제87조에서 정한 변호사대리의 원칙이나 신탁법 제6조에서 정한 소송신탁의 금지 등을 회피하기 위한 탈법적인 것이 아니고, 이를 인정할 합리적인 이유와 필요가 있는 경우에는 예외적·제한적으로 허용될 수 있다.

그런데 구분소유자들의 비용 부담 아래 구분소유자들로 구성되는 집합건물의 관리단이 입주자대표회의에 위임하여 공용부분 변경에 관한 업무를 수행하도록 하는 데에는 합리적인 이유와 필요가 있고, 그러한 업무 처리방식이 일반적인 거래현실이며, 공용부분 변경에 따른 비용의 징수는 업무수행에 당연히 수반되는 필수적인 요소이고, 공동주택에 대해서는 주택관리업자에게 관리업무를 위임하고 주택관리업자가 관리비에 관한 재판상 청구를 할 수 있는 것이 법률의 규정에 의하여 인정되고 있다[구 주택법(2015. 8. 11. 법률 제13474호로 개정되기 전의 것) 제43조제2항, 제5항, 제45조제1항].
이러한 점 등을 고려해 보면, 집합건물법 제15조제1항에서 정한 특별결의나 집합건물법 제41조제1항에서 정한 서면이나 전자적 방법 등에 의한 합의의 방법으로 집합건물의 관리단으로부터 공용부분 변경에 관한 업무를 위임받은 입주자대표회의는 특별한 사정이 없는 한 구분소유자들을 상대로 자기 이름으로 소를 제기하여 공용부분 변경에 따른 비용을 청구할 권한이 있다."(대법원 2017. 3. 16. 선고 2015다3570 판결)

4. 집합건물 관리인 해임의 소의 법적 성질

쟁점

구분소유자가 집합건물법 제24조제5항에 따라 관리인 해임의 소를 제기하는 경우 관리단과 관리인 모두를 피고로 하여야 하는가?

판단

관리인 해임의 소에서는 관리단과 관리인 모두를 공동피고로 하여야 한다.

(1) 관리인 해임의 소

집합건물의 구분소유자가 10인 이상일 때에는 관리인을 선임하여야 하는데, 관리인은 구분소유자일 필요가 없으며, 그 임기는 2년의 범위에서 규약으로 정한다(집합건물법 제24조 제1항, 제2항). 관리인은 공용부분의 보존·관리 및 변경을 위한 행위, 관리단의 사무 집행을 위한 분담금액과 비용을 각 구분소유자에게 청구·수령하는 행위 및 그 금원을 관리하는 행위, 관리단의 사업 시행과 관련하여 관리단을 대표하여 하는 재판상 또는 재판 외의 행위, 그 밖에 규약에 정하여진 행위를 할 권한과 의무를 가진다(집합건물법 제25조).

관리인은 관리단집회의 결의로 선임되거나 해임되고, 관리인에게 부정한 행위나 그 밖에 그 직무를 수행하기에 적합하지 아니한 사정이 있을 때에는 각 구분소유자는 관리인의 해임을 법원에 청구할 수 있다(집합건물법 제24조제3항, 제5항).

이러한 관리인 해임의 소는 관리단과 관리인 모두를 공동피고로 하는 고유필요적 공동소송에 해당한다.

판례 "집합건물법 제24조제3항[11]에서 정한 관리인 해임의 소는 관리단과 관리인 사이의 법률관계 해소를 목적으로 하는 형성의 소이므로 법률관계의 당사자인 관리단과 관리인 모두를 공동피고로 하여야 하는 고유필수적 공동소송에 해당한다."(대법원 2011. 6. 24. 선고 2011다1323 판결[12])

(2) 관리인 지위 부존재 확인의 소의 경우

다만, 관리인 지위 부존재 확인 소송의 경우 피고는 관리단이 되어야 하고, 관리인은 피고가 될 수 없다고 보아야 할 것이다. 관리단이 아닌 관리인을 상대로 하여 관리인 지위부존재의 확인을 구한 소는 확인의 이익이 없어 부적법 각하 한 판례가 있다.

판례 "확인소송은 즉시확정의 이익이 있는 경우, 즉 원고의 권리 또는 법률상 지위에 대한 위험 또는 불안을 제거하기 위하여 확인판결을 얻는 것이 법률상 유효적절한 경우에 한하여 허용된다. 집합건물법상 집합건물 관리단의 관리인 선임결의는 관리단의 의사결정으로서 그로 인한 법률관계의 주체는 관리단이므로, 관리단을 상대로 하여 관리인선임결의의 존부나 효력 유무의 확인판결을 받음으로써만 그 결의로 인한 원고의 권리 또는 법률상 지위에 대한 위험이나 불안을 유효적절하게 제거할 수 있는 것이고, 관리단이 아닌 관리인이라고 주장하는 개인을 상대로 한 확인판결은 관리단에 그 효력을 미치지 아니하여 즉시확정의 이익이 없으므로, 그러한 확인판결을 구하는 소송은 부적법하고, 이와 같은 법리는 관리단을 상대로 관리인선임결의의 존부나 효력 유무의 확인판결을 구하지 않은 채 관리인이라고 주장하는 개인을 피고로 하여 관리인 지위의 부존재 확인판결 등을 구하는 경우에도 동일하게 적용된다(대법원 2010. 10. 28. 선고 2010다30676, 30683 판결 등 참조).
위 관련 법리에 의하면, 집합건물의 관리인 선임에 관한 법률관계의 주체는 관리단이므로, 이 사건 집합건물의 구분소유자들인 원고들이 관리단이 아닌 피고 개인을 상대로 하여 관리인 지위부존재의 확인을 구하여 승소판결을 받는다 하더라도 그 판결로 인하여 피고와의 관계에서 원고들의 어떠한 권리가 확정되는 것이 아니고, 그 판결의 효력이 관리단에 미치는 것도 아니어서, 관리인의 지위를 둘러싼 당사자 사이의 다툼을 근본적으로 해결하는 수단으로 유효·적절한 방법이 될 수 없다. 따라서 이 사건 소는 확인의 이익이 있다고 할 수 없다.
따라서 원고(선정당사자)의 이 사건 소는 확인의 이익이 없어 부적법하다."(울산지방법원 2014. 6. 18. 선고 2013가합9372 판결)

11) 2010. 3. 31. 법률 제10204호로 개정되기 전의 집합건물법에서는 관리인 해임의 소에 관한 사항을 제24조제3항에 두었다.

12) 집합건물의 구분소유자들이 집합건물의 소유 및 관리에 관한 법률 제24조제3항에 근거하여 관리인 甲과 관리단을 상대로 甲의 해임을 청구하여 제1심에서 승소 판결을 선고받았는데 이후 甲만이 항소한 사안에서, 고유필수적 공동소송에서 구분소유자들의 甲과 관리단에 대한 청구는 전체가 당연히 항소심의 심판대상이 되어야 하므로 원심으로서는 관리단도 당사자로 취급하여 하나의 전부판결을 선고하였어야 한다고 하며, 집합건물 구분소유자들과 甲만을 당사자로 취급하여 판단한 원심판결을 파기한 사례.

5. 관리단집회의 의결 방법

쟁점

상가건물에 여러개 점포를 소유한 자가 관리단집회에서 서면결의를 하는 경우 이를 1인의 구분소유자로 보고 계산을 해야 하는가, 아니면 소유 점포수에 해당하는 구분소유자로 보아야 하는가?

판단

여러 개의 점포를 소유한 자는 1인의 구분소유자로 보고 계산하여야 한다.

관리단집회의 의사는 집합건물법 또는 규약에 특별한 규정이 없으면 구분소유자의 과반수 및 의결권의 과반수로써 의결한다(집합건물법 제38조제1항). 관리단집회의 결의는 서면결의에 의할 수도 있다. 구분소유자의 5분의 4 이상 및 의결권의 5분의 4 이상이 서면으로 합의하면 관리단집회에서 결의한 것으로 본다(집합건물법 제41조 본문).

의결권에 관해서는 규약에 특별한 규정이 없으면 각 구분소유자가 가지고 있는 지분비율에 따른다(집합건물법 제37조제1항)는 규정이 있어서 의문이 없지만, 한 사람이 여러 개의 구분건물을 소유한 경우에 구분소유자의 수는 어떻게 세어야 하는가?

한 사람이 집합건물 내에 여러 개의 구분점포를 소유하고 있는 경우 그 구분소유권의 수대로 구분소유자의 수를 계산하여야 하는가, 아니면 구분소유자를 1인으로 보아야 하는가?

대법원은 한 사람이 여러 개의 구분건물을 소유한 경우에는 1인의 구분소유자로 보아야 한다고 보았다.

판례 "집합건물법 제41조제1항 본문은 "이 법 또는 규약에 따라 관리단집회에서 결의할 것으로 정한 사항에 관하여 구분소유자의 5분의 4 이상 및 의결권의 5분의 4 이상이 서면으로 합의하면 관리단집회에서 결의한 것으로 본다."고 규정하고 있는데, 위 서면 결의의 요건을 구분소유자의 수와 의결권의 수로 정함으로써 집합건물에 대하여 인적 측면에서 공동생활관계와 재산적 측면에서 공동소유관계를 함께 고려하여 공정하고 원활하게 이를 유지, 관리하려는 데 입법 취지가 있는 점과 위 규정의 문언이 '구분소유자'라고 정하고 있는 점에 비추어 보면 위 규정에서 정한 구분소유자의 서면 결의의 수를 계산할 때 한 사람이 집합건물 내에 수 개의 구분건물을 소유한 경우에는 이를 1인의 구분소유자로 보아야 한다."(대법원 2011. 10. 13. 선고 2009다65546 판결)

6. 새로운 구분소유자에게 승계되는 관리비

쟁점

구분소유권이 이전되는 경우 새로운 구분소유권자가 이전 구분소유자가 체납한 관리비를 납부할 의무가 있는가?

판단

공용부분의 관리비는 승계되고, 전유부분의 관리비는 승계되지 않는다.

체납관리비가 구분소유권을 승계취득한 자에게 승계되는지 여부 및 그 범위를 둘러싼 분쟁이 끊이지 않았는데, 대법원 전원합의체 판결로 공용부분의 관리비에 한하여 새로운 구분소유자가 납부할 의무가 있는 것으로 정리되었다. 즉, 체납관리비 중에서 전용부분의 관리비는 승계되지 않고 공용부분의 관리비만 승계된다. 관리규약으로 구분소유권을 양수한 자가 양도인이 체납한 관리비 모두를 승계하도록 규정하고 있더라도 전용부분에 관한 체납관리비는 납부할 의무가 없으며 공용부분의 체납관리비만 납부할 의무가 있다(대법원 2001. 9. 20. 선고 2001다8677 전원합의체 판결).

전유부분 관리비와 공용부분 관리비는 어떻게 구분하는가?

판례는 승계되는 공용부분 관리비에는 집합건물의 공용부분 그 자체의 직접적인 유지·관리를 위하여 지출되는 비용뿐만 아니라, 전유부분을 포함한 집합건물 전체의 유지·관리를 위해 지출되는 비용 가운데에서도 입주자 전체의 공동의 이익을 위하여 집합건물을 통일적으로 유지·관리해야 할 필요가 있어 이를 일률적으로 지출하지 않으면 안 되는 성격의 비용은 그것이 입주자 각자의 개별적인 이익을 위하여 현실적·구체적으로 귀속되는 부분에 사용되는 비용으로 명확히 구분될 수 있는 것이 아니라면, 모두 이에 포함되는 것으로 본다.

구체적으로는 상가건물의 일반관리비, 장부기장료, 위탁수수료, 화재보험료, 청소비, 수선유지비 등은 모두 입주자 전체의 공동의 이익을 위하여 집합건물을 통일적으로 유지 · 관리해야 할 필요에 의해 일률적으로 지출되지 않으면 안 되는 성격의 비용에 해당하는 것으로 인정되고, 그것이 입주자 각자의 개별적인 이익을 위하여 현실적 · 구체적으로 귀속되는 부분에 사용되는 비용으로 명확히 구분될 수 있는 것이라고 볼 만한 사정을 찾아볼 수 없는 이상, 승계되는 공용부분 관리비로 보아야 한다.

반면, 관리비 납부를 연체할 경우 부과되는 연체료는 승계되는 공용부분 관리비에 포함되지 않는다(대법원 2006. 6. 29. 선고 2004다3598, 3604 판결).

구분소유권이 여러 차례 변동된 경우에 체납관리비의 납부의무자는 누구인가? 최종적으로 구분소유권을 취득한 현재의 구분소유자만이 체납관리비를 납부할 의무를 지는가?

집합건물법상의 특별승계인은 관리규약에 따라 집합건물의 공용부분에 대한 유지 · 관리에 소요되는 비용의 부담의무를 승계한다는 점에서 채무인수인으로서의 지위를 갖는데, 위 법률의 입법취지와 채무인수의 법리에 비추어 보면 구분소유권이 순차로 양도된 경우 각 특별승계인들은 이전 구분소유권자들의 채무를 중첩적으로 인수한다고 봄이 상당하므로, 현재 구분소유권을 보유하고 있는 최종 특별승계인뿐만 아니라 그 이전의 구분소유자들도 구분소유권의 보유 여부와 상관없이 공용부분에 관한 종전 구분소유자들의 체납관리비채무를 부담한다(대법원 2008. 12. 11. 선고 2006다50420 판결).

전유부분의 체납관리비는 승계되지 않지만, 공용부분의 체납관리비는 새로운 소유자에게 승계된다. 전소유자가 체납한 공용관리비가 시효중단되었다면, 그 시효중단의 효력은 승계취득자에게 미친다(대법원 2015. 5. 28. 선고 2014다81474 판결).

7. 구분소유자 공동의 이익에 반하는 행위를 하는 자에 대한 조치

쟁점

집합건물에서 공동의 이익에 어긋나는 행위를 하는 구분소유자가 있는 경우, 관리인은 이에 대하여 어떤 조치를 취할 수 있는가?

판단

관리단집회의 결의로 행위의 정지청구, 전유부분 사용금지 청구, 구분소유권 경매를 청구할 수 있다.

(1) 건물 보존에 해로운 행위 또는 공동의 이익에 어긋나는 행위

아파트와 같은 집합건물의 구분소유자는 건물의 보존에 해로운 행위나 그 밖에 건물의 관리 및 사용에 관하여 구분소유자 공동의 이익에 어긋나는 행위를 하여서는 아니 된다. 전유부분이 주거의 용도로 분양된 것인 경우에는 구분소유자는 정당한 사유 없이 그 부분을 주거 외의 용도로 사용하거나 그 내부 벽을 철거하거나 파손하여 증축 · 개축하는 행위를 하여서는 아니 된다. 임차인과 같이 구분소유자가 아닌 자로서 전유부분을 점유하는 자에게도 이와 같은 의무가 부과된다(집합건물법 제5조).

전유부분이 주거의 용도로 분양된 아파트를 영업장으로 사용하여 영업을 한다면 집합건물법 제5조를 위반하는 것임이 명백하다. 또한 모든 구분소유 부분이 사무실로 사용되고 있는 집합건물 내에서 독서실을 개설하는 행위는 집합건물법 제5조에서 금지하는 건물의 보존에 해로운 행위나 그 밖에 건물의 관리 및 사용에 관하여 구분소유자 공동의 이익에 어긋나는 행위에 해당한다는 판례가 있다(1987. 5. 26. 선고 86다카2478 판결).

(2) 공동의 이익에 어긋나는 행위의 정지청구 및 사용금지의 청구

구분소유자가 집합건물법 제5조를 위반하여 건물의 보존에 해로운 행위나 그 밖에 건물의 관리 및 사용에 관하여 구분소유자 공동의 이익에 어긋나는 행위를 하면 어떻게 되는가?

구분소유자가 건물의 보존에 해로운 행위나 그 밖에 건물의 관리 및 사용에 관하여 구분소유자 공동의 이익에 어긋나는 행위를 한 경우 또는 그 행위를 할 우려가 있는 경우에는 관리인 또는 관리단집회의 결의로 지정된 구분소유자는 구분소유자 공동의 이익을 위하여 그 행위를 정지하거나 그 행위의 결과를 제거하거나 그 행위의 예방에 필요한 조치를 할 것을 청구할 수 있다. 이와 같은 이유로 소송을 제기하기 위해서는 관리단집회의 결의가 있어야 한다. 구분소유자가 아닌 점유자가 건물의 보존에 해로운 행위나 그 밖에 건물의 관리 및 사용에 관하여 구분소유자 공동의 이익에 어긋나는 행위를 한 경우 또는 그 행위를 할 우려가 있는 경우에도 마찬가지 조치를 취할 수 있다(집합건물법 제43조).

건물의 보존에 해로운 행위나 그 밖에 건물의 관리 및 사용에 관하여 구분소유자 공동의 이익에 어긋나는 행위로 구분소유자의 공동생활상의 장해가 현저하여 집합건물법 제43조제1항에 규정된 청구로는 그 장해를 제거하여 공용부분의 이용 확보나 구분소유자의 공동생활 유지를 도모함이 매우 곤란할 때에는 관리인 또는 관리단집회의 결의로 지정된 구분소유자는 관리단집회의 결의에 근거하여 소(訴)로써 적당한 기간 동안 해당 구분소유자의 전유부분 사용금지를 청구할 수 있다. 의무위반이 현저한 구분소유자의 전유부분의 사용금지를 청구하기 위한 관리단집회의 결의는 구분소유자의 4분의 3 이상 및 의결권의 4분의 3 이상으로 결정한다(집합건물법 제44조).

(3) 구분소유권의 경매 청구 및 점유자에 대한 인도청구

더 나아가 구분소유자가 제5조제1항 및 제2항을 위반하거나 규약에서 정한 의무를 현저히 위반한 결과 공동생활을 유지하기 매우 곤란하게 된 경우에는 관리인 또는 관리단집회의 결의로 지정된 구분소유자는 해당 구분소유자의 전유부분 및 대지사용권의 경매를 명할 것을 법원에 청구할 수 있는데, 이 청구는 구분소유자의 4분의 3 이상 및 의결권의 4분의 3 이상의 관리단집회 결의가 있어야 한다.

법원에서 의무를 위반한 구분소유자의 전유부분 및 대지사용권의 경매를 명하는 재판이 확정되었을 때에는 그 재판확정일로부터 6개월이 지나기 전에 그 청구를 한 자는 경매를 신청할 수 있다(집합건물법 제45조). 점유자에 대해서는 그가 점유하는 전유부분을 목적으로 하는 계약의 해제 및 그 전유부분의 인도를 청구할 수 있다(집합건물법 제46조제1항).

집합건물법 제45조에서 정하는 구분소유자의 전유부분 및 대지사용권에 대한 경매청구권은 구분소유자 및 의결권의 4분의 3 이상의 다수에 의한 관리단집회결의가 있는 것만으로는 부족하고, 그에 앞서서 집합건물법 제45조제1항, 제5조제1항에서 정하는 '구분소유자가 건물의 보존에 해로운 행위 기타 건물의 관리 및 사용에 관하여 구분소유자의 공동의 이익에 반하는 행위를 한 결과 공동생활의 유지가 심히 곤란하게 되었다'고 하는 요건이 충족되어야 한다. 위와 같은 요건의 충족 여부는 당해 구분소유자의 의무위반행위의 경위 · 목적 및 태양, 그 행위가 다른 구분소유자들 및 집합건물의 공동생활 전체에 미치는 각종 부정적 영향의 내용 및 정도 등 제반 사정을 고려하여 이를 신중하게 판단할 필요가 있고, 단지 당해 구분소유자의 권리행사 등 일정한 행위가 다수의 다른 구분소유자들의 의사와 계속적 · 반복적으로 배치된다거나 관리단 또는 다른 구분소유자들과의 사이에 갈등이나 반목이 발생하였다는 것만으로 쉽사리 이를 긍정하여서는 아니된다(대법원 2009. 12. 24. 선고 2009다41779 판결).

따라서 ① 어느 구분소유자가 집합건물의 입구에 자신의 차량을 배타적으로 주차하였다는 점 및 ② 그 구분소유자의 위법부당한 민원제기로 말미암아 이동통신회사들이 집합건물의 옥상에 설치한 이동통신안테나를 철거하였다는 증거가 없고, ③ 그 구분소유자가 집합건물 등에 행정법령상 위법사항이 존재하는 경우 관리단이나 다른 구분소유자들에게 먼저 양해를 구하거나 시정을 요구하지 아니한 채 곧바로 관할 행정청에 민원을 제기하거나 관리단 임원이나 일부 구분소유자들을 상대로 형사고소 또는 민사소송을 제기하였고, 이로 인하여 그 구분소유자와 관리단 임원이나 일부 구분소유자들 사이에 갈등과 반목이 심화되고 관리단은 집합건물의 관리에 불편 또는 어려움을 겪게 되었더라도, 그 구분소유자가 제기한 민원이나 형사고소 등이 전적으로 허위의 사실에 근거한 것이라고 볼 수 없는 이상 그러한 사정만으로 집합건물법 제45조제1항, 제5조제1항에서 정하는 경매청구권의 발생요건이 충족되었다고 볼 수 없다는 것이 대법원의 판단이다.

8. 아파트 관리사무소장 명의로 체결한 계약의 효력

쟁점

아파트의 관리사무소장은 관리업무를 집행하면서 체결하는 계약의 주체가 될 수 있는가?

판단

계약의 주체는 입주자대표회의가 되는 것이 타당하다.

공동주택관리법은 자치관리로 공동주택의 관리방법을 정한 아파트의 경우 자치관리기구의 대표자인 관리사무소장을 관리주체로 규정(공동주택관리법 제6조제1항)하고 있고, 공동주택관리법을 비롯하여 그 위임에 따른 공동주택관리법 시행령, 공동주택관리법 시행규칙의 여러 조항에서 자치관리기구와 관리주체인 관리사무소장에 관하여 규정하고 있다.

즉, 자치관리기구는 입주자대표회의에 의해 일정한 기술인력 및 장비를 갖추어 구성되고 입주자대표회의의 감독을 받으며, 자치관리기구의 대표자 내지 관리주체인 관리사무소장과 자치관리기구의 직원은 입주자대표회의에 의해 임면된다. 그리고 자치관리기구의 대표자 내지 관리주체인 관리사무소장은 입주자대표회의에서 의결한 공동주택의 관리업무 등을 집행하고 공용부분의 유지, 보수 등 업무를 담당한다(공동주택관리법 제64조).

위와 같은 공동주택관리법령의 체계 및 내용과 더불어, ① 자치관리기구의 대표자인 관리사무소장을 비롯한 그 직원들은 입주자대표회의와 관계에서 피용자의 지위에 있음을 감안할 때 자치관리기구가 일정한 인적 조직과 물적 시설을 갖추고 있다는 것만으로 단체로서의 실체를 갖춘 비법인사단으로 볼 수 없는 점, ② 공동주택관리법령과 그에 따른 관리규약에서 관리주체인 관리사무소장으로 하여금 그 명의로 공동주택의 관리업무에 관한 계약을 체결하도록 하는 등 일정 부분 관리업무의 독자성을 부여한 것은, 주택관리사 또는 주택관리사보의 자격을 가진 전문가인 관리사무소장에 의한 업무집행을 통하여 입주자대표회의 내부의 난맥상을 극복하고 공동주택의 적정한 관리를 도모하기 위한 취지일 뿐, 그러한 사정만으로 관리주체인 관리사무소장이라는 지위 자체에 사법상의 권리능력을 인정하기는 어려운 점 등을 종합하면, 공동주택관리법에 따라 자치관리로 공동주택의 관리방법을 정한 아파트에 있어서 자치관리기구 및 관리주체인 관리사무소장은 비법인사단인 입주자대표회의의 업무집행기관에 해당할 뿐 권리·의무의 귀속주체로 볼 수 없다.

따라서 자치관리기구의 대표자 내지 관리주체인 관리사무소장이 공동주택관리법령과 그에 따른 관리규약에서 정한 공동주택의 관리업무를 집행하면서 체결한 계약에 기한 권리 · 의무는 비법인사단인 입주자대표회의에게 귀속된다고 할 것이고, 그러한 계약의 당사자는 비법인사단인 입주자대표회의라고 보아야 한다(대법원 2015. 1. 29. 선고 2014다62657 판결[13]).

13) ① 구 주택법에서 정한 자치관리방식으로 관리되고 있던 ○○아파트의 입주자대표회의가 2009. 10. 27. 개최된 회의에서 보육시설로서 공용부분에 해당하는 이 사건 건물을 피고에게 임대하기로 의결한 사실, ② 이 ○○아파트의 관리사무소장인 소외인이 2010. 2. 16. 이 ○○아파트 관리규약의 관리주체에 의한 계약체결 규정에 근거하여 피고와 사이에, 이 사건 건물을 2012. 2. 28.까지 피고에게 임대하고 임대인 명의를 관리사무소장으로 하는 내용의 이 사건 임대차계약을 체결한 사실, ③ 이후 입주자대표회의가 이 사건 임대차계약에 따른 임대차기간 만료를 이유로 이 사건 건물의 명도를 구하는 이 사건 소를 제기한 사실이 인정되는 사건에서, 임대차계약은 관리사무소장이 입주자대표회의의 업무집행기관으로 체결한 것으로서 그 계약에 기한 권리 · 의무는 입주자대표회의에게 귀속되는 것이어서 입주자대표회의가 이 사건 임대차계약의 당사자로서 그 계약상 권리를 행사할 수 있다고 한 사안이다.

9. 특별수선충당금의 적립 및 인계 의무

쟁점

임대주택의 임대사업자가 특별수선충당금을 실제 적립한 사실이 없다면 분양전환 후 입주자대표회의에게 특별수선충당금을 인계할 의무가 없다고 볼 수 있는가?

판단

임대사업자는 특별수선충당금을 실제로 적립하였는지 여부와 상관없이 관련 법령에서 정한 기준에 따른 특별수선충당금을 입주자대표회의에 인계하여야 한다.

임대주택의 임대사업자는 주요 시설을 교체하고 보수하는 데에 필요한 특별수선충당금을 적립하여야 하며, 임대사업자가 임대의무기간이 지난 후 건설임대주택을 분양전환하려면 적립한 특별수선충당금을 최초로 구성되는 입주자대표회의에 넘겨주어야 한다(임대주택법 제31조[14]).

일정요율을 적용하여 산출한 특별수선충당금은 사용검사일(임시 사용승인을 받은 경우에는 임시 사용승인일을 말한다)부터 1년이 지난 날이 속하는 달부터 매달 적립하여야 한다(시행령 제30조).

임대사업자가 임대주택법에 의하여 적립할 의무를 부담하는 특별수선충당금은 그 임대사업자가 사업주체로서 실제로 적립했는지 여부와 상관없이 임대주택법령에서 정한 기준에 따라 산정된 금액을 분양 전환 후 입주자대표회의에 인계하여야 한다[15](대법원 2013. 3. 28. 선고 2012다1573 판결).

---

14) 민간임대주택에 관한 특별법 제53조.

15) 구 임대주택법이 규정하고 있는 임대사업자의 특별수선충당금은 임대주택 장기수선유지계획의 실시에 대비하고 건물의 노후화를 방지함으로써 국민주거생활의 안정을 도모하기 위하여 임대사업자에 의하여 의무적으로 적립되어야 하는 것이므로, 원고와 피고가 관리업무에 관한 인계·인수를 할 때 이 ○○아파트의 인수 후 발생하는 수선유지비 및 법령 제정 또는 개폐로 인하여 추가 소요되는 시설투자비는 입주자 부담으로 하기로 하는 내용의 합의를 하였다고 하더라도 그러한 사정만으로는 피고가 관리주체로서 법률상 당연히 부담하던 특별수선충당금의 징수·적립의무 및 이를 전제로 하는 인계의무가 원고의 특별수선충당금에 관한 권리 포기 등으로 인하여 소멸하였다고 볼 수는 없다(대법원 2014. 9. 4 선고 2013다216150 판결).

그리고 특별수선충당금 적립 및 인계의무는 임대주택법 등 관련 법령에 의한 법정채무이고, 아파트 입주자대표회의가 임대사업자에 대하여 특별수선충당금을 청구하는 경우 상거래 관계와 같은 정도로 신속하게 해결할 필요성이 있다고 볼 만한 합리적인 근거도 없는 점 등의 사정에 비추어 보면 아파트 입주자대표회의가 임대사업자에 대하여 가지는 특별수선충당금채권의 소멸시효기간은 민법 제162조제1항이 정하고 있는 10년이다(대법원 2014. 09. 04. 선고 2013다216150 판결).

10. 일부 분양전환된 경우 장기수선충당금 적립의무 여부

쟁점

임대주택이 분양 전환된 이후 임대사업자가 장기수선충당금을 적립하지 않았다면, 임대사업자가 새로 구성된 입주자대표회의에 이 장기수선충당금을 인계할 의무가 없는가?

판단

장기수선충다금을 실제로 적립하지 않았면 이를 인계할 의무 또한 부담하지 않는다.

임대사업자는 임대주택이 분양 전환되기 전에는 민간임대주택에 관한 특별법 제53조에 의한 특별수선충당금을 적립해야 할 의무를 부담하고, 분양전환 뒤에는 최초로 구성되는 입주자대표회의에 적립한 특별수선충당금을 인계할 의무를 부담한다.

임대주택의 일부 또는 전부가 분양 전환된 경우에는 그때부터 공동주택관리법 제30조에 따라 관리주체로서 분양 세대로부터 장기수선충당금을 징수하여 적립하여야 할 의무를 부담한다.

그런데 분양전환 이후 임대사업자가 장기수선충당금을 실제로 적립하지 않았더라도 이를 입주자대표회의에 인계할 의무를 부담할까? 대법원은 분양전환 이후의 장기수선충당금은 분양전환 전의 특별수선충당금과 달리 실제로 적립하지 않았다면 이를 인계할 의무가 없다고 보았다.

판례 "임대주택법에 의한 특별수선충당금은 임대사업자가 사업주체로서 실제로 적립했는지 여부와 상관없이 임대주택법령에서 정한 기준에 따라 산정된 금액을 분양 전환 후 입주자대표회의에 인계할 의무를 부담하지만, 주택법에 의한 장기수선충당금은 임대사업자가 세대 소유자 또는 입주자대표회의를 대신하는 관리주체로서 이를 징수·적립하는 것에 불과하므로 실제로 적립한 돈이 있어야만 이를 인계할 의무를 부담한다."(대법원 2014. 09. 04. 선고 2013다216150 판결)

CHAPTER 19

하도급

제19장 하도급

제1절 하도급의 기본적 법률 관계

1. 하도급의 허용

쟁점

공사도급계약에서 수급인 자신이 직접 일을 완성하지 않으면 계약불이행이 되는가?

판단

일의 성질이나 당사자의 특약으로 금지하지 않은 이상 하도급을 이용할 수 있다.

(1) 일의 완성이 목적인 도급계약

도급은 당사자 일방이 어느 일을 완성할 것을 약정하고 상대방이 그 일의 결과에 대하여 보수를 지급할 것을 약정함으로써 그 효력이 발생하는 계약이다(민법 제664조). 수급인은 도급인이 원하는 일을 완성할 것을 약속하고, 도급인은 수급인이 수행한 일의 결과에 대한 보수의 지급을 약속함으로써 성립하는 계약이 도급계약이다.

도급은 일의 완성을 목적으로 하는 계약이다. 일의 완성에 주안점을 둔 계약이기 때문에 원칙적으로 그 과정은 문제가 되지 않는다.

(2) 하도급의 허용 여부

수급인은 제3자를 사용하여 일을 완성하여도 무방하다. 수급인은 스스로 일의 수행을 지시 · 감독하면서 제3자를 이용보조자로 사용할 수도 있고, 제3자로 하여금 독립하여 일의 전부나 일부를 완성하게 하는 이행대행자로 사용할 수도 있다. 물론 일의 성질이나 당사자의 특약으로 반드시 수급인 자신이 직접 일을 수행해야 하는 경우에는 제3자를 사용해서는 안 된다.

판례 "공사도급계약에 있어서 당사자 사이에 특약이 있거나 일의 성질상 수급인 자신이 하지 않으면 채무의 본지에 따른 이행이 될 수 없다는 등의 특별한 사정이 없는 한 반드시 수급인 자신이 직접 일을 완성하여야 하는 것은 아니고, 이행보조자 또는 이행대행자를 사용하더라도 공사도급계약에서 정한 대로 공사를 이행하는 한 계약을 불이행하였다고 볼 수 없다.
수급인이 제3자를 이용하여 공사를 하더라도 공사약정에서 정한 내용대로 그 공사를 이행하는 한 공사약정을 불이행한 것이라고 볼 수 없으므로, 수급인이 그의 노력으로 제3자와의 사이에 공사에 관한 약속을 한 후 도급인에게 그 약속 사실을 알려주지 않았다고 하더라도 이를 도급인에 대한 기망행위라고 할 수 없다."
(대법원 2002. 4. 12. 선고 2001다82545, 82552 판결)

도급인으로부터 아파트 신축공사 중 승강기의 제작 · 설치공사를 수급받은 원수급인이 전문건설업면허가 없는 하수급인에게 승강기의 양중작업을 하도급주어 하수급인이 그 양중작업을 하던 도중에 타인에게 손해를 가한 사안에서 대법원은 그 하수급인은 원수급인이 하는 승강기의 제작 · 설치공사 중의 일부에 관한 이행대행자에 해당된다고 보고, 원수급인이 도급인에 대한 승강기의 제작 · 설치 채무 자체를 계약내용대로 이행한 이상 원수급인에게 불완전이행 등의 채무불이행책임을 물을 수 없다고 하였다(대법원 2000. 07. 07. 선고 97다29264 판결).

2. 하도급의 제한

쟁점

공동이행방식 공동수급체 구성원들이 실제 시공한 비율이 당초 발주자로부터 도급받은 비율과 달랐다. 이 경우 공동수급체의 구성원들은 건설산업기본법에서 금지하는 하도급을 준 것인가?

판단

공동이행방식 공동수급체 구성원들이 수주한 비율과 다르게 시공하더라도 건설산업기본상의 하도급에 해당하지 않는다.

민법상으로는 도급은 원칙적으로 하도급을 허용하지만, 건설산업기본법이나 전기공사업법은 하도급을 엄격하게 제한한다.

건설산업기본법은 건설사업자의 하도급을 제한하고(제29조제1항), 이를 위반하여 하도급한 자는 3년 이하의 징역이나 3천만 원 이하의 벌금에 처한다(제96조제4호). 전기공사업법에서도 공사업자의 하도급을 제한하고(제14조제1항), 이를 위반하여 하도급준 자는 1년 이하의 징역이나 1천만 원 이하의 벌금에 처한다(제42조제4호).

소프트웨어산업 진흥법도 소프트웨어사업자의 하도급을 제한하는 규정을 두고 있다(제20조의3). 정보통신공사업법(제31조)과 소방시설공사업법(제22조)에도 하도급을 제한하는 규정이 있다.

그러나 공동이행방식에 의하여 시공책임을 부담하는 공동수급체의 구성원들 사이에 도급받은 건설공사나 전기공사에 대한 각자의 시공분담비율을 출자비율과 달리 정하거나 어느 한 구성원에게 도급받은 전체 건설공사 또는 전기공사의 시공을 일임하기로 약정하더라도 이를 건설산업기본법 또는 전기공사업법상 하도급이라고 볼 수는 없다(대법원 2014. 06. 26. 선고 2013도967 판결). 공동수급체의 구성원은 공동수급체 구성원이 아닌 '다른 공사업자'에게 하도급 주어서는 아니될 의무를 부담할 뿐이기 때문이다.

하도급법은 하도급 자체를 제한하는 것이 아니라 원사업자와 수급사업자 사이의 하도급거래에 관한 공정성을 담보하기 위한 규정을 두고 있다.

3. 하도급법의 적용 범위

쟁점

하도급법이 원도급관계에도 적용되는가?

판단

하도급법은 하도급뿐만 아니라 원도급 관계에도 적용된다.

(1) 하도급거래의 정의

하도급법이 규율하는 "하도급거래"란 원사업자가 수급사업자에게 제조위탁(가공위탁을 포함한다) · 수리위탁 · 건설위탁 또는 용역위탁을 하거나 원사업자가 다른 사업자로부터 제조위탁 · 수리위탁 · 건설위탁 또는 용역위탁을 받은 것을 수급사업자에게 다시 위탁한 경우, 그 위탁(이하 "제조등의 위탁"이라 한다)을 받은 수급사업자가 위탁받은 것(이하 "목적물등"이라 한다)을 제조 · 수리 · 시공하거나 용역수행하여 원사업자에게 납품 · 인도 또는 제공(이하 "납품등"이라 한다)하고 그 대가(이하 "하도급대금"이라 한다)를 받는 행위를 말한다(법 제2조제1항).

건설산업기본법에서는 도급받은 건설공사의 전부 또는 일부를 다시 도급하기 위하여 수급인이 제3자와 체결하는 계약을 하도급(제2조제12호)이라 하여 도급과 하도급을 구분한다.

(2) 원도급관계의 포함

하도급법은 공정한 하도급거래질서를 확립하여 원사업자와 수급사업자가 대등한 지위에서 상호보완하며 균형 있게 발전할 수 있도록 함으로써 국민경제의 건전한 발전에 이바지함을 목적으로 한다(법 제1조).

하도급법에서는 수급인과 하수급인 사이의 거래뿐만 아니라 도급인과 수급인 사이의 거래까지도 하도급거래로 파악한다. 즉, 하도급법은 하도급관계뿐만 아니라 도급관계에도 적용된다.

판례 "하도급거래 공정화에 관한 법률 제2조제1항은 일반적으로 흔히 하도급이라고 부르는 경우, 즉 원사업자가 다른 사업자로부터 제조위탁·수리위탁 또는 건설위탁을 받은 것을 수급사업자에게 다시 위탁을 하는 경우뿐만 아니라 원사업자가 수급사업자에게 제조위탁·수리위탁 또는 건설위탁을 하는 경우도 하도급거래로 규정하여 그 법률을 적용하도록 정하고 있고, 같은 조 제2항에 의하여 그 법률의 적용 범위는 하도급관계냐 아니냐에 따르는 것이 아니라 원사업자의 규모에 의하여 결정됨을 알 수 있으므로 하도급거래 공정화에 관한 법률은 그 명칭과는 달리 일반적으로 흔히 말하는 하도급관계뿐만 아니라 원도급관계도 규제한다."(대법원 2003. 5. 16. 선고 2001다27470 판결)

4. 하도급거래의 당사자

쟁점

시공능력평가액이 500억 원이면서 상시고용 종업원 수가 100명인 A건설회사가 시공능력평가액이 600억 원이면서 상시고용 종업원 수가 150명인 B건설회사에 건설위탁을 한 경우에 하도급법이 적용되는가?

판단

상시고용 종업원 수는 하도급법의 적용 요건이 아니고, 시공능력평가액이 적은 건설회사가 시공능력평가액이 더 많은 건설회사에 건설위탁을 하더라도 하도급법은 적용되지 않는다.

하도급법에서는 하도급거래의 당사자를 발주자, 원사업자, 수급사업자로 일컫는다.

(1) 발주자

발주자란 제조 · 수리 · 시공 또는 용역수행을 원사업자에게 도급하는 자를 말한다. 다만, 재하도급의 경우에는 원사업자를 말한다(법 제2조제10항).

(2) 원사업자

원사업자란 ① 중소기업자[1]가 아닌 사업자로서 중소기업자에게 제조등의 위탁을 한 자이거나, ② 중소기업자 중 직전 사업연도의 연간매출액{관계 법률에 따라 시공능력평가액을 적용받는 거래의 경우에는 하도급계약 체결 당시 공시된 시공능력평가액의 합계액(가장 최근에 공시된 것)을 말하고, 연간매출액이나 시공능력평가액이 없는 경우에는 자산총액을 말한다}이 제조등의 위탁을 받은 다른 중소기업자의 연간매출액보다 많은 중소기업자로서 그 다른 중소기업자에게 제조등의 위

1) 중소기업기본법 제2조제1항 또는 제3항에 따른 자를 말하며, 중소기업협동조합법에 따른 중소기업협동조합을 포함한다.

탁을 한 자를 말한다(법 제2조제2항 본문).

현행법 개정 전까지는 중소기업자로서 연간매출액 또는 상시고용 종업원 수가 제조등의 위탁을 받은 다른 중소기업자의 연간매출액 또는 상시고용 종업원 수보다 많은 경우 위탁을 한 해당 중소기업자를 원사업자의 범위에 포함하였다. 그러나 상시고용 종업원 수가 많다고 하여도 거래상 지위의 우위를 담보하지 못하는 경우가 있는 문제점을 개선하고자 2015. 7. 24. 법률 제13451호로 개정된 법에서는 원사업자의 범위를 판단하는 기준에서 상시고용 종업원 수를 제외하였다. 이 개정 조항은 2016. 1. 25.부터 시행되었다.

구분	원사업자	수급사업자
① 유형	중소기업자 아닌 사업자	중소기업자
② 유형	중소기업자	중소기업자
(직전 사업연도의 연간매출액)	많음	적음

영세한 중소기업자가 같은 영세한 중소기업자에게 제조등을 위탁하더라도 하도급법은 적용되지 않는다. 영세한 중소기업자는 원사업자로 보지 않기 때문이다.

제조위탁 · 수리위탁의 경우에는 연간매출액이 20억 원 미만인 중소기업자, 건설위탁의 경우에는 시공능력평가액이 30억 원 미만인 중소기업자, 용역위탁의 경우에는 연간매출액이 10억 원 미만인 중소기업자는 원사업자로 보지 않는다(법 제2조제2항제2호 단서, 영 제2조제4항).

또한 중소기업자 아닌 사업자가 중소기업자 아닌 사업자에게 제조등을 위탁하는 경우에는 하도급법이 적용되지 않는다. 예컨대, 건설위탁의 당사자가 모두 평균매출액 또는 연간매출액이 1,000억 원을 초과하는 경우이거나 자산총액이 5천억 원을 초과하는 경우에는 하도급법이 적용되지 않는다(법 제2조제2항제1호, 영 제3조제1항제1호).

중소기업자가 중소기업자 아닌 자에게 제조등을 위탁하더라도 하도급법을 적용받는 하도급거래는 아니다.

(3) 수급사업자

수급사업자란 원사업자로부터 제조등을 위탁받은 중소기업자를 말한다(법 제2조제3항).

중소기업이 그 규모의 확대 등으로 중소기업에 해당하지 아니하게 된 경우 그 사유가 발생한 연도의 다음 연도부터 3년간은 중소기업으로 간주하는데(중소기업기본법 제2조제3항 본문), 이렇게 중소기업으로 간주되는 경우는 수급사업자에 해당하지 않는다.

판례 "하도급법에서의 수급사업자에는 중소기업기본법 제2조제1항의 규정에 의한 중소기업에는 해당하지 아니하게 되었으나 그 제3항에 의하여 중소기업으로 보는 경우는 포함되지 아니한다고 해석함이 상당하다."(대법원 2010. 4. 29. 선고 2008두14296 판결)

5. 하도급거래의 유형

쟁점

건설사업자가 전기공사 사업자에게 전기공사를 의뢰 한 경우 하도급법이 적용되는가?

판단

건설위탁에 해당하지 않아 하도급법이 적용되지 않는다.

제조위탁(가공위탁 포함)이거나 수리위탁, 건설위탁, 용역위탁에 해당되어야만 하도급이 적용된다. 하도급법에서 규정하는 제조등의 위탁에 해당하지 않으면 하도급이 적용되지 않는다(대법원 2003. 5. 16. 선고 2001다27470 판결).

(1) 제조위탁

① 물품의 제조, ② 물품의 판매, ③ 물품의 수리, ④ 건설 중 어느 하나에 해당하는 행위를 업으로 하는 사업자가 그 업에 따른 물품의 제조를 다른 사업자에게 위탁하는 행위를 제조위탁이라 한다(법 제2조제6항).

제조위탁에 해당하기 위해서는 물품의 제조, 판매, 수리 또는 건설을 업으로 하는 사업자가 전제되어야 한다. 제조, 판매, 수리 또는 건설을 업으로 하는 사업자가 아니면 하도급법의 적용을 받는 제조위탁에 해당될 여지가 없다.

예컨대, 운수업이나 용역업을 하는 사업자가 그 업에 따른 물품의 제조를 다른 사업자에게 위탁하더라도 하도급법에서 말하는 제조위탁이 아니다.

레미콘은 수급사업자의 사업장 소재지를 기준으로 하여 대구광역시, 광주광역시, 대전광역시, 세종특별자치시, 강원도, 충청북도, 충청남도, 전라북도, 전라남도, 경상북도, 경상남도 및 제주특별자치도에 한하여 제조위탁으로 본다(법 제2조제7항, 영 제2조제5항).

물품의 제조, 판매, 수리 또는 건설을 업으로 하는 사업자가 그 업에 따른 물품의 제조를 다른 사업자에게 위탁하는 행위가 제조위탁에 해당한다. 따라서 그 업에 따른 물품의 제조가 아니면 하도급법에서 규율하는 제조위탁이 아니다.

(2) 수리위탁

수리위탁이란 사업자가 주문을 받아 물품을 수리하는 것을 업으로 하거나 자기가 사용하는 물품을 수리하는 것을 업으로 하는 경우에 그 수리행위의 전부 또는 일부를 다른 사업자에게 위탁하는 것을 말한다(법 제2조제8항).

(3) 건설위탁

건설위탁이란 건설사업자[2]가 그 업에 따른 건설공사의 전부 또는 일부를 다른 건설사업자에게 위탁하거나 건설사업자가 경미한 건설공사[3]를 다른 사업자에게 위탁하는 것을 말한다(법 제2조제9항, 영 제2조제6항, 제7항).

경미한 건설공사란 건설업등록을 하지 않고도 업으로서 할 수 있는 건설공사와 공사업등록을 하지 않고 할 수 있는 경미한 전기공사를 말한다. 건설업을 영위하려는 자는 업종별로 등록하여야 하고, 건설공사는 건설업의 등록을 한 건설사업자만이 할 수 있다. 등록하지 않고도 할 수 있는 경미한 건설공사란 공사예정금액이 5천만 원 미만인 종합공사나 공사예정금액이 1천 5백만원 미만인 전문공사(단, 가스시설공사, 승강기설치공사 등은 제외), 조립 · 해체하여 이동이 용이한 기계설비 등의 설치공사(당해 기계설비 등을 제작하거나 공급하는 자가 직접 설치하는 경우에 한한다)와 같은 공사를 말한다(건설산업기본법 제9조제1항, 같은 법 시행령 제8조).

전기공사는 공사업자가 아니면 도급 받거나 시공할 수 없지만, 경미한 전기공사는 공사업자가 아니라도 시공할 수 있다(전기공사업법 제3조제1항).

하도급법에서 규율하는 건설위탁이란 건설사업자가 그 업에 따른 건설공사의 전부 또는 일부를 다른 건설사업자에 위탁하는 것과 건설업등록이 불필요한 경미한 공사를 건설사업자 아닌 사업자에게 위탁하는 것을 말한다. 따라서 건설사업자가 아닌 자가 건설공사를 위탁하더라도 하도급법이 규율하는 건설위탁은 아니다. 예컨대, 소방시설공사업 등록을 하지 않은 자가 소방시설공사업 등록을 한 자에게 소방시설공사를 위탁하면 '건설위탁'에 해당하지 않는다.

---

2) 건설산업기본법 제2조제7호에 따른 건설사업자, 전기공사업법 제2조제3호에 따른 공사업자, 정보통신공사업법 제2조제4호에 따른 정보통신공사업자, 소방시설공사업법 제4조제1항에 따라 소방시설업의 등록을 한 자, 주택법 제4조에 따른 등록사업자, 환경기술 및 환경산업 지원법 제15조에 따른 등록업자, 하수도법 제51조 및 가축분뇨의 관리 및 이용에 관한 법률 제34조에 따른 등록업자, 에너지이용 합리화법 제37조에 따른 등록업자, 도시가스사업법 제12조에 따른 시공자, 액화석유가스의 안전관리 및 사업법 제35조에 따른 시공자를 말한다.

3) 건설산업기본법 시행령 제8조에 따른 경미한 공사와 전기공사업법 시행령 제5조에 따른 경미한 공사를 말한다.

하도급법이 적용되는 '건설위탁'은 하도급법 제2조제9항 각호의 동일한 업종 사이의 위탁만을 의미하고, 이종 건설사업자 사이의 공사위탁은 하도급법에서 말하는 '건설위탁'이 아니다. 따라서 건설산업기본법 소정의 건설사업자가 그 업에 따른 건설공사의 전부 또는 일부를 전기공사업법 소정의 공사업자에게 위탁하더라도 하도급법에서 말하는 건설위탁이 아니다.

판례 "하도급법 제2조제9항은 그 법에서 '건설위탁'이라 함은 동항 소정의'건설업자'가 그 업에 따른 건설공사의 전부 또는 일부를 다른 건설업자에게 위탁하는 것과 건설업자가 대통령령이 정하는 건설공사를 다른 사업자에게 위탁하는 것을 말한다고 규정하고 있는바, 이는 하도급법 제2조제9항 각 호의 건설업자 사이에 동일한 업종 내에서 전부 또는 일부를 다른 건설업자에게 위탁하는 경우(다만, 대통령령이 정하는 경미한 공사는 제외)를 가리키는 것이라고 해석함이 상당하다.
한편, 건설산업기본법 제2조제4호에 의하여 전기공사와 소방시설공사는 건설공사에 포함되지 않는 것이고, 기록에 의하면 원고들은 전기공사업법과 소방시설공사업의 면허를 받지 못하여 전기공사와 소방공사를 할 수 없어 B 회사에게 위 각 공사를 도급주었고, 그 중 전기공사는 전기공사업법시행령 제3조에서 정한 경미한 공사에 해당하지 아니하는 사실을 인정할 수 있으니, 전기공사와 소방공사에 대한 하도급계약은 하도급법 제2조제9항에서 정한 '건설위탁'에 해당하지 아니한다."(대법원 2003. 5. 16. 선고 2001다27470 판결)

---

(4) 용역위탁

용역위탁이란 지식·정보성과물의 작성 또는 역무의 공급(=용역)을 업으로 하는 사업자, 즉 용역업자가 그 업에 따른 용역수행행위의 전부 또는 일부를 다른 용역업자에게 위탁하는 것을 말한다(법 제2조제11항).

제2절 원사업자의 의무

1. 원사업자의 의무

하도급법은 원사업자에게 한편으로는 적극적인 작위의무를 부과하고 다른 한편으로는 부작위의무를 부과하여 일정한 행위를 금지하고 있다.

특히 건설분쟁과 관련된 원사업자의 적극적인 작위의무의 내용은 아래와 같다.

비고	하도급법 조문	작위의무의 내용
①	제3조	서면의 발급 및 서류 보존
②	제6조	선급금의 지급
③	제7조	내국신용장의 개설
④	제9조	검사결과 통지
⑤	제13조	하도급대금의 지급
⑥	제13조의2	건설하도급대금 지급보증
⑦	제15조	관세 등 환급액의 지급
⑧	제16조	설계변경 등에 따른 하도급대금의 조정
⑨	제16조의2	공급원가 변동에 따른 하도급대금의 조정

2. 서면발급 및 보존 의무

쟁점

원사업자가 추가공사를 건설위탁 하는 경우, 그 추가공사의 위탁에 관한 서면은 언제까지 발급하여야 하는가?

판단

추가공사의 착공 전까지 발급하여야 한다.

(1) 서면의 발급

원사업자는 수급사업자에게 제조등의 위탁을 하는 경우에는 일정한 사항을 기재한 서면을 수급사업자에게 발급하여야 한다. 서면은 전자문서[4]로 하여도 무방하다(법 제3조제1항).

'제조위탁'의 경우에는 수급사업자가 물품 납품을 위한 작업을 시작하기 전까지, '수리위탁'의 경우에는 수급사업자가 계약이 체결된 수리행위를 시작하기 전까지, '건설위탁'의 경우에는 수급사업자가 계약공사를 착공하기 전까지, '용역위탁'의 경우에는 수급사업자가 계약이 체결된 용역수행행위를 시작하기 전까지 발급하여야 한다(법 제3조제1항).

원사업자가 수급사업자에게 하도급법에서 정한 발급기한까지 서면을 발급하지 않으면 서면 미발급에 해당된다.

원사업자가 수급사업자에게 건축설계 용역을 위탁하면서 수급사업자가 용역계약 내용에 따른 용역수행행위를 시작한 이후에 하도급 계약에 관한 서면을 발급한 행위는 법 제3조제1항의 규정에 위반된다(공정위 2015. 8. 17. 의결 제2015-307호).

당초의 계약내용이 설계변경 또는 추가공사의 위탁 등으로 변경될 경우에는 특단의 사정이 없는 한 반드시 추가 · 변경서면을 작성 · 교부하여야 한다.

---

4) 전자문서란 정보처리시스템에 의하여 전자적 형태로 작성, 송산 수신 또는 저장된 정보를 말한다(전자문서법 제2조제1호).

원사업자가 추가공사를 건설위탁하면서 서면을 수급사업자가 추가공사를 착공하기 전에 발급하지 않는 것은 불공정하도급거래에 해당한다(공정위 2010. 4. 7. 의결 제2010-040호).

원사업자가 수급사업자에게 추가공사를 건설위탁하면서 그 추가공사를 착공하기 전까지 추가공사의 위탁에 관한 서면을 발급하지 아니한 행위는 법 제3조 제1항에 위반되어 위법하다(공정위 2018. 1. 17. 의결 제2018-048호). 판례도 같은 입장이다.

판례 "하도급법 제3조제1항 규정에 의하면 건설위탁에서 원사업자는 건설위탁을 할 때에 수급사업자에게 계약서 등의 서면을 교부하여야 함이 원칙이나 늦어도 수급사업자가 공사에 착수하기 전까지는 이를 교부하여야 하고, 또 당초의 계약내용이 설계변경 또는 추가공사의 위탁 등으로 변경될 경우에는 특단의 사정이 없는 한 반드시 추가변경서면을 작성·교부하여야 한다."(대법원 1995. 6. 16. 선고 94누10320 판결)

공사기간 종료에 따른 공기연장계약을 체결한 경우에도 변경하도급계약 서면은 공사에 착공하기 전에 발급하여야 한다(공정위 2009. 12. 30. 의결 제2009-284호).

(2) 서면의 기재사항

원사업자가 수급사업자에게 발급하는 서면에는 하도급대금과 그 지급방법 등 하도급계약의 내용 및 목적물등[5]의 공급원가변동에 따른 하도급대금의 조정요건, 방법 및 절차 등의 사항을 적고 원사업자와 수급사업자가 서명 또는 기명날인하여야 한다. 서명은 공인전자서명[6]으로도 할 수 있다(법 제3조제2항).

양당사자의 서명 또는 기명날인이 없는 서면을 발급한 경우는 서면 미발급으로서 하도급위반이다.

실제의 하도급거래관계와 다른 허위사실을 기재한 서면을 발급한 경우도 서면 미발급에 해당한다.

위탁시점에 확정하기 곤란한 사항에 대하여는 재해 · 사고로 인한 긴급복구공사를 하는 경우 등 정당한 사유가 있는 경우에는 해당 사항을 적지 아니한 서면을 발급할 수 있지만, 이 경우에는 해당 사항이 정하여지지 아니한 이유와 그 사항을 정하게 되는 예정기일을 서면에 적어야 한다(법 제3조제3항).

일부 사항을 적지 아니한 서면을 발급한 경우에는 해당 사항이 확정되는 때에 지체 없이 그 사항을 적은 새로운 서면을 발급하여야 한다(법 제3조제4항).

5) "목적물등" 이란 제조위탁 · 수리위탁 · 건설위탁 또는 용역위탁을 받은 것을 수급사업자에게 다시 위탁한 경우, 그 위탁을 받은 수급사업자가 위탁받은 것을 말한다(하도급법 제2조제1항).

6) 공인전자서명이라 함은 ① 전자서명생성정보가 가입자에게 유일하게 속할 것, ② 서명 당시 가입자가 전자서명생성정보를 지배 · 관리하고 있을 것, ③ 전자서명이 있은 후에 당해 전자서명에 대한 변경여부를 확인할 수 있을 것, ④ 전자서명이 있은 후에 당해 전자문서의 변경여부를 확인할 수 있을 것이라는 요건을 갖추고 공인인증서에 기초한 전자서명을 말한다(전자서명법 제2조제3호).

(3) 서면발급 의무 위반에 대한 제재

서면을 발급하지 않거나 기재사항을 미기재하는 원사업자에 대하여 공정거래위원회는 시정조치를 권고하거나 명할 수 있으며(법 제25조제1항, 제25조의5제1항), 하도급대금의 2배를 초과하지 않는 범위에서 과징금을 부과할 수 있다(법 제25조의3 제1항제1호). 또한 하도급대금의 2배에 상당하는 금액 이하의 벌금에 처한다(법 제30조제1항제1호).

(4) 서류의 보존 및 위반에 대한 제재

원사업자는 하도급거래에 관한 서류를 보존하여야 한다. 서류보존 의무는 수급사업자에게도 똑같이 부과된다(법 제3조제9항).

보존하여야 하는 하도급거래에 관한 서류는 원사업자가 수급사업자에게 발급한 서면과 다음의 서류 또는 다음과 같은 사항이 기재된 서류(컴퓨터 등 정보처리능력을 가진 장치에 의하여 전자적인 형태로 작성, 송수신 또는 저장된 것을 포함)를 말한다(영 제6조제1항).

서류는 거래가 끝난 날[7]부터 3년간 보존하여야 한다(영 제6조제2항).

보존의무를 위반한 원사업자에 대하여 공정거래위원회는 시정조치를 권고하거나 명할 수 있으며(법 제25조제1항, 제25조의5제1항), 서류를 보존하지 아니하거나 하도급거래에 관한 서류를 거짓으로 작성 · 발급한 원사업자나 수급사업자에 대하여 하도급대금의 2배를 초과하지 않는 범위에서 과징금을 부과할 수 있다(법 제25조의3제1항제2호). 서류보존의무를 위반한 원사업자에 대하여는 하도급대금의 2배에 상당하는 금액 이하의 벌금에 처한다(법 제30조제1항제1호).

7) 거래가 끝난 날이란 제조위탁 · 수리위탁 및 용역위탁 중 지식 · 정보성과물의 작성위탁의 경우에는 수급사업자가 원사업자에게 위탁받은 목적물을 납품 또는 인도한 날을, 용역위탁 중 역무의 공급위탁의 경우에는 원사업자가 수급사업자에게 위탁한 역무공급을 완료한 날을 말하며, 건설위탁의 경우에는 원사업자가 수급사업자에게 건설위탁한 공사가 완공된 날을 말한다. 다만, 하도급계약이 중도에 해지되거나 하도급거래가 중지된 경우에는 해지 또는 중지된 날을 말한다(법 제23조제2항).

3. 하도급 계약 내용의 추정 제도

쟁점

원사업자가 하도급내용을 기재한 서면을 발급하지 않는 경우 수급사업자는 어떤 조치를 취할 수 있는가?

판단

수급사업자는 하도급 내용의 확인을 요청 할 수 있다. 원사업자가 요청한 사항에 대하여 부인하는 회신을 하지 않으면 수급사업자가 통지한 내용대로 위탁이 있었던 것으로 추정된다.

2010. 1. 25. 하도급법을 개정하면서 '하도급계약 내용의 추정 제도'가 신설되었다. 원사업자가 서면을 발급하지 않은 경우 수급사업자는 하도급내용의 확인을 요청할 수 있으며, 확인을 요청한 사항에 대하여 원사업자가 부인하는 회신을 하지 않으면 수급사업자가 통지한 내용대로 위탁이 있었던 것으로 추정하는 것이다.

(1) 하도급내용의 확인 요청

원사업자가 제조 등의 위탁을 하면서 하도급내용을 기재한 서면을 발급하지 아니한 경우에는 수급사업자는 위탁받은 작업의 내용, 하도급대금 등의 사항을 원사업자에게 서면[8]으로 통지하여 위탁내용의 확인을 요청할 수 있다(법 제3조제5항).

확인을 요청할 수 있는 내용은 다음과 같다(영 제4조).

1. 원사업자로부터 위탁받은 작업의 내용
2. 하도급대금
3. 원사업자로부터 위탁받은 일시

8) 전자문서도 포함한다.

19 하도급

4. 원사업자와 수급사업자의 사업자명과 주소(법인 등기사항증명서상 주소, 사업장 주소를 포함)
5. 그 밖에 원사업자가 위탁한 내용

(2) 하도급내용의 추정

원사업자는 수급사업자의 통지를 받은 날부터 15일 이내에 그 내용에 대한 회신을 수급사업자에게 발송하여야 한다. 회신은 서면[9]으로 하여야 하며, 인정 또는 부인의 의사가 기재되어야 한다.

이 기간 내에 회신을 발송하지 아니한 경우에는 원래 수급사업자가 통지한 내용대로 위탁이 있었던 것으로 추정한다. 다만, 천재나 그 밖의 사변으로 회신이 불가능한 경우에는 그러하지 아니하다(법 제3조제6항).

원사업자가 수급사업자의 통지에 대하여 15일 이내에 회신을 발송하기만 하면 그 회신이 수급사업자에게 도달하지 못하더라도 추정은 되지 않는다.

(3) 통지 및 회신의 방법

수급사업자의 통지에는 수급사업자가, 원사업자의 회신에는 원사업자가 서명 또는 기명날인하여야 한다(법 제3조제7항).

통지 및 회신은 ① 내용증명우편, ② 전자문서[10], ③ 그 밖에 통지와 회신의 내용 및 수신 여부를 객관적으로 확인할 수 있는 방법으로 하여야 한다(법 제3조제8항, 영 제5조제1항).

통지와 회신은 원사업자와 수급사업자의 주소(전자우편주소 또는 공인전자주소를 포함한다)로 한다(영 제5조제2항).

9) 전자문서도 포함한다.
10) 전자문서법 제2조제1호에 따른 전자문서로서 전자서명법 제2조제3호에 따른 공인전자서명이 있거나, 전자문서법 제2조제8호에 따른 공인전자주소를 이용하여야 한다.

4. 선급금 지급 의무

쟁점

원사업자 A와 수급사업자 B는 선급금을 주고받지 않기로 하는 특약을 맺었다. A가 발주자로부터 선급금을 받았더라도 B에게는 선급금을 지급하지 않아도 되는가?

판단

발주자로부터 선급금을 받은 이상 A는 그 내용과 비율에 따라 B에게 선급금을 지급해야 한다.

(1) 선급금

건설공사와 관련하여 수수되는 선급금은 막대한 자금이 필요한 건설공사계약에서 자금력이 부족한 수급인으로 하여금 자재비와 노임을 선지급하여 원활한 공사진행이 가능할 수 있도록 도급인이 수급인에게 미리 지급하는 공사대금을 말한다. 선급금은 도급인이 수급인에게 미리 지급하는 공사대금의 일부로서 구체적인 기성고와 관련하여 지급하는 것이 아니라 전체 공사와 관련하여 지급하는 것이다(대법원 1999. 12. 7. 선고 99다55519 판결).

(2) 선급금 지급 의무

수급사업자에게 제조등의 위탁을 한 원사업자가 발주자로부터 선급금을 받은 경우에는 수급사업자가 제조·수리·시공 또는 용역수행을 시작할 수 있도록 그가 받은 내용과 비율에 따라 수급사업자에게 선급금을 지급하여야 한다(법 제6조제1항).

선급금의 지급의무는 발주자로부터 선급금을 받은 경우에만 인정된다. 따라서 원사업자가 발주자로부터 제조등을 위탁받은 바 없이 수급사업자에게 제조등을 직접 위탁한 경우에는 선급금 지급 의무가 없다.

19 하도급

(3) 내용과 비율에 따른 지급

원사업자는 그가 받은 선급금의 '내용과 비율에 따라' 수급사업자에게 선급금을 지급하여야 한다.

건설하도급에 관한여는 건설산업기본법에 같은 내용의 규정이 있다.

수급인이 발주자로부터 선급금을 받은 때에는 하수급인이 자재를 구입하거나 현장노동자를 고용하는 등 하도급공사를 시작할 수 있도록 수급인이 받은 선급금의 내용과 비율에 따라 선급금을 받은 날(하도급계약을 체결하기 전에 선급금을 지급받은 경우에는 하도급계약을 체결한 날)부터 15일 이내에 하수급인에게 선급금을 지급하여야 한다. 이 경우 수급인은 하수급인이 선급금을 반환하여야 할 경우에 대비하여 하수급인에게 보증을 요구할 수 있다(건설산업기본법 제34조제4항).

(4) 지급 기한

원사업자는 선급금을 받은 날부터 15일 이내에 수급사업자에게 지급하여야 한다. 제조 등의 위탁을 하기 전에 선급금을 받은 경우에는 제조 등의 위탁을 한 날부터 15일 이내에 선급금을 수급사업자에게 지급하여야 한다(법 제6조제1항).

따라서 원사업자는 발주자로부터 선급금을 지급받은 날부터 15일 이내에 그 선급금의 내용과 비율에 따라 수급사업자에게 선급금을 지급하여야 하고, 15일을 초과하여 지급하거나 미지급하였다면 하도급법 제6조제1항에 위반된다(공정위 2009. 4. 8. 의결 제2009-094호).

원사업자가 발주자로부터 선급금을 받은 날부터 15일을 지나 지급하는 경우에는 그 초과기간에 대하여 연 100분의 40 이내에서 은행법에 따른 은행이 적용하는 연체금리 등 경제사정을 고려하여 공정거래위원회가 정하여 고시하는 이율에 따른 이자를 지급하여야 한다(법 제6조제2항).

2015. 7. 1.부터 시행되는 공정거래위원회의 고시이율은 연리 15.5%이다. 그 이전에는 연리 20%였다.

5. 검사결과 통지 의무

쟁점

목적물에 하자가 있었으나 수령한 날부터 10일 이내에 이를 통지하지 못한 경우 하도급대금을 지급하여야 하는가?

판단

원사업자가 10일 이내 검사결과를 통지하지 않으면 검사에 합격한 것으로 간주되므로 하도급대금을 지급하여야 한다.

(1) 검사의 기준·방법 및 시기

수급사업자가 납품 등을 한 목적물 등에 대한 검사의 기준 및 방법[11]은 원사업자와 수급사업자가 협의하여 객관적이고 공정 · 타당하게 정하여야 한다(법 제9조제1항).

(2) 검사결과의 통지

원사업자는 정당한 사유가 있는 경우[12] 외에는 수급사업자로부터 목적물 등을 수령한 날(제조위탁의 경우에는 기성부분을 통지받은 날을 포함하고, 건설위탁의 경우에는 수급사업자로부터 공사의 준공 또는 기성부분을 통지받은 날을 말한다)부터 10일 이내에 검사 결과를 수급사업자에게 서면으로 통지하여야 한다.

---

11) 검사의 방법으로는 당사자간에 합의가 있다는 전제하에 전수검사, 발췌검사, 제3자에 대한 검사의뢰, 수급사업자에게 검사위임, 무검사합격 등이 있다(공정화지침).

12) 공정화지침은 검사결과의 통지기간의 예외 사유로 인정될 수 있는 '정당한 사유가 있는 경우'에 대한 판단기준을 다음과 같이 예시한다.

(1) 일일 평균 검사물량의 과다, 발주처에의 납기 준수 등 통상적인 사유에는 인정되지 아니한다.

(2) 거대한 건설공사(댐·교량공사, 대단위 플랜트 공사 등), 시스템 통합 용역 등 복잡·다양한 기술적 검사가 필요하여 장기간의 검사가 불가피하게 요구되는 경우에는 정당한 사유로 인정할 수 있다.

19 하도급

여기의 서면에 전자문서가 포함되는지 여부에 관하여는 규정이 없는데, 전자문서를 제외할 특별한 이유가 없으므로 포함되는 것으로 해석하여도 무방하리라 본다.

검사결과의 통지가 10일 이내에 수급사업자에게 도달하지 않으면 10일 이내에 검사결과를 통지하지 아니한 것으로 보아야 한다. 우리 민법은 의사표시의 효력발생시기에 관하여 '도달주의'를 취하고 있기 때문이다(민법 제111조[13]).

(3) 합격 간주

원사업자가 10일 이내에 검사결과를 통지하지 아니한 경우에는 검사에 합격한 것으로 본다. 검사에 합격한 것으로 간주한다는 규정의 취지는 검사에 합격한 것으로 봄으로써 하도급법이 적용되는 범위 안에서는 그로 인한 대금채무도 발생한 것으로 의제한다는 의미로 해석된다.

판례 "하도급법 제9조제2항에서 원사업자가 수급사업자로부터 목적물을 수령하고도 정당한 사유 없이 10일 이내에 수급사업자에게 서면으로 검사결과를 통지하지 아니한 경우에는 검사에 합격한 것으로 본다고 규정한 취지는 검사에 합격한 것으로 봄으로써 하도급법이 적용되는 범위 안에서는 그로 인한 대금채무도 발생한 것으로 본다는 의미라고 풀이함이 상당하므로, 이러한 경우에 원사업자가 수급사업자에게 그 대금을 하도급법이 정한 바에 따라 지급하지 아니하였다면, 달리 그 대금채무가 발생하지 아니하였음이 밝혀지지 않는 한 공정거래위원회는 제25조제1항에서 정하고 있는 시정명령과 제25조의3제1항제3호에서 정하고 있는 과징금 부과 등의 조치를 할 수 있다고 보아야 한다."(대법원 2002. 11. 26. 선고 2001두3099 판결)

따라서 목적물 등을 수령한 날부터 10일 이내에 통지하지 않으면 하도급대금을 지급할 의무가 발생한다. 설령 수령한 목적물에 하자가 있더라도 수령한 날부터 10일 이내에 통지하지 않으면 하도급법상으로는 검사에 합격한 것으로 간주되어 대금채무가 발생하게 된다. 별도의 민사소송 등을 통하여 하자보수 또는 하자보수에 갈음한 손해배상을 청구하는 것은 별개의 문제이다.

판례 "수급사업자가 추가공사를 포함한 하도급공사를 종료하여 원사업자가 수급사업자로부터 시공완료의 통지를 받고서도 그 날로부터 10일 이내에 검사결과를 수급사업자에게 서면으로 통지하지 아니 하였다면, 원사업자가 그 통지의무를 해태한 데에 정당한 사유가 있는지 여부에 관하여 아무런 주장·입증이 없는 이상, 수급사업자의 하도급공사는 검사에 합격한 것으로 간주되고 그 결과 원사업자는 수급사업자에 대하여 공사잔대금을 지급할 의무가 발생한다."(대법원 1995. 6. 16. 선고 94누10320 판결)

---

13) **민법 제111조(의사표시의 효력발생시기)** ① 상대방이 있는 의사표시는 상대방에게 도달한 때에 그 효력이 생긴다.

수급사업자가 납품한 제품의 하자로 인하여 원사업자 자신의 거래처와의 계약이 파기되거나 향후 계약 체결이 어려워질 수 있는 등 재산상 손해가 발생하여 수급사업자에 대한 하도급대금의 지급을 지연한 행위에 대하여 공정위는 목적물을 납품받은 날부터 10일이 경과할 때까지 원사업자가 수급사업자에게 검사결과를 통지한 사실이 없으므로 이 사건 제품은 검사에 합격한 것으로 보아야 하고 이에 따라 원사업자의 하도급대금 지급의무는 확정된 것이며, 수급사업자가 납품한 제품에 일부 불량이 있었다고 하더라도 원사업자에게 현실적으로 발생하지도 아니한 예상 손해를 이유로 하도급대금 지급을 거부하는 것은 정당한 사유로 인정될 수 없다고 하였다(공정위 2017. 6. 28. 의결 제2017-224호).

(4) 건설산업기본법의 규정

건설 하도급에 관하여는 건설산업기본법에 같은 내용의 규정이 있다.

수급인은 하수급인으로부터 하도급공사의 준공 또는 기성부분의 통지를 받으면 그 사실을 확인하기 위한 검사를 하여야 하며, 수급인은 하수급인의 통지를 받은 날부터 10일 이내에 검사 결과를 하수급인에게 서면으로 통지하여야 한다. 검사 결과 하도급공사가 설계 내용대로 준공되었을 때에는 수급인은 지체 없이 공사 목적물을 인수하여야 한다(건설산업기본법 제37조).

이에 위반한 건설사업자에 대하여는 국토교통부장관은 기간을 정하여 시정을 명하거나 기타 필요한 지시를 할 수 있다(건설산업기본법 제81조제4호).

(5) 법 위반에 대한 제재

법 제9조의 의무를 위반한 원사업자에 대하여는 시정조치(제25조제1항), 하도급대금의 2배를 초과하지 않는 범위의 과징금 부과(제25조의3제1항제3호), 하도급대금의 2배에 상당하는 금액 이하의 벌금(제30조제1항제1호)에 처한다.

6. 하도급대금의 지급

쟁점

원사업자가 하도급대금을 지급할 때 현금비율을 자유롭게 결정할 수 있는가?

판단

원사업자는 발주자로부터 받은 현금비율 미만으로 하도급대금을 지급할 수 없다.

(1) 하도급대금의 지급 의무

원사업자는 수급사업자에게 하도급대금을 지급할 의무가 있다. 원사업자가 수급사업자에게 하도급대금을 지급할 의무를 부담한다는 것은 지극히 당연하기 때문에 하도급법에서는 그 지급기한과 지연이자, 어음과 어음대체결제수단으로 지급했을 때의 할인료와 수수료 지급의무에 관하여 규정하고 있다.

(2) 보수 지급 시기

하도급도 그 본질은 도급인 이상 도급에 관한 민법의 규정이 그대로 적용된다. 하수급인의 하도급인(원수급인)에 대한 보수채권의 변제기는 당사자 사이의 특약이 있다면 그 약정한 시기가 변제기이며, 당사자 사이의 약정이 없으면 관습에 따르고, 관습도 없다면 약정한 일을 완성한 때 또는 일을 완성하여 목적물을 인도하는 때가 변제기이다(민법 제665조).

도급계약의 보수는 특약이 없는 한 완성된 목적물의 인도를 요하지 아니하는 경우에는 그 일을 완성한 때에, 그리고 완성된 목적물의 인도를 요하는 경우에는 그 인도와 동시에 지급함을 요한다(대법원 1968. 5. 21. 선고 67다639 판결).

도급인의 보수지급채무와 수급인이 완성한 목적물을 인도할 채무는 서로 동시이행관계에 있다. 따라서 도급인이 약정한 대금을 지급하지 않는 동안은 수급인은 목적물의 인도를 거부할 수 있다.

(3) 60일 이내 약정일

원사업자가 수급사업자에게 제조 등의 위탁을 하는 경우에는 목적물 등의 수령일부터 60일 이내의 가능한 짧은 기한으로 정한 지급기일까지 하도급대금을 지급하여야 한다.

건설위탁의 경우에는 인수일부터, 용역위탁의 경우에는 수급사업자가 위탁받은 용역의 수행을 마친 날부터, 납품 등이 잦아 원사업자와 수급사업자가 월 1회 이상 세금계산서의 발행일을 정한 경우에는 그 정한 날부터 60일 이내로 지급기일을 정하여 지급하여야 한다.

다만, 원사업자와 수급사업자가 대등한 지위에서 지급기일을 정한 것으로 인정되는 경우와 해당 업종의 특수성과 경제여건에 비추어 그 지급기일이 정당한 것으로 인정되는 경우에는 60일을 초과하여도 된다(법 제13조제1항).

(4) 지급기일을 정하지 않은 경우

하도급대금의 지급기일이 정하여져 있지 아니한 경우에는 목적물 등의 수령일을 하도급대금의 지급기일로 간주한다(법 제13조제2항).

(5) 60일을 초과하여 정한 경우

하도급대금의 지급기일을 목적물 등의 수령일부터 60일을 지난 날로 정한 경우에는 목적물 등의 수령일부터 60일이 되는 날을 하도급대금의 지급기일로 간주한다(법 제13조제2항).

원사업자와 수급사업자가 대등한 지위에서 지급기일을 정한 것으로 인정되는 경우와 해당 업종의 특수성과 경제여건에 비추어 그 지급기일이 정당한 것으로 인정되는 경우에는 적용이 없다(법 제13조제1항 단서).

(6) 발주자로부터 대금을 지급받은 경우

원사업자가 발주자로부터 대금을 지급받은 경우에는 발주자로부터 지급받은 날부터 15일 이내에 수급사업자에게 지급하여야 한다.

제조 등을 위탁한 원사업자가 발주자로부터 제조 · 수리 · 시공 또는 용역수행행위의 완료에 따라 준공금 등을 받았을 때에는 받은 날부터 15일(하도급대금의 지급기일이 그 전에 도래하는 경우에는 그 지급기일) 이내에 수급사업자에게 하도급대금을 지급하여야 한다(법 제13조제3항).

발주자로부터 제조 · 수리 · 시공 또는 용역수행행위의 진척에 따라 기성금을 받았을 때에는 수급사업자가 제조 · 수리 · 시공 또는 용역수행한 부분에 상당하는 금액을 그 기성금을 지급받은 날부터 15일 이내에 수급사업자에게 지급하여야 한다(법 제13조제3항).

건설하도급의 경우에 수급인은 발주자로부터 도급받은 건설공사에 대한 준공금을 받은 경우에는 하도급대금을, 기성금을 받은 경우에는 하수급인이 시공한 부분에 해당하는 금액을, 각 그 준공금 또는 기성금을 받은 날(수급인이 발주자로부터 공사대금을 어음으로 받은 경우에는 그 어음 만기일을 말한다)부터 15일 이내에 하수급인에게 현금으로 지급하여야 한다(건설산업기본법 제34조제1항).

(7) 어음할인료의 지급

하도급대금의 지불 수단에 관한 특별한 제한은 없다. 대물변제도 가능하고, 어음으로 지급할 수도 있다. 다만 부당한 대물변제는 금지되고(법 제17조), 어음이나 어음대체결제수단으로 지급할 때에는 할인료나 수수료를 지급하여야 한다.

하도급대금을 어음으로 지급하였으나 지급받은 어음이 부도처리 된 경우에는 하도급대금을 지급하지 아니한 것으로 본다.

원사업자가 하도급대금을 어음으로 지급하는 경우에 그 어음은 법률에 근거하여 설립된 금융기관에서 할인이 가능한 것이어야 한다(법 제13조제6항).

원사업자가 하도급대금을 어음으로 지급하는 경우에는 어음을 교부한 날부터 어음의 만기일까지의 기간에 대한 할인료를 어음을 교부하는 날에 수급사업자에게 지급하여야 한다(법 제13조제6항 본문 후단).

다만, 목적물 등의 수령일부터 60일 이내에 어음을 교부하는 경우에는 목적물 등의 수령일부터 60일이 지난 날 이후부터 어음의 만기일까지의 기간에 대한 할인료를 목적물 등의 수령일부터 60일 이내에 수급사업자에게 지급하여야 한다(법 13조제6항 단서).

어음 할인율은 연 100분의 40 이내에서 법률에 근거하여 설립된 금융기관에서 적용되는 상업어음할인율을 고려하여 공정거래위원회가 정하여 고시하는데, 현재 고시된 할인율은 연 7.5%이다.

(8) 지연이자의 지급

원사업자가 하도급대금을 목적물 등의 수령일부터 60일이 지난 후에 지급하는 경우에는 그 초과기간에 대하여 연 100분의 40 이내에서 은행법에 따른 은행이 적용하는 연체금리 등 경제사정을 고려하여 공정거래위원회가 정하여 고시하는 이율에 따른 이자를 지급하여야 한다(법 제13조제8항).

현재 고시된 지연이자율은 연리 15.5%이다.

이 규정에 의한 지연이자의 지급은 원사업자가 수급사업자에 대하여 하도급대금을 지급하는 경우에만 적용되고, 하도급법 제14조의 규정에 의해 발주자가 수급사업자에게 직접 지급하는 경우에는 적용되지 않는다.

판례 "하도급 제13조제7항 소정의 "원사업자가 하도급대금을 목적물의 수령일부터 60일을 초과하여 지급하는 경우에는 그 초과기간에 대하여 공정거래위원회가 정하여 고시하는 이자율에 의한 이자를 지급하여야 한다."는 규정은, 원사업자가 수급사업자에 대하여 하도급대금을 지급하는 경우에 관한 규정이어서, 이 사건과 같이 발주자인 피고가 원사업자의 파산 등으로 수급사업자에게 하도급대금을 직접 지급하는 경우에는 적용될 수 없다는 원심의 판단은 정당하다."(대법원 2005. 7. 28. 선고 2004다64050 판결)

하도급대금에 대한 지연이자를 청구하는 경우의 지연이자율은 소촉법상의 지연이자율 12%가 아니라 고시된 지연이자율 15.5%를 적용한다.

(9) 현금비율 및 어음만기일 유지 의무

원사업자가 수급사업자에게 하도급대금을 지급할 때에는 원사업자가 발주자로부터 해당 제조 등의 위탁과 관련하여 받은 현금비율 미만으로 지급하여서는 아니 된다(법 제13조제4항).

원사업자가 발주자로부터 공사대금을 현금으로 수령하고도 수급사업자에게는 어음 등 현금이 아닌 방법으로 하도급대금을 지급함으로써 주로 중소기업자인 수급사업자의 자금난을 가중시키고 경영상 애로를 초래하는 것을 방지하기 위한 것이다.

공사대금을 발주자로부터 전액 현금으로 수령했음에도 수급사업자에게는 하도급대금의 전액 또는 대부분을 상환청구권이 있는 외상매출채권담보대출로 지급하는 것은 법 제13조 제4항의 규정에 위반되는 불공정하도급거래행위에 해당한다(공정위 2009. 9. 24. 의결 제2009-200호).

현금결제비율유지의무 규정은 수급사업자의 현금흐름을 원활하게 하기 위하여 특별히 둔 규정으로서 원사업자의 보유현금이 부족하다는 주장은 현금결제비율유지의무 위반에 대한 정당한 사유로 인정하기 어렵다(공정위 2009. 3. 23. 의결 제2009-85호).

원사업자가 하도급대금을 어음으로 지급하는 경우에는 해당 제조 등의 위탁과 관련하여 발주자로부터 원사업자가 받은 어음의 지급기간(발행일부터 만기일까지)을 초과하는 어음을 지급하여서는 아니 된다(법 제13조제5항).

(10) 하도급대금 지급의무 위반의 효과

하도급대금 지급의무를 위반한 원사업자에 대하여 공정거래위원회는 시정조치를 권고하거나 명할 수 있으며(법 제25조제1항, 제25조의5제1항), 하도급대금의 2배를 초과하지 않는 범위에서 과징금을 부과할 수 있다(법 제25조의3 제1항제1호). 또한 하도급대금의 2배에 상당하는 금액 이하의 벌금에 처한다(법 제30조제1항제1호).

원사업자가 하도급대금 지급의무를 위반함으로써 손해를 본 수급사업자는 원사업자에 대하여 손해배상을 청구할 수 있다(법 제35조제1항).

7. 설계변경 등에 따른 하도급대금의 조정

쟁점

발주자로부터 설계변경을 이유로 계약금액을 증액 받더라도 원사업자와 수급사업자 사이에는 계약금액의 증액은 없기로 약정할 수 있는가?

판단

계약금액 조정의 배제 특약은 불공정 거래행위에 해당된다.

(1) 조정 의무

원사업자는 제조등의 위탁을 한 후에 설계변경이나 경제상황의 변동 등을 이유로 계약금액이 증액되고 같은 이유로 목적물등의 완성 또는 완료에 추가비용이 들 경우에는 발주자로부터 증액받은 계약금액의 내용과 비율에 따라 하도급대금을 증액하여야 한다(법 제16조제1항 본문).

발주자로부터 증액받은 경우에만 원사업자에게 하도급대금 증액의무가 인정되고, 발주자로부터 증액받았더라도 수급사업자가 목적물등의 완성 또는 완료에 추가비용이 들지 않는 경우에는 증액할 의무가 없는 것으로 해석된다.

(2) 당사자의 약정에 의한 배제 여부

발주자로부터 설계변경을 이유로 계약금액을 증액받더라도 원사업자와 수급사업자 사이에는 계약금액의 증액은 없기로 하는 내용의 하도급계약은 어떤가?

당연히 하도급법에 위반되는 불공정하도급거래행위로서 시정명령이나 과징금을 부과받거나 벌금형에 처해질 수 있다.

그렇다면 수급사업자는 계약금액 조정을 배제하는 당사자 사이의 특약에도 불구하고 원사업자에게 하도급법을 근거로 하도급계약금액의 증액을 요구할 수 있을까?

지금까지의 대법원 판례에 따르면 그러기는 쉽지 않아 보인다. 대법원은 하도급법을 위반한 하도급계약의 사법상 효력은 원칙적으로 유효하다는 태도를 취하고 있었기 때문이다.

판례 "하도급법 제16조에는 원사업자가 제조 등의 위탁을 한 후에 발주자로부터 설계변경 또는 경제상황의 변동 등의 이유로 추가금액을 지급받는 경우 동일한 사유로 목적물의 완성에 추가비용이 소요되는 때에는 그가 받은 추가금액의 내용과 비율에 따라 하도급대금을 증액하여야 한다는 취지로 규정되어 있으나, 그 법은 그 조항에 위반된 하도급약정의 효력에 관하여는 아무런 규정을 두지 않는 반면 위의 조항을 위반한 원사업자를 벌금형에 처하도록 하면서 그 조항 위반행위 중 일정한 경우만을 공정거래위원회에서 조사하게 하여 그 위원회로 하여금 그 결과에 따라 하도급분쟁조정협의회에 조정 등을 요청하게 하거나 원사업자에게 통지·최고하게 하거나 그 위반행위의 신고를 각하 또는 기각하게 하도록 규정하고 있을 뿐이어서 그 조항은 그에 위배한 하도급인과 하수급인간 계약의 사법상의 효력을 부인하는 조항이라고 볼 것은 아니다."(대법원 2000. 7. 28. 선고 2000다20434 판결)

그러나 위와 같은 대법원의 판례가 언제까지 유지될 수 있을지 의문이다. 판례의 변경 가능성도 배제할 수 없다.

무엇보다도 계약금액의 조정을 배제하는 특약은 하도급법에 위반되는 것으로서 원사업자의 행위는 불법행위라 할 것이므로 수급사업자로서는 원사업자를 상대로 손해배상을 청구할 수 있을 것으로 보인다(대법원 2011. 1. 27. 선고 2010다53457 판결 참조). 법 제35조 제1항도 원사업자가 하도급법의 규정을 위반함으로써 손해를 입은 자가 있는 경우에는 그 자에게 발생한 손해에 대하여 배상책임을 진다고 규정하고 있다.

특히 건설산업기본법 제22조제5항제1호는 건설공사 도급계약의 내용이 당사자 일방에게 현저하게 불공정한 경우로서 계약체결 이후 설계변경, 경제상황의 변동에 따라 발생하는 계약금액의 변경을 상당한 이유 없이 인정하지 아니하거나 그 부담을 상대방에게 전가하는 경우에는 그 부분에 한정하여 무효로 한다고 선언하고 있다.

(3) 감액 가능성

원사업자가 발주자로부터 계약금액을 감액받은 경우에는 그 내용과 비율에 따라 하도급대금을 감액할 수 있다(법 제16조제1항 단서).

(4) 조정 내용의 통지

하도급대금을 증액 또는 감액할 경우, 원사업자는 발주자로부터 계약금액을 증액 또는 감액받은 날부터 15일 이내에 발주자로부터 증액 또는 감액받은 사유와 내용을 해당 수급사업자에게 통지하여야 한다. 다만, 발주자가 그 사유와 내용을 해당 수급사업자에게 직접 통지한 경우에는 그러하지 아니하다(법 제16조제2항).

(5) 조정 기한

하도급대금의 증액 또는 감액은 원사업자가 발주자로부터 계약금액을 증액 또는 감액받은 날부터 30일 이내에 하여야 한다(법 제16조제3항)

(6) 지연 이자의 지급

원사업자가 계약금액 증액에 따라 발주자로부터 추가금액을 지급받은 날부터 15일이 지난 후에 추가 하도급대금을 지급하는 경우에는 15일을 지난 날부터 연리 15.5%의 지연이자율을 적용한 지연이자를 지급하여야 한다.

추가 하도급대금을 어음 또는 어음대체결제수단을 이용하여 지급하는 경우에는 하도급대금을 어음 또는 어음대체결제수단으로 지급한 경우를 준용하여 어음할인료와 수수료를 지급하여야 한다(법 제16조제4항).

(7) 법 위반의 효과

설계변경 등에 따른 하도급대금의 조정의무를 규정한 법 제16조를 위반한 원사업자에 대하여 공정거래위원회는 시정조치를 권고하거나 명할 수 있으며(법 제25조제1항, 제25조의5제1항), 하도급대금의 2배를 초과하지 않는 범위에서 과징금을 부과할 수 있다(법 제25조의3제1항제6호).

또한 내용과 비율에 따른 하도급대금의 조정의무에 관한 법 제16조제1항이나 발주자로부터 증액 또는 감액받은 날부터 30일 이내에 증액 또는 감액하여야 하는 의무를 규정한 법 제16조제3항, 지연이자 및 할인수수료의 지급에 관한 법 제16조제4항을 위반한 원사업자는 하도급대금의 2배에 상당하는 금액 이하의 벌금에 처한다(법 제30조제1항제3호).

원사업자가 하도급대금 조정의무를 위반함으로써 손해를 본 수급사업자는 원사업자에 대하여 손해배상을 청구할 수 있다(법 제35조제1항).

(8) 건설산업기본법의 규정

건설산업기본법에도 하도급대금의 조정에 관한 유사한 규정이 있다.

수급인은 하도급을 한 후 발주자로부터 설계변경 또는 경제상황의 변동에 따라 공사금액을 증액하여 지급받은 경우 동일한 사유로 목적물의 준공에 비용이 추가되는 때에는 그가 증액하여 받은 공사금액의 내용과 비율에 따라 하수급인에게 비용을 증액하여 지급하여야 하며, 공사금액이 감소된 때에는 이에 준하여 감액하여 지급한다(제36조제1항).

발주자는 발주한 건설공사의 금액을 설계변경 또는 경제상황의 변동에 따라 수급인에게 조정하여 지급한 경우에는 지급한 날로부터 15일 이내에 공사금액의 조정사유와 내용을 하수급인(재하수급인 포함)에게 통보하여야 한다(제36조제2항, 영 제34조의5).

설계변경 등에 따른 하도급대금의 조정에 관하여 규정하고 있는 건설산업기본법 제36조 및 하도급법 제16조는 하수급인의 보호를 위한 규정으로서 원도급금액을 초과하여 하도급금액을 정하고 이를 지급하는 것 자체를 금지하는 취지는 아니다(대법원 2007. 5. 31. 선고 2005다74344 판결).

건설산업기본법은 수급인이 하수급인에게 설계변경이나 그 밖의 사유로 당초 하도급계약의 산출내역에 포함되어 있지 아니한 공사(추가 · 변경공사)를 요구하는 경우 해당 공사의 하수급인에게 추가 · 변경공사의 내용, 금액 및 기간 등 추가 · 변경공사와 관련하여 필요한 사항을 서면으로 요구하여야 한다는 규정을 신설하였다(제36조의2).

19
하도급

8. 공급원가의 변동에 따른 하도급대금의 조정

쟁점

목적물의 공급원가가 변동되는 경우 원사업자가 반드시 하도급대금을 조정하여야 하는가?

판단

조정의무가 있는 것은 아니다. 수급사업자가 하도급대금의 조정을 신청하는 경우 협의할 의무만 있다.

(1) 수급사업자의 조정 신청

수급사업자는 제조등의 위탁을 받은 후 목적물등의 공급원가가[14] 변동되어 하도급대금의 조정이 불가피한 경우에는 원사업자에게 하도급대금의 조정을 신청할 수 있다(법 제16조의2제1항).

원사업자의 계약금액 증액 의무는 원사업자가 발주자로부터 설계변경이나 물가변동으로 인한 계약금액을 증액받은 경우에만 인정되지만, 공급원가의 변동으로 인한 경우에는 원사업자가 발주자로부터 증액받았는지를 묻지 않고 조정을 신청할 수 있다.

원사업자로서도 반드시 조정의무가 있는 것은 아니고, 협의할 의무만 부담한다.

(2) 중소기업협동조합의 조정 신청

목적물등의 공급원가의 변동으로 인한 경우에는 중소기업협동조합(이하 '조합')도 하도급대금의 조정을 신청할 수 있다.

---

14) 2018. 1. 16. 법률 제15362호로 개정되어 2018. 7. 17. 시행되는 법에서는 제16조의2 제목이 '원재료의 가격변동에 따른 하도급대금의 조정'에서 '공급원가 변동에 따른 하도급대금 조정'으로 바뀌었다. 개정법에서는 '목적물등의 제조등에 필요한 원재료의 가격이 변동되어'라는 표현도 모두 '목적물등의 공급원가가 변동되어'로 바뀌었다. 개정법에서는 하도급대금의 조정신청 및 협의 대상사유를 현행 원재료 가격의 변동에서 목적물 등의 공급원가 변동이 있는 경우로 확대하였다.

조합은 목적물등의 공급원가가 대통령령으로 정하는 기준 이상으로 변동되어[15] 조합원인 수급사업자의 하도급대금의 조정이 불가피한 사유가 발생한 경우에는 해당 수급사업자의 신청을 받아 원사업자와 하도급대금의 조정을 위한 협의를 할 수 있다(법 제16조의2제2항).

조정을 위한 협의를 할 수 있는 공급원가의 변동기준은 다음과 같다(영 제9조의2제2항[16]).

① 특정 원재료에 소요되는 재료비가 하도급 계약금액의 10% 이상을 차지하고 그 원재료 가격이 변동된 경우: 10%
② 원재료의 가격 상승에 따라 재료비가 변동된 경우: 나머지 목적물등에 해당하는 하도급대금의 3%
③ 노무비가 하도급 계약금액의 10% 이상을 차지하는 경우로서 「최저임금법」 제10조에 따라 고용노동부장관이 고시하는 최저임금이 변동된 경우: 최근 3년간의 평균 최저임금 상승률. 다만, 최근 3년간의 평균 최저임금 상승률이 7%를 넘는 경우에는 7%로 한다.
④ 임금상승에 따라 노무비가 변동된 경우: 나머지 목적물등에 해당하는 하도급대금의 3%
⑤ 공공요금, 운임, 임차료, 보험료, 수수료 및 이에 준하는 비용 상승에 따라 경비가 변동된 경우: 나머지 목적물등에 해당하는 하도급대금의 3%

다만, 원사업자와 수급사업자가 같은 조합의 조합원인 경우에는 조합이 조정을 위한 협의를 할 수 없다(법 제16조의2제2항 단서).

(3) 협의 의무

원사업자는 수급사업자 또는 조합의 신청이 있은 날부터 10일 안에 조정신청을 한 수급사업자 또는 조합과 하도급대금 조정을 위한 협의를 개시하여야 하며, 정당한 사유 없이 협의를 거부하거나 게을리하여서는 아니 된다(법 제16조의2제7항).

15) 개정 전 법에서는 '원재료 가격의 급격한 변동으로'규정되어 있었지만, 현재는 '목적물등의 공급원가가 대통령령으로 정하는 기준 이상으로 변동되어'로 바뀌었다. 개정 규정은 2018. 7. 17. 시행되었다.

16) 변동비율의 기준이 되는 재료비, 노무비, 경비 등의 기준일은 하도급계약을 체결한 날(하도급계약 체결 후에 계약금액을 조정한 경우에는 직전 조정한 날을 말하고, 경쟁입찰에 따라 하도급계약을 체결한 경우에는 입찰한 날을 말한다)로 한다.

9. 건설하도급대금 보증 의무

쟁점

장기계속건설하도급계약에 따른 수급사업자는 원사업자에게 제공한 계약이행보증금을 언제 반환받을 수 있는가?

판단

연차별 계약에 해당하는 공사가 끝나 이행이 완료된 경우 공사가 끝난 부분에 해당하는 부분을 반환받을 수 있다.

(1) 원사업자의 보증의무

건설위탁의 경우 원사업자는 계약체결일부터 30일 이내에 수급사업자에게 공사대금 지급을 보증(지급수단이 어음인 경우에는 만기일까지를, 어음대체결제수단인 경우에는 하도급대금 상환기일까지를 보증기간으로 한다)하여야 한다(법 제13조의2제1항).

(2) 장기계속건설계약을 체결한 원사업자의 보증의무

① 국가 또는 지방자치단체, 또는 ② 공기업, 준정부기관, 지방공사, 지방공단에 해당하는 자와 건설공사에 관하여 장기계속계약을 체결한 원사업자가 해당 건설공사를 장기계속건설하도급계약을 통하여 건설위탁하는 경우 원사업자는 최초의 장기계속건설하도급계약 체결일부터 30일 이내에 수급사업자에게 공사대금 지급을 보증하여야 한다(법 제13조의2제3항).

(3) 보증 방법

원사업자의 보증은 현금(체신관서 또는 「은행법」에 따른 은행이 발행한 자기앞수표를 포함한다)의 지급 또는 보증서의 교부에 의하여 한다.

보증서는 건설산업기본법에 따른 각 공제조합이나 보험업법에 따른 보험회사, 신용보증기금법에 따른 신용보증기금, 은행법에 따른 금융기관, 전기공사공제조합법에 따른 전기공사공제조합, 정보통신공사업법에 따른 정보통신공제조합, 주택도시기금법에 따른 주택도시보증공사, 소방산업의 진흥에 관한 법률에 따른 소방산업공제조합과 같은 기관이 발행하는 것이어야 한다(법 제13조의2제5항, 영 제8조제2항).

원사업자는 지급보증서를 교부할 때 그 공사기간 중에 건설위탁하는 모든 공사에 대한 공사대금의 지급보증이나 1회계연도에 건설위탁하는 모든 공사에 대한 공사대금의 지급보증을 하나의 지급보증서의 교부에 의하여 할 수 있다(법 제13조의2제7항).

(4) 보증의 시한

원사업자는 계약체결일부터 30일 이내에 수급사업자에게 공사대금 지급을 보증하여야 한다(법 제13조의2제1항, 같은 조 제3항).

(5) 보증의무의 면제

원사업자의 재무구조와 공사의 규모 등을 고려하여 보증이 필요하지 아니하거나 보증이 적합하지 아니하다고 인정되는 경우로서, ① 원사업자가 수급사업자에게 건설위탁을 하는 경우로서 1건 공사의 공사금액이 1,000만 원 이하인 경우, ② 원사업자가 자본시장과 금융투자업에 관한 법률제335조의3에 따라 신용평가업을 인가받은 2개 이상의 기관이 발급한 회사채에 대한 신용평가 등급 A0 이상 또는 기업어음에 대한 신용평가 등급 A2+ 이상[17]을 획득한 경우, ③ 발주자와 원사업자, 수급사업자 3자의 합의에 따라 발주자가 하도급대금을 직접 지급하여야 하는 경우에는 보증의무가 없다(법 제13조의2제1항 단서, 영 제8조제1항).

원사업자는 보증의무 면제 사유가 소멸한 경우에는 그 사유가 소멸한 날부터 30일 이내에 공사대금 지급보증을 하여야 한다. 다만, 계약의 잔여기간, 위탁사무의 기성률, 잔여대금의 금액 등을 고려하여 보증이 필요하지 아니하다고 인정되는 경우로서 대통령령으로 정하는 경우에는 그러하지 아니하다(법 제13조의2제2항).

(6) 보증기관의 보증금 지급 의무

보증서 발급기관은 다음의 어느 하나에 해당하는 사유로 수급사업자가 보증약관상 필요한 청구서류를 갖추어 보증금 지급을 요청한 경우 30일 이내에 보증금액을 수급사업자에게 지급하여야 한다(법 제13조의2제6항 본문, 영 제8조제5항).

---

17) 회사채 신용평가 인가를 받은 신용평가회사에서 기업어음 신용평가 등급을 받은 경우로 한정한다.

① 원사업자가 당좌거래정지 또는 금융거래정지로 하도급대금을 지급할 수 없는 경우
② 원사업자의 부도 · 파산 · 폐업 또는 회사회생절차 개시 신청 등으로 하도급대금을 지급할 수 없는 경우
③ 원사업자의 해당 사업에 관한 면허 · 등록 등이 취소 · 말소되거나 영업정지 등으로 하도급대금을 지급할 수 없는 경우
④ 원사업자가 제13조에 따라 지급하여야 할 하도급대금을 2회 이상 수급사업자에게 지급하지 아니한 경우
⑤ 원사업자가 기업구조조정 촉진법 제5조제2항에 따라 관리절차의 개시를 신청한 경우
⑥ 발주자에 대한 원사업자의 공사대금채권에 대하여 제3채권자가 압류 · 가압류를 하였거나 원사업자가 해당 공사대금채권을 제3자에게 양도한 경우
⑦ 법 제2조제14항에 따른 신용카드업자 또는 금융기관이 수급사업자에게 상환청구를 할 수 있는 어음대체결제수단으로 하도급대금을 지급한 후 원사업자가 해당 신용카드업자 또는 금융기관에 하도급대금을 결제하지 아니한 경우
⑧ 원사업자가 수급사업자에게 하도급대금으로 지급한 어음이 부도로 처리된 경우
⑨ 원사업자가 수급사업자로부터 지급기일 이후 2회 이상 하도급대금 지급에 관한 최고를 받고도 이를 이행하지 아니한 경우

(7) 보증금 지급의 보류 및 그 시한

보증금 지급요건 충족 여부, 지급액에 대한 이견 등 대통령령으로 정하는 불가피한 사유가 있는 경우에는 보증기관은 수급사업자에게 통지하고 30일 동안(다만, 수급사업자와 합의한 경우 15일의 범위에서 한 차례만 그 기간을 연장할 수 있다) 보증금 지급을 보류할 수 있다(법 제13조의2 제6항 단서, 영 제8조제4항).

보증금 지급을 보류할 수 있는 불가피한 사유가 있는 경우란 ① 보증기간 동안의 원사업자 및 수급사업자의 계약이행 여부가 불명확하여 자료보완이 필요하다고 인정하는 경우, ② 지급하여야 할 기성금(명칭을 불문하고 계약이행에 따른 대가로 지급되는 것을 말한다)에 대하여 원사업자와 수급사업자 사이에 이견이 있는 경우를 말한다(영 제8조제3항).

(8) 수급사업자의 의무

원사업자의 하도급공사대금 지급보증의무에 대응하여 수급사업자는 원사업자에게 계약금액의 100분의 10에 해당하는 금액의 계약이행을 보증하여야 한다(법 제13조의2제1항 본문).

장기계속건설계약의 수급사업자는 원사업자에게 최초 장기계속건설하도급계약 시 약정한 총 공사대금의 100분의 10에 해당하는 금액으로 계약이행을 보증하여야 한다(법 제13조의2제3항 본문).

원사업자가 수급사업자의 하도급공사대금의 지급을 보증하지 않는 경우에는 수급사업자도 계약이행을 보증하지 아니할 수 있다(법 제13조의2제9항).

(9) 장기계속공사의 계약이행보증금의 반환

장기계속건설하도급계약에서 수급사업자로부터 계약이행 보증을 받은 원사업자는 장기계속건설계약의 연차별 계약의 이행이 완료되어 이에 해당하는 계약보증금을 국가 또는 지방자치단체 등으로부터 반환받을 수 있는 날부터 30일 이내에 수급사업자에게 해당 수급사업자가 이행을 완료한 연차별 장기계속건설하도급계약에 해당하는 하도급 계약이행보증금을 반환하여야 한다. 이 경우 이행이 완료된 부분에 해당하는 계약이행 보증의 효력은 상실되는 것으로 본다(법 제13조의2제4항)[18].

(10) 원사업자의 계약이행보증금 청구권의 제한

수급사업자의 계약이행 보증에 대한 원사업자의 청구권은 해당 원사업자가 수급사업자에게 하도급 공사대금 지급을 보증한 후가 아니면 이를 행사할 수 없다. 다만, 원사업자가 수급사업자에게 하도급 공사대금 지급을 보증하지 아니하여도 되는 경우에는 그러하지 아니하다(법 제13조의2제10항).

(11) 의무위반에 대한 제재

법 제13조의2에 따른 하도급대금의 지급보증을 하지 않은 원사업자에 대하여는 시정조치(법 제25조제1항)와 과징금을 부과한다(법 제25조의3제1항제3호).

하도급공사대금의 지급보증의무를 위반한 원사업자는 하도급대금의 2배에 상당하는 금액 이하의 벌금에 처한다(법 제30조제1항제2호).

18) 장기계속공사에 관한 법 제13조의2제3항 및 제4항은 2016. 12. 20. 법률 제14456호로 개정된 법에서 신설된 조항이다. 개정 법의 개정이유에 따르면 "장기계속공사의 경우 총 공사금액이 크므로 이에 따른 계약이행 보증금액도 상당한데, 국가계약법이 적용되는 원사업자가 연차별 계약이 완료되면 당초 계약보증금 중 이행이 완료된 부분의 계약이행 보증효력이 상실되어 당해 계약보증금액을 반환받는 것과 달리 수급사업자가 계약이행을 보증할 연차별 계약이 완료된 때 당초 계약이행 보증금 중 이행이 완료된 부분에 대해 반환받지 못하고 있어 이에 대한 부담이 상당한 실정임을 감안, 장기계속건설하도급계약에 따른 수급사업자는 연차별 계약에 해당하는 공사가 끝나 이행이 완료된 경우 원사업자에게 제공한 계약이행보증금 중 공사가 끝난 부분에 해당하는 부분을 반환받을 수 있도록 하고, 해당 부분의 계약이행 보증 효력은 상실되도록 하여, 장기계속건설공사의 수급사업자가 과도한 이행보증 부담을 지는 것을 방지하려는 목적"으로 법이 개정되었다.

(12) 건설산업기본법에 따른 하도급공사대금 보증

하도급공사대금의 지급 보증에 관하여는 건설산업기본법에도 관련 규정이 있다.

수급인은 도급받은 건설공사에 대한 준공금을 받은 경우에는 하도급대금을, 기성금을 받은 경우에는 하수급인이 시공한 부분에 해당하는 금액을 그 준공금 또는 기성금을 받은 날(수급인이 발주자로부터 공사대금을 어음으로 받은 경우에는 그 어음만기일을 말한다)부터 15일 이내에 하수급인에게 현금으로 지급하여야 한다(법 제34조제1항).

수급인은 하도급계약을 체결할 때 하수급인에게 적정한 하도급대금의 지급을 보증하는 보증서를 주어야 한다(법 제34조제2항 본문).

수급인은 하수급인에게 하도급대금 지급보증서를 교부하는 경우 하수급인에게 국토교통부령으로 정하는 바에 따라 하도급금액의 100분의 10에 해당하는 금액의 하도급계약 이행보증서의 교부를 요구할 수 있다(법 제34조의2제1항).

제3절 원사업자의 금지사항

1. 원사업자의 금지사항

하도급관계에서는 원사업자와 수급사업자 사이에 경제력과 사업규모, 시장지배율, 동종업종 내부에서의 신용과 이해관계 등의 현저한 차이로 말미암아 수급사업자에게 일방적으로 불리한 계약체결 또는 부당한 대금산정 등의 문제가 발생할 수 있다.

하도급법은 위와 같은 불합리한 거래관행을 근절하고 하도급거래상의 공정성을 확보하기 위하여 원사업자에게 여러 가지 금지사항을 부과하고 있다. 그 중 건설분쟁과 관련된 원사업자의 주요 금지사항은 아래와 같다.

비고	하도급법 조문	원사업자의 금지사항
①	제3조의4	부당한 특약
②	제4조	부당한 하도급대금의 결정
③	제5조	물품 등의 구매강제
④	제8조	부당한 위탁취소
⑤	제10조	부당반품
⑥	제11조	부당감액
⑦	제12조	물품대금 등의 부당결제 청구
⑧	제12조의2	경제적 이익의 부당요구
⑨	제12조의3	기술자료 제공 요구
⑩	제17조	부당한 대물변제
⑪	제18조	부당한 경영간섭
⑫	제19조	보복조치
⑬	제20조	탈법행위

2. 부당한 하도급대금의 결정 금지

쟁점

원사업자가 일률적인 비율로 단가를 인하하기는 하였으나 하도급대금이 통상 지급되는 대가보다 현저하게 낮은 수준이 아니라면 정당한 하도급대금의 결정이라 볼 수 있는가?

판단

부당한 하도급대금의 결정에 해당한다.

(1) 부당한 하도급대금의 결정

원사업자는 수급사업자에게 제조등의 위탁을 하는 경우 부당하게 목적물등과 같거나 유사한 것에 대하여 일반적으로 지급되는 대가보다 낮은 수준으로 하도급대금을 결정(이하 "부당한 하도급대금의 결정"이라 한다)하거나 하도급받도록 강요하여서는 아니 된다(법 제4조제1항).

종전에는 '부당한 방법을 이용하여' 목적물 등과 같거나 유사한 것에 대하여 일반적으로 지급되는 대가보다 '현저하게' 낮은 수준으로 하도급대금을 결정하는 것을 부당한 하도급대금의 결정이라고 하였지만, 지금은 '부당하게' 목적물 등과 같거나 유사한 것에 대하여 일반적으로 지급되는 대가보다 '낮은' 수준으로 하도급대금을 결정하는 것은 부당한 하도급대금의 결정이다.

하도급법이 금지하는 부당한 하도급대금의 결정은 원사업자가 ① 부당하게 ② 목적물 등과 같거나 유사한 것에 대하여 일반적으로 지급되는 대가보다 낮은 수준으로 하도급대금을 결정하는 것이다.

(2) 부당한 하도급대금의 결정으로 간주되는 원사업자의 행위

하도급법 제4조제2항에서는 부당한 하도급대금의 결정으로 간주되는 원사업자의 행위를 예시하고 있다.

하도급법 제4조제2항 각 호에 해당하는 원사업자의 행위는 각각 독립된 별개의 처분사유를 구성한다. 따라서 공정위가 원사업자에게 법 제4조제2항제5호 위반을 이유로 한 처분이 위법하다고 판단하는 법원이 법 제4조제2항제1호에도 해당하는지 여부를 직권으로 심리할 의무는 없다(대법원 2017. 12. 7. 선고 2016두35540 판결).

정당한 사유 없이 일률적인 비율로 단가를 인하하여 하도급대금을 결정하는 행위는 부당한 하도급대금의 결정으로 간주한다(제1호).

대법원은 원사업자가 정당한 사유 없이 일률적인 비율로 단가를 인하하여 하도급대금을 결정하거나 수급사업자와 합의하지 않고 일방적으로 낮은 단가로 하도급대금을 결정한 경우에는 통상 지급되는 대가보다 현저하게 낮은 수준으로 하도급대금을 결정하였는지를 따질 필요 없이 부당한 하도급대금의 결정이라고 판시 하였다.

판례 "하도급법 제4조제2항제1호에서 '일률적인 비율로 단가를 인하'한다는 의미는 둘 이상의 수급사업자나 품목에 관하여 수급사업자의 경영 상황, 시장 상황, 목적물 등의 종류·거래규모·규격·품질·용도·원재료·제조공법·공정 등 개별적인 사정에 차이가 있는데도 동일한 비율 또는 위와 같은 차이를 반영하지 않고 일정한 구분에 따른 비율로 단가를 인하하는 것을 말한다. 그 결정된 인하율이 수급사업자에 따라 어느 정도 편차가 있더라도 위 기준에 비추어 전체적으로 동일하거나 일정한 구분에 따른 비율로 단가를 인하한 것으로 볼 수 있다면 '일률적인 비율로 단가를 인하하여 하도급대금을 결정하는 행위'에 해당한다."(대법원 2018. 3. 13. 선고 2016두59430 판결)

협조요청 등 어떠한 명목으로든 일방적으로 일정 금액을 할당한 후 그 금액을 빼고 하도급대금을 결정하는 행위는 부당한 하도급대금의 결정으로 간주한다(제2호).

정당한 사유 없이 특정 수급사업자를 차별 취급하여 하도급대금을 결정하는 행위는 부당한 하도급대금의 결정으로 간주한다(제3호).

수급사업자에게 발주량 등 거래조건에 대하여 착오를 일으키게 하거나 다른 사업자의 견적 또는 거짓 견적을 내보이는 등의 방법으로 수급사업자를 속이고 이를 이용하여 하도급대금을 결정하는 행위는 부당한 하도급대금의 결정으로 간주한다(제4호).

원사업자가 일방적으로 낮은 단가에 의하여 하도급대금을 결정하는 행위는 부당한 하도급대금의 결정으로 간주한다(제5호). 개정 전에는 '수급사업자와 합의 없이'라는 문구가 있었는데, 삭제되었다.

판례 "구 하도급법 제4조제2항제5호가 정하는 '합의 없이 일방적으로 낮은 단가에 의하여 하도급대금을 결정하는 행위'란 원사업자가 거래상 우월적 지위에 있음을 기화로 수급사업자의 실질적인 동의나 승낙이 없는데도 단가 등을 낮게 정하는 방식으로 일방적으로 하도급대금을 결정하는 행위를 말한다.

여기서 '합의 없이 일방적으로' 대금을 결정하였는지는 원사업자의 수급사업자에 대한 거래상 우월적 지위의 정도, 수급사업자의 원사업자에 대한 거래의존도, 계속적 거래관계의 유무와 정도, 거래관계를 지속한 기간, 문제 된 행위를 전후로 한 시장 상황 등과 함께, 하도급대금이 결정되는 과정에서 수급사업자가 의사표시의 자율성을 제약받지 않고 협의할 수 있었는지 여부와 그 제약의 정도, 결정된 하도급대금으로 인해 수급사업자가 입은 불이익의 내용과 정도 등을 종합적으로 고려하여 판단하여야 한다."(대법원 2018. 3. 13. 선고 2016두59430 판결)

수의계약으로 하도급계약을 체결할 때 정당한 사유 없이 직접공사비 항목의 값을 합한 금액[19] 보다 낮은 금액으로 하도급대금을 결정하는 행위는 부당한 하도급대금 결정으로 간주한다(제6호).

정당한 사유는 공사현장 여건, 수급사업자의 시공능력 등을 고려하여 판단하되, 수급사업자가 특허공법 등 지식재산권을 보유하여 기술력이 우수한 경우이거나, 건설산업기본법 제31조에 따라 발주자가 하도급 계약의 적정성을 심사하여 그 계약의 내용 등이 적정한 것으로 인정한 경우에는 하도급대금의 결정에 정당한 사유가 있는 것으로 추정한다(영 제7조제2항).

경쟁입찰에 의하여 하도급계약을 체결할 때 정당한 사유 없이 최저가로 입찰한 금액보다 낮은 금액으로 하도급대금을 결정하는 행위는 부당한 하도급대금의 결정으로 간주한다(제7호).

계속적 거래계약에서 원사업자의 경영적자, 판매가격 인하 등 수급사업자의 책임으로 돌릴 수 없는 사유로 수급사업자에게 불리하게 하도급대금을 결정하는 행위는 부당한 하도급대금의 결정으로 간주한다(제8호). 2013. 5. 28. 개정 법에서 신설된 내용이다.

(3) 법 위반의 효과

법 제4조(부당한 하도급대금의 결정 금지) 규정을 위반한 원사업자에 대하여는 하도급대금 등의 지급, 법 위반행위의 중지, 특약의 삭제나 수정, 향후 재발방지, 그 밖에 시정에 필요한 조치를 명할 수 있다(제25조제1항).

그러나 원사업자가 수급사업자를 상대로 하도급법 제4조 제2항 제1호 및 제5호에 위반하여 하도급대금을 결정하는 행위를 했다는 이유로 원사업자에 대하여 그 위반행위 전의 단가에 따라 계산한 금액과 그 위반행위에 따른 하도급대금의 차액을 지급하도록 명하는 시정조치는 허용되지 않는다(대법원 2018. 3. 13. 선고 2016두59423 판결).

법 제4조의 규정을 위반한 원사업자에 대하여는 하도급대금의 2배를 초과하지 않는 범위의 과징금 부과(제25조의3 제1항제3호), 하도급대금의 2배에 상당하는 금액 이하의 벌금(제30조제1항 제1호)에 처한다.

19) 원사업자의 도급내역상의 재료비, 직접노무비 및 경비의 합계를 말한다. 다만, 원사업자와 수급사업자가 합의하여 원사업자가 부담하기로 한 비목 및 원사업자가 부담하여야 하는 법정경비는 제외한다(영 제7조제1항).

(4) 징벌적 손해배상 책임

원사업자가 제4조 규정을 위반함으로써 손해를 입은 자가 있는 경우에는 그 자에게 발생한 손해의 3배를 넘지 아니하는 범위에서 배상책임을 진다(제35조제2항 본문). 즉, 법 제4조를 위반한 원사업자는 발생한 손해의 3배까지에 이르는 징벌적 손해배상책임을 져야 한다. 다만, 원사업자가 고의 또는 과실이 없음을 입증하면 손해배상책임을 면한다(제35조제2항 단서).

3. 물품 등의 구매강제 금지

쟁점

발주자가 시공의뢰 시 특정 물품을 사용하도록 요구한 경우 원사업자는 수급사업자에게 이 물품을 구매하도록 할 수 있는가?

판단

정당한 사유가 있는 것으로 보아 물품 구매를 요구할 수 있다.

(1) 물품 등의 구매강제 금지

원사업자는 수급사업자에게 제조 등의 위탁을 하는 경우에 그 목적물 등에 대한 품질의 유지·개선 등 정당한 사유가 있는 경우 외에는 그가 지정하는 물품·장비 또는 역무의 공급 등을 수급사업자에게 매입 또는 사용(이용을 포함)하도록 강요하여서는 아니 된다(법 제5조).

정당한 사유가 있는 경우에는 원사업자는 수급사업자에게 특정한 물품의 구매를 요구할 수 있다. 예컨대, 발주자나 고객이 목적물의 제조 또는 시공의뢰 시, 특정물품 및 장비 등을 사용토록 요구하는 경우에는 부당한 물품의 구매강제행위에 해당되지 아니한다.

수급인은 하수급인에게 하도급공사의 시공과 관련하여 자재구입처의 지정 등으로 하수급인에게 불리하다고 인정되는 행위를 강요하여서는 아니 된다(건설산업기본법 제38조제1항).

(2) 법위반에 대한 제재와 손해배상 책임

법 제5조를 위반하여 부당하게 물품 등의 구매를 강제하는 원사업자에 대하여는 시정조치(제25조제1항), 하도급대금의 2배를 초과하지 않는 범위의 과징금 부과(제25조의3 제1항제3호), 하도급대금의 2배 상당의 금액 이하의 벌금(제30조제1항제1호)에 처한다.

원사업자가 물품 등을 구매하도록 강요함으로써 손해를 본 자는 손해배상을 청구할 수 있다(제35조제1항).

4. 부당한 위탁취소의 금지 등

쟁점

하도급계약 체결 후 일부는 정상적으로 이행되고 일부 거래만 부당하게 위탁취소된 경우, 과징금 산정의 기준이 되는 '하도급대금'은 일부 취소된 금액인가?

판단

'위반행위와 관련한 하도급거래의 계약금액 전액'이라 보아야 한다.

원사업자는 부당한 위탁취소나 변경, 수령 또는 인수를 거부하거나 지연하는 행위를 하여서는 아니 된다(법 제8조).

(1) 위탁취소 또는 변경의 금지

원사업자는 제조등의 위탁을 한 후 수급사업자의 책임으로 돌릴 사유가 없는 경우에는 제조등의 위탁을 임의로 취소하거나 변경하는 행위를 하여서는 아니 된다(법 제8조제1항제1호).

원사업자가 제조 등을 위탁한 후 취소나 변경을 하기 위해서는 수급사업자의 귀책사유를 입증해야 할 것이다. 원사업자가 수급사업자의 귀책사유를 입증하지 못하면 부당한 위탁취소로 인정될 것이다.

(2) 수령 또는 인수의 거부, 지연행위의 금지

수급사업자에게 책임을 돌릴 수 없는데도 목적물등의 납품등에 대한 수령 또는 인수를 거부하거나 지연하는 행위도 마찬가지로 금지된다(법 제8조제1항제2호). 다만, 용역위탁 가운데 역무의 공급을 위탁한 경우에는 당연히 적용이 없다(법 제8조제1항 단서).

수령이란 수급사업자가 납품 등을 한 목적물 등을 받아 원사업자의 사실상 지배하에 두게 되는 것을 말한다. 다만, 이전하기 곤란한 목적물 등의 경우에는 검사를 시작한 때를 수령한 때로 본다(법 제8조제3항).

(3) 법위반에 대한 제재

법 제8조제1항(부당한 위탁취소의 금지 등) 규정을 위반한 원사업자에 대하여는 시정조치(제25조제1항), 하도급대금의 2배를 초과하지 않는 범위의 과징금 부과(제25조의3제1항제3호), 하도급대금의 2배에 상당하는 금액 이하의 벌금(제30조제1항제1호)에 처한다.

하도급법 제25조의3제1항에서 규정한 과징금 산정의 기준이 되는 '하도급대금'은 '위반행위와 관련한 하도급거래의 계약금액 전액'을 의미한다. 하도급계약 체결 후 일부는 정상적으로 이행되고 일부 거래만 부당하게 위탁취소된 경우, 과징금 산정의 기준이 되는 '하도급대금'은 부당하게 취소된 부분의 하도급대금 부분에 한정되지 않는다(대법원 2018. 10. 4. 선고 2016두59126 판결).

(4) 징벌적 손해배상 책임

원사업자가 제8조제1항을 위반함으로써 손해를 입은 자가 있는 경우에는 그 자에게 발생한 손해의 3배를 넘지 아니하는 범위에서 배상책임을 진다(제35조제2항 본문). 즉, 법 제8조제1항을 위반한 원사업자는 발생한 손해의 3배까지에 이르는 징벌적 손해배상책임을 져야 한다.

5. 부당반품의 금지

쟁점

원사업자가 거래 상대방으로부터의 발주취소를 이유로 수급사업자로부터 납품받은 목적물을 반품할 수 있는가?

판단

수급사업자의 귀책사유가 없다면 부당반품에 해당한다.

(1) 부당반품

수급사업자로부터 목적물을 납품받은 원사업자가 수급사업자의 귀책사유가 없음에도 그 목적물을 수급사업자에게 반품하는 행위는 부당반품으로서 금지된다.

용역위탁 가운데 '역무'의 공급을 위탁하는 경우에는 부당반품이 있을 수 없으므로 이 조항의 적용이 없다(법 제10조제1항).

(2) 부당반품 간주

다음과 같은 원사업자의 행위는 부당반품으로 본다(법 제10조제2항).

① 거래 상대방으로부터의 발주취소 또는 경제상황의 변동 등을 이유로 목적물 등을 반품하는 행위
② 검사의 기준 및 방법을 불명확하게 정함으로써 목적물 등을 부당하게 불합격으로 판정하여 이를 반품하는 행위
③ 원사업자가 공급한 원재료의 품질불량으로 인하여 목적물 등이 불합격품으로 판정되었음에도 불구하고 이를 반품하는 행위

④ 원사업자의 원재료 공급 지연으로 인하여 납기가 지연되었음에도 불구하고 이를 이유로 목적물 등을 반품하는 행위

(3) 법위반에 대한 제재와 징벌적 손해배상 책임

법 제10조(부당반품의 금지) 규정을 위반한 원사업자에 대하여는 시정조치(제25조제1항), 하도급대금의 2배를 초과하지 않는 범위의 과징금 부과(제25조의3제1항제3호), 하도급대금의 2배 상당의 금액 이하의 벌금(제30조제1항제1호)에 처한다.

원사업자가 제10조를 위반함으로써 손해를 입은 자가 있는 경우에는 그 자에게 발생한 손해의 3배를 넘지 아니하는 범위에서 배상책임을 진다(제35조제2항 본문). 즉, 법 제10조를 위반한 원사업자는 발생한 손해의 3배까지에 이르는 징벌적 손해배상책임을 져야 한다.

6. 감액 금지

쟁점

원사업자가 위탁할 때 하도급대금의 감액 조건을 명시하지 않았는데, 위탁 후 거래상대방으로부터의 발주취소 사유가 발생한 경우 하도급대금을 감액할 수 있는가?

판단

정당한 사유에 의한 행위로 볼 수 없어 감액이 금지된다.

(1) 감액 금지

원사업자는 제조등의 위탁을 할 때 정한 하도급대금을 감액하여서는 아니 된다(법 제11조제1항 본문). 하도급대금의 감액은 원칙적으로 위법한 것으로 금지되고, 예외적으로 원사업자가 정당한 사유를 입증한 경우에만 하도급대금을 감액할 수 있다.

(2) 정당한 감액

원사업자가 정당한 사유를 입증한 경우에는 하도급대금을 감액할 수 있다(법 제11조제1항 단서).

원사업자가 정당한 사유를 입증하여 하도급대금을 감액할 경우에는 감액의 사유와 기준, 감액의 대상이 되는 목적물 등의 물량, 감액금액, 공제 등 감액방법, 그 밖에 원사업자의 감액이 정당함을 입증할 수 있는 사항 등을 적은 서면을 해당 수급사업자에게 미리 주어야 한다(법 제11조제3항, 영 제7조의2).

(3) 부당감액 간주

다음과 같은 원사업자의 행위는 정당한 사유에 의한 행위로 보지 아니한다(법 11조제2항).

① 위탁할 때 하도급대금을 감액할 조건 등을 명시하지 아니하고 위탁한 후 협조요청 또는 거래 상대방으로부터의 발주취소, 경제상황의 변동 등 불합리한 이유를 들어 하도급대금을 감액하는 행위(제1호).
② 수급사업자와 단가 인하에 관한 합의가 성립된 경우 그 합의 성립 이전에 위탁한 부분에 대하여도 합의 내용을 소급하여 적용하는 방법으로 하도급대금을 감액하는 행위(제2호).
③ 하도급대금을 현금으로 지급하거나 지급기일 전에 지급하는 것을 이유로 하도급대금을 지나치게 감액하는 행위(제3호).
④ 원사업자에 대한 손해발생에 실질적 영향을 미치지 아니하는 수급사업자의 과오를 이유로 하도급대금을 감액하는 행위(제4호).
⑤ 목적물 등의 제조 · 수리 · 시공 또는 용역수행에 필요한 물품 등을 자기로부터 구입하게 하거나 자기의 장비 등을 사용하게 한 경우에 적정한 구매대금 또는 적정한 사용대가 이상의 금액을 하도급대금에서 공제하는 행위(제5호).
⑥ 하도급대금 지급 시점의 물가나 자재가격 등이 납품 등의 시점에 비하여 떨어진 것을 이유로 하도급대금을 감액하는 행위(6호).
⑦ 경영적자 또는 판매가격 인하 등 불합리한 이유로 부당하게 하도급대금을 감액하는 행위(제7호).
⑧ 원사업자가 부담하여야 하는 고용보험료, 산업안전보건관리비, 그 밖의 경비 등을 수급사업자에게 부담시키는 행위(제8호).

(4) 부당감액 금액의 반환

원사업자는 부당감액 금액 상당을 수급사업자에게 반환하여야 한다. 원사업자가 정당한 사유 없이 감액한 금액을 목적물 등의 수령일부터 60일이 지난 후에 지급하는 경우에는 그 초과기간에 대하여 연 100분의 40 이내에서 은행법에 따른 은행이 적용하는 연체금리 등 경제사정을 고려하여 공정거래위원회가 정하여 고시하는 이율에 따른 이자를 지급하여야 한다(법 제11조제4항).

현재 공정위가 고시한 지연 이자율은 연리 15.5%이다.

(5) 법위반에 대한 제재와 징벌적 손해배상 책임

법 제11조에 따른 부당감액의 금지를 위반한 원사업자에 대하여는 시정조치(제25조제1항), 하도급대금의 2배를 초과하지 않는 범위의 과징금 부과(제25조의3제1항제3호), 하도급대금의 2배 상당의 금액 이하의 벌금(제30조제1항제1호)에 처한다.

원사업자가 부당감액을 금지하는 하도급법 제11조를 위반함으로써 손해를 끼친 경우에는 원사업자는 피해자에게 발생한 손해의 3배를 넘지 않는 범위에서 배상책임을 진다. 다만 원사업자가 고의 또는 과실이 없음을 입증한 경우에는 배상책임을 면한다(법제35조제2항).

부당감액을 금지하는 하도급법 제11조를 위반한 원사업자에게 발생한 손해의 3배까지의 징벌적 손해배상책임을 규정한 개정법이 시행되기 이전에도 대법원 판례는 사업자의 부당감액으로 인하여 손해를 본 수급사업자는 원사업자를 상대로 부당감액 금액 상당에 대하여 손해배상책임을 물을 수 있다고 판시한 바 있다.

판례 "하도급법의 입법 목적과 입법 취지 등에 비추어 보면, 같은 법 제11조제2항 각 호에 해당하는 행위를 한 원사업자가 우월적 지위를 이용하여 수급사업자의 자발적 동의에 의하지 않고 하도급대금을 부당하게 감액한 경우에는 그 하도급대금의 감액 약정이 민법상 유효한지 여부와 관계없이 그 자체가 하도급법 제11조를 위반한 불공정 거래행위에 해당하는 것으로서 위 규정에 의하여 보호되는 수급사업자의 권리나 이익을 침해하는 불법행위를 구성하고, 원사업자는 이로 인하여 수급사업자가 입은 손해를 배상할 책임이 있다. 여기서 하도급대금의 감액 약정이 수급사업자의 자발적인 동의에 의한 것인지 여부는 수급사업자에 대한 원사업자의 거래상 우월적 지위의 정도, 수급사업자의 원사업자에 대한 거래의존도, 거래관계의 지속성, 거래의 특성과 시장상황, 거래 상대방의 변경가능성, 당초의 대금과 감액된 대금의 차이, 수급사업자가 완성된 목적물을 인도한 시기와 원사업자가 대금 감액을 요구한 시기와의 시간적 간격, 대금감액의 경위, 대금감액에 의하여 수급사업자가 입은 불이익의 내용과 정도 등을 정상적인 거래관행이나 상관습 및 경험칙에 비추어 합리적으로 판단하여야 한다."(대법원 2011. 1. 27. 선고 2010다53457 판결)

---

(6) 사법적 효력

하도급법 제11조에 위반한 하도급거래의 사법상 효력은 무효가 아니라는 것이 대법원의 판단이다.

판례 "하도급법 제11조는 그 규정에 위반된 대금감액 약정의 효력에 관하여는 아무런 규정을 두지 않는 반면, 그 규정을 위반한 원사업자를 벌금형에 처하도록 하면서 그 규정 위반행위 중 일정한 경우만을 공정거래위원회에서 조사하게 하여 그 위원회로 하여금 그 결과에 따라 원사업자에게 시정조치를 명하거나 과징금을 부과하도록 규정하고 있을 뿐이므로, 위 규정은 그에 위배한 원사업자와 수급사업자간 계약의 사법상 효력을 부인하는 조항이라고 볼 것은 아니다."(대법원 2011. 1. 27. 선고 2010다53457 판결)

---

7. 경제적 이익의 부당요구 금지

쟁점

아파트건설사업자가 건축공사를 하도급 하면서 그 거래조건으로 수급사업자에게 미분양 아파트를 분양받도록 할 수 있는가?

판단

경제적 이익의 부당요구를 금지한 법에 위반되는 행위로써 허용되지 않는다.

(1) 경제적 이익의 부당요구 금지

원사업자는 정당한 사유 없이 수급사업자에게 자기 또는 제3자를 위하여 금전, 물품, 용역, 그 밖의 경제적 이익을 제공하도록 하는 행위를 하여서는 아니 된다(법 제12조의2).

여기에서 말하는 '경제적 이익의 제공'에는 반드시 반대급부가 없는 일방적인 경제적 이익만이 아니라, 원사업자가 부담하여야 할 비용을 수급사업자에게 전가하거나 유동성을 확보하는 것 등 간접적이고 우회적인 형태로 수급사업자에게 경제적 부담을 지우는 것도 포함된다.

따라서 아파트건설업자가 39개 수급사업자들에게 건축공사를 하도급하면서 그 거래조건으로 자신의 미분양 아파트를 분양받도록 하거나 자신과 특수한 관계에 있는 회사의 수입차량을 구매하도록 한 사안에서, 위 아파트건설업자의 미분양 아파트 분양행위 및 수입차량 매도행위는 39개 수급사업자들의 진정한 의사에 반하여 이루어진 것으로서 강제성이 있었다고 보이므로 하도급법 제12조의2에서 금지하는 위반행위에 해당한다(대법원 2010. 12. 9. 선고 2009두2368 판결).

(2) 법위반에 대한 제재와 손해배상 책임

경제적 이익의 부당요구를 금지한 법 제12조의2를 위반한 원사업자에 대하여는 시정조치(제25조제1항), 하도급대금의 2배를 초과하지 않는 범위의 과징금 부과(제25조의3 제1항제3호), 하도급대금의 2배 상당 금액 이하의 벌금(제30조제1항제1호)에 처한다. 원사업자가 법 제12조2를 위반함으로써 손해를 본 자는 원사업자에 대하여 손해배상을 청구할 수 있다(제35조제1항).

8. 기술자료제공 요구 금지 등

쟁점

원사업자가 정당한 사유 없이 요구할 수 없는 수급사업자의 기술자료란 무엇인가?

판단

수급사업자의 합리적인 노력에 의하여 비밀로 유지된 시공 방법에 관한 자료, 시공 등을 위한 연구자료 등 영업활동에 기술적으로 유용하고 독립된 경제적 가치가 있는 정보를 말한다.

원사업자는 정당한 사유 없이 수급사업자의 기술자료를 요구하거나 취득한 기술자료를 부당하게 사용 또는 제3자에게 제공하여서는 아니 된다(법 제12조의3).

(1) 기술자료

기술자료란 합리적인 노력[20]에 의하여 비밀로 유지된 제조 · 수리 · 시공 또는 용역수행 방법에 관한 자료, 특허권, 실용신안권, 디자인권, 저작권 등의 지식재산권과 관련된 정보나 시공 또는 제품개발 등을 위한 연구자료, 연구개발보고서 등 수급사업자의 생산 · 영업활동에 기술적으로 유용하고 독립된 경제적 가치가 있는 정보를 말한다(법 제2조제15항, 영 제2조제8항).

(2) 기술자료의 요구 금지

원사업자는 수급사업자의 기술자료를 본인 또는 제3자에게 제공하도록 요구하여서는 아니 된다(법 제12조의3제1항 본문).

20) 2018. 1. 16. 법률 제15362호로 개정된 법에서는 기술자료의 인정범위를 '상당한 노력'에서 '합리적인 노력'에 의해 비밀로 유지된 자료로 확장하였다. 이 개정 규정은 2018. 7. 17. 시행된다. 보호대상인 수급사업자의 기술자료의 범위를 「부정경쟁방지 및 영업비밀보호에 관한 법률」에 맞추어 '합리적인 노력'에 의하여 비밀로 유지된 자료로 확장한 것이다.

원사업자가 정당한 사유를 입증한 경우에는 기술자료의 제공을 요구할 수 있다(법 12조의3제1항 단서).

원사업자가 수급사업자에게 기술자료를 요구할 경우에는 ① 요구목적, ② 비밀유지방법 등 요구대상 기술자료의 비밀유지에 관한 사항, ③ 요구대상 기술자료와 관련된 권리귀속 관계, ④ 요구대상 기술자료의 대가 및 대가의 지급방법, ⑤ 요구대상 기술자료의 명칭 및 범위, ⑥ 요구일, 제공일 및 제공방법, ⑦ 요구대상 기술자료의 사용기간, ⑧ 반환 또는 폐기방법, ⑨ 반환일 또는 폐기일, ⑩ 그 밖에 원사업자의 기술자료 제공 요구가 정당함을 입증할 수 있는 사항을 해당 수급사업자와 미리 협의하여 정한 후 그 내용을 적은 서면을 해당 수급사업자에게 주어야 한다(법 12조의3제2항, 영 7조의3).

(3) 부당한 사용 및 제3자 제공금지

원사업자는 취득한 기술자료를 부당하게 ① 자기 또는 제3자를 위하여 사용하거나, ② 제3자에게 제공하는 행위를 하여서는 아니 된다(법 12조의3제3항).

2018. 4. 17. 개정된 법에서 "원사업자가 수급사업자로부터 취득한 기술자료를 제3자에게 유출하는 행위"가 별도의 금지 유형으로 추가되었다.

(4) 법위반의 효과

법 제12조의3에 따른 기술자료 제공 요구 금지를 위반한 원사업자에 대하여는 시정조치(제25조제1항), 하도급대금의 2배를 초과하지 않는 범위의 과징금 부과(제25조의3제1항제3호), 하도급대금의 2배에 상당하는 금액 이하의 벌금(제30조제1항제1호)에 처한다.

원사업자의 부당한 기술자료의 제공 요구나 원사업자가 취득한 기술자료를 부당하게 사용 또는 제3자에게 제공함으로써 손해를 본 자는 원사업자에게 손해배상책임을 물을 수 있다(법 제35조제1항).

원사업자가 취득한 기술자료를 부당하게 자기 또는 제3자를 위하여 사용하거나 제3자에게 제공함으로써 손해를 끼친 경우에는 원사업자는 피해자에게 발생한 손해의 3배를 넘지 않는 범위에서 배상책임을 진다. 다만 원사업자가 고의 또는 과실이 없음을 입증한 경우에는 배상책임을 면한다(법제35조제2항).

9. 대물변제의 금지

쟁점

수급사업자의 의사에 반하지 않는 경우 하도급대금을 물품으로 지급할 수 있는가?

판단

하도급대금의 대물변제는 수급사업자의 의사와 관계 없이 원칙적으로 금지된다.

(1) 대물변제의 금지

원사업자는 하도급대금을 물품으로 지급하여서는 아니 된다(법 제17조제1항).

2017. 4. 18. 하도급법의 개정으로 '수급사업자의 의사에 반하여'라는 문구가 삭제되었다. 따라서 하도급대금에 대한 대물변제는 원칙적으로 금지된다.

개정 이전에는 "수급사업자의 의사에 반하여" 하도급대금을 물품으로 지급하여서는 안된다고 규정하고 있었는데, 이는 대물로 지급하기로 하는 약정 자체를 금지하지는 않고, '수급사업자의 의사에 반하는 부당한' 대물변제만을 금지하는 것이다.

판례 "하도급법 제17조는 '의사에 반하여' 하도급대금을 물품으로 지급하는 것을 금지하고 있는바, 하도급거래법의 제정취지가 '하도급거래에서 원사업자의 부당한 행위를 억제하고 수급사업자의 열위적 지위를 보완하여 하도급거래가 상호보완적인 협조관계에서 이루어지도록 유도'하려는 데 있음에 비추어 볼 때 열위적 지위에 있는 수급사업자가 원하지 않음에도 원사업자의 의사에 따라 하도급대금을 물품으로 지급하는 것에 동의 또는 승낙하는 경우에는 '의사에 반하여' 지급한 것에 해당한다고 할 것이고 다만 그 경우 무효 또는 취소할 수 있는 정도의 강박에 의한 것임을 요하는 것은 아니라고 할 것이나, 당초부터 하도급대금을 물품으로 지급하는 것을 전제로 하여 하도급계약을 체결하는 것이 사적자치의 원칙상 금지되는 것은 아니고,

이러한 경우까지 하도급대금을 약정한 물품으로 지급하는 것이 '원사업자의 부당한 대물변제'에 해당하여 금지되는 것이라고는 할 수 없다."(대법원 2003. 5. 16. 선고 2001다27470 판결)

그러나 원사업자가 하도급거래상 우월적 지위를 이용하여 수급사업자의 내심과 달리 대물변제를 원하는 것으로 의사표시를 하게 함으로써 합법적인 대물변제의 수단으로 활용되고 있는 실정이었다. 이에 '수급사업자의 의사에 반하여'라는 문구를 삭제하여 하도급대금에 대한 대물변제의 여지를 원칙적으로 차단하고, 제한적인 경우에만 대물변제가 가능하게 함으로써 수급사업자의 진의 아닌 의사표시에 의한 피해를 방지하기 위하여 법을 개정하였다.

(2) 대물변제가 허용되는 예외적인 경우

다음의 경우에는 하도급대금을 물품으로 지급하는 것이 예외적으로 허용된다(법 제17조제1항 단서, 영 제9조의4).

① 원사업자가 발행한 어음 또는 수표가 부도로 되거나 은행과의 당좌거래가 정지 또는 금지된 경우
② 원사업자에 대한 채무자회생법에 따른 파산신청, 회생절차개시 또는 간이회생절차개시의 신청이 있은 경우
③ 기업구조조정 촉진법에 따라 금융채권자협의회가 원사업자에 대하여 공동관리절차 개시의 의결을 하고 그 절차가 진행 중이고, 수급사업자의 요청이 있는 경우

(3) 대물변제 전 권리·의무 관계를 확인할 수 있는 자료의 제공 의무

원사업자는 대물변제를 하기 전에 소유권, 담보제공 등 물품의 권리 · 의무 관계를 확인할 수 있는 자료를 수급사업자에게 제시하여야 한다(법 제17조제2항).

하도급대금을 미분양아파트, 건설자재 등 대물로 변제하면서 담보제공, 채권 · 채무 설정 등 자산에 대한 권리 · 의무관계를 확인하지 않을 경우 수급사업자의 피해로 이어질 수 있는 우려를 반영하여 원사업자가 하도급대금을 대물로 변제할 경우 소유권, 담보제공 등 물품의 권리 · 의무 관계를 확인할 수 있는 자료를 수급사업자에게 제시하도록 법 제17조제2항 및 제3항을 2013. 8. 13. 개정법에서 신설한 것이다.

(4) 법 위반의 효과

부당한 대물변제를 금지하는 법 제17조를 위반한 원사업자에 대하여는 시정조치(제25조제1항), 하도급대금의 2배를 초과하지 않는 범위의 과징금 부과(제25조의3 제1항제6호), 하도급대금의 2배에 상당하는 금액 이하의 벌금(제30조제1항제3호)에 처한다.

부당한 대물변제를 금지하는 제17조를 위반한 원사업자는 그로 인하여 손해를 본 자에 대하여 손해배상책임을 진다(법 제35조제1항).

10. 부당한 특약의 금지

쟁점

수급인이 도급계약에 따라 부담하는 하자담보책임보다 더 긴 기간 동안 하수급인이 하자담보책임을 부담하기로 하는 특약을 맺을 수 있는가?

판단

부당한 특약에 해당하여 허용되지 않는다.

(1) 부당한 특약의 금지

원사업자는 수급사업자의 이익을 부당하게 침해하거나 제한하는 계약조건, 즉 부당한 특약을 설정하여서는 아니 된다(법 제3조의4제1항).

2013. 8. 13. 법 제3조의4를 신설하여 원사업자가 수급사업자의 이익을 부당하게 침해하거나 제한하는 계약조건을 설정하지 못하도록 하고, 부당한 특약의 유형을 법률에서 구체화한 것이다.

(2) 부당한 특약의 간주

법 제3조의4제2항은 부당한 특약으로 간주하는 조항을 두고 있다. 즉, 다음 어느 하나에 해당하는 약정은 부당한 특약으로 본다.

① 원사업자가 제3조제1항의 서면에 기재되지 아니한 사항을 요구함에 따라 발생된 비용을 수급사업자에게 부담시키는 약정

② 원사업자가 부담하여야 할 민원처리, 산업재해 등과 관련된 비용을 수급사업자에게 부담시키는 약정

③ 원사업자가 입찰내역에 없는 사항을 요구함에 따라 발생된 비용을 수급사업자에게 부담시키는 약정
④ 그 밖에 이 법에서 보호하는 수급사업자의 이익을 제한하거나 원사업자에게 부과된 의무를 수급사업자에게 전가하는 등 대통령령으로 정하는 약정

법 제3조의4제2항제4호에서 "이 법에서 보호하는 수급사업자의 이익을 제한하거나 원사업자에게 부과된 의무를 수급사업자에게 전가하는 등 대통령령으로 정하는 약정"이란 다음 각 호의 어느 하나에 해당하는 약정을 말한다(영 제6조의2).

1. 다음 각 목의 어느 하나에 해당하는 비용이나 책임을 수급사업자에게 부담시키는 약정

가. 관련 법령에 따라 원사업자의 의무사항으로 되어 있는 인·허가, 환경관리 또는 품질관리 등과 관련하여 발생하는 비용
나. 원사업자(발주자를 포함한다)가 설계나 작업내용을 변경함에 따라 발생하는 비용
다. 원사업자의 지시(요구, 요청 등 명칭과 관계없이 재작업, 추가작업 또는 보수작업에 대한 원사업자의 의사표시를 말한다)에 따른 재작업, 추가작업 또는 보수작업으로 인하여 발생한 비용 중 수급사업자의 책임 없는 사유로 발생한 비용
라. 관련 법령, 발주자와 원사업자 사이의 계약 등에 따라 원사업자가 부담하여야 할 하자담보책임 또는 손해배상책임

2. 천재지변, 매장문화재의 발견, 해킹·컴퓨터바이러스 발생 등으로 인한 작업기간 연장 등 위탁시점에 원사업자와 수급사업자가 예측할 수 없는 사항과 관련하여 수급사업자에게 불합리하게 책임을 부담시키는 약정
3. 해당 하도급거래의 특성을 고려하지 아니한 채 간접비(하도급대금 중 재료비, 직접노무비 및 경비를 제외한 금액을 말한다)의 인정범위를 일률적으로 제한하는 약정. 다만, 발주자와 원사업자 사이의 계약에서 정한 간접비의 인정범위와 동일하게 정한 약정은 제외한다.
4. 계약기간 중 수급사업자가 법 제16조의2에 따라 하도급대금 조정을 신청할 수 있는 권리를 제한하는 약정
5. 그 밖에 제1호부터 제4호까지의 규정에 준하는 약정으로서 법에 따라 인정되거나 법에서 보호하는 수급사업자의 권리·이익을 부당하게 제한하거나 박탈한다고 공정거래위원회가 정하여 고시하는 약정

(3) 법위반에 대한 제재

부당한 특약을 금지하는 법 제3조의4를 위반한 원사업자에 대하여는 시정조치를 권고하거나 명할 수 있으며(제25조제1항, 제25조의5제1항), 하도급대금의 2배를 초과하지 아니하는 범위에서 과징금을 부과할 수 있다(제25조의3제1항제3호).

부당한 특약을 금지하는 법 제3조의4를 위반한 원사업자는 하도급대금의 2배에 상당하는 금액 이하의 벌금에 처한다(제30조제1항제1호).

(4) 건설산업기본법상의 부당특약의 금지

수급인은 하수급인의 계약상 이익을 부당하게 제한하는 특약을 요구하여서도 아니 된다(건설산업기본법 제38조제2항).

금지되는 부당특약의 유형은 다음과 같다(영 제34조의8).

1. 법 제22조에 따라 하도급금액산출내역서에 명시된 보험료를 하수급인에게 지급하지 아니하기로 하는 특약
2. 법 제22조제1항을 위반하여 수급인이 부당하게 하수급인에게 각종 민원처리, 임시 시설물 설치, 추가 공사 또는 현장관리 등에 드는 비용을 전가하거나 부담시키는 특약
3. 법 제28조에 따라 수급인이 부담하여야 할 하자담보책임을 하수급인에게 전가 · 부담시키거나 도급계약으로 정한 기간을 초과하여 하자담보책임을 부담시키는 특약
4. 법 제34조제1항에 따라 하수급인에게 지급하여야 하는 하도급대금을 현금으로 지급하거나 지급기한 전에 지급하는 것을 이유로 지나치게 감액하기로 하는 특약
5. 법 제34조제4항에 따라 하수급인에게 지급하여야 하는 선급금을 지급하지 아니하기로 하는 특약 또는 선급금 지급을 이유로 기성금을 지급하지 아니하거나 하도급대금을 감액하기로 하는 특약
6. 법 제36조제1항에 따라 수급인이 발주자로부터 설계변경 또는 경제상황 변동에 따라 공사금액을 조정받은 경우에 하도급대금을 조정하지 아니하기로 한 특약
7. 법 제44조제1항에 따라 수급인이 부담하여야 할 손해배상책임을 하수급인에게 전가하거나 부담시키는 특약

발주자가 국가, 지방자치단체 또는 대통령령으로 정하는 공공기관인 경우로서 제29조제4항에 따라 통보받은 하도급계약 등에 제2항에 따른 부당한 특약이 있는 경우 그 사유를 분명하게 밝혀 수급인에게 하도급계약 등의 내용변경을 요구하고, 해당 건설사업자의 등록관청에 그 사실을 통보하여야 한다(건설산업기본법 제38조제3항). 2015. 5. 14. 개정법에서 신설된 내용이다.

국토교통부장관은 건설사업자가 법 제38조제2항을 위반하여 부당한 특약을 강요한 경우 기간을 정하여 시정을 명하거나 그 밖에 필요한 지시를 할 수 있으며(제81조제6호), 6개월 이내의 기간을 정하여 그 건설사업자의 영업정지를 명하거나 영업정지를 갈음하여 1억원 이하의 과징금을 부과할 수 있다(제82조제1항제9호).

제4절 하도급대금의 직접지급

1. 하도급대금 직접지급의 사유

발주자는 다음과 같은 사유가 발생한 때에는 수급사업자가 제조 · 수리 · 시공 또는 용역수행을 한 부분에 상당하는 하도급대금을 그 수급사업자에게 직접 지급하여야 한다(법 제14조제1항).

1. 원사업자의 지급정지 · 파산, 그 밖에 이와 유사한 사유가 있거나 사업에 관한 허가 · 인가 · 면허 · 등록 등이 취소되어 원사업자가 하도급대금을 지급할 수 없게 된 경우로서 수급사업자가 하도급대금의 직접 지급을 요청한 때
2. 발주자가 하도급대금을 직접 수급사업자에게 지급하기로 발주자 · 원사업자 및 수급사업자 간에 합의한 때
3. 원사업자가 제13조제1항 또는 제3항에 따라 지급하여야 하는 하도급대금의 2회분 이상을 해당 수급사업자에게 지급하지 아니한 경우로서 수급사업자가 하도급대금의 직접 지급을 요청한 때
4. 원사업자가 제13조의2제1항 또는 제2항에 따른 하도급대금 지급보증 의무를 이행하지 아니한 경우로서 수급사업자가 하도급대금의 직접 지급을 요청한 때

2. 원사업자의 지급 불능에 따른 직접지급

쟁점

원사업자의 파산 등 사유로 발주자가 하도급대금을 직접 지급하여야 하는 경우 지급하여야 할 금액의 범위는 어떻게 산정하는가?

판단

직접 지급하여야 할 금액은 수급사업자가 하도급대금의 직접 지급을 요청한 시점까지 시공한 부분에 상당하는 하도급대금이다.

(1) 사유

원사업자의 지급정지 · 파산, 그 밖에 이와 유사한 사유가 있거나 사업에 관한 허가 · 인가 · 면허 · 등록 등이 취소되어 원사업자가 하도급대금을 지급할 수 없게 된 경우로서 수급사업자가 하도급대금의 직접 지급을 요청한 때 발주자는 수급사업자에게 하도급대금을 직접 지급하여야 한다(법 제14조제1항제1호).

'지급할 수 없게 된 경우', 즉 지급불능은 채무자가 변제능력이 부족하여 즉시 변제하여야 할 채무를 일반적 · 계속적으로 변제할 수 없는 객관적 상태를 말한다(대법원 2009. 3. 12. 선고 2008다65839 판결).

또한, 원사업자에 대한 '회생절차 개시'도 하도급대금 직접지급 사유에 해당한다(대법원 2007. 6. 28. 선고 2007다17758 판결).

(2) 직접지급청구권 발생 시점

수급사업자가 직접청구권을 취득하는 시점은 수급사업자가 발주자에게 하도급대금의 직접 지급을 요청한 때이다.

원사업자의 지급정지나 파산, 그 밖에 이와 유사한 사유가 발생한 시점이 아니라 수급사업자가 발주자에게 직접 지급을 요청한 때이다. 여기서 '직접지급을 요청한 때'란 직접지급을 요청하는 의사표시가 발주자에게 도달한 시점을 말한다.

(3) 직접지급청구권의 발생 여부에 대한 판단 시점

수급사업자가 발주자에 대하여 직접지급청구권을 취득하였는지 여부는 직접지급을 구하는 수급사업자의 의사가 발주자에게 도달한 시점을 기준으로 판단한다.

판례 "수급사업자가 발주자에 대하여 하도급공사대금의 직접지급을 구할 수 있는 권리가 발생하는지 여부, 즉 원사업자가 지급정지·파산 그 밖에 이와 유사한 사유 등으로 하도급공사대금을 지급할 수 없게 되었는지 여부 등에 관하여는 수급사업자의 직접지급 요청의 의사표시가 발주자에게 도달한 시점을 기준으로 판단하여야 하며, 여기서 '지급할 수 없게 된 경우', 즉 지급불능은 채무자가 변제능력이 부족하여 즉시 변제하여야 할 채무를 일반적·계속적으로 변제할 수 없는 객관적 상태를 말한다."(대법원 2009. 3. 12. 선고 2008다65839 판결).

시행령 제9조제1항에서는 '수급사업자의 직접지급 요청은 그 의사표시가 발주자에게 도달한 때부터 효력이 발생하며, 그 의사표시가 도달되었다는 사실은 수급사업자가 증명하여야 한다'고 규정하고 있다.

(4) 직접 지급하여야 하는 하도급대금의 범위

발주자가 수급사업자에게 직접 지급하여야 하는 하도급대금은 직접지급 사유가 발생한 시점, 즉 원사업자가 하도급대금을 지급할 수 없게 되어 수급사업자가 하도급대금의 직접 지급을 요청한 시점까지 수급사업자가 제조 · 수리 · 시공 또는 용역수행을 한 부분에 상당하는 하도급대금이다(대법원 2008. 2. 29. 선고 2007다54108 판결).

3. 3자간 합의에 따른 직접지급

쟁점

발주자·원사업자 및 수급사업자 간에 합의에 따라 발주자가 하도급대금을 직접 지급하는 경우 수급사업자의 직접지급청구권은 언제부터 발생하는가?

판단

3자간 합의 시점에 즉시 직접지급청구권이 발생한다.

(1) 사유

발주자가 하도급대금을 직접 수급사업자에게 지급하기로 발주자 · 원사업자 및 수급사업자 간에 합의한 때 수급사업자에게 하도급대금을 직접 지급하여야 한다(법 제14조제1항제2호).

하도급거래의 당사자들 사이의 합의는 직접 지급의 사유에 해당한다. 당사자의 합의를 존중하여 수급사업자에게 직접지급청구권을 인정한 것이다.

(2) 직접지급청구권의 발생 시점

직접지급청구권의 발생 시점은 바로 3자 사이에 직접지급에 관하여 합의한 때이다. 이전에는 3자간 합의가 있어도 수급사업자가 발주자에게 직접지급을 요청한 시점에 직접지급청구권이 발생하는 것으로 규정하고 있었지만, 현재에는 합의 시점에 즉시 직접지급청구권이 발생하는 것으로 법이 변경되었다.

판례 "하도급법 제14조제1항에 따르면, 같은 항 제2호('발주자가 하도급대금을 직접 수급사업자에게 지급하기로 발주자·원사업자 및 수급사업자 간에 합의한 때')에 해당하는 경우에는 하수급인이 직접 지급을 요청하지 않아도 같은 조 제1항, 제4항, 하도급법 시행령 제9조제3항이 정한 범위에서 직접지급청구권이 발생하나, 나머지 제1, 3, 4호에 해당하는 경우에는 수급사업자가 직접지급을 요청한 때에 비로소 위와 같은 직접지급청구권이 발생한다."(대법원 2017. 4. 26. 선고 2014다38678 판결)

(3) 직접 지급해야 하는 하도급대금의 범위

직접지급에 관한 합의가 있을 때 하도급계약에서 정한 하도급대금 전액에 관하여 직접지급청구권이 발생하는가, 아니면 합의 시점까지 제조·수리·시공 또는 용역수행을 한 부분만 직접지급청구권이 발생한가?

법 제14조제1항 본문은 '수급사업자가 제조·수리·시공 또는 용역수행을 한 부분에 상당하는 하도급대금을 그 수급사업자에게 지급하여야 한다'고 되어 있다.

대법원 판례는 이 문언을 3자간 합의 당시에 이미 시공한 부분에 상당하는 금액에 대해서만 직접지급청구권이 발생한다는 의미라고 해석한다(대법원 2008. 2. 29. 선고 2007다54108 판결).

4. 하도급대금의 2회분 이상 미지급

쟁점

원사업자가 3회 연속하여 하도급대금을 절반씩만 지급한 경우 수급사업자는 하도급대금의 직접 지급을 요청할 수 있는가?

판단

하도급대금의 2회분 이상을 지급하지 아니한 경우에 해당하지 않아 직접 지급을 요청할 수 없다.

(1) 사유

원사업자가 법 제13조제1항 또는 제3항에 따라 지급하여야 하는 하도급대금[21]의 2회분 이상을 해당 수급사업자에게 지급하지 아니한 경우로서 수급사업자가 하도급대금의 직접 지급을 요청한 때에는 발주자가 하도급대금을 수급사업자에게 직접 지급하여야 한다(법 제14조제1항제3호).

직접지급청구권은 '2회분 이상의 미지급'이면 발생한다. 연속해서 2회분 이상일 것을 요하는 것은 아니고, 미지급 하도급대금이 총 2회분 이상이면 된다. 3회를 미지급하더라도 2회분 이상이 아니면 직접지급의 사유가 아닌 것으로 해석된다.

(2) 직접지급청구권의 발생 시점

직접지급청구권의 발생 시점은 수급사업자가 하도급대금의 직접 지급을 요청한 때이다.

발주자가 직접 지급하여야 하는 하도급대금은 직접지급청구권이 발생하는 시점까지 수급사업자가 제조 · 수리 · 시공 또는 용역 수행을 한 부분에 상당하는 하도급대금이다.

---

21) 목적물 등의 수령일부터 60일 이내에 지급하여야 하는 하도급대금(법 제13조제1항)과 발주자로부터 지급받은 날부터 15일 이내에 지급해야 하는 하두급대금이나 기성금(법 제13조제3항)을 말한다.

5. 건설하도급대금 지급보증의무 미이행

쟁점

원사업자가 건설위탁에 따른 하도급대금 지급보증의무를 이행하지 않는 경우 하도급법에 따라 수급사업자가 취할 수 있는 대책은 무엇이 있는가?

판단

발주자에게 하도급대금의 직접 지급을 요청할 수 있다.

(1) 건설위탁에 고유한 사유

건설위탁의 경우에만 해당되는 하도급대금 직접 지급의 사유이다. 건설위탁의 경우 원사업자는 계약체결일부터 30일 이내에 수급사업자에게 공사대금 지급을 보증(지급수단이 어음인 경우에는 만기일까지를, 어음대체결제수단인 경우에는 하도급대금 상환기일까지를 보증기간으로 한다)하여야 한다(법 제13조의2제1항).

원사업자가 건설위탁에 따른 하도급대금 지급보증의무를 이행하지 아니하여 수급사업자가 하도급대금의 직접 지급을 요청한 때에는 발주자는 하도급대금을 수급사업자에게 직접 지급하여야 한다(법 제14조제1항제4호).

(2) 직접청구권의 발생 시점과 하도급대금의 범위

직접지급청구권의 발생 시점은 수급사업자가 발주자에게 하도급대금의 직접 지급을 요청한 때이다.

발주자가 직접 지급하여야 하는 하도급대금은 직접지급청구권이 발생하는 시점까지 수급사업자가 시공한 부분에 상당하는 하도급대금이다.

6. 직접지급청구권의 발생과 하도급대금 지급채무의 소멸

쟁점

하도급대금의 직접 지급 사유가 발생한 경우 원사업자의 다른 채권자들은 공사대금채권에 대한 강제집행을 할 수 있는가?

판단

강제집행은 허용되지 않을 것이다.

(1) 발주자의 직접 지급 의무

하도급법 제14조제1항 각호에 규정한 사유가 발생하면 발주자는 수급사업자에게 하도급대금을 직접 지급하여야 한다. 즉, 발주자는 직접 지급하여야 하는 의무를 부담한다.

(2) 직접지급청구권

이와 같은 직접지급 사유가 발생한 경우 수급사업자는 발주자에 대하여 직접지급청구권을 취득한다. 직접지급청구권은 계약의 당사자 아닌 사람이 그 계약의 당사자 일방에 대하여 일정한 관계에 터잡아 채권을 가지는 경우에 그로 하여금 그 채무자가 그의 계약 상대방에 대하여 가지는 계약상 권리를 직접 행사할 수 있게 하는 별도의 권리를 말한다.

직접지급 사유가 발생한 경우 발주자가 수급사업자에게 하도급대금을 직접 지급할 의무를 부담하는 현재는 수급사업자가 직접지급청구권을 취득한다고 보는 것이 다수설이다. 이 견해에 따르면 직접지급 사유가 발생한 바로 그 시점에 수급사업자는 직접지급청구권을 취득하고, 발주자의 원사업자에 대한 대금지급채무는 직접지급 의무를 부담하는 하도급대금 상당액의 범위에서 소멸하게 되어 원사업자의 다른 채권자들에 의한 강제집행은 허용되지 않는다. 원사업자가 발주자에 대해 갖는 공사대금채권에 대한 추심·전부명령, 채권양도가 성립하는 경우에도 마찬가지이다.

(3) 직접수령권한과의 구분

발주자에게 직접지급 의무를 부과하는 것으로 하도급법이 개정되기 이전의 대법원 판례는 수급사업자가 발주자에 대하여 직접지급청구권을 취득하는 것이 아니라 하도급대금을 직접 수령할 권한만 갖는 것으로 보았다. 또한 원사업자에 대한 발주자의 대금지급채무가 소멸하는 시점도 직접지급 사유가 발생하는 시점이 아니라 실제로 발주자가 수급사업자에게 하도급대금을 직접지급한 때로 보았다. 따라서 발주자가 하도급대금을 직접지급하기 이전에 원사업자의 채권자는 강제집행이 가능하였다.

판례 "구하도급법(1999. 2. 5. 법률 제5816호로 개정되기 전의 것) 제14조의 적용하에서 하수급인이 직접 도급인에 대하여 하도급계약에 따른 하도급공사대금의 지급을 청구할 수 있는 권리가 당사자 간의 합의에 의하여 발생되었다 하더라도 그 직접지급에 관한 합의의 취지는 하수급인의 도급인에 대한 직접지급청구권의 행사에 따라 도급인이 하수급인에게 하도급공사대금을 직접 지급함으로써 원수급인의 도급인에 대한 공사대금채권과 하수급인의 원수급인에 대한 하도급공사대금채권이 동시에 정산·소멸되는 효과를 가져오게 한다는 것일 뿐이지, 원수급인의 도급인에 대한 공사대금채권 자체가 하수급인에게 양도되거나 이로 인하여 소멸되는 것은 아니라고 봄이 상당하므로, 하수급인에게 하도급대금에 대한 직접지급청구권이 있다는 이유만으로 그 하도급대금에 상당하는 원수급인의 도급인에 대한 공사대금채권에 관한 채권양도가 있다고 보거나 그 공사대금채권에 대한 제3자의 압류 등 강제집행이 제한된다고 할 수는 없다."(대법원 2003. 4. 22. 선고 2001다20363 판결)

---

(4) 하도급대금 지급채무의 소멸

직접지급 사유가 발생한 경우 원사업자에 대한 발주자의 대금지급채무와 수급사업자에 대한 원사업자의 하도급대금 지급채무는 그 범위에서 소멸한 것으로 본다(법 제14조제2항).

발주자 · 원사업자 및 수급사업자 사이에서 발주자가 하도급대금을 직접 수급사업자에게 지급하기로 합의하여 하도급법 제14조제1항, 제2항에 따라 수급사업자의 발주자에 대한 직접지급청구권이 발생함과 아울러 발주자의 원사업자에 대한 대금지급채무가 하도급대금의 범위 안에서 소멸하는 경우에, 발주자가 직접지급의무를 부담하게 되는 부분에 해당하는 원사업자의 발주자에 대한 공사대금채권은 동일성을 유지한 채 수급사업자에게 이전된다(대법원 2014. 12. 24. 선고 2012다85267 판결).

7. 직접지급의 절차, 제한사유 등

쟁점

원사업자가 발주자에게 수급사업자가 임금 등의 지급을 지체한 사실을 입증할 수 있는 서류를 첨부하여 하도급대금의 직접 지급 중지를 요청한 경우 발주자는 이 요청에 따라야 하는가?

판단

원사업자의 귀책사유로 그 지급을 지체한 경우가 아닌 한 직접 지급을 할 수 없다.

(1) 직접지급의 절차

수급사업자가 발주자로부터 하도급대금을 직접 지급받기 위하여 기성부분의 확인 등이 필요한 경우 원사업자는 지체 없이 이에 필요한 조치를 이행하여야 한다(법 제14조제5항).

수급사업자의 직접지급 요청은 그 의사표시가 발주자에게 도달한 때부터 효력이 발생하며, 그 의사표시가 도달되었다는 사실은 수급사업자가 증명하여야 한다(영 제9조제1항).

발주자는 하도급대금을 직접 지급할 때에 민사집행법 제248조제1항[22] 등의 공탁사유가 있는 경우에는 해당 법령에 따라 공탁(供託)할 수 있다(영 제9조제2항).

하도급대금의 직접지급 요건을 갖추고, 그 수급사업자가 제조·수리·시공한 분(分)에 대한 하도급대금이 확정된 경우, 발주자는 도급계약의 내용에 따라 수급사업자에게 하도급대금을 지급하여야 한다(영 제9조제4항).

(2) 직접지급의 제한

원사업자가 발주자에게 해당 하도급 계약과 관련된 수급사업자의 임금, 자재대금 등의 지급 지체 사실(원사업자의 귀책사유로 그 지급 지체가 발생한 경우는 제외한다)을 입증할 수 있는 서류를 첨부하여 해당 하도급대금의 직접 지급 중지를 요청한 경우, 하도급대금 직접지급 사유가 있더

22) **제248조(제3채무자의 채무액의 공탁)** ① 제3채무자는 압류에 관련된 금전채권의 전액을 공탁할 수 있다.

19 하도급

라도 발주자는 그 하도급대금을 직접 지급하여서는 아니 된다(법 제14조제3항).

2019. 4. 30. 개정법 이전에는 발주자가 '하도급대금을 직접 지급하지 아니할 수 있다'고 규정하고 있었다[23]. 그런데 개정법에서는 '원사업자의 귀책사유로 그 지급 지체가 발생한 경우를 제외'하고는 원사업자가 지급 지체 사실을 입증할 수 있는 서류를 첨부하여 직접 지급 중지를 요청한 경우 발주자가 그 하도급대금을 직접 지급하지 못하도록 하였다.

이를 위반한 경우 공정거래위원회는 하도급대금의 2배를 초과하지 아니하는 범위에서 발주자에게 과징금을 부과할 수 있다(법 제25조의3제1항제3호).

대금 직접지급 제한에 관한 개정규정은 개정법의 시행일인 2019. 11. 1. 후 최초로 하도급계약을 체결한 경우부터 적용된다.

23) 구 하도급법(2019. 4. 30. 법률 제16423호로 개정되기 전의 것) 제14조제3항 원사업자가 발주자에게 해당 하도급계약과 관련된 수급사업자의 임금, 자재대금 등의 지급 지체 사실을 입증할 수 있는 서류를 첨부하여 해당 하도급대금의 직접 지급 중지를 요청한 경우, 발주자는 제1항에도 불구하고 그 하도급대금을 직접 지급하지 아니할 수 있다.

8. 직접지급 하도급대금의 범위

쟁점

방수공사를 하도급받은 수급사업자가 발주자를 상대로 하도급대금의 직접지급을 요청하였는데, 당시 이미 발주자가 원사업자에게 방수공사 부분에 대한 대금 지급을 완료한 경우 발주자는 수급사업자에게 하도급대금을 지급하여야 하는가?

판단

하도급대금을 직접 지급할 의무가 없다.

(1) 기성 부분

직접지급 사유가 있는 때에는, 발주자는 수급사업자가 제조 · 수리 · 시공 또는 용역수행을 한 부분에 상당하는 하도급대금을 그 수급사업자에게 직접 지급하여야 한다(법 제14조제1항).

수급사업자에게 직접지급청구권이 발생하고 발주자의 원사업자에 대한 대금지급채무가 소멸하는 것은 하도급대금 전액이 아니라 직접지급 사유가 발생한 시점의 제조 · 수리 · 시공 또는 용역수행을 이행한 기성 부분에 상당하는 하도급대금이다. 직접지급 사유가 발생한 시점을 기준으로 아직 제조 · 수리 · 시공 또는 용역수행을 이행하지 않은 장래채권은 직접 지급의 대상이 아니고, 채무이전의 효과도 일어나지 않는다.

판례 "하도급법 제14조제2항의 규정 취지는 같은 조 제1항의 규정 내용에 비추어 보면, '발주자가 하도급대금을 직접 수급사업자에게 지급하기로 발주자·원사업자 및 수급사업자간에 합의한 경우'에, 발주자는 바로 그 하도급대금 전액을 해당 수급사업자에게 직접 지급할 의무가 발생하는 것이 아니라, '수급사업자가 제조·수리·시공 또는 용역수행한 분에 상당하는' 하도급대금을 해당 수급사업자에게 직접 지급할 의무가 발생하는 것이고 그 범위 내에서 발주자의 원사업자에 대한 대금지급채무가 소멸한다고 해석함이 상당하다." (대법원 2008. 2. 29. 선고 2007다54108 판결)

(2) 장래채권

발주자 · 원사업자 및 수급사업자 사이에 장래의 채권까지 발주자가 수급사업자에게 직접 지급하기로 하는 합의는 원사업자와 수급사업자 사이에는 채권양도에 관한 합의가 있는 것이고, 발주자의 동의는 채권양도에 관한 승낙의 의미로 해석된다.

이와 같은 3자간 합의가 제3자에게 대항할 수 있으려면 채권양도의 대항요건을 갖춰야 한다. 확정일자 있는 증서에 의하여 직불합의를 한다면 제3자에 대하여 대항할 수 있을 것이다(민법 제450조제2항).

판례 "공사도급계약 및 하도급계약을 함께 체결하면서 도급인, 원수급인과 하수급인이 '공사대금은 도급인이 원수급인의 입회하에 하수급인에게 직접 지급하고, 원수급인에게는 지급하지 않는 것'으로 약정한 경우, 당사자들의 의사가 위 도급계약 및 하도급계약에 따른 공사가 실제로 시행 내지 완료되었는지 여부와 상관없이 원수급인의 도급인에 대한 공사대금채권 자체를 하수급인에게 이전하여 하수급인이 도급인에게 직접 그 공사대금을 청구하고 원수급인은 공사대금 청구를 하지 않기로 하는 취지라면 이는 실질적으로 원수급인이 도급인에 대한 공사대금채권을 하수급인에게 양도하고 그 채무자인 도급인이 이를 승낙한 것이라고 봄이 상당하다. 이러한 경우 위와 같은 채권양도에 대한 도급인의 승낙이 확정일자 있는 증서에 의하여 이루어지지 않는 이상, 도급인은 위와 같은 채권양도와 그에 기한 채무의 변제를 들어서 원수급인의 위 공사대금채권에 대한 압류채권자에게 대항할 수 없다."(대법원 2008. 2. 29. 선고 2007다54108 판결)

사례

도급인 A와 수급인 B건설은 2003. 8. 11. 공장증축공사에 관한 공사도급계약을 체결하고, 동시에 B건설은 위 공사 전부에 관하여 C건설과 사이에 하도급계약을 체결하였다. 위 도급계약 및 하도급계약 체결 당시 도급인 A, 원수급인 B, 하수급인 C는 공사대금은 도급인 A가 원수급인 B건설의 입회하에 하수급인 C에게 직접 지급함과 아울러 '경영난을 겪고 있는 B건설에는 지급하지 않는 것'으로 약정하였다. B건설의 채권자 D는 2003. 10. 14. B건설의 A에 대한 공사대금을 압류하고, 2003. 10. 15. A에게 압류통지가 도달하였다. 그 뒤 위 공사는 완료되었다. 하수급인과 압류채권자중 누가 우선하는가?

대법원은 앞에서 인용한 판례로 알 수 있듯이 '발주자가 하도급대금을 직접 수급사업자에게 지급하기로 발주자 · 원사업자 및 수급사업자간에 합의한 경우'에 발주자가 바로 그 하도급대금 전액을 해당 수급사업자에게 직접 지급할 의무가 발생하는 것이 아니라고 본다. '수급사업자가 시공한 분에 상당하는' 하도급대금을 해당 수급사업자에게 직접 지급할 의무가 발생하는 것이고 그 범위 내에서 발주자의 원사업자에 대한 대금지급채무가 소멸한다고 해석한다.

따라서 위 사례에서 압류명령의 통지가 A에게 도달되기 전에 C건설이 위 공사를 실제로 시행 내지 완료하였는지 여부나 그 기성고 정도 등에 따라 압류채권자와 하수급인의 우선관계가 달라지게 된다.

단순히 3자간 직불합의만을 근거로 도급인에 대한 수급인의 공사대금채권이 곧바로 하수급인에게 이전하여 소멸하는 것이 아니라는 것이다.

(3) 원도급대금 한도

발주자가 직접 지급할 하도급대금은 원도급대금에 한정된다. 발주자는 원사업자에 대한 대금지급의무의 범위에서 하도급대금 직접지급 의무를 부담한다(영 제9조제3항).

판례 "구 하도급법(2004. 12. 31. 법률 제7315호로 개정되기 전의 것) 제14조가 정하는 직접지급청구사유가 있어 수급사업자가 발주자에게 하도급대금의 직접지급을 요청한 경우 발주자는 수급사업자에게 하도급대금을 직접 지급하여야 할 의무를 부담하는 것이기는 하지만, 특별한 사정이 없는 한 발주자는 원사업자에 대한 대금지급의무의 범위 안에서만 하도급대금 직접지급의무를 부담할 뿐이다."(대법원 2009. 7. 9. 선고 2008다21303 판결)

도급인이 하수급인에게 하도급대금을 직접 지급하는 사유가 발생한 때에 위 금원을 선급금 충당의 대상이 되는 기성공사대금 내역에서 제외하는 약정을 한 경우에 도급인은 하수급인에게 부담하는 하도급대금 지급의무를 면할 수 없지만, 도급인이 하도급대금을 직접 지급하는 사유가 발생하기 전에 선급금이 기성공사대금에 충당되어 도급대금채무가 모두 소멸하였다면 도급인은 하수급인에게 하도급대금을 지급할 의무가 없다(대법원 2014. 01. 23. 선고 2013다214437 판결).

발주자가 하도급법 제14조제1항제1호 또는 건설산업기본법 제32조제4항, 제35조제2항제4호에 따라 수급사업자나 건설기계 대여업자로부터 하도급대금 또는 건설기계 대여대금의 직접지급을 요청받을 당시 원사업자 또는 수급인에 대한 대금지급채무가 이미 변제로 소멸하였다면 수급사업자 등에 대한 발주자의 직접지급의무는 발생하지 않는다(대법원 2017. 12. 13. 선고 2017다242300 판결).

(4) 기성지급금 공제

하도급대금을 직접 지급할 때에 발주자가 원사업자에게 이미 지급한 하도급금액은 빼고 지급한다(법 제14조제4항).

판례 "법 제14조제1항에 따른 발주자의 수급사업자에 대한 직접 지급의무의 범위는 특별한 사정이 없는 한 발주자의 원사업자에 대한 대금지급의무를 한도로 하여 해당 수급사업자가 제조·수리·시공 또는 용역수행을 한 부분에 상당하는 하도급대금에서 발주자가 원사업자에게 이미 지급한 기성공사대금 내역 중 해당 수급사업자의 하도급공사 부분의 금액을 공제한 금액이라고 보아야 한다."(대법원 2011. 4. 28. 선고 2011다2029 판결)

따라서 원사업자로부터 신축공사 중 방수공사를 하도급받은 수급사업자가 하도급법 제14조 제1항에 기하여 발주자를 상대로 하도급대금의 직접지급을 요청할 당시 이미 발주자가 원사업자에게 위 방수공사를 이행한 부분에 상당하는 하도급대금의 지급을 완료하였다면 발주자는 수급사업자에게 위 하도급대금을 직접 지급할 의무가 없다.

9. 직접지급 사유 발생 이전에 집행된 압류의 효력

쟁점

하도급대금 직접지급 사유가 발생하기 전에 수급사업자가 원사업자의 발주자에 대한 공사대급채권을 가압류한 경우 수급사업자의 발주자에 대한 직접지급청구권이 발생할 수 있는가?

판단

집행보전의 효력이 실효되지 않는 한 직접지급청구권이 발생하지 않는다.

(1) 직접지급 사유가 발생하기 전에 이루어진 압류의 효력

하도급대금 직접지급 사유가 발생하기 이전에 원사업자의 발주자에 대한 채권에 대하여 원사업자의 채권자가 집행한 압류 또는 가압류의 효력은 그대로 유지된다. 하도급대금의 직접지급 사유가 발생하더라도 선행한 가압류나 압류 효력에는 아무런 영향이 없다.

판례 "하도급법 제14조와 같은 법 시행령 제4조제1항제1호의 규정상, 원사업자의 부도로 원사업자가 하도급대금을 지급할 수 없어 수급사업자가 발주자에게 하도급대금의 직접지급을 요청하면 발주자는 수급사업자에게 하도급공사대금을 직접 지급하여야 할 의무를 지는 한편 발주자의 원사업자에 대한 대금지급채무와 원사업자의 수급사업자에 대한 하도급대금 지급채무는 지급된 범위 안에서 소멸하게 되나, 그렇다고 하여 그 사유발생 전에 이루어진 강제집행 또는 보전집행의 효력을 배제하는 규정은 없으므로 그 규정들에 의한 하도급대금 직접지급 사유가 발생하기 전에 원사업자의 제3채권자가 원사업자의 발주자에 대한 채권에 대하여 압류 또는 가압류 등으로 채권의 집행보전이 된 경우에는 그 이후에 발생한 하도급공사대금의 직접지급 사유에도 불구하고 그 집행보전된 채권은 소멸하지 않는다."(대법원 2003. 9. 5. 선고 2001다64769 판결)

이러한 법리는 가압류 등이 수급사업자의 원사업자에 대한 하도급대금채권의 실현을 위하여 이루어진 경우에도 마찬가지로 적용된다.

판례 "압류 등 집행보전과 하도급법상 직접지급청구권의 관계에 관한 법리는 원사업자의 재산을 둘러싼 여러 채권자들의 이해관계 조정의 문제를 법률관계 당사자의 지위에 따라 상대적으로 처리하기보다는 이를 일률적으로 간명하게 처리하는 것이 바람직하다는 점을 고려하여 인정되는 것이므로, 가압류 또는 압류명령의 당사자 사이에서만 상대적으로 발생하는 것이라고 볼 수 없다. 또한 이러한 법리는 원사업자의 발주자에 대한 채권에 관한 가압류 등이 수급사업자의 원사업자에 대한 하도급대금채권의 실현을 위하여 이루어진 경우에도 마찬가지로 적용된다. 즉 하도급법 제14조에 의한 하도급대금 직접지급사유가 발생하기 전에 오로지 수급사업자의 신청에 의해서만 원사업자의 발주자에 대한 공사대금채권이 가압류된 경우 등에도, 직접지급사유 발생 전에 가압류 등에 따른 집행보전의 효력이 집행해제나 집행취소 등의 사유로 실효되지 않는 한, 집행보전된 채권은 소멸하지 아니하고 수급사업자의 발주자에 대한 직접지급청구권도 발생하지 아니한다."(대법원 2017. 12. 5. 선고 2015다4238 판결)

압류 등으로 집행보전된 채권에 해당하는 금액에 대하여는 수급사업자에게 직접청구권이 발생하지 아니하고, 원사업자의 발주자에 대한 공사대금채권은 다른 특별한 사정이 없는 한 그 집행보전된 채권액의 한도에서는 수급사업자에게 이전되지 않는다(대법원 2014. 12. 24. 선고 2012다85267 판결).

(2) 직접지급 사유가 발생한 후에 이루어진 압류의 효력

한편, 하도급법 소정의 하도급대금 직접지급 사유가 발생한 이후에 수급인의 채권자가 수급인의 도급인에 대한 공사대금채권에 대하여 집행한 압류는 그 효력이 없다.

판례 "하도급대금 직접지급 사유가 발생한 후에는 그 이전에 당해 하도급대금에 상당하는 부분에 대해 미리 압류·가압류 등이 이루어져 피압류채권이 존속한다고 볼 사정이 없는 한 원사업자의 제3채권자가 원사업자의 발주자에 대한 채권에 대하여 압류 또는 가압류를 하였다고 하더라도 발주자나 제3채권자들은 그 압류 또는 가압류로써 하도급법상 직불청구권자에 대항할 수 없다."(서울중앙지방법원 2010. 7. 7. 선고 2009가합37669 판결)

---

10. 착오로 직접지급한 하도급대금에 대한 반환청구의 가부

쟁점

발주자에 대한 원사업자의 공사대금채권이 압류된 상태에서 수급사업자의 하도급대금 직접 지급 요청에 따라 하도급대금을 수급사업자에게 직접 지급한 발주자는 수급사업자에게 부당이득반환을 청구할 수 있는가?

판단

특별한 사정이 없는 한 부당이득 반환을 청구할 수 있다.

(1) 원사업자에 대한 공사대금지급채무가 없었던 경우

발주자가 원사업자에 대하여 공사대금지급채무를 부담하고 있지 않은데도 채무를 부담하는 것으로 잘못 알고 하도급대금을 수급사업자에게 직접 지급한 경우 발주자가 수급사업자에 대하여 부당이득반환청구를 할 수 있는가?

사례

B건설회사는 도급인 A로부터 공사를 수급받아 일부를 C건설회사에 하도급하였다. 도급인 A와 수급인 B, 하수급인 C는 하도급대금을 A가 C에게 직접 지급하기로 약정하였다. B건설은 도급인 A로부터 지급받을 공사대금채권을 D에게 양도하였다. 그런데도 도급인 A는 B건설이 공사대금 채권을 D에게 양도했다는 사실을 모르고 C건설에게 하도급대금 상당을 직접 지급하였다가 뒤늦게 B건설이 공사대금채권을 D에게 양도한 사실을 알고 C건설을 상대로 부당이득금반환청구를 하였다. C건설은 A로부터 직접 지급받은 하도급공사대금을 부당이득으로 반환하여야 하는가?

이 사례에서, 서울고등법원은 도급인 A의 하수급인 C에 대한 급부로써 도급인 A의 수급인 B건설에 대한 공사대금지급이 이루어질 뿐 아니라 B건설의 C건설에 대한 하도급공사대금의 지급도 이루어지는 것이므로, 설사 A가 B건설에 지급하여야 할 공사대금이 이미 제3자에게 채권양도되어 그 부분에 관하여는 B건설에게 지급할 것이 없는데도 착오로 잘못 지급하게 된 것이라 하더라도 위와 같이 B건설이 C에게 지급하여야 할 하도급 공사대금이 남아 있었던 이상, A로서는 B를 상대로 부당이득반환을 구하여야지 C를 상대로 부당이득반환을 구할 수는 없다고 판단하였다.

대법원 역시 A로서는 B를 상대로 부당이득반환을 구할 수 있을 뿐 C를 상대로 부당이득반환을 구할 수는 없다고 판단하였다.

판례 "건설산업기본법 제35조제1항은 '발주자는 다음 각 호의 1에 해당하는 경우에는 하수급인이 시공한 분에 해당하는 하도급대금을 하수급인에게 직접 지급할 수 있다.
이 경우 발주자의 수급인에 대한 대금지급채무는 하수급인에게 지급한 한도 안에서 소멸한 것으로 본다.'고 규정하고 있고, 하도급법 제14조는 '발주자는 수급사업자가 제조·수리 또는 시공한 분에 해당되는 하도급대금을 대통령령이 정하는 바에 의하여 직접 수급사업자에게 지급할 수 있다.
이 경우 발주자의 원사업자에 대한 대금지급채무와 원사업자의 수급사업자에 대한 하도급대금지급채무는 그 지급한 한도에서 소멸한 것으로 본다.'고 규정하고 있는바, 발주자가 위 규정들에 의하여 하도급대금을 직접 하수급인 또는 수급사업자에게 지급하게 되면 발주자의 수급인 또는 원사업자에 대한 공사대금지급채무와 수급인 등의 하수급인 등에 대한 하도급대금지급채무가 발주자가 하수급인 등에게 지급한 한도에서 함께 소멸하게 되는 점에 비추어 볼 때, 발주자의 하수급인 등에 대한 하도급대금의 지급으로써 발주자의 수급인 등에 대한 공사대금지급과 수급인 등의 하수급인 등에 대한 하도급대금지급이 함께 이루어지는 것으로 볼 수 있다. 따라서 발주자가 수급인 등에 대하여 공사대금지급채무를 부담하지 않고 있음에도 이를 부담하고 있는 것으로 잘못 알고 위 규정들에 의하여 하도급대금을 직접 하수급인 등에게 지급하였다고 하더라도, 하수급인 등이 발주자로부터 하도급대금을 지급받은 것은 수급인 등과의 하도급계약에 의한 것이어서 이를 법률상 원인 없이 하도급대금을 수령한 것이라고 볼 수 없으므로 발주자는 수급인 등에 대하여 부당이득반환청구를 할 수 있을 뿐 하수급인 등을 상대로 부당이득반환청구를 할 수는 없다."(대법원 2008. 6. 26. 선고 2006다63884 판결)

---

(2) 수급사업자에 대한 직접 지급의무가 발생하지 않은 경우

반면 하도급대금을 직접 지급할 의무가 없는 발주자가 수급사업자에게 하도급대금을 직접 지급할 의무가 있다고 잘못 알고 착오로 하도급대금을 직접 지급한 경우에는 부당이득의 반환을 구할 수 있다.

대법원은 2014. 11. 13. 선고 2009다67351 판결에서 "원사업자의 발주자에 대한 공사대금채권이 가압류된 후 수급사업자의 하도급대금 직접 지급요청에 따라 하도급대금을 수급사업자에게 직접 지급한 발주자가 그 후 가압류에 기초한 압류 및 추심권자에게 추심금을 지급하게 되자, 수급사업자를 상대로 부당이득 반환을 구한 사안에서, 발주자는 원사업자에 대한 잔여 공사대금채무가 소멸하는 대신 수급사업자에 대한 하도급대금의 직접 지급의무가 발생하였다고 착오를 일으켜 하도급대금을 지급한 것이므로 특별한 사정이 없는 한 수급사업자에게 부당이득 반환을 청구할 수 있다."고 하였다.

판례 "발주자가 하도급법 제14조제1항제1호 또는 건설산업기본법 제32조제4항, 제35조제2항제4호에 따라 수급사업자나 건설기계 대여업자로부터 하도급대금 또는 건설기계 대여대금의 직접지급을 요청받을 당시 원사업자 또는 수급인에 대한 대금지급채무가 이미 변제로 소멸한 상태인 경우 발주자의 수급사업자나 건설기계 대여업자에 대한 직접지급의무는 발생하지 않는데도 발주자가 수급사업자나 건설기계 대여업자에 대한 직접지급의무가 발생하였다고 착오를 일으킨 나머지 수급사업자나 건설기계 대여업자에게 하도급대금이나 건설기계 대여대금을 지급하였다면, 이는 채무자가 아닌 제3자가 타인의 채무를 자기의 채무로 잘못 알고 자기 채무의 이행으로서 변제한 경우에 해당하므로, 특별한 사정이 없는 한 발주자는 수급사업자나 건설기계 대여업자를 상대로 부당이득반환을 청구할 수 있다."(대법원 2017. 12. 13. 선고 2017다242300 판결)

---

11. 직불 합의와 전부명령의 관계

쟁점

도급인이 공사대금을 수급인의 근로자들에게 임금지급조로 직접 지급하기로 수급인과 약정하였다. 도급인은 수급인의 공사대금 채권의 전부채권자에게 대항할 수 있는가?

판단

전부채권자에게 대항할 수 있다.

도급인 A와 수급인 B는 2010. 1. 1. A가 B의 근로자들에게 그 임금 상당액을 공사대금에서 직접 지급하기로 약정하였다. 2010. 2. 1. 수급인 B의 채권자에 의한 채권압류 및 전부명령이 도급인 A에게 송달되었다. A는 B의 근로자들에게 임금 상당액을 지급하여도 되는가? 전부채권자에게 대항할 수 있는가?

도급인 A가 수급인 B에 대하여 대항할 수 있는 사유는 B의 채권자에 대하여도 주장할 수 있다. 도급인은 수급인의 근로자들에 대한 임금 상당의 공사대금에 대하여는 수급인에게 그 지급을 거부할 수 있으므로 전부채권자에 대해서도 같은 항변사유를 가지고 대항할 수 있다. 도급인 A는 압류 및 전부명령이 송달된 2010. 2. 1. 이전은 물론이고 그 이후에도 근로자들에게 임금 상당액을 지급하고 전부채권자에게 대항할 수 있다.

판례 "전부명령에 의하여 피전부채권은 동일성을 유지한 채로 집행채무자로부터 집행채권자에게 이전되고 제3채무자는 채권압류 전에 피전부채권자에 대하여 가지고 있었던 항변사유로서 전부채권자에게 대항할 수 있다 할 것이므로, 도급인과 수급인 사이에 도급인이 수급인에게 지급하여야 할 공사대금을 수급인의 근로자들에게 임금지급조로 직접 지급하기로 약정하였다면, 도급인은 수급인의 근로자들에 대한 임금 상당의 공사대금에 대하여는 수급인에게 그 지급을 거부할 수 있고, 따라서 전부채권자에 대해서도 위와 같은 항변사유를 가지고 대항할 수 있다."(대법원 2000. 5. 30. 선고 2000다2443 판결)

마찬가지로 도급인이 수급인에 대한 공사금채무의 범위 내에서 공사에 필요한 물품의 납품대금을 납품업자에게 지급하기로 약정을 하고, 약정에 따른 납품이 이루어진 경우 도급인은 그 물품대금을 지급하기 전이라 해도 약정을 이유로 수급인에게 공사대금의 지급을 거절할 수 있다. 따라서 전부명령 송달 전에 있었던 납품의 대가를 전부명령 송달 이후에 지급하더라도 전부채권자에게 대항할 수 있다(대법원 1990. 4. 27. 선고 89다카2049 판결).

전부명령에 의하여 피전부채권은 동일성을 유지한 채로 집행채무자로부터 집행채권자에게 이전되고 제3채무자는 채권압류 전에 피전부채권자에 대하여 가지고 있었던 항변사유로서 전부채권자에게 대항할 수 있다.

12. 건설산업기본법에 의한 직접지급

쟁점

발주자가 임의로 하수급인이 시공한 부분에 해당하는 하도급대금을 하수급인에게 직접 지급할 수 있는가?

판단

건설산업기본법 제35조제1항에 해당하는 경우에는 발주자가 임의로 직접 지급할 수 있다.

(1) 의무적 직접지급

다음과 같은 경우에는 발주자는 하수급인이 시공한 부분에 해당하는 하도급대금을 하수급인에게 직접 지급하여야 할 의무를 부담한다.

의무적 직접지급의 사유가 발생하여 발주자가 하수급인에게 하도급대금을 직접 지급한 경우에는 발주자의 수급인에 대한 대금 지급채무와 수급인의 하수급인에 대한 하도급대금 지급채무는 그 범위에서 소멸한 것으로 본다(건설산업기본법 제35조제2항, 제3항).

하도급법과 달리 건설산업기본법에서는 발주자가 의무적으로 직접 지급하여야 할 의무를 지는 경우에도 하도급대금을 하수급인에게 실제로 직접 지급하여야 발주자의 수급인에 대한 대금지급 채무가 소멸하는 것으로 2011. 5. 24. 법이 개정되었다.

과거의 대법원 판례에 의하면, 건설산업기본법 제35조제2항에 따라 발주자에게 직접지급의무가 인정되는 경우에는 하수급인에게 직접지급청구권이 인정되지 않게 된다. 또한 직접지급 사유가 발생하였더라도 발주자가 하수급인에게 실제로 하도급대금을 지급할 때까지는 수급인의 채권자에 의한 강제집행이 가능하다.

1) 발주자와 수급인 또는 발주자·수급인 및 하수급인의 합의(법 제35조제2항제1호)

발주자가 하도급대금을 직접 하수급인에게 지급하기로 발주자와 수급인 간 또는 발주자 · 수급인 및 하수급인이 그 뜻과 지급의 방법 · 절차를 명백하게 하여 합의한 경우에는 발주자가 하수급인에게 직접 지급하여야 한다.

발주자와 수급인 사이의 합의만으로도 발주자가 직접지급의무를 부담한다는 점이 하도급법과 다르다.

직접 지급의 합의가 있는 때에는 발주자가 수급사업자에게 직접 하도급대금을 지급할 의무를 부담한다. 하도급법과 같은 취지의 규정으로서 직접 지급을 합의한 때에 하수급인의 직접지급청구권이 발생한 것으로 해석되지만, 다만 다른 점은 발주자에 대한 수급인의 채권은 발주자가 하수급인에게 직접 지급할 때까지 소멸하지 않고 존속하게 된다는 것이다.

2) 확정판결(법 제35조제2항제2호)

하수급인이 시공한 부분에 대한 하도급대금지급을 명하는 확정판결을 받은 경우에도 발주자는 하수급인에게 직접 지급하여야 한다.

하도급법에는 없는 규정이다.

3) 2회 이상 지체(법 제35조제2항제3호)

수급인이 하도급대금의 지급을 2회 이상 지체한 경우로서 하수급인이 발주자에게 하도급대금의 직접지급을 요청한 경우에는 발주자는 하수급인에게 직접 지급하여야 한다.

하도급법과 건설산업기본법의 요건이 다르게 규정되어 있다. 하도급법은 '하도급대금의 2회분 이상의 미지급'으로 규정되어 있는 반면, 건설산업기본법은 '2회 이상 지체한 경우'로 규정되어 있다.

4) 지급불능(법 제35조제2항제4호)

수급인의 지급정지 · 파산 그 밖에 이와 유사한 사유가 있거나 건설업의 등록 등이 취소되어 수급인이 하도급대금을 지급할 수 없게 된 경우로서 하수급인이 발주자에게 하도급대금의 직접지급을 요청한 경우에는 발주자는 하수급인에게 직접 지급하여야 한다.

하도급법 제14조제1항제1호와 같은 취지의 규정이다.

5) 하도급대금 지급보증서 미교부(법 제35조제2항제5호)

수급인이 하수급인에게 정당한 사유없이 하도급대금의 지급보증서를 교부하지 아니한 경우로서 발주자가 그 사실을 확인하거나 하수급인이 발주자에게 하도급대금의 직접지급을 요청한 경우도 직접지급 사유에 해당한다.

하수급인이 발주자에게 직접지급을 요청하지 않더라도 수급인이 하수급인에게 정당한 사유없이 하도급대금 지급보증서를 교부하지 않은 사실을 발주자가 확인한 경우에도 발주자는 하수급인에게 하도급대금을 직접지급하여야 한다.

하수급인이 요청하지 않더라도 발주자가 확인한 경우에도 하도급대금을 직접지급하도록 하는 내용은 하도급법 제14조제1항제4호에 없는 내용이다.

6) 저가 도급계약(법 제35조제2항제6호)

국가, 지방자치단체 또는 대통령령으로 정하는 공공기관[24]이 발주한 건설공사에 대하여 공사예정가격에 대비하여 100분의 70[25]에 미달하는 금액으로 도급계약을 체결한 경우로서 하수급인이 발주자에게 하도급대금의 직접 지급을 요청한 경우이다.

(2) 임의적 직접지급

발주자가 임의적으로 하수급인이 시공한 부분에 해당하는 하도급대금을 하수급인에게 직접 지급할 수 있는 경우가 있다. 발주자가 필요하다고 인정하여 임의적으로 지급하는 경우로서 하수급인의 요청이 없더라도 지급할 수 있다.

이 경우 발주자의 수급인에 대한 대금지급채무는 하수급인에게 실제로 지급한 한도 안에서 소멸한 것으로 본다(법 제35조제1항).

1) 국가 · 지방자치단체 또는 공공기관[26]이 발주한 건설공사로서 ① 수급인이 하도급대금의 지급을 1회 이상 지체한 경우 또는 ② 공사예정가격에 대비하여 100분의 82에 미달하는 금액으로 도급계약을 체결한 경우로서 발주자가 하수급인의 보호를 위하여 필요하다고 인정하는 경우(법 제35조제1항제1호, 영 제34조의4, 규칙 제29조제1항)

2) 수급인의 파산 등으로 인하여 수급인이 하도급대금을 지급할 수 없는 명백한 사유가 있다고 발주자가 인정하는 경우(법 제35조제1항제2호)

하수급인이 직접지급을 요청한 때에는 발주자는 반드시 직접 지급하여야 하지만, 하수급인의 요청이 없는 경우에는 발주자가 임의적으로 직접 지급할 수 있다.

---

24) 공공기관의 운영에 관한 법률 제5조에 따른 공기업 및 준정부기관, 지방공기업법에 따른 지방공사 및 지방공단을 말한다(영 제34조의5).
25) 규칙 제29조제4항
26) 공공기관의 운영에 관한 법률 제5조에 따른 공기업 및 준정부기관, 지방공기업법에 따른 지방공사 및 지방공단을 말한다.

(3) 직접 지급의 거절과 요청

1) 발주자의 거절

의무적 직접지급 사유가 있더라도 발주자는 수급인이 하도급계약과 관련하여 하수급인이 임금, 자재대금 등의 지급을 지체한 사실을 입증할 수 있는 서류를 첨부하여 그 하도급대금의 직접지급의 중지를 요청한 경우에는 하수급인에게 하도급대금을 직접 지급하지 아니할 수 있다(법 제35조제5항). 2019. 4. 30. 법률 제16423호로 개정되기 전의 하도급법 제14조제3항과 같은 취지의 규정이다.

2) 수급인의 요청

임의적 직접지급 사유 중 국가나 지자체, 공기업 등이 발주한 공사에서 수급인이 하도급대금의 지급을 1회 이상 지체한 경우 또는 공사예정가격에 대비하여 100분의 82에 미달하는 금액으로 도급계약을 체결한 경우로서 발주자가 직접지급의 필요성을 인정하는 경우에 수급인은 하수급인에게 책임이 있는 사유로 인하여 자신이 피해를 입을 우려가 있다고 인정되는 경우에는 그 사유를 명시하여 발주자에게 하도급대금의 직접지급을 중지할 것을 요청할 수 있다(법 제35조제4항).

13. 선급금 정산과 하도급대금의 관계

쟁점

선급금 지급 후 도급계약의 해제 또는 해지 등의 사유가 발생하였다. 이 경우 하수급인이 시공한 부분을 수급인의 기성고로 보아 선급금에서 공제할 수 있는가?

판단

별도의 약정이 없다면 하수급인의 기성공사부분을 선급금에서 공제할 수 있다. 그리고 남는 공사대금이 있다면 하도급대금을 하수급인에게 직접 지급할 수 있을 것이다.

(1) 일반 공사의 경우

대법원은 "공사도급계약에서 수수되는 선급금이 선급 공사대금의 성질을 갖는 점에 비추어 선급금을 지급한 후 계약이 해제 또는 해지되는 등의 사유로 중도에 선급금을 반환하게 된 경우에는, 선급금은 별도의 상계 의사표시 없이 그때까지의 기성고에 해당하는 공사대금에 당연히 충당된다"고 본다.

그래서 기지급된 선급금이 기성공사대금에 미치지 못하면 그 차액만 지급하면 되고, 거꾸로 선급금이 미지급 공사대금에 충당되고 남는다면 그 남은 선급금을 반환받으면 된다는 것이다.

판례 "선금을 지급한 후 계약이 해제 또는 해지되거나 선금급 조건을 위반하는 등의 사유로 중도에 선금을 반환하게 되었다면 선금이 공사대금의 일부로 지급된 것인 이상, 하도급을 주었는지 여부를 불문하고 선금은 별도의 상계 의사표시 없이 그 때까지의 기성고에 해당하는 공사대금에 당연 충당되고 그래도 공사대금이 남는다면 그 금액만을 지급하면 되는 것이고, 거꾸로 선금이 미지급 공사대금에 충당되고 남는다면 그 남은 선금에 관하여 도급인이 반환채권을 가지게 된다고 보는 것이 선금급의 성질에 비추어 타당하고, 하도급대금 직불에 관한 조항이 하수급인이 시공한 부분에 상당하는 금액에 대하여 계약자가 하수급인에게 대가지급을 의뢰한 것으로 보아 당해 수급인에게 직접 지급하여야 한다고 규정하고 있는 것은 선금급으로써 기

성고에 대한 공사대금에 충당하고 남은 공사대금이 있을 경우에 그 중 하도급대금을 하수급인에게 직접 지급하여야 함을 규정한 것으로 봄이 타당하다."(대법원 1997. 12. 12. 선고 97다5060 판결)

대법원은 미정산 선급금 충당에 관하여 별다른 약정을 두고 있지 않는 일반공사의 경우 '선급금의 기성공사대금 당연충당의 원칙이 하도급대금 직접지급조항에 우선한다'는 것을 명확히 확인하고 있다.

또한, 수급인이 일부공사를 하도급한 경우에 하수급인은 수급인의 이행보조자에 불과하므로 수급인의 기성공사금액에는 그 이행보조자인 하수급인의 기성공사부분이 당연히 포함된다. 따라서 선급금을 지급한 후 계약의 해제 또는 해지 등의 사유가 발생한 경우에는 하수급인의 기성공사부분에 대한 공사대금도 포함한 수급인의 기성고를 선급금에서 공제하여야 하고, 그래도 남는 공사대금이 있는 경우에 한하여 하도급대금을 하수급인에게 직접 지급하여야 한다고 보아야 할 것이다.

판례 "건설산업기본법 제35조제1항, 하도급법 제14조제1항 등에서 하도급대금의 직접지급에 관하여 규정을 두고 있는 것은 수급인이 파산하거나 그 외 사유로 하도급업자들에게 하도급대금을 지급하지 않거나 지급할 수 없는 사유가 생길 경우 약자의 지위에 있는 하도급업자들을 보호하고 공사 수행에 대한 대가를 실질적으로 보장하기 위함에 그 취지와 목적이 있는 것일 뿐이지 도급인과 하수급인과의 직접적인 도급계약 관계의 설정을 전제로 한 것은 아니므로, 결국 하수급인이 시공한 부분은 수급인의 기성고로 볼 수밖에 없다. 또한, 하수급인은 수급인의 이행보조자에 불과하므로 수급인의 기성공사금액에는 그 이행보조자인 하수급인의 기성공사부분이 당연히 포함된다고 보아야 한다. 따라서 선급금을 지급한 후 계약의 해제 또는 해지 등의 사유가 발생한 경우에는 하수급인의 기성공사부분에 대한 공사대금도 포함한 수급인의 기성고를 선급금에서 공제하여야 하고, 그래도 남는 공사대금이 있는 경우에 한하여 하도급대금을 하수급인에게 직접 지급하여야 한다."(대법원 2007. 9. 20. 선고 2007다40109 판결)

(2) 선급금 충당에 관한 별도의 약정이 존재하는 경우

판례 "선급금을 지급한 후 계약이 해제 또는 해지되는 등의 사유로 수급인이 도중에 선급금을 반환하여야 할 사유가 발생하였다면 특별한 사정이 없는 한 별도의 상계 의사표시 없이도 그 때까지의 기성고에 해당하는 공사대금 중 미지급액은 선급금으로 충당되고 도급인은 나머지 공사대금이 있는 경우 그 금액에 한하여 지급할 의무를 부담하게 되지만, 이때 선급금의 충당 대상이 되는 기성공사대금의 내역을 어떻게 정할 것인지는 도급계약 당사자의 약정에 따라야 한다."(대법원 2004. 11. 26. 선고 2002다68362 판결).

(3) 관급공사의 경우

정부입찰 · 계약집행기준 제38조제3항 단서는 하도급대금지급보증이 되어 있지 않은 경우로서 공사계약일반조건 제43조제1항에 따라 하도급대금를 직접 지급하는 때에는 우선적으로 하도급대가를 지급한 후 기성부분에 대한 미지급액의 잔액이 있을 경우 선금잔액과 상계할 수 있다고 규정하고 있다. 공사계약일반조건 제44조제6항 단서도 같은 내용을 규정하고 있다.

공사계약일반조건 제43조제1항의 하도급대금의 직접 지급사유는 ① 하수급인이 계약상대자를 상대로 하여 받은 판결로서 그가 시공한 부분에 대한 하도급대금지급을 명하는 확정판결이 있는 경우, ② 계약상대자가 파산, 부도, 영업정지 및 면허취소 등으로 하도급대금을 하수급인에게 지급할 수 없게 된 경우, ③ 하도급대금 지급보증서를 제출하여야 할 대상 중 그 지급보증서를 제출하지 않은 경우이다.

정부입찰 · 계약집행기준은 위 3가지 하도급대금 직접지급 사유가 있는 때에는 남은 선금으로 미지급 기성대가와 상계하기에 앞서 하도급대가를 먼저 지급한 뒤 그래도 미지급 기성대가가 있다면 선금 잔액과 상계하라는 취지인 것이다.

대법원은 이를 '미정산 선급금 충당의 예외적 정산약정'으로 보아 당연충당의 법리에 대한 예외를 인정하고 있다.

따라서 공사도급계약에 편입된 공사계약일반조건 제43조제1항에서 도급인이 하수급인에게 하도급대금을 직접 지급해야 하는 경우를 규정하고, 제44조제5항에서 계약이 해제 또는 해지된 경우 수급인은 미정산 선급금 등을 반환하여야 하고 도급인은 위 금액과 기성공사대금을 상계할 수 있다는 내용을 규정하면서, 그 단서에서 "다만, 제43조제1항의 규정에 의하여 하도급대가를 직접 지급하는 경우 하도급대가의 지급 후 잔액이 있을 때에는 이와 상계할 수 있다"고 규정하고 있는 관급공사계약의 경우, 도급인이 하도급대금을 직접 지급하는 사유가 발생한 경우에는 이에 해당하는 금원은 선급금 충당의 대상이 되는 기성공사대금의 내역에서 제외하기로 하는 예외적 정산약정을 한 것으로 보아야 하고, 위 공사계약일반조건 제44조제5항 단서에 의하여 설정된 미정산 선급금의 충당에 대한 예외적 정산약정은 하도급법 제14조에 의하여 하수급인에게 하도급대금을 직접 지급할 사유가 인정되는 범위 안에서는, 도급인으로 하여금 미정산 선급금이 기성공사대금에 충당되었음을 이유로 하수급인에게 부담하는 하도급대금 지급의무를 면할 수 없다(대법원 2010. 5. 13. 선고 2007다31211 판결).

14. 발주자가 하도급법 소정의 지연이자 지급 책임을 지는지 여부

쟁점

발주자가 수급사업자에게 하도급대금을 직접 지급하는 경우에도 하도급법의 하도급대금 지연이자 규정이 적용되는가?

판단

발주자가 직접 지급하는 경우에는 적용되지 않는다.

원사업자가 하도급대금을 목적물 등의 수령일부터 60일이 지난 후에 지급하는 경우에는 그 초과기간에 대하여 연 100분의 40 이내에서 은행법에 따른 은행이 적용하는 연체금리 등 경제사정을 고려하여 공정거래위원회가 정하여 고시하는 이율에 따른 이자를 지급하여야 한다(법 제13조제8항).

현재 고시된 지연이자율은 연 15.5%이다.

이 규정에 의한 지연이자의 지급은 원사업자가 수급사업자에 대하여 하도급대금을 지급하는 경우에만 적용되고, 하도급법 제14조의 규정에 의해 발주자가 수급사업자에게 직접 지급하는 경우에는 적용되지 않는다.

판례 "구 하도급법 제13조제7항[27] 소정의 "원사업자가 하도급대금을 목적물의 수령일부터 60일을 초과하여 지급하는 경우에는 그 초과기간에 대하여 공정거래위원회가 정하여 고시하는 이자율에 의한 이자를 지급하여야 한다."는 규정은, 원사업자가 수급사업자에 대하여 하도급대금을 지급하는 경우에 관한 규정이어서, 이 사건과 같이 발주자인 피고가 원사업자의 파산 등으로 수급사업자에게 하도급대금을 직접 지급하는 경우에는 적용될 수 없다는 원심의 판단은 정당하다."(대법원 2005. 7. 28. 선고 2004다64050 판결)

---

27) 현재는 하도급법 제13조제8항에 해당한다.

15. 하도급대금 직불합의의 해석

쟁점

하도급대금 직불합의의 약정이 공사대금채권의 양도로 해석되는 경우 도급인은 원수급인의 공사대금채권에 대한 압류채권자에게 대항할 수 있는가?

판단

채권양도에 대한 도급인의 승낙이 확정일자 있는 증서에 의하여 이루어지지 않는 이상 대항할 수 없다.

공사도급계약 및 하도급계약을 함께 체결하면서 도급인, 원수급인과 하수급인이 '공사대금은 도급인이 원수급인의 입회하에 하수급인에게 직접 지급하고, 원수급인에게는 지급하지 않는 것'으로 약정한 경우가 흔히 있다. 이러한 경우 이 약정의 의미는 두 가지로 해석될 수 있는데, 각각의 경우에서 도급인이 원수급인의 공사대금채권에 대한 압류채권자에게 대항할 수 있는지 여부가 자주 문제된다.

(1) 공사대금채권의 양도로 해석하는 경우

하나는, 도급계약 및 하도급계약에 따른 공사가 실제로 시행 내지 완료되었는지 여부와 상관없이 원수급인의 도급인에 대한 공사대금채권 자체를 하수급인에게 이전하여 하수급인이 도급인에게 직접 그 공사대금을 청구하고 원수급인은 공사대금 청구를 하지 않기로 하는 취지일 수 있다. 이러한 취지의 약정이라면 실질적으로 원수급인이 도급인에 대한 공사대금채권을 하수급인에게 양도하고 그 채무자인 도급인이 이를 승낙한 것이라고 해석된다.

이러한 경우 위와 같은 채권양도에 대한 도급인의 승낙이 확정일자 있는 증서에 의하여 이루어지지 않는 이상, 도급인은 위와 같은 채권양도와 그에 기한 채무의 변제를 들어서 원수급인의 위 공사대금채권에 대한 압류채권자에게 대항할 수 없다.

(2) 완료한 범위 내에서의 직접 지급 약정으로 해석하는 경우

또 하나는, 하수급인이 하도급계약에 기하여 실제로 공사를 시행 내지 완료한 범위 내에서 도급인은 하수급인에게 그 공사대금을 직접 지급하고 원수급인에게는 그 공사대금을 지급하지 않기로 하는 취지이다. 이런 취지라면 압류명령의 통지가 도급인에게 도달하기 전에 하수급인이 공사를 실제로 시행 내지 완료하였는지 여부나 그 기성고 정도 등에 따라 도급인이 원수급인의 공사대금채권에 대한 압류채권자에게 하수급인의 시공 부분에 상당하는 하도급대금의 범위 내에서 대항할 수 있는지 여부 및 그 범위가 달라진다(대법원 2013. 09. 12. 선고 2011다6311 판결).

대법원 2013. 09. 12. 선고 2011다6311 판결에서는 "도급인, 원수급인과 하수급인이 '하도급 공사대금을 하도급법 제14조 및 동 시행령 제4조의 규정에 의거 하수급인에게 직접 지급하는 건에 대하여 동의합니다.'라는 취지의 약정은 실제로 공사를 시행 내지 완료한 범위 내에서 도급인이 그 공사대금을 하수급인에게 직접 지급하기로 하고 원수급인에게 그 공사대금을 지급하지 않기로 하는 취지로 보아야"한다고 판시하였다.

제5절 하도급법위반에 대한 제재와 손해배상

1. 하도급법위반의 신고와 조사

쟁점

기술자료 제공 요구 금지 조항을 위반한 경우에 대한 공정거래위원회의 조사 개시는 언제까지 이뤄질 수 있는가?

판단

조사 개시 대상 거래가 끝난 날부터 7년이 지나기 전에 개시하여야 한다.

공정거래위원회는 하도급법을 위반한 사실의 신고가 있거나 신고가 없더라도 법에 위반되는 사실이 있다고 인정되는 때에는 직권으로 조사를 개시할 수 있다(법 제22조제2항).

(1) 신고

누구든지 하도급법 위반 사실을 공정거래위원회에 신고할 수 있다. 피해자뿐만 아니라 제3자도 신고할 수 있다(법 제22조제1항).

신고를 하려는 자는 신고자의 성명과 주소, 피신고자의 성명 또는 명칭(법인인 경우에는 그 대표자의 성명을 포함한다), 그리고 위반행위의 내용과 이를 입증할 수 있는 자료를 분명히 밝혀야 한다(영 제10조제1항).

하도급법 제22조제1항 소정의 신고는 공정거래위원장에게 법에 위반되는 사실에 관한 직권발동을 촉구하는 단서를 제공하는 것에 불과하고 적당한 조치를 요구할 수 있는 구체적인 청구권을 부여한 것은 아니므로 공정거래위원장은 그 신고에 대하여 응답의무를 부담하지 않는다.

따라서 공정거래위원장이 법에 위반된 사실이 없다는 내용의 회신을 하였다고 하여 신고자의 구체적 권리나 이익을 침해한 것이라고는 할 수 없으므로 그 회신은 항고소송의 대상인 행정처분에 해당하지 않는다(대법원 1989. 5. 9. 선고 88누4515 판결).

(2) 포상금의 지급

공정거래위원회는 제4조(부당한 하도급대금 결정 금지), 제8조제1항(부당한 위탁취소의 금지 등), 제10조(부당반품의 금지), 제11조제1항 · 제2항(감액 금지) 또는 제12조의3제3항(기술자료유용 금지)을 위반한 행위를 신고하거나 제보하고 그 위반행위를 입증할 수 있는 증거자료를 제출한 자에게 예산의 범위에서 포상금을 지급할 수 있다(법 제22조제5항).

포상금 지급대상자는 포상금지급 대상인 법 위반행위를 신고하거나 제보하고 법 위반행위를 입증할 수 있는 증거자료를 최초로 제출한 자이다(법 제22조제5항, 영 제10조의2제1항).

해당 법 위반행위를 한 원사업자와 해당 법 위반행위에 따라 피해를 입은 수급사업자는 포상금 지급대상자에서 제외한다(영 제10조의2제2항)[28]. 따라서 원사업자나 수급사업자의 임직원은 포상금 지급대상자가 될 수 있다.

(3) 조사대상 거래

1) 시간적 한계

공정거래위원회의 조사개시 대상이 되는 하도급거래(법 제13조제11항이 적용되는 거래를 포함한다)는 그 거래가 끝난 날부터 3년이 지나지 아니한 것으로 한정한다. 다만, 거래가 끝난 날부터 3년 이내에 신고되거나 법 제24조의4제1항제1호 또는 제2호의 분쟁당사자에 의하여 분쟁조정이 요청된 하도급거래의 경우에는 거래가 끝난 날부터 3년이 지난 경우에도 조사를 개시할 수 있다(법 제23조제1항).

법 제12조의3의 기술자료 제공 요구 금지 조항을 위반하는 경우에는 위 기간을 각 7년으로 적용한다.

2) 거래가 끝난 날

'거래가 끝난 날'이란 제조위탁 · 수리위탁 및 용역위탁 중 지식 · 정보성과물의 작성위탁의 경우에는 수급사업자가 원사업자에게 위탁받은 목적물을 납품 또는 인도한 날을, 용역위탁 중 역무의 공급위탁의 경우에는 원사업자가 수급사업자에게 위탁한 역무공급을 완료한 날을 말하며, 건설위탁의 경우에는 원사업자가 수급사업자에게 건설위탁한 공사가 완공된 날을 말한다.

다만, 하도급계약이 중도에 해지되거나 하도급거래가 중지된 경우에는 해지 또는 중지된 날을 말한다(법 제23조제2항).

---

28) 2017. 9. 29. 대통령령 제28353호로 개정된 시행령에서 포상금 지급대상자의 범위에 원사업자 및 수급사업자의 임직원이 추가되었다. 시행령 제10조의2제2항제2호 및 제4호의 개정규정은 2017. 9. 29 이후 법 위반행위를 신고하거나 제보하고 법 위반행위를 입증할 수 있는 증거자료를 최초로 제출한 경우부터 적용된다.

2. 시정조치

쟁점

정당한 사유 없이 일률적인 비율로 단가를 인하하여 하도급대금을 결정하는 행위를 한 원사업자에 대하여 공정거래위원회가 시정조치로서 일률적인 단가 인하의 기준이 된 가격과 실제 하도급대금의 차액의 지급을 명하는 시정명령을 할 수 있는가?

판단

허용되지 않는 시정조치에 해당한다,

(1) 시정 권고 또는 명령

공정거래위원회는 하도급법 규정을 위반한 발주자나 원사업자에 대하여 하도급대금 등의 지급, 법 위반행위의 중지, 특약의 삭제나 수정, 향후 재발방지, 그 밖에 시정에 필요한 조치를 명할 수 있다(법 제25조제1항).

공정거래위원회는 하도급법을 위반한 발주자와 원사업자에 대하여 시정방안을 정하여 이에 따를 것을 권고할 수 있다. 이 권고를 받은 발주자와 원사업자는 그 권고를 통지받은 날부터 10일 이내에 그 수락 여부를 공정거래위원회에 알려야 하는데, 발주자와 원사업자가 그 권고를 수락하였을 때에는 시정조치를 받은 것으로 본다(제25조의5).

1) 법 위반 상태의 현존

원사업자가 하도급법을 위반하는 행위를 하였더라도 그 결과가 더 이상 존재하지 않는 경우에는 공정거래위원회는 시정명령을 할 수 없다(대법원 2002. 11. 26. 선고 2001두3099 판결).

판례 "공정거래위원회가 하도급법 제25조제1항에 의한 시정명령을 하는 경우에는 단순히 하도급대금의 발생 및 지급지연과 같은 제13조 등의 위반행위가 있었는가를 확인함에 그쳐서는 안 되고, 나아가 그 위반행위로 인한 결과가 그 당시까지 계속되고 있는지를 확인하여 비록 법 위반행위가 있었더라도 하도급대금채무의 불발생 또는 변제, 상계, 정산 등 사유 여하를 불문하고 위반행위의 결과가 더 이상 존재하지 아니한다면, 그 결과의 시정을 명하는 내용의 시정명령을 할 여지는 없다고 보아야 한다."(대법원 2010. 1. 14. 선고 2009두11843 판결)

2) 재발 방지를 위한 시정조치의 가부

위반행위의 결과가 더 이상 존재하지 않지만, 원사업자가 현재 또는 가까운 장래에 동일한 유형의 하도급법 위반행위를 반복하거나 반복할 우려가 있다는 사정을 감안하여 공정위가 원사업자에게 재발방지를 명하는 시정조치를 할 수 있는가?

대법원은 위반행위의 결과가 존재하지 않는 이상 하도급법 위반행위의 재발방지 목적의 시정조치를 할 수 없고, 그럼에도 시정명령을 하였다면 위법하다고 본다(대법원 2010. 11. 11. 선고 2008두20093 판결).

3) 시정조치로서 지급명령이 허용되는지 여부

수급사업자에게 발주량 등 거래조건에 대하여 착오를 일으키게 하거나 다른 사업자의 견적 또는 거짓 견적을 내보이는 등의 방법으로 수급사업자를 속이고 이를 이용하여 하도급대금을 결정하는 행위는 하도급법 제4조제2항제4호를 위반하는 불공정하도급거래행위에 해당한다. 이를 위반한 원사업자에 대하여 공정위는 하도급대금 등의 지급을 명하는 시정명령을 할 수 있다(대법원 2010. 4. 29. 선고 2008두14296 판결).

그러나 정당한 사유 없이 일률적인 비율로 단가를 인하하여 하도급대금을 결정하는 행위를 한 원사업자에 대하여 공정위가 시정조치로서 일률적인 단가 인하의 기준이 된 가격과 실제 하도급대금의 차액의 지급을 명하는 시정명령을 할 수는 없다(대법원 2016. 2. 18. 선고 2012두15555 판결).

또한 원사업자가 수급사업자를 상대로 하도급법 제4조제2항제1호 및 제5호에 위반하여 하도급대금을 결정하는 행위를 했다는 이유로 공정위가 원사업자에 대하여 그 위반행위 전의 단가에 따라 계산한 금액과 그 위반행위에 따른 하도급대금의 차액을 지급을 명하는 시정조치를 하는 것도 허용되지 않는다(대법원 2018. 3. 13. 선고 2016두59423 판결).

4) 시정명령의 위법성 판단의 기준시점

하도급법 제25조제1항에 기하여 공정거래위원회가 발한 시정명령의 위법 여부는 그 시정명령 당시의 법 상태와 사실 상태를 기준으로 판단하여야 한다. 그 판단에 있어서 법원은 시정명령 당시 행정청이 알고 있었던 자료뿐만 아니라 사실심 변론종결 당시까지 제출된 모든 자료를 종합하여 시정명령 당시 존재하였던 객관적 사정을 확정하고 그 사실에 기초하여 그 위법 여부를 판단할 수 있다(대법원 2010. 10. 28. 선고 2010두16561 판결).

(2) 조정이 이루어진 경우

하도급분쟁조정협의회의 조정이 이루어지고 분쟁당사자가 조정조서에 기재된 사항을 이행한 경우에는 제25조제1항에 따른 시정조치 및 제25조의5제1항에 따른 시정권고를 하지 아니한다(법 제24조의6제4항).

(3) 시정명령받은 사실의 공표 명령

공정거래위원회는 시정명령을 한 경우에는 시정명령을 받은 원사업자에 대하여 시정명령을 받았다는 사실을 공표할 것을 명할 수 있다(법 제25조제3항).

(4) 시정조치의 시간적 한계

공정거래위원회는 다음 각 호의 구분에 따른 기간이 경과한 경우에는 하도급법 위반행위에 대하여 제25조에 따른 시정조치를 명하지 아니한다. 다만, 법원의 판결에 따라 시정조치가 취소된 경우로서 그 판결이유에 따라 새로운 처분을 하는 경우에는 그러하지 아니하다(법 제22조제4항).

① 공정거래위원회가 이 법 위반행위에 대하여 신고를 받고 조사를 개시한 경우: 신고일부터 3년
② 공정거래위원회가 직권으로 법 위반행위에 대하여 조사를 개시한 경우: 조사개시일부터 3년

3. 과징금

쟁점

공동이행방식의 공동수급체 구성사업자 중 1인이 하도급법을 위반한 경우 과징금 산정의 기초가 되는 하도급대금은 얼마인가?

판단

특별한 사정이 없는 한 하도급계약에 따라 수급사업자에게 지급하여야 할 대금 전액을 기준으로 과징금을 산정하여야 한다.

(1) 과징금 부과

공정거래위원회는 하도급법을 위반한 발주자 · 원사업자 또는 수급사업자에 대하여 하도급대금의 2배를 초과하지 아니하는 범위에서 과징금을 부과할 수 있다(법 제25조의3).

공정거래위원회의 과징금 부과 처분은 재량행위이다.

판례 "공정거래위원회는 법 위반행위에 대하여 과징금을 부과할 것인지 여부와 만일 과징금을 부과한다면 일정한 범위 안에서 과징금의 부과액수를 얼마로 정할 것인지에 관하여 재량을 가지고 있다 할 것이므로 공정거래위원회의 법 위반행위자에 대한 과징금 부과처분은 재량행위라 할 것이나, 이러한 과징금 부과의 재량행사에 있어서 사실오인, 비례·평등의 원칙 위배 등의 사유가 있다면 이는 재량권의 일탈·남용으로서 위법하다"(대법원 2002. 5. 28. 선고 2000두6121 판결).

과징금은 원칙적으로 행정법상의 의무를 위반한 자에 대하여 당해 위반행위로 얻게 된 경제적 이익을 박탈하기 위한 목적으로 부과하는 금전적인 제재이다.

따라서 "법이 규정한 범위 내에서 그 부과처분 당시까지 부과관청이 확인한 사실을 기초로 일의적으로 확정되어야 할 것이지, 추후에 부과금 산정기준이 되는 새로운 자료가 나왔다고 하여 새로운 부과처분을 할 수 있는 것은 아니다"(대법원 2002. 5. 28. 선고 2000두6121).

판례 "하도급법상의 과징금 부과가 제재적 성격을 가진 것이기는 하여도 기본적으로는 하도급법 위반행위에 의하여 얻은 불법적인 경제적 이익을 박탈하기 위하여 부과되는 것이고, 위 법이 준용하는 공정거래법 제55조의3제1항에서도 이를 고려하여 과징금을 부과할 때 위반행위의 내용과 정도, 기간과 횟수 외에 위반행위로 인하여 취득한 이익의 규모 등도 아울러 참작하도록 규정하고 있으므로, 과징금의 액수는 당해 위반행위의 구체적 태양 등에 기하여 판단되는 그 위법성의 정도뿐 아니라 그로 인한 이득액의 규모와도 상호 균형을 이루어야 하고, 이러한 균형을 상실할 경우에는 비례의 원칙에 위배되어 재량권의 일탈·남용에 해당할 수가 있다."(대법원 2010. 1. 14. 선고 2009두11843 판결)

한편, 과징금은 위반행위에 한정하여 산정해야 하고 위반행위와 관련없는 제3의 행위까지 포함하여 과징금을 산정할 경우 위법할 수 있다.

판례 "하도급법 제25조의3제1항, 같은 법 시행령(2008. 9. 23. 대통령령 제21031호로 개정되기 전의 것) 제14조의2에 따라 부당한 하도급대금의 결정금지 위반행위에 대한 과징금은 그 하도급대금의 액수와 위반행위의 정도 및 횟수 등을 참작하여 정하도록 규정되어 있는 경우, 행정청이 부당한 하도급대금의 결정금지 위반행위에 대한 과징금납부명령을 하면서 부당한 하도급대금의 결정에 해당하지 않는 수급사업자에 대한 하도급대금까지 포함하여 과징금을 산정하였다면 이는 재량권을 일탈·남용하여 위법하다."(대법원 2009. 4. 9. 선고 2008두21829 판결).

(2) 과징금 부과의 기준

과징금의 금액은 시행령 제13조제1항 별표2의 기준을 적용하여 산정한다.

과징금은 위반행위의 내용 및 정도, 위반행위의 횟수 등과 이에 영향을 미치는 사항을 고려하여 산정하고, 위반사업자의 고의·과실 등에 따른 조정을 거쳐 산정한다. 다만, 가중하는 경우에도 부과되는 과징금의 총액은 하도급대금의 2배를 초과할 수 없다(영 별표2 과징금의 부과기준).

공동이행방식의 공동수급체 구성사업자 중 1인이 하도급법을 위반한 경우, 과징금 산정의 기초가 되는 '하도급대금'은 얼마로 보아야 하는가?

대법원은 공동수급약정에 따른 채무부담비율에 해당하는 금액이 아닌 '하도급계약에 따라 수급사업자에게 지급하여야 할 대금' 전액을 하도급대금으로 보아야 한다고 판시하였다.

판례 "원사업자가 서면의 발급 또는 하도급대금의 지급기일에 관한 하도급법 위반행위를 했음을 이유로 과징금을 부과하는 경우 그 금액은 하도급법이 정한 상한금액인 '하도급대금의 2배'에 위반행위의 내용, 정도, 기간, 횟수 등을 고려하여 정한 과징금 부과율을 곱하고, 여기에 사업자의 사업 규모와 과징금 납부 능력 등을 고려하여 가중하거나 감면하는 방식으로 산정한다(하도급법 제25조의3제1항, 제2항, 독점규제 및 공정거래에 관한 법률 제55조의3제1항, 제5항, 시행령 제13조제1항 [별표 2] 과징금의 부과기준)[29]. 여기에서 '하도급대금'은 제조 등의 위탁을 받은 수급사업자가 목적물 등을 제조·수리·시공하거나 용역을 수행하여 원사업자에게 납품·인도 또는 제공하고 받는대가를 말한다(하도급법 제2조제1항).

한편 공동이행방식의 공동수급체는 원칙적으로 민법상 조합의 성질을 가진다. 조합채무가 특히 조합원 전원을 위하여 상행위가 되는 행위로 부담하게 되었다면, 하도급계약을 체결할 때 공동수급체가 아닌 개별 구성원으로 하여금 지분비율에 따라 직접하수급인에 대하여 채무를 부담하게 하는 약정을 한 경우와 같은 특별한 사정이 없는한 상법 제57조제1항에 따라 조합원들이 연대책임을 진다.

위와 같은 관계 법령과 법리를 종합하면, 원사업자에 대한 과징금 산정의 기초가 되는 '하도급대금'은 원칙적으로 원사업자가 하도급계약이 정하는 바에 따라 수급사업자에게 지급하여야 할 대금을 뜻한다고 보아야 한다. 나아가 공동이행방식의 공동수급체구성사업자 중 1인이 공동수급체 구성사업자 전원을 위한 하도급계약을 체결한 경우일지라도 개별 구성원으로 하여금 지분비율에 따라 직접 하수급인에 대하여 채무를부담하도록 약정하는 경우 등과 같은 특별한 사정이 없다면, 그 구성사업자 1인의 하도급법 위반행위에 대한 과징금 산정의 기초가 되는 '하도급대금' 역시 '하도급계약에 따라 수급사업자에게 지급하여야 할 대금'을 기준으로 함이 원칙이다.

이 경우 그 1인은 수급사업자에게 대금 전액을 지급할 책임이 있고, 그가 공동수급약정에 따라 최종적으로 부담하게 될 내부적 채무 비율은 공동수급체의 내부 사정에 불과하기 때문이다."(대법원 2018. 12. 13. 선고 2018두51485 판결)

(3) 과징금 부과의 시간적 한계

공정거래위원회는 다음 각 호의 구분에 따른 기간이 경과한 경우에는 하도급법 위반행위에 대하여 제25조의3에 따른 과징금을 부과하지 아니한다. 다만, 법원의 판결에 따라 과징금 부과처분이 취소된 경우로서 그 판결이유에 따라 새로운 처분을 하는 경우에는 그러하지 아니하다(법 제22조 제4항).

① 공정거래위원회가 이 법 위반행위에 대하여 신고를 받고 조사를 개시한 경우 : 신고일부터 3년

② 공정거래위원회가 이 법 위반행위에 대하여 직권으로 조사를 개시한 경우 : 조사개시일부터 3년

29) 2016. 1. 22. 대통령령 제26933호로 개정되기 전의 하도급법 시행령의 규정 내용이다.

(4) 과징금의 징수

과징금의 부과와 징수에 관하여는 공정거래법 제55조의3부터 제55조의7까지의 규정을 준용한다(법 제25조의3제2항).

공정거래위원회는 과징금 납부의무자가 납부기한 내에 과징금을 납부하지 아니한 때에는 기간을 정하여 독촉을 하고, 그 지정한 기간 안에 과징금 및 제1항의 규정에 의한 가산금을 납부하지 아니한 때에는 국세체납처분의 예에 따라 이를 징수할 수 있다(공정거래법 제55조의6제2항).

4. 벌금

쟁점

공정거래위원회의 고발이 없더라도 검사가 하도급법 위반으로 공소를 제기할 수 있는가?

판단

공정거래위원회의 고발이 없는 한 공소를 제기할 수 없다.

하도급법 제30조제1항 각호를 위반한 원사업자와 제2항 각호를 위반한 자는 각 항에 규정된 벌금에 처한다.

(1) 양벌규정

법인의 대표자나 법인 또는 개인의 대리인, 사용인, 그 밖의 종업원이 그 법인 또는 개인의 업무에 관하여 제30조의 위반행위를 하면 그 행위자를 벌하는 외에 그 법인 또는 개인에게도 해당 조문의 벌금형을 과(科)한다. 다만, 법인 또는 개인이 그 위반행위를 방지하기 위하여 해당 업무에 관하여 상당한 주의와 감독을 게을리하지 아니한 경우에는 그러하지 아니하다(법 제31조).

(2) 고발

1) 전속고발권

제30조의 죄는 공정거래위원회의 고발이 있어야 공소를 제기할 수 있다(법 제32조제1항).

공정거래위원회의 고발은 소추요건이다. 공정거래위원회의 고발이 없는데도 하도급위반으로 공소가 제기되면 그 공소의 제기가 법률의 규정에 위반하여 무효인 경우에 해당하므로 공소기각판결을 선고하여야 한다(대법원 2010. 9. 30. 선고 2008도4762 판결).

2) 고발의무

공정거래위원회는 제30조의 죄 중 위반정도가 객관적으로 명백하고 중대하여 하도급거래 질서를 현저히 저해한다고 인정하는 경우에는 검찰총장에게 고발하여야 한다(법 제32조제2항).

3) 검찰총장 등의 고발요청권

검찰총장은 제2항에 따른 고발요건에 해당하는 사실이 있음을 공정거래위원회에 통보하여 고발을 요청할 수 있다(법 제32조제3항).

공정거래위원회가 고발요건에 해당하지 아니한다고 결정하더라도 감사원장, 중소벤처기업부장관은 사회적 파급효과, 수급사업자에게 미친 피해 정도 등 다른 사정을 이유로 공정거래위원회에 고발을 요청할 수 있다(법 제32조제4항).

검찰총장 또는 감사원장이나 중소벤처기업부장관의 고발요청이 있는 때에는 공정거래위원회 위원장은 검찰총장에게 고발하여야 한다(법 제32조제5항).

4) 고발취소의 제한

공정거래위원회는 공소가 제기된 후에는 고발을 취소할 수 없다(법 제32조제6항).

5. 구제 방법

쟁점

공정거래위원회의 처분에 대하여 행정소송을 제기하기 위하여 이의재결을 거쳐야 하는가?

판단

이의신청 없이 바로 취소소송을 제기할 수 있다.

(1) 이의신청

공정거래위원회의 처분에 대하여 불복이 있는 자는 그 처분의 통지를 받은 날부터 30일 이내에 그 사유를 갖추어 공정거래위원회에 이의신청을 할 수 있다.

공정거래위원회는 이의신청에 대하여 60일 이내에 재결을 하여야 한다. 다만, 부득이한 사정으로 그 기간 내에 재결을 할 수 없을 경우에는 30일의 범위 안에서 결정으로 그 기간을 연장할 수 있다(법 제27조제1항, 공정거래법 제53조).

(2) 집행정지

공정거래위원회는 시정조치명령을 받은 자가 이의신청을 제기한 경우로서 그 명령의 이행 또는 절차의 속행으로 인하여 발생할 수 있는 회복하기 어려운 손해를 예방하기 위하여 필요하다고 인정하는 때에는 당사자의 신청이나 직권에 의하여 그 명령의 이행 또는 절차의 속행에 대한 정지를 결정할 수 있다.

공정거래위원회는 집행정지의 결정을 한 후에 집행정지의 사유가 없어진 경우에는 당사자의 신청 또는 직권에 의하여 집행정지의 결정을 취소할 수 있다(법 제27조제1항, 공정거래법 제53조의2).

(3) 행정소송의 제기

공정거래위원회의 처분에 대하여 불복의 소를 제기하고자 할 때에는 처분의 통지를 받은 날 또는 이의신청에 대한 재결서의 정본을 송달받은 날부터 30일 이내에 이를 제기하여야 한다. 이 기간은 불변기간이므로 그 기간을 경과하면 더 이상 소송을 제기할 수 없다(법 제27조제1항, 공정거래법 제54조).

공정거래위원회의 처분에 대하여 불복하는 소송은 공정거래위원회의 소재지를 관할하는 서울고등법원을 전속관할로 한다(법 제27조제1항, 공정거래법 제55조).

공정거래위원회의 처분에 대하여 행정소송을 제기하기 위해서는 반드시 이의재결을 거쳐야 하는 것은 아니다. 공정거래위원회의 처분에 대하여 이의신청을 제기함이 없이 바로 취소소송을 제기할 수 있다(대법원 1999. 12. 20.자 99무42 결정)

6. 하도급법위반과 손해배상 책임의 발생

쟁점

원사업자의 부당감액으로 인해 손해를 본 수급사업자는 원사업자를 상대로 손해배상책임을 물을 수 있는가?

판단

하도급법을 위반한 하도급거래의 사법상 효력이 유효한 것과 별개로 손해배상책임을 물을 수 있다.

하도급법을 위반한 하도급거래의 사법상의 효력은 무효가 아니라는 것이 대법원의 일관된 판례인데(대법원 2011.1.27. 선고 2010다53457 판결 등), 원사업자의 하도급법 위반으로 손해를 본 피해자가 원사업자에게 손해배상책임을 물을 수 있는가?

대법원은 하도급법을 위반한 하도급거래의 사법상 효력이 유효한 것과는 별개로 원사업자의 부당감액으로 인하여 손해를 본 수급사업자는 원사업자를 상대로 부당감액 금액 상당에 대하여 손해배상책임을 물을 수 있다고 판시한 바 있다(대법원 2011. 1. 27. 선고 2010다53457 판결).

2013. 5. 28. 개정된 하도급법에서는 원사업자가 하도급법의 규정을 위반함으로써 손해를 입은 피해자에게 손해배상책임을 진다는 근거 규정을 두었다. 2011. 3. 29. 개정법에서 처음으로 원사업자가 법 제12조의3제1항을 위반하여 기술자료 제공을 요구함으로써 손해를 입은 피해자에게 손해배상책임을 진다는 규정이 신설되었고, 2013. 5. 28. 개정법에서는 법 제12조의3제1항에 한정하지 않고 원사업자가 어떤 하도급법 규정을 위반하든 그로 인하여 피해를 입은 피해자에 대하여 손해배상책임을 지는 것으로 개정되었다.

원사업자가 하도급법의 규정을 위반함으로써 손해를 입은 자가 있는 경우에는 그 자에게 발생한 손해에 대하여 배상책임을 진다. 다만, 원사업자가 고의 또는 과실이 없음을 입증한 경우에는 손해배상책임을 면할 수 있다(법 제35조제1항).

7. 하도급법위반과 징벌적 손해배상

쟁점

기술자료를 유용한 원사업자는 발생한 손해액의 몇 배까지 배상책임을 지게 되는가?

판단

발생한 손해액의 최고 3배까지 배상책임을 지게 된다.

(1) 대상의 확대

원사업자가 제4조(부당한 하도급대금 결정 금지), 제8조제1항(부당한 위탁 취소의 금지 등), 제10조(부당반품의 금지), 제11조제1항 · 제2항(부당감액 금지), 제12조의3제3항(기술자료의 유용금지) 및 제19조(보복조치의 금지)를 위반함으로써 손해를 입은 자가 있는 경우에는 그 자에게 발생한 손해의 3배를 넘지 아니하는 범위에서 배상책임을 진다. 다만, 원사업자가 고의 또는 과실이 없음을 입증한 경우에는 그러하지 아니하다(법 제35조제2항).

2011. 3. 29. 개정법에서 처음으로 기술자료를 유용한 원사업자에 대하여 발생한 손해액의 최고 3배까지 배상책임을 지게 하는 징벌적 손해배상책임 규정이 신설되었고, 2013. 5. 28. 개정법에서 그 대상이 확대되었다. 2018. 1. 16. 개정되어 2018. 7. 17. 시행된 개정법에서는 제19조(보복조치의 금지)의 위반에 대해서도 발생한 손해의 3배까지의 징벌적 손해배상책임을 인정하였다.

(2) 배상액 결정시 고려 사항

법원은 징벌적 손해배상액을 정할 때에는

① 고의 또는 손해 발생의 우려를 인식한 정도,

② 위반행위로 인하여 수급사업자와 다른 사람이 입은 피해규모,

③ 위법행위로 인하여 원사업자가 취득한 경제적 이익,

④ 위반행위에 따른 벌금 및 과징금,

⑤ 위반행위의 기간 · 횟수 등.

⑥ 원사업자의 재산상태.

⑦ 원사업자의 피해구제 노력의 정도 등을 고려하여야 한다(법 제35조제3항).

8. 하도급법위반을 이유로 한 손해배상청구 소송

쟁점

원사업자의 하도급법 위반에 따른 손해배상청구권의 소멸시효 기간은 어떻게 되는가?

판단

불법행위로 인한 손해배상청구권에 해당하여 단기소멸시효 3년이 적용된다.

(1) 기록의 송부

법 제35조제1항이나 제2항에 따라 손해배상청구의 소가 제기된 때에는 법원은 필요한 경우 공정거래위원회에 대하여 당해사건의 기록(사건관계인, 참고인 또는 감정인에 대한 심문조서 및 속기록 기타 재판상 증거가 되는 일체의 것을 포함한다)의 송부를 요구할 수 있다(법 제35조제4항, 공정거래법 제56조의2).

(2) 손해액의 인정

하도급법의 규정을 위반한 행위로 인하여 손해가 발생된 것은 인정되나, 그 손해액을 입증하기 위하여 필요한 사실을 입증하는 것이 해당 사실의 성질상 극히 곤란한 경우에는, 법원은 변론 전체의 취지와 증거조사의 결과에 기초하여 상당한 손해액을 인정할 수 있다(법 제35조제4항, 공정거래법 제57조).

불법행위로 인하여 손해가 발생한 사실이 인정되는 경우 법원은 손해액에 관한 당사자의 주장과 증명이 미흡하더라도 적극적으로 석명권을 행사하여 증명을 촉구하여야 하고, 경우에 따라서는 직권으로라도 손해액을 심리 · 판단하여야 한다. 위와 같은 법리는 공정거래법 제57조를 적용하여 손해액을 인정하는 경우에도 마찬가지로 적용된다(대법원 2016. 11. 24. 선고 2014다81511 판결).

불법행위로 인한 손해배상청구소송에서 재산적 손해가 발생한 사실은 인정되지만 구체적인 손해의 액수를 증명하는 것이 사안의 성질상 곤란한 경우에 법원은 증거조사의 결과와 변론 전체의 취지에 의하여 밝혀진 당사자들 사이의 관계, 불법행위와 그로 인한 재산적 손해가 발생하게 된 경위, 손해의 성격, 손해가 발생한 이후의 여러 정황 등 관련된 모든 간접사실을 종합하여 손해의 액수를 판단할 수 있다(대법원 2014. 07. 10. 선고 2013다65710 판결).

채무불이행으로 인한 손해배상청구 사건에서도 마찬가지이다. 채무불이행으로 인한 재산적 손해의 발생사실은 인정되나 구체적인 손해의 액수를 증명하는 것이 사안의 성질상 곤란한 경우에는 법원이 증거조사의 결과와 변론 전체의 취지에 의하여 밝혀진 간접사실들을 종합하여 그 손해액을 판단할 수 있다(대법원 2004. 06. 24. 선고 2002다6951 판결).

(3) 손해배상청구권의 법적 성질

법 제35조제1항, 제2항에 의한 손해배상청구권의 법적 성질은 불법행위로 인한 손해배상청구권이라고 해석하여야 할 것이다. 따라서 이에 관하여는 민법 제766조제1항의 단기소멸시효가 적용될 것이다.[30)]

대법원 판례도 공정거래법 제56조제1항에 의한 손해배상청구권은 그 법적 성격이 불법행위로 인한 손해배상청구권이므로 이에 관하여는 민법 제766조제1항의 단기소멸시효가 적용된다고 본다(대법원 2014. 09. 04. 선고 2013다215843 판결).

불법행위로 인한 손해배상청구권의 단기소멸시효 기산점이 되는 민법 제766조제1항의 '손해 및 가해자를 안 날'이란 손해의 발생, 위법한 가해행위의 존재, 가해행위와 손해의 발생 사이에 상당인과관계가 있다는 사실 등 불법행위의 요건사실에 대하여 현실적이고도 구체적으로 인식하였을 때를 의미하고, 피해자 등이 언제 불법행위 요건사실을 현실적이고도 구체적으로 인식하였다고 볼 것인지는 개별적 사건에서 여러 객관적 사정을 참작하고 손해배상청구가 사실상 가능하게 된 상황을 고려하여 합리적으로 인정하여야 한다(대법원 2011. 11. 10. 선고 2011다54686 판결).

30) **제766조(손해배상청구권의 소멸시효)** ① 불법행위로 인한 손해배상의 청구권은 피해자나 그 법정대리인이 그 손해 및 가해자를 안 날로부터 3년간 이를 행사하지 아니하면 시효로 인하여 소멸한다.
② 불법행위를 한 날로부터 10년을 경과한 때에도 전항과 같다.

CHAPTER 20

일조권과 조망권 분쟁

제20장 일조권과 조망권 분쟁

1. 일조권의 의의

쟁점

일조권이란 무엇인가?

판단

일조권이란 건물 등이 건축된 결과 일조의 이익을 방해받는 경우에 법적으로 그 보호를 요구할 수 있는 권리를 말한다.

(1) 법적인 보호의 대상이 되는 일조이익

근래 건축물의 고층화와 밀집화가 급격하게 진행되면서 일조권을 둘러싼 분쟁도 빈발하고 있다. 건축물의 고층화와 밀집화로 인하여 일조권이 침해당하는 경우가 빈발하기 때문이다. 이러한 현실을 반영하여 일조권이라는 용어는 어느덧 낯설지 않고 자연스럽게 받아들이는 개념이 되었으며, 법률상 보호받는 이익으로 인정되고 있다.

판례 "토지의 소유자 등이 종전부터 향유하던 일조이익이 객관적인 생활이익으로서 가치가 있다고 인정되면 법적인 보호의 대상이 될 수 있는" 것이다(대법원 2008. 12. 24. 선고 2008다41499 판결).

(2) 일조권의 성격

일조권이란 건물 등이 건축된 결과 일조의 이익을 방해받는 경우에 법적으로 그 보호를 요구할 수 있는 권리를 말한다. 일조권은 직사광선을 그 대상으로 하는 것이지 간접광선을 그 대상으로 하는 것이 아니다.

판례 "건물의 신축으로 인하여 그 이웃 토지상의 거주자가 직사광선이 차단되는 불이익을 받은 경우에 그 신축행위가 정당한 권리행사로서의 범위를 벗어나 사법상 위법한 가해행위로 평가되기 위하여는 그 일조방해의 정도가 사회통념상 일반적으로 인용하는 수인한도를 넘어야 한다."(대법원 1999. 1. 26. 선고 98다23850 판결)

판례 "주거의 일조는 쾌적하고 건강한 생활에 필요한 생활이익으로서 법적 보호의 대상이 되는 것이며, 어떤 토지의 거주자가 인접한 타인의 토지 위를 거쳐서 태양의 직사광선을 받고 있는데, 그 인접 토지의 사용권자가 건물 등을 건축함으로써 직사광선이 차단되는 불이익을 입게 되고, 그 일조방해의 정도가 사회통념상 일반적으로 인용하는 수인한도를 넘어서는 경우에는 그 건축행위는 정당한 권리행사로서의 범위를 벗어나거나 권리남용에 이르는 행위로서 위법한 가해행위로 평가되어 일조방해로 인한 불법행위가 성립한다."(대법원 2001. 6. 26. 선고 2000다44928, 44935 판결)

이러한 일조권은 일단 침해가 발생하게 되면 일조권을 침해하는 건축물이 철거되기 전까지는 그 침해상태가 계속될 뿐만 아니라 막대한 사회적 비용 등으로 인하여 일조권을 침해하는 건축물의 철거를 구하는 것이 쉽지 않다는 특성이 있다.

2. 위법성의 판단기준

쟁점

일조를 방해하는 행위 그 자체만으로도 위법한 일조권 침해로 인정되는가?

판단

수인한도를 넘는 일조 방해가 있을 때 위법성이 있는 일조권의 침해가 된다.

(1) 일조권 침해의 불가피성

급격한 도시화의 진전으로 인하여 어느 정도의 일조 방해는 불가피하게 발생할 수밖에 없다. 모든 일조 방해가 일조권의 침해로 되어 위법한 것으로 된다면 도시화 자체가 불가능할 것이다.

그렇다면 일조 방해는 어디까지 허용되고, 일조 방해가 어느 정도 되어야 법의 보호를 요구할 수 있는가?

(2) 수인한도론

건물 신축으로 인하여 그 이웃 토지상의 거주자가 직사광선이 차단되는 불이익을 받은 경우에 그 신축행위가 정당한 권리행사로서의 범위를 벗어나 위법한 가해행위로 평가되기 위해서는 그 일조 침해의 정도가 사회통념상 일반적으로 인용할 수 있는 한도를 넘어야 한다(대법원 2000. 5. 16. 선고 98다56997 판결).

이러한 수인한도를 넘는 일조 방해가 있을 때 비로소 위법성이 있는 일조권의 침해인 것이며, 수인한도를 초과하지 않는 일조방해가 있더라도 피해자로서는 감내할 수밖에 없다.

판례 "이웃 토지상의 건물로 인하여 직사광선이 차단되는 불이익을 받는 경우에 그것이 사회통념상 일반적으로 인용할 정도를 넘지 않는 한 이를 감수할 것이므로 이로 인하여 입는 정도의 고통은 감내하여야 한다."(대법원 1982. 9. 14. 선고 80다2859 판결)

(3) 수인한도를 판단하는 기준

이러한 수인한도를 판단하는 기준으로는 피해의 정도와 지역성, 피해건물의 특성, 가해건물과 피해건물의 용도, 토지이용의 선후관계, 결과발생의 회피가능성 등을 꼽는다. 이중 가장 중요한 판단기준은 피해(침해)의 정도와 지역성 요소이며, 다른 요인들은 부차적으로 고려되는 것으로 볼 수 있다.

판례 "사회통념상 수인한도를 넘었는지 여부는 피해의 정도, 피해이익의 성질 및 그에 대한 사회적 평가, 가해 건물의 용도, 지역성, 토지이용의 선후관계, 가해방지 및 피해회피의 가능성, 공법적 규제의 위반 여부, 교섭 경과 등 모든 사정을 종합적으로 고려하여 판단하여야 하고, 건축 후에 신설된 일조권에 관한 새로운 공법적 규제 역시 이러한 위법성의 평가에 있어서 중요한 자료가 될 수 있다."(대법원 1999. 1. 26. 선고 98다23850 판결)

3. 수인한도를 초과하는 일조 방해의 기준

쟁점

수인한도를 초과하는 일조 방해는 위법한 것으로 인정되는데, 수인한도의 초과 여부를 가리는 기준은 무엇인가?

판단

동지일 기준으로 연속 2시간 또는 통틀어 4시간 이상의 일조가 확보되지 않으면 위법하다.

(1) 침해의 정도

건물의 신축으로 인하여 그 이웃 토지상의 거주자가 직사광선이 차단되는 불이익을 받은 경우에 그 신축행위가 정당한 권리행사로서의 범위를 벗어나 사법상 위법한 가해행위로 평가되기 위해서는 그 일조방해의 정도가 사회통념상 일반적으로 인용하는 수인한도를 넘어야 하고, 일조방해행위가 사회통념상 수인한도를 넘었는지 여부는 피해의 정도, 피해이익의 성질 및 그에 대한 사회적 평가, 가해 건물의 용도, 지역성, 토지이용의 선후관계, 가해 방지 및 피해 회피의 가능성, 공법적 규제의 위반 여부, 교섭 경과 등 모든 사정을 종합적으로 고려하여 판단하여야 한다(대법원 2004. 9. 13. 선고 2003다64602 판결).

수인한도의 초과 여부를 판단하는 가장 중요한 판단요소는 바로 침해(피해)의 정도이다. 대법원 역시 "일조방해행위가 사회통념상 수인한도를 넘었는지 여부를 판단함에 있어서 가해건물의 신축 후 피해건물의 각 세대별 일조시간의 감소가 가장 중요한 기준임은 분명"하다고 판시하고 있다(대법원 2007. 9. 7. 선고 2005다72485 판결).

(2) 위법한 일조 침해행위 인지 여부를 판단하는 기준

이러한 피해의 정도를 판단하는 기준은 판례를 통하여 확립되었다고 볼 수 있는데, 가해건물의 높이 기준은 통상 가해 건물의 골조가 완성된 상태이다. 시기상으로는 일조량이 일년 중 가장 적은 동지일을 기준으로 삼는다.

판례는 동지일을 기준으로 하여 오전 9시부터 오후 3시까지 6시간 중 일조시간이 연속하여 2시간 이상 확보되거나(대법원 1999. 1. 26. 선고 98다23850 판결 참조) 오전 8시부터 오후 4시까지 사이의 8시간 중 일조 시간이 통틀어 최소한 4시간 정도 확보되는(대법원 2000. 5. 16. 선고 98다56997 판결 참조) 경우에는 피해건물의 거주자가 수인해야 할 일조의 침해로 보고, 위 2가지 중 어느 것에도 속하지 아니하는 일조 방해의 경우에는 수인한도를 넘는 일조권의 침해로 본다.

일조 방해를 측정하는 지점은 햇빛이 비치는 낮시간에 가사 활동이 주로 거실 중심으로 이루어지는 현실 등을 반영하여 거실에 접한 베란다 창문에 비치는 일조 유무를 기준으로 한다.

한편, 동일인 소유의 다층 주택에 대해서는 각 층별의 일조 방해의 정도를 측정하여 산술평균하는 방법을 고려할 수 있고, 층별로 달리 인정할 수도 있을 것이다.

아파트와 같은 고층 주택의 경우에는 각 층별로 일조권 침해가 인정될 수도 있고 부인될 수도 있을 것이다.

판례 "건물의 신축으로 인하여 인근 건물의 소유자가 종전부터 향유하고 있던 일조 등에 대하여 침해를 받은 경우 그 신축행위가 정당한 권리행사로서의 범위를 벗어나 사법상 위법한 가해행위로 평가되기 위하여는 그 일조침해의 정도가 사회통념상 일반적으로 허용되는 수인한도를 넘어야 하는바, 대도시 인구의 과밀화 및 토지의 효율적 이용을 위한 건물의 고층화 경향 등을 고려할 때 아파트와 같은 공동주택의 경우 동지일을 기준으로 9시부터 15시까지 사이의 6시간 중 일조시간이 연속하여 2시간 이상 확보되는 경우 또는 동지일을 기준으로 8시에서 16시까지 사이의 8시간 중 일조시간이 통틀어서 최소한 4시간 이상 확보되는 경우에는 이를 수인하여야 할 것으로 봄이 사회통념상 상당하다."(서울고등법원 2005. 10. 28. 선고 2004나56440 판결)

---

4. 지역 특성에 따른 일조권의 차등 보호

쟁점

상업지역에서도 주거지역과 똑같은 정도로 일조권을 보호받는가?

판단

일조권은 지역에 따라 차등적으로 보호받는다.

(1) 지역특성과 일조권

일조 방해가 수인한도를 초과하는 위법한 침해인가 여부를 판단하는 데는 지역성 요소도 대단히 중요하다. 침해 여부가 문제되는 건축물이 주거지역에 위치했는지 상업지역 또는 공업지역에 위치했는지에 따라 달리 판단되는 것이다. 당연히 주거지역에서는 일조권이 두텁게 보호되고, 상업지역이나 공업지역은 상대적으로 수인한도가 높게 되는 것이다.

대법원은 지역성을 고려하지 않고 일조권 침해의 수인한도를 판단할 수 없다는 점을 분명히 하고 있다.

판례 "일조방해행위가 수인한도를 넘었는지 여부를 판단하기 위한 지역성은 그 지역의 토지이용 현황과 실태를 바탕으로 지역의 변화 가능성과 변화의 속도 그리고 지역주민들의 의식 등을 감안하여 결정하여야 할 것이고, 바람직한 지역 정비로 토지의 경제적·효율적 이용과 공공의 복리증진을 도모하기 위한 국토계획법 등 공법에 의한 지역의 지정은 그 변화 가능성 등을 예측하는 지역성 판단의 요소가 된다고 할 것이다." (대법원 2007. 6. 14. 선고 2005다72058 판결).

대법원은 2002. 12. 10. 선고 2000다72213 판결에서 도시계획법상 일반상업지역 내에서 주상복합아파트의 건축으로 일조권을 침해당한 기존의 다른 주상복합아파트 거주자들이 제기한 손해배상청구 소송에서 원고의 청구를 배척하였다. 상업지역에서는 주거지역에 비하여 상대적으로 더 많이 일조권 침해를 수인해야 한다는 이유였다.

판례 "이 사건의 경우 원고들의 주상복합아파트와 피고가 건축한 **아파트는 모두 일반상업지역 내에 있는데, 일반상업지역은 도시계획법에 의하여 일반적인 상업 및 업무기능을 담당하게 하기 위하여 마련된 지역으로서 원칙적으로는 주거를 위한 지역이 아닌 점, 이 사건 당시 건축관계 법령의 규정에 의하면, 상업지역에서의 건축물의 경우 다른 대지상의 건축물을 위하여 보장되어야 할 일조시간에 관하여는 규정이 없고, 공동주택에 한하여 일조권 확보를 위한 건축물 사이의 이격거리에 관한 규제가 있었으나, 피고가 건축한 위 대경아파트는 위 건축 당시의 건축관계 법령이 정하는 용적률, 건폐율, 건축물간의 이격거리 등 간접적으로 다른 인접 건축물의 일조권 등 확보에 도움을 줄 수 있는 각종 기준에 위반된 사실이 없는 점, 이 사건 각 주상복합아파트의 건축이 이루어지고 난 후 상업지역에서의 공동주택 건축의 경우 다른 인접 건축물의 일조권 확보를 위한 간접적인 규제마저 1999. 관련 법령의 개정으로 삭제된 점, 피고는 원고들 주상복합아파트의 사업계획승인이 난 직후인 1992. 4.경 **타운의 건축심의신청서를 1차로 제출하였다가 다시 2차로 1992. 8. 4. 그 신청서를 제출하여 1993. 1. 20. 사업계획 승인을 받았고, 원고들이 이 사건 아파트들을 분양받은 시기는 위 피고의 사업계획승인 시점을 전후한 시점으로서 이 사건 각 주상복합아파트들의 부지가 일반상업지역으로서 고층건물의 건축이 예상되던 곳이었으므로 이 사건 원고들은 자신들의 이 사건 주상복합아파트를 분양받을 당시나 소유권이전등기를 경료할 당시 인접 대지에 들어서는 건축물로 인하여 일조권 등의 침해가 있을 것이라는 것을 어느 정도 예상한 것으로 보이는 점 등 제반 사정을 종합하면, 다른 특별한 사정이 없는 한 이 사건에 있어 피고의 **아파트 건축으로 인하여 원고들에게 발생한 원심 판시와 같은 일조권 등의 침해는 수인한도 내에 있다고 보는 것이 타당하다고 할 것이다."(대법원 2002. 12. 10. 선고 2000다72213 판결)

대법원은 2004. 10. 28. 선고 2002다63565 판결에서도 도시계획법상 용도지역이 일반상업지역인 점에 관하여 고려함이 없이 일반적인 주거지역에서의 일조방해의 수인한도를 적용하여 피고의 건물로 인한 일조방해가 수인한도를 넘은 위법한 것으로서 불법행위가 된다고 판단한 원심판결을 파기하였다.

(2) 상업지역 내의 일조권 보호

그렇다고 상업지역 내라고 하여 전혀 일조권이 보호받지 못하는 것은 아니다. 주거지역에 비하여 상대적으로 덜 보호받는다는 것이다.

대법원은 오피스텔 신축으로 인한 손해배상청구 사건에서, 해당 지역이 일반상업지역이고, 오피스텔 신축 당시 건축관계 법령에 상업지역 건축물의 경우 다른 대지상의 건축물을 위하여 보장되어야 할 일조시간의 제한규정이 없으며 건축관계 법령상의 각종 기준에 위반한 사실이 없다고 하여 일조방해가 사회통념상 수인한도 내라고 단정할 수는 없다고 판단한 바 있다.

한편 이 판결에서는 지역성 판단은 실제 토지의 이용실태를 기준으로 하여야 한다는 점도 설시하고 있다(대법원 2007. 6. 14. 선고 2005다72058 판결).

대법원 2011. 2. 24. 선고 2010다13107 판결도 피해건물이 상업지역내에 위치한다는 이유만으로 일조권이 보호받지 못하는 것이 아니라는 점을 명백히 밝혔다. 중심상업지역에 위치한 학교가 동지일 기준으로 8시부터 16시까지 8시간 중 총 일조시간이 4시간 미만으로 감소된 교실 등이 다수일 뿐만 아니라 그 일부는 총 일조시간이 1시간 미만에 불과하게 된 피해가 발생한 사안에서 대법원은 피해 학교와 가해 건물이 위치한 지역이 원래 주거지역이었다가 중심상업지역으로 변경되었고 피해 학교는 상업지역으로 변경되기 이전부터 건립되어 있었던 사실 등의 사정을 들며, 가해 건물이 위치한 지역이 중심상업지역이라거나 건축 관계 법령상의 각종 기준에 위반한 사실이 없다고 하여 수인한도를 초과하지 않았다고 단정할 수 없다고 판단하였다.

5. 건축법규의 준수와 일조권 침해 여부

쟁점

건축법규를 위반하지 않은 건축물에 대해서 일조권 침해의 책임을 물을 수 있는가?

판단

건축법규에 위반하지 않는 건축물이라도 수인한도를 초과하는 일조방해를 초래한다면 그 책임을 물을 수 있다.

(1) 일조권의 확보와 관련한 건축법규

건축법에서도 일조권의 확보를 위하여 건축물의 높이를 제한하는 등의 조치를 취하고 있다.

건축법 제61조제1항은 전용주거지역과 일반주거지역 안에서 건축하는 건축물의 높이는 일조 등의 확보를 위하여 정북 방향의 인접 대지 경계선으로부터의 거리에 따라 대통령령이 정하는 높이 이하로 하여야 한다고 하고, 제2항은 인접 대지경계선 등의 방향으로 채광을 위한 창문 등을 두거나 하나의 대지에 두 동 이상을 건축하는 공동주택(일반상업지역과 중심상업지역에 건축하는 것 제외)은 채광 등의 확보를 위하여 대통령령이 정하는 높이 이하로 하여야 한다고 규정하고 있다.

택지개발지구인 경우이거나 도시정비법 제8조에 따른 정비구역인 경우, 정북방향으로 도로, 공원, 하천 등 건축이 금지된 공지에 접하는 대지인 경우, 정북방향으로 접하고 있는 대지의 소유자와 합의한 경우 등에 해당하면 건축물의 높이를 정남 방향의 인접 대지경계선으로부터의 거리에 따라 대통령령으로 정하는 높이 이하로 할 수 있고(제3항), 2층 이하로서 높이가 8미터 이하인 건축물에는 해당 지방자치단체의 조례로 정하는 바에 따라 높이 제한에 관한 위 규정을 적용하지 않을 수 있다(제61조제4항).

건축법 시행령 제86조는 일조 등의 확보를 위한 건축물의 높이 제한에 관하여 상세하게 규정하고 있다.

전용주거지역 또는 일반주거지역 안에서 건축물을 건축하는 경우에는 건축물의 각 부분을 정북 방향으로의 인접대지경계선으로부터, 높이 9미터 이하인 부분은 인접 대지경계선으로부터 1.5미터 이상의, 높이 9미터를 초과하는 부분은 인접 대지경계선으로부터 해당 건축물 각 부분 높이의 2분의 1 이상의 범위 안에서 건축조례로 정하는 거리 이상을 띄어 건축하여야 한다(제1항).

공동주택에 관하여는 시행령 제3항에서 상세히 규정하고 있다. 같은 대지에서 두 동(棟) 이상의 건축물이 서로 마주보고 있는 경우(한 동의 건축물 각 부분이 서로 마주보고 있는 경우를 포함한다)에 건축물 각 부분 사이의 거리는 일정 거리 이상을 띄어 건축하여야 하는데, 그 대지의 모든 세대가 동지(冬至)를 기준으로 9시에서 15시 사이에 2시간 이상을 계속하여 일조(日照)를 확보할 수 있는 거리 이상으로 할 수 있다.

(2) 건축법규의 준수와 일조권 침해 여부는 별개의 문제

가해건물이 이와 같은 건축법규를 준수하고 있다면, 수인한도를 초과하는 일조방해 행위에 대하여 책임을 지지 않아도 되는가?

건축법규의 준수 여부는 수인한도를 초과하는지 여부를 판단하는 주요한 요소이기는 하지만 법규의 준수만으로 일조권 침해에 대한 책임을 면할 수는 없다. 즉, 건축법규를 준수하였더라도 침해의 정도가 수인한도를 초과한다면 일조권 침해에 따른 책임을 부담하여야 한다.

판례 "건축법 등 관계 법령에 일조방해에 관한 직접적인 단속법규가 있다면 그 법규에 적합한지 여부가 사법상 위법성을 판단함에 있어서 중요한 판단자료가 될 것이지만, 이러한 공법적 규제에 의하여 확보하고자 하는 일조는 원래 사법상 보호되는 일조권을 공법적인 면에서도 가능한 한 보증하려는 것으로서 특별한 사정이 없는 한 일조권 보호를 위한 최소한도의 기준으로 봄이 상당하고, 구체적 경우에 있어서는 어떠한 신축건물이 건축 당시의 공법적 규제에 형식적으로 적합하더라도 현실적인 일조방해의 정도가 커 사회통념상 수인한도를 넘은 경우에는 위법행위로 평가될 수 있다."(대법원 2004. 9. 13. 선고 2004다24212 판결)

건물 신축이 건축 당시의 공법적 규제에 형식적으로 적합하다고 하더라도 현실적인 일조방해의 정도가 커 사회통념상 수인한도를 넘는 경우에는 위법하다는 판단 위에 고층 아파트의 건축으로 인접 주택에 동지를 기준으로 08:00~16:00 사이의 일조시간이 2분~150분에 불과하게 되는 일조침해가 있는 경우, 그 정도가 수인한도를 넘었다는 이유로 아파트 높이가 건축 관련 법규에 위반되지 않았음에도 불구하고 불법행위의 성립을 인정한 사례가 있다(대법원 2000. 5. 16. 선고 98다56997 판결).

건축법 등 관계 법령에 일조방해에 관한 직접적인 단속법규가 있다면 그 법규에 적합한지 여부가 사법상 위법성을 판단함에 있어서 중요한 판단자료가 될 것이지만, 이러한 공법적 규제에 의하여 확보하고자 하는 일조는 원래 사법상 보호되는 일조권을 공법적인 면에서도 가능한 한 보장하려는 것으로서 특별한 사정이 없는 한 일조권 보호를 위한 최소한도의 기준으로 봄이 상당하고, 구체적인 경우에 있어서는 어떠한 건물 신축이 건축 당시의 공법적 규제에 형식적으로 적합하다고 하더라도 현실적인 일조방해의 정도가 현저하게 커서 사회통념상 수인한도를 넘은 경우에는 위법행위로 평가될 수 있다(대법원 2014. 02. 27. 선고 2009다40462 판결).

(3) 일조권의 침해와 분양자의 담보책임

반면 관계법령을 준수하고 건축되었다면 분양받은 아파트에 일조권 침해가 있더라도 분양자를 상대로 분양자의 담보책임을 물을 수 없다. 분양받은 아파트가 건축관계법령 및 주택법상의 주택건설기준 등에 부합되게 건축되었고, 문제가 되는 일조권 침해가 아파트 분양계약 당시 수분양자에게 제공된 기본적인 건축 계획대로 아파트를 건축한 데에서 비롯된 것이라면, 일조권 침해가 발생한다는 사실만으로서 곧바로 그 아파트가 분양계약의 목적물로서 통상 갖추어야 하거나 당사자의 특약에 의하여 보유하여야 할 품질이나 성질을 갖추지 못한 경우에 해당된다고 할 수 없다(대법원 2010. 4. 29. 선고 2007다9139 판결).

6. 일조권 침해의 손해배상 청구권자

쟁점

학교 건물이 일조권을 침해받는다는 이유로 학생들이 손해배상을 청구할 수 있는가?

판단

학교시설을 일시적으로 이용하는 학생은 일조이익을 향유하는 주체가 아니다.

(1) 일조권의 향유자

일조권은 법률상 보호받는 이익으로 인정되기 때문에 일조권을 침해당한 사람은 손해배상을 청구할 수 있으며, 건축물의 신축 등으로 인하여 일조권을 침해당할 염려가 있는 사람은 권리의 침해를 예방하기 위하여 공사금지가처분을 통하여 일조권을 침해할 우려가 있는 건축물의 신축을 저지할 수 있다.

일조권 침해에 따른 손해배상은 누가 청구할 수 있는가? 일조권을 침해당한 피해자이다.

일조방해로 인한 재산적 가치가 하락한 토지나 건물의 소유자는 일조권을 침해당한 피해자로서 손해배상을 청구할 수 있다. 일조권을 침해당한 토지나 건물의 임차인 역시 일조권을 향유하지 못하는 피해자로서 손해배상을 청구할 수 있다. 그러므로 일조방해를 받는 토지를 임차하여 농작물을 재배하는 임차인은 일조방해로 인한 농작물의 수확 감소로 인한 손해를 배상받을 수 있다(대법원 2004. 11. 26. 선고 2004다2366판결).

정신적 손해에 따른 위자료 청구는 소유권 유무에 불구하고 실제로 피해 건물에 거주하는 사람이 청구할 수 있을 것이다.

피해건물의 소유자가 일조방해에 따른 손해배상청구 소송을 제기한 뒤 건물을 다른 사람에 처분하면 손해배상청구권을 상실하는가? 소유권의 변동은 이 경우 아무런 영향이 없다.

반대로 가해건물이 완성된 이후에 피해 건물의 소유권을 취득한 사람은 손해배상을 청구할 수 있을까? 원칙적으로 일조권이 침해된 상태가 반영된 건축물을 취득했다고 할 것이어서 손해배상을 청구할 수 없을 것이다.

(2) 토지나 건물을 일시적으로 이용하는 경우

대법원 판례에 따르면 객관적인 생활이익으로서 일조이익을 향유할 수 있는 주체는 토지소유자, 건물소유자, 지상권자, 전세권자 또는 임차인 등의 거주자를 말하고, 당해 토지나 건물을 일시적으로 이용하는 것에 불과한 사람은 이러한 일조이익을 향유하는 주체가 될 수 없다. 따라서 초등학교 학생들은 학교 건물에 관하여 생활이익으로서의 일조권을 법적으로 보호받을 수 있는 지위에 있지 않다.

판례 "일조권 침해에 있어 객관적인 생활이익으로서 일조이익을 향유하는 '토지의 소유자 등'은 토지소유자, 건물소유자, 지상권자, 전세권자 또는 임차인 등의 거주자를 말하는 것으로서, 당해 토지·건물을 일시적으로 이용하는 것에 불과한 사람은 이러한 일조이익을 향유하는 주체가 될 수 없다.
초등학교 학생들은 공공시설인 학교시설을 방학기간이나 휴일을 제외한 개학기간 중, 그것도 학교에 머무르는 시간 동안 일시적으로 이용하는 지위에 있을 뿐이고, 학교를 점유하면서 지속적으로 거주하고 있다고 할 수 없어서 생활이익으로서의 일조권을 법적으로 보호받을 수 있는 지위에 있지 않다."(대법원 2008. 12. 24. 선고 2008다41499 판결).

학교 시설을 일시적으로 이용하는 학생은 일조권의 향유 주체가 아니지만, 일조권 침해로 인한 재산적 가치의 하락이 있는 경우에는 학교의 운영 주체가 손해배상을 청구할 수 있다.

7. 일조권 침해에 따른 손해배상 의무자

쟁점

가해 건물의 시공자에게 일조권 침해의 책임을 물을 수 있는가?

판단

사실상 공동 시행자로 인정될 수 있는 예외적인 경우에는 책임을 물을 수 있다.

(1) 일조권 침해에 대한 손해배상청구의 상대방

일조권을 침해당한 경우에 누구를 상대로 손해배상을 청구할 수 있는가?

일조 방해는 가해 건물의 신축으로 인하여 발생하는 것이므로 건물신축에 실질적으로 관여하는 자에게 불법행위의 책임을 물을 수 있다 할 것이다. 따라서 가해 건물의 건축주나 시행사에게 책임을 추궁할 수 있음은 당연하다.

그렇다면 완공 후 가해 건물의 소유권을 취득한 자에 대하여도 책임을 물을 수 있을까? 특별한 사정이 없다면, 가해 건물의 신축에 관여하지 않고 완공 후에 가해건물을 취득한 소유자에게는 책임을 물을 수 없다고 한다. 그러므로 분양받은 아파트가 이웃의 일조권을 침해하더라도 수분양자들이 일조권 침해에 따른 책임을 질 일은 없다.

(2) 시공사의 일조권 침해에 대한 책임 여부

시공사의 경우는 어떤가? 특히, 재건축아파트의 경우와 같이 가해건물의 건축주인 재건축조합이 사실상 무자력일 경우에 시공사를 상대로 책임을 물을 수 있을까?

대법원은 건설회사가 가해 건축물인 재건축조합 아파트를 단순한 수급인으로서 시공한 것이 아니라 사실상 공동 사업주체로서 조합과 이해관계를 같이 하면서 신축한 사안에서 건설회사가 가해 아파트의 신축으로 인한 피해에 대하여 손해배상책임을 져야 한다고 본다(대법원 2004. 9. 13. 선고 2003다64602판결 참조).

그러므로 시공사가 재건축조합 아파트 신축공사에 참여하여 조합원의 이주비 지급 및 금원융자 비용 대여, 공사완공시까지의 조합운영비, 건축설계비 등의 비용을 제공하고, 아파트 신축공사비를 자신의 비용으로 충당하는 등 참여조합원으로서 설계변경에서 시공 전반에 이르기까지 주도적 역할을 하고, 신축아파트의 일반분양분을 통하여 투자자금을 회수하는 식으로 사업을 하는 경우에는 일조권 침해에 따른 손해배상 책임을 진다고 볼 것이다.

판례 "피고는 이 사건 아파트 신축공사의 단순한 수급인으로서 이를 시공한 것이 아니라 위 재건축 사업을 수주하면서 소외 조합 및 조합원들의 필요비용을 모두 제공하고 나아가 이 사건 공사비를 자신의 비용으로 충당하는 등 이 사건 아파트 신축을 소외 조합과 함께 주도적으로 진행한 후, 그 대가로 조합원들 지분을 제외한 잔여 세대를 일반에 분양하는 방법으로 위 투입자금을 회수하기로 한 것으로 보이므로, 피고는 이 사건 아파트 신축의 사실상 공동 사업주체로서 소외 조합과 이해관계를 같이 하면서 이 사건 아파트를 신축하였다고 할 것이어서, 피고가 이 사건 아파트의 건축주가 아니라 시공사라고 하더라도 이 사건 아파트의 신축으로 인한 피해에 대하여 손해배상책임을 져야 한다고 판단하였다.
기록에 비추어 살펴보면, 원심의 위와 같은 사실인정과 판단은 정당한 것으로 수긍이 간다."(대법원 2004. 9. 13. 선고 2003다64602판결)

판례 "건물 건축공사의 수급인은 도급계약에 기한 의무이행으로서 건물을 건축하는 것이므로 원칙적으로 일조방해에 대하여 손해배상책임이 없다고 할 것이지만, 수급인이 스스로 또는 도급인과 서로 의사를 같이 하여 타인이 향수하는 일조를 방해하려는 목적으로 건물을 건축한 경우, 당해 건물이 건축법규에 위반되었고 그로 인하여 타인이 향수하는 일조를 방해하게 된다는 것을 알거나 알 수 있었는데도 과실로 이를 모른 채 건물을 건축한 경우, 도급인과 사실상 공동 사업주체로서 이해관계를 같이하면서 건물을 건축한 경우 등 특별한 사정이 있는 때에는 수급인도 일조방해에 대하여 손해배상책임을 진다."(대법원 2004. 9. 13. 선고 2004다38792 판결)

---

(3) 건축허가권자의 책임 여부

건축허가를 내준 지방자치단체에게도 일조방해에 따른 손해배상책임을 물을 수 있는가?

건축허가가 건축관계법령을 위반했는지 여부에 따라 다르게 보아야 할 것이다. 건축관계법령에 위반되지 않는 범위에서 건축허가를 내줬는데도 일조방해가 일어난 경우라면 지자체에 책임을 물을 수 없겠지만, 건축관계법령을 위반한 건축허가를 내준 경우에는 지자체도 공동불법행위자로서 손해배상책임을 지게 될 것이다.

8. 일조권 침해로 인한 손해배상의 범위

쟁점

일조권 침해를 받는 아파트의 시가가 다른 이유로 상승한 경우에는 손해배상을 청구할 수 없는가?

판단

일조권 침해로 인한 평가손해는 배상받을 수 있다.

(1) 일조권 침해와 상당인과관계에 있는 손해의 배상

일조권을 침해당한 사람이 손해배상을 청구할 수 있음은 당연하지만, 손해배상액은 어떻게 결정되는가? 일조권 침해와 상당인과관계에 있는 손해액 전부를 배상받을 수 있을 것이다.

일반적으로 손해배상의 범위는 크게 재산적 손해와 정신적 손해로 나눌 수 있다. 재산적 손해는 먼저, 일조권의 침해로 인한 부동산 가치의 하락분을 생각할 수 있다. 일조권을 침해당하는 건축물의 경우에는 일조권을 침해당하기 직전의 시점의 시가와 일조권의 침해가 확정된 이후의 시가의 차액이 손해로 인정된다.

또한 일조권 침해의 경우에 통상 동반되는 시야의 차단으로 인한 압박감(개방감의 상실) 등이 초래될 경우에는 그로 인한 가치하락분 역시 손해에 포함된다.

판례 "건물의 신축으로 인하여 그 이웃 토지상의 주택이나 아파트 소유자가 수인한도를 넘어서는 일조장해를 받고 있음은 물론 시야차단으로 인한 압박감(개방감의 상실) 등도 그 수인한도를 넘어서는 경우에는, 일조장해, 시야차단으로 인한 압박감 등과 같은 생활이익의 침해로 인하여 발생한 재산적 손해의 항목 중 토지·가옥의 가격 저하에 의한 손해를 부동산 감정 등의 방법으로 산정함에 있어서 일조장해 뿐만 아니라 개방감의 상실 등과 상당인과관계가 있는 정상가격의 감소액도 아울러 평가하여야 할 것이다."(대법원 2007. 9. 7. 선고 2005다72485 판결)

(2) 일조권 침해가 발생했지만 부동산 가격이 상승한 경우

그렇다면, 일조권의 침해가 발생했지만, 다른 요인들로 인하여 부동산가격이 오히려 상승한 경우에는 재산적 손해가 없는 것일까?

이에 대하여 대법원은 분양된 아파트가 일조피해를 입고 있는 경우 그 아파트의 시세가 분양대금에 물가상승률이나 예금금리를 감안한 금액보다 높게 유지된다고 하여 그 소유자에게 당해 아파트의 가격저하로 인한 손해가 발생하지 아니하였다고 볼 수 없다고 본다(대법원 1999. 1. 26. 선고 98다23850 판결). 즉, 부동산 가격이 일조권이 침해당하기 전보다 높아졌다고 하더라도 일조권의 침해로 인한 손해가 없는 것이 아니며, 일조권의 침해로 인하여 상승률이 낮아진 것도 손해로 평가될 수 있는 것이다.

판례 "일조장해, 사생활 침해, 시야차단으로 인한 압박감, 소음, 분진, 진동 등과 같은 생활이익의 침해로 인하여 발생한 재산적 손해의 항목 중 토지·가옥의 가격저하에 의한 손해를 산정함에 있어서는 광열비·건조비 등의 지출 증대와는 별도로 일조장해 등과 상당인과관계가 있는 정상가격의 감소액을 부동산감정 등의 방법으로 평가하여야 할 것이고, 분양된 아파트가 일조피해를 입고 있는 경우 그 아파트의 시세가 분양대금에 물가상승률이나 예금금리를 감안한 금액보다 높게 유지된다고 하여 그 소유자에게 당해 아파트의 가격저하로 인한 손해가 발생하지 아니하였다고 볼 수 없다."(대법원 1999. 1. 26. 선고 98다23850 판결)

---

(3) 일조권 침해로 인해 발생한 비용

일조권의 침해로 인한 재산적 손해는 일조권이 침해되지 않았다면 발생하지 않았을 것이지만 새롭게 발생한 지출이나 일조권의 침해로 인하여 증가한 지출도 손해가 된다. 일조권을 침해당하는 주택은 당연히 난방비나 광열비가 증가할 것인바, 이 증가하는 비용이 손해가 되는 것이다.

고층 아파트 신축으로 비닐하우스에 일조방해가 발생하여 더 이상 정상적인 난 재배를 하기 어렵게 되었다면, 특별한 사정이 없는 한 비닐하우스와 그 안에서 재배되는 난들에 대한 이전비용과 이전 과정에서 불가피하게 발생하는 손해를 통상의 손해로서 청구할 수 있고, 만약 비닐하우스 등을 이전하는 것이 불가능하다는 등 특별한 사정이 있다면 그 교환가치 상당액을 통상의 손해로서 청구할 수 있다(대법원 2011. 4. 28. 선고 2009다98652 판결).

(4) 위자료

우리 법원에서는 일조방해의 경우에 주거환경이나 생활환경의 악화로 인하여 정신적 고통을 입게 될 것이라는 점은 경험칙상 인정할 수 있는 것으로 보고, 일조권을 침해당하는 사람에게 정신적 고통에 따른 위자료를 인정한다.

인정되는 위자료 액수에 관해서는 통일된 기준이 없고, 실제 발생한 일조 방해의 정도와 지역성 등이 액수산정의 가장 중요한 요소가 된다. 일조 방해를 이유로 하는 위자료 청구는 피해건물에 실제로 거주하는 사람만이 청구할 수 있다고 볼 것이다.

9. 전후에 건축된 복수의 가해건물에 의한 침해

쟁점

신축건물이 기존 건물과 경합하여 일조권 침해를 초래하는 경우수인한도의 판단방법은?

판단

기존 건물에 의한 일조방해를 고려하여 수인한도 초과 여부를 판단하여야 한다.

(1) 기존 건축물에 의한 방해를 고려한 수인한도

일조를 방해하는 가해건물이 복수인 경우가 있다. 이미 기존 건물이 피해건물의 일조를 방해하고 있었지만 수인한도를 초과하지 않았다가 새로운 건축물이 신축되면서 피해건물의 일조권 침해의 정도가 수인한도를 초과하게 되는 경우가 있다.

이미 다른 기존 건물에 의하여 일조방해를 받고 있는 경우, 신축 건물에 의한 일조방해가 수인한도를 넘었는지 여부를 판단할 때에는 반드시 기존 가해건물에 의한 일조방해도 참작하여야 할 것이다.

판례 "구체적인 수인한도를 판단하기 위하여는 일조피해를 받는 건물이 이미 다른 기존 건물에 의하여 일조방해를 받고 있는 경우에는 그 일조방해의 정도와 신축 건물에 의한 일조방해와의 관련성 등도 고려하여 신축 건물에 의한 일조방해가 수인한도를 넘었는지 여부를 판단하여야 할 것이다."(대법원 2004. 10. 28. 선고 2002다63565 판결).

대법원은 "가해건물의 신축으로 인하여 일조피해를 받게 되는 건물이 이미 다른 기존 건물에 의하여 일조방해를 받고 있는 경우 또는 피해건물이 남향이 아니거나 처마가 돌출되어 있는 등 그 구조 자체가 충분한 일조를 확보하기 어렵게 되어 있는 경우에는, 가해건물 신축 결과 피해건물이

동짓날 08시부터 16시 사이에 합계 4시간 이상 그리고 동짓날 09시부터 15시 사이에 연속하여 2시간 이상의 일조를 확보하지 못하게 되더라도 언제나 수인한도를 초과하는 일조피해가 있다고 단정할 수는 없고(한편, 피해건물이 종전부터 위와 같은 정도의 일조를 확보하지 못하고 있었던 경우라도 그 일조의 이익이 항상 보호의 대상에서 제외되는 것은 아니다), 가해건물이 신축되기 전부터 있었던 일조방해의 정도, 신축 건물에 의하여 발생하는 일조방해의 정도, 가해건물 신축 후 위 두 개의 원인이 결합하여 피해건물에 끼치는 전체 일조방해의 정도, 종전의 원인에 의한 일조방해와 신축 건물에 의한 일조방해가 겹치는 정도, 신축 건물에 의하여 발생하는 일조방해시간이 전체 일조방해시간 중 차지하는 비율, 종전의 원인만으로 발생하는 일조방해시간과 신축 건물만에 의하여 발생하는 일조방해시간 중 어느 것이 더 긴 것인지 등을 종합적으로 고려하여 신축 건물에 의한 일조방해가 수인한도를 넘었는지 여부를 판단하여야 한다."는 기준을 제시한다(대법원 2007. 6. 28. 선고 2004다54282 판결).

대법원은 위 판결에서 가해건물 신축 후 피해건물의 일조시간이 감소하였으나 그 피해건물이 서향인데다가 종전부터 다른 기존 건물로 인하여 일조를 방해받고 있던 점, 가해건물 신축으로 인하여 추가된 일조방해시간이 전체 일조방해시간의 1/4에 미달하고, 종전부터 있던 일조방해시간의 1/3에 미달하는 점 등을 들어 가해건물의 신축으로 인한 일조 침해의 정도가 수인한도를 초과한다고 보기 어렵다고 판단하였다.

(2) 기존가해 건물의 일조권 침해 책임 유무

기존 가해건물의 일조방해 정도가 수인한도 이내였다면 비록 신축 가해건물과 결합하여 수인한도를 초과하게 되었더라도 기존 가해건물은 피해건물에 대한 일조권 침해의 책임을 지지는 않게 될 것이다. 다만, 신축한 가해건물은 단독으로는 일조권의 침해 정도가 수인한도를 초과하지 않는다 하더라도 기존 가해건물과 결합하여 수인한도를 초과하게 되므로 피해건물에 대한 일조권 침해의 책임을 져야 할 것이다.

이러한 법리를 확인하는 대법원 판례가 있다.

판례 "기존 건물의 건립으로 인하여 피해건물에 발생한 일조방해의 정도가 수인한도를 넘지 않고 있었는데 그로부터 상당한 기간이 경과한 후 타인 소유의 인접건물이 신축되고 그 기존 건물과 인접건물로 인하여 생긴 일영이 결합하여 피해건물에 수인한도를 넘는 일조방해가 발생한 때에는, 피해건물의 소유자 등은 인접건물의 신축 전에 기존 건물로 인하여 발생한 일조방해의 정도가 수인한도를 넘지 아니하여 기존 건물로 인한 일조방해를 수인할 의무가 있으므로, 특별한 사정이 없는 한 기존 건물 소유자와 무관하게 신축된 인접건물로 인하여 수인한도를 넘게 된 일조방해의 결과에 대하여는 인접건물의 소유자를 상대로 불법행위 책

임을 물을 수 있는지는 별론으로 하고 기존 건물의 소유자를 상대로 불법행위 책임을 물을 수 없다. 그리고 이와 같은 상황에서 기존 건물의 소유자가 낙후된 기존 건물을 철거하고 그 지상에 가해건물을 신축함으로써 이미 기존 건물과 인접건물로 인하여 생긴 일조방해의 정도가 더욱 심화되는 결과가 발생하였다 하더라도, 위와 같이 당초 기존 건물로 인하여 생긴 일조방해에 대하여는 피해건물의 소유자 등이 수인할 의무가 있었던 이상, 신축 가해건물로 생긴 일조방해 중 기존 건물로 인하여 당초 발생하였던 일조방해의 범위 내에서는 불법행위 책임을 물을 수 없다."(대법원 2010. 6. 24. 선고 2008다23729 판결).

요컨대, 기존 건물에 의한 일조방해가 수인한도를 넘지 않다가 신축건물에 의한 일조방해가 더하여져 수인한도를 초과하는 일조권 침해를 받더라도 피해건물의 소유자 등은 기존 건물의 소유자에게는 불법행위 책임을 물어 손해배상을 청구할 수는 없다는 것이다.

10. 동시에 건축된 복수의 가해건물에 의한 침해

쟁점

동시 또는 거의 같은 시기에 건축된 복수의 가해건물에 의해 일조권이 침해당하는 경우 가해건물의 건축주들을 상대로 연대책임을 물을 수 있는가?

판단

가해건물의 건축주들은 공동불법행위자로서 연대책임을 져야 한다.

공동불법행위 책임의 성립

시기적으로 동시에 또는 거의 동시에 건축된 복수의 건축물이 피해건물의 일조권을 침해하는 경우가 있다. 동시에 신축한 복수의 가해건물에 의해 수인한도를 초과하는 일조권 침해가 있는 경우에는 복수의 가해건물의 건축주들이 공동불법행위자로서 책임을 져야 할 것이다.

대법원도 가해건축물의 건축주들 사이에는 민법 제760조의 공동불법행위가 성립하여 공동불법행위자로서의 책임을 부담한다는 입장이다.

예컨대, 제1아파트는 1996. 6. 7. 착공하여 2002. 12. 31.경 골조공사를 마치고 2003. 4. 24.경 사용승인을 받았고, 제2아파트는 2000. 12. 15.경 착공하여 2002. 11. 22.경 완공 후 사용승인을 받았는데, 제1아파트와 제2아파트가 공동으로 피해자들이 소유 또는 거주하고 있는 주택에 대한 직사광선을 차단하여 수인한도를 넘는 일조 침해를 야기하고 있다면, 가해건물의 건축주들은 피해자들에 대하여 공동불법행위를 구성한다.

판례 "수인이 공동하여 타인에게 손해를 가하는 민법 제760조의 공동불법행위에 있어서는 행위자 상호간의 공모는 물론 공동의 인식을 필요로 하지 아니하고, 다만 객관적으로 그 공동행위가 관련 공동되어 있으면 족하며 그 관련 공동성 있는 행위에 의하여 손해가 발생함으로써 이의 배상책임을 지는 공동불법행위가 성립하는 것이므로, 동시에 또는 거의 같은 시기에 건축된 가해 건물들이 피해 건물에 대하여 전체적으로 수인한도를 초과하는 일조 침해의 결과를 야기한 경우, 각 가해 건물들이 함께 피해 건물의 소유자 등이 종래 향유하던 일조를 침해하게 된다는 점을 예견할 수 있었다면 특별한 사정이 없는 한 각 가해 건물의 건축자 등은 일조 침해로 피해 건물의 소유자 등이 입은 손해 전부에 대하여 공동불법행위자로서의 책임을 부담한다고 봄이 상당하다."(대법원 2006. 1. 26. 선고 2005다47014, 47021, 47038 판결)

11. 일조권 침해로 인한 손해배상 청구권의 소멸시효

쟁점

일조권을 침해하는 가해 건물은 2011. 12. 31. 사용승인을 받았다. 피해자들은 일조권 침해를 이유로 2015. 3.경 손해배상청구소송을 제기하였다. 피해자들은 손해배상을 받을 수 있을까?

판단

일조권 침해에 따른 손해배상청구권의 소멸시효는 사용승인일로부터 3년이므로 가해 건물의 건축주가 소멸시효 항변을 하면 피해자들의 청구는 기각될 것이다.

(1) 손해배상청구권의 소멸시효기간

토지의 소유자 등이 종전부터 향유하던 일조이익이 객관적인 생활이익으로서 가치가 있다고 인정되면 법적인 보호의 대상이 될 수 있다.

그래서 건물의 신축으로 인하여 그 이웃 토지상의 거주자가 직사광선이 차단되는 불이익을 받은 경우에 그 신축 행위가 정당한 권리행사로서의 범위를 벗어나 사법상 위법한 가해행위로 평가되면 피해건물의 소유자는 가해건물의 소유자 등에 대하여 손해배상을 청구할 수 있다.

일조방해의 위법성이 인정되기 위해서는 그 일조방해의 정도가 사회통념상 일반적으로 인용하는 수인한도를 넘어야 하고, 일조방해 행위가 사회통념상 수인한도를 넘었는지 여부는 피해의 정도, 피해이익의 성질 및 그에 대한 사회적 평가, 가해 건물의 용도, 지역성, 토지이용의 선후관계, 가해 방지 및 피해 회피의 가능성, 공법적 규제의 위반 여부, 교섭 경과 등 모든 사정을 종합적으로 고려하여 판단하여야 한다(대법원 2004. 10. 28. 선고 2002다63565 판결).

수인한도를 초과하는 일조방해가 일어난 경우 일조피해자는 가해자를 상대로 손해배상을 청구할 수 있는데, 일조피해자는 언제든지 가해자를 상대로 손해배상을 청구할 수 있는가?

일조권 침해로 인한 손해배상 청구권은 불법행위를 원인으로 하는 손해배상청구권인데, 불법행위로 인한 손해배상의 청구권은 피해자가 그 손해 및 가해자를 안 날로부터 3년간 이를 행사하지 않으면 시효로 인하여 소멸한다. 또한 불법행위가 있은 날로부터 10년이 경과한 때에도 손해배상을 청구할 수 없다(민법 제766조).

즉, 피해자가 손해의 발생 사실과 가해자를 알았을 경우에는 그 날부터 3년간의 시효기간이 경과하면 손해배상을 청구할 수 없으며, 불법행위일로부터 10년의 기간이 경과하면 피해자가 손해의 발생사실과 가해자를 몰랐더라도 손해배상청구권을 행사할 수 없는 것이다.

(2) 소멸시효의 기산점

일조권 침해는 일시적으로 일어나는 것이 아니라 가해건물이 신축된 이후에는 그 가해건물이 철거되기까지는 침해가 계속된다.

그렇다면 소멸시효의 기간은 언제부터 기산해야 하는가? 가해건물이 철거되지 않는 한 침해는 계속되므로 소멸시효의 기산점도 계속해서 갱신되는 것일까?

이에 대하여 대법원은 2008. 4. 17. 선고 2006다35865 전원합의체판결에서 일조권 침해로 인한 손해배상청구권의 소멸시효는 가해건물에 대한 철거의무를 부담하게 되는 예외적인 경우를 제외하고는 일반적으로 건물 등이 준공되거나 외부골조공사가 완료된 시점부터 진행된다고 판시했다.

위 대법원 판결에 따르면, 일조권 침해로 인한 손해배상청구권은 가해건물이 철거되어야 할 정도로 일조방해가 심각한 예외적인 경우에는 가해건물이 존재하는 이상 계속 새로운 불법행위가 발생하기 때문에 소멸시효 역시 매일매일 새롭게 발생하여 진행되지만, 가해건물의 철거의무까지는 인정되지 않는 일조권 침해의 경우에는 위법한 건축행위에 의하여 건물 등이 준공되거나 외부골조공사가 완료되면 그때부터 소멸시효가 진행된다. 그 시점에 피해자가 이러한 일조방해 행위로 인하여 현재 또는 장래에 발생 가능한 재산상 손해나 정신적 손해 등을 예견할 수 있기 때문에 준공 시점부터 시효가 진행된다는 것이다. 그래서 가해건물을 신축하여 사용승인을 받은 날부터 3년간의 시효기간이 진행된다고 판단하였다.

판례 "일반적으로 위와 같이 위법한 건축행위에 의하여 건물 등이 준공되거나 외부골조공사가 완료되면 그 건축행위에 따른 일영의 증가는 더 이상 발생하지 않게 되고 해당 토지의 소유자는 그 시점에 이러한 일조방해 행위로 인하여 현재 또는 장래에 발생 가능한 재산상 손해나 정신적 손해 등을 예견할 수 있다고 할 것이므로, 이러한 손해배상 청구권에 관한 민법 제766조제1항 소정의 소멸시효는 원칙적으로 그때부터 진행한다. 다만 지극히 예외적이기는 하지만, 위와 같은 일조방해로 인하여 건물 등의 소유자 내지 실질적 처분권자가 피해자에 대하여 건물 등의 전부 또는 일부에 대한 철거의무를 부담하는 경우가 있다면, 이러한 철거의무를 계속적으로 이행하지 않는 부작위는 새로운 불법행위가 되고 그 손해는 날마다 새로운 불법행위에 기하여 발생하는 것이므로 피해자가 그 각 손해를 안 때로부터 각별로 소멸시효가 진행한다고 볼 수 있을 것이다."(대법원 2008. 4. 17. 선고 2006다35865 전원합의체 판결)

위 판결은 전원합의체 판결이었는데, 재산적 손해에 대해서는 다수의견과 같이 하면서도 정신적 손해에 대해서는 견해를 달리하는 소수의견이 있다. 소수의견은 가해건물이 신축되어 피해건물의 일조를 방해하는 상태가 존속하는 한 날마다 새로운 일조방해 행위가 되어 피해자들의 정신적 손해를 발생시키는 것으로 보아야 하고, 그 위자료 청구권의 소멸시효는 가해건물이 존속하는 한 날마다 개별적으로 진행된다는 의견을 냈다.

12. 일조권 침해를 원인으로 한 수분양자의 분양자에 대한 손해배상청구권 유무

쟁점

같은 단지 내에 건축된 아파트의 각 동 사이의 이격거리가 짧고 각 동의 높이가 건축물의 높이제한 규정을 위반하는 등의 사유로 동지일을 기준으로 9시부터 15시까지 사이에 4시간의 일조시간이 확보되지 못한다. 이러한 경우 수분양자들이 분양회사를 상대로 일조권 침해를 이유로 손해배상을 청구할 수 있는가?

판단

일조권 침해를 이유로 하는 손해배상을 청구할 수는 없다.

(1) 분양자의 불법행위책임 여부

같은 단지 내에 건축된 아파트의 각 동 사이의 이격거리가 짧고 각 동의 높이가 건축물의 높이 제한 규정을 위반하는 등의 사유로 동지일을 기준으로 9시부터 15시까지 사이에 4시간의 일조시간이 확보되지 못하더라도 수분양자들이 분양회사를 상대로 일조권 침해를 이유로 손해배상을 청구할 수는 없다.

보호받는 일조이익은 기존 토지 또는 건물의 거주자가 향유하던 일조이익을 새롭게 신축하는 가해 건물이 방해하기 때문인데, 분양회사가 신축한 아파트로 인하여 수분양자가 직사광선이 차단되는 불이익을 입게 되었다고 볼 수는 없다. 수분양자들은 이미 일조를 방해받는 아파트를 분양받은 셈이다.

판례 "분양회사가 신축한 아파트를 분양받은 자는 분양된 아파트에서 일정한 일조시간을 확보할 수 없다고 하더라도, 이를 가지고 위 아파트가 매매목적물로서 거래상 통상 갖추어야 하거나 당사자의 특약에 의하여 보유하여야 할 품질이나 성질을 갖추지 못한 것이라거나, 또는 분양회사가 수분양자에게 분양하는 아파트의 일조 상황 등에 관하여 정확한 정보를 제공할 신의칙상 의무를 게을리하였다고 볼 여지가 있을지는 몰라도, 분양회사가 신축한 아파트로 인하여 수분양자가 직사광선이 차단되는 불이익을 입게 되었다고 볼 수는 없으므로 분양회사에게 일조방해를 원인으로 하는 불법행위책임을 물을 수는 없다."(대법원 2001. 6. 26. 선고 2000다44928, 44935 판결)

(2) 분양자의 하자담보책임 또는 채무불이행책임

그러나 분양받은 아파트가 당사자의 특약에 의하여 보유하여야 하거나 주택법상의 주택건설기준 등 거래상 통상 갖추어야 할 품질이나 성질을 갖추지 못한 경우라면 수분양자들은 분양자의 담보책임을 묻거나 채무불이행을 이유로 손해배상을 청구할 수 있을 것이다. 아파트 분양계약에서의 분양자의 채무불이행책임이나 하자담보책임은 분양된 아파트가 당사자의 특약에 의하여 보유하여야 하거나 주택법상의 주택건설기준 등 거래상 통상 갖추어야 할 품질이나 성질을 갖추지 못한 경우에 인정된다(대법원 2010. 4. 29. 선고 2007다9139 판결).

아파트를 분양받은 세대가 수인한도를 초과하는 일조 · 조망 · 사생활의 침해를 받고 있고 분양자가 분양 당시 이에 대한 구체적인 정보를 고지하지 않은 경우, 분양자에게 분양계약에 따른 신의칙상 채무를 이행하지 아니한 손해배상책임을 인정한 사례가 있다.

판례 "피고들(분양자)은 적어도 원고(수분양자)와 위 분양계약을 체결하기 전에 이 사건 다세대주택에 인접하여 신축건물이 들어설 예정임을 알고 있었던 사실이 인정되고, 504호의 위치 및 구조와 신축건물의 층수 및 두 건물 사이의 거리 등에 비추어 보면 신축건물은 이 사건 다세대주택 504호의 조망 및 채광에 상당한 영향을 미칠 것으로 보이고, 이러한 사정은 원고가 이 사건 다세대주택 504호의 매수 여부를 결정하는데 고려하는 중요한 요소 중 하나라고 할 것이므로, 피고들로서는 이를 원고에게 직접 또는 분양을 위임받은 자들을 통하여 알려 줄 신의칙상의 의무가 있다고 할 것인데, 피고들이 이를 고지하지 않음으로써 위 신의칙상 의무를 위반한 잘못이 인정되므로, 피고들은 원고에게 위와 같은 사실을 고지하여야 할 의무를 위반함으로 인한 손해를 배상하여야 한다."(서울서부지방법원 2016. 10. 6. 선고 2015나2793 판결)

분양받은 아파트가 건축관계법령 및 주택법상의 주택건설기준 등에 부합되게 건축되었고, 문제가 되는 일조권 침해가 아파트 분양계약 당시 수분양자에게 제공된 기본적인 건축 계획대로 아파트를 건축한 데에서 비롯된 것이라면, 일조권 침해가 발생한다는 사실만으로서 곧바로 분양받은 아파트가 그 분양계약 당시 수분양자에게 제공된 기본적인 건축 계획에 관한 정보에 의하여 예상할 수 있었던 범위를 벗어나 분양계약의 목적물로서 통상 갖추어야 하거나 당사자의 특약에 의하여 보유하여야 할 품질이나 성질을 갖추지 못한 경우에 해당된다고 할 수 없다(대법원 2010. 4. 29. 선고 2007다9139 판결).

요컨대, 건축관계법령 및 주택건설기준에 맞고, 분양계약 체결 당시의 설계도면에 따라 시공하였다면, 일조권을 방해받더라도 아파트의 수분양자들은 분양자를 상대로 손해배상을 청구할 수 없다.

13. 일조권 침해에 대한 사전 구제방법 - 공사금지가처분

쟁점

신축중인 건물로 인하여 일조권 침해가 예상되는 인접 건물의 소유자는 어떠한 방법으로 침해를 사전에 최소화 할 수 있는가?

판단

공사금지가처분 신청을 할 수 있다.

(1) 사전구제방법의 중요성

일조권 침해는 일단 발생하면 가해건물이 존속하는 동안 그 침해가 계속된다는 특징이 있다. 즉, 일단 일조 방해가 나타나면 가해건물이 철거되지 않는 한 일조 방해를 제거할 방법이 사실상 없는 것이다.

그렇다고 일조권 침해를 이유로 가해건물에 대하여 건물철거청구를 한다는 것도 현실성이 거의 없다. 물론 이론상으로는 건물철거청구가 가능하고, 승소가 불가능하지만은 않겠지만 사회경제적 손실과 강제집행의 가능성 등을 감안한다면 사실상 건물철거청구는 현실성이 없다고 보아야 할 것이다.

그렇기 때문에 일조권을 둘러싼 분쟁에서는 사후구제방법으로서 손해배상보다는 사전구제방법으로서 공사금지가처분이 중요하다.

(2) 공사금지가처분

누가 공사금지가처분을 신청할 수 있는가는 어떤 권리에 기하여 신청하는가에 따라 달라지는데, 소유권의 침해를 이유로 하는 물권적 청구권을 행사한다면 소유자만이 신청인이 될 수 있다. 이 경우에는 도중에 소유권을 상실하면 신청인 자격을 상실하게 된다. 일조권의 인격권적 성격에 근거한 청구라면 피해 건물에 실제로 거주하는 임차인도 신청인이 될 수 있다.

공사금지가처분의 상대방은 가해 건물의 건축주나 도급인은 물론 실제 공사를 하는 수급인도 상대방이 될 수 있다.

공사금지가처분의 인용 여부는 다른 보전처분과 마찬가지로 피보전권리의 존부와 보전의 필요성의 존부에 따라 결정된다.

피보전권리란 가처분이라는 보전처분에 의하여 보전하고자 하는 권리를 의미하는데, 일조권 침해를 원인으로 하는 가처분에서는 수인한도를 초과하는 일조 방해가 존재하는지 여부로 피보전권리의 존부를 판단한다. 즉, 수인한도를 초과하면 피보전권리가 있는 것으로 인정하고, 수인한도를 초과하지 않으면 피보전권리가 없는 것으로 인정하는 것이다. 일조권 침해를 이유로 하는 손해배상청구와 마찬가지로 공사금지가처분에서도 수인한도가 결정적인 판단기준이 되는 것이다.

그렇다면, 공사금지가처분의 인용 여부를 판단하는 기준이 되는 수인한도가 손해배상청구권을 판단하는 수인한도와 같은 기준일까?

그렇지 않다. 공사금지가처분을 인정하는 수인한도는 손해배상청구권을 인정하는 수인한도보다 훨씬 엄격한 기준을 적용한다. 공사금지가처분이 인용되는 경우에 그 상대방으로서는 헌법상 보장되는 재산권의 행사를 전면적으로 금지당하는 결과가 될 뿐만 아니라 공사금지로 인하여 그 상대방은 경우에 따라서는 도산에 이를 정도로 치명적인 손해를 입게 되는 사정 등으로 인해 엄격한 기준을 적용하는 것이다.

보전의 필요성이란 현저한 손해를 피하거나 급박한 위험을 막기 위하여, 기타 이에 준하여 긴급하게 보전처분을 해야 할 필요성을 의미하는데, 일조권 침해를 이유로 하는 공사금지가처분에서는 수인한도의 초과 여부에 따라 그 필요성 여부를 판단한다.

다만, 공사금지가처분의 특성상 피해건물에 수인한도를 넘는 일조방해를 초래하더라도 가해건물의 외부골조공사가 완공되어 더 이상 일조침해가 확대될 가능성이 없다면 보전의 필요성이 부인되어 공사금지가처분신청은 기각될 수밖에 없을 것이다. 이때는 일조권 침해를 이유로 손해배상청구권을 행사할 수밖에 없을 것이다.

그렇다면, 수인한도를 넘는 일조권 침해가 인정될 경우에 가해건물의 신축은 전면 금지되는가?

그것은 공사금지가처분의 상대방에게 지나치게 가혹한 처사로서 일조권을 침해하지 않는 저층부분의 신축조차 금지하는 결과가 되는 것이다. 따라서 수인한도를 넘는 일조권 침해가 인정되더라도 전면 금지되는 것이 아니라 수인한도를 넘는 일조권 침해를 초래하는 일정한 높이와 층수 이상의 건축물만 제한적으로 금지하게 된다.

(3) 상업지역에서의 공사금지가처분

가해건물과 피해건물이 위치하는 용도지역은 일조권 침해를 이유로 하는 손해배상청구 사건과 공사금지가처분 신청 사건에 얼마나 영향을 미칠까? 특히, 가해건물이 상업지역에 위치해 있는 경우 공사금지가처분이 인용될 수 있을까? 이와 관련, 주상복합건물은 일반상업지역에 위치해 있기 때문에 일조권 침해가 더 문제 된다.

최근 법원 판례에 비춰볼 때는 대체로 부정적이다.

가해건물과 피해건물이 모두 상업지역에 위치하는 경우에는 일조방해의 수인한도 기준을 매우 엄격하게 적용하여 일조권 침해를 거의 인정하지 않는 경향이다.

또한 가해건물만 상업지역에 위치하고 피해건물이 주거지역에 위치하는 경우에도 수인한도의 기준을 아주 엄격하게 적용하여 일조방해를 이유로 하는 공사금지가처분 신청 사건을 대부분 기각하는 흐름인 것으로 보인다.

14. 조망권의 의의

쟁점

이웃한 토지가 장기간 공터로 남아 있었던 탓에 거실에서 동네 뒷산을 여유롭게 즐길 수 있었는데, 공터에 건물이 신축되어 산을 조망할 수 없게 된 경우 조망권의 침해를 주장할 수 있는가?

판단

우연한 반사적 이익에 그치는 경우는 법적으로 보호받는 조망권이라고 주장할 수 없다.

조망권이란 아름다운 자연적 풍광이나 사적, 사찰 등과 같은 경관을 조망하여 미적 만족감이나 정신적 휴식을 향유할 수 있는 조망이익 내지는 환경적인 이익을 말한다.

일반적으로 조망은 풍물을 바라보는 자에게 미적 만족감과 정신적 편안함을 부여하는 점에서 생활상 적지 않은 가치를 가지고 있고, 어느 토지나 건물의 소유자가 종전부터 향유하고 있던 조망, 조용하고 쾌적한 환경 등이 그에게 하나의 생활이익으로서의 가치를 지닌다고 객관적으로 인정된다면 법적 보호의 대상이 될 수 있는 것이며, 조망권은 우연히 자신의 주택 앞에 다른 건축물이 존재하지 않음에 따른 반사적 이익에 불과한 것이 아니다(대법원 2004. 9. 13. 선고 2004다24212 판결).

즉, 어느 토지나 건물의 소유자가 종전부터 향유하고 있던 경관이나 조망이 그에게 하나의 생활이익으로서의 가치를 가지고 있다고 객관적으로 인정된다면 법적인 보호의 대상이 될 수 있는 것이다(대법원 1997. 7. 22. 선고 96다56153 판결).

15. 조망권의 요건

쟁점

A아파트에서는 한강을 조망할 수 있다. A아파트 앞쪽에는 B아파트가 위치하고 있지만, B아파트는 지어진 지 오래된 저층 아파트라서 한강 조망을 방해하지 않는다. B아파트가 고층으로 재건축하는 바람에 한강조망을 방해받게 된 A아파트 주민은 조망권 침해를 주장할 수 있는가?

판단

위법한 조망권 침해로 인정받기 어려울 것이다.

(1) 법적인 보호대상이 되는 조망이익의 요건

법적으로 보호받을 수 있는 조망이익의 구체적 요건은 어떤가? 대법원이 제시하는 요건은 "법적인 보호대상이 되는 조망이익은 원칙적으로 특정의 장소가 그 장소로부터 외부를 조망함에 있어 특별한 가치를 가지고 있고, 그와 같은 조망이익의 향유를 하나의 중요한 목적으로 하여 그 장소에 건물이 건축된 경우와 같이 당해 건물의 소유자나 점유자가 그 건물로부터 향유하는 조망이익이 사회통념상 독자의 이익으로 승인되어야 할 정도로 중요성을 갖는다고 인정되는 경우에 비로소 법적인 보호의 대상이 되는 것"(대법원 2004. 9. 13. 선고 2003다64602 판결)이다.

결국 조망이익이 법적인 보호대상이 되려면, ① 조망이 특별한 가치를 가져야 하고, ② 그 조망을 향유할 목적이 피해건물 건축의 중요한 이유로 되어 있어야 한다는 것이다.

대법원은 그와 같은 정도에 이르지 못하는 조망이익의 경우에는 특별한 사정이 없는 한 법적인 보호의 대상이 될 수 없다고 본다.

(2) 법적인 보호 대상으로 인정되지 않은 사례

1) 고층 아파트를 신축하여 누리게 된 조망

보통의 지역에 인공적으로 고층의 아파트를 축조하여 비로소 누릴 수 있게 된 조망의 이익은 법적으로 보호받을 수 없다. 도심의 일반주거지역에 위치한 아파트로서 그 부지가 원래부터 조망을 방해하는 신축 아파트 부지보다 약 8m 정도 낮은 지대에 위치해 있어 한강을 조망하기에 적합한 장소가 아니었는데 고층의 아파트가 건축됨으로써 비로소 조망의 이익을 누릴 수 있게 되었다면 법적으로 보호받는 조망권은 아니다(대법원 2007. 9. 7. 선고 2005다72485 판결).

2) 조망 대상과 건물 사이에 저층 건물만이 있어 가능하였던 조망

조망의 대상과 그에 대한 조망의 이익을 누리는 건물 사이에 타인 소유의 토지가 있지만 그 토지 위에 건물이 건축되어 있지 않거나 저층의 건물만이 건축되어 있는 그 결과 타인의 토지를 통한 조망의 향수가 가능하였던 경우 그 이익의 향수자가 조망권을 주장하여 타인의 소유권 행사를 방해할 수는 없으므로 5층짜리 아파트의 뒤에 그보다 높은 10층짜리 건물을 세움으로써 한강 조망을 확보한 경우와 같이 보통의 지역에 인공적으로 특별한 시설을 갖춤으로써 누릴 수 있게 된 조망의 이익은 법적으로 보호받을 수 없다(대법원 2007. 6. 28. 선고 2004다54282 판결).

3) 단순 주거용 주택에서 누리는 공원이나 야산의 조망

어느 주택이 야산이나 남산공원에 대한 조망이익을 누리고 있었지만 위 야산이나 남산공원에 대한 조망권이 그 자체로 자연적, 문화적으로 중요한 가치를 지니지 않고, 설령 위 야산이나 남산공원에 대한 조망권이 그러한 가치를 지니고 있다고 하더라도 경승지나 휴양지에 위치한 영업용 건물이나 휴양시설과 같이 특별히 조망이익의 향유를 목적으로 건축되고 그 경관이나 조망이 객관적으로 중요한 의미를 지니고 있는 등의 장소적 특수성을 가지고 있지 않고 단순한 주거용 주택인 경우에는 야산이나 남산공원에 대한 조망이라는 관점에서 특별히 독립된 가치를 갖고 있다거나 조망이익의 향수가 사회통념상 독자의 이익으로 승인되어야 할 정도로 중요성을 갖는다고 객관적으로 인정하기는 어렵다(대법원 2007. 6. 14. 선고 2005다72058 판결).

16. 수인한도를 초과하는 조망권의 침해

쟁점

甲은 이웃한 아파트의 재건축으로 인하여 조망권이 침해당하였다고 주장하고 있다. 甲의 주택이나 재건축 아파트는 평범한 주택가에 위치하고 있으며, 재건축으로 인하여 전망이 나빠지는 것은 사실이다. 甲의 주장은 타당한가?

판단

甲에게는 법적으로 보호받는 조망권이 인정되기도 어렵고, 조망을 침해하는 정도가 수인한도를 초과한다고 보기도 어렵다.

조망이익이 법적인 보호의 대상이 되는 경우에 이를 침해하는 행위가 사법상 위법한 가해행위로 평가되기 위해서는 조망이익의 침해 정도가 사회통념상 일반적으로 인용되는 수인한도를 넘어야 한다(대법원 2004. 9. 13. 선고 2003다64602 판결).

수인한도를 초과하였는지 여부는 어떻게 판단하는가?

판례 "조망이익이 법적인 보호의 대상이 되는 경우에 이를 침해하는 행위가 사법상 위법한 가해행위로 평가되기 위해서는 조망이익의 침해 정도가 사회통념상 일반적으로 인용되는 수인한도를 넘어야 하고, 그 수인한도를 넘었는지 여부는 조망의 대상이 되는 경관의 내용과 피해건물이 입지하고 있는 지역에 있어서 건조물의 전체적 상황 등의 사정을 포함한 넓은 의미에서의 지역성, 피해건물의 위치 및 구조와 조망상황, 특히 조망과의 관계에서의 건물의 건축·사용목적 등 피해건물의 상황, 주관적 성격이 강한 것인지 여부와 여관·식당 등의 영업과 같이 경제적 이익과 밀접하게 결부되어 있는지 여부 등 당해 조망이익의 내용, 가해건물의 위치 및 구조와 조망방해의 상황 및 건축·사용목적 등 가해건물의 상황, 가해건물 건축의 경위, 조망방해를 회피할 수 있는 가능성의 유무, 조망방해에 관하여 가해자측이 해의(害意)를 가졌는지의 유무, 조망이익이 피해이익으로서 보호가 필요한 정도 등 모든 사정을 종합적으로 고려하여 판단하여야 한다."(대법원 2007. 6. 28. 선고 2004다54282 판결)

요컨대, 특정 조망에 대한 침해가 위법한 것으로 인정되기 위해서는 그 조망이 법적인 보호대상이 될 수 있을 정도로 독자적인 이익이 있어야 할 뿐만 아니라 그에 더하여 조망권의 침해 정도가 수인한도를 넘어야 하는 것이다.

그러므로 일반적으로 특별한 경관이 없는 일반적인 주거지역에서 막연히 새로운 건물 신축으로 인하여 조망이 방해된다고 하여 곧바로 수인한도를 초과하는 조망권의 침해라고 할 수는 없을 것이다. 기존 주택이 경관과 특별한 관계가 없고, 단순히 기존 주택가에 신축건물의 축조로 인하여 기존 건물에서 바라다 보이는 전망이 종전보다 나쁘게 된 것에 불과하다면 기존 주택에서 누리는 조망이익은 법적인 보호의 대상이 되는 조망이익으로 인정되기 어려울 것이다. 주거지역에서 주택을 짓고 누리는 조망이익은 이웃에 새롭게 건축되는 주택으로 인하여 조망이익이 제한된다는 것을 쉽게 예견할 수 있기 때문이다(대법원 2004. 9. 13. 선고 2003다64602 판결).

17. 복합적인 침해와 수인한도의 판단 방법

쟁점

일조 방해, 사생활 침해, 조망 침해 등 생활이익을 침해하는 복수의 요소가 있을 때 그 요소들을 종합적으로 참작하여 수인한도의 초과 여부를 판단할 수 있는가?

판단

특별한 사정이 없는 한 개별 요소별로 수인한도의 초과 여부를 판단하여야 한다.

일조 방해, 사생활 침해, 조망 침해 등 생활이익을 침해하는 복수의 요소가 있을 때 그 요소들을 종합적으로 참작하여 수인한도의 초과 여부를 판단할 수 있는가? 개별적으로 평가하면 수인한도를 초과하지 않지만 여러 생활이익 침해요소를 모아서 종합적으로 고려하여 수인한도를 초과하는 것으로 볼 수 있는가? 손해배상액의 산정에 이를 고려하는 것이 타당한가?

대법원은 생활이익을 구성하는 요소들을 종합적으로 참작하여 수인한도를 판단해야 할 특별한 사정이 없다면, 원칙적으로 개별적인 생활이익별로 침해의 정도를 고려하여 수인한도를 초과했는지 여부를 판단해야 한다는 입장이다. 따라서 조망 및 일조 침해로 인한 수인한도 초과 여부를 판단함에 있어서 수인한도를 초과하지 않는 다른 생활이익들에 관한 사정을 참작하여서는 안된다는 입장이다.

판례 "일조방해, 사생활 침해, 조망 침해, 시야 차단으로 인한 압박감, 소음, 분진, 진동 등과 같은 생활이익에 대한 침해가 사회통념상의 수인한도를 초과하여 위법한지를 판단하고 그에 따른 재산상 손해를 산정함에 있어서는, 생활이익을 구성하는 요소들을 종합적으로 참작하여 수인한도를 판단하여야만 형평을 기할 수 있는 특별한 사정이 없다면, 원칙적으로 개별적인 생활이익별로 침해의 정도를 고려하여 수인한도 초과 여부를 판단한 후 수인한도를 초과하는 생활이익들에 기초하여 손해배상액을 산정하여야 하며, 수인한도를 초과하지 아니하는 생활이익에 대한 침해를 다른 생활이익 침해로 인한 수인한도 초과 여부 판단이나 손해배상액 산정에 있어서 직접적인 근거 사유로 삼을 수는 없다."(대법원 2007. 6. 28. 선고 2004다54282 판결)

18. 조망침해율의 증가와 수인한도의 초과 여부

쟁점

가해 건물의 신축으로 인하여 조망침해율이 55.39% 내지는 91.66% 증가한 피해 아파트 거주자들이 수인한도를 초과하는 조망 이익의 침해 또는 개방감 상실을 이유로 손해배상을 청구할 수 있는가?

판단

조망침해율의 증가만을 이유로 가해 건물의 신축으로 인하여 피해자들에게 수인한도를 초과한 시야차단으로 인한 폐쇄감이나 압박감이 발생하였다고 볼 수는 없다.

(1) 조망침해율의 의미

조망침해율이란 피해건물의 거실이나 창문의 안쪽으로 일정 거리 떨어져서 그 거실 등의 창문을 통하여 외부를 보았을 때 창문의 전체 면적 중 가해건물이 외부 조망을 차단하는 면적비율을 나타내는 수치이다.

조망침해율은 가해건물과 피해건물 사이의 이격거리와 가해건물의 높이 및 가해건물의 피해건물 방향의 전면 면적 상호간의 비율이 일정한 경우에는 그 이격거리와 상관없이 조망침해율 수치가 항상 동일하게 유지되지만, 이때에도 사회통념상 가해건물이 피해건물에 보다 가까울수록 시야차단으로 인한 폐쇄감이나 압박감의 정도는 커진다고 볼 수 있는 것이므로, 조망침해율 수치가 피해건물에서 느끼는 가해건물에 의한 시야차단으로 인한 폐쇄감이나 압박감의 정도를 항상 정확하게 반영하는 것으로 볼 수 없다(대법원 2014. 02. 27. 선고 2009다40462 판결).

(2) 조망침해율의 증가와 수인한도의 초과 여부

인접 토지에 건물 등이 건축되어 발생하는 시야 차단으로 인한 폐쇄감이나 압박감 등의 생활이익의 침해를 이유로 하는 소송에서 침해가 사회통념상 일반적으로 수인할 정도를 넘어서서 위법하다고 할 것인지 여부는, 피해 건물의 거실이나 창문의 안쪽으로 일정 거리 떨어져서 거실 등의 창문을 통하여 외부를 보았을 때 창문의 전체 면적 중 가해 건물 외에 하늘이 보이는 면적비율을 나타내는 이른바 천공률이나 그중 가해 건물이 외부 조망을 차단하는 면적비율을 나타내는 이른바 조망침해율뿐만 아니라, 피해건물과 가해건물 사이의 이격거리와 가해 건물의 높이 및 이격거리와 높이 사이의 비율 등으로 나타나는 침해의 정도와 성질, 창과 거실 등의 위치와 크기 및 방향 등 건물 개구부 현황을 포함한 피해 건물의 전반적인 구조, 건축법령상의 이격거리 제한 규정 등 공법상 규제의 위반 여부, 나아가 피해 건물이 입지하고 있는 지역에 있어서 건조물의 전체적 상황 등의 사정을 포함한 넓은 의미의 지역성, 가해건물 건축의 경위 및 공공성, 가해자의 방지조치와 손해회피의 가능성, 가해자 측이 해의를 가졌는지 유무 및 토지 이용의 선후관계 등 모든 사정을 종합적으로 고려하여 판단하여야 한다.

따라서 가해 건물과 피해 세대 사이의 이격거리와 가해 건물의 높이 및 이격거리와 높이의 비율 등 가해 건물과 피해 건물 사이의 배치관계가 그 지역에서 이례적인 것으로 보기 어려운 경우에는 조망침해율의 증가만을 이유로 가해 건물의 신축으로 피해자들에게 수인한도를 초과한 시야차단으로 폐쇄감이나 압박감이 발생하였다고 볼 수는 없다(대법원 2014. 02. 27. 선고 2009다40462 판결).

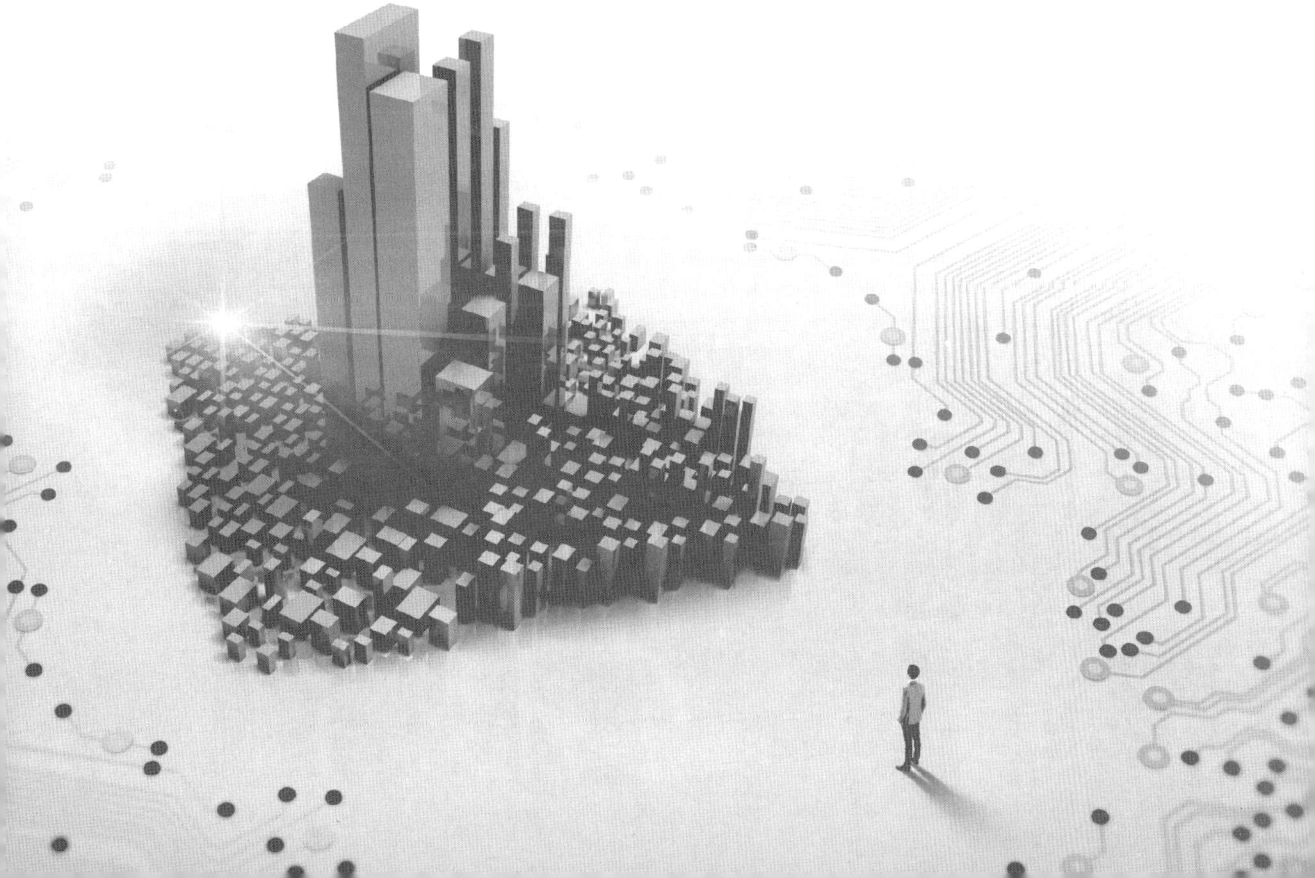

CHAPTER 21

건설과 형법

제21장 건설과 형법

1. 입찰방해죄

쟁점

실제로는 단독입찰을 하면서 경쟁입찰인 것같이 가장하였다면 입찰방해죄가 되는가?

판단

입찰의 공정을 해한 것으로 인정되어 유죄가 될 수 있다.

(1) 형법 제315조 입찰방해죄의 위계 또는 위력

위계 또는 위력 기타 방법으로 경매 또는 입찰의 공정을 해한 자는 2년 이하의 징역 또는 700만원 이하의 벌금에 처한다(형법 제315조). 입찰방해죄이다.

형법 제315조의 입찰방해죄는 입찰의 공정을 해하는 죄인바, 입찰의 공정을 해하는 행위란 '공정한 자유경쟁을 방해할 염려가 있는 상태를 발생시키는 것, 즉, 공정한 자유경쟁을 통한 적정한 가격형성에 부당한 영향을 주는 상태를 발생시키는 것'을 의미한다(대법원 2003. 9. 26. 선고 2002도3924 판결).

여기서 위계란 상대방의 착오나 부지를 이용하는 일체의 행위를 말하고, 사람을 기망하거나 유혹하는 행위를 포함한다. "위계라 함은 행위자의 행위목적을 달성하기 위하여 상대방에게 오인, 착각 또는 부지를 일으키게 하여 이를 이용하는 것"을 말한다(대법원 1992. 6. 9. 선고 91도2221 판결).

'위력'이란 "사람의 자유의사를 제압, 혼란케 할 만한 일체의 유형적 또는 무형적 세력을 말하는 것으로서 폭행, 협박은 물론 사회적, 경제적, 정치적 지위와 권세에 의한 압력 등을 포함하는 것이다."(대법원 2000. 7. 6. 선고 99도4079 판결)

위력의 사용이 폭행 · 협박의 정도에 이르러야만 되는 것도 아니고, 여러 사람이 입찰장소의 주변을 에워싸고 사람들의 출입을 막는 등 위력을 사용하여 입찰에 참가하려는 사람을 입찰에 참석하지 못하도록 특정인만 참여하여 입찰이 실시되도록 하였다면 입찰방해죄가 성립되는 것이다(대법원 1993. 2. 23. 선고 92도3395 판결)

입찰방해죄는 현실적으로 입찰의 공정을 해치는 결과가 발생해야 성립하는 범죄가 아니고, 입찰의 공정을 해하는 행위만 있으면 성립하는 위험범이다. 입찰방해죄는 결과범이 아니라 위험범이기 때문에 결과의 발생을 요하지 않는다.

판례 "입찰방해죄는 위계 또는 위력 기타의 방법으로 입찰의 공정을 해하는 경우에 성립하는 것으로서, 입찰의 공정을 해할 행위를 하면 그것으로 족한 것인지 현실적으로 입찰의 공정을 해한 결과가 발생할 필요는 없는 것이다."(대법원 1993. 2. 23. 선고 92도3395 판결)

따라서 낙찰가격이 결과적으로 적정하게 형성되었더라도 입찰방해죄의 성립에는 영향이 없다. 입찰자들 사이의 담합행위나 들러리입찰, 가장입찰에도 불구하고 낙찰가격이 적정하게 형성되었다는 사정은 입찰방해죄의 성립에 방해가 되지 않는다.

(2) 입찰의 공정을 해하는 행위의 의미

입찰의 공정을 해하는 행위는 가격 결정의 공정을 해하는 행위뿐만 아니라 공정한 경쟁방법을 해하는 행위도 포함된다. 그래서 결과적으로 가격의 공정성을 해치는 결과는 발생하지 않았더라도 입찰 과정에서 자유롭고 공정한 경쟁을 저해하는 행위는 입찰방해죄에서 입찰의 공정을 해하는 행위가 된다.

입찰참가자중 일부만 담합한 경우도 입찰방해죄가 성립할 수 있다. 즉, 입찰에 참여한 일부 응찰자들 사이에서만 담합이 있었더라도 그것이 입찰의 공정을 해하는 것으로 평가되는 경우에는 입찰방해죄가 성립한다(대법원 2006. 6. 9. 선고 2005도8498 판결).

판례 "입찰참가자들 사이의 담합행위가 입찰방해죄로 되기 위하여는 반드시 입찰참가자 전원 사이에 담합이 이루어져야 하는 것은 아니고, 입찰참가자들 중 일부 사이에만 담합이 이루어진 경우라고 하더라도 그것이 입찰의 공정을 해하는 것으로 평가되는 이상 입찰방해죄는 성립한다."(대법원 2009. 5. 14. 선고 2008도11361 판결)

한편 실질적으로는 단독입찰을 하면서 경쟁입찰인 것같이 가장하는 행위도 입찰의 공정을 해하는 행위가 되어 입찰방해죄에 해당하게 된다.

판례 "입찰방해죄는 위태범으로서 결과의 불공정이 현실적으로 나타나는 것을 요하는 것이 아니며, 그 행위에는 가격을 결정하는 데 있어서 뿐 아니라 적법하고 공정한 경쟁방법을 해하는 행위도 포함되므로, 그 행위가 설사 동종업자 사이의 무모한 출혈경쟁을 방지하기 위한 수단에 불과하여 입찰가격에 있어 입찰실시자의 이익을 해하거나 입찰자에게 부당한 이익을 얻게 하는 것이 아니었다 하더라도 실질적으로는 단독입찰을 하면서 경쟁입찰인 것같이 가장하였다면 그 입찰가격으로서 낙찰하게 한 점에서 경쟁입찰의 방법을 해한 것이 되어 입찰의 공정을 해한 것으로 되었다 할 것이다."(대법원 2003. 9. 26. 선고 2002도3924 판결)

입찰자들 상호간에 특정업체가 낙찰받기로 하는 담합이 이루어진 상태에서 그 특정업체를 포함한 다른 입찰자들은 당초의 합의에 따라 입찰에 참가하였으나 일부 입찰자는 자신이 낙찰받기 위하여 당초의 합의에 따르지 아니한 채 오히려 낙찰받기로 한 특정업체보다 저가로 입찰하였다면, 이러한 일부 입찰자의 행위는 위와 같은 담합을 이용하여 낙찰을 받은 것이라는 점에서 적법하고 공정한 경쟁방법을 해한 것이 되고, 따라서 이러한 일부 입찰자의 행위 역시 입찰방해죄에 해당한다(대법원 2010. 10. 14. 선고 2010도4940 판결).

(3) 입찰방해미수죄의 처벌 여부

입찰방해죄는 기수범만 처벌하며, 입찰방해미수죄는 따로 처벌규정이 없어 처벌되지 아니한다.

판례 "입찰자들의 전부 또는 일부 사이에서 담합을 시도하는 행위가 있었을 뿐 실제로 담합이 이루어지지 못하였고, 또 위계 또는 위력 기타의 방법으로 담합이 이루어진 것과 같은 결과를 얻어내거나 다른 입찰자들의 응찰 내지 투찰행위를 저지하려는 시도가 있었지만 역시 그 위계 또는 위력 등의 정도가 담합이 이루어진 것과 같은 결과를 얻어내거나 그들의 응찰 내지 투찰행위를 저지할 정도에 이르지 못하였고 또 실제로 방해된 바도 없다면, 이로써 공정한 자유경쟁을 방해할 염려가 있는 상태 즉, 공정한 자유경쟁을 통한 적정한 가격형성에 부당한 영향을 주는 상태를 발생시켜 그 입찰의 공정을 해하였다고 볼 수 없어, 이는 입찰방해미수행위에 불과하고 입찰방해죄의 기수에 이르렀다고 할 수는 없다."(대법원 2003. 9. 26. 선고 2002도3924 판결)

2. 건설산업기본법 위반죄(제95조제1호)

(1) 건설산업기본법 제95조제1호 위반죄의 요건

쟁점

동업자들 사이의 출혈경쟁을 방지하기 위한 선의의 담합행위도 건설산업기본법 제95조제1호 위반죄에 해당할 수 있는가?

판단

비록 출혈경쟁을 방지하기 위한 것이라도 입찰의 공정을 해할 염려가 있으므로 법위반에 해당한다.

건설산업기본법 제95조제1호는 부당한 이익을 취득하거나 공정한 가격결정을 방해할 목적으로 입찰자간에 공모하여 미리 조작한 가격으로 입찰한 자는 5년 이하의 징역 또는 2억원 이하의 벌금에 처하도록 하고 있다.

과거 건설업법에서는 '부당한 이익을 취득하거나 공정한 가격결정을 방해할 목적'을 요구하지 않고, '건설업자로서 경쟁입찰에 있어서 입찰자간에 공모하여 미리 조작한 가격으로 입찰한 자'를 처벌하도록 규정하고 있었다. 즉, 과거에는 목적을 요구하지 않고 담합행위 자체를 처벌하도록 규정하였으나 건설산업기본법에서는 '부당한 이익을 취득하거나 공정한 가격결정을 방해할 목적'을 요하는 목적범으로 개정된 것이다. 요컨대, 건설공사 입찰에서의 담합행위는 '부당한 이익을 취득하거나 공정한 가격결정을 방해할 목적'이 있어야 건설산업기본법위반죄에 해당하게 된다.

그렇다면 동업자들 사이의 출혈경쟁을 방지하기 위한 담합행위도 건설산업기본법 제95조제1호 위반죄에 해당할 수 있는가?

건설업자들이 이른바 연고권을 주장하여 자신들끼리 낙찰을 받을 업자를 정하고 나머지 건설업자들은 미리 결정된 건설업자가 낙찰받을 수 있도록 높은 가격으로 입찰하는 경우 건설산업기본법 제95조제1호 위반죄에 해당한다는 것이 대법원 판례이다.

판례 "건설산업기본법 제95조제1호는 구 건설업법(1996. 12. 30. 법률 제5230호로 개정되기 전의 것) 제59조제1호와 그 행위 태양을 같이 하면서 다만 '부당한 이득을 취득할 목적' 또는 '공정한 가격결정을 저해할 목적'[1]을 요구하고 있는바, 여기서의 '부당한 이득'이나 '공정한 가격' 등은 모두가 건설업자들 사이에 담합행위를 하지 아니한 가운데 자유로운 경쟁입찰을 통하여 결정되는 낙찰가를 전제로 하는 것으로서 그와 같은 자유로운 경쟁입찰을 통하여 결정되는 낙찰가를 '공정한 가격'으로 보고, 담합행위를 통하여 그와 같은 '공정한 가격'보다 높은 가격으로 낙찰을 받는 경우 그 차액 상당은 '부당한 이득'으로 보는 것이라고 해석되므로, 건설업자들이 이른바 연고권을 주장하여 자신들끼리 낙찰을 받을 업자를 정하고, 나머지 건설업자들은 미리 결정된 건설업자가 낙찰을 받을 수 있도록 미리 결정된 건설업자가 입찰할 가격보다 높은 가격으로 입찰하기로 공모하여 그에 따라 입찰을 함으로써 실질적으로는 단독입찰인 것을 마치 경쟁입찰인 것 같이 가장하는 행위는 설령 그와 같이 미리 결정된 낙찰가가 적자 수주를 막기 위한 최저한의 금액이라는 등의 사정이 있다 하더라도 특별한 사정이 없는 한 '부당한 이득을 취득할 목적' 또는 '공정한 가격결정을 저해할 목적'으로 한 것으로 보아야 할 것이다."(대법원 1999. 10. 12. 선고 99도2309 판결)

(2) 실질적인 입찰행위의 존재

쟁점

입찰을 전혀 시행하지 않고 실제로는 수의계약을 체결했으면서도 서류만으로 입찰이 있었던 것처럼 조작한 경우에도 건설산업기본법 제95조제1호로 처벌할 수 있는가?

판단

실질적인 입찰행위가 존재하지 않았기 때문에 건설산업기본법 제95조제1호로 처벌할 수 없다.

사실은 수의계약을 체결할 것임에도 입찰절차를 거쳤다는 증빙을 남기기 위하여 입찰을 전혀 시행하지 아니한 채 형식적인 입찰서류만을 작성하여 입찰이 있었던 것처럼 조작한 것은 건설산업기본법 제95조제1호가 규정하고 있는 '입찰자간에 공모하여 미리 조작한 가격으로 입찰하는 행위'에 해당하는지 않는다. 실질적인 입찰행위가 존재하지 않았기 때문이다.

1) 2011. 5. 24. 법률 제10719호로 개정된 법에서 '공정한 가격결정을 저해할 목적'이 '공정한 가격 결정을 방해할 목적'으로 개정되었다.

판례 "건설산업기본법 제95조제1호가 규정하고 있는 입찰자 간에 공모하여 미리 조작한 가격으로 입찰하는 행위가 있다고 인정하기 위하여는 입찰이 현실적으로 실시되어야 하고, 입찰이 현실적으로 실시되었다고 하려면 적법하게 입찰에 회부하는 결정이 행하여지는 것이 필요하므로, 사실은 입찰절차를 실시할 의사가 없이 특정한 업체와 수의계약을 체결할 것임에도 입찰절차를 거쳤다는 것을 가장할 목적에서 증빙을 남기기 위하여 입찰을 전혀 시행하지 아니한 채 형식적인 입찰서류만을 작성하여 입찰이 있었던 것처럼 조작한 행위는, 실제로 실시된 입찰절차에서 실질적으로는 단독입찰을 하면서 마치 경쟁입찰을 하는 것처럼 가장하는 경우와 달리 위 조항 소정의 입찰자 간에 공모하여 미리 조작한 가격으로 입찰하는 행위에 해당하지 아니한다."(대법원 2004도5731 판결)

3. 건설산업기본법 위반죄(제95조제2호)

쟁점

건설사업자가 아닌 자가 다른 건설사업자의 견적을 제출하더라도 건설산업기본법 제95조제2호 위반으로 처벌되는가?

판단

다른 건설사업자의 견적을 제출하여 처벌받는 것은 건설사업자만이다.

건설산업기본법 제95조제2호 위반죄의 주체

건설산업기본법 제95조제2호는 건설공사의 입찰에 있어 다른 건설사업자의 견적을 제출한 자는 5년 이하의 징역 또는 2억원 이하의 벌금에 처한다고 규정하고 있는데, 건설사업자가 아닌 자가 건설사업자를 대행하여 건설공사의 입찰행위를 한 경우에도 건설산업기본법 제95조제2호 위반죄의 범죄주체가 되어 처벌되는가?

건설사업자라 함은 건설산업기본법 또는 다른 법률에 따라 등록 등을 하고 건설업을 하는 자를 말한다(건설산업기본법 제2조제7호). 건설산업기본법 제95조제2호 위반죄의 주체는 건설사업자가 아니면 안된다. 판례 역시 "건설업자가 아닌 자가 건설업자를 대행하여 건설공사의 입찰행위를 한 경우, 건설산업기본법 제95조제2호 위반죄의 범죄주체가 되지 않는다"(대법원 2007. 7. 26. 선고 2007도2032 판결)고 본다.

따라서 건설사업자가 아닌 자가 건설사업자를 대행하여 건설공사의 입찰을 대행하였다면 건설산업기본법 제95조제2호 위반죄로 처벌할 수는 없다.

판례 "건설산업기본법 제95조는, 건설공사의 입찰에 있어 다음 각 호의 1에 해당하는 행위를 한 자는 5년 이하의 징역 또는 5천만원 이하의 벌금에 처한다고 규정[2]하고, 제2호에서 '다른 건설업자의 견적을 제출한 자'를 들고 있는바, 건설공사의 적정한 시공과 건설산업의 건전한 발전을 도모하고자 하는 건설산업기본법의 목적과 연혁, 위와 같은 처벌규정을 두게 된 입법 취지를 종합하여 볼 때, 이는 같은 호의 '다른 건설업자'라는 법문이나 이와 병렬관계에 있는 같은 조 제1호 및 제3호의 규정 내용에서도 알 수 있듯이 건설공사의 입찰에 있어 입찰의 공정을 해치는 행위를 하는 건설업자들을 특별히 가중 처벌하기 위한 것으로서 입찰방해죄를 규정한 형법 제315조의 특별규정이라 할 것이고, 한편 건설산업기본법 제2조제5호는 '건설업자'라 함은 이 법 또는 다른 법률에 의하여 등록 등을 하고 건설업을 영위하는 자를 말한다고 규정하고 있는바, 이를 종합하여 보면 건설산업기본법 제95조제2호 위반의 주체는 위 법 소정의 건설업자로 한정된다고 해석하여야 할 것이다."(대법원 2008. 9. 11. 선고 2008도3932 판결)

마찬가지로 개인사업자등록을 하고 인테리어업을 운영하고 있지만 건설산업기본법에 의한 등록을 마친 건설업자에 해당되지는 아니한 자가 건설업자로부터 공인인증서를 받아 그 건설업자 명의로 전자입찰을 대행하고 그 대가로 수수료를 받은 사안에서 건설업자가 아닌 인테리어업자를 제95조제2호로 처벌할 수 없으며, 건설업자도 '다른 건설업자의 견적을 제출한 것'에 해당되지 않아 처벌할 수 없다(대법원 2008. 11. 27. 선고 2008도4963 판결).

2) 2016. 2. 3. 법률 제14015호로 개정된 법에서 벌금이 2억원 이하로 상향되었다.

4. 입찰방해죄와 건설산업기본법 제95조제3호의 관계

쟁점

건설산업기본법 제95조제3호에서 정한 '입찰행위'는 형법상 입찰방해죄의 '입찰'과 같은 의미인가?

판단

건설산업기본법 제95조제3호는 형법상 입찰방해죄의 특별규정이다.

(1) 형법상 입찰방해죄와 건설산업기본법 제95조 제3호

건설산업기본법 제95조제3호는 '위계 또는 위력 기타의 방법으로 다른 건설사업자의 입찰행위를 방해한 자'에 관한 처벌규정을 두고 있다. 이 규정은 형법 제315조 입찰방해죄의 내용과 비슷하다. 형법 제315조는 '위계 또는 위력 기타 방법으로 경매 또는 입찰의 공정을 해한 자'로 되어 있는데 비해 건설산업기본법에서는 '다른 건설사업자의 입찰행위를 방해한 자'를 처벌하는 것으로 되어 있다.

다만 처벌형량에 차이가 있다. 형법상 입찰방해죄의 형량이 2년 이하의 징역 또는 700만원 이하의 벌금인 것에 비하여 건설산업기본법위반죄의 형량은 5년 이하의 징역 또는 2억원 이하의 벌금에 처하도록 되어 있다.

(2) 건설산업기본법 제95조 제3호의 입찰의 의미

그렇다면 형법상 입찰방해죄와 건설산업기본법 제95조제3호 위반죄의 관계는 어떤가? 대법원은 건설산업기본법 제95조제3호 소정의 '입찰행위'의 개념은 형법상의 입찰방해죄에 있어 '입찰'과 동일한 개념이라고 본다.

판례 "건설산업기본법 제95조는, 건설공사의 입찰에 있어 다음 각 호의 1에 해당하는 행위를 한 자는 5년 이하의 징역 또는 5천만원 이하의 벌금에 처한다고 규정하고, 제3호에서 '위계 또는 위력 기타의 방법으로 다른 건설업자의 입찰행위를 방해한 자'를 들고 있는바, 건설공사의 적정한 시공과 건설산업의 건전한 발전을 도모하고자 하는 건설산업기본법의 목적과 위와 같은 처벌규정을 두게 된 입법 취지를 종합하여 볼 때, 이는 같은 조 제1호와 제2호에서 들고 있는 사유 이외에도 건설공사의 입찰에 있어 입찰의 공정을 해치는 행위를 하는 건설업자들을 특별히 가중 처벌하기 위한 것으로서 형법 제315조 소정의 입찰방해죄의 특별규정이라 할 것이고, 여기서 '입찰행위'를 방해한다 함은 형법상의 입찰방해죄의 구성요건을 충족함을 의미하는 것이므로 건설산업기본법 제95조 제3호 소정의 '입찰행위'의 개념은 형법상의 입찰방해죄에 있어 '입찰'과 동일한 개념이다."(대법원 2001. 11. 30. 선고 2001도2423 판결)

또한 대법원 판례는 건설산업기본법 제95조를 형법 제315조의 특별규정으로 본다.

판례 "건설산업기본법 제95조는, 건설공사의 입찰에 있어 다음 각 호의 1에 해당하는 행위를 한 자는 5년 이하의 징역 또는 5천만 원 이하의 벌금에 처한다고 규정하고, 제3호에서 '위계 또는 위력 기타의 방법으로 다른 건설업자의 입찰행위를 방해한 자'를 들고 있는바, 이는 같은 호의 '다른 건설업자'라는 법문이나 이와 병렬관계에 있는 같은 조 제1호 및 제2호의 규정 내용에서도 알 수 있듯이 건설공사의 입찰에 있어 입찰의 공정을 해치는 행위를 하는 건설업자들을 특별히 가중 처벌하기 위한 것으로서 입찰방해죄를 규정한 형법 제315조의 특별규정이다."(대법원 2001. 2. 9. 선고 2000도4700 판결)

요컨대, 건설사업자가 건설공사의 입찰에서 위계 또는 위력 기타의 방법으로 입찰의 공정을 해하는 입찰방해행위를 하면 일반법인 입찰방해죄가 아니라 특별법인 건설산업기본법 위반죄가 적용되어 가중 처벌받게 되는 것이다.

5. 건설산업기본법 위반죄(제95조제3호)

쟁점

건설산업기본법 제95조제3호는 '위계 또는 위력 기타의 방법으로 다른 건설사업자의 입찰 행위를 방해한 자'를 처벌하고 있는데, 실질적인 입찰 행위가 없었는데도 허위로 입찰이 진행된 것처럼 조작한 경우에도 여기에 해당하는가?

판단

판례는 실질적인 입찰행위가 전제되지 않는 이상 입찰방해죄가 성립할 수 없다고 본다.

실질적인 입찰행위의 전제

실제로는 입찰이 전혀 진행되지 않았는데 입찰이 실시된 것처럼 조작한 경우에는 실질적인 입찰행위가 없다. 이처럼 실질적인 입찰행위가 없는 경우에는 입찰방해죄가 성립할 여지가 없다. 입찰행위가 전제되지 않는 이상 입찰방해죄가 성립할 수 없다.

따라서 사실은 수의계약을 체결할 것임에도 입찰절차를 거쳤다는 증빙을 남기기 위하여 입찰을 전혀 시행하지 아니한 채 형식적인 입찰서류만을 작성하여 입찰이 있었던 것처럼 조작한 경우에는 건설산업기본법 제95조제3호에서 금지하는 입찰방해행위가 있을 수 없다.

판례 "건설산업기본법 제95조제3호에서 규정하고 있는 입찰방해 행위가 있다고 인정하기 위하여는 그 방해의 대상인 입찰이 현실적으로 존재하여야 한다고 볼 것이므로, 실제로 실시된 입찰절차에서 실질적으로는 단독입찰을 하면서 마치 경쟁입찰을 한 것처럼 가장하는 경우와는 달리, 실제로는 수의계약을 체결하면서 입찰절차를 거쳤다는 증빙을 남기기 위하여 입찰을 전혀 시행하지 아니한 채 형식적인 입찰서류만을 작성하여 입찰이 있었던 것처럼 조작한 행위는 위 규정에서 말하는 입찰방해 행위에 해당한다고 할 수 없다." (대법원 2001. 2. 9. 선고 2000도4700 판결)

---

6. 건설산업기본법 위반죄(제95조의2제1호)

쟁점

운동장조성공사에 포함된 2개 업종에 대해서만 전문건설업등록을 한 건설사업자가 운동장조성공사를 도급받아 시공한 행위가 건설산업기본법 제9조제1항에 따른 등록을 하지 않고 건설업을 한 자에 해당하는가?

판단

건설업등록을 하지 않고 건설업을 한 자에 해당된다.

공사도급 자격 여부

건설업을 영위하려는 자는 업종별로 등록하여야 하고(건설산업기본법 제9조제1항), 등록하지 않고 건설업을 한 자는 5년 이하의 징역 또는 5천만원 이하의 벌금에 처한다(법 제95조의2제1호)[3].

건설사업자는 원칙적으로 등록한 해당 업종만을 시공할 수 있다. 전문공사를 시공하는 업종을 등록한 건설사업자가 종합공사를 도급받기 위해서는 해당 종합공사를 시공하는 업종의 등록을 해야 하지만, 2개 이상 업종의 전문공사를 시공하는 업종을 등록한 건설사업자가 그 업종에 해당하는 전문공사로 구성된 복합공사를 하도급받는 경우에는 별도로 종합건설등록을 하지 않아도 된다(법 제16조제1항 단서 제4호).

도장공사업과 금속구조물·창호공사업의 2개 업종의 전문건설업등록을 보유하고 있는 A건설사가 가설공사(사무실용 및 창고용 콘테이너 가설건물 각 1동씩), 우배수공사, 포장공사, 구조물공사, 시설물공사, 이설공사, 철거공사 등으로 이루어져 있는 운동장조성공사를 도급받을 수 있을까?

A건설사가 이 운동장조성공사를 도급받기 위해서는 운동장조성공사에 필요한 모든 전문업종을

3) 당초 제96조제1호에서 벌칙을 규정하고 있었으나, 2017. 3. 21. 법률 제14708호로 개정된 법부터는 제95조의2제1호로 이동하여 규정하게 되면서 3년 이하의 징역 3천만원 이하의 벌금에 처해지던 무등록 건설사업자에 대한 형사처벌도 강화되었다.

등록하여야 하고, 2개 업종만 등록한 상태에서는 이를 도급받을 수 없다.

A건설사가 이 운동장조성공사를 도급받아 시공하면 건설산업기본법 제9조제1항에 따른 등록을 하지 아니하고 건설업을 한 자에 해당하여 제95조의2제1호를 위반하는 것이다.

판례 "건설산업기본법 제16조제3항은 전문건설업자는 일반건설업자만이 도급받아 시공할 수 있는 건설공사를 도급받아서는 안 된다고 규정하면서 단서 제3호[4]에서는 예외적으로 2개 업종 이상의 전문건설업의 등록을 한 전문건설업자가 당해 업종에 해당하는 전문공사로 구성된 복합공사를 하도급받는 경우는 가능하다고 규정하고 있는바, 이는 2개 업종 이상의 전문공사로 구성된 복합공사의 경우 그 복합공사를 구성하는 업종 모두에 대하여 전문건설업의 등록을 한 전문건설업자는 일반건설업자가 아니더라도 이를 하도급받을 수 있다는 의미로 봄이 상당하다."(대법원 2007. 10. 26. 선고 2007도6684 판결)

---

4) 현재는 건설산업기본법 제16조 제1항 제4호에 해당한다.

7. 부정등록 여부

쟁점

면허기준요건에 맞는 기술능력을 보유한 것처럼 명의를 빌려 자격기술자에 관한 허위의 서류를 제출하여 면허를 받은 경우, 건설산업기본법 제95조의2제1호 소정의 부정한 방법으로 등록을 하고 건설업을 한 자에 해당하는가?

판단

부정한 방법으로 건설업 등록을 한 것이다.

건설업의 등록의무와 부정등록에 대한 처벌

건설업을 하려는 자는 업종별로 등록을 해야 한다. 다만 공사예정금액이 5천만원 미만인 종합공사나 1천5백만원 미만인 전문공사, 조립 · 해체하여 이동이 용이한 기계설비 등의 설치공사와 같은 경미한 건설공사는 등록하지 않고도 할 수 있다(건설산업기본법 제9조제1항, 시행령 제8조).

건설업을 등록하기 위해서는 업종별로 정해진 기술능력 · 자본금 · 시설 및 장비에 관한 기준 등을 충족하여야 한다(법 제10조, 시행령 제13조). 등록을 하지 않거나 부정한 방법으로 등록을 하고 건설업을 한 자는 5년 이하의 징역 또는 5천만원 이하의 벌금에 처한다(법 제95조의1제1호).

종합건설업종중 토목건축공사업의 등록기준은 기술능력에서 토목분야 건설기술자 5인 이상, 건축분야 건설기술자 5인 이상을 포함한 건설기술자 11인 이상을 보유하고 자본금이 8억5천만원(법인) 이상이어야 한다. 시설 · 장비는 사무실만 요구하고 있다(시행령 제13조 별표2).

그런데 토목기술자와 건축기술자 9명의 면허자격증을 대여 받아 외관상 자격요건에 맞는 건설기술자를 보유한 것처럼 허위서류를 제출하여 토목건축공사업 등록을 하였다면 건설산업기본법 제95조의2제1호에서 금지하고 있는 '부정한 방법으로 등록'을 한 것이 되는가?

기술인면허를 대여받아 기술능력을 보유한 것처럼 가장하여 건설업면허를 신청하는 것을 부정한 행위라고 할 수 없다고 주장하는 견해도 없지 않지만, 대법원은 자격기술인을 보유하고 있지 않음에도 면허기준요건에 맞는 기술능력을 보유한 것처럼 명의를 빌려 자격기술인에 관한 서류를 허위로 작성하여 제출한 다음 그에 기하여 면허를 받은 것은 부정한 방법, 즉 사회통념상 부정이라고 인정되는 행위라고 판단하였다.

판례 "건설산업기본법의 입법목적은 건설공사의 기본적인 사항과 건설업의 면허 및 등록 등에 관하여 필요한 사항을 규정함으로써 건설공사의 적정한 시공과 건설산업의 건전한 발전을 도모함에 있고, 그에 따라 건설업면허를 부여하면서 기술능력에 관하여 기준을 둔 이유는 일정한 기술능력을 가진 업체에 한하여 건설업면허를 부여함으로써 적정한 시공을 담보하려는 것이라고 할 것인데, 그와 같은 법령의 목적에 정면으로 위배하여 자격기술자를 보유하고 있지 않음에도 면허기준요건에 맞는 기술능력을 보유한 것처럼 명의를 빌려 자격기술자에 관한 서류를 허위로 작성하여 제출한 다음 그에 기하여 면허를 받은 것은 건설산업기본법 제96조제1항[5] 소정의 부정한 방법, 즉 사회통념상 부정이라고 인정되는 행위라고 보아야 한다."(대법원 1999. 6. 11. 선고 98도2984 판결)

5) 현재는 제95조의2제1호에 해당한다.

8. 건설산업기본법 위반죄(제93조)

쟁점

건설기술인이 설계도서의 검토를 게을리 하여 경험 있는 기술인이라면 쉽사리 알아차릴 수 있는 철근배근상의 하자 및 정착길이의 부족을 발견하지 못한 경우, 건설산업기본법 제93조제1항의 '건설공사의 안전에 관한 법령을 위반한 경우'에 해당되는가?

판단

건설공사의 안전에 관한 법령을 위반한 것으로 인정된다.

(1) 건설산업기본법 제93조 위반의 죄

건설사업자 또는 건설현장에 배치된 건설기술인이 건설공사의 안전에 관한 법령을 위반하여 건설공사를 시공함으로써 착공 후 건설산업기본법 제28조에 따른 하자담보책임기간에 교량, 터널, 철도 그 밖에 대통령령으로 정하는 시설물[6]의 구조상 주요부분에 중대한 파손을 발생시켜 공중의 위험을 발생하게 한 자는 10년 이하의 징역에 처하고, 사람을 죽거나 다치게 한 자는 무기 또는 3년 이상의 징역에 처한다(건설산업기본법 제93조, 시행령 제88조).

---

6) **건설산업기본법 시행령 제88조(주요시설물의 범위)** 법 제93조제1항에서 "대통령령으로 정하는 시설물"이란 다음 각 호의 어느 하나에 해당하는 시설물을 말한다.
  1. 고가도로 · 지하도 · 활주로 · 삭도 · 댐 및 항만시설중 외곽시설 · 임항교통시설 · 계류시설
  2. 연면적 5천제곱미터 이상인 공항청사 · 철도역사 · 여객자동차터미널 · 종합여객시설 · 종합병원 · 판매시설 · 관광숙박시설 및 관람집회시설
  3. 16층 이상인 건축물. 다만, 주택법 제2조제3호에 따른 공동주택을 제외한다.

(2) 건설공사의 안전에 관한 법령을 위반한 경우의 의미

'건설공사의 안전에 관한 법령을 위반한 경우'란 어떤 의미인가? 건설기술인이 설계도서의 검토를 게을리 하여 경험 있는 기술인 이라면 쉽사리 알아차릴 수 있는 철근배근상의 하자 및 정착길이의 부족을 발견하지 못한 경우도 이에 해당되는가? 설계 및 시공이 분리되어 시행되는 건설공사에 있어 건설현장에 배치된 건설기술인의 설계도서 검토의무의 범위가 어디까지인가의 문제이다.

건설기술인은 오로지 시공에 필요한 범위 내에서 설계도면을 검토하는 것으로 족할 뿐 표준시방서의 설계편에 규정된 구조안전 등에 관한 부분은 건설기술인이 관여할 바가 아니라고 할 것인가?

대법원은 건설기술인이 설계도서의 검토를 게을리 하여 경험 있는 기술인 이라면 쉽사리 알아차릴 수 있는 철근배근상의 하자 및 정착길이의 부족을 발견하지 못한 경우, 건설공사의 안전에 관한 법령을 위반한 것으로 판단하였다.

판례 "건설기술관리법이 설계와 시공을 분리하고, 설계의 타당성에 대하여 별도의 심의를 거쳤음에도 시공자로 하여금 다시 이를 검토하게 한 것은 설계도서대로의 시공가능성 여부를 검토하는 외에 단계적이고 반복적인 확인절차를 거침으로써 건설공사의 안전을 보다 확고히 하려는 데도 그 취지가 있다고 할 것이므로, 건설공사의 시공에 있어 공사의 관리 기타 기술상의 관리를 위하여 현장에 배치된 건설기술자[7]가 설계도서의 검토를 게을리 하여 경험 있는 기술자라면 쉽사리 알아차릴 수 있는 철근배근상의 하자 및 정착길이의 부족을 발견하지 못하였다면 이는 건설산업기본법 제93조제1항이 정한 건설공사의 안전에 관한 법령에 위반한 경우에 해당한다."(대법원 2000. 8. 22. 선고 98도4468 판결)

---

7) 2018. 8. 14. 법률 제15720호로 개정된 법에서 '건설기술자'를 '건설기술인'으로 개정하였다.

9. 건설산업기본법 제38조의2에서 규정한 '부정한 청탁'의 해석방법

쟁점

건설산업기본법 제38조의2에서 규정한 '부정한 청탁'은 형법 제130조의 제3자 뇌물공여죄에서 규정한 '부정한 청탁'과 똑같이 해석해야 하는가?

판단

다르게 해석해야 한다는 것이 판례이다.

(1) 부정한 청탁에 의한 재물 등의 취득 및 제공 금지

2005. 5. 26. 건설산업기본법 제38조의2가 신설되었다. 그 내용은 "도급계약의 체결 또는 건설공사의 시공과 관련하여 발주자, 수급인, 하수급인 또는 이해관계인은 부정한 청탁에 의한 재물 또는 재산상의 이익을 취득하거나 공여하여서는 아니된다"는 것이었다. 더 나아가 "제38조의2의 규정을 위반하여 부정한 청탁에 의한 재물 또는 재산상의 이익을 취득하거나 제공한 자는 5년 이하의 징역 또는 5천만원 이하의 벌금에 처한다"(법 제95조의2제5호)는 형사처벌 조항까지 신설하였다. 여기서 그치지 않고, 건설사업자가 이 규정을 위반하여 부정한 청탁에 의한 재물 또는 재산상의 이익을 취득하거나 제공한 때에는 영업정지를 받거나 심지어 등록말소까지도 당할 수 있도록 되었다(법 제82조의2).

요컨대, 건설산업기본법 제38조의2를 위반하면 그 행위자가 형사처벌을 받는 것은 물론이고 건설사업자의 등록말소처분까지 가능하기 때문에 그 위반 여부는 그야말로 건설사업자의 생사가 달린 문제가 될 수 있는 것이다.

(2) 부정한 청탁의 해석 방법

법 제38조의2는 발주자 등 이해관계인이 도급계약의 체결이나 공사의 시공과 관련하여 재물 또는 재산상 이익의 수수 자체를 금지하는 것이 아니라 '부정한 청탁'에 의한 수수를 금지하고 있다. 그렇다면 '부정한 청탁'은 어떻게 해석해야 하는가? 형법 제130조의 제3자뇌물공여죄에서 규정한 '부정한 청탁'과 똑같이 '직무집행의 내용이 위법·부당하지 않더라도 그것이 대가와 연결되면 그 직무집행에 대한 청탁은 부정한 청탁'이라고 볼 수 있는가?

대법원은 그렇게 보지 않는다. 즉, 형법상 제3자 뇌물공여죄에서는 엄격하게 인정하여야 하지만, 여기서는 그렇게 엄격하게 인정해서는 안된다고 본다.

따라서 건설회사에서 재건축조합장에게 금전을 제공하였더라도 곧바로 '부정한 청탁'을 인정할 수는 없다고 보았다.

판례 "공무원의 직무집행의 공정과 이에 대한 사회의 신뢰 및 직무집행의 불가매수성을 보호법익으로 하는 형법 제130조의 제3자 뇌물공여죄에 있어서 '부정한 청탁'에 관해서는, 그 청탁의 대상이 된 직무집행이 위법·부당하지 않더라도 당해 직무집행을 어떤 대가관계와 연결시켜 그 직무집행에 관한 대가의 교부를 내용으로 하는 경우 이를 의연 '부정한 청탁'에 해당하는 것으로 볼 수 있지만, 건설공사의 적정한 시공과 건설산업의 건전한 발전을 도모하는 데 그 목적을 두고 일반적인 건설산업 종사자 모두에 대해 적용하는 건설산업기본법 제38조의2 위반죄에 있어서까지 '부정한 청탁'을 그와 같이 엄격히 해석하여야 한다고 볼 수 없다."(대법원 2008. 1. 24. 선고 2006도5711 판결)

---

10. 건설산업기본법 제38조의2 소정의 '이해관계인'

쟁점

건설회사의 임·직원이 정비사업전문관리업자나 재개발구역 주민들에게 금품을 제공하였다면 건설산업기본법 제95조의2제5호 위반죄에 해당하는가?

판단

정비사업전문관리업자나 재개발구역주민은 '이해관계인'에 해당하지 않기 때문에 건설산업기본법 제95조의2제5호 위반죄에 해당하지 않는다.

이해관계인의 범위

건설산업기본법 제38조의2의 규정을 위반하여 부정한 청탁에 의한 재물 또는 재산상의 이익을 취득하거나 제공한 자는 5년 이하의 징역 또는 5천만원 이하의 벌금에 처한다(제95조의2제5호)[8]. 따라서 법95조의2제5호에 의한 처벌대상은 도급계약의 체결 또는 건설공사의 시공과 관련을 가지는 발주자, 수급인, 하수급인 또는 이해관계인이다. 여기서 말하는 '이해관계인'은 누구를 말하는가?

판례 "건설공사의 수주 및 시공과 관련하여 발주자, 수급인, 하수급인 또는 이해관계인이 부정한 청탁에 의한 금품을 수수하는 것을 금지하고 형사처벌하는 건설산업기본법 제38조의2와 제95조의2의 입법 목적, 같은 법 제38조의2의 문언, 규정체계 등을 종합하여 볼 때, 같은 법 제38조의2의 '이해관계인'이란 건설공

---

8) 건설산업기본법 제95조의2(벌칙) 다음 각 호의 어느 하나에 해당하는 자는 5년 이하의 징역 또는 5천만원 이하의 벌금에 처한다.
1.~4. (생략)
5. 제38조의2를 위반하여 부정한 청탁을 받고 재물 또는 재산상의 이익을 취득하거나 부정한 청탁을 하면서 재물 또는 재산상의 이익을 제공한 자

사를 도급 또는 하도급을 받을 목적으로 도급계약을 체결하기 위하여 경쟁하는 자로서 도급계약의 체결 여부에 직접적이고 법률적인 이해관계를 가진 자를 의미하고, 이러한 의미를 가진 '이해관계인' 규정이 죄형법정주의의 명확성의 원칙에 위배된다고 할 수 없다."(대법원 2009. 9. 24. 선고 2007도6185 판결)

대법원은 '이해관계인'이란 건설공사를 도급 또는 하도급을 받을 목적으로 도급계약을 체결하기 위하여 경쟁하는 자로서 도급계약의 체결 여부에 직접적이고 법률적인 이해관계를 가진 자이므로, 정비사업전문관리업자 또는 정비사업과 관련한 건설공사도급계약이 체결되기 전의 재개발·재건축 정비지구 내 주민은 위 법에서 말하는 이해관계인에 해당하지 않는다고 판단하였다.

따라서 건설회사의 임·직원이 정비사업전문관리업자나 그 임직원들, 또는 재개발구역 주민들에게 금품을 제공하였더라도 건설산업기본법 제95조의2 위반죄에 해당하지 않는다.

판례 "건설산업기본법 제38조의2의 도급계약의 체결과 관련한 '이해관계인'이란 건설공사를 도급 또는 하도급을 받을 목적으로 도급계약을 체결하기 위하여 경쟁하는 자로서 도급계약의 체결 여부에 직접적이고 법률적인 이해관계를 가진 자이므로, 재건축·재개발정비조합이나 조합설립추진위원회로부터 정비사업의 시행을 위하여 필요한 업무의 대행이나 지원을 위탁받거나 이에 관한 자문을 하는 정비사업전문관리업자 또는 정비사업과 관련한 건설공사도급계약이 체결되기 전의 재개발·재건축정비지구 내 주민은 위 법에서 말하는 이해관계인에 해당하지 않는다.

또한, 위 조항은 발주자, 수급인, 하수급인 또는 이해관계인 사이에 공사 수주 및 시공과 관련하여 부정한 청탁에 의한 재물 또는 재산상의 이익을 수수(授受)하는 것을 금지하는 것일 뿐이고 위 조항에 규정되지 아니한 자에게 금품을 공여하는 행위까지 금지하는 것이라고 할 수는 없다."(대법원 2008. 9. 25. 선고 2008도2590 판결)

11. 건설산업기본법 제95조의2제5호와 형법 제357조의 관계

쟁점

발주자나 수급인이 공사도급계약의 체결과 관련하여 부정한 청탁을 받고 금품을 수수한 경우 건설산업기본법 제95조의2제5호 위반죄만 성립하는가, 형법 제357조의 배임수증재죄가 같이 성립하는가?

판단

실체적 경합범으로서 양죄가 성립한다.

실체적 경합범

발주자나 수급인이 공사도급계약의 체결과 관련하여 부정한 청탁을 받고 금품을 수수한 경우 건설산업기본법 제95조의2제5호 위반죄와 형법 제357조의 배임수증재죄가 같이 성립한다.

대법원은 건설산업기본법 제95조의2제5호의 위반죄는 형법상 배임수재죄의 특별규정이 아니라 그와 구성요건을 달리하는 별개의 죄라고 본다. 즉, 실체적 경합범의 관계에 있다고 본다.

판례 "건설산업기본법 제95조의2[9]는 '제38조의2의 규정을 위반하여 부정한 청탁에 의한 재물 또는 재산상의 이익을 취득하거나 공여한 자는 5년 이하의 징역 또는 5천만원 이하의 벌금에 처한다'고 규정하고, 같은 법 제38조의2는 '도급계약의 체결 또는 건설공사의 시공과 관련하여 발주자, 수급인, 하수급인 또는 이해관계인은 부정한 청탁에 의한 재물 또는 재산상의 이익을 취득하거나 공여하여서는 아니 된다'고 규정하고 있는바, 위 조항은 개인적 법익에 대한 범죄가 아니라 건설업의 부조리를 방지하여 건설산업의 건전한 발전을 도모하고자 하는 사회적 법익을 그 보호법익으로 하는 것으로서, 그 행위 및 이익 귀속의 주체를 발주자, 수급인, 하수급인 또는 이해관계인으로 명시하고 있는 데다가 형법상 배임수재죄와 달리 필요적 몰수·추징에 관한 규정도 두지 않은 점 등 제반 사항을 종합적으로 고려하여 보면, 건설산업기본법 제95조의2 위반죄는 형법상 배임수재죄의 특별규정이 아니라 그와 구성요건을 달리하는 별개의 죄라고 보아야 할 것이다."(대법원 2008. 9. 11. 선고 2008도3932 판결)

9) 현행 건설산업기본법 제95조의2제5호에 위치하고 있다.

12. 건설산업기본법 제95조의2 위반죄의 주체 및 처벌대상 행위

쟁점

사용인의 개인적 이득을 위한 금품 수수를 건설산업기본법 제95조의2 위반죄로 처벌할 수 있는가?

판단

현행법에 따르면 처벌이 가능하다.

(1) 구건설산업기본법 제38조의2의 처벌주체

2016. 2. 3. 일부개정법률 제14015호로 개정되기 전의 건설산업기본법 제38조의2[10]에서는 발주자, 수급인 또는 하수급인의 임원 또는 직원이 이 법의 처벌주체에 해당하는지 여부에 대하여 별도로 규정하고 있지 않았다. 또한 2011. 5. 24. 개정 이전에는 공공공사의 심사위원으로 참여한 자의 재물 취득에 관한 별도의 벌칙 규정이 없었다.

위의 개정법이 적용되지 않는 경우, 건설공사의 현장소장이나 공무부장과 같이 발주자나 수급인, 하수급인 자신이 아닌 그 피용자들이 회사와 무관하게 개인적 이익을 위한 범죄를 저지른 경우에도 건설산업기본법 제38조의2를 위반한 것으로 인정되는지 여부에 대한 다툼이 있었다.

현장소장이 하도급업체의 공사관계자로부터 부정한 청탁을 받고 개인적으로 재산상 이득을 취득한 경우까지도 구건설산업기본법 제38조의2를 위반한 것으로 인정된다면 불합리하다고 하지 않을 수 없을 것이다.

---

10) 2011. 5. 24. 법률 제10719호로 개정되기 전의 건설산업기본법 제38조의2(부정한 청탁에 의한 재물 또는 재산상의 이익 취득 및 공여의 금지) 도급계약의 체결 또는 건설공사의 시공과 관련하여 발주자, 수급인, 하수급인 또는 이해관계인은 부정한 청탁에 의한 재물 또는 재산상의 이익을 취득하거나 공여하여서는 아니된다.

대법원은 발주자, 수급인, 하수급인 또는 이해관계인이 도급계약의 체결 또는 건설공사의 시공과 관련하여 스스로 영득하기로 하는 명목으로 재물 또는 재산상의 이익을 취득하거나 그와 같은 명목으로 이를 공여하는 행위에 한정되고, 발주주자 등의 사용인 기타 종업원 등이 개인적으로 영득하기 위하여 배임수증재적 명목으로 재물 또는 재산상의 이익을 취득하거나 그와 같은 명목으로 이를 공여하는 행위는 위 조항에 의하여 처벌되는 행위에 포함되지 않는 것으로 보았다.

그러므로 건설회사의 '사용인'에 해당하는 자(X)가 모 공사가 발주한 공사입찰의 설계적격심의위원회 평가위원으로 선정되어 평가업무를 담당함으로써 발주자의 '사용인'에 해당하는 자(Y)에게 부정한 청탁에 의한 재물을 공여하고, 평가위원인 위 Y가 이를 수령하였다 하더라도 X와 Y는 발주자에게 영득시킨다는 명목으로 재물을 공여하거나 취득한 것이 아니라 발주자의 사용인인 Y가 개인적으로 영득하기 위하여 배임수증재적 명목으로 재물을 취득하거나 그와 같은 명목으로 이를 공여한 것이므로 X와 Y에 대하여는 건설산업기본법 제95조의2 위반죄는 성립하지 않는다.

판례 "건설산업기본법 제95조의2 위반죄의 처벌대상이 되는 행위는 발주자, 수급인, 하수급인 또는 이해관계인이 도급계약의 체결 또는 건설공사의 시공과 관련하여 스스로 영득하기로 하는 명목으로 재물 또는 재산상의 이익을 취득하거나 그와 같은 명목으로 이를 공여하는 행위에 한정되고, 그와 달리 발주자 등의 사용인 기타 종업원 등이 개인적으로 영득하기 위하여 배임수증재적 명목으로 재물 또는 재산상의 이익을 취득하거나 그와 같은 명목으로 이를 공여하는 행위는 위 조항에 의하여 처벌되는 행위에 포함되지 아니한다."(대법원 2009. 5. 28. 선고 2009도988 판결)

그렇다고 X와 Y가 어떠한 처벌도 받지 않는 것은 아니다. 타인의 사무를 처리하는 자가 그 임무에 관하여 부정한 청탁을 받고 재물을 취득한 Y는 배임수재죄의 죄책을 져야하고, 타인의 사무를 처리하는 자에게 그 임무에 관하여 부정한 청탁을 하고 재물을 공여한 X는 배임증재죄의 죄책을 져야 할 것이다.

(2) 건선산업기본법 제38조의2의 개정

2011. 5. 24. 법률 제10719호로 개정된 건설산업기본법에서 공공공사의 업체선정에 참여한 자의 금지 사항을 구체적으로 명시하였다. 국가, 지방자치단체 또는 대통령령으로 정하는 공공기관이 발주한 건설공사의 업체선정에 심사위원으로 참여한 자는 그 직무에 관하여 부정한 청탁을 받고 재물 또는 재산상의 이익을 취득하여서는 아니 된다(법 제38조의2제2항). 그리고 위 공공건설공사의 업체 선정에 참여한 법인, 해당 법인의 대표자, 상업 사용인, 그 밖의 임원 또는 직원은 그 직무에 관하여 부정한 청탁을 받고 재물 또는 재산상의 이득을 취득하거나 부정한 청탁을 하면서 재물 또는 재산상의 이익을 제공하여서는 아니 된다(법 제38조의2제3항).

또한 2016. 2. 3. 법률 제14015호로 개정된 건설산업기본법 제38조의2제1항은 그 처벌주체에 발주자, 수급인 또는 하수급인의 임원 또는 직원을 포함시켰다. 따라서 발주자, 수급인 또는 하수급인의 임원 또는 직원이 도급계약의 체결 또는 건설공사의 시공에 관하여 부정한 청탁을 받고 재물 또는 재산상의 이익을 취득하거나 부정한 청탁을 하면서 재물 또는 재산상의 이익을 제공한 경우 처벌 받게 되었다.

건설산업기본법

[시행 2019. 11. 1.] [법률 제16415호, 2019. 4. 30., 일부개정]

제38조의2(부정한 청탁에 의한 재물 등의 취득 및 제공 금지) ① 발주자·수급인·하수급인(발주자, 수급인 또는 하수급인이 법인인 경우 해당 법인의 임원 또는 직원을 포함한다) 또는 이해관계인은 도급계약의 체결 또는 건설공사의 시공에 관하여 부정한 청탁을 받고 재물 또는 재산상의 이익을 취득하거나 부정한 청탁을 하면서 재물 또는 재산상의 이익을 제공하여서는 아니 된다. 〈개정 2016. 2. 3.〉

② 국가, 지방자치단체 또는 대통령령으로 정하는 공공기관이 발주한 건설공사의 업체선정에 심사위원으로 참여한 자는 그 직무에 관하여 부정한 청탁을 받고 재물 또는 재산상의 이익을 취득하여서는 아니 된다.

③ 국가, 지방자치단체 또는 대통령령으로 정하는 공공기관이 발주한 건설공사의 업체 선정에 참여한 법인, 해당 법인의 대표자, 상업 사용인, 그 밖의 임원 또는 직원은 그 직무에 관하여 부정한 청탁을 받고 재물 또는 재산상의 이득을 취득하거나 부정한 청탁을 하면서 재물 또는 재산상의 이익을 제공하여서는 아니 된다.

[전문개정 2011. 5. 24.]

---

13. 건설산업기본법 제98조제2항의 양벌규정에 대한 위헌 결정

쟁점

건설사업자의 종업원이 건설업등록증을 대여하는 경우 법인인 건설사업자도 함께 처벌되는가?

판단

법인이 위반행위를 방지하기 위하여 상당한 주의와 감독을 한 경우에는 처벌받지 않는다.

(1) 건설업 등록증 등의 대여 등 금지와 양벌규정

A건설사의 사용인 B가 대표이사와 상의없이 독단적으로 타인에게 A건설사의 명의를 대여하여 그 명의로 건설공사를 하도록 하였다. 이 경우 A건설사도 명의대여를 금지하는 건설산업기본법위반죄의 책임을 져야 하는가?

지금까지는 사용인이 건설산업기본법을 위반하게 되면 의당 법인도 처벌받는 것으로 여겨져왔다. 건설산업기본법 제98조제2항에서 "법인의 대리인·사용인 기타 종업원이 그 법인의 업무에 관하여 제96조제4호의 위반행위를 한 때에는 당해 법인에 대하여도 해당 조의 벌금형을 과한다"는 양벌규정을 두고 있었기 때문이다.

헌법재판소는 2009. 7. 30. 바로 이 양벌규정, 즉, 법인의 대리인, 사용인 기타 종업원이 건설산업기본법을 위반하는 경우 그 행위자뿐만 아니라 법인도 처벌하는 규정에 관하여 위헌결정을 하였다. 다시 말하면 직접 법을 위반한 행위자만 처벌할 수 있고, 그 행위자를 고용한 법인이나 사용주를 처벌해서는 안 된다는 것이다.

건설산업기본법 제21조는 건설업 등록증의 대여와 알선을 금지하고 있다. 즉, 건설사업자는 다른 사람에게 자기의 성명 또는 상호를 사용하여 건설공사를 수급 또는 시공하게 하거나 그 건설업 등록증 또는 건설업등록수첩을 대여하여서는 아니되고, 이를 알선하는 행위도 금지된다.

이를 위반하여 건설업명의를 대여하면 5년 이하의 징역 또는 5천만원 이하의 벌금에 처한다(제95조의2조)[11]. 그런데 여기서 그치지 않고 제98조제2항은 "법인의 대표자나 법인 또는 개인의 대리인, 사용인, 그 밖의 종업원이 그 법인 또는 개인의 업무에 관하여 제94조 내지 제97조의 위반행위를 한 때에는 행위자를 벌하는 외에 당해 법인이나 개인에 대하여도 각 해당 조의 벌금형을 과한다."고 규정하고 있는 것이다.

(2) 양벌규정이 책임주의원칙에 반하는지에 대한 헌법재판소의 결정

헌법재판소는 이 양벌규정이 책임주의원칙에 반하여 헌법에 위반된다고 결정한 것이다. 헌법재판소는 책임주의에 관하여 이렇게 설시한다. "'책임없는 자에게 형벌을 부과할 수 없다'는 형벌에 관한 책임주의는 형사법의 기본원리로서, 헌법상 법치국가의 원리에 내재하는 원리인 동시에, 헌법 제10조의 취지로부터 도출되는 원리이다...형벌은 국가가 가지고 있는 가장 강력한 제재수단이므로 입법자가 일단 법인에 대한 제재수단으로 '형벌'을 선택한 이상, 그 적용에 있어서는 형벌에 관한 헌법상 원칙, 즉 법치주의와 죄형법정주의로부터 도출되는 책임주의 원칙이 준수되어야 한다."

그런데, 법인의 양벌규정은 "법인이 고용한 종업원 등이 업무에 관하여 건설산업기본법 제96조제4호의 위반행위를 저지른 사실이 인정되면, 법인이 그와 같은 종업원 등의 범죄에 대해 어떠한 잘못이 있는지를 전혀 묻지 않고 곧바로 그 종업원 등을 고용한 법인에게도 종업원 등에 대한 처벌조항에 규정된 벌금형을 과하도록 규정하고 있어, 법인이 종업원 등의 위반행위와 관련하여 선임·감독상의 주의의무를 다하여 아무런 잘못이 없는 경우까지도 법인에게 형벌을 부과될 수밖에 없게 되므로 책임주의 원칙에 반하여 헌법에 위반된다."(헌법재판소 2009. 7. 30. 2008헌가18 결정)

이 위헌결정으로 건설산업기본법 제98조의제2항 중 "법인의 대리인·사용인 기타 종업원이 그 법인의 업무에 관하여 제96조제4호의 위반행위를 한 때에는 당해 법인에 대하여도 해당 조의 벌금형을 과한다"는 부분은 소급하여 효력을 상실하게 되었으며, 이 사건 법률조항에 근거한 유죄의 확정판결에 대하여는 재심을 청구할 수 있다(헌법재판소법 제47조제2항, 제3항).

즉, 종업원 등이 건설산업기본법 위반죄를 범했다는 이유로 건설산업기본법 제98조제2항의 양벌규정에 의하여 처벌받은 법인 등은 재심을 통하여 무죄를 선고받을 수 있게 되었다. 이번 위헌결정의 효력은 명의대여금지 조항의 위반과 관련된 양벌규정에 국한되지만, 양벌규정이 책임주의의 원칙에 반하여 위헌이라는 헌법재판소의 결정 취지를 보면, 건설산업기본법상의 모든 양벌규정은 위헌결정을 받을 수밖에 없을 것이다. 따라서 종업원 등의 행위로 양벌규정에 따라 처벌받은 법인 등은 위헌결정과 재심을 통하여 무죄를 선고받을 수 있을 것이다.

11) 2017. 3. 21. 법률 제14708호로 개정되기 전에는 제96조에서 규정하고 있었다. 제96조의 벌칙은 3년 이하의 징역 또는 3천만원 이하의 벌금에 처하는 것이다.

헌법재판소의 위헌결정에 따라 건설산업기본법 제98조의 양벌규정은 법인 또는 개인이 그 위반행위를 방지하기 위하여 해당 업무에 관하여 상당한 주의와 감독을 게을리하지 아니한 경우에는 행위자만 벌하고 법인이나 개인은 처벌하지 않는 것으로 개정되었다[12].

참고로 산업안전보건법 제71조는 본문에서 '법인의 대리인, 사용인, 그 밖의 종업원이 그 법인의 업무에 관하여 제67조제1호 중 제23조제3항을 위반한 때에는 그 법인에게도 해당 조문의 벌금형을 과한다.'고 하면서, 그 단서에서는 "법인 또는 개인이 그 위반행위를 방지하기 위하여 해당 업무에 관하여 상당한 주의와 감독을 게을리하지 아니한 경우에는 그러하지 아니하다."라고 규정하고 있다. 최근 헌법재판소는 "이와 같은 내용의 단서에 의해 불법의 결과 발생에 관하여 독자적인 책임이 없는 법인은 형사처벌의 대상에서 제외되므로 이 양벌규정조항은 책임주의 원칙에 어긋나지 않는다"고 하였다(헌법재판소 2017. 10. 26 자 2017헌바166 결정).

12) **제98조(양벌규정)** ① 법인의 대표자나 법인 또는 개인의 대리인, 사용인, 그 밖의 종업원이 그 법인 또는 개인의 업무에 관하여 제93조의 위반행위를 하면 그 행위자를 벌하는 외에 그 법인 또는 개인에게도 10억원 이하의 벌금형을 과(科)한다. 다만, 법인 또는 개인이 그 위반행위를 방지하기 위하여 해당 업무에 관하여 상당한 주의와 감독을 게을리하지 아니한 경우에는 그러하지 아니하다.
② 법인의 대표자나 법인 또는 개인의 대리인, 사용인, 그 밖의 종업원이 그 법인 또는 개인의 업무에 관하여 제94조, 제95조, 제95조의2, 제96조 또는 제97조제1호 · 제2호 · 제3호의 위반행위를 하면 그 행위자를 벌하는 외에 그 법인 또는 개인에게도 해당 조문의 벌금형을 과(科)한다. 다만, 법인 또는 개인이 그 위반행위를 방지하기 위하여 해당 업무에 관하여 상당한 주의와 감독을 게을리하지 아니한 경우에는 그러하지 아니하다.

14. 건설사업자의 일괄하도급 금지

(1) 건설사업자의 일괄하도급 금지

쟁점

건설사업자가 아닌 자가 일괄하도급을 하더라도 일괄하도급금지규정 위반을 이유로 처벌되는가?

판단

건설사업자 아닌 자는 이 조항에 의하여 처벌할 수 없다.

건설산업기본법 제29조제1항은 건설사업자가 다른 건설사업자에게 일괄하도급하는 것을 금지하고 있다. 따라서 일괄하도급의 어느 한 당사자라도 건설사업자가 아니면 법 제29조제1항은 적용할 수 없다.

판례 "구 건설산업기본법(2007. 5. 17. 법률 제8477호로 개정되기 전의 것) 제29조제1항은 '건설업자는 그가 도급받은 건설공사의 전부 또는 대통령령이 정하는 주요 부분의 대부분을 다른 건설업자에게 하도급할 수 없다'고 규정하고, 제96조제5호는 '제29조제1항의 규정에 위반하여 하도급한 자는 1년 이하의 징역 또는 1천만원 이하의 벌금에 처한다'고 규정하고 있으며, 제2조5호는 '건설업자라 함은 이 법 또는 다른 법률에 의하여 등록 등을 하고 건설업을 영위하는 자를 말한다'고 규정하고 있으므로, 위 제29조 제1항, 제96조제5호에 의한 벌칙 적용은 등록 등을 한 건설업자가 등록 등을 한 다른 건설업자에게 하도급을 하는 경우에 한정된다."(대법원 2008. 4. 24. 선고 2007도9972 판결)

(2) 하수급인이 건설사업자가 아닌 경우

쟁점

건설공사를 도급받은 건설사업자가 이를 그대로 건설사업자 아닌 자에게 일괄하여 하도급하였다. 일괄하도급을 금지하는 건설산업기본법을 위반한 것인가?

판단

건설사업자 아닌 자에게 하도급한 경우에는 건설산업기본법 위반죄로 처벌하지 못한다.

건설산업기본법 또는 다른 법률에 의하여 등록 등을 하고 건설업을 영위하는 건설사업자가 자신이 도급받은 건설공사의 전부 또는 주요부분의 대부분을 제3자에게 하도급을 주었다고 하더라도, 제3자가 면허 또는 등록되지 않은 채 사실상 건설업을 영위하는 것에 불과하여 '건설사업자'에 해당하지 않을 경우에는 건설산업기본법 제96조제4호, 제29조제1항을 적용하여 처벌할 수는 없다.

다만, 이 경우 상황에 따라서는 하도급인과 하수급인이 면허 또는 등록을 받지 않고 건설업을 영위하였음을 이유로 건설산업기본법 제96조제1호[13](제9조제1항) 위반의 공동정범으로 함께 처벌될 여지가 있다(대법원 2000. 6. 23. 선고 2000도1081 판결 참조).

(3) 일괄하도급 여부의 판단

부대공사만 하도급하거나 부대공사를 제외한 주된 공사의 일부를 하도급하는 행위는 금지되지 않는다.

판례 "건설공사 중 부대공사만을 하도급하거나 부대공사를 제외한 주된 공사의 일부를 하도급하는 행위는 하도급 금지대상에 포함되지 않는다고 할 것이다. 그리고 수급인이 발주자로부터 도급받은 건설공사를 하수급인에게 하도급하는 경우 그 하도급이 위 금지규정에 위반하였는지 여부를 판단함에 있어서는 원도급금액과 하도급금액, 하도급금액이 원도급금액에서 차지하는 비중 외에도 발주자로부터 도급받은 전체 건설공사 및 하도급한 공사의 내용, 하도급한 공사가 전체 공사에서 차지하는 위치, 하도급한 공사의 수급인과 하수급인이 실제 시공한 각 공사의 내역, 건설업자의 업종 등을 참작하여 주된 공사가 무엇인지를 확정한 다음, 주된 공사의 전부가 하도급 되었는지를 살펴보아야 할 것이다."(대법원 2008. 4. 24. 선고 2006두8198 판결)

13) 현재는 제95조의2제1호에 위치하고 있다.

사례

A건설사는 수해로 무너진 하천 제방을 복구하기 위한 공사를 도급받았다. 이 공사는 토공, 구조물공, 부대공으로 구성되어 있는데, 그 중 구조물공은 전석 쌓기, 앞사석 쌓기, 뒷채움 잡석, 레미콘 타설 및 합판거푸집, 전석 채집 및 운반, 전석 구입 및 운반의 세부 공정으로 나누어져 있다. A건설사는 토공과 부대공을 제외한 구조물공을 하도급하였다가 원도급계약 및 하도급계약의 변경으로 구조물공 중 레미콘 타설 및 합판거푸집, 전석 구입 및 운반의 세부공정과 추가된 교량건설 공정을 직접 시공하였다. A건설사가 시공한 레미콘 타설 및 합판거푸집 공정은 하천 제방을 축조하기 위하여 쌓은 전석의 상단부가 서로 부착될 수 있도록 쌓은 전석의 양쪽에 합판거푸집을 설치한 후 폭 80cm 내지 1m, 두께 약 10cm의 콘크리트 타설을 하는 공정이었다. A건설사가 하도급하지 않고 직접 시공한 토공에는 제방을 쌓을 기초공사로서 구조물 터파기 공정이 포함되어 있다.

A건설사는 건설산업기본법에서 금지하는 일괄하도급을 한 것일까?

이와 같은 사례에 대하여 대법원은 A건설사가 도급받은 이 사건 공사는 하천 제방을 축조하기 위한 공사인데 레미콘 타설 및 합판거푸집 공정이나 토공 중 구조물 터파기 공정 등은 하천의 제방 자체를 형성하기 위한 공정이므로 이 사건 공사의 주된 공사에 해당한다고 할 것이고, A건설사가 이러한 주된 공사의 일부를 직접 시공한 이상 하수급인에게 주된 공사의 전부를 하도급하였다고 할 수는 없으므로 일괄하도급으로 볼 수 없다고 판단하였다.

15. 건설사업자 아닌 자에게 공사를 맡긴 도급인의 형사책임 여부

쟁점

수급인이 건설사업자가 아니라는 사실을 알면서도 공사를 도급한 도급인을 무면허 건설업자의 공범으로 처벌할 수 있는가?

판단

별도의 처벌 규정을 두고 있지 않는 이상 처벌할 수 없다.

(1) 건설사업자의 시공

건설산업기본법 제41조는 일정 요건에 해당하는 건축물의 건축 또는 대수선에 관한 건설공사와 일정 요건에 해당하는 다중이 이용하는 시설물의 설치에 관한 건설공사는 건설사업자가 시공하도록 하고, 이 규정을 위반하여 시공한 자에 대하여는 3년 이하의 징역 또는 3천만원 이하의 벌금에 처하고 있다(법 제96조제5호). 따라서 건설산업기본법 제41조 소정의 건설공사는 건설사업자가 아니면 시공할 수 없다.

그러나 등록한 건설사업자만이 시공할 수 있는 건축공사의 대부분 공사를 완공한 상태에서 미장공사 등 시공상의 어려움이나 안전사고의 위험이 그다지 크지 않은 잔여 공사는 건설사업자가 아니더라도 할 수 있다. 따라서 건축주가 직접 건설사업자 아닌 자를 고용하여 직접 시공하여도 법에 위반되지 않는다.

판례 "구 건설업법(1996. 12. 30. 법률 제5230호로 전문 개정되기 전의 것) 제60조제1호, 제4조제2호의 규정에 의하면, 주거용 건축물이 아닌 495㎡를 초과하는 건축물의 건설공사는 구 건설업법의 규정에 의한 건설업자만이 이를 시공할 수 있고, 이에 위반한 건축주 등을 1년 이하의 징역 또는 1천만원 이하의 벌금에 처할 수 있도록 되어 있는바, 위와 같이 일정 면적 이상의 건축물에 관한 공사에 대하여 건설업법 소정의 건설업자가 아니면 시공할 수 없도록 하는 취지는 대형공사를 시공함에 있어서는 고난도의 건축

기술을 요하고, 시공상의 안전사고발생의 위험성이 크므로 일정한 자격을 갖춘 건설업자에게만 그 시공을 맡김으로써 시공상의 안전과 건축물의 안정성을 확보하기 위한 것이므로, 같은 법 제4조 소정의 건축물에 대한 신축공사에 있어, 시공상의 어려움과 안전사고의 위험이 뒤따르는 공사 부분 등 대부분의 공사가 완공된 이후에, 건축주가 미장공사 등 시공상의 어려움이나 안전사고의 위험이 그다지 크지 않는 잔여 공사에 대하여 같은 법 소정의 건설업자가 아닌 자에게 공사를 맡겨 시공하게 한 경우에는 그 공사는 위 규정 소정의 건설공사에 해당하지 않는다."(대법원 1999. 1. 29. 선고 98도3240 판결)[14]

(2) 무면허 건설업자에게 시공을 맡긴 도급인의 형사책임 여부

그렇다면 건설사업자가 아닌 수급인에게 수급인이 건설사업자가 아니라는 사실을 알면서도 공사를 도급한 도급인은 공범으로 처벌할 수 있는가? 대법원은 법이 시공자만 처벌하는 규정을 두고 발주자에 대한 별도의 처벌 규정을 두고 있지 않는 이상 발주자는 처벌할 수 없다고 본다.

판례 "구 건설업법(1981.4.31 개정 법률 제3441호, 1981.12.31 개정 법률 제3501호) 제51조제1호가 동법 제4조 규정에 위반하여 시공한 무면허건설사업자만 처벌대상으로 삼고 그에게 건설공사를 도급주는 발주자가 당연히 예상되고 이 발주자가 관여하지 아니하고는 동범죄가 성립할 수 없음에도 발주자에게는 처벌규정을 두지 않고 있음에 비추어 발주자가 무면허건설업자의 가벌적인 행위에 통상적으로 관여하게 되는 행위라면 여기에 공범규정의 적용이 제한되어야 할 것이고 따라서 공범으로서도 처벌할 수 없다고 보아야 한다."(대법원 1986. 9. 9. 선고 86도911 판결)[15]

14) 일정 요건에 해당하는 건축물의 시공 자격을 건설사업자에 한정하고 이를 위반하여 시공한 자를 처벌하도록 규정한 판례의 건설업법 제60조제1호 및 제4조제2호와 같은 내용이 현행 건설산업기본법에서는 제41조와 제96조제5호에 있다.
15) 일정 요건에 해당하는 건축물의 시공 자격을 건설업자에 한정하고 이를 위반하고 시공한 자를 처벌하도록 규정한 판례의 건설업법 제51조제1호 및 제4조와 같은 내용이 현행 건설산업기본법에서는 제41조와 제96조제5호에 있다.

16. 건설사업자 아닌 자에게 전자입찰을 하도록 한 건설사업자의 죄책

쟁점

건설사업자가 아닌 자가 건설사업자들과 그들의 이름으로 응찰하여 공사를 낙찰받은 다음 누구든 직접 공사를 하는 측이 상대방에게 수수료를 지급하기로 하는 등의 약정을 하고 건설사업자들의 공인인증서를 교부받아 전자입찰에 투찰한 사안에서, 건설사업자들은 어떤 책임을 지는가?

판단

전자서명법 위반죄로 처벌받는다.

(1) 건설사업자 아닌 자에 의한 입찰대행과 건설산업기본법 위반 여부

甲은 다수의 건설사업자들과 건설사업자들 명의로 甲이 공공공사의 전자입찰에 투찰하여 공사를 낙찰 받게 되면 건설사업자들의 선택에 따라 건설사업자들이 직접 공사를 할 때에는 건설사업자들이 수주금액의 5% 내외의 수수료를 甲에게 지급하고, 하도급 형식으로 甲이 공사를 할 때에는 甲이 건설사업자들에게 수주금액의 5% 내외의 수수료를 지급하기로 약정하였다.

일부 건설사업자들과는 구체적인 내역을 정하지 않은 채 낙찰 받은 공사를 나누어 하기로 약정하였으며, 전자입찰 명의자인 건설사업자들이 공사를 하고 그 대가로 수수료를 받는 것보다는 甲 자신이 직접 공사를 하는 것이 더 많은 이익을 남길 수 있기 때문에 甲은 가능하면 직접 공사를 하려고 하였다.

또한 甲은 공인인증기관으로부터 이미 발급받은 공인인증서가 있는 건설사업자들로부터는 그 전자적 정보와 비밀번호를 넘겨받고, 그러한 공인인증서가 없는 건설사업자들로부터는 필요한 서류를 교부받아 甲 자신의 비용으로 공인인증서를 발급받았으며, 입찰할 공사 및 입찰가격 등 일체를 자신이 마음대로 결정하여 입찰에 응하였고 전자입찰 명의자인 건설사업자들은 그와 같은 입찰 내용에 대하여 사전에 전혀 알지 못하였다. 공인인증서의 유효기간이 도래한 경우 甲은 전자입찰 명의자인 건설사업자들과 상의 없이 이를 갱신하였다.

甲은 건설산업기본법에 의한 등록을 마친 건설사업자가 아니라 개인사업자등록을 하고 인테리어업을 운영하는 자였다.

이 경우 건설사업자들에게 건설산업기본법 제95조제2호 위반죄의 책임을 물을 수는 없다. 甲이 건설사업자가 아닌 이상 건설사업자들이 甲으로 하여금 각기 자신들과 관련된 견적만을 제출하도록 한 것만으로는 건설산업기본법 제95조제2호에서 정한 '다른 건설사업자의 견적을 제출한 것'에 해당되지 않기 때문이다.

(2) 전자서명법 위반

그렇다면 건설사업자들은 아무런 형사처벌도 받지 않는가? 전자서명법 제23조제5항은 누구든지 행사하게 할 목적으로 다른 사람에게 공인인증서를 양도 또는 대여하거나 행사할 목적으로 다른 사람의 공인인증서를 양도 또는 대여받아서는 아니 된다고 규정하고 있는바, 건설사업자들의 행위는 바로 여기서 금지하는 공인인증서의 대여에 해당하므로 전자서명법위반죄로 처벌받는다.

판례 "전자서명법 제23조제5항은 '누구든지 행사하게 할 목적으로 다른 사람에게 공인인증서를 양도 또는 대여하거나 행사할 목적으로 다른 사람의 공인인증서를 양도 또는 대여받아서는 아니된다'고 규정하고 있다.

전자문서의 안전성과 신뢰성의 확보를 목적으로 하는 전자서명법의 입법 취지에 비추어 볼 때, 여기서의 '대여'라 함은 다른 사람으로 하여금 명의자의 관리·감독 없이 실질적으로 명의자와 마찬가지 지위에서 그 공인인증서를 사용하여 그 명의자의 명의로 된 전자문서를 작성할 수 있도록 허용하는 것을 의미한다.

건설업자가 아닌 甲이 건설업자들과 그들의 이름으로 응찰하여 공사를 낙찰받은 다음 누구든 직접 공사를 하는 측이 상대방에게 수수료를 지급하기로 하는 등의 약정을 하고 건설업자들의 공인인증서를 교부받아 전자입찰에 투찰한 사안에서, 甲이 건설업자들에게 알리지 않은 채 입찰할 공사, 입찰가격을 마음대로 결정하여 입찰하고 공인인증서를 갱신한 사정 등에 비추어 이를 단순한 입찰대행으로 볼 수 없으므로, 甲에게 공인인증서를 사용하게 한 건설업자들의 행위는 전자서명법에서 금지하는 공인인증서 '대여'에 해당한다."(대법원 2008. 11. 27. 선고 2008도4963 판결)

---

17. 주택건설공사를 도급받아 시공하는 건설사업자의 주택건설업 등록의무 여부

쟁점

주택건설사업자로부터 건설공사를 도급받아 시공하는 자도 주택건설사업 등록을 해야 하는가?

판단

수급인은 주택법에 따른 등록의무가 없다.

연간 20호 이상의 단독주택이나 20세대 이상의 공동주택(도시형생활주택은 30세대)의 주택건설사업을 시행하려는 자는 원칙적으로 국토교통부장관에게 등록하여야 한다(주택법 제4조제1항, 시행령 제14조제1항).

그러나 주택건설사업자로부터 건설공사를 도급받아 시공하는 자까지 주택건설사업 등록을 해야 하는 것은 아니다. 단순한 건설사업자에 불과한 '주택건설공사를 도급받아 시공하고자 하는 자'는 건설산업기본법 제9조제1항 소정의 '건설업을 영위하고자 하는 자'일 뿐 주택법 제4조제1항 소정의 '주택건설사업을 시행하고자 하는 자'에는 해당하지 않는다. 따라서 주택법 제4조제1항에 의한 등록의무는 없고, 건설업등록으로 족하다.

판례 "주택법은 제9조제1항에서 '연간 대통령령이 정하는 호수 이상의 주택건설사업을 시행하고자 하는 자'는 건설교통부장관에게 등록하여야 한다고 규정하고 있고, 제16조제1항에서 '대통령령이 정하는 호수 이상의 주택건설사업을 시행하고자 하는 자'는 사업계획승인서 등을 시·도지사 또는 건설교통부장관에게 제출하여 그 사업계획승인을 얻어야 한다고 규정하고 있으며, 제2조제5호에서 위 '제16조제1항에 의한 사업계획승인을 얻어 그 사업을 시행하는 자'를 '사업주체'로 정의하고 있고, 제38조에서 사업주체가 주택을 건설·공급하는 방법을 규정하고 있으며, 제12조제1항에서는 등록사업자가 제16조의 규정에 의한 사업계획승인을 얻어 분양 또는 임대를 목적으로 주택을 건설하는 경우로서 기술능력·주택건설실적 및 주택규모 등에 관하여 대통령령이 정하는 기준에 해당하는 경우에는 건설산업기본법 제9조의 규정에 의한 건설업자로 보아 주택건설공사를 시공할 수 있다고 규정하고 있다.
한편, 건설산업기본법은 제2조제2호에서 '건설업'을 '건설공사를 수행하는 업'으로 정의하고, 제9조제1항에서 건설업을 영위하고자 하는 자에게 등록의무를 부과하고 있다.
이와 같이 건설산업기본법은 건설업 자체만을 규율하고 있음에 비하여 주택법은 주택의 건설로부터 건설된 주택의 공급에 이르기까지의 일련의 사업 전체를 하나로 파악하여 이를 규율하고 있는 점, 주택법 제9조제1항에 의하여 주택건설사업자로 등록하는 것만으로는 원칙적으로 주택건설공사를 시공할 수 없는 점 및 주택법의 입법 취지 등을 종합하여 보면, 단순한 건설업자에 불과한 '주택건설공사를 도급받아 시공하고자 하는 자'는 건설산업기본법 제9조제1항 소정의 '건설업을 영위하고자 하는 자'일 뿐 주택법 제9조제1항 소정의 '주택건설사업을 시행하고자 하는 자'에는 해당하지 않는다고 봄이 상당하므로 주택법 제9조제1항에 의한 등록의무는 없다고 보아야 한다."(대법원 2008. 4. 24. 선고 2007도10491 판결)[16]

16) 판례의 주택법 제9조제1항 및 제16조제1항은 각각 현행법 제4조제1항, 제15조제1항에 위치하고 있다.

18. 산업안전보건법상 안전조치의무를 지는 사업주

쟁점

발주자로부터 공사를 수급받은 건설회사가 그 공사의 '전부'를 하도급주어 행한 경우, 위 건설회사는 산업안전보건법 제29조제2항이 규정한 산업재해예방을 위한 조치를 취하여야 할 사업주에 해당하는가?

판단

사업주에 해당하지 않는다.

(1) 산업안전보건법 제29조

공사도급계약의 경우 원칙적으로 도급인에게는 수급인의 업무와 관련하여 사고방지에 필요한 안전조치를 취할 주의의무가 없으나, 법령에 의하여 도급인에게 수급인의 업무에 관하여 구체적인 관리 · 감독의무 등이 부여되어 있거나 도급인이 공사의 시공이나 개별 작업에 관하여 구체적으로 지시 · 감독하였다는 등의 특별한 사정이 있는 경우에는 도급인에게도 수급인의 업무와 관련하여 사고방지에 필요한 안전조치를 취할 주의의무가 있다(대법원 2010. 12. 23. 선고 2010도1448 판결).

사업주는 사업을 할 때 위험을 예방하기 위한 안전조치와 건강장해를 예방하기 위한 보건조치를 취하여야 한다. 같은 장소에서 행하여지는 사업으로서 사업의 일부를 분리하여 도급을 주어 하거나 사업이 전문분야의 공사로 이루어져 시행되는 경우 각 전문분야에 대한 공사의 전부를 도급을 주어 하는 건설업의 사업주는 그가 사용하는 근로자와 그의 수급인이 사용하는 근로자가 같은 장소에서 작업을 할 때에 생기는 산업재해를 예방하기 위한 조치를 하여야 한다(산업안전보건법 제29조제1항, 시행령 제26조제2항).

산업안전보건법 제29조제1항의 '같은 장소에서 행하여지는 사업'이란 장소적 동일성을 의미하는 것이고, 그 외에 시간적 동일성까지 필요한 것은 아니다.

판례 "산업안전보건법 제29조제1항은 사업의 일부를 도급한 발주자 또는 사업의 전부를 도급받아 그중 일부를 하도급에 의하여 행하는 수급인 등 사업의 전체적인 진행과정을 총괄하고 조율할 능력이나 의무가 있는 사업주에게 그가 관리하는 작업장에서 발생할 수 있는 산업재해를 예방하기 위한 조치를 하여야 할 의무를 규정한 조항으로, 산업안전보건법 제29조제1항의 '같은 장소에서 행하여지는 사업'은 사업주와 그의 수급인이 같은 장소에서 작업을 하는 사업을 의미하고, 장소적 동일성 외에 시간적 동일성까지 필요하다고 볼 수 없다."(대법원 2016. 3. 24. 선고 2015도8621 판결)

사업주는 그의 수급인이 사용하는 근로자가 토사 등의 붕괴, 화재, 폭발, 추락 또는 낙하 위험이 있는 장소 등 고용노동부령으로 정하는 산업재해 발생위험이 있는 장소에서 작업을 할 때에는 안전 · 보건시설의 설치 등 고용노동부령으로 정하는 산업재해 예방을 위한 조치를 하여야 한다(산업안전보건법 제29조제3항).

(2) 전부를 도급한 사업주의 책임 여하

사례

A는 B가 제작한 승강기를 신축건물에 설치하는 업무를 B로부터 도급받아 C에게 일괄하도급주었다. 승강기 설치 업무는 C가 전담하였고, A는 그 공정 중의 일부를 직접 담당하여 시행하지도 않았고 현장에 상주직원을 파견하지도 않았다. 이 경우 A는 C의 근로자의 산업재해예방조치를 취할 의무가 있는가?

사업주는 그의 수급인이 사용하는 근로자의 산업재해예방을 위한 조치를 할 의무를 지고, 이를 위반하면 1년 이하의 징역 또는 1천만원 이하의 벌금의 처한다(법 제68조제3호). A에게도 이 조항을 적용할 수 있을까?

발주자로부터 공사를 도급받은 건설회사가 그 공사의 '전부'를 하도급주어 행한 경우, 위 건설회사는 산업안전보건법 제29조제3항이 규정한 산업재해예방을 위한 조치를 취하여야 할 사업주에 해당하는지 문제인데, 산업재해예방을 위한 조치를 취하여야 할 의무주체로서 산업안전보건법 제29조제3항이 규정한 '사업주'는 같은 조 제1항에서 규정한 '동일한 장소에서 행하여지는 사업의 일부를 도급에 의하여 행하는 사업의 사업주'이다.

따라서 발주자로부터 공사를 도급받은 건설회사가 그 공사의 일부를 직접 시공하지 않고 '일괄하도급'에 의하여 '전부'를 하도급주어 행한 경우, 위 건설회사는 같은 법 제29조제3항에 정한 사업주에 해당하지 않는다.

판례 "산업안전보건법(이하 '법'이라 한다) 제29조제2항은 '제1항의 규정에 의한 사업주는 그의 수급인이 사용하는 근로자가 노동부령에 정하는 산업재해 발생위험이 있는 장소에서 작업을 할 때에는 노동부령이 정하는 산업재해예방을 위한 조치를 취하여야 한다.'고 규정하고 있는바, 여기서 말하는 '제1항의 규정에 의한 사업주'란 법 제29조제1항에서 규정한 '동일한 장소에서 행하여지는 사업의 일부를 도급에 의하여 행하는 사업으로서 대통령령이 정하는 사업의 사업주'를 의미한다 할 것이고, 동일한 장소에서 행하여지는 사업의 일부가 아닌 '전부'를 도급에 의하여 행하는 사업의 사업주는 이에 해당하지 않는다고 할 것이다."(대법원 2009. 5. 28. 선고 2008도7030 판결)

(3) 하수급인의 사업주 여부

동일한 장소에서 행하여지는 사업의 일부가 아닌 '전부'를 도급에 의하여 행하는 사업의 사업주는 산업안전보건법 제29조제2항의 의무를 이행하여야 하는 사업주에 해당하지 아니하나, 동일한 장소에서 행하여지는 공사나 공정의 일부를 직접 담당하여 시행하는 사업주는 위 규정에 정한 사업주로서 산업재해예방을 위한 조치를 취할 의무가 있다. 반면 사업의 발주자 또는 수급인이 동일한 장소에서 행하여지는 사업의 일부를 도급에 의하여 행하는 경우에 그 수급인으로부터 사업의 일부를 하도급 받은 하수급인은 안전조치의무를 부담하는 사업주가 아니다.

판례 "산업안전보건법 제29조제2항의 사업주와 같은 법 제18조제1항의 사업주는 동일한 의미로 볼 수 있고, 한편 산업안전보건법 제18조제1항에서 규정하는 안전보건총괄책임자의 지정 업무는 사업의 일부를 도급한 발주자 또는 사업의 전부를 도급받아 그 중 일부를 하도급에 의하여 행하는 수급인 등 사업의 전체적인 진행과정을 총괄하고 조율할 능력이나 의무가 있는 사업주에게 해당하는 사항이라고 할 수 있으므로, 사업의 발주자 또는 수급인이 동일한 장소에서 행하여지는 사업의 일부를 도급에 의하여 행하는 경우에 그 수급인으로부터 사업의 일부를 하도급 받은 하수급인은 산업안전보건법 제29조제2항에 의하여 산업재해예방조치를 취하여야 할 사업주에 해당하지 아니한다고 봄이 상당하다."(대법원 2010. 6. 24. 선고 2010도2615 판결)[17]

따라서 발주자로부터 건물신축공사를 도급받은 수급인으로부터 건물신축공사의 일부에 불과한 골조공사만을 하도급 받은 하수급인은 산업안전보건법 제29조제3항의 '사업주'에 해당하지 아니한다.

17) 판례의 산업안전보건법 제29조제2항은 현행법 제29조제1항에 위치하고 있다.

19. 실질적 고용관계 없는 자에 대한 안전조치의무 여부

쟁점

사업주가 근로자가 아닌 자에 대하여 산업안전보건법상의 안전조치의무를 부담하는가?

판단

그렇지 않다. 사업주와 근로자 사이에 실질적인 고용관계가 있어야 한다.

사업주가 산업안전보건법상의 안전조치의무를 부담하는 것은 실질적 고용관계가 있는 근로자에 대해서이다. 따라서 사업주가 근로자가 아닌 자에 대하여까지 산업안전보건법상의 안전조치의무를 부담하는 것은 아니다.

판례 "산업안전보건법 제66조의2, 제23조제1항 위반죄는, 단순히 사용자의 소속 근로자에 대한 관리감독 소홀에 대한 책임을 묻는 것이 아니라, 사업주가 자신이 운영하는 사업장에서 산업안전기준에 관한 규칙이 정하고 있는 바에 따른 안전조치를 취하지 않은 채 안전상의 위험성이 있는 작업을 하도록 지시하거나 안전조치가 취해지지 않은 상태에서 위와 같은 작업이 이루어졌다고 인정되는 경우에 성립하는 범죄로서, 사업주가 소속 근로자를 보호하기 위하여 안전조치를 취하여야 할 의무를 전제로 하는 것이므로, 사업주와 근로자 사이에 실질적인 고용관계가 있어야 한다(대법원 2009. 5. 14. 선고 2008도101 판결 등 참조). 여기서 실질적인 고용관계 유무는 고용계약이나 도급계약 등 근로계약의 형식에 좌우되는 것은 아니나, 근로의 실질에 있어 근로자가 종속적인 관계에서 사용자에게 근로를 제공하는 사정이 인정되는 경우에 한하여 실질적인 고용관계를 인정할 수 있다(대법원 2002. 8. 27. 선고 2002도27 판결, 대법원 2006. 4. 28. 선고 2005도3700 판결 등 참조)."(대법원 2010. 6. 24. 선고 2010도2615 판결)

따라서 건물신축공사의 일부인 골조공사를 하도급받은 하수급인이 골조공사의 일부를 재하수급인에게 재하도급하였을 뿐이고 공사현장에서 그 소속 근로자들로 하여금 작업을 하게 하거나 재하수급인 소속 근로자들을 상대로 작업 지시를 한 사실이 없는 하수급인은 산업안전보건법 제23조

소정의 안전조치의무를 부담하는 사업주가 아니다.

사례

육교철거작업 현장에서 해체된 육교지주대를 크레인기사가 크레인으로 들어 올려 피해자가 운전하는 트럭에 적재하는 작업 도중 인양용 슬링벨트가 끊어지면서 빔 기둥이 떨어져 작업중이던 피해자의 몸으로 떨어져 피해자가 현장에서 두개골개방골절로 인한 뇌손상 등으로 사망하는 사고가 발생했다. 피해자는 자신을 운전사로 붙여 카고트럭을 이틀간 임대하기로 약정하였다. 피해자의 임무는 사업주의 근로자들이 해체하여 상차한 해체물을 운전하는 작업뿐이었다.

이처럼 공사에 필요한 작업을 위하여 일일임대차계약에 의하여 임차한 카고트럭의 소유자 겸 운전기사가 작업중 현장에서 사망한 경우 사업주가 피해자에 대해 산업안전보건법 제23조에 규정된 안전상의 조치의무위반을 이유로 형사책임을 져야 하는가?

건설공사현장에서 근로자 아닌 자의 사상 사고가 발생하였더라도 산업안전보건법이 적용될 수 없다.

판례 "산업안전보건법은 산업재해를 예방하고 쾌적한 작업환경을 조성함으로써 '근로자'의 안전과 보건을 유지·증진함을 목적으로 하는 것이므로(같은 법 제1조) 같은 법 제23조, 제29조 등이 규정하고 있는 안전상의 조치의무 또는 근로자를 사용하여 사업을 행하는 사업주가 부담하여야 하는 재해방지의무는 작업장 내의 모든 사람에게 적용되는 것이 아니라 사업주와 실질적인 고용관계가 있는 근로자에 대하여만 적용된다. 공사에 필요한 작업을 위하여 일일임대차계약에 의하여 임차한 카고트럭의 소유자 겸 운전기사가 작업중 현장에서 사망한 사안에서, 임차인인 사업주와 피해자 사이에 실질적인 고용관계가 성립하였다고 보기 어려워, 사업주가 피해자에 대해 산업안전보건법 제23조에 규정된 안전상의 조치의무를 부담한다고 할 수 없다."(대구지법 2007. 2. 13. 선고 2006고정3671 판결)

판례 "산업안전보건법 제66조의2, 제23조제1항 위반죄는, 단순히 사용자의 소속 근로자에 대한 관리감독 소홀에 대한 책임을 묻는 것이 아니라, 사업주가 자신이 운영하는 사업장에서 산업안전기준에 관한 규칙이 정하고 있는 바에 따른 안전조치를 취하지 않은 채 안전상의 위험성이 있는 작업을 하도록 지시하거나 안전조치가 취해지지 않은 상태에서 위와 같은 작업이 이루어졌다고 인정되는 경우에 성립하는 범죄로서, 사업주가 소속 근로자를 보호하기 위하여 안전조치를 취하여야 할 의무를 전제로 하는 것이므로, 사업주와 근로자 사이에 실질적인 고용관계가 있어야 한다."(대법원 2010. 06. 24. 선고 2010도2615 판결).

---

20. 타워크레인 붕괴사고에 대한 현장대리인의 형사책임 여부

쟁점

타워크레인 작업을 전문업자에게 도급 준 건설회사의 현장대리인에게 타워크레인 붕괴사고에 따른 형사책임을 물을 수 있는가?

판단

처벌하지 못한다.

타워크레인 작업의 도급과 형사 책임

A건설회사는 건설공사 중 타워크레인을 사용하여 수행해야 할 작업공정부분을 타워크레인업자 B에게 도급 주었다. 타워크레인의 설치, 운전, 해체에 필요한 모든 인원은 A건설회사의 관여 없이 B가 고용하여 작업에 투입하였다. A건설회사의 직원들은 그에 대한 경험이나 전문지식이 부족하여 구체적인 설치작업 과정에는 관여한 바 없다. B는 자기의 책임으로 운전기사를 고용하고 자기가 소유 또는 관리하는 장비를 사용하여 타워크레인 작업을 수행하였는데, 타워크레인이 붕괴되는 사고로 사람이 죽거나 다쳤다. 이 사고에 대해 A건설회사나 그 현장대리인 C에게 형사책임을 물을 수 있는가?

이에 대하여 대법원은 현장대리인 C가 타워크레인의 설치작업을 관리하고 통제할 실질적인 지휘, 감독권한이 있었던 것으로는 보이지 아니하므로 업무상 주의의무를 위반한 과실이 있다고 할 수 없어서 업무상과실치사상죄의 책임을 물을 수 없다고 판단하였다.

판례 "건설회사가 건설공사 중 타워크레인의 설치작업을 전문업자에게 도급주어 타워크레인 설치작업을 하던 중 발생한 사고에 대하여 건설회사의 현장대리인에게 업무상과실치사상의 죄책을 물을 수 없다."(대법원 2005. 9. 9. 선고 2005도3108 판결)

한편 이 사안은 A회사에게 산업안전보건법 위반죄를 물을 수도 없다. 동일 장소에서 행하여지는 사업의 일부를 도급에 의하여 행하는 경우 재해발생을 방지하기 위하여 필요한 산업안전보건법상의 조치를 취하지 아니하였다고 볼 수 없고, B가 A회사로부터 타워크레인의 작업공정부분을 도급받은 것으로 보는 이상 피고인들에게 산업안전보건법상 장비 임차인으로서의 주의의무까지 이행할 것을 요구할 수는 없다는 이유로 이 사건 공소사실 중 피고인들에 대한 산업안전보건법위반의 점에 대하여 모두 무죄를 선고하였다.

21. 토지의 굴착 부분에 대한 건축주의 조치의무 여부

쟁점

건축공사를 할 때 충분한 안전조치를 취하지 않고 흙파기를 하는 바람에 인접 건물에 균열 발생 등의 피해를 발생케 한 경우, 건축주에게 건축법 제111조제5호 위반의 죄책을 물을 수 있는가?

판단

시공자가 아닌 건축주는 해당되지 않는다.

토지 굴착 부분에 대한 조치 등

건축법 제111조제5호는 "제41조나 제42조를 위반한 건축주 및 공사시공자"에 대하여 5천만원 이하의 벌금에 처한다고 규정하고 있다. 건축법 제41조제1항은 "공사시공자는 대지를 조성하거나 건축공사를 하기 위하여 토지를 굴착·절토(切土)·매립(埋立) 또는 성토 등을 하는 경우 그 변경 부분에는 국토교통부령으로 정하는 바에 따라 공사 중 비탈면 붕괴, 토사 유출 등 위험 발생의 방지, 환경 보존, 그 밖에 필요한 조치를 한 후 해당 공사현장에 그 사실을 게시하여야 한다."고 규정하고, 같은 법 제42조제1항 본문은 "면적이 200제곱미터 이상인 대지에 건축을 하는 건축주는 용도지역 및 건축물의 규모에 따라 해당 지방자치단체의 조례로 정하는 기준에 따라 대지에 조경이나 그 밖에 필요한 조치를 하여야 한다."고 규정되어 있다.

그렇다면 공사시공자가 아닌 건축주에 대하여도 제41조의 위반으로 처벌하고, 건축주가 아닌 공사시공자에 대하여도 제42조 위반으로 처벌할 수 있다는 것인가?

건축법 제111조제5호만 보면 건축주인지 공사시공자인지를 묻지 않고 모두 제41조와 제42조가 부과하는 의무를 지고 있는 것처럼 해석될 여지가 있다. 그러나 제41조와 제42조는 규범의 수범자를 공사시공자와 건축주를 각기 달리 정하고 있다.

따라서 법 제111조제5호의 '제41조나 제42조를 위반한 건축주 및 공사시공자'는 '제41조의 규정을 위반한 공사시공자 또는 제42조의 규정에 위반한 건축주'를 의미하는 것으로 해석해야 한다.

건축공사를 함에 있어 충분한 안전조치를 취하지 않고 흙파기를 하던 중 인접 건물에 균열 발생 등의 피해가 발생하였더라도 공사시공자가 아닌 건축주에게 건축법 제111조제5호 위반의 죄책을 물을 수는 없다.

판례 "건축법 제31조제1항은 공사시공자에게 대지를 조성하거나 건축공사에 수반하는 토지를 굴착하는 경우에 그 굴착부분에 대한 위험발생의 방지 등에 필요한 조치를 취할 의무를 부과하는 규정으로, 같은 법 제32조제1항은 일정 규모 이상의 대지에 건축을 하는 건축주에게 소정의 기준에 따라 대지 안에 조경 등의 조치를 취할 의무를 부과하는 규정으로, 같은 법 제80조제4호는 이러한 의무를 위반한 건축주 및 공사시공자를 처벌하는 규정으로 각 보아야 할 것이므로, 같은 법 제80조제4호의 '제31조 또는 제32조에 위반한 건축주 및 공사시공자'는 '제31조의 규정에 위반한 공사시공자 또는 제32조의 규정에 위반한 건축주'를 의미하는 것으로 해석함이 상당하다."(대법원 2004. 10. 15. 선고 2004도4302 판결)[18)]

---

18) 판례의 건축법 제31조, 제32조, 제80조 제4호는 각각 현행법 제41조, 제42조, 제111조 제5호에 위치하고 있다.

22. 영업정지 중인 건설사업자가 할 수 있는 공사의 범위

쟁점

건설사업자는 영업정지기간 동안 경미한 건설공사도 할 수 없는가?

판단

건설업등록을 요하지 않는 경미한 건설공사도 할 수 없다.

(1) 건설업의 등록과 영업정지처분

건설업을 영위하려는 자는 업종별로 등록을 해야 한다. 다만 공사예정금액이 5,000만원 미만인 종합공사나 1,500만원 미만인 전문공사, 조립 · 해체하여 이동이 용이한 기계설비 등의 설치공사와 같은 경미한 건설공사는 등록하지 않고도 공사를 할 수 있다(건설산업기본법 제9조제1항, 시행령 제8조).

건설업을 등록하기 위해서는 업종별로 정해진 기술능력, 자본금, 시설 및 장비에 관한 기준 등을 충족하여야 한다(법 제10조, 시행령 제13조). 등록을 하지 않거나 부정한 방법으로 등록을 하고 건설업을 영위한 자는 5년 이하의 징역 또는 5천만원 이하의 벌금에 처한다(법 제95조의2제1호).

한편, 영업정지처분을 받은 건설사업자는 영업정지기간 중에 영업을 할 수 없지만, 그 처분을 받기 전에 도급계약을 체결하였거나 관계 법령에 따라 허가 · 인가 등을 받아 착공한 건설공사에 대하여는 이를 계속하여 시공할 수 있다(건설산업기본법 제14조제1항).

(2) 영업정지처분에 의하여 금지되는 건설업 영업의 범위

이처럼 경미한 건설공사는 건설업등록을 하지 않고도 할 수 있는데, 경미한 건설공사는 영업정지처분을 받아 그 영업정지기간 중에 있는 건설사업자가 하여도 되는가?

대법원 판례는 이를 부정한다.

판례 "건설산업기본법 제9조제1항 단서가 경미한 건설공사를 업으로 하려는 경우 등록의무를 면제하는 이유는 국민의 건강과 생명, 재산에 미치는 영향이 상대적으로 작은 경미한 건설공사만을 업으로 하는 경우에 관해서까지 법으로 엄격한 자격요건을 규정하여 관리할 필요가 없기 때문일 뿐이고, 경미한 건설공사도 여전히 건설업자의 영업 범위나 대상에 속한다고 볼 수 있는 점 등을 종합하여 보면, 건설업의 영업정지처분을 받은 건설업자는 영업정지기간 동안 건설산업기본법 제14조제1항이 정한 예외적인 사유에 해당하지 아니하는 이상 건설업을 영위할 수 없다고 보아야 하고, 영업정지처분에 의하여 금지되는 건설업 영업에는 경미한 건설공사도 포함된다고 해석함이 타당하다."(대법원 2015. 4. 23. 선고 2013두12386 판결)

CHAPTER 22

보증 관계

제22장 보증 관계

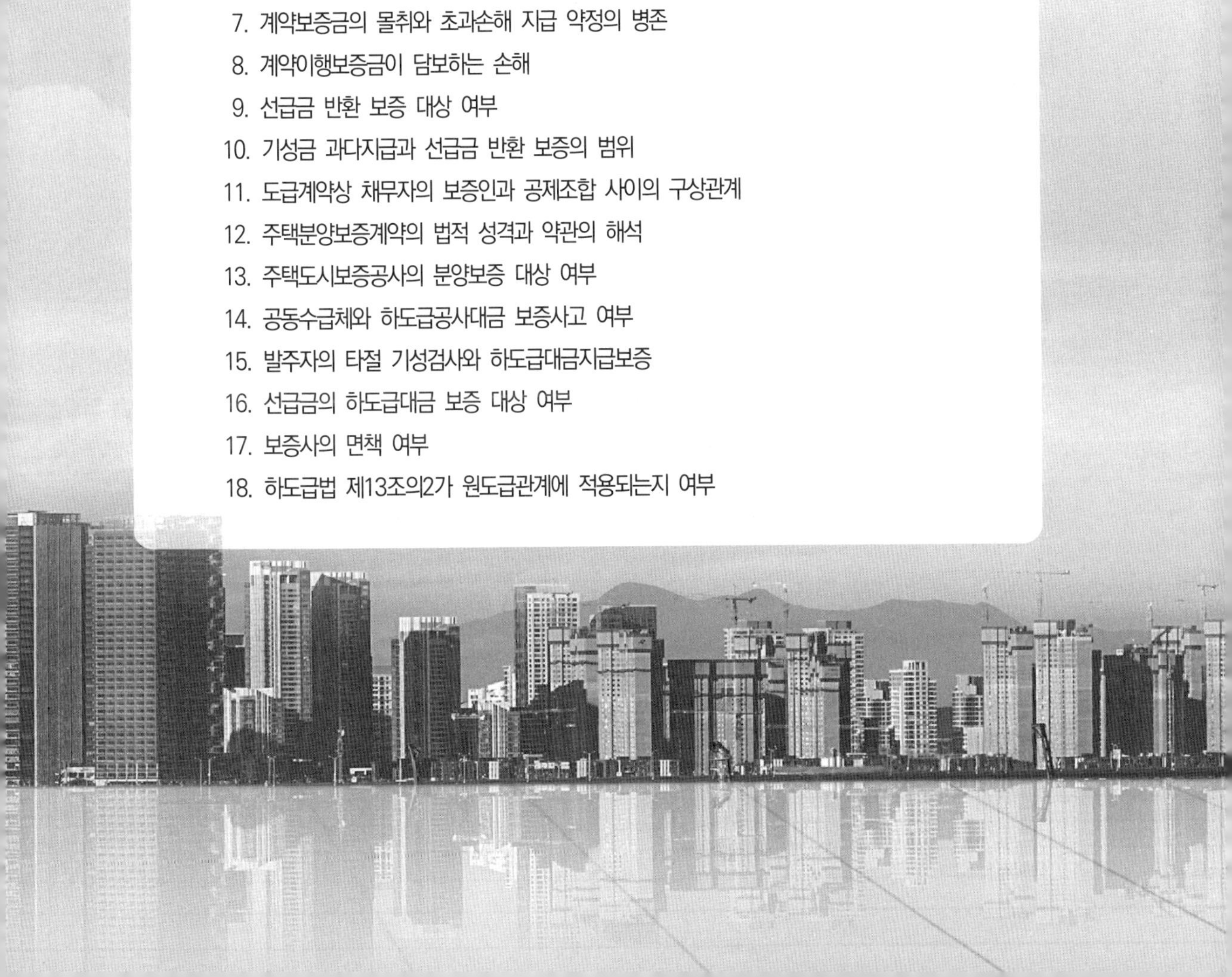

1. 보증보험의 계약당사자와 취소의 상대방

쟁점

건설공제조합이 보증관계를 해소 하려는 경우 보증 취소의 상대방은 누구인가?

판단

보증 취소의 의사표시는 보증채권자인 도급인에게 하여야 한다.

건설공제조합이나 전문건설공제조합에서 하는 보증보험의 계약당사자는 보증채권자와 보증기관이다. 보증관계는 보증채권자와 보증기관 사이의 보증계약으로 이루어지는 것이다. 보증보험을 의뢰하는 주채무자는 보증계약의 당사자가 아니다.

따라서 보증기관이 보증계약을 취소할 사유가 있어 보증계약을 취소할 경우 취소의 상대방은 주채무자인 수급인이 아니라 보증채권자인 도급인이다.

판례 "전문건설공제조합이 구 전문건설공제조합법(1996. 12. 30. 법률 제5230호 건설산업기본법 부칙 제2조에 의하여 폐지)에 의하여 하는 보증에 있어서의 보증관계는 조합과 조합원 사이에 체결되는 보증위탁계약의 제3자에 대한 효력으로서 성립하는 것이 아니라, 조합원의 신청에 따라 보증채권자를 위하여 보증서를 발급하는 방식으로 조합이 보증채권자에 대하여 직접 보증의 의사표시를 함으로써 성립하는 것이므로, 그 보증관계의 해소를 위한 보증 취소의 의사표시는 보증을 신청한 자에 불과한 조합원에 대하여 할 것이 아니라 보증의 의사표시의 상대방인 보증채권자에 대하여 하여야 한다."(대법원 1999. 11. 26. 선고 99다36617 판결)

반면에 보증보험회사의 보증보험계약은 보험사와 수급인이 체결한 제3자를 위한 계약이므로 취소의 상대방도 계약당사자인 수급인이다.

판례 "보증보험계약은 보험계약자인 채무자의 채무불이행으로 인하여 채권자가 입게 되는 손해의 전보를 보험자가 인수하는 것을 내용으로 하는 타인을 위한 손해보험계약이라고 할 것인바, 이러한 보증보험계약에 있어서 보험계약자의 고지의무 위반을 이유로 한 해지의 경우에 계약의 상대방 당사자인 보험계약자나 그의 상속인(또는 그들의 대리인)에 대하여 해지의 의사표시를 하여야 하고, 보험금 수익자에게 해지의 의사표시를 하는 것은 특별한 사정(보험약관상의 별도기재 등)이 없는 한 효력이 없다고 할 것이며, 이러한 결론은 그 보증보험계약이 상행위로 행하여졌다거나 혹은 보험계약자의 소재를 알 수 없다는 이유만으로 달라지지는 않는다."(대법원 2002. 11. 8. 선고 2000다19281 판결)

2. 이행기의 변경과 보증계약의 효력

쟁점

계약이행보증에서 보증사의 동의 없이 도급인과 수급인이 공사의 준공기한을 연장했지만 당초 약정한 보증기간 내에 보증사고가 발생하였다면 보증사는 보증금을 지급하여야 하는가?

판단

보증사고가 당초 약정한 보증기간 내에 발생한 것이므로 보증금을 지급하여야 한다.

(1) 보증채권자와 주채무자 사이의 이행기간 연장과 보증기간의 관계

주채무자의 채무이행을 보증한 보증사의 동의를 받지 않고 보증채권자와 주채무자 사이에 당초의 이행기간을 연장하는 계약을 체결하더라도 보증기간이 변경된 주계약에 따라 연장되는 것은 아니다. 따라서 당초의 이행기간을 경과한 시점에 보증사고가 발생하더라도 보증보험금을 지급받을 수 없다.

즉, 보증채권자인 도급인과 주채무자인 수급인 사이에 준공기한을 연장하기로 합의하였더라도 그 합의의 효력은 도급인과 수급인 사이에 한정되고, 도급인에 대한 수급인의 채무를 보증한 보증기관에는 효력이 미치지 않는다.

(2) 변경된 이행기간에 보증사고가 발생한 경우

건설공제조합으로부터 하도급대금의 지급보증을 받은 보증채권자가 보증보험계약자의 부탁을 받고 당초의 이행기일을 보증기간 이후로 연기해주었는데 보증사고가 당초의 이행기일을 경과하여 변경된 이행기간내에 발생하였다. 이 경우 보증채권자는 건설공제조합으로부터 보증금을 지급받을 수 있는가?

대법원은 보증사고가 보증기간 이후에 발생한 것이어서 보증금 지급사유에 해당되지 않는다고 본다.

건설공제조합은 보증서에 기재된 보증기간 내에 발생한 보증사고에 대하여 보증금액의 한도 안에서 보증책임을 부담하는데, 주채무자와 보증채권자 사이에서 주채무의 이행기를 보증기간 이후로 연기하는 변경계약을 체결하더라도 건설공제조합의 보증계약상의 보증기간도 당연히 변경된다고 할 수는 없다는 것이다(대법원 2008. 5. 15. 선고 2007다68244 판결).

판례 "건설산업기본법에 따라 건설공제조합이 조합원으로부터 보증수수료를 받고 조합원이 타조합원 또는 제3자와 하도급계약을 체결하는 경우 부담하는 하도급대금 지급채무를 보증하는 보증계약은 그 성질에 있어서 조합원 상호의 이익을 위하여 영위하는 상호보험으로서 보증보험과 유사한 것이라고 할 것이므로 이에 대하여도 보험에 관한 법리가 적용되고, 따라서 보증채권자가 조합원에게 그 이행기를 보증기간 이후로 연기하여 준 경우에는 이로써 건설공제조합의 보증계약상의 보증기간도 당연히 변경된다고 할 수는 없으며 연기된 이행기일이 보증기간 이후로 된 이상 비록 조합원이 변경된 주계약상의 이행기일에 이행을 하지 않는다고 하더라도 이는 보증사고가 보증기간 이후에 발생한 것이어서 보증금 지급사유에 해당되지 아니한다."(대법원 2001. 2. 13. 선고 2000다5961 판결)

---

(3) 당초 보증기간 내에 보증사고가 발생한 경우

그렇다면 도급인과 수급인 사이에 준공기한을 임의로 변경하였지만 보증사고는 당초의 이행기간 내에 발생한 경우는 어떻게 되는가? 이 경우에도 보증채권자는 보증보험금을 지급받지 못하는가?

이 경우 보증사고는 당초 보증기간 내에 발생한 것이기 때문에 보증사는 보증금을 지급하여야 한다. 당초 약정한 보증기간 내에 발생한 보증사고를 대상으로 하는 보증계약의 효력은 여전히 유지되고 있기 때문이다.

판례 "피보험자와 보험계약자 사이의 주계약의 이행기간이 당초 보험기간 내이던 것이 보험기간 이후로 연장되었다 하여 보험기간도 연장된 주계약의 이행기간에 맞추어 연장되는 것은 아니고 보험자로서는 당초 정해진 보험기간 내에 발생한 보험사고에 대해서만 보험책임을 부담할 뿐이므로 그러한 주계약의 이행기간 연장이 보험자의 동의 없이 이루어졌다 하여 당초 약정한 보험기간 내에 발생한 보험사고를 대상으로 하는 보험계약의 효력이 당연히 소멸된다고 볼 수는 없다 할 것이다."(대법원 2006. 4. 28. 선고 2004다16976 판결)

---

3. 해제가 보험금 청구의 요건인지 여부

쟁점

보증사고는 보증기간 내에 발생하였지만 보증채권자인 도급인이 보증기간 내에 계약을 해제하지 않고 그 기간이 경과한 뒤에 계약을 해제하였다. 보증보험금을 지급받을 수 있는가?

판단

보증사고가 보증기간 내에 발생한 이상 보증기간 내에 계약을 해제하지 않았더라도 보증보험금을 지급받을 수 있다.

(1) 보증사고의 발생 시점

판례 "보험사고란 보험계약에서 보험자의 보험금 지급책임을 구체화하는 불확정한 사고를 의미하는 것으로서, 계약이행보증보험에 있어서 보험사고가 구체적으로 무엇인지는 당사자 사이의 약정으로 계약내용에 편입된 보험약관과 보험약관이 인용하고 있는 보험증권 및 주계약의 구체적인 내용 등을 종합하여 결정하여야 한다."(대법원 2006. 4. 28. 선고 2004다16976 판결)

이와 관련하여 계약이행보증보험에서 보증기간 내에 수급인의 채무불이행이 있었지만 도급인이 보험기간 내에 계약을 해제하지 않고 그 기간이 경과한 뒤에야 계약을 해제한 경우에 보험금을 지급받을 수 있는지 다툼이 있다.

보증사고란 보증기간내에 발생한 사고이어야 하는데, 채무불이행 사실만 있어도 보증사고로 볼 수 있는지, 아니면 채무불이행을 이유로 보증채권자가 계약을 해제하여야 비로소 보증사고로 볼 수 있는 것인지 하는 문제이다.

그러나 채무불이행 사실만으로 족한지, 해제가 필요한지 여부는 보증약관의 구체적 해석의 문제이다.

판례 "전문건설공제조합이 건설산업기본법에 따라 하는 각종 보증에 있어서의 보증사고라 함은 보증인인 전문건설공제조합의 보증책임을 구체화하여 정하는 불확정한 사고를 의미하는 것이므로, 선급금보증에서 보증사고가 무엇인지는 당사자 사이의 약정으로 계약내용에 편입된 보증약관과 보증서 및 주계약의 구체적 내용 등을 종합하여 결정하여야 한다."(대법원 2003. 1. 24. 선고 2002다55199 판결)

(2) 선급금보증에 있어서 보증사고의 발생시점

하도급인은 하수급인에게 공사를 하도급주면서 선급금도 지급하였다. 하수급인은 선급금반환을 보증하기 위하여 전문건설공제조합으로부터 발급받은 보증서를 제출했다. 보증기간의 말일은 하도급공사기간의 말일과 일치되게 하였다. 그런데 하도급공사가 지연되자 하도급인은 공사를 독촉하다가 약정한 하도급공사의 준공기일이 경과되는 즉시 하도급공사도급계약의 해지통보를 하였다.

이 경우 하도급인은 전문건설공제조합에 보증사고의 발생을 이유로 선급금반환보증금을 지급받을 수 있는가? 이 사건 하도급인은 보증기간이 경과된 이후에 하도급계약을 해지하였는데, 보증사고가 보증기간내에 발생한 것인가? 아니면 보증기간 경과 이후에 발생한 것인가?

하수급인의 하도급인에 대한 선급금반환의무가 하도급계약이 해지 또는 해제됨으로써 발생한다는 점을 앞세우면 보증사고가 보증기간 이후에 발생된 것으로 해석될 여지가 있다.

그러나 대법원은 그렇게 해석하지 않는다. 주계약인 하도급계약이 해지된 때가 아니라 하도급계약에서 정한 채무의 불이행이 있음으로써 선급금반환의무의 발생이 객관적으로 확실하게 된 때에 보증사고가 발생한 것으로 보아야 한다는 것이다.

판례 "이 사건 선급금보증서의 일반약관 제1조에는 계약자인 하수급인이 하도급인으로부터 하도급받은 공사와 관련한 의무를 이행하지 아니하는 것을 '보증사고'로 규정하고, 특별약관에는 의무이행을 '주채무자의 귀책사유로 정산되지 아니한 선급금채무'로 정의하고, 보증금의 지급한도를 '미회수금채권액 중 미지급 기성금을 차감한 금액'으로 규정하면서, 선급금의 정산 내지 반환의무가 언제, 어떤 요건 아래에서 발생하는지에 대하여는 아무런 규정이 없고, 하도급계약에서도 그에 관하여는 아무런 정함이 없는바, 비록 하수급인의 하도급인에 대한 선급금반환의무는 달리 정함이 없는 한 하도급계약이 해지 또는 해제됨으로써 발생하는 것이기는 하나, 선급금보증의 취지에 비추어 선급금보증에 있어서의 보증사고의 발생에 관하여까지 반드시 하도급계약의 해지 또는 해제가 전제되어야 하는 것으로 볼 필요는 없는 점과, 이 사건 선급금보증에 있어서의 보증인과 보증채권자의 이해관계, 특히 이 사건에서와 같이 공사기간과 선급금보증의 보증기간의 종기가 일치하는 경우에 만일 주계약인 하도급계약의 해지시에 비로소 보증사고가 발생하는 것으로 본다면, 하수급인의 귀책사유로 인하여 하도급계약에서 정한 공사기간 내에 공사를 완공하지 못할 것임이 그 공사기간이 만료되기 상당기간 전에 분명하게 드러나는 등의 특별한 사정이 있는 때에 한하여 비로소 보증채권자인 하도급인이 보증기간의 종기 이전에 하도급계약을 해지하거나 해제하여 보증사고가 발생하는 것이 가능하게 되고, 그러한 특별한 사정이 없는 경우에는 보증기간 내에 보증사고가 발생하는 것이 불가능하게 되어 원천적으로 이 사건 선급금보증에 의하여 담보되는 위험이 거의 없게 되는 불합리가 발생하는 점 등에 비추어 볼 때, 이 사건 선급금보증에 있어서는 주계약인 하도급계약이 해지된 때가 아니라 하도급계약에서 정한 채무의 불이행이 있음으로써 선급금반환의무의 발생이 객관적으로 확실하게 된 때에 보증사고가 발생한 것으로 봄이 상당하다고 할 것이므로, 이 사건 선급금보증계약에서 정한 보증사고는 하수급인의 귀책사유로 인하여 공사기간 내에 공사를 완료하지 못함으로써 보증기간 내에 발생한 것으로 보아야 할 것이고, 하도급인의 하도급계약 해지 의사표시의 효력이 보증기간 경과 후에 발생하였다고 하여 달리 볼 것은 아니다."(대법원 2003. 124. 선고 2002다55199 판결)

4. 보증계약의 취소와 보증채권자의 보호

쟁점

계약이행보증보험증권을 발행한 보증사가 주채무자의 고지의무위반을 이유로 보증계약을 해제하면 보증금 지급의무도 면하는가?

판단

보증채권자가 그러한 사실을 알았거나 알 수 있었던 것이 아니면 보증금 지급의무를 면할 수 없다.

(1) 보증보험계약의 취소

보증보험자는 기망이나 착오를 이유로 보험계약을 취소할 수 있다.

공사계약 체결일이나 실제 착공일, 공사기간도 공사대금 등과 함께 그 계약상 중요한 사항으로서 수급인측에서 이를 허위로 고지함으로 말미암아 보험자가 그 실제 공사의 진행상황을 알지 못한 채 보증보험계약을 체결한 경우에는 이는 법률행위의 중요한 부분에 관한 착오로 인한 것으로서 민법의 일반원칙에 따라 보험자가 그 보험계약을 취소할 수 있다(대법원 2002. 7. 26. 선고 2001다36450 판결).

선급금반환보증보험계약을 체결하면서 보험계약자인 수급인이 보험자에게 선급금의 액수와 지급방법 및 선급금의 정해진 용도를 허위로 고지한 경우에도 보험계약을 취소할 수 있다(대법원 2002. 11. 26. 선고 2002다34727 판결).

선급금을 당해 공사대금이 아니라 공사부지 매수대금이나 다른 공사의 자금으로 전용한 경우나 선급금의 액수를 실제와 다르게 보험자에게 알린 경우, 선급금을 현금이 아닌 대물로 지급하면서도 대물이라는 사실을 밝히지 않고 현금가로만 고지한 경우 등에도 보험계약을 취소할 수 있다.

(2) 보증채권자의 보호

일반적으로 타인을 위한 보험계약에서 보험계약자의 사기를 이유로 보험자가 보험계약을 취소하는 경우 보험사고가 발생하더라도 피보험자는 보험금을 지급받을 수 없다. 그러나 보증보험은 이와 다르다. 계약보증계약의 채권담보적 기능을 신뢰하여 보증채권자가 새로운 이해관계를 가지게 되었다면 그와 같은 보증채권자의 신뢰는 보호되어야 한다. 따라서 보증채권자가 보험계약자의 기망행위가 있었음을 알았거나 알 수 있었던 경우가 아니면 그 취소를 가지고 보증채권자에게 대항할 수 없다. 보증계약이 주채무자의 사기나 착오를 이유로 취소되더라도 선의의 보증채권자는 보호받는다.

판례 "계약이행보증계약의 경우 채무자가 보증계약 체결 당시 보증인을 기망하였고 보증인은 그로 인하여 착오를 일으켜 보증계약을 체결하였다는 이유로 보증계약 체결의 의사표시를 취소하였더라도 보증채권자가 보증계약이 체결되는 것을 전제로 채무자와 계약을 체결하거나, 보증인이 이미 보증서를 교부하여 보증채권자가 그 보증서를 수령한 후 이에 터 잡아 새로운 계약을 체결하거나, 이미 체결한 계약에 따른 의무를 이행하는 등으로 보증계약의 채권담보적 기능을 신뢰하여 새로운 이해관계를 가지게 되었다면 그와 같은 보증채권자의 신뢰를 보호할 필요가 있다."(대법원 2013. 07. 11. 선고 2012다36760 판결)

그러나 보증채권자가 그와 같은 기망행위가 있었음을 알았거나 알 수 있었던 경우에는 그 취소를 가지고 보증채권자에게 대항할 수 있다.

판례 "계약이행보증계약의 경우 채무자가 보증계약 체결에 있어서 보증인을 기망하였고, 보증인은 그로 인하여 착오를 일으켜 보증계약을 체결하였다는 이유로 보증계약 체결의 의사표시를 취소하였다 하더라도 보증채권자가 보증계약이 체결되는 것을 전제로 채무자와 계약을 체결하거나 또는 보증인이 이미 보증서를 교부하여 보증채권자가 그 보증서를 수령한 후 이에 터잡아 새로운 계약을 체결하거나 혹은 이미 체결한 계약에 따른 의무를 이행하는 등으로 계약보증계약의 채권담보적 기능을 신뢰하여 새로운 이해관계를 가지게 되었다면 그와 같은 보증채권자의 신뢰를 보호할 필요가 있다 할 것이나, 보증채권자가 그와 같은 기망행위가 있었음을 알았거나 알 수 있었던 경우에는 그 취소를 가지고 보증채권자에게 대항할 수 있다."(대법원 2003. 11. 13. 선고 2001다33000 판결)

---

5. 계약보증금과 손해담보 약정

쟁점

수급인의 채무불이행이 있는 경우 도급인은 계약보증금 전액을 몰취할 수 있는가?

판단

계약보증금 전액을 몰취한다는 특약이 없는 한 실제 손해액만을 청구할 수 있다.

손해담보 약정: 귀속특약이 없는 경우

공사도급계약에서 수수되는 계약이행보증금은 수급인이 채무를 불이행한 사실만 있다면 실제 손해액을 따질 것도 없이 도급인에게 귀속되는가, 아니면 실손해액에 한정되는가?

계약이행보증금 액수만 약정하고 채무불이행시 그 귀속방법에 관한 특별한 약정이 없다면 계약이행보증금 약정은 공사도급계약으로 인하여 도급인이 입게 되는 손해를 전보해주기로 하는 손해담보약정에 해당한다. 즉, 몰취규정이 없는 경우는 손해담보약정인 것이다. 따라서 도급인이 약정한 계약이행보증금을 청구하기 위해서는 수급인의 채무불이행 사실과 실제 손해액을 입증할 책임이 있다.

판례 "도급인과 수급인 사이에 계약보증금의 한도에 관한 약정이 있었을 뿐, 보증금에 해당하는 금액을 위약벌 내지 제재금이나 손해배상액의 예정으로 하는 특약이 있었다고는 인정되지 아니하는 경우, 도급인이 수급인의 채무불이행을 이유로 보증인에 대하여 계약보증금을 청구하기 위하여는 보증인이 이행을 보증한 수급인의 구체적인 채무 및 그 채무액에 대한 입증이 필요하다고 할 것이므로 공사도급계약이 해제되었다는 사유만으로 계약보증서에 정한 보증금 전액을 청구할 수 없다."(대법원 1999. 3. 26. 선고 96다23306 판결)

6. 계약보증금과 손해배상액의 예정

쟁점

수급인의 채무불이행시 계약보증금은 도급인에게 귀속한다는 계약조항이 있는 경우, 계약보증금은 전액 도급인이 몰취할 수 있는가?

판단

손해배상액의 예정으로 추정되기 때문에 전액 몰취할 수 있지만, 과다하다고 인정되면 법원은 적당히 감액할 수 있다.

손해배상액의 예정: 귀속특약이 있는 경우

계약이행을 담보하기 위하여 수수되는 계약이행보증금을 도급인이 몰취하기로 하는 특약이 있는 경우 그 계약이행보증금 약정은 위약금의 약정으로서 손해배상액의 예정으로 추정한다. 수급인이 채무를 이행하지 않을시 보증금을 도급인에게 귀속시킨다는 약정이 있는 경우에는 손해배상액의 예정에 해당하기 때문에 도급인은 보증금액 전부를 취할 수 있다.

또한 손해배상액의 예정이기 때문에 보증채권자는 실제 손해액을 입증할 필요도 없이 약정한 보증금을 청구할 수 있다. 입증책임의 부담을 피하기 위하여 미리 손해배상액을 약정한 셈이기 때문에 입증이 필요없는 것이다. 보증채권자의 실제 손해가 약정한 보증금액에 미치지 못하다더라도 보증채무자는 보증금액 전액을 보증채권자에게 지급하여야 한다. 보증채권자로서도 별도의 특약이 없다면 실제 손해액이 약정 보증금액을 초과하더라도 그 초과 손해액을 청구할 수 없다.

판례 "도급계약서 및 그 계약내용에 편입된 약관에 수급인이 하자담보책임 기간 중 도급인으로부터 하자보수 요구를 받고 이에 불응한 경우 하자보수보증금은 도급인에게 귀속한다는 조항이 있을 때 이 하자보수보증금이 손해배상액의 예정인지 위약벌인지는 도급계약서 및 위 약관 등을 종합하여 구체적 사건에서 개별적으로 결정할 의사해석의 문제이고, 위약금은 민법 제398조제4항에 의하여 손해배상액의 예정으로 추정되므로, 위약금이 위약벌로 해석되기 위하여는 특별한 사정이 주장·입증되어야 한다.

도급계약의 내용으로 되어 있는 공사계약일반조건에 수급인이 하자보수의무를 이행하지 아니하는 경우 하자보수보증금이 도급인에게 귀속한다고만 규정되어 있을 뿐 이와 별도로 도급인이 입은 손해에 대하여는 따로이 배상하여야 한다는 취지의 규정이 있지도 아니하고, 오히려 도급계약상 도급인이 하자보수를 위하여 실제로 지출한 비용이 수급인이 예치한 하자보수보증금을 초과하더라도 그 이상의 책임을 수급인에게 물을 수 없다면, 위 하자보수보증금의 귀속규정은 수급인이 하자보수의무를 이행하지 아니하는 경우 그 보증금의 몰취로써 손해의 배상에 갈음한다는 취지로서, 하자보수보증금은 손해배상액의 예정으로서의 성질을 가진다."(대법원 2001. 9. 28. 선고 2001다14689 판결).

7. 계약보증금의 몰취와 초과손해 지급 약정의 병존

쟁점

계약보증금의 몰취와 함께 보증금을 초과하는 손해까지도 배상하기로 하는 약정이 있는 경우 두 약정의 관계는?

판단

계약보증금 약정은 손해배상액의 예정이고, 보증금을 초과하는 손해액의 지급 약정은 손해담보 약정이다.

계약보증금과 실손해 지급 약정의 병존

도급계약을 체결하면서 수급인의 귀책사유로 도급계약이 해제되는 경우 약정한 계약보증금을 도급인에게 귀속시키되, 도급인의 손해가 약정보증금을 초과하는 경우 그 초과하는 손해배상을 청구할 수 있다는 약정이 병존하는 경우가 있다. 민간건설공사 표준도급계약서 일반조건 제5조는 수급인의 귀책사유로 인하여 계약이 해제되면 납부된 계약보증금은 도급인에게 귀속되고 해제에 따른 손해배상액이 계약보증금을 초과하는 경우에는 그 초과분에 대한 손해배상을 청구할 수 있다고 규정하고 있다.

이 경우 계약보증금을 위약벌 약정으로 볼 수 있는가? 위약벌 약정으로 인정된다면, 도급인은 계약보증금을 전액 몰취할 수 있으며, 그 액수가 과다하더라도 법원은 적당히 감액할 수 없다.

수급인의 귀책사유로 인하여 계약이 해제된 경우에는 계약보증금이 도급인에게 귀속한다는 조항이 있는 경우, 그 계약보증금이 손해배상액의 예정인지 위약벌인지는 도급계약서 및 위 약관 등을 종합하여 개별적으로 결정할 의사해석의 문제이다. 그러나 위약금은 민법 제398조제4항에 의하여 손해배상액의 예정으로 추정되므로 위약금이 위약벌로 해석되기 위하여는 특별한 사정이 주장 · 입증되어야 한다.

대법원은 계약보증금을 도급인에게 귀속시키기로 하는 약정 외에 보증금을 초과하는 손해를 배상하기로 하는 약정이 병존하는 경우에는 계약보증금은 손해배상의 예정으로서의 성질을 가지되, 다만 수급인이 배상할 손해액이 이를 초과하는 경우에는 단순한 손해담보로서의 성질을 가지는 것으로 본다.

따라서 도급인으로서는 수급인의 채무불이행이 있는 경우 손해액에 관한 별다른 입증 없이 약정한 보증금을 몰취하거나 손해액이 보증금을 초과한다는 사실을 구체적으로 입증하여 보증금을 초과하는 실제 손해액을 청구할 수 있다.

판례 "하도급계약에서 하수급인의 귀책사유로 계약이 해제 또는 해지될 경우 그로 인하여 하도급인이 입은 손해 중 계약보증금 범위 내의 손해는 계약보증금의 몰취로써 그 배상에 갈음하고 이를 초과하는 손해가 있으면 그에 대하여 하수급인이 손해배상책임을 진다는 약정이 있는 경우, 계약보증금은 손해배상액의 예정으로서의 성질을 가지되, 다만 하수급인이 배상할 손해액이 이를 초과하는 경우에는 단순한 손해담보로서의 성질을 갖는다고 보아야 할 것이다."(대법원 1999. 8. 20. 선고 98다28886 판결)

---

8. 계약이행보증금이 담보하는 손해

쟁점

기성고율을 초과하여 지급된 공사대금의 반환채무도 계약이행보증금이 담보하는가?

판단

계약이행보증금은 수급인의 귀책사유로 인한 도급계약의 해제에 따른 수급인의 원상회복의무에도 미친다.

(1) 선급금반환채무

계약보증금은 손해배상액의 예정으로 추정되므로 수급인의 공사도급계약상 채무불이행으로 인하여 도급인이 입게 되는 모든 손해를 담보한다. 따라서 공사도급계약이 수급인의 귀책사유로 인하여 해제되는 바람에 수급인은 도급인으로부터 지급받은 선급금을 반환할 의무를 지게 되었다면 계약보증금은 그 선급금 반환채무를 담보하고, 계약보증서를 발급한 건설공제조합이 한 계약보증의 대상에 포함된다. 선급금반환의무는 수급인의 채무불이행에 따른 계약 해제로 인하여 발생한 것이므로 계약보증의 대상에 포함된다.[1)]

판례 "건설공제조합의 조합원인 공사수급인이 도급인으로부터 공사를 도급받고 선급금을 지급받은 다음 건설공제조합이 발급한 계약보증서를 도급인에게 교부하였는데, 그 후 수급인의 귀책사유로 인하여 계약이 해지되어 도급인으로부터 지급받은 선급금을 반환할 의무가 발생하였다면, 그 선급금 반환의무는 수급인의 채무불이행에 따른 계약해지로 인하여 발생한 것으로서 건설공제조합이 한 계약보증의 대상에 포함된다." (대법원 2000. 6. 13. 선고 2000다13016 판결)

1) 현재 건설공제조합에서 발행하는 계약보증의 약관에서는 선급금이 보증대상에서 제외되어 있다.

(2) 수급인의 원상회복의무

계약이행보증은 수급인의 채무불이행 그 자체로 인한 손해의 배상만을 담보하는가? 계약관계가 종료됨으로써 발생하게 되는 채무의 지급을 담보하지는 않는가? 공사도급계약이 해제됨으로써 수급인이 반환하여야 할 초과 지급된 공사대금에 대하여는 계약보증에 따른 보증채무의 범위에 속하지 않는가?

계약이행보증은 수급인이 약정한 공사기간 내에 공사를 완공하는 것을 내용으로 하는 공사도급계약의 이행을 보증하고 만일 계약의 이행 과정에서 수급인이 그 귀책사유로 인하여 도급인에게 채무를 부담하게 될 경우 그 채무의 이행을 보증하는 것이므로 계약해제에 따른 원상회복의무도 보증대상에 포함된다.

판례 "계약보증이란 수급인이 공사도급계약상 부담하는 모든 채무의 이행을 보증하는 것으로서 그 보증책임은 특별한 사정이 없는 한 수급인의 귀책사유로 인한 도급계약의 해제에 따른 수급인의 원상회복의무에도 미친다."(대법원 1999. 3. 26. 선고 96다23306 판결)

(3) 지체상금

계약보증금은 공사도급계약상 수급인의 채무불이행으로 인하여 도급인이 입게 되는 모든 손해를 담보한다. 지체상금은 수급인이 약정 준공기한을 지키지 못하여 도급인이 입게 되는 위약금 약정으로서 손해배상액의 예정에 해당한다. 따라서 지체상금도 계약보증의 대상이 된다. 다만, 계약보증금과 지체상금 약정이 병존하더라도 이중배상을 의미하는 것은 아니므로 지체상금이 계약보증금을 초과하지 않는 한 계약보증금만 지급하면 된다.

판례 "계약보증에 관한 구 건설공제조합법(1996. 12. 30. 법률 제5230호로 전문 개정되어 1997. 7. 1. 시행된 건설산업기본법 부칙 제2조제1호에 의하여 폐지되기 전의 법률) 제2조제2호, 제8조제1항제1호, 그 시행령 제2조제2호의 각 규정을 종합하여 보면, 위 법이 정하는 '계약보증'은 건설공사도급계약의 수급인이 도급계약을 약정대로 이행하는 것을 보증하고, 만약 수급인의 귀책사유로 도급계약을 불이행하는 경우에는 그로 인한 수급인의 도급인에 대한 손해배상채무의 이행을 계약보증금의 한도에서 보증하는 것이므로(대법원 1997. 8. 26. 선고 97다18813 판결, 1999. 10. 12. 선고 99다14846 판결 등 참조), 수급인의 귀책사유로 도급계약의 목적이 된 공사의 완공이 지연되는 경우에 그 지연으로 인한 손해배상채무도 당연히 계약보증의 대상이 되는 것이고, 이 경우 만일 도급인과 수급인 사이에 공사완공의 지연에 대비한 지체상금의 약정이 있다면 그 약정에 따라 산정되는 지체상금액이 계약보증의 대상이 되는 것이다."(대법원 2006. 4. 28. 선고 2004다39511 판결)

9. 선급금 반환 보증 대상 여부

쟁점

도급인과 수급인 사이의 공사도급계약이 수급인의 귀책사유 없이 해제된 경우에 도급인은 선급금 반환채무를 보증한 공제조합에 보증금을 청구할 수 있는가?

판단

보증사고가 발생하지 않았으므로 보증금을 청구할 수 없을 것이다.

(1) 도급인의 일방적 해제와 선급금 반환보증 여부

도급인은 공사가 완료되기 전까지는 수급인의 귀책사유가 없더라도 공사도급계약을 일방적으로 해제할 수 있다. 공사도급계약에 따라 선급금을 지급한 도급인이 수급인의 귀책사유가 없는데도 일방적으로 공사도급계약을 해제한 경우에 수급인의 선급금반환채무를 보증한 보증사에 대하여 보증금을 청구할 수 있는가?

예컨대, 도급인이 수급인에게 선급금을 교부하였지만 수급인이 전혀 공사를 수행하지 못하는 바람에 선급금이 전혀 정산되지 않았는데, 수급인이 공사를 하지 못한 것은 오히려 도급인이 책임을 다하지 않았기 때문이고 수급인에게는 잘못이 없다. 이러한 경우에도 도급인은 보증보험금을 지급받을 수 있는가?

판례 "보험사고란 보험계약에서 보험자의 보험금 지급책임을 구체화하는 불확정한 사고를 의미하는 것으로서, 계약이행보증보험에 있어서 보험사고가 구체적으로 무엇인지는 당사자 사이의 약정으로 계약내용에 편입된 보험약관과 보험약관이 인용하고 있는 보험증권 및 주계약의 구체적인 내용 등을 종합하여 결정하여야 한다."(대법원 2006. 4. 28. 선고 2004다16976 판결)

선급금반환채무를 보증하는 보증약관에서는 채무불이행으로 인한 선급금반환채무를 보증하고 있다. 따라서 선급금 반환 보증보험에서 보험자가 보상하기로 한 손해는 보험계약자인 수급인의 공사계약상 채무불이행이 원인이 되어 피보험자인 도급인이 반환받아야 할 선금이므로 도급인의 귀책사유로 인하여 공사계약이 종료됨으로써 도급인이 반환받아야 할 선금은 보험자가 보상하는 손해에 해당하지 않는다(대법원 2011. 7. 14. 선고 2010다102960 판결).

수급인의 귀책사유가 아닌 이유로 공사도급계약이 이행되지 않았다면 아예 보험사고 자체가 발생한 것으로 보기 어렵다.

(2) 하자보수보증금의 담보 여부

선급금 반환에 관한 보증계약의 경우 보증인은 주채무자의 선급금 반환채무의 이행을 보증할 뿐 하자보수보증금까지 담보한다고 볼 수 없으므로, 선급금보증계약상의 보험금을 산정함에 있어서는 하자보수보증금을 공제하지 아니한 미지급 기성대금을 선급금에서 공제하여야 한다(대법원 2016. 01. 28. 선고 2013다74110 판결).

10. 기성금 과다지급과 선급금 반환 보증의 범위

쟁점

약정과 달리 기성금을 과다 지급한 경우, 도급인은 미정산 선급금 전액을 보증사에 청구할 수 있는가?

판단

도급인이 기성금의 지급방법에 관한 도급계약상의 약정에 어긋나게 기성금을 과다 지급한 경우에는 선급금반환을 보증한 보험자는 그 범위 내에서 면책을 주장할 수 있다.

보증보험은 보험계약자의 채무불이행에 따른 피보험자의 손해를 전보하는 것을 목적으로 하는 것이므로, 보험자의 전보책임이 발생하기 위하여는 보험계약자의 주계약상의 채무불이행이라고 하는 보험사고의 발생과 이에 기한 피보험자의 재산상 손해의 발생이라는 두 가지 요건을 필요로 한다(대법원 1999. 6. 22. 선고 99다3693 판결).

도급인이 기성금의 지급방법에 관한 도급계약상의 약정에 어긋나게 기성금을 과다 지급한 경우에는 선급금반환을 보증한 보험자는 그 범위 내에서 면책을 주장할 수 있다.

판례 "피보험자가 기성금의 지급 방법에 관한 주계약상의 약정에 따라 기성금을 지급하였더라면 보험사고 발생시에 잔존하는 선급금을 미정산금액과 상계하여 선급금반환채권이 존재하지 않았을 것임에도 주계약상의 약정에 어긋나게 기성금을 과다 지급함으로써 선급금과 상계할 미정산금액이 존재하지 않게 됨으로써 선급금을 반환받지 못하게 되었다면 피보험자가 선급금을 반환받지 못하게 된 손해는 위 선급금 이행보증보험약관 소정의 보험자의 면책사유인 '피보험자의 책임 있는 사유로 생긴 손해'에 해당한다고 보아야 한다." (대법원 1999. 6. 22. 선고 99다3693 판결)

---

11. 도급계약상 채무자의 보증인과 공제조합 사이의 구상관계

쟁점

연대보증인이 수급인을 대신하여 하자보수에 갈음하는 손해배상채무를 이행하였다면 하자보수채무를 보증한 공제조합이나 보험사에게 구상권을 행사할 수 있는가?

판단

수급인의 연대보증인은 보증사를 상대로 구상권을 행사할 수 있다.

(1) 보증인의 구상권에 관한 민법 규정의 적용 여부

건설공사도급계약의 경우 거의 예외 없이 수급인의 하자보수의무를 담보하기 위하여 하자보수보증금을 예치하거나 공제조합이나 보증보험사와 하자보증보험계약을 체결한다. 이와는 별도로 건설공사 수급인에게는 통상 하자보수의무까지도 보증하는 연대보증인이 있을 수 있다. 이와 같은 경우에 연대보증인이 수급인을 대신하여 하자보수에 갈음하는 손해배상채무를 이행하였다면 하자보수채무를 보증한 공제조합이나 보험사에게 구상권을 행사할 수 있는가?

하자보수의무를 보증하는 보증보험계약은 "보험계약자인 채무자의 채무불이행으로 인하여 채권자가 입게 되는 손해의 전보를 보험자가 인수하는 것을 내용으로 하는 손해보험으로서 형식적으로는 채무자의 채무불이행을 보험사고로 하는 보험계약이나 실질적으로는 보증의 성격을 가지고 보증계약과 같은 효과를 목적으로 하므로 민법의 보증에 관한 규정, 특히 민법 제441조 이하에서 정한 보증인의 구상권에 관한 규정이 보증보험계약에도 적용된다."(대법원 1997. 10. 10. 선고 95다46265 판결)

요컨대, 보증보험계약은 형식상으로는 보험계약이지만 실질적으로는 보증의 성격을 갖기 때문에 공동보증인들 사이에는 민법 제448조[2]를 준용해서 당연히 구상권을 행사할 수 있다는 것이다.

2) **민법 제448조(공동보증인간의 구상권)** ① 수인의 보증인이 있는 경우에 어느 보증인이 자기의 부담부분을 넘은 변제를 한 때에는 제444조의 규정을 준용한다.

판례 "건설공제조합(이하 '조합'이라고만 한다)이 조합원으로부터 보증수수료를 받고 그 조합원이 다른 조합원 또는 제3자와 사이의 도급계약에 따라 부담하는 하자보수의무를 보증하기로 하는 내용의 이 사건 보증계약은, 무엇보다 채무자의 신용을 보완함으로써 일반적인 보증계약과 같은 효과를 얻기 위하여 이루어지는 것으로서, 그 계약의 구조와 목적, 기능 등에 비추어 볼 때 그 실질은 의연 보증의 성격을 가진다 할 것이므로, 민법의 보증에 관한 규정, 특히 보증인의 구상권에 관한 민법 제441조 이하의 규정이 준용된다 할 것이다.

따라서 조합과 주계약상 보증인은 채권자에 대한 관계에서 채무자의 채무이행에 관하여 공동보증인의 관계에 있다고 보아야 할 것이므로, 그들 중 어느 일방이 변제 기타 자기의 출재로 채무를 소멸하게 하였다면 그들 사이에 구상에 관한 특별한 약정이 없다 하더라도 민법 제448조에 의하여 상대방에 대하여 구상권을 행사할 수 있다고 할 것이다."(대법원 2008. 6. 19. 선고 2005다37154 판결)

만약 이와 달리 조합과 주계약상의 보증인 사이에 민법 제448조가 준용되지 아니한다고 보고, 주계약상 보증관계와 조합과의 보증계약관계를 단절시켜 상호간의 구상 및 변제자대위를 부정하게 되면, 채무자가 무자력일 경우 채무를 먼저 이행한 쪽이 종국적으로 모든 책임을 지는 결과가 되어, 조합과 주계약상의 보증인이 서로 채무의 이행을 상대방에게 미루고 종국적인 책임을지지 않으려고 함에 따라 채무의 신속한 이행을 통한 분쟁해결을 어렵게 하는 결과가 된다는 것이다.

(2) 이전 판례의 태도

그러나 위 대법원 전원합의체 판결로 판례가 변경되기 전까지는 연대보증인이 하자보수보증채무를 이행하더라도 공제조합에 대하여 구상권을 행사할 수 없었다.

판례 "이행(지급)보증보험은 보험계약자인 채무자의 주계약상의 채무불이행으로 인하여 피보험자인 채권자가 입게 되는 손해의 전보를 보험자가 인수하는 것을 내용으로 하는 손해보험으로서 실질적으로는 보증의 성격을 가지고 보증계약과 같은 효과를 목적으로 하는 점에서 보험자와 채무자 사이에는 민법의 보증에 관한 규정이 준용된다고 할 것이나, 이와 같은 보증보험계약과 주계약에 부종하는 보증계약은 계약의 당사자, 계약관계를 규율하는 기본적인 법률 규정 등이 상이하여 보증보험계약상의 보험자를 주계약상의 보증인과 동일한 지위에 있는 공동보증인으로 보기는 어렵다 할 것이므로, 보험계약상의 보험자와 주계약상의 보증인 사이에는 공동보증인 사이의 구상권에 관한 민법 제448조가 당연히 준용된다고 볼 수는 없다."(대법원 2001. 7. 27. 선고 2001다25887 판결).

② 주채무가 불가분이거나 각 보증인이 상호연대로 또는 주채무자와 연대로 채무를 부담한 경우에 어느 보증인이 자기의 부담부분을 넘은 변제를 한 때에는 제425조 내지 제427조의 규정을 준용한다.

12. 주택분양보증계약의 법적 성격과 약관의 해석

쟁점

주택분양보증계약 약관의 내용은 모두 설명의무의 대상이 되는가?

판단

약관의 내용이 상법에 이미 규정되어 있는 것이어서 일의적인 해석이 가능하다면 이는 약관의 중요한 내용이 아니어서 설명의무의 대상으로 볼 수 없다.

(1) 주택분양보증계약의 법적 성격

주택분양보증계약은 시행주체가 분양계약상의 주택공급의무를 이행할 수 없게 되는 경우 보증기관이 수분양자가 이미 납부한 계약금과 중도금의 환급이나 주택의 분양에 대하여 이행책임을 부담하기로 하는 조건부 제3자를 위한 계약으로서, 성질상 보증보험과 유사하다. 보증보험은 보험계약자의 채무불이행으로 피보험자가 입게 될 손해의 전보를 보험자가 인수하는 손해보험으로서 형식적으로는 채무자의 채무불이행을 보험사고로 하는 보험계약이나 실질적으로는 보증의 성격을 가지고 보증계약과 같은 효과를 목적으로 한다. 따라서 보증보험은 보증의 성격과 보험의 성격을 함께 가지고 그 성질에 반하지 않는 범위에서 보험과 보증의 규정이 모두 적용되며, 이는 성질상 보증보험과 유사한 주택분양보증계약에서도 마찬가지이다(대법원 2018. 10. 25. 선고 2014다232784 판결).

상법 제649조는 보험사고가 발생하기 전에 보험계약자가 언제든지 계약의 전부 또는 일부를 해지할 수 있고, 이러한 경우 당사자 사이에 다른 약정이 없으면 미경과 보험료의 반환을 청구할 수 있도록 정하고 있다. 위의 주택분양보증계약의 법적 성격에 비추어 볼 때 이러한 상법의 보험규정은 주택분양보증계약에도 적용될 수 있다.

(2) 주택분양보증계약의 약관 해석

주택분양보증계약의 약관에 '주택분양보증계약이 입주자모집공고 승인 취소로 해지되면, 입주자모집공고 승인 취소일을 기준으로 잔여 보증기간에 대한 보증료를 환불한다'는 내용을 규정하고 있었는데, 보증계약 체결 시 보증기관이 해당 내용을 설명하지는 않았다. 이러한 경우 약관의 작성자 불이익 원칙이 적용되어 해당 약관이 적용될 수 없는가?

대법원은 해당 약관은 상법 제649조의 미경과 보험료 반환규정에 따른 것인데 이는 보증기관의 설명 없이도 충분히 예상할 수 있었던 사항이어서 약관의 중요내용이라 볼 수 없으므로, 결국 설명의무의 대상이 아니라고 판시하였다.

판례 "대한주택보증 주식회사[3)]의 보증규정과 그 시행세칙의 해당 조항에 입주자모집공고 승인으로 보증기간이 개시된 후 분양률 저조 등의 사유로 입주자모집공고 승인이 취소되어 보증서를 반환하는 경우 보증계약을 해지하고, 입주자모집공고 승인 취소일을 기준으로 잔여 보증기간에 대한 보증료를 환불한다는 내용을 규정하고 있는데, 아파트 건설사업주체인 甲 주식회사 등이 대한주택보증 주식회사와 주택분양 보증계약을 체결하면서 계약에 따른 채무를 보증하기 위하여 주택분양 보증채무 약정을 체결하고 보증료를 지급한 후 관할 관청으로부터 입주자모집공고 승인을 받았으나 입주자모집을 공고하지 않았고, 그 후 위 승인이 취소되자 대한주택보증 주식회사를 상대로 이미 지급한 보증료 전액의 반환을 구한 사안에서, 상법 제649조는 보험사고가 발생하기 전에 보험계약자가 언제든지 계약의 전부 또는 일부를 해지할 수 있고, 이러한 경우 당사자 사이에 다른 약정이 없으면 미경과 보험료의 반환을 청구할 수 있도록 정하고 있는데, 위 해당 조항은 이를 풀어서 규정한 것으로 볼 수 있고, 위 해당 조항은 분양보증계약에서 입주자모집공고 승인이 이루어지고 보증기간이 개시된 이후에 승인이 취소됨에 따라 계약의 목적을 달성하기 어려워 계약의 해지를 인정할 만한 상당한 이유를 구체적으로 예시하고, 해지의 효과로서 보증료의 반환범위를 잔여 보증기간에 대한 보증료만 반환하도록 정한 것인데, 이는 거래상 일반적이고 공통된 것으로 계약 상대방인 甲 회사 등이 대한주택보증 주식회사의 설명 없이도 충분히 예상할 수 있었던 사항에 해당하므로, 위 해당 조항은 약관의 중요한 내용이 아니어서 설명의무의 대상으로 볼 수 없고, 한편 대한주택보증 주식회사의 보증규정, 그 시행세칙과 분양보증계약에 적용되는 약관의 내용을 종합하면, 위 분양보증계약은 입주자모집공고 승인을 얻을 때 장래 주채무가 발생할 것을 조건으로 보증채무가 성립하고, 보증기간은 입주자모집공고 승인시점부터 소유권 보존등기일까지이며, 보증채무가 성립하기 전에는 보증을 취소하고 보증료를 전액 반환받을 수 있지만, 보증채무가 성립한 후에는 입주자모집공고 여부를 묻지 않고 보증을 해지할 수 있고 입주자모집공고 승인 취소일을 기준으로 취소일 다음 날부터 잔여 보증기간에 대한 보증료를 반환받을 수 있을 뿐이어서, 위 보증규정과 그 시행세칙은 문언과 체계상 위와 같은 객관적이고 획일적인 해석이 가능하고 다의적으로 해석되지 않으므로, 이를 고객에게 유리하게 해석할 여지가 없어 작성자 불이익 원칙이 적용되지 않는다."(대법원 2018. 10. 25. 선고 2014다232784 판결)

---

3) 주택도시기금법이 2015. 1. 6. 제정되어 주택법으로부터 분리되면서, 주택법상의 대한주택보증 주식회사는 주택도시보증공사로 변경되었다.

13. 주택도시보증공사의 분양보증 대상 여부

쟁점

주택건설 사업주체에게 사업자금을 지원하여 주는 것을 주된 목적으로 분양계약을 체결한 자나 그에게 분양계약 명의를 대여한 자가 주택분양보증제도의 보호대상이 되는가?

판단

정상계약자가 아닌자에 해당하여 보호대상이 되지 않는다.

사업주체가 주택의 완공 이전에 분양을 함으로써 발생할 수 있는 분양계약상의 의무를 이행하지 못할 위험에서 주택을 공급받고자 하는 선의의 수분양자를 보호하기 위한 주택분양보증제도의 취지에 비추어 보면, 금융기관에서 계약금 또는 중도금 대출을 받아 분양대금을 납부하는 등의 방법으로 사업주체에게 주택 공사자금 등 사업자금을 지원하여 주는 것을 주된 목적으로 하여 분양계약을 체결한 자나 그에게 분양계약 명의를 대여한 자는 특별한 사정이 없는 한 주택분양보증제도의 보호대상이 되는 선의의 수분양자에 해당하지 않는다.

이러한 수분양자는 주택분양보증계약의 약관에서 '주채무자가 정상계약자가 아닌 자에게 부담하는 채무'에 관하여 보증회사가 보증채무를 이행하지 아니한다는 취지로 규정하고 있는 바로 그 '정상계약자가 아닌 자'에 해당한다.

여기서 어떠한 수분양자가 사업주체에게 사업자금을 지원하여 주는 것을 주된 목적으로 하여 분양계약을 체결한 자나 그에게 분양계약 명의를 대여한 자인지는 분양계약의 체결 시기, 당시 당해 주택의 분양상황 및 사업주체 등의 자금 사정, 수분양자와 사업주체 내지 관련 업체와의 인적 관계, 분양대금의 출처와 지급관계, 특히 분양계약금의 출처가 사업주체 등과 관련되어 있는지 및 수분양자가 자기 자금으로 출연한 분양대금이 있는지, 당해 주택과 관련하여 사업주체 등이 허위 내지 차명계약 체결에 개입한 흔적이 있는지, 수분양자의 거주관계, 자력 및 당해 주택의 투자가치 등에 비추어 수분양자가 실제로 분양을 받을 만한 합리적인 동기가 있었는지 등을 종합적으로 고려하여 판단할 것이다(대법원 2013. 07. 12. 선고 2011다87914 판결).

14. 공동수급체와 하도급공사대금 보증사고 여부

쟁점

공동수급체의 구성원이 공동수급체 전체를 대표하여 보증계약을 체결한 경우 보증사고가 발생하였는지 여부는 보증계약을 체결한 자구성원만을 기준으로 판단하여야 하는가?

판단

공동수급체 구성원 전부를 기준으로 판단하여야 한다.

甲 주식회사와 乙 주식회사가 공동수급체를 구성하여 도급받은 공사의 일부를 丙 주식회사에 하도급을 주고, 위 공동수급체의 대표자인 甲 주식회사가 건설공제조합과 하도급대금 지급보증계약을 체결한 사안에서, 위 보증계약에 기한 보증사고가 발생하였는지 여부는 공동수급체의 구성원으로서 하도급대금의 연대채무자인 甲 주식회사와 乙 주식회사 전부를 기준으로 판단하여야 하므로, 甲 주식회사가 지급불능 상태에 빠졌다는 사유만으로 보증사고가 발생한 것으로 볼 수 없다(대법원 2010. 8. 19. 선고 2010다36599 판결).

공동수급체는 민법상 조합의 성질을 가지므로 특별한 사정이 없는 한 하도급채무에 대하여도 연대채무를 부담하고(상법 57조제1항 참조)[4], 한편 그 대표자인 甲 회사는 공동수급체를 대표하여 보증계약을 체결할 수 있고, 甲이 이 사건 보증계약을 체결할 당시 공동수급체를 대표한다는 것을 표시하지 않고 자신의 명의로만 계약을 체결하였다고 하더라도, 상행위인 이 사건 보증계약에는 상법 제48조[5]가 유추적용되어 공동수급체 전체에 그 효력이 미치는 것이므로, 위 보증사고가 발

4) 조합의 채무는 조합원의 채무로서 특별한 사정이 없는 한 조합채권자는 각 조합원에 대하여 지분의 비율에 따라 또는 균일적으로 변제의 청구를 할 수 있을 뿐이나, 조합채무가 특히 조합원 전원을 위하여 상행위가 되는 행위로 인하여 부담하게 된 것이라면 상법 제57조 제1항을 적용하여 조합원들의 연대책임을 인정함이 상당하다(대법원 1998. 3. 13. 선고 97다6919 판결, 대법원 1995. 8. 11. 선고 94다18638 판결).

5) 제48조(대리의 방식) 상행위의 대리인이 본인을 위한 것임을 표시하지 아니하여도 그 행위는 본인에 대하여 효력이 있다. 그러나 상대방이 본인을 위한 것임을 알지 못한 때에는 대리인에 대하여도 이행의 청구를 할 수 있다.

생하였는지 여부는 공동수급체의 구성원으로서 하도급대금의 연대채무자인 甲과 乙 전부를 기준으로 판단하여야 할 것이다.

15. 발주자의 타절 기성검사와 하도급대금지급보증

쟁점

하도급대금지급보증 약관에서 건설공제조합이 지급하여야 할 보증금액의 산정 기준으로 '원도급의 발주자가 최종적으로 행한 타절기성검사'를 규정하고 있는데, 발주자가 타절기성검사를 회피한다면 보증채권자는 하도급대금 상당의 보증금을 받을 수 없는가?

판단

그렇지 않다. '발주자의 타절기성검사'는 보증사고 발생시 하도급공사의 인정금액을 평가하기 위한 원칙적인 방법으로 보아야 한다.

대법원은 발주자의 타절기성검사가 없다는 사정만으로 곧바로 건설공제조합이 보증책임을 면하는 것으로 해석하지 않는다. '발주자의 타절기성검사'는 보증사고 발생시 하도급공사의 인정금액을 평가하기 위한 원칙적인 방법으로서 제시된 것이므로 타절기성검사가 없다면 보증사고 발생일까지의 실제 하도급공사의 기성금액을 객관적으로 적정하게 평가할 수 있는 자료를 기준으로 보증금을 산정하여 지급하여야 한다고 판시하였다.

판례 "건설산업기본법에 따라 건설공제조합이 조합원으로부터 보증수수료를 받고 조합원이 다른 조합원 또는 제3자와 하도급계약을 체결하는 경우 부담하는 하도급대금 지급채무를 보증하는 보증계약은 그 성질에 있어서 조합원 상호의 이익을 위하여 영위하는 상호보험으로서 보증보험과 유사한 것으로, 건설공제조합은 보증서에 기재된 보증기간 내에 발생한 보증사고에 대하여 보증금액의 한도 안에서 보증책임을 부담하게 된다. 이때 건설공제조합이 지급하여야 할 보증금액은 보증채권자가 보증기간 개시일부터 주계약에서 정한 계약이행기일까지 실제 시공으로 발생한 하도급공사 인정금액을 기준으로 산정하여야 하는데, 하도급대금 지급보증약관에서 그 구체적인 기준으로서 '원도급의 발주자(자체사업의 경우 감리자)가 채무자의 공사이행 기성고를 확정하기 위하여 최종적으로 행한 타절기성검사'를 규정하고 있는 경우, 발주자의 타절기성검사 여부는 전적으로 발주자의 의사에 달려 있는 것이므로 발주자의 타절기성검사가 없다는 사정만으로 곧바로 건설공제조합이 보증책임을 면하는 것으로 해석하는 것은 하도급대금의 지급을 보장하기 위하여 지급보증제도를 도입한 관계 법령의 취지에 반하고, 하도급공사의 기성금액에 관한 증명방법을 과도하게 제한하여 상당한 이유 없이 보증인의 책임을 배제하는 것이 되어 약관의 규제에 관한 법률 제6조 제2항 제1호의 '고객에 대하여 부당하게 불리한 조항'으로서 무효가 될 수 있다. 그러므로 위 약관에서 정한 '발주자의 타절기성검사'는 보증사고 발생시 하도급공사의 인정금액을 평가하기 위한 원칙적인 방법으로서 제시된 것이라고 해석하여야 하고, 그와 같은 발주자의 타절기성검사가 없는 경우에는 이에 준하여 보증사고 발생일까지의 실제 하도급공사의 기성금액을 객관적으로 적정하게 평가할 수 있는 자료가 있다면 건설공제조합으로서는 이를 기준으로 보증금을 산정하여 지급하여야 할 의무가 있다."(대법원 2009. 7. 9. 선고 2008다21303 판결)

16. 선급금의 하도급대금 보증 대상 여부

선급금은 하도급대금 지급보증의 대상이 아니다.

판례 "이 사건 보증금액 산정의 근거가 된 하도급법 제13조의2제1항제2호에 의하면, 이 사건 하도급계약과 같이 공사기간이 4개월을 초과하고 기성부분 대가의 지급주기가 2월 이내인 경우의 보증금액은 "{(하도급공사금액-계약상의 선급금)/공사기간}*4"의 산식으로 산정하도록 규정되어 있어 선급금을 보증금액에서 배제하도록 되어 있는 점, 소외 회사와 피고도 위 산식에 의하여 보증금액을 산정하여 이 사건 보증보험계약을 체결한 것으로 보이는 점 등을 종합하면, 특별한 사정이 없는 이상 이 사건 하도급계약의 선급금은 이 사건 보증계약의 보증대상에 해당되지 않는 것으로 봄이 상당하다고 할 것이다."(대법원 2001. 5. 29. 선고 2001다15644 판결)

그러나 계약서상의 선급금이 실제 지급되었는가는 별개의 문제이다. 계약서상의 선급금을 지급하지 않을 수도 있고, 선급금을 현금이 아닌 어음으로 지급하였다가 지급기일에 부도가 날 수도 있다. 이 같은 경우에는 선급금의 지급이 담보되지 않는 문제가 있다.

17. 보증사의 면책 여부

쟁점

하도급대금지급보증약관 중 건설공제조합의 면채사유로 '건설산업기본법령상 하도급을 금지하는 공사를 하도급받거나, 무자격자가 하도급받은 공사인 때'를 규정한 경우 이러한 면책조항은 유효한가?

판단

유효한 약관의 조항이다.

건설산업기본법이 금지하는 하도급공사를 하도급받거나 무자격자가 공사를 하도급받은 때에는 하도급대금의 지급을 보증받지 못한다.

대법원은 '건설산업기본법령상 하도급을 금지하는 공사를 하도급받거나, 무자격자가 하도급받은 공사인 때'를 건설공제조합의 면책사유로 정하고 있는 하도급대금지급보증약관의 효력을 유효하다는 전제에서 건설산업기본법이 금지하는 하도급공사를 하도급받거나 무자격자가 공사를 하도급받은 때에는 건설공제조합이 하도급대금의 지급을 보증할 의무가 없는 것으로 판단하였다(대법원 2009.7.9. 선고 2008다88221 판결).

판례 "하도급대금지급보증약관에서 건설공제조합의 면책사유로 '건설산업기본법령상 하도급을 금지하는 공사를 하도급받거나, 무자격자가 하도급받은 공사인 때'를 정한 경우, 그 면책조항이 약관의 규제에 관한 법률 제6조제2항제1호에서 규정하는 '고객에 대하여 부당하게 불리한 조항'에 해당하는지 여부는 무엇보다도 그 계약의 당사자인 건설공제조합의 조합원들의 평균적이고 전형적인 이익을 기준으로 판단되어야 한다. 그런데 위 면책사유와 같은 경우에까지 건설공제조합의 보증책임을 인정하는 것은 오히려 조합원들의 보증수수료를 재원으로 하여 인수되는 건설공제조합의 보증책임을 합리적인 이유없이 확대시켜 결과적으로 조합원들 전체에 불이익으로 돌아가게 되므로 위 면책조항은 조합원들의 평균적이고 전형적인 이익을 기준으로 볼 때 조합원들에게 부당하게 불리하다고 볼 수 없다."(대법원 2009. 7. 9. 선고 2008다88221 판결)

---

18. 하도급법 제13조의2가 원도급관계에 적용되는지 여부

하도급법은 원수급인과 하수급인 사이의 하도급관계에만 적용되는 것이 아니라 원도급관계에도 적용된다. 따라서 하도급대금지급보증에 관한 하도급법 제13조의2 역시 원도급관계에도 적용된다.

판례 "하도급법 제2조제1항에 의하면, 일반적으로 흔히 하도급이라고 부르는 경우, 즉, 원사업자가 다른 사업자로부터 제조위탁·수리위탁 또는 건설위탁을 받은 것을 수급사업자에게 다시 위탁을 하는 경우뿐만 아니라, 원사업자가 수급사업자에게 제조위탁·수리위탁 또는 건설위탁을 하는 경우도 하도급거래로 규정하여 위 법률을 적용하고 있음을 알 수 있고, 같은 조 제2항에 의하면, 위 법률의 적용 범위는 하도급관계냐 아니냐에 따르는 것이 아니라, 원사업자의 규모에 의하여 결정됨을 알 수 있으며, 같은 조 제10항에서 발주자라는 개념을 원사업자와 구별하여 사용하고 있기는 하나, 같은 조항에 의하면 위 발주자라는 개념 속에는 재하도급의 경우의 원하도급인도 포함됨을 알 수 있으므로, 발주자라는 개념이 있다고 하여 위 법률이 적용되는 하도급거래를 구성하는 원사업자의 개념을 발주자가 아닌 경우로 한정하는 것은 아님이 분명하다 할 것이어서, 위 법률은 그 명칭과는 달리 일반적으로 흔히 말하는 하도급관계뿐만 아니라, 원도급관계도 규제하는 것이라고 봄이 상당하고, 따라서 위 법률 제13조의2 또한 원도급관계에 적용된다."(대법원 2001. 10. 26. 선고 2000다61435 판결)
